Nr. 36
S. 12905—13272

1962
5. September

Chemisches Zentralblatt

Vollständiges Repertorium für alle Zweige der reinen und angewandten Chemie

1830 gegründet. 1897—1945 von der Deutschen Chemischen Gesellschaft fortgeführt. Im Auftrage der Deutschen Akademie der Wissenschaften zu Berlin, der Chemischen Gesellschaft in der DDR, der Akademie der Wissenschaften zu Göttingen und der Gesellschaft Deutscher Chemiker (in der BRD)

herausgegeben von Prof. Dr. Heinrich Bertsch und Prof. Dr. Dr. h. c. Wilhelm Klemm

133. Jahrgang
1962

Chefredakteure: Dr. Eugen Klever und Dr. Willi Barz

Akademie-Verlag GmbH., Berlin – Verlag Chemie, GmbH., Weinheim/Bergstr.

Inhalt

CHEMISCHES ZENTRALBLATT

VOLLSTÄNDIGES REPERTORIUM FÜR ALLE ZWEIGE DER REINEN UND ANGEWANDTEN CHEMIE

1830 gegründet
1897—1945 von der Deutschen Chemischen Gesellschaft fortgeführt

Im Auftrage der Deutschen Akademie der Wissenschaften zu Berlin,
der Chemischen Gesellschaft in der DDR,
der Akademie der Wissenschaften zu Göttingen
und der Gesellschaft Deutscher Chemiker (in der BRD)
herausgegeben von

Prof. Dr. **Heinrich Bertsch** und Prof. Dr. Dr. h. c. **Wilhelm Klemm**

133. JAHRGANG

1962

SEITE 11797—13272

Chefredakteure: Dr. Eugen Klever und Dr. Willi Barz

1962

AKADEMIE-VERLAG GMBH · BERLIN
VERLAG CHEMIE · GMBH · WEINHEIM/BERGSTR.

Heft-Nr.	Seitenzahl	Ausgabedatum
33	11797—12164	15. August 1962
34	12165—12536	22. August 1962
35	12537—12904	29. August 1962
36	12905—13272	5. September 1962

Herausgeber: Prof. Dr. Heinrich Bertsch, Berlin, u. Prof. Dr. Dr. h. c. Wilhelm Klemm, Münster. Chefredakteure und verantwortlich für den Inhalt: Dr. Eugen Klever, Berlin W 30, Geisbergstr. 39, Fernsprecher: 24 95 41, und Dr. Willi Barz, Berlin N 4, Schiffbauerdamm 19, Fernsprecher: 42 55 71.

Verlag: Akademie-Verlag GmbH, Berlin W 8, Leipziger Str. 3—4 (Fernsprecher: 22 04 41, Telex-Nr. 011 773, Postscheckkonto Berlin 350 21), und Verlag Chemie, GmbH, Weinheim/Bergstr. (Fernsprecher: Weinheim 36 35 [Sammelnummer]; Fernschreiber: 04 65516 chemieverl wnh; Postscheckkonten: Frankfurt/M. 145314 u. Berlin [West] 7430). Bestellnummer: 1007/133. Das Chemische Zentralblatt erscheint wöchentlich. Preis des Jahrganges einschl. Autoren-, Patent-, Sach- u. Formelregister: DM 1200,—; einseitig bedruckte Ausgabe: DM 1350,—. Abgabe der Zeitschrift nur mit sämtlichen Registern. Abbestellungen nur bis spätestens 6 Wochen vor Ablauf des Kalenderjahres.

Satz und Druck: VEB Leipziger Druckhaus, Leipzig, III/18/203. 8/62.
Veröffentlicht unter der Lizenznummer ZLN 5002 des Ministeriums für Kultur, Hauptverwaltung Verlagswesen.
Printed in Germany.

Abkürzungsverzeichnis

A	Ampère
A.	Äthylalkohol
Å	Ångström
a	Jahr (nur für Dimensionen)
Abb.	Abbildung(en)
abs.	absolut(e)
Ae.	Diäthyläther
akt.	aktiv(e)
allg.	allgemein(e)
App.	Apparat(e), Apparatur(en)
asymm.	asymmetrisch(e)
at	Atmosphäre, technisch
atm	Atmosphäre, physikalisch
Atomgew.	Atomgewicht
ausg.	ausgegeben
AZ.	Acetylzahl
bar	Bar
bes.	besonders, besondere, insbesondere
Best.	Bestimmung(en)
Bibl.	Bibliographie(n)
bin.	binär
Bldg.	Bildung(en)
bzgl.	bezüglich
Bzl.	Benzol
Bzn.	Benzin
bzw.	beziehungsweise
C.	Chem. Zentralblatt (nur bei Zitaten)
c	Curie
ca.	zirka
cal	Calorie (Grammcalorie)
Chlf.	Chloroform
const	constans
cP	Centipoise
cSt	Centistokes
D_4^{20}	Dichte (bei 20° gemessen u. bezogen auf Wasser von 4°)
D	Debye
d	Tag (nur für Dimensionen)
DAB.	Deutsches Arzneibuch
dad gek.	dadurch gekennzeichnet
Darst.	Darstellung(en)
Deriv.	Derivat
Derivv.	Derivate
Dest.	Destillation(en)
dest.	destillieren, destilliert(e)
d. h.	das heißt
DK	Dielektrizitätskonstante
DL	Dosis letalis
DTA	Differentielle Thermoanalyse
$E_{1\,cm}^{1\,\%}$	Extinktion (1 % ige Lsg.; 1 cm Schichtdicke)
Eig.	Eigenschaft
Eigg.	Eigenschaften
Einfl.	Einfluß, Einflüsse
Einw.	Einwirkung(en)
EMK	Elektromotorische Kraft
Entw.	Entwicklung(en)
Ep.	Erstarrungspunkt
Epp.	Erstarrungspunkte
eV	Elektronenvolt
evtl.	eventuell
EZ.	Esterzahl
°F	Grad Fahrenheit
F.	Schmelzpunkt
FF.	Schmelzpunkte
Fl.	Flüssigkeit
Fll.	Flüssigkeiten
fl.	flüssig(e)
g	Gramm
Geh.	Gehalt(e)
gek.	gekennzeichnet(e)
gesätt.	gesättigt(e)
Geschw.	Geschwindigkeit(en)
Gew.	Gewicht(e)
ggf.	gegebenenfalls
Ggw.	Gegenwart
h	Stunde (nur für Dimensionen)
Herst.	Herstellung(en)
Hz	Hertz
I.E.	Internationale Einheit
i.m.	intramuskulär(e)
inakt.	inaktiv(e)
I.P.	Isoelektrischer Punkt
IR	Infrarot (Ultrarot)
i.v.	intravenös(e)
J	Joule
JZ.	Jodzahl
°K	Grad Kelvin
kcal	Kilogrammcalorie
Koeff.	Koeffizient(en)
Koll.	Kolloid(e)
koll.	kolloid(e), kolloidal(e)
Kondens.	Kondensation(en)
Konst.	Konstante(n)
konst.	konstant(e)
Konstit.	Konstitution(en)
Konz.	Konzentration
Konzz.	Konzentrationen
konz.	konzentriert(e)
korr.	korrigiert(e)
Kp.	Siedepunkt
Kpp.	Siedepunkte
krist.	kristallisiert(e)
KW-Stoff	Kohlenwasserstoff
KW-Stoffe	Kohlenwasserstoffe
Labor.	Laboratorium, Laboratorien
l. c.	loco citato
Leg.	Legierung
Legg.	Legierungen
lösl.	löslich(e)
log	Logarithmus (allgemein)
Lsg.	Lösung
Lsgg.	Lösungen
Lsgm.	Lösungsmittel (Ein- u. Mehrzahl)
m	Meter
m	molar (Konzentrationsangabe)
Meth.	Methode(n)
Min.	Minute(n) (allgemein)
min	Minute (nur für Dimensionen)
Mitt.	Mitteilung(en)
mkr.	mikroskopisch(e)
ml	Milliliter
mμ	Millimikron
Mol	Grammolekül(e)
Mol.	Molekül
Moll.	Moleküle
mol.	molekular(e)
Molgew.	Molekulargewicht(e)
Mol.-Refr.	Molekularrefraktion(en)
n	normal (Konzentrationsangabe)
n-	normal (Isomerieangabe)
n_D^{20}	Brechungsindex (bei 20° u. D-Linie)
nachst.	nachstehend(e)
Nachw.	Nachweis(e)
Nd.	Niederschlag
Ndd.	Niederschläge
Oe	Oerstedt
opt.-akt.	optisch-aktiv(e)
p	Pond
PAe.	Petroläther
pH	Wasserstoffionenkonzentration (negativer dekad. Logarithmus)
pK	Dissoziationskonstante (negativer Logarithmus)
ppm	parts per million
Präp.	Präparat
Präpp.	Präparate
prim.	primär(e)
Prior.	Priorität(en), Unionspriorität(en)
Prod.	Produkt
Prodd.	Produkte
qual.	qualitativ(e)
quant.	quantitativ(e)

quart.	quartär(e)(Bindigkeit)
quatern.	quaternär(e)
°R	Grad Réaumur
r	Internationale Röntgeneinheit
rac.	racemisch(e)
rad	Einheit der absorbierten Strahlendosis
°Rank.	Grad Rankine
Red.	Reduktion
Redd.	Reduktionen
red.	reduziert(e)
Ref.	Referat
Reff.	Referate
rem	roentgen-equivalent-men
rep	roentgen-equivalent-physical
R_F	Retentionsfaktor (anteilmäßige Steighöhe)
RhZ.	Rhodanzahl
Rk.	Reaktion
Rkk.	Reaktionen
S	Sedimentationskonstante
s	Sekunde (nur für Dimensionen)
s.	siehe
schm.	schmelzend(e)
sd.	siedend(e)
Sek.	Sekunde(n), allgemein
sek.	sekundär(e)
sog.	sogenannt(e)
spezif. Gew.	Spezifisches Gewicht
Std.	Stunde(n) (allgemein)
std.	stündig(e)
symm.	symmetrisch(e)
Synth.	Synthese(n)
Syst.	System(e)
SZ.	Säurezahl
t	Tonne, metrisch
Temp.	Temperatur(en)
tern.	ternär(e)
tert.	tertiär(e)
u.	und
u. a.	und andere, unter anderem
u. dgl.	und dergleichen
U/min	Umdrehungen pro Minute
ungesätt.	ungesättigt(e)
unlösl.	unlöslich(e)
unsymm.	unsymmetrisch(e)
Unters.	Untersuchung
Unterss.	Untersuchungen
USP.	United States Pharmacopeia
usw.	und so weiter
UV	Ultraviolett
V	Volt
Val	Grammäquivalent
Verb.	Verbindung
Verbb.	Verbindungen
verd.	verdünnt(e)
Verf.	Verfahren (Einzahl)
Verff.	Verfahren (Mehrzahl)
Verh.	Verhalten
Vers.	Versuch
Verss.	Versuche
Verw.	Verwendung(en)
Vf.	Verfasser(in) (Einzahl)
Vff.	Verfasser(innen) (Mehrzahl)
Vgl.	Vergleich(e)
vgl.	vergleiche
Vol.	Volumen, Volumina
Vork.	Vorkommen (Ein- u. Mehrzahl)
vorl. Mitt.	vorläufige Mitteilung(en)
Vorr.	Vorrichtung(en)
vorst.	vorstehend(e)
VZ.	Verseifungszahl
W	Watt
W.	Wasser
Wrkg.	Wirkung(en)
wss.	wässerig(e)
X	X-Einheit
z. B.	zum Beispiel
Zers.	Zersetzung(en)
z. T.	zum Teil
Zus.	Zusammensetzung(en)
♂	männlich (im biolog. Sinne)
♀	weiblich (im biolog. Sinne)
°	Grad Celsius
%ig.	prozentig
‰ig.	promillig
~	angenähert, etwa gleich mit, rund
≧	gleich oder größer als
≦	gleich oder kleiner als
>	größer als
<	kleiner als
≙	entspricht
∞	unendlich
∅	Durchmesser

Griech. Abkürzungen

$[\alpha]_D^{20}$	Opt. Drehung, spezifische (gemessen mit D-Linie bei 20°)
λ	Wellenlänge
λ_{max}	maximale Wellenlänge
λ_{min}	minimale Wellenlänge
μ	Mikrometer (auch Mikron genannt)
μg	Mikrogramm (auch Gamma genannt)
Ω	Ohm

Kurzzeichen der Vorsätze für Einheiten

T	Tera-	10^{12} Einheiten
G	Giga-	10^{9} Einheiten
M	Mega-	10^{6} Einheiten
k	Kilo-	10^{3} Einheiten
h	Hekto-	10^{2} Einheiten
da	Deka-	10^{1} Einheiten
d	Dezi-	10^{-1} Einheiten
c	Zenti-	10^{-2} Einheiten
m	Milli-	10^{-3} Einheiten
μ	Mikro-	10^{-6} Einheiten
n	Nano-	10^{-9} Einheiten
p	Pico-	10^{-12} Einheiten

Patent-Abkürzungen

D.A.S.	Deutsche Auslegeschrift
D.B.P.	Deutsches Bundes-Pat.
D.P. [DDR]	Deutsches [DDR] Patent
D.R.P.	Deutsches Reichs-Pat.
A.P.	Amerikanisches Patent
Aust.P.	Australisches Patent
Belg.P.	Belgisches Patent
Can.P.	Canadisches Patent
Dän.P.	Dänisches Patent
E.P.	Englisches Patent
Finn.P.	Finnisches Patent
F.P.	Französisches Patent
Holl.P.	Holländisches Patent
Ind.P.	Indisches Patent
It.P.	Italienisches Patent
Jap.A.S.	Japan. Auslegeschrift
Jug.P.	Jugoslawisches Patent
Norw.P.	Norwegisches Patent
Oe.P.	Österreichisch. Patent
Poln.P.	Polnisches Patent
Schwed.P.	Schwedisches Patent
Schwz.P.	Schweizer Patent
Tschech.P.	Tschechoslowakisches Patent
UdSSR.P.	Sowjetisches Patent
Ung.P.	Ungarisches Patent

Für die fachliche Rechtschreibung in den Referaten und Registern des Chemischen Zentralblattes ist die 2. Auflage (Verlag Chemie GmbH Weinheim/Bergstr. u. VDI-Verlag GmbH Düsseldorf; 1959) der „Rechtschreibung der technischen und chemischen Fremdwörter" von Jansen-Mackensen bestimmend.

Dr. Eugen Klever und Dr. Willi Barz, Chefredakteure

Chemisches Zentralblatt

Neue Bücher

A. Allgemeine, physikalische und anorganische Chemie

Marion Clyde Day, Theoretical inorganic chemistry. New York: Reinhold. 1962. (413 S. m. Abb.) $ 12.—
R. H. Dewald, W. L. Ghijsen en **A. J. Verbrugh**, Elementaire inleiding tot de fysische scheikunde. Deel I. 3e druk. Groningen: J. B. Wolters. 1962. (XV + 445 S. m. Abb.) hfl 14.90.
George H. Duffey, Physical chemistry. New York: McGraw-Hill. 1962. (527 S. m. Abb.) $ 8.75.
Martin Ambrose Paul, Physical chemistry. Boston: Heath. 1962. (460 S. m. Abb.) $ 8.25.
Ewing C. Scott, The nature of atoms and molecules. New York: Harper. 1962. (765 S. m. Abb.) $ 8 —.
Mentzer Russell Wehr, Introductory atomic physics. Reading (Massachusetts): Addison. 1962. (420 S. m. Abb.) $ 8.75.
M. G. Wesselow, Elementare Quantentheorie der Atome und Moleküle. 2. vervollst. Ausg. (Lehrbuch für chemische Fakultäten an Universitäten). Moskau: Fismatgis. 1962. (216 S. m. Abb.) 42 Kop. [Russ.]

A_1. Kernphysik und Kernchemie

N. F. Nelipa, Photoproduction and scattering of pi-mesons. New York: Gordon and Breach. 1962. (99 S. m. Abb.) $ 5.—.

A_2. Optisches Verhalten der Materie

—, Optik und Spektroskopie aller Wellenlängen. Tagung der Physikalischen Gesellschaft in der DDR, 27.—31. Oktober 1960 in Jena. Berlin: Akademie-Verlag 1962. (696 S. m. 496 Abb., 37 Tab. u. 25 Taf.) 8°. DM 120,—.

H. VIII. Metallurgie. Korrosion

—, Nouvelles propriétés physiques et chimiques des métaux de très haute pureté. Paris, 12—14 octobre 1959. Paris: Centre national de la recherche scientifique. 1960. (287 S. m. Abb.) 4°.
William A. Knepper, ed., Agglomeration. International Symposium on Agglomeration. 1st, Philadelphia, 1961. New York: Interscience. 1962. (XV + 1109 S. m. Abb.) $ 25.—.
N. W. Korowin, Neue Überzüge und Elektrolyte in der Galvanotechnik. Moskau: Metallurgisdat. 1962. (135 S. m. graph. Darst.) 58 Kop. [Russ.]
G. D. Wolpert, Überzüge aus zerstäubtem Metall. Moskau: Gosstroiisdat. 1957. (268 S.) 1 Rbl. 05 Kop. [Russ.]

XIV. Zucker. Kohlenhydrate. Stärke

A. I. Shuschman, I. D. Ssinelnikow und **Je. A. Schtyrkowa**, Herstellung von Stärkeprodukten aus Mais (Maisstärke, Sago aus Maisstärke, Puddingstärke u. -pulver). Moskau: Pischtschepromisdat. 1962. (188 S. m. Abb.; 1 Bl. Zeichng.) 70 Kop. [Russ.]

XV. Gärungsindustrie

G. D. Kallieros, Technique of wine fabrication. Athen: General Direction of Press Research and Cultural Relations Division. 1960. (352 S.)

XIX. Brennstoffe. Erdöl. Mineralöle

A. Cauquil, Technologie des combustibles, des lubrifiants et des eaux pour chaudières. Paris.: Editions Maritimes et d'Outre-Mer. 1962. (320 S. m. 159 Abb.) 39 NF.

Ausgewertete Bibliographie-Fachzeitschriften

Belgien	Bibliographie de Belgique — Belgische Bibliographie
ČSSR	Bulletin — Die Neuesten Forschungsergebnisse der Tschechoslowakischen Wissenschaft
	Nové knihy (Neue Bücher)
	Novinky (Neuheiten)
Dänemark	Danske Bogmarked
Deutschland	Börsenblatt für den Deutschen Buchhandel — Frankfurter Ausgabe
	Börsenblatt für den Deutschen Buchhandel — Leipziger Ausgabe
	Deutsche Bibliographie. Wöchentliches Verzeichnis. Ausgabe II. [Frankfurt/Main]
	Deutsche Nationalbibliographie. Reihe A: Neuerscheinungen des Buchhandels [Leipzig]
England	British Books (Incorporating the Publishers Circular & Booksellers Record)
	British National Bibliography
Frankreich	Bibliographie de la France
Holland	Nieuwsblad voor de Boekhandel
Italien	Bibliografia Nazionale Italiana
Japan	Nōhon Shūhō (Current Publications)
Österreich	Österreichische Bibliographie
Schweiz	Schweizer Buch. Serie A und Serie B
UdSSR	Bücherverzeichnis des Jahres (Книжная летопись)
	Neue Bücher (Новые книги)
USA	Publishers' Weekly

Namenregister

Patentregister

Deutsche Patente [München] (D.B.P.)

Auslegeschriften der Patentanmeldungen des Deutschen Patentamtes München (D.A.S.)

Deutsche Patente (D.P.[DDR])

Amerikanische Patente (A.P.)

Australische Patente (Aust.P.)

12905

Chemisches Zentralblatt

1962 Nr. 36 5. September

A. Allgemeine, physikalische und anorganische Chemie

Infrarot-Phänomene in der Quantenelektrodynamik. 1. Mitt. **Die physikalischen Ein-Elektron-Zustände im Infrarot-Bereich.** W. Van Haeringen. (Physica [Utrecht] **26.** 289—305. Mai 1960. Utrecht, Nederland, Rijksuniv., Inst. voor theoret. fys.) (Engl.)

Unters. zur Quantenelektrodynamik im elektromagnet. Wellenlängenbereich, der groß im Vgl. zur COMPTON-Wellenlänge des Elektrons ist (sog. IR-Bereich). Vf. stellt das 1937 von BLOCH u. NORDSIEK entwickelte Näherungsmodell der Quantenelektrodynamik der IR-Strahlung auf Grund der noch vorhandenen theoret. Schwierigkeit erneut zur Diskussion. Es wird gezeigt, daß dieses Modell ein guter Ersatz für eine vollständige Theorie ist, solange es nur auf die IR-Strahlung angewendet wird. Mittels einer nichtkovarianten Diagrammtechnik wird der Beweis geführt, daß die Vernachlässigung des Elektronenrückstoßes u. des Paareffekts im IR-Bereich tatsächlich möglich ist.

WOLFGANG KRÜGER. 10☐

Infrarot-Phänomene in der Quantenelektrodynamik. 2. Mitt. **Bremsstrahlung und Compton-Streuung.** W. Van Haeringen. (Physica [Utrecht] **26.** 306—25. Mai 1960.) (Engl.) — 1. vgl. vorst. Referat.

Die IR-Aspekte der Quantenelektrodynamik werden durch Behandlung von 2 Streuproblemen (Bremsstrahlung u. COMPTON-Streuung) diskutiert. Die Notwendigkeit der Überprüfung des Theorems von THIRRING für den Gültigkeitsbereich der THOMSONschen Streuungsformel bei sehr niedrigen Energien wird an Hand der COMPTON-Streuung gezeigt.

WOLFGANG KRÜGER. 10☐

Marion Clyde Day, Theoretical inorganic chemistry. New York: Reinhold. 1962. (413 S. m. Abb.) $ 12.—.

R. H. Dewald, W. L. Ghijsen en A. J. Verbrugh, Elementaire inleiding tot de fysische scheikunde. Deel I. 3e druk. Groningen: J. B. Wolters. 1962. (XV + 445 S. m. Abb.) hfl 14.90.

George H. Duffey, Physical chemistry. New York: McGraw-Hill. 1962. (527 S. m. Abb.) $ 8.75.

Martin Ambrose Paul, Physical chemistry. Boston: Heath. 1962. (460 S. m. Abb.) $ 8.25.

Ewing C. Scott, The nature of atoms and molecules. New York: Harper. 1962. (765 S. m. Abb.) $ 8.—

Mentzer Russell Wehr, Introductory atomic physics. Reading (Massachusetts): Addison. 1962. (420 S. m. Abb.) $ 8.75.

M. G. Wesselow, Elementare Quantentheorie der Atome und Moleküle. 2. vervollst. Ausg. (Lehrbuch für chemische Fakultäten an Universitäten). Moskau: Fismatgis. 1962. (216 S. m. Abb.) 42 Kop. [Russ.]

A_1. Kernphysik und Kernchemie

π^--Einfang in komplexen Kernen und Kern-Paarkorrelationen. S. Ozaki, R. Weinstein, G. Glass, E. Loh, L. Neimala und A. Wattenberg. (Physic. Rev. Letters **4.** 533—35. Mai 1960. Cambridge, Mass., MIT, Labor. for Nucl. Sci. and Phys. Dep.) (Engl.)

π^- wurden durch Beschuß von Be mit derBremsstrahlung des Synchrotrons erzeugt. Die π^- fielen auf Targets aus *Li, C, Al, S, Cu* u. *Pb.* Um die Rkk. a) $\pi^- + p + n \rightarrow n + n$ u. b) $\pi^- + p + p \rightarrow n + p$ nachzuweisen, wurden Scintillatoren in Koinzidenz zur Messung der Neutronen u. Protonen benutzt. Auch die Winkelabhängigkeit wurde untersucht. Es ergab sich ein Verhältnis a/b von 5,0 ± 1,5 für C u. von 3,9 ± 1,2 für Al. Dieses Ergebnis würde mit einer SERBER-Mischung der Kernkräfte innerhalb komplexer Kerne übereinstimmen.

M. WIEDEMANN. 90☐

K-Meson-Nucleon-Wechselwirkungen und die relative Σ-Λ-Parität. Saul Barshay. (Phys. Rev. Letters **1.** 97—98. 1/8. 1958. Upton, N.Y., Brookhaven Nat. Labor.) (Engl.) — Vgl. C. **1960.** 4.

Auf Grund störungstheoret. Betrachtungen unter Einbeziehung von Effekten höherer Ordnung kommt Vf. zu dem Schluß, daß die relative K-Λ-Parität bzw. die relative K-Σ-Parität in bezug auf das Nucleon ungerade bzw. gerade ist.

D. JÖRCHEL. 90☐

Ein Modell für die S-Wellen-$\overline{K}$-N-Streuung. B. H. Bransden, H. Rashid und R. G. Moorhouse. (Nuovo Cimento [10] **20**. 213—24. 16/4. 1961. Glasgow, Univ., Dep. of Natural Philos.) (Engl.)

Die Streuung von K-Mesonen an Nucleonen wird unter der Annahme virtueller Paar-Bldg. nach $\pi \longleftrightarrow N + \overline{N}$, $\overline{K} \longleftrightarrow Y$ (Hyperon) $+ \overline{N}$ behandelt. Für die Streuamplitude werden 3 gekoppelte Integralgeichungen erhalten u. numer. gelöst. M. Wiedemann. 90□

$\overline{K}$-Nucleon-Wechselwirkung bei niedriger Energie. R. C. King, R. E. Lanou jun. und S. F. Tuan. (Physic. Rev. Letters **6**. 500—03. 1/5. 1961. Providence, R.I., Brown Univ., Dep. of Phys.) (Engl.)

Aus den Daten über die K^--p-Streuung bei niedriger Energie (Blasenkammer oder Emulsion) läßt sich Aufschluß über die $\overline{K}$-Nucleon-Wechselwrkg. erhalten u. zwischen konstruktiver u. destruktiver Coulomb-Kerninterferenz unterscheiden. Es wird jedoch gezeigt, daß die Fehler in den Streulängen, die mit der S-Wellen–Nullreichweite-Approximation verbunden sind, zu Widersprüchen führen. M. Wiedemann. 90□

Ein phänomenologisches Modell für energiereiche Wechselwirkungen. 2. Mitt. Das Energiespektrum der Sekundärteilchen. Benjamin Reuter und Kurt Sitte. (Bull. Res. Council Israel, Sect. F **10 F**. 3—16. Aug. 1961. Haifa, Technion Israel Inst. of Technol., Dep. of Phys.) (Engl.) — 1. vgl. C. **1962**. 6656.

Es wird angenommen, daß bei energiereichen Nucleon–Nucleon-Stößen die Trennung der Teilchen der Emission der Sekundärteilchen vorausgeht. Da in jedem Stadium der expandierenden Wolke nur Teilchen bestimmter Energie entweichen können, ist das Energiespektrum durch die Expansionsrate der Wolke definiert. Mittels Thermodynamik u. Dynamik wird der Prozeß beschrieben u. ein Energiespektrum in Form eines Potenzgesetzes erhalten. Der Anteil der vor der Trennung der Nucleonen emittierten Sekundärteilchen liegt bei 10—30%. M. Wiedemann. 90□

Untersuchung der Zeitumkehr-Invarianz beim Beta-Zerfall des Neutrons. M. A. Clark, J. M. Robson und R. Nathans. (Phys. Rev. Letters **1**. 100—01. 1/8. 1958. Chalk River, Canada, Atom. Energy of Canada Ltd.; University Park, Pa., Pennsylvania State Univ.; Upton, N.Y., Brookhaven Nat. Labor.) (Engl.) — Vgl. C. **1961**. 6030.

Experimentelle vorläufige Ergebnisse der Messung des Termes D im Ausdruck für die Winkelverteilung der Zerfallsprodukte beim β-Zerfall des Neutrons zeigen, daß $D = -0{,}02 \pm 0{,}28$ ist, wobei die Theorie für den Fall einer vollen Verletzung der Zeitumkehrinvarianz $|D| = 0{,}5$ u. für den Fall keiner Verletzung $D = 0$ voraussagt. Danach dürfte also eine volle Verletzung der Zeitumkehrinvarianz nicht auftreten. D. Jörchel. 90□

Elastische Streuung von 15-MeV-Neutronen an Kupfer-, Blei- und ^{238}U-Kernen. B. Ja. Gushowski. (Атомная Энергия [Atomenergie] **11**. 395—96. Okt. 1961.) (Russ.)

Durch Beschuß von Zr–T mit 290-keV-Deuteronen wurden Neutronen gewonnen u. ihre elast. Streuung an Cu im Bereich von 16—80°, an Pb von 10—122° u. an ^{238}U 10—155° bestimmt. Die Messungen erfolgten in Ringgeometrie. Als Neutronendetektor dienten Scintillatoren aus plast. Masse oder Stilben. Die differentiellen Wrkg.-Querschnitte nehmen mit zunehmendem Winkel ab, doch zeigen die Kurven mehrere Maxima u. Minima. M. Wiedemann. 90□

Messung des unelastischen Wechselwirkungsquerschnittes von 13- bis 20-MeV-Neutronen an einigen Isotopen. Ju. G. Degtjarew und W. G. Nadtotschi. (Атомная Энергия [Atomenergie] **11**. 397—98. Okt. 1961.) (Russ.)

Die Messungen erfolgten in umgekehrter (Quelle außen, Detektor innen) sphär. Geometrie. Neutronen mit Energien zwischen 13—20 MeV wurden unter verschiedenem Winkel nach der Rk. T(d, n)^{4}He erhalten. Zum Nachw. der Neutronen dienten Plaste- oder Kristallscintillatoren. Aus der Durchlässigkeit von *Al, Fe, Cu, Pb,* ^{235}*U*, ^{238}U u. ^{239}*Pu* wurden die unelast Wrkg.-Querschnitte für die verschiedenen Energien bestimmt. Die Werte liegen zwischen 0,8 u 2,8 mbarn, sie nehmen mit der Kernmasse zu, die Energieabhängigkeit ist nicht monoton. M. Wiedemann. 90□

Unelastische Streuung von 14-MeV-Neutronen an Natrium-, Eisen-, Nickel- und Bleikernen. B. I. Ssuchanow und W. G. Rukawischnikow. (Атомная Энергия [Atomenergie] **11**. 398—99. Okt. 1961.) (Russ.)

Nach der Flugzeit-Meth. wurden die Spektren von unelast. gestreuten Neutronen im Intervall 0,6—4 MeV beim Beschuß der natürlichen Isotopenmischungen von Na, Fe, Ni u. Pb mit 14-MeV-Neutronen gemessen. Als Detektor diente ein Fl.-Scintillator auf Xylolgrundlage. Die Wrkg.-Querschnitte, die der Bldg. eines Restkerns in den höheren angeregten Zuständen (10—14 MeV) entsprechen, u. die berechneten Temp. der Restkerne sind tabelliert, die Werte betragen 0,45, 0,96, 0,90 u. 1,8 barn bzw. 0,97, 0,80, 0,79 u. 0,75 MeV. M. WIEDEMANN. 90□

Unelastische Querschnitte für Neutronen des Spaltspektrums. 2. Mitt. H. A. Bethe, J. R. Beyster und R. E. Carter. (J. nuclear Energy 3. 273—300. Nov. 1956. Univ. of California, Los Alamos Sci. Labor.) (Engl.) — 1. vgl. C. 1962. 11078; 3. vgl. C. 1962. 11439.

Die Theorie der anisotropen Streuung wird entwickelt. Es wird geprüft, unter welchen Bedingungen die Transportnäherung gültig ist. Die Wahrscheinlichkeiten des Entweichens nach einer bestimmten Stoßzahl werden berechnet. M. WIEDEMANN. 90□

Streuung langsamer Neutronen an Molekülen. A. Rahman. (J. nuclear Energy, Part A 13. 128—32. Jan. 1961. Bombay, Tata Inst. of Fundament. Res.) (Engl.)

Die Streuung von Neutronen an einem rotierenden starren Mol. wird für Energien der einfallenden Neutronen der gleichen Größenordnung wie bei der Trennung der Rotationsniveaus analysiert. Wenn die Neutronenenergie groß ist, kann für ein sphär. Kreisel-Mol. auch der Rotator benutzt werden. Es ergibt sich, daß in der Näherung der hohen Energie die Streuung vom Zustand, in dem sich das Mol. vorher befunden hat, unabhängig ist. M. WIEDEMANN. 90□

Der Doppler-Effekt in thermischen Reaktoren. R. M. Pearce. (J. nuclear Energy, Part A 13. 150—75. Jan. 1961. Chalk River, Ontario, Atom. Energy of Canada Ltd.) (Engl.)

Übersicht über experimentelle u. theoret. Arbeiten über den DOPPLER-Effekt in therm. Reaktoren für U-Metall, UO_2, Th-Metall u. ThO_2. α_0, der DOPPLER-Koeff. im 1/E-Spektrum, nimmt nach Theorie u. Experiment mit zunehmendem Oberfläche/Masse-Verhältnis zu, wo dieses Verhältnis klein ist, ist er prakt. konstant. Mit steigender Temp. nimmt α_0 ab. M. WIEDEMANN. 90□

Messungen des Doppler-Temperatureffektes in einer Anordnung vom Typ EBR-I. W. Y. Kato und D. K. Butler. (Nuclear Sci. Engng. 5. 320—30. Mai 1959. Lemont, Ill., Argonne Nat. Labor.) (Engl.)

Vff. messen den DOPPLER-Temp.-Effekt in dem schnellen Spektrum einer Anordnung vom Typ EBR-I. Der Effekt wurde gemessen, indem die Proben aus angereichertem U, natürlichem U u. Pu period. schwankenden Temp. ausgesetzt u. kleine Änderungen in der Reaktivität beobachtet wurden. Ein oberer Grenzwert von $0{,}5 \cdot 10^{-8}$ $\Delta k/\Delta T$ wurde für eine Probe von 506 g ^{235}U gemessen. In einer Anordnung mit Pu als Brennstoff aber sonst gleicher Konfiguration wurde der gleiche Wert für 235 g ^{239}Pu gefunden M. GUERLIN. 90□

Polarisation bei der Proton–Beryllium- und Proton–Proton-Streuung bei 1,7 GeV. P. Bareyre, J. F. Detoeuf, L. W. Smith, R. D. Tripp und L. Van Rossum. (Nuovo Cimento [10] 20. 1049—66. 16/6. 1961. Saclay, C.E.N., Labor. de Phys. Corpuscul. à Haute Energie.) (Engl.)

Bei einer kinet. Protonenenergie von 1,74 GeV wurde die Polarisation bei der p–Be- u. p–p-Streuung gemessen. Das Maximum der Polarisation der p–Be-Streuung wurde zu $P_{max} = 0{,}19 \pm 0{,}04$ bei Winkeln $\Theta_{max} > 3{,}5^0$ gefunden. Unelast. Streuungen wurden nicht berücksichtigt, wenn der unelast. Impulsverlust > 1 % bei der ersten Streuung (gemessen durch magnet. Analyse) oder >5% bei der zweiten Streuung (gemessen mit ČERENKOV-Schwellenzähler) betrug. Das Maximum der Polarisation der p–p-Streuung beträgt $P_{max} = 0{,}30 \pm 0{,}09$ bei Winkeln von $35^0 < \Theta_{max} < 55^0$ (Schwerpunkt-Syst.). Die Winkelabhängigkeit der Polarisation ist innerhalb großer statist. Fehler mit einer Verteilung proportional sin 2 Θ vereinbar. Berechnungen der p–Be-Streuung auf Grund des opt. Modells ergaben ein fast völlig imaginäres Zentralpotential von ~43 MeV u. ein Spin–Bahn-Potential zwischen 0,9 u. 2,0 MeV, das ebenfalls fast vollständig imaginär ist. H. SCHROEDER. 90□

Pionentheorie der Kernkräfte und P-Wellen-Phasenverschiebungen bei niedriger Energie. Shoichiro Otsuki, Mituo Taketani, Ryozo Tamagaki und Wataro Watari. (Progr. theoret. Physics. [Kyoto] 25. 427—35. März 1961. Nagoya, Univ., Physic. Inst.; Tokyo, Rikkyo Univ., Dep. of Phys.; Sapporo, Hokkaido Univ., Dep. of Phys.; Osaka, City Univ., Res. Inst. for Atom. Energy.) (Engl.)

Aus dem Verh. der Triplett–P-Wellen-Phasenverschiebungen bei der Proton–Proton-Streuung unterhalb 20 MeV läßt sich auf die Existenz des abstoßenden Auslaufs des Einpionaustauschpotentials schließen, wenn Korrekturen für die Vakuumpolarisation u. relativist. Effekte u. für die Kopplung mit der *F*-Welle angebracht werden. M. WIEDEMANN. 95□

Kernschalenmodell und Pseudoskalar-Potential. E. Merzbacher. (Helv. physica Acta 30. 513—14. 1957. Chapel Hill, N. C., Univ. of North Carolina, Dep. of Phys.) (Engl.)

Es wird gezeigt, daß die DIRAC-Gleichung mit einem pseudoskalaren Potential als Näherung für ein skalares oder ein Viererpotential keine Bindungszustände zuläßt.

U. SIGGEL. 95□

Die Wirkung von Paarungskorrelationen auf die Kerneigenschaften. S. T. Belyaev. (Kgl. danske Vidensk. Selsk., mat.-fysiske Medd. 31. 1—55. 1959.) (Engl.)

Analog zur neuen Theorie der Supraleitfähigkeit wendet Vf. eine Meth. zur Unters. der Einfl. von Paarungskorrelationen auf verschiedene Kern-Eigg., bes. auf die Kollektivbewegung, an. Unter anderem wird die Schalenstruktur der Einteilchenniveaus betrachtet. Die Paarungskorrelation zwischen 2 Nucleonen in Zuständen mit entgegengesetzten Drehimpulsprojektionen wird berücksichtigt. Für stark verformte Kerne ist das Trägheitsmoment recht empfindlich für den Einfl. der Paarungskorrelation. Für Kerne in Bereichen nahe geschlossener Schalen führen die Paarungskorrelationen zu einer sphär. Gleichgewichtsform u. zu energiearmen Schwingungsarten von Anregungen. Die erhaltenen Schwingungsfrequenzen u. Trägheitsparameter stimmen mit den experimentellen Daten gut überein. M. GUERLIN. 95□

Resonanzabsorption von Kern-γ-Strahlen und die Dynamik atomarer Bewegungen. K. S. Singwi und A. Sjölander. (Physic. Rev. [2] **120**. 1093—1102. 15/11. 1960. Argonne, Ill., Argonne Nat. Labor.) (Engl.)

Die Theorie der Resonanzabsorption wird für ein willkürlich gewähltes Syst. wechselwirkender Teilchen verallgemeinert, indem die entsprechenden Übergangswahrscheinlichkeiten in Termen von Raum–Zeit-Selbstkorrelationsfunktionen ausgedrückt werden. Somit wird die Resonanzlinienschärfe in Beziehung zum inkohärenten differentialen Streuquerschnitt für langsame Neutronen gebracht. Es werden 2 Grenzfälle betrachtet: 1. ein Gas, 2. ein Festkörper. Die Berechtigung für den Gebrauch der klass. Selbstdiffusionsfunktionen für eine Fl. wird diskutiert. Es werden Ausdrücke für die Verbreiterung der Resonanzlinienschärfe, die von der diffusen Atombewegung des in Wechselwrkg. stehenden Syst. herrührt, abgeleitet. Es wird gezeigt, in welcher Weise Experimente vom MÖSSBAUER-Typ angewandt werden können, um Aufklärungen über die diffuse Bewegung der Atome im Festkörper u. unter günstigen Umständen auch in Gasen zu erhalten. E. WAGENFELD-HOHLWEG. 95□

Über die Doppler-Breite der Emissions- und der Absorptionslinien. M. I. Podgoretzki und A. W. Stepanow. (Журнал Экспериментальной и Теоретической Физики [J. exp. theoret. Physik] **40**. 561—66. Febr. 1961. Vereinigtes Inst. für Kernforsch. des Phys. Lebedew-Inst. der Akad. der Wiss. der UdSSR.) (Russ.; Auszug: Engl.)

Vff. betrachten die Besonderheiten der Resonanzabsorption von γ-Strahlen u. langsamen Neutronen in Fll., wobei sie von einem stark idealisierten Fl.-Modell ausgehen. Es wird eine klass. u. quantenmechan. Unters. des Einfl. des DOPPLER-Effektes auf die Form der Linien durchgeführt. Die Wahrscheinlichkeit der experimentellen Beobachtung der Resonanzabsorption ist bei Fll. bedeutend größer als bei Gasen, da bei Fll. die Kompensation des Rückstoßes wegfällt u. die Intensität der Resonanzabsorption wesentlich größer ist. Die Resonanzabsorption von γ-Strahlen u. Neutronen kann zur Unters. des Mechanismus des Überganges in den fl. Zustand verwendet werden. Als experimentelles Beispiel schlagen Vff. das Studium der Resonanzabsorption von γ-Quanten in ^{83}Kr ($E_\gamma = 9{,}3$ keV, $N_e/N_\gamma \sim 10$, Kp. -151^0, F. -157^0) vor. U.-L. RAU. 95□

Das gyromagnetische Verhältnis des 137-keV-Rotationsniveaus von ^{186}Os. E. Bodenstedt, H.-J. Körner, G. Strube, C. Günther, J. Radeloff und E. Gerdau. (Z. Physik **163**. 1—16. 1961. Hamburg, Univ., II. Physik. Inst.) (Dt.)

Vff. fanden für die Rotation der Winkelkorrelation der beim Zerfall von ^{186}*Re* auftretenden γ–γ-Kaskade der Niveaus 631—137 keV in einem äußeren Magnetfeld von 53500 Gauß einen Wert von $\omega\,\tau = 0{,}098 \pm 0{,}008$. Die Koeff. dieser Kaskade wurden zu $A_2 = -0{,}073 \pm 0{,}010$ u. $A_4 = +0{,}310 \pm 0{,}014$ festgestellt. Diese Werte sind korr. für innere Bremsstrahlung, K-Strahlung u. Winkel. Ein Vgl. mit dem theoret. Koeff. für eine 2^+–2^+–0^+-Kaskade zeigt, daß die Multipolarität der 631-keV-Strahlung reine E2 ist (M1-Beimischung $< 0{,}1\%$). Dieses Ergebnis steht im Einklang mit der K-Auswahlregel. Für den integralen Schwächungsfaktor ergibt sich ein Wert von $G_4 = 0{,}95 \pm 0{,}04$ beim Vgl. mit der theoret. Winkelkorrelation. Bei der Annahme nur einer Schwächung durch E2-Wechselwrkg. erhält man $G_2 = 0{,}92 \pm 0{,}07$. Aus diesen Werten ergibt sich der Kern-g-Faktor des 137-keV-Rotationszustandes zu $g_R = +0{,}316 \pm 0{,}28$. Die Halbwertszeit dieses Niveaus wurde zu $(0{,}84 \pm 0{,}03)\cdot 10^{-9}$ s bestimmt.

H. SCHROEDER. 95□

Dispersionsformeln, die die optische Wechselwirkung berücksichtigen. W. I. Sserdobolski. (Журнал Экспериментальной и Теоретической Физики [J. exp.

theoret. Physik] **40.** 590—96. Febr. 1961. Phys. Lebedew-Inst. der Akad. der Wiss. der UdSSR.) (Russ.; Auszug: Engl.)

Vf. entwickelt eine formale Theorie der Kern-Rkk., die zur Behandlung von Kernprozessen geeigneter ist als die R-Matrixtheorie von Wigner. Zur mathemat. Trennung der Resonanzen des Compoundkernes wird die angenäherte Orthogonalität zwischen den Wellenfunktionen des Compoundkerns u. des nichtangeregten Grundzustands verwendet. Die theoret. Betrachtung führt zur Gewinnung konkreter Dispersionsformeln, die sich überdeckende Niveaus u. die Wechselwrkg. der Teilchen mit dem opt. Potential des Kernes berücksichtigen. U.-L. Rau. 103□

Eigenschaften von Kernen mit Neutronen und Protonen in der 1 $f_{7/2}$-Schale. R. D. Lawson. (Physic. Rev. [2] **124.** 1500—05. 1/12. 1961. Argonne, Ill., Argonne Nat. Labor.) (Engl.)

Von diesen Kernen wird angenommen, daß deren tiefliegenden Zustände wohldefinierte Isospins haben, u. daß die Konfiguration rein ist. Diese Darst. wird zur Berechnung der β-Zerfalls-Übergangswahrscheinlichkeiten, der M1- u. E2-Eigg. verwendet. Die Ergebnisse stimmen besser mit dem Experiment als frühere Klassifikationen von Kernzuständen überein. So gilt bes. eine *K*-Auswahlregel, welche die anomal lange Halbwertszeit für die β-Zerfälle $^{47}Ca \rightarrow {}^{47}Sc$ u. ^{45}Ca → ^{45}Sc erklärt.

Gerhard Schmidt. 103□

E2–M1-Mischungsverhältnisse bei $2^+ \rightarrow 2^+ \rightarrow 0^+$-Übergängen. V. R. Potnis und C. E. Mandeville. (J. Franklin. Inst. **266.** 226—28. Sept. 1958. Bartol Res. Found.) (Engl.)

Die relativen Intensitäten *I* (E 2) u. *I* (M 1) sind annähernd proportional den Quadraten der Matrixelemente, die die beiden Übergangstypen beschreiben. Das Mischungsverhältnis wird definiert u. experimentell für ^{186}Os, ^{188}Os, ^{194}Pt u. ^{196}Pt bestimmt. Ob tatsächlich ein systemat. Zusammenhang zwischen δ u. der Neutronenzahl besteht, kann aus den Vers.-Ergebnissen noch nicht abgeleitet werden. M. Guerlin. 103□

Differentielle Querschnitte für (n, n′ γ)-Reaktionen in mehreren Kernen. J. W. Boring und M. T. Mc Ellistrem. (Physic. Rev. [2] **124.** 1531—37. 1/12. 1961. Lexington, Ky., Univ. of Kentucky.) (Engl.)

Vff. bestimmen die differentiellen Querschnitte für die Erzeugung von γ-Strahlen durch unelast. Neutronenstreuung u. vergleichen die Ergebnisse mit den Vorhersagen des statist. Modells, wobei ein diffuses komplexes Oberflächenpotential verwendet wird, um die Neutron-Kern-Wechselwrkg. darzustellen. Übergänge werden in ^{24}Mg, ^{55}Mn, ^{56}Fe u. ^{206}Pb beobachtet. Die Vorhersagen des statist. Modells stimmen mit den totalen Querschnitten für (n, n′γ)-Rkk. bei den erstangeregten Zustandsübergängen in ^{56}Fe u. ^{24}Mg sowie mit gemessenen Übergangsgrößen von den zweiten u. dritten angeregten Zuständen in ^{56}Fe überein. Die Winkelverteilungen für ^{55}Mn-Übergänge sind mit neueren Spinzuordnungen für die zweiten u. dritten angeregten Zustände im Einklang.

Gerhard Schmidt. 103□

Effekte der verzerrten Welle beim Stripping. J. A. Kuehner, E. Almquist und D. A. Bromley. (Physic. Rev. Letters **4.** 132—34. 1/2. 1960. Chalk River, Ontario, Atom. Energy of Canada Ltd.) (Engl.)

Als Teil einer detaillierten Unters. der Rk. ^{28}Si(d, p)^{29}Si werden Messungen der (p, γ)-Winkelkorrelationen für die Rkk. ^{28}Si(d, pγ)^{29}Si (1,28 MeV) u. ^{29}Si(2,03 MeV) in der (d, p)-Rk.-Ebene mit den Protonen durchgeführt, die an dem beobachteten Peak der $l_n = 2$-Stripping-Winkelverteilungen nachgewiesen werden. Es zeigt sich als möglich, die erhaltenen Daten unter Annahme des Strippings der verzerrten Welle u. des Formalismus von Huby u. Mitarbeitern (C. **1960.** 8077) wiederzugeben.

Gerhard Schmidt. 103□

Winkelverteilung der Neutronen aus der Reaktion ^{7}Li(p, n)^{7}Be. Arne Nilsson. (Ark. Fysik **19.** 289—301. 1961. Stockholm, Nobel Inst. of Phys.) (Engl.)

Vf. bestimmt die Neutronenverteilung aus der Rk. ^{7}Li(p, n)^{7}Be bei Protonenenergien von 2,72, 3,01, 3,20 u. 3,53 MeV u. verschiedenen Winkeln (bis 150°) unter Verw. der Flugzeit-Meth. mit photograph. Registrierung der Oscillographenbahnen. Die Energie der Protonen wurde mit Absorberfolien verändert. H. Schroeder. 103□

Ein ^{24}Mg-Energieniveau bei 6,44-MeV-Anregung. S. Hinds, R. Middleton und A. E. Litherland. (Proc. physic. Soc. **77.** 1210—11. 1/6. 1961. Aldermaston, Berks., Atom. Weapons Res. Establishm.) (Engl.)

Vff. bestrahlten ^{12}C mit $^{16}O^{4+}$-Ionen von 24 MeV. Die Energie der auf Grund der Rk. ^{12}C(^{16}O, α)^{24}Mg auftretenden α-Teilchen wurde mittels eines Multikanalspektrographen bestimmt. Es wurden neue Niveaus bei 6,44 ± 0,02, 11,08 ± 0,03 u. 11,73 ± 0,03 MeV gefunden. H. Schroeder. 103□

Der Spin eines neuen Niveaus in ^{24}Mg. C. Broude und H. E. Gove. (Proc. physic. Soc. **77.** 1211—14. 1/6. 1961. Chalk River, Ontario, Atom. Energy of Canada Ltd., Phys. Div.) (Engl.)

Vff. finden durch Messung der γ-Strahlen aus der Rk. ^{24}Mg (p, p')^{24}Mg mit E_p = 8,75 MeV ein neues Niveau von ^{24}Mg bei 6,44 MeV. Sie geben ein Niveauschema mit den Niveaus 6,44 (0), 6,01 (4), 5,22 (3$^+$), 4,23 (2$^+$), 4,12 (4$^+$) u. 1,37 (2$^+$) MeV an. Alle Übergänge zum Grundzustand gehen über das 1,37-MeV-Niveau. H. Schroeder. 103□

Untersuchung der Streuung und Resonanzabsorption des 10,5-MeV-Niveaus von Magnesium-24. André Bussière de Nercy. (C. R. hebd. Séances Acad. Sci. **250.** 1252—54. 15/2. 1960. Orsay, Labor. de Phys. nucl.) (Franz.)

Durch Resonanzstreuung der Bremsstrahlungsphotonen an Mg ist ein 10,5-MeV-Niveau festgestellt worden. Die Winkelverteilung der gestreuten Photonen besitzt Dipolcharakter. Streu- u. Selbstabsorptions-Verss. bestimmen den Absorptionsquerschnitt bei der Resonanz zu 7 $\pm$ 2 barn. Es wird eine totale Niveaubreite von Γ = 1,7 $\pm$ 0,4 keV erhalten. Die partielle Breite $\Gamma_{(\gamma_0)}$ = 180 $\pm$ 5 eV erscheint zu groß für ein Niveau des unabhängigen Teilchens. Gerhard Schmidt. 103□

Winkelverteilung der Protonen aus der Reaktion ^{28}Si(n, p)^{28}Al. L. Colli, G. M. Marcazzan, F. Merzari, P. G. Sona und P. Tomaš. (Nuovo Cimento [10] **20.** 928 bis 935. Juni 1961. Milano, Univ., Labor. CISE.) (Engl.)

Vff. untersuchten die Winkelverteilung der bei der Rk. ^{28}Si (n, p) ^{28}Al (E_n = 14,1 MeV) auftretenden Protonen unter Winkeln von 10, 15, 22,5, 30, 60, 75 u. 90° (Schwerpunkts-Syst.). Das Energiespektrum enthält 4 Maxima, bei denen sich ein anisotroper Anteil dem isotropen, der bei kleinen Energien vorherrscht, überlagert. Der anisotrope Anteil kann mit befriedigender Übereinstimmung durch einen direkten Wechselwrkg.-Mechanismus beschrieben werden. H. Schroeder. 103□

Wechselwirkung von 14-MeV-Neutronen mit einem Silicium-Halbleiterdetektor für Kernteilchen. W. M. Deuchars und G. P. Lawrence. (Nature [London] **191.** 995. 2/9. 1961. Canberra, Austral. Nat. Univ., Dep. of nucl. Phys., Inst. of Advanc. Stud.) (Engl.)

Ein Oberflächensperrschichtdetektor (400 Ωcm) aus Si (n-Typ) wurde mit 14,03 $\pm$ 0,05-Mev-Neutronen bestrahlt u. seine Signale nach zweifacher Verstärkung durch einen 400-Kanal-Impulshöhenanalysator registriert. Das so erhaltene Energiespektrum ist abgebildet. Eine Gruppe von Peaks, die Energieniveaus des bei der Rk. ^{28}Si(n, α) ^{25}*Mg* entstehenden ^{25}Mg charakterisieren, wurde an vorausberechneten Stellen gefunden. Ebenso ein Peak, dem die Rk. ^{28}Si(n, d)^{27} Al zuzuordnen ist. Dagegen wurde die Rk. ^{28}Si(n, p)^{28}Al nicht exakt nachgewiesen. Messungen der Wrkg.-Querschnitte wurden für ^{25}Mg an der Rk. ^{28}Si(n, α)^{25}Mg durchgeführt u. die Ergebnisse in einer Tabelle zusammengestellt. T. Tamberg. 103□

Die Reaktion Silicium-29(n, α)Magnesium-26 mit 14-MeV-Neutronen. W. M. Deuchars und G. P. Lawrence. (Nature [London] **192.** 1278—79. 30/12. 1961. (Engl.) — Vgl. vorst. Referat.

Mit der von Vff. (l. c.) beschriebenen Anordnung wurde ein Siliciumtarget mit 14,03 $\pm$ 0,05 MeV-Neutronen bestrahlt u. das Energiespektrum aufgenommen. Ein neuer erster angeregter Zustand von ^{26}Mg bei 1,33 MeV konnte im Gegensatz zu Dearnaley u. Ferguson (Proc. Rutherford Conf. [1961]) selbst bei sorgfältigem Arbeiten nicht gefunden werden. Es wird darauf hingewiesen, daß auch andere Unterss. der Energieniveaus von ^{26}Mg dieses 1,33-MeV-Niveau nicht ergeben haben.
T. Tamberg. 103□

Das Zerfallsschema von ^{59}Fe. J. M. Ferguson. (Nuclear Physics [Amsterdam] **12.** 579—88. Sept. 1959. San Francisco, Calif., US Naval Radiol. Defence Labor.) (Engl.)

Durch (n, γ)-Rk. wurden ^{59}Fe-Quellen erhalten u. ihr γ-Spektrum mittels NaJ(Tl)-Kristallen untersucht. Folgende Strahlen in MeV wurden gefunden (relative Intensität) 0,140 (0,85) 0,109 (2,4), 0,340 (0,34), 1,10 (56), 1,29 (44). Das Termschema von ^{59}*Co* wird aufgestellt. Angeregt werden folgende Niveaus beim Zerfall von ^{59}Fe: Grundzustand 7/2$^-$ zu 0,3%; 1,097 MeV 11/2$^-$ zu 53%, 1,289 3/2$^-$ zu 46% u. 1,432 1/2$^-$ zu 1%.
M. Wiedemann. 103

Über die Interpretation des Niveauschemas von Cadmium-112. Christian Ythier. (C. R. hebd. Séances Acad. Sci. **251.** 2915—17. 19/12. 1960.) (Franz.)

Das Termschema von ^{112}Cd läßt sich in 4 Familien kollektiver Schwingungsniveaus zerlegen, die des Grundniveaus u. dreier Niveaus 0$^+$ mit den Energien 1,23, 1,4 u. 1,84 MeV. M. Wiedemann. 103□

Untersuchung der (γ, n)-Reaktion an ^{112}Sn- und ^{124}Sn-Isotopen. Zi-di Go, B. Ss. Ratner und B. W. Ssergejew. (Журнал Экспериментальной и Теоретической Физики [J. exp. theoret. Physik] **40.** 85—87. Jan. 1961. Physik. Lebedew-Inst. der Akad. der Wiss. der UdSSR.) (Russ.; Auszug: Engl.)

Die Querschnitte der (γ, n)-Rkk. an ^{112}Sn u. ^{124}Sn werden in Abhängigkeit von der γ-Energie bis 30 MeV untersucht. Dazu wird die Ausbeute der erzeugten Radionuclide ^{111}Sn bzw. ^{123}Sn gemessen. Als Standards dienen die (γ, n)-Rkk. an ^{63}Cu, ^{12}C u. ^{16}O. Die Anregungsfunktionen zeigen Maxima bei 16,0 $\pm$ 0,5 bzw. 15,5 $\pm$ 0,5 MeV für ^{112}Sn bzw. ^{124}Sn. Die integralen Querschnitte betragen 1,82 $\pm$ 0,1 bzw. 1,56 $\pm$ 0,08 MeV·barn. K.-E. Seyb. 103□

Auger-Elektronen des Lutetiums. Jacques Valentin. (C. R. hebd. Séances Acad. Sci. **254.** 858—59. 29/1. 1962. Orsay, Fac. des Sci., Labor. Joliot-Curie de Phys. nucl.) (Franz.)

Wiedergabe der experimentellen u. berechneten Energien sowie Intensitäten von Auger-Elektronen der K- u. L-Schale bei Lu. Ludwig Lindner. 103□

Zerfall des Zweistunden-Isotops ^{168}Lu. Je. P. Grigorjew, K. Ja. Gromow, B. Ss. Dshelepow, W. Swolska, A. W. Solotawin, M. Weiss und Jun-jui Wan. (Доклады Академии Наук СССР [Ber. Akad. Wiss. UdSSR] **136.** 325—28. 11/1. 1961. Leningrad, Univ., Verein. Inst. für Kernforsch.) (Russ.)

Mit einem β-Spektrometer mit doppelter Fokussierung werden Konversionslinien eines γ-Übergangs von 87,54 keV mit $T_{1/2}$ = 2,15 $\pm$ 0,20 h in einer Lu-Fraktion beobachtet. Aus den Energiedifferenzen der Linien wird der Übergang zu einem Yb-Kern nachgewiesen. Aus theoret. Betrachtungen wird für das Lu-Isotop als wahrscheinlichste Massenzahl 168 angenommen. K.-E. Seyb. 103□

Photoelektronen-Scintillationsspektrometer und der Konversionskoeffizient des 279-keV-Überganges in ^{203}Tl. B. N. Subba Rao. (Proc. Indian Acad. Sci., Sect. A. **53.** 244—51. Mai 1961. Bombay, Tata Inst. of Fundamental Res.) (Engl.)

Vf. beschreibt eine experimentelle Anordnung (Photoelektronen- u. organ. Kristall-Scintillationsspektrometer) u. ihre Anwendung zur direkten Messung von Konversions-Koeff. ohne Kenntnis der Quellenstärke, der Geometrie Quelle-Detektor, der Zählausbeute, der Einfl. der energieabhängigen Winkelverteilung u. der Vielfachstreuung. Nach dieser Meth. wurde der Konversions-Koeff. für den 279-keV-Übergang von ^{203}Tl zu α_K = 0,15 $\pm$ 0,02 gefunden; nach der üblichen Meth. (Messung der Röntgen- u. γ-Intensitäten) ist α_K = 0,153 $\pm$ 0,012. H. Schroeder. 103□

Eine Bestimmung des K-Konversionskoeffizienten des M4-Überganges (6,1 Sekunden) in ^{203}Pb. Lars Persson und Rune Stockendal. (Ark. Fysik **19.** 303—07. 1961. Stockholm, Nobel Inst. of Phys.) (Engl.)

Vff. führten eine erneute Best. des K-Konversions-Koeff. des 825,2 keV-M4-Überganges in ^{203}Pb auf Grund eines Vgl. der Intensitäten der K-Röntgenstrahlen u. der γ-Strahlen aus dem Zerfall des isomeren Zustandes (6,1 Sek.) durch. Die Messungen wurden mit 2 Multikanalanalysatoren durchgeführt. Der erhaltene Wert von ε_K = 0,22 $\pm$ 0,02 stimmt mit dem theoret. Wert (β_4 = 0,22) überein. Das Blockdiagramm der Scintillationsanordnung ist angegeben. H. Schroeder. 103□

Einfangwahrscheinlichkeiten für K- und L-Elektronen und die Zerfallsenergie des ^{203}Pb. Lars Persson und Ziemowid Sujkowski. (Ark. Fysik **19.** 309—22. 1961.) (Engl.) — Vgl. vorst. Referat.

Die K-Röntgenspektren wurden in Koinzidenz zu den γ-Quanten des 1. u. 2. angeregten Zustandes von ^{203}Tl an einer angereicherten ^{203}Pb-Probe mittels Scintillationstechnik untersucht. Das L_I/K-Verhältnis beträgt 0,38 $\pm$ 0,02. Die totale Zerfallsenergie wurde zu 817^{+12}_{-10} keV bestimmt. Die Coster-Kronig-Ausbeute $f_{L_I L_{III}}$ wurde zu 0,57 $\pm$ 0,10 berechnet. Die Halbwertszeit von ^{203}Pb wurde zu 52,1 $\pm$ 0,2 Std. gefunden. H. Schroeder. 103□

α-Spektrum von Wismut-212 (ThC). Robert J. Walen und Geneviève Bastin-Scoffier. (C. R. hebd. Séances Acad. Sci. **245.** 676—77. 5/8. 1957.) (Franz.)

Mittels eines Spektrographen mit permantem Magneten wurde an einer ThC-Quelle die α-Strahlung (α_5) mit 5,477 MeV u. einer Intensität $1,4 \cdot 10^{-4}$ bestätigt u. eine weitere α_6 mit 5,341 MeV u. 10^{-5} Intensität gefunden. Es besteht eine Regelmäßigkeit der Energiedifferenzen der α-Feinstruktur, die auf ein Syst. von Schwingungsniveaus zurückgeführt wird. M. Wiedemann. 103□

Relative Intensität einiger γ-Übergänge von Actinium-227. Roger Foucher. (C. R. hebd. Séances Acad. Sci. **250.** 1249—51. 15/2. 1960.) (Franz.)

Vf. bestimmt die relative Intensität der Abkling-γ-Strahlen vom 329-keV-Niveau mittels NaJ(Tl)-Spektrometrie. Die Zerlegung des komplexen γ-Spektrums von ^{231}*Pa* zeigt die Existenz von 5 Strahlen von 260, 280, 300, 330 u. 357 keV, die relativen Intensitäten sind 0,1, 1, 4, 1 bzw. 0,37. Aus diesen Messungen u. aus α-γ- u. γ-γ-Koinzidenz-Best. wird eine wahrscheinliche Multipolarität einiger γ-Übergänge von ^{227}Ac abgeleitet. Gerhard Schmidt. 103□

Ausbeute an Spaltprodukten von ^{233}U und ^{239}Pu durch schnelle Neutronen. Je. K. Bonjuschkin, Ju. Ss. Samjatnin, W. W. Spektor, W. W. Ratschew, W. R. Negina und W. N. Samjatnina. (Атомная Энергия [Atomenergie] **10.** 13—18. Jan. 1961.) (Russ.)

^{233}U u. ^{239}Pu werden mit 14-MeV-Neutronen u. Neutronen des Spaltspektrums beschossen. Die abs. Zahl der Spaltungen von ^{233}U wird mit einer Spaltkammer gemessen. Die Spaltausbeuten von ^{140}Ba u. ^{141}Ce werden abs., die von 9 anderen Isotopen relativ dazu bestimmt. Die abs. Spaltausbeuten von ^{239}Pu werden aus den relativen Ausbeuten durch Normierung auf 200% erhalten. Die Messung der chem. nach Trägerzusatz isolierten Spaltisotope erfolgt durch 4-π-β-Zähler. Die Gesetzmäßigkeiten in der Form der Massenausbeutekurven werden diskutiert. K.-E. Seyb. 103□

Die Winkelverteilung von Photospaltprodukten. A. P. Baerg, R. M. Bartholomew, F. Brown, L. Katz und S. B. Kowalski. (Canad. J. Physics **37.** 1418—37. Dez. 1959. Chalk River, Ont., Atomic Energy of Canada, Res. Chem. Branch; Saskatoon, Univ. of Saskatchewan, Dep. of Phys.) (Engl.)

Die Winkelverteilung von Photospaltprodukten relativ zum Photonenstrahl ist gemessen worden als Funktion des Maximums der Bremsstrahlenenergie im Bereich von 6—20 MeV. Die Nuclide ^{233}U, ^{235}U, ^{237}Np, ^{239}Pu u. ^{241}Am zeigten im untersuchten Energiebereich eine isotrope Winkelverteilung. Die Nuclide ^{232}Th, ^{234}U, ^{236}U, ^{238}U u. ^{240}Pu dagegen zeigten eine anisotrope Verteilung, die sich durch die Gleichung $W(\Theta) = 1 + \alpha \cdot \sin^2\Theta$ beschreiben läßt. Hierbei ist Θ der Winkel zwischen Spaltprodukt und Photonenstrahl. Der Grad der Anisotropie ist groß bei niedriger Energie u. nimmt stark ab, wenn die Energie ansteigt. Bei einer gegebenen Energie zeigt ^{232}Th den höchsten Anisotropiegrad u. ^{240}Pu den kleinsten. M. Guerlin. 103□

Herstellung von Radioisotopen in größeren Mengen. A. F. Rupp. (Proc. int. Conf. peaceful Uses Atomic Energy **14.** 68—84. 1955. Oak Ridge, Tenn., Oak Ridge Nat. Labor.) (Engl.)

Übersicht über die Darst. von ^{131}J, ^{14}C, ^{32}P, ^{35}S, ^{60}Co u. verschiedener anderer kurz- u. langlebiger Spalt-Prodd. in größeren Mengen u. ihren Transport. W. Karcher. 104□

Die Herstellung von β-Quellen für industrielle und klinische Zwecke. P. E. Carter und L. C. Myerscough. (Proc. int. Conf. peaceful Uses Atomic Energy **14.** 85—88. 1955. Amersham, Radiochem. Centre.) (Engl.)

Übersicht über Herst. u. Verw. von β-Quellen für industrielle (^{147}Pm, ^{204}Tl, ^{90}Sr, ^{144}Ce u. ^{106}Ru) u. klin. (^{90}Sr u. ^{106}Ru) Zwecke. W. Karcher. 104□

Trennung von trägerfreien Isotopen durch Diffusionsmethoden. K. Samsahl und K. Taugböl. (Proc. int. Conf. peaceful Uses Atomic Energy **14.** 89—92. 1955. Kjeller, Joint Establ. for Nucl. Energ. Res.) (Engl.)

Es werden App. u. Verf. zur Trennung von ^{131}J vom TeO_2-Targetmaterial u. von ^{32}P vom S-Target beschrieben. ^{131}J wird vom bestrahlten TeO_2, das aus reinem Te hergestellt wurde, durch Erhitzen auf eine Temp. $>550^0$ unter einem Druck von $2 \cdot 10^{-2}$ mm Hg abdest., in einer mit fl. Luft gekühlten Falle aufgefangen u. anschließend in eine $NaHSO_3$-Lsg. übergetrieben. ^{32}P wird aus S mit sd. W. unter Verw. eines Benetzungsmittels (Oktylalkohol bzw. Na-Sulfonat eines höheren Alkohols) extrahiert. Die Extraktionsausbeute wird durch die Umwandlung rhomb. $\rightarrow$ monoklin u. die Korngröße des S-Targetmaterials stark beeinflußt. Der P-Extrakt wird mit konz. HNO_3 zur Trockne eingedampft, in W. aufgenommen u. erneut eingedampft. W. Karcher. 104□

Untersuchungen auf dem Gebiet der Analyse der Zusammensetzung radioaktiver Verunreinigungen des äußeren Mediums. 1. Mitt. Theoretische Grundlagen der Anwendung von Komplexonen zur Abtrennung von an Strontium-90 angereicherten Fraktionen aus natürlichen Materialien. W. L. Anochin. (Радиохимия [Radiochemie] **2.** 470—78. 1960.) (Russ.)

Die Möglichkeit der Abtrennung von Sr(^{90}Sr) von Ca u. anderen Metallen durch Komplex-Bldg. der letzteren mit Äthylendiamintetraessigsäure (I) u. Fällung des Sr als Carbonat, Oxalat, Sulfat usw. wurde untersucht. Die Trennung ist jedoch nicht quantitativ. Genauer geprüft wurde eine bin. Mischung aus Ca^{2+} u. Sr^{2+}. Bei äquimol. Mengen an Ca u. I enthält der Komplex um so mehr Sr, je höher der Ca-Geh. der Lsg. ist. Zusatz von Mg^{2+} setzt den Sr-Geh. des Komplexes stark herab. M. Wiedemann. 104□

Schnelltrennung des ^{24}Na von ^{27}Mg. E. Cerrai und F. Gadda. (J. inorg. nuclear Chem. **16.** 356—58. Febr. 1961. Milano, Labor. CISE.) (Engl.)

^{24}Na (14,9 h) aus der Rk. $^{27}Al(n, \alpha)$ ^{24}Na u. ^{27}Mg (9,6 min) aus der Rk. $^{27}Al(n, p)$ ^{27}Mg lassen sich nach dem von Vff. ausgearbeiteten Verf. schnell trennen: Die bestrahlte Al-Folie wird in 6n HCl in der Wärme aufgelöst, die Lsg. wird mit EDTA versetzt u. über eine DOWEX-2, X-8(100—200 mesh)-Säule (2,1 cm² × 9,5 cm) gegeben (Durchfluß-Geschw. 2,5 ml/min·cm²). Mit 1n Essigsäure wird eluiert. Die Trennzeit beträgt 25 Minuten. H. Schroeder. 104□

Die Herstellung von ^{140}La-Quellen im Kilocuriemaßstab. R. P. Hammond und J. W. Schulte. (Proc. int. Conf. peaceful Uses Atomic Energy **14.** 93—95. Los Alamos, N. Mex., Los Alamos Sci. Labor.) (Engl.)

Nach einer geeigneten Wartezeit wird ^{140}La u. ^{140}*Ce* von der Muttersubstanz ^{140}Ba durch Fällung von $Ba(NO_3)_2$ mit rauchender HNO_3 aus der gemeinsamen Lsg. u. durch Absaugen der Lsg. über einen Filterstab abgetrennt. Die erhaltene Lsg. wird beinahe zur Trockne eingedampft, Ce u. La mit HF in die Fluoride übergeführt u. nach Eindampfen der Lsg. der Rückstand geglüht. Die Handhabung der hohen Aktivität u. die apparative Einrichtung werden beschrieben. W. Karcher. 104□

Isolierung von trägerfreiem ^{233}Pa aus mit langsamen Neutronen bestrahltem Thoriumnitrat. V. I. Spitsyn und M. M. Golutvina. (Reactor Sci. Technol. **15.** 47—49. Sept. 1961.) (Engl.) — C. **1961.** 8187. E. Klever. 104□

Die Zukunft schneller Reaktoren. A. I. Leipunski, O. D. Kasatschkowski und M. Ss. Pinchassik. (Атомная Энергия [Atomenergie] **11.** 370—78. Okt. 1961.) (Russ.)

Nach einem Vgl. der Leistungen u. Eigg. schneller u. therm. Reaktoren wird der projektierte Reaktor BP 5 behandelt. M. Wiedemann. 110□

Über einen gasgekühlten Kernreaktor von hohem thermischem Wirkungsgrad. F. Winterberg. (Atomkernenergie **4.** 2—6. Jan. 1959. Hamburg, Geesthacht, Forschungsreaktor, Ges. für Kernenergie.) (Dt.)

Vf. zeigt, daß der therm. Wirkungsgrad gasgekühlter Reaktoren mit Gasturbinen sich durch isotherme Expansion in dazu geeigneten Kühlkanälen des Reaktors erhöhen läßt. Eine solche isotherme Expansion des gasförmigen Kühlmittels wird durch Kühlkanäle von veränderlichem Querschnitt ermöglicht. Gerhard Schmidt. 110□

Verhalten des Reaktors mit Temperaturselbstregulierung. V. N. Andreev, O. D. Kazachkovskii und N. V. Krasnoyarov. (Reactor Sci. Technol. **15.** 59—61. Sept. 1961.) (Engl.) — C. **1961.** 11. E. Klever. 110□

Das EBR-I-Niederschmelzen. Physikalische und metallurgische Veränderungen im Core. J. H. Kittel, M. Novick und R. F. Buchanan. (Nuclear Sci. Engng. **4.** 180—208. Aug. 1958. Lemont, Ill., Argonne Nat. Labor.) (Engl.)

Bericht über die Auswrkg. des teilweisen (40—50%) Niederschmelzens des Cores im EBR-I nach einer Temp.-Exkursion am 29/11. 1955 in metallurg. Hinsicht. Gerhard Schmidt. 110□

Herstellung und Eigenschaften von ThO_2–Bi-Dispersionen. W. F. Kenney und H. Susskind. (nuclear Sci. Engng. **9.** 211—20. Febr. 1961. Upton, N.Y., Brookhaven Nat. Labor.) (Engl.)

Vff. untersuchten in halbtechn. Maßstab die Einheitlichkeit u. Stabilität von ThO_2–Bi-Dispersionen mit ThO_2-Geh. bis zu 11,5% in Rührverss. u. mit ThO_2-Geh. bis 7,4% in Loop-Versuchen. Die verwendeten App. werden eingehend beschrieben. Befriedigende Ergebnisse wurden in Ggw. von Gasen erhalten. H. Schroeder. 110□

Entfernung von Oxiden aus flüssigem Natrium und Kontrolle des Oxidgehaltes. P. L. Kirillov, F. A. Kozlov, V. I. Subbotin und N. M. Turchin. (Reactor Sci. Technol. **15.** 42—46. Sept. 1961.) (Engl.) — C. **1961.** 9286. E. Klever. 110□

Vorschlag für ein Dekontaminierungssystem von wassergekühlten Reaktoren. A. M. Potestà und R. M. Watkins. (Energia nucleare **8.** 99—104. Febr. 1961. Torino, FIAT, Sez. Energia Nucl.; San Diego, Calif., General Atomic.) (Engl.) C. Gottfried. 110

Zur Thermodynamik der Kohlenstoffentfernung aus Uranschmelzen. Rolf H. Weisser. (Energia nucleare **6.** 184—91. März 1959. Winterthur, Sulzer Broth. Ltd.) (Engl.) — Vgl. C. **1960.** 391.

Geringe C-Geh. in U wirken sich bereits störend auf die Festigkeit der Metallbindung U–Zr in Zr-umhüllten U-Brennstäben aus. Vf. führte eine Unters. der Thermodynamik einer Reihe von Meth. zur C-Entfernung aus U-Schmelzen durch. Die C-Entfernung kann erfolgen durch: 1. Oxidation zu CO mit O_2 oder UO_2; 2. Carbid-Bldg. mit z. B. Zr, Ti, Th, Si; 3. Überführung in CH_4 mit H_2. Die Verff. sind für weniger als 0,1% C nicht anwendbar. Es wird empfohlen, von vornherein U mit sehr geringem C-Geh. zu verwenden. H. Schroeder. 110□

Wiedergewinnung von Uran und Thorium aus Graphit-Brennelementen. 1. Mitt. **Pulverisierungs-Auslaugungsprozeß.** Mildred J. Bradley und Leslie M. Ferris. (Nuclear Sci. Engng. **8.** 432—36. Nov. 1960. Oak Ridge, Tenn., Oak Ridge Nat. Labor.) (Engl.)

Entw. einer Meth. zur Wiedergewinnung von U aus Graphit-Brennelementen hoher Dichte, die mehr als 5 Gew.-% U enthalten, als Endbehandlung für die Tributhylphosphat-Fl.-Extraktion. Gerhard Schmidt. 110□

Diffusionskammer. P. I. Watzet, W. G. Wlassenko, W. I. Woloschtschuk, G. A. Doroschenko, L. Ja. Kolessnikow, W. O. Nikitin und Ss. G. Tonapetjan. (Український Фізичний Журнал [Ukrain. physik. J.] **6.** 168—74. März/April 1961. Charkow, Physik.-techn. Inst. der Akad. der UkrainSSR.) (Ukrain.; Auszug: Engl.)

Es wurde eine Diffusionsnebelkammer konstruiert, die für Unterss. im Magnetfeld bestimmt ist. Die Höhe betrug 6 cm u. der Durchmesser 26 cm. Als verdampfende Fl. wurde Methanol gewählt. Die Temp. am Boden lag bei —50 bis —55°, die des Alkohols bei 20°, der Temp.-Gradient betrug im Mittel 7°/cm. M. Wiedemann. 112□

Blasenkammer mit flüssigem Wasserstoff. P. I. Watzet, W. I. Woloschtschuk, L. Ja. Kolessnikow, W. O. Nikitin und Ss. G. Tonapetjan. (Український Фізичний Журнал [Ukrain. physik. J.] **6.** 175—81. März/April 1961.) (Ukrain.; Auszug: Engl.) — Vgl. vorst. Referat.

Es wurde eine Blasenkammer mit fl. H_2 von 500 cm^3 konstruiert. Die Kammer arbeitet von 27—30°K entsprechend einem Dampfdruck von 4,5—8 at. Der Arbeitszyklus beträgt 2 Sekunden. Zur Prüfung diente eine ^{60}Co-Quelle. Der H_2-Verbrauch liegt bei 0,5 l/h. M. Wiedemann. 112□

11-Liter-Propan-Blasenkammer. P. I. Watzet, W. I. Woloschtschuk, L. Ja. Kolessnikow, W. O. Nikitin und Ss. G. Tonapetjan. (Український Фізичний Журнал [Ukrain. physik. J.] **6.** 182—85. März/April 1961.) (Ukrain.; Auszug: Engl.) — Vgl. vorst. Referate.

Eine Propanblasenkammer von 340 × 204 × 160 mm^3 wurde konstruiert, mit ihr kann im Magnetfeld gearbeitet werden. Es besteht auch die Möglichkeit der Beleuchtung mit polarisiertem Licht u. der entsprechenden Analyse. Mittels einer Vakuumröhre können die Proben eingeführt werden. M. Wiedemann. 112□

Blasenkammer mit flüssigem Helium als Protonen-Polarisationsanalysator. G. Jona Lasinio und G. C. Moneti. (Nuovo Cimento [10] **6.** 989—93. 1/10. 1957. Roma, Univ., Ist. di Fis.; Ist. Naz. di Fis. Nucl., Sez. di Roma e Labor. Naz. di Frascati.) (Engl.)

Beschreibung einer Meth. zur Analysierung polarisierter Protonen, wobei die zu analysierenden Protonen in einer Blasenkammer mit fl. He gestreut werden. Vorteile, des Verf. bestehen darin, daß keine Kollimierung des Protonenbündels erforderlich ist, der ganze feste Winkel verwendet u. ein weiter Energiebereich ausgenutzt werden kann. J. M. Spaeth. 112□

Untersuchung der Scintillationen in Helium bei Helium-Temperaturen. B. W. Gawrilowski. (Атомная Энергия [Atomenergie] **8.** 363—65. April 1960.) (Russ.)

Bericht über die Amplituden der Lichtimpulse, die in He-Gas bei Drücken bis 1000 Torr zu erzielen sind. Statt ^{4}He eignet sich auch ^{3}He, in dem die Amplituden etwa ebenso groß sind. G. Kirschstein. 112□

Kernteilchen-Bahnspurphotographie in elektrischen Feldern. I. E. Bock. (Philos. Mag. [8] **3.** 715—17. Juli 1958. Oxford, Clarendon Labor.) (Engl.)

Vorschlag einer Meth. zur direkten Photographie von Scintillationsbahnspuren in Kammern mit fl. Edelgasen, welche sich in Hochfrequenzfeldern von einigen MHz u. Feldstärken von einigen 100 keV befinden. Überschlagsrechnungen zeigen, daß die Photographie von Bahnspuren mit minimaler Ionisierung bei wesentlichen Vorteilen gegenüber der Blasenkammer-Meth. möglich sein sollte. H.-J. Eichhoff. 112□

Temperaturkoeffizienten von scintillierenden Systemen. William P. Ball, Rex Booth und Malcolm Macgregor. (Nuclear Instruments [Amsterdam] **1.** 71—74. März 1957. Livermore, Calif., Univ. of California, Radiat. Labor.) (Engl.)

Die Temp.-Koeff. verschiedener Kombinationen von Sekundärelektronenvervielfachern mit Scintillatoren sind im Temp.-Bereich von 5—40°C untersucht worden. Die Koeff. waren negativ (ca. —0,5% pro °C). Eine Temp.-Regulierung ist also notwendig für Syst., die genau arbeiten sollen. M. Guerlin. 112□

Temperaturabhängigkeit der γ-Scintillationen in mit Thallium aktivierten Cäsiumjodidkristallen. Ss. N. Komnik, W. I. Starzew und Ju. A. Zirlin. (Оптика и Спектроскопия [Optik u. Spektroskopie] **4.** 411—12. März 1958.) (Russ.)

Die Temp.-Abhängigkeit der Luminescenz von CsJ(Tl)-Einkristallen (0,041% Tl, Größe 10 × 6 mm) wurde zwischen 30 u. 150° nach γ-Bestrahlung mit ^{60}Co mittels eines Photomultipliers gemessen. — Die Intensität der Luminescenz fällt mit steigender Temp. bei 150° auf ca. 20% der bei 30° gemessenen ab. Bei Zimmer-Temp. beträgt der Abfall ca. 0,7%/Grad. J. Tůmová. 112□

Einfluß von Kristalldicke und Geometrie auf die α-Teilchen-Auflösung von CsJ(Tl). Prudencio Martinez und Frank E. Senftle. (Rev. sci. Instruments **31.** 974—77. Sept. 1960. Washington, D.C., U.S. Geolog. Surv.) (Engl.)

Vff. bestimmen die Auflösung von CsJ(Tl) für ^{210}Po-α-Teilchen als eine Funktion der Kristalldicke. Die beste Auflösung eines zylindr. Kristalls von $^1/_2$ in. Ø wird für eine Dicke von 0,38 mm erhalten. Die Messungen werden mit einem Photomultiplier (Dumont-6292) u. einem 100-Kanal-Impulshöhenanalysator durchgeführt. Auf der Grundlage des vorgeschlagenen Modells wird ein kegelförmiger Kristall vorgeschlagen, der eine Linienbreite von 1,8% für ^{210}Po-α-Teilchen liefert. Gerhard Schmidt. 112□

Scintillationsdetektoren für Neutronen. Jerzy Krzuk. (Postępy Fizyki **10.** 673—83. 1959. Kraków, Kat. Fiz. II AGH.) (Pol.)

Übersicht über gasförmige, fl. u. feste Scintillatoren u. Scintillatoren vom Typ ZnS(Ag) + B_2O_3. — 14 Literaturangaben. R. K. Müller. 112□

Über die Erhöhung des Wirkungsgrades eines Scintillationsdetektors für langsame Neutronen. B. Ss. Grebenski, T. W. Timofejewa, Ss. P. Chormuschko und O. Ss. Zwetkow. (Известия Академии Наук СССР, Серия Физическая [Nachr. Akad. Wiss. UdSSR, physik. Ser.] **25.** 500—03. April 1961.) (Russ.)

Vff. untersuchten die Zählausbeute eines flachen Detektors für langsame Neutronen, der durch Schmelzen von ZnS–Ag u. H_3BO_3 hergestellt wurde. Es wurde sowohl natürliches als auch mit ^{10}B angereichertes B verwendet. Es wurde die Abhängigkeit der relativen Zählausbeute von der Größe der Körner u. der Dicke des Detektors bei verschiedenem Borsäure-Geh. mit verschiedener Anreicherung an ^{10}B für 5 Detektoren bestimmt. Die Detektoren enthielten entsprechend 16, 16, 34, 34 u. 89% H_3BO_3 sowie 19, 85, 19, 85 u. 19% ^{10}B. Der Wrkg.-Grad wächst mit der Vergrößerung des H_3BO_3-Geh. u. durchläuft bei 30—34% H_3BO_3 ein Maximum. Für einen Detektor mit konst. Dicke u. konst. H_3BO_3-Geh. wächst der Wrkg.-Grad mit Vergrößerung der Korngröße u. erreicht bei 800—1100 μm einen Grenzwert. G. Ewald. 112□

Dispersionsdetektor für schnelle Neutronen. G. W. Gorschkow, B. Ss. Grebenski, Ss. P. Chormuschko und O. Ss. Zwetkow. (Известия Академии Наук СССР, Серия Физическая [Nachr. Akad. Wiss. UdSSR, physik. Ser.] **25.** 504—05. April 1961.) (Russ.)

Vff. untersuchen die Zählausbeute an schnellen Neutronen für einen Detektor, bei dem ZnS–Ag-Körner gleichmäßig in einem H_2-haltigen Medium verteilt sind. Bei der Streuung der Neutronen werden Rückstoßprotonen gebildet. ZnS–Ag wird zusammen mit Styrol u. Methylmetacrylat polymerisiert. Größe der Detektoren 1—300 mm, Korngröße des ZnS–Ag 12—25 μm, Nachleuchtzeit ca. 10^{-4} s, Intensitätsmaximum 4100 bis 4500 Å. Bei starker γ-Strahlung erfolgt Überlagerung. G. Ewald. 112□

Konische Plastescintillatoren zeigen totale γ-Absorption. Gerald J. Hine und John A. Cardarelli. (Nucleonics [New York] **18.** Nr. 9. 92—100. Sept. 1960. Boston, Mass., Veterans Administrat. Hosp. u. Univ. School of Med.) (Engl.)

Für die totale Absorption der Photonen von Röntgen- u. γ-Strahlen niedriger Energie bewährten sich mit Pb beladene, kegelförmige Plastescintillatoren, die mit einem Al_2O_3-Reflektor umgeben waren. Die am Diskriminator erhaltenen Peaks u. die erzielte Auflösung werden für die verschiedenen monoenerget. Strahlenquellen angegeben. H. Hauswald. 112□

Dimethylstyrol liefert wirksamere Scintillatoren. Stanley R. Sandler, Samuel Loshaek, Edward Broderick und Philip Bernstein. (Nucleonics [New York] **18.** Nr. 9. 102—03. Sept. 1960. Philadelphia, Pa., Borden Chemic. Comp., Central Res. Labor.) (Engl.)

Vff. geben die Impulshöhen von 2,3-MeV-β-Strahlen in verschiedenen Plastescintillatoren aus *Styrol*, *Methylstyrol* u. den verschiedenen Dimethylstyrolen relativ zu Anthracen an. Am wirksamsten erwies sich 2.4-Dimethylstyrol, dessen Impulshöhe um 60% größer als die von Polystyrol ist. H. Hauswald. 112□

Detektor für π^--Sterne. A. F. Dunaitzev, Yu. D. Prokoshkin, Tang Syao-Wei. (Nuclear Instruments Methods [Amsterdam] **8.** 11—18. 1960. Dubna, USSR, Joint Inst. for Nucl. Res.) (Engl.)

Vff. beschreiben einen Scintillationsdetektor, der die selektive Empfindlichkeit bzgl. π^--Mesonen besitzt. Bei der gewählten Anordnung läuft ein kollimiertes Bündel von 170-MeV-π^--Mesonen aus dem Synchrocyclotron durch einen Graphitabsorber. Die verlangsamten π^--Mesonen werden mit einem Teleskop nachgewiesen, das aus 2 Scintillationszählern besteht. Die Plastescintillatoren beider Zähler sind $6 \times 6 \times 1{,}5$ cm³. Die Anordnung erfaßt mit gutem Wirkungsgrad die von π^--Mesonen herrührenden Sterne. Gerhard Schmidt. 112□

Vielfach-Koinzidenz-Goniometer für Winkelkorrelationsmessungen. Tor Ragnar Gerholm, Torsten Lindqvist und Hendrik de Waard. (Nuclear Instruments Methods [Amsterdam] **1.** 107—11. März 1957. Uppsala, Univ., Inst. of Phys.; Groningen, Netherlands, Univ., Natuurkundl. Labor.) (Engl.)

Mit 4 Scintillationsdetektoren wird die gleiche Quelle beobachtet u. alle 6 Koinzidenzkombinationen simultan aufgezeichnet. Es wird gezeigt, daß u. a. die Koinzidenzzählausbeute um eine Größenordnung höher ist als bei der gewöhnlichen Anordnung mit 2 Detektoren. Hieraus wird geschlossen, daß sich der App. zur Unters. sehr kurzlebiger Isotope eignet. Geprüft wurde der App. mit 2 Kaskaden; ^{60}Co (1,17—1,33 MeV) u. ^{207}Bi (1,06—0,57 MeV). M. Guerlin. 112□

Zählraten von Höhenstrahl-Zählerteleskopen mit weiter Apertur. D. Stern. (Suppl. del Nuovo Cimento Nr. 2 (zu [10] **16**). 153—58. 1960. Haifa, Israel Inst. of Technol.) (Engl.)

Entw. einer allg. Meth. zur Berechnung der Zählraten rechtwinkliger Teleskope für $\cos^{\varrho}\vartheta$-Winkelverteilungen. Berechnung einiger Beispiele. Gerhard Schmidt. 112□

Abänderung des schnellen Unterbrechers in Brookhaven. F. G. P. Seidl, H. Palevsky, D. J. Hughes und R. L. Zimmerman. (Nuclear Instruments [Amsterdam] **1.** 92—93. März 1957. Upton, N.Y., Brookhaven Nat. Labor.) (Engl.)

Der mechan. Neutronenunterbrecher („fast chopper") in Brookhaven dient dazu, Neutronenimpulse von 1 μs im Energiebereich zwischen 1 eV u. 10 keV herzustellen. Folgende Nachteile mußten bisher bei Verw. von H-Verbb. als Abschwächungsmaterial (Rotor) in Kauf genommen werden: 1. Der Neutronenquerschnitt fällt bei hohen Energien u. deshalb ist die Abschwächung der ungebremsten Spaltneutronen sehr klein. 2. H hat ein geringes Bremsvermögen für γ-Strahlen. Es wird eine abgeänderte Konstruktion unter Verw. neuer Materialien beschrieben, so daß die Mängel behoben werden. M. Guerlin. 112□

Methode, um eine Komponente von angenähert kollimierten schnellen Neutronen in einem Reaktor zu erhalten. Paul W. Levy. (Rev. sci. Instruments **31.** 823—24. Aug. 1960. Upton, Long Island, N.Y., Brookhaven Nat. Labor.) (Engl.)

Durch Anbringung eines kleinen U-Blocks im Reflektor eines Graphitreaktors wird ein angenähert kollimierter schneller Neutronenfluß erhalten, der mindestens doppelt so groß wie der schnelle Backgroundfluß ist. Die relative Intensität des kollimierten Flusses wird durch Trennung von U-Block u. Probe bestimmt. Mit zunehmender Trennung nimmt die Kollimierung auf Kosten der Intensität zu. Der schnelle Fluß wird im Probenbereich durch Anwendung der Rk. von ^{238}U mit schnellen Neutronen ermittelt. Gerhard Schmidt. 112□

Konkurrierende Auslöschung in Neutronen monochromatisierenden Kristallen. R. R. Spencer und J. R. Smith. (Nuclear Sci. Engng. **8.** 393—99. Nov. 1960. Idaho Falls, Idaho, Phillips Petrol. Comp., Atom. Energy Div.) (Engl.)

Vff. beobachten große Anomalien im Bragg-Bündel, das durch Be $(1\,0\,\bar{1}\,1)$-, Be $(1\,0\,\bar{1}\,3)$-, Be $(1\,0\,\bar{1}\,0)$- u. Be $(0\,0\,0\,2)$-Monochromatoren im MTR-Kristallspektrometer erzeugt worden ist. An Stelle eines gleichförmigen Spektrums, das für eine Maxwell-Verteilung der Neutronengleichgewichte charakterist. ist, werden viele große Einschnitte gefunden. Diese Senken werden durch Auslöschung des Bündels infolge Bragg-Reflexion an bestimmten Ebenen im Kristall hervorgerufen. Zur Best. dieser Anomalien werden Spektren, die durch (2 0 0)-, (2 2 0)- u. (2 4 0)-Ebenen von NaCl erzeugt worden sind, untersucht. Gerhard Schmidt. 112□

Elektronischer Zeitanalysator, verwendet zur Messung der Halbwertszeiten von metastabilen Kernzuständen. Per-Arne Tove. (Nuclear Instruments [Amsterdam] **1.** 95—100. März 1957. Uppsala, Gustaf Werner Inst. for Nuclear Chem.) (Engl.)

Zur Messung von Halbwertszeiten von metastabilen Kernzuständen im Bereich von 100 μs hat Vf. einen elektron. 20-Kanal-Analysator benutzt. Die elektr. Schaltungen sind beschrieben u. graph. dargestellt. Das Prinzip der Messung wird unter besonderer Berücksichtigung der Möglichkeit, die Zeit langlebiger Zustände zu messen, beschrieben. M. Guerlin. 112□

N. F. Nelipa, Photoproduction and scattering of pi-mesons. New York: Gordon and Breach. 1962. (99 S. m. Abb.) $ 5.—.

A_2. Optisches Verhalten der Materie

Wasserstoffspektrum der Fackel vom 30. Juli 1958. Z. Švestka. (Bull. astronom. Inst. Czechoslovakia **11.** 167—77. 1960. Ondřejov, Czechoslovak. Acad. of Sci., Astronom. Inst.) (Engl.)

Vf. diskutierte nur die in dem obigen Fackelspektrum auftretenden H-Linien der Balmer-Serie $H\alpha$, $H\beta$, $H\gamma$, $H\varepsilon$ u. $H\zeta$. Aus den beobachteten Intensitäten u. Linienprofilen schließt Vf., daß die Fackel in den tiefsten Schichten der Chromosphäre liegt. Flügel der Balmer-Linien wurden in einer opt. sehr dicken Schicht an der Grenzfläche zwischen Photosphäre u. Chromosphäre gebildet, wo die Anzahl freier Elektronen $> 3 \cdot 10^{13}$ cm^{-3} war. Die Anregung in dieser Schicht war jedoch sehr niedrig u. die Elektronen-Temp. überschritt nicht 7000°. Diese Schicht, deren Dicke <200 km war, war von einem ausgedehnteren, aber weniger undurchsichtigem Gebiet überlagert, in dem die Anregung u. die Elektronen-Temp. zunahm, während die Elektronendichte mit zunehmender Höhe abnahm. C. Gottfried. 113

Bemerkung über Linienasymmetrie in Spektren von Fackeln. L. Fritzová. Bull. astronom. Inst. Czechoslovakia **11.** 177—80. 1960. Ondřejov, Czechoslovak. Acad. of Sci., Astronom. Inst.) (Engl.)

Die in dem Spektrum der großen Fackel vom 30. Juli 1958 beobachteten sehr intensiven Umkehrungen in einer Reihe von Metallinien (Ca II, Si I, Fe I, Al I) wurden zur Unters. der Asymmetrie der Linien in den Fackelspektren benutzt. Vf. kommt zu dem Ergebnis, daß sie nicht irgendeiner Absorption des blauen Flügels zuzuschreiben ist, sondern daß sie ihren Ursprung in spezif. Bewegungen innerhalb des Fackelgebietes haben muß. C. Gottfried. 113

Eine Untersuchung der Temperaturbedingungen in Fackeln mit einer speziellen (Untersuchung der Anregung des Heliums. Einar Tandberg-Hanssen. (Astrophysica norvegica **6.** 161—262. Aug. 1960. Oslo, Univ., Inst. of Theoret. Astrophys.; Univ. of Colorado, High Altitude Observ.) (Engl.)

Vf. untersuchte die Anregung einzelner Spektrallinien in akt. u. halbakt. Fackeln, um einen Einblick in die Temp.-Bedingungen zu erhalten. In der Corona wurden die Linien *Ca XIII*, *Ca XIV*, *Ca XV* u. *Fe XIV* identifiziert; an Emissionslinien in den Spektren der Fackeln sind tabellar. angegeben Linien von *Fe I*, *He I*, *H I*, *Ti II*, *Ca II*, *Al I*, *Mn I*, *Sr II*, *Ca XIII*, *Fe II* u. *Ba II*. Angegeben sind ferner die Halbwertsbreiten einer Reihe von He I- u. He II-Linien sowie von Fe II-, Sr II- u. Al I-Linien u. von H_β, H_δ u. H_ζ. Festgelegt wurde das Verhältnis der Intensitäten der He I λ 4922- u. der Fe II λ 4924-Linien, der He I λ 5026- u. der Fe II λ 5018- u. der He I λ 4026- u. der Sr II λ 4078-Linien. Speziell untersucht wurde die Anregung des He in den Fackeln, Protuberanzen u. in der Chromosphäre. Hierbei wurde gefunden, daß die Chromosphäre in dem Gebiet der infraroten He I-Linie λ 10830 opt. dünn ist. Dasselbe gilt auch für starke Protuberanzen u. helle Fackeln. Die Beobachtungen lassen sich nicht durch ein homogenes Modell der akt. u. halbakt. Fackeln erklären. Solche Fackeln sind aus verschiedenen Gebieten aufgebaut, in denen sich Temp. u./oder Bewegungen von einem Gebiet zum anderen ändern. C. Gottfried. 113

Neue, für die terrestrische Physik geeignete Untersuchungswege. I. Mitt. Carlo Morelli. (Ric. sci., Parte I [2] **1.** 81—94. März 1961. Bari, Univ.) (Ital.)

Vf. bespricht zusammenfassend neuere Vers.-Ergebnisse über die Physik der Atmosphäre (Temp., Dichte, Elektrizität der Atmosphäre, Winde, Van Allen-Gürtel, Zus. u. atmosphär. Radioaktivität). C. Gottfried. 113

Schallabsorption in Atmosphäre und Ionosphäre. G. Ss. Golitzyn. (Известия Академии Наук СССР, Серия Геофизическая [Nachr. Akad. Wiss. UdSSR, geophysik. Ser.] **1961.** 942—46. Juni. Inst. für Phys. der Atmosphäre der Akad. der Wiss. der UdSSR.) (Russ.)

Aus neueren experimentellen Daten werden die Koeff. der Schallabsorption, der Schallschwächung u. auch der Dispersion in Abhängigkeit von Frequenz u. Druck für verschiedene Höhen (bis zu 350 km) berechnet. M. Wiedemann. 113□

Exakte Lösungen für die Dipolstrahlung des harmonischen Oscillators. Walter C. Henneberger. (Z. Physik **155.** 296—312. 1959. Göttingen, Univ., Inst. für Theoret. Phys.) (Dt.)

Wie von Bloch [1928] u. Bauer u. Jensen (C. **1948.** E. 2235) gezeigt wurde, kann man ein Schrödinger-Wellenpaket, das seine Gestalt behält, aber eine gedämpfte Schwingung ausführt, für ein elast. gebundenes Elektron erhalten, wenn die Dipolstrahlung berücksichtigt wird. Das Ergebnis wird erneut abgeleitet unter Verw. der Hauptachsentransformation der Hamilton-Funktion für das obige Problem nach Van

Kampen. Ebenfalls wird mit dieser Meth. der Strahlungszerfall der ersten u. höher angeregter Zustände des harmon Oszillators in Dipolnäherung behandelt. Man findet, daß keine multiple Quantenemission auftritt. J.-M. Spaeth. 114□

Über das mittlere Potential V_0 in Aluminium. Constantin Kurylenko. (Cahiers de Physique **15.** Nr. 126. 102—04. Febr. 1961.) (Franz.)

Die Unters. des K-Röntgenabsorptionsspektrums von Al (Kurve von Rudström) zeigt, daß $V_0 = 12{,}91 - 13{,}06 \pm 2{,}14$ eV ist, wenn die Valenz der „metall. Bindung" gegen $+1{,}30$ oder $+1{,}33$ tendiert. Die Breite der isolierten Linien nahe der K-Absorptionskante steht in Übereinstimmung mit den theoret. Voraussagen von Fujimoto. J.-M. Spaeth. 116□

Absorptionsspektrum von gasförmigem Cl^- und Elektronenaffinität von Chlor. R. Stephen Berry, Curt W. Reimann und G. Neil Spokes. (J. chem. Physics **35.** 2237—38. Dez. 1961. New Haven, Conn., Yale Univ., Sterlin Chem. Labor.) (Engl.)

Vff. berichten über die UV-Absorptionsspektren von durch Stoßwellen erhitzten RbF-, RbCl-, CsF- u. CsCl-Dämpfen. Bei den Dämpfen der Chloride treten im Absorptionskontinuum zwei Schwellen auf, die der Rk. $Cl^- + h\nu \rightarrow Cl^0 + e^-$ zugeschrieben werden u. die die Berechnung der Elektronenaffinität von Cl gestatten. Die Schwellen liegen bei 3,620 u. 3,728 eV, ihr Abstand von 0,108 eV stimmt mit der Energiedifferenz zwischen dem $^2P_{3/2}$- u. $^2P_{1/2}$-Zustand des Cl von 0,1092 eV gut überein. Mit einer Debye-Hückel-Korrektur von $0{,}7 \pm 0{,}4$ kcal/Mol, die die Ggw. anderer Ionen berücksichtigt, ergibt sich für die Elektronenaffinität des Cl ein Wert von $84{,}2 \pm 0{,}4$ kcal pro Mol. G. M. Neumann. 118□

Effektive Anregungsquerschnitte einiger Spektrallinien des Natriums. L. M. Wolkowa. (Оптика и Спектроскопия [Optik u. Spektroskopie] **11.** 775—77. Dez. 1961.) (Russ.)

Vf. bestimmte die Anregungsquerschnitte (AQ) einiger Na-Linien bei Anregung durch Elektronenstrahl mit variabler Energie in einer Na-Entladungslampe mit He-Füllung. Als Vgl. dienten das kontinuierliche Spektrum einer normierten W-Bandlampe u. He-Linien. Folgende AQ wurden erhalten (λ der Na-Linien in Å, AQ in 10^{-19} cm^2): 5684,24—40; 5689,78—82; 4666,11—12,9; 4669,86—21,4; 4495,44—8,6; 4498,91—14,3; 4391,20—3,6; 4394,52—9,7; 4322,57—2,7; 4325,78—4,6. Die Ergebnisse zeigen, daß die von Haft [1933] erhaltenen Werte zu hoch sind, da sie unter Nichtberücksichtigung der Resonanztransformationsverstärkung der Vgl.-Linie He 5016 Å ausgerechnet wurden. R. Gerbatsch. 118□

Einfluß von Stickstoff auf angeregte Quecksilberatome. I. Agyrbitschanu, I. Kukuresjanu, W. Wassiliu und I. Popessku. (Оптика и Спектроскопия [Optik u. Spektroskopie] **11.** 289—90. Aug. 1961.) (Russ.)

In einem mit Hg-Dampf u. N_2 gefüllten Gefäß wurde das Fluorescenztriplett Hg I ($7^3 S_1 \rightarrow 6^3 P_{0,1,2}$) nach folgendem Schema opt. angeregt: $6^1S_0 \xrightarrow{2537\,Å} 6^3P_1 \xrightarrow{N_2} 6^3P_0 \xrightarrow{4047\,Å} 7^3S_1$. Zur Unters. der Wrkg. von N_2 auf die angeregten Hg-Atome bestimmten Vff. Intensität u. Polarisationsgrad der dem Fluorescenztriplett Hg I entsprechenden Linien 4047, 4358 u. 5461 Å. Die Intensität aller 3 Linien erreicht bei dem N_2-Druck 25 mm Hg ein Maximum. Die Konstanz des Polarisationsgrades aller 3 Linien bei Änderungen des N_2-Druckes von 1 auf 32 mm Hg zeigt, daß die Ggw. von N_2 keinen wesentlichen Einfl. auf das Niveau $7^3 S_1$ besitzt. U.-L. Rau. 118□

Über die Selektivität der Temperaturstrahlung von CaO und MgO. W. A. Ssokolow, A. N. Gorban und N. A. Nasimowa. (Оптика и Спектроскопия [Optik u. Spektroskopie] **11.** 273—74. Aug. 1961.) (Russ.)

Die Rekombinations-Koeff. von *CaO* (I), *MgO* (II) u. *CuO* (III) in einer Leuchtgasflamme werden bestimmt, indem die Temp.-Differenz zwischen einer Quarzcapillare mit passivierter u. einer von einer dünnen Schicht aus I, II bzw. III bedeckten Quarzcapillare in der Leuchtgasflamme gemessen wird. Vorausgegangene Unterss. bestätigen, daß eine zusätzliche Erwärmung der Capillare durch die Selektivität der Strahlung der untersuchten Oxide infolge der geringen Ausmaße der aufgetragenen Schicht prakt. nicht möglich ist. Bei I u. II ergab sich durch die Rekombinationsenergie (Vereinigung freier Atome u. Radikale zu Moll.) eine zusätzliche Erwärmung von ca. 75 bzw. ca. 30°, was einem Rekombinations-Koeff. von ca. 1,0 (I) u. ca. 0,4 (II) entspricht. Bei III (schwarzer Körper) konnte eine solche Erwärmung nicht festgestellt werden. Nach der Formel von Planck ergibt sich aus diesen Temp.-Differenzen, daß I 10mal u. II 3mal intensiver im sichtbaren Gebiet ausstrahlt als III (Temp. von III ca. 1000° K). Folglich wird die ungewöhnliche Helligkeit weißer Oxide vom Typ I u. II in chem. akt. Flammen bei Temp.

oberhalb der Luminescenzauslöschungs-Temp. nicht nur durch die Selektivität ihrer Ausstrahlung, sondern auch durch die katalyt. Aktivität dieser Oxide bedingt.
U.-L. RAU. 118□

Optische Absorptionslinien von hydratisierten Mangan(II)-Salzen bei tiefen Temperaturen. R. Pappalardo. (Philos. Mag. [8] **2.** 1397—1414. Dez. 1957. Bristol, H. H. Wills Phys. Labor.) (Engl.)

Vf. berichtet über Unterss. der Absorptionsspektren von $MnSO_4 \cdot 4\,H_2O$, $MnCl_2 \cdot 4\,H_2O$, $MnSiF_6 \cdot 6\,H_2O$ u. $Mn(NH_4)_2(SO_4)_2 \cdot 6\,H_2O$ im Bereich von 15000—30000 cm^{-1} bei 20 u. 78° K. Die Spektren zeigen verschiedene Gruppen von Linien, von denen einige eine Aufspaltung der Größenordnung 10 cm^{-1} zeigen. Die Daten werden tabellar. mitgeteilt u. lassen sich zufriedenstellend mit der Ligandenfeldtheorie deuten.
G. M. NEUMANN. 118□

Farbzentren in Kristallen. Robert B. Gordon. (Amer. Scientist **47.** 361—75. Sept. 1959.) (Engl.)
Überblick. C. GOTTFRIED. 119

Einfluß der elastischen Deformation der einachsigen Kompression und Dehnung von Kristallen auf die Spektren lokaler anisotroper Zentren im kubischen Gitter. 1. Mitt. **Methode.** A. A. Kapljanski. (Оптика и Спектроскопия [Optik u. Spektroskopie] **7.** 677—82. Nov. 1959.) (Russ.)

Aus der Aufspaltung der Spektralbanden lokaler anisotroper Zentren in kub. Kristallen bei deren homogener elast. Deformation durch einachsigen Druck oder Zug kann man die Orientierung der Zentren im Gitter u. die Natur der die Lichtabsorption u. -emission beschreibenden elementaren Oscillatoren eindeutig bestimmen. Die Möglichkeiten u. Grenzen der hierauf beruhenden Meth. werden erörtert.
R. K. MÜLLER. 119□

Einfluß der elastischen Deformation der einachsigen Kompression und Dehnung von Kristallen auf die Spektren lokaler anisotroper Zentren im kubischen Gitter. 2. Mitt. **Experimenteller Teil.** A. A. Kapljanski. (Оптика и Спектроскопия [Optik u. Spektroskopie] **7.** 683—90. Nov. 1959.) (Russ.) — 1. vgl. vorst. Referat.

Wenn die kub. Kristalle von durch Eu^{3+} oder Sm^{3+} aktiviertem CaF_2 oder durch Röntgenstrahlenbehandlung gefärbtem *LiF* einem einachsigen elast. Druck ausgesetzt werden, tritt im Luminescenzspektrum eine reversible Aufspaltung einiger Linien in polarisierte Komponenten ein. Die aus dem Vgl. der experimentellen mit den berechneten Aufspaltungsbildern bestimmte Orientierung der anisotropen Zentren ist bei $CaF_2 \cdot Me^{3+}$ vom Typ 4 G_3, bei LiF vom Typ 6 G_2. R. K. MÜLLER. 119□

Optische Charakteristika und physikalische Eigenschaften von aus Epoxiden und Füllmaterial hergestellten Spiegeln. J. H. Saxton und D. E. Kline. (J. opt. Soc. America **50.** 1103—11. Nov. 1960. Pennsylvania State Coll., HRB-Singer Res. Labors.) (Engl.)

Vff. beschreiben die Herst. von Spiegeln, die aus mit Al-Pulver vermischten Epoxiden bestehen. Die opt. u. anderen physikal. Eigg. dieser Spiegel werden untersucht. Rasche Abkühlung von 70° auf —196° zeigt keinerlei bemerkenswerte Änderungen im Material. WOLFGANG KRÜGER. 119□

Gesetzmäßigkeiten der Absorption von Infrarotstrahlung in dünnen Schichten einiger Gase. 1. Mitt. **Absorptionskoeffizient in Schwingungs-Rotationsbanden.** P. I. Bressler. (Оптика и Спектроскопия [Optik u. Spektroskopie] **7.** 608—15. Nov. 1959.) (Russ.)

Ausgehend von einem allg. Ausdruck für den Absorptions-Koeff. gibt Vf. Gleichungen für den Absorptions-Koeff. in Entfernung vom Bandenzentrum u. leitet daraus Gleichungen für die Grenzen der Rotationsstruktur ab. Die Gesetzmäßigkeiten der Absorption von IR-Strahlung in Gasen werden für die Schichtdicken behandelt, in denen die Gase gewöhnlich bei IR-Absorptionsgeräten vorliegen. Es ergeben sich Näherungsgleichungen für die Best. des Absorptions-Koeff. u. des absorbierten Strahlungsstromes in den Schwingungs-Rotation-Banden von 2atomigen u. komplizierteren Molekülen.
R. K. MÜLLER. 120□

Gesetzmäßigkeiten der Absorption von Infrarotstrahlung in dünnen Schichten einiger Gase. 2. Mitt. **Absorption von Strahlung in Schwingungs-Rotationsbanden einiger Gase.** P. I. Bressler. (Оптика и Спектроскопия [Optik u. Spektroskopie] **7.** 616—20. Nov. 1959.) (Russ.) — 1. vgl. vorst. Referat.

Bei der Absorption von IR-Strahlung durch dünne Gasschichten (Dicke d) ändert sich der absorbierte parallele Strahlungsstrom A linear mit d bei sehr kleinen d-Werten, mit $\sqrt{d}$ bei größeren d-Werten. Zwischen beiden Gebieten liegt ein Übergangsstück, in dem sich beide Formen der Abhängigkeit überlagern. Bei CO_2 ist der Minimalwert von d (d_{min}), von dem an das Quadratwurzelgesetz gilt, für die Bande 4,26 μ ca. 0,009 (cm), der Maximalwert (d_{max}) ca. 0,03, für die Bande 4,7 μ ist d_{min} ca. 0,039, d_{max} ca. 3,0. Für die Bande 3,31 μ von CH_4 ist d_{min} ca. 0,037, d_{max} ca. 8,7. R. K. MÜLLER. 120□

Über die Frequenzabhängigkeit der Linienintensität von Raman-Licht. I. I. Kondilenko und W. L. Strishewski. (Оптика и Спектроскопия [Optik u. Spektroskopie] **11.** 262—63. Aug. 1961.) (Russ.) — Vgl. C. **1962.** 8870.

Zur Klärung der Rolle der einzelnen Glieder in dem l. c. abgeleiteten Ausdruck für die RAMAN-Streuung wird ein Vgl. zwischen Theorie u. Experiment durchgeführt. Die Messung der Intensitätsverhältnisse für die RAMAN-Linie 656 cm^{-1} von CS_2 bei Anregung durch c-, e- u. k-Linie von Hg ergab: I_e/I_c 4,2 (4,8), I_k/I_c 8,4 (11,3). Hierbei ist die Nähe zur Absorptionsbande (32000 cm^{-1}) gegeben. Die Ergebnisse zeigen unter Berücksichtigung der Nähe der k-Linie zur Absorptionsbande für diesen Fall Übereinstimmung zwischen Theorie u. Experiment. U.-L. RAU. 120□

Wirkung von Fremdgasen auf die Infrarotabsorption von Wasserdämpfen. K. P. Wassilewski. (Оптика и Спектроскопия [Optik u. Spektroskopie] **11.** 207—15. Aug. 1961.) (Russ.)

Der Einfl. von *Ar*, N_2, *Luft* (I) u. CO_2 auf die intergrale Absorption (A) von Wasserdampf (II) bei 4025,4 cm^{-1} (Rotationsübergang $6_{-2}—5_{-5}$) sowie im Bereich 3978 bis 3970 cm^{-1} (Gruppe von 9 Banden) wird mit einem Spektrometer hoher Auflösung untersucht. Hierzu bestimmte Vf. A dieser Banden bei II (p = 0,009 at) sowie bin. Gemischen aus II (konst. Partialdruck 0,009 at) u. Ar, N_2, I bzw. CO_2 bei verschiedenen Partialdrücken der zugesetzten Gase im Bereich 0,057—0,832 at. Der aus den gefundenen A u. Halbwertsbreiten von 4025,4 cm^{-1} bestimmte opt. Stoßquerschnitt für Stöße von II-Moll. untereinander sowie mit Ar-Atomen, N_2-, I- u. CO_2-Moll. beträgt 12,7, 4,9, 5,5, 5,6 bzw. $6{,}8 \cdot 10^{-8}$ cm. U.-L. RAU. 120□

Infrarotspektren von Uranylphosphat, -oxalat und -salicylat im festen Zustand. K. V. Narasimham. (Indian J. Physics Proc. Indian Assoc. Cultivat. Sci. **34** (**43**). 321—30. Juli 1960. Chromepet, Madras, Madras Inst. of Technol., Dep. of Appl. Phys.) (Engl.)

Vf. bestimmte die IR-Spektren von $UO_2HPO_4 \cdot 4\,H_2O$ (I), $UO_2C_2O_4$ (II) u. $UO_2 \cdot [C_6H_4(OH)COO]_2$ (III) im Bereich von 2—24 μ in KBr-Preßlingen u. in Nujol. Nach beiden Meth. wurden von I 35, von II 25 u. von III 40 Banden erhalten. Die IR-Spektren der 3 Verbb. werden mit deren Fluorescenzspektren, aufgenommen bei der Temp. der fl. Luft, verglichen. III zeigt keine Fluorescenz. P. SCHARNER. 120□

Untersuchung wässeriger Lösungen von Uranylnitrat mit der Methode der Raman-Spektren. S. Minc und Z. Kęcki. (Известия Академии Наук СССР, Серия Физическая [Nachr. Akad. Wiss. UdSSR, physik. Ser.] **23.** 1182—83. Okt. 1959. Warszawa, Polska Akad. Nauk, Inst. Chem. fiz., Zakł. Elektrochem.) (Russ.) — Vgl. C. **1960.** 11920.

Die mollare Intensität der Linie 860 cm^{-1} im RAMAN-Spektrum von $UO_2(NO_3)_2$ in wss. Lsgg. verschiedener Konz. nimmt zu, wenn das Konz.-Verhältnis von W. u. UO_2^{2+} bzw. C_{H_2O}/C_{NO_3} abnimmt, was offenbar durch Wanderung von Elektronen an den Bindungen O—U—O zu erklären ist. Vielleicht bewirkt auch der Ersatz von H_2O in den Komplexen von UO_2^{2+} durch NO_3^- eine Veränderung in der Elektronenhülle von UO_2^{2+}. Die Linienbreite ändert sich innerhalb der Vers.-Fehlergrenzen nicht. Der geringe Depolarisationsgrad der Linie 860 cm^{-1} u. seine Konstanz zeigen, daß die lineare Konfiguration von UO_2^{2+} erhalten bleibt. In den Spektren wird auch die schwache Linie 210 cm^{-1} der Deformationsschwingung von UO_2^{2+} beobachtet, nicht aber die Linie 930 cm^{-1}. R. K. MÜLLER. 120□

Untersuchung von Zinkchloridlösungen in Methanol mit der Methode der kombinierten Lichtstreuung. S. Minc und S. Osiecki. (Известия Академии Наук СССР, Серия Физическая [Nachr. Akad. Wiss. UdSSR, physik. Ser.] **23.** 1184—85. Okt. 1959.) (Russ.) — Vgl. vorst. Ref.; vgl. auch C. **1960.** 10521.

Bei Zunahme der $ZnCl_2$-Konz. bis 0,9 m in Methanol (I) nimmt die molare integrale Intensität der Linie 1033 cm^{-1} (symm. Valenzschwingung der C—O-Bindung in I) rasch zu, ihr Depolarisationsgrad (DG) ab, was mit der Zunahme der Symmetrie der I-Moll. erklärt wird. Bei weiterer Erhöhung der $ZnCl_2$-Konz. nimmt die Intensität der Linie ab, der DG zu; beide erreichen in ca. 2 m $ZnCl_2$ einen konst. Wert. Maßgebend für diese Effekte scheint die Wechsel-Wrkg. der I-Moll. untereinander über H-Bindungen u. die Umsetzung der I-Moll. mit $ZnCl_2$-Moll. unter Bldg. von Komplexen zu sein. Die Breite der Linie nimmt mit der $ZnCl_2$-Konz. zu, ihre Frequenz nimmt ab u. erreicht bei 5m annähernd 1020 cm^{-1}. Eine Linie 280 cm^{-1} wird mit Schwingung des $ZnCl_2$-I-Komplexes erklärt. R. K. Müller. 120□

Ramanspektroskopische Untersuchung der Konstitution von reinem oder Halogenionen enthaltenden Zinkjodid, -bromid und -chlorid-Lösungen. Nachweis von nichtionisierten ZnX_2-Molekülen und von Zn X_4^{2-}-Ionen. Marie-Louise Delwaulle. (C. R. hebd. Séances Acad. Sci. **240.** 2132—34. 1/6. 1955.) (Franz.) — Vgl. C. **1956.** 12453.

In Aceton u. Alkoholen (ab Butanol) nichtionisierte ZnX_2-Moll. wurden ramanspektroskop. bestimmt. Folgende Frequenzen sind angegeben: ZnJ_2 163 (cm^{-1}); $ZnBr_2$ 208; $ZnCl_2$ 305. Sehr konz., unter Zusatz von Halogenionen hergestellte Lsgg. von Zn-Halogeniden in W. enthalten ZnX_4^{2-}-Ionen, denen Vf. auf Grund der untersuchten Raman-Spektren tetraedr. Struktur zuschreibt. Folgende Frequenzen wurden ermittelt: ZnJ_4^{2-} 122 (cm^{-1}); $ZnBr_4^{2-}$ 172; $ZnCl_4^{2-}$ 282. W. Kästner. 120□

Schwingungsspektren von Alkoxysilanen und Siloxanen. 2. Mitt. Schwingungen der SiO_4-Gruppen in den Spektren der Tetraalkoxysilane. A. N. Lasarew. (Оптика и Спектроскопия [Optik u. Spektroskopie] **8.** 511—15. April 1960.) (Russ.) — 1. vgl. C. **1960.** 3770; vgl. auch C. **1960.** 13918.

Die Schwingungsspektren von 4 Tetraalkoxysilanen $Si(OR)_4$ mit R = CH_3, C_2H_5, n-C_3H_7 u. n-C_4H_9 zwischen 200 u. 1500 cm^{-1} werden in fl. Phase in reiner Form u. in Lsgg. in CS_2 u. CCl_4 aufgenommen. Bei R = CH_3 werden die Vers.-Werte mit den berechneten Frequenzen der „Skelett"-Schwingungen verglichen. Mit der Zunahme des Molgew. von R werden die Spektren komplizierter. Bei R = C_3H_7 u. C_4H_9 gelingt es nur noch, die Frequenzen der symm. Si-O-Schwingung, die mit der Länge von R zunehmen, u. die intensiven C-O-Absorptionsbanden bei ca. 1090—1100 cm^{-1} zu identifizieren.
R. K. Müller. 120□

Luminescenz von Cadmiumsulfidkristallen. W. W. Jeremenko. (Оптика и Спектроскопия [Optik u. Spektroskopie] **4.** 348—53. März 1958. Moskau, Inst. für Phys. der Akad. der Wiss. der UdSSR.) (Russ.)

Die „Durchlicht"-Luminescenz von CdS-Einkristallen bei 20° K wurde bei Beleuchtung mit einer Hg-Lampe (UV-Filter) photograph. mit Hilfe des Spektrographen KS-55 (Dispersion 10 Å/mm) gemessen. — Es wurden zwei Luminescenzgebiete ermittelt; ein „grünes" u. ein „blaues". In dem grünen (19550-17500 cm^{-1}) erscheinen 2 ausgeprägte Bandenserien mit 4—6 Gliedern u. einer Breite von ca. 300 cm^{-1}. Das blaue Gebiet zeigt 12 Banden im Intervall von 20600—19825 cm^{-1}. — Es wird geschlossen, daß das Absorptionsspektrum der CdS-Einkristalle von höchstens 6 Arten mit Gitterstörungen verbundenen raumverteilten Zentren hervorgerufen wird. Mit zwei Arten der Zentren ist die grüne, mit den restlichen die blaue Luminescenz verbunden; nach den Frequenzdifferenzen zu schließen, müssen die Störungen geringfügig sein. J. Tůmová. 125□

Über die Bildung und Wirkung von Lokalisationsniveaus von ZnS-Mn-Phosphoren. W. L. Lewschin und B. D. Ryshikow. (Оптика и Спектроскопия [Optik u. Spektroskopie] **4.** 358—64. März 1958. Moskau, Lebedew-Inst. für Phys. der Akad. der Wiss. der UdSSR u. Univ.) (Russ.)

Die Verss. wurden mit ZnS-Einkristallplättchen (ca. 0,018 mm Stärke) mit einem Mn-Geh. von 0—10^{-1} g/g durchgeführt; vor den Verss. wurden die Plättchen bei 1200°/15 Min. geglüht, dann auf —193° abgekühlt u. unter Hg-Beleuchtung (Standardfilter) die Temp. um 20°/Min. erhöht. — Die II. u. III. Maxima des blauen Leuchtens sind bei den niedrigen Temp. höher als die Maxima des orangefarbenen. Die volle Intensität des blauen Leuchtens hängt nur geringfügig von der Wellenlänge des auffallenden Lichtes ab, während die Intensität des orangefarbenen von dieser stark abhängt. In beiden Fällen entsteht bei Beleuchtung mit Hg-Licht von 436 u. 405 mμ das Leuchten beim Entleeren der tiefen Niveaus. Kleine Mn-Konzz. bis 10^{-4} g/g schwächen die Absosption ab u. erhöhen das blaue Leuchten; ein weiteres Erhöhen des Mn-Geh. schwächt das blaue u. verstärkt das orangefarbene Leuchten, wobei ein neues Syst. von tiefen Niveaus bei —5° beobachtet werden kann. — Die Ergebnisse weisen auf einen bedeutenden kinet. Unterschied des blauen u. orangefarbenen Leuchtens hin; der Aktivator lagert sich zunächst an Defektstellen des Gitters an u. ersetzt dann die Zn-Ionen in den Gitterknotenpunkten. J. Tůmová. 125□

—, Optik und Spektroskopie aller Wellenlängen. Tagung der Physikalischen Gesellschaft in der DDR, 27.—31. Oktober 1960 in Jena. Berlin: Akademie-Verlag 1962. (696 S. m. 496 Abb., 37 Tab. u. 25 Taf.) 8°. DM 120,—.

A_3. Elektrizität. Magnetismus. Elektrochemie

Thermodynamische Begründung der Plasma-Theorie. Taro Kihara. (J. physic. Soc. Japan **14.** 128—33. Febr. 1959. Tokyo, Univ., Fac. of Sci., Dep. of Phys.) (Engl.)

Die Thermodynamik irreversibler Prozesse wird auf das Verh. eines dichten Plasmas in einem schwachen Magnetfeld angewendet. Dabei werden Grundgleichungen der sog. „Magneto-thermohydrodynamik" abgeleitet u. Beziehungen zwischen den Transport-Koeff. erhalten. Als Sonderfälle der Theorie wurden die extrem verdünnten Plasmen u. die Plasmen an der DEBYE-HÜCKEL-Grenze behandelt. H. FAHLENBRACH. 131 □

Coulomb-Streuung von Ladungen in einem starken Magnetfeld. Ju. N. Barabanenkow. (Журнал Экспериментальной и Теоретической Физики [J. exp. theoret. Physik **38.** 1512—14. Mai 1960. Moskau, Staatl. Univ.) (Russ.; Auszug: Engl.)

Theoret. Unters. der Streuung zweier geladener Teilchen aneinander in einem homogenen u. zeitlich konst. Magnetfeld. Es wird dabei angenommen, daß das Magnetfeld so stark ist, daß der LARMOR-Radius klein gegen den Stoßparameter ist u. die LORENTZ-Kraft groß gegen die COULOMB-Kraft. Aus dem Ergebnis folgt, daß die Stöße nichts an einer Verteilungsfuntkion der Elektronen bzw. Ionen in einem Plasma ändern, welche symm. in einer zum Magnetfeld senkrechten Geschw.-Komponente ist. F. LENZ. 131 □

Wechselwirkung von Bündeln geladener Teilchen mit Plasma. Ja. B. Fainberg. (Атомная Энергия [Atomenergie] **11.** 313—35. Okt. 1961.) (Russ.)

In seinem Überblick über die Wechselwrkg. geladener Teilchen mit Ionenplasma behandelt Vf. die Elementarprozesse in Beziehung zum WAWILOW-ČERENKOW-Effekt, anomalen u. normalen DOPPLER-Effekt u. zu den Polarisationseffekten bei der Bewegung geladener Teilchen im Plasma. Die durch die einzelnen Effekte verursachten Instabilitäten u. die entsprechenden Schwingungen, z. B. ionenakust., sind zusammengestellt. Auf nichtlineare Phänomene wird bes. eingegangen. Frequenz, Inkrement u. teilweise auch Relaxation sind angegeben. Die theoret. Ergebnisse werden mit experimentellen Befunden verglichen. M. WIEDEMANN. 131 □

Magnetfallen mit Gegenfeldern. Ss. Ju. Lukjanow und I. M. Podgorny. (Атомная Энергия [Atomenergie] **11.** 336—44. Okt. 1961.) (Russ.) — Vgl. C. **1960.** 16332.

In dem Überblick wird zunächst die Einführung des Plasmas in die Fallen mit Gegenfeldern beschrieben, die schnelle sowie die langsame Injektion sind skizziert. Dann sind die Parameter einiger entsprechender Anordnungen mit Magnetfeldern zusammengestellt, die Lebensdauer des Plasmas in der Falle, das Verh. des Ionenstroms an der Sonde, die Verteilung der Dichte des Plasmas in der Falle sowie die Wärme-Entw. werden behandelt. M. WIEDEMANN. 131 □

Über die Beweglichkeit positiver Ionen in extrem reinen Gasen und Gasgemischen. R. Maushart. (Ann. Physik [7] **1.** 264—80. 1958. Karlsruhe, TH, Physikal. Inst.) (Dt.)

Es wird eine Anordnung beschrieben, mit der die Beweglichkeit positiver Ionen im Zeitraum von ca. $5 \cdot 10^{-4}$ s nach ihrer Entstehung bis hinab zu E/p = 0,2 V/cm Torr mit einem Fehler von ± 2,5% bestimmt werden kann u. die allen vakuumtechn. Bedingungen für das Arbeiten mit extrem reinen Gasen gerecht wird. Untersucht wurden die Ionenbeweglichkeiten in reinem N_2 u. reinem O_2 sowie Ar-O_2-, N_2-O_2- u. N_2-O_2-Wasserdampf-Gemischen. Hauptergebnisse: Enthält das Meßgas Zusätze eines Fremdgases mit niedrigerem Ionisationspotential, so laden die Primärionen mit den Moll. des Fremdgases um; es gibt daher bei sehr niedrigen Konzz. des Fremdgases einen bestimmten Bereich, in dem keine definierte Beweglichkeit mehr meßbar ist. — In reinen O_2 werden im Gegensatz zu N_2 keine höhermol. Ionenkomplexe, sondern nur einfache O_2^+-Mol.-Ionen gebildet; das gilt auch für gewöhnliche Luft, die mit fl. N_2 getrocknet wurde. — In Ggw. von Wasserdampf dürften, wie aus den Beweglichkeiten zu schließen ist, die Primärionen zunächst auf Wasser-Moll. umladen u. dann die so entstandenen Wasserionen mit steigendem Wasserdampf-Geh. ein u. nur ein neutrales Wasser-Mol. locker anlagern. Unter der Annahme, daß die Anlagerungswahrscheinlichkeit bei einem Stoß mit dem Ion proportional der Wasserdampfdichte ist, läßt sich eine abgeänderte Form der OVERHAUSER-Gleichung angeben, durch die der gemessene Verlauf der Beweglichkeitsabnahme mit steigendem Wasserdampfzusatz in beiden Gasen beschrieben wird. D. JÖRCHEL. 131 □

Untersuchungen über den Existenzbereich der elektrodenlosen Ringentladung. H.-J. Strauß. (Ann. Physik [7] **1.** 281—95. 1958. Greifswald, Dtsch. Akad. der Wiss. zu Berlin, Inst. für Gasentladungsphys.) (Dt.)

Im Frequenzbereich zwischen 4 u. 8 MHz wird der Existenzbereich der elektrodenlosen Ringentladung in Abhängigkeit vom Druck u. von der erregenden Frequenz für He, Ne, Ar, Kr, Xe u. Hg, N_2, O_2, Br_2 u. J_2 angegeben. Die Felder, die die Zündung der Entladung hervorrufen u. die, welche den Umschlag in die Ringentladung bewirken, werden in Abhängigkeit von der Spulenspannung bestimmt. Die Existenzgebiete verschieben sich mit steigender Frequenz nach niedrigeren Feldstärken u. niedrigeren Drükken, die Umschlagfeldstärke ist dagegen bei den Edelgasen nahezu unabhängig von der Frequenz, während sie bei den Halogenen einen deutlichen Frequenzgang aufweist.

D. JÖRCHEL. 131 □

Spektroskopische Untersuchung der Rotation der positiven Entladungssäule im Magnetfeld. W. M. Sacharowa, Ju. M. Kagan und W. I. Perel. (Оптика и Спектроскопия [Optik u. Spektroskopie] **11.** 777—79. Dez. 1961.) (Russ.)

Mit einem 30 cm langen FABRY-PÉROT-Etalon konnte eine geringe Linienverschiebung der Ar-Atomlinien bei 4300 u. 4044 Å beobachtet werden, wenn die gegenüberliegenden Randgebiete der positiven Säule einer Ar-Gasentladung im Magnetfeld nebeneinander aufgenommen wurden. Dieser Befund läßt sich nur durch Rotation der Ar-Atome in der für positiv geladene Ionen charakterist. Richtung erklären. Die Rotations-Geschw. ist bei einem Ar-Druck von 1 mm Hg u. einem magnet. Feld von 600 Oe maximal u. beträgt ca. $1{,}5 \cdot 10^{-4}$ cm/s. Verschiedene Erklärungen für diesen Effekt werden diskutiert.

R. GERBATSCH. 131 □

Über den Einfluß der Konvektion auf einen Lichtbogen. H. Rother. (Ann. Physik [6] **20.** 230—37. 15/7. 1957. Berlin, Dtsch. Akad. der Wiss., Inst. für Strahlungsquellen.) (Dt.)

Vf. berechnet mit Hilfe der ELENBAAS-HELLERschen Differentialgleichung Krümmung, Bogenform u. Stabilitätsbereich „konvektionsstabilisierter", horizontal brennender Lichtbögen. Mit den Ergebnissen, die experimentelle Resultate gut beschreiben, können alle bekannten stationären Bögen dieser Art einheitlich behandelt werden. Es zeigt sich, daß eine Berücksichtigung der Konvektion als „kleiner Störung" im allg. nicht ausreicht, um die Verhältnisse im Bogeninneren adäquat zu beschreiben u. daß die WEIZELsche Theorie (Z. Physik **122.** [1944.] 620) fehlerhaft ist.

D. JÖRCHEL. 131 □

Oscillographische Beobachtungen zum Kanalaufbau in Dämpfen. 1. Mitt. J. Pfaue und H. Raether. (Z. Physik **153.** 523—28. 1959. Hamburg, Univ., Inst. für angew. Phys.) (Dt.)

Experimentelle Unters. des zeitlichen Stromverlaufs einzelner Elektronenlawinen u. ihrer Nachfolgeerscheinungen. Nach Ablauf einer Elektronenlawine großer Trägerzahl ($>10^8$) erfolgt nach einer Kanal-Entw.-Zeit T_K ein rascher Stromanstieg. Die Steilheit dieses Kanalstromanstiegs ist deutlich verschieden von der einer Lawine, u. T_K streut viel stärker als die Zeit zwischen dem Beginn einer Lawine u. der Auslösungszeit eines Photoelektrons aus der Kathode durch Photonen dieser Lawine. T_K nimmt mit zunehmender Trägerzahl der Primärlawine u. Zunahme der Spannung über den Bereich der stat. Spannung ab, d. h. derjenigen Spannung, bei der nicht mehr als 1% der beobachteten Lawinen zum Durchschlag führen. Der Entstehungsmechanismus dieses kathodengerichteten Kanals wird mit der Erzeugung gasionisierender Strahlung in der entstehenden positiven Ladungswolke vor der Anode durch die Nachfolgelawinen in Zusammenhang gebracht. Bei höherer Überspannung treten in zunehmendem Maße auch „schnelle" Kanäle mit kürzerer Entw.-Zeit auf, die als Entstehung eines anoden- u. eines kathodengerichteten Kanals gedeutet werden.

F. LENZ. 131 □

Zum Mechanismus des Felddurchschlages komprimierter Gase. G. List. (Ann. Physik [6] **20.** 238—46. 15/7. 1957. Berlin, Dtsch. Akad. der Wiss., Inst. für Strahlungsquellen.) (Dt.)

Vf. zeigt, daß man die extrem langen, statist. verteilten Verzögerungszeiten beim Durchschlag komprimierter Gase verstehen kann, wenn man für die 1. Phase der Entw. einer selbständigen Entladung einen Mechanismus annimmt, der ähnlich dem TOWNSENDschen Mechanismus durch Lawinenverstärkung u. Rückwrkg.-Prozesse an der Kathode zu beschreiben ist u. durch Feldemissionselektronen aufrechterhalten wird. Die Wahrscheinlichkeit für die Entw. dieser 1. Phase wird durch die zeitliche Verteilung der Emission der Feldelektronen bestimmt. Gleichzeitig mit dem Anstieg der Trägerstromdichten wird das Feld hauptsächlich durch den positiven Ionenstrom an der Kathode verstärkt, der Ionisierungsanstieg μ wächst über den Wert 1, u. die Entladung wird instabil.

D. JÖRCHEL. 131 □

Untersuchung des Hochfrequenzdurchschlages in Gasen in einem breiten Frequenzgebiet des Dezimeterwellenbereiches. 1. Mitt. G. A. Anaschkin. (Вестник Московского Университета, Серия Математики, Механики, Астрономии, Физики, Химии [Nachr. Moskauer Univ., Ser. Math., Mechan., Astronom., Physik, Chem.] **13.** Nr. 2. 103—08. 1958. Moskau, Lomonossow-Univ., Lehrstuhl für Elektronik.) (Russ.)

Unters. der Entladungsbedingungen bei Wellenlängen λ zwischen 80—18,5 cm in einer kurzgeschlossenen koaxialen Entladungsröhre ($a = 0{,}15$ cm; $b = 0{,}52$ cm) bei

Drücken zwischen 10^{-4} bis 10 mm Hg in *Luft*, *Ar* u. *Ne*. — Die graph. Darst. E = f(p) (E in V/cm; p in mm) zeigt im Minimum, welches in der Luft bei $\lambda = 80$ cm bei 0,7 mm Hg liegt u. mit Verkürzung von λ in Richtung des höheren Druckes wandert (bis ca. 1,2 mm Hg bei $\lambda = 18{,}5$ cm). Gleichzeitig steigt das Minimum von ca. 110 bei $\lambda = 80$ cm auf 540 V/cm bei $\lambda = 18{,}5$. — Ähnliche Abhängigkeiten zeigen die Entladungen in Ar (Minimum ab 1,05 mm Hg) u. Ne (ab ca. 11 mm Hg). — Der Vgl. der Resultate mit der von Posin (Physic. Rev. [2] **73.** [1948.] 496) aufgestellten Theorie zeigt bei hohem Druck gute Übereinstimmung u. bei geringem Druck (bes. unterhalb 1 mm Hg) große Abweichungen. J. Tůmová. 131 □

Über die Eigenschaften von Streamern zwischen großen Funkenstrecken. Kanji Honda. (J. physic. Soc. Japan **12.** 1403—12. Dez. 1957. Tokyo, Univ., Dep. of Phys.) (Engl.)

Unter Bezugnahme auf Unterss. von Schonland (Proc. Roy. Soc. [London], Ser. A **220.** [1953.] 25) behandelt Vf. theoret. die Eigg. der Streamer. C. Gottfried. 131

Einfluß der Bestrahlung auf Vorentladungs-Impulsströme in Röhren mit äußeren Elektroden. L. A. Akolsina. (Вестник Московского Университета, Серия Математики, Механики, Астрономии, Физики, Химии [Nachr. Moskauer Univ., Ser. Math., Mechan., Astronom., Physik, Chem.] **13.** Nr. 2. 115—20. 1958. Moskau, Lomonossow-Univ., Lehrstuhl für Elektronik.) (Russ.)

Für die Unters. wurden Rohre von 27—40 mm ∅ mit einem *Ne*-Druck zwischen 0,5—4 mm Hg, äußeren runden Elektroden sowie eine Spannung von 250—400 V u. 100 Hz benutzt; die Bestrahlung erfolgte mittels Ne-Licht 5852—7032 Å aus einer Entfernung von 50 mm. — Es zeigt sich, daß bei der Formierung der Vorentladungsimpulse Prozesse an den Röhrenwänden eine ausschlaggebende Rolle spielen. Im Gebiet kleiner Spannungen (in der Nähe des Löschens) kommen metastabile Atome voll zur Geltung. Bei der Bestrahlung werden diese jedoch beseitigt u. so die Stromimpulse unterdrückt. Bei größeren Spannungen sind die metastabilen Atome ohne Einfl., u. der Strom steigt durch die Bestrahlung noch weiter an. Diese Erscheinung zeugt von einem positiven zusätzlichen Joshi-Effekt in diesem Falle. J. Tůmová. 131 □

Beitrag zur Kenntnis des Einflusses der Natur der Elektroden auf zwei fundamentale Parameter der elektrischen Entladung in Edelgasen bei niedrigem Druck. Pierre Lemaigre-Voreaux. (Bull. Soc. franç. Électriciens [8] **2.** 331—43. Juni 1961.) (Franz.)

Unterss. an einer für diesen Zweck entwickelten Entladungs-Vorr. zeigten, daß die Überschlagsspannung in Edelgasen bei Drücken von 0,1—100 mm Hg direkt proportional der Austrittsarbeit an der Kathodenoberfläche ist. Der in der Gleichung enthaltene Koeff. steht anscheinend in einem einfachen Verhältnis zur Ionisationsspannung des Edelgases. Unterss. des Kathodenfalls in der Lichtbogenentladung bestätigen, daß mindestens für *He*, *Ne* u. *Ar* die oben dargelegte Beziehung besteht. F. Vier. 131 □

Kinetik der Elektronen im elektromagnetischen Feld eines Ionisationsmanometers und einer Ionenpumpe. G. W. Smirnitzkaja und E. M. Reichrudel. (Вестник Московского Университета, Серия Математики, Механики, Астрономии, Физики, Химии [Nachr. Moskauer Univ., Ser. Math., Mechan., Astronom., Physik, Chem.] **13.** Nr. 2. 121—32. 1958. Moskau, Lomonossow-Univ., Lehrstuhl für allg. Phys. der bodenbiolog. u. anderen Fakultäten (Russ.) u. Bul. Shkeucat Natyrore [Naturwiss. Bull.] **1958.** Nr. 3. 3—13.) (Alb.)

Theoret.-mathemat. Betrachtung (Trajektorien-Darst.) der Elektronenbewegung im longitudinalen u. inhomogenen Magnetfeld, welches der Feldausbreitung in Ionisationsmanometern oder Ionenpumpen nahekommt. Bei der Berechnung wird die Raumladung nicht berücksichtigt u. die Gültigkeit auf die Verhältnisse vor u. während der Entladung bei einem Druck zwischen 10^{-6} bis 10^{-8} mm Hg u. einem Stromfluß $<10^{-6}$ A/cm² beschränkt. J. Tůmová. 131 □

Über die Möglichkeit der Bestimmung molekularer Dipolmomente aus der statistischen Theorie. M. Schubert und B. Wilhelmi. (Acta physica Acad. Sci. hung. **13.** 155—62. 1961. Jena, Univ., Phys. Inst.) (Dt.)

Es wird untersucht, welche Schlüsse sich aus den Grundgleichungen mit Randbedingungen, wie sie aus verschiedenen statist. Modellen folgen, hinsichtlich der Existenz von Dipolmomenten mol. Syst. ziehen lassen. H. Laue. 132 □

Über einige Anomalien der Hysteresisschleife bei keramischem Bariumtitanat und Piezolan. E. Hegenbarth. (Ann. Physik [6] **20.** 20—25. 15/7. 1957. Leipzig, Karl-Marx-Univ., Phys. Inst.) (Dt.)

Vf. beobachtete bei der Unters. von keram. $BaTiO_3$ u. Piezolan Änderungen in der Form der Hysteresisschleife, die z. T. auf Alterungserscheinungen des verwendeten

Materials zurückgeführt werden. Bes. interessant ist die Einschnürung der Schleife von keram. $BaTiO_3$ am CURIE-Punkt, welche man als eine Art Doppelschleife deuten kann, wie sie bei $BaTiO_3$-Einkristallen auftritt. Treppenförmige Einschnürungen in den Flanken der Schleife unterhalb des CURIE-Punktes, die mit abnehmender Temp. ein Maximum annehmen u. dann prakt. verschwinden, werden dem Umklappen des Polarisationsvektors einzelner Bereiche nach Art eines BARKHAUSEN-Effekts zugeschrieben. D. JÖRCHEL. 133□

Zur experimentellen Prüfung der wellenmechanischen Theorie der Feldelektronenemission. R. Haefer. (Acta physica austriaca 10. 149—61. 1956. Liechtenstein, Gerätebauanstalt Balzers.) (Dt.)

Unterss. mit reinen (*W*) u. Fremdatomen bedeckten Kathoden (mit *K*, *Cs* u. *Ba*). Die Gültigkeit der Theorie bleibt erhalten. CH. WEISKE. 134□

Photoelektrische Ausbeute dünner Aluminiumschichten. Roger Garron. (C. R. hebd. Séances Acad. Sci. 254. 243—45. 8/1. 1962. Marseille, Labor. de Phys. M.P.C.) (Franz.)

Durch Verdampfen von Al bei 10^{-5} Torr wurden auf 1% gleichmäßig dünne Al-Schichten (10—100 mμ) erzeugt u. mit monochromat. Licht bestrahlt. Aus dem Verhältnis von absorbiertem Licht zum Photostrom geht hervor, daß für alle Wellenlängen bei 52 mμ Schichtdicke ein ausgeprägtes Maximum vorliegt, das in einem Zusammenhang mit der mittleren freien Weglänge der Photoelektronen steht. Für Schichtdicken ab 60 mμ ist die Ausbeute an Photostrom so hoch wie im massiven Metall. Mit zunehmender Schichtdicke steigt der Absorptionsfaktor von 0 auf den bei 60 mμ erreichten Grenzwert. H. BÜRGER. 134□

Einige Grundbegriffe aus der Physik der Halbleiter. W. J. A. Goossens und H. J. G. Meyer. (Nederl. Tijdschr. Natuurkunde 27. 324—44. Sept. 1961. Eindhoven, N.V. Philips' Gloeilampenfabrieken, Natuurk. Labor.) (Holl.)

Übersicht über Begriff, Eigg., vollkommene u. unvollkommene Gitter der Halbleiter u. die zugehörigen Berechnungen. W. WESLY. 135□

Neue Entwicklungen auf dem Gebiet der Halbleiter. W. Crawford Dunlap. (J. chem. Educat. 38. 238—41. Mai 1961. Waltham, Mass., Raytheon Res. Div.) (Engl.)

Vf. gibt einen Überblick über die Physik der Halbleiter u. behandelt die extrem reinen krist. wie auch die amorphen u. stark verunreinigten Verbindungen. Außer den bereits verwendeten Halbleitermaterialien werden weitere anorgan. u. organ. Verbb. mit Anwendungsmöglichkeiten beschrieben. K. ROSS. 135□

Chemisches Gleichgewicht und Reaktionen in Halbleitern. C. S. Fuller. (XVII. int. Kongr. reine angew. Chem. München 1. 271—99. 1959, herausgeg. 1960. Murray Hill, N.J., Bell Telephone Labor.) (Engl.)

Vortrag über Rkk. in Festkörpern, Meth. zu ihrer Unters., Einphasen- u. Zweiphasen-Rkk. sowie über Halbleiter der III.—V. Gruppe. — 51 Literaturangaben (bis 1959). P. GOLINSKE. 135□

Wechselwirkung von Leitungselektronen mit akustischen Wellen in Vieltälerhalbleitern. Nobuo Mikoshiba. (J. physic. Soc. Japan 15. 1189—99. Juli 1960. Nagatacho, Tokyo, Electrotechn. Labor.) (Engl.)

Vf. entwickelt eine halbklass. Theorie zur Deutung der Charakteristik der Wechselwrkg. von Leitungselektronen mit akust. Wellen in Vieltälerhalbleitern, z. B. *n-Ge*. Im allg. läßt sich der Ultraschallabsorptions-Koeff. als $\Lambda = \Lambda_P + \Lambda_K$ formulieren, wobei Λ_P auf der Änderung der Deformationspotentialenergie der Elektronen, hervorgerufen durch Übergänge zwischen den Tälern, u. Λ_K auf der Änderung der kinet. Energie bei den Übergängen zwischen den Tälern beruhen. Analog ist die Formulierung für die akust. EMK: $F = F_P + F_K$. Im Bereich niedriger Frequenzen sind Λ_P u. F_P die dominierenden Terme, bei genügend hohen Frequenzen überwiegen Λ_K u. F_K. Für longitudinale Wellen, die sich in Richtung $\langle 1\,1\,0\rangle$ ausbreiten, u. für transversale Wellen mit $\langle 1\,0\,0\rangle$ als Ausbreitungs- u. $\langle 0\,1\,0\rangle$ als Polarisationsrichtung ist F ident. mit der Formel von WEINREICH-SANDERS-WHITE im niederen Frequenzbereich. Im Gegensatz zu dieser Formel zeigt F jedoch keinen Abfall im hohen Frequenzbereich auf Grund des Anwachsens von F_K u. besitzt dieselbe Größenordnung wie bei longitudinalen Wellen in einfachen Halbleitern. In speziellen Fällen, z. B. bei longitudinalen Wellen in $\langle 1\,0\,0\rangle$ u. bei transversalen Wellen mit $\langle 1\,1\,0\rangle$ als Ausbreitungs- u. $\langle 1\,\bar{1}\,0\rangle$ als Polarisationsrichtung wird $\Lambda_P = F_P = 0$, u. die Wechselwrkg. wird ident. mit der in einfachen Halbleitern. G. RUBAN. 135□

Zustandsdichte im Valenzband von Silicium. Homer D. Hagstrum. (Physics Chem. Solids 8. 211—16. Jan. 1959. Murray Hill, N.J., Bell Telephone Labor., Inc.) (Engl.)

Die Verteilung der kinet. Energie der Elektronen, die durch AUGER-Neutralisation von He^+-Ionen (10 eV) an einer sauberen Si-Oberfläche emittiert werden, hängt über eine Integraltransformierte mit der Zustandsdichtefunktion im Valenzband zusammen. Durch Anpassung der theoret. Verteilung an die experimentellen Daten erhält Vf. Abschätzungen über die Breite des degenerierten p-Bandes u. des gesamten Valenzbandes. G. RUBAN. 135□

Herstellung und Charakteristika von Silicium-Sonnenbatterien, die mit Phosphor durch Diffusion dotiert wurden. J. Mandelkorn, C. McAfee, J. Kesperis, L. Schwartz und W. Pharo. (J. electrochem. Soc. **109.** 313—18. April 1962. Fort Monmouth, N. J., U. S. Army Signal Res. and Dev. Labor.) (Engl.)

Vff. stellen Si-Sonnenbatterien her, bei denen das Si durch ein Diffusions-Verf. mit P dotiert wurde. Durch Diffusion bei 975° erhält man Zellen mit einem Schichtwiderstand von 10 Ω/sq, hoher Empfindlichkeit (E) im langwelligen Bereich u. einem Wrkg.-Grad von $>10\%$. Diffusion in ½—1 std. Perioden bei 875° ergibt Zellen mit hoher E im kurz- u. langwelligen Gebiet. Gitterförmige Kontakte zur Herabsetzung der Einfl. des relativ hohen Schichtwiderstands erhöhen den Wrkg.-Grad dieser Zellen ebenfalls auf $>10\%$ Batterien mit P-dotiertem Si sind im allg. bzgl. ihres Strahlungswiderstands Zellen mit B-dotiertem Si überlegen, da die Lebensdauer der Minoritätsträger bei Beschuß mit atomaren Teilchen in p-Si langsamer abnimmt als in n-Si. Durch hohe E im kurzwelligen Bereich der bei 875° hergestellten Zellen ergibt sich ihr höherer Strahlungswiderstand. Zellen mit einem Wrkg.-Grad von $>10\%$, die aus 10 $\Omega\cdot$cm-Material hergestellt wurden, weisen einen größeren Strahlungswiderstand auf als aus 1 $\Omega\cdot$cm-Material hergestellte. Niedrige Übergangsgegenströme von 10—30 μA bei einer Gegenvorspannung von 0,6 V u. Kontaktwiderstände von angenähert 0,2 Ω konnten erreicht werden.

P. FRENZEL. 135□

Übersicht über Methoden der Messung der Lebenszeit der Stromträger in Überschußleitern in Germanium und Silicium. Andrzej Czachor. (Postępy Fizyki **11.** 169—90. 1960. Warszawa, Inst. Bad. jądr.) (Pol.)

Übersicht über theoret. Grundlagen u. prakt. Ausführung von Messungen der Lebensdauer der Stromträger in n-Halbleitern auf der Grundlage zeitveränderlicher u. stationärer Effekte. — 43 Literaturangaben. F. URBAN. 135□

Chemisches Ätzen von Germanium in $HF-HNO_3-H_2O$-Lösungen. Thomas E. Burgess. (J. electrochem. Soc. **109.** 341—42. April 1962. North Adams, Mass., Sprague Electr. Co., Res. Labor.) (Engl.)

Vf. berichtet über das Ätzen von n-leitenden {1 1 1}-Ge-Kristallen in $HF-HNO_3-H_2O$-Lsgg. unter isothermen Bedingungen u. über die Ätz-Geschw. v in Abhängigkeit von der Zus. u. Temp. (15—40°) des Ätzmittels. Bei hoher HNO_3-Konz. wird v durch die Diffusion von HF zur oxidbedeckten Oberfläche, bei niedriger HNO_3-Konz. in einem breiten Konz.-Bereich durch Aktivierung bestimmt. Bei Molverhältnissen HNO_3/HF von $M > 4{,}9$ beträgt die Aktivierungsenergie ca. 6 kcal, darunter 19—12 kcal. Bei $M \leq 0{,}36$ (25°) wird auf der geätzten Oberfläche ein goldfarbener, dünner Film beobachtet, der auf die Bldg. eines amorphen Ge-Monoxids zurückzuführen sein könnte. Die Bldg. einer polykristallinen Ge-Schicht erscheint weniger wahrscheinlich.

P. FRENZEL. 135□

Das Wasserstoff-Atom in einem starken Magnetfeld. Y. Yaffet, R. W. Keyes und E. N. Adams. (Physics Chem. Solids **1.** 137—42. Nov. 1956. Pittsburgh, Westinghouse Res. Labor.) (Engl.)

Aus den wellenmechan. Bewegungsgleichungen eines H-Atoms in einem starken homogenen Magnetfeld werden die Energieniveaus u. die Wellenfunktionen ermittelt. Dabei ergibt sich eine Kontraktion der Ladungsverteilung der Elektronen in Ebenen senkrecht zur Richtung des Magnetfeldes, die zu einer Zunahme der Ionisationsenergie in starken Feldern führt. Die Bedingungen, diesen Effekt experimentell bestätigen zu können, liegen für den Fall von Verunreinigungszuständen bei solchen Halbleitern bes. günstig, die eine große DK u. eine kleine effektive Masse besitzen. Für diese Stoffe werden die Rechnungen besonders erläutert. Dabei werden Änderungen in starken Magnetfeldern für die opt. u. elektr. Eigg. vorhergesagt. H. FAHLENBRACH. 135□

Oscillatorische magnetische Widerstandsänderung von n-Typ-InSb bei tiefen Temperaturen und hohen Feldstärken. G. Busch, R. Kern und B. Lüthi. (Helv. physica Acta **30.** 471—72. 1957. Zürich, ETH, Labor für Festkörperphysik u. Inst. für Calor. App. u. Kältetechnik.) (Dt.)

Eine einkristalline n-InSb-Probe wurde im transversalen Magnetfeld (bis 100 kGauß) bei 4,2° u. 80° K untersucht. Bei 4,2° K zeigt die Kurve $\Delta\varrho/\varrho_0$ gegen H der relativen Widerstandsänderung unterhalb von 40 kGauß einen oscillator. Anteil mit Maximum bei 20 kGauß. Dieser kann mathemat. durch eine modulierte gedämpfte Schwingung der quasifreien Elektronen dargestellt werden. Aus dem Vers. bestimmte u. unter der Annahme starker Entartung des Elektronengases aus der Ladungsträger-Konz. berechnete Werte für die Periode stimmen gut überein. U. Siggel. 135□

Verunreinigungsquellen beim Wachstum von GaAs-Kristallen. L. Ekstrom und L. R. Weisberg. (J. electrochem. Soc. **109.** 321—27. April 1962. Princeton, N.J., Radio Corp. of America, RCA Labor.) (Engl.)

Vff. untersuchen die Verunreinigungsmöglichkeiten während der Herst. von GaAs (I) u. des Züchtens von I-Kristallen nach dem Bridgman-Horizontal-Verf. in der Quarzampulle u. im Quarzschiffchen. Als Hauptverunreinigungsquelle, bes. mit Si, ist die Rk. der I-Schmelze mit dem Schiffchen, die mit steigender Temp. der Schmelze stark zunimmt, anzusehen. Verunreinigung mit Si u. Cu wird beim Zuschmelzen der Ampullen, mit Cu beim Vakuumglühen von Ga u. mit Wasserdampf u. CO während des Züchtens beobachtet. Letzteres ist auf die Entgasung des SiO_2 zurückzuführen. Verunreinigung tritt ebenfalls durch Rückdiffusion der Fremdstoffe aus dem Vakuum-Syst. ein. Bei der Zieh-Temp. erfolgt keine Gasdiffusion durch die SiO_2-Wandungen, Reinigungs-Verff. für SiO_2 haben keinen wesentlichen Einfl. auf die Eigg. von I. Beim Vakuumglühen bei 650° erfolgt keine Rk. von Ga mit dem Schiffchen. Vff. empfehlen zur Vermeidung der Verunreinigungen eine Schmelz-Temp. nahe dem F., kurze Ziehzeiten, Schiffchen aus anderen hochreinen Materialien (BN, AlN, BeO), Erhitzen der SiO_2-Ampullen $< 1000°$ u. wiederholte, regelmäßige Reinigung der Vakuumpumpen. P. Frenzel. 135□

„Sealed solid"-Methode für das Zonenschmelzen zersetzbarer Verbindungen. F. K. Heumann. (J. electrochem. Soc. **109.** 345—46. April 1962. Schenectady, N.Y., Gen. Electr. Co., Res. Labor.) (Engl.)

Vf. beschreibt ein Zonenschmelz-Verf. zur Herst. homogener Proben zersetzbarer Halbleiter-Verbb. mit einheitlichem Widerstandsprofil, bei dem kein freies Vol. für die Freisetzung der flüchtigen Komponenten vorhanden u. das Halten der Probe bei erhöhten Temp. nicht erforderlich ist. Die Ausgangsstoffe werden in ein geeignetes (SiO_2-)Rohr eingewogen u. zur Rk. gebracht. Das Rohr wird abgeschmolzen, danach läßt man eine enge Schmelzzone durch den Barren wandern. Die feste Probe ober- u. unterhalb der Schmelzzone unterdrückt den Materialtransport in der Dampfphase. Durch den steilen Temp.-Gradienten zwischen Schmelze u. Festkörper kann die enge Schmelzzone aufrechterhalten u. eine Festkörperdiffusion vermieden werden. Die Meth. ist ebenfalls zur Herst. von Bi–Te-Legg. mit einheitlicher Zus. anwendbar; die Barren zeigten sich den nach dem Bridgman-Verf. hergestellten überlegen. Eine Anzahl verschiedener Verbb., wie I–VI-, III–V- u. V–VI-Verbb. konnten bei nur geringer Änderung des Verf. auf diese Weise hergestellt werden. P. Frenzel. 135□

Hall-Effekt von Oxidkathoden. Tadaichi Yabumoto. (J. physic. Soc. Japan **14.** 134—39. Febr. 1959. Hamamatsu, Shizuoka Univ., Inst. of Electron. Engng.) (Engl.)

An verschiedenen Oxidkathoden (Behandlung mit H_2O-Dampf, Erwärmung unter kleinem Luftdruck, Änderung des Verhältnisses von *BaO* u. *SrO*, verschiedene Herst. von $Ba \cdot Sr(CO_3)_2$- oder $BaCO_3$-Schichten) mit unterschiedlicher Porosität werden Hall-Effektmessungen durchgeführt. Zwischen 700 u. 1200°K wird dabei eine scheinbare Elektronen-Beweglichkeit von 10^3—10^4 cm²/Vs gemessen. Diese Werte sind, verglichen mit Einkristallen, sehr klein u. hängen von der Porosität ab. Vom Standpunkt der Löcherleitung aus betrachtet, liegt die freie Weglänge der Elektronen zwischen 10^{-5} u. 10^{-3} cm u. ist damit von der gleichen Größenordnung wie die Porengröße der untersuchten Oxidkathoden. H. Fahlenbrach. 135□

Elektrischer Widerstand und Hall-Effekt von Edelmetallen bei sehr niedrigen Temperaturen. Tadao Fukuroi und Toshio Ikeda. (Sci. Rep. Res. Inst. Tôhoku Univ., Ser. A **8.** 205—11. Juni 1956. Res. Inst. for Iron, Steel and Other Metals.) (Engl.)

An Folien aus *Au*, *Ag* u. *Cu* wurden bei 1—20°K der elektr. Widerstand R u. der Hall-Koeff. H (Gleichstrom-Meth., 1 A, 20 kOe) gemessen. Ag u. Cu zeigen normale Temp.-Abhängigkeit von R u. konst. Hall-Koeffizienten. Für Au hat jedoch die Kurve R gegen Temp. bei 6°K ein Minimum u. H steigt von 6—1°K an. Die magnet. Widerstandsänderung von Au steigt normal mit der Feldstärke an. Da die aus R u. H abgeleitete Elektronenbeweglichkeit unterhalb 6°K nahezu konst. ist, wird angenommen, daß das Minimum von R von Konz.-Änderungen der Stromträger herrührt. H für Au, Ag u. Cu ist um ca. 20% höher als bei Raumtemperatur. Diese Tatsache nehmen Vff. als Beweis für eine Temp.-Abhängigkeit von H zwischen 20 u. 300°K. Der von der Temp. abhängige Bereich liegt dabei um so niedriger, je niedriger die entsprechende Debye-Temp. ist. R. Junge. 136□

Untersuchungen über den elektrischen Widerstand von Legierungen auf Kobalt-Basis. H. J. Wagner, J. C. Stewart, J. G. Dunleavy und A. M. Hall. (Cobalt [Brussels] **1961.** Nr. 12. 22—27. Sept.) (Dt.)

Die Unterss. zeigten, daß bei den bin. Co-Legg. Cr u. Mn einen Einfl. auf den elektr. Widerstand des Co hatten, während Fe u. Ni nur eine sehr geringe Wrkg. ausübten. Legg. mit 10, 15 u. 20% Cr besitzen mehrphasiges Gefüge. Bis zu einem Cr-Geh. von 15% stieg der Widerstand stark an. Widerstandserhöhend wirkten als Zusatz zu einer Co-Leg. mit 40% Mn (in folgender Reihenfolge) Zr, Al, Ti, Si, Cu, Ni u. Fe. Mit einem Zusatz von 4,0% Al u. 0,5 Ti hatte die Leg. einen elektr. Widerstand von 124,85 $\mu\Omega\cdot$cm u. zwischen 27 u. 106° einen Temp.-Koeff. des Widerstandes von $0{,}206\cdot 10^{-3}$ pro Grad.

F. Vier. 136□

Quantitative Betrachtungen über die Änderungen in der elektrischen Leitfähigkeit von Metallen als Folge von Chemisorption. P. Zwietering, H. L. T. Koks und C. van Heerden. (Physics Chem. Solids **11.** 18—25. Sept. 1959. Limburg, Staatsmijnen, Centraal Labor.) (Engl.)

Ausführliche Wiedergabe der C. **1958.** 8544 referierten Arbeit.

C. Gottfried. 136

Spontane Änderung des H_c spezieller Magnetisierungscyclen bei der Kühlung von Ferromagnetika. G. N. Petrowa und W. I. Truchin. (Известия Академии Наук СССР, Серия Геофизическая [Nachr. Akad. Wiss. UdSSR, geophysik. Ser.] **1961.** 892—97. Juni. Inst. für Physik der Erde der Akad. der Wiss. der UdSSR.) (Russ.)

An Proben von Ferromagnetit wie von *Ni* wurde die spontane, d. h. nur durch Temp.-Änderung bedingte Änderung von H_c wie von I_r untersucht. Die Änderung von H_c kann in einen der Änderung von I_r proportionalen u. einen unabhängigen Teil zerlegt werden. Die spontane Änderung hängt von der Art der Magnetisierung ab. Die Änderungen sind um so größer, je größer die Koerzitivkraft ist. M. Wiedemann. 137□

Über den Einfluß einseitiger elastischer Verformung auf den Curie-Punkt von Ferromagnetika. K. P. Below und A. M. Kadomzewa. (Вестник Московского Университета, Серия Математики, Механики, Астрономии, Физики, Химии [Nachr. Moskauer Univ., Ser. Math., Mechan., Astronom., Physik, Chem.] **13.** Nr. 2. 133—36. 1958. Moskau, Lomonossow-Univ., Lehrstuhl für allg. Phys. der boden-biolog. u. a. Fak.) (Russ.)

Mittels der ballist. Meth. wurde die Abhängigkeit der Curie-Punkt-Verschiebung von der einseitigen Zugspannung (bis 21,8 kg/mm²) an einer Leg. mit 33% Ni u. 67% Fe untersucht. — Der Curie-Punkt sinkt mit steigender Spannung um ca. 4° bei 20 kg/mm²; gleichzeitig geht die spontane Magnetisierung in der Nähe des Curie-Punktes bei niedrigeren Temp. aber zu höheren Werten über. Die Erscheinung hängt mit den Vol.-Änderungen durch die Spannung zusammen. Eine Torsion ist sowohl auf den Curie-Punkt als auch auf die spontane Magnetisierung ohne Einfluß. J. Tůmová. 137□

Temperaturabhängigkeit der Koerzitivkraft des Nickels in der Nähe des Curie-Punktes. W. I. Iwanowski. (Вестник Московского Университета, Серия Математики, Механики, Астрономии, Физики, Химии [Nachr. Moskauer Univ., Ser. Math., Mechan., Astronom., Physik, Chem.] **13.** Nr. 2. 145—49. 1958. Moskau, Lomonossow-Univ., Lehrstuhl für Magnetismus.) (Russ.)

Unter Anwendung der Theorien von Becker, Weis u. Akulow wird eine Formel für die Berechnung der Temp.-Abhängigkeit der Koerzitivkraft H_c in der Nähe des Curie-Punktes aufgestellt. Die Berechnung wird durch die Best. von H_c mit einer Genauigkeit von $5\cdot 10^{-3}$ Gauß an *Ni*-Proben (geglüht bei 900° u. mit H_c von 5; 7; 12 u. 17,3 Oe bei Zimmer-Temp. nach Deformation) überprüft u. gute Übereinstimmung gefunden. Die Ergebnisse bestätigen zugleich die Theorie von Néel. J. Tůmová. 137□

Zur Diffusionsnachwirkung der Permeabilität von Eisen–Nickel-Legierungen. Dieter Gerstner und Eckart Kneller. (Z. Metallkunde **52.** 426—36. Juni 1961. Stuttgart, MPI für Metallforsch.) (Dt.)

An polykristallinen Ni–Fe-Legg. mit 50—85% Ni wurden gemessen: 1. die Anfangspermeabilität als Funktion der Zeit während isothermer Glühung bei verschiedenen Temp. zwischen 300° u. der Curie-Temp.; 2. die Sättigungsmagnetisierung u. der elektr. Widerstand als Funktion der Zeit während isotherm. Glühung bei 460° u. 3. die Feldstärkeabhängigkeit der Permeabilität bei verschiedenen Temp. in Feldern bis ca. 1 Oe nach verschiedenen Glühzeiten bei der Meßtemperatur. Die Anfangspermeabilität nimmt bei Glühung ohne äußeres Feld bei 300—500° stetig ab. Die aus dieser Nachwrkg.-Erscheinung bestimmte Aktivierungsenergie entspricht der der Diffusion von Fe-Atomen in Ni–Fe. Die mittlere Zeit-Konst. der Nachwrkg. entspricht der Zeit für Platzwechsel von Fe-Atomen innerhalb der Elementarzelle. Die Abnahme der Anfangspermeabilität wird durch ein während der Glühzeit auf die Probe wirkendes Magnetfeld ständig wech-

selnder Richtung fast vollständig unterdrückt. Die Nachwrkg. ist daher im wesentlichen durch eine energet. Stabilisierung der lokalen Magnetisierungsrichtungen bedingt, welche von der Bldg. einer einachsigen Nahordnung herrühren kann. Eine geringe Permeabilitätsabnahme wird auch während der Einw. eines Feldes ständig wechselnder Richtung beobachtet. Dieser isotrope Nachwrkg.-Anteil verschwindet, im Gegensatz zu dem einachsigen Anteil, oberhalb der Ordnungsumwandlungs-Temp. der Ni_3Fe-Fernordnung. Er ist außerdem bei der stöchiometr. Leg.-Zus. der Ni_3Fe-Fernordnung am stärksten ausgeprägt. Dieser Anteil wird somit durch die Ausbildung der Ni_3Fe-Fernordnung verursacht. Die Abnahme der Permeabilität bei 400° erfolgt bei abgeschreckten Proben wesentlich schneller als bei langsam in einem Feld ständig wechselnder Richtung abgekühlten Proben, was quant. damit erklärt werden kann, daß in den abgeschreckten Proben eingefrorene zusätzliche Leerstellen vorhanden sind. Ein Zusatz von 5 Gew.-% Mo zu einer Leg. verändert das Nachwrkg.-Verh. bei gleicher Glühtemp. nicht.
H. HOCHSTEIN. 137 □

Magnetostriktion in einem isotropen Alnico-Magneten. T. Fujiwara und T. Kato. (Nippon Kinzoku Gakkai-Si [J. Japan Inst. Metals] **25.** 340—44. 1961.) (Jap.; Auszug: Engl.)

In einem Alnico-Magneten mit 11 (%) Al, 22 Ni, 4 Cu, 1 Ti, 0—15 Co, Rest Fe, verursacht ein Anstieg des Co-Geh. einen Anstieg der Magnetostriktion (MS), außer in einigen Fällen der Wärmebehandlung. Bei der Best. der MS in Abhängigkeit vom Ni-Geh. zeigt sich eine Änderung, die den Änderungen der magnet. Eigg. nicht entspricht. Die Änderung der MS als Folge der Alterungsbehandlung ist nicht einfach zu erklären. Wahrscheinlich liegt ein Vorgang vor, der für den anisotropen Magneten Alnico 5 gilt u. auf einer Ausscheidung auch im isotropen Alnico-Magneten beruht. W. WESLY. 137 □

Dynamische magnetostriktive Eigenschaften von Alfenol. C. M. Davis und S. F. Ferebee. (J. acoust. Soc. America **28.** 286—90. März 1956. White Oak, Silver Spring, Md., U.S. Naval Ordnance Labor.) (Engl.)

An kaltgewalzten *Fe–Al*-Legg. mit Al-Geh. zwischen 11 u. 16% werden die magnetostriktiven Eigg. im Hinblick auf eine prakt. Verw. bei elektromechan. Umformern gemessen. Die Messungen der dynam. Eigg. wurden mit einer Impedanz-Meth. an lamellierten Ringen durchgeführt. Dabei wurden Werte für den elektromechan. Kopplungs-Koeff., für die mechan. Güte in Luft, für die reversible magnet. Permeabilität u. die dynam. Magnetostriktions-Konst. erhalten. Für geringere Schwingungsamplituden sind danach die 12—13%ig. Fe-Al-Legg. denen von Reinnickel gleichwertig. Verglichen mit *Ni* ist bei gleichen elektromechan. Kopplungs-Koeff. (0,29) der elektr. Widerstand aber 10mal größer, so daß entsprechend geringere Wirbelstromverluste auftreten.
H. FAHLENBRACH. 137 □

Magnetokristalline Anisotropie von Kristallen einer Fe–Si-Legierung unter hydrostatischem Druck. J. S. Kouvel und R. H. Wilson. (J. appl. Physics, Suppl. zu **32.** Nr. 3. 276 S—277 S. März 1961. Schenectady, N.Y., Gen. Electr. Res. Labor.) (Engl.)

Magnetisierungsmessungen bei Raum-Temp. wurden für verschiedene, in den Richtungen [1 0 0], [1 1 0] u. [1 1 1] angelegte Felder an Kristallen einer Fe-Leg. mit 6 Atom-% Si, die hydrostat. Drücken bis zu 5100 bar ausgesetzt waren, vorgenommen. Alle experimentellen Resultate stehen in guter Übereinstimmung mit den berechneten theoret. Kurven, bei denen die Anisotropie-Konst. K_1 u. K_2 46 u. 7 (in 10^3 erg/g) u. das Sättigungsmoment σ_S 204 elektromagnet. Einheiten betragen. Die Werte für die Druckabhängigkeit von K_1 u. σ_S werden theoret. erläutert. H. HOCHSTEIN. 137 □

Über die Susceptibilität und den elektrischen Widerstand homogener und inhomogener Kupfer–Eisen-Legierungen. Cornelis Berghout. (Z. Metallkunde **52.** 179—86. März 1961. Eindhoven, N. V. Philips' Gloeilampenfabrieken.) (Dt.)

Messungen der magnet. Susceptibilität u. des elektr. Widerstands homogener u. inhomogener Cu-Legg. mit wenigen % Fe zeigen, daß die paramagnet. Susceptibilität während der künstlichen Alterung bei 300—500° nach fast völliger Entmischung einen Höchstwert infolge einer vorübergehend positiven Wechselwrkg. zwischen den Fe-Atomen in den wachsenden flächenzentrierten Teilen durchläuft. Sind die Ausscheidungen so grob, daß die ferromagnet. Wechselwrkg. nicht mehr auftritt, so kann sie durch plast. Deformation wieder hervorgerufen werden. Gleichzeitig tritt eine Anisotropie der Susceptibilität auf. F. VIER. 137 □

Elektronenbeugungsuntersuchung der ferromagnetischen Struktur des Fe_3O_4. S. Yamaguchi. (J. electrochem. Soc. **109.** 346—47. April 1962. Tokyo, Inst. of Phys. and Chem. Res.) (Engl.)

Vf. bestimmt mit Hilfe von Elektronenbeugungsaufnahmen die Orientierung des magnet. Feldes in einem *Magnetit*-Einkristall. Die mit Löchern versehene Probe wird in einem homogenen Feld zwischen den scharfen Kanten von Rasierklingen als Magnetpole magnetisiert. Ein Elektronenstrahl (Durchmesser ca. 50 μ) durchdringt eines der Löcher. Das Beugungsdiagramm der auf 40° gehaltenen Probe wird registriert u. das der durch den Elektronenstrahl auf 300° erhitzten Probe überlagert. Auf Grund des LORENTZ-Effekts erfolgt Aufspaltung (Z) der Beugungsflecken mit konst. Abstand u. in definierter Richtung. Die Richtung von $\vec{Z}$ ist senkrecht zur kristallograph. Orientierung der magnet. Induktion, die der so bestimmten Induktion $\vec{B}$ stimmt mit der [1 1 1]-Achse des Kristalls überein. Vf. schließt daraus, daß die Spinebenen parallel zu den (1 1 1)-Ebenen des Kristalls liegen. Eine Beziehung zwischen der thermomagnet. Aufspaltung u. der Induktionsänderung wird angegeben. Die beschriebene Meth. ist für die magnet. Strukturanalyse mehr zu empfehlen als die Neutronenbeugung. P. FRENZEL. 137□

Susceptibilität von Gadolinium-Eisen-Granat unterhalb des Néel-Punktes. W. P. Wolf und R. M. Bozorth. (Physic. Rev. [2] **124.** 449—52. 15/10. 1961. Oxford, Clarendon Labor.; Murray Hill, N.J., Bell Telephone Labor.) (Engl.)

An einer polykristallinen Probe von $Gd_3Fe_5O_{12}$ werden zwischen 2 u. 300°K die magnet. Susceptibilität u. die spontane Magnetisierung gemessen. Unterhalb des NÉEL-Punktes (286°K) sind die Ionen des Fe-Teilgitters orientiert. Die Susceptibilität wird durch die Wechselwrkg. der paramagnet. Gd-Ionen mit dem inneren Feld des Fe-Teilgitters bestimmt. Bei Temp. zwischen 100—300°K folgt die Susceptibilität dem CURIEschen Gesetz für freie Gd^{3+}-Ionen. Bei Temp. kleiner 100°K erhält man jedoch starke Abweichungen vom CURIEschen Gesetz, die von einer normalen paramagnet. Sättigung herrühren. K. H. HÄRDTL. 137□

Neutronenbeugungs-Untersuchungen der magnetischen Ordnung in den Trifluoriden der 4d-Übergangselemente. M. K. Wilkinson, E. O. Wollan, H. R. Child und J. W. Cable. (Physic. Rev. [2] **121.** 74—77. 1/1. 1961. Oak Ridge, Tenn., Oak Ridge Nat. Labor.) (Engl.)

An MoF_3-Pulver wurden im Temp.-Bereich von 4,2—425°K Neutronenbeugungs-Unterss. ausgeführt. Das Auftreten von Antiferromagnetismus wurde unterhalb 185°K beobachtet. Die magnet. Struktur ist in ihren Bindungsregeln mit den Trifluoriden der Eisengruppe vergleichbar. Pulver von PdF_3 u. RuF_3 wurden im Temp.-Bereich von 4,2—298°K untersucht. Es wurden keinerlei Anzeichen von magnet. Ordnung in diesen Verbb. gefunden. Dies führt zu der Annahme, daß die Regel von HUND für die Elemente der 4d-Übergangsgruppe ungültig ist. E. WAGENFELD-HOHLWEG. 137□

Beweis für eine dreieckförmige Moment-Anordnung bei $MO \cdot Mn_2O_3$. I. S. Jacobs. (Physics Chem. Solids **11.** 1—11. Sept. 1959. Schenectady, N.Y., Gen. Electr. Co., Res. Labor.) (Engl.)

Durch Unterss. der Magnetisierungskurven der Oxid-Verbb. $MO \cdot Mn_2O_3$ (M = *Mn*, *Co*, *Zn* oder *Mg*) bei 4,2°K u. in starken magnet. Impulsfeldern bis zu 140 kOe wird mit der gemessenen linearen Zunahme der Magnetisierung mit der magnet. Feldstärke der Beweis für die Existenz eines YAFET-KITTEL-Antiferromagnetismus (C. **1953.** 6195) erbracht. Dabei sind die magnet. Untergruppen mit ihren Magnetisierungsrichtungen dreieckförmig zueinander angeordnet (vgl. auch C. **1960.** 8427). H. FAHLENBRACH. 137□

Anisotropie der magnetischen Susceptibilität von Gallium. Titus Pankey jun. (J. appl. Physics **31.** 1802—04. Okt. 1960. Washington, D.C., Howard Univ. and U.S. Geolog. Survey.) (Engl.)

An Ga-Ein- u.-Polykristallen in Kugelform wurden bei 25° folgende Susceptibilitätswerte χ gemessen. An Einkristallen in der a-Achse: $\chi = -(0{,}119 \pm 0{,}001) \cdot 10^{-6}$; in der b-Achse: $\chi = -(0{,}416 \pm 0{,}002) \cdot 10^{-6}$; in der c-Achse: $\chi = -(0{,}229 \pm 0{,}001) \cdot 10^{-6}$; am Polykristall $\chi = -(0{,}257 \pm 0{,}003) \cdot 10^{-6}$. Im letzteren Falle wurde bei $-196°$ $\chi = -(0{,}299 \pm 0{,}003) \cdot 10^{-6}$ gemessen. Am fl. Ga ergab sich bei 30 u. 100° $\chi = (0{,}0031 \pm 0{,}001) \cdot 10^{-6}$. Bei den Einkristallen waren die Rotationsdiagramme der χ-Werte in den orthogonalen Ebenen der Einheitszelle nicht sinusförmig. Die χ-Anisotropie bei den Einkristallen wird einer teilweisen Überlappung der Grenzen der BRILLOUIN-Zonen durch die FERMI-Energieoberfläche zugeschrieben. Der Susceptibilitätsunterschied des festen u. fl. Zustandes wird durch den fehlenden Einfl. effektiver Massen im fl. Zustand erklärt. H. FAHLENBRACH. 137□

Vergleichende Untersuchungen einiger magnetischer Eigenschaften von normal und reziprok magnetisierten Effusivbasalten. L. Je. Scholpo. (Известия Академии Наук СССР, Серия Геофизическая [Nachr. Akad. Wiss. UdSSR, geophysik. Ser.] **1961.** 864—70. Juni. Leningrad, Shdanow-Univ.) (Russ.)

Einige magnet. Eigg., so Restmagnetisierung, Susceptibilität u. therm. Restmagnetisierung, werden an Basalten untersucht u. gezeigt, daß sie sich bei den normal u. den reziprok magnetisierten Stücken stark unterscheiden. Der Unterschied beruht nicht nur auf der viscosen Magnetisierung. Als Grund wird neben der Hypothese der Umkehr des Erdfeldes umgekehrte Polarisation der Magnetisierung bei physikal.-chem. Prozessen diskutiert. M. WIEDEMANN. 137 □

Über die magnetischen Eigenschaften der Modifikationen des Iridium(III)-chlorids. Klaus Brodersen und Paul Machmer. (Z. Naturforsch. **17 b.** 127. Febr. 1962. Aachen, TH, Inst. für anorg. Chem. u. Elektrochem., Lehrstuhl für anorg. u. analyt. Chem.) (Dt.)

Die heller gefärbte rhomb. Modifikation des $IrCl_3$ ist schwach diamagnet. (χ_{Mol} = $-55{,}4$ bis $-48{,}9 \cdot 10^{-6}$ je nach Temp.); die dunklere monokline Modifikation ist unmagnet. ($\chi_{Mol} = 0$, temperaturunabhängig). Der Wert $\chi = 0$ kommt offenbar dadurch zustande, daß beim monoklinen $IrCl_3$ temperaturunabhängiger VAN VLECKscher Paramagnetismus u. Diamagnetismus dem Betrage nach gleich sind, sich jedoch wegen entgegengesetzter Vorzeichen zu Null kompensieren. Aus den diamagnet. Korrekturen für Ir^{3+} u. Cl^- ergibt sich $\chi_{Van\,Vleck} = +113 \cdot 10^{-6}$. Der Diamagnetismus des rhomb. $IrCl_3$ kommt daher, daß $\chi_{Van\,Vleck}$ um ca. $50 \cdot 10^{-6}$ kleiner als beim monoklinen ist. Die magnet. Polarisation ist also in Übereinstimmung mit den Aussagen von VAN VLECK umso kleiner, je weiter sich die Lichtabsorption nach kurzen Wellen verschiebt.
G. HELLER. 137 □

Magnetische Eigenschaften einiger Komplexe des dreiwertigen Kupfers, Silbers und Goldes. Lubor Jenšovský und Miloš Rálek. (Z. anorg. allg. Chem. **314.** 76—79. Febr. 1962. Praha, Inst. für Arbeitshyg. u. Berufskrankh.) (Dt.)

Von einigen Komplex-Verbb. des 3wertigen Cu, Ag u. Au mit Perjodat bzw. Tellurat wurden die diamagnet. Susceptibilitäten gemessen. Vgl. mit berechneten Werten zeigten gute Übereinstimmung. Die Ergebnisse deuten darauf hin, daß das Zentralatom des 3wertigen Cu, Ag oder Au in Komplexen mit Perjodat oder Tellurat von 4 O-Atomen quadrat. in der Ebene umgeben ist (dsp^2-Konfiguration).

Versuche: Die Susceptibilitätsmessungen wurden an Hand einer magnet. Torsionswaage mit elektrostat. Kompensation in FARADAY-Anordnung bestimmt. Für die Molsusceptibilität $\chi_m \cdot 10^6$ wurde gefunden: $K_3H_4[Cu(JO_6)_2] \cdot 6\,H_2O$, -187; $K_4H_3[Cu(JO_6)_2] \cdot 4\,H_2O$, -207; $Na_5H_2[Cu(JO_6)_2] \cdot 13\,H_2O$, -276; $Na_7[Cu(JO_6)_2] \cdot 15\,H_2O$, -271; $Na_7[Cu(HTeO_6)_2] \cdot 14\,H_2O$, -310; $K_3H_4[Ag(JO_6)_2] \cdot 4\,H_2O$, -220; $Na_5H_2[Ag(JO_6)_2] \cdot 18\,H_2O$, -315; $Na_7[Ag(HTeO_6)_2] \cdot 24\,H_2O$, -458; $Na_5H_2[Au(JO_6)_2] \cdot 17\,H_2O$, -344.
A. DE MONTIGNY. 137 □

Diamagnetische Susceptibilität metallorganischer Verbindungen. 1. Mitt. Antimon-Verbindungen. N. K. Parab und D. M. Desai. (J. Indian chem. Soc. **35.** 569—72. Aug. 1958. Bombay, Inst. of Sci.) (Engl.) — C. **1960.** 14648. H.-P. RETTIG. 137 □

Diamagnetische Susceptibilität metallorganischer Verbindungen. 2. Mitt. Wismut-Verbindungen. N. K. Parab und D. M. Desai. (J. Indian chem. Soc. **35.** 573—75. Aug. 1958. Bombay, Inst. of Sci.) (Engl.) — C. **1961.** 15294. — 1. vgl. vorst. Referat.
H.-P. RETTIG. 137 □

Magnetisches Rotationsvermögen. Rotationen von gelösten Äthylsulfaten. Jean Grange. (Cahiers de Physique **15.** 147—48. März 1961. Nancy, Inst. de Phys.) (Franz.)

Es wird experimentell gezeigt, daß die Rotationen von $Ba(C_2H_5SO_4)_2$, $KC_2H_5SO_4$ u. $HC_2H_5SO_4$, Substanzen, die kovalente u. Ionenbindung enthalten, gleich der Summe von allen kovalenten u. ion. Rotationen sind. J.-M. SPAETH. 137 □

Anwendung magnetischer Resonanzmethoden in der Physik, Chemie und Biologie. Péter Hedvig. (Fizikai Szemle [Physik. Rdsch.] **11.** 307—17. Okt. 1961. Eötvös-Univ., Lehrstuhl für Atomphys.) (Ung.)

Übersicht. J. PLANK. 137

Zur Theorie der Spin-Gitter-Relaxation von Kernspins, die von einem oktaedrischen Komplex umgeben sind. B. I. Kotschelajew. (Оптика и Спектроскопия [Optik u. Spektroskopie] **9.** 257—58. Aug. 1960.) (Russ.) — Vgl. C. **1962.** 5563.

Vf. gibt Gleichungen zur Berechnung der durch Quadrupol-Wechselwrkg. bedingten Spin-Gitter-Relaxationszeiten von Kernspins in Komplexen XY_6 (X = Atom mit relaxierendem Spin des Kerns), z. B. Kryolith (Komplex $[AlF_6]$), K-Al-Alaun mit Komplex $[Al(H_2O)_6]$ usw. Ein Energieaustausch zwischen den Eigenschwingungen des Komplexes u. dem Spin kann nicht erfolgen, weil das energet. Spektrum des Kernspins in den Grenzen $10^{-3}\,cm^{-1}$ liegt, die Eigenschwingungsfrequenzen des Komplexes XY_6 aber von der Größenordnung Ω = ca. $10^3\,cm^{-1}$ sind. Die Wahrscheinlichkeit eines Relaxationsübergangs für einen innerhalb eines festen Komplexes befindlichen Kernspin hängt stark von der Eigenschwingungsfrequenz des Komplexes ab. R. K. MÜLLER. 137 □

Wirkung der Wärmebewegungen einer Blochschen Wand auf die Kernresonanz in der Wand. Joseph Seiden. (C. R. hebd. Séances Acad. Sci. **254**. 234—36. 8/1. 1962. Fontenay-aux-Roses, Seine, Labor. d'Electron.) (Franz.)

Vf. entwickelt eine elementare Theorie der Kernresonanz in einer BLOCHschen Wand unter Zuhilfenahme von lediglich direkt der Beobachtung zugänglichen makroskop. Größen. Formeln für die temperaturabhängige u. von der Wandbewegung abhängige Resonanzfrequenz u. Relaxationszeit werden abgeleitet u. für die beiden Fälle diskutiert, daß die Abmessung R der ferromagnet. Teilchen größer u. kleiner R_0 ist, wobei $R_0 \gg R_c$ = krit. Abmessung, für die die Bldg. einer BLOCHschen Wand energet. ungünstig wird u. unterhalb derer die Teilchen nur noch aus einem einzigen Bereich bestehen.

D. JÖRCHEL. 137□

Eine verbesserte Methode zur Messung der Überführungszahl in reinen geschmolzenen Salzen. Herbert H. Kellogg und Paul Duby. (J. physic. Chem. **66**. 191—92. Jan. 1962. New York, N.Y., Columbia Univ., Henry Krumb School of Mines, Dep. of Miner. Engng.) (Engl.)

Es wird eine neue Meth. zur Messung der Überführungszahlen in geschmolzenen Salzen beschrieben, bei der anstatt der üblichen Vol.-Messung während der Elektrolyse eine Best. des Massentransports durchgeführt wird. Die Meth. wurde mit geschmolzenem $AgNO_3$ überprüft. Hierbei wurde eine geringfügige Temp.-Abhängigkeit der Überführungszahl von Ag in $AgNO_3$ festgestellt. Die gefundenen Werte betragen $T_{Ag} = 0{,}781 \pm 0{,}006$ bei 219° u. $T_{Ag} = 0{,}744 \pm 0{,}010$ bei 281,5°. WOLFGANG KRÜGER. 138□

Elektrochemische Diffusion. Bradley T. Scheer. (Science [Washington] **135**. 313—14. 26/1. 1962. Eugene, Oreg., Univ. of Oregon, Dep. of Biol.) (Engl.)

Die Anwendung von Meth. der irreversiblen Thermodynamik auf die lineare Diffusion im stationären Zustand führt zu der Schlußfolgerung, daß der Materialfluß durch ein Syst. paralleler Membranen oder Phasengrenzflächen als eine lineare Funktion der Differenz der elektrochem. Potentiale in diesem Syst. dargestellt werden kann. Fixierte Ladungen, polarisierbare Moll. oder elektr. Felder beeinflussen diese Beziehung nicht. Vf. verweist auf die Bedeutung bei Unterss. über Diffusion, Übergangspotentiale u. Vorgänge an natürlichen Membranen. P. FRENZEL. 138□

Die erste Dissoziationskonstante von Schwefelwasserstoff bei hohen Drücken. A. J. Ellis und D. W. Anderson. (J. chem. Soc. [London] **1961**. 4678—80. Okt. Wellington, New Zealand, Dominion Labor., Dep. of Sci. and Ind. Res.) (Engl.)

Aus Messungen der spezif. elektr. Leitfähigkeit wss. Lsgg. von H_2S u. KHS bei 25° u. verschiedenen Drücken berechnen Vff. folgende erste Dissoziations-Konst. $K \cdot 10^7$ von H_2S bei 25°: 1,54 (1 atm); 2,10 (500); 2,76 (1000); 3,56 (1500); 4,25 (2000).

R. GÜNTHER. 139□

Die scheinbare Säurefunktion (H_0) der Polyphosphorsäure. R. G. Downing und D. E. Pearson. (J. Amer. chem. Soc. **83**. 1718—21. 5/4. 1961. Nashville, Tenn., Vanderbilt Univ., Dep. of Chem.) (Engl.)

Vff. bestimmen erneut H_0 für Polyphosphorsäure (I) mit 62—86% P_2O_5 (II). In der H_0/II-Kurve wird kein Maximum festgestellt; zwischen Brechungsindex u. II-Geh. besteht ebenfalls eine lineare Beziehung. Die Ergebnisse weisen, wenigstens für I mit bis zu 80% II, auf eine regelmäßige, kontinuierliche Änderung der Mol.-Struktur der I. Der pK_a-Wert von 2.4-Dinitroanilin (III) in I beträgt —5,1, von 2-Brom-4.6-dinitroanilin —6,8. Beide Indicatoren zeigen einen ausgeprochenen Mediumeffekt. Der niedrigere pK_a-Wert von III in H_2SO_4 von —4,34 weist auf größere Solvatation der Indicatorsalze in I. Extinktionsmessungen an trans-Benzalacetophenon in I ergeben, daß eine komplizierte Rk. zwischen den beiden Komponenten erfolgt. Auf Grund der beobachteten Abweichungen bezeichnen Vff. H_0 als „scheinbare" Säurefunktion.

P. FRENZEL. 139□

Normalpotentiale der Silber–Silberchlorid-Elektrode in den gemischten Lösungsmitteln Wasser–Äthanol. Philippe Séguela und Jean-Charles Pariaud. (C. R. hebd. Séances Acad. Sci. **253**. 1565—66. 9/10. 1961. Puy-de-Dôme, Fac. des Sci. de Clermont-Ferrand, Labor. de Chim. phys.) (Franz.)

Vff. bestimmten die Normalpotentiale der Ag–AgCl-Elektrode für verschiedene Konz.-Verhältnisse des salzsauren Lsgm.-Gemisches W.–A. bei 25° im Element Pt–H_2/HCl–Lsgm./AgCl–Ag. Dabei konnte die H-Elektrode durch die leichter zu handhabende Glaselektrode ersetzt werden, weil in diesem Syst. die EMK durch die Beziehung $(E - 352{,}5)/(E' - E_R) = -1{,}01$ verbunden sind, wobei E u. E' die EMK bei Verw. der H- bzw. der Glaselektrode bedeuten u. E = 352,5 mV sowie $E_R = E'$ in n/10 HCl-Lösung. H. FRIES. 140□

Untersuchung von Oxydations-Reduktions-Systemen. 2. Mitt. Die reversiblen Systeme Ce^{4+}/Ce^{3+} und Co^{3+}/Co^{2+}. F. Verbeek und Z. Eeckhaut. (Bull. Soc. chim. belges **67.** 204—24. Mai/Juni 1958. Gent, Univ., Labor. voor Anal. Scheikunde.) (Engl.) — 1. vgl. Bull. Soc. chim. belges **67.** [1958.] 64.

Die Redox-Syst. Ce^{4+}/Ce^{3+} in 0,5n H_2SO_4 bzw. in 1n $HClO_4$ (E_0 = 1,444 bzw. 1,694 V) u. Co^{3+}/Co^{2+} in 1n H_2SO_4 (E_0 = 1,81 V), wurden untersucht. An Hand der Ergebnisse wurde die Gültigkeit des NERNSTschen Gesetzes überprüft. Die gemessenen Potentiale waren in einigen Fällen kleiner, als es die Theorie erwarten ließ. Die Abweichungen sind dem Einfl. des anod. Oxydationsstromes des Lsgm. zuzuschreiben u. um so größer, je kleiner die Konz. an Oxydations- u. Red.-Mittel u. je höher das Potential wird. Im Syst. Ce^{4+}/Ce^{3+}/0,5n H_2SO_4 besteht nur eine minimale Differenz zwischen berechneten u. gemessenen Potentialwerten, im Co^{2+}/Co^{3+}-Syst. eine erhebliche. Die Instabilität von Ce^{4+}-Lsgg. in HCl läßt sich durch einen beträchtlichen, auf die Ggw. der Cl^--Ionen zurückzuführenden anod. Oxydationstrom beim Normalpotential des Ce^{4+} in 1n HCl (1,28 V) zurückführen. Potentiometr. Ce^{4+}/Fe^{2+}-Titrationen wurden bei verschiedenen Konzz. (10^{-1} bis 10^{-5}n) der Rk.-Partner in 0,5—1n H_2SO_4 durchgeführt. Die Titrationskurven sind wiedergegeben. — Die Ergebnisse lassen sich durch die Annahme erklären, daß unter dem Einfl. des Lsgm. in Abhängigkeit von Zeit u. Verdünnung eine Red. des Oxydationsmittels stattfindet, die eine Abnahme des Oxydationspotentials zur Folge hat u. sich bis zur Erreichung eines Gleichgew.-Zustandes fortsetzt. Es ist infolgedessen nicht möglich, abs. reine Ce^{4+}-Lsgg. in $HClO_4$ oder Co^{3+}-Lsgg. in H_2SO_4 bei Zimmer-Temp. herzustellen. W. BETCKE. 140□

Kinetische Untersuchung der elektrochemischen Reaktion von Zinkamalgam mit einer Zinksulfatlösung. Anne-Marie Baticle. (C. R. hebd. Séances Acad. Sci. **254.** 668—70. 22/1. 1962. Bellevue, Seine-et-Oise, C.N.A.S., Labor. d'Électrolyse.) (Franz.)

Nach der für das Syst. Cd-Amalgam/wss. $CdSO_4$-Lsg. bereits beschriebenen Meth. (C. **1960.** 1418) wurden in 0,5m Na_2SO_4 bei Variation der Zn^{2+}- oder Zn-Konzz. die Gleichgewichts-Austauschströme durch Messung der geringen Überspannungen u. der entsprechenden Ströme bestimmt. Hieraus berechnen sich die Überführungszahlen für Zn^{2+} zu 0,69, für Zn als Amalgam zu 0,30, die Ladungsaustausch-Konst. an der Grenzschicht Amalgam/Lsg. zu $0{,}208 \cdot 10^{-2}$ cm/s. Für Gleichgewichtspotentiale $<$ —1090 mV (jeweils auf gesätt. Kalomelelektrode bezogen) ist die Diffusion der Zn^{2+}-Ionen, $>$ —970 mV die Diffusion des Zn im Amalgam u. zwischen —1050 u. —1000 mV der Ladungsaustausch an der Oberfläche des Amalgams der geschwindigkeitsbestimmende Rk.-Schritt.

H. BÜRGER. 140□

Einfluß von pH und Komplexbildung auf die anodische Oxydation von Indiumamalgam. Mylène Bréant und Jean-Claude Merlin. (C. R. hebd. Séances Acad. Sci. **254.** 665—67. 22/1. 1962. Lyon, Fac. des Sci., Labor. de Chim. Min.) (Franz.)

Durch Chronoamperometrie (C. **1962.** 8883) wurde die anod. Auflösung von In-Amalgam (10^{-3}m an In) in Form einer hängenden Hg-Tropfelektrode bei verschiedenen pH untersucht. Bei nicht komplexierenden Puffern, wie $HClO_4$, NH_2OH, NH_3 u. NaOH, ist zwischen pH 0 u. 5,5 das Halbstufenpotential, bezogen auf eine gesätt. Kalomelelektrode, konst. $-0{,}445 \pm 0{,}01$ V. Zwischen pH 5,5 u. 14 nimmt es durch ausfallendes $In(OH)_3$ um $0{,}08 \pm 0{,}01$ V je pH-Einheit ab. In komplexbildenden Acetat-, Citrat- u. Phosphatpuffern kann das Halbstufenpotential bis zu 300 mV erniedrigt sein.

H. BÜRGER. 140□

Alterung von elektrolytisch abgeschiedenem Chrom. 1. Mitt. **Niederschläge aus Chrom(III)-Chrom(II)-Bädern.** Kenneth A. Moon und Charles Levy. (J. electrochem. Soc. **109.** 301—05. April 1962. Watertown, Mass., Ordn. Materials Res. Office.) (Engl.)

Unterss. der Alterung von Cr-Ndd. nach dem elektrolyt. Cr-Gewinnungs-Verf. der UNION CARBID METALS Co. bei Lagerung in Abhängigkeit vom Feuchtigkeits-Geh. der Umgebung, von der Lagerungszeit u. von Anlaßbehandlungen. Die Ndd. verlieren bei 100tägiger Alterung etwa die Hälfte des enthaltenen H u. nehmen ca. 0,06 Gew.-% O auf. Der H-Verlust tritt nicht im Vakuum ein, er wird auf die Oxydation des elementar gelösten H bes. an Fehlstellen oder Fremdeinschlüssen zurückgeführt. Das restliche H befindet sich wahrscheinlich in hydratisierten Oxideinschlüssen, während die O-Aufnahme durch Absorption in CrO-Einschlüssen erfolgen könnte. P. FRENZEL. 141□

Der Einfluß organischer Verbindungen auf die gemeinsame Abscheidung von Wasserstoff mit Nickel. Thomas C. Franklin und Jack R. Goodwyn. (J. electrochem. Soc. **109.** 288—92. April 1962. Waco, Tex., Baylor Univ., Chem. Dep.) (Engl.)

Vff. untersuchen mit Hilfe einer coulometr. Analysen-Meth. für H den Einfl. organ. Verbb. (Äthyl-, Propyl-, Butyl-, Pentylcyanid, Butyldicyanid, Thioharnstoff, Di-Na-Naphthalin-2.7-disulfonat) auf die H—Ni-Abscheidung aus dem WATTS-Bad sowie die polarograph. Oxydation von Pd-, Schwarznickel- u. Fe-Elektroden. Die Ergebnisse weisen auf nur eine H-Form auf den Ni-Elektroden hin: Gemeinsam mit Ni abgeschiedenes, eingeschlossenes H. Zwischen dem H-Geh. der Ni-Ndd. u. der durch die organ. Zusätze beeinflußten Stromausbeute der H-Abscheidung besteht eine enge Wechselwirkung. Der Glanzgrad der Ndd. ist beim Minimum des H-Geh. am höchsten.

P. FRENZEL. 141 □

Der Einfluß des Elektropolierens auf die gemeinsame Abscheidung von Wasserstoff mit Nickel. Thomas C. Franklin und Archie Blackburn. (J. electrochem. Soc. **109.** 338—39. April 1962.) (Engl.) — Vgl. vorst. Referat.

Vff. untersuchen den H-Geh. der Ni-Ndd. bei der elektrolyt. Abscheidung von Ni + H in Abhängigkeit von der Vorbehandlung der Elektroden (Ni-Drähte). Die Drähte werden mechan. oder mechan. u. in 50 (ml) W. + 370 85%ig. H_3PO_4 + 80 98%ig. H_2SO_4 mit einer Stromdichte von 60 mA/cm² elektrolyt. poliert. Die Abscheidung erfolgt aus dem WATTS-Elektrolyten (12 Min., 6,96 mA/cm²). Elektropolieren vor der Abscheidung senkt den H-Geh. der Ndd. unter die Erfassungsgrenze des coulometr. Best.-Verfahrens. Vff. erklären das unterschiedliche Verh. durch eine Unterdrückung der Adsorptionsfähigkeit der elektropolierten Elektroden für H auf Grund der veränderten Oberflächenbeanspruchung u. -rauhigkeit. Diese Ansicht wird durch die beobachtete geringere bzw. nicht meßbare H-Aufnahme der elektropolierten Elektrode bei alleiniger H_2-Entw. gegenüber der beträchtlich größeren Aufnahme der mechan. polierten unterstützt. Unterschiede in der Stromausbeute bestehen nicht. P. FRENZEL. 141 □

Einfluß verschiedener physikalischer Faktoren auf die bei der Elektrolyse von reinem geschmolzenem Kryolith bei 1020° zum Auftreten des Anodeneffektes notwendige Zeit. Pierre Mergault und Ahmad Ahmadi. (C. R. hebd. Séances Acad. Sci. **254.** 483—85. 15/1. 1962. Sorbonne, Labor. de Phys. Enseignement.) (Franz.)

Vff. teilen für eine (C. **1960.** 15660) beschriebene Vers.-Anordnung zur Kryolithelektrolyse bei 1020° Meßergebnisse über den Einfl. von Elektrolysedauer u. Stromdichte auf die Zeit t bis zum Auftreten des Anodeneffektes mit. Bei konst. Stromdichte an der Kathode wurde $\log t + 2{,}1 \log I = 3{,}3$ (t in Min., I in A) ermittelt. Bei $I < 4$ A tritt der Effekt schwächer auf. Wird 2—10 Min. mit kleineren Stromstärken (2—8 A) vorelektrolysiert, erhält man bei $I = 10$ A ähnliche Resultate, wobei die zum Auftreten des Effektes notwendige Strommenge ca. 180 A·Min, bei 8 A Vorelektrolyse-Stromstärke 160 A·min beträgt. Bei konst. Anodenstromstärke ($0{,}055 \pm 0{,}002$ A/cm²) sinkt t von 30 auf 20 Min., wenn hierbei die Kathodenstromstärke von 0,1 auf 0,8 A/cm² gesteigert wird. Schließlich sinkt t mit steigender Anodenstromdichte von 45 Min. bei 0,55 auf 15 Min. bei 0,1 A/cm². H. BÜRGER. 141 □

Oscillographische Untersuchung der Kinetik der an festen Elektroden bei konstanter Stromdichte verlaufenden Elektrodenprozesse. W. I. Krawzow. (Acta chim. Acad. Sci. hung. **18.** 321—32. 1959. Leningrad, Shdanow-Univ.) (Russ.; Auszug: Dt.) — Vgl. C. **1960.** 15308.

Aus zeitlichen Änderungen des Potentials beim Ein- bzw. Ausschalten von Gleichstrom schließt Vf. auf den Mechanismus von Elektrodenvorgängen u. versucht diese Erscheinungen mit Gleichungen zu beschreiben. Die Brauchbarkeit der Gleichungen wird an einer Cu-Elektrode im $CuSO_4 \cdot H_2SO_4$-Elektrolyt u. an einer Co-Elektrode im H_2SO_4-Elektrolyt durch Unters. der Polarisation geprüft. CH. WEISKE. 142 □

Einige Beobachtungen über die Änderungen der Überspannung bei der elektrolytischen Kupferabscheidung nach einem galvanostatischen Verfahren. J. K. Prall und L. L. Shreir. (J. electrochem. Soc. **109.** 339—41. April 1962. London, Battersea Coll. of Technol., Metallurgy Dep., Corrosion Sect.) (Engl.)

Vff. beschreiben eine galvanostat. Meth. mit einem Pt-Blättchen als Kathode zur reproduzierbaren Best. der Aktivierungsüberspannung η_A in sauren Cu-Elektrolyten. Die Entfernung des Cu-Nd. erfolgt durch anod. Auflösung, bevor die nächste Best. von η_A bei einer anderen Stromdichte durchgeführt wird. Bei den η_A/t-Kurven (t Zeit) können 3 Typen unterschieden werden: Im Anfangsintervall t_1 ist der schnelle Anstieg von η_A auf den Aufbau der elektr. Doppelschicht zurückzuführen, der nur geringfügig von den Substrat-Eigg. beeinflußt wird; im darauffolgenden Intervall t_2 steigt oder fällt η_A unmittelbar nach der vollständigen Ausbildung der Doppelschicht in Abhängigkeit von der Natur des Substrats u. des Elektrolyten. Durch Unterss. dünner Schichten zeigen Vff., daß die Abscheidung bevorzugt an Korngrenzen u. senkrecht zur Substratoberfläche erfolgt. Der Deckstrom ist abhängig vom Oberflächenzustand. Bei abwechselnd anod. u. kathod. Belastung zeigen die η_A/t-Kurven keine Hysteresis. Weiterhin untersuchen Vff. den beträchtlichen Einfl. von Verunreinigungen des Elektrolyten, bes. von Cl^--Spuren, auf η_A. Die Abnahme von η_A in t_2 mit steigender Cl^--Konz. wird durch eine Förderung der Cu-Abscheidung an sonst nicht begünstigten ebenen Stellen des Substrats erklärt, wodurch schnellere Bedeckung erfolgt. Die beschriebene Meth. erscheint geeignet zur Unters. des Einfl. des Substratoberflächenzustandes (Oberflächendefekte, verschiedene mechan. Behandlung) auf die Elektrokristallisation. P. FRENZEL. 142□

Polarisationskurven von Redoxsystemen mit aufeinanderfolgenden Elektronenübergängen: Einige theoretische Gesichtspunkte. R. M. Hurd. (J. electrochem. Soc. **109.** 327—32. April 1962. Austin, Tex., Texas Res. Assoc.) (Engl.)

Vf. überprüft mit Hilfe einer Rechenmaschine eine VETTERsche Gleichung zur Beschreibung der vollständigen Polarisationskurven für Redox-Syst. mit 2 sowie allg. mit n aufeinanderfolgenden Elektronenübergangsschritten u. zeigt, daß eine große Variation der einzelnen Überführungs-Koeff. geringen Einfl. auf die Form der theoret. Kurven hat. Nähert sich jedoch das Verhältnis der einzelnen Austauschstromdichten dem Wert 100 : 1, so treten in dem einen Ast der Kurve zwei definierte linear-logarithm. Bereiche auf. Vf. zeigt weiterhin, daß in vielen Fällen der Diffusionsstrom den wahren TAFEL-Anteil überdeckt, wodurch der „Pseudo-TAFEL-Bereich" als einziger linear-logarithm. Bereich zu beobachten ist. Die Berechnungen werden mit experimentellen Polarisationskurven für das Syst. *Toluchinon–Methylhydrochinon* verglichen.

P. FRENZEL. 142□

A_4. Thermodynamik. Thermochemie

Gedächtniseffekte in der irreversiblen Thermodynamik. Robert Zwanzig. (Physic. Rev. [2] **124.** 983—92. 15/11. 1961. Washington, D.C., Nat. Bur. of Stand.) (Engl.)

Es wird eine Verallgemeinerung der ONSAGER-Theorie irreversibler Prozesse entwickelt. Hauptsächlich sollen damit Gedächtniseffekte u. kausales Zeitverhalten berücksichtigt werden. Das wird durch eine statist. Ableitung einer exakten nicht-MARKOFFschen kinet. Gleichung für die Wahrscheinlichkeitsverteilung im Raum der makroskop. Zustandsvariablen erreicht. Der Gedächtniseffekt in den sich so ergebenden Transportgleichungen wird durch eine Zeitumkehr der thermodynam. Kräfte mit Gedächtnisfunktionen dargestellt. Letztere sind Zeitkorrelationsfunktionen für die Zuwachsraten der den makroskop. Größen entsprechenden Phasenfunktionen. Die sich ergebenden Transportgleichungen sind nicht auf kleine Abweichungen vom therm. Gleichgewicht beschränkt. Für kleine Frequenzen entspricht diese Theorie der von ONSAGER.

H. LAUE. 146□

Anwendung der Theorie der regulären Lösungen auf binäre Phasengleichgewichte. 1. Mitt. **Methode der Anwendung auf binäre flüssige Gleichgewichte.** Kiyoharu Ishida. (Bull. chem. Soc. Japan **33.** 998—1001. Juli 1960. Katahiro-cho, Sendai, Tohoku Univ., Chem. Res. Inst. of Non-Aqueous Solutions.) (Engl.) — 2. vgl. C. **1962.** 10750.

Vf. geht von den C. **1961.** 3236 mitgeteilten Unterss. aus, bei denen sich zeigen ließ, daß man die GUGGENHEIMsche Theorie der regulären Lsgg. auf eine größere Klasse von Mischungen anwenden kann, wenn man die Bldg. stabiler „cluster" der einzelnen Komponenten in ihrer fl. Phase annimmt. Auf thermodynam. Wege läßt sich eine Beziehung zwischen den Zus. im gegenseitigen Gleichgewicht zweier fl. Phasen ableiten, die mit den von COX u. HERINGTON (C. **1956.** 11953) angegebenen empir. Gleichungen ident. ist. Darüber hinaus wird eine Meth. zur symm. Darst. der Löslichkeitskurven der meisten bin. fl. Syst. in bezug auf die Zus. entwickelt. Damit ist eine Abschätzung der Austauschenergien zwischen zwei „cluster"-Typen aus den Löslichkeitsdaten möglich. WOLFGANG WAGNER. 150□

Eine Apparatur zur Dampfphasengleichgewichtseinstellung für die Bestimmung von Aktivitätskoeffizienten. Leo Brewer, Thomas R. Simonson und Lee Karl J. Tong. (J. physic. Chem. **65.** 420—24. März 1961. Berkeley, Calif., Univ. of California, Dep. of Chem.) (Engl.)

Vff. beschreiben eine Dampfphasenverteilungs-App. zur schnellen u. genauen Best. der Aktivitäts-Koeff. γ flüchtiger gelöster Stoffe u. bestimmen γ von ***Mesityloxid*** (I) in wss. Elektrolyt-Lsgg. (Na-, K-Acetat, NaCl, KCl, KBr, NaBr, NaJ, $NaNO_3$). Für gesätt. I-Lsgg. wird eine 20%ig. Abweichung vom HENRYschen Gesetz festgestellt. Zusatz von 0,1 Mol I zu einer 2 m NaCl-Lsg. erhöht den mittleren γ-Wert des NaCl um 2%. Weiterhin wird die Verteilung von J_2 zwischen W. u. CCl_4 untersucht. Es wird bestätigt, daß die Änderung des Verteilungsverhältnisses mit der J_2-Konz. mit dem zu erwartenden Verh.

als reguläre Lsg. übereinstimmt u. nicht auf die Bldg. neuer Teilchen, wie J^+ oder J_4, zurückzuführen ist. P. Frenzel. 150□

Spezifische Wärme von Indium und Zinn bei tiefen Temperaturen. C. A. Bryant und P. H. Keesom. (Physic. Rev. [2] **123.** 491—99. 15/7. 1961. Lafayette, Ind., Purdue Univ., Dep. of Phys.) (Engl.)

Die Wärmekapazitäten von *In* u. *Sn* wurden zwischen 0,4° K u. 4,2° K gemessen. Es wurde gefunden, daß im Normalzustand die spezif. Wärme durch die Beziehung $AT^{-2} + \gamma T + \alpha T^3 + \beta T^5 + \mu T^7$ ausgedrückt werden kann. Für Sn ist A = 0 (in mol. mJ-Einheiten), der Koeff. im elektron. Term $\gamma = 1{,}80 \pm 0{,}02$, $\alpha = 0{,}242 \pm 0{,}01$, $\beta = 0{,}004$ u. $\mu = 0{,}00014$. Die Debye-Temp. Θ beträgt 200 ± 3° K (aus Messungen der Elastizitäts-Konst. wurde 201,6 ± 2,6° K errechnet). Für In wurde A aus Resonanzmessungen zu $8{,}97 \cdot 10^{-4}$ bestimmt, $\gamma = 1{,}61$ bzw. 1,59 mit $\Theta_0 = 109°$ K bzw. 108° K u. $\beta = 0{,}008$. Im Supraleitungszustand kann die spezif. Wärme von Sn mit $a \gamma T_c \exp(-b\, T_c/T)$ bei $T_c = 3{,}70°$ K, a = 7,63 u. b = 1,41, wenn $2 < T_c/T < 7$ ist, ausgedrückt werden; der Wert für b stimmt gut mit IR-Messungen überein, der Wert von T_c liegt um 0,02° tiefer als der mit magnet. Messungen ermittelte. Bei In ist diese Art der Analyse nicht möglich, da unterhalb 0,8° K die spezif. Wärme im Supraleitungszustand kleiner ist als der Normalgitterterm. Eine mögliche Erklärung für diese Anomalie ist, daß bei 0,4° K Θ_0 im Supraleitungszustand um 9% höher ist als im Normalzustand. Einige weitere Deutungen der Anomalie werden diskutiert. W. Sobieski. 151□

Ein Hochtemperatur-Fallcalorimeter. Die Wärmekapazität von Tantal und Wolfram zwischen 1000 und 3000° K. Michael Hoch und Herrick L. Johnston. (J. physic. Chem. **65.** 855—60. Mai 1961. Columbus, Ohio, Ohio State Univ., Dep. of Chem.) (Engl.)

Vff. beschreiben ein Hochtemp.-Fallcalorimeter für Best. im Hochvakuum bei Temp. bis zu 3000° K, das aus einem Bunsenschen Calorimeter u. einem radiofrequenzbeheizten Ofen besteht, u. bestimmen die Enthalpie H_0^t (in cal/g) von Ta u. W zwischen 1000 u. 3000°. Für Ta gilt $H_0^t = -0{,}586_6 + 3{,}463_0 \cdot 10^{-2}\, t + 1{,}450_8 \cdot 10^{-6}\, t^2$, für W $H_0^t = 0{,}850 + 3{,}17_6 \cdot 10^{-2}\, t + 2{,}18_4 \cdot 10^{-4}\, t^2$ mit Standardabweichungen von 0,21 bzw. 0,42%. Vff. erörtern den Einfl. von Fehlerquellen (Gew.-Best.; Temp.-Messung; Abkühlung der Probe während des Falls; Wärmeverluste), bestimmen experimentell ihre Größenordnung u. vergleichen die erhaltenen H_0^t-Werte mit Literaturwerten. P. Frenzel. 151□

Die Rauchgrenze von Bunsenbrenner-Äthylen-Luft-Flammen. Joseph Grumer und Margaret E. Harris. (Ind. Engng. Chem. **53.** 54. Jan. 1961. Pittsburgh, Pa., Bur. of Mines, Explosive Res. Labor.) (Engl.) — Vgl. C. **1961.** 28.

Die Beziehungen zwischen der Brenngas-Zus., der Gelbspitzenhöhe (G) u. der Rauchgrenze bei einem Äthylen/Luft-gespeisten Bunsen-Brenner werden untersucht. Bis zu einer bestimmten Zus. bleibt die G konst., u. es besteht eine einfache Beziehung zwischen den Größen. Für den Bereich, in dem die Zus. eine Erhöhung der G bedingt, wird eine Gleichung abgeleitet. Die berechneten Werte werden mit experimentell gefundenen verglichen. Der Brennerdurchmesser ist ohne Einfluß. W. Betcke. 157□

Neuer wärmeelektrischer Effekt. J. R. Cozens und A. von Engel. (Nature [London] **193.** 1170—71. 24/3. 1962. Univ. of Oxford, Clarendon Labor.) (Engl.)

Vff. entwickeln einen Mechanismus für das Auftreten des wärmeelektr. Effektes, der beim Auftreffen einer O_2-Steinkohlengasflamme auf 2 Elektroden unterschiedlicher Temp. beobachtet wird. Danach entstehen als Folge der Verbrennungs-Rk. angeregte Moll., u. die Elektronen gewinnen durch Zusammenstöße 2. Art hohe Energien. Infolge der hohen Gasdichte in den Flammen ist die Energie der Elektronen nicht gleich, sondern sie nimmt in Richtung zur Aufprallwand ab; denn die Elektronen verlieren durch Zusammenstöße in den dichteren Bereichen in der Nähe der Wand mehr Energie als andere, die sich weiter entfernt befinden. Wird die Temp. der Wand vermindert, so steigt die Zahl der Zusammenstöße; die kältere Wand wird mit einem geringeren Potential als die heißere aufgeladen. Unter der Annahme, daß die Energieverteilung der Elektronen an der Wand etwa der nach Maxwell entspricht, gilt für das Wandpotential $-V_w = (kT_e/2e) \cdot \ln(T_e\, m_i/T_w\, m_e)$, wobei kT_e die Hauptelektronenenergie an der Wand u. m_i/m_e das Verhältnis von Ionen- zur Elektronenmasse darstellt. V_w liegt in der Größenordnung von −10 V. Größere Wandpotentiale können durch Verw. anderer Ionisationsmedien erhalten werden. P. Scharner. 157□

Über die Wärmeleitung durch eine metallische Platte. Pierre Thureau, François Cabannes, Ghislain Larcher und Jacques Benois. (C. R. hebd. Séances Acad. Sci. **254.** 440—42. 15/1. 1962.) (Franz.)

Es wurde die zeitliche Veränderung der Temp. Θ_0 u. Θ_e der Vorderseite u. Hinterseite einer metall. Platte der Stärke d untersucht, wobei die auf die Vorderseite auftreffende sowie die von der Hinterseite abfließende Wärmeflußdichte F_0 bzw. F_e konst. ist. Anomale Temp.-Unterschiede konnten nicht festgestellt werden. Die experimentellen Unterschiede liegen alle etwas höher als die theoretischen. Die Flächen-Temp. wurden mit Hilfe einer von THUREAU (C. **1961.** 590) entwickelten Meth. gemessen.

A. DE MONTIGNY. 158□

Mechanische und dielektrische Relaxationserscheinungen und ihre molekülphysikalische Interpretation. Werner Zeil. (Angew. Chem. **74.** 271—90. 21/4. 1962. Karlsruhe, TH, Inst. für phys. Chem. u. Elektrochem.) (Dt.)

Überblick (Grundlagen, Schallrelaxation, Relaxationserscheinungen an Fl. u. Hochpolymeren). — 63 Literaturhinweise. CH. WEISKE. 159□

Über die Änderung des akustischen Strahlungswiderstandes in Wasser unter Ultraschallkavitation. Yoshimitsu Kikuchi und Hiroshi Shimizu. (J. acoust. Soc. America **31.** 1385—87. Okt. 1959. Sendai, Japan, Tohoku Univ., Res. Inst. of Electr. Communicat.) (Engl.)

Der Strahlungswiderstand eines magnetostriktiven Schallwandlers mit einer Frequenz von 28 kHz wird bei Impulsschall höherer Intensität gemessen. Es zeigt sich ein deutlicher Abfall mit der Schallintensität, ebenso nimmt der Strahlungswiderstand mit wachsender Impulsdauer ab. H. JACOB. 159□

Einfluß von Ultraschallwellen auf Konzentrations-Gradienten. Robert Penn, Ernest Yeager und Frank Hovorka. (J. acoust. Soc. America **31.** 1372—76. Okt. 1959. Cleveland, Ohio, Western Reserve Univ., Ultrasonic Res. Labor.) (Engl.)

Mit einer schlierenopt. Meth. wird der Einfl. von Ultraschallwellen auf das Konz.-Gefälle bei Abscheidung von Cu aus einer mit Luft gesätt. wss. $CuSO_4$-Lsg. untersucht. Bei stehenden Wellen unterhalb der Kavatationsschwelle zeigen sich an der Cu-Kathode Schichtungen in den Bewegungsknoten, während sich an der Anode entsprechende Schichtungen in den Bewegungsbäuchen bilden. Unterss. mit einer Mikroschlierentechnik bei forschreitenden Wellen in der Gegend der Kavitationsschwelle ergeben, daß die durch Diffusion bedingte Ablagerung durch Kavitationsbläschen stark gestört wird.

H. JACOB. 159□

Photoempfindliche Ultraschallschwächung in CdS. Harmon D. Nine. (Physic. Rev. Letters **4.** 359—61. 1/4. 1960. Warren, Mich., General Motors Corp., Res. Labor.) (Engl.)

Vf. beobachtete, daß in großen CdS-Einkristallen die Ultraschallfortpflanzung, welche durch die Änderung der Ultraschallschwächung gemessen wurde, bei Bestrahlung des Kristalls mit dem weißen Licht einer Glühlampe geändert wird; während in einem Kristall die Schwächung der Kompressionswellen längs der c-Achse mit der Lichtstärke linear abnahm, wurde sie in einem 2. Kristall größer. An Scherwellen längs der c-Achse wurden keine Effekte beobachtet. Senkrecht zur c-Achse fortschreitende Wellen zeigen unterschiedliche Effekte. Gleichzeitige Messungen der Ultraschallschwächung u. der Photoleitfähigkeit als Funktion der Lichtwellenlänge zeigten, daß der Schwächungseffekt im selben Spektralbereich (zwischen der Bandkante bei ca. 5100 Å u. ca. 8000 Å) wie der Photoleiteffekt auftritt. Während in beiden Kristallen die Erscheinung der IR-Löschung der Photoleitfähigkeit beobachtet wurde, zeigte nur ein Kristall die Unterdrückung des Schwächungseffektes auf den „Dunkelwert" durch IR-Strahlung. Eine spektrograph. Analyse ergab kleine Unterschiede beider Kristalle. Als Mechanismus der Ultraschallschwächungseffekte werden genannt: 1. mit dem Elektronen- oder Löchereinfang an Verunreinigungs- oder Leerstellen oder mit Elektronenübergängen an den photoaktivierten S-Plätzen verknüpfte Relaxationsprozesse; 2. Änderungen der thermoelast. Schwächungsverluste infolge der Wärmeleitung durch photoaktivierte Elektronen. D. JÖRCHEL. 159□

A₅. Kolloidchemie. Grenzschichtforschung

Untersuchungen über Elektrolyte für Trockenzellen. 11. Mitt. **Gelatinierungstemperatur von Stärke im Elektrolyten der Trockenzelle.** T. Takahashi. (J. electrochem. Soc. Japan **27.** E 98—E 100. 1959. Nagoya Univ., Fac. of Engng., Appl. Chem.) (Engl.) — 10. vgl. C. **1960.** 13276.

Vf. untersucht die Gelatinierungs-Temp. T_g von Weizen- (I) u. Kartoffelstärke (II) in Abhängigkeit von der Elektrolytzusammensetzung. Als Elektrolyt dienen Lsgg. von NaCl, KCl, $MgCl_2$, $CaCl_2$, $MgCl_2$, $MnCl_2$, $AlCl_3$, K-, Mg-, Zn-Nitrat, NaBr, KBr, KJ, KCNS, $NaClO_3$, $NaClO_4$, Na_2SO_3, $Na_2S_2O_3$, Na_2HPO_4 u. $ZnSO_4$. T_g beträgt für **I** u. **II** in W. 57,0 bzw. 62,0°. Für die untersuchten Ionen wird bzgl. der Stärke des Einfl.

eine der lyotropen Reihenfolge ähnliche Ordnung festgestellt. Anionen haben stärkeren Einfl. als Kationen. In Ggw. von > 2 Mol $ZnCl_2$/1000 g H_2O erfolgt die Gelatinierung in Lsgg. mit hohem NH_4Cl-Geh. bei Raumtemperatur. P. FRENZEL. 163□

Das System Kaliumbromid–Cadmiumchlorid. 1. Mitt. **Oberflächenspannung.** R. B. Ellis, J. E. Smith, W. S. Wilcox und E. H. Crook. (J. physic. Chem. **65.** 1186–88. Juli 1961. Birmingham, Ala., Southern Res. Inst.; Philadelphia, Pa., Univ. of Pennsylvania, John Harrison Labor. of Chem.) (Engl.)

Vff. bestimmen die Oberflächenspannung γ des geschmolzenen Salz-Syst. $CdCl_2$–KBr bei Temp. in der Nähe des F. bis zu 900°. Die Mischungen zeigen ausgesprochen nichtideales Verhalten. Die höchsten Werte der Abweichungen vom idealen Verh. liegen bei 40–60 Mol-% KBr (**I**). Weiterhin wird ein ausgeprägtes Maximum der „Oberflächenmischungswärme" bei ca. 60 Mol-% **I** festgestellt, was Vff. als einen Hinweis auf die Bldg. von Komplexionen ansehen. Ramanspektroskop. Unterss. der Schmelzen mit 67 u. 40 Mol-% **I** bei 300–500° weisen ebenfalls auf die Bldg. von Komplexionen hin. Die beobachteten RAMAN-Banden werden $CdCl_4^{2-}$ (**II**) u. $CdBr_4^{2-}$ (**III**) zugeschrieben. Daneben liegen vorwiegend K^+, $CdCl_2$ (**IV**), $CdBr_2$ (**V**) u. Cl^- vor. **II, III, IV** u. **V** zeigen eine Neigung zur Erniedrigung von γ u. zur Anreicherung an der Oberfläche der Schmelze, worauf Vff. die beobachtete Abweichung vom idealen Verh. zurückführen. Das zweite Minimum in der γ-Zus.-Isotherme bei 60 Mol-% **I** führen Vff. auf eine maximale Gesamt-Konz. von **II** u. **III** zurück. P. FRENZEL. 166□

Modelle eines Flüssigkeitstropfens bei Annäherung an eine Grenzfläche. D. C. Chappelear. (J. Colloid Sci. **16.** 186–90. April 1961. Springfield, Mass., Monsanto Chem. Co., Plastics Div.) (Engl.)

Vf. erörtert 4 Modelle für einen Fl.-Tropfen bei Annäherung an eine Grenzfläche: 1. Tropfen u. Grenzfläche starr, 2. Tropfen deformiert (vgl. CHARLES u. MASON, J. Colloid Sci. **15.** [1960.] 236), 3. Grenzfläche deformiert, Tropfen starr (nach NIELSEN), 4. Tropfen u. Grenzfläche deformiert (nach ELTON u. PICKNETT, Proc. of the 2nd Internat. Congress of Surface Activity, Vol. 1, p. 28, London 1957). Vorteile u. Nachteile der Modelle werden erörtert. P. FRENZEL. 166□

Über das bei der Annäherung zweier Grenzflächen auftretende „dimpling". Stanley P. Frankel und Karol J. Mysels. (J. physic. Chem. **66.** 190–91. Jan. 1962. Los Angeles, Calif., Univ. of Southern California, Chem. Dep., Tarzana, Calif.) (Engl.)

Es wird eine rein hydrodynam. Theorie der Stabilität u. Entw. der Vertiefung (dimpling) gegeben, die sich auf der Oberfläche z. B. eines sich einer festen Grenzfläche nähernden Tropfens bildet. Die Theorie ist anwendbar unter der Voraussetzung, daß keine radiale Ausdehnung der Oberflächen unter den auftretenden Spannungen erfolgt. Die Theorie vernachlässigt Doppelschichten, strukturelle u. VAN DER WAALSsche Effekte, die zwar wichtige Beiträge liefern können, jedoch für die Bldg. der Vertiefung nicht unbedingt erforderlich sind. WOLFGANG KRÜGER. 166□

Kritische Erscheinungen in dünnen Filmen bei Anwendung der Bragg-Williams-Näherung. K. Nishikawa, D. Patterson und G. Delmas. (J. physic. Chem. **65.** 1226–31. Juli 1961. Montreal, Canada, Univ.) (Engl.)

Vff. behandeln theoret. die krit. Eigg. dünner Filme von bin. regulären Lsgg. unter Verw. des Gittermodells mit der BRAGG-WILLIAMSschen Näherung u. erörtern die Erniedrigung der krit. Lsg.-Temp. in Abhängigkeit von der Schichtstärke, der Oberflächenspannung der reinen Komponenten u. den adsorptiven Eigg. des festen Trägermaterials sowie die mögliche Existenz mehrerer krit. Punkte. P. FRENZEL. 166□

Chemisorption von Wasserstoff an Zinkoxid. 1. Mitt. **Desorptionsgeschwindigkeit und Adsorptionsisotherme.** Yutaka Kubokawa. (Bull. chem. Soc. Japan **33.** 546–50. April 1960. Osaka, Sakai-shi, Univ. of Osaka Prefecture, Coll. of Engng., Dep. of Appl. Chem.) (Engl.)

Die Desorptions-Geschw. von chemisorbiertem H_2 an ZnO wurde in einem größeren Temp.-Bereich untersucht. Bei konst. Temp. gehorcht diese annähernd der Kinetik des ELOVICH-Typs. Die Aktivierungsenergie der Desorption steigt mit abnehmender Menge an Adsorbiertem von 10 bis zu 31 kcal/Mol an u. bleibt dann nahezu konstant. Die Adsorptionsisothermen bei verschiedenen Temp. (300–370°) zeigen, daß die Adsorptionswärme konst. bleibt u. bei 18 kcal/Mol liegt; Isothermen bei ca. 100° ergeben einen Wert von 6–8 kcal/Mol. Die maximale Aktivierungsenergie der Adsorption wurde aus der der Desorption u. der Adsorptionswärme zu 13 kcal/Mol berechnet.
G. HERZOG. 176□

Chemisorption von Wasserstoff an Zinkoxid. 2. Mitt. **Chemisorptionsgeschwindigkeit und die Heterogenität der Oberfläche des Zinkoxids.** Yutaka Kubokawa. (Bull. chem. Soc. Japan **33.** 550–54. April 1960.) (Engl.) — 1. vgl. vorst. Ref.; 3. vgl. C. **1962.** 10754.

Die Unters. der Abhängigkeit der Chemisorptions-Geschw. von H_2 an ZnO von Druck u. Temp. wurde durch plötzliche Änderung derselben während der Adsorption vorgenommen. Die bei zunehmendem Druck ermittelte Absorptions-Geschw. unterscheidet sich merklich von der bei abnehmendem Druck erhaltenen, so daß die Desorption nicht vernachlässigt werden kann. Bei plötzlicher Temp.-Änderung tritt schnelle Desorption, gefolgt von einer langsamen Adsorption, auf. Die Aktivierungsenergie steigt mit zunehmender Temp. stetig von 6 auf 15 kcal/Mol. Aus Experimenten, bei denen die Verweilzeit des H_2 am Kontakt differierte, ergab sich, daß sich die Desorptionsanteile, die gleichen Mengen adsorbierten H_2 entsprechen, merklich voneinander unterscheiden, so daß die Annahme von zwei Typen der Chemisorption an einer einheitlichen Oberfläche nicht angewendet werden kann. Dafür kann man die gefundenen Resultate mit der Annahme einer heterogenen Oberfläche in Einklang bringen. G. HERZOG. 176□

Chemisorption von Kohlenmonoxid an Zinkoxid. Yutaka Kubokawa. (Bull. chem. Soc. Japan **33.** 555—59. April 1960.) (Engl.) — Vgl. vorst. Referate.

Die Adsorptions- u. Desorptions-Geschw. sowie das Adsorptionsgleichgewicht für die Chemisorption von CO an ZnO wurden bei verschiedenen Temp. untersucht. Das Desorptions-Verh. läßt auf die Existenz von zwei Typen der Chemisorption schließen, den nichtaktivierten u. den aktivierten Typ. Für den erstgenannten Typ liegt die Adsorptionswärme bei 10—12 kcal/Mol in Übereinstimmung mit der Aktivierungsenergie der Desorption. Für den zweiten Typ nimmt die Aktivierungsenergie der Adsorption mit der adsorbierten Menge zu, u. zwar von 5—16 kcal/Mol. Die Adsorptionswärme, die aus Adsorptionsisothermen ermittelt wurde, liegt in einem Bereich von 25—38 kcal/Mol u. befindet sich in guter Übereinstimmung mit dem aus den Aktivierungsenergien der Desorption u. Adsorption abgeschätzten Wert. Das Verh. der Desorption läßt ferner auf ein Überwiegen von heterogener Oberfläche schließen, wobei die Aktivierungsenergie der Adsorption u. die Adsorptionswärme sich umgekehrt zueinander ändern. G. HERZOG. 176□

Infrarotuntersuchungen der Oberflächenhydroxylgruppen auf Titandioxid und der Chemisorption von Kohlenmonoxid und Kohlendioxid. D. J. C. Yates. (J. physic. Chem. **65.** 746—53. Mai 1961. New York, N.Y., Columbia Univ., School of Mines.) (Engl.)

Vf. untersucht IR-spektroskop. (4000—1200 cm^{-1}) die Oberflächen-Eigg. von *Anatas* (I) u. *Rutil* (II). Nach Evakuierung bei 150° wird Restwasser, nach Evakuierung bei 350° werden nur OH-Gruppen auf der Oberfläche festgestellt. Die OH-Gruppen sind merklich von den auf Al_2O_5- u. SiO_2-Oberflächen beobachteten verschieden. Bei einer II-Probe, zu deren Herst. NH_3 verwendet wurde, werden NH enthaltende Teilchen auch nach Vakuumbehandlung bei 350° beobachtet. Die OH- u. NH-Gruppen tauschen bei 350° mit D aus. CO wird bei Raum-Temp. sehr schwach chemisorbiert. In allen Fällen kann das adsorbierte Gas innerhalb 30 Sek. durch Evakuierung u. bei niedrigen Anfangsdrücken innerhalb 5 Sek. entfernt werden. Das adsorbierte CO-Mol. ist wahrscheinlich über sein C-Atom an ein O-Atom der Oberfläche gebunden. Trotz geringer Red. des Pulvers in einem Falle, die durch eine Farbänderung nach der D_2-Behandlung angezeigt wurde, konnten keine an Metall chemisorptiv gebundene CO-Moll. nachgewiesen werden. Die Chemisorption von CO_2, wahrscheinlich vorwiegend als CO_2^-, ist sehr viel stärker als die von CO. Einige Hinweise sprechen für das Vorliegen von carbonatähnlichen Teilchen. Das stark unterschiedliche Verh. der einzelnen Proben führt Vf. auf die verschiedenen Herst.-Meth. zurück. P. FRENZEL. 176□

Trennung von Spaltprodukten und Korrosionselementen an Aluminiumoxid. Dorde S. Nemoda. (Bull. Inst. nuclear Sci. „Boris Kidrich“ **9.** 95—103. März 1959. Labor. of Phys. Chem.) (Engl.)

Vff. entwickelten ein Verf. zur chromatograph. Trennung langlebiger radioaktiver Isotope u. von durch Korrosion in den Kernbrennstoff eingebrachten inakt. Elementen über Al_2O_3 aus schwach sauren Lösungen. Die im Labor. hergestellten Vers.-Lsgg. enthielten Cs-, Sr-, Y-, Ba-, La-, Ce-, Pr-, Zr-, Nb-, Ru-, Rh- u. Te-Isotope u. Fe, Co, Ni, Mo, Cr, Al, Pb neben U als inakt. Stoffe. In einem Durchlauf werden die akt. Spalt-Prod. in 6 Fraktionen u. gleichzeitig von den inakt. Korrosionselementen (mit Ausnahme von Te) getrennt. Als Eluenten wurden NH_4NO_3, Na_2CO_3, $(NH_4)_2CO_3$, Oxalsäure, HCl u. KSCN verschiedener Konz. verwandt. G. FALKENBURG. 177□

A_6. Strukturforschung

Gekrümmte Röntgenstrahlen im schwach verformten Kristallgitter. 1. Mitt. **Laue-Fall der Interferenz.** G. Hildebrandt. (Z. Kristallogr., Kristallgeometrie, Kristallphysik, Kristallchem. **112.** 312—39. 9/10. 1959. Berlin-Dahlem, MPG, Fritz-Haber-Inst.) (Dt.) — 2. vgl. C. **1962.** 10755.

Unter Bezugnahme auf Unterss. von BORRMANN u. HILDEBRAND (C. **1961.** 9319) berichtet Vf. über Unterss. an einer *Kalkspat*-Platte, wodurch geprüft werden sollte, ob die l. c. ausgesprochene Vermutung zutrifft, daß interferierende Röntgenstrahlung in einer durch einen Temp.-Gradienten schwach deformierten Calcitplatte auf gekrümmten Bahnen verläuft. Aus den Meßergebnissen folgt, daß die durch die POYNTING-Vektoren der Wellenfelder gegebenen Strahlwege im schwach gekrümmten Kristall gekrümmt verlaufen. Der Grund hierfür ist in der Hauptsache die Krümmung der reflektierenden Netzebene; die Strahlen sind ca. 10^4mal stärker gekrümmt als die Netzebene. C. GOTTFRIED. 181

Der Einfluß der Form sehr kleiner gleichatomiger kubisch-flächenzentrierter Kristalle auf die Debye-Scherrer-Diagramme. Paul Larroque. (C. R. hebd. Séances Acad. Sci. **251.** 2909—11. 19/12. 1960. Toulouse, Centre Nat. de la Rech. Sci., Labor. d'Optique Electronique.) (Franz.)

Der experimentelle Befund, daß die beobachtete Lage der Intensitätsmaxima in Elektronenbeugungsdiagrammen sehr kleiner Kristalle nicht genau mit der für große Kristalle theoret. zu erwartenden übereinstimmt, ist nicht auf einen Einfl. der Form der Kristallite zurückzuführen, wie hier durch Berechnung der Intensitätsbereiche für kub., kubooktaedr., parallelepiped. u. rhomboedr. Kristallformen gezeigt wird. Dagegen hat die Zahl der in einem Kristallit enthaltenen Atome Einfl. auf die Lage der Intensitätsmaxima. Bei Kristalliten von kub. Form, deren Abmessungen gleich der doppelten Gitter-Konst. sind, beträgt die mit Hilfe der DEBYE-Formel für Beugung an Moll. berechnete relative Verschiebung des (1 1 1)-Maximums beispielsweise 2%. F. LENZ. 181 □

Dynamisches Verhalten schneller Elektronen in einer kristallinen Lamelle. Pierre Perio und Max Tournarie. (C. R. hebd. Séances Acad. Sci. **249.** 2218—20. 23/11. 1959. Gif-sur-Yvette, Centre d'Etudes Nucléaires de Saclay, S.P.S.R.M.) (Franz.)

Theoret. Ansatz zur näherungsweisen Lösung der Dispersionsgleichung der dynam. Theorie der Elektronenbeugung. Die Näherungsannahmen bestehen darin, daß 1. die elast. Rückstreuung vernachlässigt, 2. eine FOURIER-Entw. nur in bezug auf die beiden zur Kristalloberfläche senkrechten Raumrichtungen durchgeführt wird, u. 3. von vornherein nur die Abhängigkeit derjenigen Teilwellen von der Schichtdicke untersucht wird, die reziproken Gittervektoren entsprechen, die in der Kristalloberfläche liegen. Ein Ergebnis der unter diesen Näherungsannahmen durchgeführten Rechnung ist, daß die FRIEDELsche Regel streng gültig bleibt. Die vom Vf. nur für scheinbar gehaltene Ungültigkeit der FRIEDELschen Regel, die aus den Rechnungen anderer Autoren folgt, wird auf Unsymmetrien in deren Näherungsannahmen zurückgeführt. Einige charakterist. Erscheinungen bei der elektronenmkr. Abb. von Einkristallen können im Rahmen der vorgeschlagenen Theorie in Verbindung mit einer ebenen WENTZEL-KRAMERS-BRILLOUIN-RAYLEIGH-Näherung erklärt werden. Eine für den Fall von 9 Strahlen ($0\,0, 0\,1, 0\,\bar{1}, 1\,0, \bar{1}\,0, 1\,1, 1\,\bar{1}, \bar{1}\,1, \bar{1}\,\bar{1}$) durchgeführte Rechnung ergibt für die Schichtdicken, nach denen der Primärstrahl ausgelöscht ist, Werte, die im Gegensatz zur Pendellösung des Zweistrahlfalls stark von einer äquidistanten Folge abweichen. F. LENZ. 181 □

Dynamische Effekte in Beugungsdiagrammen von Ablagerungen von Kupfer auf Kupfer mit mehreren Zwillingen. Jean-Jacques Couderc, Jean Garigue, Lucien Lafourcade und Nguyen Quat Ti. (C. R. hebd. Séances Acad. Sci. **249.** 2523—25. 9/12. 1959. Toulouse, Labor. d'Opt. Electron. du Centre Nat. de la Rech. Sci.) (Franz.)

In Reflexion aufgenommene Elektronenbeugungsdiagramme von auf eine (1 1 1)-Cu-Einkristalloberfläche aufgedampften Cu-Schichten, bei denen der Primärstrahl [$1\,\bar{1}\,0$]-Richtung hat, d. h. außer auf (1 1 1) auch auf ($1\,1\,\bar{1}$) senkrecht steht, zeigen die für Zwillings-Bldg. charakterist. Drittelreflexe. Einige der zusätzlichen Reflexe werden durch Doppelbeugung erklärt. F. LENZ. 181 □

Kammer zur Präzisionsbestimmung von Kristallgitterkonstanten bei hohen Temperaturen. A. W. Belotzki. (Заводская Лаборатория [Betriebs-Lab.] **25.** 1397. 1959. Kiew, Polytechn. Inst.) (Russ.)

Beschreibung einer Kammer zur Präzisions-Best. von Kristallgitter-Konst. bei hohen Temperaturen. Die Best.-Dauer beträgt 1—2 Minuten. S. BARYSCHNIKOW. 181

Methoden der Untersuchung von Metalloberflächen mit dem Elektronenmikroskop. Bożena Puchalska. (Postępy Fizyki **11.** 207—23. 1960. Warszawa, Politechn., Zakł. Fiz. ogóln. „B".) (Pol.)

Übersicht. — 17 Literaturangaben. F. URBAN. 181 □

Über die Gitterenergie der Alkalihalogenide. Väinö Hovi und Kauko Mansikka. (Turun Yliopiston Julkaisuja [Ann. Univ. Turkuensis], Sarja A I. Nr. **40.** 3–8. 1960. Turku, Finland, Univ., Wihuri Phys. Labor.) (Engl.)

Vff. berechneten mit Hilfe des HABER-BORNschen Kreisprozesses aus den neuesten Literaturdaten die Gitterenergien U folgender Alkalihalogenide bei 298° K: *LiF* (U =) 243,3 (kcal/Mol); *LiCl* 202,6; *LiBr* 191,8; *LiJ* 179,6; *NaF* 218,9; *NaCl* 186,3; *NaBr* 177,3; *NaJ* 166,8; *KF* 194,5; *KCl* 169,4; *KBr* 162,1; *KJ* 153,4; *RbF* 186,4; *RbCl* 163,2; *RbBr* 156,5; *RbJ* 148,7; *CsF* 173,9; *CsCl* 155,7; *CsBr* 149,7; *CsJ* 142,6. Die Werte stimmen gut mit den theoret. Werten nach VERWEY u. DE BOER sowie HUGGINS überein, mit den quantenmechan. nach LÖWDIN nur für NaCl u. KCl, weniger für NaF, LiF u. LiCl. Die Korrektur der Gitterenergien von 298° auf 0° K (Schwingungs- u. Nullpunktsenergien) ist geringfügig u. daher für Vgl.-Zwecke unnötig. Einige empir. Gesetzmäßigkeiten zwischen den Zahlenwerten werden gefunden. J. TELTOW. 190 □

Gitterschwingungen von Natriumchlorid. Experimentelle und theoretische Daten der Wärmekapazität. J. R. Hardy und A. M. Karo. (Philos. Mag. [8] **5.** 859–66. Aug. 1960. Reading, Pa., Univ., Dep. of Phys.; Livermore, Calif., Univ., Lawrence Radiat. Labor.) (Engl.) — Vgl. C. **1961.** 18614.

Aus 3 theoret. Modellen werden für NaCl die effektiven DEBYE-Temp. u. die Momente der Frequenzverteilungsfunktionen abgeleitet u. mit den aus Messungen der spezif. Wärme folgenden Werten verglichen. 1. Modell: Ionen als Punktladungen (BORN u. MAYER). 2. Modell: Ionen durch das auf sie wirkende elektr. Feld polarisiert (schlechtere Übereinstimmung als nach 1). 3. Modell: Ionen außerdem durch die deformierende Wrkg. des Abstoßungspotentials polarisiert (viel bessere Übereinstimmung als nach 1). J. TELTOW. 190 □

Zonenschmelze und Züchtung von Kristallen. 2. Mitt. P. Kratochvíl. (Pokroky Mat., Fysiky Astronom. **4.** 430–38. 1959.) (Tschech.) — 1. vgl. Pokroky Mat., Fysiky Astronom. **4.** [1959.] 195.

Übersicht über die Grundlagen u. den Stand der Forschung. — 55 Literaturhinweise. R. K. MÜLLER. 190 □

Über die diffuse Röntgenstreuung von KCl–KBr-Mischkristallen. Martti Kantola und Pertti Luova. (Suomalaisen Tiedeakatemian Toimituksia [Ann. Acad. Sci. fennicae], Sarja A VI. **1960.** Nr. 49. 1–15. Turku, Finland, Univ., Inst. of Phys.) (Engl.)

Die diffuse Röntgenstreuung von KCl, KBr u. Mischkristallen KCl–KBr auf LAUE-Aufnahmen (CuK$_\alpha$-Strahlung) wird untersucht, u. zwar in der Nachbarschaft der Reflexe (2 0 0) u. ($\bar{2}$ 2 0). Die Ergebnisse entsprechen im allg. den Voraussagen der FAXÉN-WALLER-Theorie. Eine bei allen Kristallen relativ starke Linie zwischen LAUE-Reflex u. diffusem Schwärzungsfleck kann so nicht erklärt werden. J. TELTOW. 190 □

Röntgenographische Untersuchung der festen Lösung von TiO_2, Fe_2O_3 und Cr_2O_3 in Mullit ($3\,Al_2O_3 \cdot 2\,SiO_2$). M. Krishna Murthy und F. A. Hummel. (J. Amer. ceram. Soc. **43.** 267–73. Mai 1960. University Park, Pa., Pennsylvania State Univ., Coll. of Miner. Ind.) (Engl.)

Die Bldg. fester Lsgg. von TiO_2, Fe_2O_3 u. Cr_2O_3 in Mullit wurde untersucht. Synthet. Mullit wurde zusammen mit den Oxiden 3½–200 Std. lang auf Temp. zwischen 1000 u. 1700° erhitzt; der Einbau der Oxide in das Mullitgitter wurde durch Messung der Gitter-Konst. bestimmt. Bei Fe_2O_3 waren 1200, bei Cr_2O_3 u. TiO_2 1400° für die Bldg. von festen Lsgg. erforderlich. Es wurden maximal aufgenommen: 2–4% TiO_2 bei 1600°, 10 bis 12% Fe_2O_3 bei 1300° u. 8–10% Cr_2O_3 bei 1600°. Mit zunehmendem Einbau von Oxid nahmen die Gitter-Konst. zu. Für die Lsg. Fe_2O_3–Mullit wurde die Aufweitung des Gitters unter Zuhilfenahme bekannter Fe–O- u. Al–O-Abstände berechnet. Sie stimmte mit den experimentell beobachteten Werten gut überein. HEINZ HESS. 190 □

Fehlordnung und Kristallwachstum. Will Kleber. (Wiss. Z. Humboldt-Univ. Berlin, math.-naturwiss. R. **9.** 59–68. 1959/60. Berlin, Humboldt-Univ., Mus. u. Miner. Petrograph. Inst.) (Dt.)

Vf. zeigt, wie Gitterstörungen den normalen Ablauf des Kristallwachstums quant. beeinflussen können. Aus Berechnungen nach der kinet. Theorie des Kristallwachstums (von KOSSEL u. STRANSKI) u. den davon abweichenden experimentellen Beobachtungen ergibt sich, daß die Existenz von Störungen als „Wachstumsstellen“ notwendig ist. Die quant. Analyse des Wachstummechanismus nach dem STRANSKI-Modell u. die FRANKsche Theorie des Spiralwachstums werden erörtert. Als bes. instruktive Beispiele werden ausführlich die Bldg. von polytypen Modifikationen u. das Wachstum von Whiskern behandelt. Die Polytypen besitzen eindimensionale Lagenfehlordnungen, das Spiralwachstum spielt bei ihnen eine wesentliche Rolle. Whisker sind ausgesprochen störungsarme Kristalle, ihr Wachstumsmechanismus läßt sich aus einer einzigen Schraubenversetzung ableiten. W. SOBIESKI. 190□

Versetzungen mit Burgers-Vektoren in a [1 0 0] bei Silberbromidkristallen. J. T. Bartlett und J. W. Mitchell. (Philos. Mag. [8] **5.** 799—802. 1 Tafel. Aug. 1960. Bristol, Univ., H. H. Wills Phys. Labor.) (Engl.)

Wird ein AgBr-Kristall auf Zug beansprucht u. dann belichtet, so scheiden sich längs der Versetzungslinien Ag-Keime aus. Auf diese Weise konnte die Kombination von 2 Versetzungen (V.) mit 2 rechtwinkligen BURGERS-Vektoren (B.V.) ½ a [1 1 0] zu einer einzigen V. mit dem B.V. a [1 0 0] beobachtet werden. Für V. auf Gleitebenen konnte erstmalig ein solcher Nachw. geführt werden. H. FÖPPL. 190□

Einfluß der thermischen Vorgeschichte auf die Versetzungs-Substruktur nahe den Oberflächen eines Lithiumfluoridkristalls. J. M. Schultz und J. Washburn. (J. appl. Physics **31.** 1800—01. Okt. 1960. Berkeley, Calif., Univ. of California, Dep. of Metallurg.) (Engl.)

Röntgenmkr. wird gezeigt, daß erst mehrstd. Tempern nahe am F. (800°) die Versetzungen in einer 20 μ starken Oberflächenschicht eines LiF-Kristalles merklich ausheilt. In verformten Kristallen beginnt schon ab 400° die lokale Ausheilung. Beim Abkühlen mit mäßiger Geschw. (125 Grad/min) entstehen in der Schicht zahlreiche Versetzungsschleifen. J. TELTOW. 190□

Untersuchung der Kristallfehler aus den Moiré-Mustern auf Gold- und Molybdänitkristallen. M. Gillet. (Bull. Soc. franç. Minéralog. Cristallogr. **83.** 245—49. Okt./Dez. 1960. Poitiers, Labor. de Microscopie et Diffraction Electron.) (Franz.)

Die elektronenmkr. Beobachtung der Kristall-Lamellen ergibt eine große Anzahl von Fehlstellen. Diese im allg. schwierige Beobachtungsmöglichkeit wird durch Unters. der Moiré-Muster auf den Kristallen sehr erleichtert. Hierdurch erhält man Aufschluß über vollständige oder unvollständige Versetzungen von lamellaren Gold- u. Molybdänitkristallen. R. HAAR. 190□

Spaltoberflächenbruch von NaCl-Kristallen. Takeo Fujiwara, Takao Kino und Shuso Nakagawa. (Acta crystallogr. [Copenhagen] **13.** 1065. 10/12. 1960. Hiroshima City, Univ., Fac. of Sci., Labor. of Crystal Phys.) (Engl.) — Vgl. C. **1962.** 10003.

Elektronenmkr. untersuchten Vff. das Verh. der in einer NaCl-Lsg. gebildeten Spaltoberfläche eines NaCl-Kristalls, die Mn^{2+}-Ionen als Verunreinigung enthielten. Auf beiden Oberflächen wurden die verschiedensten Figuren beobachtet; außerdem liefen breite Stufenlinien parallel der Richtung des Spaltsprunges u. steile u. zickzackförmige Linien nahezu senkrecht zu dieser Richtung. Dazu wurden noch große, scheibenförmige u. flache Erhöhungen beobachtet, auf denen in ziemlich regelmäßiger Anordnung kleine runde Erhöhungen auftraten. Einige dieser Erhöhungen enthielten auf ihrer Oberfläche kleine kraterähnliche Gebilde. Es wird angenommen, daß die kleinen Erhöhungen an Verunreinigungen auftreten, die eine Art von Leerstellen eng umgeben.

C. GOTTFRIED. 190

Diffusion in Festkörpern und Metallkorrosion durch Gase. Walter J. Moore. (J. chem. Educat. **38.** 232—38. Mai 1961. Bloomington, Ind., Univ.) (Engl.)

Vf. behandelt die als Berthollide bekannten nicht-stöchiometr. Verbb. u. gibt einen Überblick über die Defektstrukturuntersuchungen. An Hand der FRENKEL- u. SCHOTTKY-Defekte werden der Mechanismus der Diffusion in Festkörpern erläutert u. Verff. zur Messung des Diffusions-Koeff. beschrieben. Ausführlich wird die Anordnung zur Best. des Diffusions-Koeff. von *Ag* in *Ag_2S* behandelt. K. ROSS. 190□

Einige strukturelle Beziehungen von ternären Übergangsmetalloxiden. E. W. Gorter. (XVII. int. Kongr. reine angew. Chem., München **1.** 303—28. 1959, herausgeg. 1960. Eindhoven, N. V. Philips' Gloeilampenfabrieken, Philips Res. Labor.) (Engl.)

Vortrag über eine Einteilung von tern. Übergangsmetalloxiden, einige spezielle tern. Oxide u. ihre Kristallgitterstrukturen. — 59 Literaturangaben (bis 1959).

P. GOLINSKE. 195□

Die Röntgenpulveraufnahmen und die Dichte des festen Perchlorylfluorids. R. L. Tallman, D. L. Wampler und J. L. Margrave. (J. inorg. nuclear Chem. **21.** 38—39. Dez. 1961. Madison, Wis., Univ., Dep. of Chem.) (Engl.)

Pulveraufnahmen bei —190° ($Cu_{K\alpha}$-Strahlung) zeigen, daß ClO_3F tetragonal mit a = 7,66 (Å), c = 5,31 kristallisiert. $D_{exp.}$ 2,19 ± 0,02 (g/cm³); $D_{ber.}$ 2,18. Z = 4.

H. KUCKERTZ. 195□

Kristalldaten von Bis-(thiosemicarbazid)-nickel(II)-sulfat. Rita Grønbaek und Svend Erik Rasmussen. (Acta chem. scand. **14.** 782—83. 1960. Copenhagen, TU of Denmark, Chem. Dep.) (Engl.)

Von den beiden Formen des Bis-(thiosemicarbazid)-nickel(II)-sulfates krist. die 3 Moll. Kristallwasser enthaltende *α-Form* (I; monoklin.) beim Vermischen kalter wss.

Lsgg. von $NiSO_4$ (II) u. Thiosemicarbazid (III), die kristallwasserfreie *β-Form* (IV) analog aus heißen wss. Lsgg. von II u. III. Mit Hilfe von Schwenk-, Drehkristall- u. WEISSENBERG-Aufnahmen werden die Zelldimensionen für I bestimmt: a = 6,91 (Å), b = 16,41, c = 6,32, β = 97,7°; D. ca. 1,84 g/cm³. Aus der in der PATTERSON-Projektion bei v = 1/2 auftretenden Häufung von Maxima wird auf die Raumgruppe $P\,2_1$ geschlossen. Das Pulverdiagramm von IV ist von dem für I verschieden. H. LETTAU. 195□

Die Kristallstruktur des Kupfer(I)-chlorid–Azomethan-Komplexes. I. D. Brown und J. D. Dunitz. (Acta crystallogr. [Copenhagen] **13.** 28—34. Jan. 1959. London, Roy. Inst., Davy Faraday Res. Labor.) (Engl.)

521 Cu_{K_α}-Reflexe von $Cu_2Cl_2 \cdot C_2H_6N_2$-Einkristallen wurden zur Best. der Punktlagen verwertet, Raumgruppe $P\,\bar{1}$, a = 6,87; b = 7,03; c = 3,82 Å; α = 97° 7′; β = 95° 15′; γ = 111° 45′; Z = 1. Der Kristall ist aus CuCl-Doppelketten parallel zur c-Achse aufgebaut, die über die trans-Azomethan-Moll. über σ-Bindungen verknüpft sind. Jedes Cu^+ ist von 3 Cl^- (Abstand 2,35 bzw. 2,55 Å) u. 1 N (Abstand 1,99 Å) eines Azomethan-Mol. in Form eines verzerrten Tetraeders umgeben. H. FÖPPL. 195□

Die Kristallstruktur eines Cummingtonits. Subrata Ghose. (Acta crystallogr. [Copenhagen] **14.** 622—27. 10/6. 1961. Chicago, Ill., Univ., Dep. of Geol.) (Engl.) — Vgl. C. **1962.** 7065.

Verfeinerung der Struktur von Cummingtonit: $(Mg_{4,05}Fe_{2,50}Mn_{0,17}Ca_{0,35})(Si_{7,9}Al_{0,1}) \cdot O_{22}(OH)_2$. Gitterparameter: a = 9,51; b = 18,19; c = 5,33 Å; β = 101° 55′. Raumgruppe C 2/m. Z = 2. Angabe der Atomparameter. Diskussion der Struktur mit einem Vgl. des Tremolitgitters. Angabe der Bindungsabstände u. -winkel. H. MOENKE. 195□

Holmquistit von Barraute, Quebec. E. H. Nickel, B. S. Karpoff, J. A. Maxwell und J. F. Rowland. (Canad. Mineralogist **6.** 504—12. 1961. Ottawa, Canada, Geol. Surv. of Canada Branch, Dep. of Mines and Techn. Surv.) (Engl.)

Am Kontakt von Spodumenpegmatiten mit Hornblendegesteinen wurde das seltene Mineral Holmquistit $Li_2(Mg,Fe^{2+})_3(Al,Fe^{3+})_2Si_8O_{22}(OH)_2$ gefunden. Es krist. orthorhomb. mit a = 18,30 (Å); b = 17,69 u. c = 5,30. Raumgruppe D_{2h}^{16}—Pnma.
H. MOENKE. 195□

Die Kristallstruktur von Metarossit. C. H. Kelsey und W. H. Barnes. (Canad. Mineralogist **6.** 448—66. 1960. Berichtigung: **6.** 697. 1961. Ottawa, Canada, Nat. Res. Council, Div. of Pure Phys.) (Engl.)

Metarossit $Ca(VO_3)_2 \cdot 2\,H_2O$, krist. triklin mit a = $6{,}21_5 \pm 0{,}005$; b = $7{,}06_5 \pm 0{,}005$; c = $7{,}76_9 \pm 0{,}005$ (Å); α = 92° 58′ ± 10′; β = 96° 39′ ± 10′; γ = 105° 47′ ± 10′. Z = 2. Raumgruppe $P\,\bar{1}$. Berichtet wird über dreidimensionale PATTERSON- u. FOURIER-Synthesen. Die Struktur wurde mit Hilfe zweidimensionaler FOURIER- u. Differenz-Meth. verfeinert. Atomparameter: Ca (x =) 0,7595; (y =) 0,4665; (z =) 0,1470. V_1 0,4485; 0,1020; 0,3360. V_2 0,3750; 0,5830; 0,3450. O_1 0,3915; 0,8400; 0,4170. O_2 0,5170; 0,3920; 0,3835. O_3 0,8610; 0,7555; 0,3655. O_4 0,1050; 0,4730; 0,3345. O_5 0,1930; 0,0635; 0,2350. O_6 0,6245; 0,1170; 0,1870. O_7 0,4300; 0,6000; 0,1460. O_8 0,0070; 0,7210; 0,0130. Die V-Koordinationspolyeder (verdrillte trigonale Bipyramiden) bilden Doppelketten parallel [0 1 0]. Letztere sind über Ecken u. Kanten mit Ca-Koordinationspolyedern (I) verknüpft. I sind zu Ketten angeordnet, die parallel [1 0 0] verlaufen. Ferner verknüpfen lange H-Bindungen die V- u. die Ca-Polyeder. H. MOENKE. 195□

Die Kristallstruktur von Zunyit. W. Barclay Kamb. (Acta crystallogr. [Copenhagen] **13.** 15—24. Jan. 1959. Pasadena, Calif., Inst. of Technol.) (Engl.)

Mit 572 Mo-Kα-Reflexen von Zunyit-Einkristallen konnte die Raumgruppe T_d^2—$F\,\bar{4}\,3\,m$ (PAULING 1933) bestätigt werden. Aus Drehkristallaufnahmen ergab sich die Gitter-Konst. der kub. Elementarzelle zu α = 13,87 ± 0,01 Å. Die von PAULING nach „trial and error" ermittelte Struktur wurde nach der Meth. der kleinsten Quadrate verfeinert. Atomparameter 4 Cl in (b); 4 Si_I in (c); 4 Al_I in (d); 16 Si_{II} in (e) mit x = 0,1143; 16 O_I in (e) mit x = −0,1750; 16 O_{II} in (e) mit x = 0,1818; 24 O_{III} in (f) mit x = 0,2780; 48 O_{IV} in (h) mit x = 0,1793 u. z = 0,5466; 48 O_V in (h) mit x = 0,1385 u. z = 0,0003; 48 Al_{II} in (h) mit x = 0,0853 u. z = −0,2333. Für (hk0) u. (hhl) ist R = 0,12. Der Kristall ist aus Si_5O_{16}- u. $Al_{12}O_{16}(OH)_{30}$-Gruppen mit oktaedr. Al-Umgebung aufgebaut. Abstand Al–O 1,80 u. Si–O 1,64 Å. Die Lage der H^+ wird aus bestimmten Strukturmerkmalen erschlossen. Die Si bzw. Al-Umgebung ist verzerrt, so daß mindestens 2 F^- an Stelle von 2 $(OH)^-$ in der Formeleinheit Platz finden. Geänderte Zunyit-Formel: $(OH,F)_{16}F_2Al_{13} \cdot Si_5O_{20}Cl$. H. FÖPPL. 195□

Genauigkeit der Atomlagen in der Zunyit-Struktur. W. Barclay Kamb. (Acta crystallogr. [Copenhagen] **13.** 24—27. Jan. 1959.) (Engl.) — Vgl. vorst. Referat.

4 verschiedene statist. Meth. zur Best. der Atomlagen werden angewendet u. die Ursachen für die Abweichungen untersucht. Bes. die visuelle Intensitätsschätzung kann

Anlaß zu Fehlern geben. Standardabweichungen von 0,008 Å für die O- u. 0,003 Å für die Si- bzw. Al-Lagen werden erhalten. H. FÖPPL. 195□

Eine Bemerkung über die Strukturfilmeigenschaften von Bournonit in Polieranschliffen. A. P. Millman und J. A. Valvano. (Econ. Geol. **54.** 1575—76. Dez. 1959. London, Roy. School of Mines, Dep. of Mining Geol.) (Engl.)

Unter Strukturfilm wird ein dünner Oxidfilm auf Polieranschliffen verstanden, dessen Eigg. u. a. von der Mineralart abhängig sind. Vf. beschreibt das Aussehen der am *Bournonit* durch eine CrO_3–HCl-Lsg. erhaltenen Filme. J.-E. HILLER. 196□

Einachsige magnetische Anisotropie dünner Nickel- und Eisenschichten aus der Kathodenzerstäubung. H. Gärtner. (Z. Naturforsch. **16a.** 841. Aug. 1961.) (Dt.) — Vgl. C. **1962.** 10760.

Vf. untersucht die magnet. Anisotropie von Ni- u. Fe-Schichten, die durch Kathodenzerstäubung hergestellt wurden. Unmittelbar nach der Herst. zeigen die Ni- u. Fe-Schichten, letztere im Gegensatz zu den Ergebnissen von KAY (C. **1962.** 12188), eine ausgeprägte magnet. Anisotropie. Nach einer 40 Min. langen Temperung bei 450° ist diese verschwunden. Die Koerzitivkraft einer 425 Å dicken Ni-Schicht ändert sich dabei von 47 auf 43 Oe. P. FRENZEL. 196□

Wechselwirkung von Versetzungen, Kaltbearbeitung und Erzeugung von Fehlstellen in kubisch-flächenzentrierten Metallen. G. Saada. (Acta metallurg. [New York] **9.** 166—67. Febr. 1961. Saint-Germain-en-Laye, IRSID, Dép. Phys.) (Franz.)

Theoret. Unters. an Hand von experimentellen Daten aus der Literatur.

C. GOTTFRIED. 197

Die Struktur von elektrolytisch abgeschiedenem Chrom. Masahisa Matsunaga. (Sci. Pap. Inst. physic. chem. Res. [Tokyo] **54.** 177—83. Juni 1960. Ōkoshi Labor.) (Engl.)

Vf. bestimmt Kristallorientierung u. sichtbaren Glanz von galvan. Cr-Abscheidungen bei Stromdichten von 10—100 A/dm² u. Temp. von 20—70° unter Verw. folgender Chromsäurebäder: 250 (g/Liter) CrO_3 + 2,5 H_2SO_4; 250 CrO_3 + 1,0 H_2SO_4 + 2,5 $Na_2 \cdot SiF_6$; 600 CrO_3 + 3,8 H_2SO_4 + 10 Zucker. Die glänzendsten Abscheidungen sind durch bevorzugte (1 1 1)-Orientierung charakterisiert; Diagramme zeigen den Einfl. der Temp. u. Stromdichte auf den Glanz u. die Kristallorientierung. Zusätzlich zur bekannten (1 1 1)-Orientierung werden bei hoher Temp. (1 1 0)- u. eine modifizierte (1 1 1)-Orientierung gebildet. G. RUBAN. 196□

Über die Knight-Verschiebung in Legierungen. A. Blandin und E. Daniel. (Physics Chem. Solids **10.** 126—37. Juli 1959. Paris, École des Mines, Phys. des Solides.) (Franz.)

Beim Lösen von Metallatomen, die sich in Art u. Wertigkeit von denen des lösenden Metalls unterscheiden, treten Schwingungen der Elektronendichte um jedes gelöste Atom auf. Diese Erscheinung kann die Änderungen der KNIGHT-Verschiebung erklären, die von verschiedenen Autoren bei einigen Legg. gemessen wurden. Ebenso gut läßt sich die beobachtete beträchtliche Verbreiterung der Resonanzlinien deuten. In Übereinstimmung mit dem Experiment wird gefunden, daß die relative Änderung der KNIGHT-Verschiebung bei niederer Konz. proportional der Konz. der gelösten Atome ist, während die Verbreiterung der Linien mit dem Quadrat der Konz. zunimmt. Die Theorie kann auch analoge Effekte, die in fl. Legg. der Alkalimetalle beobachtet wurden, erklären. Der Einfl. von Übergangsmetallverunreinigungen wird untersucht.

ERNST SCHULTE. 197□

Über die Knight-Verschiebung von Verunreinigungen in Metallen. E. Daniel. (Physics Chem. Solids **10.** 174—81. Juli 1959.) (Franz.) — Vgl. vorst. Referat.

Einige von KNIGHT zur Erklärung der KNIGHT-Verschiebung von Verunreinigungen in Metallen gemachte vereinfachende Annahmen wurden theoret. bestätigt. Vf. zeigt, daß man die Polarisation der Leitungselektronen durch den Kern eines verunreinigenden Atoms vernachlässigen kann. Das Verhältnis zwischen der Wellenfunktion am Grunde des Leitungsbandes u. der des freien Atoms ist nahezu konstant. Die Abweichungen der Messungen von KNIGHTs empir. Formel sind oft klein u. von der gleichen Größenordnung wie die Fehler infolge der Näherungen. ERNST SCHULTE. 197□

Verfahren zur Aufstellung von Gefügediagrammen in ternären Systemen. Ion Vladescu. (Bergakademie [Freiberg] **12.** 705—09. Dez. 1960.) (Dt.)

Beschreibung eines neuen Verf. zur Aufstellung übersichtlicher Gefügediagramme tern. Legierungen. H. HOCHSTEIN. 197□

Legierungsverbindungen an halbleitenden Vorrichtungen. D. F. Taylor. (Res. appl. in Ind. **11.** 335—38. Sept. 1958. Manchester, Ferranti Ltd., Electronics Dep.) (Engl.)

Betrachtung der Struktur von Dioden, die an den Verbindungsstellen mit dem Lötmaterial legiert werden (Al–Si, Au–Si). CH. WEISKE. 197□

Boridphasen in Legierungen auf Nickelchrombasis. N. I. Blok, M. N. Koslowa, N. F. Laschko und K. P. Ssorokina. (Заводская Лаборатория [Betriebs-Lab.] **25.** 1059—64. 1959.) (Russ.)

Eine Meth. zur elektrolyt. Ausscheidung von Boridphasen aus Legg. auf Ni–Cr-Grundlage wurde ausgearbeitet. Legg. des EI 437-Typus enthalten ein Borid von tetragonaler Struktur der Zus. $(Cr,Ni)_4B_3$ oder $(Cr,Ni)_5B_4$. In Legg. des ShSs 3- u. EI 617-Typus u. in komplexen Legg. des ShSs 3-Typus wurde ein Borid der annähernden Zus. $(Mo,Cr,W,Ni)_4Br_3$ oder $(Mo,Cr,W,Ni)_5B_4$ festgestellt. S. Baryschnikow. 197

Die mechanischen Eigenschaften und die Struktur von Zinklegierungen mit Mangan und Kupfer. Władysław Kajoch. (Arch. Hutnictwa **5.** 245—68. 6 Tafeln. 1960. Kraków, PAN, Inst. Podst. Probl. Techn., Zakł. Metali.) (Pol.)

Cu–Mn–Zn-Legg. mit niedrigem Cu-Geh., die Messing ersetzen können, gehören zur Gruppe der Hume-Rothery-Phasen mit ε-Struktur. Die optimalen mechan. Eigg., bes. eine hohe Zugfestigkeit u. Dehnung, werden bei der Zus. ZnMn 19 Cu 15 (65 kg/mm^2, 9%) u. ZnMn 24 Cu 14 (57 kg/mm^2, 19%) erhalten. Der optimale Konz.-Bereich ist für Cu 10—15, für Mn 30—20%. Die Leg. ZnMn 23 Cu 13 wurde röntgenograph. untersucht: Die Atome sind in der hexagonal dichten Kugelpackung angeordnet, das Verhältnis c/a ist 1,612 u. die Elektronen-Konz. 1,75. Die ε-Struktur ist somit für die günstigen plast. Eigg. des Mn-Messings verantwortlich. F. Urban. 197□

Untersuchung über das Zustandsdiagramm einer Cu–Si–Zn-Legierung im Bereich nahe der η-Phase. Genjiro Mima und Masaharu Hasegawa. (Nippon Kinzoku Gakkai-Si [J. Japan Inst. Metals] **23.** 585—89. Okt. 1959.) (Jap.; Auszug: Engl.) — Vgl. C. **1961.** 11250.

Der Bereich in der Nähe des η-Mischkristalls des Cu–Si–Zn-Syst. wird durch therm. Analyse, Messung des elektr. Widerstandes u. durch mkr. Prüfung untersucht. Hierbei zeigt sich, daß der η-Mischkristall, der eine feste Cu_3Si-Lsg. ist, zwei Umwandlungen aufweist, nämlich die $\eta \rightleftharpoons \eta'$- u. die $\eta' \rightleftharpoons \eta''$-Umwandlung. Im bin. Cu–Si-Syst. treten die peritekt. Rkk. $\gamma + \eta \rightleftharpoons \eta'$ u. $\gamma + \eta' \rightleftarrows \eta''$ bei 620 bzw. 570° auf, u. die eutektoiden Rkk. $\eta \rightleftharpoons \eta' + Si$ u. $\eta' \rightleftharpoons \eta'' + Si$ liegen bei 558 bzw. 467°. Im tern. Syst. werden die nonvarianten Rkk. $\varepsilon' + \eta \rightleftharpoons \gamma + \eta'$, $\eta \rightleftharpoons \gamma + \eta' + Si$, $\varepsilon' + \eta' \rightleftharpoons \gamma + \eta''$ u. $\gamma + \eta' \rightleftharpoons \eta'' + Si$ bei 600, 530, 500 bzw. 480° gefunden. H. Hochstein. 197□

Das Zustandsdiagramm der Cu–Si–Zn-Legierungen. 3. Mitt. Genjiro Mima und Masaharu Hasegawa. (Technol. Rep. Osaka Univ. **10.** 157—69. Jan. 1960.) (Engl.) — 2. vgl. C. **1961.** 11250.

Das Gebiet in der Nachbarschaft des η-Mischkristalles des Cu–Si–Zn-Syst. wird durch therm. Analyse, elektr. Widerstandsmessungen u. mkr. untersucht. Der η-Mischkristall zeigt zwei Umwandlungen, nämlich $\eta \rightleftharpoons \eta'$ u. $\eta' \rightleftharpoons \eta''$. Im Cu–Si-Syst. liegt die $\eta \rightleftharpoons \eta'$-Umwandlung zwischen 620 u. 558°, u. es bildet sich das Peritektikum von $\varepsilon' + \eta \rightleftharpoons \eta'$ an der Seite mit niedrigen Si-Geh. u. das Eutektikum $\eta \rightleftharpoons \eta' + Si$ an der Seite mit hohem Si-Gehalt. Im Cu–Si-Syst. liegt die zweite Umwandlung $\eta' \rightleftharpoons \eta''$ zwischen 570 u. 467°; das Peritektikum $\varepsilon' + \eta' \rightleftharpoons \eta''$ u. das Eutektikum $\eta' \rightleftharpoons \eta'' + Si$ wird an den Seiten mit geringem bzw. hohem Si-Geh. gebildet. Im Cu–Si–Zn-Syst. nimmt die Temp. der Umwandlung $\eta \rightleftharpoons \eta'$ mit zunehmendem Zn-Geh. ab u. bildet das tern. Eutektikum $\eta \rightleftharpoons \gamma' + Si$ bei 530° nahe der Zus. Cu-12% Si-3,5% Zn. Die Temp. der Umwandlung $\eta' \rightleftharpoons \eta''$ nimmt mit dem Zn-Geh. im Si-armen Bereich des Cu–Si–Zn-Syst. ab. Die in der Struktur von gegossenen oder geglühten Legg. beobachteten Zwillingsbildungen werden auf die Umwandlung des η-Mischkristalles zurückgeführt. H. Hochstein. 197□

Über die Al-Seite des Zustandsdiagramms des quaternären Systems Al–Zn–Mg–Cu. Hisafuji Watanabe. (Nippon Kinzoku Gakkai-Si [J. Japan Inst. Metals] **23.** 596—600. Okt. 1959.) (Jap.; Auszug: Engl.)

Das Zustandsdiagramm des Syst. Al–Zn–Mg–Cu wurde bes. im Bereich der Al-Teile durch mkr. u. therm. Analyse, elektr. Widerstandsmessung u. Röntgenanalyse untersucht. Hierbei zeigt sich, daß die Al-Seite des Syst. in drei Bereiche durch die pseudo-tern. Syst. von Al–ω–$CuAl_2$ u. Al–ω–S unterteilt wird u. daß in diesen Bereichen keine quatern. intermetall. Verb. auftritt. Es werden im Bereich von Al–ω–$CuAl_2$–S u. von Al–ω–S–T–β folgende Rkk. festgestellt: 1. tern. eutekt. Rk.: $L \rightleftharpoons Al + CuAl_2 + S$. $L \rightleftharpoons Al + \omega + CuAl_2$, $L \rightleftharpoons Al + \omega + S$, $L \rightleftharpoons \omega + S + CuAl_2$, $L \rightleftharpoons Al + \omega + \beta$, $L \rightleftharpoons Al + \beta + T$, $L \rightleftharpoons \omega + \beta + T$, $L \rightleftharpoons Al + \omega + T$; 2. quatern. eutekt. Rk.: $L \rightleftharpoons Al + \omega + S + CuAl_2$, $L \rightleftharpoons Al + \omega + \beta + T$ u. 3. peritekt.-tern. eutekt. Rk.: $L + S \rightleftharpoons Al + \omega + T$. Die Löslichkeitskurven der Al–ω- u. Al–ε-Legg. auf der Al-Seite werden durch Zusatz von 2% Cu erniedrigt. H. Hochstein. 197□

Grundlegende Untersuchungen über 75 S. 1. Mitt. Untersuchung über das Zustandsdiagramm des Systems Al–Zn–Mg–Cu. Takuichi Morinaga und Hisafuji Watanabe. (Light Metals [Tokyo] **10.** Nr. 3. (42) 11—32. Mai 1960. Tokyo, Inst. of Technol. u; Chiba Inst. of Technol.) (Jap.; Auszug: Engl.)

Die Zustandsdiagramme der Syst. Al–Zn–Cu, Al–Zn–Mg u. Al–Zn–Mg–Cu werden wiedergegeben u. erläutert. Im Syst. Al–Zn–Cu bzw. Al–Zn–Mg werden 4 bzw. 6 nonvariante Punkte beobachtet. Die Al-Seite des Syst. Al–Zn–Mg–Cu läßt 3 Gebiete der pseudo-tern. Syst. Al–ω–$CuAl_2$ u. Al–ω–S ohne quatern. intermetall. Verb. erkennen. Im Gebiet der Syst. Al–ω–$CuAl_2$–S u. Al–ω–S–T–β treten 6 tern. eutekt., 2 quatern. eutekt. Rkk. u. 1 peritekt.-tern. eutekt. Rk. auf. W. WESLY. 197□

Über das Auftreten der Ausscheidung in der unterkühlten β-Phase des Systems Aluminium–Zink. Takuichi Morinaga und Thuneo Takahashi. (Light Metals [Tokyo] **10.** Nr. 3 (42). 33—38. Mai 1960. Tokyo, Inst. of Technol.) (Jap.; Auszug: Engl.)

Unterss. über die Ausscheidung in der unterkühlten β-Phase beim Abschrecken von Zn-Legg. mit 5—65 (%) Al u. mit 21 Al u. 0,01—0,03 Mg zeigen, daß die Ausscheidung wahrscheinlich auf der Existenz leerer Gitterstellen beruht u. Mg-Zusatz die leeren Stellen vermindert oder auslöscht. Kleine Mengen Mg fördern wahrscheinlich die Bldg. der G–P-Zone bei Zimmertemperatur. W. WESLY. 197□

Zwillingsbildung in Eisen–Aluminium-Legierungen. R. W. Cahn und J. A. Coll. (Acta metallurg. [New York] **9.** 138—48. Febr. 1961. Birmingham, Univ., Dep. of Phys. Metallurg.) (Engl.)

Zur Nachprüfung einer Vorhersage von LAVES (vgl. C. **1956.** 9646) über die Möglichkeit mechan. Zwillings-Bldg. in kristallograph. geordneten Substanzen untersuchten Vff. in einer Fe–Al-Leg. mit 23,5 Atom-% Al die Bldg. von Anlaß- oder Rekristallisationszwillingen u. von mechan. Zwillingen. Rekristallisationszwillinge wurden nach Anlassen bei 1150° festgestellt. Die Zwillinge waren von 3 Sätzen kohärenter Grenzflächen $(\bar{2}\,\bar{1}\,1)$, $(1\,1\,2)$ u. $(\bar{1}\,2\,1)$ begrenzt. Alle 3 Ebenen gehören zu einer Zone mit der Zonenachse $[1\,\bar{1}\,\bar{1}]$. Die Zwillinge haben dabei die Form von Prismen. Die kristallograph. Natur der Zwillinge konnte durch LAUE-Rückstrahlaufnahmen bestätigt werden. An der gleichen Leg. wurden durch Schlag-Verss. in fl. N_2 mechan. Zwillinge erzeugt. Vor den Schlag-Verss. waren die Legg. verschieden stark wärmebehandelt worden, um verschiedene Fernordnungszustände zu erzeugen. Es wurde gefunden, daß sich, in Übereinstimmung mit der Vorhersage von LAVES, Zwillinge nur bilden, wenn die Leg. vollständig oder teilweise entordnet ist. Der krit. Wert des Ordnungsparameters betrug ca. 0,5. Kurz beschrieben wird die Morphologie mechan. Zwillinge, die sich durchschneiden. C. GOTTFRIED. 197

Morphologie und Kristallstruktur von Carbidausscheidungen aus α-Eisen-Mischkristallen. W. C. Leslie, R. M. Fisher und N. Sen. (Acta metallurg. [New York] **7.** 632—44. Sept. 1959. Monroeville, Pa., U. S. Steel Corp. Res. Center.) (Engl.)

Die Carbidausscheidungen aus Mischkristallen von hochreinen Fe–C-Legg., zwei C-armen Stählen u. einer Fe–C-Leg. mit 3,25% Si wurden elektronenmkr. u. durch Elektronenbeugung untersucht. Aus der Fe–C-Leg. u. den beiden C-armen Stählen scheidet sich das Carbid während des Auslagerns nach dem Abschrecken in dendrit. Form aus. In Proben, die direkt auf die Auslagerungs-Temp. abgeschreckt worden waren, erschienen längliche Plättchen zusammen mit Dendriten. Beide Formen sind Zementit (Fe_3C) u. die Beugungsaufnahmen gaben keinen Hinweis auf die Ausscheidung von ε-Carbid. Die Zeit, die bei 250° notwendig ist, damit sich identifizierbare Teilchen bilden, entspricht der von anderen mitgeteilten Zeit, in der die Ausscheidungs-Rk. nach Ausweis von Dämpfungsmessungen zu 70% abgelaufen ist. Bei 150° war die zur Bldg. solcher Teilchen notwendige Zeit viel länger als die Zeit, in der die Ausscheidung nach Ausweis von Dämpfungsmessungen vollständig abgelaufen ist. Die dendrit. Carbide der Fe–C-Legg. scheinen sich auf den {1 1 0}-Ebenen des Ferrits auszuscheiden mit Ästen längs [1 1 1]-Richtungen. In der Fe–C-Leg. mit 3,25% Si scheiden sich die Carbide in der Form von linsenförmigen Scheiben auf den {1 0 0}-Ebenen der Ferritgrundmasse aus. Die Kristallstruktur dieser Carbide wurde nicht bestimmt, sie ist aber weder ε-Carbid noch Zementit (Fe_3C). Nach längerem Auslagern werden diese Scheiben durch Korngrenzenzementit ersetzt. H. HOCHSTEIN. 197□

Die Versprödung von Titan-Legierungen mit Chrom bei eutektoider Umwandlung. R. P. Schtschegolewa, L. Ss. Golubewa und N. A. Rutschjewa. (Металловедение и Термическая Обработка Металлов [Metallkunde therm. Metallbearb.] **1961.** Nr. 7. 35—36. Juli. Zentr.-Forsch.-Inst. für Eisenhüttenwesen.) (Russ.)

Die Versprödung von Ti-Legg. mit 5% Cr bei langen Haltezeiten unterhalb der eutektoiden Temp. wird durch eine eutektoide Umwandlung der β-Phase bedingt. Das

Fehlen von Linien, die bei der röntgenograph. Unters. der Verb. $TiCr_2$ in einer Leg. mit 5% Cr entsprechen, wird durch die unzureichende Empfindlichkeit der Röntgen-Unters. erklärt. H. HOCHSTEIN. 197 □

Mikrodehnung in polykristallinen Metallen. N. Brown und K. F. Lukens jun. (Acta metallurg. [New York] **9.** 106—11. Febr. 1961. Philadelphia, Pa., Univ. of Pennsylvania, Metallurg. Dep.) (Engl.)

Vff beschreiben an Hand einer neu entwickelten Theorie die Abhängigkeit der plast. Mikrodehnung γ von Spannung u. Korngröße. Ausgangspunkt der Theorie ist die Annahme, daß die Anzahl an Quellen pro Einheits-Vol. gleichmäßig durch die ganze Probe u. unabhängig von der Korngröße ist. γ ist gegeben durch die Gleichung $\gamma = C \varrho D^3 (\sigma - \sigma_0^0)^2 / G \sigma_0^0$. In der Gleichung ist $C \approx 1/2$ u. es bedeuten ϱ die Quelldichte, σ die angelegte Spannung, σ_0^0 die Spannung, um die erste Versetzung zu bewegen, G den Schubmodul u. D die Korngröße. Die Theorie wurde durch Messungen der Spannungs–Dehnungs-Kurven im Mikroverformungsgebiet an *Armco-Fe* nachgeprüft. Nach geeigneter Wärmebehandlung lagen die Korngrößen in dem Fe zwischen 44 u. 140 μ. Die Übereinstimmung zwischen der Theorie u. den experimentellen Ergebnissen war sehr gut; auch analoge Vers.-Ergebnisse an Cu u. Zn anderer Vff. bestätigten die Theorie. Die Quelldichte in dem Armco-Fe u. in Cu beträgt 2,5 bzw. $6{,}9 \cdot 10^6$ Quellen/cm^3. Mit Hilfe des Mikroverformungsbetrages, der an der makroskop. Fließgrenze auftritt, wurde die Ausdehnung des Mikroverformungsbereiches berechnet. Es wurde außerdem beobachtet, daß Glühen des Fe bei 650° nach einer Mikroverformung die Verfestigung vollständig abbaut, so daß die Probe wieder ihren Ausgangszustand annimmt. C. GOTTFRIED 200

Die Lüdersschen Linien und das Phänomen von Portevin-Le Chatelier. J. Guillot-Micard und J. Caisso. (Mém. sci. Rev. Métallurgie **58.** 510—16. Juli 1961. Poitiers, Univ.) (Franz.)

Die Unterschiede, die zwischen den Eigg. der LÜDERSschen Linien u. den Linien von PORTEVIN-LE CHATELIER auftreten können, werden erörtert. Der Begriff „LÜDERS-Linie" muß den Verformungslinien vorbehalten bleiben, die sich durch einen Absatz zu Beginn der plast. Zugphase äußern. Die Linien dehnen sich mit geringen Geschw. proportional der Zug-Geschw. d ε/d t aus. Die Länge des Absatzes $\Delta\, \varepsilon$ ist der Geschw. proportional, hängt aber auch von der Natur des Metalls ab. Der Absatz zeigt sich nur einmal; die LÜDERSschen Linien rühren von natürlicher oder künstlicher Alterung her, die eine vorläufige, sehr lockere Festlegung der Versetzungen bewirkt. Die LÜDERSschen Linien existieren nur in einem bestimmten Temp.-Bereich. Die Erscheinung von PORTEVIN-LE CHATELIER ist auch mit Wellen der plast. Deformation verbunden; jedoch sind ihre Eigg. sehr stark verschieden. Die Linien nach PORTEVIN-LE CHATELIER dehnen sich mit größerer Geschw. aus, die vom Verformungsgrad abhängt; die Geschw. wird mit der Zunahme der Zugbeanspruchung immer geringer. Die Linien sind period.; ihre Frequenz hängt von der Starrheit der Prüfmaschinen ab u. nimmt mit dieser zu. Die Linien rühren von einer während der Verformung auftretenden Alterung her, wodurch die Diffusions-Geschw. der Verunreinigungen beträchtlich erhöht wird; man erhält dann eine sehr starre Festlegung der Versetzungen, die eine Relaxation $\Delta\, \sigma$ der Spannung ergibt. $\Delta\, \sigma$ nimmt mit d ε/d t ab. Die Linien treten zwar ebenfalls in einem bestimmten Temp.-Bereich auf; jedoch ist dieser nicht derselbe wie bei den LÜDERSschen Linien. H. HOCHSTEIN. 200 □

Beziehung zwischen den Dauerstandskurven und den Gefügeveränderungen in Abhängigkeit von der Zeit. W. Siegfried. (Mém. sci. Rev. Métallurgie **58.** 535—55. Juli 1961. Genf, Battelle Mem. Inst.) (Franz.)

Die bei Dauerstand-Verss. auftretenden Strukturveränderungen können mkr. u. durch Ermittlung der Festigkeitsveränderungen während des Fließens verfolgt werden. Es wird eine neue Meth. zur Best. der strukturellen Veränderungen auf Grund von Dauerstands-Verss. beschrieben. Die Beziehung zwischen Dauerstand-Verss. mit konst. Belastung u. Verss. mit konst. Spannung wird erörtert. Die Aktivierungsenergie von verschiedenen Stahlsorten wird bestimmt u. mitgeteilt. Experimentelle Dauerstandskurven von THUM u. RICHARD sowie von GRANT u. BUCKLIN werden krit. besprochen. H. HOCHSTEIN. 200 □

Spannungsinduzierte Ordnung und Reckalterung von kohlenstoffarmen Stählen. D. V. Wilson, B. Russell und J. D. Eshelby. (Acta metallurg. [New York] **7.** 628—31. Sept. 1959. Birmingham, Univ.) (Engl.)

Ein Teil der Fließspannungserhöhung bei der Reckalterung von C-armem Stahl entwickelt sich zu rasch, um durch Diffusion über größere Entfernung hinweg erklärbar zu sein. Die Geschw., mit der sich die anfänglich rasche Erhöhung der Fließspannung entwickelt, u. die Abhängigkeit ihrer Größe vom Geh. an gelöstem Leg.-Zusatz entsprechen dem durch spannungsinduzierte Ordnungseinstellung der auf Zwischengitterplätzen gelösten Atome in den Spannungsfeldern von Versetzungen erwarteten Beitrag. Eine einfache theoret. Behandlung ergibt Werte, die in zufriedenstellendem Maße mit den Verss. übereinstimmen. H. Hochstein. 200□

Einfluß von Aluminiumnitrid auf die Schmiedbarkeit von Stahl. Paul Bastien und Philippe Portevin. (C. R. hebd. Séances Acad. Sci. **251**. 2347—49. 21/11. 1960. Centre de Recherches de Physique des Métaux de l'École Centrale et Labor. des Usines du Creusot.) (Franz.)

Die Verschlechterung der Schmiedbarkeit von Stählen durch Al-Zusätze zwischen 0,0045 u. 0,09% wird an Stählen mit 0,35% untersucht. Hierbei zeigte sich, daß eine Abnahme der Warmverformbarkeit bei einem Al-Geh. von 0,033% u. einem gleichzeitig geringen N-Geh. von nur 0,0025% nicht auftritt. Durch eine Wärmebehandlung bei einer Temp., bei der AlN vollständig gelöst wird, verschwindet die schlechte Schmiedbarkeit, tritt aber bei abnehmender Temp. wieder auf. Für eine gegebene Erwärmungs-Geschw. u. eine gegebene Haltezeit besteht eine lineare Beziehung zwischen der Schmiedbarkeit u. dem log. des Prod. des gelösten Al u. gelösten N. H. Hochstein. 200□

Nachweis einer inneren Reibungsspitze infolge von Wechselwirkungen zwischen den C- und Mo-Atomen in verschiedenen Fe–Mo–C-Legierungen. Gaston Collette. (C. R. hebd. Séances Acad. Sci. **251**. 2017—19. 7/11. 1960. Saint-Germain-en-Laye, Inst. de Rech. de la Sidérurg.) (Franz.)

Die Kurven, die den Koeff. der inneren Reibung in Abhängigkeit von der Temp. der Fe–Mo–C-Legg. mit Mo-Geh. von 1,02—3,53% angeben, zeigen neben dem Maximum der inneren Reibung im α-Fe ein zweites Maximum der inneren Reibung, das auf die Wechselwrkg. zwischen den C- u. Mo-Atomen zurückgeführt werden kann.
H. Hochstein. 200□

Anisotropie der Plastizität und das Brechen in Beryllium. A. P. Green und J. Sawkill. (J. nuclear Mater. [Amsterdam] **3**. 101—10. Jan. 1961. Cambridge, UK, Tube Investments Res. Labor.) (Engl.)

Der Zusammenhang zwischen der Anisotropie der Plastizität u. der Duktilität von Be wurde im Temp.-Bereich 20—400° untersucht. Die Merkmale der plast. Verformung u. des Bruches werden erörtert. Sie umfassen das Gleiten in der Basisebene, die Bldg. u. Spaltung gekrümmter Flächen sowie den Beginn u. die Fortpflanzung von Brüchen. Die von Stroh (C. **1959**. 8481) für den Verlauf von Brüchen entlang der Basisebene bei Zn aufgestellte Theorie wird auf Be angewendet. Die Verformung u. das Bruch-Verh. polykristallinen Materials werden besprochen, u. das Anwachsen der Duktilität mit steigender Temp. wird qual. erklärt. Auf einige Möglichkeiten zur Verbesserung der Duktilität wird kurz hingewiesen. W. Betcke. 200□

Einfluß des Legierens auf die mechanischen Eigenschaften von Niob. R. T. Begley und J. H. Bechtold. (J. less-common Metals [Amsterdam] **3**. 1—12. Febr. 1961. Pittsburgh, Pa., Westinghouse Res. Labor.) (Engl.)

Die Einfl. von Zusätzen solcher Elemente, die im Perioden-Syst. in der Nachbarschaft von Nb stehen, auf die mechan. Eigg. von Nb werden untersucht. Diese Einfl. schwanken in weiten Grenzen u. folgen keiner allg. Regel. Es zeigt sich aber, daß bei niedrigen Temp. Leg.-Zusätze die Festigkeit erhöhen. Die Versprödungsbruchübergangs-Temp. wird ebenfalls höher. Die Gruppe W–Mo bewirkt die größte Zunahme der Bruchübergangs-Temp.; Ti u. Hf haben einen nur verhältnismäßig geringen Einfl. u. Zr u. V liegen in ihren Einfl. zwischen diesen beiden Gruppen. Bei einem Vgl. bei Raum-Temp. scheinen gleiche Atomprozent-Geh. an V u. Cr die größte Festigkeitssteigerung zu bewirken; Ti u. Hf wirken in dieser Hinsicht am schwächsten; die übrigen Elemente üben eine dazwischenliegende Wrkg. aus. Bei gleichen Atom-Geh. u. 1095° bewirken Zr u. V die stärkste Festigkeitszunahme; Ti hat einen sehr kleinen Einfl.; Mo, W u. Hf liegen in ihrer festigkeitserhöhenden Wrkg. dazwischen. Begrenzte Angaben über Cr besagen, daß es ein wirksames Verfestigungsmittel ist. Die beste Kombination der Festigkeits-Eigg. wird nicht durch Leg.-Zusatz von nur einem Element erzielt. Elemente wie Mo u. W ergeben eine bedeutende Zunahme der Festigkeit bei niedriger u. bei hoher Temp. u. verbessern den Tieftemp.-Bruchübergang. Ti verfestigt bei niedriger Temp. mit sehr geringem Einfl. auf den Bruchübergang u. hat einen sehr kleinen Einfl. auf die Hochtemp.-Festigkeit. Zr u. Hf scheinen auf die Tief- u. Hochtemp.-Festigkeit sowie auf die Duktilität von Nb mittelgroßen Einfl. zu haben. In bezug auf die Bearbeitbarkeit, Tieftemp.-Duktilität u. Hochtemp.-Festigkeit sind V-Zusätze sehr wirksam. Einlagerungselemente scheinen einen ausgesprochenen Einfl. auf die Hochtemp.-Eigg. bestimmter Nb-Legg. auszuüben. H. Hochstein. 200□

Spannungskonzentrationen an Kristalloberflächen und die Versprödung von Natriumchlorid. D. M. Marsh. (Philos. Mag. [8] **5.** 1197—99. Nov. 1960. Saffron Walden, Essex, Tube Investments Res. Labor.) (Engl.)

Photoelast. Verss. an Modellen ergeben ein starkes Anwachsen elast. Spannungen in den Hohlkehlen von Oberflächenstufen. Im Anschluß hieran wird die geringe Festigkeit u. Sprödigkeit von NaCl diskutiert u. den andersgearteten Verhältnissen an Metallen gegenübergestellt. J. TELTOW. 200□

Geladene Versetzungen in Lithiumfluorid. R. L. Sproull. (Philos. Mag. [8] **5.** 815—31. Aug. 1960. Brussels, Europ. Res. Associates.) (Engl.)

Dünne gespaltene LiF-Prismen werden um 55° gebogen. Bei Einw. starker elektrostat. Felder auf die Knickstelle bewegen sich die Schenkel reversibel um 0,1—6 Å (kapazitive Messung). Dies wird als Bewegung positiv geladener Versetzungen im Feld gedeutet u. bestätigt die Vermutung, daß die Scherfestigkeit von Ionenkristallen wesentlich elektrostat. Natur ist. Andere mögliche Effekte als Fehlerquellen werden diskutiert. J. TELTOW. 200□

Härte von verunreinigtem Silberchlorid. A. S. Parasnis. (Acta metallurg. [New York] **9.** 165—66. Febr. 1961. Bristol, Univ., H. H. Wills Phys. Labor.) (Engl.)

Vf. untersuchte die Härte von AgCl-Einkristallen (I) sowie von AgCl mit Zusätzen von $1/10^5$ $CuCl_2$ (Konzz. in Mol/Mol) **II**), $1/10^4 CuCl_2$ (**III**), $5/10^4$ $CuCl_2$ (**IV**), $5/10^4$ CuCl (**V**), $1/10^4$ $CdCl_2$ (**VI**) u. $1/10^3$ $CdCl_2$ (**VII**). Die Messungen wurden an 350 μ dicken Einkristallen durchgeführt, die zwischen opt. polierten Platten aus Hartglas gewachsen waren. Die Proben wurden 8—16 Std. bei ca. 420° angelassen, u. zwar alle Kristalle mit Ausnahme von **V** in Cl_2 bei einem Druck von ca. 300 mm Hg; **V** wurde in N_2 angelassen. Die Härtemessungen mit einem Diamanthärtemesser ergaben, daß die Härte sich monoton mit der auf dem Härtemesser liegenden Belastung ändert. Bei der Unters. der Proben mittels Dunkelfeldbeleuchtung wurde gefunden, daß die Versetzungen in **IV** u. **VII** durch die ganzen Proben hindurch verteilt waren. In diesen beiden Fällen handelt es sich demnach um Ausscheidungshärtung. Obwohl in **II**, **III** u. **VI** keine Ausscheidung festgestellt werden konnte, muß aus den höheren Härtewerten geschlossen werden, daß die ausgeschiedenen Teilchen zu klein sind, um mit der Dunkelfeldbeleuchtung erfaßt werden zu können. Dies stimmt mit der geringen Löslichkeit von $CuCl_2$ u. $CdCl_2$ in AgCl überein. Wie zu erwarten, wurde in **I** u. **V** keine Ausscheidung beobachtet. Die gemessenen Härten in **V** waren niedriger als die von **I**, was bei der sehr hohen Löslichkeit von CuCl in AgCl nicht verwunderlich ist. C. GOTTFRIED. 200

A₇. Gleichgewichte. Kinetik

Kathodische Sauerstoffentwicklungsreaktion des Peroxokobaltkomplexes $[(NH_3)_5CoO_2Co(NH_3)_5]^{5+}$. S. Barnartt und R. G. Charles. (J. electrochem. Soc. **109.** 333—36. April 1962. Pittsburgh, Pa., Westinghouse Electr. Corp., Res. Labor.) (Engl.)

Das Dekammin-μ-peroxodikobalt-Ion $[(NH_3)_5CoO_2Co(NH_3)_5]^{5+}$ (**I**) wird in 1m H_2SO_4 an der Pt-Kathode in einer Einelektronen-Rk. unter Freisetzung von 1 Mol O_2/Faraday quant. zu 2 Co^{2+} reduziert. Die gleiche Rk. tritt bei chem. Red. mit Ag-Pulver ein. Die kathod. Gesamt-Rk. verläuft eindeutig nach $I + 10\,H^+ + e^- \rightarrow O_2 + 2\,Co^{2+} + 10\,NH_4^+$, ohne daß Neben-Rkk. auftreten. Vff. schlagen als Rk.-Mechanismus vor: Adsorption des **I** mit der Peroxogruppe auf der Kathodenoberfläche M---**I** (**II**); $II + e^- \rightarrow M --- \{O_2[Co_2(NH_3)_{10}]\}^{4+}$ (**III**); Zers. von **III** unter Bldg. von adsorbiertem O_2 nach $III \rightarrow M --- O_2 + 2\,[Co(NH_3)_5]^{2+}$ (**IV**); Zers. des **IV** nach $IV + 5\,H^+ \rightarrow Co^{2+} + 5\,NH_4^+$. Durch die Adsorption des **III** wird die H^+-Anlagerung an die Peroxogruppe u. damit Zers. nach einem komplizierterem Mechanismus unterbunden. Die chem. Red. mit Ag-Pulver erfolgt nach $I + Ag + 10\,H^+ \rightarrow O_2 + 2\,Co^{2+} + 10\,NH_4^+ + Ag^+$. Eine Zelle mit einer sauren **I**-Lsg. u. Pt-Elektroden entwickelt 1,25 O_2/Faraday, sie kann als O_2-Generator oder als empfindliches Gascoulometer Verw. finden. P. FRENZEL. 225□

Kinetik und Chemismus der Nitrosylierung von Cyano- und Carbonylmetallkomplexen des Eisens und Kobalts. F. Seel und H. Koss. (Z. Naturforsch. **17b.** 129—30. Febr. 1962. Stuttgart, TH, Labor. für Anorg. Chem.) (Dt.)

Die Kinetik bei der Darst. von *Kaliumnitrosylpentacyanoferrat* (**I**) durch Einleiten von CO_2 in eine wss. Lsg. von Kaliumhexacyanoferrat(II) u. Nitrit nach: $K_4Fe(CN)_6 + KNO_2 + 2\,H_2O + 3\,CO_2 \rightarrow I + 3\,KHCO_3 + HCN$ bei 75° folgt dem Geschw.-Gesetz $d\,C_I/dt = kt\,C_{II}/C_{KHCO_3}$, wie spektralphotometr. bei 5200 Å bestimmt wurde. Nach Integration sind mit $k = 5{,}6 \cdot 10^{-5}$ Mol/min errechnete Umsatz-Zeit-Kurven zu erhalten, die sich den Meßergebnissen angleichen. Die Struktur dieses Geschw.-Gesetzes deutet auf ein vorgelagertes Gleichgewicht. Der einleitende Schritt der Rk. besteht in der durch H^+ bewirkten Dissoziations-Rk. $Fe(CN)_6^{4-} + H^+ \rightarrow Fe(CN)_5^{3-} + HCN$. In die Koordinationslücke gleitet ein H_2O-Mol. der Außensphäre des Komplexions. Hg^{2+}-Ionen erhöhen die Rk.-Geschw. mit dem einleitenden Schritt $Fe(CN)_6^{4-} + Hg^{2+} \rightarrow Fe(CN)_5^{3-} + HgCN^+$. Mit Erhöhung der Acidität ist die Rk. nicht zu beschleunigen, da $[Fe(CN)_6]_4^-$ zu $[Fe(CN)_6]^{3-}$ oxydiert wird; quant. erfolgt diese Rk. bei pH 5. Das gleiche wird bei der Rk. von Tetracarbonylcobaltat u. Nitrit zu *Nitrosyltricarbonylkobalt* (**II**) $Co(CO)_4^- + NO_2^- + 2\,H^+ \rightarrow Co(CO)_3NO + CO + H_2O$ beobachtet. In schwach saurer Lsg. wird HNO_2 zu NO red. u. das Anion zum Carbonylkobalt oxydiert. Im Neutralen u. sogar bei pH 8,4 entsteht quant. **II**. Die Nitrosylierung muß von einer Nitrit → Nitrosubstitution eingeleitet werden: $Fe(CN)_5OH_2^{3-} \xrightarrow[-H_2O]{+NO_2^-} Fe(CN)_5NO_2^{4-} \xrightarrow[-H_2O]{+2H^+} Fe(CN)_5NO^{2-}$ u. $Co(CO)_4^- \rightarrow Co(CO)_4NO_2^{2-} \rightarrow Co(CO)_3NO + CO$. Durch diese Unterss. konnten die Darst. von **II** u. *Dinitrosylcarbonyleisen* verbessert werden; es ist lediglich notwendig, in eine alkal. Lsg. von Carbonylcobaltat oder Mononitrosylcarbonylferrat nach Zugabe von Nitrit CO_2-Gas einzuleiten. G. HELLER. 225□

Thermogravimetrische Untersuchungen. 3. Mitt. **Der thermische Zerfall von Nickel- und Magnesiumoxalat und von Nickel–Magnesium-Mischoxalaten in verschiedenen Gasatmosphären.** H. G. Wiedemann und D. Nehring. (Z. anorg. allg. Chem. **304.** 137—46. 1960. Rostock, Dt. Akad. der Wiss. zu Berlin, Inst. für Katalyseforsch.) (Dt.) — 2. vgl. C. **1959.** 14658.

Mit einer neu konstruierten Thermowaage werden die Zers.-Kurven von Ni- u. Mg-Oxalat, ihren Gemengen u. einigen Ni–Mg-Mischoxalaten in H_2, N_2 u. Luft sowie im Hochvakuum aufgenommen. Die Zers.-Kurven mechan. hergestellter Gemenge weisen 2 Stufen auf u. setzen sich prakt. additiv aus den Kurven der beiden reinen Oxalate zusammen. Die Zers.-Kurven der Mischoxalate weisen nur 1 Stufe auf u. stellen daher homogene Körper mit eigenen thermodynam. Eigg. dar. Die Zers. der reinen Oxalate erfolgt z. B. nach: $NiC_2O_4 \cdot 2\,H_2O \rightarrow 2\,H_2O + NiC_2O_4 \rightarrow 2\,CO_2 + Ni$, die der Mischoxalate nach: $Ni_xMg_{(1-x)}C_2O_4 \rightarrow xNi + (1-x)\,MgO + (x+1)\,CO_2 + (1-x)\,CO$. In inerten Gasatmosphären ist die Zers.-Temp. nahezu eine lineare Funktion der Zers. der Mischkristalle, in reagierenden Gasen, bes. H_2, wird sie bereits bei kleinen Ni-Konzz., möglicherweise unter katalyt. Wrkg. des sich bildenden Ni, stark herabgesetzt.
EBERHARD RIEDEL. 225□

Neuere Untersuchungen über die Oxydation und Sulfurierung von Metallen unter Gleichgewichtsbedingungen. J. Bénard. (XVII. int. Kongr. reine angew. Chem., München **1.** 109—23. 1959, herausgeg. 1960. Paris, Fac. des Sci.) (Franz.)

Vortrag. — 26 Literaturangaben (bis 1959). P. GOLINSKE. 225□

Oxydation von schwerschmelzbaren Metallen in Abhängigkeit von Druck, Temperatur und Zeit: Wolfram in Sauerstoff. J. N. Ong jun. (J. electrochem. Soc. **109.** 284—88. April 1962. Newport Beach, Calif., Aeronutronic, Div. of Ford Motor Co., Res. Labor.) (Engl.)

Vf. erörtert die Kinetik der Oxydation von W nach den Folge-Rkk. $W + O_2 \rightarrow WO_2$; $WO_2 + \frac{1}{2}\,O_2 \rightarrow WO_3$ (fest); WO_3 (fest) $\rightarrow 1/n\,(WO_3)_n$ (dampfförmig), untersucht den Einfl. des Druckes auf die Oxydations-Geschw. u. zeigt, daß die Ergebnisse früherer Arbeiten im Temp.-Bereich von 500—1300° u. bei O_2-Drücken von 0,0013—20,8 atm miteinander verglichen werden können. Die Geschw. des Metallangriffs bei $> 700°$ kann in guter Näherung durch die Gleichung $d(m/A)/dt = 5{,}89 \cdot 10^6 \exp(-12170/T) \cdot P^{1/2}$ mg/cm²h (m/A Gew.-Änderung pro Einheitsfläche; T in °K, P in atm) beschrieben werden. Vf. teilt Geschw.-Gleichungen u. thermodynam. Größen für den Vorgang an der Phasengrenze u. für den Diffusionsvorgang mit. P. FRENZEL. 225□

Eine Untersuchung des Mechanismus und der Kinetik der Oxydation von Zinksulfid. A. Lupu, L. Grigoriu und S. Radu. (Rev. Métallurgie [Bucarest] **4.** 157—67. 1959.) (Engl.) — C. **1961.** 10098. HERBERT MÜLLER. 225□

Einfluß des Sauerstoffpartialdruckes auf die Oxydation von Siliciumcarbid. Paul J. Jorgensen, Milton E. Wadsworth und Ivan B. Cutler. (J. Amer. ceram. Soc. **43.** 209—12. 1/4. 1960. Salt Lake City, Utah, Univ., Coll. of Mines and Miner. Ind.) (Engl.)

Die frühere Unters. (C. **1960.** 13493) über die Oxydation von SiC wurde zur Überprüfung des Oxydationsmechanismus in der gleichen thermogravimetr. App. wiederholt mit der Abänderung, daß ein beständiger O_2-Ar-Strom durch die App. geleitet wurde. Die von ENGELL u. HAUFFE (vgl. C. **1953.** 921) für den Kationentransport durch die oxydierte Oberfläche von Zn aufgestellte Formel $k = A \cdot \ln p_{O_2} + B$, worin A u. B Konst. sind, ergab bei Anwendung auf die Oxydation von Si-Carbid u. graph. Auswertung, eine geneigte gerade Linie, woraus sich die Aktivierungsenergie für die Diffusion zu 45,5 kcal/Mol u. die Adsorptionsenergie (ΔH_0) zu —10 kcal/Mol errechnete. Vff. stellen fest, daß 1. die Oxydations-Geschw. vom O_2-Druck abhängig ist, daß 2. die treibende Kraft bei der Diffusion neben den Konz.-Gradienten die Adsorption der O-Ionen an der Oberfläche des Si-Carbids ist u. daß 3. die Oxydations-Geschw. von dem Diffusionsvermögen von Ionen u. nicht von neutralen Moll. gesteuert wird. R. KAISER. 225□

Kinetik und Mechanismus der Reaktion zwischen Nickel und Schwefel. Lucjan Czerski, Stanislaw Mrowec und Teodor Werber. (J. electrochem. Soc. **109.** 273 bis 278. April 1962. Cracow, Poland, School of Mining and Metallurgy, Dep. of Gen. and Coal Chem.) (Engl.)

Vff. untersuchen gravimetr. im Temp.-Bereich von 480—640° die Rk. zwischen Ni u. dampfförmigem S unter Atmosphärendruck. Die Rk. folgt einem parabol. Geschw.-Gesetz mit einer Aktivierungsenergie von 22 kcal/Mol. Röntgenograph. Unterss. der gebildeten Zunderschicht (ZS) zeigen, daß diese fast vollständig aus *NiS* (mit geringem S-Überschuß) besteht. Morpholog. Unterss. ergeben, daß sich die ZS aus 2 verschiedenen Schichten zusammensetzt: Hauptsächlich aus der äußeren, kompakten, polykristallinen Schicht mit geordneter Wachstumstextur sowie einer inneren porösen Schicht ohne Wachstumstextur, die aus sehr kleinen NiS-Kristallen besteht. Letztere entsteht auf Grund sek. Vorgänge: Im Verlauf der Rk. erfolgt „Riß"-Bldg. zwischen zunächst gebildetem Zunder u. der Metalloberfläche sowie Rk. des Ni mit S aus der Zers. der kompakten Schicht, wodurch die Risse ausgefüllt werden. Das Dickenverhältnis der beiden Schichten ist abhängig von der Rk.-Temp., der Vers.-Dauer u. der Geometrie der Proben. Tracer-Unterss. mit ^{35}S zeigen, daß die Zunder-Bldg. auf die Ni-Diffusion nach außen zurückzuführen ist. Vff. nehmen an, daß der Mechanismus der Zunder-Bldg. nicht vom Aggregatzustand des oxydierenden Mediums abhängt u. daß die chem. Rk. an der Grenzfläche ZS/S als geschwindigkeitsbestimmend anzusehen ist. P. FRENZEL. 225□

Die Quantenausbeute des Schwärzungsprozesses von photoaktiven Kupfer(II)-Verbindungen. Jan Wojtczak. (Acta chem. scand. **15.** 888—92. 1961. Uppsala, Univ., Phys.-Chem.-Inst.) (Dt.)

Die Quantenausbeute der Oxydation des koll. Syst. *Cu_2O-Cu* zu CuO wird im Spektralbereich 280—640 mμ untersucht. Von 2,7 bei 280 mμ sinkt die Ausbeute auf 15,3 bei 365 mμ u. wächst dann wieder auf 2,6 bei 640 mμ. G. PANKOW. 226□

Photochemische Eigenschaften von Nickelverbindungen. K. Veeriah. (Current Sci. **27.** 298—99. Aug. 1958. Boston, Mass., Cambridge Res. Center, Photochem. Labor.) (Engl.)

Vf. beschreibt die Wrkg. von UV- u. Sonnenlicht auf Lsgg. von Nickelnitrat, die sich analog der Photolyse von Alkalinitraten, -chloraten u. -perchloraten, in einer Bldg. von Nitrit, Sauerstoff u. einem schwarzen Nd. (Ni_2O_3) äußert. Zusatz von Essigsäure hemmt die Rk., während durch NaOH Beschleunigung eintritt. Nickelhydroxid u. -carbonat, die aus Sulfat- oder Chlorid-Lsgg. ausgefällt werden, zeigen den Photolyseeffekt nicht, bzw. erst, wenn ihnen kleine Mengen von Nitrat, Chlorat oder Perchlorat beigemengt werden. Als Erklärung des Mechanismus der Photolyse wird angegeben, daß die reduzierbaren Ionen in eine tiefere Oxydationsstufe überführt werden, wobei atomarer Sauerstoff frei wird, der Ni(II)-Oxid in Ni(III)-Oxid überführt. W. SOBIESKI. 226□

Über die strahlenchemische Oxydation von Eisen(II) in wässerigen Lösungen. B. W. Erschler und W. G. Firssow. (Известия Академии Наук СССР, Отделение Химических Наук [Nachr. Akad. Wiss. UdSSR, Abt. chem. Wiss.] **1958.** 633—34. Mai.) (Russ.)

Unters. der Oxydations-Geschw. von Fe^{2+} (MOHRsches Salz in H_2SO_4) in Ggw. von gelöstem O_2 in Abhängigkeit von der O_2-Kontaktdauer u. der Bestrahlungsdauer. Die Oxydationsausbeute beträgt 15,5 Val/100 eV bei 1 at O_2-Druck. CH. WEISKE. 226□

Untersuchungen an oxidischen Katalysatoren. 1. Mitt. **Einfluß der Ausgangsstruktur auf die Bildung katalytisch aktiver Aluminiumoxide.** A. Simon, H. Scheibe, K. Pohl und E. Lichtner. (Z. anorg. allg. Chem. **314.** 61—75. Febr. 1962. Dresden, Forsch.-Stelle Dresden der Sächs. Akad. der Wiss. zu Leipzig.) (Dt.)

Um sehr reine Aluminiumhydroxide zu erhalten, setzen die Vff. reinstes amalgamiertes Al in Leitfähigkeitswasser um. Der Temp.-Bereich beläuft sich dabei auf 20—90°. Bis zu 65° lagert sich prim. gebildeter Böhmit bei einer Rk.-Dauer von 48 Std. vollständig in Bayerit um. Bei 80° liegt ein Gemisch von Bayerit u. Böhmit vor. Ab 85° können röntgenograph. keine Bayeritlinien mehr nachgewiesen werden. Die katalyt. Aktivität der einzelnen Verbb. wird durch die Dehydratisierung von Isopropanol ermittelt. Dabei ist festzustellen, daß trotz verschiedenen Oberflächengrößen das katalyt. Verh. gleich ist. Vff. behandeln dieses Verh., indem sie den Entwässerungsvorgang des

Bayerits verfolgen. Die Oberflächen der Aluminiumoxide wurden aus mittleren röntgenograph. bestimmten Primärteilchengrößen sowie aus Adsorptionsisothermen nach B.E.T. bestimmt. A. DE MONTIGNY. 227☐

Untersuchungen über die katalytisch aktive Oberfläche von Metallen. Günther Rienäcker. (Wiss. Z. Humboldt-Univ. Berlin, math.-naturwiss. R. **9.** 51—57. 1959/60. Berlin, Dt. Akad. der Wiss., Inst. der Katalyse-Forsch.; Humboldt-Univ., I. Chem. Inst.) (Dt.)

Vf. untersuchte im Zuge systemat. Forschung der katalyt. Eigg. von Festkörpern im Zusammenhang mit strukturellen, elektron. u. anderen Eigg. die katalyt. Aktivität von kristallograph. definierten Flächen von *Cu*-Einkristallen. Eine deutliche katalyt. Spezifität der Kristallflächen, die durch die verschiedene Bindungsart der Cu-Atome in den verschiedenen Ebenen bedingt ist, wurde beim Zerfall von *Ameisensäure* u. *Hydrazin*-Dampf gefunden. Korngrenzlinien spielen dabei keine Rolle; Einkristallflächen sind aktiver als allg. angenommen, was gut mit der Hypothese übereinstimmt, daß gut ausgebildete Kristallflächen der Sitz der katalyt. Aktivität sein können. Dies wird auch durch Verss. über die Aktivität von Silber–Träger-Katalysatoren, die durch Red. von $Ag_2Si_2O_5$ erhalten werden, bekräftigt. Bei hoher Red.-Temp. entstehen aus $Ag_2Si_2O_5$ gut ausgebildete Ag-Kristalle auf SiO_2, was zu aktiveren Kontakten führt als Redd. bei niedriger Temp., die weniger gut ausgebildetes Ag produzieren. Schichtförmige Trägersubstanzen haben eine bes. große Verstärkerwirkung. W. SOBIESKI. 227☐

Untersuchung der Rolle von Redoxprozessen bei der Auflösung von Uranoxiden in saurem Medium. G. M. Nesmeyanova und G. M. Alkhazashvili. (Reactor Sci. Technol. **15.** 54—58. Sept. 1961. (Engl.) — C. **1961.** 18244. E. KLEVER. 227☐

A_8. Präparative anorganische Chemie. Komplexverbindungen. Metallorganische Verbindungen

Reinigung von Tellur durch Destillation. Bruce D. Wedlock. (J. electrochem. Soc. **109.** 318—21. April 1962. Cambridge, Mass., MIT, Dep. of Electr. Engng., Energy Conversion Labor.) (Engl.)

Vf. beschreibt ein schnelles Mehrfach-Dest.-Verf. im Vakuum, nach dem hochreines Te u. Stoffe mit ähnlichen Dampfdrücken von weniger flüchtigen Verunreinigungen, wie Sb u. einigen Oxiden, abgetrennt werden können. Nach einer Dest. erhält man aus Te mit einer beträchtlichen Menge an Oberflächenoxiden ein Material mit einer Fremdstoff-Konz. von $4 \cdot 10^{14}/cm^3$. Mit $5 \cdot 10^{19}$ cm^3 Sb dotiertes Te enthält nach einer Dest. $6 \cdot 10^{17}/cm^3$, nach der 2. $7 \cdot 10^{16}/cm^3$ Sb. Weitere Verbesserung wird auf Grund der Gleichgewichtseinstellung nicht erreicht. P. FRENZEL. 255☐

Komplexverbindungen des Berylliumdiäthyls mit RbF und CsF. W. Strohmeier und F. Gernert. (Z. Naturforsch. **17 b.** 128. Febr. 1962. Würzburg, Univ., Inst. für Phys. Chem.) (Dt.) — Vgl. C. **1962.** 7077.

$Be(C_2H_5)_2$ gibt mit RbF u. CsF Komplex-Verbb., die an der Luft langsam zersetzt werden.

Versuche: *RbF · 2 Be(C₂H₅)₂*, F. 61—63°; durch Überschichten von 2 g RbF bei — 80° unter N_2 als Schutzgas mit 5 ml $Be(C_2H_5)_2$, das 15% Ae. enthielt; bei Raum-Temp. nach 2 Std. unter Rühren Lsg. des RbF, Abpumpen des freigesetzten Ae. u. Erstarrung des Rk.-Prod.; Pulvern, Waschen mit 3mal 5 ml Heptan u. zur Trockne saugen; schmutzigweiße Kristalle, lösl. in Benzol. — *CsF · 2 Be(C₂H₅)₂*, F. 29—31°; durch Überschichten von 1 g CsF bei —180° mit 3 ml $Be(C_2H_5)_2$, das 15% Ae. enthielt; Rk. beim Auftauen des $Be(C_2H_5)_2$; nach 1std. Erwärmen (50°) unter Rühren Auftreten einer klaren braunen Lsg.; nach Abkühlen auf Raum-Temp. Abpumpen des Ae.; 10std. Rühren bei 0°; Zugabe von 15 ml, auf 0° abgekühltes Heptan zum Kristallbrei u. Durchrühren bei 0°; Abdekantieren des Heptans u. zur Trockne saugen; Kristalle, beständig gegen Benzol. G. HELLER. 281☐

Die Einwirkung von Sauerstoff auf kaltflüssige, trockne Amalgame. G. Jangg. (Z. anorg. allg. Chem. **311.** 186—97. 1961. Wien, TH, Inst. für Chem. Technol. anorg. Stoffe.) (Dt.)

Vf. untersucht die Einw. von O_2 auf 0,5%ig. (im Falle des Na 0,15%ig.) *Amalgame* (A) des *Na, Zn, Pb, Cd, Mn, U, Fe, Co* u. *Ni* in einer Vibrationsmühle. Zunächst wird die Benetzungsfähigkeit 0,2%ig. A studiert, die unter Luftabschluß vom Verh. des amalgambildenden Metalls (M) abhängig zu sein scheint. A, die unedlere M als Cd enthalten, zeigen gute Benetzbarkeit; sie nimmt über Pb- zu *Cu*-A ab. Die Fe-, Co-, Ni- u. U-A benetzen nicht. Beim Durchleiten von Luft durch die A bilden sich schwarze Pulver, u. die Bespiegelung der Gefäßwände bricht zusammen. Die Pulver enthalten bis 90% Hg.

Zur Abtrennung vom Hg können HgO bzw. die durch Säure-Einw. entstandenen Hg(I)-Salze mit KJ als K_2HgJ_4, die anderen Metalloxide ebenfalls mit KJ als wasserlösl. Jodide oder Komplexe abgetrennt werden. — Alle untersuchten A werden von O_2 oxydiert. Die Oxydations-Geschw. ist bei den A der gut lösl. M am größten, bei Ni-A am geringsten. Bis zum völligen Verbrauch von M wird nur dieses oxydiert, wobei sich das Oxid mit der höchsten Oxydationsstufe bildet, dann erst erfolgt langsame Weiteroxydation von Hg zu HgO. Die Geschw. dieser Rk. ist konst. u. gleich der, mit der reines Hg oxydiert wird. HgO wird von A zu Hg reduziert. Bei den A des Na u. Pb erfolgt auch nach Verbrauch von M rasche weitere O-Aufnahme. Die erhöhte O-Aufnahme bei Na-A beruht auf einem katalyt. Einfl. des prim. gebildeten Na_2O_2, welches Hg oxydiert u. von O_2 rückoxydiert wird. Die Oxydation des Na_2O verläuft rascher als die des Hg durch Na_2O_2; am Ende der Rk. findet man daher als Oxydations-Prod. des Na nur Na_2O_2. Beim Pb-A liegen die Verhältnisse ähnlich; die Oxydation-Geschw. ist geringer, was auf die gegenüber der Na_2O-Oxydation langsamere Oxydation des PbO zu PbO_2 zurückgeführt wird. Die Rk.-Prodd. enthalten neben PbO nur wenig PbO_2. Die auf Grund der berechneten u. tabellar. aufgeführten Freien Rk.-Enthalpien aller denkbaren Rkk. zu erwartenden Vers.-Ergebnisse stimmen mit den tatsächlichen überein.

F. HUBER. 290☐

Alkylquecksilber(II)-Derivate. Oxide, Carbonate und Tris-[methylquecksilber(II)]-oxoniumsalze. D. Grdenić und F. Zado. (J. chem. Soc. [London] **1962**. 521—26. Febr. Zagreb, Univ. and Rudjer Bošković Inst., Labor. of Gen. and Inorg. Chem.) (Engl.)

Vff. stellen eine Anzahl von Tris-[methylquecksilber(II)]-oxoniumsalzen (**I**) dar, a) aus Bis-[methylquecksilber(II)]-oxid (**II**) durch teilweise Neutralisation, Hinzufügen von Methylquecksilber(II)-Salz u. Rk. mit $AgNO_3$, u. b) aus Tris-[methylquecksilber(II)]-oxoniumperchlorat (**III**) durch doppelte Umsetzung mit K-Salzen. Beim Vers. der Darst. von Methylquecksilber(II)-hydroxid durch Rk. von Methylquecksilber(II)-bromid mit KOH u. Ag_2O konnte nur ein Gemisch wechselnder Zus. von **II** u. Tris-[methylquecksilber(II)]-oxoniumhydroxid (**IV**) erhalten werden. Bis-[alkylquecksilber(II)]-oxide werden aus den Hydroxiden in Bzl. dargestellt. Sie sind alle leicht lösl. in W. u. Alkohol. Mit Säuren läßt sich eine Lsg. von **II** in W. (H_2SO_4, HNO_3, $HClO_4$) oder Methanol (HNO_3, CCl_3COOH, CH_3COOH, H_3PO_4) konduktometr. titrieren. H_2SO_4, $HClO_4$ u. HBF_4 in Methanol ergeben keine Äquivalenzpunkte, wogegen die anderen bei $^1/_3$ u. 1 Mol Säureverbrauch einen Äquivalenzpunkt liefern (Bldg. von **I** u. Methylquecksilber(II)-salz); bei HNO_3 bei ½ u. 1 Mol Säureverbrauch (Bldg. von Bis-[methylquecksilber(II)]-hydroxoniumnitrat $[(CH_3Hg)_2OH]NO_3$ u. Tris-[methylquecksilber(II)]-oxoniumnitrat). Das Tris-[methylquecksilber(II)]-oxoniumion ist in alkal. Lsg. stabil. Das Sulfat, Nitrat u. Perchlorat wurden mit KOH in Methanol konduktometr. titriert. Daraus folgend, ließ sich aus **III** mit KOH **IV** darstellen. Es absorbiert sehr leicht CO_2 u. bildet Tris-[methylquecksilber]-carbonat. Alle **I** lösen sich leicht in W.; nur das Chromat ist wenig u. das Permanganat nicht löslich. Sie erleiden dabei folgende Dissoziation: $[(CH_3Hg)_3O]X \rightleftharpoons (CH_3Hg)_2O + CH_3HgX$ (**V**). Wenn **V** wasserunlösl. (Bromid) ist, ist die Darst. des **I** durch teilweise Neutralisation unmöglich. **II** absorbiert sehr leicht CO_2 unter Bldg. von Methylquecksilber(II)-carbonat. Es wurden demzufolge auch andere Alkylcarbonate durch Durchleiten von CO_2 durch eine konz. Lsg. von Bis-[alkylquecksilber(II)]-oxid dargestellt. Sie sind leicht lösl. in W. u. A. u. können mit Methylorange als Indicator titriert werden. Beim Erhitzen gehen sie in ein gelbes Harz über.

Versuche: *Bis-[alkylquecksilber(II)]-oxide*, $[RHg]_2O$, durch Rk. von Alkylquecksilber(II)-bromiden mit KOH, Lösen der gebildeten Bis-[alkylquecksilber(II)]-hydroxide in Bzl., Abdestillieren des Bzl. auf $^1/_4$ des Vol., Abfiltrieren u. Waschen in Ae. unter CO_2-Ausschluß; krist. Verbb.: *R = Methyl-*, $C_2H_6Hg_2O$, F. 47°, feine Nadeln, schon im Vakuum viscose Masse; *Propyl-*, $C_6H_{14}Hg_2O$, F. 98°, Nadeln, langsam viscos werdende Masse; *Isopropyl-*, F. 135°, Nadeln, stabil; *Butyl-*, $C_8H_{18}Hg_2O$, F. 74°, Nadeln. — *Tris-[methylquecksilber-(II)]-oxoniumsalze* $[(RHg)_3O]^+Az^-$, a) durch partielle Neutralisation von **II** in Methanol u. Fällen mit Ae.: Az = *Perchlorat* (**III**), $C_3H_9ClHg_3O_5$, F. 148° (Zers.); *Nitrat* (**VI**), $C_3H_9Hg_3NO_4$, F. 188°, Nadeln aus Bzl.-A. (2:1); *Trichloracetat*, $C_5H_9Cl_3Hg_3O_3$, F. 88° (Zers.), aus Dioxan durch Fällen mit Leichtbenzin; *Dichromat*, $C_6H_{18}Cr_2Hg_6O_9$, F. 124° (Zers.), mit 10%ig. Lsg. von CrO_3 in W., Umkristallisieren aus warmen W., orangerote Prismen. b) durch Zusammenfügen der methanol Lsgg. von Methylquecksilber(II)-salzen u. **II**, Erhitzen der Lsg., Abkühlen u. Fällen mit Ae.: *Sulfat*, $C_6H_{18}Hg_6O_6S$, F. 176° (Zers.), Prismen; *Carbonat*, $C_7H_{18}Hg_6O_5$, F. 105° (Zers.), feine Nadeln; c) durch Zusammenfügen der Lsg. von **II** u. $AgNO_3$ in Methanol,

Abdestillieren des Lsgm. u. Umkristallisieren aus Bzl.–A. (2:1): **VI**, F. 188°; d) doppelte Umsetzung von **III** u. K-Salzen in Methanol oder Aceton (im Falle des Permanganats): Az = *Acetat*, $C_5H_{12}Hg_3O_3$, F. 111° (Zers.; Bzl.); *Permanganat*, $C_3H_9Hg_3MnO_5$, bei 183° Explosion, dunkelrote Prismen; *Hexafluorophosphat*, $C_3H_9F_6Hg_3OP$, F. 158°, Blättchen aus Methanol–Ae.; *Hydroxid*, $C_3H_{10}Hg_3O_2$, F. 88°, farblose Nadeln aus Benzol. — *Alkylquecksilbercarbonate* [$(RHg)_2CO_3$], durch Einleiten von CO_2 in methanol. Lsg. der Bis-[alkylquecksilber-(II)]-oxide: R = *Methyl-*, $C_3H_6Hg_2O_3$, F. 110°, Nadeln aus Methanol–Ae.; *Äthyl-*, $C_5H_{10}Hg_2O_3$, F. 98°, Blättchen aus Aceton–Methanol; *Propyl-*, $C_7H_{14}Hg_2O_3$, F. 77°, Nadeln aus Bzl.–Leichtbenzin; *Isopropyl-*, F. 126°, Nadeln aus Methanol–Ae.; *Butyl-*, $C_9H_{18}Hg_2O_3$, F. 72°, Nadeln aus Methanol. K. HUSTE. 290 □

Das Phasendiagramm Scandiumchlorid–Cäsiumchlorid. R. Gut und D. M. Gruen. (J. inorg. nuclear Chem. **21**. 259—61. Dez. 1961. Argonne, Ill., Argonne Nat. Labor.) (Engl.)

Vff. untersuchen das Phasendiagramm des bin. Syst. $ScCl_3$–CsCl mit Hilfe der DTA. Es werden eine kongruent schm. Verb. Cs_3ScCl_6 (**I**; F. 814°) u. eine Verb. $Cs_3 \cdot Sc_2Cl_9$ (**II**) mit einem peritekt. Punkt bei 619° ermittelt. Bei 613° u. 569° werden zwei eutekt. Punkte gefunden, denen die Zus. 6,5 u. 56,5 Mol-% $ScCl_3$ entspricht. Außer dem Phasenübergang von CsCl werden keine anderen Übergänge beobachtet. **I** u. **II** lassen auf die Existenz von oktaedr. Chlorokomplexen des Sc schließen. **II** ist wahrscheinlich mit den Verbb. $Cs_3Me_2Cl_9$ (Me = Ti, V u. Cr) isomorph, bei denen zwei Cl-Oktaeder mit jeweils einem Me^{3+} im Zentrum eine gemeinsame Fläche besitzen. U. SKURNIA. 299 □

Komplexbildung zwischen Gluconsäure und Germaniumsäure. E. R. Clark. (J. inorg. nuclear Chem. **21**. 366—74. Dez. 1961. Wolverhampton, England, Wolverhampton and Staffordshire Coll. of Technol.) (Engl.)

Vf. untersucht das Syst. GeO_2/Gluconsäure in wss. Lsg. im pH-Bereich 2—12. Messungen der Löslichkeit, Leitfähigkeit, opt. Drehung u. des pH-Wertes zeigen, daß Germaniumsäure mit Gluconsäure im pH-Bereich 1,7—4 unter Bldg. eines 2:3-Komplexes, zwischen pH 4 u. 6 unter Bldg. eines komplexen Anions mit einem Mol-Verhältnis 1:1 reagiert. Oberhalb pH 11 liegt wahrscheinlich noch ein weiteres komplexes Anion vor, das jedoch nicht näher identifiziert wird. U. SKURNIA. 326 □

Darstellung und Struktur von Diphenylzinn. W. P. Neumann und K. König. (Angew. Chem. **74**. 215. 21/3. 1962. Gießen, Univ., Chem. Inst.) (Dt.)

Bei Einw. von Dimethylformamid auf Diphenylzinndichlorid (**I**) bei 20° entsteht *cyclo-Pentadiphenylzinn* (**II**) u. mit Pyridin vorwiegend *cyclo-Hexadiphenylzinn* (**III**). **II** u. **III** krist. aus Toluol als farblose rechteckige Plättchen, die sich bei 270° zersetzen. Aus **I** in Methanol entsteht kettenförmiges $H-(C_6H_5Sn)_6-H$, das bei 20° mit Pyridin u. Aminen in **III** übergeht. CH. WEISKE. 327 □

Divinylzinn(II)-chloriddihydrat. H. G. Langer. (J. inorg. nuclear Chem. **21**. 297—99. Dez. 1961. Framingham, Mass., Dow Chem. Co., Eastern Res. Labor.) (Engl.)

Nach den Verff. von SEYFERTH u. STONE (C. **1958**. 2371) bzw. ROSENBERG u. GIBBONS (C. **1957**. 9895) wurde Divinylzinn(II)-chlorid, $(C_2H_3)_2SnCl_2$ (**I**), F. 14,8—15°, aus Tetravinylzinn u. $SnCl_4$ u. durch Stehen an feuchter Luft bzw. Umkristallisieren aus W. oder A. $(C_2H_3)_2SnCl_2 \cdot 2\,H_2O$ (**II**), F. 43°, dargestellt. Der von ROSENBERG u. Mitarbeitern angegebene F. für **II** wird bestätigt. Prismat. Nadeln oder Täfelchen, extrem lösl. in W., A. u. Aceton, wenig lösl. in $CHCl_3$, unlösl. in unpolaren Lsgm., wie CCl_4 u. Benzol. Beim Trocknen mit Silicagel bildet sich **I** zurück. Die IR-Spektren (2—12 μ) von **I** u. **II** werden mitgeteilt. H. KUCKERTZ. 327 □

Synthese einiger Organolithiumverbindungen von Elementen der 4. und 5. Hauptgruppe. Christ Tamborski, Frederic E. Ford, William L. Lehn, George J. Moore und Edward J. Soloski. (J. org. Chemistry **27**. 619—21. Febr. 1962. Ohio, Wright-Patterson Air Force Base.) (Engl.)

Triphenylgermyllithium, Triphenylzinnlithium, Triphenylbleilithium u. Diphenylphosphinlithium wurden a) durch Rk. der entsprechenden Chloride mit Li in Tetrahydrofuran (THF), b) durch Spaltung der Verbb. $[(C_6H_5)_nEl^{1+n}]_2$ (**I**; El = Si, Ge, Sn, P, Sb) mit Li in THF dargestellt u. mit Benzylchlorid (**II**) in die entsprechenden Benzyl-Derivv. übergeführt, deren Eigg. mit Literaturangaben sowie Präpp., die über eine GRIGNARD-Synth. (Meth. c) dargestellt wurden, übereinstimmen. Vff. bestätigen die Vermutung, daß die Rk. von $(C_6H_5)_nEl^{n+1}Cl$ mit Li über **I** verläuft.

Versuche: *Triphenylbenzylmethan*, bei Darst. nach a) F. 143,5—145°; 67%; c) F. 141—142°; 75%. — *Triphenylbenzylsilan*, a) F. 98,5—99,5°; 39%; c) F. 96—97°; 65%. — *Triphenylbenzylgerman*, $C_{25}H_{22}Ge$, a) F. 85—86,5°; 60%; b) F. 85—87°; 75%. — *Triphenylbenzylzinn*, $C_{25}H_{22}Sn$, a) F. 90—91°; 77%; b) F. 91—92°; 72%; c) F. 91

bis 92°; 80%. — *Triphenylbenzylblei*, $C_{25}H_{22}Pb$, a) F. 95—96°; 76%; b) F. 95—97°; 87%; c) F. 94—95°; 67%. — *Diphenylbenzylphosphinoxid* (durch Luftoxydation von *Diphenylbenzylphosphin*), a) F. 193—194°; 80%; b) F. 193—194°; 83%; c) F. 192 bis 193,5°; 64%. — Verf. (gleich für alle Verbb.): a) Zugabe von $(C_6H_5)_nEl^{n+1}Cl$ in THF zu Li in THF, schwach exotherme Rk., 5½ std. Rühren, Hydrolyse mit gesätt. NH_4Cl-Lsg., Extraktion mit Ae., Trocknen über Na_2SO_4, Abdampfen des Lsgm., Umkristallisation aus Isopropanol; b) Zugabe von THF zu I u. Li bis zur pastenförmigen Konsistenz, nach 7 Min. Beginn einer Gelb–Grün-Färbung, weitere THF-Zugabe, 3std. Rühren, Filtration durch Glaswolle, Zugabe von II in THF u. weiter wie vorstehend. H. BÜRGER. 328□

Bedingungen für die Bildung von α- oder β-Bleidioxid während der anodischen Oxydation von Blei. Richard A. Baker. (J. electrochem. Soc. **109.** 337—38. April 1962. Murray Hill, N.J., Bell Telephone Inc.) (Engl.)

Vf. nimmt an, daß hauptsächlich der pH-Wert die Bldg. der PbO_2-Modifikationen bestimmt. Eine Pb-Elektrode wird in Na_2SO_4- (I), $KHSO_4$- (II) u. H_2SO_4-Lsg. (III; je 2m) einer anod. Behandlung (a) u. Arbeitscyclen (b) unterworfen. Das gebildete PbO_2 (IV) wird durch Röntgenpulveraufnahmen identifiziert. In neutraler I-Lsg. (pH 7,6—8,0) entsteht bei a u. a + 5b 100 (%) α-**IV**, in **II**-Lsg. (pH 0,7) bei a 100 α-**IV**, bei a + 5b 30 α-/70 β- bis 60 α-/40 β-**IV**, in **III** (pH <0) bei a 50 α- u. 50 β-**IV**, bei a + 3b <10 α- u. >90 β-**IV**. Der einzige Einfl. der SO_4^{2-}-Ionen liegt in der Begrenzung der Pb^{2+}-Löslichkeit. Den verzögernden Einfl. von Co^{2+} erklärt Vf. durch Verdrängung u. Chemisorption von Protonen anstatt, wie früher vorgeschlagen, von H_2SO_4. P. FRENZEL. 328□

Die Synthese von Kaliumhexacyanochromat(0). Edward A. Heintz. (J. inorg. nuclear Chem. **21.** 262—64. Dez. 1961. Niagara Falls, N.Y., Div. of Union Carbide Corp., Union Carbide Metals Co., Metals Res. Labor.) (Engl.)

Durch Red. von $K_3Cr(CN)_6$ mit K in fl. NH_3 in einer Glas-App. wurde ein grüner Nd. erhalten, der der empir. Formel $K_6Cr(CN)_6$ (I) entsprach. An Hand der Eigg. des Rk.-Prod., die durch Messung des Red.-Vermögens, des magnet. Verh., chem. Analyse u. durch Verfolgung des Rk.-Verlaufes bestimmt wurden, wurde bewiesen, daß das Cr die Oxydationsstufe 0 besitzt. Die Red. mit H_2O erfolgte gemäß $2\,I + 6\,H_2O \rightarrow 2\,K_3Cr\cdot(CN)_6 + 6\,KOH + 3\,H_2$. Die Rk. zwischen I u. CO durch Durchleiten von CO durch eine Lsg. von I in fl. NH_3 führte auch unter extremen Vers.-Bedingungen (2200 lbs./in.², 300°) u. bei Verw. von organ. Lsg., die leicht koordinative Bindungen eingehen (z. B. Di-n-butyläther) in keinem Falle zum $K_3Cr(CNCO)_3$. U. SKURNIA. 335□

Die Photolyse von Uranylsulfat und die Isolierung eines Uran(IV)-oxidsulfats. Balaram Sahoo und P. Patnaik. (J. Indian chem. Soc. **36.** 483—85. Juli 1959. Cuttack, Utkal Univ., Ravenshaw Coll., Dep. of Chem.) (Engl.)

Aus einer wss. Lsg. von UO_2SO_4, die mit dem halben Vol. einer Mischung von Ameisensäure u. A. versetzt wurde, fällt unter der Einw. des Sonnenlichts ein U(IV)-Oxidsulfat als hellgrüner Nd. aus. Aus Best. des Molgew., des U-Geh. u. des Wasser-Geh. ergab sich für die Verb. die Zus. $UOSO_4 \cdot 3{,}3\,H_2O$. W. BETCKE. 339□

Eine Bemerkung über Peroxooxalate von Uran. N. S. Krishna Prasad. (J. inorg. nuclear Chem. **21.** 379—80. Dez. 1961. Bombay, Trombay, Atomic Energy Establ., Chem. Div.) (Engl.)

Bei der Wiederholung der von ROSENHEIM u. DAEHR [1929] durchgeführten Umsetzung von Ammoniumuranyloxalat (I) mit H_2O_2 wird das krist. Prod. $(NH_4)_2U_2O_8\cdot C_2O_4\cdot 4\,H_2O$ erhalten. Beim Behandeln einer Lsg. von I mit überschüssigem H_2O_2 wird im pH-Bereich 4—8,5 eine tiefe Färbung der Lsg. beobachtet, die sich mit steigendem pH von Gelb nach Orange ändert. Unterhalb pH 4 u. oberhalb 8,5 tritt Nd.-Bldg. ein. Die bei pH 1 bzw. 10 u. durch Zugabe von A. im pH-Bereich von 5—7 gebildeten Ndd. haben ein $U:O:C_2O_4^{2-}$-Verhältnis von 2:1:2 bzw. 1:1:0 u. 1:1:1. Absorptionsmessungen an Mischungen von Uranylnitrat, $(NH_4)_2C_2O_4$ u. H_2O_2 bestätigen die Komplex-Bldg., colorimetr. Titrationen zeigen im pH-Bereich 4—8 die Bldg. eines Komplexes mit $U:O:C_2O_4^{2-} = 1:1:2$ in Lsg. an. U. SKURNIA. 339□

Über das solvatfreie Eisen(II)-acetat, $Fe(CH_3COO)_2$. Horst-Dietrich Hardt und Wolfgang Möller. (Z. anorg. allg. Chem. **313.** 57—69. 1961. Saarbrücken, Univ. des Saarlandes, Inst. für anorg. Chem.) (Dt.)

Eisen(II)-acetat (I) ist solvatfrei durch Einw. von wasserfreiem CH_3COOH auf metall. Fe darstellbar, wobei jedoch ein Fe(III)-Geh. $<1\%$ unvermeidbar ist. Oxydation von I in wasserfreiem CH_3COOH durch Luftsauerstoff führt zu bereits bekannten 3kernigen Eisen(III)-hydroxoacetatokomplexen der allg. Zus. $Fe_3(CH_3COO)_6OH$, während in abs. Methanol citronengelbe Eisen(III)-methoxyacetate variabler Zus. entstehen. Ameisensäure, Oxalsäure u. Dimethylsulfat ergeben aus Lsgg. von I in abs. CH_3COOH farblose gelartige Ndd. nicht genau definierter Zusammensetzung. Acetylchlorid führt zur Bldg. von wasserfreiem $FeCl_2$, das der Solvolyse unterliegen kann. Gegenüber Lsgg. von Alkaliacetaten u. Acetylchlorid in wasserfreiem CH_3COOH verhält sich I amphoter. Bei Umsetzung von I mit Pyridin wird vermutlich $(FePy_4)(CH_3COO)_2$ erhalten, das jedoch nur in Pyridinatmosphäre haltbar ist u. unter Pyridinabspaltung leicht in $(FePy_2)(CH_3COO)_2$ übergeht. Mischungen von I u. bas. Eisen(III)-acetat in heißem wasserfreiem CH_3COOH ergeben ein gemischtes Eisen(II, III)-acetat der Zus. $(Fe^{2+}, Fe^{3+})(CH_3COO)_5$.

Versuche: *Eisen(II)-acetat* (I), $Fe(CH_3COO)_2$, aus wasserfreiem sd. CH_3CO_2H u. metall. Fe im SOXHLET, prismat. Nadeln; $D.^{22,5}$ ca. 1,789; n 1,547; magnet. Moment ca. 5,3 BOHRsche Magnetone; linienreiche, noch nicht indizierte DEBYE-SCHERRER-Aufnahme. — *Bas. Eisen(III)-acetat* (II), $Fe_3(CH_3COO)_8OH$, durch Oxydation von I-Lsgg. in wasserfreiem CH_3COOH mit Luftsauerstoff, nach Tagen Abscheidung ziegelroter Täfelchen. — *Eisen(II)-chlorid*, $FeCl_2$, aus I u. vorsichtig dosiertem Acetylchlorid in wasserfreier Essigsäure, 10 Min. Rückfluß unter Durchleiten von Inertgas. — *Tetrapyridineisen(II)-acetat*, $Fe(C_5H_5N)_4(CH_3COO)_2$; aus heißen Lsgg. von I in Pyridin unter Luftabschluß, grüne Kristalle, nur in Pyridinatmosphäre haltbar. — *Dipyridineisen(II)-acetat*, $Fe(C_5H_5N)_2(CH_3COO)_2$, aus vorst. Verb. durch Pyridinabspaltung bei 100°, gelbes Kristallpulver. — *Eisen(II, III)-acetat*, $(Fe^{2+}, Fe^{3+})(CH_3COO)_5$, durch Umsetzung von 10 g I mit 14 g II in 250 ml wasserfreier Essigsäure im SOXHLET, Filtration der Extraktions-Lsg. bei 85—90°, Waschen mit Ae. unter Luftabschluß u. Trocknen im Vakuum; schwarzgrüne Kristalle; Ausbeute $>60\%$. R. GÜNTHER. 354□

Pyridinkomplexe von Metallperchloraten. 4. Mitt. Dissoziationsdrücke und Druck-Zusammensetzungs-Isothermen der Komplexe der Kobalt- und Nickelperchlorate. P. C. Sinha. (J. Indian chem. Soc. 35. 865—68. Dez. 1958. Patna, Bihar, Patna Univ., Chem. Dep.) (Engl.) — 2. vgl. C. 1949. II. 378.

Die Dissoziationsdrücke der Pyridin (Py)-Komplexe von $Co(ClO_4)_2$ u. $Ni(ClO_4)_2$ wurden in Abhängigkeit von der Temp. zwischen 50 u. 91° bzw. zwischen 36,5 u. 81° u. isotherm bei 50° gemessen. Die Ergebnisse zeigen, daß in festem Zustand nur die Komplexe BPy_4 u. BPy_6 [$B = Co(ClO_4)_2$ bzw. $Ni(ClO_4)_2$] existieren. Aus der Temp.-Abhängigkeit des Dissoziationsdruckes wurde die Dissoziationswärme von $Co(ClO_4)_2 \cdot 6\,Py$ zu 12617, die von $Ni(ClO_4)_2 \cdot 6\,Py$ zu 12290 cal/g·Mol berechnet. W. BETCKE. 356□

Nickelkomplexe von 1.2-Diaminopropan in wässeriger Lösung. Reino Näsänen, Paavo Meriläinen und Erkki Heinänen. (Suomen Kemistilehti B 35. 15—17. 1962. Helsinki, Univ., Dep. of Chem.) (Engl.) — Vgl. C. 1962. 10393.

Ni^{2+}-Ionen bilden mit 1.2-Diaminopropan (P) in wss. Lsg. Komplexe nach folgenden Gleichgewichts-Rkk.: (1) $Ni^{2+} + H_2P^{2+} \rightleftharpoons (NiP)^{2+} + 2\,H^+$, (2) $(NiP)^{2+} + H_2P^{2+} \rightleftharpoons (NiP_2)^{2+} + 2\,H^+$, (3) $(NiP_2)^{2+} + H_2P^{2+} \rightleftharpoons (NiP_3)^{2+} + 2\,H^+$. Die Gleichgewichts-Konst. der Rkk. wurden potentiometr. bestimmt. Bei einer Ionenstärke von 0,065, 25° u. $[H_2P^{2+}]/[Ni^{2+}] = 5{,}05$ ergeben sich für die pK-Werte folgende Werte: Bei einem Verhältnis von $[NaOH]/[Ni^{2+}] = 0{,}535-2{,}555$ ist $pK_1 = 9{,}30-9{,}33$; 2,958 bis 4,977 $pK_2 = 10{,}48-10{,}50$; 6,592—8,207 $pK_3 = 12{,}42-12{,}47$. Zusatz von $NaClO_4$ beeinflußt die pK-Werte erheblich: In 2m Lsg. betragen die Werte für pK_1 10,01; pK_2 11,05; pK_3 13,01. Zwischenwerte werden tabellar. mitgeteilt. Die Stabilitäts-Konst. $\beta_n = [NiP_n{}^{2+}]/[Ni^{2+}]\cdot[P]^n$ variieren mit einer Ionenstärke von 0,053—2,050 nach $\log\beta_1 = 7{,}34-7{,}83$; $\log\beta_2 = 13{,}51-14{,}62$; $\log\beta_3 = 17{,}74-19{,}44$. Vgl. mit den entsprechenden Komplexen von Cu u. Zn zeigt, daß der Elektrolyteffekt in der Reihe Cu $>$ Zn $>$ Ni abnimmt, während die Stabilität in der Reihe Cu $>$ Ni $>$ Zn abnimmt. Differenze zu den Meßwerten anderer Autoren werden auf unterschiedliche experimentelle Bedingungen zurückgeführt. P. SARTORI. 356□

Wässerige Systeme bei hoher Temperatur. 3. Mitt. Untersuchungen am System UO_3–CuO–NiO–SO_3–H_2O bei 300°. William L. Marshall und James S. Gill. (J. inorg. nuclear Chem. 22. 115—32. Febr. 1962. Oak Ridge, Tenn., Oak Ridge Nat. Labor., Reactor Chem. Div.) (Engl.) — 2. vgl. C. 1962. 12210.

Für das 5-Komponenten-Syst. UO_3–CuO–NiO–SO_3–H_2O sowie die darin enthaltenen 4- u. 3-Komponenten-Syst. u. das analoge D_2O-Syst. wurden die Löslichkeitsbeziehungen bei 300° ermittelt. Dabei wurden die tern. L + S-, die quatern. L + 2S- u. die quinären L + 3S-Kurven bestimmt, bei denen definitionsgemäß 1, 2 u. 3 feste Phasen mit einer fl. Phase im Gleichgewicht stehen. Ferner wurden die Konzz. der Metalloxidkomponenten im Gleichgewicht als Funktion der SO_3-Konz. ermittelt. Das

Syst. UO_3–CuO–SO_3–H_2O zeigt 2 isotherme, invariante Punkte bei 300°. Bei einer 0,18m SO_3-Konz. befinden sich 3 Feststoffe CuO·3 UO_3, 2 CuO·$CuSO_4$·2 H_2O u. CuO·2 UO_2SO_4·7 H_2O mit der Lsg.-Phase im Gleichgewicht. Beim zweiten Punkt stehen bei 0,11m SO_3-Konz. CuO·3 UO_3·½ H_2O u. 2 fl. Phasen miteinander im Gleichgewicht. Im Syst. UO_3–SO_3–H_2O wurde ein isothermer, invarianter Punkt bei 300°, 0,1248m SO_3 u. einem molalen Sättigungsverhältnis $m_{UO_3}:m_{SO_3}$ = 1,053 gefunden. Die Löslichkeiten im D_2O-Medium zeigen im Vgl. mit dem H_2O-Syst. keine großen Differenzen. Die Natur der in Lsg. befindlichen Teilchen, die allg. Form einiger Löslichkeitskurven, die Wechselbeziehung von fest–fl.- u. fl.–fl.-Gleichgewichten u. die spezif. Anwendung auf wss., homogene Reaktorbrennstoffe werden diskutiert. P. SCHARNER. 358□

Innermetallische Komplexsalze von Hydroxyaldiminohydroxamsäuren mit polycyclischen Ringen. 1. Mitt. Ajit Kumar Mukherjee und Priyadaranjan Rây. (J. Indian chem. Soc. **32.** 567—71. Sept. 1955. Calcutta, Indian Assoc. for the Cult. of Sci., Dep. of Inorg. Chem.) (Engl.)

Glycinhydroxamsäure (I) kondensiert mit o-Hydroxyaldehyden, wie z. B. *Salicyl-* (II), *Resorcyl-* (III) u. *β-Hydroxy-α-naphthaldehyd* (IV) zu krist. SCHIFFschen Basen, die als 3zähnige Liganden zur Bldg. von Chelaten (**A**) mit Cu^{2+}, Ni^{2+}, Co^{2+} u. UO_2^{2+} (Acetate in wss. alkohol. Lsg.) befähigt sind. Die Cu-**A** besitzen ein magnet. Moment (μ_B) von 1,72—1,82, das auf quadrat.-planare Struktur mit dsp^2-Hybridbindungen hindeutet; die Ni-**A** ein paramagnet. μ_B von 2,82—2,88, das 2 ungepaarten Elektronen entspricht u. auf Bindungen schwach kovalenten Charakters, die in Resonanz mit ion. Bindungen stehen, deutet. Bei den Co-**A** sind die μ_B vom Liganden abhängig u. betragen bei Komplex-Bldg. mit den SCHIFFschen Basen aus Glycinhydroxamsäure u. **II, III** bzw. **IV** 4,15; 2,58 bzw. 1,57, was bei den beiden letzteren auf Durchdringungskomplexe mit dsp^2-Hybrid- bzw. planaren Bindungen deutet u. zur Resonanzfähigkeit von **II** bzw. **III** in den **A** in Beziehung zu stehen scheint. Dioxo-[N-(2-hydroxynaphthyl-(1)-methylen)-glycinhydroxamato-N.N.O]-uran(VI) ist diamagnetisch.

Versuche: *Aquo-[N-(2-Hydroxyphenyl-(1)-methylen)-glycinhydroxamato]-kupfer(II)*, $Cu(C_9H_{10}N_2O_4)$·1½ H_2O, durch 2—3std. Kochen einer wss. alkohol. Lsg. von je 1 Mol **I** u. **II**, Zufügen von 1 Mol Cu-Acetat in wss. A., 1—2std. Kochen, Filtrieren der heißen Lsg. u. Trocknen des Filtrats über konz. H_2SO_4 im Vakuum; aus A. mit wenig Pyridin blaugrüne Kristalle; mit verd. Säuren Zers. in der Wärme. Analog: *Ni-Verb.*, $Ni(C_9H_{10}N_2O_4)$·2 H_2O; blaugrüne Kristalle. *Co-Verb.*, $Co(C_9H_{10}N_2O_4)$·1½ H_2O; rotbraune Kristalle. — *Aquo-[N-(Resorcinylmethylen)-glycinhydroxamato]-kupfer(II)*, $Cu(C_9H_{10}N_2O_5)$·H_2O; glänzend blaugrüne Kristalle. *Ni-Verb.*, $Ni(C_9H_{10}N_2O_5)$·1½ H_2O; orangegelbe Kristalle. *Co-Verb.*, $Co(C_9H_{10}N_2O_5)$·2 H_2O; orangebraune Kristalle. — *Aquo-[N-(2-Hydroxynaphthyl-(1)-methylen)-glycinhydroxamato]-kupfer(II)*, $Cu(C_{13}H_{12}N_2O_4)$·2 H_2O; Zers. >110°; grüne Kristalle. *Ni-Verb.*, $Ni(C_{13}H_{12}N_2O_4)$·H_2O; rotbraune Kristalle. *Co-Verb.*, $Co(C_{13}H_{12}N_2O_4)$·1½ H_2O; schokoladenbraune Kristalle. *Uranyl-Verb.*, $UO_2(C_{13}H_{12}N_2O_4)$·½ H_2O; orangerote Kristalle. — *N-[2-Hydroxyphenyl-(1)-methylen]-glycinhydroxamsäure*, $C_9H_{10}N_2O_3$, F. 136—138° (A.), durch Erwärmen von **I** (F. 140°) u. **II** in wss. A.; mit verd. Säuren oder bei trockenem Erhitzen >115° Zers., mit verd. Fe^{3+}-Lsg. tiefviolettrote Färbung. — *N-[2-Hydroxynaphthyl-(1)-methylen]-glycinhydroxamsäure*, $C_{13}H_{12}N_2O_3$, analog vorst. Säure aus **IV**; gelbe Kristalle; Eigg. analog vorst. Säure. G. KIRSTEN. 358□

Innermetallische Komplexsalze von Hydroxyaldiminosäuren mit polycyclischen Ringen. 1. Mitt. Ajit Kumar Mukherjee und Priyadaranjan Rây. (J. Indian chem. Soc. **32.** 581—88. Sept. 1955.) (Engl.) — Vgl. vorst. Referat.

Eine Anzahl von *Cu-*, *Ni-*, *Co-* u. *Mn-Chelaten* (**A**) werden aus Metallionen (Acetate) u. SCHIFFschen Basen (**B**) dargestellt u. untersucht, wobei die **B** durch Rk. von Resorcyl- (**I**) oder *β*-Hydroxy-*α*-naphthaldehyd (**II**) mit verschiedenen Aminosäuren, wie z. B. Glycin (**III**), Alanin oder Anthranilsäure (**IV**) in wss. alkohol. Lsg. hergestellt werden. Die **B** fungieren in den meisten Fällen als 3zähnige Liganden, können sich jedoch auch als bifunktionelle Einheiten mit freier COOH-Gruppe betätigen (vgl. l. c.). Die Natur der **A** hängt vom metall. Zentralatom u. von **B** ab. Die magnet. Susceptibilität der **A** wird mit einer GOUY-Waage gemessen u. aus den Meßdaten werden die Struktur- u. Bindungsverhältnisse der **A** abgeleitet. Mögliche Strukturformeln der **A** werden angegeben.

Versuche: *μ-Glycin-bis-[N-(resorcinylmethylen)-glycinato-N.O.O]-dikupfer(II)*, $Cu_2(C_9H_7NO_4)_2NH_2CH_2COOH$, a) aus Cu-Acetat, **I** u. **III** in heißem wss. A., b) aus äquimolaren Mengen Cu-II-Komplex u. **III**; aus wss. A. u. wenig Pyridin glänzende blaugrüne Nadeln; μ_B = 1,72; durch verd. Säuren Zers. in der Wärme. Analog: *Aquo-[N-(resorcinyl-*

methylen)-glycinato-N.O.O]-nickel(II)-2-Wasser, $Ni(C_9H_9NO_5)\cdot 2\,H_2O$; hellgrüne Kristalle; $\mu_B = 3{,}13$. — *Aquo-[N-(resorcinylmethylen)-glycinato-N.O.O]-kobalt(II)-0,5-Wasser*, $Co\cdot(C_9H_9NO_5)\cdot 0{,}5\,H_2O$; orangerote Kristalle; $\mu_B = 4{,}49$. — *μ-Glycin-bis-[N-(resorcinylmethylen)-glycinato-N.O.O]-dimangan*, $Mn_2(C_9H_7NO_4)_2NH_2CH_2COOH$; braune Kristalle; $\mu_B = 6{,}37$; wss. Lsg. gegen Lackmus schwach sauer. — *Aquo-[N-(resorcinylmethylen)-alaninato-N.O.O]-kupfer(II)-2-Wasser*, $Cu(C_{10}H_{11}NO_5)\cdot 2\,H_2O$; grüne Kristalle; $\mu_B = 1{,}81$. — *Aquo-[N-(resorcinylmethylen,-alaninato-N.O.O]-nickel(II)-0,5-Wasser*, $Ni(C_{10}H_{11}NO_5)\cdot 0{,}5\,H_2O$; schokoladenbraune Kristalle; $\mu_B = 3{,}13$. — *[Alaninato-N.O]-[N-(resorcinylmethylen)-alaninato-N.O]-kobalt(II)*, $Co(C_{13}H_{16}N_2O_6)$; rotbraune Kristalle; $\mu_B = 2{,}17$. — *Aquo-[N-(resorcinylmethylen)-alaninato-N.O.O]-mangan(II)-1,5-Wasser*, $Mn(C_{10}H_{11}NO_5)\cdot 1{,}5\,H_2O$; schokoladenbraune Kristalle; $\mu_B = 6{,}13$. — *Aquo-[N-(resorcinylmethylen)-anthranilato-N.O.O]-kupfer(II)*, $Cu(C_{14}H_{11}NO_5)$; grüne Kristalle; $\mu_B = 1{,}75$. — *Aquo-[N-(2-hydroxynaphthyl-(1)-methylen)-glycinato-N.O.O]-kupfer(II)*, $Cu(C_{13}H_{11}NO_4)$; blaugrüne Kristalle; $\mu_B = 1{,}79$. — *[Glycinato-N.O]-[N-(2-hydroxynaphthyl-(1)-methylen)-glycinato-N.O]-nickel(II)*, $Ni(C_{15}H_{14}N_2O_5)$; gelbgrüne Kristalle; $\mu_B = 3{,}06$. — *Aquo-[N-(2-hydroxynaphthyl-(1)-methylen)-glycinato-N.O.O]-kobalt(II)-2-Wasser*, $Co(C_{13}H_{11}NO_4)\cdot 2\,H_2O$; tiefbraune Kristalle; $\mu_B = 1{,}58$. — *μ-Glycin-bis-[N-(2-hydroxynaphthyl-(1)-methylen)-glycinato-N.O.O]-dimangan*, $Mn(C_{13}H_9NO_3)_2NH_2CH_2COOH$; tiefbraune Kristalle; $\mu_B = 5{,}72$. — *Aquo-[N-(2-hydroxynaphthyl-(1)-methylen)-anthranilato-N.O.O]-kupfer(II)*, $Cu(C_{18}H_{13}NO_4)\cdot H_2O$; hellgrüne Kristalle; $\mu_B = 2{,}05$. — *Aquo-[N-(2-hydroxynaphthyl-(1)-methylen)-alaninato-N.O.O]-kupfer(II)-0,5-Wasser*, $Cu(C_{14}H_{13}NO_4)\cdot 0{,}5\,H_2O$; gelbgrüne Kristalle; $\mu_B = 1{,}81$. — *Aquo-[N-(2-hydroxynaphthyl-(1)-methylen)-alaninato-N.O.O]-nickel(II)-1-Wasser*, $Ni(C_{14}H_{13}NO_4)\cdot H_2O$; hellgrüne Kristalle; $\mu_B = 2{,}77$. — *Aquo-[N-(2-hydroxynaphthylmethylen)-alaninato-N.O.O]-kobalt(II)*, $Co(C_{14}H_{13}NO_4)$; rotbraune Kristalle; $\mu_B = 4{,}51$. — *Aquo-[N-(2-hydroxynaphthyl-(1)-methylen)-alaninato-N.O.O]-mangan(II)-0,5-Wasser*, $Mn(C_{14}H_{13}NO_4)\cdot 0{,}5\,H_2O$; braune Kristalle; $\mu_B = 5{,}20$. — *N-[2-Hydroxynaphthyl-(1)-methylen]-anthranilsäure*, $C_{18}H_{13}NO_3$, F. 236° (Zers.), aus **II** u. **IV** in heißem A.; orangerote Kristalle; in verd. Alkali mit tiefgelber Farbe lösl., mit verd. Säuren Zers. in der Wärme. G. KIRSTEN. 358□

Innermetallische Komplexsalze von Hydroxyaldiminen mit polycyclischen Ringen.

Ajit Kumar Mukherjee und Priyadarajan Rây. (J. Indian chem. Soc. **32**. 604—08. Sept. 1955.) (Engl.) — Vgl. vorst. Referate.

Darst. u. Eigg. einer Anzahl Metallchelate (**A**) aus Cu^{2+}, Ni^{2+}, Co^{2+}, Mn^{2+} u. UO_2^{2+} (als Acetate), o-Hydroxyaldehyden, wie Salicyl- (**I**), Resorcyl- (**II**) u. β-Hydroxynaphthaldehyd (**III**), u. Aminen, wie p-Aminophenylsulfonamid (**IV**; Sulfanilamid), o-Phenylendiamin u. Äthylendiamin, werden beschrieben. Die magnet. Susceptibilität der **A** wird gemessen u. daraus auf die möglichen Struktur- u. Bindungsverhältnisse geschlossen. Die aus **I**—**III** u. **IV** gebildeten SCHIFFschen Basen fungieren in den nicht wasserlösl. **A** als 2zähnige Liganden.

Versuche: *Bis-[2-(p-amidosulfonylphenyliminomethyl)-phenolato-N.O]-kupfer(II)*, $Cu(C_{13}H_{11}N_2O_3S)_2$, durch Erhitzen von Cu-Acetat, **I** u. **IV** in wss. A.; aus A. tiefbraune Kristalle; magnet. Moment $\mu_B = 1{,}80$. Analog: *Ni-Verb.*, $Ni(C_{13}H_{11}N_2O_3S)_2$; gelbgrüne Kristalle; $\mu_B = 3{,}52$. *Co-Verb.*, $Co(C_{13}H_{11}N_2O_3S)_2$; rotbraune Kristalle; $\mu_B = 4{,}49$; *Uranyl-Verb.*, $UO_2(C_{13}H_{11}N_2O_3S)_2$; orangerote Kristalle; diamagnetisch; *Mn-Verb.*, $Mn(C_{13}H_{11}N_2O_3S)_2$; braune Kristalle; $\mu_B = 6{,}01$. — *Bis-[3-hydroxy-2-(p-amidosulfonylphenyliminomethyl)-phenolato-N.O]-kupfer(II)*, $Cu(C_{13}H_{11}N_2O_4S)_2$; braune Kristalle; $\mu_B = 1{,}72$. — *Bis-[2-(p-amidosulfonylphenyliminomethyl)-naphthalato-N.O]-kupfer(II)*, $Cu(C_{17}H_{13}N_2O_3S)_2$; braungrüne Kristalle; $\mu_B = 1{,}96$. — *[N.N'-Bis-(o-hydroxyphenylmethylen)-o-phenylendiaminato-N.N'.O.O']-kupfer(II)-3-Wasser*, $Cu(C_{20}H_{14}N_2O_2)\cdot 3\,H_2O$; grüne Kristalle; $\mu_B = 1{,}70$. *Ni-Verb.*, $Ni(C_{20}H_{14}N_2O_2)\cdot 4\,H_2O$; rote Nadeln; diamagnetisch. *Co-Verb.*, $Co(C_{20}H_{14}N_2O_2)\cdot 1.5\,H_2O$; ziegelrote Kristalle; $\mu_B = 2{,}25$. *Mn-Verb.*, $Mn(C_{20}H_{14}N_2O_2)\cdot 0{,}5\,H_2O$; rotbraune Kristalle; $\mu_B = 5{,}27$. — *[N.N'-Bis-(2-hydroxynaphthyl-(1)-methylen)-äthylendiaminato-N.N'.O.O']-nickel(II)-3-Wasser*, $Ni(C_{24}H_{18}N_2O_2)\cdot 3\,H_2O$; orangerote Kristalle; diamagnetisch. *Mn-Verb.*, $Mn(C_{24}H_{18}N_2O_2)\cdot 2\,H_2O$; braune Kristalle; $\mu_B = 5{,}37$. — *[N.N'-Bis-(2-hydroxynaphthyl-(1)-methylen)-o-phenylendiaminato-N.N'.O.O']-nickel(II)-0,5-Wasser*, $Ni(C_{28}H_{18}N_2O_2)\cdot 0{,}5\,H_2O$; orangerote Kristalle; diamagnetisch. *Co-Verb.*, $Co(C_{28}H_{18}N_2O_2)\cdot H_2O$; rotbraune Kristalle, aus Pyridin als Pyridinat; $\mu_B = 4{,}20$. *Mn-Verb.*, $Mn(C_{28}H_{18}N_2O_2)$; braune Kristalle; $\mu_B = 5{,}38$. — *p-[γ-Resorcylaldimino]-benzolsulfamid*, $C_{13}H_{12}N_2O_4S$, durch Kondens. von **II** u. **IV** in A.; aus A. gelbe Kristalle. Analog: *p-[β-Hydroxynaphthylaldimino]-benzolsulfamid*, $C_{17}H_{14}\cdot g_2O_3S$; orangerote Kristalle. — *1.4-Bis-[β-hydroxynaphthylaldimino]-benzol*, $C_{28}H_{20}N_2O_2$; Nelbe Kristalle. — *1.2-Bis-[β-hydroxynaphthylaldimino]-äthan*, $C_{24}H_{20}N_2O_2$; gelbe Kristalle. G. KIRSTEN. 358□

A₉. Mineralogische und geologische Chemie

Verwendbarkeit von Glaukonit für Altersmessungen mit Hilfe der K–Ar- und Rb–Sr-Methoden. P. M. Hurley, R. F. Cormier, J. Hower, H. W. Fairbairn und W. H. Pinson jun. (Bull. Amer. Assoc. Petroleum Geologists **44.** 1793–1808. Nov. 1960. Cambridge, Mass., MIT; Nova Scotia, St. Francis Xavier Univ.; Missoula, Mont., State Univ.) (Engl.)

Zweck der vorliegenden Unters. war es, festzustellen, ob sich Glaukonit zu abs. Alters-Best. von Sedimenten eignet. Alters-Best. einer großen Anzahl gut datierter Glaukonite ergeben begrenzte Anwendbarkeit zur Alters-Best. unbekannter Sedimente. Gleichzeitig wurde untersucht, ob ein Zusammenhang zwischen den beobachteten Altersschwankungen u. der physikal. Natur, der geolog. Geschichte oder der Umgebung der Proben besteht. Die Glaukonite haben Zwischenschichtstrukturen, die hauptsächlich aus nicht ausdehnbaren 10-Å-Schichten u. ausdehnbaren (Montmorillonit-) Schichten bestehen. Der K-Geh. der Mineralien ist umgekehrt proportional dem %-Satz ausdehnbarer Schichten. Ferner ist der %-Satz ausdehnbarer Schichten in jüngeren Glaukoniten größer als in älteren (30% oder mehr in jungen u. ca. 10% in Glaukoniten früh paläozoischen Alters). Sr ist an den Basisoberflächen der ausdehnbaren Schichten adsorbiert u. läßt sich durch Austausch leicht entfernen; es ist angenähert proportional der Häufigkeit dieser Schichten. Es ist zu erwarten, daß etwas K in den ausdehnbaren Schichten enthalten ist u. daß in diesen Schichten gebildetes Ar verloren geht. Wenn der Glaukonit eine langsame Reinigung mit der Zeit erfährt, bei der die ausdehnbaren Schichten allmählich in gut geordneten Glaukonit übergehen, dann dürften ca. 20% des Minerals in älteren paläozoischen Proben nicht wirklich authigen sein. Diesem Effekt überlagert ist ein zu erwartender Diffusionsverlust von Ar in tiefer liegenden Proben. Im allg. dürfte aber der geschätzte Diffusionsverlust so klein sein, daß er für die Alters-Best. nicht schädlich ist. C. GOTTFRIED. 378

Neuer Fortschritt in unserer Kenntnis der kosmischen Häufigkeiten. William D. Ehmann. (J. chem. Educat. **38.** 53–57. Febr. 1961. Lexington, Ky., Univ. of Kentucky.) (Engl.)

Kurzer zusammenfassender Überblick an Hand der neueren Literatur. — 49 Literaturzitate (1956–1961). C. GOTTFRIED. 378

Zur Geochemie des Quecksilbers. F. Heide und G. Böhm. (Chem. d. Erde **19.** 198–204. 1957. Jena, Univ., Miner. Inst.) (Dt.)

Für 17 Muschelkalk- u. Tonproben von den Zementwerken Steudnitz u. Göschwitz werden die Hg-Konzz. angegeben u. zum Vgl. die Werte für Pb, Zn u. Cu aufgeführt. Die Hg-Best. wurde nach einer abgeänderten Meth. von STOCK (Standardabweichung 5%) durchgeführt u. ergab für die reinen u. fast reinen Gesteine des Muschelkalks einen mittleren Hg-Geh. von 0,048 g/t, für die Tone des Röt im Mittel 0,188 g/t. Im Saalewasser wurde ein Jahresmittel von 0,067 g/t u. in einer Elbwasserstichprobe ein Hg-Geh. von 0,089 g/t gemessen. Meerwasser enthält dagegen 0,03 μg/Liter. Die Konz.-Faktoren Ton-Kalkstein nehmen mit zunehmender Ordnungszahl der Elemente ab. Das gleiche gilt für die Ionenpotentiale. Die Werte sind tabelliert bzw. graph. dargestellt. ERNST SCHULTE. 378☐

Einige Gesichtspunkte über die Verteilung von biochemischen Stoffen in geologischen Umgebungen. F. J. Stevenson. (Geochim. cosmochim. Acta [London] **19.** 261–71. Aug. 1960. Urbana, Ill., Univ. of Illinois.) (Engl.)

Angabe der Ergebnisse der chromatohraph. Trennung von den in den Hydrolysaten von Böden enthaltenen Aminosäuren an Ionenaustauschern. Diskussion der Möglichkeiten ihrer Entstehung in der Erde. Biogeochemie des Stickstoffs u. eine neue Vorstellung über die Bindung des N in Sediment- u. Ursprungsgesteinen. — 46 Literaturhinweise. O. HENNING. 378☐

Einiges zur Theorie der Neutronenkartierung unter Verwendung eines Neutronen-Impulsgenerators. W. F. Sachartschenko. (Известия Академии Наук СССР, Серия Геофизическая [Nachr. Akad. Wiss. UdSSR, geophysik. Ser.] **1961.** 847–54. Juni. Inst. für Geophys. der Ural-Abt. der Akad. der Wiss. der UdSSR.) (Russ.)

Die Verw. von Impulsgeneratoren zur Erzeugung der Neutronen, mit denen Materialien untersucht werden sollen, wird erörtert u. für einen H-haltigen Moderator Energieverteilung u. Lebensdauer der Neutronen ermittelt. M. WIEDEMANN. 380☐

Genauigkeit der Bestimmung der linearen Verteilung von radioaktiven Erzen aus dem γ-Strahlenprofil. Jan Czubek. (Acta geophysica polon. **8.** 206–23. 1960. Kraków, Akad. Górn.-Hutn., Kat. Fiz. II.) (Pol.)

Mathemat. Ableitung der Varianz von $\bar{q} \cdot H$ ($\bar{q}$ = mittlere Konz. an radioakt. Erz in der Schichtdicke H). Die Genauigkeit der Auswertung des γ-Profils ist bes. von der angewandten App. u. der Meßmeth. abhängig. F. URBAN. 380□

Über den Einfluß der Aktivierung von Silicium mit schnellen Neutronen bei der Aktivierungskartierung bei Bauxitlagerstätten. W. A. Belych, I. N. Ssenko-Bulatny, Ss. A. Schuljatjew und L. I. Jakub. (Известия Академии Наук СССР, Серия Геофизическая [Nachr. Akad. Wiss. UdSSR, geophysik. Ser.] **1961.** 917—21. Juni. Inst. für Geophys. der Ural-Abt. der Akad. der Wiss. der UdSSR.) (Russ.)

Bei der Aktivierung von Bauxit mit Po—Be-Neutronen ohne Cd-Schutz laufen die Rkk. $^{27}Al(n, \gamma)^{28}Al$ u. $^{28}Si(n, p)^{28}Al$ ab, mit Cd-Schutz nur die erste. In diesem Fall wird mit einem GEIGER-Zähler nur der Zerfall von ^{28}Al gemessen. Proben mit verschiedenem Geh. an Al_2O_3, SiO_2 u. auch H_2O, das die Neutronen verlangsamt, wurden in Zylindern von 50 cm ∅ u. 100 cm Höhe bestrahlt u. das Verhältnis $I_{Si}/(I_{Al} + I_{Si})$ bestimmt. Die experimentellen u. theoret. Kurven werden verglichen. M. WIEDEMANN. 380□

Die chemische Formel von Mineralien. 3. Mitt. **Über die Formel von Gel-Bertrandit und Beryllit.** I. D. Borneman-Starynkewitsch. (Записки Всесоюзного Минералогического Общества [Schr. Allunions mineralog. Ges.] [2] **88.** 349—56. 1959.) (Russ.) — 2. vgl. Записки Всесоюзного Минералогического Общества [Schr. Allunions mineralog. Ges.] [2] **88.** [1959.] 207; 4. vgl. C. **1962.** 3389.

Vf. kritisiert die Literaturangaben über die chem. Zus. von Gel-Bertrandit (I) u. Beryllit (II). Davon ausgehend, daß dem I Bavenit beigemengt ist, kommt Vf. zu folgender Formel für I: $Be_3[Si_2O_7] \cdot 2\,Be(OH)_2 \cdot 3\,H_2O$. Demnach ist I als ein H_2O-reicher Sphaerobertrandit anzusehen. Für II muß die bisher vielfach anerkannte Formel $Be_3 \cdot [Si_2O_7] \cdot 3\,Be(OH)_2$ durch $Be_3(Si_2O_7] \cdot 6\,Be(OH)_2$ ersetzt werden. Die vorgeschlagenen Formeln für I u. II werden nicht als abs. sicher angesehen. O. LEBTAG. 380□

Calciotalk — ein neues Mineral. D. P. Sserdjutschenko. (Записки Всесоюзного Минералогического Общества [Schr. Allunions mineralog. Ges.] [2] **88.** 298—304. 1959.) (Russ.)

Im Phlogopit-Vork. im Bezirk Aldan (Südjakutien) beobachtet man bei den Diopsid (I)-Hornblende (II)-Gesteinen eine teilweise hydrothermale Verkalkung. Die bei der Umkristallisation u. metasomat. Umwandlung der I- u. I-II-Gesteine entstandenen großen Kristalle von Aktinolith-II sind manchmal partiell durch Talksubstanz ersetzt. Der aus dem Aktinolith entstandene Calciotalk (III) zeigt röntgenograph. eine Abweichung vom reinen Talk, bedingt durch den Ersatz von Mg-Ionen durch größere Ca-Ionen. III enthält 11,18% CaO. Das Verhältnis Ca/MgO ist mit 2 : 5 das gleiche wie im ursprünglichen Amphibol: $(Mg_{1,96}Ca_{0,79}\overset{2+}{Fe}_{0,12})\overset{+}{R}_{0,03}\overset{3+}{R}_{0,06}[Si_4O_{10}][(OH)_{1,50}O_{0,24}]$ (R^+ = Na, K; R^{3+} = Al, Fe^{3+}). Die Erwärmungskurve von III zeigt die für Talk typ. endotherm. Rk. bei 820—930°. Die MOHS-Härte von III liegt etwas über 2. III ist opt. zweiachsig, negativ (Ng 1,583 ± 0,002, Np 1,565 ± 0,002). Die hydrothermale Vertalkung von Aktinolith-II erfolgte stufenweise. Im 1. Hochtemp.-Stadium erfolgte die III-Bldg. in der alkal. Lsg., die mit Mg u. Ca gesätt. war. In der 2. Phase (bei tieferer Temp.) erfolgte die Bldg. von gewöhnlichem Talk auf Kosten von III oder direkt aus Amphibol. O. LEBTAG. 380□

Über den Calciotalk von D. P. Sserdjutschenko. N. W. Below. (Записки Всесоюзного Минералогического Общества [Schr. Allunions mineralog. Ges.] [2] **88.** 305—08. 1959.) (Russ.)

Der „Calciotalk" von SSERDJUTSCHENKO (vgl. vorst. Ref.) ist nach Ansicht des Vf. nicht aus Aktinolith-Hornblende entstanden, sondern aus Muskovit, in welchem die Al-Oktaeder durch eine gleiche Zahl von Mg-Oktaedern ersetzt wurden. Als Name für das neue Mineral wird Calciotalk oder Magnesiummargarit vorgeschlagen.

O. LEBTAG. 380□

Quarzkristalle auf Chalcedonpseudomorphosen auf dem Holz von der Insel McClintock (Franz-Joseph-Land). L. P. Piroshnikow. (Записки Всесоюзного Минералогического Общества [Schr. Allunions mineralog. Ges.] [2] **88.** 338—43. 1959. Leningrad, Forsch.-Inst. für Geol. der Arktis.) (Russ.)

Auf dem Holz von Xenoxylon sp., das lignitisiert war, wurde eine fast völlige Verdrängung des Holzes durch strahlenförmigen Chalcedon beobachtet. Nach der Spektralanalyse besteht dieses Mineral in der Hauptsache aus Si. Beigemengt sind Al, Fe, Co, in geringen Mengen Cu, Mn, Ni, Ti, V u. Zr. O. LEBTAG. 380□

Die Tieftemperatur-Phasen der Alkalifeldspate und ihre Entstehung. R. B. Ferguson. (Canad. Mineralogist **6.** 415—36. 1960. Winnipeg, Canada, Univ. of Manitoba.) (Engl.)

Im allg. sind nicht die bzgl. der Al–Si-Anordnung am besten geordneten Strukturen die stabilsten Tieftemp.-Formen, sondern es sind diejenigen, die elektrostat. ausgeglichen sind: Schwach geordneter Orthoklas u. in hohen Maße geordneter Tiefalbit. Auf Grund der Beweglichkeit der Alkaliatome bei höheren Temp. bedingen merkliche Na-Geh. eines abkühlenden K–Na-Feldspatkristalls ein triklines Gitter. Das Resultat ist trikliner Mikroklin. Die Anwesenheit von Na in wechselnder Menge bewirkt eine Serie von Tieftemp.-Kalifeldspaten. Ist in der Schmelze relativ wenig Na vorhanden, so bildet sich Orthoklas. Der Wechsel vom monoklinen zum triklinen Al–Si-Gitter geht bei Tieftemp.-Kalifeldspaten bei ca. 20% $NaAlSi_3O_8$ vor sich. Mikrokline intermediärer Zus., die den Tieftemp.-Formen sehr ähneln, können sich auch durch rasche Abkühlung von Kalifeldspaten aus mittleren Temp.-Bereichen bilden. Die Na-Konz. spielt hierbei eine wichtige Rolle. Die Theorie macht die Existenz einer analogen Serie von Tieftemp.-Na-Feldspaten wahrscheinlich. Tieftemp.-Albit bildet sich bei Ggw. von relativ wenig K. Der Autor nimmt folgende Tieftemp.-Phasen im Phasendiagramm an: Orthoklas, Orthoklas + Maximalalbit, intermediärer Mikroklin + intermediärer Albit, Maximal-Mikroklin + Tiefalbit, Tiefalbit. H. Moenke. 380□

Glaukonit-Konglomerate des unteren Ordoviziums aus der Gegend von Międzygórze in den Świetokrzyskie-Bergen. Maria Turnau-Morawska. (Acta geol. polon. **10.** 123—41. 1960. Warszawa, Univ., Zakład Petrografii Skal Osadowych.) (Pol.)

An Hand von petrograph. Analysen und genauen Unterss. der Struktur und Form von Glaukonit-Konglomeraten u. autogenen Phopshaten aus Międzygórze wird auf die genet. Zusammenhänge u. Verhältnisse bei der Transgression des Meeres im Ordovizium geschlossen. Maria Szmytówna. 380□

Ein zirkoniumhaltiger Granat von Oka, Quebec. E. H. Nickel. (Canad. Mineralogist **6.** 549—50. 1960. Ottawa, Mines Branch.) (Engl.)

In einem Bohrkern wurde in einem Kalkspat-Nephelin-Biotit-Gestein neben Diopsid u. Apatit ein Granat gefunden, der 2,7 Gew.-% Zr enthält. Es handelt sich um einen Schorlomit (Ti-Andradit). Brechungsindex n 1,94; D. 3,70 g/cm³; Gitter-Konst. a = 12,15 Å. H. Moenke. 380□

Über das neue Kobalterzvorkommen von Eibenthal im südlichen Banat. C. Superceanu. (Neues Jb. Mineralog., Mh. **1957.** 149—73. Okt. Bukarest.) (Dt.)

Es wird ein neues Co-Erz-Vork., hydrothermalen Ursprungs, im bas. u. ultrabas. Gesteinskomplex bei Eibenthal beschrieben. Die Mineralien des ultrabas. Gesteins sind in der Kristallisationsreihenfolge: Chromit, Magnetit I, Olivin, Kupferkies, Pentlandit, Magnetkies, Antigorit, Magnetit II, Rotnickelkies, Breithauptit u. Chrysotil. Die hydrothermalen Erzgänge sind aus folgenden Mineralien zusammengesetzt: Safflorit I, Breithauptit, Zinkblende, Kupferkies I, Bleiglanz, Kupferkies II, Rotnickelkies, Safflorit II, Magnesit, Markasit, Dolomit, Kalkspat, Ankerit u. Serpentin koll. Entstehung (3 Generationen). Für die Mineralien des ultrabas. Gesteins u. der Erzlagerstätten wird die erzmkr. Beschreibung u. die Paragenese angegeben. Ernst Schulte. 380□

Die Rolle der Bakterien bei der Oxydation der Sulfiderze aus den Kupfer–Nickel-Lagerstätten der Kola-Halbinsel. N. N. Ljalikowa. (Микробиология [Mikrobiologie] **30.** 135—39. Jan./Febr. 1961. Moskau, Inst. für Mikrobiol. der Akad. der Wiss. der UdSSR.) (Russ.; Auszug: Engl.)

Vier Cu–Ni-Lagerstätten der Kolahalbinsel wurden auf Bakterien untersucht, die sulfid. Erz zu oxydieren vermögen. Das hydrochem. Material erwies, daß unter den Bedingungen des hohen Nordens nur eine schwache Oxydation stattfindet. *Th. ferrooxidans* u. *Th. thiooxidans* wurden in 3 Lagerstätten in geringen Mengen, gewöhnlich nicht mehr als 10—100 Zellen/g, gefunden. Daraus erklärt sich wahrscheinlich die unverändert alkal. Rk. der Erzwässer, die prim. von der mineral. Zus. der Erze u. des Gesteins abhängt. K. Sattler. 380□

Magnetkies-Kristalle aus der Stanleigh-Mine, Elliot Lake, Ontario. J. A. Mandarino und R. S. Mitchell. (Canad. Mineralogist **6.** 546—48. 1960. Toronto, Roy. Ontario Museum; Charlottesville, Va., Univ. of Virginia, Dep. of Geol.) (Engl.)

Kristallograph. u. röntgenograph. Vermessung ergab a = 3,44 ± 0,01 (Å); c = 5,75 ± 0,01. Fe-Geh. 60,52 (%), S 37,20. Die qualit. emissionsspektroskop. Analyse zeigte Ni, Co, Cu, Si, Pb, Zn, Mo, Ag, Ti, V u. Mn. H. Moenke. 380□

Mineralogie und Textur der Manganerze von Kodur, Distrikt Srikakulam, Andhra Pradesh, Indien. Supriya Roy. (Canad. Mineralogist **6.** 491—503. 1960. Calcutta, Jadavpur Univ., Dep. of Geol. Sci.) (Engl.)

Auflichtmikroskop. u. durch Röntgendaten wurden unter den prim. Mineralien Braunit, Jakobsit, Hausmannit u. Pyrolusit festgestellt. Eine spätere Bldg.-Periode führte zur Entstehung von Kryptomelan, Coronadit u. γ-MnO_2. Paragenet. Betrachtungen. H. Moenke. 380□

Phosphoritkonkretionen aus den bunten Mergeln von Węglówka (Karpaten-Flysch). Wojciech Narębski. (Acta geol. polon. **10.** 165—93. 1960. Warszawa, Mûzeûm Ziemi, Pracownía Miner.-Petrohraficzna.) (Pol.)

Untersucht wurden Konkretionen aus den oberen Schichten der bunten Mergel von Węglówka im Karpaten-Flysch. Die chem. u. thermogravimetr. Analyse ergab, daß es sich hauptsächlich um Phosphorite u. Phosphatcarbonate mit Fluorapatit u. Calcit handelt. An Hand von Analysen u. mineralog.-geochem. Unterss. wird die Genese der Konkretionen u. die Wahrscheinlichkeit paleogeograph. Umwandlungen in diesem Gebiet diskutiert. Maria Szmytówna. 380□

Die Hypothese der kapillaren Konzentration und die geologische Realität der chilenischen Nitrat-Lagerstätten. Walter Wetzel. (Chem. d. Erde **21.** 203—09. 1961. Kiel, Univ., Geol. Inst.) (Dt.)

Auseinandersetzung mit einer von Mueller (Int. Geol. Congress Rep. of the 21. Sess., Part I **1960.** 76) vertretenen Auffassung der Enstehung der nordchilen. Nitratlagerstätten (Ferntransport gelöster Salze aus den Hochanden, selektive Konz. durch kapillaren Aufstieg aus Salzpfannen). Nach ausführlichen geolog. Unterss. des Vf. (1924—38) ist das $NaNO_3$ in der Wüste selbst gebildet worden. H. Moenke. 380□

Plumbojarosit in der Oxydationszone der Blei-Zink-Lagerstätten des östlichen Transbaikal. W. N. Dubinina und I. A. Kornilowitsch. (Записки Всесоюзного Минералогического Общества [Schr. Allunions mineralog. Ges.] [2] **88.** 323—28. 1959. Leningrad, Allunions-Forsch.-Inst. für Geol.) (Russ.)

Der Plumbojarosit (I) der Oxydationszone kommt in allen polymetall. Lagerstätten des östlichen Baikalgebietes vor, u. zwar in den Carbonatgesteinen u. Schiefern, wo neben den prim. Sulfiden Galenit, Pyrit (oder Arsenopyrit) entwickelt sind. Charakterist. ist die Paragenese Galenit → schwarzer Cerussit → I → weißer Cerussit. In Ggw. von Arsenopyrit beobachtet man folgende Paragenese: Galenit → schwarzer Cerussit → kollomorpher Mimetesit → Skorodit → I → Beudantit. Manchmal werden die I-Erze vollständig in Limonit umgewandelt. O. Lebtag. 380□

Einige Amphibole und Pyroxene eisenhaltiger Quarzite der magnetischen Anomalie von Kursk. A. A. Glagolew und B. D. Klagisch. (Записки Всесоюзного Минералогического Общества [Schr. Allunions mineralog. Ges.] [2] **88.** 286—97. 1959. Moskau, Inst. für Geol. der Erzlagerstätten, Petrographie, Miner. u. Geochem. der Akad. der Wiss. der UdSSR). (Russ.)

Vff. beschreiben 2 Varietäten von *Aktinolith* (I), 3 Varietäten von bas. *Amphibol* (II) u. 2 Varietäten von *Aegirin* (III). Die kristallchem. Formel von I entspricht $(Na_{0,12} \cdot Ca_{1,69})_{1,81}(Mg_{3,99}Fe^{2+}_{0,80}Fe^{3+}_{0,20})_{4,89}[Si_{8,04}O_{21,84}][OH]_{2,16}$ bzw. $(Na_{0,07}Ca_{1,89})_{1,96}(Mg_{3,62}Fe^{2+}_{1,28} \cdot Fe^{3+}_{0,17})_{5,07}[(Al_{0,36}Ti_{0,02}Si_{7,63})_{8,01}O_{21,96}][OH]_{2,04}$. Die 2. Varietät von I enthält viel Al u. muß deshalb als Übergangsform zur Hornblende angesehen werden. Die II entsprechen den kristallchem. Formeln $(Na_{0,70}K_{0,18}Ca_{1,25})_{2,13}(Mg_{3,67}Fe^{2+}_{0,66}Fe^{3+}_{0,69})_{5,02}[(Al_{0,06}Ti_{0,04} \cdot Si_{7,75})_{7,85}O_{21,46}][OH]_{2,54}$ bzw. $(Na_{1,66}K_{0.03}Ca_{0,21})_{1,90}(Mg_{2,75}Fe^{2+}_{0,45}Fe^{3+}_{1,67})_{4,87}[(Al_{0,15}Si_{7,88})_{8,03} \cdot O_{21,50}][OH]_{2,50}$ bzw. $(Na_{1,76}K_{0,02})_{1,78}(Mg_{0,96}Fe^{2+}_{2,08}Fe^{3+}_{1,95})_{4,99}[(Al_{0,09}Si_{7,93})_{8,02}O_{21,70}][OH]_{2,30}$. Die letztgenannte II-Varietät steht dem Riebeckit nahe. Die 1. Varietät von III $[(Na_{0,90}K_{0,02}Ca_{0,02})_{0,94}(Mg_{0,02}Fe^{+2}_{0,03}Fe^{3+}_{0,88}Al_{0,06})_{0,99}Si_{2,03}O_6]$ zeigt gegenüber der theoret. Formel einen Überschuß an Si, bedingt durch Quarzverunreinigung. Die opt. Eigg. von III der 2. Varietät $[(Na_{0.61}Ca_{0,34})_{0,95}(Mg_{0,31}Fe^{2+}_{0,06}Fe^{3+}_{0,60}Al_{0,04})_{1,01}Si_{2,01}O_6]$ zeigen charakterist. Abweichungen u. liegen zwischen denen von III u. Diopsid. (Die aufgeführten Formeln entsprechen dem Original.) O. Lebtag. 380□

Neue Scheelitvorkommen in der Erzlagerstätte von Baia Sprie (Felsöbanya), Nordsiebenbürgen. C. Superceanu. (Neues Jb. Mineralog., Mh. **1957.** 165—73. Okt. Bukarest.) (Dt.)

Das neue Scheelit-Vork. in den mesothermalen Zonen bei Baia Sprie u. die Paragenesen des Scheelits u. Wolframits mit den Erz- u. Gangmineralien werden beschrieben. Aus den Unterss. kommt Vf. zu folgenden Schlüssen: 1. Scheelit, von 1—20 mm Kristallgröße, tritt in den unteren Horizonten u. in den Cu-haltigen Zweiggängen in Paragenese mit Quarz, Schwefelkies, Kupferkies u. Wolframit auf. 2. Die paragenet. Verhältnisse u. die Kristallisationsfolge der Mineralien Scheelit, Quarz I (mit Chlorit), Schwefelkies, Molybdänglanz, Magnetkies, Arsenkies, Eisenglanz-Magnetit, Quarz II (Kristalle), schwarze Zinkblende, Kupferkies, Wolframit, Flußspat, Eisenspat, Dolomit, Kalkspat, Markasit u. Kaolin werden beschrieben. 3. Gewisse Zonen der unteren Horizonte haben Geh. von 0,1% W gegeben u. könnten durch die Verwertung des Kupferkieses u. Schwefel-

kieses abbauwürdig werden. 4. Die mesokatathermalen Paragenesen führen zur Annahme, daß mit der Tiefe die Häufigkeit des Scheelits u. Wolframits steigen kann u. sich somit die Möglichkeit der W-Gewinnung (als Nebenprod.) ergibt.
Ernst Schulte. 380□

Hülsenform von Turmalinkristallen. G. N. Schaposchnikow. (Записки Всесоюзного Минералогического Общества [Schr. Allunions mineralog. Ges.] [2] **88.** 336—38. 1959. Leningrad, Allunions Forsch.-Inst. für Geol.) (Russ.)

In den Pegmatiten der Gneis- u. Schieferfelder des Proterozoikums im südöstlichen Tuwagebiet wurden Verwachsungen von Turmalin u. Quarz festgestellt, die als futteralartige Metakristalle anzusehen sind. Der Quarzkern ist geradlinig u. in einer Richtung scharf begrenzt durch Turmalin. Parallel zum Kern sind mitunter schmale längliche, mit Quarz gefüllte Räume als Relikte erhalten geblieben. O. Lebtag. 380□

Wirtschaftliche Uranlagerstätten in den granitischen Dykes des Bancroft Distrikts, Ontario. S. C. Robinson. (Canad. Mineralogist **6.** 513—21. 1960. Ottawa, Geol. Surv. of Canada.) (Engl.)

Kurze geolog. u. petrograph. Erläuterung, ergänzt durch radioaktive Altersbestimmung. H. Moenke. 380□

Röntgenometrische Untersuchung der Wiikite von Nordkarelien. W. W. Kurbatow. (Записки Всесоюзного Минералогического Общества [Schr. Allunions mineralog. Ges.] [2] **88.** 328—30. 1959. Leningrad, Radium-Inst. der Akad. der Wiss. der UdSSR.) (Russ.)

Die Röntgenanalyse der dunkel gefärbten Wiikite (I) von Nordkarelien ergibt, daß die dunklen I nicht rhomb. sind, sondern hexaedr. sind. Die Röntgendiagramme von I stimmen mit denen von Pyrochlor überein. O. Lebtag. 380□

Regenerierte Gesteine und Erze im Mačkatica- und Surdulica-Gebiet (Serbien). Vojislav Vujanović. (Neues Jb. Mineralog., Mh. **1957.** 174—90. Okt. Belgrad.) (Dt.)

Das Eruptivgebiet von Surdulica weist wirtschaftlich interessante Mo-, W-, Pb-, Zn-, Cu-, Ni-, Co- u. vielleicht Bi-Mineralien auf. Die Mineral- u. Erz-Vork. u. die Alkalisation von Biotitschiefer u. der Dazite werden beschrieben. Die Ausscheidungsfolge der magmat. u. mineral. Phasen ist: 1. Kristalline Schiefer, 2. bas. Gesteine, 3. liquidmagmat. Erze I, 4. Granite, 5. entsprechende pluton. Erze II, 6. Granodiorite u. deren Gefolge, 7. alkal. Metasomatose u. Granitisation, 8. prim. u. regenerierte Erze III, 9. Dazite, 10. alkal. Metasomatose u. Dioritisation II, 11. prim. u. regenerierte subvulkan. Erze IV. Unter Berücksichtigung nur der wichtigsten Minerale ergibt sich die Paragenese des Mačkatica u. Surdulica Gebietes: 1. Liquidmagmat. Prod. der bas. Gesteine: Ti-Magnetit, Magnetit, Ilmenit, Rutil u. a.; 2. Pluton. Erze an Granodiorit gebunden: Quarzblättriger-Haematit-Red., Magnetit-Pyrit-Chalkopyrit; 3. Postdazit. Erze: a) Chalkopyrrhotin, Pyrrhotin, Valeriit, Chalkopyrit-Cubanit (?); b) Arsenopyrit-Pyrit-Rutil-Quarz I-Haematit-Wolframit (Scheelit)-Cassiterit (?)-Quarz II-Epidot-Quarz III, c) Pyrit-Quarz-Haematit I-Molybdänit-Haematit II-Fluorit-Sericit-Chlorit, Zeolith-Calcit-Chalcedon, Opal; d) Magnetit-Pyrit I-Scheelit-Quarz-Haematit I-Haematit II-Pyrit II-Sericit; e) Magnetit-Haematit-Quarz-Pyrit I-Sphalerit-Tennantit-Bornit-Chalkopyrit II-Galenit-Calcit-Sericit, Chlorit. Ernst Schulte. 380□

Die geologische Entwicklung der Beartooth Mountains, Montana und Wyoming. 1. Mitt. **Entwicklungsgeschichte des Quad-Creek-Gebiets.** Donald Eckelmann und Arie Poldervaart. (Bull. geol. Soc. America **68.** 1225—61. 5 Tafeln. Okt. 1957. New York, N.Y., Columbia Univ., Dep. of Geol.) (Engl.)

Die Beartooth Mountains bestehen im wesentlichen aus einem granit. Gneiskern, umgeben von Migmatiten u. Metasedimenten. Tekton. Struktur, Mineralogie, Petrographie, Ursprung u. geolog. Chronologie des Quad-Creek-Gebiets werden eingehend beschrieben. Chem. Analysen sind tabelliert u. die Verhältnisse in vielen Abb. dargestellt
Ernst Schulte. 382□

Mineralogie, Petrographie und Radioaktivität von repräsentativen Chattanooga-Schiefer-Proben. Thomas F. Bates und Erwin O. Strahl. (Bull. geol. Soc. America **68.** 1305—13. 1 Tafel. Okt. 1957.) (Engl.)

Qual. u. quant. mineralog. Unterss. der Chattanoogaschiefer sind auf Grund der Feinkörnigkeit des Materials schwierig durchzuführen. Es handelt sich um ein massives schokoladenbraunes Sediment mit schwacher Lamellierung. Dünnschliff-Unterss. ergaben Körner von *Quarz* u. *Feldspat* (bis zu 0,1 mm) in einer Matrix von gelb bis gelbbraunem organ. Material, die *Glimmer* u. wahrscheinlich *Ton*-Partikel sowie *Pyrit* ($<$0,15 μ) enthält. Röntgen-Unterss. zeigen, daß die Tonmineralien aus *Illit*, *Koalinit*

u. *Chlorit* mit abnehmender Häufigkeit bestehen. *Turmalin, Zirkon* u. *Apatit* sind die charakterist. schweren Minerale in dem Sediment. Vgl. von chem. u. mineralog. Daten ergab die annähernde Zus. in % : Quarz 22, Feldspat 9, Illit u. Kaolinit 31, organ. Substanz 22, Pyrit u. Markasit 11, Chlorit 2, Eisenoxide 2, Turmalin, Zirkon u. Apatit 1. α-Spuren Analysen zeigten die Abwesenheit eines U-Minerals an. Ca. 70% des U ist statist. in der feinkörnigen Matrix, 25% im Komplex organ. Material-Pyrit-Ton wie auch im Pyrit u. bestimmten organ. Bereichen verteilt. In unverwitterten Proben konnte keine Beziehung zwischen U-Verteilung u. Texturmerkmalen gefunden werden. Das U wurde aus Seewasser unter reduzierenden Bedingungen abgeschieden u. blieb im Sediment erhalten. Ernst Schulte. 385□

Zur Petrographie des Grünsandsteins von Ostönnen bei Soest. G. Pfefferkorn und H. Urban. (Neues Jb. Mineralog., Mh. **1957**. 147—49. Okt. Münster, Westf.) (Dt.)

Der Soester Grünsand stellt nicht nur eine stratograph., sondern auch eine petrogenet. Einheit dar. Die Sandsteine von Anröchte u. Ostönnen unterscheiden sich in ihrem Mineralbestand u. der Kornverteilung nur unwesentlich. Das Anröchter Material scheint gegen Verwitterungs-Einfl. etwas resistenter zu sein. Ernst Schulte. 385□

Tonsteine in Kohlenflözen der Oststaaten von Nordamerika und Ostaustralien. K. Hoehne. (Chem. d. Erde **19**. 111—29. 9 Tafeln. 1957. Völklingen, Saar.) (Dt.)

Verschiedene Tonsteine aus den Kohlengebieten der Oststaaten der USA wurden untersucht. Sie gehören zu Tonsteinen mit Tonballenstruktur, zum kristallarmen, dichten Tonsteintyp u. den Übergangstonsteinen an. Sie sind horizontbeständig u. gelten als Leitlagen. Im Wongawilli-Flöz von Port Kembla, Neusüdwales, wurden ein Graupentonstein- u. ein Kristalltonsteinlager gefunden. Der im Stefan B im Flöz 1, Banel Est. Decazeville, Mittelfrankreich, ist ein Übergangstonstein, der sich aus Quarz, Montmorillonit u. wahrscheinlich aus Kaolin u. Illiten aufbaut. Ernst Schulte. 385□

Über Metabolite und ihre Kennzeichnung durch das Gefüge. Rudolf Vogel. (Chem. d. Erde **19**. 147—69. 7 Tafeln. 1957. Göttingen, Univ., Metallograph. Labor.) (Dt.)

Nur ein Teil der bekannten Fe-Meteorite weist ein normales Gefüge auf, der andere zeigt im Gefüge gewisse Veränderungen. Das Normalgefüge ist gekennzeichnet durch: 1. Unigraner Zustand der Hexaedrite u. des Kamazits in den Oktaedriten. 2. Das Eutektoid der Ni-reichen „dichten" Ataxite. 3. Das Fehlen von Auflösungserscheinungen beim Wiedererhitzen an den akzessor. Bestandteilen Troilit, Schreibersit, Rhabdit, Daubreélith u. Cohenit. Die durch Temp.-Einw. entstehenden Gefügeänderungen lassen sich in 2 Gruppen einteilen. A) Veränderung infolge der α–γ-Umwandlungen, nämlich: a) Verschwinden des Widmanstättenschen Gefüges. b) Verschwinden der Neumannschen Linien. c) Körnung des Kamazits u. Taenits. d) Das α–γ-Eutektoid. e) Das Zwillingsfetzengefüge. B) Veränderungen der akzessor. Bestandteile. f) Troilit, g) Schreibersit u. Rhabdit, h) Daubreélith, i) Cohenit. Alle diese Gefügeänderungen werden eingehend beschrieben. Ernst Schulte. 388□

Anthrazitische Kohle aus dem präkambrischen oberen huronischen „Schwarzen Schiefer" vom Iron River District, Northern Michigan. S. A. Tyler, E. S. Barghoorn und L. P. Barrett. (Bull. geol. Soc. America **68**. 1293—1304. Okt. 1957. Madison, Wis., Univ. of Wisconsin, Dep. of Geol.; Cambridge, Mass., Harvard Univ., Bot. Mus. and Biol. Labor.) (Engl.)

Das in den Michiganschiefer (Iron River District) eingebettete anthrazit. Sedimentgestein wurde petrograph., chem. u. röntgenograph. untersucht. Die Kohle ist in dem Schiefer linsenförmig vorhanden. Ähnliche Verhältnisse zwischen anthrazit. Kohle u. schwarzem Schiefer wurden in Bohrkernen aus 1000 m Tiefe einige Meilen entfernt gefunden. Der schwarze Schiefer weist Kohle in zahlreichen ellipt. Körpern, verschiedener Größe aber relativ gleicher Form auf. Diese Eig. wird auf organ. Ursprung zurückgeführt. Kleine ellipt. Strukturen wurden auch auf durch Hitze geätzten Anschliffen anthrazit. Kohle beobachtet. Debye-Scherrer-Diagramme zeigten partielle Graphitisierung; sie ist weniger stark als bei den Rhode Island Meta-Anthraziten von „Pennsylvanien" Alter. Durch extraktive u. chromatograph. Meth. wurde eine pigmentreiche organ. Substanz erhalten. Sie fluoresciert stark im UV, ist in Säuren u. Basen lösl., zeigt Farbwechsel mit dem pH-Wert, ist therm. hochstabil. Oxidierende Behandlung erhöht die Ausbeute der organ. Extrakte. Die vermutlich aus Algen entstandene organ. Substanz im Sedimentgestein erlaubt Rückschlüsse auf das Leben im Präkambrium. Ernst Schulte. 390□

B. Allgemeine und theoretische organische Chemie

Über das Ultraviolettabsorptionsspektrum von m-Chloräthylbenzol. G. Sitharamamurty und V. Ramakrishna Rao. (J. sci. ind. Res. [New Delhi], Sect. B **15.** 549—50. Sept. 1956. Waltair, Andhra Univ., Phys. Dep.) (Engl.)

Das Absorptionsspektrum von *m-Chloräthylbenzol* wurde beim Sättigungsdampfdruck der Temp. 0—85° untersucht. Das Syst. aus 64 Banden lag im Bereich 2760 bis 2480 Å (0.0-Bande bei 2750). Das RAMAN-Spektrum u. die Depolarisationsfaktoren wurden auch untersucht. W. SCHRAMM. B 118□

Über das Absorptionsspektrum von p-Hydroxyanisol. V. Suryanarayana und V. Ramakrishna Rao. (J. sci. ind. Res. [New Dehli], Sect. B **15.** 548—49. Sept. 1956. Waltair, Andhra Univ., Phys. Dep.) (Engl.)

Das UV-Spektrum von *p-Hydroxyanisol* wurde im Temp.-Bereich 28—150° untersucht. Beim Sättigungsdampfdruck bei 65° wurden die meisten Banden (46) beobachtet. Die 0.0-Bande lag bei 33676 cm^{-1}. Zuordnungen der Grundschwingungen sind tabelliert. W. SCHRAMM. B 118□

Absorptionsspektren von α-Bromacetophenon, α-Formyl-α-bromacetophenon und p-Chlor-α-formyl-α-bromacetophenon. M. M. Bokadia und K. P. Verma. (Agra Univ. J. Res. **7.** 119—22. Juli 1958. Naini Tal., D.S.B. Gov. Coll.) (Engl.)

Die UV-Spektren der im Titel genannten Verbb. wurden in n-Hexan aufgenommen. Die Einführung des Formylrestes gibt einen bathochromen Effekt. Bei p-Chlor-α-formyl-α-bromacetophenon fehlt die für den Phenylrest typ. Bande. Dies wird auf den Beitrag chinoider Strukturen zur Mesomerie zurückgeführt. W. SCHRAMM. B 118□

Umwandlung von Elektronenanregungsenergie. E. Lippert, W. Lüder, F. Moll, W. Nägele, H. Boos, H. Prigge und I. Seibold-Blankenstein. (Angew. Chem. **73.** 695—706. 7/11. 1961. Stuttgart, T.H., Labor. für physikal. Chem.) (Dt.)

Vff. beschreiben an Hand neuerer, an Lsgg. aromat. Verbb. (Merocyanine, Stickstoff-Heterocyclen, Säureamide usw.) gewonnener fluorescenzspektroskop. Ergebnisse die Rk.-Mechanismen der strahlungslosen Desaktivierung von Moll. in angeregten Elektronenzuständen sowie die den Mechanismen zugrundeliegenden Prinzipien: STOKEsche Rotverschiebung, anomale STOKEsche Rotverschiebung (nichtspezif. Lsgm.-Effekte, Best. des Dipolmoments im Anregungszustand, Temp.-Effekte), Photolyse, cis-trans-Umwandlungen, univalente Redoxprozesse, innermol. Redoxprozesse, protolyt. Rkk. sowie Energiewanderung. Neue Messungen bzw. Berechnungen an den Verbb.: *4-Dimethylamino-4'-nitrodiphenyl, 4-Nitro-4'-dimethylaminostilben, p-Diäthylamino-, -Dimethylamino-, -Amino, -Methoxybenzonitril, p-Cyandiäthylanilin, p-Dimethylaminozimtsäurenitril, 9.10-Diazaphenanthren, 4-[4-Hydroxystyryl]-N-methyl-, -N-äthyl-* u. *-N-n-propylpyridiniumbetain*; pK-Wert im Grund- u. angeregten Zustand aus Bandenverschiebungen (*Lumazin, 1.3-Dimethyl-7-hydroxy-, 1.3-Dimethyl-7-methoxy-, 1.3.6-Trimethyl-7-hydroxy-, 1.3.6-Trimethyl-7-methoxy-, 1.6-Dimethyl-7-hydroxy-, 3.6-Dimethyl-7-hydroxy-2.4-dioxo-1.2.3.4-tetrahydropteridin, 1.3.8-Trimethyl-, 1.3.6.8-Tetramethyl-* u. *6.8-Dimethyl-2.4.7-trioxo-1.2.3.4.7.8-hexahydropteridin*). D. JÖRCHEL. B 118□

Die Elektronenspektren von Arylmethylionen. R. Grinter und S. F. Mason. (Proc. chem. Soc. [London] **1961.** 386—87. Okt. Exeter, Univ., Chem. Dep.) (Engl.)

Nach der HÜCKELschen Näherung besitzen der höchste bindende u. der niedrigste antibindende Zustand eines symm. Di- oder Triarylmethylions die gleiche Energie wie der aromat. KW-Stoff, aus dem das Ion schemat. durch Einführung einer geladenen CH_3-Gruppe gebildet wird. Danach sollten diese Ionen, unabhängig davon, ob sie positive oder negative Ladungen tragen, eine niedrigfrequente Absorption (bei derselben Wellenlänge) besitzen, die doppelt so groß wie die des Grund-KW-Stoffs ist. In Übereinstimmung damit absorbieren die positiven *Tris-[p-* u. *-[m-* u. *Bis-[p-* u. *-[m-biphenylyl]-methyl*-Ionen (in konz. H_2SO_4) bei 5000—5500 Å, ca. doppelt so hoch wie Biphenyl (2500) selbst. Für die entsprechenden Anionen (als K-Salze in Ae.) gilt dies jedoch nicht. Während beim Übergang von H_2SO_4 zu anderen starken Mineralsäuren die Spektren der Carboniumionen unverändert bleiben, hängt die Wellenlänge bei den Carbanionen von der Art des Gegenions u. des Lsgm. ab, u. zwar ist diese Abhängigkeit um so ausgeprägter, je mehr die negative Ladung lokalisiert ist. Damit wirken sich die Einfl. der Ionenpaar-Bldg. u. der Solvatation auf die Übergangsenergie in solchen Anionen stärker aus als in den negativen aromat. KW-Stoff-Radikalionen. G. PÖTZSCHER. B 118□

Über das Elektronenspektrum von α-Fluornaphthalin im flüssigen und festen Zustand. S. B. Banerjee. (Indian J. Physics Proc. Indian Assoc. Cultivat. Sci. **34/43.** 61—65. Febr. 1960. Calcutta, Indian Assoc. Cultivat. Sci.) (Engl.)

Das UV-Spektrum von *α-Fluornaphthalin* im fl. (28°) u. festen Zustand (—180°) weist zwei Banden-Syst. bei 3200—3000 u. 2900—2600 Å auf. Die 0.0-Bande des 1. Syst. verschiebt sich beim Übergang vom Dampf- (31872 cm^{-1}) in den fl. Zustand auf 31430 u. in den festen Zustand auf **31348**; die Banden nehmen dabei an Schärfe zu. Beim 2. Syst. erfolgt ebenfalls eine Verschiebung nach längeren Wellen (Gas 35222 → fl. 34100), jedoch nicht beim Übergang in den festen Zustand. G. PÖTZSCHER. B 118□

Elektronenspektren von substituierten Anthracenen. Beweis für das Auftreten des ^1L_b-Übergangs. Vorl. Mitt. Hiroaki Baba und Satoshi Suzuki. (J. chem. Physics **35.** 1501—02. Okt. 1961. Sapporo, Japan, Hokkaido Univ., Res. Inst. of Appl. Electricity.) (Engl.)

Die niedrigfrequente Absorption von *α-Anthrol* (α-I) in Isooctan wird einem einzigen Übergang zugeordnet, die dem vom starken ^1L_a-Übergang maskierten ^1L_b-Übergang des Anthracens (vgl. PLATT, J. chem. Physics **17.** [1949.] 484) entspricht. Für β-I folgt aus der Analyse der Schwingungsstruktur der Absorption, aus dem Fehlen der Spiegelbildbeziehung zwischen Absorption u. Fluorescenz u. aus dem Auftreten zweier Maxima bei 24000 u. 30000 cm^{-1} beim I-Anion (in wss. NaOH), daß die Absorption durch Überlagerung des ^1L_a- (niedrigfrequente Absorption) u. ^1L_b-Übergangs zustande-kommt. G. PÖTZSCHER. B 118□

Die Intensität der Ultraviolett-Lichtabsorption durch Einkristalle. 4. Mitt. Absorption von eben-polarisiertem Licht durch Naphthacen. A. Bree und L. E. Lyons. (J. chem. Soc. [London] **1960.** 5206—12. Dez. Sydney, N.S.W., Australia, Univ.) (Engl.) — 3. vgl. C. **1959.** 16988.

Vff. bestimmten die mol. Extinktions-Koeff. des Absorptionsspektrums von *Naphthacen* u. daraus die Polarisationen von 4 elektron. Übergängen. Ein Vgl. mit der Theorie zeigt Übereinstimmung für die Absorptionssyst. I, III u. IV. D. JÖRCHEL. B 118□

Ultraviolettspektren von verschiedenen Hydroderivaten und Derivaten mit funktionellen Gruppen von Bicycloheptadien mit 7-Spirosubstituenten. Charles F. Wilcox jun. und Rhoda R. Craig. (J. Amer. chem. Soc. **83.** 4258—62. 20/10. 1961. Ithaca, N.Y., Cornell Univ., Dep. of Chem.) (Engl.)

2.3-Bis-[methoxycarbonyl]-bicyclo-[2.2.1]-hepten-(2) (I) u. seine *7-Spiro-Derivv.* (**A**) zeigen im UV eine Absorption bei ca. 240 mμ, die dem α.β-Dialkylmaleinatchromophor zugeordnet wird. Diese Absorption bleibt bei den entsprechenden *Bicycloheptadien*-Derivv. (**B**) bei etwa gleicher Lage, obgleich beim Übergang vom *Bicycloheptan* zum *Bicycloheptadien* (**C**) eine bathochrome Verschiebung von 15—20 mμ auftritt. Es wird angenommen, daß in den untersuchten Derivv. **B** im Gegensatz zu **C** nur eine schwache Kopplung der Chromophoren eintritt. In den Verbb. **B** tritt außerdem eine Ladungsübertragungsbande auf, die ihren Ursprung im Übergang eines Elektrons aus dem Grundzustand der 5.6-Doppelbindung in den niedrigsten angeregten Zustand des Maleinatchromophors hat. Für die Spirocyclopropangruppe wird keine besondere Absorption beobachtet. Untersuchte Verbb.: I *Δ^2-2.3-Bis-[methoxycarbonyl]-bicyclo-[2.2.1]-hepten-7-spiro-1'-cyclopropan*; *-1'-cyclopentan*; *2.3-Bis-[methoxycarbonyl]-bicyclo-[2.2.1]-heptadien-(2.5)*; *$\Delta^{2.5}$-2.3-Bis-[methoxycarbonyl]-bicyclo-[2.2.1]-heptadien-7-spiro-1'-cyclopropan*; *-1'-cyclopentan*; *Spiro-[2.4]-heptadien-(1.3)*; *Spiro-[4.4]-nonadien-(1.3)*; *5.5-Dimethylcyclopentadien*; *Δ^5-cis-2.3-Dichlorbicyclo-[2.2.1]-hepten-7-spiro-1'-cyclopropan* [$C_9H_{10}Cl_2$, F. 96,5—99°, aus cis-1.2-Dichloräthylen, Spiro-[2.4]-heptadien-(1.3) u. etwas 2.5-Di-tert.-butylhydrochinon durch Erhitzen im Bombenrohr auf 170—180° für 22—30 Std. u. Destillation bei 4—5 mm; 22% (Ausbeute)]; *Bicyclo-[2.2.1]-heptadien-(2.5)-7-spiro-1'-cyclopropan* [C_9H_{10}, Kp.$_{83}$ 68°, durch Zugeben der vorst. Verb. (0,136 Mol) in Ae. zu einem Gemisch von Mg (0,33 Mol), Ae. (160 ml) u. Jod (0,024 Mol) im Laufe von 11 Std., Hydrolyse des festen Nd. mit Eiswasser u. fraktionierte Dest.; n_D^{23} 1,4871; $D._4^{20}$ 0,9312; 11,75 g].
R. ALBRECHT. B 118□

Bestimmung der Dipolmomente von angeregten Zuständen des Azulens. W. W. Robertson, A. D. King jun. und O. E. Weigang jun. (J. chem. Physics **35.** 464—66. Aug. 1961. Austin, Tex., Univ. of Texas, Dep. of Phys.) (Engl.)

Die Absorptionen der ^1L_b-, ^1L_a u. ^1B_b-Übergänge von *Azulen* werden in 22 polaren u. unpolaren Lsgm. gemessen. Die beobachteten Frequenzverschiebungen werden (unter einigen Näherungen) zur Ermittlung der Konst. der Gleichung von McRAE (C. **1957.** **13244**) verwendet, mit denen eine Ermittlung der Dipolmomente der angeregten Zustände für jeden Übergang möglich ist. Unter der Annahme der Größen 3 Å bzw. 4 Å für den effektiven Radius werden die Dipolmomente wie folgend ermittelt: ^1L_b 0,23 bzw. —0,810; ^1L_a 0,44 bzw. —0,32 D., ^1B_b 1,0 bzw. 1,0 D. Die von PARISER (C. **1957.** 9864) berechneten Dipolmomente für diese 3 Übergänge betragen jedoch —1,36, —20,7 u. —1,82 D. RUDOLF ALBRECHT. B 118□

Ultraviolettabsorptionsspektren von Tris-[pyrryl-(2)]-phosphinoxid: Beweis für dπ—pπ-Bindung. Claibourne E. Griffin und Rosalyn A. Polsky. (J. org. Chemistry **26.** 4772—73. Nov. 1961, Pittsburgh, Pa., Univ. of Pittsburgh, Dep. of Chem.) (Engl.)

Das UV-Spektrum von *Tris-[pyrryl-(2)]-phosphinoxid* (I) in 95%ig. A. zeigt eine Absorptionsbande bei 237,5 mμ (log 4,06ε), sein *Tris-N-Methyl-Deriv.* (II) bei 248 (4,11). Vgl. mit den Spektren von Pyrrol, N-Methylpyrrol u. Pyrrolen, die in 2-Stellung konjugationsfähige Substituenten tragen, lassen erkennen, daß bei I u. II deutliche dπ–pπ-Bindung auftritt. W. SCHRAMM. B 118□

Ein Modell für Berechnungen von Winkelspannungen. Optisch-aktive Biphenyle mit symmetrischen Brücken. Kurt Mislow und M. A. W. Glass. (J. Amer. chem. Soc. **83.** 2780—81. 20/6. 1961. New York, N.Y., Univ. of New York, Dep. of Chem.) (Engl.)

Vff. berechnen die Aktivierungsenergie E_A der Racemisierung von *2.2';6.6'-Bis-[2-oxatrimethylen]-biphenyl* (**Ia**) zu 22 [kcal·Mol^{-1}], von *2.2';6.6'-Bis-[2-thiatrimethylen]-biphenyl* (**Ib**) zu **42** u. finden in guter Übereinstimmung damit, daß die Racemisierung von **Ia** gemäß $k_1 = 10^{11,7}\ e^{-20,2/RT}$, Halbwertszeit $t_{1/2}^{23,3}$ 10,7 [min], von *2.2'-[2-Oxatrimethylen]-6.6'-[2-thiatrimethylen]-biphenyl* (**Ic**) gemäß $k_1 = 10^{13,2}\ e^{-30,0/RT}$, $t_{1/2}^{84,6}$ 31,7 [h], verläuft, während **Ib** in o-Xylol bei 83,5° in 3 Std. nicht racemisiert.

Versuche: (+)-*6.6'-Dibrommethyl-2.2'-diphensäuredimethylester* [(+)-**II**], F. 105,5 bis 106,5°, aus (—)-(R)-6.6'-Dimethyl-2.2'-diphensäuredimethylester u. N-Bromsuccinimid; $[\alpha]_D^{24}$ +21° (Bzl.). — (+)-*2.2'-[2-Thiatrimethylen]-6.6'-bis-[hydroxymethyl]-biphenyl* [(+)-**IIIb**], F. 123,5—124,5°, aus (+)-**II** u. Na_2S, anschließend $LiAlH_4$; $[\alpha]_D^{23}$ +58° (Chlf.). — (+)-**Ib**, F. 213,3—215,5° (Zers.), $[\alpha]_D^{26}$ +415° (Bzl.) u. *2.2'.6.6'-Tetrakis-[brommethyl]-biphenyl* (**IV**; äquimol. Gemisch), aus (+)-**IIIb** u. PBr_3 in Bzl. mit Spuren Pyridin. — *2.2'-[2-Thiatrimethylen]-6.6'-bis-[brommethyl]-biphenyl* (?), aus (±)-**IIIb** [F. 154,5—155,5°, aus (±)-**II**, F. 131—134°] analog vorst. Verbindungen. Therm. Zers. zu (±)-**Ib** (F. 266—267°, Zers.) u. **IV**. Reagiert mit Na_2S zu (±)-**Ib**. — (+)-*2.2'-[2-Oxatrimethylen]-6.6'-bis-[hydroxymethyl]-biphenyl* [(+)-**IIIa**], F. 139—140,5°, aus (+)-**II** u. Ag_2O in wss. Aceton, anschließend $LiAlH_4$-Red.; $[\alpha]_D^{23}$ + 32° (Chlf.). — (+)-**Ia**, durch Zugabe von (+)-**IIIa** zu konz. H_2SO_4 in o-Xylol; $[\alpha]_{435}^{0}$ +230° (o-Xylol). — (±)-**Ia**, F. 189—191°, a) aus **IV** u. Ag_2O in wss. Aceton; b) aus **IIIa** u. Tosylchlorid (**V**) in Pyridin; c) aus **IIIa** u. p-Toluolsulfonsäure in sd. Benzol. — (+)-(R)-**Ic**, F. 161—162°, aus (+)-**IIIb** u. **V** in Pyridin; $[\alpha]_D^{25}$ +333° (o-Xylol). — (±)-**Ic**, F. 161—162°, aus (±)-**IIIb**) analog (+)-**Ic**. A. TREDE. B 119□

Die innere Rotation von Methylgruppen, nachgewiesen durch die Bandenformen in den Infrarotspektren von Lösungen und Gasen. W. J. Jones und N. Sheppard. (Proc. chem. Soc. [London] **1961.** 420—21. Nov. Cambridge, Univ. Chem. Labor.) (Engl.)

Freie innere Rotation einer Methylgruppe läßt sich durch größere Bandenbreiten (mit auflösbarer Struktur in der Gasphase) im IR nachweisen, wenn die Methylgruppe (mit kleinem Trägheitsmoment um die Rotationsachse) an einen Rest mit großem Trägheitsmoment um die Achse der inneren Rotation gebunden ist. So sind die Senkrechtbanden der CH_3-Gruppe von *Nitromethan* bzw. *Toluol* (Energiebarriere der inneren Rotation 6 bzw. 500 cal/Mol) bei ca. 1450 cm^{-1} deutlich breiter als die der entsprechenden Bande von *Neopentan* (mit einer Energiebarriere von ca. 4000 cal/Mol).

RUDOLF ALBRECHT. B 120□

Infrarotabsorptionsspektren hoher Auflösung im Bereich 1,65 μ für Moleküle der Symmetrie C_{3v}. Jacques Chaventon. (C. R. hebd. Séances Acad. Sci. **253.** 1199 bis 1201. 11/9. 1961.) (Franz.)

Mit Hilfe einer spektrograph. Anordnung mit einem Gitter vom EBERT-FASTIE-Typ erzielte Vf. eine Auflösung von 60000 im Bereich 6000 cm^{-1}, die an Hand der Abb. der senkrechten $2\nu_4$-Bande von JCH_3 veranschaulicht wird. An *Methylacetylen* (I) bzw. *Acetonitril* (II) wurden die parallelen Komponenten (Bandenzentren bei 5917,0 bzw. 6007,1) u. die senkrechten Komponenten (bei 5952,7 bzw. 5966,9) der $2\nu_6$- bzw. $2\nu_5$-Banden beobachtet, die der ersten Harmonizität der asymm. Valenzschwingung der Methylgruppe entsprechen. Die Best. von B' + B'' führt für I auf B' = 0,2829 cm^{-1} u. B'' = 0,2848 cm^{-1} u. für II auf einen Abstand X—C, dessen von der Masse X abhängiger Verlauf etwa dem Ast einer Parabel mit der Abscisse (Masse X) als Parabelachse entspricht. Die bisher bei allen untersuchten Verbb. des Typs XCH_3 mit der Symmetrie C_{3v} beobachteten, von den parallelen Banden wohl zu unterscheidenden senrechten Banden deuten auf die Ggw. einer Schwingungsstörung, die allen Moll. bei der beobachteten Harmonizität gemeinsam ist. Diese systemat. Störung dürfte es erlauben, aus den

Niveaus jene herauszufinden, bei denen die C–X-Schwingungen, deren Frequenz ja von einem Substituenten X zum anderen stark schwankt, eine Rolle spielen.

D. JÖRCHEL. B 120□

Infrarotabsorptionsspektren hoher Auflösung bei 1,65 μ für Moleküle der Symmetrie C_{3v}. Vergleichende Untersuchung der senkrechten Banden der ersten Harmonizität der antisymmetrischen Valenzschwingung der CH_3-Gruppe. Jacques Chaventon. (C. R. hebd. Séances Acad. Sci. 253. 1251—53. 18/9. 1961.) (Franz.) — Vgl. vorst. Referat.

Vf. zeigt an Hand einer Auswertung von Absorptionsmessungen, bei denen mit Hilfe eines FABRY-PEROT-Etalons die Lage von Absorptionslinien mit einer Genauigkeit von 0,03 cm^{-1} bestimmt werden konnte, daß die Rotationsstörungen in den Verbb. X–CH_3 (X = *K*, *Br*, *Cl*, *CN* u. *C≡CH*) für die verschiedenen X keineswegs systemat. sind. Im Unterschied zu den Schwingungsstörungen, die bei den entarteten Niveaus in der ersten Harmonizität der antisymm. Valenzschwingung festgestellt wurden, scheint die Rotationsstörung die Schwingungen der CX-Bindung zu beeinflussen.

D. JÖRCHEL. B 120□

Zur Frage der trans-Enolisation. 1. Mitt. **Einfluß von Lösungsmitteln auf die Enolisation „trans-fixierter" Ketoenole.** M. I. Kabatschnik, Ss. T. Ioffe, Je. M. Popow und K. W. Watzuro. (Журнал Общей Химии [J. allg. Chem.] 31 (93). 2122—31. Juli 1961. Inst. für metallorg. Verbb. der Akad. der Wiss. der UdSSR.) (Russ.)

Die IR-Spektren von krist. *α-Äthyl-* (I, F. 127—128°) u. *α-Propyltetronsäure* (II, F. 126°) unterscheiden sich deutlich vom Spektrum des *γ-Hydroxy-α.α-dimethylacetessigsäurelactons* (III, $C_8H_8O_3$, Kp.$_5$ 72,5°, aus γ-Acetoxy-α.α-dimethylacetessigsäureäthylester nach KONRAD [1898]; $D._4^{20}$ 1,1496, n_D^{20} 1,4483), in dem bei ähnlicher Struktur die Ketogruppe fixiert ist. I u. II zeigen ein breites diffuses Gebiet bei 3050—2950 cm^{-1} sowie eine intensive Absorption bei 2710 cm^{-1}, die man den Valenzschwingungen einer an intermol. H-Bindungen beteiligten OH-Gruppe zuordnet. Danach liegen I u. II im Festzustand in der Enolform vor. Auch die UV-Spektren von I u. III in Methanol zeigen beträchtliche Unterschiede, die darauf schließen lassen, daß das Gleichgewicht der Strukturen von I auch in Lsg. nicht wesentlich zur Ketoform hin verschoben ist. In Abhängigkeit vom pH-Wert tritt lediglich eine auf das Auftreten von I-Anionen zurückgehende Modifizierung der Spektren ein. Auch die Messung der IR-Spektren von I in verschiedenen Medien läßt keine merkliche Abhängigkeit des Enolisierungsgrades von I vom Lsgm. erkennen. *α-Äthylmalonsäureisopropylidenester* (IV, $C_8H_{12}O_4$, F. 107°) liegt nach der spektroskop. Unters. im Festzustand u. in nichtpolaren Lsgm. ausschließlich in der Ketoform vor. In polaren Lsgm. befindet sich diese im Gleichgewicht mit dem Enolatanion, dessen Konz. vom pH-Wert abhängt. Im IR-Spektrum von monodeuteriertem IV ist im Vgl. zur nichtdeuterierten Verb. die Absorption bei 2895 cm^{-1} weniger intensiv, u. es tritt ein neues Maximum bei 2145 cm^{-1} auf; es findet demnach ein Isotopenaustausch bei der Darst. von deuteriertem IV am zur Ketogruppe α-ständigen C-Atom statt. In CCl_4 zeigen deuteriertes u. normales IV die gleiche Absorption bei 3535 cm^{-1}, die auf die Valenzoberschwingungen der C=O-Gruppe zurückgeführt wird. Nach dem Gesamtergebnis befolgen weder I u. II noch IV die Regel von MEYER [1912] noch die Hypothese von EISTERT u. REISS (vgl. C. **1954**. 4358) über den Einfl. des Lsgm. auf die Enolisierung von Ketoenolen.

H.-E. TOUSSAINT. B 120□

Zur Frage der trans-Enolisation. 2. Mitt. **Einfluß der Lösungsmittel auf die trans-Enolisation von α-Alkylacetessigestern.** M. I. Kabatschnik, Ss. T. Ioffe, Je. M. Popow und K. W. Watzuro. (Журнал Общей Химии [J. allg. Chem.] 31 (93). 2682—92. Aug. 1961.) (Russ.) — 1. vgl. vorst. Referat.

Bei β-Dicarbonyl-Verbb. ist theoret. ein Gleichgewicht zwischen einer Keto-, einer trans-Enol- u. einer cis-Enolform möglich. Zur Unters. der Gesetzmäßigkeiten der Enolisierung erscheinen *α-Alkylacetessigsäureester* (A) als geeignete Objekte, da sich bei α-Substituenten mit stark verzweigten Resten eine ster. Hinderung erwarten läßt, die eine Bldg. der cis-Enolform erschwert bzw. sogar verhindert. In den IR-Spektren der A treten drei intensive Absorptionsbereiche bei ca. 1738, 1715 u. 1618 cm^{-1} auf, die den Schwingungen der beiden CO-Gruppen der Ketoform u. der C=C-Doppelbindung der Enolform zugeordnet werden. Aus der Abwesenheit einer für cis-Konfigurationen charakterist. Absorption im Bereich 1650—1660 cm^{-1} bei A mit sek. Alkylresten wird geschlossen, daß die Enolform dieser Verbb. erwartungsgemäß überwiegend in der trans-Konfiguration vorliegt. Bes. am Beispiel des *α-sek.-Butylacetessigsäureäthylesters* (I) wird gezeigt, daß der Enol-Geh. von A mit verzweigten α-Substituenten prakt. nicht vom Lsgm. (Ae.; Hexan; A.; Methanol; auf pH 2,5 angesäuertes 67%ig. Methanol) abhängt. Durch

Bromometrie wurde der Enol-Geh. der **A** in zahlreichen Lsgm. genauer ermittelt; die Ergebnisse für **I** u. ähnliche Verbb. bestätigen die spektroskop. festgestellte Unabhängigkeit des Enolisierungsgrades vom Lösungsmittel. Bei der Auftragung der Tautomeriegleichgewichts-Konst. K_T über der Lsgm.-Konstanten L [entsprechend der früher abgeleiteten Formel $K_T = EL + E_1$ (modifizierte Regel von MEYER)] ergeben sich für die **A** mit stark verzweigten Alkylresten nahezu horizontale, für die anderen **A** dagegen mitunter stark ansteigende Geraden [Steigung 45° für die Standardsubstanz *Acetessigsäureäthylester*, noch stärker für *α-Phenylacetessigsäureäthylester* (**II**)]. Aus den erhaltenen Daten ließ sich der cis-Geh. des Enolanteils der **A** in verschiedenen Lsgm. berechnen; er liegt zwischen 0,8% bei **I** in Methanol u. 91,9% für *α-Benzylacetessigsäureäthylester* in Bzl. (**II** in Bzl. 99,5%). Bei der ausführlichen Diskussion der an den **A** erhaltenen Resultate werden auch die Ergebnisse anderer Autoren über die Enolisierung von Diketo-Verbb. verschiedener Struktur erörtert u. zusammengefaßt.

Versuche: Acetessigsäureäthylester: *α-Methyl-*, $Kp._8$ 66—66,5°, aus Natriumacetessigsäureäthylester u. Methyljodid; $D._4^{20}$ 0,9989, n_D^{20} 1,4200. — *α-Isobutyl-*, $Kp._{16}$ 105—108°, analog; $D._4^{20}$ 0,9511, n_D^{20} 1,4300. — *α-sek.-Butyl-* (**I**), $Kp._8$ 68°, $D._4^{20}$ 0,9584, n_D^{20} 1,4350. — *α-[Pentyl-(2)]-*, $Kp._7$ 96—99°, $D._4^{20}$ 0,9492, n_D^{20} 1,4350. — *α-[Pentyl-(3)]-*, $Kp._9$ 100°, $D._4^{20}$ 0,9568, n_D^{20} 1,4375. — *α-[Hexyl-(2)]-*, $Kp._{10}$ 118—121°, $D._4^{20}$ 0,9433, n_D^{20} 1,4370. — *α-[Heptyl-(2)]-*, $Kp._8$ 123—124°, $D._4^{20}$ 0,9331, n_D^{20} 1,4388. — *α-[Octyl-(2)]-*, $Kp._2$ 114—116°, $D._4^{20}$ 0,9254, n_D^{20} 1,4397. — *α-n-Heptyl-*, $Kp._3$ 122—124°, $D._4^{20}$ 0,9291, n_D^{20} 1,4365. — *α-Cyclopentyl-*, $Kp._7$ 115°, $D._4^{20}$ 1,0155, n_D^{20} 1,4570. — *α-Benzyl-*, $Kp._2$ 110,5—112°, $D._4^{20}$ 1,0636, n_D^{20} 1,5056. — *α-Cyclohexyl-*, $Kp._3$ 95—96°, aus Acetessigsäureäthylester, Cyclohexanon u. BF_3; $D._4^{20}$ 1,0386, n_D^{20} 1,5170. — *α-Phenyl-* (**II**), $Kp._{2,5}$ 113—115°, aus α-Phenyl-α-acetylacetonitril; $D._4^{20}$ 1,0855, n_D^{20} 1,5170.

H.-E. TOUSSAINT. B 120□

Infrarotspektren adsorbierter Polymethinfarbstoffe. Das 1.5-Bis-dimethylamino-pentamethinfarbsalz. Siegfried Dähne. (Z. Elektrochem., Ber. Bunsenges. physik. Chem. **65**. 763—67. Nov. 1961. Berlin, Humboldt-Univ., II. Chem. Inst., Dtsch. Akad. der Wiss. zu Berlin, Inst. für Optik u. Spektroskopie.) (Dt.)

1.5-Bis-[dimethylamino]-pentamethinperchlorat wird aus wss. Lsg. an Ag-Halogenidsuspensionen adsorbiert (dabei tritt Umsalzung ein) u. nach Trocknung zu Preßlingen verarbeitet. Die meisten Banden des Farbstoffions werden beim Übergang Film > KBr-Preßling > Lsg. > AgCl-Preßling > AgBr-Preßling > AgJ-Preßling bathochrom verschoben. Die Intensitäten der den ν(C=C) u. $\nu(C{=}N^+)$ versuchsweise zugeordneten Banden bei 1560 u. 1610 cm^{-1} sowie die der γ(CH) u. $\delta_{symm.}(CH_3)$ u. $\delta_{asymm.}(CH_3)$ wurden bestimmt. Da die Änderungen von Bandenlage u. Intensität der Glieder der konjugierten Methinkette am größten sind, werden die Ergebnisse mit einer Beeinflussung des Elektronengrundzustandes des Farbstoff-Mol. bei der Adsorption an Ag-Halogeniden erklärt.

U. UHLICH. B 120□

Temperatur- und Konzentrationsabhängigkeit der Frequenzen und Intensitäten der Raman-Linien von Gemischen von Ketonen mit Chloroform. Ju. G. Borodko und Ja. K. Ssyrkin. (Доклады Академии Наук СССР [Ber. Akad. Wiss. UdSSR] **131**. 868—71. 1/4. 1960. Moskau, Lomonossow-Inst. für chem. Feintechnol.) (Russ.)

Die RAMAN-Spektren von *Aceton* (**I**) u. *Acetophenon* (**II**) im Gemisch mit Hexan (**III**) u. mit Chlf. in Abhängigkeit von der Temp. u. der Konz. werden untersucht (Tabelle); die Temp.-Abhängigkeit wird auch bei Gemischen von *Methyläthylketon* u. *Benzophenon* mit Chlf. geprüft. Die Intensität der C=O- u. C—H-Linien nimmt in den Syst. von **I** u. **II** mit Chlf. zu, in den Syst. mit **III** ab, die Intensität der C—Cl-Linie bleibt prakt. unverändert. Vff. nehmen an, daß die Zunahme der Intensität der C=O-Linie mit dem Zerfall von Dimeren zusammenhängt, der von der Bldg. einer Mol.-Verb. mit Chlf. begleitet ist. Aus der Intensitätsänderung der Linie 3019 cm^{-1} wird die Enthalpie der Bldg. der Mol.-Verb. von **I** mit Chlf. bei 301, 263 u. 243°K zu $\Delta H = -3350$ cal/Mol u. $\Delta S = -14{,}3$ (cal/Grad·Mol) berechnet; der Wert von ΔH liegt zwischen 2 Literaturwerten.

R. K. MÜLLER. B 120□

„Rotations"-Isomere von Cyclopentanderivaten. Kunio Kozima und Wataru Suëtaka. (J. chem. Physics **35**. 1516—17. Okt. 1961. Meguro-ku, Tokyo, Tokyo Inst. of Technol.) (Engl.)

1.1.2-Trichlorcyclopentan ($Kp._8$ 61—62°) zeigt im IR-Spektrum beim Übergang vom festen zu fl. Zustand 3 neue Banden bei 648, 945 u. 1058 (cm^{-1}), deren Intensität sich bei der gasförmigen oder in CS_2 gelösten Verb. noch erhöht. Aus der Intensität der Banden bei 965 u. 979 schließen Vff. auf eine Energiedifferenz von 0,58 (CS_2), 0,71 (Chlf.), 0,97 (Aceton) u. 0,87 (Fl.) zwischen zwei „Rotationsisomeren", von denen die polarere Form in Lsgm. höherer DK stabiler ist.

G. PÖTZSCHER. B 120□

Die Wasserstoffbindung einiger substituierter Pyrazole in Tetrachlorkohlenstofflösung. D. M. W. Anderson, J. L. Duncan und F. J. C. Rossotti. (J. chem. Soc. [London] **1961.** 4201—09. Sept. Edinburgh, Univ., Dep. of Chem.) (Engl.)

Auf Grund der Konz.-Abhängigkeit der IR-Absorptionen der N-H-Valenzschwingungen von *3.5-Diphenylpyrazol* [F. 199—200°, aus Dibenzoylmethan u. Hydrazinhydrat (I)] in CCl_4 (10^{-4} bis $2 \cdot 10^{-3}$m) läßt sich die Bande bei 3475 ± 10 cm^{-1} dem Monomeren u. den freien Endgruppen der Polymeren, nicht der Dimeren, zuordnen. Das cycl. Dimere zeigt nur die durch Wasserstoffbrückenbindung erniedrigte Absorptionsfrequenz der N-H-Gruppe bei 3255 cm^{-1}. Die Absorptionsfrequenzen von *3.5-Dimethylpyrazol* (F. 107°, Cyclohexan) bei 3485 ± 10 cm^{-1} u. *3.5-Diäthylpyrazol* (F. 23—24°, aus Dipropionylmethan u. I) bei 3480 ± 10 cm^{-1} sind jedoch nur den N-H-Valenzschwingungen der monomeren Moll. zuzuordnen. Selbstassoziations-Konst. werden angegeben.
R. ALBRECHT. B 120□

Spektren von Eschscholtzxanthin und anderen Carotinoidpigmenten. Harold H. Strain, Mary R. Thomas und Joseph J. Katz. (J. org. Chemistry **26.** 5061—64. Dez. 1961. Argonne, Ill., Argonne National Labor.) (Engl.)

Aus dem Spektrum von *Eschscholtzxanthindiacetat* (I) zwischen 440 u. 540 mμ (in CS_2) u. den IR-Spektren (in KBr u. geschmolzen) geht hervor, daß *Eschscholtzxanthin* (II) 12 konjugierte Doppelbindungen u. eine Einfachbindung im Zentrum des Mol. besitzt. Das IR-Spektrum von II ähnelt bis auf die beiden Banden bei 955 u. 977 cm^{-1} an Stelle der einen Bande bei 965 cm^{-1} den im Original angegebenen Spektren von I, *Zeaxanthin* u. dessen *Diacetat, Lutein, Kryptoxanthin, Lycopin,* α- u. *β-Carotin.* II muß deshalb als Deriv. des symm.-Dehydro-β-carotins (Dehydroretrocarotin) u. nicht γ-Carotins angesehen werden.
U. UHLICH. B 120□

Das Mikrowellenspektrum des $(CH_3)_3CBr$ im Bereich um 20000 MHz. Werner Zeil, Manfred Winnewisser und Wolfgang Hüttner. (Z. Naturforsch. **16a.** 1248 bis 1249. Nov. 1961. Karlsruhe, TH, Inst. für Physikal. Chem. u. Elektrochem.) (Dt.)

Die Mikrowellenspektren für *tert.-Butylbromid* (I), $(CH_3)_3C^{79}Br$ u. $(CH_3)_3C^{81}Br$ werden im Bereich um 20000 MHz vermessen u. daraus die Kernquadrupolkopplungs-Konst. e Q q = 511,6 [MHz] für das Isotop ^{79}Br u. 427,4 für ^{81}Br u. die Rotations-Konst. berechnet. Daraus ergibt sich nach TOWNES u. DAILEY ein Ionencharakter der C—Br-Bindung von 21% bei I im Vgl. zu 12% bei Methylbromid. Die Zunahme des Ionencharakters ist in guter Übereinstimmung mit dem aus kernquadrupolresonanzspektroskop. Messungen berechneten Wert für den festen Zustand (vgl. ZEIL u. Mitarbeiter, Z. Elektrochem., Ber. Bunsenges. physik. Chem. **63.** [1959.] 1009). Es zeigt sich beim Vgl. mit anderen Werten ein Anstieg der Polarität beim Übergang von Methyl- zu tert.-Butyl-Derivaten.
A. TREDE. B 121□

Mikrowellenspektroskopische Untersuchungen an $(CH_3)_3CCl$ und $(CD_3)_3CCl$. Werner Zeil, Manfred Winnewisser und Karl Müller. (Z. Naturforsch. **16a.** 1250. Nov. 1961.) (Dt.) — Vgl. vorst. Referat.

Vff. vermessen die Mikrowellenspektren von *tert.-Butylchlorid* (I), $(CH_3)_3C^{35}Cl$, $(CH_3)_3C^{37}Cl$, $(CD_3)_3C^{35}Cl$, $(CD_3)_3C^{37}Cl$ u. berechnen daraus den Winkel C—C—C 110,5°, den Abstand d_{C-C} 1,535 [Å], d_{C-Cl} 1,80. Der Ionencharakter steigt von 26,6% beim Methylchlorid auf 33,1% bei I, entsprechend einer Abnahme der Quadrupolkopplungs-Konst. von 68,4 auf 62,4 MHz (Rotations-Konst. tabelliert).
A. TREDE. B 121□

Mikrowellenspektrum von cis-1-Chlor-2-fluoräthylen. John A. Howe. (J. chem. Physics **34.** 1247—49. April 1961. Cambridge, Mass., Harvard Univ., Mallinckrodt Chem. Labor.) (Engl.)

Das Mikrowellenspektrum von *cis-1-Chlor-2-fluoräthylen* wird im Bereich 15—25 kHz für die ^{35}Cl- u. ^{37}Cl-Verb. gemessen. Die Rotations-Konst. für $^{35}ClCHCHF$ sind a = 16405,9; b = 3756,05 u. c = 3052,67 Hz. Diese Werte sind mit einer angenommenen Struktur in Übereinstimmung, die sich unter Zugrundelegung der Parameter von Vinylchlorid u. -fluorid ergibt. Weitere Berechnungen zeigen eine 4%ig. Abweichung der C—Cl-Bindung von der cylindr. Symmetrie.
R. ALBRECHT. B 121□

Mikrowellenspektrum von Trichloracetonitril. A. Sundara Rajan. (Proc. Indian Acad. Sci., Sect. A **53.** 89—94. Febr. 1961. Aligarh, Muslim Univ., Dep. of Phys.) (Engl.)

Die Mikrowellenspektren von $C^{35}Cl_3CN$ (**I a**), $C^{35}Cl_2{}^{37}ClCN$, $C^{35}Cl^{37}Cl_2CN$ u. $C^{37}Cl_3 \cdot CN$ (**I b**) wurden im Bereich 20000—40100 MHz bei Raum- u. tieferer Temp. (Kühlung mit Trockeneis) aufgenommen. Für **I a** u. **I b** ergaben sich die B_0-Werte 1667,3 ± 0,2 bzw. 1613,8 ± 0,2 MHz. Bei Annahme der Werte 1,158 bzw. 1,46 Å für die C—N- bzw. C—C-Bindungslänge wurden die C—Cl-Bindungslänge zu 1,771 Å u. der Winkel C—C—Cl zu 108° 52′ errechnet.
W. SCHRAMM. B 121□

Zeeman-Effekt des Kernquadrupolresonanzspektrums in kristallinem Pulver. Yonezo Morino und Masaharu Toyama. (J. chem. Physics **35.** 1289—96. Okt. 1961. Tokyo, Univ. of Tokyo, Fac. of Sci., Dep. of Chem.) (Engl.)

Vff. untersuchten den Zeeman-Effekt des Kernquadrupolresonanzspektrums für den Spin $I = 3/2$ in krist. Pulver u. sagen für den Fall eines nichtaxialen elektr. Feldgradienten voraus, daß die Absorptionslinie durch ein schwaches stat. Magnetfeld mit einer charakterist. Einhüllenden verbreitert sein sollte. Wenn parallel zum stat. Feld ein Hochfrequenzfeld angelegt wird, ist das Auftreten eines Paares scharfer Minima in dieser Einhüllenden bei Frequenzen zu erwarten, die um $\pm \gamma H/2\pi$ von der ungestörten Quadrupolresonanzlinie verschoben sind, sowie zweier Paare scharfer Maxima bei $\pm (1 - \eta) \cdot \gamma H/2\pi$ u. bei $\pm (1 + \eta) \gamma H/2\pi$ (γ = gyromagnet. Verhältnis der in Resonanz befindlichen Kerne, η = Asymmetrieparameter). Die vorausgesagten Effekte wurden in den Resonanzspektren der ^{35}Cl-Kerne in *p-Dichlorbenzol* (I) u. *Cyanurchlorid* (II) bei Raum-Temp. gefunden. Der Asymmetrieparameter des elektr. Feldgradienten konnten mit guter Genauigkeit zu 0,07 $\pm$ 0,01 für die α-Modifikation von I u. zu 0,22 $\pm$ 0,03 für die ν_1-Linie sowie zu 0,23 $\pm$ 0,04 für die ν_2-Linie von II bestimmt werden. Damit gelingt eine Messung des Asymmetrieparameters an Pulvern mit einer Genauigkeit, welche mit der nach der Einkristall-Meth. vergleichbar ist. D. Jörchel. B 121 □

Geometrische Isomerie bei einem Azin. Ian Fleming und John Harley-Mason. (J. chem. Soc. [London] **1961.** 5560—61. Dez. Cambridge, Univ., Chem. Labor.) (Engl.)

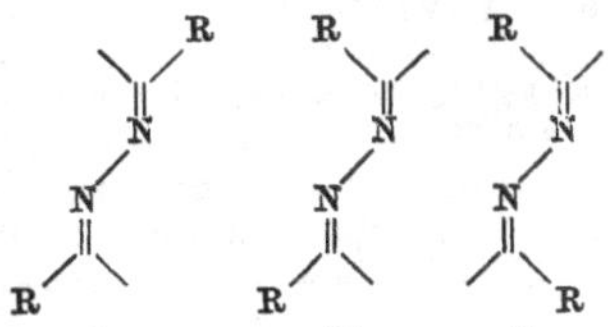

Ia Ib Ic

Bei der Darst. von *o-Nitroacetophenonazin* aus Hydrazin u. o-Nitroacetophenon (II) entstehen zwei krist. Formen **Ia** u. **Ib**. Dieses Gemisch geht beim Stehen am Licht während 4 Monate oder durch Behandlung mit fl. HCN in ein Gemisch von **I** u. einer dritten krist. Form **Ic** über. **Ia, Ib** u. **Ic** stellen die drei theoret. möglichen geometr. Isomeren der Verb. dar, unter Heranziehung der UV-, IR- u. NMR-Spektren werden ihnen nebenstehende Strukturen zugeordnet (R = o-Nitrophenyl).

Versuche: *o-Nitroacetophenonazin*, $C_{16}H_{14}N_4O_4$, F. 117—129°, aus **II** u. Hydrazinhydrat in A. in Ggw. von konz. HCl, 7 Std. unter Rückfluß. Schwachgelbe Kristalle, 92% Ausbeute. — Trennung der Isomeren **Ia** u. **Ib**. 1 g des rohen Azins in 20 ml Bzl. mit 20 ml Leichtpetroleum versetzt u. 1 Std. bei Raum-Temp. gehalten liefert 0,2 g tiefgelbe Prismen **Ia** (F. 135°); nach Eindampfen der Mutterlauge, Lösen des Rückstandes in 7 ml Bzl. u. Zugabe von 15 ml Leichtpetroleum werden nach 24 Std. langem Stehen bei Raum-Temp. die blaßgelben Nadeln von **Ib** (F. 128°; 0,1 g) manuell ausgelesen. Darst. von **Ic** (F. 166—167°; aus Aceton): Das Gemisch von **Ia** u. **Ib** wird 4 Monate in einer Glasflasche in diffusem Tageslicht gehalten. **Ia** u. **Ic** krist. zusammen aus u. werden manuell aussortiert. R. Albrecht. B 123 □

Chemiluminescenz organischer Verbindungen. Heinz Stork. (Chemiker-Ztg. — Chem. Apparatur **85.** 467—73. 5/7. 1961. Bielefeld.) (Dt.)

Übersicht. — 48 Literaturangaben. P. Golinske. B 125 □

Strukturerfordernisse für organische Flüssigkeitsscintillatoren. Adam Heller. (J. chem. Physics **35.** 1980—86. Dez. 1961. Rehovoth, Israel, Israel Atomic Energy Comm. Labor.) (Engl.)

Es wird eine Theorie entwickelt zur Beschreibung der Beziehungen zwischen Struktur u. Scintillationswirksamkeit von organ. Fl.-Scintillatoren. Die Erfordernisse für gute Scintillations-Eigg. in einem Syst. Lsgm.-gelöster Stoff sind: 1. Das Vorhandensein von Energieniveaupaaren im gelösten Stoff, die mit denen für die Anregung des Lsgm. ident. sind u. 2. eine nicht starre Struktur des gelösten Stoffes, in der im angeregten Zustand Konformationsänderungen möglich sind. Nach dieser Theorie werden die Energieübertragungsausbeuten von einem benzolähnlichen Lsgm. (Verb. mit Bzl.-Ring, der nicht mit anderen π-Syst. konjugiert ist) auf eine Reihe vom aromat. KW-Stoff vorausgesagt, die sich danach in 4 Klassen einteilen lassen. Klasse D: Verbb. wie *Naphthalin, Naphthacen, Pentacen, Phenanthren, 3.4-Benzophenanthren, Chrysen, 1.2-Benzanthracen, Pyren, Triphenylen, Pentaphen, Picen, 1.2;3.4-* u. *1.2;5.6-Dibenzanthracen, 3.4;5.6-Dibenzophenanthren, 1.12-Benzoperylen, 1.3.5-Triphenylbenzol, Styrol, o-* u. *m-Divinylbenzol, 2-Vinylnaphthalin* u. *1-Phenylbutadien* besitzen prakt. keine Scintillations-Eigg.; Klasse C: Verbb. wie *Coronen* u. *Perylen* mit starrer Struktur sind ebenfalls als Scintillatoren ungeeignet; Klasse B: Solche Verbb. wie *Anthracen, Biphenyl, m-* u. *o-Terphenyl, trans-Stilben, Phenyl-, 1.6-Diphenylhexatrien, 1.8-Diphenyloctatetraen* u. *1-Vinylnaphthalin* weisen mittelmäßige Scintillations-Eigg. auf; Klasse A: Diese Verbb., wie *p-Terphenyl, Quaterphenyl, p-Divinylbenzol, 1.4-Diphenylbutadien, 1.10-Diphenyldecapentaen, 9-Vinyl-* u. *9.10-Divinylanthracen* zeigen nichtstarre Struktur u. hohe Energieübertragungsindices u. sind gute Scintillatoren. G. PÖTZSCHER. B 125□

Scintillationseigenschaften von 9-Vinylanthracen. Adam Heller und Dov Katz. (J. chem. Physics **35.** 1987—89. Dez. 1961.) (Engl.) — Vgl. vorst. Referat.

Von *9-Vinylanthracen* (I, F. 68°, gelb) werden die Scintillations-Eigg. (Impulshöhe, Einfl. des Lsgm.) im Vgl. zu denen von *p-Terphenyl* u. *1.4-Bis-[5-phenyloxazolyl-(2)]-benzol* (II) als prim. u. sek. Scintillator untersucht. In guter Übereinstimmung mit theoret. Voraussagen (l. c.) erweist sich I in Alkylbenzolen als Lsgm. (Wirksamkeit: Bzl. < Toluol < Xylol) als ausgezeichneter Scintillator u. ist in der Lage, das teure II zu ersetzen. G. PÖTZSCHER. B 125□

Anisotrope DK-Dispersion im Radiofrequenzgebiet bei homogen geordneten kristallinen Flüssigkeiten. W. Maier und G. Meier. (Z. Naturforsch. **16a.** 1200—05. Nov. 1961. Freiburg/Br., Univ., Phys.-chem. Inst.; Inst. für Elektrowerkstoffe.) (Dt.) — Vgl. C. **1961.** 16056.

Die DK-Werte der normal-fl. Phasen sowie die Haupt-DK-Werte ε_1 u. ε_2 (parallel u. senkrecht zur Achse der kristallin-fl. Ordnung) der kristallin-fl. Phasen von *4.4'-Di-n-propyloxy-* [F. 115° (124,9° Klärpunkt)], *-butyloxy-* [F. 103° (137,4°)], *-hexyloxy-* [F. 80,5° (128,0°)] u. *-heptyloxyazoxybenzol* [I, F. 74° (124,1°), Umwandlungspunkt smekt/nemat. 95,3°] werden im Frequenzbereich zwischen 100 kHz u. 4 MHz gemessen. ε_1' weist im Gegensatz zu ε_2' eine charakterist. Dispersion auf, die entsprechenden dielektr. Verluste ε_1'' werden ebenfalls bestimmt. Von I werden außerdem angenäherte ε_1- u. ε_2-Werte einer smekt. Phase gemessen, deren Homogenisierung durch langsames Abkühlen einer in der nemat. Phase geordneten Schicht in einem Magnetfeld von 2200 Gauß erzielt wurde. Alle Meßwerte werden als Funktion der Temp. graph. dargestellt. Die ε_1-Dispersion wird durch eine Dipolorientierung des in der Moleküllängsachse liegenden Moments erklärt, wobei ein 180°-Umklappen um eine Mol.-Querachse in die Gleichgewichtsverteilung eintritt; die Relaxation ist von der der übrigen Dipolanteile, die sich über andere Orientierungsmechanismen einstellen, deutlich verschieden. RUDOLF ALBRECHT. B 132□

Untersuchung der Struktur ungesättigter Nitroverbindungen an Hand der Dipolmomente. W. N. Wassiljewa, W. W. Perekalin und W. G. Wassiljew. (Журнал Общей Химии [J. allg. Chem.] **31** (93). 2171—75. Juli 1961. Leningrad, pädagog. Herzen-Inst. u. physiko-chem. Karpow-Inst.) (Russ.)

Es wurden die Dipolmomente nachst. Verbb. bei 25° in Bzl. bestimmt: *Nitroäthylen* [Kp.$_{100}$ 36°; 3,41 (D)]; *Styrol* (Kp. 146°; 0,12); *β-Nitrostyrol* (F. 58—59°; 4,51); *β-Nitro-p-methylstyrol* (F. 101°; 5,00); *β-Nitro-p-methoxystyrol* (F. 87°; 5,43); *β-Nitro-p-dimethylaminostyrol* (F. 184°; 7,61); *β-Nitro-p-nitrostyrol* (F. 206—207°; 1,00); *2-[β-Nitrovinyl]-furan* (F. 75°; 5,00); *1.4-Dinitrobutadien-(1.3)* (I; F. 147—148°; 0,71); *1.4-Bis-[β-nitrovinyl]-benzol* (II; F. 231—232°; 1,05); *1.3-Bis-[β-nitrovinyl]-benzol* (F. 201—203°; 3,65); *Nitrobenzol* (4,01); *p-Nitrotoluol* (4,44); *p-Nitroanisol* (4,75); *p-Nitrodimethylanilin* (7,07). — Aus den Werten der Dipolmomente wird für die β-Nitrostyrole die trans-Konfiguration angenommen. In II befinden sich die Nitrovinylreste in Analogie zu I in cis-Stellung bzgl. des Benzolkerns u. der Einfachbindung. Die Erhöhung der Dipolmomente in der Reihe Nitroäthylen → Nitrobenzol → β-Nitrostyrol u. deren Derivv. wird durch eine Vergrößerung des Konjugationseffektes erklärt. HELMUT SCHÄFER. B 132□

Untersuchung des Einflusses sterischer Faktoren auf die Konjugation in Molekülen ungesättigter Nitroverbindungen an Hand der Dipolmomente. W. N. Wassiljewa, W. W. Perekalin und W. G. Wassiljew. (Журнал Общей Химии [J. allg. Chem.] **31** (93). 2175—78. Juli 1961. Leningrad, pädagog. Herzen-Inst. u. physiko-chem. Karpow-Inst.) (Russ.) — Vgl. auch vorst. Referat.

Es wurden die Dipolmomente nachst. Verbb. bei 25° in Bzl. bestimmt: *β-Nitrostyrol* [4,51 (D)]; *β-Methyl-β-nitrostyrol* (F. 65—66°; 4,14); *β-Nitro-p-methylstyrol* (5,00); *β.p-Dimethyl-β-nitrostyrol* (F. 52—53°; 4,55); *β-Nitro-p-methoxystyrol* (5,43); *β-Methyl-β-nitro-p-methoxystyrol* (F. 43—44°; 5,09); *β-Nitro-p-dimethylaminostyrol* (7,61); *β-Methyl-β-nitro-p-dimethylaminostyrol* (F. 123,5—124°; 7,18); *β-Nitro-p-nitrostyrol* (1,00); *β-Methyl-β.p-dinitrostyrol* (F. 114—115°; 0,41); *β-Nitro-β-bromstyrol* (F. 67—68°; 4,05); *2-[β-Nitrovinyl]-furan* (5,00); *2-[β-Nitropropenyl]-furan* (F. 74—75°; 4,59); *1.4-Bis-[β-nitrovinyl]-benzol* (I; 1,05); *1.4-Bis-[β-nitropropenyl]-benzol* (F. 122—123°; 1,65); *1.3-Bis-[β-nitrovinyl]-benzol* (II; 3,65); *1.3-Bis-[β-nitropropenyl]-benzol* (F. 108—109°; 4,20). — Die Dipolmomente der β-Nitro-β-methylstyrole sind im Vgl. zu denen der β-Nitrostyrole erniedrigt, da die Coplanarität gestört u. die π-Konjugation geschwächt ist. Das Ansteigen der Dipolmomente beim Übergang von I u. II zu deren Methylhomologen ist durch σ.π-Konjugation der Methylgruppen u. der Doppelbindungen der Vinylreste bedingt. Die

Dipolmomente u. Intensitäten der Frequenzen im RAMAN-Spektrum ändern sich bei den Arylnitroalkenen nicht synchron. HELMUT SCHÄFER. B 132□

Dipolmomente und Absorptionsspektren von 4-Arylazo-1-naphthylaminen. D. A. Ibbitson, P. C. James und R. A. Knaust. (J. chem. Soc. [London] **1961.** 5163—67. Dez. Derby and District Coll. of Technol.) (Engl.)

Die Dipolmomente u. UV-Spektren einer Reihe von *4-[p-substituierten Phenylazo]-naphthyl-(1)-aminen* werden gemessen; die Dipolmomente [D] in Bzl. bei 25° betragen bei den Verbb. mit folgenden p-Substituenten: CH_3 1,93; CH_3O 1,53; *H* 2,38; *Cl* 3,65; *Br* 3,83; $COOCH_3$ 3,61; CH_3CO 5,34. Die in Dioxan gemessenen Dipolmomente sind wegen der H-Bindung von der Aminogruppe zum O-Atom des Lsgm.-Mol. durchweg größer. Die Dipolmomente der untersuchten Verbb. sind auch größer als die der entsprechend substituierten Aniline. Die Momente der Wechselwrkg. entlang der $C_{(Ring)}$—$N_{(Amino)}$-Achse werden berechnet, diese zeigen einen gleichsinnigen Verlauf zu den HAMMETTschen σ-Konst. der p-Substituenten u. der Frequenz des Maximums der Z-Bande. R. ALBRECHT. B 132□

Halbleitfähigkeit in organischen Molekülkomplexen. J. A. van der Hoek, J. H. Lupinski und L. J. Oosterhoff. (Molecular Physics **3.** 299—300. Mai 1960. Leiden, Univ., Div. of Theoret. Org. Chem.) (Engl.)

Die elektr. Leitfähigkeiten σ einiger Komplexe des *Benzidins* (I; *4.4'-Diaminodiphenyl*) u. *Tetramethylbenzidins* (II; *4.4'-Bis-[dimethylamino]-diphenyl*), die (außer dem I–Trinitrobenzolkomplex) Elektronenspinresonanz zeigen, wurden größenordnungsmäßig bei 300° K bestimmt. Die Komplexe wurden im allg. durch Mischen der Komponenten in Bzl. dargestellt, die dunklen Ndd. wurden abfiltriert, gewaschen u. getrocknet. Zur Messung wurden die Pulver bei 10^4 kg/cm² zu Tabletten gepreßt. Die Komplexe scheinen nicht-stöchiometr. zu sein. Folgende vorläufige Werte wurden erhalten: I·1,35 J_2 (σ =) $3\cdot10^{-6}$ [Ω^{-1}cm^{-1}]; I·1,17 J_2 $3\cdot10^{-6}$; I·1,50 J_2 $4\cdot10^{-6}$; I·1,50 J_2 in CCl_4 $5\cdot10^{-3}$; I·0,96 Br_2 $4\cdot10^{-10}$; I·0,38 $C(NO_2)_4$ $5\cdot10^{-6}$; I·1 (1.3.5-Trinitrobenzol) $3\cdot10^{-9}$; II·1,35 J_2 $6\cdot10^{-10}$; II·0,48 Br_2 $1\cdot10^{-9}$; II·0,51 Br_2 $3\cdot10^{-6}$. Mit fallender Temp. nimmt σ ab, z. B. wurde σ von I·n J_2 bei 90° K zu $\sim10^{-11}$ Ω^{-1} cm^{-1} gefunden. I selbst ist ein Isolator bei Zimmertemperatur. G. WINKHAUS. B 135□

Kernmagnetische Resonanz und die Stereochemie von cis–trans-Isomeren. Die Isolierung von reiner trans-β-Methylglutaconsäure. L. M. Jackman und Richard H. Wiley. (Proc. chem. Soc. [London] **1958.** 196. Juli. London, Imp. Coll. of Sci. and Techn., Dep. of Organ. Chem.; Louisville, Ky., Univ. of Louisville, Dep. of Chem.) (Engl.)

Durch Unters. der Beziehung zwischen KMR-Spektren u. der Konfiguration von trisubstituierten Olefinen wird bewiesen, daß das in der Literatur als „trans-β-Methylglutaconsäure" (I; F. 115—116°) beschriebene Prod. ein Gemisch des cis- u. trans-Isomeren darstellt. *cis-β-Methylglutaconsäuredimethylester* (F. 105°, aus der cis-Säure u. Diazomethan) zeigt 4 Protonresonanzlinien, während der aus I dargestellte *Dimethylester* 2 zusätzliche Linien aufweist. Durch Behandeln von I mit J_2 im UV-Licht wird die reine *trans-β-Methylglutaconsäure* (trans-II; F. 140°) erhalten. Die cis-Konfiguration von *cis-β-Methylglutaconsäure* (F. 150°) wird durch Vgl. des in wss. Lsg. aufgenommenen Spektrums mit dem nach Auflösen des Anhydrids in W. erhaltenen bewiesen. Die Frequenzen (s. Original) des KMR-Spektrums liegen bei den cis-Isomeren immer höher als bei den entsprechenden trans-Verbindungen. Die Identifizierung von trans-II macht eine Überprüfung der Rolle dieser Verb. als Vorstufe der Biosynthese von Cholesterin nötig. W. LIEBSCHER. B 137

Elektronenspinresonanz von Molekülkomplexen. 1. Mitt. **Elektronenaufspaltung und Hyperfeinwechselwirkungen im festen Zustand.** Monisha Bose und Mortimer M. Labes. (J. Amer. chem. Soc. **83.** 4505—08. 20/11. 1961. Philadelphia, Pa., Franklin Inst., Labor. for Res. and Developm.) (Engl.)

Die ESR-Spektren folgender Mol.-Verbb. im festen Zustand bei ungefähr Zimmer-Temp. werden aufgenommen: *p-Phenylendiamin* (I)–*Chloranil* (II), I–*Bromanil*, I–*Jodanil*, *Diaminodurol* (F. 46—48°)–II u. *N.N.N'.N'-Tetramethyl-p-phenylendiamin* (F. 147 bis 148°; A.)–II. Die Spektren weisen Hyperfeinstruktur auf, die bei tieferen Temp. verloren geht. Aus der Auflösung der Spektren wird auf das Vorhandensein ungekoppelter Spins in diesen Mol.-Verbb. geschlossen; die γ-Faktoren sind angegeben. Beim Vgl. der Amin–Chinon- mit den paramagnet. KW-Stoff–Halogen-Komplexen folgt, daß in der ersten Gruppe dieser Donator (D)–Acceptor (A)-Komplex nur geringer D^+–A^--Wechselwrkg. im Gegensatz zur zweiten Gruppe auftritt, was auf ster. Hinderung durch die raumfüllenden Gruppen im ersten Fall zurückgeführt wird. Mögliche Beziehungen zwischen ESR-Resonanz u. elektr. Leitfähigkeit werden diskutiert. G. PÖTZSCHER. B 137□

Die Elektronenspinresonanzspektren und die Verteilung der einsamen Elektronen einer Anzahl polycyclischer Semichinone und ihrer Derivate. R. W. Brandon und

E. A. C. Lucken. (J. chem. Soc. [London] **1961**. 4273—80. Okt. London, Univ., Queen Mary Coll.) (Engl.)

Vf. bestimmten aus den mit einem X-Bandspektrometer aufgenommenen Elektronenspinresonanzspektren folgender Semichinone die Anzahl der Hyperfeinkomponenten bzw. Aufspalt-Konst. (in [Oe]), die eindeutig den verschiedenen Protonen der Muttersemichinone zugeordnet werden konnten: *1.4-Benzo-* 5 bzw. 2,37 ± 0,04. *2-Chlor-1.4-benzo-* 4 bzw. 2,27 ± 0,04. *2.6-Dimethyl-1.4-benzo-* 9 bzw. 2,13 ± 0,04. *1.4-Naphtho-* 15 (3 Quintupletts) bzw. 3,19 ± 0,04; 0,58 ± 0,04. *2-Methyl-1.4-naphtho-* 25 (5 Quintupletts) bzw. 3,31 ± 0,04; 0,66 ± 0,04. *2-Chlor-1.4-naphtho-* 10 bzw. 0,66 ± 0,4. *Oxydations-Prod. von 1.4-Dichlornaphthalin* 4 (2 Dubletts) bzw. 0,86 ± 0,4; 0,62 ± 0,04. *9.10-Anthra-* 13 bzw. 0,58 ± 0,04. *1-Chloranthra-* > 8 bzw. ~0,7. *2-Chlor-* > 8 bzw. ~0,7. *1.4.5.8-Tetrachlor-* 5 bzw. 1,13 ± 0,04. *2-Methyl-* (breit u. unaufgelöst; Linienbreite ~2,8 Oe). *2-Äthyl-9.10-anthra-* (breit u. unaufgelöst; Linienbreite ~2,6 Oe). *9.10-Phenanthren-* 5 bzw. 1,66 ± 0,1. *2-Nitro-* 5 bzw. 1,60 ± 0,1. *4-Nitro-* 5 bzw. 1,65 ± 0,1. *2-Chlor-* 5 bzw. 1,58 ± 0,1. *3-Chlor-* 4 bzw. 1,60 ± 0,1. *3-Isobutyl-* 4 bzw. 1,52 ± 0,1. *3-Acetyl-* 4 bzw. 1,33 ± 1. *3-Cyclohexyl-9.10-phenanthren-* 4 (Feinstrukturspuren) bzw. 1,65 ± 0,1 u. *1.2-Acenaphthensemichinon* 5 bzw. 1,30 ± 0,04. — Nach der LCAO-MO-Meth. wurden ferner die Dichten der einsamen Elektronen dieser Verbb. berechnet; diese Ergebnisse sind graph. dargestellt. Die Aufspaltungen in den 3 p-Semichinonen werden als Funktion eines eindeutigen Wertepaares für das COULOMB-Integral des O-Atoms $\alpha_O = \alpha_C + 0{,}39\,\beta_{C-C}$ u. das C–O-Resonanzintegral $\beta_{C-O} = 1{,}06\,\beta_{C-C}$ gedeutet. Die Ergebnisse für die o-Semichinone werden durch eine Mannigfaltigkeit von Wertepaaren für α_O u. β_{C-O} gedeutet, von denen jedoch keines den Parametern der p-Semichinone entspricht. — Die Semichinone wurden durch Zugabe von 2 Tropfen konz. alkohol. KOH zu einer Lsg. von Chinol-2-carbonsäuremethylester (**A**) u. dem entsprechenden Chinon hergestellt. Hierbei erscheint sofort das Spektrum des Semichinons von **A**, das schnell verschwindet, wobei das des gewünschten Semichinons erscheint. In einigen Fällen gelang die Darst. der Semichinone einfach durch Zugabe von 2 Tropfen konz. alkohol. KOH zum Chinon in Äthanol. *2-Chlor-1.4-naphthochinon*, *2-*, *4-Nitro-*, *2-*, *3-Chlorphenanthrenchinon* wurden durch langsame Zugabe einer CrO_3-Lsg. in Essigsäure zum (entsprechend substituierten) KW-Stoff in Essigsäure bei 100° dargestellt. Es wurde versucht, 5.8-Dichlor-1.4-naphthochinon durch Oxydation von I darzustellen: das ESR-Spektrum des abgeleiteten Semichinons zeigte jedoch, daß wahrscheinlich *4-Chlor-1.2-naphthochinon* entstanden war. D. JÖRCHEL. B 137□

Von Methylgruppen herrührende Hyperfeinwechselwirkungen in positiven aromatischen Ionen. J. A. Brivati, R. Hulme und M. C. R. Symons. (Proc. chem. Soc. [London] **1961**. 384—85. Okt. Leicester, Univ., Dep. of Chem.) (Engl.)

Die Hyperfeinkopplungs-Konst. der aus *9-Methyl-* u. *9.10-Dimethylanthracen* in H_2SO_4 gebildeten positiven Ionen werden bestimmt. Im Gegensatz zu den Ergebnissen bei dem durch Oxydation von p-Xylol (I) mit $H_2S_2O_8$ gebildeten Radikal (vgl. BOLTON u. CARRINGTON, Proc. chem. Soc. [London] **1961**. 174 u. nachst. Ref.) sind die Aufspaltungs-Konst. (8,5 Gauß) größer als nach der einfachen Theorie zu erwarten, falls die für das *Anthracen*-Kation gefundene Elektronenverteilung zugrunde gelegt wird. Es wird daraus geschlossen, daß die aus den Anthracenen gebildeten Radikale die entsprechenden Kationen sind, während bei I eine tiefergreifende Oxydation zu anderen Radikalen als dem einfachen I-Kation erfolgt. G. PÖTZSCHER. B 137□

Die Elektronenspinresonanzspektren von Semichinonen in Schwefelsäure: Eine Neuzuordnung der früher dem positiven p-Xylolion zugeschriebenen Spektren. J. R. Bolton und A. Carrington. (Proc. chem. Soc. [London] **1961**. 385—86. Okt. Cambridge, Univ., Dep. of Theoret. Chem.) (Engl.) — Vgl. vorst. Referat.

Die frühere Annahme (vgl. Proc. chem. Soc. [London] **1961**. 174), daß sich bei der Oxydation von *p-Xylol* (I) mit $K_2S_2O_8$ in H_2SO_4 das positive I-Ion bildet, wird revidiert. Nach der Neuzuordnung des ESR-Spektrums liegt das entsprechende Semichinon in diesen Oxydations-Lsgg. vor; da 1. die Prodd. der Oxydation von *Anisol*, *Phenol* u. *Hydrochinon* mit $K_2S_2O_8$ in H_2SO_4 ähnliche Spektren aufweisen, 2. das Spektrum des Red.-Prod. von *2.5-Dimethylbenzochinon* bzw. des Oxydations-Prod. von *2.5-Dimethylhydrochinon* ident. ist mit dem des Oxydations-Prod. von I u. 3. das Spektrum des Oxydations-Prod. von *Durol* ident. ist mit dem des Red.-Prod. von *Durochinon* bzw. dem des Oxydations-Prod. des entsprechenden *Hydrochinons*. Die Schwierigkeiten bei der Zuordnung liegen darin, daß die OH- u. Ringprotonenaufspaltung ident. sind u. daß Auflösung der Methylhyperfeinaufspaltungen in D_2SO_4 durch H–D-Austausch an allen Stellungen erschwert wird. G. PÖTZSCHER. B 137□

Die paramagnetische Resonanzabsorption einiger freier Radikale in Schwefelsäurelösung. Yasaburo Yokozawa. (J. physic. Soc. Japan **13.** 727—33. Juli 1958. Sapporo, Hokkaido Univ., Res. Inst. of Appl. Electricity.) (Engl.)

Die paramagnet. Resonanzabsorption von *Bianthron* (**I**), *Perylen* (**II**), *Thiophenol, Diphenyldisulfid* u. *Thianthren* in H_2SO_4 bei 9 kMz von Zimmer-Temp. bis zur Temp. der fl. Luft wurde gemessen. Durch Vgl. der Intensitäten der Verbb. mit denen von Diphenylpikrylhydrazyl oder Wursters Blau (Perchlorat) wurde die Zahl der ungepaarten Elektronen berechnet. Diese Zahl ist bei **I** unabhängig von der Temp., bei **II** u. den Thio-Verbb. fällt sie mit fallender Temp.. die Aktivierungsenergien betragen für **II** 1,7, für die 3-Thio-Verbb. 5,8 (kcal/Mol). Für die 3 Thio-Verbb. wird die Dissoziation in ein gemeinsames Radikal angenommen. G. PÖTZSCHER. B 137□

Kernresonanzuntersuchungen an Furoxanen. Gerhard Englert. (Z. Elektrochem., Ber. Bunsenges. physik. Chem. **65.** 854—63. Dez. 1961. Freiburg i. Br., Inst. für Elektrowerkstoffe.) (Dt.)

Vf. untersuchte die Molekülstruktur einiger Furoxane mit Hilfe von ^{1}H-, ^{14}N-, ^{13}C- u. ^{17}O-Kernresonanzmessungen. — Die hochaufgelösten Protonenresonanzspektren von *Benzofuroxan* (**I**), *4.7-Dibrombenzofuroxan* (**II**), *5-* u. *6-Methylbenzofuroxan* sowie *5.6-Dinitrobenzofuroxan* (**III**) lassen sich unter der Annahme deuten, das die N_2O_2-Gruppe in der unsymm. Furoxan- (Furazan-N-Oxid-) Struktur vorliegt. Die Temp.-Abhängigkeit der Spektren zwischen ca. -60 u. $+100^0$ weist auf einen intramol. Umlagerungsvorgang hin, bei welchem in Übereinstimmung mit früheren Vorstellungen (HAMMICK, EDWARDES u. STEINER [1931]) die Anordnung des außerhalb u. des innerhalb des Furoxanrings befindlichen O-Atoms vertauscht wird. Die mittlere Lebensdauer τ der beiden möglichen N_2O_2-Strukturisomeren sowie die Höhe der Aktivierungsenthalpie $\Delta H^{\ddagger}$ werden für **II** ($\tau = 0{,}24$ s bei $-12{,}5^0$, 0,096 s bei 20^0; $\Delta H^{\ddagger} = 6 \pm 2$ [kcal·Mol^{-1}]) u. für **III** ($\tau = 0{,}4$ s bei -11^0, 0,06 s bei -2^0; $\Delta H^{\ddagger} = 10-20$) abgeschätzt. Diese Werte machen es verständlich, daß eine chem. Isolierung von Isomeren substituierter aromat. Benzofuroxane wegen ihrer geringen Lebensdauer nicht möglich ist. Bei der aliphat. Verb. *Dimethylfuroxan* (**IV**) konnten dagegen erwartungegemäß keine Hinweise auf eine Umlagerung der N_2O_2-Gruppe gefunden werden. — Die ^{14}N-Kernresonanzspektren von **I** u. **IV** besitzen überraschenderweise jeweils nur ein einfaches breites ^{14}N-Signal, das gegenüber den Signalen von *Dimethylfurazan* u. *Benzofurazan* verschoben ist. Der zunächst mögliche Schluß auf das Vorliegen einer unsymm. Dinitrosostruktur der Furoxane kann auf Grund von ^{13}C- u. ^{17}O-Messungen an **IV** zugunsten der Furazan-N-Oxid-Struktur aufgegeben werden. — Zum Vgl. wurden auch die ^{14}N-Kernresonanzspektren von *Azobenzol, Nitroäthan,* NH_4NO_3, *Nitromethan, Nitrobenzol, Pyridin, Azoxybenzol, Pyridin-N-oxid, Acetonitril, Trimethylamin-N-oxid, Harnstoff, Piperidin* u. $(C_2H_5)_2NH$ untersucht. J. ROTHE. B 137□

Spindichten in Stickstoff enthaltenden aromatischen Verbindungen: ESR-Spektrum des negativen Pyrazinions. J. C. M. Henning und C. de Waard. (J. chem. Physics **35.** 2258—59. Dez. 1961. Amsterdam, Univ., Natuurkundig Labor.) (Engl.)

Vff. stellten das einwertig negative *Pyrazinion* durch Red. einer verd. Lsg. von Pyrazin (1.4-Diazabenzol) (ca. $5 \cdot 10^{-3}$m) in Tetrahydrofuran mit einem K-Spiegel im Vakuum her u. identifizierten das Radikalion mit Hilfe des Elektronspinresonanzspektrums, in dem ein breites Quintett einer Hyperfeinwechselwrkg. des einsamen Elektrons mit den beiden äquivalenten N-Kernen (I = 1) sowie ein durch weitere Aufspaltung dieses breiten Quintetts gebildetes kleineres Quintett der Wechselwrkg. mit 4 äquivalenten Protonen entspricht. Aus einer linearen Beziehung zwischen Protonenhyperfeinkopplungs-Konst. u. Spindichte ϱ_i am angrenzenden C-Atom folgt, daß die Spindichte ϱ_{CH} an den CH-Lagen 0,115 u. $\varrho_N = 0{,}270$ beträgt. Die Einführung von N-Atomen in aromat. Ringe erzeugt also eine ausgeprägte Verschiebung der Spindichten in Richtung auf die N-Lagen, was mit der größeren Elektronegativität des N gegenüber einem aromat. C-Atom zu vereinbaren ist. D. JÖRCHEL. B 137□

Wasserstoffbindung im sauren Malonat-Ion. S. N. Das und D. J. G. Yves. (Proc. chem. Soc. [London] **1961.** 373—74. Okt. Bihar, India, Univ. of Patua, Chem. Dep.; London, Birkbeck Coll., Chem. Dep.) (Engl.)

Die Dissoziations-Konst. der *Malonsäure* werden für Temp. von 5—45⁰ gemessen u. folgende thermodynam. Größen abgeleitet. Für die Dissoziation in 1. Stufe ΔG^0 3883 cal; ΔH^0 17 cal; ΔS^0 $-13{,}0$ cal/Grad; ΔCp^0 $-61{,}0$ cal/Grad; in 2. Stufe ΔG^0 7770 cal; ΔH^0 -1139 cal; ΔS^0 $-29{,}9$ cal/Grad; ΔCp^0 $-58{,}1$ cal/Grad. Es wird angenommen, daß im sauren Malonat-Anion eine innermol. Wasserstoffbrückenbindung vorliegt. RUDOLF ALBRECHT. B 139□

Arylfluoralkyläther und -sulfide: Beweis für Schwefel-d-Orbital-Wechselwirkung. William A. Sheppard. (J. Amer. chem. Soc. **83.** 4860—61. 5/12. 1961. Wilmington, Del., E. I. du Pont de Nemours & Co., Central Res. Dep., Exp. Stat.) (Engl.)

Vff. beschreiben die Darst. von Arylperfluoralkyläther durch Rk. von *Arylfluorcarbonaten* oder *Arylperfluoralkylester* mit SF_4. Hierzu wird ein beliebiges Phenol (sofern es keine mit SF_4 oder HF reagierende Gruppen enthält) mit COF_2 im HASTELLOY-Autoklaven auf 100° erhitzt u. das Rk.-Prod. ohne Isolierung mit SF_4 versetzt u. mehrere Std. auf 150—175° gehalten. Die Ionisations-Konst. (—log h) betragen bei 25° für *m*- 5,14, *p-Trifluormethoxy-* 5,19, *m*- 5,13, *p-Trifluormethylmercaptobenzoesäure* 4,98 in 50%ig. A., für *m*- 3,25, *p-Trifluormethoxy-* 3,82, *m*- 3,30, *p-Trifluormethylmercaptoanilinium-Ion* 2,78. Die σ_I- u. σ_R-Parameter werden für die 8 Verbb. nach TAFT u. LEWIS berechnet; durch Vgl. erkennt man, daß die OCF_3-Gruppe ähnlich wie Cl elektronenanziehend durch induktive, elektronenabstoßend durch mesomere Effekte wirkt. Bei Arylperfluoralkylsulfiden erhöht sich der Anteil der Resonanzstruktur mit S als Acceptor u. dem p-Substituenten als Donator an der Gesamtstruktur, d. h. die S-d-Orbital-Wechselwrkg. nimmt zu. A. TREDE. B 139□

Anodische Voltametrie bis +2,0 Volt. Anwendung auf Kohlenwasserstoffe und zur Untersuchung der Oxydationsbeständigkeit. J. West Loveland und Glenn R. Dimeler. (Analytic. Chem. **33.** 1196—1201. Aug. 1961. Marcus Hook, Pa., Sun Oil Co., Res. and Engng. Dep.) (Engl.)

Vff. untersuchten die polarograph. Oxydation einer Reihe von KW-Stoffen u. anderen Verbb. in Acetonitril mit 0,5n $NaClO_4$ als Leitsalz. Die Oxydation der nachst. genannten Verbb. wurde an einer rotierenden Pt-Elektrode durchgeführt; die angegebenen Halbstufenpotentiale beziehen sich auf die Ag/Ag^+-Elektrode (Ag-Draht; Zusatz von 0,1m $AgClO_4$ zur Elektrolysen-Lsg.): *Bzl.* (2,08 V), *Toluol* (1,98), *Isopropyl-* (1,88), *Cyclohexyl-* (1,86), *1.2.3.5-Tetramethylbenzol* (1,50; 1,90), *o-Xylol* (1,58; 2,04), *Naphthalin* (1,34), *1-Methyl-* (1,24), *2-Methyl-* (1,22), *2.3-Dimethyl-* (1,08; 1,34), *1.2.3.4-Tetrahydronaphthalin* (1,57; 2,01), *Indan* (1,59; 2,02), *Chrysen* (1,10), *Acenaphthen* (0,95), *Dihydropyren* (0,87; 1,10), *Dihydroanthracen* (1,53), *Cyclohexan* (>2,1), *1.4-Dimethylcyclohexan* (>2,1), *2.2.4.6.6-Pentamethylheptan* (>2,1), *Dekalin* (>2,1), *cis-Hexahydroindan* (>2,1), *Diäthyl-* (1,89), *Triäthylamin* (0,85; 1,88), *Pyridin* (1,82), *Pyrrol* (0,76), *Propylmercaptan* (1,14), *Thiophen* (1,60), *Dimethyldisulfid* (0,91; 1,59) u. *Di-tert.-butyl-p-kresol* (0,93; 2,06). Vff. diskutieren strukturelle Einfll. auf die Halbstufenpotentiale u. erwähnen die Anwendung der Meth. zur Unters. der Oxydationsbeständigkeit von Erdöl-Prodd., bes. von Transformatorenölen. E. MOISAR. B 142□

Sublimationsdruck von α-p-Dichlor-, β-p-Dichlor-, p-Dibrom- und p-Bromdichlorbenzol. Patrick N. Walsh und Norman O. Smith. (J. chem. Engng. Data **6.** 33—35. Jan. 1961. New York, N.Y., Fordham Univ., Dep. of Chem.) (Engl.)

Von *p-Dichlor-* (I; E. 53,13 ±0,03°), *p-Dibrom-* (II; E. 87,24 ±0,04°) u. *p-Bromchlorbenzol* (III; E. 64,65 ±0,03°) werden die Sublimationsdrucke P(mm), -Standardenthalpien ΔH^0 (kcal/Mol) u. -entropien ΔS^0 (cal/Grad·Mol) ermittelt. Für I zeigt die Gerade log P gegen 1/T bei 44,5° einen Knick, bei dem die monokline α-Form in die bei der höheren Temp. beständige trikline β-Form übergeht. Die Umwandlungswärme u. -entropie betragen 420 ± 10 (cal/Mol) u. 1,35 (cal/Grad·Mol). Die Konst. der Gleichung $\log P = A - B/T$ u. die ΔH- bzw. ΔS-Werte (für die Mittel-Temp. T_m im untersuchten Bereich) betragen: I, α-Form, A = 11,347; B = 3382,9; ΔH = 15,48; ΔS = 38,7 (T_m = 303°K, Bereich 20—40°); β-Form, 11,056; 3290,4; 15,06; 37,4 (318°K, 38—52,5°); II, 11,592; 3826,2; 17,51; 39,9 (326°K, 26—80°); III (bei Ausschluß von Polymorphie) 11,353; 3548,4; 16,24; 38,8 (316°K, 21—64°). Für III scheint ebenfalls ein Umwandlungspunkt zwischen α- u. β-Form bei 36,4° zu existieren; es betragen dann die Umwandlungsentropie 3,8 (cal/Grad·Mol), für die α-Form A = 12,264; B = 3831,4; ΔH 17,53 (302°K); für die β-Form 11,427; 3572,2; 16,35 (324°K).
G. PÖTZSCHER. B 150□

Die Bildungswärme von CF_2. Leo Brewer, John L. Margrave, Richard L. Porter und Karl Wieland. (J. physic. Chem. **65.** 1913. Okt. 1961. Berkeley, Calif., Univ. of California, Dep. of Chem.) (Engl.)

Mit Hilfe früherer Angaben (vgl. NEUGEBAUER u. MARGRAVE, C. **1957.** 9610 u. früher) u. durch Vgl. mit $SiCl_2$ wird für CF_2 (Gas) eine Bldg.-Wärme von —35 ± 10 kcal/Mol angenommen. G. PÖTZSCHER. B 156□

Umsetzung von Sulfanilsäure mit n-Octyl- und n-Dodecylisocyanat. E. Ulsperger. (J. prakt. Chem. [4] **15 (287).** 67—71. Dez. 1961. Berlin-Adlershof, Dt. Akad. der Wiss., Forschungsgemeinschaft der naturwiss., techn. u. med. Inst.) (Dt.)

Das aus Sulfanilsäure (I) in alkal. wss. Lsg. durch Zutropfen von n-Octylisocyanat (II) hergestellte *Na-p-[3-n-Octylureido]-benzolsulfonat* (III) u. das entsprechend erhaltene

Na-p-[3-n-Dodecylureido]-benzolsulfonat (**IV**) sind weiße, nicht hygroskop. Substanzen. Aus der Abhängigkeit der Oberflächenspannung γ von der Konz. der wss. Lsgg. folgt bei 20° eine krit. Micell-Bldg.-Konz. von 4,9 g/Liter für **III**, von 40 mg/Liter für **IV**, entsprechend $\gamma = 41{,}1$ bzw. 51 dyn/cm. Die Löslichkeit steigt mit der Temp. sprunghaft an. Sie beträgt für **IV** bei 20° ca. 40 mg/Liter.

Versuche: *Na-p-[3-n-Octylureido]-benzolsulfonat*, $C_{15}H_{23}N_2NaO_4S$, durch langsames Zutropfen von $^1/_{10}$ Mol **II** zu einer 60° warmen Lsg. von $^1/_{10}$ Mol **I** in W., die vorher neutralisiert wurde; Trennung von in geringen Mengen gebildetem N.N'-Di-n-octylharnstoff durch Filtration; Umkrist. aus Wasser. — *Na-p-[3-n-Dodecylureido]-benzolsulfonat*, $C_{19}H_{31}N_2NaO_4S$, analog vorst. Verb., jedoch bei 90°. R. JUNGE. B 166□

Die Ausbreitung von Gallensäuren in monomolekularen Filmen. P. de Moerloose. (Meded. Kon. vlaamse Acad. Wetensch., Letteren schone Kunsten België, Kl. Wetensch. **22**. Nr. 7. 3—26. 1960. Gent, Rijksuniv., Labor. voor Farmaceut. en Med. Chem. en Fys. Biochem.) (Fläm.; Auszug: Franz.)

Das Ausbreitungsvermögen von Gallensäuren (**A**) auf W. u. wss. Lsgg. von 0,1 u. 1n HCl bzw. 1n NaCl wird untersucht, wobei die bei Verringerung der Oberfläche bzw. während der Entspannung auftretenden Drucke mittels einer dynamometr. Meth. gemessen u. die so erhaltenen Isothermen (Kurven s. Original) für die einzelnen **A** miteinander verglichen werden. Folgende **A** werden untersucht: *Chol-* (**I**), *Desoxychol-* (**II**), *Lithochol-* (**III**) u. *Cholansäure* (**IV**). Vf. diskutiert den unterschiedlichen Verlauf der Isothermen, der weitgehend vom physikal. Zustand des Films u. der Löslichkeit der einzelnen **A** in den untersuchten Fll. abhängt. Die von den einzelnen Moll. eingenommene Oberfläche hängt von der Anzahl u. der ster. Anordnung hydrophiler COOH- u. OH-Gruppen ab. Bei **III** u. **IV** ist die mol. Oberfläche weitgehend unabhängig von der Natur der Fl., was prakt. auf Unlöslichkeit in derselben schließen läßt. **I**, als hydrophilste der untersuchten **A**, läßt sich nicht als monomol. Film ausbreiten u. eine Berechnung der Mol.-Oberfläche aus der Isotherme ist unmöglich. Analoges gilt für **II** auf Wasser. Aus der Abhängigkeit der bedeckten Oberfläche von der **A**-Konz. u. durch Änderung der Geschw., mit der der monomol. Film einer gegebenen **A**-Menge zusammengedrückt wird, lassen sich die theoret. **A**-Isothermen berechnen. Daraus ergeben sich für **II**, **III** bzw. **IV** mol. Oberflächen von 80—85, 70 bzw. 42 Å². Im Vgl. zu den Mol.-Dimensionen von **IV** u. *Cholesterin* nehmen **A**-Moll. infolge ihres hydrophilen Charakters eine größere Oberfläche bei der Ausbreitung als monomol. Filme auf wss. Fll. ein. Die **A**-Moll. breiten sich über die volle Breite des Steroidkerns aus u. können alsdann nur auf 70—80 Å²/Mol. zusammengedrückt werden. — Zahlreiche Tabellen u. Kurven. G. KIRSTEN. B 166□

Die Adsorption von Butyl-, Phenyl- und Naphthylverbindungen an der Grenzfläche Quecksilber/wässerige Säurelösung. E. Blomgren, J. O'M. Bockris und C. Jesch. (J. physic. Chem. **65**. 2000—10. Nov. 1961. Philadelphia, Pa., Univ. of Pennsylvania, John Harrison Labor. of Chem.) (Engl.)

In wss. HCl-Lsg. wurde mit einem Elektrocapillarmeter die Adsorption von Butyl- (**A**), Phenyl- (**B**) u. Naphthyl-Verbb. (**C**) mit den Substituenten OH, CHO, COOH, CN, SH, S, CO, NH_3^+ u. SO_3^- an Hg in Abhängigkeit von Konz. u. Potential untersucht u. daraus folgende Größen thermodynam. errechnet: Ladung pro Grenzflächeneinheit auf der Lsg.-Seite q_s, Oberflächenüberschuß Γ_A [Mol/cm²]; freie mol. Adsorptionsenergie, $\Delta F_A{}^0$, als Funktion von Γ_A u. Potential, E_H. Die Kurvenscharen q_s gegen E_H, jeweils für verschiedene Adsorbat-Konz., schneiden sich für jede Verb. in einem Punkt, der bei aliphat. Verbb. auf der negativen, bei aromat. auf der positiven Seite des elektrocapillaren Maximums (eM.) liegt. Aromat. Kationen verursachen geringe Änderung von q_s, aromat. Anionen beträchtliche. Die Kurven Γ_A gegen E_H haben Maxima, die für neutrale aliphat. Verbb. nahe dem eM. auf dessen negativer, für neutrale aromat. auf dessen positiver Seite liegen. Aus dem Vgl. theoret. mit experimentellen Werten der Diffusionszeit für niedrigen Bedeckungsgrad ($\Theta < 0{,}5$) wird geschlossen, daß für den Adsorptionsvorgang die Diffusion der geschwindigkeitsbestimmende Schritt ist außer bei Benzaldehyd (**I**), wo die Zeit-Konst. für Oberflächen-Rk. ca. 20 Sek. beträgt. Der LANGMUIRsche Adsorptions-Koeff. k beträgt in 0,1n HCl am eM. u. bei $\Theta = 0{,}25$ bei **A** 10^3 bis $6\cdot10^6$, bei **B** 10^4 bis $3\cdot10^7$ u. bei **C** $4\cdot10^6$ bis $7\cdot10^7$ je nach Substituenten, die k in der Reihenfolge $SO_3^- \sim NH_3^+ < OH < CN < CHO \sim COOH < SH < S < CO$ erhöhen. Aliphat. Verbb. werden so adsorbiert, daß sie gerade Kette zur Metalloberfläche senkrecht steht mit der Substituentengruppe auf der Lösungsseite, ebene aromat. Verbb. werden mit dem Kern parallel zur Oberfläche sorbiert. Die Verschiebung des eM. durch Aromaten läßt sich mit Wechselwrkg. der π-Elektronen mit dem Metall erklären. Die Γ_{max}-Werte überschreiten nicht die für eine Monoschicht. Aus der Betrachtung der Adsorption als Wechselwrkg. Metall–Adsorbat u. Adsorbat–Lsg. folgt für die freien Adsorptionsenergien: $(\Delta \overline{F}^0_a)_{intrinsic} = -6{,}4$ für **A**, $-8{,}9$ für **B** u. $-12{,}4$ kcal/Mol für **C**. Θ an Hg in 0,1n HCl beim eM. u. bekannte Daten über das Korrosionsschutzvermögen an Fe verlaufen [außer für α-Naphthylamin (II) u. β-Naphthalinsulfonsäure (III)] parallel. Vff. besprechen die prakt. Anwendung der Meßergebnisse für Korrosionsschutz. Im einzelnen wurden untersucht: *n-Butylalkohol, -amin, -mercaptan, -sulfonsäure, n-Valeraldehyd, n-Valeriansäure, n-Valeronitril, Di-n-butylsulfid, -keton, Phenol,* I, *Benzoesäure, Benzonitril, Anilin, Phenylmercaptan, Diphenylsulfid, Benzolsulfonsäure, α-Naphthol, α-Naphthaldehyd, α-Naphthoesäure,* II u. III. R. JUNGE. B 176□

Wasserstoffbindungswechselwirkung zwischen Adsorbatmolekülen und Oberflächenhydroxylgruppen an Siliciumdioxid. Michael R. Basila. (J. chem. Physics **35**. 1151—58. Okt. 1961. Pittsburgh, Pa., Gulf Res. & Dev. Co.) (Engl.)

An amorphem SiO_2 (Scheiben aus gepreßtem Carbosil-Pulver) wurden nach Adsorption von *Bzl., Toluol, p-Xylol, Mesitylen* oder jeweils einem der Chlormethane (**A**; CCl_4, *Chlf.*, CH_2Cl_2, CH_3Cl) im Bereich ν = ca. 3500 bis ca. 3750 cm^{-1} die IR-Spektren gemessen, ebenso die IR-Spektren einer 0,01m Lsg. von *tert.-Butylalkohol* (I) in CCl_4 nach Zusatz jeweils etwa eines Mol der Methylbenzole (**B**). Die Best. des Anteils f der mit dem Adsorbat reagierenden Oberflächen-OH (Si—OH) erfolgte aus der Änderung der Fläche unter der OH-Valenzfrequenzbande 3743 cm^{-1} unter der Annahme, daß diese Bande an sich symm. ist u. die sich mit ihr überlappende Bande 3692 cm^{-1} durch Adsorption bei niedriger Bedeckung ($f < 0{,}6$) nicht verschoben wird (mechan. Trennung beider Banden). Die Gerade: relative Oberflächen-Konz. gegen f, auf der alle **B** liegen, geht durch den Koordinatenursprung. Die Verschiebung $\Delta\nu$ der Bande 3743 cm^{-1} durch Adsorption nach niedrigeren Werten wächst für alle **B** linear mit wachsendem f, wobei die Geraden der einzelnen **B** fast parallel verlaufen. $\Delta\nu$ wächst sowohl für **A** als auch für **B** mit sinkendem Photoionisationspotential (bekannte Daten). Eine ähnliche Abhängigkeit besteht für $\Delta\nu$ u. Ionisationspotential von **B** bei Wechselwrkg. mit I. $\Delta\nu$ beträgt für die SiO_2-Oberflächen-OH etwa das Vierfache von dem der Carbinol-OH, während $\Delta\nu$ von mol. Silanolgruppen nur etwa das Zweieinhalbfache von $\Delta\nu_{Carbinol}$ beträgt. Die Ergebnisse lassen auf Ladungsaustausch-Rkk. zwischen Adsorbat u. Oberflächen-OH schließen. Dabei werden die Protonen der Oberflächen-OH stärker positiv als in mol. Silanol-OH, weil möglicherweise das einsame Elektronenpaar an O eine Resonanzstruktur mit seinem eigenen u. einem benachbarten, nicht gebundenem Si-Atom eingeht.
R. JUNGE. B 176□

Tiefste Triplettzustände von Äthylen. Robert S. Mulliken. (J. chem. Physics **33**. 1596—97. Nov. 1960. Chicago, Ill., Univ. of Chicago, Dep. of Phys., Labor. of Mol. Structure and Spectra.) (Engl.)

Vf. diskutiert bestehende Unstimmigkeiten über die Zuordnung bekannter *Äthylen*-Banden zu den möglichen Übergängen Grundzustand N → 1. angeregten Singulettzuständen R (= RYDBERG-Zustand) u. V sowie → entsprechendem Triplettzustand T. Auf Grund verschiedener Literaturdaten vermutet Vf., daß die bisher als T ← N identifizierten Banden als oberen Zustand den erwarteten $^3B_{3u}$-Zustand mit derselben Elektronenkonfiguration wie der $^1B_{3u}$-Zustand R haben; bezeichnet man diesen Zustand mit T_R, dann ist der kleine Energieabstand R—T_R (7,1—6,4 = 0,7 eV) verglichen mit dem Abstand V—T (7,6—4,6 = 3,0 eV) sehr vernünftig, weil die Austausch-Wechselwrkg. der $(\pi_x+\pi_x)$-Mol.-Bahn mit der großen (3s ?)-RYDBERG-Mol.-Bahn im Zustand T_R wesentlich kleiner als mit der $(\pi_x-\pi_x)$-Mol.-Bahn im Zustand T sein sollte.
D. JÖRCHEL. B 182□

Nullpunktschwingungen in Benzol. R. Stephen Berry. (J. chem. Physics **35**. 2253—54. Dez. 1961. New Haven, Conn., Yale Univ., Sterling Chem. Labor.) (Engl.)

Auf Grund der bekannten Schwingungsfrequenzen der beiden B_{2u}-Schwingungen des *Bzl.*-Mol. sowie der Werte für „natürliche" Einfach- u. Doppelbindungen zwischen trigonalen C-Atomen kommt Vf. zu dem Schluß, daß das Bzl. in seinem Grundschwingungszustand ca. 15% der Zeit wenigstens in einer derart verzerrten Form verbringt, wie sie ein der Betrachtung zugrunde gelegtes hypothet. Cyclohexatrien-Mol. (mit den Doppel- u. Einfachbindungslängen von 1,335 bzw. 1,465 Å u. einer Gesamtverzerrungsenergie von nur 7,92 oder 7,14 kcal/Mol) hat, u. daß die klass. Nullpunktamplitude der Bewegung für ein C-Atom überraschend groß ist (nämlich 0,031 oder 0,033 Å). Als Ursache dafür wird vermutet, daß die π-Elektronen für die leichte Verzerrung u. die σ-Elektronen für die reguläre hexagonale Struktur verantwortlich sind, was mit anderen Folgerungen übereinstimmt. D. JÖRCHEL. B 182□

Über die Elektronenspektren einiger substituierter Benzole. Asish Kumar Chandra. (J. Amer. chem. Soc. **83**. 4177—80. 20/10. 1961. Calcutta, Univ. Coll. of Sci. and Technol., Dep. of Phys. Chem.) (Engl.)

Vf. berechnet mit Hilfe einer Störungs-Meth. 2. Ordnung auf der Grundlage der MO-Theorie unter Einbeziehung der Elektronen-Wechselwrkg. u. unter Vernachlässigung der Überlappung die Zuordnungen u. Energien der Elektronenübergangszustände, die Resonanz- u. induktive Effekte der angeregten L_b-, L_a-, B_b- u. B_a-Zustände relativ zu den Grundzustandseffekten sowie die induktiven Parameter für die Verbb. *Styrol*, *Phenylacetylen*, *Benzaldehyd* (I) u. *Benzonitril* (II). Es zeigt sich, daß die Mischung von lokal angeregten Zuständen u. von Elektronenübergangszuständen, die vom Übergang eines Elektrons vom Bzl. zum Substituenten u. umgekehrt herrühren, wichtig für die Best. der Energien der niedrigeren Elektronenzustände der substituierten Benzole ist. Ein Vgl. der berechneten mit den beobachteten Spektren zeigt befriedigende Übereinstimmung mit Ausnahme der L_a-Banden von I u. II. D. JÖRCHEL. B 182□

Über einige elektronische Charakteristika von Parapolychinonen. Bernard Pullman und Simon Diner. (J. Chim. physique Physico-Chim. biol. **55**. 212—16. März 1958. Paris, Fac. des Sci., Labor. de Chim. Théor.) (Franz.)

Ausgehend von den noch unvollständigen u. ungenauen experimentellen Angaben über die UV-Absorption von Polychinonen werden diese in 3 Gruppen eingeteilt u. z. T. nach der LCAO-Meth. die Energien des π- (höchste besetzte π-Bahn) u. π^*-Niveaus (tiefste freie π-Bahn) berechnet (Energien in der genannten Folge u. in β-Einheiten): 1. Lineare Chinone mit isolierten chinoiden Kernen, bei denen eine Erhöhung der Zahl der Chinongruppen einen hypsochromen Effekt zur Folge hat: *Heptacen-7.16-chinon* (I), 0,41, —0,37; *-5.18;9.14-dichinon* (II), 0,43, —0,37; *-5.18;7.16;9.14-trichinon* (II a), 1, —0,35; *Pentacen-6.13-chinon* (III), 0,61, —0,53; *-5.14;7.12-dichinon* (IV), 1, —0,47. 2. Anguläre Polychinone mit isolierten Chinonkernen, bei denen ein bathochromer Effekt auftritt: *1.2;8.9-Dibenzopentacen-6.13-chinon* u. *1.2-Benzopentacen-5.14;7.12-dichinon*. 3. Lineare Polychinone mit benachbarten Chinonkernen: *Heptacen-5.18;6.17;7.16;9.14-tetrachinon*; *Pentacen-5.14;6.13;7.12-trichinon*; *Naphthacen-5.12;6.11-dichinon* (V), 1, —0,32; *-5.12-chinon* (VI), 0,62, —0,57; *9.10-Anthrachinon*, 1, —0,55, u. *Anthracen-1.4;9.10-dichinon*. In dieser Gruppe führt die Zunahme der Chinongruppen zu einem hypsochromen Effekt bei den höhermol., zu einem bathochromen bei den niederen Chinonen. Ferner wurden die entsprechenden Energien berechnet für *p-Benzochinon*, 1, —0,4, u. *1.4-Naphthochinon*, 1, —0,47. Mittels der für einige Chinone bekannten Lagen der n $\rightarrow \pi^*$-Bande u. der $\pi \rightarrow \pi^*$-Bande sowie der Beziehung $(n \rightarrow \pi^*)_{theor.} = (\pi \rightarrow \pi^*)_{theor.}$ $[\lambda(\pi \rightarrow \pi^*)/\lambda(n \rightarrow \pi^*)]$ berechneten Vff. die Energie für die n(nicht bindende)-Bahn zu 0,5—0,7 β. Hiernach erscheint es wahrscheinlich, daß in gewissen Fällen die n-Bahn niedriger liegt als die π-Bahn. Vff. leiten daraus die Hypothese ab, daß für einige höhere Chinone — I, II, III — die Absorptionsbande bei der größten Wellenlänge anscheinend durch den Übergang $\pi \rightarrow \pi^*$ bedingt ist u. nicht durch den Übergang n $\rightarrow \pi^*$, wie heute allg. angenommen wird. Aus den Beweglichkeitsindices der C=O-Bindung, die für die Dichinone **IV** u. **V** höher liegen als für die Monochinone **III** u. **X**, u. deren Zusammenhang mit IR-Frequenzen leiten Vff. die Wahrscheinlichkeit ab, daß die CO-Schwingungen der Polychinone höher liegen als die der entsprechenden Monochinone. Ferner folgern Vff. aus den nach PULLMANN u. PULLMANN (Les théories électroniques de la Chimie organique, Masson, Paris 1952. 510) in 1. Näherung geschätzten Werten für die Resonanzenergie zwischen Hydrochinon- u. Chinon-Form von **I**, **II**, **II a**, **III** u. **IV**, daß die Red.-Potentiale der Polychinone höher als die der Monochinone liegen u. mit zunehmender Anzahl an chinoiden Kernen ansteigen dürften. J. RICHTER. B 182□

Die Assoziation von o-substituierten Phenolen mit Äthern. L. J. Bellamy, G. Eglinton und J. F. Morman. (J. chem. Soc. [London] **1961**. 4762—69. Nov. Waltham Abbey, Essex, Ministry of Aviation, E.R.D.E.; Glasgow, Western Infirmary, Clinical Chemotherap. Res. Unit, Med. Res. Counc.; Glasgow, Univ., Chem. Dep.) (Engl.) — Vgl. Proc. Roy. Soc. [London], Ser. A **254**. [1960.] 119.

Die Assoziation von *Phenol* (I), *2-Methyl-* (II), *2-Isopropyl-* (III), *2-tert.-Butyl-* (IV), *2-tert.-Butyl-5-methyl-*, *2.6-Dimethyl-* (V), *2.6-Diäthyl-*, *2.6-Diisopropyl-* (VI), *2.6-Di-tert.-Butyl-* (VII) u. *4-Methyl-2.6-di-tert.-butylphenol* wurde durch Best. der Lage der IR-$\gamma_{(O-H)}$-Bande im fl. Zustand, in Hexan, CCl_4, Tetrahydrofuran (Thf.), Ae., Diisopropyläther (Dpä.), Di-n-butyläther (Dbä.), Di-tert.-butyläther (Dtbä.) u. in Bis-trimethylsilyloxid (Bs.) untersucht. Hierzu wurde ferner die integrierte Absorption der freien u. assoziierten $\nu_{(O-H)}$-Bande von I—VII in 0,5m Äther (Thf., Ae., Dpä., Dbä., Dtbä. u. Bs.)-haltigem CCl_4 mittels der Meth. vom RAMSAY (J. Amer. chem. Soc. **74**. [1952.] 72), die Gleichgewichts-Konst. K für die Phenol–Äther-Assoziation in CCl_4 (0,1m Phenol- u. 0,5m Äther-Lsg.) bei 29 ± 2° u. die Differenzen der $\nu_{(O-H)}$-Bande der Phenole in Hexan u. in Äther/CCl_4 [$\Delta\nu$] bestimmt: in Ggw. von Thf. I [K in Liter/Mol] 10,4; [$\Delta\nu$ in cm^{-1}] 301; II 5,5; 294; III 6,7; 296; IV 5,7; 284; V 2,0; 229; VI 1,7; 201; in Ae. I 6,0; 288; II 3,4; 283; III 3,9; 285; IV 3,7; 278; V 0,67; 220; VI 0,51; 191; in Dpä. I 7,2; 308;

II 3,2; 301; III 3,9; 300; IV 4,1; 291; V 0,62; 234; VI 0,48; 215; in Dbä. I 4,9; 292; II 2,6; 288; III 3,0; 289; IV 2,9; 280; V 0,63; 228; VI 0,23; 201; in Dtbä. I 3,9; 325; II 1,7; 309; III 2,0; 300; IV 2,3; 280; V 0,22; 205; VI 0,19; 197; in Bs. I 0,4; 168; II 0; 159; III 0,06; 163; IV 0; 169; V 0,03; —; VI 0,06; —. Die K-Werte von **VII** sind in allen Medien nahezu Null. Angegeben sind ferner die Teilspektren von **I**, **V** u. **VII** in Thf./CCl_4, Dpä./CCl_4 u. Dtbä./CCl_4 zwischen ca. 3700 u. 3100 cm^{-1}. Für **I** u. die ster. nicht gehinderten Phenole nehmen die $\Delta\nu$-Werte systemat. mit der Basizität der Äther in nachst. Folge ab Dtbä. > Dpä. > Thf. > Dbä. > Ae. ≫ Bs.; die Folge gilt bis zu **VII** (mit Ausnahme der Medien mit Dtbä.). Die Unterschiede der $\Delta\nu$-Werte in Bs. sind gering, woraus hervorgeht, daß die H-Bindungen mit diesem Äther von etwa gleicher Stärke sind. Nach der Neigung der $\Delta\nu/\nu$-Kurven der 2.6-Dialkylphenole scheinen diese Verbb. schwächer sauer als **I** oder die Monoalkylphenole zu sein. Dies wird nicht nur auf induktive Effekte, sondern auf eine dipolare Wechselwrkg. zwischen den OH- u. Alkylgruppen zurückgeführt. Im Gegensatz zu den $\Delta\nu$-Werten laufen die K-Werte nicht der Basizität der Äther, sondern deren ster. Größe parallel (entsprechend der Folge Thf. > Ae., Dpä. > Dbä. > Dtbä. ≫ Bs.). Aus den Ergebnissen schließen Vff., daß die „physikal." ster. Hinderung (Effekte, die zu einer Verminderung der Kraft-Konst. der H-Brückenbindung infolge eines ungewöhnlichen O···O-Abstandes, sowie solche, die durch eine Entropie-Änderung verursacht sind) teilweise für die Schwächung oder Verhinderung der Assoziation von **VII** verantwortlich ist, u. daß ähnliche Effekte vermutlich auch bei den anderen 2.6-Dialkylphenolen in Bs. auftreten. Eine geringe Schwächung der H-Bindungen ist auch bei einigen Alkylphenolen mit Dtbä. zu verzeichnen. Diese Effekte scheinen ebenso eine Rolle bei der Verhinderung der cycl. polymeren Assoziation von o-tert.-Butylphenol u. bei allen 2.6-Dialkylphenolen zu spielen, obwohl auch bei diesen Verbb. die Dimerisierung wie üblich auftritt. In den anderen Fällen tritt bei Variation der Alkylgruppe keine Beeinflussung der Stärke der H-Bindung, wohl aber eine Veränderung des K-Werts ein. Dies wird auf einen Wechsel des Anteils der zu einer H-Bindung führenden wirksamen Stöße zurückgeführt u. hat nichts mit der Schwächung einer schon gebildeten Bindung zu tun. Mit der vorliegenden Meth. (Best. von $\Delta\nu$- u. K-Werten) können anscheinend die beiden Komponenten der freien Energie der H-Bindung (Bindungsstärke u. Entropie) unterschieden u. miteinander verglichen werden.

B. GNAUCK. B 223□

Löslichkeiten verschiedener Kohlenwasserstoffe in Methanol. Robert W. Kiser, G. Dana Johnson und Martin D. Shetlar. (J. chem. Engng. Data **6.** 338—41. Juli 1961. Manhattan, Kans., Kansas State Univ., Dep. of Chem.) (Engl.)

Vff. bestimmen die Löslichkeiten (g KW-Stoff/100 ml CH_3OH) u. krit. Lsg.-Temp. von folgenden KW-Stoffen in CH_3OH zwischen 5 u. 40°: *n-Pentan, n-Hexan, n-Heptan, n-Octan, n-Nonan, n-Decan, 2.2-, 2.3-Dimethylbutan, 3-Methyl-, 2.2.4-Trimethylpentan, 2.2.5-Trimethylhexan, 3-Methylheptan, Cyclopentan, -hexan, Methylcyclopentan* u. *-cyclohexan.* Mit Hilfe der HILDEBRAND-Gleichungen werden die Aktivität, das molale Vol. u. der Löslichkeitsparameter δ der gelösten Stoffe berechnet.

G. PÖTZSCHER. B 224□

Löslichkeit von Propin in Wasser. Ruben F. Inga und John J. McKetta. (J. chem. Engng. Data **6.** 337—38. Juli 1961. Austin, Tex., Univ. of Texas.) (Engl.)

Von *Propin* (*Methylacetylen*) wird die Löslichkeit in W. bei Temp. von 70—220° F u. Drucken von 5—200 lbs./sq.in.a. bestimmt u. in Diagrammen dargestellt.

G. PÖTZSCHER. B 224□

Löslichkeit von m- und p-Xylol in Wasser und in wässerigem Ammoniak von 0 bis 300°. William A. Pryor und Ralph E. Jentoft jun. (J. chem. Engng. Data **6.** 36—37. Jan. 1961. Richmond, Calif., California Res. Corp.) (Engl.)

Die Löslichkeit von *m-* u. *p-Xylol* in W. u. konz. (30%ig.) NH_4OH zwischen 0 u. 300° wird bestimmt. In Übereinstimmung mit den Werten von BOHON u. CLAUSSEN (C. **1953.** 9433) ist die Löslichkeit beider Verbb. gleich u. weist für W. bei 18° u. wahrscheinlich auch für NH_4OH ein Minimum auf. Die Löslichkeit in NH_4OH ist 4—7mal größer als in W., was jedoch nicht auf das NH_4^+-Ion zurückzuführen ist, da Zusatz von NH_4ClO_4 keine Löslichkeitsänderung bewirkt. G. PÖTZSCHER. B 224□

Isotopeneffekte in chemischen Reaktionen. Ralph E. Weston jun. (Annu. Rev. nuclear Sci. **11.** 439—60. 1961. Upton, Long Island, N.Y., Brookhaven Nat. Labor., Chem. Dep.) (Engl.)

Übersicht über sek. Isotopeneffekte (Einfl. auf Gleichgewichts-Konst., Eintritt von Substituenten, Rk.-Mechanismen) u. Isotopeneffekte bei Rkk. in schwerem Wasser. — 126 Literaturangaben. P. GOLINSKE. B 225□

Die ortho-Claisen-Umlagerung. 7. Mitt. **Die Umlagerung von Allyl-$D_{2(2\cdot6)}$-p-tolyläther.** William N. White und Eugene F. Wolfarth. (J. org. Chemistry

26. 3509—10. 12/9. 1961. Columbus, Ohio, Ohio State Univ., Dep. of Chem.) (Engl.) — 5. vgl. C. **1962.** 10791.

Die Umlagerung von *Allyl-$D_{2(2\cdot6)}$-p-tolyläther* D_2-I, durch Verätherung von $D_{2(2.6)}$-p-Kresol) u. D-freiem I in Carbitol wurde spektrophotometr. bis zu 72—75%ig. Rk. verfolgt, die Geschw.-Konst. k·10^5 (s^{-1}) bei 160,3 u. 199,7° u. Aktivierungsenthalpien $\Delta H^{\neq}$ (kcal/Mol) u. -entropien $\Delta S^{\neq}$ (cal/Grad·Mol) betragen für D_2-I 0,761; 15,86; $\Delta H^{\neq}$ 30,5; $\Delta S^{\neq}$ —12,3; für I 0,784; 15,73; 30,1; —13,1. Innerhalb der Fehlergrenzen sind alle Werte für I u. D_2-I ident.; die Spaltung der o-C—H-Bindung ist somit ohne Einfl. auf die Kinetik. Mithin muß der erste Schritt der Rk., die Bldg. der o-C-Alkylrestbindung, geschwindigkeitsbestimmend sein. In Übereinstimmung damit tritt bei 50%ig. Umlagerung eines 1 : 3-D_2-I/I-Gemisches keine Isotopenfraktionierung ein.

Versuche: *$D_{2(2.6)}$-p-Kresol*, Kp.$_{15}$ 90—95°, durch Zutropfen von wss. $NaNO_2$-Lsg. bei 3° zu $D_{2(2.6)}$-p-Toluidin (durch 10 std. Erhitzen der D-freien Verb. als Hydrochlorid mit D_2O auf 120° im Rohr) in wss. H_2SO_4 u. Wasserdampf-Dest. des Diazoniumsalzes; 66,5%. *3.5-Dinitrobenzoat*, F. 184—188°. — *2.6-Dibrom-p-kresol*, aus vorst. Verb. in W. mit Br_2; prakt. D-frei. *3.5-Dinitrobenzoat*, $C_{14}H_8Br_2N_2O_6$, F. 219—220,1° (Bzl.-PAe., 1:1).

G. PÖTZSCHER. B 225□

Ausdehnungen der Wessely-Moser-Umlagerung. D. M. X. Donnelly, P. B. Green, E. M. Philbin, F. T. B. Smyth und T. S. Wheeler. (Chem. and Ind. **1958.** 892. 12/7. Dublin, Univ. Coll., Dep. of Chem.) (Engl.)

Analog der WESSELY-MOSER-Umlagerung von 5.8-Dihydroxyflavonen in 5.6-Dihydroxyflavone können Cumarine u. 5.8-Dihydroxyflavyliumsalze umgelagert werden. 20 Min. langes Erhitzen von 7-Hydroxy-5.8-dimethoxy-4-methylcumarin im Bombenrohr mit HJ auf 180° ergibt *5.6.7-Triacetoxy-4-methylcumarin* (F. 162°). Durch Entmethylierung von 7-Hydroxy-5.8.4'-trimethoxyflavyliumchlorid mit HJ in Phenol bei 170° entsteht *5.6.7.4'-Tetrahydroxyflavyliumjodid* (I; *Carajuretinhydrojodid*), während bei 125° *5.7.8.4'-Tetrahydroxyflavyliumjodid* (*Isocarajuretinhydrojodid*) erhalten wird. I wurde auch durch Einw. von HJ auf 5.7-Dibenzyloxy-6-hydroxy-4'-methoxyflavyliumchlorid synthetisiert.

K. ZIELOFF. B 225

Einfluß von Ameisensäure und Formiaten auf die Oxydation von Kohlenwasserstoffen und Kohlenwasserstoffpolymeren. W. M. Jurjew, A. N. Prawednikow und S. S. Medwedew. (J. Polymer Sci. **55.** 353—59. Nov. 1961. Moskau, UdSSR, Physik.-Chem. Karpow-Inst.) (Engl.)

Wird *Cetan* (I) bei 140° mit O_2 oxydiert, so steigt die Geschw. v der O_2-Aufnahme zunächst autokatalyt. an u. fällt dann ab; ähnlich geht auch die Konz. c an entstandenem Hydroperoxid durch ein Maximum. Wird I in Ggw. von Ameisen- (II), Essig- oder n-Buttersäure, Diamylketon, Propylbutylcarbinol, Heptylformiat (III) oder Heptylacetat oxydiert, so wird v nur durch II u. (etwas schwächer) durch III erniedrigt. Wird andererseits die bei der Oxydation von I entstandene II laufend aus dem Rk.-Raum entfernt, so steigen v u. c an. Daraus folgt, daß II (u. z. T. auch III) inhibierend auf die Oxydation wirken. Wird *tert.-Butylhydroperoxid* (IV) 10 Min. in II auf 93,5° erhitzt, so werden 75% von IV zersetzt; in Ggw. anderer der oben genannten Verbb. an Stelle von II ist das Ausmaß der IV-Zers. weit geringer. Vff. nehmen an, daß das aus Hydroperoxiden entstandene Radikal RO· mit II unter Bldg. von ROH u. des Radikals ·COOH reagiert, wobei letzteres sich mit Hydroperoxid unter Bldg. von CO_2 umsetzt (Verss. mit ^{14}C enthaltendem II zeigen, daß das entstandene CO_2 hauptsächlich aus II entstanden ist). II wirkt also wegen der Hydroperoxid-Zers. inhibierend. v eines Polyolefins aus 75 Diazomethan u. 25 Diazoäthan wird durch die Ggw. von 10% Pentadecylformiat um den Faktor 1,5 erniedrigt.

O. FUCHS. B 225□

Die Dampfphasenzersetzung von 2.5-Dihydrofuran. C. A. Wellington und W. D. Walters. (J. Amer. chem. Soc. **83.** 4888—91. 20/12. 1961. Rochester, N.Y., Univ. of Rochester, Dep. of Chem.) (Engl.)

Die Unters. der Zers. von *2.5-Dihydrofuran* zwischen 342 u. 409° ergab, daß eine homogene Rk. 1. Ordnung vorliegt, die gleiche Mengen H_2 u. Furan als einzige Prodd. liefert. Zusätze von NO, Propylen oder Toluol beeinflußten die Geschw. der Rk. nicht. Die Geschw.-Konst. blieben im untersuchten Bereich unverändert (Druckbereich 5—46 u. 57—270 mm). Aus Anfangsdrucken von 10—12 mm wurde die Geschw.-Konst. der Zers. zu $5,3 \pm 0,1 \cdot 10^{12} \exp(-48500/RT)\ s^{-1}$ berechnet.

W. SCHRAMM. B 225□

Die Bedeutung sterischer Effekte bei der Baeyer-Villiger-Oxydation. R. R. Sauers und G. P. Ahearn. (J. Amer. chem. Soc. **83.** 2759—62. 20/6. 1961. New Brunswick, N.Y., State Univ., Rutgers School of Chem.) (Engl.)

Vff. untersuchen die BAEYER-VILLIGER-Oxydation von *1-Methylnorcampher* (I), *Fenchon* (II) u. *Epicampher* (III). Während bei I ein einheitliches Lacton erhalten wird, das gleichermaßen ster. wie elektron. begünstigt ist, wird aus III ein ster. begünstigtes

Lacton erhalten. Aus II entstehen 2 isomere Lactone im Verhältnis 60 : 40, bei deren Bldg. elektron. Einfl. überwiegen. Die Oxydation von *Campher* liefert zu 25% 1.8.8-Trimethyl-3-oxabicyclo-[3.2.1]-octanon-(2) u. zu 75% 1.8.8-Trimethyl-2-oxabicyclo-[3.2.1]-octanon-(3), letzteres nachgewiesen nach Behandlung mit Eisessig–H_2SO_4 als Dihydro-β-campholenolacton. Aus diesen Befunden schließen Vff., daß bei der BAEYER-VILLIGER-Oxydation neben elektron. auch ster. Einfl. wirksam sind. Eine α-CH_3-Gruppe an einem Brückenkopf-C-Atom setzt die Geschw. der Oxydation stark herab.

Versuche: *1-Methyl-2-oxabicyclo-[3.2.1]-octanon-(3)*, $C_8H_{12}O_2$, F. 35—36° (PAe.), a) aus I (Kp.$_9$ 54—55°, durch Oxydation von 1-Methylnorborneol mit CrO_3) u. 40% ig. Peressigsäure in Eisessig-Na-Acetat, 30 Tage bei Raum-Temp. in der Dunkelheit; 42% (Ausbeute); b) aus Methylnorcampheroxim ($C_8H_{13}NO$, F. 84—85° (A.-W.)] u. verd. H_2SO_4, 3 std. Kochen unter Rückfluß, anschließend Verseifung des Nitrils mit methanol. KOH, sodann Cyclisierung durch 4 Tage langes Stehen in Eisessig–H_2SO_4 bei 27°. — Gemisch aus *1.4.4-Trimethyl-3-oxabicyclo-[3.2.1]-octanon-(2)* u. *1.4.4-Trimethyl-2-oxabicyclo-[3.2.1]-octanon-(3)*, $C_{10}H_{16}O_2$, F. 61—63° (PAe.), a) aus II u. 40% ig. Peressigsäure in Eisessig-Na-Acetat, 14 Tage in der Dunkelheit; 35%; b) aus Fenchonoxim u. verd. H_2SO_4, 1,5 Std. unter Rückfluß, nach Isolierung des Nitrils 2 Tage unter Rückfluß mit alkohol. KOH [→ α- u. *β-Fencholensäure*], u. Cyclisierung (2 Min.) in konz. H_2SO_4. — *5.8.8-Trimethyl-3-oxabicyclo-[3.2.1]-octanon-(2)* (*dl-β-Campholid*), F. 216—218° (PAe.), aus dl-III (Oxim, F. 100—101°) u. 40% ig. Peressigsäure in Eisessig-Na-Acetat, 5 Tage bei Raum-Temp.; 94%. *1.2.2-Trimethyl-1.3-bis-[hydroxymethyl]-cyclopentan*, F. 133 bis 134° (Methylenchlorid–Ae.), aus vorst. Verb. u. $LiAlH_4$. A. TREDE. B 225□

Die Wirkung polarer Substituenten auf die säurekatalysierte Hydrolyse von Organosiliciumhydriden. Omar W. Steward und Ogden R. Pierce. (J. Amer. chem. Soc. **83**. 4932—36. 20/12. 1961. Midland, Mich., Dow Corning Co.) (Engl.)

Vff. bestimmen die Geschw.-Konst. der nach der 1. Ordnung verlaufenden Hydrolyse von folgenden Silanen: *Triäthyl-* $k_1 \cdot 10^3$ 1,16 [min^{-1}]; *n-Propyldimethyl-* 1,55; *Methyl-di-n-propyl-* 1,45; *Dimethyl-3.3.3-trifluorpropyl-* 3,14; *Methyl-bis-[3.3.3-trifluorpropyl]-* 5,01; *Tris-[3.3.3-trifluorpropyl]-* [Kp.$_{15}$ 89,5°, aus $CF_3CH_2CH_2MgBr$ u. Cl_3SiH in Ae., 16 Std.; n_D^{25} 1,3528; $D._4^{25}$ 1,297; 52% (Ausbeute)] 9,04; *Dimethyl-4.4.4-trifluorbutyl-* 2,98; *Methyl-bis-[4.4.4-trifluorbutyl]-* 3,11; *Tris-[4.4.4-trifluorbutyl]-* 3,29; *Dimethyl-2-cyanäthyl-* 4,36; *Dimethyl-3-cyanpropyl* 3,26; *Chlormethyldimethyl-* (Kp.$_{741}$ 81°, durch Red. von $ClCH_2Si(CH_3)_2Cl$ mit $LiAlH_4$; n_D^{25} 1,4168; $D._4^{25}$ 0,892; 56%) 2,08; *3.3.3-Trifluorpropyl-n-butyl-* (Kp.$_{743}$ 132°, durch 1 std. Zugabe von 3.3.3-Trifluorpropyl-n-butyldiäthoxysilan zu $LiAlH_4$ in Ae. u. 16 std. Kochen unter N_2; n_D^{25} 1,3782; $D._4^{25}$ 0,941; 53%) 54,8 (3,6; Hydrolyse der 2. Si—H-Bindung); *Bis-[3.3.3-trifluorpropyl]-* (Kp.$_{735}$ 126°, analog vorst. Verb. aus Bis-[3.3.3-trifluorpropyl]-diäthoxysilan; n_D^{25} 1,3423; $D._4^{25}$ 1,180; 49%) 111 (11,2); *2-Cyanäthyl-* (Kp.$_{15}$ 38°; n_D^{25} 1,4255, $D._4^{25}$ 0,836; 41%) 394 (Hydrolyse der 1. u. 2. Si—H-Bindung), 5,5 (der 3. Si—H-Bindung) u. von *β-Methylsilylpropionitril* (Kp.$_{15}$ 51°, durch Red. von β-[Methyldichlorsilyl]-propionitril; n_D^{25} 1,4261; $D._4^{25}$ 0,841; 58%) 106 (9,5). Alle Best. erfolgten in äthanol. HCl (1,43 n, 95 Vol-% A.) bei 34,8°. Die log k_1 der Mono-, Di- u. Trisilane stehen bei Anwendung der TAFT-Gleichung in linearer Beziehung zueinander. Der Einfl. polarer u. ster. Effekte auf die Rk.-Geschw. wird diskutiert. — *3.3.3-Trifluorpropyl-n-butyldiäthoxysilan*, $C_{11}H_{23}F_3O_2Si$, Kp.$_{30}$ 105°, durch ½ std. Zugabe von A. zu 3.3.3-Trifluorpropyltrichlorsilan bei 50—60°, Erhitzen auf 120° u. 16 std. Rühren bei Zimmer-Temp. u. ½ std. Zugabe von n-C_4H_9MgBr zu den gebildeten 3.3.3-Trifluorpropyläthoxychlorsilanen (**A**; $C_7H_{14}ClF_3O_2Si$; 98%) in Ae. bei Eiskühlung u. 16 std. Kochen; n_D^{25} 1,3858; $D._4^{25}$ 0,991, 63%. Daneben *3.3.3-Trifluorpropyltriäthoxysilan* (I; Kp.$_{30}$ 82°; n_D^{25} 1,3650; 15%) u. *3.3.3-Trifluorpropyl-di-n-butyläthoxysilan* ($C_{13}H_{27}F_3OSi$, Kp.$_{30}$ 126,5°; n_D^{25} 1,4073; $D._4^{25}$ 0,944; 2%). — *Bis-[3.3.3-trifluorpropyl]-diäthoxysilan*, $C_{10}H_{18}F_6O_2Si$, Kp.$_{30}$ 98°, analog vorst. Verb. durch Zugabe von $CF_3CH_2CH_2MgBr$ in Ae. zu **A**; n_D^{25} 1,3578; $D._4^{25}$ 1,153; 45%. Daneben I; 7%. P. JACOB. B 225□

Inhibierung durch Bromwasserstoff bei der durch Zinkchlorid katalysierten Bromierung von Polyalkylbenzolen in Essigsäure. Die Wirkung der Ringdeuterierung auf das Reaktionsvermögen. Roy Josephson, R. M. Keefer und L. J. Andrews. (J. Amer. chem. Soc. **83**. 3562—67. 5/9. 1961. Davis, Calif., Univ. of California, Dep. of Chem.) (Engl.) — Vgl. ANDREWS u. KEEFER, C. **1958**. 1538.

Wie l. c. wurde die Wrkg. von HBr über einen breiten Konz.-Bereich auf die Geschw. der durch $ZnCl_2$ katalysierten Bromierung von *o-Xylol* in Essigsäure (Es.) untersucht, wobei die l. c. ermittelten Daten krit. überprüft wurden. Die UV-spektroskop. ermittelten k_2-Werte (Rk.-Geschw. v = k_2 [ArH][Br_2]) zeigten eine lineare Abhängigkeit von der reziproken Konz. an Halogenwasserstoff u. erreichen minimale Werte, wenn der Geh. an Inhibitor ($HZnCl_2Br$) erheblich wird. Offenbar läuft die Rk. auf zwei verschiedenen

Wegen ab, von denen nur einer dem Einfl. von HBr unterworfen ist u. durch $HZnCl_2Br$ inhibiert wird. Aus den Daten der kinet. Unters. der Rkk. von *Toluol* (I) u. $D_{5(2.3.4.5.6)}$-I sowie *Pentamethylbenzol* (II) u. $D_{1(ar.)}$-II ergab sich, daß über einen weiten Konz.-Bereich von HBr kein H/D-Isotopeneffekt zu verzeichnen war. Der l. c. gegebene Rk.-Mechanismus muß also modifiziert werden. Diskutiert werden 2 mögliche Rk.-Wege: 1. ein Mechanismus, bei dem die langsamen Rk.-Stufen Umwandlungen von π- in σ-Komplexe darstellen: $ArH + Br_2 + ZnCl_2 \rightleftharpoons ArHBr^+BrZnCl_2^-$ (π_a), $\pi_a + CH_3COOH \rightleftharpoons HZnCl_2Br + ArHBr^+CH_3COO^-$ (π_b); $\pi_a = \sigma_a$ (langsam) $\rightarrow ArBr + HZnCl_2Br$ (schnell), $\pi_b \rightarrow \sigma_b$ (langsam) $\rightarrow ArBr + CH_3COOH$ (schnell). Die Unterschiede zwischen π- u. σ-Komplexen dürften hauptsächlich im Grad der Durchdringung der π-Elektronenwolke des aromat. Kerns liegen. 2. $CH_3COOH + Br_2 + ZnCl_2 \rightleftharpoons BrOCOCH_3 + HZnCl_2Br$, $ArH + Br_2 + ZnCl_2 \rightarrow \sigma_a$, $ArH + BrOCOCH_3 \rightarrow \sigma_b$. Beide Mechanismen sind mit den experimentellen Beobachtungen in Einklang. In den geschwindigkeitsbestimmenden Schritten dürfte kaum eine erhebliche Schwächung der C—H-Bindung auftreten. Die l. c. erhaltenen Daten der Rk. von Bzl., I, o-, p- u. m-Xylol, Pseudocumol u. II werden erneut diskutiert. Die scheinbare Rk.-Ordnung bzgl. der Katalysator-Konz. ist höher aus 1; Vff. vermuten, daß sich diese Größe entweder aus der wahren Rk.-Ordnung u. aus Salzeffekten zusammensetzt oder daß bei höheren Konzz. an $ZnCl_2$ dieses polymol. Aggregate bildet, die eine verstärkte katalyt. Wrkg. besitzen. — *Hexamethylbenzol* (III) reagiert in Ggw. von $ZnCl_2$ in Es. schnell mit Br_2, der Verbrauch an Br_2 erfolgt zunächst durch eine Rk., die 1. Ordnung bzgl. beider Reaktanten u. des $ZnCl_2$ verläuft u. durch HBr inhibiert wird. Pro Mol KW-Stoff werden mehr als 1 Mol Br_2 verbraucht, das Prod.-Gemisch ist halogenfrei u. enthält nach der IR-spektroskop. Unters. anscheinend Acetoxy-Derivv. von III.

Versuche: $D_{1(ar.)}$-*Pentamethylbenzol* ($D_{1(ar.)}$-II), F. 52,0—53,0° (A.), durch Bromierung von II in Ggw. von BrJ in Chlf. (vgl. C. **1961**. 14601), Umwandlung des 1-Brom-2.3.4.5.6-pentamethylbenzols (F. 160—161,5° [A.], auch durch Einw. von Br_2 auf II in Es. in Ggw. von $ZnCl_2$ [5 Min.] u. Gießen in verd. $NaHSO_3$-Lsg.; 76% [Ausbeute]) in die GRIGNARD-Verb. in Tetrahydrofuran, Zugabe von D_2O, ½ std. Kochen u. Einw. von 10%ig. wss. NH_4Cl; 85%. — $D_{5(2.3.4.5.6)}$-*Toluol* (*D*-I), Kp. 110,2—110,6°, durch Einleiten eines hohen Überschusses von DCl durch I in Ggw. von $GaCl_3$ bei 0° (nach JENSEN, private Mitt.); 97,4 Mol-% rein, daneben 2,6 Mol-% D_4-I. B. GNAUCK. B 225□

Reaktivität substituierter Benzylbromide gegenüber Lithiumthiophenolat und -methylat. G. Klopman und R. F. Hudson. (Helv. chim. Acta **44**. 1914—21. 1/12. 1961. Cologny, Genève, Cyanamid European Res. Inst.) (Franz.)

Die Geschw. k_T bzw. k_M der Rkk. folgender Benzylbromide mit Li-Thiophenolat bzw. Li-Methylat wurden bei 20° polarograph. in CH_3OH bestimmt: *p-Methoxy-* 4,92 bzw. $96{,}2 \cdot 10^{-4}$; *p-Methyl-* 1,62 bzw. $7{,}33 \cdot 10^{-4}$; *Benzylbromid* 1,08 bzw. $5{,}54 \cdot 10^{-4}$; *p-Brom-* 2,57 bzw. $7{,}83 \cdot 10^{-4}$; *p-Nitrobenzylbromid* 7,94 bzw. $14{,}15 \cdot 10^{-4}$ [$Liter \cdot Mol^{-1} \cdot s^{-1}$]. Die Reaktivität nimmt also bei beiden Rkk. mit der Einführung elektronenanziehender oder elektronenabgebender Substituenten zu. Vff. erklären diese Erscheinung durch eine Veränderung des Übergangszustandes von einer im wesentlichen ion. Form in eine mehr kovalente Form, die durch die Konjugation zwischen dem Benzolring u. den Pseudo-π-orbitals, die die Rk.-Koordinaten bilden, stabilisiert ist. Das Verhältnis k_T/k_M steigt mit dem HAMMETTschen σ-Wert für den betreffenden Substituenten. J. ROTHE. B 225□

Deuterium–Wasserstoff-Austauschreaktionen des Brückenkopf-α-Deuteriums in bicyclischen Trisulfiden. Shigeru Oae, Waichiro Tagaki und Atsuyoshi Ohno. (J. Amer. chem. Soc. **83**. 5036—37. 30/12. 1961. Sakai, Osaka, Japan, Radiation Center of Osaka Prefecture, Dep. of Chem.) (Engl.)

Vff. bestimmen IR-spektrometr. die Geschw.-Konst. $k \cdot 10^4$ des basenkatalysierten H–D-Austausches bei $^2H_{(1)}$-*4-Methyl-2.6.7-trithiabicyclo-*[2.2.2]*-octan* (I), $k_I^{50°}$ 4,52[sec^{-1}] u. bei $^2H_1$-*Orthothioameisensäuretriäthylester* (II), $k_I^{50°}$ 0,00375, in A. in Ggw. von Na-Äthylat sowie bei II, $k_I^{50°}$ 1,55, u. bei ^2H-*Acetaldehyddiäthylmercaptal* (III), k_I^{138} 0,0473, in tert. Butanol in Ggw. von K-tert.-Butylat. Unter diesen Bedingungen verläuft der Austausch bei I bei 50° unmeßbar rasch, während bei $^2H_{(1)}$-*4-Methyl-2.6.7-trioxabicyclo-*[2.2.2]*-octan* in 5 Std. bei 138° u. bei $^2H_1$-*Orthoameisensäuretriäthylester* in 20 Std. bei 112° kein Austausch stattfindet. Zwischen I u. II (Messungen bis 100°) besteht eine Differenz der freien Aktivierungsenergie von 4,6 [$kcal \cdot Mol^{-1}$]. Daraus wird die Struktur eines intermediären Anions von I beim Austausch gefolgert. — Die UV-Maxima von I, II u. III in Dioxan sind angegeben. A. TREDE. B 225□

Spezifische Lösungsmitteleffekte bei der Alkylierung von Enolatanionen. 4. Mitt. Kinetische Ordnung der Lösungsmittelbeteiligung. Harold E. Zaugg. (J. Amer. chem. Soc. **83**. 837—40. 20/2. 1961. North Chicago, Ill., Abbott Labor., Res. Div., Organ. Chem. Dep.) (Engl.) — 3. vgl. C. **1962**. 12987.

Wie früher (vgl. 1. Mitt., C. **1961.** 7888) verfolgte Vf. die Kinetik der Alkylierung der Na-Verb. von *n-Butylmalonsäurediäthylester* (Kp.$_{20}$ 128—129°, n_D^{25} 1,4209) mit *n-Butylbromid* (Kp. 100—101°, n_D^{25} 1,4362) bei 25° in Bzl. unter Zusatz steigender Mengen an *Tetrahydrofuran* (I, Kp. 65—65,5°, n_D^{26} 1,4038), *Äthylenglykoldimethyläther* (II; *Monoglyme*, Kp. 84,5°, n_D^{26} 1,3765), *Dimethylformamid* (III, Kp. 152—153°, n_D^{25} 1,4281) u. *Dimethylsulfoxid* (IV, Kp. 190°, n_D^{23} 1,4774). Bestimmt wurde die Rk.-Ordnung n der Beteiligung des Lsgm. an der Alkylierung gemäß der Beziehung $\log k_2 = n \log [A] + \log k$, wobei [A] die Konz. des Zusatzstoffes bedeutet. Die n-Werte betragen für II 1,05 bzw. für III 1,43 u. sind über einen Konz.-Bereich von ca. 5—95% konstant. Die n-Werte für I u. IV wachsen dagegen mit der Konz. zu maximalen Werten von 1,4 bzw. 1,7; bei geringen Konzz. beträgt $n < 1$. Die relativen Geschw. der Rk. bei 25° in den reinen Lsgm. betragen für Bzl. 1, I 14, II 80, III 970 u. IV 1420. *1.4-Dioxan* (Kp. 100—100,5°, n_D^{26} 1,4193) u. *1.3-Dioxolan* (Kp. 75—76°, n_D^{26} 1,3972) üben als Zusätze nur eine geringe katalyt. Wrkg. (etwa wie I) aus, ihre n-Werte sind bei geringen Konzz. ebenfalls klein. Dagegen weist *N.N'-Dimethyläthylenharnstoff* (Kp.$_{12}$ 95—97°, n_D^{26} 1,4700) eine erhebliche katalyt. Wrkg. auf (n ca. 1,5), die erheblich größer ist als die von Tetramethylharnstoff u. auch die von N-Methylpyrrolidon-(2) übertrifft. Vf. diskutiert die Art der spezif. Kationensolvatisierung u. den früher (vgl. l. c.) vorgeschlagenen Mechanismus der Erhöhung der Rk.-Geschwindigkeit. B. GNAUCK. B 225□

Thermische Zersetzung von Acrolein. Der Angriff von freien Methyl- und tert.-Butoxy-Radikalen auf Acrolein. C. E. Castro und F. F. Rust. (J. Amer. chem. Soc. **83.** 4928—32. 20/12. 1961. Emeryville, Calif., Shell Dev. Co.) (Engl.)

Die therm. Zers. von *Acrolein* (I) in der Gasphase bei 500—600° u. 1 atm liefert hauptsächlich CO, Äthylen, Propylen, H_2, Methan, Äthan, Butadien-(1.3) u. Buten-(1). Der Abbau von I erfolgt durch Vinylradikale, die über Acrylylradikale (II) gebildet werden. Dieser Zers.-Mechanismus wird gestützt durch Ergebnisse der Rkk. von Methyl- (III) u. tert.-Butoxyradikalen [durch Photolyse von tert.-Butylhypochlorit (IV)] mit I. III (durch Zers. von Di-tert.-butylperoxid) werden bei 250° an I addiert bzw. spalten von I H ab [Prodd. der Rk. Aceton, C_2H_6, 2-Methylbutyraldehyd (Semicarbazon, F. 95 bis 96°, 2.4-Dinitrophenylhydrazon, F. 126—127°), CO, CH_4, C_3H_6, tert.-Butanol, Buten-(1), C_2H_4, Isopentan, 2.3-Dihydropyran-2-aldehyd, C_3H_8, n-C_4H_{10}, Butadien-(1.3)]; $k_{Addit.}/k_{Abspaltg.} \cong 4$. Bei der Photolyse von I/IV in CCl_4 bei 22° in Ggw. von Na_2CO_3 wird tert.-Butylacrylat (daneben Aceton, tert.-Butanol, wenig Polymeres) gebildet, wodurch die Existenz von II erwiesen ist; $k_{Addit.}/k_{Abspaltg.} \cong 1/18$. P. JACOB. B 225□

Chemische Untersuchungen an Isocyanaten. 1. Mitt. Shoichiro Ozaki. (Bull. Tokyo Inst. Technol., Ser. B **1958.** 3—6.) (Engl.)

Diskussion über den Mechanismus der therm. Zers. von Harnstoff-Derivv. in Ggw. von Carbonsäuren sowie von Addukten aus Isocyanaten u. Fett- bzw. Sulfonsäuren. — 8 Literaturangaben. L. LAMZA. B 225

Die thermische Zersetzung von cis-1.2-Dimethylcyclobutan. H. R. Gerberich und W. D. Walters. (J. Amer. chem. Soc. **83.** 3935—39. 5/10. 1961. Rochester, N.Y., Univ. of Rochester, Dep. of Chem.) (Engl.) — Vgl. DAS u. WALTERS, C. **1960.** 1798.

Die therm. Gasphasen-Zers. von *cis-1.2-Dimethylcyclobutan* (I) wurde zwischen 380 u. 430° bei Drucken um 15 mm sowie bei 420° bei Anfangsdrucken von 5,8—393 mm untersucht. Die Prod.-Zus. wurde qual. durch IR-Spektroskopie u. quant. auf gaschromatograph. Wege sowie durch Rk. mit H_2SO_4 ermittelt. Es treten nebeneinander 3 Rk.-Wege auf: 1. als Haupt-Rk. die Ringspaltung unter Bldg. von 2 Moll. C_3H_6, 2. eine Ringspaltungs-Rk. unter Bldg. von C_2H_4 u. eines Gemisches aus cis- u. trans-Buten-(2) (II), ferner 3. eine langsame Isomerisierung von I in das trans-Isomere. Die ersten beiden Rkk. verlaufen nach der 1. Ordnung, können weder durch NO noch durch C_3H_6 inhibiert werden u. eine Änderung des Oberflächen-Vol.-Verhältnisses des Rk.-Gefäßes hat keinen Einfl. auf die Kinetik. Die Rkk. verlaufen also homogen, freie Radikalketten-Rkk. treten nicht auf. Für die Rk. 1 gilt $k_1 = 3{,}0 \cdot 10^{15} \exp(-60400/RT)$ [s^{-1}] bzw. für Rk. 2 $k_2 = 3{,}7 \cdot 10^{15} \exp(-63000/RT)$, die ΔS^{+}-Werte betragen + 8,6 bzw. + 9,0 [cal/Grad·Mol]. Beim Vgl. mit l. c. ermittelten Daten ergeben sich folgende relativen Zers.-Geschw. (bei 430°): Cyclobutan 1,0, Methylcyclobutan 1,5, I 4,0. Der hohe Wert für I wird mit ster. Effekten erklärt. Die Bevorzugung der Ringspaltung unter Bldg. von C_3H_6 gegenüber der Rk. 2 rührt vermutlich sowohl von der Alkylsubstitution des Rings als auch von der ster. Abstoßung der beiden cis-CH_3-Gruppen her. Das Bldg.-Verhältnis von cis-:trans-II betrug 64 : 36 u. war durch Erhöhung der Temp. kaum zu ändern. Da es nicht dem cis–trans-II-Gleichgewicht entspricht wird angenommen, daß, falls ein Biradikal als Zwischenstufe auftritt, dieses schneller sich zersetzt als die Gleichgewichts verteilung eingestellt wird. — *cis-1.2-Dimethylcyclobutan* (I), Kp.$_{748}$ 66,3—67,1°, a) durch Red. von cis-Cyclobutandicarbonsäure-(1.2) mit $LiAlH_4$, Veresterung mit p-Toluolsulfonylchlorid u. Red. mit $LiAlH_4$; b) durch Red. von 2-Methylcyclobutancarbonsäure analog a) u. Trennung der Isomeren durch fraktionierte Dest. u. Gaschromatographie; n_D^{20} 1,403. B. GNAUCK. B 225□

Sterische Unterschiede in den Reaktionen von Äthoxycarbonylcarben: Norcaran-7-carbonsäure. P. S. Skell und R. M. Etter. (Proc. chem. Soc. [London] **1961**. 443—44. Dez. Pennsylvania State Univ., Coll. of Chem. and Phys.) (Engl.)

Bei der Zers. von Diazoessigester unter der katalyt. Wrkg. von Cu-Bronze in Cyclohexen wird neben *Norcaran-7-carbonsäureäthylester* (I) ein zweites Isomeres (II) gefunden, das im Verhältnis 1 : 16 zu dem bisher allein gefundenen I entsteht. I wird die exo-Struktur zugeordnet, da diese Verb. bei der Rk. bevorzugt gebildet wird, schneller verseift wird (k_I/k_{II} = 2,9 in äthanol. KOH), wobei die stärkere Säure entsteht (*Norcaran-7-carbonsäure*, exo-Form, F. 95—96°, pKa 5,67 in 30%ig. wss. Methanol). II wird die endo-Struktur zugeordnet, wegen der stärkeren Abschirmung der polaren Estergruppe wird die Verb. schneller von Al_2O_3 eluiert, durch Verseifung wird eine neue Säure erhalten (*Norcaran-7-carbonsäure*, endo-Form, F. 77—78°, pKa 5,77 in 30%ig. wss. Methanol). Bei der photolyt. Zers. des Diazoessigesters unter sonst gleichen Bedingungen entsteht neben I (16%) u. II (10%) noch mit 21% Ausbeute ein *Äthoxycarbonylmethylcyclohexen* (III). In gleicher Weise entstehen mit Äthylvinyläther bei der katalyt. Rk. in Ggw. von $CuSO_4$ *trans-1-Äthoxycarbonyl-2-äthoxycyclopropan* (*trans*-IV) (63%) neben 11% *cis*-IV, bei der Photolyse 31% trans- u. 16% cis-IV neben ungesätt. Produkten. Beide liefern mit Dinitrophenylhydrazin das *Dinitrophenylhydrazon* des *β-Äthoxycarbonylpropionaldehyds*. Es sind also deutliche Unterschiede in den durch Photolyse oder Cu-Katalyse erhaltenen Zwischenprodd. vorhanden. RUDOLF ALBRECHT. B 225□

Die Reaktivität von bei der Photolyse von Diazomethan entstandenem Methylen. Davis B. Richardson, M. C. Simmons und Isaac Dvoretzky. (J. Amer. chem. Soc. **83**. 1934—37. 20/4. 1961. Deer Park, Tex., Shell Oil Co., Houston Res. Labor.) (Engl.) — Vgl. C. **1961**. 12411.

Die nachst. KW-Stoffe wurden mit 40%ig. KOH im Eisbad gekühlt u. unter Schütteln mit N-Nitrosomethylharnstoff versetzt; die KW-Stoffschicht wurde nach Trocknen 1—2 Std. bis zum Verschwinden der Farbe des CH_2N_2 bestrahlt u. das Prod. direkt auf gaschromatograph. Wege analysiert. Folgende durch Einbau von CH_2-Gruppen entstandenen Prodd. wurden erhalten: aus Heptan 25% *2-* (I), 13% *4-* (II) u. 24% *3-Methylheptan* (III) u. 38% *Octan*; aus I 6% *2.2-*, 9% *2.4-* (IV), 13% *2.6-*, 12% *2.5-* (V) u. 11% *2.3-Dimethylheptan* (VI) sowie 17% *2-* u. 32% *3-Methyloctan* (IX); aus III 24% V + *3.5-* (VII), 6% *3.3-*, 10% *3.4-Dimethylheptan* (VIII), 12% VI, 17% *4-Methyloctan* (X), 14% *3-Äthylheptan* (XI) u. 17% IX; aus II 25% IV, 4% *4.4-Dimethylheptan*, 38% VIII + *4-Äthylheptan* (XII) u. 33% X; aus 2.4-Dimethylhexan 5% *2.2.4-* (XIII), 4% *2.4.4-* (XIV) u. 12% *2.3.5-Trimethylhexan*, 19% IV, 16% *2-Methyl-4-äthylhexan* (XV), 35% VII u. 10% *2.3.4-Trimethylhexan* (XVI); aus 3.4-Dimethylhexan 22% XVI, 35% *3-Methyl-4-äthylhexan* (XVII) u. 43% *3.3.4-Trimethylhexan* (XVIII) + VIII; aus 3-Äthylhexan 11% XV, 22% *2-* u. 5% *3-Methyl-3-äthylhexan*, 11% XVII, 33% XII u. 18% XI; aus 2.2.4-Trimethylpentan (XIX) 51% XIV, 10% *2.2.3.4-* (XX) u. 4% *2.2.4.4-Tetramethylpentan* (XXI) sowie 35% XIII; aus 2.2.3-Trimethylpentan (XXII) 9% XX, 35% *2.2.3-Trimethylhexan* + *2.2-Dimethyl-3-äthylpentan*, 4% *2.2.3.3-Tetramethylpentan* (XXIII) u. 52% XVIII; aus 2.3.3-Trimethylpentan (XXIV) 18% *2.3.3-Trimethylhexan*, 5% XXIII, 34% XVIII, 11% *2.3.3.4-Tetramethylpentan* (XXV) u. 32% *2.3-Dimethyl-3-äthylpentan*; aus 2.3.4-Trimethylpentan (XXVI) 10% XX, 16% *2.4-Dimethyl-3-äthylpentan*, 69% XVI u. 5% XXV; aus XXI 93% *2.2.4.4-Tetramethylhexan* u. 7% *2.2.3.4.4-Pentamethylpentan*. Es zeigt sich, daß die Einführung der CH_2-Gruppe prakt. nach einer statist. Verteilung erfolgt; ster. Effekte sind also sehr gering, falls überhaupt vorhanden. Ferner wurde die Photolyse von CH_2N_2 in einem Gemisch von XIX, XXII, XXIV u. XXVI untersucht. Die Ergebnisse zeigen, daß sowohl die inter- als auch die intramol. Rk. zwischen CH_2 u. Alkan unspezif. verläuft u. der Befund von VON EGGERS-DOERING u. Mitarbeitern (C. **1957**. 1637), daß Methylen das am wenigsten spezif. reagierende Agens der organ. Chemie ist, vollauf bestätigt wird. Bei der Unters. von XVI-haltigen Gemischen wies das Gaschromatogramm ein Doublé auf, das als Zeichen für die Aufspaltung von XVI in das Diastereomerenpaar durch die Chromatographie gewertet wird. Vff. vermuten, daß die statist. Verteilung der CH_2-Gruppen bei der Rk. mit Alkanen in Lsg. durch das angeregte Singulett verursacht wird u. daß diese Rk. mit viel höherer Geschw. abläuft als der Übergang des Singuletts in den Triplettzustand. Die Rk. verläuft also in Lsg. nicht oder kaum über Radikale. Zur Rk. in der Gasphase vermuten Vff., daß die Häufigkeit der akt. Stöße derart gering ist, daß der Singulett–Triplett-Übergang mit einer Geschw. auftritt, die der statist. Einführung etwa gleich ist. CH_2 reagiert in der Gasphase entweder unter statist. Singuletteinbau oder unter einer selektiven Triplettabzugsreaktion. Diese Rk. führt zu CH_3- u. Alkylradikalen, die entweder unter selektivem Einbau, Angriff auf CH_2N_2 oder unter Bldg. sek. Prodd. reagieren können. Das Ausmaß der Selektivität der Einführung der CH_2-Gruppe u. der Bldg. der sek. Prodd. hängt demnach vom Verhältnis des Singulett–Triplett-Übergangs zur Singulett–C—H-Einführung ab. B. GNAUCK. B 226□

Untersuchung freier Radikale durch Massenspektrometrie. 13. Mitt. Die durch Quecksilber photosensibilisierte Zersetzung von Allen und Butadien: das C_3H_3-Radikal. J. Collin und F. P. Lossing. (Canad. J. Chem. **35.** 778—87. Aug. 1957. Ottawa, Canada, Nat. Res. Council.) (Engl.) — 12. vgl. C. **1959.** **4431.**

Die $Hg(^3P_1)$-photosensibilisierte Zers. von *Allen* (im He-Strom bei 10 mm Druck u. 55°) führte zur Bldg. eines C_3H_3-Radikals. Die Rk. dieses Radikals mit zugesetzten CH_3-Radikalen [aus $Hg(CH_3)_2$] bewies, daß diese eher die $\cdot CH_2—C{\equiv}CH$- als $CH_2{=}C{=}\dot{C}H$-Struktur haben. Die Dissoziation von *Butadien*(-*1.2*) verlief nach 2 Wegen: einer, der zu $H_2 + C_2H_4$ führte, der andere zu einer Aufspaltung in CH_3- u. C_3H_3-Radikale. Es wurde kein C_4H_4-Radikal gefunden. Die Rk. von *Butadien*-(*1.3*) führt zu den gleichen Endprodd., hier muß eine H-Atomverschiebung auftreten, um die Radikalaufspaltung zu ermöglichen. Eine Aufspaltung in 2 Vinylradikale wurde nicht beobachtet. Bei den Rkk. aller Verbb. wurde viel Polymeres gebildet. W. SCHRAMM. B 226□

Über die Photochemie des Bis-[4-methylnaphthalin-(2)]-indigos. 2. Mitt. Die Quantenausbeuten der Lichtumlagerung. Dietrich Schulte-Frohlinde und Leo Klasinc. (Chem. Ber. **94.** 2382—89. 22/9. 1961. Karlsruhe, Kernforschungszentrum, Inst. für Radiochem.) (Dt.) — 1. vgl. C. **1962.** 11871.

Die Quantenausbeuten Q der photochem. Umlagerung von *Bis-[4-methylnaphthalin-(2)]-indigo* (I; Zers.-Punkt 170°) in die Ketoform (II) des 7-Hydroxy-5.12-dimethyl-dinaphtho-[1.2:b; 2'.3':d]-furans (III; F. 238°, Zers. nach Vorheizen der F.-App.) sind in hydroxylfreien Lsgm. von der Lichtintensität ($0{,}14—1{,}00 \cdot 10^{-4}$ W/cm²) u. der Konz. von I ($5 \cdot 10^{-6}$ bis $1 \cdot 10^{-2}$ Mol/Liter) unabhängig (Bzn.: Q = 0,092; Bzl.: 0,079; o-Xylol 0,092; Tetrahydrofuran 0,105; CS_2 0,085; CCl_4 0,073; dagegen A. 0,014). Vff. schließen hieraus, daß die Rk. intramol. abläuft u. nur 1 Quant zur Umlagerung benötigt wird. Der Mechanismus der Umlagerung konnte noch nicht geklärt werden. In hydroxylhaltigen Lsgm. wird die Umlagerung von II in III (Dunkel-Rk.) katalysiert. III reagiert spontan mit I im Mol-Verhältnis 1 : 1 zu einem noch nicht aufgeklärten Stoff **IV**, so daß die Quantenausbeute der Lichtumlagerung von I scheinbar erhöht wird. Es werden Spektren von **I, II, III** u. **IV** abgebildet. W. PENN. B 226□

Anregung der π-Elektronen in Benzol durch schnelle Elektronen an Hand des FE-Modells. Mitio Inokuti. (J. physic. Soc. Japan **13.** 537. Mai 1958. Tokyo, Univ., Fac. of Engng., Dep. of Appl. Phys.) (Engl.)

Mit Hilfe des FE-Modells werden die Wrkg.-Querschnitte von *Bzl.* in Abhängigkeit von der Energie (100—1500 eV) schneller Elektronen berechnet. Danach werden die π-Elektronen zum niedrigsten angeregten Zustand angeregt, u. die Unempfindlichkeit von Bzl. gegenüber Strahlung ist auf die großen Wrkg.-Querschnitte zurückzuführen. G. PÖTZSCHER. B 226□

Asymmetrische Katalyse durch Einschlußverbindungen. F. Cramer und W. Dietsche. (Chem. and Ind. **1958.** 892—93. 12/7. Heidelberg, Univ., Chem. Inst.) (Engl.)

Cyclodextrin (I) kann asymm. Rkk. katalysieren, was auf die stereospezif. Bldg. von Einschluß-Verbb. zurückgeführt wird. Bei der Verseifung von rac.-2-Chlormandelsäureäthylester zu 50% in wss. Lsg. in Ggw. von β-I entsteht *opt.-akt. 2-Chlormandelsäure* ($[\alpha]_D^{25}$ +1,19°). Auch die Addition von HCN an 2- u. 4-Chlorbenzaldehyd in Ggw. von α-I ist eine asymm. Rk., da *opt.-akt. α-Hydroxynitrile* ($[\alpha]_D^{25}$ +0,2°) u. *Mandelsäuren* ($[\alpha]_D^{25}$ —0,4°) entstehen. Durch Oxydation von 2.2'-Dichlorbenzoin (II) zu 50% durch mol. O_2 zu *2.2'-Dichlorbenzil* in Ggw. von α-I bleibt *opt.-akt.* II ($[\alpha]_D^{25}$ +0,37°) zurück. Bei der letzten Rk. handelt es sich um eine asymm. positive Katalyse. Diese Verss. mit I dienen als Modelle für den „lock and key"-Mechanismus u. die „3-point-attach"-Theorie. K. ZIELOFF. B 227

C. Präparative organische Chemie. Naturstoffe

Nitrosierung in der organischen Chemie. A. T. Austin. (Sci. Progr. **49.** 619—40. Okt. 1961. Leeds, Univ., School of Chem.) (Engl.)

Übersicht über die Nitrosierung einfacher aliphat. Amine mit HNO_2, O- u. C-Nitrosierung. — 33 Literaturangaben. P. GOLINSKE. 460□

Unsymmetrische Kondensationen an Verbindungen mit drei Kohlenstoffatomen. Heinrich Hellmann. (Bull. Soc. chim. France **1961**. 2197—2202. Tübingen, Univ., Chem. Inst.) (Franz.)

Vortrag. P. GOLINSKE. 460□

Spezifische Lösungsmitteleffekte bei der Alkylierung von Enolatanionen. 3. Mitt. Präparative Alkylierungen in Dimethylformamid. H. E. Zaugg, D. A. Dunnigan, R. J. Michaels, L. R. Swett, T. S. Wang, A. H. Sommers und R. W. De Net. (J. org. Chemistry **26**. 644—51. März 1961. North Chicago, Ill., Abbott Labor., Res. Div., Organ. Chem. Dep.) (Engl.) — 2. vgl. C. **1961**. 7889.

Vff. untersuchten die Alkylierung der Na-Verb. (**Ia**) von Acetessigester (**I**) u. verwandten Verbb. mit folgenden Alkylhalogeniden in Dimethylformamid (DMF): **I** mit CH_3J (3 Std. bei 95—100°) [Prod. α-Alkylacetessigsäureäthylester:] 23% *α-Methyl-* (Kp. 181—184°; n_D^{25} 1,4179); Äthylbromid (**III**) (3 Std. bei 80—120°) 74% *α-Äthyl-* (**II**, Kp.$_{18-20}$ 85—90°; n_D^{55} 1,4214) [bei 3tägiger Rk. in Diäthylcarbonat (DC) bei 100° nur 29% **II**]; n-Propylbromid (**IV**) (3 Std. bei 95—100°) 57% *α-n-Propyl-* (**V**, Kp.$_{8-9}$ 82—85°; n_D^{25} 1,4273) [bei 112std. Kochen in Bzl. 14% **V** bzw. 3 Tage bei 100° in DC 46% **V**]; n-Propylchlorid (16 Std. bei 75—120°) 45% **V**; Isopropylbromid (**VI**) (2 Std. bei 95—100°) 62% *α-Isopropyl-* (**VII**, Kp.$_{9-10}$ 83—86°; n_D^{25} 1,4280) [mit Isopropylchlorid war nach 48std. Rk.-Zeit keine Ausbeute an **VII** zu erhalten]; n-Butylbromid (**VIII**) (3 Std. bei 95—100°) 60% *α-n-Butyl-* (**IX**, Kp.$_8$ 93—96°; n_D^{25} 1,4298); n-Butylchlorid (20 Std. bei 90—95°) 47% **IX**; Isobutylbromid (6 Std. bei 80—100°) 56% *α-Isobutyl-* (Kp.$_8$ 85—87°; n_D^{25} 1,4270) [Isobutylchlorid lieferte keine Ausbeute]; n-Amylbromid (**XI**, 2 Std. bei 95—100°) 70% *α-n-Amyl-* (**X**, Kp.$_8$ 101—105°; n_D^{25} 1,4328); n-Amylchlorid (20 Std. bei 80—100°) 52% **X**; Pentyl-(2)-bromid (7 Std. bei 140—150°) 19% *α-Pentyl-(2)-* ($C_{11}H_{20}O_3$, Kp.$_{20}$ 117—120°; n_D^{20} 1,4321); Na-**II** mit **III** (3 Std. bei 70—100°) 46% *α.α-Diäthyl-* (Kp.$_{14}$ 92—98°; n_D^{25} 1,4291); **IV** (3 Std. bei 80—100°) 63% *α-Äthyl-α-n-propyl-* (**XII**, Kp.$_{20}$ 116—118°; n_D^{25} 1,4322); **VI** (3 Std. bei 80—100°) 56% *α-Äthyl-α-isopropyl-* (Kp.$_{20}$ 114—116°; n_D^{25} 1,4396); **VIII** (18 Std. bei 140—150°) 50% *α-Äthyl-α-n-butyl-* (Kp.$_{0,8}$ 84—86°; n_D^{25} 1,4370); **XI** (3 Std. bei 80—100°) 55% *α-Äthyl-α-n-amyl-* (Kp.$_5$ 130—134°); Benzylchlorid (**XIII**, 3 Std. bei 80—100°) 63% *α-Äthyl-α-benzyl-* (Kp.$_{2,5}$ 135—138°; n_D^{25} 1,5008); Na-**V** mit CH_3J (10 Std. bei 80—120°) 47% *α-Methyl-α-n-propyl-* (Kp.$_{20}$ 104—108°; n_D^{25} 1,4260) [in DC keine Rk.]; **III** (10 Std. bei 80—130°) 65% **XII**; Na-**IX** mit CH_3J (10 Std. bei 80—120°) 53% *α-Methyl-α-n-butyl-* (Kp.$_{20}$ 119—122°; n_D^{25} 1,4305). — An Stelle von DMF kann ebenso gut auch A. bei der Alkylierung von **Ia** mit prim. Alkylbromiden verwendet werden, doch erfordert die Rk. dann mehr Zeit. An Nebenprodd. traten dialkylierte Acetessigester auf, in allen Fällen war die Bldg. höher sd. Fraktionen zu verzeichnen. tert.-Butylbromid erlitt unter den Rk.-Bedingungen eine weitgehende Abspaltung von HBr. Wenig geeignet als Alkylierungsmittel sind die Sulfonate sek. Alkohole sowie sek. Jodide. Ferner wurde die Alkylierung der K-, Mg-, Ca-, Ba- u. Cu-Verb. von **I** durch **VIII** bzw. **XIII** (→ *α-Benzylacetessigsäureäthylester*, Kp.$_{19}$ 164—170°; n_D^{25} 1,4999; 42—50%; daneben 5% *Dibenzylacetessigsäureäthylester*, F. 49—55°, Kp.$_{0,6}$ 168—172°; n_D^{25} 1,5430) in DMF, **Ia** u. die K-Verb. von **I** auch in Bzl. bzw. Bzl.-DMF u. in 20%ig. Triäthylamin in C_6H_6 untersucht. Die wasserfreien **I**-Salze konnten durch azeotrope Abtrennung des W. erhalten werden. Die K-Verb. von **I** reagiert etwas schneller als **Ia**, liefert aber etwa die gleichen Ausbeuten. Mit Ca- u. Ba-**I** konnten 60% **IX** erhalten werden, Mg-**I** ergab nur 24—28% (Bldg. von viel Butylen). Cu-**I** (F. 188—193°) reagierte mit **VIII** in DMF gar nicht. Neben Dialkylierungen (*Di-n-butylacetessigsäureäthylester*, $C_{14}H_{26}O_3$, Kp.$_9$ 125—126°; n_D^{25} 1,4388) trat als Seiten-Rk. eine erhebliche Ketonspaltung (bes. bei den Rkk. mit **XIII**) auf [Bdg. von *Heptanon-(2)*, $C_7H_{14}O$, Kp. 146—147°; n_D^{25} 1,4065). Bei längeren Rk.-Zeiten u. erhöhten Temp. konnte die Bldg. kleiner Mengen an *Dehydracetsäure* beobachtet werden. Ferner wurden folgende Alkylierungs-Rkk. durchgeführt: K-Verb. von Malonsäurediäthylester (**XVII**) (aus KOH) mit **VIII** in Bzl. bzw. DMF (66 Std. bei 80° bzw. ½ Std. bei 100°) → 22 bzw. 95% *n-Butylmalonsäurediäthylester* (Kp.$_8$ 100 bis 105°; n_D^{25} 1,4212); Na-**XVII** (aus $NaOC_2H_5$ bzw. NaH) mit Benzhydrylbromid in A. bzw. DMF (4 Std. bei 78° bzw. 2 Std. bei 50—100°) → 24% *Benzhydrylmalonsäurediäthylester* (**XIV**, Kp.$_{0,1}$ 150—157°; n_D^{25} 1,5350) u. 51% *Benzhydryläthyläther* (Kp.$_{10}$ 144°, n_D^{25} 1,5520) bzw. 59% **XIV**; Na-**XIV** (aus NaH) mit **III** in DMF (4 Std. bei 80—100°) → 75% *Benzhydryläthylmalonsäurediäthylester* ($C_{22}H_{26}O_4$, F. 67—69° [Hexan], Kp.$_{0,1}$ 164 bis 167°; n_D^{25} 1,5350); Na-Verb. von 3-Phenylbenzodihydrofuranon-(2) (aus NaH) mit N-Methyl-3-chlormethylpiperidin in Bzl. bzw. 50%ig. DMF in Bzl. (20 Std. bei 80° bzw. 16 Std. bei 80—90°) → 0 bzw. 20% *3-Phenyl-3-[N-methylpiperidyl-(3)-methyl]-benzodihydrofuranon-(2)* ($C_{21}H_{23}NO_2$, Kp.$_{0,5}$ 175—176°; n_D^{25} 1,5747; *Hydrochlorid*, $C_{21}H_{24}ClNO_2$, F. 235—236° [Isopropylalkohol]); Na-Verb. von 3-Phenylphthalid (aus

$NaNH_2$ bzw. NaH) mit 2-Diäthylaminoäthylchlorid in Toluol bzw. DMF (16 Std. bei 40—50° bzw. 20 Std. bei 25—30°) → 0 bzw. 32% *3-Phenyl-3-[2-diäthylaminoäthyl]-phthalid* (*Hydrochlorid*, $C_{20}H_{24}ClNO_2$, F. 183—184° [A.]; *Methojodid*, $C_{21}H_{26}JNO_2$, F. 179 bis 180° [A.-Ae.]), Na-Diphenylacetat (aus NaH) mit **XIII** in DMF (7 Std. bei 80—85°) → 45% *Diphenylbenzylessigsäurebenzylester* (F. 83—85°) u. 26% *Diphenylessigsäurebenzylester* (Kp.$_{0,4}$ 172—178°; n_D^{25} 1,5860); Na-Verb. (**XVa**) von Diphenylessigsäureäthylester (**XV**, aus NaH) mit Dimethylsulfat (**XVI**) (18 Std. bei 95—100°) in DMF → 87% *α.α-Diphenylpropionsäureäthylester* (Kp.$_{1,0}$ 147—149°; n_D^{25} 1,5551; Hydrolyse → 85% *α.α-Diphenylpropionsäure*, F. 173—174°); **XVa** mit **XIII** in DMF (7 Std. bei 30 bis 50°) → 78% *Diphenylbenzylessigsäureäthylester* ($C_{23}H_{22}O_2$, Kp.$_{1,1-1,2}$ 180—190°; n_D^{25} 1,5816); **XVa** mit Benzoylchlorid in DMF (20 Std. bei 25—35°) → 41% *Diphenylbenzoylessigsäureäthylester* (F. 145—146°); **XVa** mit Phenoxyacetylchlorid in DMF (20 Std. bei 25—35°) → 6% *α.α-Diphenyl-γ-phenoxyacetessigsäureäthylester* ($C_{24}H_{22}O_4$, F. 83—84° [A.]); Na-Verb. von Fluorencarbonsäure-(9)-methylester (aus NaH) mit **XVI** in DMF (18 Std. bei 95—100°) → 96% *9-Methylfluorencarbonsäure-(9)-methylester* ($C_{16}H_{14}O_2$, F. 103—104°); Na-Verb. von Xanthencarbonsäure-(9)-methylester (aus NaH) mit **XVI** in DMF (18 Std. bei 95—100°) → 84% *9-Methylxanthencarbonsäure-(9)-methylester* (F. 92—94°); Na-Verb. von Pyridyl-(4)-diphenylmethan (aus $NaNH_2$ bzw. NaH) u. CH_3J bzw. **XVI** in Bzl. bzw. DMF (2 Std. bei 80° bzw. 20 Std. bei 25°) → 23 bzw. 53% *1-[Pyridyl-(4)]-1.1-diphenyläthan* (*Oxalat*, $C_{21}H_{19}NO_4$, F. 126—127° [A.]; *Hydrochlorid-Hemihydrat*, $C_{19}H_{18}ClN \cdot 0,5\,H_2O$, F. 136—137° [Isopropanol-Ae.]). Die Alkylierung mittels Äthyl-β-chloräthylsulfids mißlang, offenbar, weil diese Verb. unter den Rk.-Bedingungen leicht HCl abspaltet. Bei den Acylierungen trat erwartungsgemäß auch Acylierung des Lsgm. auf. Beim Stehen von Phenylacetonitril (**XVIII**)-Na in DMF (5 Tage bei Raum-Temp.) wurde in 34%ig. Ausbeute *Cyanphenylacetaldehyd* isoliert. Diphenylacetonitril (**XIX**)-Na wurde jedoch erwartungsgemäß durch DMF (auch nach 1 Woche) nicht formyliert. Bei den Alkylierungen mit NaH in DMF wurde die akt. Methylen-Verb. zu einer Suspension von NaH in abs. DMF unter N_2 unterhalb 40—50° zugetropft. Nach Ende der H_2-Entw. bzw. nach dem Auflösen des NaH wurden 1,0 bis 1,2 Mol Alkylierungsagens portionsweise zugefügt unter langsamer Erwärmung bis zur Neutralität des Gemisches. Folgende Verbb. wurden ebenso auf ihr Rk.-Vermögen mit NaH untersucht: **I**, **XVII**, Cyanacetessigsäureäthylester, **XVIII**, **XIX**, Phenylaceton, Acetophenon, Cyclohexanon, Homophthalsäureanhydrid, N-Cyanmethylphthalimid, Inden, Nitromethan (in DMF unlösl. Nd.) sowie bei 95—100° **XV**, α-Phenylbuttersäureallylester u. o-Nitrotoluol. Folgende Verbb. reagierten mit NaH selbst beim Erhitzen nur langsam: Äthylacetat, Fluoren u. o-Toluylsäureäthylester. Das Eintreten der Metallierung konnte an charakterist. Farbänderungen (Gelb-, Rot- oder Grünfärbung) erkannt werden. Nachst. Verbb. lieferten mit NaH keine entsprechenden Salze: Aceto- u. Propionitril, α- u. γ-Picolin, Chinaldin, Di- (**XX**) u. Triphenylmethan, N.N-Dimethyldiphenylacetamid sowie N.N-Pentamethylendiphenylmethansulfonamid. **XX** ergab bei langem Stehen mit NaH in DMF eine lavendelblaue Färbung, die beim Schütteln mit Luft verschwand. — *K-Salz* von *Acetessigsäureäthylester* (**I**), $C_6H_9KO_3$, F. 150—152° (hellgelbliches Pulver, Erweichung ab 145°), durch portionsweise Zugabe von 85%ig. wss. KOH zu sd. **I** in Bzl. unter N_2 u. azeotroper Abdestillation des W. u. dann des Bzl.; krist., in Bzl. unlösl. Form u. glasartige nichtkrist. lösl. Form. — *Na-Salz* (**Ia**) von **I**, $C_6H_9NaO_3$, F. 178—180° (Erweichung ab 170°; Bzl.), analog vorst. K-Salz mit fester NaOH oder mit NaH in Bzl. oder mit Na-Metall in Ae.; *Hemihydrat*, F. 117 bis 121°. — *Ca-Salz* von **I**, $C_{12}H_{18}CaO_6$, F. 224—226°, aus **I** u. CaO in Bzl. nach Hackman (C. **1956**. 2430); 85% (Ausbeute). — *Mg-Salz* von **I**, $C_{12}H_{18}MgO_6$, F. 250—252°, analog vorst. Ca-Salz aus MgO; 98%. — *Ba-Salz* von **I**, braunes Glas, analog obenst. K-Salz aus $Ba(OH)_2 \cdot 8\,H_2O$. — *K-Salz* von *Malonsäurediäthylester* (**XVII**), $C_7H_{11}KO_4$, F. 240 bis 245° (Bräunung ab 190—200°), durch 22std. Kochen von **XVII** mit 85%ig. KOH in Bzl. unter N_2 u. azeotroper Abdestillation des H_2O. Das Na- u. Ba-Salz von **XVII** konnten auf diese Weise nicht dargestellt werden. — *Cyanphenylacetaldehyd*, C_9H_7NO, F. 157—158° (verd. wss. A.), durch Zugabe von **XVIII** zu NaH in abs. DMF unterhalb 30°, 2tägiges Rühren bei Raum-Temp., 3tägiges Stehen, Eindampfen, Aufnahme mit kaltem W. u. Ansäuern mit kalter, konz. HCl; 34%. B. Gnauck. 460□

Synthese von $^{14}C_{(2.4.5.6)}$-Uracil mit hoher spezifischer Aktivität. Mikrosynthetische Untersuchungen. 1. Mitt. Gösta Ehrensvärd und Jan Liljekvist. (Acta chem. scand. **13**. 2070—74. 1959. Lund, Univ., Inst. of Biochem.) (Engl.)

Vff. beschreiben eine Meth. zur Darst. von *$^{14}C_{(2.4.5.6)}$-Uracil* von hoher spezif. Aktivität aus $Ba^{14}CO_3$ (**I**). Die Synth. verläuft im 100-μMol-Maßstab in 10%ig. Ausbeute.

Versuche: *^{14}C-Ba-Carbid*, aus **I** u. metall. Ba durch Erhitzen in einer Bombe auf Rotglut. — *^{14}C-Na-Cyanid* (**II**), durch Erhitzen von **I** mit Na u. Zn-Pulver in einer

Quarzbombe unter NH_3, Dest. mit $HClO_4$ in eine Vorlage mit n-NaOH, Ausfällen mit $AgNO_3$ als *$Ag^{14}CN$* u. Überführen ins Na-Salz; 90% (Ausbeute). — *^{14}C-Harnstoff* (III), aus II durch Oxydation mit $KMnO_4$ in Ggw. von $Cu(OH)_2$ zum *Na-^{14}C-Cyanat* u. Erhitzen mit $(NH_4)_2SO_4$ u. wss. NH_3 in einer Bombe unter Schütteln. — *$^{14}C_{(1.2)}$-Bromessigsäure*, aus ^{14}C-Acetylen u. Br_2 in wss. Lsg. zu *^{14}C-1.1.2.2-Tetrabromäthan*, Umsetzen mit Na-Äthylat unter Schütteln bei 60° u. Hydrolyse des gebildeten *^{14}C-1.2-Dibromvinyläthyläthers* mit W. bei 110°. — *$^{14}C_{(2.4.5.6)}$-Uracil*, aus dem Na-Salz vorst. Verb. u. II bei 100° über *$^{14}C_{(1.2.3)}$-Cyanessigsäure*, die mit einer wss. III-Lsg. u. Essigsäureanhydrid *$^{14}C_{(1.2.3)}$-Cyanacetyl-^{14}C-harnstoff* bildet u. dessen katalyt. Hydrierung in Ggw. von RANEY-Ni bei pH 4,15; papierchromatograph. Reinigung; spezif. Aktivität 100 $\mu c/\mu$Mol; 45% (Ausbeute der Hydrierung). D. GROSZ. 480□

Reaktion von α-Oxiden des Piperylens mit Chlorwasserstoff. A. N. Pudowik, B. Je. Iwanow und S. M. Sinowjewa. (Журнал Общей Химии [J. allg. Chem.] 29 (91). 3335—37. Okt. 1959. Ishewsk, Mechan. Inst.) (Russ.)

3.4-Oxidopenten-(1) reagiert mit HCl zu *3-Chlorpenten-(1)-ol-(4)* (I). Die analoge Rk. mit 1.2-Oxidopenten-(3) gelingt nicht. I reagiert bei der Bromierung zu *1.2-Dibrom-3-chlorpentanol-(4)* (II), letzteres wird mit Bichromat zu *1.2-Dibrom-3-chlorpentanon-(4)* oxydiert. Aus der Verseifungs-Geschw. von I ist ersichtlich, daß das Chlor in Allylgruppierung vorliegt.

Versuche: *3-Chlorpenten-(1)-ol-(4)* (I), C_5H_9ClO, Kp.$_{13}$ 49—50°, durch 1std. Rühren von 28 g 3.4-Oxidopenten-(1) mit 25%ig. HCl bei 15—16°; n_D^{20} 1,4600; $D._4^{20}$ 1,0544; 25 g (Ausbeute). — *1.2-Dibrom-3-chlorpentanol-(4)* (II), $C_5H_9Br_2ClO$, Kp.$_{15}$ 137 bis 139°, durch Bromierung von 26 g I in Chlf. bei 0°; n_D^{20} 1,5500; 45 g. — *1.2-Dibrom-3-chlorpentanon-(4)*, $C_5H_7Br_2ClO$, Kp.$_{15}$ 115—116°, durch Bichromatoxydation von 45 g II in Eisessig bei 15—17°; n_D^{20} 1,5382; $D._4^{20}$ 1,8985; 20 g. B. CELMS. 560□

Bicyclische Ester des 1.1.1-Tris-[hydroxymethyl]-propans mit dreibasigen anorganischen Säuren. Otto Neunhoeffer und Walter Maiwald. (Chem. Ber. 95. 108—10. 25/1. 1962. Berlin, Humboldt-Univ., II. Chem. Inst.) (Dt.)

Durch Eintropfen von PCl_3 einerseits u. *1.1.1-Tris-[hydroxymethyl]-propan* (I) u. Triäthylamin andererseits in Tetrahydrofuran (THF) wird *[1.1.1-Tris-(hydroxymethyl)-propan]-phosphit* (II) hergestellt, der monomer vorliegt u. auffallend leicht flüchtig ist. Mit 30%ig. H_2O_2 wird II in alkohol. Lsg. zum *Phosphat* oxydiert, das zum Dimeren assoziiert ist. Beim Erhitzen mit S im evakuierten Rohr gibt II das *Thionophosphat*. Mit $AsCl_3$ wird analog II das *Arsenit* erhalten, dessen Dämpfe stark reizend wirken, das mit H_2O_2 ein polymeres Oxydations-Prod. liefert. Das analoge monomere *Borat* kann nach obiger Meth. mit Borhalogeniden nicht erhalten werden. Auch die direkte Veresterung mit H_3BO_3 zum monomeren Ester gelingt nicht; es werden kondensierte Ester erhalten. Auch mit Al-Isopropylat wird ein nichtflüchtiger, höhermol. Ester gebildet.

Versuche: *[1.1.1-Tris-(hydroxymethyl)-propan]*, *Phosphit* (II), $C_6H_{11}O_3P$, F. 56 bis 57°, durch langsames Eintropfen von äquimol. Mengen PCl_3 in abs. THF einerseits u. I u. abs. Triäthylamin in abs. THF andererseits in abs. THF unter N_2, 1std. Rühren, Abfiltrieren des Triäthylammoniumchlorids u. Einengen; sublimiert leicht; 46% (Ausbeute). *Phosphat*, $C_6H_{11}O_4P$, F. 207° (A.; Nadeln), durch langsames Zutropfen von 30%ig. H_2O_2 zu II in abs. A.; 69%. *Thionophosphat*, $C_6H_{11}O_3PS$, F. 179° (A.), durch 5 Min. langes Erhitzen von II mit S im evakuierten Rohr auf 140° u. Extrahieren mit CS_2; 31%. *Arsenit*, $C_6H_{11}AsO_3$, F. 48—49,5°, analog II aus I u. $AsCl_3$; 77%.
E. KOSSMEHL. 590□

α.α-Bis-[hydroxymethyl]-butyraldehyd und α.α-Bis-[hydroxymethyl]-buttersäure. Otto Neunhoeffer und Hans Neunhoeffer. (Chem. Ber. 95. 102—07. 25/1. 1962. Berlin, Humboldt-Univ., II. Chem. Inst.) (Dt.)

Der aus 2 Mol CH_2O u. 1 Mol Butyraldehyd in Ggw. von K_2CO_3 in 4 Tagen als zähes Öl erhältliche *α.α-Bis-[hydroxymethyl]-butyraldehyd* (I) liegt als Trimeres vor (kryoskop. Best.) u. reagiert auffällig langsam mit fuchsinschwefliger Säure u. ammoniakal. Ag^+-Lösung. Es wird eine durch H-Brücken stabilisierte coronenartige Struktur diskutiert. Das IR-Spektrum zeigt keine prim. Hydroxylbanden bei 3590—3650 cm^{-1}, dagegen aber die für H-Brücken charakterist. Bande bei 3400 cm^{-1}. Auch die Carbonylbanden bei 1720—1740 cm^{-1} fehlen. In Eisessig liegt I monomer vor. Analog werden *α.α-Bis-[hydroxymethyl]-capronaldehyd* u. *-caprylaldehyd* in 14tägiger Rk. von Capron- bzw. Caprylaldehyd mit wss. CH_2O-Lsg. in Ggw. von K_2CO_3 als zähe Öle erhalten, die ebenfalls trimer sind. *α.α-Bis-[hydroxymethyl]-laurinaldehyd* ist in reiner Form nicht erhältlich. I wird in Aceton durch 18,5%ig. H_2O_2 in mäßiger Ausbeute zu der schlecht krist. *α.α-Bis-[hydroxymethyl]-buttersäure* (II) oxydiert. Mn^{2+}, Fe^{2+} u. Fe^{3+} katalysieren diese Rk. nicht merklich, sondern erschweren wegen Komplex-Bldg. die Aufarbeitung. Oxydation von I zu II gelingt in geringer Ausbeute auch mit $KMnO_4$ u. ammoniakal. Ag^+-Lösung. Diacetyl-I (III) wird durch $KMnO_4$ in Aceton ohne Isolierung von *Diacetyl*-II in 50% ig. Ausbeute zu II oxydiert. Im Gegensatz zu α.α-Bis-[hydroxymethyl]-propionaldehyd disproportioniert sich I nicht. 1.1.1-Tris-[hydroxymethyl]-propan wird mit Benzaldehyd an 2 Hydroxylgruppen zu *5-Hydroxymethyl-5-äthyl-2-phenyl-1.3-dioxan* (IV) acetalisiert u. mit $KMnO_4$ in Aceton zu 5—10% zu II oxydiert. Bei der Rk. von Na-Butyrat mit 2—5 Mol CH_2O im Rohr bei 125—150° wurde II in einem Falle bei Isolierung über das Ag-Salz in 9,5% ig. Ausbeute erhalten.

Versuche: *α.α-Bis-[hydroxymethyl]-butyraldehyd* (I), $C_6H_{12}O_3$, durch 4tägige Rk. von Butyraldehyd mit 27,5% ig. CH_2O-Lsg. in Ggw. von K_2CO_3; zähes Öl; 95% (Ausbeute). *2.4-Dinitrophenylhydrazon*, $C_{12}H_{16}N_4O_6$, F. 146—148° (A.-W.), in schwefelsaurer, wss.-alkohol. Lösung. — *α.α-Bis-[hydroxymethyl]-capronaldehyd*, $C_8H_{16}O_3$, analog I aus Capronaldehyd u. CH_2O in 14 Tagen; zähes Öl; 70%. *2.4-Dinitrophenylhydrazon*, $C_{14}H_{20}N_4O_6$, F. 144—146° (A.-W.). — *α.α-Bis-[hydroxymethyl]-caprylaldehyd*, $C_{10}H_{20}O_3$, analog I aus Caprylaldehyd u. CH_2O; zähes Öl; 75%. — *α.α-Bis-[acetoxymethyl]-butyraldehyd* (III), $C_{10}H_{16}O_5$, $Kp._{19}$ 186—187°, durch Kühlen von I u. Acetanhydrid in Eisessig mit wenig konz. H_2SO_4 bis zum Abklingen der heftigen Rk. u. 6tägiges Stehen bei Raum-Temp.; 69,5%. — Analog werden erhalten: *α.α-Bis-[acetoxymethyl]-capronaldehyd*, $C_{12}H_{20}O_5$, $Kp._{17}$ 192—194°; 54%. — *α.α-Bis-[acetoxymethyl]-caprylaldehyd*, $C_{14}H_{24}O_5$, $Kp._{17}$ 197—199°; 66,6%. — *5-Hydroxymethyl-5-äthyl-2-phenyl-1.3-dioxan* (IV), $C_{13}H_{18}O_3$, F. 67,5—68° (PAe., Toluol), durch mehrmaliges Abdestillieren von Bzl. aus der benzol. Lsg. von 1.1.1-Tris-[hydroxymethyl]-propan, Benzaldehyd u. wenig konz. H_2SO_4 u. Zugabe von K_2CO_3; 76%. — *α.α-Bis-[hydroxymethyl]-buttersäure* (II), $C_6H_{12}O_4$, F. 118 bis 120° (Essigsäureäthylester), a) durch 24std. Kochen von I mit 18,5% ig. H_2O_2 in Aceton, Zugabe von H_2O_2, 24std. Kochen, Waschen mit W., Einengen, Stehen über H_2SO_4 u. Abpressen auf Ton nach 4 Wochen; 10,6%; b) durch Kühlen der Rk. von III mit $KMnO_4$ bei K_2CO_3-Zusatz in Aceton, 36std. Schütteln bei Zimmer-Temp., Lösen des MnO_2 in H_2SO_4, Versetzen der Aceton-Lsg. mit W. u. Einengen, Zugabe von KOH, 16std. Kochen, Ansäuern, Einengen u. 14tägiges Extrahieren mit Ae.; 50%; c) durch 48std. Schütteln von IV u. $KMnO_4$ in Aceton; 7%; d) in einem Falle durch 70std. Erhitzen von Na-Butyrat u. 25% ig. CH_2O-Lsg. im Rohr auf 150°, Ansäuern mit HNO_3 (kongosauer), Zugabe von $AgNO_3$, Abfiltrieren u. Zers. des Ag-Salzes mit HCl; 9,5%.

E. KOSSMEHL. 690□

Darstellung von monomercurierten Ketonen aus Alkenen. I. F. Lutzenko und R. I. Ssiwkowa. (Журнал Общей Химии [J. allg. Chem.] **29** (**91**). 1182—83. April 1959. Moskau, Univ.) (Russ.)

Chlormercurimethylalkylketone werden vorteilhaft durch Anlagerung von Hg-Acetat an Alkene-(1), Oxydation der erhaltenen mercurierten Carbinole mit $KMnO_4$ u. Umsetzen mit KCl dargestellt.

Versuche: *Chlormercuriaceton*, F. 102—102,5° (Methanol), durch Einleiten von Propylen in die wss. Lsg. von Hg-Acetat bis zum negativen Hg^{2+}-Nachw., Ansäuern mit Essigsäure, anteilweises Zugeben von $KMnO_4$, $^1/_4$std. Erhitzen auf dem Wasserbad, Zugeben von KCl u. Einengen; 53% (Ausbeute). — *1-Chlormercuripentanon-(2)*, ölig, analog Vorst. aus Penten-(1); 45%. — *1-Chlormercurihexanon-(2)*, F. 61—62° (Bzl.-Octan); 58%. — *1-Chlormercuriheptanon-(2)*, F. 75,5°; 27%. — *1-Chlormercurioctanon-(2)*, F. 93°; 52%. — *α-Acetoxymercuriacetophenon*, F. 109° (Bzl.), durch Umsetzen von wss. Hg-Acetat mit Styrol u. Oxydieren mit $KMnO_4$; 50%. H.-E. TOUSSAINT. 710□

Die Chemie des Dinitroacetonitrils. 1. Mitt. **Darstellung und Eigenschaften des Dinitroacetonitrils und seiner Salze.** Charles O. Parker, William D. Emmons, Henry A. Rolewicz und Keith S. McCallum. (Tetrahedron [London] **17.** 79—87. März 1962. Huntsville, Ala., Rohm & Haas Co., Redstone Arsenal Res. Div.) (Engl.)

Trinitroacetonitril (I) wird durch Nitrierung von Cyanessigsäure (II) mit je 3 Mol HNO_3 u. SO_3 in CCl_4 erhalten. Aus 1 Mol II u. 1 Mol HNO_3 u. katalyt. Menge H_2SO_4 entsteht *3.4-Dicyanfuroxan*, das zu *Furoxan-3.4-dicarbonamid* hydrolysiert werden kann. *Dinitroacetonitril* (III) wird durch Einw. von HNO_3 auf Oximinocyanacetamid hergestellt u. als K-Salz (K-Dinitrocyanmethid, IV) durch Zugabe von KOH abgetrennt. Durch HBr in alkohol. Lsg. oder durch SO_2 wird I zu III red. u. kann als Dinitrocyanmethidsalz abgeschieden werden. Für IV u. das Na-Salz (V) werden die Löslichkeiten in A., Essigsäureäthylster, Aceton, Ae. u. W. angegeben. Nach der Molgew.-Best. u. konduktometr. Messungen sind IV u. V in wss. Lsg. vollkommen dissoziiert. Λ_∞ beträgt 124 Ω^{-1} für IV, 90 Ω^{-1} für V u. 226 Ω^{-1} für das KAg-Salz. Λ_∞ für das III-Anion ergibt sich daraus zu 45—49 Ω^{-1}. III ist eine stärkere Säure als HNO_3. Je nach der Darst.

enthält III 3—4 Mol H_2O. Das *Tetrahydrat* (z. B. aus **IV** mit Amberlite IR-120) ist im Vakuum bei 0° über P_2O_5 5 Tage stabil. Wasserfrei konnte **III** nicht erhalten werden, weshalb Hydroniumdinitrocyanmethidstruktur angenommen wird. Bei der Nitrierung von **III** oder seinen Salzen wird **I** erhalten. Halogenierung von **V** gibt *Chlor-* bzw. *Brom-dinitroacetonitril*; ersteres kann auch aus **V** in konz. HCl mit H_2O_2 hergestellt werden.

Versuche: *Trinitroacetonitril* (**I**), durch Zugabe von 630 ml HNO_3 (D. 1,49—1,50) zu 340 g **II** in CCl_4 bei 0°, Zutropfen von 750 ml 27% ig. Oleum < 10°, Erwärmenlassen auf 25°, 80 Min. bei dieser Temp., Erwärmenlassen auf 30° (exotherme Rk.), Abkühlen auf 10°, Extrahieren der sauren Phase mit CCl_4, Vereinigen der CCl_4-Lsgg. u. Waschen mit eiskalter 70% ig. H_2SO_4; explosiv; λ_{max} 2250 cm^{-1}; 73—77% (Ausbeute). — *3.4-Dicyanfuroxan*, $C_4N_4O_2$, F. 42° (CCl_4, Kristalle), durch Zutropfen von 15,8 g HNO_3 zu 17 g **II** in Trifluoressigsäure während 2 Std. bei 40°, Zugabe von 0,5 ml 30% ig. Oleum nach dem Zutropfen von 1 ml HNO_3, Gießen auf Eis u. Extrahieren mit CH_2Cl_2; 38%. — *Furoxan-3.4-dicarbonamid*, F. 233° (W.), durch Stehen vorst. Verb. in konz. H_2SO_4 über Nacht u. Gießen auf Eis. — *Na-Dinitrocyanmethid* (**V**), F. 224—226°, durch Zutropfen von 48% ig. HBr in A. zu **I** in CCl_4, wobei die Temp. auf 50—55° ansteigt, Abkühlen auf 0—5°, Neutralisieren mit 3n methanol. NaOH, Abziehen des Lsgm., Extrahieren des Rückstandes mit Essigsäureäthylester u. Fällen mit Ae.; 59—65%. — *K-Dinitrocyanmethid* (**IV**), $C_2KN_3O_4$, F. 268° (Zers.), analog **V**, Neutralisieren mit KOH, Abfiltrieren von **IV** + KBr, Extrahieren im Soxhlet mit Aceton u. Fällen mit Ae.; 67—75%. *Monohydrat*, F. 214—216°, stabil bei Labor.-Luft mit 50% relativer Feuchte. — *Dinitroacetonitril* (**III**), *Polyhydrat*, F. 37,5—40°, durch Eintropfen von konz. H_2SO_4 in eine Lsg. von 32,4 g **V** in W., die mit Ae. überschichtet war, u. Extrahieren der feuchten Salze mit Ae.; 25,3 g. *Tetrahydrat*, $C_2HN_3O_4 \cdot 4\,H_2O$, F. 37—40°, durch Sublimieren des Polyhydrats bei 20°/1,0 Torr. *Nitron-Deriv.*, F. 189—190°. *Tetraphenylarsonium-Deriv.*, F. 177°. — *Ag-Dinitrocyanmethid*, $C_2AgN_3O_4$, F. 196° (Zers.; W.), durch Umsetzung von **V** u $AgNO_3$ in W. bei 40°; 61,5%. — *AgK-Dinitrocyanmethid*, $C_4AgKN_6O_8$, F. 224° (W.), durch Rk. von **IV** mit der doppelten Menge $AgNO_3$. — *Bromdinitroacetonitril*, $Kp._4$ 35—36°, durch Zutropfen von Br_2 zu einer bei 0—5° gerührten Suspension von **IV** u. $CaCO_3$ in CH_2Cl_2; n_D^{23} 1,4832; 22%. — *Chlordinitroacetonitril*, $Kp._{14}$ 38°, durch Zugabe von **V**-Monohydrat zu konz. HCl u. 30% ig. H_2O_2 bei 30°, 2std. Rk. bei 33—35°, Abkühlen auf 5° u. Abtrennen des Öls; n_D^{20} 1,4509; 91%. E. KOSSMEHL. 810□

Die Chemie des Dinitroacetonitrils. 2. Mitt. **Derivate des Dinitroacetonitrils durch Michael-Mannich- und Alkylierungsreaktionen. 2.2-Dinitro-2-cyanäthanol und seine Derivate.** Charles O. Parker, William D. Emmons, Angelo S. Pagano, Henry A. Rolewicz und Keith S. McCallum. (Tetrahedron [London] **17.** 89—104. März 1962.) (Engl.) — 1. vgl. vorst. Referat.

Dinitroacetonitril (**I**) bzw. sein Tetrahydrat (**Ia**) reagiert mit Olefinen, die in Konjugation zur Doppelbindung eine Carbonylgruppe tragen. Diese MICHAEL-Addukte entstehen allg. in guter Ausbeute. **Ia** reagiert in W. mit Acrylsäure zu *4.4-Dinitro-4-cyanbuttersäure*, während mit **I** in tert.-Butanol *4.4-Dinitro-4-carbamylbuttersäure* (**X**) u. in Essigsäureäthylester *α.α-Dinitroglutarimid* erhalten werden. Der aus **I** u. Acrylsäuremethylester erhältliche *4.4-Dinitro-4-cyanbuttersäuremethylester* kann quant. zu *Bernsteinsäure* verseift werden. Mit Acrylnitril reagiert **I** nicht; das zu erwartende *4.4-Dinitro-4-cyanbutyronitril* wird durch Dehydratisierung des Säureamids mit P_2O_5 hergestellt. Mit Formaldehyd reagiert **I** unter Bldg. von *2.2-Dinitro-2-cyanäthanol* (**II**), das wegen seiner Zers. in die Ausgangs-Prodd. schwer rein darzustellen ist. Es werden die *Trifluoressigsäure-* (**III**), *Essigsäure-* (**IV**), *Acrylsäure-* (**V**) u. *Methacrylsäureester* (**VI**) von **II** synthetisiert. **IV** u. **VI** werden aus **II** u. der entsprechenden Säure mit Trifluoracetanhydrid (**VII**) als Kondens.-Mittel erhalten. **VI** polymerisiert sich mit Azo-bis-isobutyronitril. Bei der Darst. von **VI** aus **II** u. wasserfreier Methacrylsäure entsteht ein polymeres Produkt. Bei der Herst. von **V** aus **II** u. Acrylsäure mit **VII** wird ein Gemisch mit **III** erhalten. Reines **V** entsteht aus **II** u. Acrylsäurechlorid in Ggw. von $AlCl_3$. Außerdem kann **II** mit Fumaryl-, Succinyl- u. 3.5-Dinitrobenzoylchlorid verestert werden. Nitrierung von **II** mit konz. HNO_3 u. H_2SO_4 gibt den *Nitratester*. Beim Vers., die CN-Gruppe in **II** mit konz. H_2SO_4 zu verseifen, wird ein *cycl. Methylen-bis-amid* $C_9H_{10}N_6O_{12}$ erhalten, das bei Zusatz von CH_2O in wesentlich höherer Ausbeute entsteht. **I** bildet mit N-Methylolamiden *N-[2.2-Dinitro-2-cyanäthyl]-amide*. Methyl-, Allyl- u. tert.-Butylhalogenide werden mit **I**-Salzen umgesetzt, wobei nur die beiden letzteren C-Alkylierung eingehen. Aus Ag-Dinitrocyanmethid (**VIII**) u. tert.-Butylhalogenid entsteht *2.2-Dinitro-3.3-dimethylbutyronitril*, das auch aus **Ia** u. tert.-Butanol erhalten wird. Daneben wird auch *N-tert.-Butyl-α.α-dinitroacetamid* isoliert. Aus einer Suspension von **VIII** in CH_3J wird ein O-Alkylierungs-Prod. abgetrennt. **I** u. seine Derivv. benötigen allg. zur Neutralisation 2 Val Base. Einw. von methanol. KOH, KCN u. $NaOCH_3$ auf 4.4-Dinitro-4-cyanbuttersäuremethylester gibt das *K-Salz des 4.4-Dinitrobuttersäuremethylesters*, das in den *4.4-Dinitrobuttersäuremethylester* übergeführt u. durch Rk. mit Acrylsäuremethylester als *4.4-Dinitropimelinsäuredimethylester* charakterisiert wird.

Versuche: *4.4-Dinitro-4-cyanbuten-(1)*, $C_5H_5N_3O_4$, Kp.$_{0,4}$ 38—40°, durch 3std. Erwärmen von **VIII** in Acetonitril mit Allylbromid auf 40—45°, Abtrennen des AgBr, Allylbromidzugabe, 4std. Rk. bei 40—60°, Abtrennen des AgBr, weitere Allylbromidzugabe u. 2tägiges Stehen; n_D^{20} 1,4552; 35% (Ausbeute). — *Dinitroacetonitril-O-methyläther*, $C_3H_3N_3O_4$, F. 62—64° (W., cremefarben), durch Zugabe von **VIII** zu CH_3J unter Rühren während 15 Min., 1std. Rühren bei Zimmer-Temp., Zugabe der gleichen Menge Ae., Abfiltrieren des AgBr u. Abziehen des Ae.; 58,3%. — *2.2-Dinitro-3.3-dimethylbutyronitril*, $C_6H_9N_3O_4$, F. 132—133° (Zers.; A.), a) durch 20std. Rk. von äquivalenten Mengen **Ia** u. Na-Dinitrocyanmethid (**IX**) mit tert.-Butanol bei 60°, Ae.-Zugabe, Einengen der Ae.-Phase, Extrahieren des öligen Rückstandes mit PAe., Einengen u. Abkühlen auf —70°; 13,6%; b) durch Zugabe von **VIII** zu tert.-Butylbromid unter Rühren, 2std. Rühren bei Zimmer-Temp., Ae.-Zugabe, Abtrennen des AgBr, Abziehen des Ae. u. Aufarbeiten wie unter a); 17%. — *N-tert.-Butyl-α.α-dinitroacetamid*, $C_6H_{11}N_3O_5$, F. 110,5 bis 111° (Zers.; W.), a) durch Extraktion des öligen Rückstandes nach der PAe.-Extraktion bei der Darst. vorst. Verb. nach a) mit Ae., Aufnehmen des Amids in 50%ig. $NaHCO_3$-Lsg. sowie durch Waschen der PAe.-Lsg. vorst. Verb. mit 5%ig. $NaHCO_3$-Lsg. u. Ansäuern; 9,1%; b) durch gleiche Behandlung vorst. Verb. nach b) wie unter a); 18%. — *4.4-Dinitro-4-cyanbuttersäuremethylester*, $C_6H_7N_3O_6$, Kp.$_{0,12-0,15}$ 78—80°, durch 5std. Rk. von **Ia** mit Acrylsäuremethylester in Methanol bei 50°; hellgelbes Öl; n_D^{20} 1,4595; 21%. Hydrolyse durch 3std. Kochen mit 20%ig. HCl → *Bernsteinsäure* [F. 188°; 91%]. — *4.4-Dinitro-4-cyanbutyramid*, $C_5H_6N_4O_5$, F. 62—63° (Chlf.–A.), durch Zutropfen von H_2SO_4 zu **IX** in Ae., 30 Min. langes Rühren, Abfiltrieren des Na_2SO_4, Zugabe von Acrylamid in Ae. mit wenig Essigsäureäthylester u. 24std. Kochen; 29,0%. — *4.4-Dinitro-4-carbamylbuttersäure* (**X**), $C_5H_7N_3O_7$, F. 115—117° (Ae.–Chlf.), a) durch 48std. Rk. von Acrylsäure u. **Ia** in W. bei 25—35°, Abziehen der flüchtigen Prodd. u. Umkristallisation aus Chlf.–Bzl. (1 : 1); 60%; b) durch 14std. Stehen von **Ia** u. Acrylsäure in tert.-Butanol; 69%. — *4.4-Dinitro-4-cyanbuttersäure*, $C_5H_5N_3O_6$, F. 73—74° (Chlf.), durch Einengen des Chlf.–Bzl.-Filtrats nach dem Abtrennen vorst. Verb. unter a); 13%. — *α.α-Dinitroglutarimid*, $C_5H_5N_3O_6$, F. 150—151° (Essigsäureäthylester–Cyclohexan), a) durch Ansäuern von **IX** in Essigsäureäthylester, Filtrieren, Zugabe von Acrylsäure, 12std. Rk. bei 40°, Abziehen des Lsgm. u. Extraktion des Rückstandes mit Ae.–Chlf.; 34%; b) durch exotherme Rk. von **X** u. P_2O_5 in Acetonitril, 2std. Rühren, Einengen u. Extrahieren des Rückstandes mit Ae.; 46%. — *4.4-Dinitro-4-cyanbutyraldehyddimethylacetal*, $C_7H_{11}N_3O_6$, Kp.$_{0,4}$ 80—81°, durch 40std. Rk. von **Ia** u. Acrolein in W., Abtrennen der öligen Phase, Aufnehmen in Methanol u. 5std. Kochen mit Orthoameisensäuretrimethylester u. p-Toluolsulfonsäuremonohydrat; gelbes Öl; 66%. — *1.3.5-Tris-[γ.γ-dinitro-γ-cyanbutyryl]-perhydro-symm.-triazin*, $C_{18}H_{18}N_{12}O_{15}$, F. 143—145° (A.–Chlf.), durch 15std. Rühren von **Ia** mit 1.3.5-Triacrylylperhydro-symm.-triazin in Methanol; 26%. — *Methylen-bis-[4.4-dinitro-4-cyanbutyramid]*, $C_{11}H_{12}N_8O_{10}$, F. 134—135° (wss. A.), durch 7std. Rk. von **Ia** mit Methylen-bis-[acrylamid] in W. bei 55°; 31%. — *5.5-Dinitro-5-cyanpentanon-(2)*, $C_6H_7N_3O_5$, Kp.$_{0,2-0,5}$ 77°, durch 5tägige Rk. von **Ia** mit Methylvinylketon in W. bei Zimmer-Temp.; n_D^{20} 1,4646; 68%. *Semicarbazon*, $C_7H_{10}N_6O_5$, F. 137—138° (Zers.; wss. A.). — *N-[2.2-Dinitro-2-cyanäthyl]-benzamid*, $C_{10}H_8N_4O_5$, F. 119,5—120,5° (Bzl.), durch langsames Zutropfen von **I** in Essigsäureäthylester zu N-Methylolbenzamid in diesem Lsgm. bei 50° unter Rühren, 30 Min. langes Rühren bei dieser Temp., Abkühlen, Abziehen des Lsgm. unter vermindertem Druck, Extrahieren des Rückstandes mit CH_2Cl_2 u. Einengen; 20%. — *N-[2.2-Dinitro-2-cyanäthyl]-acetamid*, $C_5H_6N_4O_5$, F. 76,5—77,5° (Bzl.), durch 2std. Rk. von **I** u. N-Methylolacetamid in Essigsäureäthylester unter Zusatz von $MgSO_4$; 33%. — *N-[2.2-Dinitro-2-cyanäthyl]-methacrylamid*, $C_7H_8N_4O_5$, F. 74—75° (Bzl.), durch Mörsern von Methacrylsäureamid mit Paraformaldehyd u. wenig gesätt. K_2CO_3-Lsg., Aufschmelzen bei 50—60°, Lösen in Dioxan, Rühren mit Drierite, Zugabe von **I** in Essigsäureäthylester bei 40—45° während 2 Std. u. ½std. Erwärmen auf 40—45°; 27%. — *N-[2.2-Dinitro-2-cyanäthyl]-acrylamid*, $C_6H_6N_4O_5$, F. 77—78° (Bzl.), analog vorst. Verb. mit Acrylamid; 20%. — *N.N'-Bis-[2.2-dinitro-2-cyanäthyl]-harnstoff*, $C_7H_6N_8O_9$, F. 136° (Ae. u. Fällen mit PAe.), durch 5std. Zutropfen von **I** in Essigsäureäthylester zu Dimethylolharnstoff u. $MgSO_4$ in diesem Lsgm. bei 12°, Rühren über Nacht u. weitere 5 Std., Verdampfen des Lsgm., Versetzen mit W. u. Extrahieren mit Ae.; 4%. — *2.2-Dinitro-2-cyanäthanol* (**II**), durch Lösen von **IX** in 37%ig. Formalin-Lsg., Eintropfen von konz. H_2SO_4 innerhalb ½ Std. bei 23—26°, 4tägiges Stehen bei Zimmer-Temp. u. Extrahieren mit Ae.; hellgelbes Öl; n_D^{20} 1,4470; 95%. *Trifluoracetat* (**III**), $C_5H_2F_3N_3O_6$, Kp.$_{0,15}$ 39°, durch kurzes Kochen von II mit VII, 1std. Rk. bei 55° u. Stehen über Nacht; n_D^{20} 1,4045; 36,6%. *Acetat* (IV), $C_5H_5N_3O_6$, Kp.$_{1,25}$ 73—75°, durch Zutropfen von Eisessig zu VII u. Di-β-naphthol <30°, 5 Min. langes Rühren, Zugabe von II bei 20—30°, 1std. Rühren u. Gießen auf Eis; n_D^{20} 1,4439; $D._4^{20}$ 1,335; 26%. *Methacrylat* (VI), $C_7H_7N_3O_6$, Kp.$_{0,07}$ 53—58°, a) analog IV mit Methacrylsäure; 32%; b) durch Zugabe von Methacrylsäurechlorid zu II, $AlCl_3$ u. CuCl in Chlf. unter Rühren bei 18—23°, 12std. Erwärmen auf 50—60°, Abkühlen u. Gießen in W.; n_D^{20} 1,4582; $D._4^{20}$ 1,174; 47%. *Acrylat* (V), $C_6H_5N_3O_6$, Kp.$_{0,1}$ 56—60°, durch Zutropfen von Acrylsäurechlorid zu II, $AlCl_3$ u. p-Hydroxydiphenylamin in Chlf. unter Rühren bei 24—27°, 1std. Erwärmen auf 30—35°, 1std. Erwärmen auf 35—40°, Abkühlen u. Gießen in Eiswasser; 49%. *Nitrat*, $C_3H_2N_4O_7$, Kp.$_{0,1}$ 46—51°, durch Eintropfen von II in konz. H_2SO_4–HNO_3 bei 0—5°, Erwärmenlassen auf 10° u. Gießen in Eiswasser; 67%. — *Cyclisches Methylen-bis-amid* $C_9H_{10}N_6O_{12}$, F. 224—225° (Zers.; Aceton–A.), durch Eintropfen von 16,1 g II in H_2SO_4 <60°, portionsweise Zugabe von Trioxan, Rühren bis zum Abkühlen auf Zimmer-Temp., Stehen über Nacht u. Gießen auf Eis; 12,5 g. — *K-Salz des 4.4-Dinitrobuttersäuremethylesters*, $C_5H_7KN_2O_6$, F. 160 bis 161° (Methanol, hellgelbes Prod.), durch Zutropfen von 2,5 g 4.4-Dinitro-4-cyanbuttersäuremethylester zu 1,28 g KOH in wasserfreiem Methanol u. Abfiltrieren des gelben Nd. nach 1 Std.; 1,9 g. — *4.4-Dinitrobuttersäuremethylester*, $C_5H_8N_2O_6$, Kp.$_{0,03}$ 46 bis 47°, Kp.$_{0,07}$ 50—51°, durch Ansäuern einer wss. Lsg. vorst. K-Salzes mit H_2SO_4, Abtrennen des Öls u. Extrahieren der wss. Phase mit Ae.; n_D^{20} 1,4554; 67% (roh). — *4.4-Dinitropimelinsäuredimethylester*, F. 45,5—46,0° (A.), durch 24std. Rk. des vorvorst. K-Salzes mit Acrylsäuremethylester bei 27—31° in W.; 40%. E. Kossmehl. 810□

Die Chemie des Dinitroacetonitrils. 3. Mitt. Dinitroacetamid und seine Derivate. Charles O. Parker. (Tetrahedron [London] **17.** 105—08. März 1962.) (Engl.) — 2. vgl. vorst. Referat.

Dinitroacetamid (I) wird durch Einw. von gasförmigem HCl auf eine methanol. Essigsäureäthylester-Lsg. von Na-, NH_4- oder K-Dinitrocyanmethid (II) erhalten. Als Lsgm. können auch Methanol oder A. allein oder im Gemisch mit Ae. verwendet werden. Konzentrierte HCl gibt unreines I; konz. H_2SO_4 u. 85%ig. H_3PO_4 sind zur Hydrolyse ungeeignet. Die Hydrolyse von II mit konz. HCl wird spektrophotometr. untersucht. Als Nebenprodd. bei der Hydrolyse entstehen *Dinitroessigsäureester* u. *Dinitromethan*. Erstere werden durch Alkoholyse der entsprechenden Dinitrocyanessigsäurealkylester u. die Dinitromethansalze durch alkal. Hydrolyse von Dinitrocyanmethid- oder Dinitroacetamidsalzen erhalten. I gibt die normale Michael-Addition u. kann mit CH_2O zu *2.2-Dinitro-2-carbamyläthanol* kondensiert werden, von dem der *Essigsäureester* u. *N-Acylamido-Derivv.* hergestellt werden.

Versuche: *Dinitroacetamid* (I), F. 86—87°, a) durch Zugabe von trocknem II in abs. Methanol u. Essigsäureäthylester zu bei —5° mit HCl gesätt. Ae., 30 Min. langes Rühren u. Stehen über Nacht bei —10°; λ_{max} 361, 280—300 mμ (konz. HCl); 76,5% (Ausbeute); b) durch portionsweises Eintragen von II in konz. HCl bei —10°, 1std. Rühren bei —10°, Erwärmenlassen auf Zimmer-Temp. während 16 Std., 8std. Extrahieren mit CH_2Cl_2 in einem Flüssig–Flüssig-Extraktor u. Einengen der CH_2Cl_2-Phase; 14,7%; c) wie b), Verdünnen der Rk.-Lsg. mit W., Extrahieren mit Isopropyläther u. Einengen der organ. Phase; 14,1%. *Na-Salz*, $C_2H_2NaN_3O_5$, F. 170° (Zers.; A. u. Fällen mit Ae.), durch Zutropfen von methanol. NaOH zu 5 g I in Methanol bis zur schwach alkal. Rk.; 5,2 g. *K-Salz*, F. 159° (Zers.; W.), analog. *Ag-Salz*, $C_2H_2AgN_3O_5$, F. 130° (Zers.; W.), durch doppelte Umsetzung des K-Salzes (aus 5 g I) mit $AgNO_3$ in Methanol; 7,6 g. — *2.2-Dinitro-2-carbamyläthanol*, F. 104—107° (Äthylendichlorid), durch langsames Zutropfen von 37%ig. CH_2O-Lsg. zu suspendiertem I in W., Sättigen mit KCl nach dem Stehen über Nacht u. Extrahieren mit Ae.; 39,4%. *Acetat*, $C_5H_7N_3O_7$, F. 60 bis 62° (CH_2Cl_2–PAe.), durch 15 Min. langes Kochen von Trifluoracetanhydrid u. Eisessig, Abkühlen, Zugabe des Alkohols in Ae. u. 1½std. Kochen; 12,1%. — *N-[2.2-Dinitro-2-carbamyläthyl]-methacrylamid*, $C_7H_{10}N_4O_6$, F. 120° (Äthylenchlorid), durch Mörsern von Methacrylamid u. Paraformaldehyd unter Zusatz von wenig gesätt. K_2CO_3-Lsg., Schmelzen des Pulvers bei 60°, Lösen in W., Zugabe von I u. 10 Min. langes Erwärmen auf 60°; 18,3%. — *4.4-Dinitro-4-carbamylbuttersäure*, F. 115—117° (Äthylenchlorid), durch Stehen einer wss. Lsg. von I mit Eisessig über Nacht; 63,4%. *Amid*, $C_5H_8N_4O_6$, F. 110—111° (Äthylendichlorid), durch 16std. Erwärmen von Acrylamid u. I in Methanol auf 40° u. Abtrennen des polymeren Prod.; 61,3%. E. Kossmehl. 810□

Die Chemie des Dinitroacetonitrils. 4. Mitt. Darstellung und Eigenschaften von Estern der Dinitrocyanessigsäure. Charles O. Parker. (Tetrahedron [London] **17.** 109—16. März 1962.) (Engl.) — 3. vgl. vorst. Referat.

Bei der Nitrierung von Oximinocyanessigsäureestern mit HNO_3–H_2SO_4 entstehen in guter Ausbeute *Dinitrocyanessigsäureester* (**A**). Es werden *Methyl-*, *Äthyl-* (II), *Isopropyl-*, *n-Butyl-*, *Cyclohexyl-*, *β-Nitratoäthyl-*, *β-Bromäthyl-* u. *p-Nitrobenzylester* hergestellt. Ungünstiger ist die Nitrierung von Cyanessigsäuremethyl-, -äthyl-, -isopropyl- u. -n-butylester mit $NaNO_2$ oder HSO_3NO, wobei die Aufarbeitung erschwert ist u. die Rk. um so ungünstiger verläuft, je größer der Alkylrest ist. Umsetzung der **A** mit Alkoholen gibt *Dinitroacetonitril* u. *Kohlensäureester*, Rk. mit prim. u. sek. Aminen führt zu *Dinitroacetonitrilalkylammoniumsalz* u. *Urethan*. In Ggw. von K^+ entsteht das schwerlösl. *K-Dinitrocyanmethid*. Rk. von **A** mit trocknem HCl in Ae.–A. u. anschließende Hydrolyse liefern in guter Ausbeute *Dinitroessigsäureester*. Ohne A. gelingt diese Rk. nicht. Die wss. Lsg. von *Dinitroessigsäure-β-bromäthylester* unterliegt spontaner Br^--Abspaltung unter Bldg. von *α.α-Dinitroketenäthylenacetal*, das bei der alkal. Hydrolyse das *K-Salz* des *aci-3.3-Dinitropropanols-(1)* bildet. Bei der therm. Zers. von aci-Dinitroessigsäureestern werden *Furoxandicarbonsäureester* u. NO_2 erhalten. Durch **A** wird KJ in Aceton zu J_2 reduziert. Dinitroessigsäureäthylester gibt bei der Rk. mit HBr inA. *Nitrocyanessigsäureäthylester*, der als K-Salz isoliert wird.

Versuche: Oximinocyanessigsäurealkylester: *-äthyl-* (I), F. 129—131°, durch Zutropfen von 85%ig. H_3PO_4 zu einer Suspension von Cyanessigsäureäthylester in $NaNO_2$-Lsg. bei pH 4,5 u. 35—40°, 1 std. Rühren bei 30°, Zugabe von HCl u. Abkühlen auf —10°; 100% (Ausbeute). — *-n-butyl-*, F. 89—91°, analog aus Cyanessigsäure-n-butylester [$Kp._{0,28}$ 73—74°; n_D^{20} 1,4260; 93%]; 76%. — *-cyclohexyl-*, F. 104—105,5°, aus Cyanessigsäurecyclohexylester [$Kp._{0,24}$ 91—92°; n_D^{20} 1,4621; 94%]; 53%. — *-β-bromäthyl-*, F. 113,5—115,5°; 80%. — *-β-nitratoäthyl-*, F. 98—98,5°, aus Cyanessigsäure-β-nitratoäthylester [$Kp._{0,035}$ 105—106°; n_D^{20} 1,4573; 53%]; 27%. — *-p-nitrobenzyl-*, F. 158—160°, aus Cyanessigsäure-p-nitrobenzylester [F. 68—69°; 39%]; 26%. — *-methyl-*, F. 122—124°; 68%. — *-isopropyl-*, F. 105—107°; 51%. — Dinitrocyanessigsäurealkylester (**A**): *-äthyl-* (II), $Kp._{0,08}$ 36—37°, $Kp._{2,5}$ 55°, durch Eintragen von **I** in ein gut gerührtes Gemisch von wasserfreier HNO_3 u. H_2SO_4 bei 5—10°, 1½ std. Rühren bei 15—20° u. Aufnehmen der oberen Phase in CH_2Cl_2; n_D^{20} 1,4340; 75%. — Analog: *-methyl-*, $Kp._{0,2}$ 41—43°; b) durch Zutropfen von Cyanessigsäuremethylester zu wasserfreier HNO_3 u. H_2SO_4 bei 20—30°, Kühlen auf 5° nach ½ std. Rühren u. Stehen in Eis über Nacht; 36,5%. — *-isopropyl-*, $Kp._{0,3}$ 48—49°; n_D^{20} 1,4284; 68%. — *-n-butyl-*, $Kp._{0,06}$ 76—80°; n_D^{20} 1,4359; 63%. — *-cyclohexyl-*, $Kp._{0,07}$ 70—75°; n_D^{20} 1,4627; 50%. — *-β-bromäthyl-*, $Kp._{0,21}$ 80°; n_D^{20} 1,4838; 86%. — *-β-nitratoäthyl-*, $Kp._{0,05-0,15}$ 95°; n_D^{20} 1,4663; 51%. — *-p-nitrobenzyl-*, F. 62—66°; 19%. — *Aniliniumdinitrocyanmethid*, F. 152—153°, durch Zutropfen von Anilin zu **II** in Ae. bei 15° u. 10—15 Min. langes Rühren bei 15—20°; 89%. Daneben *Phenylurethan*, F. 49—50°, durch Aufarbeiten des Filtrats; 36%. — *K-Dinitrocyanmethid*, F. 266—268°, durch Eintropfen von **II** in A. (von Mg-Äthanolat abdest.) bei 30°, Stehen über Nacht bei Zimmer-Temp., Abdestillieren des A. bei 40°, Lösen des Rückstandes in $NaHCO_3$-Lsg. u. Aussalzen mit KCl; 65%. Daneben *Diäthylcarbonat*, Kp. 122—124°, durch Extraktion der $NaHCO_3$-Lsg. mit Ae.; 59%. — *Dinitroessigsäureäthylester*, $Kp._{0,05}$ 50—54°, durch Einleiten von HCl-Gas in eine Lsg. von 40,6 g **II** in Ae. unter Eiskühlung, Zugabe von A. bei 2°, Sättigen mit HCl, Stehen über Nacht, Erhitzen auf 50°, Abziehen des Lsgm., Aufnehmen des Rückstandes in CH_2Cl_2, Dest., Rk. mit eiskalter, konz. HCl u. Dest.; 15,1 g. *K-Salz*, F. 187° (Zers.; A., gelb), durch Versetzen mit alkohol. KOH. — *Dinitroessigsäure-β-bromäthylester*, $Kp._{0,09}$ 115°, durch Zutropfen von Dinitrocyanessigsäure-β-bromäthylester zu mit HCl bei 0—5° gesätt. Ae.–Methanol bei 0—5°, Stehen über Nacht bei 0°, Zugabe von W. unter Eiskühlung, Erwärmenlassen während 1 Std. auf 25°, Gießen in Eiswasser, Extraktion mit CH_2Cl_2 u. Dest.; 75%. *K-Salz*, $C_4H_4BrKN_2O_6$, F. 136° (Zers.; Essigsäureäthylester, Fällen mit Ae.), durch Zutropfen von alkohol. KOH. — *α.α-Dinitro-γ-butyrolacton*, $C_4H_4N_2O_6$, F. 64,5—65,5° (Chlf.), durch 4std. Kochen vorst. K-Salzes in Aceton u. Abfiltrieren des KBr. — *γ.γ-Dinitropropanol-(1)*, *K-Salz*, F. 147° (Zers.; A.), durch Lösen vorst. Verb. in KOH. E. Kossmehl. 810□

Synthese von 7-Cyan-2.6-dimethyl- und -2.3.6-trimethylheptadien-(2.6), Geraniumsäure- und 3-Methylgeraniumsäurenitril. I. K. Ssarytschewa, Je. M. Schusstorowitsch, G. A. Worobjewa und N. A. Preobrashenski. (Журнал Общей Химии [J. allg. Chem.] **29** (**91**). 1189—92. April 1959. Moskau, Inst. für chem. Feintechnol.) (Russ.)

Das aus 6-Hydroxyhexanal zugängliche 5-Brom-2-methylpenten-(2) wird durch Grignard-Rk. mit Essigsäureanhydrid in *2-Methylhepten-(2)-on-(6)* (**I**) übergeführt, das man durch Kondens. mit Cyanessigsäure (**II**) bei anschließender Decarboxylierung in *7-Cyan-2.6-dimethyloctadien-(2.6)* (**III**, *Geraniumsäurenitril*) umwandelt. Eine variierte Synth. für **III** besteht darin, **I** mit **II**-Äthylester zu *7-Cyan-2.6-dimethyloctadien-(2.6)*-

säure-(8)-äthylester (IV) umzusetzen u. diesen der Verseifung u. Decarboxylierung zu unterwerfen. $LiAlH_4$ red. das Nitril III zu *8-Amino-2.6 dimethyloctadien-(2.6)* (*Geranylamin*), aus dem man mit HNO_2 *2.6 Dimethyloctadien (2.6)-ol-(8)* (*Geraniol/Nerol*-Gemisch) erhält. Das synthet. III besitzt etwas andere physikal. Eigg. als das aus natürlichem Citral gewonnene Prod., was auf einen unterschiedlichen Geh. an den einzelnen Stereoisomeren zurückgeführt wird. *7-Cyan-2.3.6-trimethylheptadien-(2.6)* wurde analog III dargestellt.

Versuche: *2-Methylhepten-(2)-on-(6)* (I), $C_8H_{14}O$, Kp.$_9$ 58—60°, durch Zutropfen der aus 5-Brom-2-methylpenten-(2) (Kp.$_{85}$ 84—85°) erhaltenen Grignard-Lsg. zu Essigsäureanhydrid in Ae. bei —70°, 2std. Rühren bei —65 bis —70°, langsames Erwärmen auf 18—19° u. Zers. mit wss. NH_4Cl; D.$_4^{20}$ 0,8612; n_D^{20} 1,4420; 50,8% (Ausbeute). — *7-Cyan-2.6-dimethyloctadien-(2.6)-säure-(8)-äthylester* (IV), $C_{13}H_{19}NO_2$, Kp.$_6$ 138 bis 139°, Kp.$_2$ 115—116°, durch 3std. Kochen von I mit II-Äthylester in Bzl. in Ggw. von Piperidin unter N_2 unter azeotroper Abdestillation des gebildeten W.; D.$_4^{20}$ 1,0089; n_D^{20} 1,4851; 60,3%. — *7-Cyan-2.6-dimethylheptadien-(2.6)* (III, *Geraniumsäurenitril*), $C_{10}H_{15}N$, Kp.$_2$ 78—78,5°; D.$_4^{20}$ 0,8737; n_D^{20} 1,4718, a) durch 24std. Stehen von IV mit methanol. KOH bei 19°, Eindampfen, Verdünnen mit W., Ansäuern mit HCl, Ausäthern, Eindampfen u. 2std. Kochen mit Cu-Pulver in Toluol unter N_2; 43,16%; b) durch 3std. Kochen von I mit II in Bzl. in Ggw. von Piperidin unter N_2 unter azeotroper Abdestillation des gebildeten W., Zugeben von Cu-Pulver, erneutes 2std. Kochen u. Ansäuern mit HCl; 58,6%. — *8-Amino-2.6-dimethyloctadien-(2.6)*, $C_{10}H_{19}N$, Kp.$_{10}$ 95—96°, durch Zugeben von III zu $LiAlH_4$ in Ae. bei 19° u. ½std. Rühren; D.$_4^{17}$ 0,8628; n_D^{17} 1,4780; 36,7%. — *2.6-Dimethyloctadien-(2.6)-ol-(8)* (*Geraniol/Nerol*-Gemisch), $C_{10}H_{18}O$, Kp.$_{18}$ 119—121°, durch Versetzen der salzsauren Lsg. des vorst. Amins bei 0° mit wss. $NaNO_2$, Ansäuern auf pH 2 u. 1std. Erhitzen auf 100°; D.$_4^{20}$ 0,8728; n_D^{20} 1,4708; 43,5%. — *7-Cyan-2.3.6-trimethyloctadien-(2.6)-säure-(8)-äthylester*, $C_{14}H_{21}NO_2$, Kp.$_1$ 108 bis 109,5°, analog IV aus 2.3-Dimethylhepten-(2)-on-(6); D.$_4^{20}$ 0,9970; n_D^{20} 1,4792; 50,1%. — *7-Cyan-2.3.6-trimethylheptadien-(2.6)*, $C_{11}H_{17}N$, Kp.$_{17}$ 120—122°, aus vorst. Verb. analog III. H.-E. Toussaint. 810□

Über halogen- und stickstoffhaltige Derivate aliphatischer Carbonsäuren. 1. Mitt. Die indirekte α-Bromierung von Fettsäureestern. Heinz Reinheckel. (Chem. Ber. 93. 2222—29. 12/10. 1960. Berlin-Adlershof, Dt. Akad. der Wiss., Inst. für Fettchem.) (Dt.)

Die sonst nicht mögliche α-Bromierung aliphat. Carbonsäureester gelingt in Ggw. von ⅓—⅙ Val des betreffenden oder auch eines anderen Säurehalogenids. Dabei findet vermutlich ein ständiger Wechsel zwischen Säurehalogenid- u. Estergruppe derart statt, daß bromiertes Säurehalogenid sich mit unverändertem Ester zu α-Bromester u. frischem Säurehalogenid umsetzt. Es wurden 12 verschiedene *α-Bromfettsäuremethylester* vergleichsweise durch direkte Bromierung von Säurehalogeniden u. indirekte Bromierung von Gemischen Säurechlorid/Methylester in etwa gleichen Ausbeuten dargestellt. Als Reinheitskriterium eignet sich der Brechungsindex. Die Rk.-Zeiten waren bei Gemischen 1 : 1 u. 1 : 3 kaum, bei Gemischen 1 : 5 merklich zu verlängern. Bromierungs-Verss. mit Methylestern allein blieben erfolglos, gelingen jedoch glatt, wenn dem Ester das Chlorid einer anderen Säure, praktischerweise Acetylchlorid (I), zugesetzt wird.

Versuche: α-Bromfettsäuremethylester, a) durch 4std. Erwärmen von 1 Mol Fettsäure u. 150 g $SOCl_2$ auf 100°, Zusatz von etwas J_2, Zutropfen von 1,2 Mol (bei niederen Gliedern) bis 1,4 Mol (bei höheren Gliedern) Br_2 in 4—10 Std., 2—4 Std. lang Kochen, Einfließenlassen in ca. 125 ml sd. Methanol, Eingießen in kaltes W., Ausäthern, Waschen mit W., $NaHSO_3$- u. Soda-Lsg., Trocknen u. Dest. (Meth. **A**); b) durch entsprechende Bromierung u. Veresterung in Ggw. des betreffenden Säurechlorids (Meth. **B**); c) analog b) in Ggw. eines anderen Säurechlorids (Meth. **C**): *-n-buttersäure-*, $C_5H_9BrO_2$, Kp.$_{10}$ 53°, a) nach **A**; 76% (Ausbeute); b) nach **B**; 84%; c) nach **C** mit Laurinsäurechlorid (II); 78%; d) nach **C** mit Stearinsäurechlorid; 83%; n_D^{20} 1,4528, n_D^{25} 1,4508, D.$_4^{25}$ 1,4029. — *-n-valeriansäure-*, $C_6H_{11}BrO_2$, Kp.$_{11}$ 69,5°, nach **A**; n_D^{20} 1,4533, n_D^{25} 1,4510, D.$_4^{25}$ 1,3321; 77,5%. — *-n-capronsäure-*, $C_7H_{13}BrO_2$, Kp.$_{12}$ 86°, nach **A**; n_D^{20} 1,4542, n_D^{25} 1,4521, D.$_4^{25}$ 1,2734; 71%. — *-n-önanthsäure-*, $C_8H_{15}BrO_2$, Kp.$_{12}$ 99°, nach **A**; n_D^{20} 1,4559, n_D^{25} 1,4538, D.$_4^{25}$ 1,2432; 66%. — *-n-caprylsäure-*, $C_9H_{17}BrO_2$, Kp.$_{11}$ 113°, nach **A**; n_D^{20} 1,4569, n_D^{25} 1,4550, D.$_4^{25}$ 1,2073; 83%. — *-pelargonsäure-*, $C_{10}H_{19}BrO_2$, Kp.$_{13}$ 128°, nach **A**; n_D^{20} 1,4573, n_D^{25} 1,4558, D.$_4^{25}$ 1,1764; 75%. — *-caprinsäure-*, $C_{11}H_{21}BrO_2$, Kp.$_{10}$ 140°, nach **A**; n_D^{20} 1,4583, n_D^{25} 1,4569, D.$_4^{25}$ 1,1530; 75%. — *-undecylsäure-*, $C_{12}H_{23}BrO_2$, Kp.$_{10}$ 154°, nach **A**; n_D^{20} 1,4600, n_D^{25} 1,4579, D.$_4^{25}$ 1,1334; 59%. — *-laurinsäure-*, $C_{13}H_{25}BrO_2$, Kp.$_{0,15}$ 114°, Kp.$_{0,02}$ 98°, a) nach **A**; 71%; b) nach **B**; 90%; c) nach **C** mit Butyrylchlorid (III); 74%; d) nach **C** mit **I**; 82%; n_D^{20} 1,4609, n_D^{25} 1,4588,

$D._4^{25}$ 1,1144. — *-myristinsäure-*, $C_{15}H_{29}BrO_2$, Kp.$_{10}$ 190—191°, Kp.$_{0,2}$ 135—136°, nach **A**; n_D^{20} 1,4621, n_D^{25} 1,4601, $D._4^{25}$ 1,0851; 70%. — *-palmitinsäure-*, $C_{17}H_{33}BrO_2$, Kp.$_{0,06}$ 134°, nach **A**; n_D^{20} 1,4630, n_D^{25} 1,4611, $D._4^{25}$ 1,0602; 68%. — *-stearinsäure-*, $C_{19}H_{37}BrO_2$, Kp.$_{0,2}$ 174°, a) nach **A**; 77%; b) nach **B**; 82%; c) nach **C** mit **I**; 71%; d) nach **C** mit **II**; 80%; e) nach **C** mit **III**; 75%; n_D^{20} 1,4639, n_D^{25} 1,4620, $D._4^{25}$ 1,0423.

MARION WOLFF. 810□

Desaminierung von Glutamin mit salpetriger Säure. A. T. Austin und J. Howard. (Chem. and Ind. **1959.** 1413. 7/11. Leeds, Univ., School of Chem.) (Engl.)

Glutamin (I) reagiert mit HNO_2 in 93%ig. Ausbeute unter Bldg. von *4-Carboxy-γ-butyrolacton*. Der Rk.-Mechanismus wird diskutiert. L. LAMZA. 850

Über α.α'-disubstituierte Azoalkane. E. Benzing. (Chimia [Aarau, Schweiz] **13.** 89. 16/3. 1959. Zürich, Monsanto Res. Soc. An.) (Dt.)

Unabhängig von GOLDSCHMIDT u. ACKSTEINER (C. **1958.** 12950 u. C. **1959.** 11854) wurden durch Chlorierung aliphat. Ketazine in PAe., CCl_4 oder Bzl. bei 0—10° die entsprechenden *α.α'-Dichlorazoalkane* (**A**) dargestellt. Durch Rk. mit Na-Acetat in Eisessig entstehen aus **A** in bis zu 96%ig. Ausbeute die entsprechenden *α.α'-Diacetoxyazoalkane*. Mit NH_4SCN, $NaSC_6H_5$ u. NaCN in wss. Aceton bilden **A** die entsprechenden *α.α'-Dithiocyan-*, *α.α'-Bis-phenylmercapto-* bzw. *α.α'-Dicyanazoalkane*. Die Zers. von **A** in 85%ig. wss. Aceton ist eine Rk. 1. Ordnung. Der Wert der Geschw.-Konst. sinkt jedoch mit fortschreitender Rk. langsam ab, was auf den Einfl. der gebildeten Cl'-Ionen („Common-ion"-Effekt) zurückzuführen ist, da auch Zusätze von HCl oder LiCl die Rk. verlangsamen. Zusätze von HNO_3 oder $LiClO_4$ beschleunigen die Rk. (positiver Salzeffekt). Im Gegensatz zu GOLDSCHMIDT u. ACKSTEINER (l. c.) wird angenommen, daß die Hydrolyse der **A** über eine teilweise reversible Dissoziation erfolgt, was angesichts der Resonanzstabilisierung des entstehenden Kations verständlich erscheint. Der angenommene Rk.-Mechanismus wird angegeben. — *α.α'-Dichlorazoisopropan*, F. 59°. — *α.α'-Dichlorazocyclohexan*, F. 64°. — *α.α'-Dichlor-α.α'-dimethylazopropan*, Kp.$_{5\cdot10^{-3}}$ 40—42°. — *α.α'-Dichlor-α.α'-dimethylazoisopentan*, Kp.$_{5\cdot10^{-3}}$ 90—92°. — *α.α'-Dichlor-α.α'-diäthylazopropan*, Kp.$_{5\cdot10^{-3}}$ 55—60°. — *α.α'-Dichlorazocyclopentan*, F. 44°. — *α.α'-Diacetoxyazoisopropan*, F. 103°. — *α.α'-Diacetoxyazocyclohexan*, F. 95°. — *α.α'-Diacetoxy-α.α'-dimethylazopropan*, Kp.$_{12}$ 118°. — *α.α'-Diacetoxy-α.α'-dimethylazoisopentan*, Kp.$_{0,3}$ 92°. — *α.α'-Diacetoxy-α.α'-diäthylazopropan*, Kp.$_{12}$ 136°. — *α.α'-Diacetoxyazocyclopentan*, F. 95°. — *α.α'-Dirhodanazoisopropan*, F. 98%. — *α.α'-Dirhodanazocylohexan*, F. 76°. — *α.α'-Bisphenylmercaptoazoisopropan*, F. 89—90°. — *α.α'-Dicyanazoisopropan*, F. 104°. W. LIEBSCHER. 910

Perfluoralkenylphosphonsäureester. I. L. Knunjanz, Je. Ja. Perwowa und W. W. Tjulenewa. (Доклады Академии Наук СССР [Ber. Akad. Wiss. UdSSR] **129.** 576—77. 21/11. 1959. Inst. für Metallorgan. Verbind. der Akad. der Wiss. der UdSSR.) (Russ.)

Trialkylphosphite reagieren mit Perfluorolefinen zu *Perfluoralkenylphosphonsäuredialkylestern*. Die Rk.-Fähigkeit der Fluorolefine bei dieser Rk. nimmt in der Reihenfolge Perfluorcyclobuten (**I**) > Perfluorisobuten (**II**) > Perfluorpropen (**III**) > Perfluoräthylen (**IV**) ab. Bei der Rk. von **II** u. **III** mit Triäthylphosphit (**V**) entstehen Nebenprodd. mit Kp.$_8$ 45° bzw. Kp.$_8$ 35° nicht aufgeklärter Struktur. Bei der Rk. von **IV** mit **V** entsteht durch Isomerisierung *Äthylphosphonsäurediäthylester*, wenn nicht tert. Amine in katalyt. Mengen zugesetzt werden.

Versuche. Phosphonsäurediäthylester: *Perfluorvinyl-*, Kp.$_7$ 81°, aus **V** mit der 3—4fachen mol. Menge an **IV** in Ggw. eines tert. Amins, 8 Std. bei 160—170° im Autoklaven; n_D^{20} 1,377; $D._4^{20}$ 1,260; 15% (Ausbeute). — *Perfluorpropenyl-*, Kp.$_8$ 83°, analog aus **V** u. **III** (8 Std. bei 130—140° ohne Amin); n_D^{20} 1,367; $D._4^{20}$ 1,312; 39%. — *Perfluorisobutenyl-*, Kp.$_8$ 85°, aus **V** u. **II** (8 Std. bei 90—100°, ohne Amin); n_D^{20} 1,365; $D._4^{20}$ 1,400; 66%. — *Perfluorcyclobuten-(1)-yl-*, Kp.$_5$ 80°, aus **V** u. **I** (10 Std. bei 0—5°, ohne Amin); n_D^{20} 1,392; $D._4^{20}$ 1,351; 21%. B. CELMS. 980

Oxydation aromatischer Kohlenwasserstoffe mit Sauerstoff. Oxydation von m-Diisopropylbenzol. M. Ss. Ewentowa, P. P. Borissow und G. N. Nikulskaja. (Вестник Московского Университета, Серия Математики, Механики, Астрономии, Физики, Химии [Nachr. Moskauer Univ., Ser. Math., Mechan., Astronom., Physik, Chem.] **12.** Nr. 3. 181—83. 1957. Moskau, Inst. für Petrochem.) (Russ.) — Vgl. C. **1959.** 8849.

Die Beständigkeit gegen O_2-Oxydation von o- (**I**), m- (**II**) u. p-Diisopropylbenzol (**III**) nimmt in der genannten Reihenfolge ab. Dabei entstehen aus **I** u. **III** die entsprechenden *Phenole* u. *Phthalsäuren*, aus **II** jedoch auch *m-Acetylbenzoesäure*.

Versuche: *m-Diisopropylbenzol* (**II**), $C_{12}H_{18}$, Kp.$_{46,5}$ 110,4—111,5°, durch Rk. von 1 Mol Isopropylbromid mit 0,5 Mol Bzl. in Ggw. von $AlCl_3$; n_D^{20} 1,4888; $D._4^{20}$ 0,8564.

Gibt bei $KMnO_4$-Oxydation nach ULLMANN u. Verestern mit Methanol *Isophthalsäuredimethylester*, F. 67—68° (Ae.). — *m-Acetylbenzoesäure*, F. 171—172°, durch Oxydation von II mit O_2 bei 175°; neben *Ameisensäure, Essigsäure, m-Diacetylbenzol* (*Disemicarbazon*, F. 238—240°; *Dioxim*, F. 204°) u. wenig *Isophthalsäure* (*Dimethylester*, F. 67°).
B. CELMS. 1010

Katalytische Synthese von Alkylphenolen. N. I. Schuikin und Je. A. Wiktorowa. (Успехи Химии [Fortschr. Chem.] **29.** Nr. 10. 1229—59. Okt. 1960. Moskau, Lomonossow-Univ.) (Russ.)

Überblick über die Alkylierung von Phenolen mit Olefinen (in Ggw. von Säuren, Metallchloriden, BF_3 als Katalysatoren), Alkoholen u. Alkylhalogeniden. — 335 Literaturhinweise.
G. FROELICH. 1060□

Über die Dihydroxycymole. 4. Mitt. Isocymorcin (3.5-Dihydroxycymol) aus Menthandion-(3.5) durch Dehydrierung und durch Totalsynthese. Wilhelm Treibs und Herbert Albrecht. (J. prakt. Chem. [4] **13** (**285**). 291—305. Aug. 1961. Leipzig, Karl-Marx-Univ., Inst. für Organ. Chem.) (Dt.) — 3. vgl. C. **1959. 16609.**

Menthandion-(3.5) (III) wird aus Menthon über $\Delta^{4,5}$-*Menthenon* (I) u. dessen Epoxid (II) nur in geringen Ausbeuten erhalten. Besser gelingt die Total-Synth. aus Isovaleriansäureester u. Crotonsäureester. In fl. Phase läßt sich III leicht zu *Isocymorcin* (V) katalyt. dehydrieren, von dem einige Substitutions-Rkk. beschrieben werden. Die 4 isomeren *Dihydroxycymole* werden miteinander verglichen. Ihre IR-Spektren sind graph. wiedergegeben, sie werden diskutiert.

Versuche: $\Delta^{4,5}$-*Menthenon* (I), $Kp._{11}$ 86—88°, aus Menthenolacetat ($Kp._{12}$ 98—99°, aus Menthon, p-Toluolsulfosäure u. Essigsäureanhydrid durch 3std. Erhitzen; $D._{20}^{20}$ 0,9345, n_D^{12} 1,4599; 86%) u. Br_2 in CCl_4 bei —40°; $D._{20}^{20}$ 0,9150, n_D^{13} 1,4752, $[\alpha]_D^{20}$ 49,8° (10 cm); 76% (Ausbeute). *Benzyliden-Deriv.*, F. 139°, gelbe Kristalle. *Semicarbazon*, F. 173—174°. *Dinitrophenylhydrazon*, F. 143—144° (Zers.); aus A. orangerote Nadeln. — *4.5-Epoxymenthon* (II), $C_{10}H_{16}O_2$, $Kp._{11}$ 96—97°, aus I, 0,5m Na-Methylat u. H_2O_2 in Methanol bei —30°; $D._{20}^{20}$ 0,9907, n_D^{12} 1,4613, $[\alpha]_D^{22}$ 55,0; 60%. *Semicarbazon*, F. 137 bis 138°. *Dinitrophenylhydrazon*, F. 110—110,5° (Zers.), orangerote Nadeln. — *Menthandion-(3.5)* (III), $C_{10}H_{16}O_2$, F. 168—169°, durch mehrstd. Erhitzen vonn II a) mit verd. Lauge; 7%; b) mit 25%ig. Lauge; 10—12%. II wird durch 2std. Erhitzen mit 10%ig. H_2SO_4 nicht gespalten, mit 50%ig. H_2SO_4 erhält man 30% laugelösl. Prod., daraus *Buccocampher*, F. 82°; 7%. Erhitzen von I u. H_2O_2 nach TREIBS auf 50° gibt 2—3% III u. 30% II. Umsetzung von I in Eisessig mit Br_2 bei 0—10° gibt nach Verseifung ebenfalls III; 6 %. III ferner durch Isopropylierung von Dihydrorcin in Na-Äthylat mit Isopropylbromid am Rückfluß; 2,8% [daneben *Isopropyldihydrorcyldihydrorcin* a) 2 Kristallwasser, $C_{17}H_{28}O_6$, F. 99—99,5° (Zers.), Nadeln aus Dioxan: W. (1 : 4), unlösl. in Ae.; b) kristallwasserfrei, $C_{17}H_{24}O_4$, F. 139—140°, Nadeln aus Toluol] sowie durch Total-Synth. aus Isovalerylessigester ($Kp._{11}$ 80—82°, $D._{20}^{20}$ 0,9514, n_D^{20} 1,4302) mit Crotonester in Ggw. von Na in Isopropanol durch 10std. Kochen; Quader aus Dioxan; 27%. *Bis-dinitrophenylhydrazon*, F. 208° (Zers.) orangerote Nadeln aus Eisessig. *Disemicarbazon*, $C_{12}H_{22}N_6O_2$, F. 264° (Zers.); Nadeln aus Butanol. — *Menthandiol-(3.5)*, $C_{10}H_{20}O_2$, F. 126,5—127°, durch Red. von III mit Na in Isopropanol; aus Toluol/PAe. Quader. — *Isocymorcin* (V, *3.5-Dihydroxycymol*), $C_{10}H_{14}O_2$, F. 89,5—90°, durch 4std. katalyt. Dehydrierung von III an 30%ig. Pd/Kohle unter N_2; 62%. *Diacetyl-Deriv.*, $C_{14}H_{18}O_4$, F. 85—85,5°, aus verd. A. Quader. *Dibenzoyl-Deriv.*, $C_{24}H_{22}O_4$, F. 153,5—154°, aus A. Nadeln. Oxydation von V in alkal. Lsg. oder in H_2O_2 u. Eisessig gibt X, bei längerer Einw. als Hauptprod. *Dihydroxythymochinon* (IV). V gibt durch Kupplung mit diazotiertem Anilin tiefrote Kristallnadeln [F. 156° (verd. A.); 80%] u. mit diazotiertem p-Nitranilin rote Nadeln [F. 271° (Zers.; 80%ig. A.)] der entsprechenden Azofarbstoffe. — *Dibromisocymorcin*, $C_{10}H_{12}Br_2O_2$, F. 44—44,5°, aus V u. Br_2 bei —10° in Chlf.; aus PAe. Nadeln; 60%; wird zu IV, F. 221°, verseift. — *Nitrosoisocymorcin* (VII), $C_{10}H_{13}NO_3$, F. 171° (Zers.), orangerote Kristalle aus 50%ig. Essigsäure. *Monoacetat*, F. 223°, aus A. hellbraune Kristalle. — *3-Hydroxythymochinon* (X), F. 179°, a) aus VII durch Red. mit $SnCl_2$ u. HCl u. Diazotierung; b) aus V mit $FeCl_3$. — *Nitroisocymorcin* (IX), $C_{10}H_{13}NO_4$, F. 191° (Zers.), durch Rk. von VII mit abs. HNO_3 bei —10°; aus Bzl.-PAe. gelbe Nadeln. — *Nitrocymorcin*, $C_{10}H_{13}NO_4$, F. 157—158° (Zers.), wie IX; aus Bzl.-PAe. gelbe Nadeln. — *Aminoisocymorcin* (VIII), $C_{10}H_{15}NO_2$, F. 150—151° (Zers.), aus VII durch Red. an PtO_2 in Essigester; Quader aus Essigester; 60%. — *Aminocymorcin*, $C_{10}H_{15}NO_2$, F. 155—156° (Zers.), analog. — *Azoisocymorcin* (XI), F. 277°, durch Autoxydation von VIII in alkal. Lsg.; aus A. karminrote Nadeln; Diazotierung von VIII mit HNO_2 gibt X u. nicht XI. — *O-Methyldihydroisocymorcin* (VI), $C_{11}H_{18}O_2$, $Kp._{13}$ 138—139°, durch Umsetzung von III mit Dimethylsulfat in KOH;

$D._{20}^{20}$ 0,9896, n_D^{14} 1,5023, n_D^{22} 1,4984; 70%. — *O-Monomethylisocymorcin*, $Kp._{13}$ 136 bis 137°, durch 5std. Erhitzen von **VI** mit 30%ig. Pd/Kohle am Rückfluß; n_D^{20} 1,5248; 55%. *Nitrobenzoyl-Deriv.*, F. 124—125°, aus Bzl./PAe. Quader. — *O.O-Dimethylisocymorcin*, $C_{12}H_{18}O_2$, F. 39—39,5°, $Kp._{12}$ 124—125°, durch Umsetzung von **V** mit Dimethylsulfat in 20%ig. KOH; $D._{20}^{25}$ 0,981, n_D^{15} 1,5162; 70%. S. Preiss. 1060□

Acylderivate cyclischer Verbindungen. 17. Mitt. **1-Äthyl-2.3-diacetyl- und 1.2.3-Triacetylbenzol.** Randolph Riemschneider und Bernd Diedrich. (Liebigs Ann. Chem. **646**. 18—23. 20/9. 1961. Berlin-Dahlem, FU.) (Dt.) — 16. vgl. Mh. Chem. **91**. [1960.] 1034; 12. vgl. C. **1962**. 9271.

Aus 2.6-Diäthylanilin (**I**, $Kp._{10}$ 111°; Acetyl-Deriv., F. 137°) wurden über das Diazoniumsalz, 2.6-Diäthyljod- (**II**) bzw. -brombenzol (**III**), den Grignard-Verbb. von **II** oder **III**, 2.6-Diäthylbenzoesäure (**IV**) u. deren Chlorid (**V**) mit CH_3MgBr 78% *2.6-Diäthylacetophenon* (**VI**) erhalten. Bei Zugabe von **V** in Ae. zu CH_3MgJ in Ae. wurden 65% **VI** u. 8% *2.6.2'.6'-Tetraäthylbenzil* (**VII**) gewonnen, dagegen bei Zusatz von CH_3MgJ in Ae. zu **V** in Ae. 32% **VI** u. 40% **VII**. Durch Suspendieren von **VI** bei 60—70° in W. u. Zugabe von $KMnO_4$ u. $Mg(NO_3)_2$ konnten *1-Äthyl-2.3-diacetyl-* (**IX**) u. *1.2.3-Triacetylbenzol* (**VIII**) dargestellt werden. Auch Äthylbenzol, Diäthylbenzole, o-Äthylacetophenon u. 2.6-Diäthylacetophenon ließen sich in gepufferter wss. Lsg. mit $KMnO_4$ oxydieren, nicht aber 1.3.5-Triäthylbenzol u. 2.4.6-Triäthylacetophenon. Es wird angenommen, daß die Oxydationen an der Grenzfläche der fl. Phasen stattfinden. **VIII** u. **IX** reagieren mit Aminosäuren, Peptiden u. prim. aromat. Aminen unter Farbstoff-Bldg.; untersucht wurden: *Glycin* (**X**), *DL-Lysin* (**XI**), *DL-Phenylalanin*, *L-Histidin*, *L-Cystein* (**XII**), *S-Benzyl-L-cystein*, *DL-Serin* (keine Färbung), *L-Glutaminsäure* u. *Glycylglycinäthylester* bei pH 5 u. 8 sowie *Anilin*, *2.6-Diäthyl-* u. *4-Chloranilin*, *p-Phenylendiamin*, *p-Aminobenzoesäure*, *Sulfanilsäure* u. *α-Naphthylamin* (**XIII**). Die Farb-Rk. mit **X** u. **XI** ist bes. empfindlich (nachweisbar bei pH 8 in der Verdünnung 1 : 200000 mit **VIII** oder **IX** durch violette bzw. grüne Färbung); **IX** liefert mit **XII** bei pH 8 gelbe Färbung. Im Gegensatz zu anderen o-Diacetyl-Verbb. wechseln die Farb-Rkk. von **IX** mit Aminosäuren je nach pH. Die prim. aromat. Amine lieferten in 3n Essigsäure-Lsg. durch Erhitzen rot- bis blauviolette Färbungen, **XIII** jedoch eine schwach grüne.

Versuche: *2.6-Diäthyljodbenzol* (**II**), $C_{10}H_{13}J$, $Kp._{0,8}$ 89°, durch Zugabe von **I** zu heißer verd. H_2SO_4, Zugabe von Eis, Zutropfen von $NaNO_2$ in W. bei 0—5°, Zusatz von konz. wss. KJ, Stehen (1 Nacht), Erhitzen bis zum Ende der N_2-Entw., Zugabe von NaOH u. Wasserdampf-Dest.; n_D^{22} 1,5662; 61% (Ausbeute). — *2.6-Diäthylbrombenzol* (**III**), $Kp._4$ 84°, durch Lösen von **I** in 40%ig. HBr, Diazotierung bei 5—10°, Zugabe von Cu-Pulver, gelindes Erwärmen, Stehen (1 Nacht) u. Wasserdampf-Dest.; n_D^{22} 1,5378; 60%. — *2.6-Diäthylbenzoesäure* (**IV**), $C_{11}H_{14}O_2$, F. 92°, $Kp._{2,5}$ 139°, a) durch Zutropfen von **III** u. C_2H_5Br in Ae. zu Mg in Ae., 1/2std. Kochen, Kühlen, Zutropfen zu Trockeneis in Ae. u. Zusatz von Eis u. 20%ig. HCl; 80%; b) analog aus **II**; 45—55%. Ohne Ggw. von C_2H_5Br nur 20—40%ig. Ausbeute (neben 1.3-Diäthylbenzol u. 2.6-Diäthylphenol, F. 39°). *Chlorid* (**V**), $Kp._3$ 90°, aus **IV** mit $SOCl_2$; 90%. — *2.6-Diäthylacetophenon* (**VI**), $C_{12}H_{16}O$, $Kp._4$ 86°, a) durch Zutropfen von **V** in abs. Ae. zu CH_3MgBr in eiskaltem Ae., Stehen (einige Std.) u. Zers. mit Eis-HCl; n_D^{21} 1,5110; 78%; b) durch Zutropfen von CH_3MgJ in Ae. zu **V** in Ae. unter Eiskühlung; 30%; daneben 40% *2.6.2'.6'-Tetraäthylbenzil* (**VII**), $C_{22}H_{26}O_2$, F. 105° (A.); c) durch Zutropfen von **V** in Ae. zu CH_3MgJ in Ae. unter Eiskühlung; 65%; daneben 8% **VII**. — *Benzal-2.6-diäthylacetophenon*, $C_{19}H_{20}O$, F. 63° (gelbe Kristalle aus wss. A.), durch 10std. Schütteln von **VI** mit Benzaldehyd in wss.-alkohol. NaOH; 85%. — *1.2.3-Triacetylbenzol* (**VIII**), $C_{12}H_{12}O_3$, F. 149°, durch portionsweise Zugabe von $KMnO_4 + Mg(NO_3)_2$ zu 3,6 g **VI** in $Mg(NO_3)_2$-haltigem W. bei 60—70°, kontinuierliche Ae.-Extraktion u. Übergießen des Rückstandes mit Bzl.-Ligroin (1 : 5); 950 mg; daneben aus dem Filtrat 440 mg *1-Äthyl-2.3-diacetylbenzol* (**IX**), $C_{12}H_{14}O_2$, $Kp._2$ 141°. B. Gnauck. 1170□

Darstellung der Homoveratrumsäure. L. Dúbravková, I. Ježo, P. Šefčovič und Z. Votický. (Chem. Zvesti **10**. 402—04. Juni 1956. Bratislave, Slov. akad. vied, Chem. Ústav., Odd. farmac. chém. a biochém.) (Slowak.)

Vff. beschreiben eine Synth. von *Homoveratrumsäure* aus Veratrol über *4-Acetylveratrol* u. nicht isoliertem *N-[3.4-Dimethoxyphenylthioacetyl]-piperidin*.

Versuche: *Veratrol*, $Kp._8$ 87—88°, aus Brenzcatechin u. Dimethylsulfat; 98,5% (Ausbeute). — *4-Acetylveratrol*, F. 49—50°, $Kp._9$ 185°, aus vorst. Verb. in Nitrobenzol, $AlCl_3$ u. 266 g Acetanhydrid in 24 Std. bei Raum-Temp.; 61%. — *Homoveratrumsäure*, F. 98—99°, aus vorst. Verb., S u. Piperidin durch 16std. Kochen, Zugabe von wss. KOH u. 24std. Kochen; 61,5%. B. Görlich. 1250□

Darstellung von in der Aminogruppe substituierten o- und p-Nitroarylaminen durch Kondensation von o- und p-Nitrofluorbenzol mit Aminen. Robert Lantz und Pierre Obellianne. (Bull. Soc. chim. France [5] **1956**. 311—17. Febr. Comp. Franç. des Mat. Colorantes.) (Franz.)

Zur Synth. von substituierten *4-* u. *2-Nitrodiphenylaminen* stellt die Kondens. von substituierten Anilinen mit p- (I) bzw. o-Nitrofluorbenzol (II) bei 170—200° ein elegantes u. hohe Ausbeuten lieferndes Verf. dar. Im Gegensatz zur gleichartigen Umsetzung der Nitrochlorbenzole ist eine Ggw. von W. günstig; ferner setzt man vorteilhaft Mittel zu, die die gebildete HF binden (MgO oder überschüssiges Amin). p-Phenylendiamin (III) liefert je nach der eingesetzten I-Menge *4-Nitro-4'-aminodiphenylamin* oder *N.N'-Bis-[p-nitrophenyl]-p-phenylendiamin*. I u. II lassen sich auch mit Alkylaminen in hoher Ausbeute zu *N-Alkyl-p-* bzw. *-o-nitroanilinen* umsetzen, wofür niedrigere Temp. als bei der Rk. mit aromat. Aminen genügen. Zahlreiche Verbb., die auf anderen Wegen nur schwer zugänglich sind, wurden über die neue Rk. dargestellt.

Versuche: Diphenylamine: *p-Nitro-* (**IV**), F. 137°, durch 8std. Erhitzen von I mit Anilin, W. u. MgO im geschlossenen Gefäß auf 200°; aus A. gelbe Nadeln; 100% (Ausbeute). — *o-Nitro-*, F. 74—75°, analog **IV** mit **II**; aus wss. A. orangefarbene Plättchen. — *4-Nitro-4'-methyl-*, F. 137,5°, analog **IV** durch 8std. Rk. bei 180° aus 3,2 g p-Toluidin; aus A. braune Blättchen; 5,8 g. — *2-Nitro-4'-methyl-*, F. 65—66°; aus A. rotbraune Nadeln; 65%. — *4-Nitro-3'.5'-dimethyl-*, $C_{14}H_{14}N_2O_2$, F. 198°; aus A. braungelbe Prismen, aus 3,6 g m-Xylidin; 8,3 g. — *4-Amino-3'.5'-dimethyl-*, $C_{14}H_{16}N_2$, F. 91° (wss. A.), durch Red. vorst. Verb. mit $SnCl_2$ in wss. Alkohol. *Acetyl-Deriv.*, F. 165°, aus wss. A. Nadeln. — *4-Nitro-4'-hydroxy-*, F. 183° (Zers.; W.), analog **IV** aus p-Aminophenol. — *4-Nitro-4'-methoxy-*, F. 154°, analog **IV** durch 8std. Rk. bei 170° aus 3,8 g p-Anisidin; aus Xylol bläuliche Nadeln; 7,4 g. — *2-Nitro-4'-methoxy-*, F. 87°; aus A. gelborangefarbene Nadeln, aus 3,8 g p-Anisidin u. II; 5,4 g. — *4-Nitro-2'-methoxy-*, F. 169°; aus Xylol gelbe Nadeln. — *4-Nitro-4'-amino-*, F. 211°; aus A. braunrote Prismen; aus 2,2 g III u. 2,7 g I; 3,25 g. — *4-Nitro-4'-[p-nitrophenylamino]-* (*N.N'-Bis-[p-nitrophenyl]-p-phenylendiamin*), $C_{18}H_{14}N_4O_4$, F. 278°, aus **III** mit überschüssigem **I**; aus Nitrobenzol dunkelbraune Nadeln. — *4-Nitro-4'-phenylamino-*, $C_{18}H_{15}N_3O_2$, F. 140°; aus A. orangefarbene Prismen; aus 3,7 g p-Aminodiphenylamin; 4 g. — *4-Nitrodiphenylamin-4'-carbonsäure*, $C_{13}H_{10}N_2O_4$, F. 279°, aus p-Aminobenzoesäure; aus A. gelbe Nadeln. — *4-Nitrodiphenylamin-4'-sulfonsäure*, aus Na-Sulfanilat. *Ba-Salz*, $[C_{12}H_9N_2O_5S]_2Ba$. — *4-Nitro-4'-aminodiphenylamin-N-sulfonsäure*, aus p-Phenylendiamin-N-sulfonsäure. *Na-Salz*; orangefarbene Prismen. — N-Alkyl-p-nitroaniline: *N-Äthyl-*, F. 94°, durch 8std. Erhitzen von 2,8 g I mit 30 g Äthylamin auf 130°; 2,3 g. — *N-Methyl-*, F. 150°, analog aus Methylamin; 92%. — *N-n-Butyl-*, $C_{10}H_{14}N_2O_2$, F. 54°, durch 4std. Kochen von I mit n-Butylamin; aus A. gelbe Nadeln; 100% [liefert durch Red. *N-n-Butyl-p-phenylendiamin*, F. 31—32° (A.)]. — *N-Cyclohexyl-*, F. 98,5°, aus A. gelbe Prismen; aus 5 g Cyclohexylamin; 3,65 g. — *N.N-Pentamethylen-*, F. 105°, aus Piperidin; aus A. gelbe Nadeln. — *N-Benzyl-*, F. 147°, durch 3std. Kochen von 2,2 g Benzylamin mit 2,8 g I in wss. Soda-Lsg.; aus W. gelbe Plättchen; 3,8 g. — *N.N-Diäthyl-*, $C_{10}H_{14}N_2O_2$, F. 73° (A.), aus 3,5 g Diäthylamin; 3,5 g. — *N-[β-Hydroxyäthyl]-*, F. 110°; aus wss. A. gelbe Blättchen; 100%. — *N-[p-Nitrophenyl]-glycin*, F. 229°. — *N-[p-Nitrophenyl]-sarkosin*, $C_9H_{10}N_2O_4$, F. 160°; aus W. gelbe Prismen. — *N-[p-Nitrophenyl]-N-methyltaurin*, aus W. gelbe Nadeln. *Na-Salz*, $C_9H_{11}N_2NaO_5S$; gelbe Nadeln. — *N.N'-Bis-[p-nitrophenyl]-äthylendiamin*, F. 221°; aus Nitrobenzol gelbe Prismen; aus 1,32 g Äthylendiamin 3,4 g. — N-Alkyl-o-nitroaniline: *N-Methyl-*, F. 34°; aus PAe. orangefarbene Nadeln. — *N-Äthyl-*; rotes Öl. — *N-Cyclohexyl-*, F. 104° (A.); gelb. — *N-[β-Hydroxyäthyl]-*, $C_8H_{10}N_2O_3$, F. 74°; aus wss. A. orangerote Oktaeder.

H.-E. Toussaint. 1310 □

Untersuchung in der Reihe der alkylierten aromatischen Amine. 1. Mitt. Methylierte Phenylendiamin-Derivate. Ss. F. Torf und N. W. Chromow-Borissow. (Журнал Общей Химии [J. allg. Chem.] **30** (**92**). 1798—1805. Juni 1960. Leningrad, Inst. für exper. Med. der Akad. der med. Wiss. der UdSSR.) (Russ.)

Nach der von Vff. früher beschriebenen Meth. (C. **1956**. 1871) erhält man aus m- (I) u. p-Phenylendiamin (II) u. CH_3J die entsprechenden bis-quart. Ammoniumsalze, aus o-Phenylendiamin (III) u. CH_3J dagegen *N.N.N'.N'-Tetramethyl-o-phenylendiaminhydrojodid*. Letzteres gibt mit einem Überschuß an CH_3J *Trimethyl-[o-dimethylaminophenyl]-ammoniumjodid*. **III** u. C_2H_5J geben analog *N.N.N'.N'-Tetraäthyl-o-phenylendiaminhydrojodid*. Die bis-quart. Ammoniumsalze gehen mit KOH in die tert.-quart. Salze über. *m-Phenylen-bis-[trimethylammoniumjodid]* (**IV**) gibt mit Na-Äthylat die di-tert. Base. Die Tetraalkyl-Derivv. von **III** sind stärker bas. als die von **I** u. **II** u. als **III** selbst, während sich die Tetraalkyl-Derivv. von **I** gegenüber **I** in der Basizität nicht wesentlich unterscheiden. Dafür sind die ster. Verhältnisse beim Tetramethyl-Deriv. von III verantwortlich. Bei der Kupplung der o-, m- u. p-Isomeren des Tetramethylphenylendiamins mit p-Nitrobenzoldiazoniumchlorid geben die Tetramethyl-Derivv. von I u. II dunkelviolette Azofarbstoffe, während das III-Deriv. u. Tetraäthyl-o-phenylendiamin nicht kuppeln. Nur Tetramethyl-I bildet eine Nitrosoverbindung. *Trimethyl-[p-dimethylaminophenyl]-ammoniumjodid* hat ephedrinähnliche Wirkung.

Versuche: *p-Phenylen-bis-[trimethylammoniumjodid]* (**V**), $C_{12}H_{22}J_2N_2$, durch 10std. Kochen von **II** u. CH_3J in Methanol/W. in Ggw. von $CaCO_3$; sublimiert ab 230°, Hauptmenge bei 262—266°; 89,3% (Ausbeute). — *m-Phenylen-bis-[trimethylammoniumjodid]* (**IV**), $C_{22}H_{22}J_2N_2$, F. 185—187° (ab 170° Zers.), aus **I** analog **V**; 68,1%. — *Trimethyl-[p-dimethylaminophenyl]-ammoniumjodid*, $C_{11}H_{19}JN_2$, sublimiert bei 272—275° (Zers.; W.), durch 4std. Kochen von **V** mit wss. KOH; 52%. — *N.N.N'.N'-Tetramethyl-m-phenylendiamin*, $C_{10}H_{16}N_2$, Kp.$_{51-53}$ 166—169°, durch 38std. Erhitzen von **IV** mit Na-Alkoholat, Versetzen mit W. u. Ausäthern; 63,8%. — *Trimethyl-[m-dimethylaminophenyl]-ammoniumjodid*, $C_{11}H_{19}JN_2$, F. 188—190° (Zers.; A.), a) durch Zugabe von CH_3J zu vorst. Verb. in Aceton; 70,7%; b) durch 4std. Kochen von **IV** mit wss. KOH; 54%. — *N.N.N'.N'-Tetramethyl-o-phenylendiamin*, $C_{10}H_{16}N_2$, Kp.$_{32}$ 103—106°, durch Zugabe von wss. NaOH zu einer wss. Lsg. nachst. Hydrojodid; 82,2%. *Hydrojodid*, $C_{10}H_{17}JN_2$, F. 198—199° (A.), durch 10std. Erhitzen von **III** mit CH_3J in Methanol/W. in Ggw. von $CaCO_3$ auf dem Wasserbad; 60,2%. — *Trimethyl-[o-dimethylaminophenyl]-ammoniumjodid*, $C_{11}H_{19}JN_2$, Zers. bei 210—212°, a) durch 48std. Stehenlassen vorst. Verb. mit CH_3J, Abdampfen des überschüssigen CH_3J im Vakuum u. Umkristallisieren des Rückstandes aus A.; 60%; b) durch 7std. Erhitzen unter Rückfluß von **III** mit CH_3J in Methanol/W. in Ggw. von $CaCO_3$, Zugabe von NaOH, weiteres 3std. Erhitzen, Filtrieren, Eindampfen des Filtrats u. Zugabe von Aceton; 44,1%. — *N.N.N'.N'-Tetraäthyl-o-phenylendiamin*, $C_{14}H_{24}N_2$, Kp.$_{26-27}$ 140°, durch Schütteln nachst. Verb. mit wss. NaOH u. Extrahieren mit Ae.; 84,5%. *Hydrojodid*, $C_{14}H_{25}JN_2$, F. 172—174°, durch 10std. Erhitzen von **III** mit C_2H_5J in A./W. auf dem Wasserbad in Ggw. von $CaCO_3$, Filtrieren, Eindampfen des Filtrats u. Zugabe von Aceton; 54,6%. E. Höft. 1310□

Untersuchung in der Reihe der alkylierten aromatischen Amine. 2. Mitt. Reaktion asymmetrischer ditertiärer p-Phenylendiamine mit Alkyljodiden. N. A. Sacharowa und N. W. Chromow-Borissow. (Журнал Общей Химии [J. allg. Chem.] **30** (**92**). 1805—14. Juni 1960.) (Russ.) — 1. vgl. vorst. Referat.

Durch Rk. von N.N.N'.N'-Tetramethyl- (**I**), N.N.N'-Trimethyl-N'-äthyl- (**II**) u. N.N-Dimethyl-N'.N'-diäthyl-p-phenylendiamin (**III**) mit Methyl- (**IV**) u. Äthyljodid (**V**) werden unter milden Bedingungen die entsprechenden tert.-quart. u. unter schärferen Bedingungen die bis-quart. Verbb. erhalten. Bei der Alkylierung von **II** u. **III** tritt der Alkylrest an diejenige tert. Aminogruppe, die keinen Äthylrest enthält. Beim Erhitzen von Äthyldimethyl-[p-dimethylaminophenyl]-ammoniumjodid (**VI**) tritt unter Wanderung eines Methylrestes Isomerisierung zu *Trimethyl-[p-äthylmethylaminophenyl]-ammoniumjodid* (**VII**) ein. Aus den bis-quart. Salzen wird auf die Struktur der tert.-quart. Verbb. geschlossen. Ferner werden die *Acetyl-* u. *Benzoyl-Derivv.* sowie die *Pikrate* u. *Pikrolonate* von *N-Methyl-N-äthyl-p-phenylendiamin* (**VIII**) dargestellt.

Versuche: *N.N.N'-Trimethyl-N'-äthyl-p-phenylendiamin* (**II**), $C_{11}H_{18}N_2$, F. ca. 20°, Kp.$_7$ 121—122°, Kp.$_2$ 90—91°. *Hydrochlorid*, durch Jodmethylierung von Diäthylanilin in abs. Aceton [93,2% (Ausbeute)], Zers. des Jodmethylats mit Na-Äthylat in abs. A. (62,75 —67,2%), Nitrosierung des erhaltenen *Methyläthylanilins* (Kp.$_{758}$ 204—205°; 88,9—98,9%), Red. des *p-Nitrosomethyläthylanilins* mit $SnCl_2$ in HCl (82,5—89,2%) u. Methylierung des *N-Methyl-N-äthyl-p-phenylendiamins* (**VIII**) (23,6—41,7%). *Dipikrat*, $C_{11}H_{18}N_2 \cdot 2\,C_6H_3N_3O_7$, F. 136—137° (Zers.), durch Rk. von 0,32 g **II** mit 0,41 g Pikrinsäure in sd. A., aus A. orangerote Kristalle; 0,58 g. *Pikratdiäthanolat*, $C_{11}H_{18}N_2 \cdot C_6H_3N_3O_7 \cdot 2\,C_2H_5OH$, F. 165—166° (Zers.), nach Abtrennen vorst. Deriv. durch Zugabe von 0,41 g Pikrinsäure zur Mutterlauge u. Aufkochen; 0,1 g. — *N-Methyl-N-äthyl-p-phenylendiamin* (**VIII**), *Sulfat*, $C_9H_{14}N_2 \cdot H_2SO_4$, durch Zutropfen von konz. H_2SO_4 zu einer alkohol. Lsg. von **VIII**; aus A. lange Nadeln. *Pikrat*, $C_{15}H_{17}N_5O_7$, F. 187—189° (Zers.), durch Rk. von **VIII** mit Pikrinsäure in sd. A.; orange gefärbte Kristalle. *Pikrolonathemialkoholat*, $C_{19}H_{22}N_6O_5 \cdot {}^1/_2\,C_2H_5OH$, F. 172—173° (Zers.), durch Rk. von **VIII** mit Pikrolonsäure in sd. A.; aus A. feine lange Prismen. *Acetyl-Deriv.*, $C_{11}H_{16}N_2O$, F. 84 bis 87°, a) durch 1std. Kochen von **VIII** mit Eisessig; b) durch 1std. Erhitzen von 0,32 g nachst. Deriv. mit 10 ml 10%ig. Soda-Lsg. u. Extraktion mit 8 ml Bzl., 0,2 g; aus PAe./Bzl. (10 : 1) Blättchen. *Diacetyl-Deriv.*, $C_{13}H_{18}N_2O_2$, F. 71—72°, durch 2std. Erhitzen von 2,85 g **VIII** mit 15 ml Acetanhydrid auf dem Wasserbad; aus Bzn. oder PAe. feine Nadeln; 1,88 g. *Benzoyl-Deriv.*, $C_{16}H_{18}N_2O$, F. 187—189°, durch 3std. Erhitzen von **VIII** u. Benzoylchlorid in Pyridin auf dem sd. Wasserbad; aus A. asbestähnliche Nädelchen; 75,7%. — Phenylammoniumjodide: Durch Stehenlassen von 0,015 Mol ditert. Base mit 0,045 Mol Alkyljodid in 5 ml abs. Aceton über Nacht: *Trimethyl-p-dimethylamino-* (**IX**), $C_{11}H_{19}JN_2$, sublimiert bei 272—274° (Zers.), durch Rk. von **I** mit **IV**; aus A. Rhomben; 70,5%. — *Äthyldimethyl-p-dimethylamino-* (**VI**), $C_{12}H_{21}JN_2$, F. 204—205°, durch Rk. von **I** mit **V**; aus abs. A. kleine Prismen; 50,4%. — *Trimethyl-p-äthylmethylamino-* (**VII**), $C_{12}H_{21}JN_2$, sublimiert ab 250°, a) durch Rk. von **II** mit **IV**; 65,2%; b) durch 2std. Erhitzen vorst. Verb. auf 175° im Rohr; aus A. mkr. kleine Blättchen. — *Äthyldimethyl-p-äthylmethylamino-* (**X**), $C_{13}H_{23}JN_2$, F. 197—198°, durch 1 bis $1^1/_2$std. Kochen von **II** mit **V**; aus A. Nädelchen; 52,3%. — *Trimethyl-p-diäthylamino-* (**XI**), $C_{13}H_{23}JN_2$, F. 177—178°, durch Rk. von **III** mit **IV**; aus abs. A./Ae. Prismen; 49,8%. — *Äthyldimethyl-p-diäthylamino-* (**XII**), $C_{14}H_{25}JN_2$, F. 180—181°, durch 1- bis $1^1/_2$std. Kochen von **III** u. **V**; aus abs. Aceton Rhomben; 28,1%. — p-Phenylen-bis-ammoniumjodide: Durch 8std. Erhitzen von 0,00033 Mol vorst. Verbb. mit dem 17fachen Überschuß an **IV** bei 130° oder **V** bei 150° u. Umkristallisieren aus wss. A.: *N.N.N.N'.N'.N'-Hexamethyl-*, $C_{12}H_{22}J_2N_2$, sublimiert ab 240°; aus **IX** u. **IV**; Blättchen; 55,6%. — *N.N.N.N'.N'-Pentamethyl-N'-äthyl-*, $C_{13}H_{24}J_2N_2$, sublimiert ab 240°; flache Prismen; a) aus **IX** u. **V**; 32,5%; b) aus **VI** u. **IV**; 65,8%; c) aus **VII** u. **IV**; 52,7%. — *N.N.N'.N'-Tetramethyl-N.N'-diäthyl-*, $C_{14}H_{26}J_2N_2$, sublimiert ab 240°; Blättchen, aus **VI** u. **V**; 60,7%; b) aus **X** u. **IV**; 35,1%. — *N.N.N.N'-Tetramethyl-N'.N'-diäthyl-*, $C_{14}H_{26}J_2N_2$, F. 223—224°; Nadeln; a) aus **VII** u. **V**; 43,8%; b) aus **XI** u. **IV**; 23,5%. — *N.N.N'-Trimethyl-N.N'.N'-triäthyl-*, $C_{15}H_{28}J_2N_2$, F. 234—235°; Prismen; a) aus **X** u. **V**; 52,2%; b) aus **XII** u. **IV**; 25,6%. — *N.N.N-Trimethyl-N'.N'.N'-triäthyl-*, $C_{15}H_{28}J_2N_2$, F. 223 bis 226°; Prismen; aus **XI** u. **V**; 33,8%. — *N.N-Dimethyl-N.N'.N'.N'-tetraäthyl-*, $C_{16}H_{30}J_2N_2$, F. 216,5—217,5°; Prismen; aus **XII** u. **V**; 27,9%. E. HÖFT. 1310□

Über die Konstitutionsfrage der dimeren Verbindungen von Propenylbenzol-Derivaten. 3. Mitt. Eiichi Funakubo und Kiku Murata. (Technol. Rep. Osaka Univ. **6.** 195—201. März 1956. Abt. für chem. Technol.) (Dt.) — 2. vgl. Technol. Rep. Osaka Univ. **5.** [1955.] 469.

Bei der Alkylierung von Isochavibetol (**I**) mit n-Propylbromid (**V**) wird *Isochavibetol-n-propyläther*, zwei isomere *Diisochavibetol-di-n-propyläther*, *Diisochavibetolmonopropyläther* u. ein *Harz*, das keine freien OH-Gruppen trägt, erhalten.

Versuche: *Diisochavibetol-di-n-propyläther vom F. 98—100°* (A. u. Methanol) (**VI**), $C_{26}H_{36}O_4$, a) durch 8std. Erwärmen von 500 g **I** in 47 cm³ A. mit 200 g KOH in 160 cm³ A. u. mit 500 g **V** auf 90—100°, mehrstd. Stehen, 2std. Erhitzen auf 120—130°, Eindampfen, Zugabe von W., Extrahieren des erhaltenen Öls mit Ae., Eindampfen, Abtrennen des Öls von den Kristallen (**A**) aus dem halbfesten Rk.-Prod. durch Lösen in A., Eindampfen, Zugabe von W., Ausäthern, Eindampfen der äther. Lsg., Abdestillieren der Fraktion vom Kp. 149—157° (132 g) u. Behandeln des zähen Dest.-Rückstandes mit A. [Lsg. **B**; 15 g (Ausbeute)]; daneben aus **A** u. der Fraktion vom Kp. 149—157° 250,5 g *Isochavibetol-n-propyläther* [**II**; F. 43,2—46,7° (A.)]; b) durch Dimerisieren von **II** nach der Eisessig/H_2SO_4-Methode. *Isomeres vom F. 107,5—109,5°*, $C_{26}H_{36}O_4$, durch Chromatographie von 20 g des aus der Lsg. **B** neben einem dunklen Teer (31 g) erhaltenen hellbraunen Harzes ($Kp._2$ 232°; 74 g) in PAe. an Al_2O_3, erneute Chromatographie der nicht adsorbierten Percolats an Al_2O_3, Eluieren mit 100, 200, 200 u. 200 cm³ PAe. u. Eindampfen der 3. Fraktion; 0,1 g. — *Diisochavibetoläthyl-n-propyläther* (**III**), $C_{25}H_{34}O_4$, F. 102—103° (Methanol), durch Versetzen von 2 g der Fraktion vom $Kp._2$ 232° in A. mit Na u. Äthylbromid (**IV**), 4std. Erwärmen auf 100° u. Chromatographie; 0,35 g. — *Verb. vom $Kp._2$ 217 bis 221°* (*Dihydrodiisochavibetolmono-n-propyläther*; ?), durch Hydrieren der Fraktion vom $Kp._2$ 232° in abs. A. über Pd-Schwarz bei Raumtemperatur. — *Diisochavibetol-mono-n-propyläther* (**VII**), durch Chromatographie der Fraktion vom $Kp._2$ 232° an Al_2O_3, 3maliges Eluieren u. Chromatographie u. Extraktion der 4. Zone (fluoresciert im UV hellviolett), gibt mit **IV** **III**; mit **V** **VI**. *Benzoat*, $C_{30}H_{34}O_5$, F. 123,7—124,7°, durch 5std. Erwärmen von 1 g **VII** u. wasserfreien K_2CO_3 in abs. Bzl. mit Benzoylchlorid auf 100°; aus PAe. Nadeln; 0,8 g. *Acetat*, $C_{25}H_{32}O_5$, F. 107,5—108,5° (A.), durch 40 Min. langes Erhitzen von 2,4 g **VII** mit Acetanhydrid u. Na-Acetat; 0,7 g. K. LANGE. 1460

Chicorsäure (Dikaffeylweinsäure): ihre Isolierung aus Zichorie (Cicorium intybus) und ihre Synthese. M. L. Scarpati und G. Oriente. (Tetrahedron [London] **4.** 43—48. Okt. 1958. Rome, Inst. of Organ. Chem.) (Engl.)

Aus den wss. Extrakten von Zichorienblättern wird eine neue Verb. vom F. 206°, *Chicorsäure* (**I**), isoliert u. ihre Konstit. als *Dikaffeyl-L-weinsäure* durch Abbau u. Synth. festgestellt. Zum Vgl. werden die *Dikaffeyl-Derivv.* der *D-*, *rac.* u. *Mesoweinsäure* dargestellt. — UV- u. IR-Spektren vgl. Original.

Versuche: *Chicorsäure*, *(+)-Form* (**I**), $C_{22}H_{18}O_{12}$, F. 206°, a) durch Auskochen von 1 kg Zichorienblättern mit 5 Liter W., Fällen des Filtrats mit Pb-Acetat, Zers. des

Nd. in W. mit H_2S, Einengen des Filtrats u. Extrahieren mit Ae.; aus W. seidige Nadeln; $[\alpha] + 383,5^0$ (c = 1,555; CH_3OH); 0,4—1,0 g (Ausbeute); b) durch Erhitzen von (—)-Weinsäure u. O.O'-Carbonylkaffeesäurechlorid (II) im Vakuum auf 115—135° (10 Min.), Lösen in 80%ig. Essigsäure auf dem Wasserbad, Einengen im Vakuum, Lösen in W., Extrahieren mit Ae., Einengen des äther. Extraktes, Lösen in W., Fällen mit Ba-Acetat u. Zers. des Ba-Salzes mit HCl; $[\alpha]_D + 384,6^0$ (c = 0,988; CH_3OH); $FeCl_3$-Rk. dunkelgrün. (—)-*Form*, $C_{22}H_{18}O_{12}$, F. 206°, wie I nach b) aus (+)-Weinsäure u. II; $[\alpha]_D$ —384,2° (c = 1,075; CH_3OH); aus W. Nadeln. (±)-*Form*, F. 206°, aus gleichen Mengen (—)- u. (+)-Form; $[\alpha]$ 0°; aus W. blaßgelbe Nadeln. *meso-Form*, $C_{22}H_{18}O_{12}$, F. 225°, wie I nach b) aus Mesoweinsäure u. II; aus W. lanzettförmige Kristalle. — *Kaffeesäure*, $C_9H_8O_4$, F. 210°, aus 2 g I u. sd. verd. NaOH unter H_2 (1 Std.), Ansäuern mit HCl u. Extrahieren mit Ae.; aus W. Tafeln; 1,52 g. — (—)-*Weinsäure*, neben vorst. Verb.; 0,4 g. *K-Salz*, $C_4H_5O_6K$. — *Brenztraubensäure*, aus vorst. Säure. *2.4-Dinitrophenylhydrazon*, $C_9H_8N_4O_6$, F. 212° (Zers.). — *3.4-Dimethoxyzimtsäure*, $C_{11}H_{12}O_4$, F. 178—179°, durch 7std. Kochen von 0,4 g I, K_2CO_3 u. Dimethylsulfat in Aceton u. Verseifen von 0,368 g des nichtkrist. Prod. (0,4 g) mit sd. alkohol. NaOH (4½ Std.); aus W. Nadeln; 0,271 g.

F. HELLER. 1650□

1.1-Dimethylolcyclopentan-bis-carbamat und seine symmetrischen N.N'-disubstituierten Derivate. Jacques Bourdais. (Bull. Soc. chim. France **1962**. 266—67. Febr. Paris, Inst. de Pharmacol.) (Franz.)

1.1-Dimethylolcyclopentan (I) wurde durch Einw. von $COCl_2$ u. NH_3 bzw. RNH_2 oder durch Rk. mit Isocyanaten in *1.1-Dimethylolpentan-bis-carbamate* übergeführt.

Versuche: *1.1-Dimethylolcyclopentan* (I), F. 91—92° (Bzl.), durch Zutropfen einer Lsg. von Cyclopentanaldehyd (Kp. 135—136°) u. 30%ig. Formalin in A. zu alkohol. KOH u. 18std. Kochen; 57% (Ausbeute). — *1.1-Dimethylolcyclopentan-bis-carbamat* (II), $C_9H_{16}N_2O_4$, F. 163—164° (W.), durch Zugabe einer Chlf.-Lsg. von I u. Antipyrin bei —5° zu einer 20%ig. Lsg. von $COCl_2$ in Toluol unter Rühren, 12—24std. Stehen, Absaugen u. Einleiten von NH_3 in das Filtrat; 73%. — *1.1-Dimethylolcyclopentan-bis-carbamate*: *N.N'-Diphenyl-*, $C_{21}H_{24}N_2O_4$, F. 151—152° (CH_3OH), durch 2std. Kochen von I u. Phenylisocyanat in Bzl. u. Stehen bei 0°; 65%. — *N.N'-Diisopropyl-*, $C_{15}H_{28}N_2O_4$, F. 106° (Essigester), analog II durch Zugabe einer Lsg. von Isopropylamin in Bzl. zum Filtrat; 67%. — *N.N'-Dicyclohexyl-*, $C_{21}H_{36}N_2O_4$, F. 129,5° (95%ig. A.), analog II durch Zugabe einer Benzol-Lsg. von Cyclohexylamin zum Filtrat; 62%. — *N.N'-Bis-[p-carboxyphenyl]-*, $C_{23}H_{24}N_2O_8$, F. 271—272° (Zers.), analog II durch Rühren des Filtrats mit einer Lsg. von p-Aminobenzoesäure in 1n NaOH; 100%. *Diäthylester*, $C_{27}H_{32}N_2O_8$, F. 219—220° (A.); 82%.

GISELA SCHREIBER. 1870□

Sulfonsäureester von Cyclohexandiolen und Butandiol-(1.4). K. W. Lewschina, A. K. Tschishow, Ju. N. Scheinker und Ss. I. Ssergijewskaja. (Журнал Общей Химии [J. allg. Chem.] **29** (**91**). 1184—88. April 1959. Allunions Chem.-Pharmazeut. Ordshonikidse-Forsch.-Inst.) (Russ.)

Angesichts der bekannten günstigen Wrkg. einiger Alkylsulfonsäureester aliphat. Diole gegen Krebserkrankungen [z. B. von Butandiol-(1.4)-bis-methansulfonat, „Myleran", gegen Leukämie] wurde eine Reihe von *Alkylsulfonaten* des *Butandiols-(1.4)* (I) sowie der isomeren *Cyclohexandiole* synthetisiert. Aus cis-Cyclohexandiol-(1.4) (cis-II) u. trans-II wurden ident. Bis-alkylsulfonate erhalten, d. h. unter den Rk.-Bedingungen trat stets Umlagerung zum stabileren Prod. (wahrscheinlich der *trans*-Form) ein. Da die IR-Spektren von II-Bis-methan-, -äthan- u. -propansulfonat prakt. übereinstimmen, wird angenommen, daß alle Verbb. die gleiche (trans-) Konfiguration besitzen. Aus cis-Cyclohexandiol-(1.3) (cis-III) u. trans-III wurden mit Methansulfonylchlorid (IV) dagegen *cis*- bzw. *trans*-III-*Bis-methansulfonat* gewonnen. Bei der biolog. Prüfung, deren Ergebnisse im einzelnen anderwärts veröffentlicht werden, zeigten die neuen Sulfonsäureester allg. eine ähnliche Wrkg. wie Myleran; einige waren weniger tox., aber auch weniger wirksam.

Versuche: *Butandiol-(1.4)* (I), *Bis-äthansulfonat*, $C_8H_{18}O_6S_2$, F. 38—39,5° (A.), durch Zutropfen von Äthansulfonylchlorid zu I in abs. Bzl. in Ggw. von Triäthylamin bei $< 15^0$. *Bis-propansulfonat*, F. 44—45°, analog. *Bis-cyclohexansulfonat*, F. 72—74°. — *Cyclohexandiol-(1.4)* (II), *Bis-methansulfonat* (*trans*-Form?), F. 119—120°, aus cis- oder trans-II u. IV. *Bis-äthansulfonat* (*trans*-Form?), F. 118—120°. *Bis-propansulfonat* (*trans*-Form?), F. 98—101°. — *cis-Cyclohexandiol-(1.3)* (cis-III), *Dibenzoat*, F. 64—65°, durch Hydrieren von Resorcin über RANEY-Ni nach DIMROTH [1942], Behandeln des erhaltenen III-*Isomerengemisches* ($Kp._{13}$ 135—137°; n_D^{20} 1,4922—1,4940) mit Benzoylchlorid u. fraktionierte Kristallisation. *Bis-methansulfonat*, F. 123,6—124° (wss. A.). — *trans*-III, *Dibenzoat*, F. 124,7—125,2°. *Bis-methansulfonat*, F. 94—96°. — *Cyclohexan-*

diol-(1.2), Isomerengemisch, F. 73°, durch Hydrieren von 50 g Brenzcatechin in 94%ig. A. über RANEY-Ni bei 140° u. 126 at; 52 g (Ausbeute). — *trans-Cyclohexandiol-(1.2)-bis-methansulfonat,* F. 133,7—134,5°, aus vorst. Isomerengemisch u. **IV**.

H.-E. TOUSSAINT. 1890□

Stereochemische Untersuchungen. 18. Mitt. Synthese und Dissoziationskonstanten von cis- und trans-Cycloheptan- und Cyclooctan-1.2-dicarbonsäure. J. Sicher, F. Šipoš und J. Jonáš. (Collect. czechoslov. chem. Commun. **26.** 262—75. Jan. 1961. Prague, Czechoslov. Acad. of Sci., Inst. of organ. Chem. and Biochem.) (Engl.) — 17. vgl. TICHY u. Mitarbeiter, C. **1961.** 1863.

Die Anlagerung von HCN an 1-Cyancyclohepten (**I**) u. -octen (**II**) u. die alkal. Verseifung des erhaltenen *1.2-Dicyancycloheptans* (**III**) bzw. *-cyclooctans* (**IV**) liefert *trans-Cycloheptan-* (**V b**) bzw. *trans-Cyclooctan-1.2-dicarbonsäure* (**VI b**). Der Nachw. der trans-Form von **V b** bzw. **VI b** gelingt durch Racematspaltung u. Isolierung der *opt.-akt. Formen.* Durch Anlagerung von HCN an 2-Carbomethoxycycloheptanon (**VII**) bzw. -cyclooctanon (**VIII**), Wasserabspaltung aus den entstandenen *Cyanhydrinen* u. Verseifung der ungesätt. *Esternitrile* (**IX, X**) wurden $\Delta^{1\text{ oder }2}$-*Cyclohepten-* (**XI**) bzw. $\Delta^{1\text{ oder }2}$-*Cycloocten-1.2-dicarbonsäure* (**XII**) erhalten. Die Hydrierung des **XI**-Anhydrids (**XIII**) u. Hydrolyse der *gesätt. Verb.* in W. liefert *cis-Cycloheptan-1.2-dicarbonsäure* (**V a**). Hingegen bildet sich durch Hydrierung des **XII**-Anhydrids ein Gemisch aus *2-Hydroxymethyl-Δ^1-cyclooctencarbonsäurelacton* u. *cis-Cyclooctan-1.2-dicarbonsäure* (**VI a**), wobei sich **VI a** bei der Trennung vom Lacton in alkal. Lsg. zu **VI b** isomerisiert. Einheitliche **VI a** entsteht durch Hydrierung von **XII**. Auf Grund der Ähnlichkeit der ΔpK-Werte kommt **V b** (ΔpK 1,88), **VI b** (ΔpK 1,87), trans-Cyclohexan-1.2-dicarbonsäure (**XV**; pK_1 4,30, pK_2 6,06, ΔpK 1,76) bzw. trans-4-tert.-Butyl-trans-cyclohexan-1.2-dicarbonsäure (**XVI**; ΔpK 1,79) die gleiche Konformation der Carboxylgruppen zu. Die für **XVI** vorausgesetzte diäquatoriale Konformation wurde durch Red. von **XVI** zu *trans-4-tert.-Butyl-trans-1.2-bis-[hydroxymethyl]-cyclohexan* (**XVII**) u. durch den Nachw. (IR-Spektrum) der Wasserstoffbrücken-Bldg. zwischen den trans-ständigen OH-Gruppen von **XVII** bestätigt. Mithin kommt auch **XVI, XV** bzw. **VI b** u. **V a** in wss. Lsg. die diäquatoriale Konformation der Carboxylgruppen bzw. der entsprechenden Dianionen zu.

Versuche (FF. im KOFLER-Block; die pK-Werte der Säuren in W. bei 25 ± 0,05°): *1-Cyancyclohepten* (**I**), $C_8H_{11}N$, Kp.$_{23}$ 108—109°, n_D^{20} 1,4877, aus Cycloheptanon u. frisch dest. HCN in A. u. wss. 50%ig. KOH über Nacht bei 0° u. Behandlung des rohen *Cyanhydrins* mit $POCl_3$ in Pyridin nach WHEELER u. LERNER (C. **1956.** 13657); 87% (Ausbeute). — *1-Cyancycloocten* (**II**), $C_9H_{13}N$, Kp.$_{10}$ 100—101°, n_D^{20} 1,4928, wie **I** aus Cyclooctanon; 81%. — *1.2-Dicyancycloheptan* (**III**), Kp.$_{0,75}$ 126—130° (roh), aus 12,1 g **I**, 26 g KCN u. 12,5 cm³ konz. HCl in 150 cm³ A. u. 50 cm³ W., 6 Std. im Rohr bei 110°; 11 g. — *1.2-Dicyancyclooctan* (**IV**), $C_{10}H_{14}N_2$, Kp.$_{1,5}$ 139—141°, aus **II** wie **III** neben 27% unverändertem **II**; 66% (bezogen auf in Rk. getretenes **II**). — *trans-Cycloheptan-1.2-dicarbonsäure* (**V b**), $C_9H_{14}O_4$, F. 157—158,5° (Acetonitril), pK_1 4,30, pK_2 6,18, a) durch 2std. Kochen von **III** mit 40%ig. wss. KOH in A.; 97%; b) aus dem *Diäthylester* ($C_{13}H_{22}O_4$, Kp.$_9$ 149—150°, n_D^{20} 1,4587) durch 4std. Kochen mit 15%ig. wss. KOH; 98%. *Dimethylester,* $C_{11}H_{18}O_4$, Kp.$_{10}$ 140—141°, n_D^{20} 1,4630, aus **V b** u. CH_2N_2 in Ae.; 90%. *Bis-p-bromphenacylester,* $C_{25}H_{24}Br_2O_6$, F. 138—139° (A.). *Dihydrazid,* F. 156—157° (tert.-Butanol). *Opt.-akt.* **V b**, F. 115—116° (Ae.–PAe.), aus 1,4 g **V b** in 8 cm³ A. u. 4,86 g Chinin in 30 cm³ heißem Essigester über Nacht, Ansäuern des *Chininsalzes* [F. 137 bis 137,5° (50%ig. A.), $[\alpha]_D^{18}$ −128° (c = 1,86; A.); 2,8 g] in W. unter Kühlung u. Ausziehen mit Ae.; $[\alpha]_D^{18}$ −19,2° (c = 1,56; A.); wird in Bzl. rasch racemisiert. — *trans-Cyclooctan-1.2-dicarbonsäure* (**VI b**), $C_{10}H_{16}O_4$, F. 145—147° (Ae.–Methylcyclohexan), pK_1 4,37, pK_2 6,24, aus rohem **IV** wie **V b**, Veresterung der rohen Säure in Ae. mit CH_2N_2 u. Verseifung des *Dimethylesters* ($C_{12}H_{20}O_4$, Kp.$_{10}$ 149—150°, Kp.$_{0,3}$ 102—104°, n_D^{20} 1,4682) durch Kochen mit 15%ig. wss. KOH; 40% (bezogen auf **IV**). *Bis-p-bromphenacylester,* $C_{26}H_{26}Br_2O_6$, F. 156—157° (A.–Bzl.). *Dihydrazid,* $C_{10}H_{20}N_4O_2$, F. 155 bis 156° (A.). *Opt.-akt.* **VI b**, F. 146—147° (Ae.–PAe.), $[\alpha]_D^{20}$ −12,6° (c = 1,59; A.), analog **V b** aus **VI b** über das *Chininsalz* [F. 110—112° (50%ig. A.), $[\alpha]_D^{20}$ −139° (c = 1,208; A.)]. — *2-Carbomethoxycycloheptanon* (**VII**), $C_9H_{14}O_3$, Kp.$_{10}$ 112—114°, n_D^{20} 1,4790, aus Cycloheptanon nach RUZICKA u. Mitarbeitern (Helv. chim. Acta **31.** [1948.] 92); 80%. — *2-Carbomethoxycyclooctanon* (**VIII**), $C_{10}H_{16}O_3$, Kp.$_{16}$ 128—132°, n_D^{20} 1,4889, wie **VII** aus Cyclooctanon; 80%. — *1-Cyan-2-carbomethoxy-$\Delta^{1\text{ oder }2}$-cyclohepten* (**IX**), $C_{10}H_{13}NO_2$, Kp.$_{0,2}$ 103—105°, n_D^{20} 1,4957, aus 40,8 g **VII** u. 100 cm³ HCN in A. in Ggw. von 2 cm³ gesätt. wss. KCN über Nacht bei 0°, dann 24 Std. bei Raum-Temp. u. anschließende Behandlung des rohen *Cyanhydrins* (46,9 g) mit $POCl_3$ in Bzl.–Pyridin zunächst bei 0—3°, dann über Nacht bei Raum-Temp.; 90% (bezogen auf **VII**). — *1-Cyan-2-carbo-*

methoxy-Δ¹ oder ²-cycloocten (**X**), $C_{11}H_{15}NO_2$, Kp.$_{0,2}$ 122—123°, n_D^{20} 1,4989, wie **IX** aus **VIII**; 85%. — *Δ¹ oder ²-Cyclohepten-1.2-dicarbonsäure* (**XI**), $C_9H_{12}O_4$, F. 186—187° (Eisessig), durch 2std. Kochen von **IX** mit 40%ig. wss. KOH in A.; 80%. Gibt durch Hydrieren an Pt kein reines **V a**. — *Δ¹ oder ²-Cycloocten-1.2-dicarbonsäure* (**XII**), $C_{10}H_{14}O_4$, F. 205 bis 208° (Kofler-Block), F. 188—190° (zugeschmolzene Capillare), wie **XI** aus **X**; Kristalle aus Bzn.–Aceton oder Eisessig; 81%. — *Δ¹-Cyclohepten-1.2-dicarbonsäureanhydrid* (**XIII**), $C_9H_{10}O_3$, Kp.$_{1,1}$ 112°, F. 56—57° (Methylcyclohexan), sublimiert bei 50—55°/0,5 mm, durch 4std. Kochen von **XI** in $(CH_3CO)_2O$; 91%. — *cis-Cycloheptan-1.2-dicarbonsäureanhydrid*, $C_9H_{12}O_3$, Kp.$_{0,5}$ 126—127°, n_D^{20} 1,4930, aus **XIII** an Adams-Pt in Dioxan; 92%. — *cis-Cycloheptan-1.2-dicarbonsäure* (**V a**), $C_9H_{14}O_4$, F. 133—135° (Ae.–Methylcyclohexan), pK_1 3,87, pK_2 7,60, durch ½std. Kochen vorst. Verb. in W.; 46% (rein). *Dimethylester*, $C_{11}H_{18}O_4$, Kp.$_{15}$ 143—144°, n_D^{20} 1,4659, in Ae. mit CH_2N_2; 93%. — *Δ¹-Cycloocten-1.2-dicarbonsäureanhydrid* (**XIV**), $C_{10}H_{12}O_3$, Kp.$_{0,5}$ 108°, n_D^{20} 1,5153, aus **XII** wie **XIII**; 94%. Die Hydrierung von 2 g **XIV** an wiederholt zugesetztem Adams-Pt in Dioxan liefert nach Aufnahme von 1,5 Val H_2 1,35 g einer Fraktion vom Kp.$_{0,8}$ 115—140°; hieraus durch 3std. Kochen in W., Alkalisieren u. Ausziehen in Ae. 0,36 g *2-Hydroxymethyl-Δ¹-cyclooctencarbonsäurelacton* ($C_{10}H_{14}O_2$, Kp.$_{0,7}$ 137—139°); aus der wss. alkal. Schicht durch Ansäuern u. Ausäthern 0,93 g rohe **VI b**. — *cis-Cyclooctan-1.2-dicarbonsäure* (**VI a**), $C_{10}H_{16}O_4$, F. 161—162° (Aceton–Methylcyclohexan), pK_1 3,99, pK_2 7,34, aus **XII** an Pt in Dioxan; 42% (rein). *Dimethylester*, $C_{12}H_{20}O_4$, Kp.$_{15}$ 155—157°, n_D^{20} 1,4739, in Ae. mit CH_2N_2; 94%. — Der Dimethylester von **V a** bzw. **VI a** wandelt sich durch 2std. Kochen mit 3%ig. methanol. CH_3ONa in den **V b**- bzw. **VI b**-*Dimethylester* u. durch Verseifung in **V b** bzw. **VI b** um. — *trans-4-tert.-Butyl-trans-cyclohexan-1.2-dicarbonsäure* (**XVI**), $C_{12}H_{20}O_4$, F. 214° (Ae.–Hexan), pK_1 4,29, pK_2 6,08, aus 3,4 g Dimethyl-p-tert.-butylphthalat an Raney-Ni bei 150 at u. 180°, 1std. Isomerisierung des Rohprod. in sd. 3%ig. methanol. CH_3ONa u. Verseifung durch 4std. Kochen mit 10%ig. wss. KOH; 0,8 g (rein). — *trans-4-tert.-Butyl-trans-1.2-bis-[hydroxymethyl]-cyclohexan* (**XVII**), $C_{12}H_{24}O_2$, F. 86—87° (Ae.–PAe.), durch Veresterung von **XVI** mit CH_2N_2 in Ae. u. Red. des rohen *Dimethylesters* mit $LiAlH_4$ in Ae.; 86%. A. Emr/Prag. 2020

Synthetische Versuche in der Gruppe der östrogenen Hormone. 21. Mitt. **Derivate des 3.6-Dimethyl-3-carboxycyclohexanons.** M. Borovička, Z. Šedivý und M. Protiva. (Collect. czechoslov. chem. Commun. **26.** 730—39. März 1961. Prag, Forschungsinst. für Pharmazie u. Biochemie.) (Dt.) — 20. vgl. C. **1961.** 6132.

Aus Methylmalonsäurediäthylester u. Methylvinylketon dargestellter *Hexanon-(2)-dicarbonsäure-(5.5)-diäthylester* wurde mit Cyanessigester umgesetzt u. an den entstandenen *3.6-Dimethyl-2-cyan-6-carbäthoxyhepten-(2)-disäure-(1.7)-diäthylester* HCN angelagert. Durch Hydrolyse des so entstandenen *2.3-Dicyantriesters* (**I**), anschließende Decarboxylierung u. Veresterung wurden *3.6-Dimethyl-3-carbomethoxy* (bzw. *-carbäthoxy*)-*heptan-1.7-disäuredimethyl-* (**III**) bzw. *-diäthylester* (**IV**) dargestellt. Durch die Dieckmannsche Cyclisierung von **III** bzw. **IV** bilden sich *3.6-Dimethylcyclohexanon-2.3-dicarbonsäuredimethyl-* (**V**) bzw. *-diäthylester* (**VI**). Die Verseifung von **V** oder **VI** u. anschließende Veresterung liefern *3.6-Dimethylcyclohexanon-3-carbonsäuremethyl-* (**VII**) bzw. *-äthylester* (**VIII**). Verss., den mit Na bzw. $NaNH_2$ metallierten **VI** mit Alkyl- bzw. Aralkylhalogeniden in 2-Stellung zu alkylieren, waren erfolglos. Bei der Rk. von Acrylonitril mit **V** oder **VII** oder bei der Bromierung von **VIII** werden die Substituenten nicht in 2-, sondern in 6-Stellung eingeführt.

Versuche: *Hexanon-(2)-dicarbonsäure-(5.5)-diäthylester*, $C_{12}H_{20}O_5$, Kp.$_{14}$ 162°, durch 2std. Zutropfen von Methylvinylketon zu Na-Methylmalonester in Ae. bei 33—35° u. Stehen über Nacht; 82% (Ausbeute). *2.4-Dinitrophenylhydrazon*, $C_{18}H_{24}N_4O_8$, F. 65 bis 67° (A. oder Bzl.–PAe.). — *3.6-Dimethyl-2-cyan-6-carbäthoxyhepten-(2)-disäure-(1.7)-diäthylester*, $C_{17}H_{25}NO_6$, Kp.$_{0,2}$ 154°, aus vorst. Verb. u. Cyanessigester in Bzl. in Ggw. von Piperidin- u. Benzylaminacetat unter azeotroper Entfernung des Rk.-Wassers; 80%. — *3.6-Dimethyl-2.3-dicyan-6-carbäthoxyheptan-1.7-disäurediäthylester* (**I**), $C_{18}H_{26}N_2O_6$, Kp.$_{0,3}$ 175—178°, durch Zutropfen von 14,4 g konz. HCl in 30 cm³ W. zu einem auf 10° gekühlten Gemisch aus 22 g vorst. Verb. in 70 cm³ A. u. 8,4 g KCN in 50 cm³ W. innerhalb 15 Min.; 23 g (roh); durch Reinigung aus Bzl.–PAe. (1 : 1) an Al_2O_3 15,6 g (rein). — *3.6-Dimethyl-2.3.6-tricarbäthoxyheptan-1.7-disäurediäthylester*, $C_{22}H_{36}O_{10}$, Kp.$_{0,4}$ 148—151°, durch 25std. Kochen von 49 g rohem **I** mit 60 g NaOH in 100 cm³ W. u. Veresterung der rohen Säure (26 g) mit gesätt. alkohol. HCl bei Raum-Temp.; 11,5 g (rein). — *3.6-Dimethyl-3.6-dicarboxyheptan-1.7-disäure* (**II**), $C_{11}H_{16}O_8$, F. 168—170° (Zers.; Ae.–PAe.), durch 2std. Erhitzen von 11 g vorst. Esters in 24 cm³ A. mit 25 g KOH in 15 cm³ W. im offenen Kolben auf 140°, Zusetzen von 15 cm³ A. u. erneutes Erhitzen auf 140°; 100%. *Tetraäthylester*, $C_{19}H_{32}O_8$, Kp.$_{0,3}$ 148—150°. — *3.6-Dimethyl-3carbomethoxyheptan-1.7-disäuredimethylester* (**III**), $C_{13}H_{22}O_6$, Kp.$_{0,6}$ 122°, durch 25std.

Kochen von 540 g rohem I mit 2000 g konz. HCl, 25std. Erhitzen des mit Ae. ausgezogenen Prod. auf 190—200° u. Veresterung der rohen Tricarbonsäure (300 g) mit gesätt. methanol. HCl; 190 g (rein). — *3.6-Dimethyl-3-carbäthoxyheptan-1.7-disäurediäthylester* (IV), $C_{16}H_{28}O_6$, $Kp._{0,3}$ 128—135°, $Kp._{1,2}$ 138—150°, $Kp._{0,1}$ 115—117°, a) durch 1std. Erhitzen von II auf 185—190° u. Verestern der rohen Säure mit alkohol. HCl; 35%; b) durch 13std. Kochen von rohem I mit konz. HCl u. CH_3COOH (ca. 4 : 1) u. Veresterung mit alkohol. HCl; c) aus rohem I analog II u. Decarboxylierung, 5 Std. bei 180° u. Veresterung mit alkohol. HCl. — *3.6-Dimethylcyclohexanon-2.3-dicarbonsäuredimethylester* (V), $C_{12}H_{18}O_5$, $Kp._1$ 110—112°, F. 87—88° (PAe.), aus III nach DIECKMANN mit Na-Staub in Bzl., 10 Std. unter Rückfluß; 68%. — *3.6-Dimethylcyclohexanon-2.3-dicarbonsäurediäthylester* (VI), $C_{14}H_{22}O_5$, $Kp._1$ 113—117°, wie V aus IV. — *3.6-Dimethylcyclohexanon-3-carbonsäuremethylester* (VII), $C_{10}H_{16}O_3$, $Kp._1$ 82—85°, durch 24std. Kochen von 7 g V mit 25 cm³ konz. HCl u. Veresterung der rohen Säure mit methanol. HCl; 4 g. *2.4-Dinitrophenylhydrazon*, $C_{16}H_{20}N_4O_6$, F. 180—181° (Bzl.–A.). — *3.6-Dimethylcyclohexanon-3-carbonsäureäthylester* (VIII), $C_{11}H_{18}O_3$, $Kp._{0,5}$ 90—100°, aus VI wie VII. *2.4-Dinitrophenylhydrazon*, $C_{17}H_{22}N_4O_6$, F. 163—164° (A.). — *3.6-Dimethyl-2 (oder 6)-[2-cyanäthyl]-cyclohexanon-2.3-dicarbonsäuredimethylester*, $C_{15}H_{21}NO_5$, $Kp._{0,9}$ 165—170°, durch Zutropfen von 2,6 g Acrylonitril zu 12,1 g V u. 0,15 g KOH in 0,7 cm³ CH_3OH, ³/₄std. Rühren, 5std. Erhitzen auf 110—120° (Bad-Temp.) u. Stehen über Nacht; 6 g. — *3.6-Dimethyl-2 (oder 6)-[2-carbomethoxyäthyl]-cyclohexanon-3-carbonsäuremethylester* (IX), $C_{14}H_{22}O_5$, $Kp._{0,3}$ 130—135°, durch 8std. Kochen von 13 g vorst. Esters mit 20 cm³ Eisessig u. 50 cm³ konz. HCl, Zusetzen von 50 cm³ konz. HCl, weiteres 8std. Erhitzen u. Verestern der Dicarbonsäure mit methanol. HCl; 7,7 g. Verss., IX nach DIECKMANN zu cyclisieren, waren erfolglos, was auf die Substitution in 6-Stellung hinweist. — *3.6-Dimethyl-6-[2-cyanäthyl]-cyclohexanon-3-carbonsäuremethylester*, $C_{13}H_{19}NO_3$, $Kp._{0,4}$ 140 bis 145°, F. 84—85° (Diisopropyläther), aus 6,1 g VII u. Acrylonitril wie vorvorst. Verb., 6 Std. lang bei 120—125°; 2,8 g neben 2,8 g unverändertem VII. — *3.6-Dimethyl-6-bromcyclohexanon-3-carbonsäureäthylester*, $C_{11}H_{17}BrO_3$, $Kp._{0,8}$ 97—100°, aus 8 g VIII u. 6,5 g Br_2 in CCl_4 während 2½ Stunden. A. EMR/Prag. 2070

Stereochemische Untersuchungen. 19. Mitt. Konformationsuntersuchung von 2-Amino-4-tert.-butylcyclohexanolen; Synthese der vier Stereoisomeren. J. Sicher, F. Šipoš und M. Tichý. (Collect. czechoslov. chem. Commun. 26. 847—66. März 1961.) (Engl.) — 18. vgl. vorvorst. Referat.

Beschrieben wird die stereospezif. Synth. von vier stereoisomeren *2-Amino-4-tert.-butylcyclohexanolen* (III). Bei der wegen ihrer Raumbeanspruchung in äquatorialer Lage fixierten tert.-Butylgruppe kommen folgende III in Frage (O = OH-Gruppe, N = NH_2-Gruppe, e = äquatorial, a = axial): O^aN^a (*trans–cis*-III), O^eN^e (*trans–trans*-III), O^eN^a (*cis–trans*-III) u. O^aN^e (*cis–cis*-III). Die Ammonolyse des Gemisches aus cis (cis-I) u. trans-4-tert.-Butyl-1.2-epoxycyclohexan (trans-I) liefert ein Gemisch aus *trans-2-Amino-cis-4-tert.-butyl-* (*trans–cis*-III) u. *trans-2-Amino-trans-4-tert.-butylcyclohexanol* (*trans–trans*-III), aus dem *trans–cis*-III über das *N-Tosyl-Deriv.* rein erhalten wurde. Der Struktur- u. Konformations-Nachw. dieses Steeoisomeren erfolgte durch folgende stereospezif. Rkk.: Die quatern. *Trimethylammoniumbase* von *trans–cis*-III liefert durch therm. Zers. *cis*-I, das durch Red. mit $LiAlH_4$ in *cis-4-tert.-Butylcyclohexanol* (*cis*-II) übergeht. Die Inversion von *trans–cis*-III über das entsprechende *trans–cis-N-Benzoyl-Deriv.* (*trans–cis*-IV) u. *Δ^2-Oxazolin-Deriv.* (V) lieferte *cis-2-Amino-trans-4-tert.-butylcyclohexanol* (*cis–trans*-III, O^eN^a). Die Amalgam-Red. von 5-tert.-Butylcyclohexanon-(2)-carbonsäure-(1) (VII) ergab *cis-5-tert.-Butyl-trans-2-hydroxy-* (*cis–trans*-VIII) u. *trans-5-tert.-Butyl-cis-2-hydroxycyclohexancarbonsäure* (*trans–cis*-VIII), die Hydrierung von p-tert.-Butylsalicylsäuremethylester *cis–cis-* u. *cis–trans*-VIII neben *cis-3-tert.-Butylcyclohexancarbonsäure*. Der cis–trans- u. cis–cis-VIII-Methylester werden durch Einw. von CH_3ONa nicht verändert, der trans–cis-VIII-Methylester geht in *cis–trans*-VIII bzw. deren *Methylester* über. Die Carboxylgruppe von cis–cis- u. cis–trans-VIII liegt mithin äquatorial, die von trans–cis-VIII axial vor. Bei der in 90%ig. Essigsäure u. 0,9 m H_2SO_4 bei 25° vorgenommenen CrO_3-Oxydation von cis–trans-, trans–cis- u. cis–cis-VIII wurden für die Rk.-Geschw. die k_2-Werte von 15,5, 17,0 u. 159,0 Liter/$Mol^{-1} \cdot s^{-1}$ polarograph. ermittelt. Die OH-Gruppe von cis–trans- u. trans–cis-VIII liegt also äquatorial, die von cis–cis-VIII axial vor. Der CURTIUSsche Abbau der VIII-Stereoisomeren ergab *cycl. Urethane* (IXa—IXc) u. deren Hydrolyse *trans–trans-*, *cis–trans-* bzw. *cis–cis*-III. Das N-Benzoyl-O-methansulfonyl-Deriv. von trans–trans-III liefert durch Inversion über das entsprechende *Δ^2-Oxazolin-Deriv.* VI *cis–cis*-III. Die therm. Zers. der trans–trans-III-Trimethylammoniumbase liefert in guter Ausbeute *trans*-I.

Versuche: *4-tert.-Butylcyclohexen*, $Kp._{10}$ 54—55°, n_D^{20} 1,4587, durch Behandeln des Gemisches aus cis- u. trans-II mit CH_3SO_2Cl in Pyridin unter starker Kühlung,

Erhitzen des isolierten krist. *Esters* mit Kollidin bis zum Einsetzen der stürm. Rk. u. weiteres 2std. Kochen; 85% (Ausbeute). — *Gemisch aus cis- u. trans-4-tert.-Butyl-1.2-epoxycyclohexan* (*cis-* u. *trans*-I), Kp.$_9$ 78—80°, durch 3std. Einw. von Benzopersäure auf vorst. Verb. in Chlf. bei höchstens 20°; 80%. — *Gemisch aus trans-2-Amino-cis-4-tert.-butyl-* (*trans–cis*-III, O^{a}N^a) u. *trans-2-Amino-trans-4-tert.-butylcyclohexanol* (*trans–trans*-III), $C_{10}H_{21}NO$, Kp.$_{0,25}$ 94—88°, kristallin (F. nicht angegeben), aus vorst. Gemisch u. fl. NH_3 in Ggw. von NH_4Cl-Lsg. während 10 Std. bei 130° im Druckgefäß; 76%. — *trans-2-Tosylamido-cis-4-tert.-butylcyclohexanol*, $C_{17}H_{27}NO_3S$, F. 192—193° (A.), aus 68,6 g vorst. Gemisches in 350 cm³ Bzl. u. 80 g p-Tosylchlorid in 350 cm³ Bzl. in Ggw. von 60 g NaOH in 500 cm³ W.; 50,5 g (rein). — *trans-2-Amino-cis-4-tert.-butylcyclohexanol* (*trans–cis*-III, O^{a}N^a), $C_{10}H_{21}NO$, F. 108,5—109,5° (Bzn.), aus vorst. Verb. u. Na in fl. NH_3; 83%. — *trans-2-Dimethylamino-cis-4-tert.-butylcyclohexanoljodmethylat*, $C_{13}H_{28}JNO$, F. 201—203° (Methanol–Ae.–Aceton), durch 6std. erschöpfende Methylierung von trans–cis-III mit CH_3J in CH_3OH in Ggw. von CH_3ONa; 92%. — *cis-4-tert.-Butyl-1.2-epoxycyclohexan* (*cis*-I), $C_{10}H_{18}O$, Kp.$_{11}$ 85°, n_D^{22} 1,4608, aus der aus vorst. Verb. in methanol. Lsg. an Amberlite IRA-400 im OH-Cyclus freigesetzten Base oberhalb 70°; 93%. — *cis-4-tert.-Butylcyclohexanol* (*cis*-II), F. 79,5—81° (Sublimation), aus 0,35 g cis-I u. 0,1 g $LiAlH_4$, 2 Std. in sd. Ae.; 0,35 g; liefert durch Oxydation mit CrO_3 in CH_3COOH *4-tert.-Butylcyclohexanon* [*Semicarbazon*, F. 213—215° (roh). *Dibenzyliden-Deriv.*, F. 141—143° (roh)]. — *trans-2-Benzamido-cis-4-tert.-butylcyclohexanol* (*trans–cis*-IV), $C_{17}H_{25}NO_2$, F. 160—161° (wss. A.), aus trans–cis-III nach SCHOTTEN-BAUMANN; 96%. *Δ²-Oxazolin-Deriv.* (V), Kp.$_{0,3}$ 149—150°, aus trans–cis-III u. $SOCl_2$ in 1 Std. bei Raum-Temp.; 91%; *Pikrat*, $C_{23}H_{26}N_4O_8$, F. 140—141° (wss. CH_3OH). — *cis-2-Amino-trans-4-tert.-butylcyclohexanol* (*cis–trans*-III, O^{e}N^a), $C_{10}H_{21}NO$, F. 112—113° (Bzn.–Bzl.), durch 10std. Kochen von V mit konz. HCl in A. (1:1); 86%. — *cis-2-Amino-trans-4-tert.-butylcyclohexylbenzoat, Pikrat*, $C_{23}H_{28}N_4O_9$, F. 188—189° (wss. A.), aus dem V-Pikrat durch 1½ std. Kochen in 90%ig. Äthanol. — *cis-2-Benzamido-trans-4-tert.-butylcyclohexanol* (*cis–trans*-IV), $C_{17}H_{25}NO_2$, F. 155—156° (A.), aus vorst. Pikrat durch Entfernen der Pikrinsäure aus der äther. Lsg. mit wss. NaOH, Lösen des äther. Abdampfrückstandes in 50%ig. heißem A., Versetzen mit einigen Tropfen konz. NaOH u. Abkühlen; 68%. — *4-tert.-Butylcyclohexanon*, Kp.$_{10}$ 96°, F. 47—48°, durch Oxydation von 48 g des cis- u. trans-II-Gemisches in 100 cm³ CH_3COOH u. 32,6 g H_2SO_4 mit 23,7 g CrO_3 in 100 cm³ W. u. 50 cm³ CH_3COOH während 1 Std. unterhalb 15° u. 2 Std. bei Raum-Temp.; 40,7 g; Reinigung über das *Semicarbazon*, F. 206—207° (Bzl.–CH_3OH), F. 212—213° (beim Eintauchen in auf 205° vorerhitztes Bad). — *5-tert.-Butylcyclohexanon-(2)-carbonsäure-(1)* (VII), $C_{11}H_{18}O_3$, F. 97—99° (Aceton), Zers. bei 102°, durch portionsweise Zugabe einer 50%ig. äther. Lsg. von 56 g vorst. Verb. zu einer Suspension von Triphenylmethylkalium [aus 0,5 g-Atom K u. 0,5 Mol $HC(C_6H_5)_3$] bei 5—10° bis zur Entfärbung, Gießen auf Trockeneis unter N_2 u. 20 Min. langes Stehen; 89%. *Methylester*, $C_{12}H_{20}O_3$, Kp.$_{0,5}$ 102—105°, n_D^{20} 1,4841, in Ae. mit CH_2N_2. *1-Phenylpyrazolon-Deriv.*, $C_{17}H_{22}N_2O$, F. 198—200° (A.). — *cis-5-tert.-Butyl-trans-2-hydroxycyclohexan-1-carbonsäure* (*cis–trans*-VIII), $C_{11}H_{20}O_3$, F. 146—147° (Aceton–Bzn.; Bzl.–Bzn.), aus 33,6 g VII in 300 cm³ W. u. 1,5 kg 3%ig. Na-Amalgam bei 5—20° (20 Std.) unter Durchleiten von CO_2, Zugabe von KOH, Lösen des Na-Salzes durch Erhitzen fast zum Sieden, Filtrieren in der Hitze u. Ausschütteln mit Ae., Behandeln von 32 g des halbfesten Isomerengemisches in Ae. mit CH_2N_2, 12std. Stehen der *Methylester* (Kp.$_{12}$ 136—148°; 32,3 g) in 100 cm³ 5%ig. methanol. CH_3ONa, 2std. Kochen, Zugeben von 50%ig. wss. NaOH u. Abdestillieren des CH_3OH; 15,1 g. *Methylester*, $C_{12}H_{22}O_3$, F. 79—80°, in Ae. mit CH_2N_2; 100%. Bleibt durch Behandeln mit methanol. $NaOCH_3$ unverändert. — *trans-5-tert.-Butyl-cis-2-hydroxycyclohexan-1-carbonsäure* (*trans–cis*-VIII), $C_{11}H_{20}O_3$, F. 133—135° (Bzl.–Aceton; 1:1), analog cis–trans-VIII durch Red. von 5,4 g VII, Abtrennen von Hg, Ansäuern des Filtrats mit verd. HCl, Extraktion mit Ae. u. Eindampfen; 12,5 g; aus dem abfiltrierten Na-Salz 7 g *cis–trans*-VIII; aus sämtlichen Mutterlaugen durch Veresterung mit CH_2N_2, Isomerisierung mit CH_3ONa u. alkal. Verseifung 8 g *cis–trans*-VIII. *Methylester*, $C_{12}H_{22}O_3$, Kp.$_8$ 127°, n_D^{20} 1,4665; 92%. Epimerisiert mit $NaOCH_3$ zum *cis–trans*-VIII-*Methylester*. — *cis-5-tert.-Butyl-cis-2-hydroxycyclohexan-1-carbonsäure* (*cis–cis*-VIII), $C_{11}H_{20}O_3$, F. 149—149,5°, aus 85 g m-tert.-Butylsalicylsäuremethylester in CH_3COOH an PtO_2 unter Zusatz von frischem Katalysator, Verseifen des *Rohprod.* durch 1std. Erhitzen mit 25%ig. KOH auf 90°, Ausschütteln mit Ae., Einstellen mit HCl auf pH 5, Wasserdampf-Dest. u. Kristallisation aus Bzn. (—20°), Bzl. u. Essigester; 20,8 g (rein); aus den Mutterlaugen 1,6 g *cis–trans*-VIII. *Methylester*, $C_{12}H_{22}O_3$, Kp.$_{0,3}$ 93—94°, n_D^{20} 1,4705; 100%. Bleibt durch Behandeln mit methanol. $NaOCH_3$ unverändert. — *cis-3-tert.-Butylcyclohexancarbonsäure*, $C_{11}H_{20}O_2$, F. 94,5—95°, neben cis–cis-VIII aus dem Wasserdampfdestillat; 8,2 g (roh); bleibt durch Erhitzen mit KOH in Äthylenglykol unverändert. — *5-tert.-Butyl-Δ¹-cyclohexencarbonsäure*, $C_{11}H_{18}O_2$, F. 139,5—140° (Bzn.; wss. A.), durch 11std. Kochen von 2 g cis–cis-**VIII**-*Methylester* mit 1,5 g KOH in 20 cm³ Amylalkohol, Zusetzen von 10 cm³ W. u. 1std. Kochen; 1,6 g. — ***trans-3-tert.-Butylcyclohexancarbonsäure***, $C_{11}H_{20}O_2$, F. 114—115,5° (PAe. bei —50°), aus vorst. Säure an PtO_2 in CH_3COOH. — ***cis-5-tert.-Butyl-trans-2-hydroxycyclohexan-1-carbonsäurehydrazid*** (*cis-trans*-**VIII a**), $C_{11}H_{22}N_2O_2$, F. 177—178° (A.), aus dem cis–trans-**VIII**-Methylester u. überschüssigem $(NH_2)_2 \cdot H_2O$ in A., 1 Std. auf dem Wasserbad; 91%. — *Cycl. Urethan* (**IXa**), $C_{11}H_{19}NO_2$, F. 124—125° (Bzl.), durch Einw. von wss. $NaNO_2$ auf cis–trans-**VIII a** in 2,24% ig. HCl, Ausziehen des öligen *Azids* in Ae., Zusetzen von A., Abdest. des Ae. u. 1std. Kochen; 94%. Bei der Zers. des *Azids* in Toluol auf dem Wasserbad bildet sich statt **IXa** das *cycl. Trimere* $(C_{11}H_{19}NO_2)_3$, F. 317°, das durch Kochen mit alkohol. KOH langsam in *trans–trans*-**III** übergeht. — ***trans-2-Amino-trans-4-tert.-butylcyclohexanol*** (*trans-trans*-**III**, O^eN^e), $C_{10}H_{21}NO$, F. 94,5—95,5° (Sublimation u. Bzn.), durch 3std. Kochen von **IXa** in alkohol., 10% W. enthaltender KOH; 82%. *N-Benzoyl-Deriv.* (*trans–trans*-**IV**), $C_{17}H_{25}NO_2$, F. 159—159,5° (A.), wie trans–cis-**IV**; 94%. — ***trans-5-tert.-Butyl-cis-2-hydroxycyclohexan-1-carbonsäurehydrazid*** (*trans–cis*-**VIII a**), $C_{11}H_{22}N_2O_2$, F. 156—157° (A.), aus dem trans–cis-**VIII**-Methylester wie cis–trans-**VIIIa**; 85%. — *Cycl. Urethan* (**IX b**) $C_{11}H_{19}NO_2$, F. 145—146° (CH_3OH), aus trans–cis-**VIII a** wie **IXa**; 65%. Hieraus analog trans–trans-**III** 88% *cis–trans*-**III** bzw. durch dessen Benzoylierung *cis–trans*-**IV**. — ***cis-5-tert.-Butyl-cis-2-hydroxycyclohexan-1-carbonsäurehydrazid*** (*cis–cis*-**VIII a**), $C_{11}H_{22}O_2N_2$, F. 151,5—153° (A. oder Toluol), wie cis–trans-**VIII a** aus cis–cis-**VIII**; 87%. — *Cycl. Urethan* (**IXc**), $C_{11}H_{19}O_2N$, F. 171—172° (Toluol). aus cis–cis-**VIII a** u. $NaNO_2$ u. Kochen des *Azids* in A. oder Toluol. — ***cis-2-Amino-cis-4-tert.-butylcyclohexanol*** (*cis-cis*-**III**, O^aN^e), $C_{10}H_{21}NO$, F. 145—145,5° (Bzn.), durch 11std. Erhitzen von **IXc** in rauchender HCl bei 125° im Druckgefäß; 49%. *N-Benzoyl-Deriv.* (*cis–cis*-**IV**), $C_{17}H_{25}NO_2$, F. 180,5—181,5° (50% ig. A.), wie trans–cis-**IV**; 81%. — ***trans-2-Benzamido-trans-4-tert.-butylcyclohexylmethansulfonat***, $C_{18}H_{27}NO_4S$, F. 140—141°, aus trans–trans-**IV** u. CH_3SO_2Cl in Pyridin, 4 Std. lang bei Raum-Temp.; 90%. Hieraus durch 7std. Erhitzen mit CH_3COOK in 250 cm³ A. im Rohr auf 90° (2,3 g) oder durch 4std. Erhitzen von cis–cis-**III** mit Benziminoäthyläther auf 140° 80% *Δ²-Oxazolin-Deriv.* [**VI**; $C_{17}H_{23}NO$, Kp.$_{0,4}$ 137°. *Pikrat*, $C_{23}H_{26}N_4O_8$, F. 173—174° (Ae.–Dioxan)]. — ***cis-2-Amino-cis-4-tert.-butylcyclohexylbenzoat***, *Pikrat*, $C_{23}H_{28}N_4O_9$, F. 224—225°, aus 4,1 g vorst. Pikrats durch 2std. Kochen in 80% ig. A.; 4 g. Gibt analog cis–trans-**IV** unter Acylwanderung 82% *cis–cis*-**IV**. — ***trans-4-tert.-Butyl-trans-2-dimethylaminocyclohexanoljodmethylat***, $C_{13}H_{28} \cdot JNO$, F. 228—228,5° (Methyläthylketon), aus trans–trans-**III** analog dem trans–cis-**III** Jodmethylat; 80%. — ***trans-4-tert.-Butyl-1.2-epoxycyclohexan*** (*trans*-**I**), $C_{10}H_{18}O$, Kp.$_{10}$ 96 bis 97°, n_D^{20} 1,4623, durch Erhitzen der aus vorst. Verb. mit Ag_2O in CH_3OH freigesetzten *Base* auf 140° (Bad); 72%. A. Emr/Prag. 2120

Labilisierung von Esterbindungen in Aminocyclitderivaten. 2. Mitt. Polyacetate des Desoxystreptamins. J. Daly, R. C. Durant, S. L. Friess, C. F. Holland, H. Kny und B. Witkop. (J. Amer. chem. Soc. **82.** 5928—34. 20/11. 1960. Bethesda, Md., Nat. Inst. of Arthritis and Metabol. Diseases, Naval Med. Res. Inst.) (Engl.) — 1. vgl. C. **1960.** 7829.

2-Desoxystreptamin (**I**) wurde über *N.N.N'.N'-Tetramethyl-2-desoxystreptamin* (**IV**) in die ditern., mono- u. diquatern. *Tri-* u. *Diacetate* übergeführt. Die Geschw. der spontanen Hydrolyse dieser Ester in neutralen Puffer-Lsgg. übertrifft jene der p-Nitrophenylacetate um einen Faktor von mehr als 100. Der 1. Schritt der Hydrolyse von *4.5.6-Tri-O-acetyl-N.N.N'.N'-tetramethyl-2-desoxystreptamin* (**V**) nähert sich der maximalen hydrolyt. Aktivität des monoquatern. N.N.N'.N'-Tetramethyltetra-O-acetylstreptamins, der aktivsten Substanz der Reihe. Mono- u. Diquaternierung der O-Acetate führt zu einer Abnahme der spontanen Hydrolysengeschwindigkeit. Kinet. u. chromatograph. Unterss. zur Best. der Geschw. u. Reihenfolge der schrittweisen Hydrolyse werden beschrieben. Die Ergebnisse werden bzgl. der Konformation der per- u. polysubstituierten Cyclohexan-Derivv. diskutiert.

Versuche: *2-Desoxystreptamin* (**I**), $C_6H_{14}N_2O_3$, F. 225—228° (A.), durch Hydrolyse von Neaminhydrochlorid (Neomycin-A-hydrochlorid, F. 215—250°, $[\alpha]_D^{25}$ +117°) mit sd. 48% ig. HBr, Gießen des *2-Desoxystreptamindihydrobromids* (**II**) durch einen Dowex-I-Ionenaustauscher (OH^--Form) u. Eluieren mit Wasser. *Dipikrat* (**Ia**), $C_6H_{14}N_2O_3 \cdot 2\,C_6H_3N_3O_7$, F. 260° (Zers.; wss. Methanol), aus **II** u. Pikrinsäure. — *N.N.N'.N'-Tetramethyl-2-desoxystreptamin* (**IV**), $C_{10}H_{22}N_2O_3$, F. 158—159° (A.), a) aus **III** an Dowex-1 (OH^--Form); b) durch 2std. Kochen von **V** mit 1n HCl, Eindampfen u. Chromatographie; c) durch 2std. Erhitzen von 35 mg **V** mit 0,05n Barytwasser auf 100° u. Isolierung als Pikrat; 61 mg (Ausbeute). *Dihydrochlorid* (**III**), $C_{10}H_{22}N_2O_3 \cdot 2\,HCl$, F. 277°, durch

20std. Kochen von 13,8 g **I** in 98% ig. Ameisensäure (**AS**) u. 37% ig. wss. Formaldehyd (**F**), Zusatz von HCl, Eindampfen, Extrahieren mit W., Gießen durch Dowex-50 (H^+-Form), Auswaschen mit W., Eluieren mit HCl u. Einengen; aus Methanol/abs. A. (1:4) Rosetten; 24,35 g. *Dipikrat*, $C_{10}H_{22}N_2O_3 \cdot 2\,C_6H_3N_3O_7$, F. 257—258° (W.). *Dimethojodid* [$C_{10}H_{22}$·$N_2O_3 \cdot 2\,CH_3J$, F. 270—273° (Zers.), durch 3tägiges Stehen mit CH_3J in Acetonitril; Rosetten; *Dipikrat*, $C_{12}H_{28}N_2O_3 \cdot 2\,C_6H_3N_3O_7$, F. 295—297° (Zers.)]. — *Isomeres* (?) *N.N.-N'.N'-Tetramethyl-2-desoxystreptamindihydrochlorid* (**VI**), $C_{10}H_{22}N_2O_3 \cdot 2\,HCl \cdot H_2O$ F. 205—215°, a) durch Lösen von 8,8 g **Ia** in Aceton, Zusatz von H_2SO_4, Auswaschen, des gebildeten öligen Nd. mit Aceton, Lösen in W., Ausäthern, Einengen der wss. Phase, Lösen der *freien Base* in **F** u. **AS**, 20std. Kochen, Ansäuern mit konz. HCl, Einengen, Auswaschen mit W., Einengen des Filtrates, 12std. Stehen des Öls in Methanol bei 25° u. Einengen; 2,8 g; b) durch Lösen von **II** in wenig konz. NH_4OH, Zugabe von abs. A., Dekantieren, Lösen des hellgelben öligen Rückstandes in **F** u. **AS** u. weiter analog a); 47%; Nadeln aus Methanol. — *O.O-Diacetyl-N.N.N'.N'-tetramethyl-2-desoxystreptamin vom F. 150°*, $C_{14}H_{26}N_2O_5$, durch 1std. Erhitzen von **VI**, Na-Acetat u. Acetanhydrid (**AA**) auf 100°, Filtrieren, Einengen, Aufnehmen in Ae., Zentrifugieren u. Eindampfen; hellbraun. *Dimethojodid*, $C_{14}H_{26}N_2O_5 \cdot 2\,CH_3J$, F. 215—225° (Zers.). Weitere Acetylierung führt zu Gemischen von *Di-* u. *Triacetat*. — *4.5.6-Tri-O-acetyl-N.N.N'.N'-tetramethyl-2-desoxystreptamin* (*instabile Form*), $C_{16}H_{28}N_2O_6$, F. 98—100° (Dibutyläther), durch 16std. Erhitzen von 2,9 g **III** mit K-Acetat in **AA** auf 100—110°, 2std. Kochen, Filtrieren, Eindampfen im Vakuum, Extraktion mit Bzl., Eindampfen u. 6std. Extraktion des bräunlichen, krist. Rückstandes im SOXHLET-App. mit Hexan; 2,2 g (nach 64std. Trocknen bei 20° u. 0,02 Torr über P_2O_5 stieg der F. auf 148—244°). — *4.5.6-Tri-O-acetyl-N.N.N'.N'-tetramethyl-2-desoxystreptamin* (*relativ stabile Form*; **V**), F. 155°, neben vorst. Verb. durch 20std. fortgesetzte Hexanextraktion, fraktionierte Kristallisation u. Chromatographie an Silicagel [20 mg Rückstand, F. 265—268° (A.)]; aus Hexan-Bzl. Nadeln; 330 mg. Neben **V** 20 mg *Verb. vom F. 265—268°* (A.). *Monomethojodid*, $C_{16}H_{28}N_2O_6 \cdot CH_3J$, F. 244—260°, durch 3tägiges Stehen mit CH_3J in Methylenchlorid im Dunkeln; feine Nadeln. *Dimethojodid*, $C_{16}H_{28}N_2O_6 \cdot 2\,CH_3J$, F. 265° (Zers.), mit CH_3J in Acetonitril; transparente Würfel. — *symm.* (?) *O-Diacetyl-N.N.N'.N'-tetramethyl-2-desoxystreptamin*, $C_{14}H_{26}N_2O_5$, F. 125—130°, durch 20 Min. alkal. Hydrolyse von 100 mg **V** in Dioxan bei Zimmer-Temp.; 20 mg. — *asymm.* (?) *O.O-Diacetyl-N.N.N'.N'-tetramethyl-2-desoxystreptamin*, $C_{14}H_{26}N_2O_5$, F. 137—140° (Bzl.-Pentan), a) durch 18std. Stehen von 240 mg **IV** mit **AA**, Pyridin u. Chlf. bei Zimmer-Temp. u. Einengen; 70 mg; b) durch 3/4std. Zutropfen von in Bzl. gelöstem Acetylchlorid zu 0,985 g **IV** in Bzl. bei 70°, 2std. Rühren, Absaugen des Nd. [F. 265° (Zers.)] unter Feuchtigkeitsausschluß u. Eindampfen; 0,63 g. *Dimethojodid*, $C_{14}H_{26}N_2O_5 \cdot 2\,CH_3J$, F. 223° (Zers.), aus 52 mg mit CH_3J in Acetonitril; 65 mg.

W. EISENMANN. 2120□

Dicyclohexylfluorphosphat und Ditetrahydrofurfurylfluorphosphat. V. Tichý und Š. Truchlík. (Chem. Zvesti 12. 345—51. Juni 1958. Bratislave-Predmestí, Výskum. Ústav agrochem. technol.) (Slow.)

Auf der Grundlage von Angaben verschiedener Autoren wurden einige Meth. der Synth. von *Dicyclohexylchlorphosphat* (**III**) u. *Dicyclohexylfluorphosphat* überprüft. Außerdem wurden folgende, in der Literatur bisher nicht beschriebene Verbb. synthetisiert: *Ditetrahydrofurfurylphosphit* (**II**), *Ditetrahydrofurfurylchlorphosphat* (**IV**) u. *Ditetrahydrofurfurylfluorphosphat*.

Versuche: *Dicyclohexylphosphit* (**I**), $C_{12}H_{23}O_3P$, Kp.$_{0,1-0,08}$ 115—117°, nach KUSSKOW u. GRADISS (C. **1955.** 1226) aus Cyclohexanol u. Diäthylphosphit; n_D^{20} 1,4792; $D._4^{20}$ 1,0802; 36,22% (Ausbeute). — *Ditetrahydrofurfurylphosphit* (**II**), $C_{10}H_{19}O_5P$, Kp.$_{0,06}$ 134 bis 136°, analog aus Tetrahydrofurfurylalkohol u. Diäthylphosphit in Ggw. von Na-Spuren; n_D^{20} 1,4735; $D._4^{20}$ 1,2046; 43,96%. — *Dicyclohexylchlorphosphat* (**III**), $C_{12}H_{22}$·ClO_3P, durch Erwärmen von **I** u. N-Chlorsuccinimid in Tetrachlormethan auf 45—50°; gelbliches Öl; $D._4^{20}$ 1,1691; n_D^{20} 1,4772; 95,1%. — *Ditetrahydrofurfurylchlorphosphat* (**IV**), $C_{10}H_{18}ClO_5P$, analog aus **II**; $D._4^{20}$ 1,1672, n_D^{20} 1,4750; 99,41%. — *Dicyclohexylfluorphosphat*, $C_{12}H_{22}FO_3P$, Kp.$_{0,003-0,005}$ 92°, aus **III** durch Zugabe von Ammoniumfluorid u. Aceton u. 3std. Kochen; bräunliche ölige Fl.; n_D^{20} 1,4545; $D._4^{20}$ 1,1268; 94,52%. — *Ditetrahydrofurfurylfluorphosphat*, $C_{10}H_{18}FO_5P$, Kp.$_{0,005}$ 112—116°, analog aus **IV**; $D._4^{20}$ 1,2496; n_D^{20} 1,4495; 54,16%.

C. KOZÁK. 2180□

Oxydation aromatischer Kohlenwasserstoffe. Oxydation von 1.1-Diphenylbutan, 1.1-Diphenylpentan und 1.1-Diphenylhexan. M. Ss. Ewentowa, P. P. Borissow und M. W. Tschisstjakowa. (Вестник Московского Университета, Серия Математики, Механики, Астрономии, Физики, Химии [Nachr. Moskauer Univ.,

Ser. Math., Mechan., Astronom., Physik, Chem.] **12.** Nr. 3. 185—89. 1957. Moskau, Inst. für Petrochem.) (Russ.)

Die Beständigkeit gegen O_2-Oxydation ist in der Reihe 1.1 Diphenylmethan → 1.1-Diphenylhexan nicht von der Gerad- oder Ungeradzahligkeit der C-Atome der Paraffinkette abhängig. Sie ist geringer als bei symm. α.ω-Diphenylalkanen, da die Oxydation bevorzugt am tert. C-Atom unter Bldg. von Hydroperoxyden angreifen kann. Letztere konnten jodometr. bestimmt werden. Je höher das Molgew. der Paraffinkette ist, um so weniger Harz-Prodd. entstehen. Die Oxydation wurde 3 Std. lang bei 175° u. einer O_2-Strömungs-Geschw. von 6 Litern/Std. durchgeführt. Außer gasförmigen Prodd. (*CO*, *CO_2*, *H_2*) entstanden hauptsächlich *Benzophenon*, *Benzoesäure* u. *Phenol*.

Versuche: *Buttersäureäthylester* (I), Kp. 118°, aus Äthanol u. Buttersäure in Ggw. von konz. H_2SO_4 bei Zimmer-Temp.; n_D^{20} 1,3926; 54% (Ausbeute). — *Propyldiphenylcarbinol* (II), F. 33—34°, aus I nach GRIGNARD; 81%. — *1.1-Diphenylbuten-(1)* (III), $Kp._6$ 132—134° aus II durch Dest. bei Atmosphärendruck; n_D^{20} 1,5898; 93%. — *1.1-Diphenylbutan*, $Kp._{11}$ 140—141°; aus III durch Hydrierung an Ni/Al_2O_3 bei 180—190° n_D^{20} 1,5581; $D._4^{20}$ 0,9764; 81%. — *Valeriansäureäthylester*, Kp. 142—144°; n_D^{20} 1,4022; 60%. — *n-Butyldiphenylcarbinol*, $Kp._2$ 142°, aus vorst. Verb. nach GRIGNARD; n_D^{20} 1,5680; 78%. — *1.1-Diphenylpenten-(1)*, $Kp._2$ 128—130°, durch Dest. vorst. Verb.; n_D^{20} 1,5814; $D._4^{20}$ 0,9800; 90,5%. — *1.1-Diphenylpentan*, $Kp._2$ 127—128°; n_D^{20} 1,5519; $D._4^{20}$ 0,9641; 67%. — *Capronsäureäthylester*, Kp. 164—166°; n_D^{20} 1,4063; 52%. — *n-Pentyldiphenylcarbinol*, F. 47°; 71%. — *1.1-Diphenylhexen-(1)*, $Kp._2$ 131—132°; n_D^{20} 1,5731; $D._4^{20}$ 0,9716; 91%. — *1.1-Diphenylhexan*, $Kp._2$ 130—131°; n_D^{20} 1,5460; $D._4^{20}$ 0,9553; 68%. B. CELMS. 2210

Oxydation von Kohlenwasserstoffen. Oxydation von Dicyclohexylmethan. M. Ss. Ewentowa, P. P. Borissow und M. I. Roshkowa. (Вестник Московского Университета, Серия Математики, Механики, Астрономии, Физики, Химии [Nachr. Moskauer Univ., Ser. Math., Mechan., Astronom., Physik, Chem.] **12.** Nr. 3. 175—80. 1957. Moskau, Inst. für Petrochem.) (Russ.)

Die O_2-Oxydation von Dicyclohexylmethan (175°, 3 Std., O_2-Strömungs-Geschw. 6 Liter/Std.) führt zu einer 33%ig. Umwandlung des KW-Stoffs. An gasförmigen Prodd. entstanden 7,5% *Paraffin-KW-Stoffe*, 3,5% *CO*, 2,2% *H_2* u. Spuren *CO_2*, an sauren Prodd. *Ameisensäure*, *Essigsäure*, *Glutarsäure* (F. 96°), *Adipinsäure* (F. 149°), *Oxalsäure*, *Cyclohexancarbonsäure* ($Kp._3$ 95°, F. 28°; n_D^{20} 1,4589), *β-Ketokorksäure* [$Kp._3$ 117—119°, F. 96—97°; *Semicarbazon*, F. 168° (Methanol)], an neutralen Rk.-Prodd. *Cyclohexanon* [*Semicarbazon*, F. 166° (A.)]. Um zu erhärten, daß Cyclohexylessigsäure als Zwischenprod. der Oxydation auftritt, wurden außerdem reine Cyclohexylessigsäure u. Gemische von ihr mit Dicyclohexylmethan unter gleichen Bedingungen der Oxydation unterworfen. — *Dicyclohexylmethan*, $C_{13}H_{24}$, $Kp._6$ 95°, durch Hydrierung von Diphenylmethan in A. an Ni (10 Gew.-%) bei 120 at u. 150°; n_D^{20} 1,4808; $D._4^{20}$ 0,8860; 90% (Ausbeute). — *Cyclohexylessigsäure*, $Kp._6$ 116—118°, F. 29,5°, aus Na-Malonester u. Cyclohexylbromid, anschließende Hydrolyse u. Decarboxylierung; ca. 22%.
B. CELMS. 2210

Eigenschaften und Umwandlungen der Äthylester von α.β-Diphenyl-β-aminopropionsäuren. 1. Mitt. Reduktion mit Lithiumaluminiumhydrid zu 2.3-Diphenyl-3-aminopropanolen. N. M. Mollov und A. S. Orahovac. (Доклады Болгарской Академии Наук [C. R. Acad. bulg. Sci.] **11.** 283—86. Juli/Aug. 1958.) (Dt.; Auszug: Russ.)

Durch Red. der entsprechenden α.β-Diphenyl-β-aminopropionsäureäthylester mit $LiAlH_4$ wurden *3-Amino-*, *3-Methylamino-*, *3-Anilino-* u. *3-[β-Naphthylamino]-2.3-diphenylpropanol-(1)* dargestellt.

Versuche: 2.3-Diphenylpropanole-(1): Man gibt zu 0,03 Mol $LiAlH_4$ in 30 ml Ae. in 15 Min. tropfenweise 0,01 Mol des Aminosäureesters in 50 ml Ae. (bzw. bei β-Anilino- oder β-[β-Naphthylamino]-α.β-diphenyläthylpropionat in 80 ml Bzl.), rührt 15 Min. lang, zersetzt mit 2 ml W., filtriert, dampft das Lsgm. ab, dest. oder läßt den Rückstand aus A. auskristallisieren u. krist. aus verd. A. um: *3-Amino-*, $C_{15}H_{17}NO$, $Kp._{0,4}$ 175,5°, wachsartig; 66,6% (Ausbeute). *Hydrochlorid*, $C_{15}H_{18}ClNO$, F. 192°, Zers. ab 169°. — *3-Methylamino-*, $C_{16}H_{19}NO$, F. 89—90°, Schuppen; 60%. *Hydrochlorid*, $C_{16}H_{20}ClNO$, F. 211—213°. — *3-Anilino-*, $C_{21}H_{21}NO$, F. 104—105°, Nadeln; 73%. *Hydrochlorid*, $C_{21}H_{22}ClNO$, Zers. ab 109°. — *3-[β-Naphthylamino]-*, $C_{25}H_{23}NO$, F. 125 bis 126°, Nadeln; 68%. HELMUT SCHÄFER. 2520□

Reduktion der Sulfochloride von 2.3-Diarylindonen. Tsch. P. Iwanow und E. D. Kantschew. (Годишник на Химико-Технологическая Институт [София] [Annu. Inst. chim.-technol. (Sofia)] **2.** Nr. 1. 101—12. 1955, herausgeg. 1956.) (Bulg.; Auszug: Dt., Engl.)

Bei der Red. von 2-[p-Chlorsulfonylphenyl]-3-phenylindon (I) mit überschüssigem Zn in alkohol. Lsg. bei Zimmer-Temp. entsteht *2-[p-Mercaptophenyl]-3-phenylindon* (II), das unbeständig ist u. an der Luft leicht zum entsprechenden *Disulfid* (III) oxydiert wird. Bei 60° wird bei der Red. von I *2-[p-Mercaptophenyl]-3-phenylhydrindon* (?) erhalten, das in reiner Form nicht isoliert werden konnte, da es sehr schnell zu II oxydiert wird. Von II werden das *S-Benzoyl-* u. *S-Carboxymethyl-Deriv.* dargestellt. Analog I verläuft auch die Red. von 2-[p-Chlorsulfonylphenyl]-3-p-tolylindon (IV): Bei 60° wird *2-[p-Mercaptophenyl]-3-p-tolylindon* erhalten, das leicht in *p.p'-Bis-[3-p-tolylindonyl-(2)]-diphenyldisulfid* übergeht.

Versuche: *2-[p-Mercaptophenyl]-3-phenylindon* (II), F. 80—85°, durch Zugabe von konz. HCl zu 1,0 g I in 15 ml A. + 1,4 g Zn bei <30°; orangegelb; 90% (Ausbeute). — *p.p'-Bis-[3-phenylindonyl-(2)]-diphenyldisulfid* (III), $C_{42}H_{26}O_2S_2$, F. 133—134° (A.), a) durch Stehen vorst. Verb. an der Luft; b) durch Red. von I analog Vorst., Verdünnen des Rk.-Prod. mit W. u. Ausäthern; 90%. — *2-[p-Mercaptophenyl]-3-phenylhydrindon* (?), F. 64°, durch Red. von I in A. mit überschüssigem Zn/HCl bei 60°; wird an der Luft schnell unter Bldg. von II oxydiert. — *2-[p-Benzoylmercaptophenyl]-3-phenylindon*, $C_{28}H_{18}O_2S$, F. 111—112° (A.), aus II u. Benzoylchlorid bei 140—180° u. Trennung von daneben entstandenem III durch fraktionierte Kristallisation; rote Kristalle; 30% (bezogen auf I). — *2-[p-Carboxymethylmercaptophenyl]-3-phenylindon*, $C_{23}H_{16}O_3S$, F. 151—151,5° (A.), aus II u. Chloressigsäure in alkal. Medium; orangerote Kristalle; 85% (bezogen auf I). — *p.p'-Bis-[3-p-tolylindonyl-(2)]-diphenyldisulfid*, $C_{44}H_{30}O_2S_2$, F. 165—167° (A.), durch Red. von IV in A. mit Zn/HCl bei 60° bis zur Entfärbung der Lsg. u. Oxydation des erhaltenen *2-[p-Mercaptophenyl]-3-p-tolylindon* (unscharfer F.) durch Stehenlassen an der Luft; 83,7%. — *2-[p-Benzoylmercaptophenyl]-3-p-tolylindon*, $C_{29}H_{20}O_2S$, F. 123—125°, aus vorst. Zwischenprod. u. Benzoylchlorid; orangefarbene Kristalle; 8,8% (bezogen auf IV). G. FROELICH. 2650□

Synthetische Versuche in der Gruppe östrogener Hormone. 22. Mitt. Über die Bromierung von 6-Methoxy-2-acetylnaphthalin und β-[6-Methoxynaphthoyl-(2)]-propionsäure. A. Marquet, A. Horeau, J. Jacques, L. Novák und M. Protiva. (Collect. czechoslov. chem. Commun. **26**. 1475—79. Mai 1961. Paris, Coll. de France, Labor. de Chim. organ. des Hormones.) (Franz.) — 21. vgl. C. **1962**. 13004.

Den in der 10. Mitt. (vgl. C. **1957**. 7369) beschriebenen u. durch Bromierung von 6-Methoxy-2-acetylnaphthalin (I) bzw. β-[6-Methoxynaphthoyl-(2)]-propionsäuremethylester (II) in Ggw. von $AlCl_3$ dargestellten Verbb. kommt nicht die Struktur von 6-Methoxy-2-bromacetylnaphthalin (III) bzw. β-[6-Methoxynaphthoyl-(2)]-β-brompropionsäuremethylester zu. Bei der l. c. durchgeführten Bromierung von I bzw. II wird das Br nicht α-ständig zur Ketogruppe, sondern in den Kern unter Bldg. von *6-Methoxy-5-brom-2-acetylnaphthalin* (V) bzw. *β-[6-Methoxy-5-bromnaphthoyl-(2)]-propionsäuremethylester* (VI) eingeführt. III bzw. *β-[6-Methoxynaphthoyl-(2)]-β-brompropionsäure* (VII) bilden sich aus I bzw. β-[6-Methoxynaphthoyl-(2)]-propionsäure durch Einw. von Trimethylphenylammoniumperbromid. VII wurde ferner durch Einw. von HBr auf 6-Methoxy-2-diazoacetylnaphthalin (IV) dargestellt.

Versuche: *6-Methoxy-2-bromacetylnaphthalin* (III), $C_{13}H_{11}BrO_2$, F. 111° (Bzl.-Cyclohexan, 2 : 1), a) durch Eintragen von 2,3 g IV in 20 cm³ einer ca. 0,8n äther. HBr bei 0°; 2,55 g (Rohausbeute); b) aus 1 g I u. 1,88 g Trimethylphenylammoniumperbromid in 10 cm³ Tetrahydrofuran innerhalb 10 Min.; durch Verdünnen mit W. 1,34 g (roh). *Pyridiniumsalz*, $C_{18}H_{16}BrNO_2$, F. 241° (A.), durch $^3/_4$std. Erhitzen von III in Pyridin auf 95° u. Fällen mit Ae.; 81%. — *6-Methoxy-2-cyanacetylnaphthalin*, $C_{14}H_{11}NO_2$, F. 168—170° (Aceton–PAe.), aus 1 g III in 20 cm³ A. u. 0,699 g KCN in 3 cm³ W. unter Erwärmen bis zum Auflösen, Fällen mit W. u. Ausäthern; 0,34 g (roh). — *6-Methoxy-5-brom-2-acetylnaphthalin* (V), $C_{13}H_{11}BrO_2$, FF. 123° u. 129—130° (Essigester), aus 0,937 g 6-Methoxy-5-brom-2-bromacetylnaphthalin (vgl. WEIDLICH u. MEYER-DEBIUS [1939]) u. 1 g Zn-Staub in 60 cm³ Eisessig unter 1½std. Rühren u. Stehen über Nacht; 0,77 g (roh). — *6-Methoxy-5-cyan-2-acetylnaphthalin*, F. 199—201° (Essigester), aus V u. CuCN bei 180° analog der 10. Mitt. (l. c.). — *β-[6-Methoxynaphthoyl-(2)]-α-carbäthoxypropionsäureäthylester*, $C_{20}H_{22}O_6$, F. 74° (CH_3OH), aus Na-Malonester u. III in Toluol, 4 Std. bei Raum-Temp. u. 1 Std. auf dem Wasserbad; Öl; 100%. — *β-[6-Methoxynaphthoyl-(2)]-propionsäure*, F. 147—148° (Aceton), durch ½std. Verseifen von 49 g vorst. rohen Esters mit alkohol. NaOH auf dem Wasserbad u. Decarboxylieren der rohen *Dicarbonsäure* (29 g; Zers. bei ca. 180°) bei 160—170°; 11 g (roh). — *β-[6-Methoxynaphthoyl-(2)]-β-brompropionsäure* (VII), $C_{15}H_{13}BrO_4$, F. 142—144° (Eisessig), aus 1 g vorst. Verb. wie III unter b) innerhalb 1 Std.; 1,23 g (roh). *Pyridiniumsalz*, F. 259° (Zers.), durch 3std. Erhitzen mit Pyridin in Dioxan; unlösl. in organ. Lösungsmitteln. —

β-[6-Methoxy-5-bromnaphthoyl-(2)]-propionsäure, $C_{15}H_{13}BrO_4$, F. 208° (Essigester), aus 3,51 g des nach der 10. Mitt. (l. c.) aus II hergestellten VI durch 2std. Kochen mit wss.-alkohol. KOH; 2,1 g (rein). *Methylester* (VI), F. 179°, mit CH_2N_2. A. EMR/Prag. 2700

Die Struktur von Lagidses Cyclobutadienderivaten. 1. Mitt. **Der „$C_{14}H_{10}$-Kohlenwasserstoff".** J. E. H. Hancock und H. W. Taber. (Tetrahedron [London] 3. 132—39. Juli 1958. Portland, Oreg., Reed Coll.) (Engl.)

Der bei der Rk. von Bzl. mit Butin-(2)-diol-(1.4)-diacetat (I) in Ggw. von $AlCl_3$ erhältliche KW-Stoff ist *2-Phenylnaphthalin* u. nicht das von LAGIDSE u. PETROW (C. **1954.** 1713) postulierte Benzcyclobutadien-Deriv. (vgl. auch LAGIDSE u. Mitarbeiter, C. **1959.** 2429). Die UV- u. IR-Maxima sind angegeben.

Versuche: *Butin-(2)-diol-(1.4)-diacetat* (I), F. 30—32°, $Kp._{18}$ 135—135,5°, durch Zutropfen von Essigsäureanhydrid zur Lsg. von Butin-(2)-diol-(1.4) in Pyridin u. Bzl. unter Rühren <30°; n_D^{20} 1,4538; 29—68% (Ausbeute). — *2-Phenylnaphthalin*, $C_{16}H_{12}$, F. 102—103°, a) durch Zutropfen von 61,0 g I zum Gemisch aus $AlCl_3$ u. Bzl. unter N_2 <30°, 1std. Erhitzen auf 40—45° u. 10 Std. auf 80—85°, Gießen in 2n HCl <40°, Ausäthern, Eindampfen, Fraktionieren im Vakuum u. Chromatographie der Fraktionen vom $Kp._{0,1}$ 114—126° u. $Kp._{0,1}$ 129—135° an Al_2O_3; aus A. Tafeln; 2,5%; daneben 34,0 g einer *Verb. vom F. 28—31°* ($Kp._3$ 105—110°); b) nach ELKS u. HEY (J. chem. Soc. [London] **1943.** 441) durch 36std. Kochen des aus β-Naphthylamin, $NaNO_2$, HCl u. Dimethylamin erhaltenen *1-[Naphthyl-(2)]-3.3-dimethyltriazins* (F. 56—57°; cremefarbene Kristalle) mit Bzl. u. Eisessig. K. ZIELOFF. 2700

Die Alkoholyse von 2-Chlormethylanthrachinon. André Etienne und Georges Izoret. (C. R. hebd. Séances Acad. Sci. **254.** 2184—86. 19/3. 1962. Paris, Conservatoire Nat. des Arts et Métiers, Labor. de Chim. Ind.) (Franz.)

2-Methylanthrachinon gibt mit SO_2Cl_2 in CCl_4 in Ggw. von Azo-bis-isobutyronitril *2-Chlormethylanthrachinon* (I), mit einem großen Überschuß an SO_2Cl_2 die *2-Dichlormethylverbindung*. I wird in sd. W.-Dimethylsulfoxid zu *2-Hydroxymethylanthrachinon* (F. 193°) verseift, in wss. Alkali bildet sich *1.2-Bis-[anthrachinonyl-(2)]-äthan* (F. 340°). Durch längeres Kochen von I in diversen Alkanolen wird eine Reihe von *2-Alkoxymethylanthrachinonen* dargestellt.

Versuche: *2-Chlormethylanthrachinon* (I), F. 161—162°, aus 2-Methylanthrachinon mit SO_2Cl_2 in CCl_4 in Ggw. von Azo-bis-isobutyronitril; 80% (Ausbeute). — 2-Alkoxymethylanthrachinone, aus I u. dem 10fachen Überschuß des entsprechenden Alkohols durch 20—200std. Kochen: *2-Methoxy-*, $C_{16}H_{12}O_3$, F. 134°, in Methanol. — *2-Äthoxy-*, $C_{17}H_{14}O_3$, F. 117°, in Äthanol. — *2-[β-Chloräthoxy]-*, $C_{17}H_{13}ClO_3$, F. 102°, in β-Chloräthanol. — *2-Allyloxy-*, $C_{18}H_{14}O_3$, F. 92°, in Propen-(2)-ol-(1). — *2-n-Propoxy-*, $C_{18}H_{16}O_3$ F. 92°, in n-Propanol. — *2-[β-Methoxyäthoxy]-*, $C_{18}H_{16}O_4$, F. 85°, in Methylcellosolve. — *2-n-Butoxy-*, $C_{19}H_{18}O_3$, F. 90°, in n-Butanol. — *2-Isobutoxy-*, F. 106,5°, in Isobutanol. — *2-[β-Äthoxyäthoxy]-*, $C_{19}H_{18}O_4$, F. 84°, in Äthylcellosolve. — *2-n-Pentyloxy-*, $C_{20}H_{20}O_3$, F. 98°, in n-Pentanol. — *2-Isopentyloxy-*, F. 96°, in Isopentanol. — *2-[β-Äthoxyäthoxyäthoxy]-*, $C_{21}H_{22}O_5$, F. 64°, in Carbitol. — *2-n-Heptyloxy-*, $C_{22}H_{24}O_3$, F. 82°, in n-Heptanol. — *2-n-Octyloxy-*, $C_{23}H_{26}O_3$, F. 77°, in n-Octanol. — *2-n-Dodecyloxy-*, $C_{27}H_{34}O_3$, F. 82°, in n-Dodecanol. — *2-Cyclohexyloxy-*, $C_{21}H_{20}O_3$, F. 101°, in Cyclohexanol. — *2-Benzyloxy-*, $C_{22}H_{16}O_3$, F. 116°, in Benzylalkohol. — *2-Phenyläthoxy-*, $C_{23}H_{18}O_3$, F. 76°, in Phenyläthanol. — *Anthrachinonyl-(2)-methylpyridiniumchlorid*, F. 245°, aus I u. Pyridin. H. GLEINIG. 2800□

Einwirkung von Grignard-Verbindungen auf 9-Cyananthracen. 9-Cyan-10-cyclohexyl-9.10-dihydroanthracen und 9-Cyan-10-benzyl-9.10-dihydroanthracen. Modeste Martynoff. (Bull. Soc. chim. France **1962.** 272. Febr. 1962. Paris, Sorbonne, Labor. de Chim. Macromol.) (Franz.)

9-Cyananthracen (I) addiert GRIGNARD-Verbb. in 9.10-Stellung. Das so erhaltene *9-Cyan-10-benzyl-9.10-dihydroanthracen* wurde in 2 vermutlich stereoisomere Verbb. aufgetrennt. Die UV-Spektren der Verbb. sind angegeben.

Versuche: 9-Cyan-9.10-dihydroanthracene, durch langsame Zugabe von 1 Mol I in Bzl. zu 3 Mol GRIGNARD-Verb. in abs. Ae., 8std. Kochen u. Hydrolyse mit Eis + NH_4Cl-Lsg.; ca. 40% Ausbeute: *10-Cyclohexyl-*, $C_{21}H_{21}N$, F. 142—143° (PAe., A.). — *10-Benzyl-*, $C_{22}H_{17}N$, F. 158° (A., PAe.), neben Dibenzyl u. unverändertem I sowie dem nachst. Isomeren durch Wasserdampf-Dest. des wie vorst. erhaltenen Hydrolyse-Prod.; *Isomeres*, F. 121°, aus der Mutterlauge. GISELA SCHREIBER. 2800□

1.2-Benzocyclohepten-(1)-on-(4). T. A. Crabb und K. Schofield. (Chem. and Ind. **1958.** 102—03. 25/1. Exeter, Univ., Washington Singer Labor.) (Engl.)

1.2-Benzo-3.4-oxidocyclohepten-(1) (I), $Kp._{0,04}$ 80°, wird aus 1.2-Benzocycloheptadien-(1.3) u. Perbenzoesäure (II) in Chlf. erhalten; n_D^{17} 1,5550; 82% (Ausbeute). I gibt mit $MgBr_2$ *1.2-Benzocyclohepten-(1)-on-(4)* (III; 63%) u. *1.2-Benzocyclohepten-(1)-on-(3)* (17%), während BF_3 daneben 2 weitere Carbonyl-Verbb. liefert. — *1.2-Benzocyclohepten-(1)-ol-(4)* (IV), F. 71°, aus I durch Red. mit $LiAlH_4$; 86%. IV gibt durch Einw. von CrO_3 in Pyridin oder Essigsäure III. — *1.2-Benzo-3-methylcyclohepten-(1)-on-(4)*, $Kp._{1,5}$ 120°, direkt aus 1.2-Benzo-3-methylcycloheptadien-(1.3) u. II oder durch Methylierung von III; $n_D^{15,5}$ 1,5621; 82%. *Semicarbazon*, F. 208°. — *1.2-Benzo-3-carbäthoxymethylcyclohepten-(1)-on-(4)*, $Kp._{0,1}$ 106°, aus 1.2-Benzo-3-carbäthoxymethylcycloheptadien-(1.3) u. II in direkter Rk.; n_D^{20} 1,5298; 69%. *Dinitrophenylhydrazon*, F. 106—107°. — Dagegen entstehen aus 1.2-Benzo-3-[β-carbäthoxyäthyl]-cycloheptadien-(1.3) u. 1.2-Benzo-3-[γ-carbomethoxypropyl]-cycloheptadien-(1.3) keine Ketone, sondern Verbb., die vorläufig als *1.2-Benzo-3-[β-carboxyäthyl]-3.4-dihydroxycyclohepten-(1)-3^β → 3-lacton* (F. 138—139°; 73%) bzw. *1.2-Benzo-3-[γ-carboxypropyl]-3.4-dihydroxycyclohepten-(1)-3^β → 3-lacton* ($Kp._{0,01}$ 145°; n_D^{18} 1,5510; 76%) formuliert werden. — IR-Schwingungen sind angegeben. G. Marquard. 2950

Cyclisierung von α-Benzylhomophthalsäuren. J. N. Chatterjea und H. Mukherjee. (Experientia [Basel] **16.** 439—40. 15/10. 1960. Patna, India, Sci. Coll., Chem. Labor.) (Engl.)

Durch Versetzen von α-Veratrylhomophthalsäure mit Polyphosphorsäure entsteht *4-Oxo-2.3-benzo-5.6-[4.5-dimethoxybenzo]-cycloheptacarbonsäure* (F. 211°), die durch Decarboxylierung in *2.3-Benzo-6.7-[4.5-dimethoxybenzo]-cycloheptadienon* (F. 135°) u. anschließende Dehydrierung mit N-Bromsuccinimid in *2.3-Benzo-6.7-[4.5-dimethoxybenzo]-cycloheptatrienon* (F. 131—132°) übergeführt wird. Bei der analogen Cyclisierung von *α-[3.4-Diäthoxybenzyl]-homophthalsäure* [F. 169—170°, durch Red. von α-[3.4-Diäthoxybenzyliden]-homophthalsäure (F. 178—179°)] entsteht ein Gemisch aus *4-Oxo-2.3-benzo-5.6-[4.5-diäthoxybenzo]-cycloheptadiencarbonsäure* (F. 165°) u. *5'.6'-Diäthoxyindeno-[3'.2':3.4]-isocumarin* ($C_{20}H_{18}O_4$, F. 176—177°; alkaliunlösl.). α-Benzylhomophthalsäure selbst liefert *Indeno-[3'.2':3.4]-isocumarin* (I, F. 173°). Die Struktur von I wird durch die starke Absorption bei 5,78 μ u. durch Überführung in *1.2-Benzo-4-azafluoren* (F. 163 bis 164°. *Pikrat*, F. 234—235°). Die $LiAlH_4$-Red. von I liefert *4-Benzylisochromen* (F. 103—104°), das sich durch Versetzen mit Triphenylmethylperchlorat in Essigsäure in *Indeno-[3'.2':3.4]-isobenzopyryliumperchlorat* (F. 197—199°) überführen läßt.

P. Golinske. 2950□

Über α-Halogenäther. 10. Mitt. **Darstellung und Reaktionen des 2.5-Dichlortetrahydrofurans.** Hans Gross. (Chem. Ber. **95.** 83—90. 25/1. 1962. Berlin-Adlershof, Dt. Akad. der Wiss., Inst. für organ. Chem.) (Dt.) — 9. vgl. C. **1961.** 11291.

Bei der Tieftemp.-Chlorierung von Tetrahydrofuran (THF) mit Cl_2 bei —30 bis —40° entstehen bei UV-Bestrahlung *2-Chlortetrahydrofuran* (I) bzw. *2.5-Dichlortetrahydrofuran* (II) u. als Nebenprod. *2.3-Dichlortetrahydrofuran* (III), während III bei Raum-Temp. ausschließlich gebildet wird. Es wird angenommen, daß die Chlorierung des THF analog der Chlorierung des Ae. bei Zimmer-Temp. zu I führt, das HCl abspaltet zum Dihydrofuran, an das sofort Cl_2 angelagert wird unter Bldg. von **III. II** ist sehr unbeständig u. verharzt besonders leicht bei Feuchtigkeitszutritt unter Abspaltung von HCl. Mit Alkoholen in Ggw. von Na-Alkoholat oder Triäthylamin reagiert II sofort unter Bldg. von *2.5-Dialkoxytetrahydrofuranen* (**A**); weniger gut mit Phenolen in Ggw. von Na-Phenolat oder Triäthylamin zu den *2.5-Diaryloxytetrahydrofuranen* (**B**) in Bzl. oder Äther. *2.5-Diacyloxytetrahydrofurane* (**C**) entstehen aus II u. Na- bzw. Triäthylaminsalzen von Carbonsäuren. II sowie die **A, B** u. **C** können leicht hydrolysiert werden zu *Succindialdehyd*, der als Dioxim oder Bis-dinitrophenylhydrazon gefällt wird. Aus Grignard-Verbb. u. **II** entstehen *2.5-Dialkyl-* bzw. *2.5-Diacyltetrahydrofurane*. Mit tert. Aminen reagiert **II** zu *Furan*; mit p-Toluidin (**IV**) entsteht *N-p-Tolylpyrrol*, das auch aus **A** oder **B** mit p-Toluidin erhalten werden kann.

Versuche (unter Mitarbeit von Ursula Beier): *2-Chlortetrahydrofuran* (I), $Kp._9$ 28 bis 31°, durch 5—6std. Chlorierung von 144 g THF im UV-Licht bei —30 bis —35° Innentemp. mit Cl_2, das aus einer Kühlfalle mit 142 g fl. Cl_2 durch einen N_2-Strom übergetrieben wird, u. sofortige Fraktionierung im Vakuum; gut verschlossen im Tiefkühlschrank haltbar; n_D^{20} 1,4607; 38% (Ausbeute). — *2.5-Dichlortetrahydrofuran* (II), $C_4H_6Cl_2O$, $Kp._{12}$ 61—64°, durch 8—9std. Chlorierung von 72 g THF vermischt mit 80 ml CCl_4 bei —28 bis —30° mit 142 g Cl_2; n_D^{20} 1,4858; 45%. — 2.5-Dialkoxy-, -Diaryloxy- bzw. -Diacyloxytetrahydrofurane, a) durch Eintropfen von II in eine Lsg. bzw. Suspension von Na-Alkoholat in A. unter Eiskühlung, 2std. Rühren, Stehen über Nacht, Abfiltrieren des NaCl u. Dest.; b) durch Zutropfen von II zu dem Alkohol, Phenol oder der Carbonsäure u. Triäthylamin in abs. Ae. unter Eiskühlung, Stehen über Nacht,

Absaugen des Aminhydrochlorids u. Dest.; c) durch Versetzen von Na-Phenolat in Bzl. unter Eiskühlung mit **II**, 3std. Rühren bei Zimmer-Temp., Dest. u. Umkristallisation; d) durch Zugabe von **II** zu einer Aufschlämmung des Na-Salzes der Carbonsäure in dieser unter Eiskühlung, Stehen über Nacht u. Fraktionieren nach dem Abfiltrieren des NaCl: *-Diäthoxy-*, $Kp._{10}$, a) nach a); $n_D^{20,5}$ 1,4552; 54%; b) nach b); 57%. — *-Di-n-propoxy-*, $Kp._{12}$ 90—95°, nach a); n_D^{20} 1,4268; 56%. — *-Di-n-butoxy-*, $Kp._{10}$ 114—115°, a) nach a); n_D^{20} 1,4313; 25%; b) nach b); 41%. — *-Diphenoxy-*, $C_{16}H_{16}O_3$, F. 79—102°, a) nach a) u. Umkristallisation aus A.; 11%; b) nach c); 39% (roh). — *-Bis-[3.4-dimethylphenoxy]-*, $C_{20}H_{24}O_3$, F. 104—116°, nach b); 21%. — *-Diacetoxy-*, $Kp._{10}$ 120—132°, a) nach b); n_D^{20} 1,4432; 30%; b) nach d); 53%. — *-Dipropionoxy-*, $Kp._{0,08}$ 78—80°, nach b); n_D^{20} 1,4442; 44%. — *-Dibenzoxy-*, F. 148—151° (A.), nach b); 57%. — *Succinaldehyd, Dioxim*, F. 169,5—171° (W.), durch Schütteln von **II** mit W. bis zur klaren Lsg., Zugabe von $HONH_2 \cdot HCl$ in W. u. NaOH-Zusatz bis pH 5—6; 71,5%. *Bis-dinitrophenylhydrazon*, F. 279—282°, a) durch Lösen von **II** in 50%ig. A. u. Versetzen mit schwefelsaurer Dinitrophenylhydrazin-Lsg.; 87,5%; b) analog aus 2.5-Di-n-propoxytetrahydrofuran; 99%; c) ebenso aus 2.5-Diacetoxytetrahydrofuran; 88,5%. — *2.5-Di-n-propyltetrahydrofuran*, $C_{10}H_{20}O$, $Kp._{12}$ 68—71,5°, durch Eintropfen von **II** in abs. Ae. innerhalb ½ Std. in eine äther. n-Propylmagnesiumhalogenid-Lsg. unter guter Kühlung, 1std. Rühren, Aufkochen u. Zers. mit NH_4Cl-Lsg.; n_D^{20} 1,4350; 53%. — *2.5-Di-n-hexyltetrahydrofuran*, $C_{16}H_{32}O$, $Kp._{13}$ 150—156°, analog vorst. Verb.; 54%. — *2.5-Diphenyltetrahydrofuran*, $Kp._{12}$ 190—193°; 58%. — *N-[p-Tolyl]-pyrrol*, F. 80—82°, a) durch Eintropfen von **II** in eine Lsg. von **IV** in Chlf., 2std. Stehen u. Waschen mit W. u. HCl; 35%; b) durch Erwärmen von **IV**, 2.5-Diacetoxytetrahydrofuran u. wenig Toluolsulfonsäure, 3—5 Min. langes Kochen u. Gießen in verd. Essigsäure; 41%; c) wie vorst. mit 2.5-Dipropoxytetrahydrofuran; 93%. — *Furan*, Kp. 30—36°, durch Eintropfen von **II** in Tetrachloräthan in eine Lsg. von Dimethylanilin in Tetrachloräthan u. Dest.; 45%.

E. KOSSMEHL. 3061☐

Kondensation von 2.2.5.5-Tetraalkylfuranidonen-(3) mit aromatischen Aldehyden. I. K. Korobitzyna, G. W. Marinowa und Ju. K. Jurjew. (Журнал Общей Химии [J. allg. Chem.] **31** (**93**). 2131—33. Juli 1961. Moskau, Lomonossow-Univ.) (Russ.)

2.2.5.5-Tetraalkylfuranidone-(3) (**I**) gehen mit Furfurol, p-Dimethylaminobenzaldehyd (**II**), Thiophen- u. Selenophen-2-aldehyd in Ggw. alkal. Substanzen glatt Kondens. an der 4-ständigen Methylengruppe ein. **II** u. die beiden letztgenannten Aldehyde erwiesen sich als besonders akt. u. werden zum Nachw. der **I** als geeignet bezeichnet. Die Derivv. von 2.5-Dimethyl-2.5-diäthylfurandion-(3) sind mit Ausnahme der mit **II** erhaltenen Verb. ölig.

Versuche: 2.2;5.5-Bis-[tetramethylen]-furanidone-(3): *4-Furfuryliden-*, $C_{17}H_{20}O_3$, F. 70—71° (A.), durch Zutropfen von 50%ig. KOH zu 2.2;5.5-Bis-[tetramethylen]-furanidon-(3) u. Furfurol in A. u. 12—18std. Stehen; 62% (Ausbeute). — *4-[5-Methylfurfuryliden]-*, $C_{18}H_{22}O_3$, F. 67—68° (A.), analog vorst. Verb.; 100%. — *4-[α-Thenyliden]-*, $C_{17}H_{20}O_2S$, F. 92—93° (A.); 96%. — *4-[α-Selenenal]-*, $C_{17}H_{20}O_2Se$, F. 107—108° (A.); 100%. — *4-[p-Dimethylaminobenzyliden]-*, $C_{21}H_{27}NO_2$, F. 163—164° (A.); 92%. — 2.2;5.5-Bis-[pentamethylen]-furanidone-(3): *4-Furfuryliden-*, $C_{19}H_{24}O_3$, F. 131—132° (A.); 95%. — *4-[5-Methylfurfuryliden]-*, $C_{20}H_{26}O_3$, F. 109—110° (A.); 92%. — *4-[α-Thenyliden]-*, $C_{19}H_{24}O_2S$, F. 100—101° (A.); 94%. — *4-[α-Selenenal]-*, $C_{19}H_{24}O_2Se$, F. 123—125° (A.); 70%. — *4-[p-Dimethylaminobenzyliden]-*, $C_{23}H_{31}NO_2$, F. 139—140° (A.); 90%. — 2.2.5.5-Tetramethylfuranidone-(3): *4-[5-Methylfurfuryliden]-*, $C_{14}H_{18}O_3$, F. 76—77° (A.); 100%. — *4-[α-Thenyliden]-*, $C_{13}H_{16}O_2S$, F. 112 bis 113°; 100%. — *4-[α-Selenenal]-*, $C_{13}H_{16}O_2Se$, F. 126—127°; 100%. — *4-[p-Dimethylaminobenzyliden]-2.5-dimethyl-2.5-diäthylfuranidon-(3)*, $C_{19}H_{27}NO_2$, F. 127—128°; 100%.

H.-E. TOUSSAINT. 3061☐

Untersuchungen über die Substitution einiger Tetramethylthianaphthene mittels der Friedel-Crafts-Reaktion. Pierre Faller und Paul Cagniant. (C. R. hebd. Séances Acad. Sci. **254**. 1447—49. 19/2. 1962. Strasbourg, Labor. des Hydrocarbons.) (Franz.)

Cyclodehydratisierung von 4-[p-Xylyl]-4-thia-3-methylbutanon-(2) gibt *2.3.4.7-Tetramethylthianaphthen*, das bei der Acetylierung die entsprechende *6-Acetyl-* (**I**) neben der *5-Acetyl-Verb.* liefert. Aus dem Gemisch wird nur **I** isoliert, das zu *2.3.4.7-Tetramethyl-6-äthylthianaphthen* (**II**) red. wird. **II** gibt bei der Desulfurierung *2-[2.5-Dimethyl-4-äthylphenyl]-butan*. Zur Darst. von *2.3.4.7-Tetramethyl-5-äthylthianaphthen* (**III**) wird 2-Äthyl-p-xylol in *2.5-Dimethyl-4-äthylbenzolsulfonsäurechlorid* übergeführt u. dieses zu *2.5-Dimethyl-4-äthylphenylthiol* reduziert. Kondens. mit α-Bromäthylmethylketon gibt

4-[2.5-Dimethyl-4-äthylphenyl]-4-thia-3-methylbutanon-(2), dessen Cyclodehydratisierung III liefert. Desulfurierung von III gibt *2-[2.5-Dimethyl-3-äthylphenyl]-butan*. Acetylierung von 2.3.5.7-Tetramethylthianaphthen führt zu einem Gemisch von *4-Acetyl-* u. *6-Acetyl-2.3.5.7-tetramethylthianaphthen.*

Versuche: *4-[p-Xylyl]-4-thia-3-methylbutanon-(2)*, $C_{12}H_{16}OS$, Kp.$_{14}$ 158°, nach Werner (Recueil Trav. chim. Pays-Bas **68**. [1949.] 509); D.$_4^{20}$ 1,044; n_D^{20} 1,5492; gelbes Öl; 91% (Ausbeute). *2.4-Dinitrophenylhydrazon*, $C_{18}H_{20}N_4O_4S$, F. 81°, aus A. gelbe Nadeln. — *2.3.4.7-Tetramethylthianaphthen*, $C_{12}H_{14}S$, Kp.$_{14}$ 167,5—168°, F. 67,5°, durch Cyclisierung vorst. Ketons; aus A. Nadeln; 87%. *Pikrat*, $C_{18}H_{17}N_3O_7S$, F. 140°, aus abs. A. rote Nadeln. *Styphnat*, $C_{18}H_{17}N_3O_8S$, F. 110,5°, aus abs. A. rotorangefarben. *2.4.7-Trinitrofluorenonkomplex*, $C_{25}H_{19}N_3O_7S$, F. 171—172°, aus abs. A. rote Nadeln. — *6-Acetyl-2.3.4.7-tetramethylthianaphthen* (I), $C_{14}H_{16}OS$, Kp.$_{17}$ 218—219°, F. 115,5°, durch Acetylierung vorst. Thianaphthens; aus A. Nadeln, daneben die *5-Acetylverbindung. Oxim*, $C_{14}H_{17}NOS$, F. 203° (Bzl.). *Semicarbazon*, $C_{15}H_{19}N_3OS$, F. 253—254°, aus A. Nadeln. *2.4-Dinitrophenylhydrazon*, $C_{20}H_{20}N_4O_4S$, F. 231,5°, aus A.–Bzl. orangefarben. — *6-Äthyl-2.3.4.7-tetramethylthianaphthen* (II), $C_{14}H_{18}S$, Kp.$_{15}$ 194—195°, F. 51°, durch Red. von I; aus A. Plättchen; 84%. *Pikrat*, $C_{20}H_{21}N_3O_7S$, F. 121°, aus A. rotorangefarbene Nadeln. *Styphnat*, $C_{20}H_{21}N_3O_8S$, F. 96°, aus A. rotorangefarben. *2.4.7-Trinitrofluorenonkomplex*, $C_{27}H_{23}N_3O_7S$, F. 124°, aus A. rote Nadeln. — *2.5-Dimethyl-4-äthylbenzolsulfonsäure, Chlorid*, $C_{10}H_{13}ClO_2S$, Kp.$_{3,5}$ 157—158°, aus 2-Äthyl-p-xylol; D.$_4^{20}$ 1,227; n_D^{20} 1,5544; 87%; daneben wenig *3-Äthylisomeres. Amid*, $C_{10}H_{15}NO_2S$, F. 106°, aus Bzl. Plättchen. — *2.5-Dimethyl-4-äthylphenylthiol*, $C_{10}H_{14}S$, Kp.$_{19}$ 130°, durch Red. vorst. Chlorids; D.$_4^{20}$ 1,006; n_D^{20} 1,5628; daneben etwas *3-Äthylisomeres.* — *4-[2.5-Dimethyl-4-äthylphenyl]-4-thia-3-methylbutanon-(2)*, $C_{14}H_{20}OS$, Kp.$_{15}$ 176°, aus vorst. Verb. mit α-Bromäthylmethylketon; D.$_4^{20}$ 1,028; n_D^{20} 1,5486; gelbes Öl; 85%. — *2.3.4.7-Tetramethyl-5-äthylthianaphthen* (III), $C_{14}H_{18}S$, Kp.$_{16}$ 186°, F. 72°, aus vorst. Verb.; aus A. Nadeln; 75%. *Pikrat*, $C_{20}H_{21}N_3O_7S$, F. 103°, aus abs. A. rotorangefarbene Nadeln. *Styphnat*, $C_{20}H_{21}N_3O_8S$, F. 103,5°, aus abs. A. rotorangefarben. *2.4.7-Trinitrofluorenonkomplex*, $C_{27}H_{23}N_3O_7S$, F. 123°, aus abs. A. rote Nadeln. — *2.3.5.7-Tetramethylthianaphthen*, $C_{12}H_{14}S$. *Styphnat*, $C_{18}H_{17}N_3O_8S$, F. 116,5°, aus abs. A. orangefarben. — *4-Acetyl-2.3.5.7-tetramethylthianaphthen*, $C_{14}H_{16}OS$, Kp.$_{15}$ 202—203°, durch Acetylierung vorst. Verb.; daneben die *6-Acetyl-Verb.* [F. 83° (PAe.)]. *2.4-Dinitrophenylhydrazon*, $C_{20}H_{20}N_4O_4S$, F. 301—302°, aus A. rote Tafeln. — *2-[2.5-Dimethyl-4-äthylphenyl]-butan*, $C_{14}H_{22}$, Kp.$_{20}$ 131°, durch Desulfurierung von II; D.$_4^{20}$ 0,884; n_D^{20} 1,5071. — *2-[2.5-Dimethyl-3-äthylphenyl]-butan*, $C_{14}H_{22}$, Kp.$_{18}$ 125°, durch Desulfurierung von III; D.$_4^{20}$ 0,883; n_D^{20} 1,5073. H. Gleinig. 3071 □

Pyrrolidinbasen aus primären Aminen. Ernst Schmitz und Detlef Murawski. (Z. Naturforsch. **17 b**. 127—28. Febr. 1962. Berlin-Adlershof, Dt. Akad. der Wiss., Inst. für organ. Chem.) (Dt.)

N-Monochlor-Derivv. prim. Amine, die sich in schwach saurer Lsg. momentan in Dichloralkylamin u. Aminsalz disproportionieren, sind in konz. H_2SO_4 stabil. Bei Zugabe von Fe(II)-Salz zu N-Chlor-n-butylamin in konz. H_2SO_4 findet eine Halogenverschiebung zum 8-ständigen C-Atom des Alkylrestes statt u. beim alkal. Aufarbeiten erhält man in 70%ig. Ausbeute *Pyrrolidin*. Analog wurden *2-Methylpyrrolidin* in 80%ig. Ausbeute aus n-Amylamin u. *2-n-Propylpyrrolidin* in 50%ig. Ausbeute aus 1-Amino-n-heptan sowie in 70%ig. Ausbeute aus 4-Amino-n-heptan über die N-Chlor-Derivv. hergestellt. Alle Pyrrolidin-Derivv. werden als Tosyl-Derivv. charakterisiert. E. Kossmehl. 3081 □

Isomerie von N-Arylmaleinimiden. A. Je. Kretow, N. Je. Kultschitzkaja und A. F. Malnew. (Журнал Общей Химии [J. allg. Chem.] **31** (**93**). 2588—94. Aug. 1961. Dnepropetrowsk, Chem.-technolog. Inst.) (Russ.)

Die aus Maleinsäureanhydrid u. den entsprechenden aromat. Aminen zugänglichen N-Arylmaleinamidsäuren (I) gehen beim Behandeln mit Essigsäureanhydrid in Ggw. von Na-Acetat unter milden Bedingungen in die asymm. *N-Arylisomaleinimide* (II) über, die ihrerseits beim Erhitzen der Lsgg. zu den symm. *N-Arylmaleinimiden* (III) umgelagert werden. Die II lassen sich jedoch nicht in allen Fällen fassen. Während die III bekanntlich mit HCl zu α-Chlor-N-arylsuccinimiden reagieren, geben die II zunächst noch die C=C-Doppelbindung enthaltende farbige *Salze*, die durch Alkali leicht zu den I hydrolysiert werden. Die IR-Spektren einiger II u. III sind wiedergegeben. Die Spektren der III weisen erwartungsgemäß eine intensive Absorption im Bereich 1715 cm^{-1} (C=O-Schwingungen im symm. gebauten Fünfring) auf; bei den II fehlt dieses Gebiet, u. das Absorptionsmaximum ist nach 1800 cm^{-1} verschoben.

Versuche: N-Arylisomaleinimide (II), durch 30std. Stehen der I mit Essigsäureanhydrid in Ggw. von Na-Acetat oder durch kurzes Erwärmen wie nachst. angegeben: *N-[p-Methoxyphenyl]-* (**IV**), $C_{11}H_9NO_3$, F. 68,5—69°, 1—2 Min. bei 73—76°; 90% (Ausbeute). — *N-[p-Äthoxyphenyl]-* (**V**), $C_{12}H_{11}NO_3$, F. 74—75°, 2—3 Min. bei 83—85°; 87%. — *N-[4-Chlor-2-methylphenyl]-* (**VI**), $C_{11}H_8ClNO_2$, F. 39—40°, 2—3 Min. bei 48—50°; 89%. — *N-[5-Chlor-2-methoxyphenyl]-*, $C_{11}H_8ClNO_3$, F. 115—116°, 1—2 Min bei 55—58°; 92%. — N-Arylmaleinimide (**III**), durch Erhitzen der **I** mit Essigsäureanhydrid auf 75—100°: *N-[p-Methoxyphenyl]-*, $C_{11}H_9NO_3$, F. 148—149°; 80% (ferner durch ½ std. Kochen von **IV** mit Essigsäureanhydrid u. Na-Acetat); 79%). — *N-[p-Äthoxyphenyl]-*, $C_{12}H_{11}NO_3$, F. 134—135°; 79%. — *N-[4-Chlor-2-methylphenyl]-* (**VII**), $C_{11}H_8ClNO_2$, F. 68°; 82%. — *N-[5-Chlor-2-methoxyphenyl]-*, $C_{11}H_8ClNO_3$, F. 147—148°, gelb; 83%. — *N-[5-Nitro-2-methoxyphenyl]-*, $C_{11}H_8N_2O_5$, F. 146—147°, Nadeln; 82%. — *Salzartige Verb.* $C_{11}H_{10}ClNO_2$ (**VIII**), F. 158—159° (Nitromethan), durch Einleiten von HCl in die Lsg. von **IV** in Eisessig; orangefarben; 63%. — *Salz vom F. 164—165°*, analog **VIII** aus **V**. — N-Arylmaleinaminsäuren (**I**): *N-[5-Chlor-2-methoxyphenyl]-*, $C_{11}H_{10}\cdot ClNO_4$, F. 167—168°, aus Maleinsäureanhydrid u. 5-Chlor-2-methoxyanilin; gelb. — *N-[5-Nitro-2-methoxyphenyl]-*, $C_{11}H_{10}N_2O_6$, F. 178—179°, analog. — *N-[4-Chlor-2-methylphenyl]-*, $C_{11}H_{10}ClNO_3$, F. 128—130°, durch ¼std. Erhitzen von **VI** oder **VII** mit n-NaOH u. Ansäuern; 84—86%. — *N-[p-Methoxyphenyl]-*, F. 178—180°, durch Kochen des Salzes **VIII** mit n-NaOH; 76%. H.-E. TOUSSAINT. 3081 □

Noradrenolutin. J. A. Maclaren. (Experientia [Basel] **17.** 347. 15/8. 1961. Melbourne, Australia, C.S.I.R.O., Wool Res. Labor., Div. of Protein Chem.) (Engl.)

Das fluorescierende Deriv. von Noradrenalin, *Norardrenolutin* [**I**; *5.6-Dihydroxyindoxyl*, $C_8H_7NO_3$, F. 248° (Zers.); aus W. gelbe Nadeln] konnte beim Nacharbeiten der Vorschrift von BU'LOCK u. HARLEY-MASON (C. **1951.** II. 2876) in krist. Form auf folgendem Wege erhalten werden: Noradrenalinhydrochlorid wird mit KJO_3 in W. 1½ Std. gerührt u. dann mehrere Std. bei pH 2 (HCl) u. 4° stehengelassen. Dabei entsteht *2-Jodadrenochrom* (**II**). **II** liefert mit Acetanhydrid/Pyridin *3.5.6-Triacetoxy-2-jodindol* ($C_{14}H_{12}JNO_6$, F. 207—208°), das sich mit Zn u. Essigsäure zu *3.5.6-Triacetoxyindol* (**III**, $C_{14}H_{13}NO_6$, F. 123—124°) dehalogenieren läßt. **III** gibt durch Hydrolyse mit 1n NaOH in Ggw. von etwas $NaHSO_3$ nach Ansäuern mit Eisessig **I**. In Abwesenheit von $NaHSO_3$ wird kein **I** gebildet. Die Maxima der Absorptionsspektren im UV- u. sichtbaren Licht werden ebenso wie die charakterist. Fluorescens in wss. Lsg. gemessen. P. GOLINSKE. 3081 □

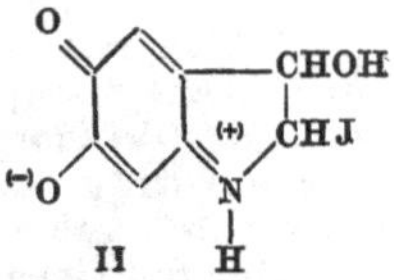

II

Über Dithiyliummethine. Vorl. Mitt. R. Wizinger und L. Soder. (Chimia [Aarau, Schweiz] **12.** 79—81. 15/3. 1958. Basel, Univ., Inst. für Farbenchem.) (Dt.)

Durch Rk. von 3.4-Dimercaptotoluol (**III**) mit aromat. Carbonsäuren, substituierten Zimtsäuren sowie Essigsäure in Ggw. von $HClO_4$ werden nachst. 5-Methylbenz-1.3-dithiyliumperchlorate (5-Methyl-1.3-dithiaindeniumperchlorate; P) erhalten: *2-Phenyl-*, gelb. — *2-[p-Methoxyphenyl]-*, gelb. — *2-[p-Dimethylaminophenyl]-*, blaurot. — *2-Styryl-*, gelb. — *2-[p-Methoxystyryl]-*, orangerot. — *2-[p-Dimethylaminostyryl]-*, blau. — *2-Methyl-* (**I**), farblos. Mit Ameisensäure entsteht der farblose Grundkörper *5-Methylbenz-1.3-dithiyliumperchlorat* (**II**). **II** kondensiert in Eisessig in Ggw. von $HClO_4$ leicht mit prim., sek. u. tert. aromat. Aminen, Phenolen sowie mit Anisol u. α-Naphthyläther (in p-Stellung zu den funktionellen Gruppen), mit Zimtsäuren (unter gleichzeitiger Decarboxylierung) sowie mit Diaryläthylenen u. Methylcarbeniumsalzen unter spontaner Dehydrierung zu den entsprechenden P. **I** zeigt den typ. Charakter eines mittelstark bas. Methylcarbeniumsalzes, es kuppelt mit Diazoniumsalzen u. kondensiert sehr leicht mit aromat. Aldehyden, Zimtaldehyden, ω-Aldehyden u. unter schärferen Bedingungen auch mit Ketonen u. Pyronderivaten. Durch Kondens. von 2 Mol **II** mit 1 Mol Malonsäure (**IV**), Kondens. von 2 Mol **III** mit 1 Mol **IV** oder von äquimol. Mengen **I** mit **II** wird das symm. *Monomethinperchlorat* (blaustichig rot) u. analog durch Kondens. von 2 Mol **III** mit 1 Mol Glutaconsäure oder von 2 Mol **I** mit 1 Mol Orthoameisensäuretriäthylester das symm. *Trimethinperchlorat* (blau) erhalten. L. LAMZA. 3112

Synthesen heterocyclischer Verbindungen. 1. Mitt. Cyclisierung N-substituierter o-Nitroaniline. R. H. Smith und H. Suschitzky. (Tetrahedron [London] **16.** 80—84. Dez. 1961. Salford, Lancs., Royal Coll. of Advanced Technol., Dep. of Chem. and Appl. Chem.; Techn. Coll.) (Engl.)

Bei der Cyclisierung von N-Cyclohexyl-o-nitroanilin nach der Meth. von WATERMANN u. VIVIAN (J. org. Chemistry **14.** [1944.] 289) mit Sand, Fe(II)-Oxalat u. Pb wird *Hexahydroazepino-[1'.2':1.2]-benzimidazol* erhalten. Analog entsteht aus N-Benzyl-o-nitroanilin in guter Ausbeute *2-Phenylbenzimidazol* u. aus N-Phenäthyl-o-nitroanilin (**I**) *1-Phenäthyl-2-phenylbenzimidazol* neben *Benzimidazol*. Aus 2-Nitrodiphenylamin entsteht so *Phenazin* u. aus 2-Nitrobiphenyl *Carbazol*; daneben wird *2-Aminobiphenyl* gefunden. Für die Bldg. des Phenazins wird ein Rk.-Mechanismus N-Phenyl-o-nitroanilin → aci-Form → Phenazin-N-oxid → Phenazin zur Diskussion gestellt.

Versuche: *Phenazin,* a) durch 30 Min. langes Erhitzen von 2-Nitrodiphenylamin mit der gleichen Menge Fe(II)-Oxalat u. der 8fachen Menge Pb auf 220—240°, Extrahieren mit PAe., Aufnehmen in 2n HCl u. Fällen mit NH_4OH; 50% (Ausbeute); b) durch Erhitzen des 2-Nitrodiphenylamins allein oder mit der 10fachen Sandmenge; 15%. — *Carbazol,* aus 2-Nitrobiphenyl nach a); 35%. Daneben *2-Aminobiphenyl*; 18%. — *2-Phenylbenzimidazol,* aus N-Benzyl-o-nitranilin; nach a) 40%, nach b) 20%. — *Hexahydroazepino-[1'.2':1.2]-benzimidazol,* aus N-Cyclohexyl-o-nitroanilin; λ_{max} 252, 275, 283 mμ (A.); nach a) 21%; nach b) 15%. *Methojodid,* $C_{13}H_{17}JN_2$, F. 226°. *Pikrat,* $C_{18}H_{17}N_5O_7$, F. 217—219°, gelb. — *1-Phenäthyl-2-phenylbenzimidazol,* $C_{21}H_{18}N_2$, F. 90—92° (Hexan, Nadeln), a) durch 1std. Rk. von N-Phenäthyl-o-aminoanilin, Benzoesäure u. Tetraphosphorsäure bei 120°, Gießen in W., Versetzen mit NH_4OH u. Chromatographie an Al_2O_3 mit Bzl.; λ_{max} 285 mμ; b) aus **I** wie oben nach a); 7%; daneben *Benzimidazol* [6%; nach b) 10%]. — *Phenylbenzimidazol,* aus **I** nach b) 10%. — *2-Cyclopentylbenzimidazol,* $C_{12}H_{14}N_2$, F. 253—255° (Äthylendichlorid), durch 1std. Kochen von 10 g Cyclopentancarbonsäure u. 5 g o-Phenylendiamin; λ_{max} 243, 274, 281 mμ; 1,9 g.

E. KOSSMEHL. 3122□

Untersuchungen über Trifluoressigsäure. 18. Mitt. Die Reaktion von N-Aroylglycinen mit Perfluorcarbonsäureanhydriden. E. J. Bourne, J. Burdon, V. C. R. McLoughlin und J. C. Tatlow. (J. chem. Soc. [London] **1961.** 1771—75. April. Birmingham, Univ., Chem. Dep.) (Engl.) — 17. vgl. J. chem. Soc. [London] **1959.** 1864; 16. vgl. C. **1960.** 4798.

Trifluoressigsäureanhydrid (**I**) gibt mit Hippursäure (**II**) *2-Phenyl-4-[2.2.2-trifluor-1-hydroxyäthyliden]-oxazolon-(5)* (**III**) in 90%ig. Ausbeute. Mit W. entsteht daraus *1-Benzamido-3.3.3-trifluorpropandiol-(2.2)* (**VII**). Pentafluorpropionsäure- u. Heptafluorbuttersäureanhydrid geben analoge Produkte. Durch Rk. von N-Anisoyl- u. N-[p-Nitrobenzoyl]-glycin mit **I** entstehen ebenfalls *Oxazolone* (**A**). Die **A** werden durch Hydrolyse in CO_2 u. Perfluoralkylbenzamidomethylketone gespalten. **VII** liefert bei Red. *N-[2-Hydroxy-3.3.3-trifluorpropyl]-benzamid,* als O-Benzoyl-Deriv. isoliert; mit KCN entsteht dagegen *β-Benzamido-α-hydroxy-α-trifluormethylpropionitril,* das zu *β-Amino-α-hydroxy-α-trifluormethylpropionsäure* hydrolysiert wird.

Versuche: *2-Phenyl-4-[2.2.2-trifluor-1-hydroxyäthyliden]-oxazolon-(5)* (**III**), $C_{11}H_6 \cdot F_3NO_3$, F. 227—231°, a) durch Zugabe von 5,8 ml Trifluoressigsäureanhydrid (**I**) zur Suspension von 2,5 g **II** in abs. Aceton, 17std. Stehen des Gemisches bei 10—15° u. Eingießen in W.; 3,23 g (Ausbeute); b) analog a) durch Rk. von 0,43 ml **I** u. 0,5 g 2-Phenyloxazolon-(5); hellgelbe Kristalle aus Bzl.; 0,65 g; tiefgrüne Färbung mit äthanol. $FeCl_3$. — *4-[2.2.3.3.3-Pentafluor-1-hydroxypropyliden]-2-phenyloxazolon-(5)* (**IV**), $C_{12}H_6 \cdot F_5NO_3$, F. 210—215° (Zers.), analog vorst. Verb. aus **II** u. Pentafluorpropionsäureanhydrid; gelbe Kristalle aus Bzl.; 1,45 g. — *4-[2.2.3.3.4.4.4-Heptafluor-1-hydroxybutyliden]-2-phenyloxazolon-(5)* (**V**), $C_{13}H_6F_7NO_3$, F. 226—228°, analog vorst. Verb. aus 2,0 g **II** u. 13,7 g Heptafluorbuttersäureanhydrid; aus Bzl. hellgelbgrüne Kristalle; 2,73 g. — *2-[p-Methoxyphenyl]-4-[2.2.2-trifluor-1-hydroxyäthyliden]-oxazolon-(5),* $C_{12}H_8F_3NO_4$, F. 225—228° (Zers.), analog vorst. Verb. aus 1,1 ml **I** u. 0,5 g N-[p-Anisoyl]-glycin; aus Aceton/Bzn. hellbraune Kristalle; 0,23 g. — *2-[p-Nitrophenyl]-4-[2.2.2-trifluor-1-hydroxyäthyliden]-oxazolon-(5)* (**VI**), $C_{11}H_5F_3N_2O_5$, F. 212—214°, durch Kochen von 2,3 ml **I** mit 0,75 g N-[p-Nitrobenzoyl]-glycin u. 24std. Stehen bei 10—15°; aus A./CCl_4 rote Kristalle; 0,61 g. — *1-Benzamido-3.3.3-trifluorpropandiol-(2.2)* bzw. *-propanonhydrat* (**VII**), $C_{10}H_8F_3NO_2 \cdot H_2O$, F. 107—109° (Bzl.), durch Kochen von 14,3 g **III** mit W.; 11,65 g. *2.4-Dinitrophenylhydrazon,* $C_{16}H_{12}F_3N_5O_5$, F. 194—195°. — *1.1.1-Trifluor-3-[p-nitrobenzamido]-propandiol-(2.2),* $C_{10}H_7F_3N_2O_4 \cdot H_2O$, F. 106—107° (Bzl.), wie vorst. Verb. aus 0,25 g **VI**; 0,05 g. — *1-Benzamido-3.3.4.4.4-pentafluorbutandiol-(2.2),* $C_{11}H_8F_5 \cdot NO_2 \cdot H_2O$, F. 96—98° (W.), wie vorst. Verb. aus 0,7 g **IV**; 0,33 g. — *1-Benzamido-3.3.4.4.5.5.5-heptafluorpentandiol-(2.2),* $C_{12}H_8F_7NO_2 \cdot H_2O$, F. 86—88°, wie vorst. Verb. aus 0,95 g **V**; 0,61 g. — *N-[2-Benzoyloxy-3.3.3-trifluorpropyl]-benzamid,* $C_{17}H_{14}F_3NO_3$, F. 127—128°, a) durch 23std. Hydrieren von 0,5 g **VII** in A. an RANEY-Ni bei Raum-Temp. oder b) aus 0,1 g **VII** u. 0,3 g $NaBH_4$ in W. u. anschließende Rk. der hydrierten Prodd. mit Benzoylchlorid in Pyridin; nach a) 0,43 g, nach b) 0,13 g. — *β-Benzamido-α-hydroxy-α-trifluormethylpropionitril,* $C_{11}H_9F_3N_2O_2$, F. 111—113° (Bzl.), durch Rk. von 1,0 g **VII** mit KCN in W. bei 0°, 1std. Rühren u. Ansäuern mit 3n H_2SO_4; 0,6 g. *β-Amino-α-hydroxy-α-trifluormethylpropionsäure,* F. 310° (Zers.), durch 1std. Verseifen von 2,7 g vorst. Verb. mit 98%ig. H_2SO_4 bei 110°, Zugabe von W., 2std. Kochen u. Isolierung über das Ba-Salz; 0,22 g; daneben *Benzoesäure.* H. J. WEIGMANN. 3132□

Bildung, Konstitution und Eigenschaften einiger 2.4-disubstituierter 5-Aminooxazolderivate. 2. Mitt. 2-Aryl(alkyl)-4-phenyl-5-arylidenaminooxazole. Jean Lichtenberger und Jean-Pierre Fleury. (Bull. Soc. chim. France [5] **1956**. 1184—92. Aug./Sept. Mulhouse, École Sup. de Chim., Labor. de Chim. organ. gén.) (Franz.) — 1. vgl. C. **1956**. 4722.

Die Kondens. von Aldehyden (**A**) mit α-Acylamino-α-phenylacetonitrilen (**N**) in Ggw. von $ZnCl_2$ in der Hitze oder in Ggw. von HCl-Gas in Lsgm. bei Raum-Temp. führt mit guter Ausbeute zu 2-substituierten *5-Arylidenamino-4-phenyl-1.3-oxazolen.* Als erstes Prod. der Umsetzung von α-Benzoylamino-α-phenylacetonitril (**I**) mit HCl ließ sich das entsprechende *Nitriliumchlorid* (**II**) isolieren, das bei raschem Behandeln mit W. zu *5-Amino-2.4-diphenyl-1.3-oxazol* (**III**) cyclisiert wird. **III** geht mit Benzaldehyd (**VI**) Kondens. zu *5-Benzylidenamino-2.4-diphenyl-1.3-oxazol* ein, das auch unmittelbar aus **I** u. **VI** erhalten wird. Das aus p-Nitrobenzaldehyd u. **I** erhaltene *5-[p-Nitrobenzylidenamino]-2.4-diphenyl-1.3-oxazol* (**IV**) wird über RANEY-Ni zur *5-[p-Aminobenzylidenamino]-Verb.* (**V**) red., deren *Acetyl-Deriv.* auch durch direkte Kondens. von p-Acetylaminobenzaldehyd mit **I** zugänglich ist. Neben zahlreichen aromat. **A** wurde auch Glyoxal mit den **N** kondensiert, wobei stark konjugierte Bis-Derivv. anfallen. Einige der neuen Oxazol-Derivv. eignen sich als Farbstoffe für Cellulose- u. Nylonfasern. Der Mechanismus der Rkk. wird diskutiert.

Versuche: *α-Amino-α-phenylacetonitril*, durch anteilweises Zugeben von HCN zu Benzaldehyd (**VI**) bei —15° in Ggw. von 1 Tropfen alkohol. NH_3, Verdünnen mit A., Einleiten von NH_3 bis zur berechneten Gew.-Aufnahme u. 48std. Stehen unter Kühlung; 40% (Ausbeute). — α-Acylamino-α-phenylacetonitrile (**N**), durch Acylieren vorst. Verb. mit dem jeweiligen Säurechlorid in Ae./Pyridin bei —5°: *α-Benzoylamino-* (**I**), F. 156,5°; 92,5%. — *α-Acetylamino-*, F. 111—112°; 100%. — *α-[p-Methylbenzoylamino]-*, F. 154°; 83%. — *α-[p-Nitrobenzoylamino]-*, F. 160,5—161°. — *α-Cinnamoylamino-*, F. 164,5—165,5°; 78%. — *α-[m-Trifluormethylbenzoylamino]-*, F. 174,5°; 76%. — *α-Benzoylamino-α-phenylacetonitriliumchlorid* (**II**), $C_{15}H_{13}ClN_2O$, Zers. bei 110—130°, aus 26 g **I** u. HCl-Gas in Chlf.; 25 g. — *α-Phenylhippursäureamid*, $C_{15}H_{14}N_2O_2$, F. 193,5 bis 194° (A.), aus **I** u. konz. HCl in Eisessig. — 5-Arylidenamino-2.4-diphenyl-1.3-oxazole, a) durch 1std. Kochen des **N** mit dem **A** in Ggw. von $ZnCl_2$ u. Verdünnen mit Methanol; b) durch Einleiten von HCl in die Lsg. des **N** u. **A** in Methanol oder Chlf.; Ausbeuten nahezu quant.: *5-Benzylidenamino-*, F. 157,5—158° (Essigsäure), auch aus **III** u. **VI**; gelb. *Perchlorat*, $C_{22}H_{16}N_2O \cdot HClO_4$. — *5-[p-Methylbenzylidenamino]-*, F. 187,5° (Essigsäure); gelb. — *5-[o-Nitrobenzylidenamino]-*, F. 168,5° (Essigsäure); orangefarben. — *5-[m-Nitrobenzylidenamino]-*, F. 194,5—195,5° (Nitrobenzol); gelborangefarben. — *5-[p-Nitrobenzylidenamino]-* (**IV**), F. 237,5° (Nitrobenzol); orangefarben.- *5-Cinnamylidenamino-*, F. 199,5° (Nitrobenzol); orangefarben. — *5-[p-Dimethylaminobenzylidenamino]-*, F. 202—203° (Nitrobenzol); orangefarben. — *5-[o-Chlorbenzylidenamino]-*, F. 183° (Essigsäure); gelb. — *5-[p-Chlorbenzylidenamino]-*, F. 182—183° (Toluol); gelb. — *5-[o-Hydroxybenzylidenamino]-*, F. 183° (Essigsäure); gelb. — *5-[m-Hydroxybenzylidenamino]-*, F. 228° (Toluol–Ligroin); gelb. — *5-[p-Hydroxybenzylidenamino]-*, F. 208° (Toluol–Ligroin); gelb. — *5-[p-Acetylaminobenzylidenamino]-*, $C_{24}H_{19}N_3O_2$, F. 269° [auch durch Acetylieren von **V**]. — *5-[p-Aminobenzylidenamino]-* (**V**), $C_{22}H_{17}N_3O$, F. 208° (A.), durch Hydrieren von **IV** in A. über RANEY-Ni; 80%. — *5-[p-(β-Naphtholazo)-benzylidenamino]-*, $C_{32}H_{22}N_4O_2$, F. 186—188° (verd. Essigsäure), durch Diazotieren von **V** mit $NaNO_2$ in Eisessig/HCl u. Kuppeln mit β-Naphthol; violett. — *5-Amino-* (**III**), $C_{15}H_{12}N_2O$, F. 139—139,5° (wss. Methanol), durch rasches Zugeben von 200 ml W. zu 1,5 g **II** in Methanol; 0,7 g. *Acetyl-Deriv.*, $C_{17}H_{14}N_2O_2$, F. 175—175,5°. — 2-[p-Tolyl]-4-phenyl-1.3-oxazole: *5-Benzylidenamino-*, F. 192—193° (Essigsäure); tiefgelb. — *5-[p-Methylbenzylidenamino]-*, F. 206° (Essigsäure); citronengelb. — *5-[o-Nitrobenzylidenamino]-*, F. 174° (Essigsäure); orangefarben. — *5-[m-Nitrobenzylidenamino]-*, F. 221° (Essigsäure); orangefarben. — *5-[p-Nitrobenzylidenamino]-*, F. 215° (Essigsäure); bordeauxrot. — *5-Cinnamylidenamino-*, F. 170° (Essigsäure); orangefarben. — *5-[p-Dimethylaminobenzylidenamino]-*, F. 207,5° (A.); ziegelrot. — *5-[o-Chlorbenzylidenamino]-*, F. 197° (Nitrobenzol); gelb. — *5-[o-Hydroxybenzylidenamino]-*, F. 185 bis 186° (Nitrobenzol); gelb. — 2-[p-Nitrophenyl]-4-phenyl-1.3-oxazole: *5-Benzylidenamino-* (**VII**), F. 211—212° (Essigsäure); orangefarben. — *5-[p-Methylbenzylidenamino]-*, F. 199—200° (Essigsäure); orangefarben. — *5-[o-Nitrobenzylidenamino]-*, F. 219,5° (Essigsäure); citronengelb. — *5-[m-Nitrobenzylidenamino]-*, F. 266 bis 267° (Nitrobenzol); orangegelb. — *5-[p-Nitrobenzylidenamino]-*, F. 277,5° (Nitrobenzol); rot. — *5-Cinnamylidenamino-*, F. 214—215° (Nitrobenzol); dunkelrot. — *5-[p-Dimethylaminobenzylidenamino]-*, F. 321,5° (Nitrobenzol); purpurfarben. — *5-[o-Chlor-*

benzylidenamino]-, F. 240—241° (Nitrobenzol); gelborangefarben. — *5-[o-Hydroxybenzylidenamino*]-, F. 213—214° (Essigsäure); orangefarben. — 2-[m-Trifluormethylphenyl]-4-phenyl-1.3-oxazole: *5-Benzylidenamino-*, F. 162—163° (Essigsäure); hellgelb. — *5-[p-Methylbenzylidenamino*]-, F. 165° (Essigsäure); gelb. — *5-[o-Nitrobenzylidenamino*]-, F. 143° (Essigsäure); orangefarben. — *5-[m-Nitrobenzylidenamino*]-, F. 195° (Essigsäure); tiefgelb. — *5-[p-Nitrobenzylidenamino*]-, F. 227° (Essigsäure); orangegelb. — *5-Cinnamylidenamino-*, F. 160° (Essigsäure); orangefarben. — *5-[p-Dimethylaminobenzylidenamino*]-, F. 178° (A.); gelb. — *5-[o-Chlorbenzylidenamino*]-, F. 154,5° (Nitrobenzol); gelb. — *5-[o-Hydroxybenzylidenamino*]-, F. 149° (Nitrobenzol); gelb. — 2-Styryl-4-phenyl-1.3-oxazole: *5-Benzylidenamino-*, F. 146—147° (A.); citronengelb. — *5-[p-Methylbenzylidenamino*]-, F. 194—195° (A.); orangegelb. — *5-[o-Nitrobenzylidenamino*]-, F. 152,5° (Essigsäure); tiefrot. — *5-[m-Nitrobenzylidenamino*]-, F. 148,5° (Methanol); orangefarben. — *5-[p-Nitrobenzylidenamino*]-, F. 191° (Nitrobenzol); bordeauxrot. — *5-Cinnamylidenamino-*, F. 189—190° (Nitrobenzol); tiefrot. — *5-[p-Dimethylaminobenzylidenamino*]-, F. 176,5° (Essigsäure); ziegelrot. — *5-[o-Chlorbenzylidenamino*]-, F. 164° (Nitrobenzol); gelb. — *5-[o-Hydroxybenzylidenamino*]-, F. 170—175° (Nitrobenzol); tiefgelb. — 2-Methyl-4-phenyl-1.3-oxazole: *5-Benzylidenamino-*, F. 97—98° (wss. A.); blaßgelb. — *5-[m-Nitrobenzylidenamino*]-, F. 155—156° (A.); gelb. — *5-[p-Nitrobenzylidenamino*]-, F. 179,5° (A.); orangefarben. — 5.5′-Glyoxaldiimino-bis-{2-aryl-4-phenyl-1.3-oxazole}: *-2-phenyl-*, F. 292—293° (Nitrobenzol); rot. — *-2-[p-tolyl*]-, F. 264—265° (Nitrobenzol); purpurfarben. — *2-[p-nitrophenyl*]-, F. 328° (Zers.; Nitrobenzol); violett. — *-2-[m-trifluormethylphenyl*]-, F. 272 bis 273° (Nitrobenzol); purpurfarben. — *-2-styryl-*, F. 269,5° (Nitrobenzol); violett. — *5-Benzylidenamino-2-[p-aminophenyl]-4-phenyl-1.3-oxazol*, $C_{22}H_{17}N_3O$, F. 188—189°, durch Red. von **VII** in A. über Raney-Ni. *Acetyl-Deriv.*, $C_{24}H_{19}N_3O_2$, F. 245°. — *5-Benzylidenamino-2-[p-(β-naphtholazo)-phenyl]-4-phenyl-1.3-oxazol*, $C_{32}H_{22}N_4O_2$, F. 194°, durch Diazotieren vorst. Verb. u. Kuppeln mit β-Naphthol. H.-E. Toussaint. 3132□

Untersuchungen von 2-[m-Tolylimino]-3-[m-tolyl]-thiazolidon-(4). Prithwi Nath Bhargava und Girish Ch. Goswami. (J. Indian chem. Soc. **32.** 763—66. Dez. 1955. Banaras, Hindu Univ., Coll. of Sci., Organ. Chem. Labor.) (Engl.)

Die Darst. von *2-[m-Tolylimino]-3-[m-tolyl]-thiazolidon-(4)* (**II**) aus N.N′-Bis-[m-tolyl]-thioharnstoff (**I**) u. Monochloressigsäure wird beschrieben. Die bei der Zers. von **II** entstehenden Verbb. werden untersucht.

Versuche: *N.N′-Bis-[m-tolyl]-thioharnstoff* (**I**), $C_{15}H_{16}N_2S$, F. 112° (A.), a) durch 1½std. Kochen von m-Toluidin, CS_2 u. A. mit 40%ig. wss. KOH, Abdestillieren von A. u. CS_2 u. Waschen mit heißem W.; 86% (Ausbeute); b) analog a) mit K_2CO_3; 81,4%. — *2-[m-Tolylimino]-3-[m-tolyl]-thiazolidon-(4)* (**II**), $C_{17}H_{16}N_2OS$, F. 154° (abs. A. oder Bzl./A.), durch 4std. Kochen von **I**, Monochloressigsäure, Na-Acetat u. abs. A., Einengen u. Waschen mit heißem W.; 97,5%. *5-Benzyliden-Deriv.*, F. 175°, durch 6std. Erhitzen mit Benzaldehyd auf 150°; hellgelbe Kristalle aus Chlf./A.; 86%. *5-[m-Nitrobenzyliden]-Deriv.*, F. 208°, durch 6std. Kochen von **II** u. m-Nitrobenzaldehyd in abs. A. in Ggw. von Na-Acetat; gelbe Kristalle aus Chlf./A.; 74%. *5-[o-Nitrobenzyliden]-Deriv.*, F. 164°, durch 7std. Kochen von **II** u. o-Nitrobenzaldehyd in Pyridin; aus Chlf./A. gelbe Kristalle; 41,4%. *5-[m-Hydroxybenzyliden]-Deriv.*, F. 169°, aus m-Hydroxybenzaldehyd analog vorst. Deriv.; aus A. hellgelbe Kristalle; 43%. *5-Cinnamyliden-Deriv.*, F. 184°, durch 7std. Erhitzen mit Zimtaldehyd auf 150°; gelbe Kristalle aus Chlf./A.; 54,2%. *5-[p-Methoxybenzyliden]-Deriv.*, F. 182°, analog aus p-Anisaldehyd aus Chlf./PAe. hellgelbe Kristalle; 47,9%. *5-[o-Hydroxybenzyliden]-Deriv.*, F. 235°, analog aus Salicylaldehyd; aus Chlf./A. gelbe Kristalle; 48,1%. *5-[3-Methoxy-4-hydroxybenzyliden]-Deriv.*, F. 220°, durch 8std. Kochen mit Vanillin in abs. A. in Ggw. von Na-Acetat; aus Chlf./A. gelbe Kristalle; 68,84%. *5-[3.4-Methylendioxybenzyliden]-Deriv.*, F. 252°, analog vorst. Deriv. aus Piperonal; aus Chlf./A. gelbe Kristalle; 53,34%. *5-[2-Hydroxynaphthylimino]-Deriv.*, F. 230°, durch 5std. Kochen von **II** u. α-Nitroso-β-naphthol in abs. A. in Ggw. von Na-Acetat; aus A. schwarze Kristalle; 59,06%. *Hydrochlorid*, $C_{17}H_{17}ClN_2OS$, F. 180—182° (Bzl.), durch Einleiten von HCl in eine benzol. Lsg. von **II**. *5-[p-Aminosulfonylphenylazo]-Deriv.*, $C_{23}H_{21}N_5O_3S_2$, F. 235° (Zers.), durch ¼std. Stehen von Sulfanilamid, $NaNO_2$, Na-Acetat u. Eisessig in Ggw. von wenig konz. HCl u. Zugabe von **II** in Eisessig; aus Chlf. scharlachrote Kristalle; 61,8%. *1.1-Dioxid*, $C_{17}H_{16}N_2O_3S$, F. 214°, durch langsames Erwärmen von **II** mit 20%ig. H_2O_2 in Eisessig auf 60°, 48std. Stehen bei Raum-Temp. u. Einengen im Vakuum bei 65°; aus Chlf./A. braune Kristalle; 54%. — *N.N′-Bis-[m-tolyl]-harnstoff*, $C_{15}H_{16}N_2O$, F. 223° (A.), durch 3std. Kochen von **II** mit 1n alkohol. KOH u. A.; 92,5%; daneben *Thioglykolsäure*. — *3-[m-Tolyl]-thiazolidindion-(2.4)*, $C_{10}H_9NO_2S$, F. 90° (W.), durch

6std. Kochen von II mit konz. HCl in A., Einengen u. Extrahieren mit heißem W.; 14,3%; daneben *m-Toluidinhydrochlorid* [*Azo-β-naphthol-Deriv.*, F. 140°].

W. HAMPEL. 3142□

Untersuchungen von 2-[p-Tolylimino]-3-[p-tolyl]-thiazolidon-(4). Prithwi Nath Bhargava und Bikkina Chitteyya. (J. Indian chem. Soc. **32.** 797—98. Dez. 1955. (Engl.) — Vgl. vorst. Referat.

Die Umsetzungen von *2-[p-Tolylimino]-3-[p-tolyl]-thiazolidon-(4)* (I) mit Aldehyden u. α-Nitroso-β-naphthol werden beschrieben.

Versuche: *2-[p-Tolylimino]-3-[p-tolyl]-thiazolidon-(4)* (I), $C_{17}H_{16}N_2OS$, F. 127°, nach KLARE u. Mitarbeitern [1930]; gelbe Kristalle. *S.S-Dioxid*, $C_{17}H_{16}N_2O_3S$, F. 145°, nach PUMMER [1910]; aus A. gelbe Kristalle. *Hydrochlorid*, $C_{17}H_{17}ClN_2OS$, F. 195°. — 2-[p-Tolylimino]-3-[p-tolyl]-thiazolidone-(4): *5-Benzal-*, F. 194°, durch 7std. Erhitzen von I u. Benzaldehyd auf 150° u. Waschen mit verd. HCl; aus Chlf. durch Fällen mit A. hellgelbe Kristalle; 80% (Ausbeute). — *5-[o-Hydroxybenzal]-*, F. 247°, aus Salicylaldehyd; gelbe Kristalle; 75%. — *5-[p-Methoxybenzal]-*, F. 210°, aus p-Anisaldehyd; hellgelbe Kristalle; 73%. — *5-Cinnamyliden-*, F. 205°, aus Zimtaldehyd; hellgelbe Kristalle; 70%. — *5-[o-Nitrobenzal]-*, F. 143°, aus o-Nitrobenzaldehyd; gelbe Kristalle; 68%. — *5-[m-Nitrobenzal]-*, F. 197°, aus m-Nitrobenzaldehyd; gelbe Kristalle; 70%. — *5-[p-Nitrobenzal]-*, F. 233°, aus p-Nitrobenzaldehyd; hellgelbe Kristalle; 72%. — *5-[m-Hydroxybenzal]-*, F. 196°, aus m-Hydroxybenzaldehyd; braune Kristalle; 76%. — *5-[3.4-Dimethoxybenzal]-*, F. 199°, aus Veratraldehyd; gelbe Kristalle; 58%. — *5-[3.4-Methylendioxybenzal]-*, F. 217°, aus Piperonal; braune Kristalle; 82%. — *5-[2-Hydroxynaphthylimino]-*, F. 225°, aus α-Nitroso-β-naphthol; schwarze Kristalle; 45%. — *5-[p-Toluolazo]-*, F. 192°, durch Zugabe von I zu diazotiertem p-Toluidin in Eisessig bei 0°; aus A. purpurfarbene Kristalle. — *5-[p-Aminosulfonylphenylazo]-*, F. 225°, aus p-Aminosulfonylphenyldiazoniumchlorid u. I; rote Kristalle. W. HAMPEL. 3142□

Salicylate des 2-Guanidino-3-methylbutanthiols und 2-Amino-5-hexylthiazolins. Robert J. Dummel und Edward A. Garlock. (J. org. Chemistry **27.** 1049. März 1962. Palo Alto, Calif., Hazleton-Nuclear Sci. Corp., Falls Church, Va., Hazleton Labor., Inc.) (Engl.)

Ausgehend von DL-Valin bzw. DL-α-Aminooctansäure werden nach bekannten Meth. über *S-[2-Amino-3-methylbutyl]-* bzw. *S-[2-Aminooctyl]-isothiuroniumbromid* durch Umlagerung *2-Guanidino-3-methylbutanthiol* u. *2-Amino-5-hexylthiazolin* dargestellt u. als *Salicylate* krist. erhalten.

Versuche: *S-[2-Amino-3-methylbutyl]-isothiuroniumbromid, Hydrobromid*, C_6H_{17}·Br_2N_3S, F. 118—121°, aus DL-Valin in Tetrahydrofuran mit $LiAlH_4$ über *Valinol* [Kp.$_1$ 66—73°; 50,9% (Ausbeute)], Umsetzen mit HBr zu *2-Amino-3-methyl-1-brombutanhydrobromid* (53,3%), Lösen in Propanol-(2) u. Zufügen von Thioharnstoff in Acetonitril–Propanol-(2); 62,7%. *Flavianat*, F. 240—245° (Zers.). — *2-Guanidino-3-methylbutanthiol, Salicylat*, $C_{13}H_{21}N_3O_3S$, F. 137—139° [Acetonitril–Propanol-(2)], aus vorst. Isothiuroniumsalz unter N_2 in W., Behandeln mit 15n NH_4OH bis pH 9, Neutralisieren mit HBr unter Kühlung, Eindampfen, Extrahieren des Rückstands mit Propanol-(2), Lösen des *Hydrobromids* (74,8%) in W. u. Behandeln mit wss. Na-Salicylat-Lsg.; 80,6%. *Flavianat*, $C_{16}H_{21}N_5O_8S_2$, F. 99—101°, aus dem Hydrobromid. *Pikrat*, $C_{12}H_{18}N_6O_7S$, F. 145—147°, aus dem Hydrobromid. — *S-[2-Aminooctyl]-isothiuroniumbromid, Hydrobromid*, aus DL-α-Aminooctansäure in Tetrahydrofuran mit $LiAlH_4$ über *2-Aminooctanol* (Kp.$_1$ 106—112°; 45,6%), Umsetzen mit HBr zu *2-Amino-1-bromoctanhydrobromid* [F. 115 bis 117° (Toluol–Pentan); 42,2%], Lösen in Propanol-(2), Behandeln mit Thioharnstoff in Acetonitril–Propanol-(2) u. Eindampfen; sirupös. — *2-Amino-5-hexylthiazolin, Salicylat*, $C_{16}H_{24}N_2O_3S$, F. 95—97° (Isopropyläther), aus vorst. Isothiuroniumsalz analog vorst. Salicylat; 81,7%. H. GLEINIG. 3142□

Bildung von Cyclohexano-[c]-1.2.5-oxadiazol aus Cyclohexandion-(1.2)-dioxim. Eine versuchte Beckmannsche Umlagerung mit Thionylchlorid in flüssigem Schwefeldioxyd. 7. Mitt. Niichiro Tokura, Ritsuro Tada und Kunio Yokoyama. (Bull. chem. Soc. Japan **34.** 270—74. Febr. 1961. Sendai, Tohoku Univ., Res. Inst. for Non-Aqueous Solutions. (Engl.) — 4. vgl. Bull. chem. Soc. Japan **31.** [1958.] 1003; 5. vgl. C. **1958.** 5628.

Die versuchte BECKMANNsche Umlagerung von Cyclohexandion-(1.2)-dioxim (I) mit $SOCl_2$ in fl. SO_2 ergibt *Cyclohexano-[c]-1.2.5-oxadiazol* (II). Die Struktur von II wird durch Rkk. u. Synth. bewiesen. Der Grund für die Bevorzugung der Kondens. gegenüber der Umlagerung wird im Falle des Benzildioxims diskutiert. Die Maxima der IR-Spektren sind angegeben.

Versuche: *Cyclohexandion-(1.2-dioxim* (I), $C_6H_{10}N_2O_2$, F. 186—187° (W.,) durch 3/4std. Kochen von 2-Bromcyclohexanon, NH_2OH·HCl, Na-Acetat, Methanol u. W.;

34% (Ausbeute). — *Cyclohexano-[c]-1.2.5-oxadiazol* (II), $C_6H_8N_2O$, F. 26° (A.), $Kp._{13}$ 99 bis 101,5°, a) durch 1std. Stehen von I u. $SOCl_2$ in fl. SO_2 bei Raum-Temp.; 70%; b) durch 1½std. Kochen von I mit 10%ig. NaOH; 10%. — *β-[5-Carboxy-1.2.5-oxadiazolyl-(4)]-propionsäure*, $C_6H_6N_2O_5$, F. 147—148° (Zers.; Aceton/Ligroin), durch Oxydation von II mit $KMnO_4$ in verd. H_2SO_4; 86,7%. — *1.2.5-Oxadiazol-3.4-dicarbonsäure*, $C_4H_2N_2O_5$, F. 178° (Zers.; A.), analog vorst. Verb. durch 2tägiges Erwärmen von 0,5 g II auf 100°; 0,1 g. — *1.2.3.4.5.6.7.8-Oktahydrophenazin*, $C_{12}H_{16}N_2$, F. 108—109°, durch 1½std. Kochen von II mit Na in A.; aus A. Nadeln. *Pikrat*, $C_{18}H_{19}N_5O_7$, F. 155°, gelbe Nadeln. W. HAMPEL. 3173□

Über die Synthese des 2-Acetamido-1.3.4-thiodiazol-5-sulfonamids. Neue einfache Synthesen des 2-Amino-1.3.4-thiodiazolthiols-(5). J. Selmiciu, Hsing-Han Lei, Chen-Yao Chang, Shu-Ü Jan, Ka-Ching Tzin, Ding-Si Lu und Siu-Ping Chang. (Pharmaz. Zentralhalle Deutschland 97. 468—71. Okt. 1958. Schanghai u. Tientsin, Chem.-pharmazeut. Inst.) (Dt.)

Durch Erhitzen von Thiosemicarbazid (I) mit CS_2 in Pyridin oder Triäthylamin als Lsgm. u. Katalysator ohne Druck wird *2-Amino-5-mercapto-1.3.4-thiodiazol* (II) in 80—90%ig. bzw. 68—71%ig. Ausbeute erhalten. Chinolin, α-, β-, γ-Picolin, Dimethyl- u. Diäthylamin liefern schlechtere Ausbeuten. Beim Ringschluß von aus NH_4SCN u. Hydrazinsulfat (III) dargestelltem *N.N'-Bis-[aminothiocarbonyl]-hydrazin* zu II wurden mit H_3PO_2/HCl die höchsten Ausbeuten erhalten, die besten Ergebnisse werden mit höher konz. HCl erzielt. Durch Acetylierung von II, oxydative Chlorierung u. Umsetzen des erhaltenen *Sulfochlorids* mit NH_4OH wird *2-Acetylamino-1.3.4-thiodiazol-5-sulfonamid* dargestellt.

Versuche: *N.N'-Bis-[aminothiocarbonyl]-hydrazin*, F. 205—209° (W.), durch Zugabe von III zu NH_4SCN in W. bei 50—60°, 3std. Erhitzen auf 98—103° u. Kühlen; 72,7% (Ausbeute). — *2-Amino-5-mercapto-1.3.4-thiodiazol* (II), F. 232—233° (W.), a) durch 5std. Kochen von I u. CS_2 in Pyridin, Eindampfen, Zugabe von W., Zugabe von 10%ig. NaOH, Filtrieren u. Zugabe von konz. HCl; 80—90%; b) durch 1½std. Kochen von I u. CS_2 in Triäthylamin, Eindampfen, Zugabe von 2n NaOH, Filtrieren u. Ansäuern mit konz. HCl; 68,4—71%; c) durch Zugabe vorst. Verb. zu HCl/0,5%ig. wss. H_3PO_2-Lsg. bei 98°, Erhitzen auf 100—104° u. Kühlen; 79,1%. — *2-Acetylamino-5-mercapto-1.3.4-thiodiazol*, durch 1½std. Erhitzen von 16 g II mit Eisessig/Acetanhydrid auf 100° u. Zugabe von Eiswasser u. 2std. Rühren. — *2-Acetylamino-1.3.4-thiodiazol-5-sulfochlorid*, durch 1—1½std. Einleiten von Cl_2 in die wss. Lsg. vorst. Verbindung. — *2-Acetylamino-1.3.4-thiodiazol-5-sulfonamid*, F. 254—256° (W.), durch Zugabe vorst. Verb. zu 28%ig. NH_4OH $< +4°$, 1std. Rk., Zugabe von Eiswasser u. Ansäuern mit H_2SO_4 auf pH 6,5—7 bei +5°; 15,5 g. W. LIEBSCHER. 3173

Darstellung von 2.1.3-Benzothiadiazolen unter Verwendung von Dimethylformamid-Schwefeldioxid-Reagens. Walter T. Smith jun. und Wen-Yean Chen. (J. org. Chemistry 27. 676—77. Febr. 1962. Lexington, Ky., Univ., Dep. of Chem.) (Engl.)

2.1.3-Benzothiadiazol, *5-Methyl-* u. *5-Chlor-2.1.3-benzothiadiazol* u. *2'.3'-Naphtho-2.1.3-thiadiazol* werden in 15—40%ig. Ausbeute bei 70—115° aus o-Phenylendiamin bzw. den entsprechenden Derivv. mit SO_2-gesätt. Dimethylformamid hergestellt. Aus 3.3'-Diaminobenzidin wird in 2,5%ig. Ausbeute *5-[3'.4'-Diaminophenyl]-2.1.3-benzothiadiazol* erhalten, aber kein Bis-2.1.3-benzothiadiazol.

Versuche (FF. korr.): *2.1.3-Benzothiadiazol*, F. 42—43° (A.), a) durch 8std. Rühren von o-Phenylendiamin mit einer gesätt. SO_2-Lsg. in Dimethylformamid bei 70—75°, Filtrieren, Verdünnen mit W. u. Extrahieren mit Bzl.; 40% (Ausbeute); b) wie a) beim Durchleiten von SO_2 durch die Rk.-Lsg.; 49%. — Analog: *5-Chlor-2.1.3-benzothiadiazol*, F. 54—55°; 17%. — *5-Methyl-2.1.3-benzothiadiazol*, F. 28—30°; 35%. — *2'.3'-Naphtho-2.1.3-thiadiazol*, $C_{10}H_6N_2S$, F. 99—100°; 15%. — *5-[3'.4'-Diaminophenyl]-2.1.3-benzothiadiazol*, $C_{12}H_{10}N_4S$, F. 150—153°; 2,5%. E. KOSSMEHL. 3173□

Identität von 5-Methylmercapto-1.2.3.4-thiatriazol mit dem sogenannten Methylazidodithiocarbonat. E. Lieber, E. Oftedahl, S. Grenda und R. D. Hites. (Chem. and Ind. 1958. 893—94. 12/7. Chicago, Ill., De Paul Univ. and Armour Res. Foundat., Illinois Inst. of Technol., Dep. of Chem.) (Engl.)

Das nach AUDRIETH u. Mitarbeitern [1930] aus CS_2, NaN_3 u. CH_3J dargestellte sog. Methylazidodithiocarbonat ist *5-Methylmercapto-1.2.3.4-thiatriazol* (I, $C_2H_3N_3S_2$, F. 34°; $n_D^{34,5}$ 1,601). Aus CS_2, N_2H_4, KOH u. CH_3J wurde *Dithiocarbazinsäuremethylester* (F. 81—82°) synthetisiert, der durch Rk. mit HNO_2 nach LIEBER u. Mitarbeiter (C. **1957**. 11253) I liefert. K. ZIELOFF. 3194

Suche nach physiologisch aktiven Verbindungen. 4. Mitt. Synthese von 6- und 7-Halogencumarinen durch eine direkte Kondensation. N. V. Subba Rao und V. Sundaramurthy. (Proc. Indian Acad. Sci., Sect. A **54**. 105—08. Aug. 1961.

Osmania Univ., Chem. Dep.) (Engl.) — 3. vgl. Proc. Indian Acad. Sci., Sect. A **42.** [1955.] 249; 2. vgl. C. **1957.** 2199.

7-Brom- u. *7-Brom-4-methylcumarine* werden durch PECHMANN-Kondens. von m-Bromphenol (I) dargestellt. Aus den halogensubstituierten o-Hydroxyacetophenonen werden *7-Halogen-4-methyl-3-phenyl-*, *7-Halogen-4-hydroxy-*, *7-Halogen-4-methyl-3-cyan-* u. *6-Brom-4-methyl-3-phenylcumarin* dargestellt.

Versuche: Cumarine: *7-Brom-*, $C_9H_5BrO_2$, F. 105°, durch Erhitzen von 5 g I, 5 g Äpfelsäure u. konz. H_2SO_4 auf 120—130° bis zum Ende der CO-Entw., 2std. Stehen u. Gießen auf Eis; aus wss. A. Nadeln; 0,15 g (Ausbeute). — *7-Brom-4-methyl-*, F. 138°, durch 24std. Stehen von 5 g I u. 5 g Acetessigsäureäthylester in Ggw. von konz. H_2SO_4 u. Gießen auf Eis; aus wss. A. Nadeln; 0,5 g. — *7-Chlor-4-methyl-3-phenyl-*, F. 140°, durch ½std. Erhitzen von 4 ml 4-Chlor-2-hydroxyacetophenon, 8 g Na-Phenylacetat u. Acetanhydrid auf 120°, 4std. Erhitzen auf 180°, Gießen in W. u. mehrstd. Stehen; aus wss. A. Nadeln; 4 g. — *7-Brom-4-methyl-3-phenyl-*, F. 129°, durch Kondens. von 4 ml des entsprechenden Bromacetophenons mit 8 g Na-Phenylacetat u. Acetanhydrid; aus wss. A. blaßgelbe Nadeln; 3 g. — *7-Jod-4-methyl-3-phenyl-*, F. 142°, durch Kondens. von 0,1 g 4-Jod-2-hydroxyacetophenon mit Na-Phenylacetat u. Acetanhydrid analog vorvorst. Verb.; aus wss. A. graue Platten; 0,03 g. — *7-Chlor-4-methyl-3-cyan-*, $C_{11}H_6 \cdot ClNO_2$, F. 204°, durch 2std. Kochen von 2 ml 4-Chlor-2-hydroxyacetophenon, 2 g Cyanessigsäureäthylester u. Na-Äthylat; aus Aceton/W. blaßgelbe Nadeln; 1,4 g. — *7-Brom-4-methyl-3-cyan-*, $C_{11}H_6BrNO_2$, F. 210°, analog vorst. Verb. aus 2 ml 4-Brom-2-hydroxyacetophenon; blaßgelbe Nadeln; 1,2 g. — *7-Chlor-4-hydroxy-*, $C_9H_5ClO_3$, F. 242°, durch Mischen von 1,5 ml 4-Chlor-2-hydroxyacetophenon mit 10 ml Kohlensäurediäthylester u. Na-Pulver u. 1std. Erhitzen auf 100°; aus A. u. Essigester/PAe. Nadeln; 1 g. — *7-Brom-4-hydroxy-*, $C_9H_5BrO_3$, F. 243°, analog vorst. Verb. aus 4-Brom-2-hydroxyacetophenon; Nadeln. — *6-Brom-4-methyl-3-phenyl-*, $C_{16}H_{11}BrO_2$, F. 189°, durch Kondens. von 2 g 5-Brom-2-hydroxyacetophenon, 4 g Na-Phenylacetat u. Acetanhydrid; aus wss. A. hellgelbe Nadeln; 1,2 g. P. GOLINSKE. 3211 □

Eine neue Synthese von 3-substituierten Chromanonen. P. Da Re und L. Verlicchi. (Experientia [Basel] **16.** 301—02. 15/7. 1960. Milano, Recordati-Labor. Farmacol. S.p.A., Res. Dep.) (Engl.)

Durch Rk. von Formaldehyd mit o-Hydroxyarylalkylketonen entstehen *3-Alkylchromanone-*(*4*). Zum Beispiel liefert das Na-Salz von o-Hydroxypropiophenon in W. bei 50° mit der äquivalenten Menge Formaldehyd nach einiger Zeit eine ölige Substanz, *3-Methylchromanon-*(*4*). Die gleiche Rk. wurde auch mit 5-Brom- u. 5-Methyl-2-hydroxypropiophenon ausgeführt sowie mit o-Hydroxybutyrophenon u. o-Hydroxyphenylbenzylketon. Mit o-Hydroxyacetophenon entsteht nur polymeres Material. Ein Rk.-Mechanismus wird diskutiert. P. GOLINSKE. 3211 □

Untersuchungen über Benzochromone. 1. Mitt. Synthese von 2-Methyl-5.6-dimethoxy-7.8-benzochromon. Kazutaka Yamaguchi, Seigo Fukushima und Hiroshi Yamada. (Chem. pharmac. Bull. [Tokyo] **8.** 1028—35. Nov. 1960. Tokyo, Nat. Inst. of Hygienic Sci.) (Engl.)

Vff. nehmen an, daß die früher als 2-Acetyl-3-acetoxy-1.4-dihydroxynaphthalin bezeichnete Verb. in Wirklichkeit 1.3-Dihydroxy-2-acetyl-4-acetoxynaphthalin ist. Die Cyclisierung von 1.3-Dimethoxy-2-acetoacetyl-4-hydroxynaphthalin (III) mit H_2SO_4 liefert *2-Methyl-5.6-dihydroxy-7.8-benzochromon* (I), das mit der unbekannten Substanz, die durch Hydrolyse von 1-Methoxy-2-acetyl-3.4-diacetoxynaphthalin entsteht, ident. ist.

Versuche: *2-Acetyl-3-hydroxynaphthochinon-*(*1.4*), $C_{12}H_8O_4$, F. 132—133°, nach SPRUIT (Recueil Trav. chim. Pays-Bas **66.** [1947.] 665) aus 29 g 2-Acetyl-4-amino-α-naphtholhydrochlorid; goldgelbe Platten; 13 g (Ausbeute); mit $FeCl_3$ in verd. A. rote Farbe. — *1.3.4-Trihydroxy-2-acetylnaphthalin*, $C_{12}H_{10}O_4$, F. 185°, durch mehrere Min. langes Erwärmen vorst. Verb. in A. mit wss. $NaHSO_3$; aus verd. A. orangerote Nadeln; 74%; gibt in verd. A. eine grüne Farbe mit $FeCl_3$. — *1.3-Dihydroxy-2-acetyl-4-acetoxynaphthalin* (IV), $C_{14}H_{12}O_5$, F. 192—193°, a) durch Erhitzen vorst. Verb. mit Acetanhydrid auf 100°; aus A. gelbe Nadeln; 46%; b) durch Kochen vorvorst. Verb. mit Zn-Pulver u. Acetanhydrid, Filtrieren, Kühlen u. Gießen in W.; 34%; c) durch 10std. Stehen vorst. Verb. mit Na-Acetat u. Acetanhydrid bei Raum-Temp.; 34%. — *1.3-Dimethoxy-2-acetyl-4-acetoxynaphthalin*, $C_{16}H_{16}O_5$, F. 68°, a) durch 3std. Kochen von IV mit K_2CO_3 u. Dimethylsulfat in Aceton; aus verd. A. Prismen; 83%; b) durch mehrstd. Stehen vorst. Verb. in abs. Bzl. in Ggw. von Methanol mit äther. CH_2N_2; 9%. — *1.3-Dimethoxy-2-acetyl-4-hydroxynaphthalin*, $C_{14}H_{14}O_4$, F. 114—115°, a) durch ½std. Stehen vorst. Verb. in A. mit 30%ig. KOH unter N_2 u. Zugabe überschüssiger verd. Essigsäure; aus verd. A. Nadeln; 88%; b) durch 10 Min. langes Stehen vorst. Verb. mit kalter H_2SO_4; 70%; rote Farbe mit $FeCl_3$. — *1.3-Dimethoxy-2-acetoacetyl-4-hydroxynaphthalin* (III),

$C_{16}H_{16}O_5$, F. 104—105°, durch Zugabe von Na zu vorst. Verb. in Essigsäureäthylester, 3std. Kochen, mehrstd. Stehen, Versetzen mit Methanol u. W. u. Ansäuern mit Essigsäure; aus verd. A. u. Aceton/Bzn. schwachgelbe Prismen; 45%; in verd. A. tiefrote Farbe mit $FeCl_3$. — *2-Methyl-5.6-dihydroxy-7.8-benzochromon* (I), $C_{14}H_{10}O_4$, F. 224 bis 225°, a) durch 10 Min. langes Stehen von III in kalter H_2SO_4 u. Gießen in Eiswasser; aus A. gelbe Nadeln; 83%; in verd. A. grüne Farbe mit $FeCl_3$, die in Orangerot übergeht; b) durch Zugabe von 20%ig. KOH zu 1-Methoxy-2-acetyl-3.4-diacetoxynaphthalin in A. unter N_2, 4 Min. langes Stehen u. Ansäuern mit Essigsäure; 38%. — *2-Methyl-5-hydroxy-6-methoxy-7.8-benzochromon*, $C_{15}H_{12}O_4$, F. 168°, durch Zugabe von äther. CH_2N_2 zu I in abs. Bzl./etwas Methanol u. mehrstd. Stehen; aus Methanol hellgelbe Nadeln; 76%; in verd. A. blaugrüne Farbe mit $FeCl_3$. — *2-Methyl-5.6-dimethoxy-7.8-benzochromon* (II), $C_{16}H_{14}O_4$, F. 130°, a) durch 6std. Kochen vorst. Verb. mit Dimethylsulfat u. K_2CO_3 in Aceton u. Reinigen durch Chromatographie; aus verd. A. Nadeln; 22%; b) durch 16std. Kochen von I mit Dimethylsulfat u. K_2CO_3 in Aceton; 21%; c) durch ½std. Kochen von 2-Methyl-5-methoxy-6-hydroxy-7.8-benzochromon mit Dimethylsulfat u. K_2CO_3 in Aceton; 69%. — *2-Methyl-5.6-dihydro-4H-naphtho-[1.2:b]-pyrantrion-(4.5.6)*, $C_{14}H_8O_4$, F. 234° (Zers.), durch ½std. Schütteln von 0,5 g I, Essigsäure, 30%ig. H_2SO_4 u. 30%ig. $Na_2Cr_2O_7$-Lsg.; aus Essigsäure ziegelrote Prismen; 0,23 g. — *1-Oxo-3-methyl-1H-benzo-[a]-pyrano-[2.3:c]-phenazin*, $C_{20}H_{12}N_2O_2$, F. 250° (Zers.), durch mehrere Min. langes Erhitzen von 0,2 g vorst. Verb. mit o-Phenylendiamin u. Essigsäure u. 1std. Stehen bei Raum-Temp.; aus verd. Essigsäure u. A. orangegelbe Kristalle; 0,08 g. — *2-Styryl-5.6-dimethoxy-7.8-benzochromon*, $C_{23}H_{18}O_4$, F. 184°, durch 10 Min. langes Kochen von 0,2 g II, Benzaldehyd u. Na-Methylat in Methanol u. 18std. Stehen im Eisschrank; aus A. Nadeln; 0,15 g. — *2-Methyl-5-methoxy-6-acetoxy-7.8-benzochromon*, $C_{17}H_{14}O_5$, F. 186°, durch 6std. Erhitzen von III, Na-Acetat u. Acetanhydrid auf 100° u. Versetzen mit W.; aus verd. Aceton Nadeln; 30%. — *2-Methyl-5-methoxy-6-hydroxy-7.8-benzochromon*, $C_{15}H_{12}O_4$, F. 212°, a) durch Schütteln vorst. Verb. mit 1%ig. KOH u. Ansäuern mit HCl; aus A. blaßgelbe Nadeln; 76%; in verd. A. rotbraune Farbe mit $FeCl_3$; b) durch 10 Min. langes Stehen vorst. Verb. in kalter H_2SO_4; 79%. — *2-Acetylnaphthochinon-(1.4)*, F. 84°, nach Spruit (l. c.) aus 10 g 2-Acetyl-4-amino-α-naphtholhydrochlorid; hellbraune Prismen; 0,8 g. — *2-Acetyl-3.4-diacetoxy-α-naphthol-BF_3-Deriv.*, F. 224—225° (Essigsäure), durch 24std. Stehen von 0,8 g vorst. Verb., Acetanhydrid u. BF_3-Ätherat; hellgelbe Nadeln; 0,3 g. — *2-Acetyl-3.4-diacetoxy-α-naphthol*, $C_{16}H_{14}O_6$, F. 184°, a) durch 4 Min. langes Kochen von IV u. Acetanhydrid u. Versetzen mit Eiswasser; aus A. hellgelbe Nadeln; 26%; in verd. A. blaugrüne Farbe mit $FeCl_3$; b) durch ½std. Kochen von 0,3 g vorst. Verb. in 90%ig. A.; 0,1 g. — *1-Methoxy-2-acetyl-3.4-diacetoxynaphthalin*, $C_{17}H_{16}O_6$, F. 104—106°, durch 3std. Stehen vorst. Verb. in abs. Bzl./etwas Methanol mit äther. CH_2N_2; aus wss. Aceton Prismen; 62%. P. Golinske. 3211 □

Untersuchungen über Benzochromone. 2. Mitt. **Synthese von 2-Methyl-3-acetyl-5.6-dimethoxy-7.8-benzochromon.** Seigo Fukushima. (Chem. pharmac. Bull. [Tokyo] **8.** 1036—41. Nov. 1960.) (Engl.) — 1. vgl. vorst. Referat.

1.3-Dimethoxy-2-acetacetyl-4-hydroxynaphthalin (III) wird mit $ZnCl_2$ u. Acetanhydrid in *2-Methyl-3-acetyl-5-methoxy-6-acetoxy-7.8-benzochromon* (I) übergeführt. I wird zu *2-Methyl-3-acetyl-5-methoxy-6-hydroxy-7.8-benzochromon* hydrolisiert u. weiter zu *2-Methyl-3-acetyl-5.6-dimethoxy-7.8-benzochromon* methyliert. Durch Erhitzen mit der äquimol. Menge $NaNH_2$ in Toluol auf 160—180° lassen sich 1-Methoxy-2-acetyl-3.4-diacetoxynaphthalin oder 1.3.4-Triacetoxy-2-acetylnaphthalin in *2-Methyl-3-acetyl-5-hydroxy-6-acetoxy-7.8-benzochromon* (II) überführen. II kann mit CH_2N_2 in Ggw. von überschüssigem Methanol in I umgewandelt werden, dagegen liefert die Methylierung mit $(CH_3)_2SO_4/K_2CO_3$ in Aceton *2-Methyl-3-acetyl-5-acetoxy-6-methoxy-7.8-benzochromon*, das Isomere von I.

Versuche: *2-Methyl-3-acetyl-5-methoxy-6-acetoxy-7.8-benzochromon* (I), $C_{19}H_{16}O_6$, F. 158°, a) durch 4 Min. langes Erhitzen von III, $ZnCl_2$ u. Acetanhydrid auf dem sd. Wasserbad; aus wss. Aceton Nadeln; 19% (Ausbeute); b) durch Zugabe von äther. CH_2N_2 zu II in abs. Bzl. in Ggw. von überschüssigem Methanol u. 4std. Stehen bei Raum-Temp.; 6%. — *2-Methyl-3-acetyl-5-methoxy-6-hydroxy-7.8-benzochromon*, $C_{17}H_{14}O_5$, F. 217°, a) durch Zugabe 30%ig. KOH zu I in A., Erwärmen auf 60°, Kühlen u. Ansäuern mit 10%ig. HCl; aus A. blaßgelbe Nadeln; in verd. A. rotbraune Farbe mit $FeCl_3$; 23%; b) durch 10 Min. langes Stehen von I mit kalter H_2SO_4 u. Gießen in W.; 68%. — *2-Methyl-3-acetyl-5.6-dimethoxy-7.8-benzochromon*, $C_{18}H_{16}O_5$, F. 151°, a) durch 1std. Kochen vorst. Verb. mit $(CH_3)_2SO_4$ u. K_2CO_3 in Aceton; aus wss. A. Nadeln; 72%; b) durch 12std. Kochen von 2-Methyl-3-acetyl-5.6-dihydroxy-7.8-benzochromon mit $(CH_3)_2SO_4$ u. K_2CO_3 in Aceton; 36%; c) durch 8std. Kochen von 2-Methyl-3-acetyl-5-hydroxy-6-methoxy-7.8-benzochromon mit $(CH_3)_2SO_4$ u. K_2CO_3 in Aceton; 29%. —

2-Acetyl-3.4-dimethoxy-α-naphthol, $C_{14}H_{14}O_4$, F. 51°, a) durch $^1/_2$std. Kochen von 0,2 g vorst. Verb. mit 10%ig. KOH, Filtrieren, Ansäuern des Filtrats u. Extrahieren der gelben Substanz mit PAe.; aus Methanol gelbe Prismen; 0,05 g; b) analog a) aus 0,2 g 2-Methyl-5.6-dimethoxy-7.8-benzochromon u. 10%ig. KOH; 0,06 g. — *2-Methyl-3-acetyl-5.6-dihydroxy-7.8-benzochromon*, $C_{16}H_{12}O_5$, F. 226°, a) durch Zugabe 70%ig. HJ zu I in Acetanhydrid unter Schütteln, 10 Min. langes Stehen bei Raum-Temp., $^1/_2$std. Erhitzen auf 110—118° u. Gießen auf Eis/Na_2SO_3; aus A. gelbe Nadeln; 78%; b) durch 10 Min. langes Stehen von II in kalter H_2SO_4 bei Raum-Temp. u. Gießen in Eis/W.; 63%. — *2-Methyl-3-acetyl-4H-naphtho-[1.2:b]-pyrantrion-(4.5.6)*, $C_{16}H_{10}O_5$, F. 229° (Zers.), durch $^1/_2$std. Schütteln von 0,3 g vorst. Verb. mit Essigsäure, 30%ig. H_2SO_4 u. 30%ig. $Na_2Cr_2O_4$-Lsg.; aus Essigsäure ziegelrote Prismen; 0,12 g. — *1.3.4-Triacetoxy-2-acetylnaphthalin*, $C_{18}H_{16}O_7$, F. 135°, durch 4 Min. langes Erhitzen von 2-Acetyl-3.4-diacetoxy-α-naphthol mit Na-Acetat u. Acetanhydrid u. Versetzen mit W.; aus A. Prismen; 62%. — *2-Methyl-3-acetyl-5-hydroxy-6-acetoxy-7.8-benzochromon* (II), $C_{18}H_{14}O_6$, F. 205°, a) durch 10 Min. langes Erhitzen von 1-Methoxy-2-acetyl-3.4-diacetoxynaphthalin u. $NaNH_2$ in abs. Toluol auf 16—180°, Zugabe von W., Abtrennen der Toluolschicht, Waschen der wss. Phase mit Ae. u. Vereinigen der organ. Lsgg.; aus A. gelbe Nadeln; gibt in verd. A. eine blaugrüne Farbe mit $FeCl_3$; 16%; b) durch 10 Min. langes Erhitzen von 4,48 g vorst. Verb. mit $NaNH_2$ in abs. Toluol auf 160—180°, Kühlen, Waschen mit Ae., Lösen in W., Filtrieren u. Ansäuern des Filtrats mit 10%ig. HCl; 30%; daneben durch mehrstd. Stehen der Toluol/Ae.-Schicht *2-Acetyl-3.4-diacetoxy-α-naphthol*, F. 182°; aus A. gelbe Nadeln; 0,83 g. — *2-Methyl-3-acetyl-5-acetoxy-6-methoxy-7.8-benzochromon*, $C_{19}H_{16}O_6$, F. 156°, a) durch 6std. Kochen von II mit $(CH_3)_2SO_4$ u. K_2CO_3 in Aceton; aus wss. Aceton Micronadeln; 22%; b) durch Zugabe von 1 Tropfen H_2SO_4 zu einer kalten Lsg. nachst. Verb. in Acetanhydrid, 20 Min. langes Stehen bei Raum-Temp. u. Gießen in W./Eis; 53%.— *2-Methyl-3-acetyl-5-hydroxy-6-methoxy-7.8-benzochromon*, $C_{17}H_{14}O_5$, F. 147°, durch 10 Min. langes Stehen vorst. Verb. in kalter H_2SO_4 bei Raum-Temp. u. Gießen in W.; aus A. gelbe Nadeln; 68%.

P. GOLINSKE. 3211 □

4-[p-Phenylazophenyl]-semicarbazone einiger Carbonylderivate von Pyridin. F. J. Allan und G. G. Allan. (Recueil Trav. chim. Pays-Bas **80**. 1254—56. Nov. 1961. Paisley, Techn. Coll., Chem. Dep.) (Engl.)

Die Darst. u. Charakterisierung der *4-[p-Phenylazophenyl]-semicarbazone* (**A**) von *2-, 3-* u. *4-Formylpyridin, 2-, 3-* u. *4-Acetylpyridin, 2-Formyl-6-methylpyridin* u. *2.6-Diformylpyridin* werden beschrieben. Die **A** eignen sich sehr gut zur Isolierung der Carbonyl-Derivv. von Pyridin. Die Darst. erfolgt in abs. Äthanol.

Versuche: (FF. korr.): 4-[p-Phenylazophenyl]-semicarbazone (**A**), durch $^1/_2$std. Kochen äquimol. Mengen der Carbonyl-Verb. mit 4-[Phenylazophenyl]-semicarbazid in abs. A., Filtrieren, Einengen u. Kühlen: *2-Formylpyridin-*, $C_{19}H_{16}N_6O$, F. 230—231°; aus A. orangefarbene Nadeln; 91%. — *3-Formylpyridin-*, $C_{19}H_{16}N_6O$, F. 226—228°; aus A. orangefarbene Blätter; 95%. — *4-Formylpyridin-*, $C_{19}H_{16}N_6O$, F. 244—245°; aus A. prismat. orangefarbene Nadeln; 93%. — *2-Formyl-6-methylpyridin-*, $C_{20}H_{18}N_6O$, F. 239—240°; aus A. orangefarbene Nadeln; 94%. — *2-Acetylpyridin-*, $C_{20}H_{18}N_6O$, F. 220—221°; aus A. prismat. orangefarbene Nadeln; 92%. — *3-Acetylpyridin-*, $C_{20}H_{18}N_6O$, F. 220—221°; aus A. orangegelbe Nadeln; 94%. — *4-Acetylpyridin-*, $C_{20}H_{18}N_6O$, F. 229—230°; aus A. matt orangefarbene Nadeln; 97%. — *2.6-Diformylpyridin-bis-*, $C_{33}H_{27}N_{11}O_2$, F. 268—270°; aus Bzl./A. orangegelbe Nadeln; 79%.

P. GOLINSKE. 3231 □

Synthesen in der Pyridinreihe. 1. Mitt. **Nitrile und Amidoxime der Nicotin- und Isonicotinsäure.** Al. Spassov und E. Golovinsky. (Доклады Болгарской Академии Наук [C. R. Acad. bulg. Sci.] **11**. 287—89. Juli/Aug. 1958. Sofia, Lehrstuhl für med. Chem. an der med. Fakultät.) (Dt.)

Aus Nicotin- (I) u. Isonicotinsäure (II) werden durch Rk. mit Pb-Rhodanid die entsprechenden *Nitrile* synthetisiert u. mit Hydroxylaminhydrochlorid (III) in die *Amidoxime* übergeführt.

Versuche: *Isonicotinsäure* (II), *Nitril*, F. 75—76°, durch 3std. Erhitzen von II mit 2,0 g Pb-Rhodanid im Rohr auf 240°; Nadeln; ca. 40% (Ausbeute). *Amidoxim*, $C_6H_7N_3O$, F. 189—192° (A.), sublimiert ab 102°, durch 3std. Kochen von 1,04 g II-Nitril, 0,70 g III u. der berechneten Menge Soda in ca. 50 ml A.; Nadeln; 60%. — *Nicotinsäure* (I), *Nitril*, F. 49—50°, aus 1,24 g I u. 2,0 g Pb-Rhodanid (3 Std. lang bei 210 bis 240°); ca. 25%. *Amidoxim*, sublimiert bei ca. 100°, F. 115—117° (KOFLER-Bank), Zers. bei 170°, aus I-Nitril u. III.

HELMUT SCHÄFER. 3231 □

Neue Dimethylchinolinderivate. Hans Hasselquist. (Ark. Kemi **13**. Nr. 42. 421—24. 10/4. 1959. Stockholm, Inst. für organ.-chem. Forschung.) (Dt.)

Zur Erweiterung der Kenntnisse über die im Benzolkern dimethylnitrosubstituierten Chinoline u. deren N-Oxide wird aus p-Xylol (I) durch Rk. mit konz. H_2SO_4 u. konz. HNO_3 nach FITTIG u. Mitarbeitern [1868], partielle Red. des erhaltenen *1.4-Dimethyl-2.6-dinitrobenzols* (II) in quant. Ausbeute durch Na_2S in sd. A./W. zu *2-Amino-1.4-dimethyl-6-nitrobenzol* (III) u. anschließende SKRAUPsche Synth. mit Nitrobenzol *5.8-Dimethyl-7-nitrochinolin* (IV) dargestellt. IV wird mit $SnCl_2$ zu *5.8-Dimethyl-7-aminochinolin* reduziert. Die Red. von II mit H_2S in NH_4OH-haltigem A. ergab nur wenig III.

Versuche: *1.4-Dimethyl-2.6-dinitrobenzol* (II), F. 126°, durch 3std. Zugabe von 9 ml HNO_3 (D. 1,42) zu 11 ml I in 30 ml H_2SO_4 (D. 1,84) $<20°$, 3std. Rk., $^1/_2$std. Erwärmen auf 100°, Verdünnen mit W. u. fraktionierte Kristallisation aus A.; lange Nadeln; 0,5 g (Ausbeute); daneben *1.4-Dimethyl-2.3-dinitrobenzol* (F. 93°, aus der alkohol. Mutterlauge; Prismen). — *2-Amino-1.4-dimethyl-6-nitrobenzol* (III), F. 96—97°, durch Lösen von II in sd. A., $^1/_4$std. Zugabe von Na_2S in W., $^1/_2$std. Kochen, Verdünnen mit warmem W. u. Kühlen; goldgelbe Nadeln; ca. 100%. — *5.8-Dimethyl-7-nitrochinolin* (IV), $C_{11}H_{10}N_2O_2$, F. 129°, durch Lösen von 1 g III in 1,8 g Glycerin u. 0,31 ml Nitrobenzol, Zutropfen von 0,81 ml H_2SO_4 (D. 1,84) unter Kühlen, 2std. Erhitzen auf 140°, Kühlen, Verdünnen mit W., Einstellen mit 10%ig. NaOH auf pH 12 u. Extrahieren mit Bzl.; aus Methanol lange hellgelbbraune Nadeln; 150 mg. — *7-Amino-5.8-dimethylchinolin*, $C_{11}H_{12}N_2$, F. 135° (Zers.), durch Versetzen von IV mit HCl/W. (2 : 1), Zugabe von $SnCl_2 \cdot 2\,H_2O$, 10 Min. langes Kochen, Verdünnen mit W., Alkalisieren mit 10%ig. NaOH unter Kühlen u. Extrahieren mit Bzl.; aus Methanol hellgelbe Stäbchen; ca. 100%. — *7-Acetylamino-5.8-dimethylchinolin*, $C_{13}H_{14}N_2O$, F. 199°, durch 10 Min. langes Erhitzen von 150 mg vorst. Verb. mit 0,5 ml Acetanhydrid in Ggw. von wenig konz. H_2SO_4 auf 100° u. Verdünnen mit wenig W.; Nadeln; 80 mg (roh). W. LIEBSCHER. 3231

Anwendung von Ionenaustauschern auf organische Reaktionen. 5. Mitt. Anwendung auf die Friedländersche Chinolinsynthese. Shun'ichi Yamada und Ichiro Chibata. (Pharmac. Bull. [Tokyo] **3.** 21—24. Febr. 1955. Osaka, Gohei Tanabe and Co., Ltd., Osaka Res. Labor.) (Engl.) — 4. vgl. Pharmac. Bull. [Tokyo] **2.** [1954.] 62; 2. vgl. C. **1956.** 4103.

Unter Verw. von Amberlite IRA-400 (OH-Form) oder Dowex-2 (OH-Form) als Kondens.-Mittel werden aus o-Aminobenzaldehyd (I) u. Acetessigsäureäthylester (II), Acetylaceton (III), Acetophenon (IV), m-Nitroacetophenon(V) oder Cyclohexanon (VI) die entsprechenden Chinoline dargestellt. Bei Ausdehnung dieser Rk. auf die Kondens. von I mit Formylacetondimethylacetal (VII) wird ein *orangefarbenes Öl* (VIII) erhalten, das bei Behandlung mit HCl *3-Acetylchinolin* (IX) gibt. Die Struktur von IX wird durch Aufnahme des IR-Spektrums, Farbrk. auf Methylketone u. Oxydation zu *Chinolin-3-carbonsäure* bewiesen. VIII entfärbt aceton. $KMnO_4$-Lsg., gibt positive Diazo-Rk. auf prim. Amine u. wird auf Grund der Cyclisierung zu IX als *β-[o-Aminophenyl]-α-acetylacroleindimethylacetal* indentifiziert. Die FRIEDLÄNDER-Kondens. von I mit β-Ketoacetalen führt in Ggw. von bas. Katalysatoren also nur zur SCHIFFschen Base, die anschließend durch Behandlung mit Säuren in das Chinolin übergeführt wird.

Versuche: *2-Methylchinolin-3-carbonsäureäthylester*, $C_{13}H_{13}NO_2$, F. 71—72°, durch Zugabe von Amberlite IRA-400 (OH-Form) zu I u. II in A., 2std. Erwärmen auf 40 bis 50° unter Rühren, $^1/_2$std. Kochen, Filtrieren, Zugabe von W. zum Filtrat u. Kühlen (Meth. **A**); aus verd. A. Säulen; 89,0% (Ausbeute). — *2-Methyl-3-acetylchinolin*, $C_{12}H_{11}NO$, F. 79—80°, durch 4std. Kochen von I u. III in A. mit Dowex-2 (OH-Form), Filtrieren u. Gießen der Filtrats in W.; aus Ligroin Nadeln; 69,3%. *Semicarbazon*, F. 208 bis 210°; aus wss. A. Nadeln. — *2-Phenylchinolin*, F. 82—83,5°, aus I u. IV nach **A** durch $3^1/_2$std. Kochen; hellgelbe Nadeln; 47,3%. *Pikrat*, $C_{21}H_{14}N_4O_7$, F. 191—192°; aus A. gelbe Prismen. — *2-[3-Nitrophenyl]-chinolin*, $C_{15}H_{10}N_2O_2$, F. 124°, aus I u. V nach **A** durch 5std. Kochen; aus A. Nadeln; 81%. *Pikrat*, F. 182° (nach vorherigem Sintern); aus A. gelbe Prismen. — *1.2.3.4-Tetrahydroacridin*, F. 54°, $Kp._{15-15,5}$ 180—180,5°, durch 4std. Kochen von I u. VI in A. mit Amberlite IRA-400 (OH-Form), Filtrieren u. Fraktionieren; 91,8%. *Pikrat*, $C_{19}H_{16}N_4O_7$, F. 217—218° (Zers.); gelbe Platten. — *β-[o-Aminophenyl]-α-acetylacrolein*, durch 4std. Kochen von I u. VII in Methanol mit Amberlite IRA-400 (OH-Form), Filtrieren u. Eindampfen im Vakuum; orangefarbenes Öl. *Phenylhydrazon*, $C_{17}H_{17}N_3O$, F. 225—226°, durch Rk. des Aldehyds mit Phenylhydrazin in Ggw. von Essigsäure; aus Methanol hellgelbe Platten. — *3-Acetylchinolin* (IX), $C_{11}H_9NO$, F. 101—103°, durch 20 Min. langes Erhitzen vorst. Aldehyds mit 10%ig. HCl auf 100°, Kühlen u. Alkalisieren mit $NaHCO_3$; aus verd. Methanol Nadeln; 51,2%. *Phenylhydrazon*, $C_{17}H_{15}N_3$, F. 195—197°; aus A. gelbe Prismen. *Semicarbazon*, $C_{12}H_{12}N_4O$, F. 236—236,5°; aus A. Nädelchen. *Pikrat*, $C_{17}H_{12}N_4O_8$, F. 215—215,5° (Zers.); aus Dioxan gelbe Schuppen. — *Chinolin-3-carbonsäure*, $C_{10}H_7NO_2$, F. 274—275° (Zers.; A.), durch Oxydation von IX in wss. alkal. Medium mit $KMnO_4$, Filtrieren, Neutralisieren des Filtrats u. Einengen. *Pikrat*, F. 214—216° (Zers.; nach vorherigem Sintern); aus A. gelbe Nadeln. W. Liebscher. 3231

Darstellung und pharmakologische Eigenschaften einiger substituierter Hexahydro-2H-benzo-[a]-chinolizine und Oktahydroindolo-[2.3:a]-chinolizine. Vorl. Mitt. J. Gootjes und W. Th. Nauta. (Recueil Trav. chim. Pays-Bas **80**.1223—27. Nov. 1961. Amsterdam, N.V. Koninklijke Pharmac. Fabrieken v/h Brocades-Stheeman en Pharmac. Res. Dep.) (Engl.)

Eine Anzahl von *Hexahydro-2H-benzo-*[*a*]*-chinolizinen* wird dargestellt. Dazu werden folgende Verff. benutzt: 3.4-Dimethoxyphenyläthylamin (I) u. δ-Bromvaleriansäureester werden zu *2-Oxo-N-*[*3.4-Dimethoxyphenäthylpiperidin* kondensiert. Daraus wird mit $POCl_3$ *9.10-Dimethoxy-1.2.3.4.6.7-hexahydrobenzo-*[*a*]*-chinoliziniumchlorid* dargestellt, das an Pt zu *9.10-Dimethoxy-1.3.4.6.7.11b-hexahydro-2H-benzo-*[*a*]*-chinolizin* (**II**) hydriert wird (Meth. **A**). Nach diesem Verf. entsteht nur das cis-Isomere. Beim zweiten Verf. werden **I** u. 2.6-Dioxotetrahydropyran zu *N-*[*γ-Carboxybutyryl*]*-3.4-dimethoxyphenäthylamin* kondensiert, das nach Veresterung mit CH_2N_2 u. Ringschluß mit $POCl_3$ in *1-*[*3-Carbomethoxypropyl*]*-6.7-dimethoxy-3.4-dihydroisochinolin* übergeht. Letzteres wird an Pt zum entsprechenden *1.2.3.4-Tetrahydroisochinolin* hydriert u. dieses zu *9.10-Dimethoxy-4-oxohexahydrobenzo-*[*a*]*-chinolizin* cyclisiert. $LiAlH_4$-Red. liefert **II** (Meth. **B**). Hierbei entsteht ein Gemisch des cis- u. trans-Isomeren. Analog werden aus Tryptamin einige *Oktahydroindolo-*[*2.3:a*]*-chinolizine* erhalten. Die Strukturen werden durch IR-Spektren u. chem. Rkk. bewiesen. Die pharmakolog. Eigg. werden geprüft.

Versuche: 9.10-Dimethoxy-1.3.4.6.7.11b-hexahydro-2H-benzo-[a]-chinolizine: *Unsubstituiert, cis-Isomeres* (**II**), *Hydrochlorid*, F. 235—237°, nach **A** u. **B**. — *cis-2-Methyl-, Hydrochlorid*, F. 212—213°, nach **A** u. **B**. — *cis-2-Propyl-, Hydrochlorid*, F. 222—224°, nach **B**; daneben das *trans-Isomere*, F. 222—224°. — *cis-2-Trifluormethyl-, Hydrochlorid*, F. 213—214°, nach **B**; daneben das *trans-Isomere*, F. 221—222°. — *cis-2.2-Diäthyl-, Hydrochlorid*, F. 236—237°, nach **B**. — *cis-2-Benzyl-, Hydrochlorid*, F. 206—208°, nach **B**; daneben das *trans-Isomere*, F. 225—228°. — *cis-2-Phenyl-, Fumarat*, F. 187—190°, nach **A** u. **B**; daneben das *trans-Isomere*, F. 187—188°. *Hexachloroplatinat*, F. 210—212°, nach **A** u. **B**; daneben das *trans-Isomere*, F. 211—212°. — *cis-2-*[*p-Methylphenyl*]*-*, F. 117—118,5°, nach **B**. *Hydrochlorid*, F. 245—250°. — *trans-2-*[*p-Methylphenyl*]*-*, F. 65—66°, nach **B**. *Hydrochlorid*, F. 264—266°. — *cis-2-*[*p-Methoxyphenyl*]*-*, F. 123—128°, nach **B**. *Hydrochlorid*, F. 203—208°. — *trans-2-*[*p-Methoxyphenyl*]*-* F. 92—94,5°, nach **B**. *Hydrochlorid*, F. 227—223°. — *cis-2-*[*p-Chlorphenyl*]*-*, F. 127—130°, nach **B**. *Hydrochlorid*, F. 254—256°. — *trans-2-*[*p-Chlorphenyl*]*-*, F. 123—124°, nach **B**. *Hydrochlorid*, F. 264—266°. — *cis-2-*[*3.4-Methylendioxyphenyl*]*-*, F. 136—137°, nach **B**. *Hydrochlorid*, F. 244—248°. — *trans-2-*[*3.4-Methylendioxyphenyl*]*-*, F. 102—103°, nach **B**. *Hydrochlorid*, F. 245—248°. — 1.2.3.4.6.7.7a.12a-Oktahydroindolo-[2.3: a]-chinolizine: *Unsubstituiert*, F. 148,5—150°, nach **A** u. **B**. — *cis-2-Methyl-*, F. 163 bis 164°, nach **A** u. **B**. *Hydrochlorid*, F. 315—320°. — *trans-2-Methyl-*, F. 128—130°, nach **B**. *Hydrochlorid*, F. 278—282°. — *cis-2-Propyl-, Hydrochlorid*, F. 279—281°, nach **B**. — *2.2-Diäthyl-*, F. 132—133°, nach **B**. *Hydrochlorid*, F. 310—318°. — *cis-2-Phenyl-*, F. 170—171°, nach **A** u. **B**. *Fumarat*, F. 250—252°. — *trans-2-Phenyl-, Fumarat*, F. 247 bis 250°, nach **B**. P. Golinske. 3231 □

Kondensierte Pyrrolderivate. 1. Mitt. 3H-Pyrrolo-[2.3:c]-chinoline. T. R. Govindachari, S. Rajappa und V. Sudarsanam. (Tetrahedron [London] **16**. 1—4. Dez. 1961. Madras, Presidency Coll., Dep. of Chem.) (Engl.)

Brenztraubensäureäthylesterchinolyl-(3)-hydrazon wird in Ggw. von viel $ZnCl_2$ bei 260° zu *3H-Pyrrolo-*[*2.3:c*]*-chinolin* kondensiert. Analog werden die Chinolyl-(3)-hydrazone des Acetons, Methyläthylketons, Diäthylketons, Acetophenons, Propiophenons, Desoxybenzoins u. α-Tetralons durch Erhitzen mit wasserfreiem $ZnCl_2$ in p-Cymol zu den entsprechenden *Pyrrolochinolin-Derivv.* umgesetzt. Im letzten Fall wird das Prod. mit Pd-Tierkohle zu *Dibenzo-β-carbolin* dehydriert. Die UV-Absorptionsspektren werden mitgeteilt.

Versuche: *Brenztraubensäurechinolyl-(3)-hydrazon*, $C_{12}H_{11}N_3O_2$, F. 179—180° (Methanol), durch 15 Min. langes Kochen von 4 g Chinolyl-(3)-hydrazin (**I**) mit Brenztraubensäure in A. mit wenig Eisessig; 5 g (Ausbeute). *Äthylester*, $C_{14}H_{15}N_3O_2$, F. 175 bis 176° (verd. A.), durch 4std. Kochen von 2,5 g Säure mit A. u. konz. H_2SO_4; 2 g. — *3H-Pyrrolo-*[*2.3 : c*]*-chinolin*, $C_{11}H_8N_2$, F. 228—230° (Methanolbenzol), durch 45 Min. langes Schmelzen von 1 g vorst. Esters mit 5 g $ZnCl_2$ bei 260°, Versetzen mit 10%ig. HCl u. Gießen auf Eis; sublimiert bei 110—170°/10^{-4} Torr; 0,1 g. — *Acetonchinolyl-(3)-hydrazon*, $C_{12}H_{13}N_3$, F. 194—195° (Methanol), durch 15 Min. langes Kochen von 1 g **I**, Aceton u. wenig Eisessig; 1 g. — *2-Methyl-3H-pyrrolo-*[*2.3 : c*]*-chinolin*, $C_{12}H_{10}N_2$, F. 218—219° (Methanolbenzol), durch 3std. Kochen von 1,1 g vorst. Hydrazons mit

4 g geschmolzenem $ZnCl_2$ in p-Cymol, Dekantieren des Lsgm., Digerieren mit 10%ig. HCl, Gießen in gut gekühlte 25%ig. NaOH, Extrahieren mit Chlf., Eindampfen, Chromatographie aus Bzl. an Al_2O_3, Waschen mit Bzl. u. Eluieren mit 0,5%ig. alkohol. Bzl.; λ_{max} 240, 305, 320 mμ (in neutraler Lsg.), 230, 342 mμ (in saurer Lsg.); 100 mg. *Pikrat*, $C_{18}H_{13}N_5O_7$, F. 261—263° (Zers.). — Analog: *1.2-Dimethyl-3H-pyrrolo-[2.3 : c]-chinolin*, $C_{13}H_{12}N_2$, F. 230—232° (Methanolbenzol), durch Cyclisierung von 0,45 g Hydrazon; sublimiert bei 200°/10⁻⁴ Torr; λ_{max} 230, 245, 312, 325 mμ (neutral), 262, 275, 345 mμ (sauer); 25 mg. — *2-Äthyl-1-methyl-3H-pyrrolo-[2.3 : c]-chinolin*, $C_{14}H_{14}N_2$, F. 203—204°, aus 1 g Hydrazon; λ_{max} 230, 240, 325 mμ (neutral); 0,4 g. — *Acetophenonchinolyl-(3)-hydrazon*, $C_{17}H_{15}N_3$, F. 177° (Methanol). — *2-Phenyl-3H-pyrrolo-[2.3 : c]-chinolin*, $C_{17}H_{12}N_2$, F. 244—245° (Methanol), aus 0,9 g Hydrazon; λ_{max} 230, 240, 325 mμ (neutral); 0,35 g. *Pikrat*, $C_{23}H_{15}N_5O_7$, F. 230—231°. — *Propiophenonchinolyl-(3)-hydrazon*, $C_{18}H_{17}N_3$, F. 172—173° (A.). — *1-Methyl-2-phenyl-3H-pyrrolo-[2.3 : c]-chinolin*, $C_{18}H_{14}N_2$, F. 216—217° (Bzl.-PAe.), aus 0,9 g Hydrazon; λ_{max} 235, 260, 335 mμ (neutral); 0,2 g. — *Desoxybenzoinchinolyl-(3)-hydrazon*, $C_{23}H_{19}N_3$, F. 169—171° (Methanol), durch Kochen von Desoxybenzoin u. I in Alkohol. — *1.2-Diphenyl-3H-pyrrolo-[2.3 : c]-chinolin*, $C_{23}H_{16}N_2$, F. 269—271° (Methanol), aus 1,5 g Hydrazon, Extraktion mit Chlf.; λ_{max} 235, 255, 335 mμ (neutral); 1,1 g. — *α-Tetralonchinolyl-(3)-hydrazon*, $C_{19}H_{17}N_3$, F. 178—180° (Methanol). — *12.13-Dihydro-7H-dibenzo-[c ; i]-β-carbolin*, $C_{19}H_{14}N_2$, F. 333—335° (Zers.; Chlf.-Methanol), durch Cyclisierung von 1 g vorst. Hydrazons; λ_{max} 240, 265, 350, 368 mμ (neutral), 235, 260, 350, 395 mμ (sauer); 0,25 g. — *7H-Dibenzo-[c ; i]-β-carbolin*, $C_{19}H_{12}N_2$, F. 252—254° (Zers.; Pyridin-Toluol, gelb), durch einiges Mischen von 0,4 g vorst. Verb. mit 0,4 g 30%ig. Pd-Tierkohle u. Sublimieren bei 280—300°/5 Torr; λ_{max} 245, 275, 300, 355, 380, 405 mμ (neutral); 0,1 g.

E. Kossmehl. 3231 □

Von 2.2′-Diaminobenzophenon abgeleitete 3.6-Phenanthroline. M. W. Partridge und H. J. Vipond. (J. chem. Soc. [London] **1962**. 632—35. Febr. Nottingham, Univ.) (Engl.)

4.4′-Diamino-2.2′-dinitrodiphenylmethan wird mit Nitroxylschwefelsäure diazotiert, das Prod. gibt beim Erhitzen in A. mit Cu_2O *2.2′-Dinitrodiphenylmethan*, das mit CrO_3 zu *2.2′-Dinitrobenzophenon* oxydiert wird, dessen Red. *2.2′-Diaminobenzophenon* (I) liefert. I wird mit 1.1.3.3-Tetraäthoxypropan zu *Benzo-[a]-[3.6]-phenanthrolin* (II), mit Acetylaceton zu *6.7-Dimethylbenzo-[a]-[3.6]-phenanthrolin*, mit Benzoylaceton zu *6-Methyl-7-phenylbenzo-[a]-[3.6]-phenanthrolin*, mit Dimedon zu *7.8-Dihydro-7.7-dimethyl-6H-dibenzo-[a ; d.e]-[3.6]-phenanthrolin*, mit Indandion-(1.3) zu *Benzo-[a]-indeno-[1.2.3 : d.e]-[3.6]-phenanthrolin* (III) u. mit 4-Hydroxycumarin zu *Benzo-[a]-chromeno-[2.3.4 : d.e]-[3.6]-phenanthrolin* (IV) kondensiert. II, III u. IV wirken tumorbildend. Es werden die UV-Absorptionsmaxima angegeben.

Versuche: *4.4′-Diamino-2.2′-dinitrodiphenylmethandihydrogensulfat*, F. 226—228° (Zers.; $2nH_2SO_4$, gelbe Nadeln), durch portionsweises Eintragen von KNO_3 während 45 Min. in eine Lsg. von 50 g 4.4′-Diaminodiphenylmethan in H_2SO_4 (D. 1,84) bei 0—5°, 1std. Rühren, Gießen auf Eis u. Neutralisieren mit NH_4OH; 70—75 g (Ausbeute). — *2.2′-Dinitrobenzophenon*, $C_{13}H_8N_2O_5$, F. 190—191° (Eisessig), durch Eintragen von 115 g vorst. Verb. in eine Lsg. von $NaNO_2$ in konz. H_2SO_4 < 18°, langsame Zugabe von Eisessig < 20°, nach 2 Std. Zugabe von A. u. Cu_2O während 50 Min., $^1/_2$std. Erwärmen auf 70—73°, Filtrieren, Waschen des Rückstandes mit A., der mit dem Filtrat vereinigt wird, Versetzen mit viel W., Kochen des Nd. mit Eisessig, Eintropfen von CrO_3 in W. unter Rühren, 2std. Kochen u. Gießen in W., 31,2 g. — *2.2′-Diaminobenzophenon* (I), F. 134—135° (80%ig. wss. Methanol), durch Eintragen von Fe-Pulver in eine Suspension vorst. Verb. in Eisessig bei 90—95° während $1^1/_2$Std., Wasserzugabe nach 30 Min. u. Ausäthern; 92%. *Diacetyl-Deriv.*, $C_{17}H_{16}N_2O_3$, F. 159—160° (50%ig. wss. Methanol). — *2.2′-Dinitrodiphenylmethan*, $C_{13}H_{10}N_2O_4$, F. 84—85° (80%ig. wss. Methanol), durch Chromatographie des Roh-Prod. der Desaminierung des 4.4′-Diamino-2.2′-dinitrodiphenylmethans an Al_2O_3 in Bzl. u. Eluieren mit Bzl.; 43%. — *2.2′-Diaminodiphenylmethan*, $C_{13}H_{14}N_2$, F. 132—134° (wss. Methanol, hellgelbe Nadeln), durch Red. von 1 g vorst. Verb. mit Sn u. HCl; 0,54 g. *Diacetyl-Deriv.*, $C_{17}H_{18}N_2O_2$, F. 201—202° (wss. Methanol; Nadeln). — *4.4′-Dinitrobenzophenon*, $C_{13}H_8N_2O_5$, F. 190—191°, durch Oxydation von 4.4′-Dinitrobenzilsäure [$C_{14}H_{10}N_2O_7$, F. 177—178° (Zers.; Essigsäureäthylester-PAe.; Prismen), durch Nitrierung von Benzilsäure] in Eisessig; 94%. *Oxim*, $C_{13}H_9N_3O_5$, F. 195° (Zers.). — *4.4′-Dinitrobenzanilid*, F. 268—269° (Aceton), durch Beckmann-Umlagerung von 0,5 g des vorst. Oxims mit PCl_5 in Ae.; 0,35 g. — *4.4′-Diaminobenzophenon*, F. 244—245°, durch Red. mit Fe-Pulver u. Eisessig aus der Dinitroverbindung. *Diacetyl-Deriv.*, F. 240—242°. — *Benzo-[a]-[3.6]-phenanthrolin* (II), $C_{16}H_{10}N_2$, F. 171—172 (PAe.; hellgelbe Nadeln), durch 1std. Kochen von 2,3 g I u. 2,5 g 1.1.3.3-

Tetraäthoxypropan in Eisessig, Fällen mit W. u. Zugabe von NH_4OH; 2,4 g. *Dihydrochlorid*, $C_{16}H_{10}N_2 \cdot 2\,HCl$, F. 284—286° (verd. HCl; gelbe Prismen). *Pikrat*, $C_{22}H_{13}N_5O_7$, F. 271—273° (Zers.; Eisessig; Nadeln). *Methojodid*, $C_{17}H_{13}JN_2$, F. 264—266° (Methanol; orangefarbene Nadeln), mit überschüssigem CH_3J. — *6.7-Dimethylbenzo-[a]-[3.6]-phenanthrolin*, $C_{18}H_{14}N_2$, F. 162—163° (Aceton; Nadeln), analog II aus I u. Acetylaceton. 79%. *Pikrat*, $C_{24}H_{17}N_5O_7$, F. 240—242° (Zers.; Eisessig; flache Nadeln). — *6-Methyl-7-phenylbenzo-[a]-[3.6]-phenanthrolin*, $C_{23}H_{16}N_2$, F. 153—154° (Aceton; gelbe Prismen) durch 75 Min. langes Kochen von I u. Benzoylaceton in Eisessig, Gießen in 2nHCl u. Stehen über Nacht; 55%. Pikrat, $C_{29}H_{19}N_5O_7$, F. 226° (Zers., Eisessig, lange Prismen). — *7.8-Dihydro-7.7-dimethyl-6H-dibenzo-[a; d.e]-[3.6]-phenanthrolin*, $C_{21}H_{18}N_2$, F. 170 bis 171° (wss. Aceton; flache Nadeln), durch 1½ std. Kochen von I, Dimedon, Eisessig u. wenig konz. HCl u. Gießen in 2n NaOH; 81%. *Pikrat*, $C_{27}H_{21}N_5O_7$, F. 233° (Zers.; Eisessig). — *Benzo-[a]-indeno-[1.2.3:d.e]-[3.6]-phenanthrolin*, (III), $C_{22}H_{12}N_2$, F. 270—271° (Xylol; hellgelbe Prismen), durch 20 Min. langes Kochen von 0,78 g I u. 0,75 g Indandion-(1.3) in Eisessig u. Kochen der ausgeschiedenen Kristalle mit NH_4OH; 0,77 g. *Pikrat*, $C_{28}H_{15}N_5O_7$, F. 286—287° (Zers.; Eisessig; Nadeln). — *Benzo-[a]-chromeno-[2.3.4:d.e]-[3.6]-phenanthrolin* (IV), $C_{22}H_{12}N_2O$, F. 238—239° (2-Äthoxyäthanol; gelbe Nadeln), durch 1½ std. Erhitzen von I, 4-Hydroxycumarin u. wenig Eisessig auf 180—190°; 63%; bildet kein Pikrat. *Hydrochlorid*, F. 238—239°, verliert HCl beim Trocknen. □

E. KOSSMEHL. 3231 □

Über die Synthese von einigen doppelt substituierten Thianthrenen. J. Suszko und A. Ratajczak. (Bull. Acad. polon. Sci., Sér. Sci. chim., géol., géogr. **7.** 275—78. 1959. Poznań, Univ., Labor. für organ. Chem.) (Dt.)

Nach der von TOMITA (vgl. C. **1939.** I. 3892) angegebenen Vorschrift wird *2.6-Diacetylthianthren* (I; F. 179—181°) dargestellt, das mit NaOCl *Thianthren-2.6-dicarbonsäure* (II; F. > 350°) ergibt. Aus II wird mit CH_2N_2 der *Dimethylester* (F. 185—186°) gewonnen. Durch Oxydation von I mit H_2O_2 in Eisessig in der Siedehitze wird das *Bis-S.S-dioxid* (F. 247—248°) erhalten, das mit NaOCl das II-*Bis-S.S-dioxid* ergibt. Aus I wird das *Dioxim* (F. 234—235°) dargestellt, woraus durch BECKMANNsche Umlagerung in einem mit HCl gesätt. Gemisch aus Eisessig u. Essigsäureanhydrid bei 135—145° in 3 Std. *2.6-Diaminothianthren* [III, F. 190—191°. *Dihydrochlorid*, F. 328° (Zers.)] erhalten wird. Als Zwischenprod. wird *2.6-Bis-[acetylamino]-thianthren* (F. 297 bis 298°) gewonnen, das durch mehrstd. Erhitzen mit HCl u. A. zu III aufgespalten wird.

W. HAMPEL. 3262 □

Neue Darstellungen der 3-Chlorpyridazinyl-(6)-oxyessigsäure und Untersuchung einiger Derivate. Gilbert Rosseels, Germaine Thuillier und Paul Rumpf. (C. R. hebd. Séances Acad. Sci. **254.** 1450—52. 19/2. 1962. Bellevue, C.N.R.S., Centre d'Etudes et de Rech. de Chim. Organ. Appl.) (Franz.)

Diazoessigsäureäthylester gibt mit 3-Chlorpyridazon-(6) (IV) in Ggw. von Co *3-Chlorpyridazinyl-(6)-oxyessigsäureäthylester* (I) neben wenig *3-Chlorpyridazon-(6)-yl-(1)-essigsäureäthylester* (II). I wird auch aus 3.6-Dichlorpyridazin (III) u. Na-Glykolsäureäthylester synthetisiert. Ferner wird I zur *freien Säure* hydrolysiert, die mit Dimethyl- (V) bzw. Diäthyl-2-chloräthylamin (VI) die entsprechenden *bas. Ester* liefert. Umsetzung von Chloressigsäureäthylester mit IV in Ggw. von Na-Alkoholat gibt II, der ebenfalls zur *freien Säure* hydrolysiert u. in die analogen *bas. Ester* übergeführt wird. Umsetzung von Pyridazon-(3)-yl-(6)-oxyessigsäure bzw. 3-Hydroxypyridazon-(6)-yl-(1)-essigsäure mit $POCl_3$ liefert *6-Chlorpyridazon-(3)* bzw. III u. nicht die *freien Säuren* von I bzw. II.

Versuche: *3-Chlorpyridazinyl-(6)-oxyessigsäure*, $C_6H_5ClN_2O_3$, F. 145°, durch Hydrolyse von I; 100% (Ausbeute). *Äthylester* (I), $C_8H_9ClN_2O_3$, Kp.$_{0,2}$ 120—124°, F. 67°, a) aus Diazoessigsäureäthylester u. IV in sd. Bzl. in Ggw. von Cu; 60%; daneben 6,7% II; b) aus III u. Na-Glykolsäureäthylester in sd. Bzl.; 62%. *β-Dimethylaminoäthylester, Hydrochlorid*, $C_{10}H_{14}ClN_3O_3 \cdot HCl$, F. 120, mit V in Isopropanol. *β-Diäthylaminoäthylester; Hydrochlorid*, $C_{12}H_{18}ClN_3O_3 \cdot HCl$, F. 118°, mit VI. — *3-Chlorpyridazon-(6)-yl-(1)-essigsäure*, $C_6H_5ClN_2O_3$, F. 220°, durch Hydrolyse von II. *Äthylester* (II), $C_8H_9ClN_2O_3$, Kp.$_{0,2}$ 131—135°, F. 78°, aus Chloressigsäureäthylester u. IV in Ggw. von Na-Alkoholat; 87%. *β-Dimethylaminoäthylester, Hydrochlorid*, $C_{10}H_{14}ClN_3O_3 \cdot HCl$, F. 120°, mit V. *β-Diäthylaminoäthylester, Hydrochlorid*, $C_{12}H_{18}ClN_3O_3 \cdot HCl$, F. 118°, mit VI. *β-Dimethylaminoäthylamid, Hydrochlorid*, $C_{10}H_{15}ClN_4O_2 \cdot HCl$, F. 263°. *β-Diäthylaminoäthylamid, Hydrochlorid*, $C_{12}H_{19}ClN_4O_2 \cdot HCl$, F. 258°. — *Pyridazon-(3)-yl-(6)-oxyessigsäure*, $C_6H_6 \cdot N_2O_4$, F. 245°. *β-Dimethylaminoäthylester, Tartrat*, $C_{10}H_{15}N_3O_4 \cdot C_4H_6O_6$, F. 314°. — *6-Chlorpyridazon-(3)*, F. 140°, aus vorst. Säure mit $POCl_3$ in Benzol. — *3-Hydroxypyridazon-(6)-yl-(1)-essigsäure*, $C_6H_6N_2O_4$, F. 245°. *β-Dimethylaminoäthylester, Tartrat*, $C_{10}H_{15} \cdot N_3O_4 \cdot C_4H_6O_6$, F. 310°. — *3.6-Dichlorpyridazin* (III), Kp.$_{0,2}$ 89—92°, F. 69°, aus vorst. Säure u. $POCl_3$ durch längeres Kochen in Benzol. H. GLEINIG. 3272 □

Hydropyrimidine. 1. Mitt. **1.4.5.6-Tetrahydropyrimidin und seine Derivate.** D. J. Brown und R. F. Evans. (J. chem. Soc. [London] **1962.** 527—33. Febr. Canberra, Australia, Nat. Univ., Dep. of Med. Chem.; Inst. of Advanced Studies.) (Engl.)

1.4.5.6-Tetrahydropyrimidin (I) wird nach bekannten Verff. aus Trimethylendiamin (II) u. Ameisensäureäthylester sowie aus 1.3.5-Triazin (III) u. II hergestellt. I-*Hydrochlorid* wird nach ebenfalls bekannten Verff. durch katalyt. Red. von Pyrimidin in HCl oder aus 2.4-Dichlorpyrimidin in W. erhalten. In W. unterliegt I leicht der Ringöffnung; in salzsaurer Lsg. wird *monoformyliertes* II u. mit α-Naphthylisocyanat *1.3-Di-α-naphthylureidopropan* gebildet. I-*Acetat* entsteht bei der Kondens. von II mit Formamidinacetat. Mit CH_3J werden I-*Hydrojodid, 1-Methyl-1.4.5.6-tetrahydropyrimidinhydrojodid* u. I-*1.3-Dimethylpyrimidiniumjodid* erhalten. Letzteres wird zu *1.3-Bis-[methylamino]-propan* hydrolysiert. I-*Hydrochlorid* reagiert z. T. mit Diazomethan unter Bldg. einer ätherlösl. Base, deren Pikrat bei alkal. Hydrolyse NH_3 abspaltet. I ist in saurer Lsg. gegen $KMnO_4$ u. $K_2Cr_2O_7$ stabiler als in Wasser. Bei der Dehydrierung von I mit Pd-Tierkohle wird *Bi-[1.4.5.6-tetrahydropyrimidyl-(2)]* gebildet. Mit S entsteht aus I *1.4.5.6-Tetrahydro-2-mercaptopyrimidin.* Der pK_a-Wert für I wird zu 13,0 bei 20° bestimmt. Aus dem IR-Spektrum von III geht hervor, daß das cycl. III zu einem geringen Teil mit einer offenkettigen Form im tautomeren Gleichgewicht steht. Das kernmagnet. Resonanzspektrum ergibt, daß dieser Anteil weniger als 10% ausmacht. Für I, I-Hydrochlorid, I-Hydrobromid, I-Hydrojodid, I-Chloromercurat, I-Chloroaurat u. I-Chloroplatinat werden die IR-Absorptionsmaxima angegeben.

Versuche: *1.4.5.6-Tetrahydropyrimidin* (I), $C_4H_8N_2$, $Kp._{0,5}$ 80—82°, a) durch Zugabe von II zu Ameisensäureäthylester während 10 Min. unter Feuchtigkeits- u. CO_2-Ausschluß, 15std. Kochen, Abdest. bei 100°/20 Torr, 90 Min. langes Erhitzen auf 150°/20 Torr im N_2-Strom u. Dest.; n_D^{20} 1,5166, $n_D^{23,5}$ 1,5154; n_D^{25} 1,5149; 50% (Ausbeute); b) durch vorsichtiges Eintropfen von II in III [F. 76—79°, a) aus Formamidinacetat u. Na-Diformamid bei 130°/1 Torr bei 1std. Dest. in eine mit Aceton–CO_2 gekühlte Vorlage; 17%; b) durch $1^1/_4$std. Pyrolyse von Formamidinacetat bei 170—180°/20 Torr; 8%; c) durch Pyrolyse des Formamidintrichlormercurat–$HgCl_2$-Addukts [F. 210—213° (A.), aus Formidin–HCl u. methanol. $HgCl_2$-Lsg.); 6%], Kühlen der exothermen Rk., 1std. Stehen bei 10°, 2std. Kochen u. Dest. im Vakuum; 61%. *Hydrochlorid*, $C_4H_9ClN_2$, F. 189 bis 190° (Methanol–Essigsäureäthylester; Nadeln), a) aus I u. äthanol HCl; b) aus I u. eiskalter 1n HCl. *Hydrobromid*, $C_4H_9BrN_2$, F. 163—164,5° (Isopropanol; Nadeln), aus I mit 48%ig. HBr in Isopropanol bei 0°. *Hydrojodid*, $C_4H_9JN_2$, F. 315° (Zers.). *Pikrat*, $C_{10}H_{11}N_5O_7$, F. 109—110° (A.). *Acetat*, $C_6H_{12}N_2O_2$, F. 62—66° (Isopropanol–Essigsäureäthylester; Prismen), durch vorsichtiges Zutropfen von 5,18 g Formamidinacetat während 20 Min. zu II; 7,2 g. *Oxalat*, F. 146—148°, durch 9std. Schütteln von 2.4-Dichlorpyrimidin unter W. mit 10%ig. Pd-Tierkohle u. H_2, Alkalisieren, Ausäthern u. Fällen mit Oxalsäure; daneben *1.4.5.6-Tetrahydro-2-hydroxypyrimidin* [F. 254—256° (Isopropanol), durch 3tägiges Ausäthern der neutralisierten Mutterlauge]. *Trichloromercurat*, $C_4H_9Cl_3Hg_2N_2$, F. 164—165,5° (Nadeln), a) aus I-Hydrochlorid u. $HgCl_2$ in Methanol; b) durch 4std. Schütteln von Pyrimidin, 0,7n HCl u. 10%ig. Pd-Tierkohle mit H_2 u. Versetzen mit methanol. $HgCl_2$-Lsg.; *Hydrat*, $C_4H_{11}Cl_3Hg_2N_2O$, F. 177,5—179°, beim Umkristallisieren aus H_2O. *Tetrachloroaurat*, $C_4H_9AuCl_4N_2$, F. 266—267° (Zers.; gelbe Platten), aus I-Hydrochlorid u. $AuCl_3$ in Methanol. *Hexachloroplatinat*, $C_8H_{18}Cl_6N_4Pt$, F. 230—231° (Zers.), aus I-Hydrochlorid u. H_2PtCl_6 in Methanol. — *1.3-Di-α-naphthylureidopropan*, $C_{25}H_{24}N_4O_2$, F. 236—237° (Zers.; Aceton), durch Rk. von I mit α-Naphthylisocyanat in Äther. — *3-Formamidopropylaminpikrat*, F. 137,5—139°, a) durch 15 Min. langes Stehen von 0,33 g I in W., Versetzen mit alkohol. Pikrinsäure u. Abkühlen auf 0°; 1,0 g; b) durch Versetzen von I-Hydrochlorid in W. unter Ae. mit KOH bei 0° u. Versetzen der wss. Phase mit Pikrinsäure; daneben II-*Pikrat*. — *1.4.5.6-Tetrahydro-1-methylpyrimidinpikrat*, $C_{11}H_{13}N_5O_7$, F. 104—106° (A., gelb), durch 1std. Rk. von 1,3 g I mit CH_3J in Ae. bei Zimmer-Temp., Abtrennen des ätherunlösl. Öls u. Umkristallisieren aus Isopropanol–Essigsäureäthylester → Kristalle [F. 317—322° (Zers.; Methanol–Essigsäureäthylester); *Pikrat*, $C_{10}H_{11}N_5O_7$, F. 115—117°] u. Mutterlauge **A** sowie Mutterlauge **B** (vom Umkristallisieren der Kristalle), Einengen von **A** zu einem Öl u. Versetzen mit Pikrinsäure in Methanol. — *1.3-Bis-[methylamino]-propanpikrat*, F. 193—195° (A., Isopropanol), a) durch Eindampfen von **A** nach dem Abtrennen vorst. Verb., 20 Min. langes Kochen mit 1n KOH, Abdest., Rk. des Destillats mit Pikrinsäure in Methanol, Einengen, Waschen mit Bzl. u. fraktionierte Kristallisation; 0,01 g; daneben *Ammoniumpikrat*, F. 277—282° (Zers.); 0,22 g; b) durch Einengen von **B**, Fällen von I mit $HgCl_2$, Wasserdampf-Dest. der Mutterlaugen mit 2n KOH u. Versetzen mit Pikrinsäure; 0,03 g; daneben 0,08 g *Ammoniumpikrat*. — *Bi-[1.4.5.6-tetrahydropyrimidyl-(2)]*, $C_8H_{14}N_4$, F. 160—170° (Isopropanol), durch Erhitzen von 5 g I u. 10%ig. Pd-Tierkohle auf 190°

im N_2-Strom, Steigern der Temp. innerhalb von 55 Min. auf 260°, Ausäthern, Extrahieren mit Isopropanol, Einengen u. Sublimieren; 0,95 g. *Chloroplatinat*, $C_8H_{16}Cl_6N_4Pt$, F. 332–340° (Zers.; Methanol–Isopropanol, orangefarbig). — *1.4.5.6-Tetrahydro-2-mercaptopyrimidin*, F. 209–211° (A.; Nadeln), durch 1std. Erhitzen von I u. S auf 200° u. Extrahieren mit Methanol; 40%. E. KOSSMEHL. 3272□

Fortschritte in der Chemie der Barbitursäuren. R. Ja. Lewina und F. K. Welitschko. (Успехи Химии [Fortschr. Chem.] **29**. 929–71. Aug. 1960. Moskau, Lomonossow-Univ., Chem. Fakultät.) (Russ.)

Allg. Übersicht über Synth., chem. u. physikal. Verh., Nachw. u. Best. von *Barbitursäuren* u. *Thiobarbitursäuren*. — 588 Literaturhinweise. G. FROELICH. 3272□

Synthese von Hydroxyalkylmalonylharnstoffen sowie ihrer Carbamate. André Buzas, Christian Egnell und Madeleine Moczar. (Bull. Soc. chim. France **1962**. 267–71. Febr. Orsay, Seine-et-Oise, Fac. des Sci., Labor. de Chim. Organ.) (Franz.)

Zur Prüfung auf physiolog. Wrkg. werden 6 *Hydroxyalkylmalonylharnstoffe* sowie ihre *Carbamate* dargestellt.

Versuche: *α-Tetrahydropyranyl-2-chloräthyläther* (I), Kp.$_{14}$ 89–90°, durch ½std. Rühren von Dihydropyran u. Äthylenchlorhydrin mit etwas konz. HCl, 3std. Stehen, Zugabe von 2n NaOH u. Extraktion mit Ae.; 71% (Ausbeute). — *[β-(α-Tetrahydropyranyloxy)-äthyl]-malonsäurediäthylester* (II), Kp.$_{14}$ 174–175°, durch 15std. Kochen einer bei 60° in 1 Std. hergestellten Na-Malonsäurediäthylester-Lsg. in abs. A. mit I; 45%. — [β-(α-Tetrahydropyranyloxy)-äthyl]-malonsäurediäthylester: *n-Butyl-* (III), Kp.$_{0,9}$ 160°, durch Zugabe von n-Butylmalonsäurediäthylester zu einer Lsg. von Na in tert.-Butylalkohol bei 60° unter Rühren, 1std. Rühren, Eintropfen von I unter Rühren, u. 25std. Kochen; 31%. — *Allyl-*, Kp.$_{0,4}$ 143–144°, analog III aus Allylbromid u. der Na-Verb. von II; 77,5%. — *Crotyl-*, Kp.$_{0,7}$ 142–147°, analog III; 61%. — *Propargyl-* Kp.$_{0,7}$ 154–157°; 65%. — *[β-Vinyloxyäthyl]-malonsäurediäthylester* (IV), Kp.$_{14}$ 138°; 52%. — [β-Vinyloxyäthyl]-malonsäurediäthylester: *Methyl-* (V), Kp.$_{18}$ 178°, a) durch Zugabe von CH_3Br in abs. A. zu der bei 60° in abs. A. hergestellten Na-Verb. von IV in ½ Std. u. ¼std. Stehen; 68%; b) aus Vinyl-β-chloräthyläther (VI) u. Na-Methylmalonsäurediäthylester; 21%. — *n-Butyl-*, Kp.$_{15}$ 162–163°, a) aus VI u. Na-n-Butylmalonsäurediäthylester; 30%; b) aus IV u. n-Butylbromid; 66%. — *Crotyl-*, Kp.$_{0,7}$ 133–142°, aus IV u. Crotylbromid; 52%. — 5-[β-(α-Tetrahydropyranyloxy)-äthyl]-malonylharnstoffe, durch Zugabe einer Lsg. von Na in abs. A. zu einer sd. Lsg. von Alkyl-II u. Harnstoff in abs. A., 8std. Kochen unter Rühren, Aufnehmen in W., Ae.-Extraktion u. Ansäuern der wss. Phase: *5-Butyl-* (VII), F. 187–188°; 78%. — *5-Allyl-*, F. 132°; 67%. — *5-Propargyl-* (XI), F. 193° (W.); 30%. — *5-Crotyl-* (VIII), nicht rein isoliert. — 5-[β-Vinyloxyäthyl]-malonylharnstoffe, analog vorst. Verbb. aus Alkyl-IV: *5-Methyl-* (IX), F. 146–148°, in 10 Std.; 43%. — *5-Butyl-*, F. 142°; 80%. — *5-Crotyl-* (XII), F. 137–138°, in 6 Std.; 62%. — 5-[β-Hydroxyäthyl]-malonylharnstoffe: *5-Methyl-*, F. 188° (Sublimation), durch Abdest. des Acetaldehyds (X) aus einer Suspension von 3,3 g IX in 20 ml W. u. 0,5 ml konz. HCl, bis kein X mehr übergeht; 52%. *Carbamat*, F. 227° (Sublimation), durch Zugabe einer äquivalenten Menge Antipyrin in Chlf. zu einer 5%ig. Lsg. des Malonylharnstoffs in abs. Dioxan u. Zugabe von 1,5 Mol $COCl_2$ bei 0–5° in Toluol, 8std. Rühren bei 10–15°, 12std. Stehen bei Raum-Temp., Einleiten von NH_3, Absaugen, Einengen, Verreiben mit Ae. u. Umkristallisation aus A.–W. (6:1) oder W.; 55%. — *5-Butyl-*, F. 149°, durch 2maliges 40minütiges Kochen von VII in verd. HCl; 51%. *Carbamat*, F. 192° (Sublimation); 60%. — *5-Allyl-*, F. 171° (Sublimation), durch 1std. Kochen von 5-Allyl-5-[β-vinyloxyäthyl]-malonylharnstoff in verd. H_2SO_4; 67%. *Carbamat*, F. 223°; 35%. — *5-Crotyl-*, F. 158°, a) durch 1std. Kochen von VIII mit verd. H_2SO_4; 75%; b) durch 20minütiges Abdest. von X aus XII u. verd. HCl; 55%. *Carbamat*, F. 172–173°; 53%. — *5-Propargyl-*, F. 206° (Sublimation, W.), durch ½std. Kochen von XI mit verd. HCl; 69%. *Carbamat*, F. 207–208° (Sublimation); 50%. — *γ-Brompropyl-n-butylmalonsäurediäthylester*, Kp.$_{1,2}$ 160–162°, aus 1.3-Dibrompropan u. Na-Butylmalonsäurediäthylester in abs. A.; 30,4%. — *γ-Acetoxypropyl-n-butylmalonsäurediäthylester*, Kp.$_{0,5}$ 156–157°, durch 15minütiges Kochen vorst. Verb. mit K-Acetat in abs. Dimethylformamid; 70%. — *γ-Hydroxypropyl-n-butylmalonylharnstoff*, F. 113°, durch 6std. Kochen vorst. Verb., Harnstoff u. Na in abs. A., Aufnehmen in W. u. Ansäuern; 57%. *Carbamat*, F. 174°; 55%. GISELA SCHREIBER. 3272□

Synthesen in der heterocyclischen Reihe. 1. Mitt. Neue Synthesen 5-monosubstituierter Pyrimidine. Hellmut Bredereck, Franz Effenberger und Ernst H. Schweizer. (Chem. Ber. **95**. 803–09. 20/3. 1962. Stuttgart, TH, Inst. für Organ. Chem. u. Organ.-Chem. Technol.) (Dt.)

5-monosubstituierte Pyrimidine werden aus 2-substituierten 1.1.3.3-Tetraalkoxypropanen mit Formamid erhalten. Aus dem leicht zugänglichen 4-Hydroxy-5-carbäthoxypyrimidin läßt sich die *4-Chlor-Verb.* (I) darstellen, deren katalyt. Hydrierung zu *5-Carbäthoxypyrimidin* (II) führt. Daraus erhält man mit NH_3 bzw. N_2H_4 *Pyrimidin-5-carbonsäureamid* bzw. *-hydrazid*, deren Abbau-Rkk. *5-Aminopyrimidin* ergeben.

Versuche: *1.1.3.3-Tetramethoxy-2-carbäthoxypropan* (III), $C_{10}H_{20}O_6$, Kp.$_{12}$ 62 bis 62,5°, durch Zutropfen von 1.1.3.3-Tetramethoxypropan in Ae. zu K in fl. NH_3 bei −70°, 2std. Rühren, Zugabe von Chlorameisensäureäthylester in Ae., 2std. Rühren u. Dest. im Vakuum; 15% (Ausbeute). — *5-Carbäthoxypyrimidin* (II), $C_7H_8N_2O_2$, F. 38 bis 39°, Kp.$_{14}$ 108°, durch 6std. Zutropfen von III zu Formamid/NH_4-Formiat in Ggw. von etwas W. bei 180—190°, 2std. Stehen bei dieser Temp. unter Abdest. des A., Versetzen mit 10%ig. NaOH, mehrstd. Extrahieren mit Ae. u. Dest. im Vakuum; 45%. *Mg(OH)Cl-Additions-Verb.*, $C_7H_8N_2O_2 \cdot Mg(OH)Cl$, durch 1std. Hydrieren von 4-Chlor-5-carbäthoxypyrimidin (I) in W. an 10%ig. Pd/Kohle in Ggw. von Na-Acetat u. geglühtem MgO; liefert durch Neutralisieren mit Essigsäure u. Ausäthern 75% II. — *2-Brom-1.1.3.3-tetraäthoxypropan* (IV), Kp.$_{14}$ 134—135°, durch Zutropfen von Br_2 zu 1.1.3.3-Tetraäthoxypropan in CCl_4 bei 40° unter Bestrahlung mit UV-Licht u. Eintragen in überschüssige $NaHCO_3$-Lsg.; 75%. — *2-Brom-1.1.3.3-tetramethoxypropan*, Kp.$_{10}$ 103—105°, durch Erwärmen von III, N-Bromsuccinimid u. etwas Dibenzoylperoxid in abs. CCl_4 bis zum Sieden; 30%. — *Brommalondialdehyd*, F. 145° (Sublimation), durch 12std. Rühren von IV in CCl_4/W. (20:0,9) bei Raum-Temp.; 87%. — *5-Brompyrimidin*, F. 75—76°, aus IV, Formamid u. NH_4-Formiat in Ggw. von etwas W. analog II; 64%. — *5-Hydroxypyrimidin*, F. 209—211° (Sublimation), durch 3std. Kochen von 5-Methoxypyrimidin mit trockenem KOH in Äthylenglykol, Eindampfen im Vakuum, Neutralisieren mit Essigsäure u. Extrahieren mit Dioxan; 46%. — *4-Hydroxy-5-carbomethoxypyrimidin*, $C_6H_6N_2O_3$, F. 209° (W.), durch 2std. Erhitzen von Tris-[formylamino]-methan, Malonsäuredimethylester u. p-Toluolsulfonsäure auf 180°; 47%. — *4-Hydroxy-5-carbäthoxypyrimidin*, $C_7H_8N_2O_3$, F. 189—190° (W.), analog vorst. Verb. aus Tris-[formylamino]-methan, Malonsäurediäthylester u. p-Toluolsulfonsäure; 41%. — *4-Hydroxy-5-carbobutoxypyrimidin*, $C_9H_{12}N_2O_3$, F. 159,5°, analog vorst. Verb. mit Malonsäuredibutylester; 36%. — *4-Chlor-5-carbäthoxypyrimidin* (I), $C_7H_7ClN_2O_2$, Kp.$_{0,05}$ 74—75°, durch Versetzen vorvorst. Verb. mit Triäthylamin u. dann mit $POCl_3$, 2½ std. Erhitzen auf 140°, Eindampfen im Vakuum, Aufnehmen in Bzl., Neutralisieren mit Na_2CO_3 u. wss. Soda-Lsg., Abtrennen der Benzolschicht u. Dest. im Vakuum; 64%. — *4-Chlor-5-carbobutoxypyrimidin*, $C_9H_{11}ClN_2O_2$, Kp.$_{0,7}$ 98—101°, analog vorst. Verb. aus vorvorst. Verb., Triäthylamin u. $POCl_3$; 65%. — *Pyrimidin-5-carbonsäureamid*, F. 215°, durch 8std. Rk. von II in fl. NH_3 bei 60° im Bombenrohr u. Verdunsten des NH_3; aus wenig Butanol Plättchen; 98% (Rohausbeute). — *Pyrimidin-5-carbonsäurehydrazid*, F. 124° (W./A.), durch 2std. Kochen von II, A. u. $N_2H_4 \cdot H_2O$ u. Eindampfen im Vakuum; 54%. — *5-Aminopyrimidin*, F. 170—171° (Bzl.), a) durch Lösen vorvorst. Verb. in 10%ig. KOH, Kühlen auf 0°, Zutropfen von NaOCl-Lsg., langsames Erwärmen auf 80°, ½std. Erhitzen auf 100°, Eindampfen zur Trockne u. Aufnehmen in Bzl.; 61%; b) durch Zutropfen von $NaNO_2$ in 10%ig. Essigsäure zu vorst. Verb. in 10%ig. Essigsäure unter Kühlung, Filtrieren u. Zers. des getrockneten Nd. in abs. Bzl. bei 80°; 58%. P. GOLINSKE. 3272□

Carbamate und Harnstoffderivate von Amino- und Oxopyrimidinen. Elizabeth Dyer, Martin L. Gluntz und Elinor J. Tanck. (J. org. Chemistry **27.** 982—85. März 1962. Newark, Del., Univ., Dep. of Chem.) (Engl.)

Durch Umsetzung von 2-Amino- (I) bzw. 4-Aminopyrimidin (II) mit Methyl- (III), Äthyl- (IV), Pentyl-(1)- (V) u. Phenylchlorformiat (VI) werden die entsprechenden *Pyrimidinyl-(2)-* bzw. *-(4)-carbaminsäureester* dargestellt. Pyrimidin-4-carbonsäurehydrazid wird in das *Azid* übergeführt, das mit CH_3OH bzw. A. ebenfalls *Pyrimidinyl-(4)-carbaminsäuremethyl-* bzw. *-äthylester* liefert. 5-Aminouracil (VII) gibt mit III, IV bzw. V die entsprechenden *2.4-Dioxo-1.2.3.4-tetrahydropyrimidinyl-(5)-carbaminsäureester*. Bei der Darst. des *Pentyl-(1)-esters* wird daneben *1-[Carbopentyl-(1)-oxy]-5-aminouracil* erhalten. Uracil (VIII) reagiert mit vorst. Alkylchlorformiaten in Ggw. von NaOH zu *1-Carbalkoxyuracilen*. I u. II geben mit Phenylisocyanat (IX) die entsprechenden *Harnstoff-Derivv.*, Cytosin u. Isocytosin analog die entsprechenden *Hydroxypyrimidinylphenylharnstoffe*. Fast alle Verbb. erwiesen sich als inakt. gegenüber verschiedenen Mäusetumoren.

Versuche (FF. korr.): *Pyrimidinyl-(2)-carbaminsäure, Methylester*, $C_6H_7N_3O_2$, F. 134—136°, a) aus III in W. durch Zutropfen einer Lsg. von I in wss. NaOH bei 40°; b) aus III u. I in sd. Bzl.; 45% (Ausbeute). *Pikrat*, F. 157—159°. *Äthylester*, $C_7H_9N_3O_2$, F. 116—117°, aus I u. IV nach a) oder b); 42%. *Pentyl-(1)-ester*, $C_{10}H_{15}N_3O_2$, F. 111 bis 112°, aus I u. V nach a) oder b); 27%. *Phenylester*, $C_{11}H_9N_3O_2$, F. 154—155°, aus I u. VI nach a) oder b); 11%. — *Pyrimidinyl-(4)-carbaminsäure, Methylester*, $C_6H_7N_3O_2$, F. 181—182°, aus II u. III nach b); 36%; oder aus nachst. Azid in sd. CH_3OH. *Pikrat*

F. 195—197°. *Äthylester*, $C_7H_9N_3O_2$, F. 167—168°, aus **II** u. **IV** nach b); 49%; oder aus nachst. Azid in sd. Äthanol. *Pikrat*, F. 196—200°. *Pentyl-(1)-ester*, $C_{10}H_{15}N_3O_2$, F. 89 bis 90°, aus **II** u. **V** nach b); 2%. *Pikrat*, F. 135—137°. *Phenylester*, $C_{11}H_9N_3O_2$, F. 203 bis 204°, aus **II** u. **VI** nach b); 20%. *Pikrat*, F. 172—174° (Zers.). — *Pyrimidin-4-carbonamid*, $C_5H_5N_3O$, F. 191→192°, aus dem Äthylester in mit NH_3 gesätt. A. (24 Std.); Nadeln; 94%. — *Pyrimidin-4-carbonazid*, $C_5H_3N_5O$, F. 50—51°, Zers. bei 80—90°, aus dem Hydrazid nach SAH u. WOO [1939]; 67%. — *2.4-Dioxo-1.2.3.4-tetrahydropyrimidinyl-(5)-carbaminsäure, Methylester*, $C_6H_7N_3O_4$, F. 293—294° (Zers.), aus **VII** u. **III** nach a); 97%. *Äthylester*, $C_7H_9N_3O_4$, F. 223—224°, aus **VII** u. **IV** nach a); 70%. *Pentyl-(1)-ester*, $C_{10}H_{15}N_3O_4$, F. 212—213°, aus **VII** u. **V** nach a); 45%; daneben 15% *1-[Carbopentyl-(1)-oxy]-5-aminouracil*, $C_{10}H_{15}N_3O_4$, F. 99—100°. — *2.4-Dioxo-1.2.3.4-tetrahydropyrimidincarbonsäure-(1), Methylester*, $C_6H_6N_2O_4$, F. 192—195° (Zers.), aus **VIII** u. **III** nach a); 65%. *Äthylester*, $C_7H_8N_2O_4$, F. 130—132°, aus **VIII** u. **IV** nach a); 35%. *Pentyl-(1)-ester*, $C_{10}H_{14}N_2O_4$, F. 127—128°, aus **VIII** u. **V** nach a); 51%. — *1-Phenyl-3-[pyrimidinyl-(4)]-harnstoff*, $C_{11}H_{10}N_4O$, F. 234—236° (Zers.), aus **II** u. **IX** ohne Lsgm. bei 100° (6 Std.); 42%. — *1-Phenyl-3-[pyrimidinyl-(2)]-harnstoff*, F. 225—227° (Zers.), aus **I** u. **IX** bei Raum-Temp. (45 Std.); 48%. — *1-Phenyl-3-[4-hydroxypyrimidinyl-(2)]-harnstoff*, $C_{11}H_{10}N_4O_2$, F. 260,5—262,5° (Zers.), aus Isocytosin u. **IX** bei 100° (6 Std.); 34%. — *1-Phenyl-3-[2-hydroxypyrimidinyl-(4)]-harnstoff*, $C_{11}H_{10}N_4O_2$, F. 266—267° (Dimethylformamid), aus Cytosin u. **IX** bei 100° (6 Std.), Versetzen mit A. u. Kochen (1 Std.); 30%.

H. GLEINIG. 3272□

Synthese von 2.5-Dimethylpiperazin aus Isopropanolamin. W. K. Langdon, W. W. Levis jun. und D. R. Jackson. (Ind. Engng. Chem., Process Design Development 1. 153—56. April 1962. Wyandotte, Mich., Wyandotte Chem. Corp.) (Engl.)

Die bimol. Cyclisierung von Isopropanolamin [1-Aminopropanol-(2); **I**; Kp 159°, F. 1°] in Ggw. von Hydrierungs-Dehydrierungs-Katalysatoren führt zu *2.5-Dimethylpyrazin* (**II**; Kp. 153°, F. 15°), *cis-2.5-Dimethylpiperazin* (**III**; Kp. 162°, F. 18°) u. *trans-2.5-Dimethylpiperazin* (**IV**; Kp. 160°, F. 118°). Bes. gute Ausbeuten an **IV** werden in fl. Phase mit 2,5 g feuchtem RANEY-Ni (50% Ni, 50% H_2O) pro Mol **I** bei 1200 lbs./sq.in., 220° u. einer Rk.-Zeit von 4—8 Std. erhalten. Nach dem Abkühlen u. Zugabe von 200 ml W. zur Vermeidung der Auskristallisation von **IV** wird der Katalysator abfiltriert, **II** als Azeotrop mit W. (Kp. 98°) abdest. u. die Zus. des verbleibenden Gemisches von **III** u. **IV** u. unverändertem **I** potentiometr. u. IR-spektrograph. bestimmt. Der Anteil an **IV** beträgt ca. 80% des mit 75%ig. Ausbeute erhaltenen **III**–**IV**-Gemisches. Der Rk.-Mechanismus wird diskutiert u. die Ausbeute in Abhängigkeit von Druck, Temp., Rk.-Zeit u. Katalysatormenge untersucht u. tabellar. zusammengestellt. Für **III** u. **IV** liegen die charakterist. IR-Absorptionsbanden bei 9,6 bzw. 11,4 μ.

J. PFIRSCHKE. 3272□

Anhydrobiisatinsäure. 6.12-Epoxy-5.6.11.12-tetrahydrophenhomazindicarbonsäure-(6.12) Gj. Stefanovic, Lj. Lorenc, R. I. Mamuzić und M. Lj. Mihailović. (Tetrahedron [London] 6. 304—11. Juni 1959. Belgrade, Univ., Fac. of Sci., Inst. of Chem.) (Engl.)

Vff. beschreiben die Bldg. der *Anhydrobiisatinsäure* [**II**; *6.12-Epoxy-5.6.11.12-tetrahydrophenhomazindicarbonsäure-(6.12)*] durch Selbstkondens. von Isatinsäure. Die Konstit. wird aufgeklärt, die Herst. von Derivv. wird beschrieben.

Versuche: *Isatinsäure, K-Salz*, aus Isatin (**I**) u. wss. 20%ig. KOH. *Ag-Salz*, aus dem K-Salz u. $AgNO_3$. — *Anhydrobiisatinsäure* (**II**), $C_{16}H_{12}N_2O_5$, F. 176° (PAe.), durch Ansäuern der wss. **II a**-Lsg. unter Kühlen u. sofortiges Abfiltrieren; 89,7% (Ausbeute). *K-Salz* (**II a**), $C_{16}H_{10}K_2N_2O_5$, durch ½std. Kochen von **I** mit 40%ig. wss. KOH; 93,7%. *Ag-Salz* (**II b**), $C_{16}H_{10}Ag_2N_2O_5$, aus **II a** u. $AgNO_3$. *Dimethylester*, $C_{18}H_{16}N_2O_5$, F. 238° (A.), mit Diazomethan (**IV**); 96,6%. Kochen von wss. **II**-Lsg. → 100% **I**. — *N.N'-Dimethylanhydrobiisatinsäure* (**III**), $C_{18}H_{16}N_2O_5$, F. 154° (Zers.; Äthylacetat), durch 6std. Kochen von **II b** mit Methyljodid (**V**) in Ae.; 91,5%. *Dihydrat* (**III b**), $C_{18}H_{16}N_2O_5 \cdot 2\,H_2O$, F. 118° (W.), a) aus **II a** u. Dimethylsulfat (**VI**) in wss. KOH bei 10°; 88,8%; b) aus **III** mit 5%ig. wss. HCl; 93,1%. *Ag-Salz*, $C_{18}H_{14}Ag_2N_2O_5$, aus **III**, wss. KOH u. $AgNO_3$. *Dimethylester*, $C_{20}H_{20}N_2O_5$, F. 173° (aus A.), aus **III** mit **IV**, **V** oder **VI**. Kochen von **III** in wss. Lsg. → quant. *N-Methylisatin*, F. 132°. — *(—)-N.N'-Dimethylanhydrobiisatinsäuredihydrat* (—**III**), $C_{18}H_{16}N_2O_5 \cdot 2\,H_2O$, F. 115—116° (A.-W.), durch Lösen von —**III a** in wss. KOH, Extraktion des Brucins mit Chlf. u. Ansäuern; $[\alpha]_D^{20}$ —50,6° (c = 3,00; A.); 62,4%. *Brucinsalz* (—**III a**), F. 154°, durch 4std. Stehen von 18,8 g **III b** mit Brucin in A., Abfiltrieren des Nd. u. 5maliges Ausziehen mit A.; $[\alpha]_D^{20}$ —38,3° (c = 0,6; W.); 18,2 g. — *(+)-N.N'-Dimethylanhydrobiisatinsäuredihydrat*, F. 114°, analog —**III**; $[\alpha]_D^{20}$ +51,3° (c = 3,00; A.); 60,4%. *Brucinsalz*, F. 171—172°, aus dem alkohol. Filtrat von —**III a**; $[\alpha]_D^{20}$ +20,8° (c = 1,92; A.); 8,6 g. E. OKRUCH. 3282□

Einige Reaktionen des Cyanurchlorids mit negativ substituierten Alkoholen. A. J. Matuszko und M. S. Chang. (J. org. Chemistry **27.** 677—78. Febr. 1962. Indian Head, Md., U.S. Naval Propellant Plant, Res. and Dev. Dep.) (Engl.)

Cyanurchlorid (I) wird mit Trifluoräthanol zu *Tris-[trifluoräthoxy]-symm.-triazin* u. mit Tribromäthanol zu *Tris-[tribromäthoxy]-symm.-triazin* in alkal. Medium verestert. *2.4.6-Tris-[2'.2'.2'-tris-(nitroxymethyl)-äthoxy]-symm.-triazin* wird aus I mit 2.2-Bis-[nitroxymethyl]-3-nitroxypropanol-(1) in wss. alkal. Aceton-Lsg. in guter Ausbeute erhalten. Durch Nitroäthanol, 2-Nitrobutanol-(1) u. Trinitroäthanol wird I nicht verestert, dagegen werden die di- bzw. trisubstituierten I-Derivv. mit 2-Methyl-2-nitropropanol-(1) erhalten.

Versuche: *2.4.6-Tris-[β.β.β-trifluoräthoxy]-symm.-triazin*, $C_9H_6F_9N_3O_3$, F. 45 bis 46° (PAe.), durch portionsweise Zugabe von I zu Trifluoräthanol in KOH bei 30—35°, 5std. Kochen u. Abfiltrieren des KCl; 64% (Ausbeute). — *2.4.6-Tris-[β.β.β-tribromäthoxy]-symm.-triazin*, $C_9H_6Br_9N_3O_3$, F. 280—281° (Zers.; CH_2Cl_2, Hexan), durch langsames Zutropfen von KOH zu Tribromäthanol u. I in Aceton bei 45° u. 20 Min. langes Rühren; 86%. — *2.4.6-Tris-[2'.2'.2'-tris-(nitroxymethyl)-äthoxy]-symm.-triazin*, $C_{18}H_{24}\cdot N_{12}O_{30}$, F. 131—132°, analog vorst. Verb. aus I u. 2.2-Bis-[nitroxymethyl]-3-nitroxypropanol-(1); 88%. — *2-Chlor-4.6-bis-[2-methyl-2-nitropropoxy]-symm.-triazin*, $C_{11}H_{16}\cdot ClN_5O_6$, F. 103—104°, aus I u. 2-Methyl-2-nitropropanol-(1); 17%. — *2.4.6-Tris-[2-methyl-2-nitropropoxy]-symm.-triazin*, $C_{15}H_{24}N_6O_9$, F. 248—249° (Nitromethan–Methanol), durch Eintropfen von KOH in eine Aceton-Lsg. von I u. 2-Methyl-2-nitropropanol-(1) bei 55° u. $1^1/_2$std. Kochen; 16%. E. KOSSMEHL. 3313 □

Über α-Halogenäther. 11. Mitt. **Die Darstellung von Homoisochroman.** Alfred Rieche und Hans Gross. (Chem. Ber. **95.** 91—95. 25/1. 1962.) (Dt.) — 10. vgl. C. **1962.** 13012.

Die Darst. von Phthalan aus Chlormethylbenzyläther gelingt nicht, dagegen kann *Homoisochroman* (*1.3.4.5-Tetrahydro-2-benzoxepin*; I) aus Chlormethyl-[3-phenylpropyl]-äther (III) in Ggw. von $AlCl_3$ hergestellt werden. Analog wird aus dem Chlormethyläther (IV) des 4-Phenylbutanols-(2) *3-Methylhomoisochroman* erhalten, das einen ähnlichen Geruch wie Menthol hat. Von I wird ein *Eisen(II)-cyanwasserstoffsäure-Komplex* dargestellt, der durch Lauge wieder gespalten wird. Mit alkal. $KMnO_4$-Lsg. wird I zu *Phthalsäure* oxydiert. HBr spaltet zu *o-[3-Brompropyl]-benzylbromid* (II), das durch Überführung in *N.N-Dimethyltetrahydrohomoisochinoliniumbromid* identifiziert wird. Auch Acetanhydrid/$ZnCl_2$ öffnen den Ring unter Bldg. von *o-[3-Acetoxypropyl]-benzylacetat*, das auch aus II mit K-Acetat in Eisessig gebildet wird. I wird unter O_2 mit UV-Licht bestrahlt, wobei bei Zimmer-Temp. außer H_2O_2 ein *Hydroperoxid* nachgewiesen wird; bei 100° wird *o-[3-Hydroxypropyl]-benzoesäurelacton* erhalten, das zur *freien Säure* verseift wird. Mit Chlormethyl-[4-phenylbutyl]-äther wird kein Ringschluß erreicht.

Versuche: *Chlormethyl-[3-phenylpropyl]-äther* (III), $Kp._9$ 122,5—123,5°, durch Einleiten von HCl-Gas in eine gekühlte Mischung von Hydrozimtalkohol u. Paraformaldehyd unter Eis–NaCl-Kühlung u. Abtrennen der organ. Phase; 89,5% (Ausbeute). — *Chlormethyl-[4-phenylbutyl-(2)]-äther* (IV), $Kp._{0,22}$ 81—84°, analog III aus 4-Phenylbutanol-(2); 90%. — *Homoisochroman* (I), $C_{10}H_{12}O$, $Kp._{8,5}$ 103,5—104,5°, durch Zugabe von III in CS_2 zu $AlCl_3$ in CS_2 bei —5°, 3—5 Min. langes Rühren u. Gießen auf Eis; 67,5% (roh); Reinigung durch Unterschichten von I in Bzn. mit 20%ig. $K_4[Fe(CN)_6]$-Lsg., Zugabe von 25%ig. HCl bis zum Ende der Nd.-Bldg., $^1/_2$std. Rühren, Absaugen des Komplexes u. Zers. mit 10%ig. NaOH; n_D^{20} 1,5464. — *3-Methylhomoisochroman*, $Kp._{11,5}$ 115°, aus IV u. $AlCl_3$ in CS_2 analog I; $n_D^{19,5}$ 1,5347; 57%. — *Phthalsäure*, F. 190—191° (W.), aus I u. alkal. $KMnO_4$-Lsg. bei 100°; 55%. *Phthalanil*, F. 207°. — *o-[3-Brompropyl]-benzylbromid* (II), $C_{10}H_{12}Br_2$, $Kp._{0,35}$ 129—130°, durch 20std. Erhitzen von I mit rauchender HBr auf 100°; $n_D^{19,5}$ 1,5949; 64,5%. — *N.N-Dimethyltetrahydrohomoisochinoliniumbromid*, F. 249°. — *o-[3-Acetoxypropyl]-benzylacetat*, $C_{14}H_{18}O_4$, $Kp._{0,1}$ 122—124°, $Kp._{0,02}$ 107°, a) durch 5std. Erhitzen von I mit Acetanhydrid auf 165—170°; n_D^{20} 1,5014; 52%; b) durch 3std. Erhitzen von II, frisch geschmolzenem K-Acetat u. Eisessig, Zugabe von Eisessig u. weiteres 2std. Erhitzen; 86,5%. — *o-[3-Hydroxypropyl]-benzoesäurelacton*, F. 53—55° (PAe.), durch mehrtägige Rk. von I mit O_2 unter UV-Bestrahlung bei 100°, Aufnehmen in Bzl., Waschen mit KOH u. Aufarbeiten der Benzolschicht. — *o-[3-Hydroxypropyl]-benzoesäure*, F. 70° (Bzl.), durch kurzes Kochen vorst. Lactons mit 2n KOH u. Fällen mit verd. H_2SO_4. E. KOSSMEHL. 3370 □

Die Vernetzung von Cellulose und ihren Derivaten. 3. Mitt. **Die Addition von Aminen an Crotonester.** W. M. Corbett und J. E. McKay. (J. chem. Soc. [London] **1961.** 2930—35. Juli. Wythenshawe, Manchester, Brit. Rayon Res. Assoc., Heald Green Labors.) (Engl.) — 2. vgl. C. **1962.** 4927.

Die Additions-Verbb. einiger prim., aliphat. Amine mit Crotonsäureäthylester (III) u. 1.2;5.6-Di-O-isopropyliden-D-glucose-3-crotonat (I) sowie von I mit einigen einfachen Aminozuckern werden synthetisiert.

Versuche (z. T. mit J. A. D. Ewart): *β-[2-Aminoäthylamino]-buttersäurelactam*, $C_6H_{12}N_2O$, F. 113—114°, durch 5std. Zutropfen von Crotonsäuremethylester in Methanol zu einer sd. Lsg. von Äthylendiamin in Methanol unter N_2, 24std. Kochen u. Sublimation des Sirups oder Extraktion mit Bzl.; Nadeln aus Essigester/wenig Methanol; 13% (Ausbeute). *Pikrat*, $C_{12}H_{15}N_5O_8$, F. 242°. *Acetat*, $C_8H_{14}N_2O_2$, F. 100—101° (Nadeln). — *β-[2-Aminoäthylamino]-buttersäuredihydrochlorid* (II), $C_6H_{16}Cl_2N_2O_2$, F. 150—151°, durch 4std. Kochen von 2 g vorst. Lactams in 10%ig. HCl; Nadeln aus A./PAe.; 2 g. *Äthylesterhydrochlorid*, $C_8H_{20}Cl_2N_2O_2 \cdot {}^1/_2\, H_2O$, F. 111° (Bzl./A.), durch Veresterung mit äthanol. HCl. — *N.N'-Äthylen-bis-[β-aminobuttersäure]*, $C_{10}H_{20}N_2O_4$, F. 216—218° (wss. A.), durch $5^1/_2$tägige Rk. von III u. Äthylendiamin in A. bei 4°; 18%. *Dipikrat*, $C_{22}H_{26}N_8O_{18}$, F. 205 bis 206°. *Cu-Salz*, $C_{10}H_{18}CuN_2O_4$, dunkelblau. *Diäthylesterdihydrochlorid*, $C_{14}H_{30}Cl_2N_2O_4$, F. 194—195°. — *β-[2-Acetylaminoäthylamino]-buttersäure*, $C_8H_{16}N_2O_3$, F. 158—160°, durch 6tägige Rk. von N-Acetyläthylendiamin mit III in A. bei 4°, Eindampfen <80°, Lösen in W., Extraktion mit Ae. u. Eindampfen der wss. Phase; Mikrokristalle aus A./Ae.; 65%. 3std. Kochen mit 5%ig. KOH, Neutralisation mit CO_2, Extraktion des Abdampfrückstandes mit A., Eindampfen des Extraktes, Versetzen mit HCl, Extraktion des Abdampfrückstandes mit A. u. Ausfällen mit Chlf. → II (39%); Versetzen der Mutterlauge mit Ae. → II-*Äthylester* (40%). — *2-Hydroxyäthylammoniumcrotonat*, $C_6H_{13}NO_3$, F. 85—90° (Aceton/PAe.), durch 18std. Rk. von Crotonsäure mit Äthanolamin in A. bei Raum-Temp.; 69%. — *β-[2-Hydroxyäthylamino]-buttersäure*, $C_6H_{13}NO_3$, F. 181,5 bis 183,5° (A./PAe.), durch 1std. Erhitzen vorst. Salzes auf 100°. — *Äthylendiammoniumcrotonat*, $C_{10}H_{20}N_2O_4$, F. 121,5—122,5°, verändert sich beim Erhitzen auf 100° nicht. — *1.2;5.6-Di-O-isopropyliden-D-glucofuranose-3-crotonat* (I), $C_{16}H_{24}O_7$, F. 65,5—67°, durch Rk. des Na-Salzes von Di-O-isopropyliden-D-glucofuranose (IV) mit Crotonylchlorid oder von Di-O-isopropyliden-D-glucopyranose mit Crotonsäureanhydrid u. Pyridin; $[\alpha]_D^{22}$ —48,4° (c = 4,7; Chlf.). — *3-O-Buten-(2)-yl-1.2;5.6-di-O-isopropyliden-D-glucofuranose*, $C_{16}H_{26}O_6$, durch Zugabe von Buten-(2)-ylbromid zu IV, gepulvertem NaOH u. Dioxan bei 45° innerhalb von 20 Min., $1^1/_2$std. Rühren bei 50° u. 3 Std. bei 55—60°; $Kp._{0,02}$ 120° (Bad-Temp.); n_D^{21} 1,4602; $[\alpha]_D^{20}$ —18,8° (c = 1,3; Chlf.); 104%. — *3-O-Allyl-1.2;5.6-di-O-isopropyliden-D-glucofuranose*, $C_{15}H_{24}O_6$, $Kp._{0,005}$ 113°, analog vorst. Verb.; n_D^{24} 1,4570; $[\alpha]_D^{20}$ —12,7° (c = 2,4; Chlf.). — *1.2;5.6-Di-O-isopropyliden-D-glucofuranose-3-[β-(2-hydroxyäthylamino)-butyrat]*, $C_{18}H_{31}NO_8$, durch 70std. Rk. von I mit Äthanolamin in Ae.; Sirup; 102%. — *1.2;5.6-Di-O-isopropyliden-D-glucofuranose-3-[β-(2-p-toluolsulfonyloxyäthylamino)-butyrat]-p-toluolsulfonat*, $C_{32}H_{45}NO_{13}S_2$, durch 22std. Rk. vorst. Verb. mit p-Toluolsulfonylchlorid in Pyridin bei Raum-Temp.; Sirup. — *Bis-[1.2;5.6-di-O-isopropyliden-D-glucofuranose]-3.3'-[N.N'-äthylen-bis-(β-aminobutyrat)]*, $C_{34}H_{56}N_2O_{14}$, $Kp._{0,01}$ 155—170° (Bad-Temp.), durch $2^3/_4$tägige Rk. von I mit Äthylendiamin in A. bei Raum-Temp. u. Dest. von 0,86 g Sirup; 0,258 g. 3std. Erhitzen mit W. auf 75—80° → IV (96%) u. *N.N'-Äthylen-bis-[β-aminobuttersäure]* (21%). — *1.2;5.6-Di-O-isopropyliden-D-glucofuranose-3-[1.2-O-isopropyliden-6-desoxy-6-(1-methyläthylamino)-D-glucofuranose-6^2-carboxylat]*, $C_{25}H_{41}NO_{12}$, $Kp._{0,005}$ 170°, durch $8^1/_2$tägige Rk. von 0,137 g I mit 6-Amino-6-desoxy-1.2-O-isopropyliden-D-glucofuranose in A. bei Raum-Temp., Ausfällen eines amorphen, unbekannten Prod. (0,13 g) mit Ae. u. Dest. der Mutterlauge; 0,269 g. — *6-[2-Carboxy-1-methyläthylamino]-6-desoxy-1.2-O-isopropyliden-D-glucofuranose*, $C_{13}H_{23}NO_7$, F. 187—189° (A./Ae.), durch 5std. Rühren von 5,586 g vorst. Verb. mit W. bei Raum-Temp., Abtrennen von 1,926 g I, Einengen u. Extraktion mit PAe. (40—60°); 0,623 g. — *Additions-Verb.* von *3-O-[2-Aminoäthyl]-1.2;5.6-di-O-isopropyliden-D-glucofuranose* (V) u. I, $C_{30}H_{49}NO_{13}$, $Kp._{0,005}$ 175°, durch 18std. Rk. von 0,387 g V mit I in A. bei Raum-Temp.; n_D^{23} 1,4680; 0,253 g. — *Additions-Verb.* von *6-O-[2-Aminoäthyl]-1.2;3.4-di-O-isopropyliden-D-galaktopyranose* (VI) u. I, $C_{30}H_{49}NO_{13}$, $Kp._{0,005}$ 175—190° (Bad-Temp.), durch 18std. Rk. von 0,853 g VI u. I in A. bei Raum-Temp. u. Dest.; Fraktion a) $Kp._{0,005}$ 130—140° (Bad-Temp.); 0,464 g; b) $Kp._{0,005}$ 135—150° (Bad-Temp.); 0,418 g; c) $Kp._{0,005}$ 175—190° (Bad-Temp.); 0,296 g; n_D^{23} 1,4700. — *6-O-[2-N-(2-Carboxy-1-methyläthyl)-aminoäthyl]-1.2;3.4-di-O-isopropyliden-D-galaktopyranose*, $C_{18}H_{31}NO_8$, F. 156—157,5° (A./PAe./Ae.), durch 4tägiges Suspendieren von 0,825 g vorst. Verb. in W. bei Raum-Temp.; ν_{max} 1600 cm^{-1}; 0,077 g. — *3-Ester* von IV u. *3-O-[3-N-(2-Carboxy-1-methyläthyl)-aminopropyl]-1.2;5.6-di-O-isopropyliden-D-glucofuranose*, $C_{31}H_{51}NO_{13}$, $Kp._{0,005}$ 165° (Bad-Temp.), durch 2tägige Rk. von 0,299 g 3-O-[3-Aminopropyl]-1.2;5.6-di-O-isopropyliden-D-glucofuranose mit I in A. bei Zimmer-Temp. u. Dest.; Fraktion a) $Kp._{0,005}$ 135°; b) $Kp._{0,005}$ 160—165°; n_D^{18} 1,4677; $[\alpha]_D$ —35,0° (c = 2; Chlf.); c) $Kp._{0,005}$ 165°; n_D^{18} 1,4670; $[\alpha]_D$ —21,2° (c = 2; Chlf.);

0,477 g. — *3-Ester* von **IV** u. *6-O-[3-N-(2-Carboxy-1-methyläthyl)-aminopropyl]-1.2;3.4-di-O-isopropyliden-D-galaktopyranose*, $C_{31}H_{51}NO_{13}$, Kp.$_{0,005}$ 135° (Bad-Temp.), durch 18std. Rk. von 6-O-[3-Aminopropyl]-1.2;3.4-di-O-isopropyliden-D-galaktopyranose mit **I** in A. bei Raum-Temp.; n_D^{23} 1,4670; $[\alpha]_D^{23}$ —60,8° (c = 1,0; Chlf.). — *6-O-[3-N-(2-Carboxy-1-methyläthyl)-aminopropyl]-1.2;3.4-di-O-isopropyliden-D-galaktopyranose*, $C_{19}H_{33}$· NO_8, F. 190—191,5° (PAe. 60—80°), durch 3tägige Rk. des vorst. Rohprod. mit W. bei Raum-Temp., Eindampfen der wss. Phase im Vakuum u. Extraktion mit PAe.; $[\alpha]_D^{23}$ —64,0° (c = 1; Chlf.). E. SCHRAVEN. 3400□

Die Vernetzung von Cellulose und ihren Derivaten. 4. Mitt. **Die Einwirkung von Hydrazin auf die p-Toluolsulfonate von Di-O-isopropyliden-D-galaktose und -D-fructose.** W. M. Corbett und D. Winters. (J. chem. Soc. [London] **1961.** 4823—26. Nov.) (Engl.) — 3. vgl. vorst. Referat.

Mit wasserfreiem Hydrazin entstehen aus *1.2;3.4-Di-O-isopropyliden-6-O-p-toluolsulfonyl-D-galaktose* (**II**) neben *6-Desoxy-6-hydrazinodi-O-isopropyliden-D-galaktose* u. *N.N-Bis-[6-desoxydi-O-isopropyliden-D-galaktosyl-(6)]-hydrazin* (**I**) das entsprechende symm. *N.N'-Deriv.* (**VI**) u. das Red.-Prod. *Di-O-isopropyliden-D-fucose.* Ähnlich liefert 2.3;4.5-Di-O-isopropyliden-1-O-p-toluolsulfonyl-D-fructose (**V**) *1-Desoxy-1-hydrazinodi-O-isopropyliden-D-fructose* (**IV**) u. *1-Desoxydi-O-isopropyliden-D-fructose*, aber kein Bis-Derivat. Durch Addition von **IV** an Di-O-isopropyliden-D-glucose-3-crotonat (**III**) entsteht *1-Desoxydi-O-isopropyliden-1-[3-methyl-5-oxopyrazolidinyl-(1)]-D-fructose.*

Versuche: *N.N-Bis-[6-desoxydi-O-isopropyliden-D-galaktosyl-(6)]-hydrazin* (**I**), C_{24}· $H_{40}N_2O_{10}$, F. 130—131,5° [Dibutyläther (DÄ)], durch 20std. Erhitzen von 16 g **II** mit Hydrazin bei 40 at, Zugabe von W. u. Kristallisation des Rückstandes; 1,95 g (Ausbeute). Neben **I**: *N.N'-Bis-[6-desoxydi-O-isopropyliden-D-galaktosyl-(6)]-hydrazin* [**VI**, $C_{24}H_{40}N_2O_{10}$, F. 159,5—160,5°, aus der Mutterlauge; 0,86 g], *Di-O-isopropyliden-D-fucose* [$C_{12}H_{20}O_5$, F. 31°, Kp.$_{0,005}$ 90—95° (Bad-Temp.), aus der Mutterlauge; $[\alpha]_D^{22}$ —50,3° (c = 1,43; Chlf.); 0,2 g], *6-Desoxy-6-hydrazinodi-O-isopropyliden-D-galaktose* ($C_{12}H_{22}$· N_2O_5, Kp.$_{0,005}$ 100—102°, durch Ausäthern der wss. Rk.-Lsg.; 2,02 g. *Bis-[phenylcarbamat]*, $C_{26}H_{32}N_4O_7$, F. 234—235°) u. ein *ungesätt. Hydrazin-Deriv.* [*N-p-Toluolsulfonyl-Deriv.*, $C_{13}H_{18}N_2O_2S$, F. 170—171°]. — *N.N.N'-Tris-[6-desoxydi-O-isopropyliden-D-galaktosyl-(6)]-hydrazin*, $C_{36}H_{58}N_2O_{15}$, F. 198,5—200° (wss. A.), durch 24std. Kochen von 0,41 g **I** in DÄ; 0,125 g. Daneben 0,149 g einer *Verb.* $C_{16}H_{29}NO_6$, Kp.$_{0,005}$ 150°. — *Bis-[6-desoxydi-O-isopropyliden-D-galaktosyl-(6)]-amin*, F. 127—128,5°, a) aus 0,513 g **I** durch 19std. Kochen mit $LiAlH_4$ in DÄ; 0,02 g; b) aus 0,983 g **I** durch 20std. Hydrieren an RANEY-Ni bei 150°/50 at; 0,424 g. Daneben 0,043 bzw. 0,059 g einer *Verb. vom Kp.$_{0,005}$ 100—120°.* — *6-Desoxy-6-dimethylaminodi-O-isopropyliden-D-galaktose*, $C_{14}H_{25}$· NO_5, Kp.$_{0,005}$ 95—100° (Bad-Temp.), durch 20std. Hydrieren von 0,373 g **VI** an RANEY-Ni in abs. Methanol bei 150°/50 at; 0,307 g. Daneben 0,1 g vorst. Verbindung. — *1-Desoxy-1-hydrazinodi-O-isopropyliden-D-fructose-bis-[phenylcarbamat]*, $C_{26}H_{32}N_4O_7$, F. 195 bis 197°, durch 20std. Erhitzen von 40 g **V** mit Hydrazin bei 145°/50 at, Ausäthern, Dest. u. Versetzen der Fraktion Kp.$_{0,005}$ 140—142° (Bad-Temp.; 9,75 g) mit Phenylisocyanat. Daneben 0,307 g *1-Desoxydi-O-isopropyliden-D-fructose* ($C_{12}H_{20}O_5$, Kp.$_{0,005}$ 105—110°). — *1-Desoxydi-O-isopropyliden-1-[3-methyl-5-oxopyrazolidinyl-(1)]-D-fructose*, $C_{16}H_{26}N_2O_6$, Kp.$_{0,005}$ 170° (Bad-Temp.), durch 3tägiges Stehen von 4,89 g **IV** u. 6,19 g **III** in abs. A. bei Zimmer-Temp.; 0,211 g. *2-N-p-Toluolsulfonat*, $C_{23}H_{32}N_2O_8S$, F. 201,5—203°. E. SCHRAVEN. 3400□

Die Vernetzung von Cellulose und ihren Derivaten. 5. Mitt. **Die Stabilität einiger N-substituierter β-Aminobuttersäuren und deren Ester.** W. M. Corbett, J. E. McKay und W. Taylor. (J. chem. Soc. [London] **1961.** 5041—43. Nov.) (Engl.) — 4. vgl. vorst. Referat.

Die Stabilität N-substituierter *β-Aminobuttersäuren*, die durch Addition von Äthylendiamin, Äthanolamin, Benzylamin (**I**), N-Acetyläthylendiamin, Hexylamin (**II**) u. 6-O-[3-Aminopropyl]-di-O-isopropyliden-D-galaktose an Crotonsäure (**III**) gebildet werden, nimmt in wss. Lsg. in der angegebenen Reihenfolge zu. Die entsprechenden Ester werden in wss. Lsg. bei 50° zu den Säuren verseift, die bei 100° unter Bldg. von **III** Amin abspalten.

Versuche: *β-n-Hexylaminobuttersäure*, $C_{10}H_{21}NO_2$, F. 154—155° (A./Aceton/Ae.), durch 6½tägiges Stehen von 30 g **III**-Äthylester (**IIIa**) u. 30 g **II** in abs. A. bei Zimmer-Temp., 1std. Kochen des Eindampfrückstandes in W., Ausäthern u. Eindampfen der wss. Phase; 9 g (Ausbeute). *Äthylester*, $C_{12}H_{25}NO_2$, Kp.$_{0,01}$ 89—90°, durch Dest. des Ae.-Extraktes; 32 g. — *β-Benzylaminobuttersäure*, $C_{11}H_{15}NO_2$, F. 178—179° (A./Aceton/Ae.), analog vorst. Verb. aus 34,2 g **IIIa** u. 32,1 g **I**; 14 g. *Äthylester*, $C_{13}H_{19}NO_2$, Kp.$_{0,05}$ 110 bis 117°; 22 g. Daneben 0,4 g *Benzylamincrotonat*, $C_{11}H_{15}NO_2$, F. 85—91° (Essigester/PAe.). E. SCHRAVEN. 3400□

3-Acetamido-3-desoxy-D-allosediäthyldithioacetal und seine Oxydation mit Peroxypropionsäure. Bruce Coxon und L. Hough. (J. chem. Soc. [London] **1961.** 1643—49. April. Bristol, Univ.) (Engl.)

1.2:5.6-Bis-[O-isopropyliden]-3-O-tosyl-α-D-glucofuranose (I) reagiert mit NH_3 u. mit N_2H_4 unter Inversion am $C_{(3)}$ zu D-Allofuranosederivaten. Die Prodd. werden in *3-Acetamido-3-desoxy-D-allosediäthyldithioacetal* (III) übergeführt, das durch Peroxypropionsäure zu einem Gemisch aus [*2-Acetamido-2-desoxy-β-D-ribopyranosyl*]-*bis*-[*äthylsulfonyl*]-*methan*, *2-Acetamido-2-desoxy-D-ribose* u. *Bis*-[*äthylsulfonyl*]-*methan* oxydiert wird. Der Rk.-Mechanismus wird diskutiert.

Versuche: *1.2;5.6-Bis-[O-isopropyliden]-3-O-[p-nitrophenylsulfonyl]-α-D-glucofuranose*, $C_{18}H_{23}NO_{10}S$, F. 110°, durch Rk. von 1.2;5.6-Bis-[O-isopropyliden]-α-D-glucofuranose in abs. Pyridin mit p-Nitrobenzolsulfonylchlorid unter Kühlung, Verdünnen mit Chlf. u. Zugabe von W. nach 26 Std.; quadrat. Prismen aus wss. A.; $[\alpha]_D$ —81,2° (c = 3,99); 82% (Ausbeute). — *1.2;5.6-Bis-[O-isopropyliden]-α-D-glucofuranose*, F. 110 bis 111°, aus vorst. Verb. in Methanol durch Sättigen mit NH_3 bei —30°, 45std. Erhitzen auf 165°/40 at, Konzentrieren der Lsg., Zugabe 15%ig. NaOH u. Extraktion mit Ae.; Nadeln; 17%. — 3-Desoxy-1.2;5.6-bis-[O-isopropyliden]-α-D-allofuranosen: *3-Hydrazino-*, F. 97—100°, durch 25std. Erhitzen von I mit 98%ig. N_2H_4 unter N_2; unbeständig, red. TOLLENS Reagens in der Kälte, BENEDIKTs Reagens in der Wärme unter Bldg. nachst. Verb.; 83%. — *3-Amino-*, $C_{12}H_{21}NO_5$, F. 92—93°, a) aus vorst. Verb. durch 18std. Hydrieren in A. an RANEY-Ni bei 80° u. 65 lbs./sq.in.; 69%; b) durch Rk. von I mit methanol. NH_3 bei 170°; 11%; aus A./PAe. Nadeln; $[\alpha]_D$ + 32,7° (c = 2,39). — *3-Acetamido-* (II), $C_{14}H_{23}NO_6$, F. 130°, aus vorst. Verb. durch Rk. mit Acetanhydrid in abs. Pyridin, 13std. Stehen u. Eingießen in Eiswasser; aus Bzn./A. Stäbchen; 73%. — *3-Acetamido-5.6-di-O-acetyl-3-desoxy-1.2-O-isopropyliden-α-D-allofuranose*, $C_{15}H_{23}NO_8$, F. 164—165°, aus II durch Acetylieren; aus W. Nadeln; $[\alpha]_D$ + 63,9° (c = 2,00). — *3-Acetamido-3-desoxy-1.2-O-isopropyliden-α-D-allofuranose*, $C_{11}H_{19}NO_6$, F. 158—159°, durch Zugabe von wss. NH_3 (D. 0,88) zu vorst. Verb. in Methanol u. 38std. Stehen bei Raum-Temp.; aus Methanol/W. Nadeln; $[\alpha]_D$ + 150° (c = 1,89; W.); 74%. — *3-Acetamido-3-desoxy-D-allosediäthyldithioacetal* (III), $C_{12}H_{25}NO_5S_2$, F. 160°, durch Rk. von II mit Äthanthiol bei 0°, Zugabe von HCl (D. 1,18) u. 24std. Schütteln bei 0°; aus A./Bzn. Plättchen; $[\alpha]_D$ —24,5° (c = 1,88; Methanol); 55%. — *2-Acetamido-2-desoxy-D-ribose*, $C_7H_{13}NO_5$, F. 138—141°, durch Rk. von 0,74 g III in Methanol bei —20° mit tropfenweise unter Schütteln zugegebener wss. Peroxypropionsäure, 1std. Stehen der Lsg. bei —20° u. Aufarbeitung durch Papierchromatographie oder Extraktion; aus Methanol/Ae. Nadeln; $[\alpha]_D^{26}$ —69° (2 Min.) → —36° (15 Min. Endwert, c = 0,90; W.); 0,064 g; daneben *Bis-[äthylsulfonyl]-methan* u. [*2-Acetamido-2-desoxy-β-D-ribopyranosyl*]-*bis*-[*äthylsulfonyl*]-*methan* [$C_{12}H_{23}NO_8S_2$; nicht krist. hygroskop. Sirup; $[\alpha]_D$ —29,6° (c = 4,60; Methanol); 0,27 g]. — [*2-Acetamido-3.4-di-O-acetyl-2-desoxy-β-D-ribopyranosyl*]-*bis*-[*äthylsulfonyl*]-*methan*, $C_{16}H_{27}NO_{10}S_2$, F. 183—185° (Aceton/Bzn.), durch ½std. Erhitzen der Lsg. vorst. Verb. in Acetanhydrid mit wenig konz. H_2SO_4 auf 95—100°, Abkühlen, Eingießen der Lsg. in Eis/$NaHCO_3$ u. Extraktion mit Chlf.; $[\alpha]_D$ —17,5° (c = 1,09); 91%. — *3-Acetamido-2.4.5.6-tetra-O-acetyl-3-desoxy-D-allosediäthyldithioacetal*, $C_{20}H_{33}NO_9S_2$, F. 124—125°, durch 19std. Acetylierung von III in abs. Pyridin mit Acetanhydrid, Eingießen in Eiswasser/$NaHCO_3$ u. Extraktion mit Chlf.; aus Methanol/W. Büschel stark reflektierender Nadeln; $[\alpha]_D$ + 30,0° (c = 2,33); 67%. — *D-ribo-3-Acetamido-4.5.6-tri-O-acetyl-1.1-bis-[äthylsulfonyl]-hexen-(1)*, $C_{18}H_{29}NO_{11}S_2$, F. 137°, durch Oxydation vorst. Verb. in Methanol bei —8° mit Peroxypropionsäure u. 1std. Stehen; aus Methanol/Ae. Nadeln; $[\alpha]_D$ + 49° (c = 1,44); 61%.

H.-J. WEIGMANN. 3400□

Eine spontane partielle Desacetylierung bei Glucosaminderivaten. L. Ötvös und A. Borbás. (Acta Univ. Szegediensis, Acta physica chem. [N. S.] **3.** 151—57. 1957. Szeged, Univ., Inst. für Organ. Chem.) (Dt.)

Die Triacetyl-Derivv. der eine freie Aminogruppe enthaltenden Glucosaminide erleiden in alkohol. Lsg. eine partielle Desacetylierung. So werden *β-Äthyl-* u. *β-Benzyl-3.4.6-tri-O-acetyl-D-glucosaminid* (I) in *β-Äthyl-* (II; 51%) u. *β-Benzyl-4.6-di-O-acetyl-D-glucosaminid* (III) übergeführt. Die Alkoholyse verläuft selektiv am neben dem NH_2 befindlichen O-Atom. Die Geschw. des Desacetylierung hängt von der Natur des Glucosids u. des angewandten Alkohols (Methanol > A. > Propanol) ab. Der Rk.-Mechanismus ist wahrscheinlich von intramol. Typ.

Versuche: *β-Äthyl-4.6-di-O-acetyl-D-glucosaminidhydrochlorid*, $C_{12}H_{22}ClNO_7$, F. 212 bis 213° (Zers.), durch Zugabe von 2n HCl in abs. Dioxan zu 0,291 g II in Dioxan; $[\alpha]_D^{20}$ —41° (c = 1,504; Methanol); aus A. Nadeln; 0,26 g (Ausbeute). — *β-Benzyl-*

3.4.6-tri-O-acetyl-D-glucosaminid (I), $C_{19}H_{25}NO_8$, F. 141° (Ae.-Chlf.; 7:3), durch Zutropfen von 1,97n Na-Äthylat-Lsg. zur erwärmten Suspension des Hydrobromids in Chlf.; $[\alpha]_D^{30}$ −22° (c = 1,000; A.); 55%. — *β-Benzyl-4.6-di-O-acetyl-D-glucosaminid* (III), $C_{17}H_{23}NO_7$, F. 153°, durch 3tägiges Stehen von I mit abs. A. u. Einengen im Vakuum; $[\alpha]_D^{20}$ −59° (c = 1,002; A.); 66%. — *β-Benzyl-4.6-di-O-acetyl-N-acetyl-D-glucosaminid*, $C_{19}H_{25}NO_8$, F. 163°, durch Zugabe von Acetanhydrid (IV) zur Lsg. von III in abs. A. u. 2tägiges Stehen bei Raum-Temp. u. Eindampfen im Vakuum; $[\alpha]_D^{20}$ −56° (c = 1,052; A.); 76%. — *β-Benzyl-3.4.6-tri-O-acetyl-N-acetyl-D-glucosaminid*, $C_{21}H_{27}NO_9$, F. 167° (A.), a) durch 1tägige Einw. von IV bei Raum-Temp. auf I in Pyridin, ½std. Erhitzen auf 100° u. Eindampfen im Vakuum; $[\alpha]_D^{30}$ −44° (c = 1,002; abs. A.); 98%; b) durch 3std. Erwärmen von III mit IV in Pyridin; 81%; c) analog aus vorst. Verbindung.

K. ZIELOFF. 3400

Hydrierende Spaltung Schiffscher Basen aus Aminozuckern und aromatischen Aldehyden. Richard Kuhn, Hermann Josef Haas und Annemarie Seeliger. (Chem. Ber. **94.** 1259—63. 18/5. 1961. Heidelberg, MPI für Med. Forsch., Inst. für Chem.) (Dt.)

SCHIFFsche Basen aus D-Glucosamin (I) u. Salicylaldehyd, Vanillin u. 2-Hydroxynaphthaldehyd-(1) (II) werden durch Hydrierung an $Pd(OH)_2/BaSO_4$ in äthanol. oder wss. Suspension in I u. Derivv. des Toluols bzw. des 2-Methylnaphthalins gespalten. Analoge Hydrierung der SCHIFFschen Base aus 2-Desoxy-2-aminolactose [Lactosamin] u. II in wss.-alkohol. Suspension, besser in Dimethylformamid, liefert chromatograph. reines *Lactosaminhydrochlorid* (III) in abwärts mutarotierender α-Form u. 1-Methylnaphthol-(2).

Versuche: D-Glucosamine: *N-Salicyliden-* (IV), durch Rk. von D-Glucosaminhydrochlorid (V) mit Salicylaldehyd in Ggw. von $NaHCO_3$ nach SOVINE u. EARL [1922]. — *N-[3-Methoxy-4-hydroxybenzyliden]-* (VI), $C_{14}H_{19}NO_7$, F. 178°, durch Kondens. von V mit Vanillin in Ggw. von $NaHCO_3$ in wss. Methanol; 79% (Ausbeute). — *N-[2-Hydroxynaphthyliden-(1)]-* (VII), $C_{17}H_{19}NO_6$, F. 204—205°, analog vorst. Verb. aus V u. 2-Hydroxynaphthaldehyd-(1) (II) in Ggw. von Na-Acetat; 55%. — *N-[2-Hydroxynaphthyliden-(1)]-lactosamin* (VIII), *Hydrat*, $C_{23}H_{29}NO_{11}\cdot H_2O$, F. 215° (Zers.), durch Rk. von 5,7 g II mit 17,1 g eines [III] enthaltenden Sirups bei Anwesenheit von $NaHCO_3$ in wss.-methanol. Lsg.; $[\alpha]_D^{20}$ +115,6° (10 Min., c = 0,40; Dimethylformamid); 2,2 g. — *2-Methyl-2'.4'-dinitrodiphenyläther*, $C_{13}H_{10}N_2O_5$, F. 90—91° (A.), durch Hydrieren von IV in abs. A. an $Pd(OH)_2/BaSO_4$, Abtrennen des gleichzeitig gebildeten V u. Rk. des Prod. mit 2.4-Dinitrochlorbenzol; daneben *D-Glucosaminhydrochlorid* (V), $C_6H_{13}NO_5\cdot HCl$, $[\alpha]_D^{22}$ + 86,3° (5 Min.) → + 70,4° (24 Std. Endwert, c = 1; W.); 40%. — *2-Methoxy-4-methyl-2'.4'-dinitrodiphenyläther*, $C_{14}H_{12}N_2O_6$, F. 124—125° (A.), analog vorst. Verb. aus VI; 70%; daneben 48% V. — *1-Methylnaphthol-(2)*, $C_{11}H_{10}O$, F. 107—108° (W.), a) durch Hydrieren von VII analog vorst. Verb.; 54%; daneben 60% V; b) durch Hydrieren von VIII in Dimethylformamid an $Pd(OH)_2/BaSO_4$; 67%; daneben *Lactosaminhydrochlorid* (III), $C_{12}H_{23}NO_{10}\cdot HCl$; $[\alpha]_D^{21,5}$ + 78,2° (3 Min.) → + 63,1° (3 Std. Endwert, c = 1,25; W.); 59%.

H.-J. WEIGMANN. 3400□

Absolute Konfiguration von Conhydrin. J. Sicher und M. Tichy. (Chem. and Ind. **1958.** 16. 4/1. Prague, Czech. Acad. of Sci., Inst. of Chem., Dep. of organ. Chem.) (Engl.) — Vgl. C. **1961.** 6495.

Die abs. Konfiguration von rac. *Conhydrin* (I; F. 94,5—95°; *2-[1-Hydroxypropyl]-piperidin*, F. 98—98,5°) wird durch Überführung in rac. *erythro-Octandiol-(3.4)* (III) bestimmt. I wird in einer HOFMANN-Rk. unter WALDENscher Umkehrung in *1-[Dimethylamino]-5.6-epoxyoctan* ($Kp._{17}$ 101°) übergeführt, das in einer weiteren HOFMANN-Rk. *5.6-Epoxyocten-(1)* (II; $Kp._{740}$ 155—157°) ergibt. II wird unter erneuter WALDENscher Umkehrung in *5.6-Dihydroxyocten-(1)* (F. 74,5—75,5°) übergeführt, das durch katalyt. Hydrierung III ergibt.

W. HAMPEL. 3500□

Alkaloide aus Lunaria biennis Moench. 4. Mitt. **Die Chemie der Lunariaalkaloide.** 2. Mitt. **Die Isolierung von Spermidin beim Abbau von Lunarin.** Pierre Potier, Jean LeMen, Maurice-Marie Janot und Peter Bladon. (Tetrahedron Letters [London] **1960.** Nr. 18. 36—38. Aug. Paris, Fac. de Pharm., Labor. de Pharm. Galénique; Glasgow, Royal Coll. of Sci. and Technol., Chem. Dep.) (Engl.) — 3. bzw. 1. vgl. C. **1960.** 12692 bzw. C. **1961.** 17948.

Das früher beim alkal. Abbau bzw. saurer Hydrolyse von *Lunarin* ($C_{25}H_{31}N_3O_4$) isolierte Amin wird als *Spermidin* (I; $C_7H_{19}N_3$) erkannt. Die IR-Spektren des *Trihydrochlorids* ($C_7H_{22}Cl_3N_3$, F. 258°), des *Tripikrats* ($C_{25}H_{28}N_{12}O_{21}$, F. 210—212°) u. des *Tris-chloroaurats* ($C_7H_{22}Au_3Cl_{12}N_3$, F. 207—212° Zers.) sind ident. mit denen authent. Präparate.

Die Misch-FF. zeigen keine Depression. Das Kernresonanzspektrum von I zeigt die erwarteten Signale. G. TEEGE. 3500□

Zur Stereochemie der Erythrinane. A. Mondon und K. F. Hansen. (Tetrahedron Letters [London] **1960.** Nr. 14. 5—8. Juni. Kiel, Univ., Inst. für Organ. Chem.) (Dt.) — Vgl. C. **1960.** 14028.

Vff. teilen ergänzende Unterss. zum Beweis der 1.6-cis-Struktur der Erythrinane mit. 4.15.16-Trimethoxy-cis-erythrinanon-(8)-ol-(7) (I) geht durch Rk. mit konz. H_2SO_4 in den *cycl. Äther* II über, der sich mit Acetanhydrid/Toluolsulfonsäure ohne Konfigurationsänderung an $C_{(6)}$ spalten läßt; nach Verseifung u. Hydrierung läßt sich *15.16-Dimethoxy-1.6-cis-erythrinanon-(8)-ol-(7)* (F. 161°) isolieren, das sich über sein *Tosylat* u. *Jodid* u. Red. des letzten in *15.16-Dimethoxy-1.6-cis-erythrinanon-(8)* (F. 118°) umwandeln läßt.

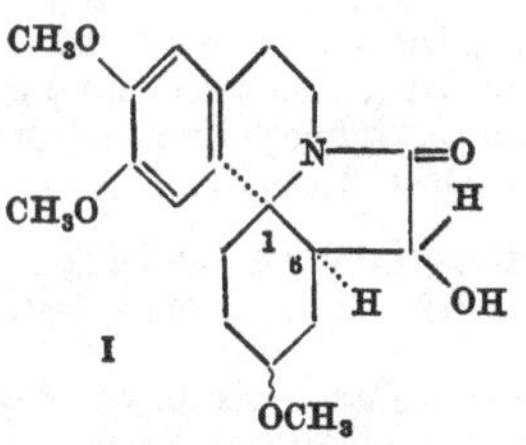

I

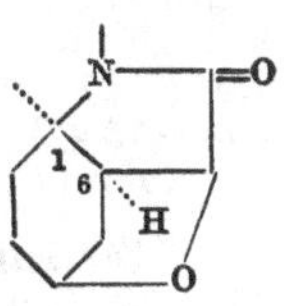

II

R. MAYER-MADER. 3500□

Synthese des Dimethyläthers des Alkaloides (±)-Tubocurarinjodid. O. N. Tolkatschew, W. G. Woronin und N. A. Preobrashenski. (Журнал Общей Химии [J. allg. Chem.] **29 (91).** 1192—97. April 1959. Moskau, Inst. für chem. Feintechnol.) (Russ.).

Es wird die Synth. von (±)-*Tubocurarindimethylätherdijodid*, ausgehend von 4-Benzyloxyphenylessigsäure-β-[3-methoxy-4-hydroxyphenyl]-äthylamid, beschrieben; das synthet. Prod. erwies sich als ident. mit dem entsprechenden Deriv. des natürlichen Alkaloids.

Versuche: *4-Benzyloxyphenylessigsäure, β-[3-Methoxy-4-hydroxyphenyl]-äthylamid*, $C_{24}H_{25}NO_4$, F. 120—121° (A.), durch 1std. Erhitzen der Säure mit dem Amin unter N_2 auf 190—200°; 96,5% (Ausbeute). *β-[3-Methoxy-4-(2-methoxy-5-carbäthoxymethylphenoxy)-phenyl]-äthylamid*, F. 94—96°, durch Zugeben von 3-Brom-4-methoxyphenylessigsäureäthylester (Kp.$_3$ 142—144°) u. Cu-Pulver zu vorst. Amid u. KOC_2H_5 in A. u. 1std. Erhitzen unter N_2 auf 190—195°; 74,8%. *β-[3-Methoxy-4-(2-methoxy-5-carbomethoxymethylphenoxy)-phenyl]-äthylamid* (I), $C_{34}H_{35}NO_7$, F. 100—101°, analog vorst. Verb.; 33,8%. *β-[3-Methoxy-4-(2-methoxy-5-carboxymethylphenoxy)-phenyl]-äthylamid* (II), $C_{33}H_{33}NO_7$, F. 107—108° (wss. Dimethylformamid), durch 2std. Kochen von I mit wss.-methanol. Na_2CO_3. *β-{3-Methoxy-4-[2-methoxy-5-(β-[3-methoxy-4-hydroxy-5-bromphenyl]-äthylcarbamidomethyl)-phenoxy]-phenyl}-äthylamid*, $C_{42}H_{43}BrN_2O_8$, F. 99—101°, a) durch 1std. Erhitzen von II mit β-[3-Methoxy-4-hydroxy-5-bromphenyl]-äthylamin (III) unter N_2 auf 185—190°; 99,5%; b) analog aus I u. III in Ggw. von wenig Pyridin; 85,4%. *β-{3-Methoxy-4-[2-methoxy-5-(β-[3.4-dimethoxy-5-bromphenyl]-äthylcarbamidomethyl)-phenoxy]-phenyl}-äthylamid*, $C_{43}H_{45}BrN_2O_8$, F. 79—81°, durch 5std. Kochen vorst. Verb. mit CH_3J in methanol. KOH; 95%. — *1-[4-Benzyloxybenzyl]-6-methoxy-7-{2-methoxy-5-[6.7-dimethoxy-8-brom-3.4-dihydroisochinolyl-(1)-methyl]-phenoxy}-3.4-dihydroisochinolin*, F. 119—121°, durch 3std. Kochen vorst. Verb. mit $POCl_3$ im H_2-Strom; 20,9%. *Bis-jodmethylat*, $C_{45}H_{47}BrJ_2N_2O_6$, F. 146—149° (deformiert sich bei 129°). — *1-[4-Hydroxybenzyl]-6-methoxy-7-{2-methoxy-5-[6.7-dimethoxy-8-brom-3.4-dihydroisochinolyl-(1)-methyl]-phenoxy}-3.4-dihydroisochinolin*, $C_{36}H_{35}BrN_2O_6$, F. 150—152°, durch 2std. Kochen vorst. Verb. mit 20%ig. HCl; 94,6%. *Bis-jodmethylat*, $C_{38}H_{41}BrJ_2N_2O_6$, F. 182 bis 183° (A.). — *1.2.1'''.2'''-Tetradehydro-O-methylchondrofolin*, F. 96—101°, durch Erhitzen vorst. Verb. mit K_2CO_3, Cu-Pulver u. wenig Pyridin im N_2-Strom 1 Std. auf 160° u. 20 Min. auf 180°; 91%. *Bis-jodmethylat*, $C_{38}H_{40}J_2N_2O_6$, F. 110—115° (A.). — *O.O'-Dimethylchondrodendrin*, durch 1std. Kochen vorst. Verb. mit Zn-Spänen in verd. Essigsäure, Behandeln mit 10%ig. NaOH, Ausziehen mit Chlf., Eindampfen u. 3std. Kochen mit CH_3J in Methanol; 11,7%. *Dihydrojodid*, F. 181—185° (A.). — (±)-*Tubocurarindimethylätherdijodid, Trihydrat*, $C_{40}H_{48}J_2N_2O_6 \cdot 3\,H_2O$, F. 257—258,5° (A.), durch 3std. Kochen vorst. Verb. mit CH_3J in Methanol; λ_{max} 225 u. 280 mμ (A.); 42.2%. — *4-Hydroxyphenylessigsäure-β-[3-methoxy-4-(2-methoxy-5-carboxymethylphenoxy)-phenyl]-äthylamid*, $C_{26}H_{27}NO_7$, F. 98—100° (CCl_4), durch Hydrieren von I in Methanol über Pd-Schwarz u. 2std. Kochen mit wss.-methanol. Na_2CO_3. H.-E. TOUSSAINT. 3500□

Darstellung von Dihydronormorphinon und Dihydronorkodeinon. R. Bognár und Gy. D. Gaál. (Известия на Химическия Институт при БАН [Bull. Inst. chim., Acad. bulg. Sci.] **4.** 473—80. 1956.) (Dt.; Auszug: Bulgar.; Russ.)

Durch Red. von Normorphin (I) an Pd wird *Dihydronormorphinon* erhalten, das bei Methylierung *Dihydronorkodeinon* liefert.

Versuche: *Dihydronormorphinon*, $C_{16}H_{17}NO_3$, F. 301—302°, aus nachst. Hydrochlorid durch Behandeln mit NH_4OH. *Hydrochlorid*, $C_{16}H_{18}ClNO_3$, durch Hydrierung von 10 g I in 120 ml n-HCl an Pd/Kohle (3 Std. erhitzen unter Rückfluß); $[\alpha]_D^{23}$ —127,8° (c = 0,6 in W.); 5,55 g (Ausbeute an Rohprod.). *Oxim*, $C_{16}H_{18}N_2O_3$, F. 312°, aus vorst. Hydrochlorid mit Hydroxylaminhydrochlorid, ½ Std. kochen, alkal. machen. — *Dihydronorkodeinon*, $C_{17}H_{19}NO_3$, F. 153°, a) durch Red. von 10 g Norkodeinhydrochlorid in n-HCl an Pd/Kohle (5 Std. kochen, alkal. machen); $[\alpha]_D^{22}$ —160° (c = 0,76 in A.); 2,85 g; b) durch 2std. Erhitzen von 1 g Dihydronormorphinon in 30 ml abs. A. in Ggw. von 0,75 g Trimethylphenylammoniumchlorid u. 0,1 g Na auf 117—118° (Ölbad-Temp.) im Rohr (4 at Druck); 0,1 g. G. FROELICH. 3500□

Über Partialsynthesen des Ergometrins. M. Pöhm. (Planta med. [Stuttgart] **6.** 395—98. Dez. 1958. Wien, Chem.-pharmazeut. Fabrik A. v. Waldheim, Forschungsabt.) (Dt.)

Vf. untersucht Darst.-Meth. für *Ergometrin* (I, *D-Lysergsäure-D-hydroxypropylamid*) aus Peptidalkaloiden. Deren Spaltung mit methanol. KOH führt zu *Lysergsäure* (III), die als *gemischtes Anhydrid* (mit Trifluoressigsäure oder H_2SO_4) oder als *Azid* mit L(+)-Alaninol (II) zu I umgesetzt werden kann. Auch direkte Wasserabspaltung aus III u. II unter dem Einfl. von Carbodiimid oder durch längeres Erhitzen von II u. III auf 120° unter Luft- u. Lichtausschluß ist möglich. Die Isomerisierung an $C_{(8)}$ der III kann bei der Spaltung nicht verhindert werden, deshalb scheidet man I aus der Gleichgewichtsmischung mit Ergometrinin krist. ab. Das zweite opt.-akt. Zentrum an $C_{(5)}$ ist nur durch längeres Erhitzen racemisierbar. Zur Spaltung der Racemate eignen sich 2fach substituierte opt.-akt. Weinsäuren. M. W. GÖRLICH. 3500□

Synthetische Versuche in der Gruppe hypotensiv wirksamer Alkaloide. 9. Mitt. **Eine neue Methode der Racematspaltung bei der Reserpintotalsynthese.** K. Novák, J. O. Jílek, B. Kakáč, I. Ernest und M. Protiva. (Collect. czechoslov. chem. Commun. **25.** 2196—2206. Aug. 1960. Prag, Forschungsinst. für Pharmazie u. Biochem.) (Dt.) — 8. vgl. C. **1961.** 8307; vgl. hierzu auch VELLUZ u. Mitarbeiter, Bull. Soc. chim. France **1958.** 673.

Die Racematspaltung der aus (±)-*cis-5.8-Dihydroxy-1.4.5.8.9.10-hexahydronaphthoesäurelacton-(1 → 8)* (I) u. Phthal-, Bernstein- oder (—)-Menthoxyessigsäure hergestellten *diastereomeren 5-Ester* (II, III, IV) mit Brucin ergab für die Synth. von (—)-Reserpin unbrauchbare Isomere. Bei der alkal. Verseifung von II oder III, oder durch bloßes Erhitzen von I mit KOH entsteht nicht die I entsprechende Dihydroxysäure, sondern es bildet sich unter Verschiebung der Doppelbindung die isomere, für die Reserpin-Synth. unbrauchbare *cis-5.8-Dihydroxy-3.4.5.8.9.10-hexahydronaphthoesäure* (V). Durch alkal. Hydrolyse von cis-2-Brom- (VII), cis-2-Methoxy-3.5-epoxy-8-hydroxy-1.2.3.4.5.8.9.10-oktahydronaphthoesäurelacton (VIII) oder cis-2.3-Dibrom-5.8-dihydroxy-1.2.3.4.5.8.-9.10-oktahydronaphthoesäurelacton-(1 → 8) (IX) bildet sich *cis-3.5-Epoxy-8-hydroxy-3.4.5.8.9.10-hexahydronaphthoesäure* (X). Aus rac.-X gelang es, mit Brucin (—)-X zu isolieren u. diese über das (—)-*Lacton* [(—)-XII] in das stereochem. zum (—)-Reserpin gehörende (+)-*cis-2-Methoxy-3.5-epoxy-8-hydroxy-1.2.3.4.5.8.9.10-oktahydronaphthoesäurelacton* [(+)-VIII] umzuwandeln. Die MEERWEIN-Red. des aus Hydrochinon u. Vinylacrylsäureäthylester hergestellten *cis-5.8-Dioxo-1.4.5.8.9.10-hexahydronaphthoesäureäthylesters* liefert in niedriger Ausbeute I. Aus I u. Br_2 entsteht ein Gemisch aus IX u. VII, aus I u. Bromsuccinimid *cis-2.6-Dibrom-3.5-epoxy-7.8-dihydroxydekalin-1-carbonsäurelacton-(1 → 8)*. IR-Spektren s. Original.

Versuche (FF. im KOFLER-Block): *cis-5-[o-Carboxybenzoyloxy]-8-hydroxy-1.4.5.-8.9.10-hexahydronaphthoesäurelacton-(1 → 8)* (II), $C_{19}H_{16}O_6$, F. 215° (Dioxan–Diisopropyläther), aus I u. frisch sublimiertem Phthalsäureanhydrid in Pyridin, 8 Std. bei 100° u. über Nacht bei Raum-Temp.; 82% (Ausbeute). (+)-II-(—)-*Brucinsalz*, $C_{42}H_{42}N_2O_{10}$, F. 218—222°, durch Erhitzen von 10 g II mit 11,6 g (—)-Brucin (F. 178—179°, $[\alpha]_D^{20}$ —113°) in 35 cm³ Aceton u Kristallisation des Gemisches aus Methanol; $[\alpha]_D^{20}$ +5° (1%; Chlf.). (+)-II, $C_{19}H_{16}O_6$, F. 190—193°, durch Zerlegen von 3 g des Salzes mit verd. HCl; $[\alpha]_D^{20}$ +57° (1%; Chlf.); 1,4 g. Hingegen bildet sich aus dem nach VELLUZ (l. c.) hergestellten opt.-akt. I (F. 147—149°) u. Phthalsäureanhydrid das zum (—)-Reserpin gehörende (—)-II, $C_{19}H_{16}O_6$, F. 190°, $[\alpha]_D^{20}$ —54° (1%; Chlf.). — *cis-5-[β-Carboxypropionyloxy]-8-hydroxy-1.4.5.8.9.10-hexahydronaphthoesäurelacton-(1 → 8)* (III), $C_{15}H_{16}O_6$, F. 142° (Ae.–Aceton), wie II aus 5 g I u. 2,5 g Bernsteinsäureanhydrid, 5 Std. bei 100°; 4,5 g. — (—)-*cis-5-Menthoxyacetoxy-8-hydroxy-1.4.5.8.9.10-hexahydronaphthoesäurelacton* (IV), $C_{23}H_{32}O_5$, F. 128—129° (Methanol), $[\alpha]_D^{20}$ —36° (1%; Chlf.), wie II aus 5,7 g I u. 7 g (—)-Menthoxyacetylchlorid bei Raum-Temp. über Nacht;

9,8 g (roh). Hingegen aus opt.-akt., nach VELLUZ (l. c.) hergestelltem I u. (—)-Menthoxyacetylchlorid das *diastereomere* IV, $C_{23}H_{32}O_5$, F. 107° (Methanol), $[\alpha]_D^{20}$ —93° (1%; Chlf.). — *cis-5.8-Dihydroxy-3.4.5.8.9.10-hexahydronaphthoesäure* (V), $C_{11}H_{14}O_4$, F. 175° (Aceton–Methanol–Ae.), durch ½ std. Kochen von I mit wss.-alkohol. KOH u. Zerlegen des schwerlösl. K-Salzes mit verd. HCl; 87%. *Brucinsalz, Sesquihydrat*, $C_{34}H_{40}N_2O_8 \cdot 1,5\ H_2O$, F. 144—147° (Methanol), $[\alpha]_D^{20}$ —71° (1%; 90% ig. Methanol). (—)-V, $C_{11}H_{14}O_4$, F. 184—185° (A.–Ae.–Aceton), mit NaOH u. Entfernen des Brucins mit Chlf.; $[\alpha]_D^{20}$ —162° (1%; 90% ig. Methanol). — *cis-5.8-Dihydroxy-3.4.5.8.9.10-hexahydronaphthoesäurelacton-(1 → 8)* (VI), $C_{11}H_{12}O_3$, F. 123° (PAe.–Aceton), durch Erhitzen von V auf 200° oder 2 std. Kochen mit N.N'-Dicyclohexylcarbodiimid in Dioxan; 66%. *5-Acetat*, $C_{13}H_{14}O_4$, F. 123—124° (Methanol), aus V oder VI u. Acetanhydrid in Pyridin. — *cis-3.5-Epoxy-8-hydroxy-3.4.5.8.9.10-hexahydronaphthoesäure* (X), $C_{11}H_{12}O_4$ (90% ig. Methanol), a) durch 20 Min. langes Kochen von 11 g VII mit 6 g KOH in 5 cm³ W. u. 50 cm³ Methanol; 8,5 g; b) aus 3,4 g VIII u. 1,2 g KOH in 2 cm³ W. u. 20 cm³ Methanol, 2 Std. unter Rückfluß; 2,8 g; c) aus 3,5 g IX u. 2,5 g KOH in 3 cm³ W. u. 20 cm³ Methanol, 20 Min. unter Rückfluß; 0,5 g; *Diastereoisomeres Brucinsalz A*, $C_{34}H_{38}N_2O_8$, F. 185° (Methanol), aus 6,2 g X u. 14 g Brucintetrahydrat in 50 cm³ Aceton u. 100 cm³ Methanol; $[\alpha]_D^{20}$ —17° (1%; W.); 16 g (roh), 5 g (rein). Aus der Mutterlauge das *diastereoisomere Brucinsalz B, Monohydrat*, $C_{34}H_{38}N_2O_8 \cdot H_2O$, F. 147—150° (Methanol), $[\alpha]_D^{20}$ —20° (1%; W.). (—)-X, $C_{11}H_{12}O_4$, F. 165° (90% ig. Methanol), aus 4,5 g des Brucinsalzes A in 30 cm³ Chlf. u. 1 g KOH in 5 cm³ W.; $[\alpha]_D^{20}$ —22° (1%; Methanol); 0,9 g; weitere 0,45 g durch Ausziehen der sauren Mutterlauge mit Essigester. — *cis-3.5-Epoxy-8-acetoxy-3.4.5.8.9.10-hexahydronaphthoesäuremethylester* (XI), $C_{14}H_{16}O_5$, F. 90° (Ae.–PAe.), durch 3 std. Rühren von 4 g X in 28 cm³ 8%ig. $NaHCO_3$ u. 50 cm³ Aceton mit 2,4 cm³ $(CH_3)_2SO_4$, Zugabe von 0,8 cm³ $(CH_3)_2SO_4$ u. 13,6 cm³ 8% ig. $NaH\cdot CO_3$ innerhalb von 50 Min., Ausziehen mit Chlf., Einengen des Auszugs im Vakuum bei höchstens 40° auf 100 cm³, Zugabe von 15 cm³ Acetanhydrid u. 30 cm³ Pyridin, Stehen über Nacht, Gießen in W. u. Isolieren aus der Chlf.-Schicht; 1,5 g (rein). — *cis-3.5-Epoxy-8-hydroxy-3.4.5.8.9.10-hexahydronaphthoesäurelacton* (XII), $C_{11}H_{10}O_3$, F. 124—125° (Ae.–Aceton), a) aus 2 g X u. N.N'-Dicyclohexylcarbodiimid wie VI; 1,1 g; b) aus 0,5 g X u. 2 cm³ Acetanhydrid in 5 cm³ Pyridin über Nacht; 0,3 g; c) aus 1 g X analog XI, jedoch Einengen des Chlf.-Auszugs bei Normaldruck ohne Acetylierung; 0,8 g. (—)-XII, $C_{11}H_{10}O_3$, F. 166° (Aceton–Ae.), aus 1 g (—)-X analog b); $[\alpha]_D^{20}$ —16° (1%; Chlf.); 0,5 g. — *cis-2-Methoxy-3.5-epoxy-8-hydroxy-1.2.3.4.5.8.9.10-oktahydronaphthoesäurelacton* (VIII), F. 103—104° (Aceton–Ae.), aus 0,6 g XI u. 0,1 g Na in 15 cm³ Methanol, 2 Std. bei Raum-Temp.; 0,5 g. In gleicher Weise aus 0,5 g (—)-XI u. 0,1 g Na in 30 cm³ Methanol innerhalb von 3 Std. 0,4 g (+)-VIII, $C_{12}H_{14}O_4$, F. 99° (Aceton–Ae.), $[\alpha]_D^{20}$ +49° (1%; A.). — *cis-5.8-Dioxo-1.4.5.8.9.10-hexahydronaphthoesäureäthylester*, $C_{13}H_{14}O_4$, F. 99—100,5° (Isopropylalkohol oder Aceton), durch 22 std. Kochen von 92 g Benzochinon mit 106,5 g Vinylacrylsäureäthylester (Kp.$_{10}$ 55°); 148 g. — *cis-5.8-Dihydroxy-1.4.5.8.9.10-hexahydronaphthoesäurelacton-(1 → 8)* (I), F. 115°, aus vorst. Verb. u. Al-Isopropylat in Isopropylalkohol; 16%. 40 g in 500 cm³ CH_2Cl_2 geben durch Behandeln mit 11 cm³ Br_2 in 100 cm³ CH_2Cl_2 u. 24 g $KHCO_3$ in 30 Min. 25,5 g rohes IX (F. 166 bis 168°) u. aus der CH_2Cl_2-Schicht 27 g rohes VII (F. 115—121°). — *cis-2-Äthoxy-3.5-epoxy-8-hydroxy-1.2.3.4.5.8.9.10-oktahydronaphthoesäurelacton*, $C_{13}H_{16}O_4$, F. 120—121,5° (Aceton–Ae.), aus 8,25 g VII u. 1 g Na in 150 cm³ A. bei Raum-Temp. innerhalb 2 Tagen; 4,9 g. — *cis-2.6-Dibrom-3.5-epoxy-7.8-dihydroxydekalin-1-carbonsäurelacton-(1 → 8)*, $C_{11}H_{12}Br_2O_4$, F. 165—166° (Ae.–Aceton). durch 10 Min. langes Erhitzen von 3 g I in 30 cm³ $(CH_3)_3C(OH)$ u. 2,87 g N-Bromsuccinimid auf 90°, Zufügen von 2,87 g N-Bromsuccinimid, 7 cm³ 1 n H_2SO_4 u. 8 cm³ W., ³/₄ std. Rühren bei 80° u. Verdünnen mit W.; 0,25 g.
A. EMR/Prag. 3500

Leucoanthocyanidine und verwandte Verbindungen. A. B. Kulkarni. (J. Indian chem. Soc. 38. 267—87. Mai 1961.) (Engl.)

Übersicht über Vork., Bedeutung, Stereochem. u. Synth. von Leukoanthocyanidinen. — 103 Literaturangaben. P. GOLINSKE. 3550 □

Die Totalsynthese eines Abbauproduktes von Phyllocladen. Richard B. Turner und Philip E. Shaw. (Tetrahedron Letters [London] 1960. Nr. 18. 24—27. Aug. Houston, Texas, Rice Univ., Dep. of Chem.) (Engl.)

l-1.1.12-Trimethyl-7-oxo-14-carbomethoxyperhydrophenanthren (I; F. 159—160°; $[\alpha]_D$ —12° (Chlf.), das beim Permanganatabbau von Phyllocladen entsteht (vgl. BRANDT, C. 1950/54. 8490 S), wird auf folgendem Wege totalsynthet. dargestellt. Das CORNFORTH-

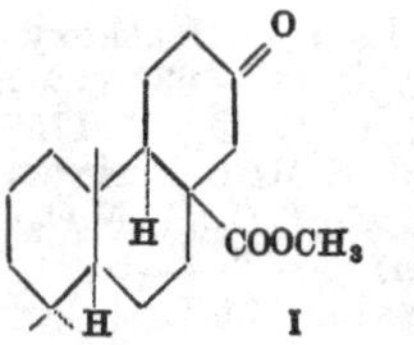

I

ROBINSON-Keton (2-Oxo-8-methoxy-12-methyl-2.3.4.9.10.12-hexahydrophenanthren) wird mit CH_3J in Ggw. von K-tert.-Butylat zu *8-Methoxy-1.1.12-trimethyl-2-oxo-1.2.3.4.9.12-hexahydrophenanthren* ($C_{18}H_{22}O_2$, F. 109,5—110,5°) methyliert. Dieses wird an Pd zu dem entsprechenden *10.11-Dihydro-Deriv.* ($C_{18}H_{24}O_2$, F. 90—93°) hydriert. Durch CLEMMENSEN-Red. entsteht daraus *trans-8-Methoxy-1.1.12-trimethyl-1.2.3.4.9.10.11.12-oktahydrophenanthren* ($C_{18}H_{26}O$, F. 114—115°). Die entsprechende *8-Hydroxy-Verb.* (II; $C_{17}H_{24}O$, F. 146—148°) wird daraus durch Spaltung mit HJ/Eisessig erhalten. Hydrierung von II an Ni gibt zwei epimere gesätt. *Alkohole* ($C_{17}H_{30}O$, F. 118—119° bzw. F. 99 bis 100°). Beide Verbb. lassen sich durch CrO_3 in Eisessig zu *1.1.12-Trimethyl-8-oxoperhydrophenanthren* (III; $C_{17}H_{28}O$, F. 67—68°) oxydieren. Durch Kondens. von III mit Furfurol entsteht das entsprechende *7-Furfuryliden-Deriv.* (IV; $C_{22}H_{30}O_2$, F. 87,5—88°), das durch Rk. mit Allylbromid u. K-tert.-Butylat zu *1.1.12-Trimethyl-7-furfuryliden-8-oxo-14-[propen-(2)-yl]-perhydrophenanthren* (V; $C_{25}H_{34}O_2$, F. 108—108,5°) alkyliert wird. Durch Ozonisieren von V, CrO_3-Oxydation u. Verestern mit CH_2N_2 entsteht ein amorpher *Triester*, der nach DIEKMANN-Cyclisierung, Hydrolyse u. Decarboxylierung in *dl-1.1.12-Trimethyl-7-oxo-14-carbomethoxyperhydrophenanthren* ($C_{19}H_{30}O_3$, F. 130 bis 131°) übergeht. Andererseits wird durch $LiAlH_4$-Red. von III *dl-1.1.12-Trimethyl-8-hydroxyperhydrophenanthren* dargestellt, mit 3α-Acetoxy-11-ketoätiocholansäure verestert u. in die beiden opt. Antipoden getrennt. Der Ester mit niedrigerem $[\alpha]_D$ [$C_{39}H_{60}O_5$, F. 237—238°; $[\alpha]_D$ +28° (Chlf.)] wird zu *l-1.1.12-Trimethyl-8-hydroxyperhydrophenanthren* [F. 109—110°; $[\alpha]_D$ −29° (Chlf.)] verseift. Dieses wird weiter zu *l-1.1.12-Trimethyl-8-oxoperhydrophenanthren* [F. 87,5—88°; $[\alpha]_D$ −18° (Chlf.)] oxydiert u. mit Furfurol zu *d-1.1.12-Trimethyl-7-furfuryliden-8-oxoperhydrophenanthren* (*d*-IV; F. 122,5 bis 123°; $[\alpha]_D$ +41°) kondensiert. *d*-IV wird mit Allylbromid zu *l-1.1.12-Trimethyl-7-furfuryliden-8-oxo-14-[propen-(2)-yl]-perhydrophenanthren* [F. 88—88,5°; $[\alpha]_D$ −115° (Chlf.)] alkyliert, ozonisiert, mit CrO_3 oxydiert u. verestert. Durch DIEKMANN-Ringschluß, Hydrolyse u. Decarboxylierung entsteht I. G. TEEGE. 3600□

Über Steroide. 45. Mitt. **Isolierung von Tigogenin aus einigen Solanumarten.** V. Černý und L. Lábler. (Collect. czechoslov. chem. Commun. **24.** 3468—70. Okt. 1959. Prague, Czechechoslov. Acad. of Sci., Inst. of Organ. Chem.) (Engl.) — 44. vgl. C. **1961.** 7953.

Einige der untersuchten *Solanum*-Arten enthalten die *Glykolalkaloide* in wasserlösl. Form, so daß ihre Fällung aus saurem wss. Extrakt mit NH_4OH ausbleibt. Eine wasserunlösl. Aglykonfraktion erhält man erst durch Hydrolyse des wss. Extrakts. Bei *Solanum curtipes* BITTER (I), *S. melanocerasum* WILLD. (II), *S. quitoense* LAM. (III) u. *S. alatum* MOENCH (IV) besteht die Aglykonfraktion vorwiegend aus *Tigogenin* (V). Aus I wurde neben V auch *Solasodin* (VI) isoliert.

Versuche (FF. im KOFLER-Block): *Tigogenin* (V), F. 205—207° (Aceton), durch Extraktion von 2,19 kg trockenen gemahlenen Blättern von I mit A. im SOXHLET, Lösen des Abdampfrückstandes in Ae. u. 2n H_2SO_4 (insgesamt 1,5 Liter Ae. u. 1,5 Liter 2n H_2SO_4) unter Schütteln, 2std. Kochen der wss. Phase, dann 2std. Kochen des in 350 cm³ CH_3OH gelösten Nd. mit 24 g KOH u. 300 cm³ Bzl., Gießen in W., Extraktion mit Bzl., Chromatographie des bräunlichen Aglykongemisches (2,38 g) in Bzl. an Al_2O_3 u. Eluieren mit Bzl.-Ae. (9 : 1); 764 mg (Rohausbeute). *Acetat*, $C_{29}H_{46}O_4$, F. 205—206° (Aceton); $[\alpha]_D^{20}$ −72° (c = 2,1; Chlf.); daneben durch Eluieren mit Bzl./Ae. (9 : 1) u. Ae. u. erneute Chromatographie des Gemisches an Al_2O_3 69 mg V u. 383 mg (roh) *Solasodin* (VI), $C_{27}H_{43}NO_2$, F. 198,5—200° (A.); $[\alpha]_D^{20}$ −113° (c = 2,3; Chlf.). — Aus 2,5 kg II, 3,5 kg III bzw. 2,65 kg IV wurden 1,12, 1,18 bzw. 0,638 g *Aglykongemisch* u. daraus an Al_2O_3 517, 576 bzw. 209 mg rohe V erhalten. A. EMR/Prag. 3650

Über Steroide. 46. Mitt. **Partialsynthese von 3.3.20-Trimethoxy-18.20-epoxy-5α-pregnan aus Dihydroholarrhimin.** L. Lábler und F. Šorm. (Collect. czechoslov. chem. Commun. **24.** 4010—14. Dez. 1959.) (Engl.) — 45. vgl. vorst. Referat.

Die NH_2-Gruppen von 3β.20α-Diamino-18-hydroxy-5α-pregnan (Dihydroholarrhimin; I) lassen sich nicht nur stufenweise (vgl. 44. Mitt., C. **1961.** 7953), sondern auch gleichzeitig durch Ketogruppen ersetzen. Das aus I u. N-Chlorsuccinimid entstandene *3.20-Bis-chloramin* wird durch HCl-Abspaltung mit $NaOCH_3$ in das entsprechende *3.20-Diimin* umgewandelt u. dieses zum *18-Hydroxy-5α-pregnan-3.20-dion-18.20-cyclohemiketal* (II) hydrolysiert. Da erfahrungsgemäß die dem II strukturell nahestehenden u. in analoger Weise hergestellten Steroid-Verbb. mit dem entsprechenden *20-Methoxy-Deriv.* verunreinigt sind (vgl. 44. Mitt., l. c.), wurde nicht II, sondern zunächst *3.3.20-Trimethoxy-18.20-epoxy-5α-pregnan* (III) isoliert, das dann in II übergeführt wurde. II liefert durch Oxydation der berechneten Menge CrO_3 *20.20-Dihydroxy-3-oxo-5α-pregnan-18-säurelacton-(18 → 20)* (IV). Um die Struktur von II, III bzw. IV zu bestätigen, wurde das 3β.18-Dihydroxy-5α-pregnan-20-on-18.20-cyclohemiketal (V), das in ähnlicher Weise wie II bzw. III bereits aus I hergestellt wurde (vgl. 44. Mitt., l. c.), mit CrO_3 oxydiert. Die erhaltene Verb. ist mit IV identisch.

Versuche (FF. im KOFLER-Block; $[\alpha]_D^{20}$ in Chlf.): *3.3.20-Trimethoxy-18.20-epoxy-5α-pregnan* (III), $C_{24}H_{40}O_4$, F. 139—140° (Methanol), $[\alpha]_D^{20}$ + 79,5° (c = 2,5), durch Versetzen von 2,13 g I in 120 cm³ CH_2Cl_2 mit einer Lsg. von N-Chlorsuccinimid in CH_2Cl_2 bei 0° bis zur neutralen Rk., Eindampfen im Vakuum zur Trockne, 1std. Kochen des rohen *Bis-chloramins* mit 2,2 g Na in 200 cm³ CH_3OH, Eindampfen im Vakuum zur Trockne, Stehen des rohen *Diimins* in 250 cm³ 2n H_2SO_4 über Nacht, Extraktion mit Ae. u. Eindampfen, 1std. Stehen des amorphen Abdampfrückstandes in 24 cm³ CH_3OH unter Zusatz von 1 Tropfen methanol. HCl u. Isolieren der Kristalle; 1,38 g (Rohausbeute). — *18-Hydroxy-5α-pregnan-3.20-dion-18.20-cyclohemiketal* (II), $C_{21}H_{32}O_3$, dimorph, F. 128 bis 130° u. 159—160° (Ae.), $[\alpha]_D^{20}$ + 98° (c = 2,6) (IR-Spektrum), durch 1std. Kochen von III mit 50%ig. CH_3COOH u. Verdünnen mit heißem W.; liefert in CH_3OH unter Zusatz von methanol. HCl III. — *20.20-Dihydroxy-3-oxo-5α-pregnan-18-säurelacton-(18 → 20)* (IV), $C_{21}H_{30}O_4$, F. 208—209° (Aceton), $[\alpha]_D^{20}$ + 44° (c = 2,5) (IR-Spektrum), a) durch Versetzen von 174 mg II in 3,5 ml CH_3COOH innerhalb 3 Std. mit 76,8 mg CrO_3 in 8 cm³ CH_3COOH, Stehen über Nacht, Red. des überschüssigen CrO_3 mit CH_3OH, Eindampfen im Vakuum zur Trockne u. Aufnehmen des Rückstandes in Ae.; 140 mg (roh); b) ebenso aus 50 mg V; 34,7 mg (roh). A. EMR/Prag. 3700

Über Steroide. 47. Mitt. **Partialsynthese von 18-Benzoylamino-5α-pregnan-3β-ol-20-on aus Conessin.** V. Černý und F. Šorm. (Collect. czechoslov. chem. Commun. **24.** 4015—21. Dez. 1959.) (Engl.) — 46. vgl. vorst. Referat.

Das durch Einw. von BrCN auf Dihydroconessin u. nachfolgende Hydrolyse des *N³-Cyan-Deriv.* dargestellte *Dihydroisoconessimin* (I) wurde mit N-Chlorsuccinimid (II) behandelt u. das entstandene *N³-Chlordihydroisoconessimin* durch HCl-Abspaltung u. Verseifung des rohen *Ketimins* in *5α-Conanin-3-on* (III) übergeführt. Das durch stereospezif. Red. von III mit $LiAlH[OC(CH_3)_3]_3$ dargestellte *3β-Hydroxy-5α-conanin* liefert durch Demethylierung mit BrCN *N-Cyan-N-desmethyl-3β-hydroxy-5α-conanin* (IV). Das durch Verseifung von IV erhaltene *N-Desmethyl-3β-hydroxy-5α-conanin* (V) liefert durch Rk. mit II u. anschließende Behandlung des *N-Chloramins* mit CH_3ONa *N-Desmethyl-3β-hydroxy-$\Delta^{N,20}$-5α-conenin* (VI). Für den 2-Methylpyrrolinring von VI kommen außer der Struktur des Δ^1-2-Methylpyrrolins (A) auch die Strukturen des Δ^2- (B) bzw. des Δ^5-2-Methylpyrrolins (C) bzw. die des Pyrrolidinringes mit $C_{(2)}$-Exomethylengruppe (D) in Frage. Die Struktur D scheidet auf Grund des IR-Spektrums von VI aus. Da zwischen A u. C einerseits u. B andererseits wegen des evtl. Zusammenfallens der Absorptionsbande der assoziierten 3β-OH-Gruppe mit der der NH-Gruppe der Struktur B auf Grund des IR-Spektrums nicht eindeutig entschieden werden konnte, stellten Vff. aus V oder III das Analogon von IV, *N-Cyan-N-desmethyl-5α-conanin* (IX), dar. Das rohe *N.O-Diacetyl-Deriv.* von V wurde zu *3β-Hydroxy-N-desmethyl-N-acetyl-5α-conanin* verseift, dieses zu *3-Oxo-N-desmethyl-N-acetyl-5α-conanin* (VII) oxydiert u. VII nach WOLFF-KISHNER zu *N-Desmethyl-5α-conanin* (VIII) reduziert. Auf einem anderen Wege wurde VIII durch WOLFF-KISHNER-Red. von III zu *5α-Conanin*, dessen Behandlung mit BrCN u. Hydrolyse von IX erhalten. Das durch Einw. von II auf VIII erhaltene *N-Chloramin* wurde durch HCl-Abspaltung in *N-Desmethyl-$\Delta^{N,20}$-5α-conenin* (X) umgewandelt. Auf Grund des IR-Spektrums kommt dem Pyrrolinring von X u. mithin auch dem von VI die Struktur A oder C zu. Da durch Benzoylierung von VI *18-Benzoylamino-3β-hydroxy-5α-pregnan-20-on* entsteht, dessen Struktur sich eindeutig aus seinem IR-Spektrum ergibt, kommt dem Pyrrolinring von X u. VI die Struktur A zu.

Versuche (FF. im KOFLER-Block; $[\alpha]_D$ in Chlf.): *N³-Cyandihydroisoconessimin*, $C_{24}H_{39}N_3$, F. 160—162° (A.), $[\alpha]_D$ + 60° (c = 2,27), durch Versetzen von 2 g Dihydroconessin in 33 cm³ Ae. mit 0,6 g BrCN in 20 cm³ Ae. während 8 Min. bei —2°, Filtrieren nach 20 Min. bei —2° u. Eindampfen im Vakuum bei 25° (Bad-Temp.) zur Trockne; 1,08 g (Ausbeute); weitere 0,29 g aus der Mutterlauge. — *Dihydroisoconessimin* (I), $C_{23}H_{40}N_2$, F. 97—98,5° (Aceton), durch 48std. Kochen von 0,88 g vorst. Verb. mit 50 cm³ konz. HCl, Versetzen mit Eis, Alkalisieren mit NH_4OH u. Ausäthern; 645 mg (rein); aus der Mutterlauge noch 60 mg. — *N³-Chlordihydroisoconessimin*, $C_{23}H_{39}ClN_2$, (F. nicht angegeben; PAe.), durch 20 Min. lange Einw. von 70 mg II auf 167 mg I in 10 cm³ CH_2Cl_2 u. Eindampfen bei höchstens 35° im Vakuum. — *5α-Conanin-3-on* (III), $C_{22}H_{35}NO$, F. 145—146° (Aceton), $[\alpha]_D$ + 81° (c = 2,09), durch Lösen des rohen, aus 4,03 g I u. 1,715 g II in 240 cm³ CH_2Cl_2 dargestellten Chloramins in PAe., Filtrieren u. Vakuum-

Dest., 1std. Kochen mit 2,4 g Na in 208 cm³ CH_3OH, Dest. im Vakuum bei 45°, 16std. Stehen des halbfesten *Ketimins* mit 2n H_2SO_4 bei Raum-Temp., Alkalisieren mit NH_4OH u. Ausäthern; 3,5 g (roh). — *3β-Hydroxy-5α-conanin*, $C_{22}H_{37}NO$, F. 169—170° (Aceton), $[\alpha]_D + 61°$ (c = 1,85), aus 0,5 g **III** u. 1 g $LiAlH[OC(CH_3)_3]_3$ in Tetrahydrofuran, 10 Min. bei 0°, 15 Min. bei Raum-Temp.; Gießen in W., Ansäuern mit CH_3COOH, Alkalisieren mit NaOH u. Ausäthern; 0,495 g (roh). *Acetat*, $C_{24}H_{39}NO_2$, F. 168—169° (Aceton), $[\alpha]_D + 46°$ (c = 1,71). — *N-Cyan-N-desmethyl-3β-hydroxy-5α-conanin* (**IV**), $C_{22}H_{34}N_2O$, F. 203—204° (Aceton), $[\alpha]_D + 91°$ (c = 1,98), durch 1std. Kochen von 0,2 g vorst. Verb. in 24 cm³ thiophenfreiem Bzl. mit 0,2 g BrCN, Zugabe von 0,2 g BrCN, weiteres 2std. Kochen, Filtrieren u. Dest. im Vakuum; 153 mg (rein). — *N-Desmethyl-3β-hydroxy-5α-conanin* (**V**), $C_{21}H_{35}NO$, F. 171—172° (wss. CH_3OH), $[\alpha]_D + 39°$ (c = 1,72), durch 48std. Kochen von 0,8 g **IV** mit 10,4 g KOH in 10,4 cm³ W. u. 52 cm³ CH_3OH, Einengen auf $^2/_3$ u. 16std. Stehen; 0,655 g (roh). — *N-Desmethyl-3β-hydroxy-$\Delta^{N,20}$-5α-conenin* (**VI**), $C_{21}H_{33}NO$, F. 183—184° (wss. CH_3OH), $[\alpha]_D + 27°$ (c = 2,23), durch Behandeln von 743 mg **V** in 45 cm³ CH_2Cl_2 mit 295 mg **II** (30 Min.), Eindampfen im Vakuum zur Trockne bei 35°, 1std. Kochen des Rückstandes mit 0,5 g Na in 45 cm³ CH_3OH, Einengen auf $^2/_3$, Verdünnen mit W. u. Ausziehen mit CH_2Cl_2; 0,64 g (rein). — *3β-Hydroxy-N-desmethyl-N-acetyl-5α-conanin*, $C_{23}H_{37}NO_2$, F. 214—216° (Aceton), $[\alpha]_D + 52°$ (c = 2,25) durch 16std. Stehen von 0,7 g **V** in 3 cm³ $(CH_3CO)_2O$ u. 5 cm³ Pyridin, 16std. Stehen des rohen *N.O-Diacetyl-Deriv.* in 20 cm³ 1%ig. methanol. KOH, Neutralisieren mit CH_3COOH, Einengen auf $^1/_5$, Verdünnen mit W. u. Aufnehmen in CH_2Cl_2; 725 mg (roh). — *3-Oxo-N-desmethyl-N-acetyl-5α-conanin* (**VII**), $C_{23}H_{35}NO_2$, F. 164—165° (wss. CH_3OH), $[\alpha]_D + 84°$ (c = 1,72), durch 16std. Oxydation von 560 mg vorst. Verb. in 5 cm³ $CH_3 \cdot COOH$ mit 150 mg CrO_3 in 2 cm³ W.; 495 mg (roh). — *N-Desmethyl-5α-conanin* (**VIII**), $C_{21}H_{35}N$, F. 83—84,5° (wss. CH_3OH), $[\alpha]_D + 33°$ (c = 2,03), durch 1std. Erhitzen von 0,4 g **VII** mit 0,4 g KOH u. 0,3 cm³ 80%ig. Hydrazinhydrat in 8 cm³ Triäthylenglykol auf 140—160°, dann im offenen Kolben auf 200° u. 3 Std. unter Rückfluß auf 200—215°, Gießen in W. u. Ausäthern, Überführen des öligen Abdampfrückstandes (282 mg) durch mehrtägiges Schütteln mit HCl in das *Hydrochlorid* [F. 245—255° (wss. CH_3OH)] u. Freisetzen der *Base*; 103 mg (rein). — *5α-Conanin*, $C_{22}H_{37}N$, F. 105—107° (Aceton), $[\alpha]_D + 60°$ (c = 2,23), wie **VIII** durch Red. von 1 g **III**, Lösen des Rohprod. in PAe. u. Filtrieren über 2 g neutrales Al_2O_3 (Aktivität III—IV); 0,84 g (rein). — *N-Cyan-N-desmethyl-5α-conanin* (**IX**), $C_{22}H_{34}N_2$, F. 166—167° (Aceton), $[\alpha]_D + 92°$ (c = 1,83), durch 1std. Kochen von 0,68 g vorst. Verb. mit BrCN in Bzl., nach weiterer Zugabe von BrCN in Bzl. 2std. Kochen, Eindampfen zur Trockne u. Ausäthern; 645 mg (roh). Gibt durch 48std. Kochen mit methanol. KOH u. Ansäuern mit 15%ig. HCl **VIII**-*Hydrochlorid*. — *N-Desmethyl-$\Delta^{N,20}$-5α-conenin* (**X**), $C_{21}H_{33}N$, F. 91—92° (Diisopropyläther), $[\alpha]_D + 34°$ (c = 1,74), durch $^1/_2$std. Stehen von 177 mg **VIII** mit 87 mg **II** in 10 cm³ CH_2Cl_2, Dest. im Vakuum, 1std. Kochen mit 0,12 g Na in 12 cm³ CH_3OH, Einengen auf $^1/_3$, Fällen mit W. u. Ausäthern; 165 mg (roh). — *18-Benzoylamino-3β-hydroxy-5α-pregnan-20-on*, $C_{28}H_{39}NO_3$, F. 181—183° (wss. CH_3OH), $[\alpha]_D + 81°$ (c = 1,72), durch Suspendieren des aus HCl mit NaOH gefällten **VI** (0,15 g) in 5%ig. NaOH, Behandeln mit Benzoylchlorid u. Ausäthern; 140 mg (roh). A. EMR/Prag. 3700

3β-Hydroxy-18-benzoylaminoallopregnan-20-on aus Conessin. V. Černý und F. Šorm. (Chem. and Ind. **1959**. 516—17. 18/4.) (Engl.)

Vorl. Mitt. zu vorst. referierter Arbeit. E. HERR. 3700□

Über Steroide. 48. Mitt. **Partialsynthese von 18-Hydroxyprogesteron aus Holarrhimin.** L. Lábler und F. Šorm. (Collect. czechoslov. chem. Commun. **25**. 265—69. Jan. 1960.) (Engl.) — 47. vgl. vorvorst. Referat.

Holarrhimin (I) liefert durch Acetylierung in Ggw. von $HClO_4$ *3β.20α-Diamino-18-acetoxy-Δ^5-pregnenperchlorat*, das durch Freisetzen der Base u. anschließendes Aufkochen in Tetrahydrofuran unter O → N-Acylwanderung in *3β-Amino-20α-acetylamino-18-hydroxy-Δ^5-pregnen* (**II**) übergeht. Das aus **II** durch Einw. von HNO_2 entstandene *3β.18-Dihydroxy-20α-acetylamino-Δ^5-pregnen* (**III**) wurde desacetyliert, die erhaltene *20α-Amino-Verb.* mit N-Chlorsuccinimid in das entsprechende *N-Chloramin* umgewandelt u. dieses über das *Imin* u. *Keton* in *3β-Hydroxy-18.20-epoxy-20-methoxy-Δ^5-pregnen* (**IV**) übergeführt. Durch OPPENAUER-Oxydation von **IV**, während der auch die Ketalgruppe hydrolysiert wird, wurde das *18-Hydroxy-Δ^4-pregnen-3.20-dion-18.20-cyclohemiketal* (*18-Hydroxyprogesteroncyclohemiketal*) erhalten.

Versuche (FF. im KOFLER-Block; mit * bezeichnetes Chlf. wurde 2mal mit konz. NH_4OH u. W. gewaschen): *3β-Amino-20α-acetylamino-18-hydroxy-Δ^5-pregnen* (**II**), $C_{23}H_{38}N_2O_2 \cdot C_4H_8O$, F. 233—235° (Tetrahydrofuran), $[\alpha]_D^{20}$ —27° (c = 3,0; A.), durch 18std. Stehen von 3 g **I** in 30 cm³ CH_3COOH u. 15 cm³ 70%ig. $HClO_4$ in 45 cm³ CH_3COOH,

Absaugen des *Perchlorats* von *18-Acetoxy-3β.20α-diamino-Δ⁵-pregnen*, Alkalisieren in wss. Suspenion mit NH_4OH, Aufnehmen der Base in Chlf.*, $^1/_4$std. Kochen des öligen Abdampfrückstandes in Tetrahydrofuran u. Abkühlen; 2,62 g (Ausbeute). — *3β.18-Dihydroxy-20α-amino-Δ^5-pregnen*, $C_{21}H_{35}NO_2$, F. 232—233° (Tetrahydrofuran), $[\alpha]_D^{20}$ —14° (c = 2,4; A.), durch Zugabe von 6,7 g $NaNO_2$ in 48 cm³ W. zu 2,1 g **II** in 105 cm³ CH_3COOH u. 57 cm³ W. bei 0°, 9std. Stehen bei 0° u. 15 Std. bei Raum-Temp., Eindampfen im Vakuum bis fast zur Trockne, Zugabe von 500 cm³ W., Abtrennen des rohen **III** von wenig mitgebildeter 18-Acetoxy-Verb. durch 1std. Kochen mit 27 cm³ methanol. n-KOH, Verdünnen mit 250 cm³ W, Desacetylieren von **III** in 70 cm³ A. mit 70 cm³ 2n H_2SO_4 (2std. Kochen), Einengen im Vakuum, Lösen des ausgeschiedenen Sulfats durch Erwärmen auf 80°, Alkalisieren mit konz. NH_4OH, Aufnehmen in Chlf.*, Ausschütteln der Base mit 1% ig. $HClO_4$, Alkalisieren mit NH_4OH u. Aufnehmen in Chlf.*; 565 mg; aus der Mutterlauge nach der alkal. Verseifung durch Ansäuern mit n-HCl eine *Verb.*, die nicht näher untersucht wurde. — *3β-Hydroxy-18.20-epoxy-20-methoxy-Δ^5-pregnen* (**IV**), $C_{22}H_{34}O_3$, F. 145—146° (Hexan), $[\alpha]_D^{20}$ +24° (c = 2,4; Chlf.), durch Versetzen von 412 mg vorst. Verb. in 110 cm³ CH_2Cl_2 bei 0° mit 16,3 cm³ einer Lsg. von N-Chlorsuccinimid in CH_2Cl_2 innerhalb 1 Std., Eindampfen im Vakuum zur Trockne, 1std. Kochen des rohen *N-Chloramins* mit 0,3 g Na in 25 cm³ Methanol, Eindampfen im Vakuum, Stehen des rohen *Imins* in 60 cm³ 2n H_2SO_4 über Nacht, Aufnehmen des Nd. in Ae., Versetzen des in Methanol gelösten *3β.20α-Dihydroxy-18.20-epoxy-Δ^5-pregnens* (242 mg) mit 1 Tropfen methanol. HCl u. Absaugen nach 1 Std.; 269 mg (roh). — *18-Hydroxy-Δ^4-pregnen-3.20-dion-18.20-cyclohemiketal* (*18-Hydroxyprrogesteroncyclohemiketal*), $C_{21}H_{30}O_3$, F. 164—165° (Aceton–Hexan), $[\alpha]_D^{20}$ +157° (c = 1,5; Chlf.), durch OPPENAUER-Oxydation von 0,2 g **IV** (Cyclohexanon–Al-Isopropylat in Toluol), Gießen in W., Ausäthern u. Befreien des Abdampfrückstandes durch Wasserdampf-Dest. von restlichem Ae. u. anderen flüchtigen Anteilen; 171 mg (roh); IR-λ_{max} 242 mμ (log ε = 4,175) (in A.).

A. EMR/Prag. 3700

18-Hydroxyprogesteron aus Holarrhimin. L. Lábler und F. Šorm. (Chem. and Ind. **1959**. 598—99. 9/5.) (Engl.)

Vorl. Mitt. zu vorst. referierter Arbeit. E. HERR. 3700□

Über Steroide. 49. Mitt. **Die Darstellung von 18-Dimethylamino-3-oxo-5α-androstan-17β-carbonsäuremethylester.** A. Kasal, V. Černý und F. Šorm. (Collect. czechoslov. chem. Commun. **25**. 927—33. März 1960.) (Engl.) — 48. vgl. vorvorst. Referat.

5α-Conanin-3β-ol wurde durch erschöpfende Methylierung zu *18-Dimethylamino-5α-Δ^{20}-pregnen-3β-ol* (**I**) abgebaut, dieses mit OsO_4 hydroxyliert u. mit CrO_3 zu *18-Dimethylamino-3-oxo-5α-androstan-17β-carbonsäure* oxydiert. Die analog verlaufende erschöpfende Methylierung von 5α-Conanin-3-on ist von einer Dimerisierung begleitet.

Versuche (FF. im KOFLER-Block; opt. Drehungen in Chlf.): *5α-Conanin-3β-ol-methojodid*, $C_{23}H_{40}JNO$, F. 270° (Zers.), durch $^1/_2$std. Kochen der Komponenten in Aceton. — *18-Dimethylamino-5α-Δ^{20}-pregnen-3β-ol* (**I**), F. 157°, $[\alpha]_D^{22}$ +36° (c = 2,7), durch Behandeln vorst. Verb. mit Ag_2O in W., Filtrieren, Abdampfen u. Sublimieren bei 150—200° (Bad)/0,046 mm; IR-Maxima (in cm^{-1}) 908, 988, 1605, 3073, 3610. *Acetylderiv.*, $C_{25}H_{41}NO_2$, F. 69—73°, $[\alpha]_D^{23}$ +22° (c = 1,74). — *18-Dimethylamino-5α-Δ^{20}-pregnen-3-on* (**II**), $C_{23}H_{37}NO$, F. 65°, $[\alpha]_D^{21}$ +68° (c = 1,5), aus **I** u. CrO_3 in wss. Essigsäure bei Zimmer-Temp. über Nacht. — *18-Dimethylamino-5α-pregnan-3β-ol*, $C_{23}H_{41}NO$, F. 131—133°, $[\alpha]_D^{23}$ +41 (c = 1,49), durch Hydrieren von **I** in Eisessig an Pt. — *18-Dimethylamino-5α-pregnan-3-on*, $C_{23}H_{39}NO$, F. 69—71°, $[\alpha]_D^{19}$ +52° (c = 1,9), aus vorst. Verb. u. CrO_3 analog **II**. — *18-Dimethylamino-5α-pregnan*, F. u. Misch-F. 56°, durch 1std. Erhitzen vorst. Verb. mit KOH u. Hydrazinhydrat auf 140° in offener App. u. 3 Std. auf 200—215° unter Rückfluß. — *5α-Conanin-3-onmethojodid*, $C_{23}H_{38}JNO$, F. 370° (Zers.), durch $^1/_4$std. Kochen der Komponenten in Aceton; 87% (Ausbeute). — *2-[18-Dimethylamino-5α-$\Delta^{2.20}$-pregnadienyl-(3)]-18-dimethylamino-5α-Δ^{20}-pregnen-3-on*, $C_{46}H_{72}N_2O$, F. 179°, durch Behandeln von 440 mg vorst. Verb. mit Ag_2O in W., Filtrieren, Abdampfen, Erhitzen auf 150—200° im Vakuum u. Chromatographie an Al_2O_3; 30 mg neben 45 mg **II**; IR-λ_{max} 908, 989, 1635, 1714, 3071 cm^{-1}. — *18-Dimethylamino-5α-pregnan-20.21-diol-3-on*, $C_{23}H_{39}NO_3$, F. 235—239°, $[\alpha]_D^{23}$ +60° (c = 0,9), durch 60std. Stehen von **II**, OsO_4 u. Pyridin in Ae. u. Kristallisation aus Aceton. — *18-Dimethylamino-5α-pregnan-3β.20.21-triol*, $C_{23}H_{41}NO_3$, F. 260—263°, $[\alpha]_D^{22}$ +47° (c = 0,9), ebenso aus **I**. — *18-Dimethylamino-3-oxo-5α-androstan-17β-carbonsäuremethylester*, $C_{23}H_{37}NO_3$, F. 164 bis 165° (Aceton), $[\alpha]_D^{21}$ +81° (c = 0,9), durch Stehen vorst. Verb. u. CrO_3–H_2SO_4 in wss. Essigsäure über Nacht bei Zimmer-Temp. u. Behandeln des Rohprod. mit CH_2N_2 in Methanol; IR-λ_{max} 1712, 1729 cm^{-1}. J. KOVÁŘ/Prag. 3700

Über Steroide. 50. Mitt. **Androgen-Analoga mit B-Norsteroidskelett.** J. Joska, J. Fajkoš und F. Šorm. (Collect. czechoslov. chem. Commun. **25.** 1086—90. April 1960.) (Engl.) — 49. vgl. vorst. Ref.; 51. vgl. C. **1962.** 12666.

Beschrieben wird die Synth. von *17β-Hydroxy-3-oxo-Δ⁴-B-norandrosten* (**VI**; *B-Nortestosteron*), *3.17-Dioxo-Δ⁴-B-norandrosten* (**III**) u. *17β-Hydroxy-17α-methyl-3-oxo-Δ⁴-B-norandrosten* (*B-Normethyltestosteron*) aus 3β-Hydroxy-17-oxo-Δ⁵-B-norandrosten (**I**) u. die Darst. einiger *Derivv.* von *3β.17β-Dihydroxy-Δ⁵-B-norandrosten.*

Versuche (FF. im KOFLER-Block; Drehungen in Chlf. bei 20° mit einer Genauigkeit von ±1°): *3β-Formyloxy-17-oxo-Δ⁵-B-norandrosten* (**II**), $C_{19}H_{26}O_3$, F. 128—129° (Methanol), $[\alpha]_D$ —62,5° (c = 3,8), durch 1½std. Erhitzen von **I** mit 85%ig. HCOOH unter N_2, Verdünnen mit W. u. Abkühlen; 82% (Ausbeute). — *3.17-Dioxo-Δ⁴-B-norandrosten* (**III**), $C_{18}H_{24}O_2$, F. 141—142° (Ligroin), $[\alpha]_D$ +73° (c = 2,73), aus **I** oder **II** durch die OPPENAUER-Oxydation (Al-Isopropylat–Cyclohexanon in Toluol) innerhalb 45 Min. in der Siedehitze; 83 bzw. 70%. — *3β-Formyloxy-17β-hydroxy-Δ⁵-B-norandrosten* (**IV**), $C_{19}H_{28}O_3$, F. 140—141° (Ligroin), $[\alpha]_D$ —117° (c = 2,3), durch Red. von **II** mit $LiAlH[OC(CH_3)_3]_3$ in Tetrahydrofuran innerhalb 20 Min. bei 0°; 88%. — *3β-Formyloxy-17β-acetoxy-Δ⁵-B-norandrosten* (**V**), F. 121—122° (Methanol), $[\alpha]_D$ —112° (c = 3,36), aus **IV** u. Acetanhydrid in Pyridin; 78%. — *17β-Acetoxy-3-oxo-Δ⁴-B-norandrosten,* $C_{20}H_{28}O_3$, F. 138—139° (Methanol), $[\alpha]_D$ —10° (c = 1,39), aus **V** wie **III**; 60%. — *17β-Hydroxy-3-oxo-Δ⁴-B-norandrosten* (**VI**), $C_{18}H_{26}O_2$, F. 163—164° (Äthylacetat), $[\alpha]_D$ —16° (c = 2,14), durch 2std. Kochen vorst. Verb. mit 10%ig. wss. K_2CO_3 in Methanol; 72%. — *3β.17β-Dihydroxy-17α-methyl-Δ⁵-norandrosten* (**VII**), $C_{19}H_{30}O_2$, F. 200—201° (Äthylacetat), $[\alpha]_D$ —144° (c = 1,4), aus **I** u. CH_3MgJ in Ae., 6½ Std. unter Rückfluß; 65%. — *17β-Hydroxy-17α-methyl-3-oxo-Δ⁴-B-norandrosten,* $C_{19}H_{28}O_2$, F. 155—156°, $[\alpha]_D$ —31,8° (c = 1,83), aus **VII** wie **III**; 85%. — *3β-Acetoxy-17β-hydroxy-17α-methyl-Δ⁵-B-norandrosten,* $C_{21}H_{32}O_3$, F. 143—144°, $[\alpha]_D$ —133° (c = 1,74), aus **VII** wie **V**; 85%. — *3β.17β-Diacetoxy-17α-methyl-Δ⁵-B-norandrosten,* $C_{23}H_{34}O_4$, F. 149—150° (Methanol), $[\alpha]_D$ —105° (c = 2,23), durch ½std. Kochen von **VII** mit Acetanhydrid; 47%. — *3β-Acetoxy-17β-hydroxy-Δ⁵-B-norandrosten* (**VIII**), $C_{20}H_{30}O_3$, F. 151—152° (Aceton), $[\alpha]_D$ —100° (c = 1,69), durch Red. des **I**-Acetats analog **IV**; 97%. — *3β.17β-Diacetoxy-Δ⁵-B-norandrosten,* $C_{22}H_{32}O_4$, F. 125—126° (Methanol), $[\alpha]_D$ —111° (c = 2,00), aus **V** u. Acetanhydrid in Pyridin; 87%. — *3β.17β-Dihydroxy-Δ⁵-B-norandrosten,* $C_{18}H_{28}O_2$, F. 202—203° (Äthylacetat), $[\alpha]_D$ —111° (c = 1,55), aus **VIII** wie **VI**; 81%.

A. EMR/Prag. 3700

Über Steroide. 56. Mitt. **Ein alternativer Weg zur Darstellung von (20R)-20-Hydroxy-3-oxo-Δ⁴-pregnen-18-säurelacton-(18 → 20).** L. Lábler. (Collect. czechoslov. chem. Commun. **26.** 724—29. März 1961.) (Engl.) — 55. vgl. C. **1962.** 12670; 50. vgl. vorst. Referat.

Das aus Dihydroholarrhimin hergestellte *18.20-Epoxy-20-hydroxy-3-oxo-5α-pregnan* (vgl. 46. Mitt., C. **1962.** 13040) liefert durch Red. mit $LiAlH_4$ das entsprechende *3β.18.20-Triol* (**I**). Durch Oxydation von **I** mit CrO_3 in Pyridin bildet sich *20-Hydroxy-3-oxo-5α-pregnan-18-säurelacton-(18 → 20)* (**II**), das durch Bromierung in *2α.4α-Dibrom-20-hydroxy-3-oxo-5α-pregnan-18-säurelacton-(18 → 20)* (**III**) übergeht. Durch Dehalogenierung von **III** entsteht ein chromatograph. nicht trennbares Gemisch aus **II** u. *20-Hydroxy-3-oxo-Δ⁴-pregnen-18-säurelacton-(18 → 20)* (**IV**), aus dem durch partielle Hydrolyse der mit GIRARD-Reagens T erhaltenen Prodd. reines **IV** isoliert wurde. Die Red. von **II** mit $LiAlH[OC(CH_3)_3]_3$ liefert *3β.20-Dihydroxy-5α-pregnan-18-säurelacton-(18 → 20)* (**V**), dessen *3-Acetat* (**VI**) die bereits ermittelte 20R-Konfiguration besitzt. Hiermit ist auch die Zugehörigkeit von **IV** bzw. **V, III** u. **II** zu der 20R-Reihe bewiesen.

Versuche (FF. im KOFLER-Block; $[\alpha]_D^{20}$ in Chlf.): *18.20-Epoxy-20-hydroxy-3-oxo-5α-pregnan,* F. 137—139° (roh), aus 4,8 g Dihydroholarrhimin nach Vf. (l. c.); 3,6 g (Ausbeute). — *3β.18.20-Trihydroxy-5α-pregnan* (**I**), F. 209—211° (roh), aus 1 g vorst. Verb. durch 4std. Red. mit $LiAlH_4$ in Tetrahydrofuran bei Raum-Temp.; 1,1 g. — *(20R)-20-Hydroxy-3-oxo-5α-pregnan-18-säurelacton-(18 → 20)* (**II**), $C_{21}H_{30}O_3$, F. 245 bis 248° (Chlf.–Aceton), $[\alpha]_D^{20}$ + 35° (c = 1,8), aus 1 g **I** in 30 cm³ Pyridin u. 2,3 g CrO_3 in 65 cm³ Pyridin, 15 Min. bei 0° u. 17 Std. bei Raum-Temp.; 0,411 g (rein). — *(20R)-2α.4α-Dibrom-20-hydroxy-3-oxo-5α-pregnan-18-säurelacton-(18 → 20)* (**III**), $C_{21}H_{28}Br_2O_3$, F. 199° (Chlf.–CH_3OH), $[\alpha]_D^{20}$ —4° (c = 2,5), aus einer Suspension von 0,9 g **II** in $CH_3 \cdot COOH$ u. 912 mg Br_2 in CH_3COOH bei 65°, dann 1 Std. bei Raum-Temp. u. 1 Std. im Eisschrank; 1,03 g. — *(20R)-20-Hydroxy-3-oxo-Δ⁴-pregnen-18-säurelacton-(18 → 20)* (**IV**), $C_{21}H_{28}O_3$, F. 206—207° (Ae.–CH_2Cl_2), $[\alpha]_D^{20}$ + 106° (c = 1,6), λ_{max} 242 mμ (log ε = 4,34 in A.), nach der Meth. von ROSENKRANZ u. Mitarbeitern (C. **1951.** II. 2185) bzw. EVANS u. Mitarbeitern (C. **1962.** 10105); das erhaltene Gemisch aus **II** u.

IV (0,3 g) wurde mit 0,32 g GIRARD-Reagens T in 7,5 cm³ A. u. 0,75 cm³ CH_3COOH 30 Min. lang gekocht, mit 1,25 cm³ 40%ig. CH_2O versetzt, nach 30 Min. in 60 cm³ gesätt. $NaHCO_3$-Lsg. gegossen u. das ausgeschiedene **II** mit Ae.-Chlf. ausgezogen; aus der wss. Schicht durch Ansäuern mit HCl (pH 1) nach 3 Std. 0,208 g **IV**. — *(20 R)-3β.20-Dihydroxy-5α-pregnan-18-säurelacton-(18 → 20)* (**V**), $C_{21}H_{32}O_3$, F. 190—193°, nach Erstarren F. 212—213°, $[\alpha]_D^{20}$ + 4,5° (c = 1,8), durch 25 Min. lange Red. von 0,237 g **II** mit 0,45 g $LiAlH[OC(CH_3)_3]_3$ in Tetrahydrofuran bei 0°, Reinigung des Rohprod. (0,24 g) in Bzl. an Silicagel u. Eluieren mit Bzl.-Ae. (9 : 1); 0,189 g; aus CH_2Cl_2–Ae. Kristalle. *3β-Acetat* (**VI**), $C_{23}H_{34}O_4$, dimorph, FF. 181 u. 209° (Ae.), $[\alpha]_D^{20}$ ± 0° (c = 1,6), mit $(CH_3CO)_2O$ in Pyridin über Nacht. A. EMR/Prag. 3700

Über Steroide. 57. Mitt. Infrarotspektren von epimeren 17-Brom-16-ketonen und Alkoholen der Androstanreihe. Die Konformation des D-Ringes. J. Fajkoš und J. Joska. (Collect. czechoslov. chem. Commun. **26.** 1118—36. April 1961.) (Engl.) — 56. vgl. vorst. Referat.

Durch Bromierung der 16-Enolacetate (**VI, XIV**) (vgl. auch 55. Mitt., C. **1962.** 12670) von 16-Oxo- (**V**) bzw. 3β-Methoxy-16-oxo-5α-androstan (**XIII**) stellten Vff. die entsprechenden *17α-Brom-16-ketone* (**A**: **VII** bzw. **XV**) dar, die in alkal. Lsg. in die epimeren *17β-Brom-16-ketone* (**B**: **X** bzw. **XVII**) übergehen. Mit $NaBH_4$ liefern die **A** die entsprechenden *17α-Brom-16α-alkohole* (**C**: **VIII** bzw. **XVI**), **B** die entsprechenden *17β-Brom-16β-alkohole* (**D**: **XI** bzw. **XVIII**). Die Konstit. u. Konfiguration der **A, B, C** u. **D** wird auf chem. Wege bewiesen. Um die Halbsesselform des D-Ringes zu bestätigen, ermittelten Vff. die Differenz $\Delta\nu$ (C = O) zwischen der IR-Valenzfrequenz der 16-Ketogruppe von **VII** u. **X**, **XV** u. **XVII** sowie 17β-Brom- u. 17α-Brom-3β-hydroxy-16-oxo-5α-androstan u. der IR-Valenzfrequenz der 16-Ketogruppe von 16-Oxo- (**V**), 3β-Methoxy-16-oxo- (**XIII**) u. *3β-Hydroxy-16-oxo-5α-androstan* u. fanden für die **A** $\Delta\nu$ (C = O) = + 7—8 cm^{-1}, für die **B** $\Delta\nu$ (C = O) = + 17—18 cm^{-1}. Dies bestätigt die pseudoaxiale Natur der 17α- bzw. die pseudoäquatoriale Natur der 17β-C—Br-Bindung u. zugleich auch die Halbsesselform des D-Rings, da sonst im Falle der Halbwannenform des D-Rings infolge der ster. gleichwertigen Natur der 17α- bzw. 17β-C—Br-Bindung die $\Delta\nu$ (C = O)-Werte in beiden Fällen + 18 cm^{-1} haben müßten (vgl. hierzu 15. Mitt., C. **1950/54.** 7922 S). Die **C** weisen gegenüber 16α-Hydroxy-5α-androstan (**IX**) einen $\Delta\nu$ (OH)-Wert von — 72 bis — 73 cm^{-1} auf, die **D** gegenüber 16β-Hydroxy-5α-androstan einen $\Delta\nu$ (OH)-Wert von — 47 bis — 48 cm^{-1}. Aus der sich hieraus ergebenden wesentlich verschiedenen relativen Lage von OH u. Br in den **C** bzw. **D** schließen Vff., daß die Konformation des D-Ringes der **C** der Halbwannenform, die des D-Rings der **D** der Halbsesselform zustrebt. Die Einführung des Br-Atoms in die 17α-Stellung von 16-Ketosteroiden hat eine starke Verschiebung von [α] nach rechts, die in 17β-Stellung eine Verschiebung nach links zur Folge. Die Red. der **A** zu den **C** ist auf [α] ohne merkbaren Einfl., die Red. der **B** zu den **D** ruft eine starke Verschiebung von [α] nach rechts hervor.

Versuche (FF. im KOFLER-Block; $[\alpha]_D^{20}$ mit einer Genauigkeit von ± 1° in Chlf.): *3β-Acetoxy-17β-brom-16-oxo-5α-androstan* (**I**), $C_{21}H_{31}BrO_3$, F. 202—203°, [α] — 155° (c = 2,11), durch 20 Min. langes Stehen von 0,3 g 3β-Acetoxy-17α-brom-16-oxo-5α-androstan in 2 cm³ Tetrahydrofuran (THF) u. 13 cm³ A. mit 0,1 g NaOH in 10 cm³ A. bei 18° u. Acetylieren des Rohprod. mit $(CH_3CO)_2O$ in Pyridin; 0,14 g (rein). — *3β-Hydroxy-17β-brom-16-oxo-5α-androstan,* $C_{19}H_{29}BrO_2$, F. 204—205°, [α] — 142° (c = 1,5), aus **I** u. konz. HCl in Chlf.-CH_3OH (1:10), 48 Std. bei 30°; 70% (Ausbeute); gibt mit $(CH_3CO)_2O$ in Pyridin 65% **I**. — *3β-Acetoxy-16β-hydroxy-17β-brom-5α-androstan* (**II**), $C_{21}H_{33}BrO_3$, F. 140—141°, [α] + 9° (c = 1,37), aus **I** in A.-THF (5:1) u. $NaBH_4$, 18 Std. lang bei 0°; 72%; liefert durch Oxydation mit CrO_3 in CH_3COOH (42 Std. lang bei Raum-Temp.) 60% **I**. — *3β-Acetoxy-16-oxo-5α-androstan* (**III**), $C_{21}H_{32}O_3$, F. 108—110°, [α] — 172° (c = 1,14), aus **I** in A.-THF an $Pd/CaCO_3$, 8 Std. lang unter wiederholtem Zusatz von frischem Katalysator; 55%. — *3β-Hydroxy-16-oxo-5α-androstan,* $C_{19}H_{30}O_2$, F. 186—187°, [α] — 188° (c = 1,08), durch 48std. Kochen von **III** mit methanol. KOH; 80%. — *3β.16β-Diacetoxy-17β-brom-5α-androstan,* $C_{23}H_{35}BrO_4$, F. 155—156°, [α] + 7° (c = 1,82), aus **II** u. $(CH_3CO)_2O$ in Pyridin; 78%. — *3β.16β-Diacetoxy-5α-androstan,* $C_{23}H_{36}O_4$, F. 106 bis 107°, [α] — 7,7° (c = 0,98), aus vorst. Verb. wie **III**, 5 Std. lang in A.; 56%. — *3β-Acetoxy-Δ^{16}-5α-androsten* (**IV**), $C_{21}H_{32}O_2$, F. 74°, [α] — 8° (c = 1,86), durch 3std. Kochen von **II** mit Zn-Staub in A. u. Chromatographie der benzol. Lsg. an Al_2O_3; 45%. — *16-Keto-Δ^2-5α-androsten,* $C_{19}H_{28}O$, F. 92—93°, [α] — 126° (c = 1,87), durch 7std. Erhitzen von 3β-Tosyloxy-16-oxo-5α-androstan in Kollidin u. Filtrieren der PAe.-Lsg. des Rohprod. über Al_2O_3. — *16-Oxo-5α-androstan* (**V**), $C_{19}H_{30}O$, F. 107°, [α] — 184° (c = 2,47), durch Hydrieren vorst. Verb. in CH_3COOH an PtO_2 u. 20std. Oxydation des Filtrats mit CrO_3 bei Raum-Temp.; 90%. — *16-Acetoxy-Δ^{16}-5α-androsten* (**VI**), $C_{21}H_{32}O_2$, F. 110—111°, [α] −18° (c = 1,72), aus **V** u. Isopropenylacetat in Ggw. von konz. H_2SO_4, 2 Std. lang in der Siedehitze unter Abdest. von Aceton; 58%; gibt durch Hydrierung an $Pd/CaCO_3$ in Dioxan 88% *16β-Acetoxy-5α-androstan.* — *17α-Brom-16-oxo-5α-androstan* (**VII**), $C_{19}H_{29}BrO$, F. 146—147° (A.), [α] −42° (c = 1,72), aus **VI** u. Br_2 in CCl_4 bei −10°; 76%; liefert durch Hydrierung an $Pd/CaCO_3$ in A. 73% **V**. — *17α-Brom-16α-hydroxy-5α-androstan* (**VIII**), $C_{19}H_{31}BrO$, F. 133—134°, [α] −41° (c = 2,07), aus **VII** wie **II**; 69%; durch Oxydation mit CrO_3 in CH_3COOH → 60% **VII** u. durch 12std. Kochen mit methanol. KOH → 71% **V**. *Acetat*, $C_{21}H_{33}BrO_2$, F. 152°, [α] +60° (c = 1,55). — *16α-Acetoxy-5α-androstan*, $C_{21}H_{34}O_2$, F. 115°, [α] −16,5° (c = 1,64), aus dem **VIII**-Acetat in A. wie **III**; 73%. — *16α-Hydroxy-5α-androstan* (**IX**), $C_{19}H_{32}O$, F. 157° (wss. CH_3OH), [α] +8° (c = 1,13), durch 2std. Kochen vorst. Verb. mit K_2CO_3 in wss. CH_3OH; 83%; gibt durch Oxydation mit CrO_3 in CH_3COOH 65% **V**. — *17β-Brom-16-oxo-5α-androstan* (**X**), $C_{19}H_{29}$·BrO, F. 201—202° (A.), [α] −158° (c = 1,64), aus **VII** wie **I** (ohne Acetylierung); 48%; durch Hydrierung an $Pd/CaCO_3$ in A. → 55% **V**. — *17β-Brom-16β-hydroxy-5α-androstan* (**XI**), $C_{19}H_{31}BrO$, F. 125°, [α] +22,3° (c = 1,26), aus **X** wie **II**; 69%; liefert durch Oxydation mit CrO_3 in CH_3COOH 65% **X** u. durch 12std. Kochen mit methanol. KOH 80% **V**. *Acetat*, $C_{21}H_{33}BrO_2$, F. 171—172°, [α] +18° (c = 1,13). — *Δ¹⁶-5α-Androsten*, $C_{19}H_{30}$, F. 79°, [α] +15° (c = 1,43), aus **XI** wie **IV**; 68%. — *16β-Acetoxy-5α-androstan*, $C_{21}H_{34}O_2$, F. 109°, [α] +14° (c = 1,36), aus dem **XI**-Acetat in A. wie **III**; 58%. — *16β-Hydroxy-5α-androstan*, $C_{19}H_{32}O$, F. 108—109° (wss. CH_3OH), [α] +7° (c = 1,11), aus vorst. Verb. wie **IX**; 80%. — *3β-Methoxy-16-isonitroso-17-oxo-5α-androstan*, $C_{20}H_{31}NO_3$, F. 224—225° (A.), [α] −7° (c = 1,52), durch 2std. Stehen von 32 g 3β-Methoxy-17-oxo-5α-androstan mit $(CH_3)_3COK$ in $(CH_3)_3COH$ (9 g K, 200 cm³ $(CH_3)_3COH$) u. 12std. Rühren mit 32 cm³ Isoamylnitrit; 27 g (roh). — *3β-Methoxy-17β-hydroxy-16-oxo-5α-androstan* (**XII**), $C_{20}H_{32}O_3$, F. 194—195° (verd. CH_3COOH), [α] −138° (c = 1,74), durch Red. von 10 g der vorst. rohen Verb. in 250 cm³ CH_3COOH u. 16 cm³ W. mit 10 g Zn-Staub bei 50°, dann nach Zugabe von 110 cm³ W. noch 1 Std. unter Rückfluß; 7,8 g (roh). — *3β-Tosyloxy-16-oxo-Δ⁵-androsten*, $C_{26}H_{34}O_4S$, F. 154—155° (Ae.-Chlf.), [α] −164° (c = 2,50), aus 3β-Hydroxy-16-oxo-Δ⁵-androsten u. p-Toluolsulfochlorid in Pyridin, 24 Std. lang bei 40°; 85%. — *3β-Methoxy-16-oxo-Δ⁵-androsten*, $C_{20}H_{30}O_2$, F. 136—137°, [α] −242° (c = 2,55), durch 3std. Kochen vorst. Verb. in abs. CH_3OH; 89%. — *3β-Methoxy-16-oxo-5α-androstan* (**XIII**), $C_{20}H_{32}O_2$, F. 146°, [α] −155° (c = 1,82), a) aus 6 g **XII** in 180 cm³ A. u. 60 cm³ konz. HCl u. 6 g amalgamiertem Zn, ½ Std. lang in der Siedehitze, nach Zugabe von 20 cm³ konz. HCl noch ½ Std. unter Rückfluß; 2,75 g (50%); b) aus vorst. Verb. in CH_3COOH an PtO_2; 80%; Reinigung an Al_2O_3. — *3β-Methoxy-16-acetoxy-Δ¹⁶-5α-androsten* (**XIV**), $C_{22}H_{34}O_3$, F. 112—113° (CH_3OH mit Spuren Pyridin), [α] −15° (c = 1,63), aus **XIII** wie **VI**; 55%. — *17α-Brom-3β-methoxy-16-oxo-5α-androstan* (**XV**), $C_{20}H_{31}BrO_2$, F. 111—112°, [α] −39,5° (c = 2,92), [α] −54° (c = 2,66; A.), aus **XIV** wie **VII**; 65%; liefert an $Pd/CaCO_3$ in A. 74% **XIII**. — *17α-Brom-3β-methoxy-16α-hydroxy-5α-androstan* (**XVI**), $C_{20}H_{33}BrO_2$, F. 144—145°, [α] −38,4° (c = 1,66), aus **XV** wie **II**; 75%; gibt durch Oxydation mit CrO_3 in CH_3COOH 71% **XV** u. durch 10std. Kochen mit methanol. KOH 76% **XIII**. *Acetat*, $C_{22}H_{35}BrO_3$, F. 164—165°, [α] +40° (c = 1,64). — *16α-Acetoxy-3β-methoxy-5α-androstan*, $C_{22}H_{36}O_3$, F. 164—165°, [α] −3° (c = 2,04), aus dem **XVI**-Acetat in A. wie **III**; 83%. — *16α-Hydroxy-3β-methoxy-5α-androstan*, $C_{20}H_{34}O_2$, F. 135—136°, [α] ± 0° (c = 1,68), aus vorst. Verb. wie **IX**; 83%. — *17β-Brom-3β-methoxy-16-oxo-5α-androstan* (**XVII**), $C_{20}H_{31}BrO_2$, F. 194°, [α] −144° (c = 1,40), aus **XV** wie **I** (ohne Acetylierung); 46%; liefert in A. an $Pd/CaCO_3$ 66% **XIII**. — *17β-Brom-3β-methoxy-16β-hydroxy-5α-androstan* (**XVIII**), $C_{20}H_{33}BrO_2$, F. 155—156°, [α] +21,5° (c = 1,76), aus **XVII** wie **II**; 72%; liefert mit CrO_3 in CH_3COOH 66% **XVII** u. durch 15std. Kochen mit methanol. KOH 75% **XIII**. *Acetat*, $C_{22}H_{35}BrO_3$, F. 145—146°, [α] +17° (c = 1,15). — *3β-Methoxy-Δ¹⁶-5α-androsten*, $C_{20}H_{32}O$, F. 36°, [α] +41° (c = 1,06), aus **XVIII** oder 16α-Brom-3β-methoxy-17β-hydroxy-5α-androstan (vgl. 15. Mitt. l. c.) wie **IV**; 50 bzw. 32%. — *16β-Acetoxy-3β-methoxy-5α-androstan*, $C_{22}H_{36}O_3$, F. 120°, [α] +9° (c = 1,26), durch Hydrieren von **XIV** in Dioxan an $Pd/CaCO_3$ oder aus dem **XVIII**-Acetat in A.; 90 bzw. 74%. — *3β-Methoxy-16β-hydroxy-5α-androstan*, $C_{20}H_{34}O_2$, F. 128—129° (wss. CH_3·OH), [α] −5° (c = 1,52), aus vorst. Verb. wie **IX**; 68%. A. EMR/Prag. 3700

Die chromatographische Trennung der Dinitrophenylhydrazone von 17-Ketosteroiden an Aluminiumoxid. 2. Mitt. W. Staib, D. Ott und H. Pelzer. (Acta endocrinol. [Copenhagen] **28**. 311—20. Juli 1958. Düsseldorf, Medizin. Akad., Physiolog.-chem. Inst.) (Dt.) — 1. vgl. C. **1958**. 8976.

2.4-Dinitrophenylhydrazone von *Dehydroisoandrosteron*, *Androsteron*, *Ätiocholanolon* u. *11-Ketoätiocholanolon* lassen sich an einer Al_2O_3-Säule durch kontinuierliche Elution mit Bzl./A. (ansteigende A.-Konz.) trennen. Das Schwefelsäureabsorptionsspektrum von *Dehydroisoandrosteron-2.4-dinitrophenylhydrazon* unterscheidet sich von den *Androsteron-* u. *Ätiocholanolon-2.4-dinitrophenylhydrazon*-Schwefelsäurespektren durch ein zusätzliches Absorptionsmaximum bei 408 mμ. *11-Ketoätiocholanolon-2.4-dinitrophenylhydrazon* [F. 274—275° (korr.)] liegt als Monohydrazon vor. Harnextrakte können nach Reinigung mit GIRARD-Reagens T u. Umsetzung mit 2.4-Dinitrophenylhydrazin chromatograph. fraktioniert werden. P. BECKER. 3700

Tautomere Formen des Streptomycins. Donald P. Young. (J. chem. Soc. [London] **1961**. 1337—42. März. Great Burgh, Epsom, Surrey, Distillers Co. Ltd., Res. and Dev. Dep.) (Engl.)

Die β-Streptomycin (β-I)-Form entsteht beim Stehenlassen des 4-Äthyl-1-(3-äthylpentyl)-octylsulfats („Tergitat") oder ähnlicher Salze in fester Form. In wss. Lsg. lagern sich β-I-Salze langsam in die α-Form um. Basen beschleunigen, Säuren verzögern die Umlagerung. β-I-Tergitat reagiert langsamer mit Carbonylreagentien als α-I-Tergitat, so daß die Aldehydgruppe durch Cyclisierung gebunden scheint. Die β-I-Salze kristallisieren als Hydrate.

Versuche: *β-Streptomycin* (β-I). *Tergitat*, F. 155—158°. *Hydrochlorid*, $C_{21}H_{39}N_7O_{12}\cdot 3\,HCl\cdot H_2O$, rhomb. Prismen. *Biphenyl-(4)-sulfonat*, $C_{21}H_{39}N_7O_{12}\cdot 3\,C_{12}H_{10}O_3S\cdot 3\,H_2O$, F. 187—189° (Zers.). *5-Cyclohexyl-2-hydroxy-3-methylbenzoat*, $C_{21}H_{39}N_7O_{12}\cdot 3\,C_{14}H_{18}O_3$, F. 170—175° (Zers.); $[\alpha]_D^{19}$ —22,0° (5 Min.), —26,7° (190 Min.), —27,0° (27½ Std.; c = 5; Methanol). *2-Hydroxy-5-isobutyl-3-methylbenzoat*, $C_{21}H_{39}N_7O_{12}\cdot 3\,C_{12}H_{16}O_3\cdot 2\,H_2O$, F. 90—95°. *Sulfat*, $C_{21}H_{39}N_7O_{12}\cdot 1\frac{1}{2}\,H_2SO_4$. — *α-Streptomycin* (α-I). *Oximsulfat*, $C_{21}H_{40}N_8O_{12}\cdot 1\frac{1}{2}\,H_2SO_4\cdot 3\,H_2O$. *Oximtergitat*, $C_{21}H_{40}N_8O_{12}\cdot 3\,C_{17}H_{36}O_4S\cdot 2\,H_2O$. *4-Phenylsemicarbazonsulfat*, $C_{28}H_{46}N_{10}O_{12}\cdot 1\frac{1}{2}\,H_2SO_4\cdot 3\,H_2O$. *Biphenyl-4-sulfonat*, F. 187,5—189°. *5-Cyclohexyl-2-hydroxy-3-methylbenzoat*, F. 160—165°; $[\alpha]_D^{21}$ —27,4° (c = 5; Methanol). H.-D. EILHAUER. 3900 □

Die Orientierung der Isopropylgruppe des Dihydroabietinsäure-γ-lactons. Laurence J. Gough, Thomas F. Sanderson, Virgil I. Stenberg und Ernest Wenkert. (J. org. Chemistry **25**. 1269—71. Juli 1960. Ames, Iowa, State Univ., Dep. of Chem.) (Engl.)

Die Oxydation von „*Dihydroabietinsäure-γ-lacton*" (**Ia**; vgl. MINN u. Mitarbeiter, C. **1956**. 14040) führt bei 2 von 3 Rk.-Prodd. zu einer Umwandlung der Isopropylfunktion in eine Hydroxyisopropylgruppe (*Verb.* **Ib**) bzw. in eine Acetylgruppe [*Verb.* **Ic**, F. 136 bis 137,2°; $[\alpha]_D$ —19,2° (Chlf.)]. **Ic** läßt sich durch Rk. mit Methyl-MgJ u. Hydrolyse in **Ib** überführen, beide Verbb. sind also strukturell verwandt. Vff. zeigen, daß die Gleichgewichtseinstellung des Ketons **Ic** mit Na-Methylat in sd. Methanol unverändertes **Ic** liefert u. beweisen damit die äquatoriale β-Konfiguration der Acetylgruppe. Folglich besitzt **Ia** die Struktur **IIa**. *Pimar-* u. *Isopimarsäure* liefern beim Versetzen mit starken Säuren neben anderen Prodd. ein *Hydroxy-γ-lacton*, das ident. ist mit **Ib** u. somit als **IIb** die Struktur eines Wasseranlagerungs-Prod. der Pimarsäuren besitzt. Beim Versetzen von **IIa** mit konz. H_2SO_4 bildet sich ein Gleichgewicht aus mit 25—50% *δ-Lacton* **III**. Eine theoret. Betrachtung führt zu einem ähnlichen Ergebnis.

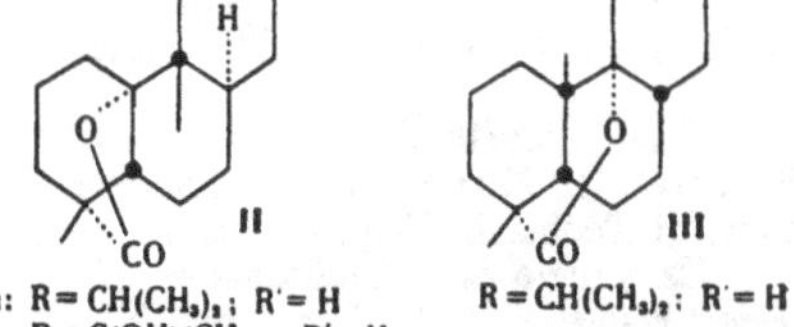

a: R = $CH(CH_3)_2$; R' = H
b: R = $C(OH)(CH_3)_2$; R' = H

R = $CH(CH_3)_2$; R' = H

F. KLATT. 3950 □

Über die Konstitution des Lactucins. Kurze Mitt. H. Michl und G. Högenauer. (Mh. Chem. **89**. 317—18. 31/5. 1958. Wien, Univ., II. Chem. Inst.) (Dt.)

Das aus dem eingetrockneten Milchsaft des Giftlattichs isolierte *Lactucin* [**I**, $C_{15}H_{16}O_5$, F. 224°; $[\alpha]_D$ +72°; R_F 0,69 (W.)] wurde durch Chromatographie an Cellulose rein dargestellt. Durch Zn-Staub-Dest. u. durch Se-Dehydrierung von hochdruckhydriertem **I** entsteht *Chamazulen*. Beim oxydativen Abbau von Hexahydrolactucin entsteht neben *Methylmalonsäure* u. anderen *Säuren Methylbernsteinsäure* (nachgewiesen durch Hochvoltelektrophorese). Auf Grund dieser Rkk. sowie der Unters. der Acetylierbarkeit, Rk. mit Phthalsäureanhydrid, Rk. mit Ketonreagentien, der Verseifbarkeit mit Laugen u. Aufnahme der IR-Spektren stellt **I** wahrscheinlich *α-[2.3.5.8-Tetrahydro-1.4-dimethyl-3.5.6-trihydroxy-8-oxo-* oder *-5-oxo-3.6.8-trihydroxyazulenyl-(7)]-propionsäurelacton-(7² → 6)* dar. K. LANGE. 3950

Konstitution der Pinastrinsäure. P. K. Grover und T. R. Seshadri. (Tetrahedron [London] **6**. 312—14. Juni 1959. Delhi, Univ., Dep. of Chem.) (Engl.)

Im Zuge der Unterss. über die Konstit. der Pinastrinsäure (I, F. 202—204°) wurde I 3 Std. mit Dimethylanilin auf 210° erhitzt, ohne daß ein Dilacton entstand. Bei der 4std. Rk. von p-Methoxypulvinsäuredilacton (II) mit o-Phenylendiamin (III) bei 200° wird, ebenso wie aus I u. III, *2-[1-p-Methoxyphenyl-4-phenyl-2.3-dihydroxy-4-carboxy-butadienyl-(1)]-benzimidazollacton-($2^4 \rightarrow 2^2$)* (IV, F. 292—294°, braunrote Tafeln) erhalten, dessen Hydrolyse zu *2-[p-Methoxybenzyl]-benzimidazol* (V, F. 165—167°, Tafeln aus Äthylacetat/PAe.) führt; in II wird nur der Lactonring neben der Methoxyphenylgruppe geöffnet. Der *Methyläther* (Ia) von I reagiert mit III entsprechend zum *3'-Methoxy-Deriv.* von IV [$C_{26}H_{20}N_2O_4$, F. 284° (Zers.), braunrote Prismen], dessen Hydrolyse ebenso V liefert. Bei der 30std. $NaJO_4$-Oxydation von Vulpinsäure in A. bei Zimmer-Temp. wurden *Benzoesäure* (VI, F. 120—121°) u. *Phenylessigsäuremethylester* [*p-Toluidid*, F. 135—136°] isoliert, im Falle von I VI u. *p-Methoxyphenylessigsäuremethylester* [*Amid*, F. 175—177°]; in beiden Fällen entstand daneben *Oxalsäure*. Der Rk.-Weg der Oxydations-Rk. wird angegeben. Ia reagiert nicht mit $NaJO_4$. E. Okruch. 3950□

Flüchtige Bestandteile von schwarzfaulen Süßkartoffeln und verwandte Substanzen. Takashi Kubota. (Tetrahedron [London] **4.** 68—86. Okt. 1958. Osaka, Osaka City Univ., Inst. of Polytechn.) (Engl.)

Übersicht über die Isolierung von Ipomeamaron (I), Ipomeanin, Batatsäure u. anderen Inhaltsstoffen von schwarzfaulen Süßkartoffeln, ihre Strukturaufklärung u. Synth., die Isolierung von Ngaion (II) u. Myoporon aus *Myoporum*-Species, ihre Struktur-Best. u. Synth. sowie die ster. Beziehungen zwischen I u. II unter besonderer Berücksichtigung der eigenen Arbeiten des Verfassers. Die IR-Spektren von 42 substituierten Furan-Derivv. werden tabellar. zusammengestellt. — 41 Literaturangaben. F. Heller. 3950□

Catechine und Hydroxyflavandiole als Gerbstoffbildner. K. Freudenberg. (Experientia [Basel] **16.** 101—05. 15/3. 1960. Heidelberg.) (Dt.)

Übersicht. — 35 Literaturangaben. P. Golinske. 3950□

Aus der Chemie der Naturstoffe. A. Stoll. (Experientia [Basel] **16.** 85—100. 15/3. 1960. Zürich, Univ.) (Dt.)

Vortrag über die Arbeiten Paul Karrers und eigene Arbeiten auf dem Gebiete der Carotinfarbstoffe, Vitamine, Alkaloide, Steroide, Chlorophyll u. anderer Naturstoffe. P. Golinske. 3950□

D. Makromolekulare Chemie

Theorien über die dielektrischen Eigenschaften makromolekularer Lösungen. P. Ingram und H. G. Jerrard. (Sci. Progr. **49.** 651—76. Okt. 1961. Southampton, Univ.) (Engl.)

Übersicht über allg. mathemat. Theorien, verschiedene Polarisationsmechanismen u. Theorien über die Strukturänderung makromol. Lösungen. — 68 Literaturangaben. P. Golinske. 4000□

Eine Theorie des thermodynamischen Verhaltens von Nichtelektrolyt-Lösungen. Samuel H. Maron. (J. Polymer Sci. **38.** 329—42. Aug. 1959. Cleveland, Ohio, Case Inst. of Technol., Dep. of Chem. and Chem. Engng.) (Engl.) — 2. vgl. C. **1960.** 13047.

Es wurde eine nichtstatist. Theorie der Änderungen der Enthalpie, Entropie u. freien Energie bei der Bldg. bin. Nichtelektrolyt-Lsgg. u. der damit verknüpften thermodynam. Eigg. (Aktivität, Aktivitäts-Koeff., Dampfdruck, osmot. Druck, Lichtstreuungs-Verh.) entwickelt. Die Theorie betrachtet die Vol.-Änderung bei der Lsg., das effektiv von den Moll. eingenommene Vol., ihre relative Größe u. ihre Wechselwrkg. als eine Funktion der Temp. u. Konzentration. Infolge des allg. Charakters der Ansätze sollte die Theorie in gleicher Weise auf Polymer-Lsgg. wie auf Lsgg. von niedrigmol. Substanzen anwendbar sein. K. Zieloff. 4000

Hauptforschungsrichtungen auf dem Gebiet der chemischen Umwandlungen von Makromolekülen. A. A. Berlin. (Успехи Химии [Fortschr. d. Chem.] **29.** 1189 bis 1228. Okt. 1960. Inst. für chem. Phys. der Akad. der Wiss. der UdSSR.) (Russ.)

In zusammenfassender Darst. werden behandelt: Intramol. Umwandlungen von Makromoll. (MM); Rkk. von MM mit niedrigmol. Stoffen ohne Wachstum der Polymerenketten; Kettenwachstums-Rkk. der Endgruppen von MM (Polymerisation in Substanz); Rkk. der intramol. Gruppen u. akt. Zentren der MM unter Zunahme der Polymerenketten. — 124 Literatur- u. Patentangaben. R. K. Müller. 4000□

Schallgeschwindigkeit in Polyäthylen. J. Schuyer. (J. Polymer Sci. **36.** 475—83. April 1959. Geleen, Staatsmijnen in Limburg, Central Labor.) (Engl.)

Nach Wada u. Yamamoto (C. **1958.** 637) ist der in der empir. Beziehung von Rama Rao [1940]: $(1/v)(d\,v/d\,T) = (A/\varrho)(d\,\varrho/d\,T)$ (v = Schall-Geschw., ϱ = Dichte, T = Temp.) vorkommende Faktor A für feste Polymere um vieles größer als der Wert 3, der für Fll. zutrifft. A ist eine einfache Funktion der Potenzen n u. m der intermol. Entfernung in der Gleichung des Wechselwrkg.-Potentials, u. zwar $A = (m + n + 1)/6$, so daß für das Lennard-Jonessche Potential ($m = 12$, $n = 6$) $A = 3{,}17$ sein würde. Ferner wird festgestellt, daß die Beziehung von Rama Rao einen besonderen Fall der allg. Beziehung $1/v_l \cdot d\,v_l/d\,T = A/\varrho \cdot d\,\varrho/d\,T - 1/(1 - \sigma^2 \cdot d\,\sigma)d\,T$ (v_l = longitudinale Schall-Geschw., σ = Poissonscher Modul) für $\sigma = 1/2$, d. h. für Fll. darstellt. Der auf diese Weise berichtigte Wert von A ist ca. **3**, während die nicht berichtigten Werte 5—9 betragen. Es wird gefolgert, daß die spezif. Schall-Geschw. in der allg. Form $(v^{1/3}/\varrho) \cdot [(1 + \sigma)/3\,(1 - \sigma)]^{1/6}$ dargestellt wird. Die so für *Polyäthylen*-Proben berechneten Werte stimmen mit dem an amorphem Polyäthylen in Fll. gemessenen überein. Die aus den Meßergebnissen berechneten elast. Konst. wurden bei einer Frequenz von 2 MHz u. einer Temp. von 20° als Funktion der Dichte über den Bereich von amorphem bis zu kristallinem Polyäthylen dargestellt. K. Zieloff. 4010

Vernetzung von Polyäthylen durch Di-α-cumylperoxid. Yasugoro Tsunoda, Tokio Kato und Shohei Hasegawa. (J. chem. Soc. Japan, ind. Chem. Sect. [Kōgyō Kagaku Zassi] **63.** 656—60. April 1960. Kanagawaken-Huzisawa, Tôkai-Denkyoku-Seizô-KK.) (Jap.; Auszug: Engl. S. A34—A35.)

Das unter Hochdruck hergestellte *Polyäthylen* wird mit 1—4 Gew.-% Di-α-cumylperoxid (I) 10—60 Min. auf 140—150° erhitzt u. die Änderung der physikal. sowie mechan. Eigg. untersucht. Das 10—20 Min. lang bei 150° mit 1—2 Gew.-% **I** vernetzte Prod. zeigt die besten mechan. Eigg., während mit steigendem Vernetzungsgrad die Wärmebeständigkeit zunimmt, die Löslichkeit dagegen abnimmt. Die Vernetzung wird auch unter Zusatz von **I** u. Ruß untersucht. E. Maekawa. 4010□

Gammastrahlen-induzierte Lösungspolymerisation von Äthylen. Ernest J. Henley und C. Chong Ng. (J. Polymer Sci. **36.** 511—17. April 1959. New York, N.Y., Columbia Univ., Dep. of Chem. Engng.) (Engl.)

Die durch γ-Strahlen angeregte Polymerisation von *Äthylen* in Lsg. wurde durch Messung des Druckabfalls mit der Dosis in einem geschlossenen Syst. untersucht. W., A., Bzl. u. CCl_4 wurden als Lsgm. verwendet, die Strahlungsintensität betrug 134000 rep/h. G-Werte u. Zahlenmittel des Molgew. wurden aus Verss. bei Raum-Temp. u. einem Anfangsdruck von 5—13 at erhalten. Die Ausbeute an Lsgm.-Radikalen u. die Übertragungs-Konst. für diese Syst. wurden unter der Annahme eines Radikalmechanismus mit bimol. Abbruch berechnet. K. Zieloff. 4010

Infrarotabsorptionsspektren von verschiedenen deuterierten Polybutadienen. M. A. Golub und J. J. Shipman. (Spectrochim. Acta [London] **16.** 1165—72. 1960. Brecksville, Ohio, B. F. Goodrich Res. Center.) (Engl.)

Vff. beschreiben die IR-Absorptionsspektren sowohl der *cis-* als auch der *trans-Form* von *Polybutadien* (**IV**), $D_{(2)}$-**IV** (**I**), $D_{2(2.3)}$-**IV** (**II**) u. D_6-**IV** (**III**) im Spektralbereich von 3500—450 cm^{-1}. Analog der Olefindoppelbindungsschwingung 743 (cis) u. 965 cm^{-1} (trans) wurde den deuterierten **IV** folgende Banden zugeordnet: **I** —CH=CD— 658 (cis) u. 892 cm^{-1} (trans); **II** —CD=CD— 630 (cis) u. 718 (trans); **III** $-CD_2-CD=CD-CD_2-$ 593 (cis) u. 712 cm^{-1} (trans). Die CH-Deformationsschwingung ergab bei **I** gegenüber **IV** lediglich eine längerwellige Verschiebung um 5 cm^{-1}: 747 cm^{-1} (cis) u. 972 cm^{-1} (trans). Die relativen Intensitäten der CD_2-Knickschwingungen in **III** sind im Vgl. zu denen der anderen **IV** viel geringer als die der CH_2-Knickschwingungen. Die Banden mittlerer Intensität bei 1095 u. 1070 cm^{-1} in den Spektren von cis- u. trans-**III** wurden den CD_2-Knickschwingungen zugeordnet. M. Schüle. 4010□

Polymere. 2. Mitt. **Polydimethylenacetylen.** William J. Bailey und Edward J. Fujiwara. (J. org. Chemistry **24.** 545—48. April 1959. Detroit, Mich., Wayne State Univ., Dep. of Chem.) (Engl.) — 1. vgl. J. Amer. chem. Soc. **76.** [1954.] 5418; 3. vgl. C. **1961.** 13199.

1-Chlor-4-brombutin-(2) (I) läßt sich über seine Grignard-Verb. in Ae. zu *Polydimethylenacetylen* [**II**; *Polybutin-(2)-ylen-(1.4)*] polymerisieren, u. zwar entsteht eine in organ. Lsgm. unlösl., nicht schmelzbare, unter N_2 stabile, aber rasch O_2 aus der Luft aufnehmende Fraktion im Gemisch mit einem lösl., hochschm. Polymeren vom Molgew. 1000—2000, das sich in Xylol extrahieren läßt. Viscositäts-Best., Oxydation u. partielle Red. legen für letzteres eine Struktur nahe, deren Elemente durch Aneinanderlagerung von Mol.-Ketten entstandene Kristallite bilden, wobei die Dimethylenacetyleneinheiten linear gestreckt sind. Die Ergebnisse sprechen dafür, daß Mol.-Symmetrie den kristallinen Aufbau von Polymeren stark fördert u. ein erhebliches Anwachsen der FF. zur Folge hat.

Versuche: Die bei langsamem Zufügen von **I** zu Mg unter Ae. entstandene Suspension wird nach 1 std. Rühren mit Ae. verd. u. filtriert; der Nd. wird 10 Std. in 5% H_2SO_4 enthaltendem 80%ig. wss. Methanol geschüttelt u. das Polymere mit einem Antioxydans in Aceton behandelt u. getrocknet; 84%; nach 2tägigem Stehen an der Luft ist das weiße Pulver braun geworden u. hat 15% an Gew. zugenommen; durch 48std. Kochen des Polymeren in Xylol unter CO_2 u. Fällung aus dem eingeengten Filtrat mit Methanol lassen sich ca. 10% als lösl. Modifikation extrahieren. Das lösl. II läßt sich mit HNO_3 in der Hitze zu Bernsteinsäure oxydieren; bei der katalyt. Red. entsteht *Polymethylen*; mit Na in Xylol ist eine partielle Red. möglich. W. Betcke. 4010□

Anwendung der Infrarotabsorptionsspektren zur Untersuchung von Strukturänderungen einiger der Alterung unterworfener Fluoroplaste. L. I. Tarutina. (Известия Академии Наук СССР, Серия Физическая [Nachr. Akad. Wiss. UdSSR, physik. Ser.] **23.** 1210—12. Okt. 1959.) (Russ.)

Polytrifluoräthylen (I), *Polytrifluorchloräthylen* (II) u. die *Copolymeren* aus *Tetrafluoräthylen + Äthylen* (III) sowie *Vinylidenfluorid + Trifluorchloräthylen* (IV) werden der Alterung unterworfen, u. die Änderung ihres IR-Spektrums wird untersucht. Die dabei auftretenden Banden werden folgenden Gruppen zugeordnet: *a* 1615 (cm^{-1}) —CH=O, *b* 1677 —C=C—, *c* 1720 —CF=CH—(C=C), *d* 1755 —COO—, *e* 1780 —COOH, *f* 3116 —CF=CH—(C—H). Im Spektrum von bei 200, 240 u. 290° an der Luft gealtertem III finden sich die Banden *a*, *b*, *d* u. *e* u. 1390, bei 290° auch *c* (Bldg. von HF); im Vakuum gealtertes III zeigt keine Banden bei 1600—1900. Bei 240° gealtertes I zeigt die Bande *d* bei 1767 (im Vakuum nicht) u. Verstärkung der Bande 2987. IV wird bei 300° stark verändert, bei 250 u. 270° langsamer, bei 200° gar nicht; Alterung an der Luft führt zum Auftreten der Banden *a* (1614), *c* (1721), *d* (1760), *e* (1787) u. der Bande 3122, Alterung im Vakuum nur zu *c* u. der Bande 3122; die Banden 2983, 3024, 1393, 1425, 970 u. 1100—1300 sind geschwächt; es werden also zuerst die C—Cl-, C—H- u. C—F-Bindungen zerstört u. —CF=CH-Gruppen, HCl u. HF gebildet, dann tritt Oxydation unter Bldg. O-haltiger Gruppen ein. Nach Alterung von II im Vakuum bei 300° treten die Banden 1363 u. *e* (1784) auf, also Bldg. einer —CF=CF_2-Gruppe, außerdem die Bande 1881 (Bldg. von —CF=O-Gruppen); in Ggw. von W. ist die Intensität der Banden 1363 u. 1784 verstärkt, W. zeigt also katalyt. Einfl. auf den Prozeß. R. K. Müller. 4010□

Polymerisation von Styrol in Gegenwart von n-Amyllithium oder -natrium. Takehide Tanaka und Hiromi Higashi. (J. chem. Soc. Japan, ind. Chem. Sect. [Kōgyō Kagaku Zassi] **63.** 191—94. Jan. 1960. Hukuoka, Kyûsyû-Daigaku, Kôgakubu, Ôyô-Kagaku-Kyôsitu.) (Jap.; Auszug: Engl. S. A10.)

Die Polymerisation von *Styrol* in Ggw. von n-Amyllithium (I) oder -natrium (II) in n-Hexan, A. oder Tetrahydrofuran (THF) wird untersucht, wobei das Lsgm. den Polymerisationsgrad, das Röntgenbeugungsdiagramm u. andere physikal. Eigg. des Prod. stark beeinflußt. Bei den Verss. in homogener Lsg., so bei der Polymerisation in Ggw. von I in THF oder A., sind die physikal. Eigg. der Prodd. wenig abhängig von der Rk.-Temperatur. In den Lsgm., in denen der Katalysator (II in A. oder THF) unlösl., das Monomere jedoch lösl. ist, werden relativ niedermol. Prodd. erhalten, deren physikal. Eigg. nur wenig von der Rk.-Temp. abhängig sind. In Ae. ist die Polymerisations-Geschw. in Ggw. einer kleinen I-Menge proportional der I-Menge, während sie in Ggw. großer I-Mengen unabhängig von der I-Konz. u. proportional dem Quadrat der I-Konz. ist; der Unterschied beruht offenbar auf der Bldg. von I-Ätherat. E. Maekawa. 4010□

Untersuchungen über die Polymerisation durch Organometallverbindungen. 2. Mitt. **Mechanismus der anionischen Polymerisation von Styrol in Gegenwart von n-Amyllithium.** Takehide Tanaka und Hiromi Higashi. (J. chem. Soc. Japan, ind. Chem. Sect. [Kōgyō Kagaku Zassi] **63.** 888—91. Mai 1960.) (Jap.; Auszug: Engl. S. A46.) — 1. vgl. vorst. Referat.

Styrol (I) wird in Ae. in Ggw. von n-Amyl-Li (II) (Konz.: 0,016—0,090 Mol/Liter) mit einer Geschw. $R_p = 0{,}014\,[I]^2$ (bei —5°) bzw. $R_p = 0{,}077\,[I]^2$ (bei 10°) polymerisiert, wobei der durchschnittliche Polymerisationsgrad dem Quotienten [I]/[II] proportional ist. Das Vorliegen von lebenden Polymeren wird bei den Verss., bei denen der [I]/[II]-Wert nicht größer als 300 ist, dadurch festgestellt, daß die Viscosität des Rk.-Gemisches durch Zusatz von I zunimmt. Die scheinbare Aktivierungsenergie der Polymerisation beträgt ca. 8 kcal/Mol. E. Maekawa. 4010□

Pfropfpolymerisation von Styrol auf Polypropylen unter γ-Bestrahlung. Hiroshi Sobue und Yoshio Tajima. (J. chem. Soc. Japan, ind. Chem. Sect. [Kōgyō Kagaku Zassi] **63.** 664—66. April 1960. Tôkyô-Daigaku, Kôgakubu, Ôyô-Kagakuka.) (Jap.; Auszug: Engl. S. A35.)

Die Pfropfpolymerisation von *Styrol* (I) auf isotakt. *Polypropylen* (II) wurde durch Bestrahlung von II-Filmen in I oder in I/Bzl.-Gemischen mit γ-Strahlen aus einer

^{60}Co-Quelle durchgeführt. Der Pfropfpolymerisationsgrad zeigt bei einer von der Strahlendosis abhängenden Filmdicke (0,1—0,3 mm) ein Maximum. Bei einer Strahlendosis von $7{,}0 \cdot 10^4$ r/h ist die Pfropfpolymerisations-Geschw. eines 0,14 mm dicken Films in dem Gemisch aus I u. Bzl. der 1,4. Potenz der I-Konz. proportional. Die Pfropfpolymerisation wird unter verschiedenen Bedingungen kinet. untersucht. Die Pfropfpolymerisate mit höheren Pfropfpolymerisationsgraden quellen leichter in Benzol.

E. Maekawa. 4010□

Neue magnetische Eigenschaften makromolekularer Verbindungen mit konjugierten Doppelbindungen. L. A. Bljumenfeld, A. A. Berlin, A. A. Slinkin und A. E. Kalmansson. (Журнал Структурной Химии [J. Strukturchem.] 1. 103—08. Mai/Juni 1960. Inst. für physikal. Chem. der Akad. der Wiss. der UdSSR.) (Russ.)

Die Elektronenresonanzspektren von *Polyphenylacetylenen* (I), *Polyaminochinonen* (II) u. *Polyaminochinonen mit eingebauten Cu^{2+}-Ionen* (II a) wurden untersucht sowie die stat. magnet. Susceptibilität von I, II u. II a bestimmt. Die Elektronenresonanzspektren von I bestehen aus schmalen Linien mit dem g-Faktor des freien Spins. Die Intensität der Linien vergrößert sich mit zunehmender Konjugation. Dieser Effekt ist innermol. (er wird bei festem I wie bei I-Lsgg. beobachtet) u. charakterisiert den Grundzustand der π-Elektronenwolke des Moleküls. In den Spektren von festem II u. II a erscheinen außer diesen schmalen Linien breite asymm. Linien mit großer integraler Intensität. Festes I ab Molgew. 1500 u. festes II u. II a besitzen eine positive stat. magnet. Susceptibilität. Bei Vergrößerung der Stärke des magnet. Feldes verringert sich die Susceptibilität, während die Magnetisierung konst. bleibt. Somit kann von ferromagnet. Eigg. der genannten Syst. gesprochen werden, wobei es sich um einen rein strukturellen Effekt handelt.

U.-L. Rau. 4010□

Einfluß der Glasbildung auf die Polarisation des langzeitigen Leuchtens organischer Verbindungen. Je. W. Anufrijewa. (Оптика и Спектроскопия [Optik u. Spektroskopie] 9. Nr. 4. 547—48. Okt. 1960.) (Russ.)

Am Beispiel der hochpolymeren Syst. *Polyvinylalkohol–Rodulinorange* u. *Glucose–Rodulinorange* wurde gezeigt, daß der Polarisationsgrad von Fluorescenzlicht bei „verzögerter" Fluorescenz unterhalb der „Glas-Bldg.-Temp." T_g (—80 bzw. —36°) prakt. nicht zeitveränderlich ist. Bei wachsender Temp. u. Plastizität nimmt der Polarisationsgrad in immer stärkerem Maße mit der Zeit ab. Das weist darauf hin, daß der Grund für die Depolarisierung des Fluorescenzlichts die Brownsche Bewegung der Moll. ist.

R. Gerbatsch. 4010□

Untersuchungen der Reaktivität von Vinyläthern bei der Polymerisation nach der MO-Methode sowie durch Absorptionsspektren. Toshinobu Higashimura, Natsuki Kanoh, Teijiro Yonezawa, Kenichi Fukui und Seizo Okamura. (J. chem. Soc. Japan, pure Chem. Sect. [Nippon Kagaku Zassi] 81. 550—55. April 1960. Kyôto-Daigaku, Kôgakubu.) (Jap.; Auszug: Engl. S. A 38.)

Der Unterschied der Reaktivität von *Alkylvinyläthern* bei der Radikal-, anion. u. kation. Homopolymerisation wird auf Grund der nach der MO-Meth. berechneten Lokalisierungsenergie erklärt. Andererseits wird die Reaktivität bei der Copolymerisation mit *Styrol* auf Grund der Stabilisierungsenergie beim Übergangszustand, welche auch nach der MO-Meth. berechnet wird, erklärt. Die Änderung der UV-Absorptionsmaxima verschiedener Alkylvinyläther werden in Verbindung mit der Änderung der Reaktivität nach der LCAO–MO-Meth. berechnet. Durch Messung der Absorptionsspektren der Alkylvinyläther–J_2-Syst. wird festgestellt, daß J_2 mit den Alkylvinyläthern intermol. Komplexe bildet, wobei die Reaktivität u. auch die Gleichgewichts-Konst. mit steigender Größe der Alkylreste zunehmen. Diese Ergebnisse können auch mit der MO-Meth. gut erklärt werden.

E. Maekawa. 4010□

Untersuchungen über die Copolymerisation höherer Alkylvinyläther. 1. Mitt. **Copolymerisation mit Maleinsäureestern.** Giichi Akazome, Shizuyoshi Sakai und Kôichi Murai. (J. chem. Soc. Japan, ind. Chem. Sect. [Kōgyō Kagaku Zassi] 62. 1247—51. Aug. 1959. Kyôto-Husimi, Sansuiso-Yusi-Kôgyô K. K.) (Jap.; Auszug: Engl. S. A 79.)

Höhere Alkylvinyläther ergeben ohne Lsgm. am besten in Ggw. von äquimol. Mengen Maleinsäuredialkylestern u. Dibenzoyl- bzw. Dilauroylperoxid oder Azo-bis-isobutyronitril Copolymerisate. Zum Beispiel steigt das Molgew. des *Copolymerisats* aus *Laurylvinyläther* u. *Maleinsäuredibutylester* sowohl mit steigender Rk.-Temp. als auch mit abnehmender Katalysatormenge im Bereich von 1500—3000. Die Rk. ist 1. Ordnung u. hat eine scheinbare Aktivierungsenergie von 18 kcal/Mol. Das Molgew. des Copolymeren nimmt mit steigender Kettenlänge der Alkylgruppe des Vinyläthers ab, wobei ein besonders großer Unterschied zwischen Octyl- u. Decylvinyläther beobachtet wird.

Die C-Zahl der Alkylgruppe des Maleinsäureesters zeigt kaum einen Einfl. auf das Molgew. des Polymerisats, obgleich der Dimethylester etwas höhermol. Polymerisate ergab. Zwischen η_{sp}/c u. c der Lsg. des Prod. wurde eine lineare Beziehung gefunden.
E. Maekawa. 4010□

Verteilung des Polymerisationsgrades der durch Addition von Äthylenoxid an Laurylalkohol und Nonylphenol hergestellten Produkte. Kunihiko Nagase und Kahei Sakaguchi. (J. chem. Soc. Japan, ind. Chem. Sect. [Kōgyō Kagaku Zassi] **63.** 588—92. April 1960. Wakayama, Kaô-Sekken KK.) (Jap.; Auszug: Engl. S. A31.)

Durch Einführung von Äthylenoxid (I) in Laurylalkohol (II), Äthylenglykolmonolauryläther (III), Nonylphenol (IV) oder Äthylenglykolmonononylphenyläther (V) in Ggw. von Na werden *Additionspolymerisate* hergestellt u. die Verteilung des Polymerisationsgrades durch Rektifizierung mit einer Kolonne der theoret. Bodenzahl 80 bestimmt. Die gefundene Verteilung stimmt besser mit der Weibullschen (vgl. C. **1955.** 5992) als mit der Poissonschen Verteilung (vgl. Flory, J. Amer. chem. Soc. **62.** [1940.] 1561) überein. Die Verteilungs-Konst. einer Stufe c_i (Geschw.-Konst. der i-ten Stufe/Geschw.-Konst. der ersten Stufe; c_0 = Verteilungs-Konst. der ersten Stufe ist also nach der Definition 1) ist bei der Addition von I an II $c_0 \ll c_1 < c_2 < \cdots$, bei der Addition von I an III $c_0 < c_1 < c_2 < \cdots$, bei der Addition von I an IV $c_0 \gg c_1$ u. bei der Addition von I an V $c_0 > c_1 > c_2 \cdots$. Vff. schließen, daß die Verteilungs-Konst. stark von der Acidität des entsprechenden Alkohols abhängt u. daß die Rk. nach dem anion. Mechanismus verläuft.
E. Maekawa. 4010□

IR-Absorptionsspektren von Polyäthern. 1. Mitt. Polypropylenoxid. Akihiro Kawasaki, Junji Furukawa, Teiji Tsuruta, Takeo Saegusa, Genjiro Kakogawa und Ryozo Sakata. (J. chem. Soc. Japan, ind. Chem. Sect. [Kōgyō Kogaku Zassi] **63.** 865—68. Mai 1960. Kyôto-Sakyôku, Kyôto-Daigaku, Kôgakubu, Kôgyô-Kagaku-Kyôsitu.) (Jap.; Auszug: Engl. S. A 45.)

Die IR-Absorptionsspektren des kristallinen sowie des nichtkristallinen Anteils des aus Propylenoxid in Ggw. von Diäthyl-Zn–SiO_2–Al_2O_3 als Katalysator hergestellten *Polypropylenoxids* werden bestimmt u. mit dem Spektrum von Polyäthylenterephthalat verglichen.
E. Maekawa. 4010□

IR-Absorptionsspektren von Polyäthern. 2. Mitt. Polybutadienmonooxid. Akihiro Kawasaki, Junji Furukawa, Teiji Tsuruta, Takeo Saegusa und Genjiro Kakogawa. (J. chem. Soc. Japan, ind. Chem. Sect. [Kōgyō Kagaku Zassi] **63.** 868—71. Mai 1960.) (Jap.; Auszug: Engl. S. A 45.) — 1. vgl. vorst. Referat.

Die IR-Absorptionsspektren des kristallinen Anteils von *Polybutadienmonooxid* werden gemessen u. versuchsweise zugeordnet. Vff. schließen aus den spektroskop. Daten, daß das Polymere die Struktur des *Poly-α-vinyläthylenglykols* u. die Hauptkette eine trans-Zickzack-Konfiguration besitzt, ferner die Ebene der Vinylgruppen senkrecht auf der Ebene der Polyäthylenglykolketten steht.
E. Maekawa. 4010□

IR-Absorptionsspektren von Polyäthern. 3. Mitt. Polystyroloxid. Akihiro Kawasaki, Junji Furukawa, Teiji Tsuruta, Takeo Saegusa und Genjiro Kakogawa. (J. chem. Soc. Japan, ind. Chem. Sect. [Kōgyō Kagaku Zassi] **63.** 871—75. Mai 1960.) (Jap.; Auszug: Engl. S. A 45.) — 2. vgl. vorst. Referat.

Die IR-Absorptionsspektren von *Polystyroloxid* werden gemessen u. versuchsweise zugeordnet. Aus den Daten des Dichroismus schließen Vff., daß die Benzolringe prakt. in die Richtung der Hauptketten fallen. Die Hauptkette besitzt offenbar eine Schraubenstruktur, da die Absorptionsbanden bei 782, 912, 872, 1195, 1285, 1307 u. 1344 cm^{-1} den entsprechenden des isotakt. Polystyrols sehr ähnlich sind.
E. Maekawa. 4010□

Polymerisation von Vinylacetat in Gegenwart eines Trialkylborkatalysators. 1. Mitt. Polymerisation durch Tributylbor. Fumio Ide und Yuji Takayama. (J. chem. Soc. Japan, ind. Chem. Sect. [Kōgyō Kagaku Zassi] **63.** 529—33. März 1960. Tôkyô-Kyôbasi, Mitubisi-Reiyon.) (Jap.; Auszug: Engl. S. A 27.)

Vinylacetat bildet in Ggw. von Tributylbor in Essigester in relativ hoher Ausbeute höhermol. Polymerisate als diejenigen, deren Polymerisation in Bzl., Hexan oder A. durchgeführt wurde. Bei einem Mol-Verhältnis Sauerstoff/Katalysator von 0,2 wird die höchste Ausbeute an *Polyvinylacetat* (I) erreicht. Der Polymerisationsgrad nimmt mit steigendem O-Geh. ab. Die Zahl der Verzweigungen nimmt mit steigender I-Ausbeute sowie mit steigender Konz. des Monomeren zu, ist jedoch im Vgl. mit den in Ggw. von Peroxiden erhaltenen Polymerisations-Prodd. geringer. Die Aktivierungsenergie der Kopf–Kopf-Addition ist um 1,53 kcal/Mol größer als die der Kopf–Schwanz-Addition.
E. Maekawa. 4010□

Polymerisation von Vinylacetat in Gegenwart eines Trialkylborkatalysators. 2. Mitt. Die Geschwindigkeit der Startstufe der Polymerisation von Vinylacetat durch

Tributylbor. Fumio Ide und Yuji Takayama. (J. chem. Soc. Japan, ind. Chem. Sect. [Kōgyō Kagaku Zassi] **63.** 533—36. März 1960.) (Jap.; Auszug: Engl. S. A 27.) — 1. vgl. vorst. Referat.

Die Startstufe der Polymerisation von *Vinylacetat* (**I**) wird in Ggw. von Tributylbor (**II**) als Katalysator in Essigester als Lsgm. kinet. untersucht. Die Start-Geschw. ist der **II**-Konz. u. dem Quadrat der **I**-Konz. proportional u. die scheinbare Aktivierungsenergie beträgt 15 bis ca. 16 kcal/Mol. Die Kettenübertragungs-Konst. von Essigester beträgt $4{,}5 \cdot 10^{-4}$. E. MAEKAWA. 4010□

Kinetik der Gammastrahlen-induzierten Pfropf-Copolymerisation von Vinylacetat auf Teflon. A. J. Restaino und W. N. Reed. (J. Polymer Sci. **36.** 499—510. April 1959. Wilmington, Del., Atlas Powder Co.; Baltimore, Md., Martin Co.) (Engl.)

Die Geschw. der durch γ-Strahlen induzierten Pfropfcopolymerisation von *Vinylacetat* (**I**; $Kp._{60-65}$ 10^0) auf Filme von *Polytetrafluoräthylen* (**II**) wird durch Hydrochinon gehindert. Die Polymerisation ist somit radikal. Natur. Eine Unters. des Einfl. der Dicke der **II**-Filme auf die Pfropfungs-Geschw. zeigt, daß das Gew. des aufgepfropften **I** von der Filmdicke unabhängig ist. Die Pfropfungs-Geschw. bei 2,0—10,8 m Lsgg. von **I** in Äthylacetat ist der 3/2. Potenz der Monomer-Konz. u. im untersuchten Intensitätsbereich von 15000—460000 rad/Std. der 1/2. Potenz der Intensität proportional. Nach dem Anfangsstadium der Pfropfung tritt eine Zunahme der Pfropfungs-Geschw. auf. Der Zusatz von hochmol. Polyvinylacetat zum Copolymerisationsansatz hat selbst bei einer Konz. von 15 g/100 cm^3 keinen Einfl. auf die Anfangs-Geschw. der Pfropfung. Die Aktivierungsenergie beträgt $4{,}78 \pm 0{,}32$ kcal/Mol (95% Verläßlichkeitsgrenze). Es wird ein Mechanismus vorgeschlagen. Ein Zusatz kleiner Mengen CCl_4 führt sowohl zu einer Abnahme der Pfropfungs-Geschw. als auch zu einer Abnahme des Molgew. des gebildeten Homopolymeren. Die Abnahme der Pfropfungs-Geschw. wird auf einen kleineren G-Wert für die Radikal-Bldg. aus CCl_4 im Vgl. zu der aus **I** u. auf die unterschiedliche Geschw. der Kettenübertragung von CCl_4 u. aufgepfropftem Polyvinylacetat mit dem **I**-Radikal zurückgeführt. Die Übertragungs-Konst. von CCl_4 mit dem **I**-Radikal wurde durch Anregung der Polymerisation mit γ-Strahlen zu 0,47 bestimmt. K. ZIELOFF. 4010

Untersuchungen über die Polymerisation mit organischen Metallverbindungen. 11. Mitt. **Vinylpolymerisation mit organischen Lithiumverbindungen.** Junji Furukawa, Teiji Tsurata, Kazuo Ito, Ikusho Kashiuchi und Akihiro Kawasaki. (J. chem. Soc. Japan, ind. Chem. Sect. [Kōgyō Kagaku Zassi] **63.** 640—45. April 1960. Kyôto-Daigaku, Kôgakubu, Kôgyô-Kagaku-Kyôsitu.) (Jap.; Auszug: Engl. S. A 34.) — 10. vgl. C. **1961.** 12108.

Methacrylsäuremethylester (**I**) ergibt bei Raum-Temp. in Ggw. von 2,6 Mol-% nachst. Organometall-Verbb. [in ( ) Rk.-Dauer, Ausbeute, Polymerisationsgrad] folgende Polymerisate: Butyl-Li (**II**) (1 Std.; 36,5%; 1120), Komplex (**III**) aus **II** u. Triäthyl-Al (**IV**) (1 Std.; 70,7%; 770), Phenyl-Li (**V**) (18 Std.; 0%; —) u. Komplex (**VI**) aus **V** u. **IV** (18 Std.; 3,10%; —). Styrol (**VII**) bildet ähnlich *Polystyrol* bei Raum-Temp. in Ggw. von **II** (28 Std.; quant.; 130), **III** (28 Std.; 33,9%; 3170), **V** (48 Std.; quant.; —) u. **VI** (48 Std.; 49,1%; —). Acrylonitril ergibt unter denselben Bedingungen *Polyacrylonitril* in Ggw. von **II** (1 Std.; quant.; —), **III** (1 Std.; quant.; —), **V** (18 Std.; quant.; —) u. **VI** (18 Std.; quant.; —), während weder Vinylacetat noch n-Butylvinyläther unter denselben Bedingungen ein Polymeres bildet. *Copolymerisate* aus **I** u. **VII** werden aus den Gemischen von **I** u. **VII** in n-Hexan u. Ae. durch Versetzen mit 2,5 Mol-% (bezogen auf das Monomergemisch) bei 18^0 hergestellt. Vff. schließen aus den analyt. Daten der Polymerisate, daß die Polymerisation nach einem anion. Mechanismus verläuft. Die Polymerisation der Vinyl-Verbb. in Ggw. der angegebenen Organometall-Verbb. wird durch O_2, p-Benzochinon, Hydrochinon, Nitrobenzol u. Phenol stark gehindert. Das aus **I** durch 3—4tägiges Stehen in Toluol oder Hexan bei -60^0 unter Zusatz von **II** oder **III** hergestellte Polymerisat zeigt ein IR-Absorptionsspektrum, welches mit dem des aus **I** in Ggw. von Azo-bis-isobutyronitril hergestellten Polymeren nicht übereinstimmt: der Unterschied beruht offenbar auf dem der Mol.-Struktur. E. MAEKAWA. 4010□

Untersuchungen über die Polymerisation mit organischen Metallverbindungen. 12. Mitt. **Polymerisation von Vinylchlorid mit organischen Metallverbindungen.** Junji Furukawa, Teiji Tsuruta, Yuji Fujita und Akihiro Kawasaki. (J. chem. Soc. Japan, ind. Chem. Sect. [Kōgyō Kagaku Zassi] **63.** 645—52. April 1960.) (Jap.; Auszug: Engl. S. A 34.) — 11. vgl. vorst. Referat.

Butyl-Li (**I**) u. dessen Komplex (**II**) mit Triäthyl-Al (**III**) sind fähig, die Polymerisation von *Vinylchlorid* (**IV**) zu katalysieren. In Ggw. von **II** bildet sich im Vgl. zum entsprechenden Vers. mit **I** ein Polymerisat von kleinerem Polymerisationsgrad, jedoch in größerer Ausbeute. **I** besitzt viel größere katalyt. Aktivität als Äthyl-Li (**V**) u. Phenyl-Li

(**VI**); die Aktivität von **V** u. **VI** nimmt durch Bldg. von Komplexen mit **III** etwas zu. Die Polymerisation von **IV** wird durch O_2 wenig, mehr durch Tetrahydrofuran, Nitrobenzol, Hydrochinon u. p-Benzochinon gehindert: die Hinderung beruht offenbar auf Rkk. dieser Verbb. mit den Katalysatoren. Vff. schließen aus den kinet. Daten, daß die Polymerisation von **IV** anion. verläuft u. durch einen monomol. Mechanismus abgebrochen wird. Das gebildete Polymerisat zeigt auf Grund des IR-Spektrums einen hohen Kristallisationsgrad u. im Vgl. mit Polyvinylchlorid einen höheren Zers.-Punkt. Die Polymerisation von **IV** wird auch durch Gemische aus Diäthyl-Zn (**VII**) u. Alkoholen bzw. W. oder Phenol katalysiert, wobei die Rk. durch O_2 beschleunigt wird u. nach einem Radikalmechanismus verläuft. Bes. in Ggw. von **VII** u. Alkoholen werden Polymerisate von höherem Molgew. in guten Ausbeuten erhalten. Gemische aus **VII** u. Essigsäure oder Anilin zeigen nur eine geringe akt. Wrkg. auf die Polymerisation von **IV**, während die aus **VII** u. N-Methyl- oder N.N-Dimethylanilin inakt. sind.

E. Maekawa. 4010□

Untersuchung der Strukturumwandlungen von Vulkanisaten unter dem Einfluß von Mineralsäuren. A. F. Posstowskaja und A. Ss. Kusminski. (Известия Академии Наук СССР, Серия Физическая [Nachr. Akad. Wiss. UdSSR, physik. Ser.] **23.** 1213—16. Okt. 1959. Forsch.-Inst. für Gummiind. der Komm. des Ministerrats für Chem.) (Russ.)

Bei Einw. von 25—50%ig. HCl auf 30 μ starke Filme von therm. vulkanisiertem *Na-Butadienkautschuk* (I) bei 25 u. 80° treten neue Banden bei 1700—1710, 1240 u. 3450 (cm^{-1}) im IR-Spektrum von I auf, die der Bldg. der Gruppen =C=O, —COOR, —OOH u. —OH zugeschrieben werden. Bei Einw. von HNO_3 kommen Banden bei 759, 854, 1360, 1550 u. 1672 hinzu, die NO_2- u. R—O—N=O-Gruppen entsprechen. Neben der Oxydation erfolgt also eine Nitrierung. Die Art der Rk.-Prodd. hängt von der Konz. u. der Temp. ab: 25%ig. HNO_3 nitriert, 50%ig. HNO_3 oxydiert auch. Ähnlich sind die Ergebnisse der Unters. des IR-Spektrums von *Butadien–Styrol-Kautschuk*-Thermovulkanisat (II) nach Einw. von HCl u. HNO_3. Bei **II** ist auch äußerlich Strukturierung (bei Nitrierung) u. Zerstörung (bei Oxydation) zu erkennen. Mit HCl bildet **II** Cl-Verbb. unter Verschwinden von Vinylgruppen (Anlagerung). R. K. Müller. 4030□

Über die Kristallisation von Cellulosetribenzoat. P. W. Koslow, O. P. Kosmina, Nai-tschan Wan, P. A. Slawetzkaja und En-lo Tschshou. (Доклады Академии Наук СССР [Ber. Akad. Wiss. UdSSR] **139.** 1149—52. 11/8. 1961. Moskau, Univ. u. Inst. für hochmol. Verbind. der Akad. der Wiss. der UdSSR.) (Russ.)

Die Unters. der thermomechan. Eigg. von unter erhöhtem Druck bei 100—190° zu Tabletten gepreßten Präpp. von (mit Benzoylchlorid erhaltenem) *Cellulosetribenzoat* auf einer dynamometr. Waage ergab, daß das ursprünglich amorphe Präp. unter einer therm. Behandlung in ein krist. Prod. übergeht. Als optimale Temp. für den Verlauf des Kristallisationsprozesses wird 200—220° festgestellt. Bei Kristallisation aus Dimethylphthalat wurden 2 verschiedene Kristallformen erhalten: Sphärolithe in radialer u. in ringförmiger Anordnung. M. Ulmann. 4050□

Die Vernetzung von Cellulose und ihren Derivaten. 6. Mitt. **Die Addition von Aminen an Cellulosecrotonate.** J. E. McKay und W. Taylor. (J. Soc. Dyers Colourists **77.** 547—49. Nov. 1961.) (Engl.) — 5. vgl. C. **1962.** 13034.

Durch Rk. von Baumwolle mit Gemischen aus Acetanhydrid u. Crotonsäureanhydrid in Methylenchlorid in Ggw. von $HClO_4$ erhält man *gemischte Celluloseester* (CE), die durch Eindampfen ihrer 1—2%ig. Chlf.-Lsgg. dünne Filme auf Hg-Oberflächen liefern. Die CE reagieren mit Äthylendiamin (I), NH_3 bzw. n-Hexylamin unter Addition an die Doppelbindungen. Die mit **I** bzw. NH_3 entstehenden Ester **II** bzw. **III** sind unlösl., d. h. vernetzt. Aminolyse tritt erst nach 50—100 Std. ein. Nach alkal. Hydrolyse von **III** bei Zimmer-Temp. lassen sich *β-Aminobuttersäure* u. *β.β'-Iminodibuttersäure*, nach der von **II** *β-[2-Aminoäthylamino]-buttersäure* papierchromatograph. nachweisen.

E. Schraven. 4050□

Infrarotabsorptionsspektrographische Untersuchungen über die Darstellung von Oxycellulose durch Behandeln mit NO_2, HJO_4 und $NaClO_2$ oder durch γ-Bestrahlung. Hiroshi Sobue und Setsuo Fukuhara. (J. chem. Soc. Japan, ind. Chem. Sect. [Kōgyō Kagaku Zassi] **63.** 632—37. April 1960. Tôkyô-Daigaku, Kôgakubu, Ôyô-Kagaku.) (Jap.; Auszug: Engl. S. A 33.)

Der aus dem Celluloseacetatfilm durch Hydrolyse mit äthanol. NaOH regenerierte *Cellulose* (I)-Film wird mit dem durch Red. von HNO_3 mit As_2O_3 hergestellten rohen NO_2 1—240 Std. behandelt u. seine IR-Spektren untersucht, wobei **I** wenig oxydiert wird, während die Veresterung mit NO_2 auch im Innern einzelner **I**-Kristalle beobachtet wird. Obgleich gut getrocknetes NO_2 mit **I** langsamer reagiert als das rohe NO_2, bilden sich mehr COOH-Gruppen beim Zusatz von getrocknetem NO_2 in 24 Std. als beim Zusatz von rohem NO_2: die Absorptionsintensität der COOH-Gruppe ist in diesem Fall stärker als die der NO_2-Estergruppe. Die IR-Spektren des I-Films werden durch 2std. Behandeln des Films mit einer mit H_3PO_4 auf pH 3 gepufferten 5% ig. $NaClO_2$-Lsg. kaum beeinflußt. Der mit einer mit Na-Acetat auf pH 4,5 gepufferten 0,05m HJO_4-Lsg. behandelte Film zeigt eine schwache Absorption der CHO-Gruppe u. nach anschließender Behandlung mit 5% ig. $NaClO_2$ intensive Absorptionen von CO sowie COO^-. Ferner wird entfettete Watte (Cellulose I) in der Luft mit γ-Strahlen aus ^{60}Co bestrahlt, wobei die Absorptionsintensität bei 1730 cm^{-1} (CO) mit steigender Strahlungsdosis zunimmt u. eine Abnahme der Kristallinität kaum beobachtet wird. E. MAEKAWA. 4050□

Additionspolymerisation von Anhydrozuckerderivaten. 1. Mitt. Eine Polyanhydroglucose. José da Silva Carvalho, Willem Prins und Conrad Schuerch. (J. Amer. chem. Soc. **81**. 4054—58. 5/8. 1959. Syracuse, N.Y., State Univ., College of Forestry, Chem. Dep.; Cellulose Res. Inst.) (Engl.)

Vff. beschreiben eine Meth. zur Polymerisation von *Lävoglucosan* (I), bei der Polymere mit Molgew. von 20—50000 u. im äußersten Fall 300000 erhalten werden. Die durch Säure katalysierte Polymerisation u. deren Mechanismus werden diskutiert. Durch Perjodatoxydation ergibt sich die Annahme einer sich wiederholenden Folge von 20 Anhydroglucose-Einheiten, von denen 11 an den Atomen $C_{(2)}$, $C_{(3)}$ u. $C_{(4)}$ u. 7 an den Atomen $C_{(2)}$ u. $C_{(3)}$ bzw. $C_{(3)}$ u. $C_{(4)}$ unsubstituiert sind, während 2 einer Perjodatoxydation widerstehen. Die erhaltenen Prodd. wurden mit anderen synthet. Polysacchariden verglichen.

Versuche: *Lävoglucosan* (I), F. 178—179°, durch Pyrolyse von Stärke, Reinigung durch Umkristallisieren aus CH_3OH u. Entfärbung mit Kohle. — *Polyanhydroglucose*, durch Zusammenschmelzen von I mit Chloressigsäure als Katalysator, Evakuieren u. Erhitzen auf 100—130° im Ölbad, Isolierung von Polyanhydroglucose durch Lösen von 1—2 g Polymerisations-Prod. in 15 ml W. unter Zugabe von wenig Na_2CO_3, Filtrieren, Zugabe von 85 ml A. u. 2std. Zentrifugieren bei 1500 U/min, Abtrennen des Nd., Lösen in 40 ml dest. W. u. anschließende Gefriertrocknung. Bei Anwendung verschiedener Mengen Chloressigsäure (in mMol) als Katalysator auf 1 Mol I wurden bei verschiedener Polymerisationsdauer u. Polymerisations-Temp. durch Fällung mit A. folgende Prodd. erhalten: a) 10,2 mMol, 55 Min., 123,5° (durch Fällung mit 85% ig. Aceton), Molgew. (M) 4235; 46% (Ausbeute); b) 10,2 mMol, 3 Std., 123,8°, M 8000; 28%; c) 21,4 mMol, 3 Std., 123,8°, M 9950; 44%; d) 21,4 mMol, 6 Std., 124°, M 43300; 57,5%. e) 21,4 mMol, 1 Std., 115°, M 24300; 52%; f) 21,4 mMol, 40 Min., 110°, M 49200; 67%; g) 21,4 mMol, 20 Std., 116,5°, M 309000; 66%; h) 10,7 mMol, 12 Std., 123,8°, M 29400; 71% (Polymerisation in Tetramethylensulfon als Lsgm.). — Durch Zugabe verschiedener Mengen von A. bzw. Aceton zum Polymerisations-Prod. wird eine Fraktionierung erreicht; aus dem Prod. nach f) werden folgende Fraktionen erhalten: f_1: 65% A. (bezogen auf Gesamt-Vol.), M 86500; 14,2% (Ausbeute); f_2: 74% A., M 38300; 23,0%; f_3: 83% A., M 25000; 12,9%; f_4: 90% A., M 22750; 7,0%; f_5: 45% A. u. 50% Aceton, M 38650; 7,2%. — Ausführung der Perjodatoxydation: 50—125 mg des Polymeren wurden in 15 ml W. gelöst, 25 ml 0,1m $NaJO_4$-Lsg. zugefügt, auf 100 ml aufgefüllt u. im Dunkeln bei Zimmer-Temp. stehengelassen; nach bestimmten Zeiten wurden 2 ml entnommen, überschüssiges KJ zugesetzt u. mit $Na_2S_2O_3$-Lsg. titriert. W. FARR. 4050□

Die Stellung der O-Acetylgruppen in Birken-Xylan. Hans O. Bouveng, Per J. Garegg und Bengt Lindberg. (Acta chem. scand. **14**. 742—48. 1960. Stockholm, Sweden, Svenska Träforskningsinst., Träkemiska avdelningen.) (Engl.)

Birkenholz-*Xylan* (I) wurde aus Birkenholz-Holocellulose durch Extraktion mit Dimethylsulfoxid u. Fällung mit A. gewonnen. Der Uronsäure-Geh. betrug 11,8%, der CH_3CO-Geh. 16,9%. Osmometr. wurde für I mit $[\alpha]_D^{20}$ —69° (c = 1,0; W.) ein $\overline{DP}_n$ von 200 ± 10 bestimmt. Zur Unters. der Stellung der Acetylgruppen in I wurde I nach dem Verf. von KUHN (vgl. C. **1957**. 2745) in Dimethylformamid (DMF) mehrmals mit CH_3J/Ag_2O methyliert u. ein *partiell methyliertes Glucoxylan* (II) mit 10,1% CH_3CO- u. 28,1% CH_3O-Geh. erhalten. In einem 2. Vers. wurde I mit $(CH_3)_2SO_4$/NaOH u. mit CH_3J/Ag_2O methyliert u. hierbei ein *desacetyliertes permethyliertes Glucoxylan* (III) mit 37,4% CH_3O-Geh. erhalten. II u. III wurden in Tetrahydrofuran mit $LiAlH_4$ red., die erhaltenen Prodd. (aus II) 8 Std. mit Ameisensäure auf 100° u. dann mit 0,5n HCl auf 100° bzw. (aus III) mit Essigsäure/0,5n H_2SO_4 auf 100° erhitzt u. beide Hydrolysate an Kohle/Celite fraktioniert. Aus den Hydrolysaten von II u. III wurden folgende Monosen isoliert: *D-Xylose*, F. 143—145° (A./W.). — *2-O-Methyl-D-xylose*, F. 131—133° (Aceton). — *3-O-Methyl-D-xylose*, F. 96—98° (Aceton u. Methyläthylketon). — *2.3-Di-O-methyl-*

D-xylose, $[\alpha]_D^{20}$ +23° (c = 1,5; W.). *Anilid*, F. 126—128°. — *2.3.4-Tri-O-methyl-D-glucose.* — Aus III: *2.3.4-Tri-O-methyl-D-xylose*, $[\alpha]_D^{20}$ +18° (c = 1,1; W.). *Anilid*, F. 99 bis 101° (Ligroin). — *2.3.4.6-Tetra-O-methyl-D-glucose* (papierchromatograph.). Die Ergebnisse zeigen, daß die O-Acetylgruppen an den Xyloseresten hauptsächlich in 3-Stellung, weniger häufig in 2-Stellung gebunden sind. Schließlich wurde durch partielle Hydrolyse von I mit 2n H_2SO_4 (3 Std. bei 100°) u. Fraktionierung der sauren Komponenten an Cellulose *4-O-Methyl-D-glucuronsäure* sowie *2-O-[4-O-Methyl-α-D-glucopyranuronosyl]-D-xylose* nachgewiesen. A. GABERT. 4050 □

Die Struktur des Gummis von Acacia pycnantha. G. O. Aspinall, E. L. Hirst und A. Nicolson. (J. chem. Soc. [London] **1959**. 1697—1706. Mai. Edinburgh, Univ., Dep. of Chem.) (Engl.)

Die kontrollierte saure Hydrolyse des *Gummis* (**A**) von *Acacia pycnantha* ergibt *L-Arabinose* (**I**), *L-Rhamnose* (**Ia**) u. einen *Gummi* **B**, der *D-Galaktose* (**II**) u. *D-Glucuronsäure* enthält. Die Rk. verläuft über die isolierbare *3-O-L-Arabofuranosyl-L-arabinose* (**VII**). Die durch Perjodatoxydation aus **A** erhaltene Substanz liefert bei teilweiser saurer Hydrolyse *3-O-β-D-Galaktopyranosyl-D-galaktose* u. Spuren eines weiteren *Disaccharids*. Bei der Hydrolyse des methylierten **B** wurden hauptsächlich *2.3.4.6-Tetra-* (**III**), *2.4.6-Tri-* (**IV**), *2.4-Di-* (**V**), *2.6-Di-* (**VI**) u. *2-O-Methyl-D-galaktose*, außerdem *[2.3.4-Tri-O-methyl-6-D-galaktopyranosyl-2.3.4-tri-O-methyl-β-D-glucopyranosyl]-uronsäure* (**VIII**) u. Spuren anderer Zucker erhalten. Hydrolyse des methylierten **A** liefert hauptsächlich *2.3.5-Tri-* (**IX**), *2.5-Di-O-methyl-L-arabinose* (**X**), **III**, **IV**, **V**, **VI**, *2.3.4-Tri-O-methyl-D-galaktose* (**XI**), *2.3.4-Tri-O-methyl-L-rhamnose*, *3.5-Di-O-methyl-* u. *2-O-Methylarabinose*, *2.3-Di-O-methylgalaktose*, **VIII** u. Spuren anderer Zucker. Daraus wird geschlossen, daß **A** ein stark verzweigtes Polysaccharid mit einem D-Galaktopyranosegerüst darstellt, in dem die Hauptketten 1 → 3 u. die Seitenketten 1 → 6 gebunden sind. Dazu kommen Seitenketten von L-Rhamnopyranose, L-Arabofuranose, 3-O-L-Arabofuranosyl-L-arabofuranose u. [6-D-Galaktopyranosyl-β-D-glucopyranosyl]-uronsäure. Die Struktur des Gummis wird mit der von Gummi arabicum verglichen.

Versuche: *Gummi* **B**, aus 29 g **A** durch 14std. Erhitzen mit 0,01n H_2SO_4 auf 100°, Neutralisieren an Amberlite IR-4B(OH), Einengen u. Eingießen in A.; $[\alpha]_D^{18}$ +20° (c = 1,2; W.); 15 g (Ausbeute). — *3-O-L-Arabofuranosyl-L-arabinose* (**VII**), aus 10 g **A** durch 4std. Erhitzen mit 0,01n H_2SO_4 auf 85°, Aufarbeiten analog **B**, Entfernen von **B** u. Chromatographie an Cellulose [W.–Butanon-(2)]; $[\alpha]_D^{18}$ +89° (c = 1,0; W.); 0,105 g. Hydrolyse → **I**. Oxydation mit Perjodat oder Red. mit KBH_4 u. anschließende Oxydation mit Perjodat → *Formaldehyd* (*Dimedon-Deriv.*, F. 189—190°). Neben **VII** **I**, **Ia** u. **II**. — *2.3.5-Tri-O-methyl-L-arabinose* (**IX**), aus 80 mg **VII** durch Rk. mit Dimethylsulfat in wss. NaOH bei 0°, 1std. Erhitzen auf 100°, 16std. Extrahieren mit Chlf., 4std. Kochen mit 1n H_2SO_4, Neutralisieren mit $BaCO_3$, Entionisieren u. Papierchromatographie mit Butanol-(1)/A./W.; $[\alpha]_D^{18}$ −37°; 20 mg. *Arabonamid*, F. 135—136°. Neben **IX**: 10 mg *2.5-Di-O-methyl-L-arabinose* (**X**; *Arabonamid*, F. 125—126°) u. 14 mg *2.4-Di-O-methyl-L-arabinose* (*Anilin-Deriv.*, F. 131°). — *2.3.4.6-Tetra-O-methyl-D-galaktose* (**III**), $C_{10}H_{20}O_6$, F. 68° (Ae./PAe.), aus 10 g **B** durch aufeinanderfolgendes Methylieren mit Dimethylsulfat/NaOH u. CH_3J/Ag_2O, 8tägiges Stehen des Prod. ($[\alpha]_D^{18}$ −35° [c = 1,0; Chlf.]) in 1n HCl bei 40°, 16std. Erhitzen auf 100°, Neutralisieren mit Ag_2CO_3, Behandeln mit H_2S u. $BaCO_3$ u. Chromatographie an Cellulose; $[\alpha]_D^{18}$ +140 → +117° (c = 1,0; W.); 0,525 g. *Anilid*, F. 194°. *N-Phenylamin-Deriv.*, F. 191°. Neben **III**: *2.4.6-Tri-O-methyl-D-galaktose* [**IV**, $C_9H_{18}O_6$, F. 101°, $[\alpha]_D^{18}$ +120 → +90° (c = 0,71; W.). *Anilid*, F. 178—180°. *N-Phenylamin-Deriv.*, F. 165—166°], *2.4-Di-O-methyl-D-galaktose* [**V**, $C_8H_{16}O_6$, $[\alpha]_D$ +112 → +85° (c = 0,91; W.). *Monohydrat*, F. 102° (Aceton/W.), $[\alpha]_D^{18}$ +123 → +85° (c = 0,68; W.). *Anilid*, F. 218°], *2.6-Di-O-methyl-D-galaktose-monohydrat* [**VI**, $C_8H_{16}O_6 \cdot H_2O$, F. 99—100° (Chlf./PAe.), $[\alpha]_D$ +52 → +82° (c = 0,55; W.). *Anilid*, F. 121—122°. Perjodatoxydation von **VI** → *Methoxymalondialdehyd*], *2-O-Methyl-D-galaktose*, F. 148—149° (Eisessig), $[\alpha]_D^{18}$ +63 → +82° (c = 0,49; W.); 49 mg], *2.3.4-Tri-O-methyl-D-galaktose* [**XI**, $[\alpha]_D$ +116° (c = 0,28; W.). *Anilid*, F. 169°], *2.3.4-Tri-O-methyl-L-rhamnose* ($[\alpha_D]$ +24°. *Anilid*, F. 111°), *2.3-Di-O-methylarabinose*, *[2.3.4-Tri-O-methyl-6-D-galaktopyranosyl-2.3.4-tri-O-methyl-β-D-glucopyranosyl]-uronsäure* [**VIII**; 0,108 g (Rohprod.)], **IX** u. **X**. — *2.3.4-Tri-O-methyl-D-glucose* (**XII**), aus 0,108 g **VIII** durch 6std. Kochen mit 3%ig. methanol. HCl, 2std. Kochen mit $LiAlH_4$ in Tetrahydrofuran, Zers. mit W., Eindampfen, Extrahieren mit Chlf./Aceton, 4std. Kochen mit 1n HCl u. Chromatographie an Cellulose; 23 mg. *Anilid*, F. 133—135°. Neben **XII** 28 mg **XI**. — *3-O-β-D-Galaktopyranosyl-D-galaktose*, F. 145—147° (A./W.), aus 3,5 g **B** durch 48std. Stehen mit 8,5 g $NaJO_4$ in W. im Dunkeln, Behandeln mit Pb-Acetat u. verd. H_2SO_4, 5std. Kochen mit Phenylhydrazin u. Eisessig, Ausäthern, Ansäuern,

40 Min. langes Erhitzen auf 100°, Neutralisieren mit Amberlite IR-4B(OH), Ausäthern, Einengen, Gießen in A., 1std. Erhitzen des Nd. mit 0,5n H_2SO_4 auf 100°, Neutralisieren, Wiederholen der Hydrolyse u. Chromatographie an Tierkohle/Celite; 31 mg. Daneben 0,212 g II u. Spuren von *6-O-Galaktopyranosylgalaktose.* B.-G. Brodda. 4050□

Bildung freier Säurereste und Abbaureaktion während des Erhitzens von Natriumalginat. Fumio Kasahara. (J. chem. Soc. Japan, ind. Chem. Sect. [Kōgyō Kagaku Zassi] **62.** 849—51. Juni 1959. Tôkyô-Tiyoda, Kimitu-Kagaku.) (Jap.; Auszug: Engl.)

Beim Erwärmen getrockneter *Na-Alginate* wurden folgende Änderungen der Eigg. der Lsgg. beobachtet: der pH-Wert nimmt ab, die Acidität, die auf freien Säureresten beruht, steigt, die Viscosität sowie Strukturviscosität nehmen stark ab, u. das Fließen nimmt im Verlauf der Rk. allmählich Newtonschen Charakter an. Die Geschw.-Konst. der Depolymerisation als monomol. Rk., die aus den Viscositätsdaten berechnet wurde, nimmt am Anfang der Rk. zu, was vermutlich auf einer von der Depolymerisation unabhängigen Viscositätsabnahme beruht, nimmt dann durch monomol. Depolymerisation langsam ab u. erreicht nach 4—5std. Rk. einen annähernd konst. Wert. E. Maekawa. 4050

Darstellung von eiweißähnlichen Substanzen. 20. Mitt. **Poly-L-nitroarginin.** Tadao Hayakawa, Tsutomu Mizuno und Junzô Noguchi. (J. chem. Soc. Japan, pure Chem. Sect. [Nippon Kagaku Zassi] **81.** 618—20. April 1960. Kanazawa-Daigaku, Rigakubu.) (Jap.; Auszug: Engl. S. A 43.) — 19. vgl. C. **1960.** 5838.

Der aus L-Nitroargininäthylesterhydrochlorid (I) u. Chlorthiolkohlensäurephenylester (II) dargestellte *N-Carbothiophenoxy-L-nitroargininäthylester* ergibt durch Hydrolyse *N-Carbothiophenoxy-L-nitroarginin,* das durch langes Stehen in Dioxan (III)–Pyridin (IV) im Einschlußrohr bei 70° *Poly-L-nitroarginin* vom Polymerisationsgrad 5—6 ergibt.

Versuche: *N-Carbothiophenoxy-L-nitroargininäthylester,* $C_{15}H_{21}N_5O_5S$, F. 59—60° (Essigester–PAe.), durch wechselnde Zugabe von Na-Methylat (aus 2,11 g Na) in Methanol u. 8 g II zu 13 g I in 10 cm³ A. bei —5 bis —10°, 3std. Rühren des Gemisches bei Raum-Temp., Neutralisieren mit wenig Eisessig, Einengen, Waschen des Rückstandes mit PAe. u. anschließend mit sehr verd. HCl; $[\alpha]_D^{13}$ —9,4° (c = 4,86; A.); 13,5 g (76,8% Ausbeute). — *N-Carbothiophenoxy-L-nitroarginin,* $C_{13}H_{17}N_5O_5S$, F. 134—136° (Bzl.), durch 1std. Erwärmen von 5,0 g vorst. Verb. in einem 1 : 1-Gemisch aus 2n H_2SO_4 u. Eisessig u. Einengen des mit W. versetzten Gemisches; $[\alpha]_D^{13}$ + 13,1° (c = 4,57; A.); 4,0 g (86,3%). — *Poly-L-nitroarginin,* $(C_6H_{11}N_5O_3 \cdot H_2O)_n$, durch 16tägiges Stehen von 2,0 g vorst. Verb. in einem Gemisch aus 6 cm³ III u. 2,2 g IV im Einschlußrohr bei 70°, Zentrifugieren des Gemisches u. Umfällen des Nd. aus Dimethylformamid (DMF) mit Aceton; gibt beim Erhitzen auf 120° kein W. ab; $[\alpha]_D^{13}$ —14,1° (c = 3,76; DMF); das Molgew. ändert sich kaum bei 100std. Erhitzen in Nitrobenzol auf 120°; ergibt durch Hydrolyse mit 6n HCl *L-ω-Nitroarginin* ($[\alpha]_D^{24}$ + 32,1° [c = 5,16; 6n HCl]); IR-Spektren sind angegeben; 1,1 g (94,5%). E. Maekawa. 4070□

Darstellung von eiweißähnlichen Substanzen. 21. Mitt. **Poly-L-anhydroasparaginsäure (Poly-L-succinimid).** Junzô Noguchi, Tomoo Saito und Masatomo Asai. (J. chem. Soc. Japan, pure Chem. Sect. [Nippon Kagaku Zassi] **81.** 620—24. April 1960.) (Jap.; Auszug: Engl. S. A 43.) — 20. vgl. vorst. Referat.

Poly-L-succinimid (I) wird aus N-Carbothiophenoxy-L-asparaginsäure (II) bzw. aus dem II-α-Methylester (III) oder II-Anhydrid (IV) durch Erhitzen im Vakuum dargestellt. Der aus L-Asparaginsäure-β-benzylester (V) dargestellte *Poly-α-L-asparaginsäure-β-benzylester* (VI) ergibt durch Versetzen mit Eisessig (VII) u. HBr I; ebenso entsteht I durch Behandlung von Poly-α-L-asparagin mit V u. HCl. V geht durch Behandlung mit fl. NH_3 oder mit fl. NH_3 u. Na in *Poly-α-L-asparagin* über, das auch aus I u. 28%ig. wss. NH_4OH erhalten wird. I liefert durch Versetzen mit wss. NaOH u. anschließendes Ansäuern mit HCl (pH 1) *Poly-L-asparaginsäure,* in der offenbar α- u. β-Bindungen vorhanden sind.

Versuche: *N-Carbothiophenoxy-L-asparaginsäurediäthylester,* durch wechselnde Zugabe von Na-Methylat in Methanol u. Chlorthiolkohlensäurephenylester zum Hydrochlorid in abs. A.; 95% (Ausbeute). — *N-Carbothiophenoxy-L-asparaginsäure* (II), $C_{11}H_{11}NO_5S$, F. 100—102°, durch 1std. Erhitzen vorst. Verb. mit einem 1 : 4-Gemisch aus konz. HCl u. VII u. Einengen des mit W. verd. Gemisches im Vakuum; 77%. *Anhydrid* (IV), $C_{11}H_9NO_4S$, F. 133° (Essigester–PAe.), durch 5 Min. langes Erhitzen von II mit Acetanhydrid u. Einengen im Vakuum unterhalb 50°; $[\alpha]_D^{18}$ + 18,6° (c = 4,08; A.); 61%. *α-Methylester* (III), $C_{12}H_{13}NO_5S$, aus IV in Methanol u. Na-Methylat in Methanol unter Kühlung, Neutralisieren mit HCl u. Einengen im Vakuum; Sirup; 85%. — *Poly-L-succinimid* (I), a) $(C_4H_3NO_2 \cdot H_2O)_n$, durch 30std. Erhitzen von II auf 140° im Vakuum; gibt das W. auch beim Erhitzen auf 140° nicht ab; Molgew. 1840 (mit $HClO_4$), n = ca. *16*; 71%; b) $(C_4H_3NO_2 \cdot CH_3OH)_n$, aus III wie vorst.; Molgew. 1990, n = ca. *15*; 45%, c) $(C_4H_3NO_2 \cdot H_2O)_n$, durch 15std. Erhitzen von **IV** auf 140° im Vakuum; Molgew. 1370, n = ca. *14*; 59%; d) $(C_4H_3NO_2 \cdot H_2O)_n$, durch Sättigen von **V** in **VII** mit HBr bei 50° u. 3tägiges Stehen des Gemisches bei Raum-Temp.; 92%. — *Poly-α-L-asparaginsäure-β-benzylester* (VI), $(C_{11}H_{11}NO_3)_n$, durch Versetzen von **V** mit $COCl_2$, Zugabe von $N(C_2H_5)_3$ in Dioxan zu dem erhaltenen *L-Asparaginsäure-β-benzylester-N-carboxyanhydrid* (F. 124°), 10tägiges Stehen bei Raum-Temp. u. 2std. Erhitzen; Molgew. 4290, n = ca. *21*; 100%. — *Poly-α-L-asparagin*, $(C_4H_6N_2O_2 \cdot H_2O)_n$, a) durch Versetzen von **VI** in fl. NH_3 mit Na u. dann mit NH_4Cl; Biuret-Rk. +, Nessler-Rk. —; entsteht nicht durch 10 Min. langes Erhitzen in **VII**; wird beim Erhitzen in W. mit **VII** bzw. HCl zu ca. 30 bzw. 55% Poly-α-L-asparaginsäure hydrolysiert; ergibt in **VII** durch Einw. von HCl **I**; b) durch Lösen von **VI** in fl. NH_3 u. langsames Abdampfen des NH_3; c) durch Stehenlassen von **I** in 28%ig. wss. NH_4OH über Nacht; gibt durch 15std. Erhitzen auf 140° über P_2O_5 W. ab [→ $(C_4H_6N_2O_2)_n$]. — *Poly-L-asparaginsäure*, durch Stehen von **I** in 0,5n NaOH über Nacht, Ansäuern des Gemisches mit HCl (pH 1), Dialyse durch eine Cellophanmembran u. Einengen im Vakuum. E. Maekawa. 4070 □

Darstellung von eiweißähnlichen Substanzen. 22. Mitt. **Poly-DL-anhydroglutaminsäure.** Masatomo Asai, Kiyoyuki Imai und Junzô Noguchi. (J. chem. Soc. Japan, pure Chem. Sect. [Nippon Kagaku Zassi] **81**. 624—27. April 1960.) (Jap.; Auszug: Engl. S. A 43.) — 21. vgl. vorst. Referat.

Polypyrrolidon-(5)-carbonsäure-(2), ein Isomeres von Poly-DL-anhydroglutaminsäure, wird aus N-Carbothiophenoxy-L-glutaminsäure (I), N-Carbothiophenoxy-L-glutaminsäureanhydrid (II) oder N-Carbothiophenoxy-L-pyrrolidon-(5)-carbonsäure-(2) (III) durch Erhitzen dargestellt.

Versuche: *N-Carbothiophenoxy-L-pyrrolidon-(5)-carbonsäure-(2)* (III), $C_{12}H_{11}NO_4S$, F. 154—155° (Essigester), durch Zutropfen einer Lsg. von 0,74 g Na in Methanol zu 8,5 g **II** in 80 cm^3 abs. Methanol unterhalb —5°, Neutralisieren des Gemisches mit 1n HCl, Einengen im Vakuum unterhalb 35°, Ausziehen des Rückstandes mit Essigester, Schütteln der Lsg. des erhaltenen *N-Carbothiophenoxy-L-glutaminsäure-α-methylesters* (8,3 g) in Chlf. mit 3,65 g $SOCl_2$ bei 45° u. 1std. Kochen des gebildeten **III**-*Methylesters* (6,5 g; 83,4%) mit 18 cm^3 1n HCl u. 18 cm^3 Eisessig; 4,2 g (71%). *Methylester*, $C_{13}H_{13}NO_4S$, F. 141° (Essigester). — *Poly-DL-pyrrolidon-(5)-carbonsäure-(2)*, a) $(C_5H_5NO_2 \cdot H_2O)_n$, durch 20std. Erhitzen von **III** auf 180° im Vakuum; Molgew. 2270 ($HClO_4$), n = ca. *18*; $[\alpha]_D^{25}$ ca. 0; 11,1%; zersetzt sich oberhalb 260°; b) $(C_5H_5NO_2)_n$, ebenso aus **II**; Molgew. 2160, n = ca. *19*; 60,1%; c) $(C_5H_5NO_2)_n$, ebenso aus **I**; Molgew. 15100, n = ca. *117*; 78,5%; gibt durch Stehen in 1n NaOH über Nacht *DL-Pyrrolidon-(5)-carbonsäure-(2)* [$C_5H_7NO_3 \cdot H_2O$, F. 183—185° (W.)] u. durch 8std. Kochen in 6n HCl *DL-Glutaminsäurehydrochlorid* (F. 190—192°). — *Poly-L-glutarimid*, $(C_5H_5NO_2 \cdot H_2O)_n$, durch 5std. Erhitzen von Poly-α-L-glutaminsäure mit Acetanhydrid; 58,5%; zersetzt sich oberhalb 260°; $[\alpha]_D^{20}$ —126° (c = 1; Ameisensäure). E. Maekawa. 4070 □

Die Sedimentation polydisperser Makromoleküle. Prem R. Gupta. (J. chem. Physics **32**. 1890—91. Juni 1960. Montreal, Pulp and Paper Res. Inst.) (Engl.)

Bei der Sedimentationsanalyse verschiedener *Alkalilignine* (I) in der Ultrazentrifuge wurde eine erhebliche Abhängigkeit der Sedimentations-Koeff. s_m der gleichen Fraktion vom Zentrifugalfeld beobachtet, z. B. s_{m1} bei 12600 U/min 5 S—28 S, s_{m2} bei 52600 U/min 2 S—3 S. s_m konnte zwischen 0,5 S u. 100 S schwanken. Dieses Verf. unterscheidet sich erheblich von der Konstanz von s_m für verschiedene natürliche Polymere bei Änderung des Feldes u. beruht anscheinend auf der hohen Polydispersität von I. K. Maier. 4090 □

E. Biologische Chemie. Physiologie. Medizin

E_1. Allgemeine Biologie und Biochemie

Die Erzeugung von Substanzen sehr hoher biologischer Wirksamkeit durch Bestrahlung von Agar mit hohen Dosisleistungen. K. Sommermeyer und H. Magnus. (Z. Naturforsch. **17 b**. 173—78. März 1962. Freiburg/Br., Univ., Radiolog. Inst.; Karlsruhe, Städt. Krankenanst., Röntgen-Inst.) (Dt.) — Vgl. C. **1961**. 11412.

Im Anschluß an l. c. wurden als Testobjekte für ähnliche Verss. *Staph. aureus* u. *B. subtilis* verwendet. — Aus den früheren Unterss., die hier noch einmal eingehend diskutiert werden, wurden u. a. eine Diffusionslänge der inaktivierenden Substanzen (i.S.) von 120 μ u. ein Molgew.von ca. 200 errechnet. Der Effekt ist bei Röntgen (Rö)-Bestrahlung stark abhängig vom O_2-Geh., nicht jedoch bei α-Bestrahlung. Bei Aufbringen von *B. subtilis* u. *Staph. aureus* auf Rö-bestrahlten Agar ergaben sich im wesentlichen die gleichen qual. Ergebnisse wie mit *Bact. coli*. Lediglich die Inaktivierungsrate von Staph. aureus ist doppelt so groß. Bei Vorbestrahlung des Agars mit α- u. UV-Strahlen erfolgt jedoch keine Inaktivierung von Staph. aureus u. B. subtilis. Es wird vermutet, daß die entstehenden i.S. die Zellmembran dieser Organismen — im Gegensatz zu Bact. coli — nicht durchdringen können. Ferner wird aus den vorliegenden Unterss. geschlossen, daß wahrscheinlich α-Strahlen andere i.S.-Moll. (mit höherer Inaktivierungswahrscheinlichkeit) bilden als Rö-Strahlen. — Werden Sporen von B. subtilis auf vorbestrahlten (Rö, UV, α) Agar gebracht, zeigt sich kein Inaktivierungseffekt. — Bei direkter Bestrahlung von Bact. coli auf Agar ergibt sich eine Abhängigkeit der Inaktivierungswahrscheinlichkeit von der Dosisleistung. Diese wird durch Diffusion der in mehreren Stufen gebildeten i.S. (Mehrtreffer-i.S.) zu den Zellen während der Bestrahlung erklärt. — Durch Vgl. der Bestrahlung von Bact.coli auf Glas u. auf Agar wurde gezeigt, daß entweder im Agar keine i.S. durch einen einzigen Treffer gebildet werden können (Eintreffer-i.S.) oder aber diese die Zellwand von Bact. coli nicht durchdringen können.

E.-R. LOCHMANN. 4102□

Strahlungswirkungen an Makromolekülen. Franklin Hutchinson. (Nat. Acad. Sci.-Nat. Res. Council, Publ. Nr. **823.** 21—26. 1961. New Haven, Conn., Yale Univ., Dep. of Biophys.) (Engl.)

Die Unterss. des Vf. zeigen, daß innerhalb weiter Grenzen eine gute Übereinstimmung zwischen dem trefferempfindlichen Vol. (target sensitive volume) u. dem physikal. bestimmten Molgew. besteht, wenn 100 eV/inaktivierende Rk. angenommen werden. Verss. mit *Trypsin* zeigen, daß das trefferempfindliche Vol. von der Bestrahlungsart unabhängig ist. Aus der Strahlungsinaktivierung von *Invertase, Alkoholdehydrogenase, Coenzym A* u. *Acetylcholinesterase* in normalen bzw. getrockneten Zellen folgt, daß das Diffusions-Vol. der inaktivierenden Radikale verhältnismäßig klein (ca. 30 Å) ist. Die Verss. über die Inaktivierung von *Desoxyribonucleinsäure* in Ggw. u. Abwesenheit von O_2 ergaben eine ca. 3fache Steigerung der Strahlungsempfindlichkeit in Ggw. von O_2, die durch *Glutathion*, Trocknung oder Gefrieren herabgesetzt werden kann.

P. SCHWERDTFEGER. 4102□

Radikalausbeute bei der Bestrahlung von trockenem Material. John Kirby-Smith. (Nat. Acad. Sci. — Nat. Res. Council, Publ. Nr. **823.** 27—30. 1961. Oak Ridge, Tenn., Oak Ridge Nat. Labor., Biol. Div.) (Engl.)

Es wird über die Anzahl der bei der Bestrahlung trockener Prodd. entstehenden freien Radikale in Abhängigkeit von der absorbierten Strahlungsenergie berichtet. Die Messungen erfolgen auf Grund der Elektronenspinresonanz. Das Verhältnis: eV absorbiert/gebildeten Radikalen beträgt für *Aminosäuren* ca. 50—2000, für *Proteine* (*Salmin, Eialbumin, Gelatine*) ca. 5000 u. für hochgereinigte *Desoxyribonucleinsäure* (I) ca. 20000; *Glycin* u. *Glycylglycin* weisen prakt. die gleiche Empfindlichkeit auf, *Polysaccharide* etwa die Empfindlichkeit von Proteinen. Nach Ansicht des Vf. erfolgt bei strahlungsinduzierten Chromosomenveränderungen durch UV-Strahlung die prim. Einw. auf die **I**, während ionisierende Strahlung prim. auf das Protein wirkt.

P. SCHWERDTFEGER. 4102□

Thermolumineszenzuntersuchungen nach Bestrahlung. Leroy G. Augenstine. (Nat. Acad. Sci. — Nat. Res. Council, Publ. Nr. **823.** 42—46. 1961. Washington, D.C., U.S. Atomic Energy Comm.) (Engl.)

Werden *Aminosäuren* bei der Temp. des fl. N_2 mit γ-Strahlen (^{60}Co) bestrahlt, so weist die Kurve der Lichtemissionsintensität in Abhängigkeit von der Temp. ein Maximum bei 110—135° K (*Tyrosin, Tryptophan, Phenylalanin, Histidin*) bzw. weitere bei 165—200° K (die übrigen Aminosäuren) auf. Bei der Bestrahlung von *Proteinen* (*Trypsin, Gelatine, Eialbumin, Weizenkeimprotein, Salmin, Insulin, Chymotrypsin, Chymotrypsinogen*) entspricht die erhaltene Kurve nicht der Summe der Aminosäurekurven. Die Kurve zeigt keine Abhängigkeit von der Bestrahlungsstärke. P. SCHWERDTFEGER. 4102□

Ultraviolettwirkung auf Ribonucleinsäure und Enzyme. A. Douglas McLaren. (Nat. Acad. Sci. — Nat. Res. Council, Publ. **1961. 47**—52. Berkeley, Calif., Univ. of California.) (Engl.)

Unterss. über die Wrkg. einer UV-Bestrahlung (2537 Å) auf *Tabakmosaikvirus-Ribonucleinsäure* zeigen, daß die Inaktivierung prakt. ohne Veränderung der Intrinsicviscosität erfolgt. Die Berechnungen lassen darauf schließen, daß bereits die Zerstörung von 2 Pyrimidinresten zur Inaktivierung der Ribonucleinsäure führt. Bei den Proteinen (*Trypsin, Ribonuclease, Pepsin, Insulin*) scheint die UV-Empfindlichkeit in den Disulfidbrücken lokalisiert zu sein. P. SCHWERDTFEGER. 4102□

Strahlungsempfindliche Komponenten eines bakteriellen, Desoxyribonucleinsäure synthetisierenden Systems. Daniel Billen. (Nat. Acad. Sci. — Nat. Res. Council, Publ. Nr. **823.** 103—06. 1961. Houston, Tex., Univ. of Texas, M.D. Anderson Hosp.) (Engl.)

Es wird der Einfl. einer Röntgen (Rö)-Bestrahlung (10000 r) auf die *Desoxyribonucleinsäure* (**I**)-Synth. von *Escherichia coli* 15T- nach Vorbehandlung mit *Chloramphenicol* (**II**) bzw. nach vorangegangenem *Thymin*-Mangel untersucht. Die **I**-Synth. wird nach Vorbehandlung mit **II** durch die Rö-Bestrahlung vollständig gehemmt, während sie bei Kontrollkulturen nur teilweise gehemmt wird. Bei E. coli-Stämmen, die *Arginin, Methionin* u. *Tryptophan* benötigen, wird die *Protein-* u. *Ribonucleinsäure*-Synth. durch Aminosäuremangel gehemmt, jedoch nicht die **I**-Synthese. Durch darauffolgende Rö-Bestrahlung wird auch die **I**-Synth. zeitweise vollständig gehemmt. Die Behandlung mit *p-Fluorphenylalanin* beeinflußt die Strahlungsempfindlichkeit des **I**-synthetisierenden Syst. nicht. P. SCHWERDTFEGER. 4102□

Strahlungswirkungen auf die Desoxyribonuclein- und Ribonucleinsäuresynthese von L-Stämmen. Gordon Whitmore. (Nat. Acad. Sci. — Nat. Res. Council, Publ. Nr. **823.** 107—13. 1961. Toronto, Canada, Univ. of Toronto, Dep. of Med. Biophys.) (Engl.)

Es werden Verss. mit Mäusezellkulturen, Stamm L, in bezug auf die Beeinflussung von *Desoxyribonucleinsäure* (**I**)- u. *Ribonucleinsäure* (**II**)-Synth. sowie der Mitosis durchgeführt. Auf Grund theoret. Überlegungen wird ein Modell des **I**- u. **II**-Synth.-Cyclus entwickelt u. mit den Beobachtungen bei verschieden intensiver Bestrahlung verglichen. In weiteren Verss. wird der Einbau von *^{3}H-Thymidin* in **I** nach verschieden starker Bestrahlung verfolgt. Die Ergebnisse führen zu dem Schluß, daß die Bestrahlung im wesentlichen zu einer einzigen Blockierung im Zellteilungscyclus führt u. daß alle beobachteten Wrkg. auf die **I**- u. **II**-Synth. Folgen dieser einzigen Blockierung sind. P. SCHWERDTFEGER. 4102□

Wirkung ionisierender Strahlen auf die Aminosäureaufnahme von E. coli. Ernest C. Pollard. (Nat. Acad. Sci. — Nat. Res. Council, Publ. Nr. **823.** 138—43. 1961. New Haven, Conn., Yale Univ., Dep. of Biophysics.) (Engl.)

Vf. untersucht den Aminosäureeinbau in das in Trichloressigsäure unlösl. Protein von *E. coli* unter dem Einfl. von γ-Strahlung (*^{60}Co*) bzw. *Deuteronen*-Beschuß. Aus dem berechneten strahlungsempfindlichen Querschnitt bzw. Vol. folgt, daß der empfindliche Bezirk für den Einbau von *Arginin, Histidin, Isoleucin, Leucin* u. *Prolin* eine lange (1 μ) dünne Struktur aufweist, während die strahlungsempfindlichen Bereiche für den Einbau von *Methionin, Uracil* u. *Glucose* eine kugelähnliche Struktur besitzen. P. SCHWERDTFEGER. 4102□

Späte Strahlungsstoffwechselwirkungen auf die UV-induzierte Mutation. Charles O. Doudney. (Nat. Acad. Sci. — Nat. Res. Council, Publ. Nr. **823.** 58—71. 1961. Houston, Tex., Univ. of Texas, M. D. Anderson Hosp.) (Engl.)

Die Unters. der Zeitabhängigkeit der durch UV-Bestrahlung ausgelösten Mutationshäufigkeit bei *Escherichia coli* führt Vf. zu der Annahme einer Vorstufe P, die durch UV-Bestrahlung in P* übergeht u. nun, je nach den übrigen Bedingungen, Mutationen auslöst oder nicht. Alle Maßnahmen, die die *Protein*-Synth. hemmen (Mangel an *N* oder *Aminosäuren*, Zusatz von *Chloramphenicol*), vermindern die Mutationshäufigkeit. Die Mutationen werden nach Ansicht des Vf. durch den Einbau von P* in den intermediären *Ribonucleinsäure*-Strang u. die nachfolgende Verankerung eines falschen Nucleotidpaares in der Tochter-*Desoxyribonucleinsäure* bewirkt. Im Gegensatz dazu scheint die ionisierende Strahlung auf 2 verschiedenen Wegen wirksam zu werden. P. SCHWERDTFEGER. 4102□

Nucleinsäuren als Basis genetischer Kontinuität. Gebhard Koch. (Klin. Wschr. **40.** 329—32. 1/4. 1962. Hamburg-Eppendorf, Stiftung zur Erforschung der spinalen Kinderlähmung.) (Dt.)

Übersicht über die Bedeutung der *Nucleinsäuren* als Träger von auto- u. heterokatalyt. Funktionen u. über spontane u. durch Agentien hervorgebrachte Mutationen. — 17 Literaturangaben. P. LOCH. 4130□

Genetik und Biochemie von Riboflavin-Auxotrophen von Aspergillus nidulans. K. Radha und E. R. B. Shanmugasundaram. (Nature [London] **193.** 165—66. 13/1. 1962. Madras, Univ., Biochem. Labor.) (Engl.)

Vff. untersuchten 7 *Riboflavin* (**I**)-auxotrophe Mutanten von *Aspergillus nidulans* ($ribo_1$ bis $ribo_7$). Bei der genet. Analyse erwies sich $ribo_4$ allel zu $ribo_2$ u. $ribo_7$ zu $ribo_1$. 0,1 μg **I**/ml bewirkten bei $ribo_3$ maximales Wachstum, während die übrigen nicht allelen Mutanten $ribo_1$, $ribo_2$, $ribo_5$ u. $ribo_6$ für normales Wachstum höhere **I**-Konzz. benötigten. *Flavinmononucleotid* hatte nur geringe, *Flavindinucleotid* keine Wirkung. *Lumichrom* hemmte das Wachstum kompetitiv. *Alloxan* u. *Xanthin* zeigten bei einigen Mutanten **I**-Aktivität. Die *Isoaloxazin*-Derivv. scheinen aus einem Purin u. einer benzol. Komponente zu entstehen. H. LOHSCHELDER. 4130□

Eine experimentelle Bearbeitung von Problemen der genetischen Codierung. William J. Dreyer. (Nat. Acad. Sci. — Nat. Res. Council, Publ. Nr. **823.** 129—37. 1961. Bethesda, Md., Nat. Inst. of Health, Nat. Heart Inst.) (Engl.)

Vf. beschreibt Verss. einer Fraktionierung der *Proteine* von *T 2-Bakteriophagen* an Amberlite XE-64. Hierbei kann ein Phagenenzym (*Lysozym*; I) isoliert werden, das ein verhältnismäßig geringes Molgew. (14500) aufweist u. sich nach Ansicht des Vf. für Unterss. der genet. Beeinflussung der Protein-Synth. eignet. Die Aktivität des I läßt sich leicht an *E. coli*-Platten testen, die zuvor mit Chlf. behandelt wurden. Es konnte bereits eine wärmeempfindliche Phagen-Mutante nachgewiesen werden. Der Vgl. der Aminosäurefolge verschieden mutierter Phagen mit der genet. Karte der I-Regionen gibt die Möglichkeit, dem Problem der Informationsspeicherung im Hinblick auf die Eiweiß-Synth. näherzukommen. P. SCHWERDTFEGER. 4130□

Mechanismus der differentiellen Färbung von Nucleinsäuren. D. J. Goldstein. (Nature [London] **191.** 407—08. 22/7. 1961. Johannesburg, Univ. of the Witwatersrand, Med. School, Dep. of Anatomy.) (Engl.)

Unterss. mit 14 bas. Anilinfarben mit steigendem Kationen(K.)-Gew. von 229 bis 1341 ergaben, daß Farben mig K.-Gew. zwischen 320 u. 480 die Kern-*Desoxyribonucleinsäuren* (*DNS*) zu durchdringen u. zu färben vermögen, wogegen die dichteren *Nucleolen* u. Zellplasma-*Ribonucleinsäure* (*RNS*)-Körnchen besser von Farbstoffen niedrigeren K.-Gew. (ca. 260) gefärbt werden. Hierdurch wird auch die klass. Meth. der Färbung mit *Methylgrün/Pyronin* erklärt: Das größere K. färbt nur die DNS, das kleinere dagegen bes. die RNS. Weitere Farbstoffpaarungen werden diskutiert. E. LODEMANN. 4150□

Die Reaktion von Formaldehyd mit Polynucleotiden. Robert Haselkorn und Paul Doty. (J. biol. Chemistry **236.** 2738—45. Okt. 1961. Cambridge, Mass., Harvard Univ., Dep. of Chem.) (Engl.)

Die Möglichkeit der Anwendung der Rk. von freien *Aminogruppen* (fA) mit *Formaldehyd* (I) zur Best. des Denaturierungs(De)-Grades von *Nucleinsäuren* wurde untersucht. Dabei zeigte sich, daß die Rk. in 2 deutlich voneinander unterschiedenen Schritten verläuft: 1. Die De, die von der Ionenstärke (I) abhängig ist u. bei I = 0,2 u. 35—45° eine Aktivierungsenergie $E_A = 35$ kcal/Mol hat u. 2. die Rk. von I mit den fA, die von I unabgängig ist. $E_A = 17$ kcal/Mol (35—45°). Vermeidet man die De durch Arbeiten bei niedriger Temp., niedriger I-Konz. u. hoher I, so ist das Ausmaß der I-Rk., die spektrophotometr. verfolgt werden kann, ein Maß für die Ausprägung der Sekundärstruktur. Für *Tabakmosaikvirus-Ribonucleinsäure* ergab sich 60 ± 5%. E. LODEMANN. 4150□

Darstellungsart für die Biosynthesegeschwindigkeit von Ribonucleinsäure. D. G. Fraenkel und F. C. Neidhardt. (Nature [London] **192.** 677. 18/11. 1961. Boston. Mass., Harvard Med. School, Dep. of Bacteriol. and Immunol.) (Engl.)

Angaben der Geschw. der Synth. von *Ribonucleinsäure* (I) durch Bakterien als gebildete I-Menge/Std./I-Einheit können nach Ansicht der Vff. irreführend sein. Ausgedrückt als I-Menge/Std./*Protein*-Einheit ergeben sich keine Überhöhungen der Geschw. nach Anreicherung des Kulturmediums. H. LOHSCHELDER. 4150□

Einbau von Desoxyribonucleinsäuren durch Säugetierzellen in vitro. E. R. M. Kay. (Nature [London] **191.** 387—88. 22/7. 1961. Rochester, N.Y., Univ., Dep. of Biochem.) (Engl.)

Mit Hilfe von ^{14}C-markierter, homologer *Desoxyribonucleinsäure* (*DNS*) wurde festgestellt, daß ein 2—4%ig. Einbau von extracellulärer, hochmol. DNS in die DNS von EHRLICH–LETTRÉ-Ascites-Tumorzellen in vitro erfolgt. Die ^{14}C-DNS wird durch Injektion von ^{14}C-*Formiat* in infizierte Mäuse erhalten. Da die in vitro markierte DNS das gleiche Aktivitätsverhältnis *Adenin/Thymin* hat wie die in vivo markierte, halten Vff. einen Abbau u. anschließenden Wiederaufbau der ^{14}C-DNS für unwahrscheinlich, da der Grad der Markierung der beiden Basen unter in vivo- u. in vitro-Bedingungen unterschiedlich ist. E. LODEMANN. 4150□

Die Duplizierung der Desoxyribonucleinsäure. Franklin W. Stahl. (Nat. Acad. Sci.-Nat. Res. Council, Publ. **1961.** 2—11. 1961. Eugene, Oregon, Univ. of Oregon, Inst. of Mol. Biol.) (Engl.)

Es werden Modelle für die Reproduktion von *Desoxyribonucleinsäure*-Moll. diskutiert, die im Einklang mit den Befunden des Vf. hinsichtlich der UV-Inaktivierung von Bakteriophagen sowie der Informationssicherung (rescue of a marker) bei UV-geschädigten Phagen stehen. P. SCHWERDTFEGER. 4150□

Kontrolle der Desoxyribonucleinsäuresynthese. J. Herbert Taylor. (Nat. Acad. Sci. — Nat. Res. Council, Publ .Nr. **823.** 12—20. 1961. New York, N.Y., Columbia Univ., Dep. of Bot.) (Engl.)

Es werden die Ergebnisse der Verss. mit markierten Chromosomen (Inkubation mit *^{3}H-Thymidin*) im Verlauf des Zellcyclus bei Zellen aus der Wurzelspitze von Bellevalia sowie ♀ u. ♂ Zellkulturen des Chinahamsters diskutiert, wobei bes. auf das Verh. der x- u. y-Chromosomen eingegangen wird. P. SCHWERDTFEGER. 4150□

Die Stabilität der Pyridinnucleotide. Oliver H. Lowry, Janet V. Passonneau und Martha K. Rock. (J. biol. Chemistry **236.** 2756—59. Okt. 1961. St. Louis, Mo., Washington Univ., School of Med., Dep. of Pharmacology.) (Engl.)

Die Stabilität von *Diphosphopyridinnucleotid* (*DPN*) u. seiner red. Form (*DPNH*) im pH-Bereich von 1 (bzw. 2) bis 13 bei Temp. von 25—100° wurde untersucht. Die Haltbarkeit der oxydierten Pyridinnucleotide in Säure u. der red. Formen in Alkali bei —4 u. —20° im Zeitraum von 16—80 Tagen wurde bestimmt. Außerdem wird beschrieben, wie bei alkal. Behandlung zur Zerstörung von DPN ein Verlust an DPNH in Ggw. geringster Mengen Blut vermieden werden kann. Das Problem, ein *Nicotinamid* aus DPN abspaltendes Enzym ohne Nucleotidverlust zu zerstören, wurde noch nicht endgültig gelöst. E. LODEMANN. 4150□

Adeninmyonsäuredinucleotid. Dora P. De Caputto, W. Henry Mosley, J. Lee Poyer und Ranwel Caputto. (J. biol. Chemistry **236.** 2727—31. Okt. 1961. Oklahoma, Okla., Univ. School of Med., Biochem. Sect. of the Med. Res. Inst. and Dep. of Biochem.) (Engl.)

Aus Kaninchenmuskeln wurde ein *Dinucleotid* isoliert, das aus *Adenosin-5'-phosphat* u. einem bisher unbekannten Nucleotid, das *5'-Phosphoribosylmyonsäure* genannt wurde, besteht. Beide Nucleotide sind über eine Pyrophosphatbrücke miteinander verbunden. Bei der Myonsäure, $C_9H_6N_2O_3$, Zers. 330—334°, handelt es sich um ein 2.6- oder 2.7-*Naphthyridin*-Deriv., das auf Grund der Analyse, des UV- u. des NMR-Spektrums noch eine *Hydroxyl-* u. eine *Carboxylgruppe*, wahrscheinlich in 3-(negative $FeSO_4$-Probe-OH in α-Stellung zum N) bzw. in 1-Stellung trägt. E. LODEMANN. 4150□

Vergleichende Untersuchung über die Di- und Triphosphopyridinnucleotide in der intakten Zelle. Daniel W. Foster und Ben Bloom. (J. biol. Chemistry **236.** 2548—51. Sept. 1961. Bethesda, Md., Nat. Inst. of Health, Nat. Inst. of Arthritis and Metabolic Diseases.) (Engl.)

Der Stoffwechsel von intracellulär gebildetem *red.* *^{3}H-Di-* u. *Triphosphopyridinnucleotid* (**I** u. **II**) wurde untersucht. Es zeigte sich, daß **I** die Hauptwasserstoffquelle für die Wasser-Bldg., **II** die Hauptquelle für die *Fettsäure-* u. *Cholesterin*-Synth. war. Als Zellmaterial dienten Rattenleberschnitte, als markierte Substrate $^{14}C_{(1)}$- u. *$^{3}H_{(1)}$-Glucose*, *$^{3}H_{(2)}$-DL-Natriumlactat* u. *$^{3}H_{(2)}$-Glycerin*. E. LODEMANN. 4150□

Das Verhältnis zwischen intra- und extramitochondriellen Pyridinnucleotiden. John L. Purvis und John M. Lowenstein. (J. biol. Chemistry **236.** 2794—2803. Okt. 1961. Waltham, Mass., Brandeis Univ., Graduate Dep. of Biochem.) (Engl.)

Mit Hilfe markierter Substanzen wurde der Austausch von *Di-* u. *Triphosphopyridinnucleotid* (*DPN* u. *TPN*) u. ihrer red. Formen (*DPNH* u. *TPNH*) durch die Membran von Rattenlebermitochondrien (M) in vivo u. in vitro untersucht. In vivo erfolgt der Austausch von DPN u. DPNH in einer Std. zu 62%, von TPN u. TPNH zu 35%. Verss. in vitro ergaben, daß TPN langsamer in die M eindringt als TPNH, DPN dagegen schneller als DPNH. E. LODEMANN. 4150□

Die Nucleinsäuren bei der Keratogenese der menschlichen Epidermis. Leonardo Martinotti. (Atti Accad. Sci. Ist. Bologna, Cl. Sci. fisiche, Rend. [11] **4.** Nr. 2. 36—38. 15/10. 1957.) (Ital.)

Übersicht. — 8 Literaturangaben. K. ZINGRAF. 4150□

Teilnahme eines nicht an der Atmung beteiligten Eisenkomplexes an der Mitosis in Wurzeln. J. E. Amoore. (Biochem. J. **83.** 2 P—3 P. 1962. Edinburgh, Univ., Dep. of Botany.) (Engl.)

Atmungs-Verss. an Erbsenwurzelspitzen wurden in Ggw. von *CO* oder *HCN* (in Ggw. von 20% O_2) im Dunkeln u. bei Licht ausgeführt. Die Atmungshemmung durch CO ist lichtempfindlich, nicht jedoch die Hemmung durch HCN. Dagegen ist die Hemmung der Mitose in beiden Fällen lichtempfindlich. Vf. vermutet, daß hierfür ein 2-wertiger, nicht an der Atmung beteiligter Eisenkomplex verantwortlich ist; die Eigg. dieses Komplexes sind offenbar verschieden von denen des *Gastrophilus*-Hämoglobins u. der red. Cytochromoxydase. H. BUSSE. 4150□

Untersuchung über die Wirkung von Mitomycin C auf die Pflanzen-Karyokinese. Démetre Grégoire Constantinesco, Marie Retezanu, Rodica Oteleanu, Marguerite Constantinesco und Emmanuel Grigoresco. (C. R. hebd. Séances Acad. Sci. **254.** 1665—67. 26/2. 1962. București, Inst. de Recherches pharmaceut.) (Franz.)

Vff. stellten fest, daß *Coffein* (I) in niedrigen Konzz. (200 μg/ml) die mitot. Zellteilungen in Wurzelmeristemen von Getreide gegenüber der Wrkg. von *Mitomycin C* (II; 0,4 μg/ml) sensibilisiert. Diese in Pflanzengeweben durch II in Ggw. von I verursachten Veränderungen der Karyokinese sind ident. mit den unter gleichen Bedingungen durch bestimmte Cytostatica hervorgerufenen. — 2 Mikrophotos.

H. KOCKERT. 4150□

Der Einfluß der Anaerobiose auf die Vermehrungsgeschwindigkeit von Säugetierzellen in vitro. Samuel Dales. (Canad. J. Biochem. Physiol. **38.** 871—78. Aug. 1960. New York, N.Y., Rockefeller Inst., Dep. of Cytology.) (Engl.)

Es wird der Einfl. der Anaerobiose auf Vermehrung u. Kohlenhydratstoffwechsel von Zellen in der Gewebekultur beobachtet. Es werden Earle L-Zellen u. embryonale Mäusezellen verwendet. Beide Zelltypen zeigen bei Anaerobiose eine verminderte Vermehrung. 7 Tage andauernde Anaerobiose ruft ein ungleichmäßiges Wachstum der L-Zellen hervor. Bei der Rückkehr zu aeroben Bedingungen vermögen sich die Zellen aber wieder normal zu teilen. An Hand der *Glucose*-Ausnutzungsrate u. der *Milchsäure*-Gewinnung kann gezeigt werden, daß bei beiden Zelltypen die Teilungsrate proportional dem Energiegewinn aus Glykolyse oder vollkommener Glucoseoxydation verläuft.

H. STRUCK. 4150□

Die Induktion von Tumoren in Mäusen durch Tritium-markiertes Thymidin. Hermann Lisco, Renato Baserga und Walter E. Kisieleski. (Nature [London] **192.** 571—72. 11/11. 1961. Chicago, Ill., Northwestern Univ., School of Med., Dep. of Pathol.; Argonne, Ill., Argonne Nat. Labor., Div. of Biol. and Med. Res.) (Engl.)

♂ u. ♀ CAF_1-Mäuse, neugeboren u. bis zu 7 Monate alt, erhielten eine intraperitoneale Injektion von 1 μc *^{3}H-Thymidin* (I)/g (spezif. Aktivität 360 mc/mMol). Die innerhalb von 17 Monaten gestorbenen Tiere wurden untersucht, wobei folgende Carcinomarten gefunden wurden: 6 Thymuslymphome, 9 nichtthym. verbreitete Lymphome, 2 Speicheldrüsentumore, 2 Haut-, 5 Lungen- u. 2 Lebercarcinome (heptocellulär) über beide Geschlechter verteilt. Die Kontrolltiere (Injektion von inakt. I oder NaCl) zeigten bei etwa gleicher Zahl (269 im Vgl. zu 298 Vers.-Tieren) 5 nichtthym. Lymphome u. 1 Lungencarcinom. In einem anderen Vers. mit 2—14 Monaten alten Tieren wiesen von 84 gestorbenen Tieren 43 Tumoren auf. J. BOELTER. 4160□

Über den Einfluß von Isonicotinsäurehydrazid (INH) auf die Metastasierungsquote des Ehrlichschen Ascitescarcinoms der Maus. D. Siegel und H. Iwainsky. (Klin. Wschr. **38.** 769. 1/8. 1960. Berlin-Buch, Tuberkulose Forschungsinst.) (Dt.) — Vgl. C. **1960.** 16126.

Transplantation von EHRLICH-Ascitescarcinomzellen in die Schwanzvene von Mäusen führt u. a. zum Auftreten von Metastasen in verschiedenen Organen. *Isonicotinsäurehydrazid* (I) ist ohne Einfl. auf die Metastasenzahl, wenn es zusammen mit dem Transplantat oder nach der Transplantation fortlaufend appliziert wird. Wird I dagegen längere Zeit vor der Überimpfung (bis zu 9 Monaten) des Tumors gegeben, so sinkt die Metastasenhäufigkeit signifikant ab. R. REISS. 4160□

$^{14}C_{(1)}$-Kreatin-Stoffwechsel in Organen und Geweben von normalen Ratten und von Ratten mit Walker-Carcinom. G. G. Tedeschi, Giorgia Jannakopulu und F. Petrelli. (Ital. J. Biochem. **9.** 341—44. Nov./Dez. 1960. Camerino, Univ., Ist. di Fisiol. Generale e Chim. Biol.) (Engl.)

Organe mit einem hohen *Kreatin* (I)-Geh. verstoffwechseln I langsam (Skelettmuskel, Herz, Testis, Gehirn), fetales Gewebe mit einem geringen I-Geh. nimmt $^{14}C_{(1)}$-I sehr schnell auf u. hält es lange fest. WALKER-Carcinom metabolisiert I viel schneller als alle normalen Gewebe. P. GREGORZEWSKI. 4160□

Über die geschwulsthemmende Wirkung von Grundsubstanzbestandteilen. 2. Mitt. Stoffwechseluntersuchungen. J. Lindner, H. A. v. Schweinitz und K. Becker. (Klin. Wschr. **38.** 763—68. 1/8. 1960. Hamburg, Univ., Pathol. Inst.) (Dt.)

In vitro-Zugabe von *Glucosamin* (I) zu YOSHIDA-Ascitestumorzellen führt bei einer I-Konz. von 0,3—0,5% im Testmedium zu einer Steigerung der O_2-Aufnahme durch die Zellen um 40—60% u. zu einer entsprechenden Verringerung der CO_2-Abgabe. Der gleiche Effekt wird erzielt, wenn dem Nährmedium außer I noch Glucose zugesetzt wird. Eine Erhöhung der Atmung bei gleichzeitiger Senkung der Glykolyse bewirken auch *N-Acetylglucosamin, Hyaluronsäure, Chondroitinsulfat* u. *Heparin*, wenn auch in geringerem Ausmaß als I. Werden Ratten mit YOSHIDA-Ascitestumor intraperitoneal mit I behandelt, so zeigen die isolierten Tumorzellen den gleichen Effekt wie nach in vitro-Zugabe von I. R. REISS. 4160□

Prüfung eines neuen chemotherapeutischen Stoffes bei Patienten mit vorgeschrittener refraktärer akuter Leukämie. Untersuchungen mit 6-Azauracil. Emil J. Freireich, Emil Frei, James F. Holland, Donald Pinkel, Oleg Selawry, Harvey Rothberg, Farid Haurani, Robert Taylor und Edmund A. Gehan. (Blood **16.** 1268—78. Sept. 1960. Bethesda, Md., Nat. Cancer Inst.; Buffalo, N.Y., Roswell Park Mem. Inst.; Washington, D. C., Walter Reed Army Hosp.; Philadelphia, Pa., Jefferson Med. Coll.) (Engl.)

Bei therapierefraktären akuten lymphat. u. myeloischen Leukämien von Kindern u. Erwachsenen konnte auch mit *6-Azauracil* (QOUIBB; 4,5 mg/kg/Tag für 3 Wochen; danach 9 mg/kg/Tag für 3 Wochen) kein Erfolg erzielt werden. Es wird bemerkt, daß natürlicherweise bei 30% der Fälle eine objektive hämatolog. Besserung auch ohne spezif. Therapie aufzutreten pflegt. U. TAUSENDFREUND. 4160□

Die Wirkung der Strahlenschutzsubstanz β-Aminoäthylisothiuroniumchlorid-hydrochlorid auf die Toxizität von Endoxan. Erwin Haas. (Arzneimittel-Forsch. **11.** 175—77. März 1961. Mainz, Univ., Hals-Nasen-Ohren-Klinik.) (Dt.) — Vgl. C. **1961.** 3349.

Die Beeinflussung der Toxizität von *Endoxan* (*N.N-Bis-[β-chloräthyl]-N'.O-trimethylenphosphorsäureesterdiamid, Endoxan-Asta, Cytoxan, Procytox, Endoxana, Sendoxan, Genoxal, Enduxan*) durch vorherige Injektionen von *β-Aminoäthylisothiuroniumchloridhydrochlorid* (I) wird an WISTAR-Ratten untersucht. Vorherige Gaben von **I**, bis zu 200 mg/kg Körpergewicht, bewirken eine signifikante Steigerung der Toxizität. Dagegen besitzt **I** gegen Bis-[β-chloräthyl]-amin eine deutliche Schutzwirkung.
D. ZIEBARTH. 4160□

Experimentelle Strumabildung und Endoxan. H. L. Krüskemper und M. Schiffer. (Arzneimittel-Forsch. **11.** 194—95. März 1961. Bonn, Univ., Med.-Poliklinik.) (Dt.)

Die durch Perchlorat hergerufene Vergrößerung der Schilddrüsen von WISTAR-Ratten läßt sich weder durch vorherige noch durch gleichzeitige *Endoxan*-Gaben, 8—40 mg/kg Körpergewicht, i.v. appliziert, beeinflussen. D. ZIEBARTH. 4160□

Die Behandlung maligner Hämoblastosen und Neoplasmen mit Endoxan. J. Kühböck, E. E. Reimer und T. Toiber. (Arzneimittel-Forsch. **11.** 196—99. März 1961. Wien, Univ., II. Med. Klinik.) (Dt.)

Die Verw. von *Endoxan* zur Behandlung von Lymphogranulomatose in den Stadien II u. III u. bei Lymphosarkomen u. Reticulose zeigt sowohl in Form der Stoß- als auch der Langzeit-Therapie gute Ergebnisse. Kombination mit Prednisolon oder Prednison bewirkt neben protektiver Wrkg. auf das Knochenmark eine Potenzierung des cytostat. Effekts. Carcinomfälle werden durch Endoxan nicht grundlegend beeinflußt.
D. ZIEBARTH. 4160□

Experimentelle und klinische Ergebnisse der Behandlung von Hämoblastosen und Carcinomen mit Endoxan allein oder in Kombination mit Prednison. H. Dubois-Ferrière. (Arzneimittel-Forsch. **11.** 202—07. März 1961. Genf, Forschungszentrum für Blutkrankheiten.) (Dt.)

Die Lebensdauer von Mäusen mit AK-Leukämie wird durch *Endoxan* (I)-Gaben auf das doppelte verlängert. Bei gleichzeitiger Behandlung der Tiere mit Schweine-Hypothalamus-Extrakten wirken sogar einmalige Gaben von 1 mg **I** in gleicher Weise. Klin. ist **I** bes. bei Hämoblastosen u. Carcinomen wirksam, wobei eine kombinierte Behandlung mit hohen Prednisondosen häufig von Vorteil ist. D. ZIEBARTH. 4160□

Klinische Erfahrungen mit dem Cytostaticum Endoxan. H. Dittrich. (Arzneimittel-Forsch. **11.** 207—10. März 1961. Wien, Hanusch-Krankenhaus, I. Med. Abteilung.) (Dt.)

Endoxan (I)-Gaben in relativ hohen Dosen sind bei malignen Erkrankungen des lymphoreticulären Syst. gut wirksam. Auch metastasierende Carcinome sind häufig günstig durch **I** zu beeinflussen, während Leukämien meist weniger gut ansprechen.
D. ZIEBARTH. 4160□

Vorläufige Erfahrungen mit Cyclophosphamid bei der Behandlung fortgeschrittener Carcinome. Björn Molin. (Arzneimittel-Forsch. **11.** 210—17. März 1961. Stockholm, Karolinska-Krankenhaus.) (Dt.)

Intravenöse Applikation von *Endoxan* führt bei Ovarialcarcinomen, Reticulosarkomen u. Mammacarcinomen (MC) meist zu einer objektiven Besserung. Bei MC ist eine anschließende orale Dauerbehandlung für die Aufrechterhaltung der Remission notwendig. D. ZIEBARTH. 4160□

Klinische Erfahrungen mit dem Cytostaticum Endoxan. J. Kohout. (Arzneimittel-Forsch. **11.** 218—20. März 1961. Wien, Wilhelminenspital, II. Med. Abteilung.) (Dt.)

Röntgenolog. nachweisbare Besserung neben mehr subjektiver Verbesserung des Allgemeinbefindens der Patienten mit ausgedehnten metastat. Prozessen von Adenocarcinomen tritt auch bei rein oraler Medikation von *Endoxan* ein. Die tox. Nebenwrkg. sind jederzeit durch Vitamin- oder Hormon-Gaben oder kurzzeitiges Aussetzen der Therapie beherrschbar. D. ZIEBARTH. 4160□

Zweijährige Erfahrungen mit Endoxan. Midhat Prcić. (Arzneimittel-Forsch. **11.** 220—21. März 1961. Sarajewo, Med. Fak., Chirurg. Klinik.) (Dt.)

Die prae- u. postoperative Anwendung von *Endoxan* bewirkt bei radikal operierten Patienten eine Verhütung von Rezidiven u. Metastasen. Bei inoperablen Fällen wird objektive Besserung u. Schmerzfreiheit erzielt. Von Vorteil ist weiterhin die ausbleibende oder verzögert eintretende oder stark verkürzte Krebskachexie. D. ZIEBARTH. 4160□

Erfahrungen mit Endoxan bei chirurgisch und radiologisch incurablen Tumoren. Erwin Haas. (Arzneimittel-Forsch. **11.** 222—26. März 1961. Mainz, Univ., Hals-Nasen-Ohren-Klinik.) (Dt.)

Endoxan-Gaben haben sich in der prae- u. postoperativen Rezidiv- u. Metastasenprophylaxe bewährt. Bei alleiniger Behandlung mit Endoxan sprechen Tumoren der Sarkomreihe, speziell Reticulumzellsarkome gut an. Eine ambulante Weiterbehandlung der Patienten in Form einer Dauermedikation bei gleichzeitiger dauernder Kontrolle des Blutbilds wird für vorteilhaft gehalten. D. ZIEBARTH. 4160□

Kombinierte radiologisch-cytostatische Behandlung maligner Geschwülste. A. Gregl und H. J. Fichtner. (Arzneimittel-Forsch. **11.** 226—33. März 1961. Göttingen, Univ., Röntgenabteilung der Chirurg. Klinik.) (Dt.)

Bei Patienten mit Lungenmetastasen eines Brustkrebses konnte nach hohen *Endoxan*-Gaben ein langsamerer Verlauf der Metastasierung beobachtet werden. Bei Geschwülsten anderer Genese im fortgeschrittenen Stadium konnte bisher durch Endoxan keine signifikante Verbesserung der Überlebensrate festgestellt werden. D. ZIEBARTH. 4160□

Prae- und postoperative cytostatische Behandlung von Lungencarcinomen mit Cyclophosphamid. Oluf Poulsen. (Arzneimittel-Forsch. **11.** 238—42. März 1961. Kopenhagen, Øresundhospital, Chirurg. Abteil.) (Dt.)

Die prae- u. postoperative *Endoxan*-Behandlung von Patienten mit Bronchialcarcinomen hat eine signifikante Erhöhung der Lebenserwartung, auch bei nicht radikal-operierten, zur Folge. D. ZIEBARTH. 4160□

Die Wirkung des Antibioticums Spiramycin auf ein Spektrum transplantierbarer tierischer Tumoren. Nathan Back, Richard R. Shields und Albert E. Munson. (Antibiotics and Chemotherapy **11.** 652—60. Okt. 1961. Buffalo, N.Y., Roswell Park Memorial Inst. and Univ. of Buffalo.) (Engl.)

Nach den Unterss. der Vff. wirkt das Breitspektrum-Antibioticum *Spiramycin* (I) von *Streptomyces ambofaciens* hemmend gegen Sarkom 180, EHRLICH-Adenocarcinom, Adenocarcinom 755, Leukämie L-1210 u. das MURPHY-STURM-Lymphosarkom. Als mittelmäßig erwies sich die in vitro-Aktivität von I gegen Sarkom 180-Zellen bei stationärer Kultur. I zeigte geringe Toxizität u. erzeugte hohe Gewebespiegel. W. KNÖBEL. 4160□

Die antitumorale Aktivität der Derivate des Podophyllotoxins. Angelica Filippetto. (Riv. ital. Essenze, Profumi, Piante officin., Olii veget., Saponi **43.** 357—59. Aug. 1961.) (Ital.)

An Hand des bisher vorliegenden Schrifttums wird aufgezeigt, daß zur Tumorbehandlung bes. die Antimitotica *Colchicin* u. *Podophyllin* (I) geeignet zu sein scheinen. Dies gilt vor allem für die I-Derivv., von denen sich in den bisher durchgeführten in vitro-Verss. das β-D-Glucosid des I-Toxins durch seine hohe antitumorale Wrkg. auszeichnete. — 4 Literaturangaben. H. P. FIEDLER. 4160□

E_2. Enzymologie. Gärung

Energiebildende Systeme. Santiago Grisolia. (Ann. New York Acad. Sci. **72.** 462—65. 6/2. 1959. Kansas City, Kan., Univ. of Kansas, Med. School.) (Engl.)

Kurze Übersicht über Energie-Bldg. im Herzmuskel. — 23 Literaturangaben. K. MAIER. 4200□

Der Elektronentransport im Herzgewebe. Thomas P. Singer. (Ann. New York Acad. Sci. **72.** 480—99. 6/2. 1959. Detroit, Mich., Henry Ford Hosp., Edsel B. Ford. Inst. for Med. Res.) (Engl.)

Übersicht. Enzymat. Abbau von Metaboliten (Glykolyse, Fettsäureoxydation, Krebs-Cyclus), Energieabgabe bei Oxydationsvorgängen (Elektronentransport: Oxydationen über das elektronenübertragende Flavoprotein, cytochromreduzierende Dehydrogenasen, DPNH- u. TPNH-Oxydation), ATP-Bldg. (oxydative Phosphorylierung), kontraktiler Prozeß (Actomyosin–ATP-Syst.), Ioneneffekte. — 49 Literaturangaben. K. MAIER. 4210□

Untersuchungen über Cytochrom a. 3. Mitt. Einfluß von synthetischen Detergentien auf die Aktivität von Cytochrom a. Takashi Yonetani. (J. Biochemistry [Tokyo] **46.** 917—24. Juli 1959. Osaka, Univ. of Osaka, Fac. of Sci., Dep. of Biol.) (Engl.) — 2. vgl. Sekuzu, J. Biochemistry [Tokyo] **46.** [1959.] 43.

Die Aktivität von *Cytochrom a* (**I**), das nach l.c. mittels *Cholsäure* (**II**) aus Rinderherzmuskel erhalten u. gereinigt wurde, wird durch nicht-ion. Detergentien (Polyoxyäthylenlauryläther u. analoge Verbb.) auf ca. 25% ihres ursprünglichen, durch **II** verminderten Wertes wiederhergestellt. Ionisierte Detergentien (wie z. B. Alkylbenzolsulfonate u. dgl.) hemmen. Dagegen kann die **II**-Hemmung während der Reinigung von **I** durch das nicht-ionisierte *Emasol 4130* (**III**; *Polyoxyäthylensorbitanmonooleat*) vollständig aufgehoben werden, u. zwar erst in den späteren Stufen der Reinigung, bei denen *Cytochrom b* (**IV**) entfernt wird. Es scheint, daß der Wrkg.-Verlust während der Reinigung mindestens auf 2 Faktoren beruht: zunächst Entfernen eines mit dem **IV**-Komplex vergesellschafteten lipoidähnlichen Cofaktors, worauf in 2. Linie Hemmung durch **II** erfolgt. — **I** zeigt in **II**-Lsg. dieselben Eigg. (Absorptionsspektrum, Substratspezifität, pH-Optimum) wie in **III**-Lösungen. A. Hesse. 4210□

Ein Cytochrom-c–Phospholipid-Komplex. Melvin Reich und W. W. Wainio. (J. biol. Chemistry **236.** 3058—61. Nov. 1961. New Brunswick, N.J., Rutgers-The State Univ., Bureau of Biol. Res. and Dep. of Physiol. and Biochem.) (Engl.)

Cytochrom c (**I**) gab mit den Gesamt-*Lipiden*, die aus Rinderherzmitochondrien nach Marinetti u. Mitarbeiter (C. **1959.** 10271) isoliert wurden, in dest. W. u. in Puffer-Lsgg. zwischen pH 2 u. 5 unlösl. Komplexe: Von den an Kieselsäure chromatographierten Lipiden war nur die Fraktion wirksam, die *Phosphatidyläthanolamin* (**II**) enthielt. Der **I**/**II**-Komplex enthielt ca. 15% **I** u. 85% **II**. Er war lösl. in 2 n HCl, 2 n NaOH, Ae., Chlf./Methanol (4:1) u. in wss. Lsgg. von Na-Desoxycholat u. Na-Cholat. Das Häm-Eisen konnte bei **I**/**II**-Suspensionen oxydiert u. red. werden. **II** konnte dem Komplex durch 95%ig. A. von 60° entzogen werden. **I** wurde aus **I**/**II**-Suspensionen mit Pentanon-(2) extrahiert. Der Komplex erwies sich in der Ultrazentrifuge u. bei der Elektrophorese als homogen. H. Lohscheider. 4210□

Die Rolle der Phospholipide bei der Cytochrom-c–Oxydase-Aktivität. Melvin Reich und W. W. Wainio. (J. biol. Chemistry **236.** 3062—65. Nov. 1961.) (Engl.) — Vgl. vorst. Referat.

Cytochrom c-Oxydase (**I**) wurde aus einem Rinderherz-Präp. unter Verw. von *Na-Desoxycholat* (**II**) u. *Na-Cholat* (**III**) gewonnen. Bei dem weitgehend inakt. Präp. wurde die **I**-Aktivität durch Zusatz von *Phospholipiden* wiederhergestellt: *Inositphosphat* ∼ *Phosphatidyläthanolamin* > *Phosphatidylserin* > *Phosphatidylcholin* (**IV**) > Gesamtlipide aus Mitochondrien. Wenn **I** ohne Verw. von **III** isoliert worden war, wurde die vorhandene mäßige Aktivität durch die Phospholipide, bes. **IV**, um ein vielfaches gesteigert. **II** wirkte bzgl. des zugesetzten Lipids als kompetitiver Inhibitor. *Coenzym* Q_{10} (*Ubichinon*) bewirkte keine Aktivierung. *Salmin*, *Heparin* u. Schlangengift (*Phospholipase A* aus *Crotalus adamanteus*) verminderten die **I**-Aktivität.
H. Lohschelder. 4210□

Cytochrom c-Oxydase, die endständige Oxydase von Iris pseudacorus L. G. G. Henshaw, D. A. Coult und D. Boulter. (Nature [London] **192.** 579. 11/11. 1961. Liverpool, Univ., Hartley Bot. Labor.) (Engl.)

Stücke des Wurzelstockes (Endodermis) von *Iris pseudacorus L.* aus dem Lancashire-Moor zeigten im red. Gewebe (vor allem Parenchym-, weniger vasculäre Zellen) bei Spektroskopie im sichtbaren Bereich ungefähr die Absorptionsbanden $(a + a_3)_\alpha$, b_α u. c_α von *Cytochrom* aus red. Hefe. Atmungs-Verss. mit Gewebeschnitten im Warburg-App. ergaben ebenso wie mit Hefesuspension eine 60%ig. Atmungshemmung durch 95% *CO* + 5% O_2 im Dunkeln, die durch Licht in beiden Fällen vollständig aufgehoben werden konnte. Aus der allg. Annahme, daß *Cytochrom c-Oxydase* die endständige Oxydase der Bäckerhefe ist, wird geschlossen, daß sie auch im reifen Pflanzengewebe die vorherrschende Endoxydase der Atmungskette darstellt. J. Boelter. 4210□

Die Wirkung von Polyaminocarbonsäuren auf Katalase. Joan Bond und J. G. Cooper. (Nature [London] **191.** 385. 22/7. 1961. Salford, Royal Coll. of Advanced Technol., Dep. of Pure and Applied Chem.) (Engl.)

Unterss. über die Hemmwrkg. der chelatbildenden *Polyaminocarbonsäuren* auf *Katalase* ergaben, daß *Äthylendiamintetraessigsäure*, *Cyclohexandiamintetraessigsäure*, *Diäthylentriaminpentaessigsäure* u. *N.N'-Äthylen-bis-[2-(o-hydroxyphenyl)]-glycin* bei unterschiedlicher pH-Abhängigkeit weitaus weniger wirksam sind als z. B. *Cyanid*.
E. Lodemann. 4210□

Einwirkungen von Bestrahlungen auf Enzyme. 2. Mitt. Durch Bestrahlungen mit γ-Strahlen an Dehydrogenasen bewirkte biochemische Einwirkungen. Shozo Tanaka,

Hiroyuki Hatano und Shigetake Ganno. (J. Biochemistry [Tokyo] **46.** 925—32. Juli 1959. Kyoto, Kyoto Univ., Fac. of Sci., Dep. of Chem.) (Engl.) — 1. vgl. J. Biochemistry [Tokyo] **46.** [1959.] 485.

Untersucht wird der Einfl. von *γ-Strahlen* (aus ^{60}Co) auf krist. *Alkoholdehydrogenase* (I) aus Bäckerhefe u. auf gereinigte *Glutaminsäuredehydrogenase* (II) aus Rinderleber. I u. II werden durch verhältnismäßig niedrige Dosen von γ-Strahlen gehemmt. Dabei ist die Hemmung der II von der II-Menge unabhängig, wenn nicht etwa ungewöhnlich niedrige II-Konzz. vorliegen. — Auch das Coenzym von I u. II, das *Diphosphopyridinnucleotid* (DPN), wird in verd. wss. Lsg. durch γ-Strahlen gehemmt, wobei Änderungen in der Struktur erfolgen, die zu einer Modifikation der UV-Absorption, nämlich einer Abnahme der opt. Dichte bei 260 mμ führen, was wohl auf Abbau im Adeninteil beruht. Die Hemmung beträgt bei einer Dosis von $4,8 \cdot 10^5$ r ca. 80%; DPN ist aber widerstandsfähiger als die Apoenzyme. — Je größer das Verhältnis Apoenzym/DPN ist, desto stärker ist der hemmende Einfl. der γ-Strahlen auf das II-Holoenzym. — I wird gegen die Wrkg. der γ-Strahlen durch folgende Verbb. in verschiedenem Ausmaß geschützt: red. Glutathion (III), DPN, Phenylalanin, KH_2PO_4, Thioharnstoff, A., Na_2SO_4. Gehemmte I kann durch red. III reversibel reaktiviert werden. A. HESSE. 4210 □

Triphosphopyridinnucleotid-verknüpfte Glycerinaldehydphosphat-Dehydrogenase in nicht photosynthetisierenden Pflanzenzellen. C. R. Benedict und H. Beevers. (Nature [London] **191.** 71—72. 1/7. 1961. Lafayette, Ind., Purdue Univ., Dep. of Biol. Sci.) (Engl.)

Die *Triphosphopyridinnucleotid* (*TPN*)-verknüpfte *Glycerinaldehydphosphat-Dehydrogenase* (I), die im Gegensatz zur *Diphosphopyridinnucleotid* (*DPN*)-verknüpften I bisher nur in den Blättern der höheren Pflanzen gefunden wurde, wurde jetzt auch in den farblosen Endospermzellen keimender Rizinussamen festgestellt. Die Unters. erfolgte durch Best. der Red. der Coenzyme mit *Fructose-1.6-diphosphat* nach 4—5tägiger Inkubation im Dunkeln. Erhöhung der Substrat-Konz. ergab, daß bei der TPN-I eher Sättigung eintritt als bei der DPN-I. E. LODEMANN. 4210 □

Die Milchsäuredehydrogenase von Propionibacterium pentosaceum. R. Molinari und F. J. S. Lara. (Biochem. J. **75.** 57—65. 1960. São Paulo, Brazil, Univ., Fac. of Med. of Ribeirão Prêto, Dep. of Biochem.) (Engl.)

Durch Zerreiben gefrorener Zellen von *Propionibacterium pentosaceum* mit Al_2O_3 u. anschließende Extraktion mit Phosphatpuffer wurden Präpp. erhalten, die in Ggw. geeigneter H-Acceptoren *Lactat* (I) zu *Pyruvat* (II) oxydieren. Die Präpp. lassen sich durch fraktionierte Fällung mit $(NH_4)_2SO_4$, Behandlung mit Protamin, isoelektr. Fällung u. Fraktionierung mit A. 15fach anreichern. Die Halbsättigung des Enzyms wird mit 51,6 μm I bzw. mit 0,64 mm *Phenazinmethosulfat* erreicht, es besitzt Affinität zu *Methylenblau, 2.6-Dichlorphenolindophenol* u. *1.2-Naphthochinon-4-sulfonat.* Das Optimum der I-Oxydation liegt bei pH 7,7 u. 30°, das Präp. wird durch NH_4^+, CN^-, F^-, Mg^{2+} u. Malonat aktiviert, durch II, *Oxalat, SH*-Reagentien, *Narcotica, Chinacrin* (III), *Chlorochin, Chinin, Dicumarol* (IV), *Vitamin* K_1, *Pentachlorphenol, Thyroxin* u. *Hydrazin* gehemmt. Die III-Hemmung wird durch $HClO_4$-Extrakte des Enzyms, jedoch nicht durch abgekochte Präpp. oder durch Flavinadenindinucleotid u. Flavinmononucleotid aufgehoben. Der Einfl. des pH auf die Hemmung durch III u. IV wird untersucht. H.-J. KOCH/Berlin. 4210 □

Milchsäuredehydrogenase und Cytochrom b_2 aus Bäckerhefe. C. A. Appleby und R. K. Morton. (Biochem. J. **75.** 72—76. 1960. Melbourne, Univ., Dep. of Biochem.; C.S.I.R.O., Wool Textile Res. Labor., Div. of Protein Chem.) (Engl.) — Vgl. C. **1959.** 16363; C. **1960.** 6530.

Krist. Hefe-*Milchsäuredehydrogenase* (I; ident. mit *Cytochrom* b_2) wird mit 5n HCl bei 105° 20 bzw. 70 Std. lang hydrolysiert u. die *Aminosäuren* (II)-Zus. qual. durch Papierchromatographie u. quant. durch Säulenchromatographie an Dowex-50 u. anschließende colorimetr. Best. der Ninhydrin-Rk. bestimmt. Außer *Methionin* sind in I die meisten der allg. vorkommenden II enthalten. Die II-Zus. von I, *Cytochrom c* u. *Alkoholdehydrogenase* aus Hefe sowie von *Diaphorase* aus Schweineherz zeigt beträchtliche Ähnlichkeit. H.-J. KOCH/Berlin. 4210 □

Weitere Untersuchungen über die Aktivierung der Milchsäuredehydrogenase im Serum durch ein Geschwulstvirus der Maus. A. Georgii, H. Kroth und H. Bayerle. (Klin. Wschr. **40.** 363. 1/4. 1962. München, Univ., Pathol. Inst.) (Dt.)

Mäuse werden mit zellfreiem Tumorascites oder zellfreien Filtraten von Organhomogenaten von Mäusen mit transplantablem Mäusesarkom SA I geimpft. In ihren Seren beginnt 24 Std. später die *Milchsäuredehydrogenase*-Aktivität anzusteigen u. erreicht am 4. bis 6. Vers.-Tag ein Maximum mit dem bis zum 10fachen Normalwert. Nach 3 Wochen sinkt sie auf den 3fachen Normalwert u. bleibt hier konstant. — Vff. halten diesen Vorgang für eine spezif., durch das Virus verursachte Stoffwechselleistung lebender Zellen, möglicherweise des blutbildenden Gewebes. P. LOCH. 4210☐

α-Ketoglutarsäure-, β-Hydroxybuttersäure- und Bernsteinsäureoxydase-Spiegel in den Lebern tumortragender Mäuse. V. S. Aboobaker und M. B. Sahasrabudhe. (J. sci. ind. Res. [New Delhi], Sect. C **20 C.** 1–3. Jan. 1961. Trombay, Atomic Energ. Establishment, Biol. Div.; Bombay, Parel, Ind. Cancer Res. Centre.) (Engl.)

α-Ketoglutarsäureoxydase- u. *β-Hydroxybuttersäureoxydase*-Aktivität ist in Lebern tumortragender Mäuse erniedrigt. In vitro-Applikation von Nicotinamidadenindinucleotid oder in vivo-parenterale Verabreichung von Nicotinamid stimulieren die Enzymaktivitäten. Die *Bernsteinsäureoxydase*-Aktivität ist bei normalen u. tumortragenden Tieren gleich. P. GREGORZEWSKI. 4210☐

Über die Wechselwirkung von Ölsäure, Serumalbumin und Ca^{2+} mit Lebermitochondrien. Wolfgang Kunz und Günter Kaiser. (Hoppe-Seyler's Z. physiol. Chem. **326.** 17–24. 25/10. 1961. Leipzig, Univ., Physiolog.-chem. Inst.) (Dt.)

Mikrosomen oder ihre acetonlösl. Anteile steigern die Substratoxydation durch Mitochondrien, wobei dieser Effekt bes. auf *Ölsäure* (I) zurückgeführt wird. Da *Serumalbumin* (II) freie Fettsäuren zu binden vermag u. diese Bindung Ca^{2+}-abhängig ist, untersuchten Vff. durch Leitfähigkeitstitration u. mit der WARBURG-Technik die Wechselwrkg. von **I, II** u. Ca^{2+} auf die spontane Bernsteinsäure (III)-Oxydation in Rattenlebermitochondrien. Im Syst. ohne Phosphatacceptor (PA) wird III in I-Kaliumphosphatpuffer (pH 7,4) bei 38° schnell oxydiert. Diese Rk. wird durch Zusatz von II oder EDTA gehemmt. Aus der Parallelität der Wrkg. von II u. EDTA schließen Vff., daß geringe Ca^{2+}-Spuren, wie sie z. B. bei Gewebepräparationen freigesetzt werden, für die Wrkg. der I durch Bldg. von Ca-Oleat als eigentlich wirksamem Agens verantwortlich sind. Mg^{2+} zeigen dagegen auch in höheren Konzz. keinen Einfluß. Im Syst. mit PA (Zusatz von Glucose, ATP u. Hexokinase) findet ohne II ebenfalls nur Oxydation u. keine Phosphatausnutzung statt. Mit II im Ansatz kann jedoch P in Esterbindung übergeführt werden, da II erheblich I binden kann. Ca^{2+}-Zusatz hemmt die I–II-Bindung, so daß die Schutzfunktion des II abnimmt. WINFRIED KRÜGER. 4210☐

Die Reduktion von Coenzym Q durch Bernsteinsäuredehydrogenase. Józef Heller, Ludmiła Szarkowska und Czesława Petryszyn. (Nature [London] **190.** 539. 6/5. 1961. Warsaw, Polish Acad. of Sci., Inst. of Biochem. and Biophys.) (Engl.)

Vff. weisen darauf hin, daß in ihrer Mitt. unter diesem Titel (vgl. C. **1961.** 12504) nicht der Anspruch erhoben werden sollte, als erste gezeigt zu haben, daß die Red. von *Ubichinon* gegen *Antimycin A* nicht empfindlich ist. H. LOHSCHELDER. 4210☐

Der Mechanismus der Hydrocortisonwirkung auf den Mitochondrienstoffwechsel. C. H. Gallagher. (Biochem. J. **74.** 38–43. Jan. 1960. Sydney, C.S.I.R.O., Div. of Animal Health and Produktion, McMaster Labor.) (Engl.) – Vgl. C. **1959.** 13536.

Hydrocortison (I) hemmt in vitro selektiv den oxydativen Stoffwechsel normaler Rattenlebermitochondrien [> 0,1 mm I die Oxydation von Citrat, L-Malat, L-Glutamat, Octanat (III)] ohne Beeinflussung der oxydativen Phosphorylierung. Die Hemmwrkg. ist für Dehydrogenasen, die Pyridinnucleotide (II) zur Elektronenübertragung benötigen, spezifisch. I hemmt L-Äpfelsäuredehydrogenase (IV) nicht direkt. Das Bernsteinsäureoxydase-Syst. wird nicht gehemmt. Ergänzung des Rk.-Gemisches mit einem Überschuß von II, Nicotinamid, Glutathion u., für die III-Oxydation, Coenzym A verhindern die Hemmung. I bewirkt in hemmenden Konzz. eine Zunahme der Permeabilität der Mitochondrienwände. Eliminierung der Permeabilitätsschranken durch Suspendierung der Mitochondrien in W. anstatt in 0,25m Saccharose schaltet die I-Wrkg. auf die IV-Aktivität völlig aus. I steigert vermutlich prim. die Permeabilität der Mitochondrienwände, wodurch Verlust lösl. Atmungsfaktoren der Enzym-Syst. eintritt, u. II-abhängige Dehydrogenasen proportional inaktiviert werden. I ist offensichtlich als einer der die selektive Semipermeabilität der Mitochondrienwände in vivo steuernden Faktoren anzusehen. K. MAIER. 4210☐

Glucosedehydrogenase aus Bacillus megatherium. Raymond Gavard und Colette Combre. (C. R. hebd. Séances Acad. Sci. **249.** 2243–45. 23/11. 1959.) (Franz.) – Vgl. C. **1961.** 6891.

Aus einer Kultur von *Bacillus megatherium* wurde eine gereinigte *Glucosedehydrogenase* (I) hergestellt, die folgende Rk. katalysiert: *Glucose* (II) + *DPN* ⇌ *δ-Gluconolacton* (III) + *DPNH* + H^+. I wirkt ebensogut auf *DPN* wie auf *TPN*. I besitzt nur eine Aktivität gegen II, nicht gegen *Galaktose, Xylose* u. *Arabinose*. Nur die β-Form von II ist reaktionsfähig, die α-Form erst nach Mutarotation. pH-Optimum für *DPN* ist 7,6, für *TPN* 7,3. Die Dissoziations-Konst. des Enzym–Substrat-Komplexes sind $0,7 \cdot 10^{-4}$ (m) für *DPN*, $0,25 \cdot 10^{-5}$ für *DPNH*, $1,2 \cdot 10^{-2}$ für II, $1 \cdot 10^{-2}$ für III u. $1,3 \cdot 10^{-4}$ für *TPN*.

I ist stabil u. in gefrorenem Zustand mehrere Wochen haltbar, hält aber eine längere Dialyse nicht aus, selbst in Ggw. von Reduktoren. H. Aman. 4210□

Kristalline D-Gluconat-6-phosphatdehydrogenase. S. Pontremoli, A. De Flora, E. Grazi, G. Mangiarotti, A. Bonsignore und B. L. Horecker. (J. biol. Chemistry **236**. 2975–80. Nov. 1961. Genua, Univ., Inst. of Biochem.) (Engl.)

Durch Autolyse eines trockenen Hefe-Präp. (*Candida utilis*) bei 37° in 0,1n $NaHCO_3$, $(NH_4)_2SO_4$-Fraktionierung, Holzkohlebehandlung mit anschließender Hitzedenaturierung, Geladsorption (Ca-Phosphat) u. erneute $(NH_4)_2SO_4$-Fraktionierung wurde eine kristalline *D-Gluconat-6-phosphatdehydrogenase* (I) gewonnen, die keine D-Glucose-6-phosphatdehydrogenase, D-Ribose-5-phosphatisomerase u. D-Xylose-5-phosphat-3-epimerase enthielt. Die Affinitäts-Konst. für verschiedene Konzz. von *TPN* u. *D-Gluconat-6-phosphat* (II) zeigten, daß die Bindung des einen Substrats unabhängig ist von der Ggw. des zweiten. Die Daten ergaben folgenden Rk.-Mechanismus (6-PG = II, E = Enzym):

$$E + TPN \rightleftharpoons E{-}TPN \quad E{-}TPN + 6\text{-}PG \rightleftharpoons E{-}TPN\text{-}6\text{-}PG$$

$$\downarrow$$

$$E + \text{Prodd.}$$

$$\uparrow$$

$$E + 6\text{-}PG \rightleftharpoons E\text{-}6\text{-}PG \quad E\text{-}6\text{-}PG + TPN \rightleftharpoons E{-}TPN\text{-}6\text{-}PG.$$

K_m-Werte: $k_{TPN} = 2{,}6 \cdot 10^{-5}$ m; $k_{6\text{-}PG} = 1{,}6 \cdot 10^{-4}$m; ein abs. Bedürfnis von I an Mg^{2+} konnte nicht nachgewiesen werden. Hohe Konzz. an *NaCl* verursachen eine gleiche Aktivitätssteigerung wie niedrige Konzz. an *$MgCl_2$*; *Na-Acetat* ist gleich wirksam, *Na_2SO_4* hemmt. Das Rk.-Prod. ist *D-Ribulose-5-phosphat*. I ist auch in der Lage, *TPNH* in Ggw. von Pentosephosphat u. CO_2 zu oxydieren, womit gezeigt werden konnte, daß I die oxydative Decarboxylierung von II als ein Enzym zu katalysieren vermag. S. Vierkötter. 4210□

Stoffwechsel der L-Glutaminsäure in Pflanzenmitochondrien. 1. Mitt. Oxydation der L-Glutaminsäure und Faktoren, die sie beeinflussen. H. K. Das und S. C. Roy. (Arch. Biochem. Biophysics **96**. 438–44. Febr. 1962. Calcutta, Univ., Dep. of Applied Chem.) (Engl.)

Vff. untersuchen die verschiedenen Faktoren, die auf die Oxydation der *L-Glutaminsäure* (I) durch Mitochondrien der Sämlinge von *Vigna sinensis* (L.) Savi einwirken. Es ergab sich, daß die Ggw. von *Adenosin-5'-phosphat* (II), *$MgCl_2$* u. *Kaliumphosphat* zur Oxydation notwendig ist, u. daß der Phosphatbedarf 100mal größer als der Bedarf an II ist. Für $MgCl_2$ liegen zwei optimale Konzz. ($2 \cdot 10^{-3}$ u. $1 \cdot 10^{-2}$m) vor. Weiterhin untersuchen die Vff. das Verh. der Mitochondrienaktivität in Ggw. von *$ZnSO_4$*, *$CoSO_4$* u. *$MnSO_4$* an Stelle von $MgCl_2$ u. in Ggw. einer Anzahl organ. Verbb. [*Nucleosiddiphosphate, Cytochrom c, Diphosphopyridinnucleotid* (*DPN*) u. andere]. Z. B. verursacht DPN eine merkliche Stimulierung der I-Oxydation durch die Mitochondrien. H. Busse. 4210□

Glutathionreduktase von Thiobacillus thio-oxidans. I. Suzuki und C. H. Werkman. (Biochem. J. **74**. 359–62. 1960. Ames, Iowa, State Univ., Dep. of Bacteriol.) (Engl.)

In zellfreien Extrakten von *Thiobacillus thio-oxidans* wird eine Triphosphopyridinnucleotid-abhängige *Glutathionreduktase* nachgewiesen, die ein pH-Optimum von ca. 7,0 besitzt u. durch 0,1 mm *p-Chlormercuribenzoat* vollständig gehemmt wird. Diese Hemmung wird durch *L-Cystein* teilweise aufgehoben. Die Aktivität säurebehandelter Extrakte wird durch *Flavinadenindinucleotid*, jedoch nicht durch Riboflavin-5'-phosphat erhöht. Durch *Phosphat*, schwächer durch *Arsenat*, wird die Enzym-Wrkg. erhöht. Die mögliche Rolle des Enzyms bei der Oxydation von elementarem *S* wird diskutiert. H.-J. Koch/Berlin. 4210□

Aktivierung der Oxydation des Cysteins durch einige chelierende Agentien. C. de Marco und B. Mondovì. (Boll. Soc. ital. Biol. sperim. **36**. 260–62. 31/3. 1960. Rom, Univ., Ist. di Chim. Biol.) (Ital.)

In Verfolgung enzymat. Vorgänge wird die Oxydation des *Cysteins* (10 μ-Mol im Gesamt-Vol. von 3 ml) in Ggw. von 1–4 μMol Cu^{2+} in Phosphatpuffer untersucht. Der Zusatz von 0,3 μMol EDTA ist bei diesen Cu-Konzz. günstig; weniger deutlich wird er bei höheren Cu-Konzz.; analog wirken *8-Hydroxychinolin* u. *Dipyridyl*, wogegen *K-Äthylxanthat* unwirksam bleibt u. *Diäthyldithiocarbamat* (*Na-Salz*) die Oxydation selbst bei sehr hohen Cu-Konzz. hemmt. Diese Wrkg. sind für Cystein spezif., denn Cysteamin u. Glutathion bleiben durch vorst. Verbb. unberührt. F. Kren. 4210□

Der Nachweis und die Verteilung von Thiocysteamin oxydierenden Fermenten. D. Cavallini, C. De Marco und B. Mondovì. (Nature [London] **192**. 557–58. 11/11. 1961. Modena, Univ., Inst. of Biol. Chem.; Rome, Univ., Inst. of Biol. Chem.) (Engl.)

Ein *Thiocysteamin* (I)-*oxydierendes Ferment* (II) wurde aus Schweinenieren durch Fraktionierung mit $(NH_4)_2SO_4$ erhalten. I wurde durch Inkubation von *Cysteaminhydro-*

chlorid u. *Schwefel* erhalten. Die II-Aktivität, Oxydation von I zu *Thiotaurin*, wurde bei Inkubation mit ^{35}S-I nach der Cyanolysetechnik als einfachster Meth. bei etwa gleicher Zuverlässigkeit gegenüber Ionenaustauscherchromatographie oder Papierchromatographie bestimmt [nach Deproteinisierung, Behandlung mit Dowex 50 (H^+-Form), Erhitzen mit KCN u. NH_3 u. Photometrie nach Zusatz von $Fe(NO_3)_3$]. Die Unters. der Verteilung von II in Niere, Leber, Muskel u. Herz der Ratte, Kaninchen, Taube, Rind u. Pferd zeigte, daß die Pferdeniere die beste II-Quelle darstellt. J. BOELTER. 4210

Die p-Phenylendiamin-Oxydaseaktivität im Serum bei Leberkrankheiten. Mira Keler-Bačoka und L. Kallai. (Z. ges. exp. Med. **135**. 361—67. 1962. Zagreb, Jugoslawien, Univ., Med. Klinik.) (Dt.)

Seren von Kranken mit Verschlußikterus (VI), Hepatitis epidemica (HE) u. Lebercirrhose (LC) wurden auf Bilirubin, Eisen- u. Kupfer-Geh., Thymoltrübungs- u. Sublimattest u. *p-Phenylendiaminoxydase*-Aktivität (POA) untersucht. Zur Best. der POA wurde eine p-Phenylendiaminhydrochlorid-Lsg. (gepuffert auf pH 7,2) durch die Serumoxydase oxydiert u. die opt. Dichte photometr. gemessen. Der Wert für die POA ist für VI (bei 27 Unterss.) im Durchschnitt 96,96 gegenüber dem Normalwert von 38,64 (50 Unterss.) stark erhöht. Weniger stark ist die Erhöhung des POA-Wertes bei HE (54,68 bei 25 Fällen), während der Wert für LC (24 Fälle) mit 42,29 annähernd normal ist. Die erhöhten POA-Werte stehen in Beziehung zu erhöhten Kupferwerten. W. DAMERAU. 4210□

Untersuchungen über den Wirkungsmechanismus der Polyphenoloxydase. 1. Mitt. **Einflüsse organischer Lösungsmittel auf die Oxydation von o-Dihydroxyphenolen.** Chen-Lu Tsou und Wen-Chieh Li. (Acta physiol. sinica **21**. 403. Dez. 1957. Shanghai, Acad. Sinica, Inst. of Physiol. and Biochem.) (Chin.; Auszug: Engl.) — Vgl. C. **1959**. 11287.

Die Oxydation von *Brenzcatechin* in Ggw. von gereinigter Pilz-*Polyphenoloxydase* wird durch Zugabe von 50%ig. wss. A. um über 100% gesteigert, die Oxydation anderer o-Dihydroxyphenole gehemmt. Genauso verläuft die Oxydation, wenn Ascorbinsäure im Überschuß zugesetzt wird. Methanol, Isopropanol, tert.-Butanol u. Aceton stimulieren ebenfalls die Enzym-Rk., während Dioxan, Äthylenglykol u. Glycerin als Inhibitoren wirken. In 50%ig. Aceton ist die O_2-Aufnahme 3mal so groß wie in wss. Lösung. P. GREGORZEWSKI. 4210□

Verhalten einiger Pyridindehydrogenasen der Leber von Hungerratten. P. Martelli und A. Grassellini. (Boll. Soc. ital. Biol. sperim. **37**. 689—91. 31/7. 1961. Siena, Univ., Ist. di Chim. Biol.) (Ital.)

In der Leber von 60 Std. hungernden Ratten war die *Glucose-6-phosphatdehydrogenase*-Aktivität signifikant verringert, u. die *Glutaminsäuredehydrogenase*-Aktivität zeigte eine geringe Zunahme, während die *Isocitronensäuredehydrogenase-*, *Äpfelsäuredehydrogenase-* u. *Milchsäuredehydrogenase*-Aktivität im Vgl. zu den Kontrollen prakt. keine Unterschiede zeigten. K. ZINGRAF. 4210□

Untersuchungen der Xanthindehydrogenase aus Hühnerleber. Chin-yung Wu. (Acta physiol. sinica **21**. 343—50. Dez. 1957. Shanghai, Acad. Sinica, Inst. of Physiol. and Biochem.) (Chin.; Auszug: Engl.)

Nicotinamidadenindinucleotid (NAD) fungiert als H-Acceptor der *Xanthindehydrogenase* (I) aus Hühnerleber, die Rk. ist reversibel. Das Verhältnis der Red.-Geschw. von NAD u. 2.6-Dichlorphenolindophenol (II) in Ggw. von Xanthin u. I wird nicht durch den Reinheitsgrad von I beeinflußt. Die Cyanidinaktivierung von I ist bei Verw. von NAD u. II gleich groß. Die Red. beider H-Acceptoren wird durch das gleiche Enzym katalysiert. Cytochrom c wird sehr langsam in Ggw. von I durch Xanthin oder Hypoxanthin, aber schnell nach Zugabe von NAD reduziert. P. GREGORZEWSKI. 4210□

Einige mit der Reduktion und Reoxydation von Pyridincoenzymen verwandten Reaktionen in Leukocyten. M. Zatti und F. Rossi. (Ital. J. Biochem. **8**. 272—79. Sept./Okt. 1959. Padova, Univ., Ist. di Patol. Generale.) (Engl.)

Vff. untersuchten die Aktivität folgender Enzyme in polymorphonuclearen Leukocyten des Meerschweinchens u. des Menschens: *Glucose-6-phosphatdehydrogenase*, *Isocitronensäuredehydrogenase*, *Milchsäuredehydrogenase*, *TPNH-Cytochrom-c-Reduktase* u. *DPNH-Cytochrom-c-Reduktase*. Vgl. mit denen der Rattenleber. — Als wichtigstes Ergebnis ist die geringe *Nicotinamidadenindinucleotid-Cytochromreduktase*-Aktivität in Leukocyten verglichen mit der in der Leber anzusehen. Die *red. Form des Nicotinamidadenindinucleotids* (NADH) fällt bes. in der Leber als Folge der hier stattfindenden Milchsäure-Brenztraubensäure-Stoffwechsel-Reaktionen. Die Reoxydation des NADH wird sodann durch Cytochromreduktase vermittelt. P. GREGORZEWSKI. 4210□

Flavinnucleotide und Flavoproteine. 7. Mitt. **Die Flavinkomponente von reduzierter Diphosphopyridinnucleotiddehydrogenase.** F. M. Huennekens, S. P. Felton

N. Appaji Rao und Bruce Mackler. (J. biol. Chemistry **236.** PC 57—PC 59. Sept. 1961. Seattle, Wash., Univ., Dep. of Biochem. and Pedriatics.) (Engl.) — 6. vgl. C. **1958.** 3038.

Die *Flavin*-Komponente (FK) von *red. Diphosphopyridinnucleotiddehydrogenase* aus Rinderherz wurde auf verschiedene Art von der *Protein*-Komponente getrennt (Hitze, Säure, Dialyse, Adsorption an Florosil). In jedem Fall war die erhaltene FK ident. mit *Riboflavin-5'-phosphat* (I). Bei der Trennung durch Dialyse kann der Verlust an enzymat. Aktivität durch Zusatz von I, aber nicht durch Flavinadenindinucleotid, teilweise rückgängig gemacht werden. Dennoch bleiben nach Ansicht der Vff. Zweifel daran, ob I die prosthet. Gruppe des Enzyms ist, weil ein Abbau zum Mononucleotid während der Enteiweißung nicht auszuschließen ist. E. LODEMANN. 4210□

Aufnahme und Einbau von tritiertem Thymidin bei in vitro-Kulturen. W. M. Rigal. (Nature [London] **192.** 768. 25/11. 1961. Oxford, Nuffield Dep. of Orthopaedic Surgery.) (Engl.)

Sagittalschnitte der oberen Schienbeinepiphysen von Ratten, Kaninchen u. Meerschweinchen wurden in vitro mit *³H-Thymidin* (I) inkubiert. Autoradiograph. Messungen der proliferierenden Zone ließen ein Aktivitätsmaximum nach 1 std. Inkubation erkennen. Nach vorangegangener Decalcifizierung mit *Ameisensäure* (II) wurde das Aktivitätsmaximum erst nach 6—9 std. Inkubation erreicht. Gleiche Ergebnisse wurden in vivo durch Applikation von I an Ratten erhalten. Das Maximum an I wurde durch die Zellkerne schnell aufgenommen. Der Einbau in die größeren u. mehr komplexen sowie gegen II beständigen Moll. erforderte eine längere Inkubationszeit. J. BOELTER. 4210□

Nucleinsäuresynthese in der regenerierenden Rattenleber. Van R. Potter. (Nat. Acad. Sci.-Nat. Res. Council, Publ. Nr. **823.** 95. 1961. Madison, Wis., Univ. of Wisconsin, McArdle Memorial Labor.) (Engl.)

Verss. mit *¹⁴C-Orotsäure* bei partiell hepatektomierten Ratten ergeben, daß ca. 18 Std. nach der Operation *¹⁴C-Desoxyribonucleinsäure* (I) synthetisiert wird; die Dauer der I-Synth. der einzelnen Zelle beträgt ca. 5 Stunden. Die Konz. der *Enzyme* der I-Synth. steigt ca. 18 Std. nach der Operation steil an u. fällt nach Erreichen des Maximums langsam ab. Bei Bestrahlung vor oder bis zu 24 Std. nach der Hepatektomie wird die ¹⁴C-Markierung von I parallel zur Bestrahlungsdosis vermindert. Bei Bestrahlung 24 Std. nach der Operation wird die Aktivität der Enzyme der I-Synth. nicht beeinflußt. Erfolgt die Bestrahlung nach 16 Std., so werden die Enzyme in normaler Weise gebildet u. bleiben mindestens 24 Std. aktiv. Eine Bestrahlung nach 6 Std. führt jedoch zu einer 90—99%ig. Hemmung der Enzymbildung. Nach Injektion von markiertem *Desoxycytidin* (II) werden unter dem Einfl. der Bestrahlung erhöhte Konzz. an II im Harn ausgeschieden. P. SCHWERDTFEGER. 4210□

Untersuchungen über eine bevorzugte Spezifität von Pankreas-Ribonuclease auf Grund partiellen Abbaus. George W. Rushizky, C. Arthur Knight und Herbert A. Sober. (J. biol. Chemistry **236.** 2732—37. Okt. 1961. Berkeley, Calif., Univ., Virus Labor.; Bethesda, Md., U.S. Dep. of Health, Education and Welfare, Public Health Serv., Nat. Cancer Inst., Nat. Inst. of Health, Labor. of Biochem.) (Engl.)

Die bei teilweisem oder vollständigem Pankreas-*Ribonuclease* (I)-Abbau von *Tabakmosaikvirus-* u. *Heferibonucleinsäure* gebildeten *Mono-* u. *Oligonucleotide* (II u. III) wurden chromatograph. u. elektrophoret. untersucht. Es zeigte sich, daß offenbar bestimmte Bindungen vorhanden sind, die bes. I-empfindlich sind. III mit einem oder mehreren *Purinen* wurden z. B. eher gebildet als *Pyrimidin*-II. E. LODEMANN. 4210□

Vorübergehende Phosphorylierung von Desoxyribosiden und Regulation der Desoxyribonucleinsäure-Synthese. Yasuo Hotta und Herbert Stern. (J. biophysic. biochem. Cytol. **11.** 311—31. Nov. 1961. Urbana, Ill., Univ. of Illinois, Dep. of Botany.) (Engl.)

Unter Verw. von *¹⁴C-Thymidin* wurde die Fähigkeit der Mikrosporen, die aus *Lilium longiflorum* u. aus *Trillium erectum* isoliert worden waren, zur *Phosphorylierung* von *Desoxyribosiden* in vitro geprüft. Auch der Einfl. von *Phosphat, Rohrzucker* u. *Adenosintriphosphat* wurde untersucht. Das Enzym-Syst. wird anscheinend nahe dem Zeitpunkt der Desoxyribonucleinsäure-Synth. induziert. Das Enzym existiert in Lilium für ca. 10 Std., in Trillium bei 2—4° für ca. 2 Tage. Die benachbarten Zellen im Staubbeutel besitzen das Enzym-Syst. nicht. M. WIEDEMANN. 4210□

Stimulierung und Hemmung von Polynucleotidphosphorylase durch Polynucleotide. Roland F. Beers jun. (J. biol. Chemistry **236.** 2703—09. Okt. 1961. Baltimore, Md., Children's Hosp., Robert W. Johnson Labor.) (Engl.)

Die durch *Polynucleotid* (PN)-*phosphorylase* aus *Micrococcus lysodeikticus* u. *Bacillus subtilis* katalysierte Nucleotidpolymerisation wird durch weitgehend abgebaute Hefe-*Ribonucleinsäure* (*RNS*), teilweise alkal. oder enzymat. abgebaute *Polyadenylsäure* (PA)

u. PA mit hohem Molgew. gehemmt, wenn das Enzym (E) zunächst mit dem Inhibitor inkubiert wurde. Die Hemmung wird durch weitgehenden alkal. oder enzymat. Abbau oder Entfernung der endständigen Phosphatgruppen der PN aufgehoben. Durch nicht näher bestimmte Nucleotid-Derivv. aus kommerziellem *Adenosindiphosphat*, durch *Adenintetra-* u. *-pentanucleotid*, Phosphatase-behandelte Hefe-RNS u. Ribonuclease-behandelte PA wird die gleiche Rk. beschleunigt. Auch Hefe-*Ribonucleat* u. nicht abgebautes *Polyadenylat* wirken aktivierend, wenn die Inkubation mit dem E vor der Polymerisation vermieden wird u. die Salz-Konz. hoch (0,5m) oder sehr niedrig ist. Ausschlaggebend scheint also außer einem bestimmten Mindest-Molgew. das Vorhandensein eines *3'-Phosphat*-Restes an der *Ribose*-Endgruppe der hemmenden bzw. eine *3'-Hydroxylgruppe* an der der aktivierenden PN zu sein. E. LODEMANN. 4210□

Kinetische Eigenschaften und Gleichgewichtskonstanten der durch die Adenosintriphosphat–Kreatintransphosphorylase katalysierten Reaktion. T. Nihei, L. Noda und M. F. Morales. (J. biol. Chemistry **236**. 3203—09. Dez. 1961. Hannover, N. H., Dartmonth Med. School, Dep. of Biochem.) (Engl.) — Vgl. C. **1961**. 9070.

Bei der durch die *Adenosintriphosphat–Kreatin-Transphosphorylase* katalysierten Rk. wurde die Rück-Rk., die Bldg. von *ATP* u. *Kreatin* (I) aus *ADP* u. *Kreatinphosphat* (II) näher untersucht. Die Anfangs-Geschw. wurde durch Best. der I-Konz. mit α-Naphthol u. Diacetyl verfolgt. Mg^{2+} u. pH zeigten den gleichen Einfl. auf die Aktivität wie bei der Hinreaktion. Verschiedene Anionen, wie Cl^- u. SO_4^{2-}, wirkten als kompetitive Inhibitoren bzgl. **II**. Die Gleichgew.-Konst. für die Gesamt-Rk. wird ausgedrückt als $K = \overrightarrow{V} \cdot K_{MgADP} \cdot K_{II} / \overleftarrow{V} \cdot K_{MgATP} \cdot K_I$, wobei $\overrightarrow{V}$ u. $\overleftarrow{V}$ die maximalen Rk.-Geschw. für Hin- u. Rück-Rk. u. die K-Werte mit Index die MICHAELIS-Konst. sind. Mit *Inosin-* u. *Cytidinpolyphosphat* statt *ATP* ergaben sich ähnliche maximale Geschw. bei sehr geringer Enzymaffinität. H. LOHSCHELDER. 4210□

Die Beziehung der Phosphoprotein–Phosphatase-Aktivität zur Verwendung der Dotterplättchen im Amphibien-Embryo. Reed A. Flickinger. (J. exp. Zoology **131**. 307—32. März 1956. Los Angeles, Calif., Univ., Dep. of Zool.) (Engl.)

Verwendet wurden Eier u. Embryonen von *Rana pipiens* (Grasfrosch). Die Dotterplättchen wurden sedimentiert, der Überstand diente als Enzymfraktion. Bei Inkubationen wurde festgestellt, daß das in W. unlösl. Phosphoprotein *Vitellin* der Dotter durch enzymat. Dephosphorylierung in das in W. lösl. Dotterprotein *Livetin* umgewandelt werden kann. Beide Proteine sind mit *Ribonucleinsäure* assoziiert. Die Beziehung zwischen der Embryo-Induktion u. dem Übergang dieser Proteine in eine lösl. Form wird diskutiert. M. WIEDEMANN. 4210□

Eine Methode zum Nachweis von saurer Phosphatase in Ausstrichen. H. Löffler und W. Berghoff. (Klin. Wschr. **40**. 363—64. 1/4. 1962. Heidelberg, Univ., Ludolf-Krehl-Klinik.) (Dt.)

Lufttrockene Ausstriche werden mit Aceton fixiert, fließend gespült u. erneut luftgetrocknet. Die Inkubations-Lsg. enthält Na-α-Naphthylphosphat (30 mg), Diazoniumsalz des o-Aminotoluols (30 mg, Echtgranatsalz GBC) in 30 cm^3 Veronal–Acetat–HCl-Puffer (pH 6,3—6,5). Nach 1std. Inkubation wird gewaschen u. die Kerne mit Hämalaun gefärbt — Ausstriche mit Glyceringelatine eindecken. P. LOCH. 4210□

Die Isolierung, Reinigung und einige Eigenschaften der alkalischen Phosphatase aus menschlichen Leukocyten. S. Trubowitz, D. Feldman, S. W. Morgenstern und V. M. Hunt. (Biochem. J. **80**. 369—74. 1961. East Orange, N.J., Veterans Admin. Hosp., Med. Serv. and Med. Res. Labor.) (Engl.)

Menschliche Leukocyten wurden mehrmals mit n-Butanol extrahiert. Nach Zentrifugieren aus der wss. Phase wurde die *alkal. Phosphatase* (I) mit Aceton ausgefällt, in $NaHCO_3$-Lsg. mit $(NH_4)_2SO_4$ fraktioniert u. weiter über Acetonfällung, Chlf.-Extraktion u. A.-Fraktionierung gereinigt. I wurde maximal auf das 250fache angereichert (4075 μg P/mg N/Std.). u. enthielt 44,1 mg Zn/mg N, wobei der *Zn*-Geh. mit der Reinheit anstieg. Die I-Aktivität wurde durch Zusatz von *DL-Alanin* nicht stimuliert. Die Inkubation von I mit *EDTA* setzte die Aktivität um 95% herab. Dialyse führte zum Verlust eines Drittels der Aktivität. Zusatz von Al^{3+}, Mn^{2+}, Cd^{2+}, Ni^{2+}, Cr^{3+}, Cu^{2+}, Fe^{2+}, Co^{2+} oder Zn^{2+} zu EDTA-behandeltem I reaktivierte das Ferment zu 50%. I spaltete bei ca. 30facher Anreicherung *2.3-Phosphoglycerinsäure, 3-Phosphoglycerinsäure, Tetrose-4-, Ribose-5-, Fructose-6-, Mannose-6-, Galaktose-6-, Glucose-6-, Glucose-1-, 2-Desoxyglucose-6-, Sedoheptulose-7-phosphat; 6-Phosphogluconsäure, Cytidin-diphosphocholin, Fructose-1.6-, Uridin-, Guanosin-, Cytidin-diphosphat; Adenosin-tetraphosphat, Adenosin-, Uridin-, Guanosin-, Cytidin-triphosphat; 5'-Adenosin-, 3'-Adenosin-, Uridin-, Guanosin-, Cytidin-, Thymidin-, Inosin-monophosphat.* I zeigte mit allen Substraten eine Rk.

1. Ordnung; z. T. wurden die MICHAELIS-Konst. ermittelt. Die Freisetzung von *Phosphat* aus Substratmischungen durch I erfolgte nicht additiv. Das pH-Optimum für alle Substrate lag bei 9,0—9,9. Unterss. mit der Ultrazentrifuge ergaben für die hochgereinigte I 2 Komponenten, von denen eine 85% der Aktivität auf sich vereinigte.
J. BOELTER. 4210☐

Historadiographische Identifizierung der alkalischen Phosphatase. Arthur J. Hale. (J. biophysic. biochem. Cytol. **11.** 488—92. Nov. 1961. London, Imp. Cancer Res. Fund, Div. of Pathol.) (Engl.)

Alkal. Phosphatase kann durch die Abscheidung von Calciumphosphat aus Phosphatestern nachgewiesen werden. Mittels Röntgenstrahlung von 12 Å Wellenlänge wurde in Gefrierschnitten von Rattenleber das Calciumphosphat lokalisiert. Mit Kobaltchlorid kann es in Kobaltphosphat umgewandelt werden, weiterhin in Kobaltsulfid, die ebenfalls röntgenograph. lokalisiert werden können. M. WIEDEMANN. 4210☐

Reinigung und Eigenschaften der Acetylglucosaminkinase aus Schafgehirn. T. N. Pattabiraman und B. K. Bachhawat. (J. sci. ind. Res. [New Delhi], Sect. C **20 C.** 14—17. Jan. 1961. Vellore, Christian Med. Coll. and Hosp., Dep. of Neurol. and Neurosurg., Neurochem. Labor.) (Engl.)

Acetylglucosaminkinase wird nach üblicher Weise aus Hirnhomogenat durch Zentrifugieren, Gelbehandlung u. $(NH_4)_2SO_4$-Fällung gewonnen. pH-Optimum 7,4, spezif. für N-acetylierte Aminozucker. Adenosintriphosphat, Mg^{2+}, Mn^{2+}, Co^{2+} u. Ni^{2+} wirken aktivierend. P. GREGORZEWSKI. 4210☐

Die Wirkung von Reserpin auf die Phosphorylase-Aktivität von Meerschweinchenvorhöfen. F. Buffoni und A. Giotti. (Boll. Soc. ital. Biol. sperim. **37.** 668—72. 31/7. 1961. Firenze u. Sassari, Univ., Ist. di Farmacol.) (Ital.)

Durch Behandlung mit $5 \cdot 10^{-6}$m *Reserpin* wurde die *Phosphorylase*-Aktivität in isolierten Meerschweinchenvorhöfen signifikant verringert. Die in einer früheren Arbeit von GIOTTI (Arch. ital. Sci. farmacol. **9.** [1959.] 399) mitgeteilte nicht signifikante Verringerung war wahrscheinlich auf den Einfl. von Adenosinmonophosphat zurückzuführen, welches sich beim Einfrieren u. der weiteren Behandlung der Organe vor der Extraktion des Enzyms durch Spaltung von Adenosintriphosphat bildet. K. ZINGRAF. 4210☐

Wirkung von Noradrenalin auf die Kontraktion, Frequenz und Phosphorylase-Aktivität normaler und Reserpin-behandelter Meerschweinchenvorhöfe. F. Buffoni und A. Giotti. (Boll. Soc. ital. Biol. sperim. **37.** 672—75. 31/7. 1961. Firenze u. Sassari, Univ., Ist. di Farmacol.) (Ital.) — Vgl. vorst. Referat.

In nicht vorbehandelten isolierten Meerschweinchenvorhöfen vergrößerte *Noradrenalin* (I) die Frequenz u. Amplitude der Kontraktionen u. die *Phosphorylase* (II)-Aktivität. Durch vorherigen Zusatz von $5 \cdot 10^{-6}$m *Reserpin* wurde die Wrkg. von I auf die II-Aktivität nicht signifikant beeinflußt, die Frequenz wurde wesentlich verringert u. die Wrkg. von I auf die Amplituden war kleiner (jedoch nicht in Korrelation zur Aktivierung von II). K. ZINGRAF. 4210☐

Die Wirkung von Nicotin auf die Phosphorylase-Aktivität der Meerschweinchenvorhöfe. F. Buffoni und A. Giotti. (Boll. Soc. ital. Biol. sperim. **37.** 675—78. 31/7. 1961. Firenze u. Sassari, Univ., Ist. di Farmacol.) (Ital.) — Vgl. vorst. Referat.

In normalen isolierten Meerschweinchenvorhöfen ist die positiv inotrope u. chronotrope Wrkg. von $5 \cdot 10^{-5}$m *Nicotinbitartrat* (I) von einer Steigerung der *Phosphorylase* (II)-Aktivität begleitet, die genau so groß ist wie die durch eine *Noradrenalin* (III)-Dosis mit gleicher inotroper u. chronotroper Wirkung. Nach 6 Std. Vorbehandlung der Präpp. mit $5 \cdot 10^{-6}$m *Reserpin* zeigt I keine positiv inotrope u. chronotrope Wrkg. mehr u. steigert im Gegensatz zu III die II-Aktivität nicht. Die Wrkg. von I wird durch Freisetzung von Brenzcatechinaminen aus den Präpp. vermittelt. K. ZINGRAF. 4210☐

Die endogene Bildung von Phosphoenolbrenztraubensäure durch die Mitochondrien der Rattenleber. Karl A. Schellenberg und Eugene C. Weinbach. (Biochim. biophysica Acta [Amsterdam] **45.** 593—95. 18/12. 1960. Bethesda, Md., U.S. Public Health Serv., Nat. Inst. of Health, Nat. Inst. of Allergy and infect. Dis., Labor. of Parasitic Dis., Labor. of Parasite Chemotherapy.) (Engl.)

Mitochondrien aus Leberzellen der Ratte wurden in 0,25m Saccharose präpariert u. 5—65 Min. bei 30° aerob in 1 ml Nährlsg. aus 1,5 mg Mitochondrien-N, 0,125m Saccharose, 0,05m Tris-[hydroxymethyl]-aminomethan von pH 7,4, 0,005m $MgCl_2$ u. 10^{-4}m $H_3{}^{32}PO_4$ (100 μc) bebrütet. Nach Abkühlen der Suspension u. Sedimentation der Mitochondrien wurde das Überstehende durch Anionenaustausch-Chromatographie 2mal fraktioniert. Dabei fanden sich Phosphat u. 2 Phosphatester, die gegenüber einer Behandlung mit 1m HCl 10 Min. bei 100° beständig waren. Die Fraktion des 2., mit Adenosindiphosphat, *Phosphoenolbrenztraubensäure* (I) u. Adenosintriphosphat (II) ge-

mischten Esters wurden mit Myokinase oder Brenztraubensäurekinase in Kombination mit Hexokinase u. Glucose geprüft. Das entstandene ^{32}P-Glucose-6-phosphat wurde als Phosphoester bestimmt, der bei 100° 30 Min. in m HCl beständig ist. Die I-Fraktion zeigte Labilität gegenüber alkal. J u. neutralem $HgCl_2$. Dreifache Rekristallisation als Ag–Ba-Salz mit synthet. I als Träger ergab spezif. Aktivitäten von 2780, 2700 u. 2800 Impulsen/Min./mg. Nach Ohlmeyer (J. biol. Chemistry **190.** [1951.] 21) synthetisiertes ^{32}P-I verhielt sich wie I aus Mitochondrien. Die Menge des eingebauten ^{32}P wird durch Pentachlorphenol u. 2.4-Dinitrophenol bei Einbau in I erhöht, in II gesenkt. 0,002 m $CaCl_2$ vermag den Einbau in II zu senken, KCN senkt den in I u. II. Glutathion, Äthylendiamintetraacetat (je 0,001 m), 0,02 m KF u. Fehlen des $MgCl_2$ hatten keine Wirkung.
H. G. W. Gleiss. 4210□

Histochemische nachweisbare Phosphatasen und Proteinsynthese. A. Vorbrodt. (Exp. Cell Res. **15.** 1—20. Aug. 1958. Gliwice, Inst. of Oncology, Dep. of Tumor Biology.) (Engl.)

An Kaninchen-Reticulocyten, Mäuse-Pankreas nach Pilocarpin-Stimulierung, regenerierter Rattenleber, Ascites-Tumoren von Mäusen, Granulationsgewebe u. Seidendrüsen von Larven der Wachsmotte als Modell-Syst. mit deutlicher Protein-Synth. wurde die *Phosphatase*-Aktivität mit histochem. Meth. untersucht. Dabei war kein deutlicher Zusammenhang zwischen der Aktivität von alkal. *Phosphatase* (I) u. *5-Nucleotidase* u. den intracellulären Prozessen der Protein-Synth. festzustellen. Die Aktivität dieser Enzyme war nur in neugebildeten Kollagenfasern hoch, was auf ihre Beteiligung an der Reifung von Präkollagen u. Kollagen schließen läßt. In sämtlichen untersuchten Zellen war die Aktivität der sauren I hoch u. war in der Hauptsache im Cytoplasma lokalisiert. Die Aktivität der Adenosintriphosphatase im Cytoplasma war in gewissem Umfange mit einer Stimulierung der Protein-Synth. verbunden; deutlich erhöhte Niveaus wurden in den Kernen des schnell wachsenden neoplast. Gewebes u. in regenerierender Leber, ebenso in den Kernkörperchen gefunden. E. Uhlein. 4210□

Oxydative Phosphorylierung und respiratorische Kontrolle an Mitochondrien der Stubenfliege. Charles T. Gregg, Charles R. Heisler und Lemar F. Remmert. (Biochim. biophysica Acta [Amsterdam] **45.** 561—70. 18/12. 1960. Corvallis, Oreg., Oregon State Coll., Dep. of Chem.; Oregon Agricult. Exp. Stat., Dep. of Agricult. Chem.) (Engl.)

Im Gegensatz zu den Befunden früherer Autoren berichten Vff., daß aus dem Thorax adulter Stubenfliegen (*Musca domestica L.*) isolierte Mitochondrien denen anderer Tiere bzgl. der raschen Oxydation von Pyruvaten ähneln. Auch ohne Zusatz von Serumalbumin ergaben sich hohe P/O-Verhältnisse. Bei maximaler Respiration ist die Ggw. eines Phosphat-Acceptors erforderlich. H. G. W. Gleiss. 4210□

Synthese und Abbau von Desoxyribose-5-phosphat in verschiedenen Fraktionen des Rattenleberhomogenats. E. Marinello, G. Quadri und I. Domini. (Boll. Soc. ital. Biol. sperim. **37.** 686—89. 31/7. 1961. Siena, Univ., Ist. di Chim. Biol.) (Ital.)

Rattenleberhomogenate wurden durch Zentrifugieren ($600 \cdot g$, $25000 \cdot g$) fraktioniert. Die überstehenden Fll. besaßen etwa dieselbe *Desoxyribose-5-phosphataldolase*-Aktivität; nur in ihnen, nicht aber im Rückstand kann daher die Synth. von *Desoxyribose-5-phosphat* (I) erfolgen. Dagegen ist der Abbau von I auch im Rückstand möglich, allerdings in wesentlich geringerem Maß als in den beiden anderen Fraktionen.
K. Zingraf. 4210□

Biosynthese von Galaktosylsaccharosederivaten. E. J. Bourne, J. B. Pridham und Mary W. Walter. (Biochem. J. **82.** 44 P. März 1962. Englefield Green, Univ. of London, Royal Holloway Coll., Chem. Dep.) (Engl.)

Ein aus den Samen von *Vicia faba* erhaltener Enzymextrakt wird bei Ggw. von Adenosintriphosphat, Uridintriphosphat u. α-D-Galaktose-1-phosphat mit ^{14}C-Saccharose inkubiert. Es wird ein Trisaccharid nachgewiesen, das mit Raffinose ident. ist. Die Charakterisierung erfolgt auf dem Wege der Hydrolyse (n H_2SO_4) durch Nachw. von markierter Glucose u. Fructose sowie von markierter Melibiose u. Fructose bei Einw. von Hefeinvertase. Das Enzym α-Galaktosidase kann α-Galaktopyranosylreste auf Saccharose übertragen. A. Täufel. 4210□

Dextransaccharase V und die Rolle von Metallionen bei der enzymatischen Katalyse. W. Brock Neely und Julie Hallmark. (Nature [London] **191.** 385—86. 22/7. 1961. Midland, Mich., Dow Chem. Comp., Biochem. Res. Labor.) (Engl.)

Die Wrkg. von *Ca-*, *Zn-*, *Mg-*, *Mn-* u. *Cu-Ionen* auf die *Dextransaccharase V*-Aktivität (A) wurde untersucht. Lediglich Ca^{2+} wirkt A-steigernd. *Äthylendiamintetraessigsäure* u. *Oxalsäure* hemmen die Rk. kompetitiv. Ein Einfl. von Mg^{2+} auf die Rk. konnte nicht festgestellt werden, obwohl bekannt ist, daß Mg^{2+} über die Aktivierung des sog.

„*branching*“ *Enzyms* (I) die Bldg. *verzweigter Dextrane* bewirkt. Vff. erklären das dadurch, daß bei ihren Unterss. die *Fructose* (II)-Bldg. als Maß für die A benutzt wurde, u. daß I die Übertragung vorgeformter *Oligosaccharid*-Einheiten katalysiert, ohne dabei II in Freiheit zu setzen. E. LODEMANN. 4210□

Glykogengehalt und Biosynthese von Cozymase in der Leber von Meerschweinchen nach Behandlung mit hohen Dosen Nicotinamid. C. Ricci, E. Marinello und G. Quadri. (Boll. Soc. ital. Biol. sperim. **37.** 680—81. 31/7. 1961. Siena, Univ., Ist. di Chim. Biol.) (Ital.)

12 Std. nach intraperitonealer Injektion von 1 g *Nicotinamid*/kg Körper-Gew. ist der Glykogen-Geh. in der Leber von Meerschweinchen im Vgl. zu den Kontrolltieren nicht verändert; der Nicotinamidadenindinucleotid (NAD)-Geh. ist 7—8mal höher als bei den Kontrollen, während der NADH-Geh. nur wenig erhöht ist. K. ZINGRAF. 4210□

Die Bestimmung der Glucose-6-phosphataseaktivität im Blutserum. J. Kellen und K. Belaj. (Clin. chim. Acta [Amsterdam] **6.** 595—96. Juli 1961. Levoča, State Hosp. of Levoča, Central Labor.) (Engl.)

Es wird bestätigt, daß die bei der Meth. von KOIDE u. ODA (C. **1961.** 17607) zustande kommenden unterschiedlichen Ergebnisse bei der Best. der *Glucose-6-phosphatase* (I)-Aktivität durch eine Freisetzung von anorgan. Phosphat aus dem Substrat Glucose-6-phosphat infolge Einw. von *alkal. Phosphatase* (II) bedingt sind. Durch Zufügung von 10^{-2}m As_2O_3 läßt sich die II-Aktivität zu 50% hemmen, während die I-Aktivität unbeeinflußt bleibt. Klin. fand sich keine Beziehung zwischen der I- u. II-Aktivität bei infektiöser Hepatitis. U. TAUSENDFREUND. 4210□

Verhalten der Glucose-6-phosphatdehydrogenase und der Transketolase während der Biosynthese von Cozymase in der Leber infolge von Nicotinamid bei Hungerratten. E. Marinello, P. Martelli und C. Ricci. (Boll. Soc. ital. Biol. sperim. **37.** 682—83. 31/7. 1961. Siena, Univ., Ist. di Chim. Biol.) (Ital.) — Vgl. vorst. Referat.

Durch intraperitoneale Injektion von *Nicotinamid* wurde bei Hungerratten die verringerte *Transketolase*-Aktivität in der Leber erhöht, jedoch nicht ganz normalisiert; dagegen wurde die ebenfalls verringerte *Glucose-6-phosphatdehydrogenase*-Aktivität nicht beeinflußt. K. ZINGRAF. 4210□

Verhältnis zwischen der Glucose-6-phosphatdehydrogenase und der Transketolase der Leber bei Normalpersonen. E. Marinello, P. Martelli, G. Verme und P. Giovannini. (Boll. Soc. ital. Biol. sperim. **37.** 684—86. 31/7. 1961. Siena, Univ., Ist. di Chim. Biol. u. Clin. Med. Generale.) (Ital.) — Vgl. vorst. Referat.

Unter physiolog. Bedingungen enthält die menschliche Leber $0{,}11 \pm 0{,}05$ E. *Glucose-6-phosphatdehydrogenase* (I)/mg Protein (= 0,74 E./mg Leber) u. $0{,}12 \pm 0{,}1$ E. *Transketolase* (II)/mg Protein ($0{,}68 \pm 0{,}44$ E./mg Leber). Der Geh. in der Leber der Ratte beträgt dagegen $2{,}5 \pm 0{,}55$ E. I/mg Protein (= $11{,}8 \pm 2{,}64$ E./mg Leber) u. $0{,}84 \pm 0{,}2$ E. II/mg Protein (= $3{,}9 \pm 0{,}95$ E./mg Leber). K. ZINGRAF. 4210□

Weitere Eigenschaften des Kapselpolysaccharid von Typ III Pneumococcus synthetisierenden Systems. Evelyn E. B. Smith und G. T. Mills. (Biochem. J. **82.** 41 P. März 1962. Brooklyn, N.Y., State Univ. of New York, Dep. of Med., Downstate Med. Center.) (Engl.)

Auf der Suche nach einer Startersubstanz für das Enzym-Syst., aus einer Partikelfraktion ($< 10000 \cdot g > 20000 \cdot g$) von *Typ III Pneumococcus*, welches das zugehörige *Kapselpolysaccharid* (S III) synthetisiert, wird S III einen fraktioniertem Abbau durch spezif. Typ-III-Depolymerase unterworfen. Wird der Abbau genau in dem Zeitpunkt unterbrochen, in dem die Antigen-Antikörper-Rk. um 97% red. wird, so kann das entstandene Depolymerisations-Prod. als Starter dienen, der die S III-Synth. um 70% steigert. Verlängert man die Depolymerase-Einw. auf S III bis zum völligen Verschwinden der Antigenaktivität, so lassen sich eine Anzahl von Oligosacchariden des Typs: [Glucuronosyl-1 → 4-Glucose]$_n$ mit n = 1, 2 u. 4 säulenchromatograph. (Dowex-1-formiat) abtrennen. Keins von ihnen zeigt Startereigenschaften. Demnach müssen Starteroligosaccharide 8—12 Disaccharid-Einheiten aufweisen. P. LOCH. 4210□

Versuche über die Biosynthese des Typ I Pneumococcus Kapselpolysaccharides. Evelyn E. B. Smith und G. T. Mills. (Biochem. J. **82.** 42 P. März 1962. Brooklyn, N.Y., Downstate Med. Center, State Univ. of New York, Dep. of Med.) (Engl.) — Vgl. vorst. Referat.

Ein aus kapsellosen Mutanten von *Typ I Pneumococcus* isolierter Enzymextrakt synthetisiert aus *Uridinphosphogalakturonsäure* (I) eine Polymer-Verb., die mit Typ I Antiserum reagiert. Bei Verw. von markierter I als Substrat enthält der gebildete Antikörperkomplex ^{14}C. Bei Zugabe von Uridindiphosphoacetylglucosamin zur Enzymfraktion wird in Ggw. von I eine 100% ig. Zunahme der Menge des aus Typ I Antiserum resultierenden Antikörpers erlangt. Acetylglucosamin sowie Glucosamin sind dagegen wirkungslos. Es wird festgestellt, daß die Synth. von serolog. akt. Material erst nach Bldg. geringer Mengen der Polymer-Verb. aus I erfolgt. A. TÄUFEL. 4210□

Elektronische Struktur der Coenzyme der Decarboxylierung. Bernard Pullman, Claire Spanjaard und Carmela Valdemoro. (C. R. hebd. Séances Acad. Sci. **249.** 2413—14. 30/11. 1959.) (Franz.)

In Fortsetzung früherer Arbeiten von PULLMAN u. PULLMAN (vgl. Proc. nat. Acad. Sci. USA **45.** [1959.] 136) u. von PULLMAN u. PULLMAN (vgl. Proc. nat. Acad. Sci. USA **45.** [1959.] 1572) untersuchten Vff. die elektron. Struktur der Coenzyme der Decarboxylierung. Mit Hilfe der Meth. der Molekularbahnen wurde die elektron. Struktur des *Thiamins* u. des *Pyridoxals* berechnet. In die Rechnungen wurden gesondert die beiden im Thiamin auftretenden Ringe, der *Pyrimidinring* u. der *Thiazolring* einbezogen. Die numer. Ergebnisse sind graph. angegeben. C. GOTTFRIED. 4210

Die Rolle der CO_2-Fixierung bei der Kohlenhydratverwertung und -synthese. Merton F. Utter. (Ann. New York Acad. Sci. **72.** 451—61. 6/2. 1959. Cleveland, Ohio, Western Reserve Univ., School of Med., Dep. of Biochem.) (Engl.)

Übersicht über die von „*malic*"-*Enzym* (I) u. *Phosphopyruvatcarboxykinase* (II) katalysierten CO_2-Bindungs-Rkk.: CO_2 + Pyruvat (III) + TPNH $\overset{I}{\rightleftharpoons}$ *L*-Malat + TPN + CO_2 + Phosphopyruvat (IV) + Guanosindiphosphat $\overset{II}{\rightleftharpoons}$ Oxalacetat + Guanosintriphosphat. Vermutlich sind I u. II in Leber u. Niere am Mechanismus der IV-Synth. aus III bei der Glykogenese beteiligt. — 30 Literaturangaben. K. MAIER. 4210□

Die indirekte Rolle von Biotin bei der Synthese des Äpfelsäureenzyms. Paula G. Ables, Joanne M. Ravel und William Shive. (J. biol. Chemistry **236.** 3263—66. Dez. 1961. Austin, Tex., Univ. of Texas, Dep. of Chem.; Clayton Found. Biochem. Inst.) (Engl.)

Vff. stellten fest, daß der *Biotin* (I)-Bedarf für die Synth. des *Äpfelsäureenzyms* (II) von auf einem Medium mit niedrigem I-Geh. gewachsenem *Lactabacillus arabinosus* 17–5 auch gedeckt werden kann durch Ersatz von I durch *Asparagin* oder, wirkungsvoller, durch *Glycyl-L-asparagin* (III) u. *L-Glutamyl-L-asparagin*, nicht jedoch durch *L-Asparaginsäure* (IV). Die Geschw. der II-Synth. ist in Ggw. von I u. III erhöht. Die durch I verursachte Stimulierung der II-Synth. wird durch IV gehemmt, wogegen die Stimulierung durch III nicht durch IV gehemmt wird. Hingegen verwerten Zellen, die auf einem I-freien *Oleat*-Medium wachsen, IV für die Synth. von II. H. KOCKERT. 4210□

Messung der Acetylcholinesterase-Aktivität der Erythrocyten des Menschen nach der von D. Vincent modifizierten Hestrinschen Methode. H. Guyot. (C. R. Séances Soc. Biol. Filiales **155.** 1649—51. 1961. Lyon, Inst. Pasteur, Serv. de Biochim.) (Franz.)

Bei gesunden Menschen ist die *Cholinesterase*-Aktivität der Erythrocyten so stark, daß mit der Best.-Meth. nach HESTRIN in jedem Fall eine 100% ig. Wrkg. gefunden wird. Anstatt weniger Erythrocyten oder mehr Acetylcholin (I) als Substrat zu benutzen, red. Vf. die Inkubationszeit von 30 auf 10 Minuten. Die Brauchbarkeit dieses Verf. bestätigt sich bei der Unters. von Syst., in denen die Wrkg. des Enzyms durch Zusatz (10^{-5} m) von *Eserin, Dimethyldichlorvinylphosphat* oder *Phosdrin* gehemmt ist; in diesen Fällen wird I vollständig wiedergefunden. M. BLASCHETTE-HUTTINGER. 4210□

Biochemische Untersuchungen über die Schlangengifte. 7. Mitt. Isolierung der Giftcholinesterase durch Zonenelektrophorese. Chen-Chung Yang, Wen-Ching Chiu und Kuang-Ching Kao. (J. Biochemistry [Tokyo] **48.** 706—13. Nov. 1960. Kaoshiung, Taiwan, Kaoshiung Med. Coll., Dep. of Biochem.) (Engl.) — 5. vgl. C. **1961** 11799.

Nach Best. der *Cholinesterase* (I)-Aktivität im Gift der Formosa-Kobra (*Naja naja atra*) u. von *Bungarus multicinctus* (nach der colorimetr. Meth. von HESTRIN; gute Übereinstimmung der Werte zur elektrometr. Titration) u. mit Hilfe deutlich erkennbarer Abtrennung der I-Aktivität von den tox. Giftkomponenten bei der Zonenelektrophorese wurde der Beweis dafür erbracht, daß zwischen I-Aktivität u. der Toxizität keine Beziehungen bestehen. U. TAUSENDFREUND. 4210□

Biochemische Untersuchungen über die Schlangengifte. 8. Mitt. Elektrophoretische Untersuchungen über das Gift von Bungarus multicinctus und die Beziehung der Toxizität zu Enzymaktivitäten. Chen-Chung Yang, Kuang-Ching Kao und Wen-Ching Chiu. (J. Biochemistry [Tokyo] **48.** 714—22. Nov. 1960.) (Engl.) — 7. vgl. vorst. Referat.

Bei elektrophoret. Unterss. am Gift von *Bungarus multicinctus*, bei denen sich der Hauptanteil der Toxizität in der 1. Proteinfraktion u. ein geringer Teil in der 2. Fraktion and, konnte bestätigt werden, daß die Enzyme *Phosphomonoesterase, Phosphatidase A, Cholinesterase, L-Aminosäureoxydase* u. *Hyaluronidase* (die alle in der giftfreien 3. Fraktion zu finden sind), sowie *Phosphodiesterase, 5'-Nucleotidase, Adenosintriphosphatase, Diphosphopyridinnucleotidpyrophosphatase* u. *Proteinease* (deren Aktivität so schwach ist, daß sie nicht für die Ursache der Toxizität in Frage kommen) nichts mit der Toxizität des Giftes zu tun haben. U. TAUSENDFREUND. 4210□

Synthese von Methionin aus Homocystein durch Enzymextrakte von Escherichia coli. J. Szulmajster und D. D. Woods. (Biochem. J. **75**. 3—12. 1960. Oxford, Univ., Dep. of Biochem., Microbiol. Unit.; Paris, C.N.R.S., Inst. de Biol. Phys.-chim.) (Engl.)

Aus einem *Serin* oder *Glykokoll* benötigenden auxotrophen Stamm von *Escherichia coli* nach Acetontrocknung erhaltene lösl. Extrakte synthetisieren *Methionin* (I) aus *Homocystein* u. *Serin* (II). Nach der Dialyse benötigen die Extrakte für die Umwandlung PO_4^{3-}, Mg^{2+}, Adenosintriphosphat, Diphosphopyridinnucleotid u. einen erhitzten Extrakt von E. coli. Der erhitzte Extrakt enthält eine *Coenzym-Form von Folsäure*, die teilweise durch eine aus *Clostridium cylindrosporum* extrahierte *N-Formylpteroyltriglutaminsäure*, jedoch nicht durch Tetrahydropteroylglutaminsäure oder deren N^5-Formyl-Deriv. ersetzt werden kann. Auf Grund von Isotopen-Verss. wird das $C_{(\beta)}$ von II in das $C_{(CH_3)}$ von I umgewandelt. Die Extrakte bauen ferner II zu Glykokoll ab, für welche Rk. ein qual. ähnlicher Bedarf an Cofaktoren wie für die I-Synth. besteht. H.-J. KOCH/Berlin. 4210□

Über die β-Alanin-α-Ketoglutarat-Transaminase aus Neurospora crassa. Harald Aurich. (Hoppe-Seyler's Z. physiol. Chem. **326**. 25—33. 25/10. 1961. Leipzig, Univ., Physiolog.-chem. Inst.) (Dt.)

Aus dem Mycel von *Neurospora crassa* wurde eine Enzym-Lsg. gewonnen, die *β-Alanin-α-Ketoglutarat-Transaminase* (I) enthält. Dieses Ferment katalysiert quant. die Rk. β-L-Alanin + α-Ketoglutarsäure → Glutaminsäure + Malonsäurehalbaldehyd. I wurde mit dem in der gleichen Lsg. vorkommenden u. auf α-L-Alanin eingestellten Enzym verglichen. Die Aktivität beider Enzyme wird durch Pyridoxal-5-phosphat gesteigert, ihr pH-Optimum liegt zwischen 7 u. 8, ihr Temp.-Optimum bei 30—35°. Die Enzymaktivitäten sind lineare Funktionen der Rk.-Zeit u. der Enzym-Konzentration. Die MICHAELIS-Konst. werden mitgeteilt. WINFRIED KRÜGER. 4210□

Stoffwechselkontrolle der Kreatinbiosynthese. 2. Mitt. Wiederherstellung der Transamidinaseaktivität nach erfolgter Kreatinhemmung. James B. Walker. (J. biol. Chemistry **236**. 493—98. Febr. 1961. Houston, Tex., Baylor Univ., Coll. of Med., Dep. of Biochem.) (Engl.) — 1. vgl. C. **1962**. 11270.

Kreatin (I)- oder *Guanidinacetat* (II)-Zusätze zum Futter erzeugen beim Küken u. bei der Ente eine starke Erniedrigung der *Leber-Arginin-Glycin-Transamidinase* (III)-Konzentration. Vermutlich wird II in I umgewandelt, noch ehe der wirkliche Hemmstoff gebildet ist. Bei der Unters. des Nahrungsbedarfes für die Wiederherstellung der III-Aktivität wird gefunden, daß eine bestimmte Menge von *Saccharose* u. vitaminfreiem *Casein* (IV) dafür ausreichend ist. Saccharose kann auch durch *Glucose* oder *Dextrin* ersetzt werden. IV kann durch ein Gemisch aus *Zein* u. *Hämoglobin* ersetzt werden; jede Komponente für sich allein ist unwirksam. Mit Hilfe von Enzymen hydrolysiertes IV ist ebenfalls wirksam; säurehydrolysiertes IV hingegen nicht, außer es wird mit *Tryptophan* ergänzt. *Äthionin*-Zugaben bewirken nach erfolgter Wiederherstellung eine erneute Hemmung, welche durch *Methionin* aufgehoben werden kann. R. HEINRICH. 4210□

Ein vereinfachtes Kulturmedium für die Bereitung von Kollagenase. G. H. Warren und Jane Gray. (Nature [London] **192**. 755—56. 25/11. 1961. Radnor, Pa., Wyeth Labor., Inc., Res. Div.) (Engl.)

Vff. beschreiben die Zus. von Nährlsgg. u. die Arbeitsweise für die Züchtung von *Clostridium histolyticum* 47 Q-5 u. die Isolierung der gebildeten *Kollagenase*, die in guter Ausbeute u. Reinheit anfiel. H. LOHSCHELDER. 4210□

Einwirkung von Trypsin auf gelöstes Kollagen. K. Kühn, J. Kühn und K. Hannig. (Hoppe-Seyler's Z. physiol. Chem. **326**. 50—60. 25/10. 1961. Heidelberg, Univ., Anorg.-chem. Inst.; München, Max-Planck-Inst. für Eiweiß- u. Lederforsch.) (Dt.)

Durch drast. Behandlung von *Kollagen* (I) mit *Trypsin* (II; I : II = 3 : 1, 20 Std., 20°) wurde ein Prod. erhalten, dessen Tyrosin- bzw. Hexosen- u. Hexosamin-Geh. stark erniedrigt war. Dabei erfolgte bereits eine weitgehende Denaturierung u. ein starker proteolyt. Abbau der Tropokollagen (T.K.)-Moleküle. Aus den enzymat. behandelten Lsgg. konnten jedoch alle die T.K.-Moll., deren Dreikettenschrauben nicht zerstört waren, z. B. durch Dialyse oder durch Erwärmen in Neutralsalz-Lsgg. nach vorheriger Entfernung des II als Fibrillen der nativen Form wiedererhalten werden. Diese erscheinen im Elektronenmikroskop gut strukturiert, aber dünner u. kontrastärmer, glichen also solchen aus hochgereinigten I-Präparaten. Vff. kommen daher zu der Ansicht, daß durch die Einw. von II auf I nur Begleitkomponenten (tyrosinhaltige Glykopeptide) abgetrennt werden, die für die Fibrillen-Bldg. ohne Bedeutung sind. Winfried Krüger. 4210□

Ionisierung der phenolischen Hydroxyle im Papain. A. N. Glazer und Emil L. Smith. (J. biol. Chemistry **236.** 2948—51. Nov. 1961. Salt Lake City, Utah, Univ. of Utah, Coll. of Med., Dep. of Biol. Chem. and Med., and Labor. for Study of Hereditary and Metabol. Disorders.) (Engl.)

Es wurde das Verh. der *phenol. OH-Gruppen* (I) im *Papain* (II) mit Hilfe der spektrophotometr. Titration im Bereich von pH 5,5—14 untersucht. Aus dem UV-Spektrum einer neutralen II-Lsg. sowie solcher bei pH 12 u. 13 ist ersichtlich, daß bei pH 12 noch nicht alle I ionisiert sind. Die beobachteten zeitabhängigen Veränderungen (Ansteigen) in der Absorption bei 295 mμ einer II-Lsg. wurden auf die langsame Ionisierung der I zurückgeführt. Die molare Extinktion bei 295 mμ zwischen pH 5 u. 8 ist 12,50. Zwischen pH 8 u. 11 ist die Ionisation vollständig reversibel. Bei Rücktitration einer II-Lsg. mit einem pH > 12 erhält man unterhalb von pH 9,5 einen Nd. auf Grund von Denaturierung u. Aggregation. Die zwischen pH 9,5 u. 13,5 erhaltenen Ergebnisse zeigen, daß alle 17 *Tyrosin*-I normales Ionisierungs-Verh. zeigen, wenn die Lsg. bei einem pH > 12 genügend lange Zeit bis zur Erreichung eines Gleichgewichts gestanden hat. — Nach 24 std. Stehen bei pH 13 u. 27° (3 Std., pH 13,5, 39°) konnte das Verhältnis *Tyr/Try* mit 3,25 : 1 bestimmt werden. S. Vierkötter. 4210□

Beitrag zum Studium der lokalen und Allgemeinwirkung der basischen Proteine — Papain und Trypsin. A. Capri, P. Mastroeni und F. Orecchio. (Boll. Soc. ital. Biol. sperim. **37.** 678—80. 31/7. 1961. Messina, Univ., Ist. di Patol. Generale.) (Ital.)

30 mg *Papain*/kg oder 7 mg *Trypsin*/kg i.v. bewirkten bei jungen Kaninchen zunächst eine Leukopenie, welche 2—3 bzw. 4—6 Std. nach Injektion von einer ausgeprägten Leukocytose gefolgt war. Nach intracutaner Anwendung wurden mäßige Ödeme leichter Hyperämie, deutliche intravasculäre Leukocytose u. perivasculäres Infiltrat beobachtet. K. Zingraf. 4210□

Enzymatische Oxydation von Vitamin-A-aldehyd in Vitamin-A-säure. Sidney Futterman. (J. biol. Chemistry **237.** 677—80. März 1962. Boston, Mass., Harvard Med. School; Massachusetts Eye and Ear Infirmary, Howe Labor. of Ophthalmol.) (Engl.)

Vf. stellte fest, daß *Vitamin-A-aldehyd* durch Leber-*Aldehyddehydrogenase*, Leber-*Aldehydoxydase* u. Milch-*Xanthinoxydase* zu *Vitamin-A-säure* oxydiert wird. Die Reversibilität dieser Rkk. konnte nicht nachgewiesen werden. H. Kockert. 4210□

Wirkung der Gallensäuren auf einige Hydrolasen. L. Rossini. (Boll. Soc. ital. Biol. sperim. **36.** 255. 31/3. 1960. Turin, Univ., Ist. di Chim. Biol.) (Ital.)

Die *Desoxycholsäure* (I; 0,04m) verringert die Aktivität des *Chymotrypsins* um ca. 50%; etwas geringer ist die Wrkg. der *Cholsäure*. Die Hemmung macht sich schon bei 0,005m I bemerkbar. I u. Cholsäure in Konzz. von 0,048m inaktivieren die *alkal. Phosphatase* des Darms um 50%, dieser Effekt wird schon bei 0,006m manifest. Dagegen fehlt eine Wrkg. der Cholsäuren auf die Pankreas-*Amylase*. Auch die Trypsin-Aktivität wird durch Konzz. von 0,03m nicht verändert. F. Kren. 4210□

Inhibierung der Katalase der Rinderleber durch die Desoxychol- und Cholsäure. L. Rossini. (Boll. Soc. ital. Biol. sperim. **36.** 256—57. 31/3. 1960. Turin, Univ., Ist. di Chim. biol.) (Ital.) — Vgl. vorst. Referat.

Während *Desoxychol-* u. *Cholsäure* deutlich hemmend auf die *Katalase* der Rinderleber wirken ist *Taurocholsäure* unwirksam. Es wurden die Na-Salze in Konzz. von 0,03m verwendet u. die Enzymaktivität durch Titrieren des verbliebenen H_2O_2 mit $KMnO_4$ bestimmt. F. Kren. 4210□

Untersuchungen zur Biosynthese des Cholesterins. 16. Mitt. Chemische Synthese von $^3H_{(1.1)}$—$^{14}C_{(2)}$- und $D_{(1.1)}$—$^{14}C_{(2)}$-trans.trans-Farnesylpyrophosphat und deren Verwertung zur Squalenbiosynthese. G. Popják, J. W. Cornforth, Rita H. Cornforth, R. Ryhage und DeWitt S. Goodman. (J. biol. Chemistry **237.** 56—61. Jan. 1962. London, Hammersmith Hospital, Med. Res. Council, Exp. Radiopathol. Res. Unit., and Nat. Inst. for Med. Res.; Stockholm, Karolinska Inst.; Bethesda, Md., Nat. Heart Inst., Sect. on Metabolism.) (Engl.) — 15. vgl. J. biol. Chemistry **236.** [1961.] 1934.

Es wurden *$^{14}C_{(2)}$-Farnesylsäuremethylester*, *$^3H_{(1.1)}$-$^{14}C_{(2)}$-trans-trans-Farnesol* (I), *$D_{(1.1)}$-$^{14}C_{(2)}$-trans.trans*-I, *$^3H_{(1.1)}$-$^{14}C_{(2)}$-trans.trans-Farnesylpyrophosphat* (II) u. *$D_{(1.1)}$-$^{14}C_{(2)}$-trans.trans*-II synthetisiert. Synthet. II diente als wirksames Substrat der *Squalen* (III)-Biosynth. durch Lebermikrosomen. Aus den markierten Vorstufen gebildetes III enthielt 3 markierte H-Atome. Die Analyse von III aus *$D_{(1.1)}$*-Vorstufe ergab Bindung von 3 *D*-Atomen an die beiden zentralen C-Atome. Die Nachweisbarkeit des Verlustes eines markierten *H*-Atoms von II-$C_{(1)}$ ohne Bestehen eines „Isotopeneffektes" zeigt, daß die Entfernung des H-Atoms während der **III**-Biosynth. ein stereospezif. Vorgang ist u. vermutlich bei einer durch Kondens. zweier Farnesylreste gebildeten Zwischenstufe stattfindet.

Versuche: *$^{14}C_{(2)}$-3-Hydroxy-3.7.11-trimethyldodecadien-(6.10)-säuremethylester*, aus trans-Geranylaceton (1,94 g) u. $^{14}C_{(2)}$-Bromessigsäuremethylester; 1,86 g (Ausbeute). — *$^{14}C_{(2)}$-Farnesylsäuremethylester*, aus vorst. Verb. (1,86 g) durch Dehydratisierungsmittel $POCl_3$ in Pyridin, 3 Tage bei Raum-Temp.; 1,68 g; 45% *cis–trans*-, 43% *trans.trans*-Verb. Trennung durch Gaschromatographie an Celite 545 mit Überzug von 10% Apiezon-L-Vakuumfett — *$^{3}H_{(1.1)}$-$^{14}C_{(2)}$-trans.trans-Farnesol* (**I**), aus vorst. $^{14}C_{(2)}$-*trans.trans*-Verb. + nichtmarkierter Verb. (40,8 + 367,6 mg) mit $LiAl^3H_4$ in Ae. bei —30° (2 Std.), Austausch von labilem H mit A.–W.; 369 mg (95% *trans.trans*-Form). — *$D_{(1.1)}$-$^{14}C_{(2)}$-trans.trans*-**I**, aus $^{14}C_{(2)}$-*trans.trans*-Ester (506 mg) mit $LiAlD_4$; 425 mg (93% *trans.trans*-Form). — *$^{3}H_{(1.1)}$-$^{14}C_{(2)}$-Farnesylpyrophosphat* (**II**), aus **I** (333 mg) in Trichloracetonitril durch 4std. Eintropfen von Bis-[triäthylammonium]-phosphat in Acetonitril bei Raum-Temp. unter Rühren, Abtrennen von Farnesylmonophosphat als Dicyclohexylammoniumsalz (100 mg) u. von Pyrophosphat als Li-Salz (301 mg; ca. 85% *trans.trans*-Form). — *$D_{(1.1)}$-$^{14}C_{(2)}$*-**II**, aus **I** (403 mg); 87 g Monophosphat, 127 mg **II** (ca. 85% *trans.trans*-Form).

K. MAIER. 4210□

Über den Abbau von Atropin durch Corynebacterium belladonnae. 2. Mitt. H. Niemer und Herbert Bucherer. (Hoppe-Seyler's Z. physiol. Chem. **326**. 9—12. 25/10. 1961. München, Univ., Physiolog.-chem. Inst.) (Dt.) — 1. vgl. C. **1960**. 8228.

Corynebacterium belladonnae (C.b.) baut *Atropin* (**I**), *Hyoscyamin* (**II**) u. *Scopolamin* (**III**) ab. Aus **II** u. **III** ist nur die *Tropasäure* (**IV**), nicht aber Scopin u. Nortropin verwertbar, während bei **I** beide Mol.-Hälften, nämlich Tropin (**VI**) u. **IV**, abgebaut werden. Vff. klärten den weiteren Abbauweg von **VI**: Aus C.b. in Lsg. erhaltene *Tropindehydrogenase* dehydriert **VI** zu Tropinon, das weiter zu Tropinsäure abgebaut wird. Diese unterliegt einem weiteren Abbau zu Methylamin, das nachgewiesen wurde, u. wahrscheinlich $\alpha.\delta$-Diketopimelinsäure, die über die Zwischenstufe der α-Ketoglutarsäure in den Citronensäurecyclus eingehen kann.

WINFRIED KRÜGER. 4210□

Histochemische Untersuchungen zur Wirkung von Chlorochindiphosphat. H. Simon. (Naturwissenschaften **48**. 647—48. 2. Okt.-H. 1961. Berlin, Humboldt-Univ., Pathol. Inst., Rudolf-Virchow-Haus der Charité.) (Dt.)

Durch Verss. an Lebern von Albinoratten stellt Vf. fest, daß die Hemmung einiger Fermente aus dem *Citronensäurecyclus*, der biolog. Endoxydation, des *Adenylsäure*-Syst. u. des *Eiweiß*-, *Kohlenhydrat*- u. *Fettstoffwechsels* durch *Chlorochindiphosphat* (**I**; *7-Chlor-4-[4'-diäthylamino-1'-methylbutylamino]-chinolindiphosphat*) auf einer Blockierung der *SH*-Gruppen der Fermente durch **I** beruht. Der Grad der Hemmung sowie die Dauer der Hemm-Wrkg. ist bei Fermenten mit funktionellen SH-Gruppen unterschiedlich. Die SH-Hemmung konnte auch in vitro nachgewiesen werden. **I** hemmt ebenfalls die *5-Nucleotidase*, die, wie bisher bekannt ist, nicht SH-abhängig ist. Die Applikation von 2mal wöchentlich 0,063 g **I** führte bei einer großen Zahl von Tieren nach 24 Wochen zu einer Lebercirrhose. Die Fermenthemmung ist vorwiegend im Zentrum des Leberläppchens lokalisiert. Die dabei auftretende Störung der fermentativen Zelleistung führt zu einer Reihe histomorpholog. Veränderungen am Kern u. am Plasma. Durch die Verminderung fermentativer Zelleistungen unter **I** lassen sich proliferative Gewebe-Rkk. hemmen, so wurde die proliferative Phase bei experimenteller Rattensilicose über 12 Wochen fast vollständig unterdrückt.

CH. FOLESKY. 4210□

Das Nichtvorhandensein eines Erythrocyten-Enzym-Mangels bei australischen Eingeborenen. O. Budtz-Olsen und Chev Kidson. (Nature [London] **192**. 765. 25/11. 1961. Brisbane, Univ. of Queensland, Dep. of Physiol.; Melbourne, Alfred Hosp., Baker Med. Res. Inst.) (Engl.)

In den Erythrocyten austral. Ureinwohner beiderlei Geschlechts, sämtlich mit Stammesbindung aus dem nördlichen, zentralen u. westlichen Teil der Insel, wurde in keinem Fall ein Mangel an *Glucose-6-phosphatdehydrogenase* festgestellt. Dieses Gen scheint somit sehr selten oder gar nicht vorhanden zu sein. Die Gebiete sind prakt. malariafrei.

J. BOELTER. 4210□

Glomeruläre Fermente bei zwei verschiedenartigen Formen von Nephrose. Ulrich C. Dubach und Lillian Recant. (Klin. Wschr. **40**. 333—37. 1/4. 1962. St. Louis, Mo., Washington Univ., Med. School, Dep. of Preventive Med.) (Dt.)

Durch Injektion von 6-[Dimethylamino]-purin-3'-amino-D-ribose wird bei Ratten ein nephrot. Syndrom hervorgerufen. Es werden auch Ratten verwendet, bei denen eine immunolog. bedingte Nephrose erzeugt worden ist. Aus ihren Nieren werden Homogenate,

Schnitte u. Glomeruli-Präpp. angefertigt u. hierin Enzymaktivitäten bestimmt. — Unter den genannten patholog. Bedingungen wird am Rattenglomerulum eine verminderte *alkal.-Phosphatase-* u. eine vermehrte *Glucose-6-phosphatdehydrogenase*-Aktivität gefunden. Diese Erscheinungen zeigen sich erst nach dem Auftreten der Proteinurie. P. Loch. 4210□

E_3. Mikrobiologie. Bakteriologie. Immunologie

Versuche an E. coli $T^-A^-U^-$. Richard B. Roberts. (Nat. Acad. Sci. — Nat. Res. Council, Publ. Nr. 8[illegible]. 35—41. 1961. Washington, D.C., Carnegie Inst. of Washington.) (Engl.)

Es wird über Verss. mit der *Thymin* $(T)^-$, *Arginin* $(A)^-$ u. *Uracil* $(U)^-$ erfordernden Mutante von *Escherichia coli* berichtet. Werden die Zellen zunächst in $T^+A^-U^-$ inkubiert u. erst danach T entzogen, so erfolgt kein Absterben der Kulturen, während die Präinkubation in $T^+A^+U^+$ u. darauf folgende Inkubation in $T^-A^-U^-$ zu einem Rückgang der Kulturen führt. Die Wrkg. einer UV-Bestrahlung, der Einbau von T bzw. U u. ^{35}S unter verschiedenen Bedingungen sowie die Induktion der *β-Galaktosidase*-Synth. werden diskutiert. P. Schwerdtfeger. 4300□

Elaidinsäuremedium für menschliche Tuberkelbacillen. K. N. Gaind, K. S. Chopra und N. L. Chitkara. (Indian J. med. Res. **48.** 121—26. März 1960. Amritsar, Med. Coll.) (Engl.)

Es wird nachgewiesen, daß die für das Wachstum von Tuberkelbacillenkolonien benötigte Zeitspanne geringer ist bei Verw. des Fettsäureanteils des für die Kultur benötigten Eifettes statt des Eifettes für sich; gleich gute Ergebnisse werden bei Verw. *synthet. Elaidinsäure* erzielt. U. Tausendfreund. 4310□

Über den Metallnachweis in quecksilber- oder kupferbehandelten Bakterien. Reinhard Tröger. (Arch. Mikrobiol. **33.** 186—90. 1959. Jena, Friedrich-Schiller-Univ., Inst. für Allg. Bot.) (Dt.)

Vf. weist Metalle in Bakterien mikroanalyt. nach. Sie sind dort in Anlagerungs- u. Komplexbindung u. nicht in Ionenform vorhanden. Der *Cu-* u. *Hg*-Nachw. wird mit *Diphenylcarbazon*-Lsg. (0,03 g/10 ml W.) vorgenommen. Nach 5 Min. Einw.-Dauer erfolgt die mkr. Untersuchung. Eine Metallanhäufung erfolgt bevorzugt in den Sporen u. Zellproben. W. Hiller. 4315□

Das Vorkommen der Methyläther von Rhamnose und Fucose in spezifischen Glykolipiden bestimmter Mycobakterien. A. P. MacLennan, H. M. Randall und und D. W. Smith. (Biochem. J. **80.** 309—18. 1961. Univ. of Wisconsin, Dep. of Med. Microbiol.; Univ. of Michigan, Harrison M. Randall Labor. of Phys.) (Engl.)

Die Lipide wurden aus den Zellen von *Mycobacterium bovis BCG-Phipps* mit A.–Ae. extrahiert. Aus dem Extrakt krist. bei -30^0 *Mycosid A* (I), das in Chlf. an Kieselsäure u. an Kieselsäure-Hyflo-Super-Cel chromatograph. isoliert u. gereinigt wurde. **I,** F. 109^0, $[\alpha]_D^{20}$ -37 ± 1^0 (c = 1; Chlf.), besaß ein Molgew. von ca. 1000; N u. P wurden nicht gefunden. *Mycosid B* (II) wurde aus dem A.–Ae.-Extrakt chromatograph. an Al_2O_3-Hyflo-Super-Cel u. an Kieselsäure-Hyflo-Super-Cel isoliert u. gereinigt. **II,** F. 23^0 (Chlf.–Methanol), $[\alpha]_D^{20}$ -26 ± 1^0 (c = 1; Chlf.) besaß ebenfalls ein ungefähres Molgew. von 1000; N u. P wurden nicht gefunden. **II** erwies sich chromatograph. als einheitlich. Bei **I** wurde daneben eine nicht durch Abbau von **I** entstandene Komponente gefunden. Die Hydrolyse von **I** in n H_2SO_4 führte zu 3 Zucker-Verbb., die papierchromatograph., elektrophoret. u. chem. als *2-O-Methylfucose, 2-O-Methylrhamnose* (III) u. *2.4-Di-O-methylrhamnose* identifiziert wurden. In **I** wurde nur **III** gefunden. J. Boelter. 4315□

α.ε-Diaminopimelinsäure-enthaltende Uridinnucleotide aus Escherichia coli. D. G. Comb, W. Chin und S. Roseman. (Biochim. biophysica Acta [Amsterdam] **46.** 394—97. 15/1. 1961. Ann Arbor, Mich., Univ. of Michigan, Rackham Arthritis Res. Unit and Dep. of Biol. Chem.) (Engl.)

A.-Extrakte von Aceton-getrockneten *Escherichia coli*-Zellen wurden an Dowex-I-Ionenaustauscher (Chloridform) chromatographiert u. mit LiCl portionsweise eluiert. Die 4 erhaltenen Peaks waren *Diphosphopyridinnucleotid, Cytidin-5-monophospho-N-acetylneuraminsäure*, ein *Nucleosidmono-* u. *-diphosphat*-Gemisch u. ein Gemisch aus 4 Uridinnucleotiden. Letztere wurden näher untersucht. Alle 4 Uridinnucleotide enthielten den *3-O-Lactyläther des N-Acetylglucosamins* (*N-Acetylmuraminsäure*), wie durch Säurehydrolyse u. papierchromatograph. Meth. gezeigt wurde. Nach Eindickung des Uridinnucleotidgemisches, Präcipitation mit Li-Salzen, erneuter Dowex-I-Chromatographie, enzymat. Meth. u. Papierchromatographie konnten folgende Teilstrukturen ermittelt werden: 1. *Uridindiphosphat–N-Acetylglucosaminlactyl–Alanin–Glutaminsäure–*

α.ε-Diaminopimelinsäure–Alanin, 2. UDP–NAcG-lactyl–Ala–Glu–α.ε-DAP, 3. UDP–NAcG-lactyl, 4. UDP–NAcG-lactyl–Ala–Glu. Der Peptidteil der Mol.-Kette wurde nicht weiter untersucht. H.-G. TRÜPER. 4315□

Der intracelluläre Gehalt an freiem L-Tryptophan in Escherichia coli. T. A. Scott and F. C. Happold. (Biochem. J. **82.** 13P—14P. Jan. 1962. Leeds, Univ., Dep. of Biochem.) (Engl.)

Kulturen von *Escherichia coli* NCTC 5928 wurden nach Abschluß der logarithm. Wachstumsphase abzentrifugiert. Der Rückstand wurde bei 100° mit W. extrahiert, der Extrakt gefriergetrocknet u. der Rückstand auf den Geh. an *L-Tryptophan* (I) untersucht (vgl. C. **1962.** 6822). Wachstum auf einem Salz–Glucose-Medium ergab 5 μg I/100 mg Trockenzellen. 0,1 mm *L-Tyrosin* (II) oder 0,12 mm *DL-Phenylalanin* (III) im Medium erniedrigten den I-Geh. auf 2,5 bzw. 2 μg I/100 mg. Es wird angenommen, daß II u. III mit I in der Weise konkurrieren, daß nur ein geringer intracellulärer I-Geh. aufrecht erhalten wird, der für eine *Tryptophanase*-Induktion zu gering ist. J. BOELTER. 4315□

Die Isolierung von Histonen (?) aus Staphylococcus aureus. H. J. Cruft und J. L. Leaver. (Nature [London] **192.** 556—57. 11/11. 1961. Edinburgh, Univ., Dep. of Biochem.) (Engl.)

Zellen von *Staphylococcus aureus* wurden nach Entfettung die säurelösl. Proteine mit 0,1n H_2SO_4 entzogen u. der Extrakt nach Dialyse in Ggw. von 4m Harnstoff bei pH 6 der Stärkegelelektrophorese unterworfen. Die Anfärbung mit Amidoschwarz 10 B ergab 8 Komponenten. Eine pH-Erhöhung auf über 6,5 kehrte die Wanderungsrichtung der langsameren Komponenten um. Die stark bas., den *Histonen* ähnlichen Komponenten wurden in Bicarbonatpuffer in einer Carboxymethylcellulosekolonne abgetrennt. Die Aminosäureanalyse ergab für die stärker bas. Komponenten eine dem Ochsenthymus sehr ähnliche Zusammensetzung. In großer Menge wurden *Lysin, Arginin, Alanin, Leucin* u. *Prolin,* dagegen wenig *Histidin* u. *Tyrosin* gefunden. Die weniger bas. Fraktionen wiesen eine völlig andere Zus. auf. Aus den Ergebnissen sowie der UV-Absorption u. den Löslichkeitscharakteristica wird auf ein mögliches Vork. von *Histonen* in S. aureus geschlossen. Ähnliche Ergebnisse werden mit *Micrococcus lysodeikticus* erhalten. J. BOELTER. 4315□

Die Oxydation von Äthylalkohol zu Essigsäure durch sprossende Hefen. Juan Santa María. (Nature [London] **182.** 937—38. 4/10. 1958. Madrid, Inst. Nac. de Investig. Agronom., Secc. Bioquím.) (Engl.)

Nach der alkohol. Gärung bildeten an der Oberfläche von span. Weinen (Moriles, Montilla, Jerez usw.) bzw. auf vergorenem Traubenmost einige neue Hefearten des Genus *Saccharomyces* Häute, die *A.* zu *Essigsäure* oxydierten u. die mit den Namen *Sacch. aceti* (a) bzw. *Sacch. oxydans* (b) belegt werden. a bildete in der WICKERHAM-Test-Fl. nach 8 Tagen bei 25° eine Haut u. nach 32 Tagen entspricht der Geh. an $CH_3 \cdot COOH$ 7,5 ml n/10 NaOH je 10 ml. Isopropanol wird unter Aceton-Bldg. assimiliert. a kann nur Glucose vergären; an Malzwürze bildet sie keine Haut. b, die Häute an Weißwein von Montanchez bildet, vergärt Glucose, Saccharose u. Raffinose zu $^1/_3$. L. MACHER. 4320□

Die Verschiebungen des Verhältnisses der Produkte der heterofermentativen Milchsäuregärung von Lactobacterium pentoaceticum unter dem Einfluß äußerer Faktoren. Einfluß der Temperatur. N. N. Gretschuschkina. (Микробиология [Mikrobiologie] **30.** 577—85. Juli/Aug. 1961. Moskau, Univ., Biolog.-Bodenkundl. Fak.) (Russ.; Auszug: Engl.)

Unter optimalen Bedingungen (pH 5, beschränkter Luftzutritt) wird bei einer Temp. von 43—50° die Zellteilung gehemmt. Der *Milchsäure*-Anteil steigt, der A.-Anteil geht stark zurück. Bei 48—50° ist die Gärung homofermentativ. Bei 23 u. 30° wird die Zellteilung stimuliert (die Bakterien werden kleiner), der Milchsäureanteil sinkt, der A.-Anteil steigt. Bei starker Acidität (pH 3,2—3,4) werden Entw. u. Gärung bei 23 u. 48—50° gehemmt, das Verhältnis der Prodd. bleibt fast unverändert. Der A. ist immer das Hauptprodukt. Unter sonst ungünstigen Bedingungen (niederer pH, Belüftung) kommt der Einfl. der Temp. kaum zur Geltung. K. SATTLER. 4320□

Der wechselseitige Einfluß von Methanol und Spurenelementen auf die Citronensäureproduktion durch Pilze. Ezz El-Din M. Taha und Tahany A. El-Zainy. (Arch. Mikrobiol. **33.** 124—27. 1959. Cairo, Nat. Res. Centre, Microbiol. and Enzyme Chem. Res. Unit.) (Engl.)

Zugabe von 2% CH_3OH zum Medium verursacht Hemmung des Wachstums u. der Säure-Bldg., wenn die Spurenelemente *Zn, Fe, Cu* u. *Mn* nicht zugefügt werden. Zusatz von 0,1 mg Zn/Liter stimuliert. Bei CH_3OH-Zusatz erfolgt Maskierung der Stimulierung.

Fe-Zusatz von 8 mg/Liter red. die *Citronensäure* (I)-Bldg. um 36%; 2% CH_3OH steigert die Bldg. um 27%. Das Mycelwachstum steigt dagegen bei Fe-Zusatz ohne CH_3OH um 39%. Cu (5 mg/Liter) hemmt I-Bldg. u. Wachstum um 30—45%. CH_3OH beseitigt die Hemmwirkung nicht. Mn (0,006 mg/Liter) hemmt die I-Bldg. stark; 2% CH_3OH-Zusatz beseitigt die Mn-Hemmung völlig. W. HILLER. 4320□

Beobachtungen zur Geschwindigkeit der DNS-Synthese in Lactobacillus leichmanii. G. D. Birnie und G. W. Crosbie. (Biochim. biophysica Acta [Amsterdam] **46.** 397—98. 15/1. 1961. Glasgow, Univ., Dep. of Biochem.) (Engl.)

In Fl.-Kulturen von *Lactobacillus leichmanii*, Stamm 313, wurde festgestellt, daß die *Desoxyribonucleinsäure*-Synth. in Ggw. von *Desoxycytidin* größer ist als in Ggw. von *Vitamin* B_{12}. H.-G. TRÜPER. 4320□

Die Bildung von 2.3-Dihydroxybenzoesäure in Fermentationsflüssigkeiten bei der Herstellung von Lysergsäure-α-hydroxyäthylamid in Tauchkulturen von Claviceps paspali Stevens und Hall. F. Arcamone, E. B. Chain, A. Ferretti und P. Pennella. (Nature [London] **192.** 552—53. 11/11. 1961. Rome, Ist. Superiore di Sanità, Internat. Centre of Chem. Microbiol.) (Engl.)

Bei Inkubation von *Claviceps paspali* Stevens u. Hall wurden am Ende der Fermentationsperiode neben *Lysergsäure-α-hydroxyäthylamid* (I) papierchromatograph. 200 bis 350 mg *2.3-Dihydroxybenzoesäure* (II) pro Liter erhalten. II ist offenbar Hauptmetabolit der I-Fermentation. II entstand auch aus *l-Tryptophan* bei Inkubation mit Cl. paspali. J. BOELTER. 4320□

Untersuchungen zur Gewinnung von Produkten mit tuberkulostatischer Wirkung. 1. Mitt. Chemische und biologische Untersuchung einiger Derivate aus höheren Pflanzen. Harze aus verschiedenen Coniferenarten. S. Oeriu, V. Moga, L. Bertescu, B. Mircea, H. Benesch, M. Cracea, N. Carp und M. Tigheciu. (Studii Cercetări Chim. [Bucureşti] **6.** 263—76. 1 Tafel. 1958. Bucureşti, Colect. de chimioterap. al Acad. R.P.R.) (Rum.)

An einigen Harzen u. Ölen aus Kieferngewächsen werden n_{250}, $[\alpha]_D$, SZ., EZ., VZ., Oxydationszahl, Molgew. u. Elementaranalyse bestimmt (Tabelle). Biolog. Tests werden mit *Staphylococcus aureus*, *B. coli*, *B. typhi*, *B. anthrax*, *B. subtilis*, *B. pyocyaneus*, *Klebsiella pneumoniae*, *Shigella flexneri*, *Mycobacterium smegmatis* u. *M. tuberculosis* durchgeführt. Die tuberkulostat. wirksamsten Stoffe werden aus *Pinus montana*, *Picea excelsa* u. *polita* u. *Pseudotsuga taxifolia* (P.t.) in Verdünnung 1:320000, 560000, $1 \cdot 10^6$) erhalten. Diterpene ($C_{20}H_{32}O_2$) u. Triterpene ($C_{30}H_{48}O_3$) sind biolog. akt., Früchte, Öle oder Harze mit niedriger JZ. inaktiv. Zwischen opt. u. biolog. Aktivität besteht eine Beziehung, die für P.t. nachgewiesen wird. Die Toxizität der Harze ist sehr gering: DL_{100} = 5—20 g/kg. R. K. MÜLLER. 4330□

Fungicide Eigenschaften von Sharigol. S. Iftikhar Ahmed und M. S. Quraishi. (Pakistan J. sci. ind. **1.** 234—37. Juli 1958. Karachi, Pakistan Council of Sci. and Ind. Res., Central Labor.) (Engl.)

Die fungiciden Eigg. von *Sharigol* (I) auf humanpathogene Pilze werden untersucht. Bei *Aspergillus fumigatus*, *A. flavus* u. *Trichophyton metalense* zeigte sich bei einer I-Konz. von 1:1200 innerhalb von 2 Tagen eine Hemmwrkg. auf das Wachstum der Mycelien u. auf die Sporenbildung. Mit steigenden I-Konzz. stieg die Dauer der Hemmwrkg. an. Bei einer I-Konz. von 1:40 war nach 60 Tagen weder Wachstum noch Sporen-Bldg. festzustellen. Die Sporenkeimung fiel ebenfalls mit steigenden I-Konzz. ab. Die Sporen von *Helminthosporium oryzae* zeigten bei einer Konz. von 1,5% I, von *A. flavus* bei 1,1% u. von *Empusa muscae* bei 1,0% keine Keimung mehr. H. ALTHOFF. 4330

Eine mikrochemische Methode zur Entdeckung antifungaler Substanzen. K. C. Lu, J. E. Dawson und M. Alexander. (Arch. Mikrobiol. **33.** 182—85. 1959. Ithaca, N.Y., Cornell Univ., Dep. of Agronomy.) (Engl.)

Bei der angegebenen Meth. erfolgt die colorimetr. Best. der Mycelproduktion durch Verw. von schwefelsaurer $K_2Cr_2O_7$-Lösung. Die Meth. gibt schnell reproduzierbare Werte. Bei *Fusarium oxysporum f. cubense* können z. B. antifungale Antibiotica in Konzz. unter 0,10 μg/ml nachgewiesen werden. W. HILLER. 4340□

Die Wirkung des Penicillins auf mit Lipoiden angereicherte Staphylokokken. K. I. Markov und G. K. Saev. (Arch. Mikrobiol. **33.** 191—94. 1959. Sofia, Med. Akad., Inst. für Mikrobiol., Inst. für Biochem.) (Dt.) — Vgl. C. **1960.** 12730.

Werden Staphylokokkenstämme auf Nährböden kultiviert, die *Glycerin* enthalten, so tritt erhöhte Resistenz gegenüber *Penicillin* auf. Die bactericide Konz. liegt in einigen Fällen 4mal höher als bei Kulturen ohne Glycerin, in der Mehrzahl der Fälle jedoch bei 120%. W. HILLER. 4340□

Durch Einwirkung von Penicillin induzierte Sphäroplastenbildung in Meeresbakterien. J. R. Boring und D. Pratt. (Nature [London] **192.** 773—74. 25/11. 1961. Gainesville, Fla., Univ. of Florida.) (Engl.)

Fünf Arten von gramnegativen, osmot. empfindlichen Meerwasserbakterien in einem synthet. Medium wurde *Penicillin G* (I) bis zu einer Endkonz. von 1, 100 bzw. 1000 Einheiten/ml zugesetzt. Nach 2 Std. hatten sich bis 4 Arten alle Zellen bei der mittleren I-Konz. in Sphäroplasten (S) umgewandelt. Ein Organismus (MB 2) zeigte stark vergrößerte, angeschwollene „Kaninchenohr"-Strukturen, die auch von den anderen Arten bei der Umwandlung in S durchlaufen wurden. Bei einer I-Konz. von 1 Einheit/ml bildete nur MB 14 die S; MB 22 zeigte serpentinenartige, stark verlängerte Zellen. Eine andere Art (MB 21) zeigte nach 5std. Inkubation eine Rückbldg. der S in normale Zellen, offenbar durch Einw. einer akt. *Penicillinase.* Die Beweglichkeit der Organismen ging nach mehrstd. Inkubation verloren. Osmot. Verss. mit MB 22 ergaben keine deutlichen Unterschiede bzgl. der Lysis von S u. von normalen Zellen. Die Bldg. stabiler S in isoosmot. Medien zeigte, daß die celluläre Integrität nicht von dem Vorhandensein einer stabilen Zellwand abhängig ist. J. Boelter. 4340□

Triacetyloleandomycin, eine zweieinhalbjährige Untersuchung der in vitro-Empfindlichkeitsprüfung antibioticaresistenter Staphylokokken. Arthur R. English und Frederick C. Fink. (Antibiotics and Chemotherapy **11.** 648—51. Okt. 1961. Groton, Conn., Chas. Pfizer & Co., Inc., Bacteriol. Labor.; Brooklyn, N.Y., Chas. Pfizer & Co., Inc., Hosp. Labor., Advis. Serv.) (Engl.)

Von 131 antibioticaresistenten Staphylokokken wurde die in vitro-Empfindlichkeit gegen *Triacetyloleandomycin* (I), *Erythromycin* (II) u. *Penicillin G* (III) untersucht. Gegen 3,12 μg I/ml oder weniger waren ca. 80% der Kulturen empfindlich, gegen dieselben Konzz. von II u. III 50 bzw. 15%. 80% der 47 gegen II u. andere gebräuchliche Antibiotica bei Konzz. von 100 μg/ml u. mehr resistenten Kulturen waren gegen I empfindlich. W. Knöbel. 4340□

Wirkung des 4-β-Hydroxyäthyldiäthylendiaminomethyltetracyclinphenoxymethylpenicillinat auf die Atmung und Vermehrung des Staphylococcus aureus. E. Ferrero und B. Gradnik. (Boll. Soc. ital. Biol. sperim. **36.** 270—73. 31/3. 1960. Mailand, Farmaceut. Midy, Labor. Ricerche.) (Ital.)

An *Staphylococcus* 209 P F.D.A. werden vergleichende Unterss. der Wrkg. von *4-β-Hydroxyäthyldiäthylendiaminomethyltetracyclin* (I, 0,26 u. 0,4 μg/ml) u. I-*Phenoxymethylpenicillinat* (II; 0,42 u. 0,63 μg/ml) durchgeführt. II hemmt stärker als I dieAtmung der Bakterien u. wirkt deutlich baktericid, u. zwar noch stärker als *Phenoxymethylpenicillin.* Auch die Wrkg. von II auf den penicillinresistenten Staphylococcus ist stärker als die von I: Die Atmung wird stärker unterdrückt; dies kann in Relation zur Verringerung der Produktion von Penicillinase durch die Bakterienzellen gesetzt werden. F. Kren. 4340□

Actinospectacin, ein neues Antibioticum. 4. Mitt. Isolierung, Reinigung und chemische Eigenschaften. M. E. Bergy, T. E. Eble und R. R. Herr. (Antibiotics and Chemotherapy **11.** 661—64. Okt. 1961. Kalamazoo, Mich., Upjohn Comp., Res. Labor.) (Engl.) — 3. vgl. Lewis u. Clapp, Antibiotics and Chemotherapy **11.** [1961.] 127.

Zur Isolierung des bas. Antibioticums *Actinospectacin* (I) aus Kultur-Lsgg. von *Streptomyces spectabilis* werden diese nach Filtration u. Klärung an Amberlite IRC-50 (H^+) adsorbiert, bei pH 1,8—2,0 mit verd. H_2SO_4 eluiert, die neutralisierten filtrierten Eluate gefriergetrocknet; das entstandene rohe I-Sulfat wird weiter chromatograph. auf Darco G-60-Kohle gereinigt, mit 1%ig. wss. Aceton eluiert, Kristallisation erfolgt durch Zusatz von 95%ig. A., Umkristallisation aus wss. Aceton ergibt *Actinospectacinsulfattetrahydrat* (II), $C_{14}H_{26}N_2O_7 \cdot H_2SO_4 \cdot 4\,H_2O$, F. ca. 185° (Zers.). Daraus können das Dihydrat u. die freie Base gewonnen werden. II ist lösl. in W. (ca. 225 mg/ml) u. in Dimethylsulfoxid (5—10 mg/ml), nahezu unlösl. (<1 mg/ml) u. a. in Chlf., A., Äthylacetat, Bzl., Aceton, Dimethylformamid, Dioxan; $[\alpha]_D^{25}$ +17,0° (c = 1% in W.); charakterist. IR-Absorptionsspektrum. Die bas. Natur von I, angedeutet durch sein Verh. bei der Extraktion, wurde durch potentiometr. Titration in W. bestätigt. — *Helianthat*, F. 220 bis 225°. W. Knöbel. 4340□

Antibiotica als Antagonisten der für Mikroorganismen lebensnotwendigen Spurenelemente. Günter Pohlmann. (Zbl. Bakteriol., Parasitenkunde Infektionskrankh. Hyg., II. Abt. **115.** 157—60. 10/3. 1962. Würzburg, Univ., Inst. für Hygiene u. Mikrobiol.) (Dt.)

Zu Bakterienkulturen wurde *Streptomycin* (I) bzw. *Polymyxin* (II) gegeben u. die den antibiot. Effekt aufhebende Wrkg. von Al, Mo, Cu, Mn, Zn u. Co untersucht. Bei *Staphylococcus aureus* heben Al u. Mo die Wrkg. von I u. II auf, bei *Escherichia coli* heben

Al, Mn u. Mo die Wrkg. von I u. Al die Wrkg. von II auf, bei *Pseudomonas pyocyanea* heben Al, Cu, Mn, Mo u. Zn die Wrkg. von I u. Al die Wrkg. von II auf. Bei *Serratia marcescens* heben Al, Co, Cu, Mn, Mo u. Zn die Wrkg. von I u. II auf. Da I u. II auch als Chelatbildner auftreten, kann die Hemmung des Bakterienwachstums durch I u. II evtl. dadurch erklärt werden, daß den Bakterien die Spurenelemente nicht mehr zur Verfügung stehen. W. HILLER. 4340 □

Unterscheidung von Listeria monocytogenes von Erysipelothrix rhusiopathiae mit Hilfe der Spaltung von Azoverbindungen. Il. Kujumdshiew. (Известия на Отделението за Биологически и Медицински Науки, Българска Академия на Науките [Nachr. Abt. biol. med. Wiss., Bulg. Akad. Wiss.] 3. Nr. 1. 59—63. 1959. Mikrobiolog. Inst. der Bulg. Akad. der Wiss.) (Bulg.; Auszug: Dt.)

Listeria monocytogenes unterscheidet sich vom ähnlichen *Erysipelothrix rhusiopathiae* (E.rh.) durch die Spaltung der N=N-Bindung im *Prontosil* (I). Dabei entsteht farbloses p-Amidobenzolsulfamid, u. I wird in den Bouillonkulturen von Listeria entfärbt (9 Std. bei 37°, 0,008—0,010 ml 2,5%ig. I-Lsg. in 4,5 ml Bouillon). E.rh. besitzt diese Eig. nicht. Auf diese Weise kann man schnell u. genau die beiden Bakteriengruppen voneinander unterscheiden. F. DU MANS. 4350 □

Galaktofuranoseeinheiten in der spezifischen Substanz von Typ 34 Pneumococcus. W. K. Roberts, J. G. Buchanan und J. Baddiley. (Biochem. J. 82. 42P. März 1962. Newcastle-upon-Tyne, Univ. of Durham, King's Coll., Dep. of Chem.) (Engl.)

Vff. analysieren die spezif. Substanz aus Typ 34 *Pneumococcus* (S 34). Säurehydrolyse ergibt ein Glucose: Galaktose: P-Verhältnis von 1:2:1. Hydrolyse mit Alkali führt zu isomeren *Phosphomonoestern* (I). Aus weiteren Verss. (Oxydation mit Natriummetaperjodat, Red. mit Natriumborhydrid) an S 34 sowie an I geht hervor, daß eine Galaktofuranosebindung bei jedem Ribitylphosphatrest vorliegt, die durch Oxydation in eine Arabofuranosebindung übergeht. Diese Bindung trägt einen Phosphatrest am Hydroxyl 2 oder 3. Die Phosphatgruppe ist mit einer Phosphodiesterbindung mit der 1(5)-Hydroxylgruppe des D-Ribits verknüpft. Die 3 Zucker sind als Trisaccharid am 4(2)-Hydroxyl von D-Ribit gebunden. A. TÄUFEL. 4370 □

Genetische Kontrolle der Proteinstruktur in Bakteriophagen. Christian B. Anfinsen. (Federat. Proc. 20. Nr. 2. [Part I] 634—40. Juli 1961. Bethesda, Md., Nat. Inst. of Health, Labor. of Cellular Physiol. and Metabolism.) (Engl.)

Im Zusammenhang mit der Beziehung zwischen der Genetik eines Organismus u. der Struktur seines phänotyp. *Proteins* u. dem Informationsproblem (Coding) behandelt Vf. in seinem Überblick die Proteine der *T-Phagen*, ihre Trennung, Struktur, *Aminosäuren* (I)-Zusammensetzung. Vor allem wird die Änderung der I-Zus. des Phagen-*Lysozyms* bei Mutationen behandelt. M. WIEDEMANN. 4374 □

Bakteriophage mit Einstrang-Desoxyribonucleinsäure. Robert L. Sinsheimer. (Federat. Proc. 20. Nr. 2. [Part I] 661—64. Juli 1961. Pasadena, Calif., Inst. of Technol., Biol. Div.) (Engl.)

Der Bakteriophage Ø X_{174}, der *Desoxyribonucleinsäure* (*DNS*) nicht in Form einer Doppelspirale, sondern als Einzelstrang vom Molgew. $1,7 \cdot 10^6$ enthält, wird diskutiert. Es kann eine DNS extrahiert werden, die bei Protoplasten eine Infektion hervorruft. Weiterhin wird die Vermehrung dieser Einstrang-DNS diskutiert.

M. WIEDEMANN. 4374 □

Virus-induzierte Erwerbung von Stoffwechselfunktionen. Seymour S. Cohen. (Federat. Proc. 20. Nr. 2. [Part I] 641—49. Juli 1961. Philadelphia, Pa., Univ. of Pennsylvania, Dep. of Biochem.) (Engl.)

In seinem Überblick behandelt Vf. die *Enzyme*, die bei der Infektion von *Escherichia coli* mit den *Phagen* T_2, T_4 oder T_6 neu synthetisiert bzw. wesentlich vermehrt werden. Die einzelnen Biosynth., vor allem von *Hydroxymethylcytosin* u. *Thymidin*, werden erörtert, ferner der zeitliche Verlauf des Auftretens neuer Enzyme in den ersten Min. nach der Infektion. M. WIEDEMANN. 4374 □

Wechselwirkung von Virus-Nucleinsäuren mit Säugetierzellen. John S. Colter und K. A. O. Ellem. (Federat. Proc. 20. Nr. 2. [Part I] 650—55. Juli 1961. Philadelphia, Pa., Wistar Inst. of Anat. and Biol.) (Engl.)

Vff. geben zunächst einen Überblick über die tier. Virusarten, aus denen infektiöse *Ribonucleinsäure* (*RNS*) synthetisiert worden ist. Dann behandeln sie die Einw. von RNS des Mengo-Encephalomyelitis-Virus auf den l-Stamm der Mäusefibroblasten nach EARLE. Diskutiert wird die Titration der infektiösen Zentren, der Einfl. des Mediums (osmot. Druck), Einfl. von NaCl u. Rohrzucker, therm. Inaktivierung der infektiösen RNS, Beziehung zwischen Zentrenzahl u. Konz., Einfl. der Temp. auf die Bldg. der infektiösen Zentren. M. WIEDEMANN. 4374 □

Biologische und biochemische Basis für Zellschädigung durch tierische Viren. Harold S. Ginsberg. (Federat. Proc. **20.** Nr. 2. [Part I] 656—60. Juli 1961. Cleveland, Ohio, Univ. Hosp., Western Reserve Univ., School of Med., Dep. of Preventive Med.) (Engl.)

Vf. diskutiert das Problem am Beispiel der Adenoviren (vermutlich *DNS*-haltig). Die Schädigung beruht hier einmal auf der Anhäufung der Viruskomponenten DNS u. *Protein*, die Einschlußkörper bilden, u. zum anderen auf der direkten Wrkg. des biolog. akt. Proteins, das eine toxinartige Substanz darstellt. M. WIEDEMANN. 4374 □

Cytologische Studien über die Vermehrung des ME-Virus in L-Zellen. Lokalisierung der RNS- und Virusprotein-Synthese mit autoradiographischen und fluorescenzoptischen Methoden. Helga Hausen. (Z. Naturforsch. **17b.** 158—60. März 1962. Tübingen, MPI für Virusforsch. u. Biol.) (Dt.)

Um die Frage zu klären, an welchen Orten der Wirtszelle (L-Zellen) die Komponenten des *ME-Virus* entstehen, wurde die *RNS*-Synth. mit Hilfe einer autoradiograph. Meth., die Bldg. von virusspezif. *Protein* unter Verw. von fluorescierenden Antikörpern untersucht. Die Antikörper wurden aus Ratten gewonnen, die eine ME-Infektion überstanden hatten. Für die autoradiograph. Unterss. wurde *^{3}H-Uridin* (I) verwendet. — Während nicht infizierte Kontrollen I anfangs fast ausschließlich in die RNS des Zellkerns (bes. in den Nucleolus) einbauen, wird in ME-infizierten Zellen die RNS-Synth. im Kern ab 2 Std. post infectionem (p.i.) in zunehmendem Maße gehemmt, während gleichzeitig die RNS-Synth. im Cytoplasma stark ansteigt. Gleichzeitig (3½ Std. p.i.) läßt sich mit fluorescierenden Antikörpern virusspezif. Antigen im Cytoplasma nachweisen, während es im Zellkern während der gesamten Vers.-Dauer (6 Std.) nicht festzustellen ist. — Art u. Bedeutung der im Cytoplasma synthetisierten RNS werden diskutiert. Es wird vermutet, daß sie an der Bldg. des Virusproteins beteiligt ist. E. R. LOCHMANN. 4374 □

Infektion von Tabakgewebekulturen mit aus Tabakmosaikvirus extrahierter Ribonucleinsäure. Léon Hirth und Geneviève Lebeurier. (C. R. hebd. Séances Acad. Sci. **254.** 1495—97. 19/2. 1962. Strasbourg-Cronenbour, Centre de Rech. nucléaires du C.N.R.S., Dép. des Appl. biol., u. Strasbourg, Inst. de Botan.) (Franz.)

Vff. beschreiben Verss. über die Infektion von Tabakgewebekulturen (*Nicotiana tabacum* u. *Nicotiana glutinosa*) mit aus Tabakmosaikvirus (TMV) extrahierter *Ribonucleinsäure* (*RNS*). Die Ergebnisse zeigen, daß die Empfindlichkeit der Zellen der Gewebekulturen gegenüber einer Infektion mit RNS nur schwach ausgeprägt ist u. sich im Verlauf der verschiedenen Wachstumsphasen der Kulturen verändert. Gewebekulturen von N. glutinosa zeigen prakt. nur Primärinfektionen: Eine Dauerinfektion scheint hier noch nicht möglich zu sein. Die aus TMV erhaltene RNS ist 100—200 mal weniger infektiös für Pflanzenzellen als die noch im Virusverband vorliegende RNS. Die Gründe hierfür werden diskutiert. H. KOCKERT. 4374 □

Strahlungswirkungen auf die Ribonucleinsäure des Tabakmosaikvirus. Amos Norman. (Nat. Acad. Sci. — Nat. Res. Council, Publ. Nr. **823.** 31—34. 1961. Los Angeles, Calif., Univ. of California, Med. Center.) (Engl.)

Die Wrkg. einer UV-Bestrahlung von *Ribonucleinsäure* (I)-Komponenten besteht u. a. in der reversiblen Anlagerung von W. an die Doppelbindung des Pyrimidinringes. Es wird diskutiert, welche Fakten dafür verantwortlich sind, daß die biolog. Inaktivierung von I durch UV-Bestrahlung nicht reversibel ist u. ob diese Rk. für die Veränderungen der biolog. Aktivität von I u. *Desoxyribonucleinsäure* verantwortlich ist. P. SCHWERDTFEGER. 4374 □

Anreicherung von Asparagin in vom Mais-Zwergwuchsvirus befallenen Maispflanzen und ihre Bedeutung für die Pflanzenvirologie. I. Harpaz und S. W. Applebaum. (Nature [London] **192.** 780—81. 25/11. 1961. Rehovot, Hebrew Univ., Fac. of Agric.) (Engl.)

Bei vom Zwergwuchsvirus befallenen Mais fand sich bei der 2dimensionalen Papierchromatographie ein stark erhöhter Geh. an *Asparaginsäure*. Ein Schnellnachw. wurde in Maisstengelsäften durch orangebraune Farb-Rk. mit Ninhydrin nach Erhitzung vorgenommen. H. LOHSCHELDER. 4374 □

E₄. Pflanzenchemie. Pflanzenphysiologie. Pflanzenpathologie

Strahlungswirkungen auf trockne Samen. Howard Curtis. (Nat. Acad. Sci. — Nat. Res. Council, Publ. Nr. **823.** 53—55. 1961. Upton, L.I., N.Y., Brookhaven Nat. Labor., Biol. Div.) (Engl.)

Samen mit ca. 24 bzw. 4% W. wurden bestrahlt u. verschieden lange vor der Aussaat aufbewahrt. Bei den trockenen Samen nehmen die Strahlungsschäden mit der

Aufbewahrungszeit zu, während bei den feuchten Samen prakt. keine Wrkg. der Lagerungszeit zu beobachten ist. Die möglichen Gründe für diese Erscheinungen werden diskutiert. P. SCHWERDTFEGER. 4404□

Ultraschallabsorption und -geschwindigkeit bei in Wasser suspendierten Algen. Robert Meister und Rodrique St. Laurent. (J. acoust. Soc. America **32.** 556—59. 5/5. 1960. Washington, D. C., Catholic Univ. of America, Dep. of Phys.) (Engl.)

Vff. berichten zuerst über Messung der Scherviscosität von W. bei 5° u. 15°, in dem bis zu 8 g (Trockengew.) der Alge *Scenedesmus* suspendiert waren. Es wurde gefunden, daß die Scherviscosität linear mit der Konz. der Alge zunimmt. Nimmt man eine gleichmäßige Suspension der Algen an, dann stimmen die experimentellen Werte gut mit den Werten überein, die sich aus der EINSTEINschen Gleichung für suspendierte starre Kugeln berechnen. Die bei verschiedenen Algenkonzz. bei 5 u. 15° gemessene Ultraschallgeschwindigkeit war ohne Rücksicht auf die Konz. konst. u. gleich der des reinen Wassers. Hierauf wurde die totale Ultraschallabsorption bei 21 MHz zwischen 5 u. 30° gemessen; festgestellt wurde bei den einzelnen Temp. eine lineare Zunahme mit der Konzentration. Die Dämpfung α_T bei 15° als Funktion der Konz. läßt sich wiedergeben durch die Gleichung $\alpha_T = 0{,}783\,C + 2{,}95$, wo C die Konz. in g/Liter bedeutet u. α_T db/in. ist. Die mit der gleichen Frequenz bei Temp. zwischen 5 u. 30° gemessene totale u. überschüssige Absorption zeigte für alle Konzz. eine negative Temp.-Abhängigkeit. Weiter wurde α/f^2 als Funktion der Konz. bei 15, 21 u. 27 MHz gemessen; dieses Verhältnis erwies sich als unabhängig von der Frequenz u. linear abhängig von der Algenkonzentration. Diese Ergebnisse besagen, daß Streuung nicht als Mechanismus für Absorption in Frage kommt u. zeigen ferner, daß eine Wechselwrkg. zwischen den Teilchen zu vernachlässigen ist. Die beobachtete negative Temp.-Abhängigkeit der Absorption für alle Algen-Konzz. zwischen 5 u. 30° ist typ. für einen Verlustmechanismus vom strukturellen Typ. Das Verhältnis der überschüssigen Absorption, die der Vol.-Viscosität zuzuschreiben ist, zu der, die der Scherviscosität der Algen zuzuschreiben ist, ist für alle Temp. u. Konzz. etwa gleich 33. Dies besagt, daß die Vol.-Viscosität ungefähr das 44fache der Scherviscosität beträgt. C. GOTTFRIED. 4404

Einfluß der erhöhten Aufnahme von Sulfaten auf den Rhodanidgehalt von Winterweißkohl. J. Sedlák und N. Michajlovskij. (Chem. Zvesti **12.** 477—86. Aug. 1958. Bratislava, Slov. akad. vied, endokrinol. úst.) (Slowak.)

Unter Verw. der Meth. von BARKER u. ALDRIDGE [1944—1945] werden in Vegetationsgefäßen (A) u. Feld-Verss. (B) gezüchtete Proben von *Brassica oleracea* auf den *SCN*⁻-Geh. untersucht. Der SCN^--Geh. wird in 6 Tabellen u. Diagrammen wiedergegeben; beide Meth. liefern für die Kohlköpfe übereinstimmende Werte (A: 2,45 bis 3,08 mg%, B: 3,26—4,52 mg%), für die grünen Außenblätter liegen die BARKER-Werte höher (A: 2,98—4,12, B: 1,74—3,25 mg%). E. ROTTER. 4420□

Jahreszeitlich bedingte Variationen der verschiedenen Oxalat-Gehalte. Vergleich mit Ascorbinsäure. Lucienne Bézanger-Beauquesne, Claude Deromme und Francine Cattelot. (C. R. hebd. Séances Acad. Sci. **254.** 1492—94. 19/2. 1962. Lille, Fac. de Méd. et de Pharmacie, Labor. de Matière méd.) (Franz.)

Durch period. Unterss. der Blätter von an *Ascorbinsäure* (I) u. *Oxalaten* (II) reichen Pflanzen [4 *Rumex*- (Polygonaceae), 3 *Polygonum*- (Polygonaceae), 4 *Rheum*- (Polygonaceae) u. 3 *Rhamnus*-Arten (Rhamnaceae)] wurde festgestellt, daß im Verlauf der Vegetation die I- bzw. II-Geh. parallel miteinander zu- bzw. abnehmen. Das trifft bes. bei den Polygonaceae zu, deren hohe II-Geh. (zwischen 2500 u. 3500 mg/100 g frischer Blätter) mit hohem I-Geh. zusammenfallen. H. KOCKERT. 4420□

Über die Verteilung der Hydrate des Calciumoxalats in den Pflanzen. Léone Walter-Lévy und René Strauss. (C. R. hebd. Séances Acad. Sci. **254.** 1671—73. 26/2. 1962.) (Franz.)

Mit Hilfe von Röntgenstrahlen untersuchten Vff. den Geh. der Blätter von zu 16 verschiedenen Familien gehörenden 88 Pflanzenarten an *Ca-Oxalatmonohydrat* (**Ia**) u. *Ca-Oxalatdihydrat* (**Ib**). — Bei der Mehrzahl der untersuchten Pflanzen kommen **Ia** u. **Ib** nebeneinander vor, bei den *Rutaceae*, *Hippocastanaceae*, *Leguminosae* u. *Araliaceae* z. B. nur **Ia**, bei den *Liliaceae* u. *Begoniaceae* z. B. nur **Ib**. — Die Ergebnisse werden tabellar. mitgeteilt. H. KOCKERT. 4420□

Identifizierung eines Stoffwechselproduktes von Clitocybe suaveolens als 4-Methylnitrosaminobenzaldehyd. Helene Herrmann. (Hoppe-Seyler's Z. physiol. Chem. **326.** 13—16. 25/10. 1961. Jena, Inst. für Mikrobiol. u. exp. Therapie der Dtsch. Akad. der Wiss. zu Berlin.) (Dt.)

Aus einer 4 Wochen alten Kultur-Lsg. von *Clitocybe suaveolens* (C. s.) wird durch Perforation mit peroxydfreiem Ae. eine leicht zersetzliche, luft- u. lichtempfindliche

Substanz isoliert, die sich als *4-Methylnitrosaminobenzaldehyd* (I) erwies. (Vgl. mit Synth.-Prod., Semicarbazon, Polarogramm, UV- u. IR-Spektrum.)

Versuche: Isolierung des Natur-Prod. I: Oberflächenkultur von C. s. 3—4 Wochen bei 20° bebrüten, Mycel abtrennen, Kultur-Lsg. 24 Std. im Perforator mit Ae. behandeln, Ae. im Vakuum abdest., Rückstand in wenig heißem A. lösen u. W. bis zur Trübung zusetzen. Schwachgelbe Nadeln 20—30mal umkristallisieren u. Lsg. über Kohle filtrieren: $C_8H_8N_2O_2$, F. 81—82°, λ_{max} 304 mμ (E = 0,412), λ_{min} 254 mμ (E = 0,160) in Chloroform. — Semicarbazon: $C_9H_{11}N_5O_2$. I-Synth.: 4-Methylaminobenzaldehyd (nach Vilsmeier u. Haack [1927]) wird bei —5° mit $NaNO_2$ nitrosiert. Strohgelbe Nadeln, F. 81—82° (A.-W.) Winfried Krüger. 4420□

Die flüchtigen Carbonylverbindungen und Alkohole in den Aromastoffen der Zwiebel (Allium cepa). C.-G. Spåre und Artturi I. Virtanen. (Acta chem. scand. **15.** 1280—84. 1961. Helsinki, Labor. of Found. for Chem. Res., Biochem. Inst.) (Engl.)

In den flüchtigen Anteilen von Zwiebelhomogenaten werden CH_3OH u. *A.*, an Carbonyl-Verbb. *Acet-* u. *Propionaldehyd* (I) sowie *2-Methyl-Δ^2-pentenal* (II), identifiziert. Ein daneben in geringer Menge vorkommender *gesätt. Aldehyd* konnte nicht identifiziert werden. Bei Inhibierung der Enzyme des Homogenats mit Trichloressigsäure wird nur sehr wenig II gefunden u. damit seine enzymat. Bldg. aus I wahrscheinlich gemacht. Die Identifizierung der Alkohole u. Aldehyde erfolgte durch Papierchromatographie der 3.5-Dinitrobenzoate bzw. der 2.4-Dinitrophenylhydrazone. Die Konstit. von II wird durch Zerlegen des 2.4-Dinitrophenylhydrazons von II (IIa) mit Lävulinsäure, Ozonolyse des II in CH_2Cl_2, Oxydation des Ozonids mit alkal. Ag_2O u. papierchromatograph. Nachw. von *Brenztrauben-*, *Essig-* u. wenig *Propionsäure* ermittelt u. durch direkten Vgl. von IIa mit einem authent. Präp. gesichert.

Versuche: *Δ^4-Hexenal*, aus Δ^4-Hexenol-(1) nach Delaby u. Guillot-Allègre (Bull. Soc. chim. France [4] **54.** [1933.] 301). *2.4-Dinitrophenylhydrazon*, $C_{12}H_{14}N_4O_4$, F. 120°, aus CH_3OH gelbbraune Nadeln. — *4.5-Dibromhexanal*, aus vorst. Aldehyd u. Br_2, *2.4-Dinitrophenylhydrazon*, F. 90—92°, gelbe Kristalle. — *2-Methyl-Δ^2-pentenal* (II), *2.4-Dinitrophenylhydrazon* (IIa), F. 155°, durch Homogenisieren von 9,5 kg Zwiebeln u. 12 Liter W., Durchleiten von Luft, Einleiten in 2.4-Dinitrophenylhydrazin-Lsg. u. Chromatographie des Dinitrophenylhydrazongemisches (595 mg) in Cyclohexan an Cellulosepulver/Dimethylformamid; aus CH_3OH rote Rhomboeder. *Dibromid*, F. 105 bis 110°, aus IIa u. Br_2, in Chlf.; gelbe Kristalle. F. Heller. 4420□

Über die chemische Natur des Lignins bei den Angiospermen und den Gymnospermen. Marie-Thérèse Mazen-Papier. (C. R. hebd. Séances Acad. Sci. **247.** 2427—28. 22/12. 1958. Grenoble, École franç. de Papeterie, Labor. de Micrographie.) (Franz.)

Junge Pflanzen von *Pisum sativum* in verschiedenen Wachstumsstadien bis zu 3 Wochen nach Keimung werden einer alkal. Nitrobenzoloxydation unterworfen u. die gebildeten Gemische papierchromatograph. analysiert. Vgl.-Chromatogramme mit Vanillin u. mit aus Gewebe von *Ligustrum vulgare* durch Oxydation mit Nitrobenzol gebildetem *Syringaaldehyd* haben gezeigt, daß letzter in den Jungpflanzen von P. sativum innerhalb der ersten 3 Wochen nicht gebildet wird, solange die Rk. von Mäule — Rotfärbung bei Angiospermen, Braunfärbung bei Gymnospermen — negativ bleibt. In diesem Fall kann nur die Anwesenheit von *Vanillin* nachgewiesen werden. Diese Ergebnisse scheinen die von Towers u. Gibbs (C. **1955.** 6316) ausgesprochene Vermutung zu bestätigen, wonach die Rotfärbung der Mäule-Rk. auf das Vorhandensein der *Syringin*-Gruppe zurückzuführen ist. H. Spohn. 4420□

5-Hydroxytryptamin in Ananasfrüchten. J. M. Foy und J. R. Parratt. (J. Pharmacy Pharmacol. **13.** 382—83. Juni 1961. Ibadan, Western Nigeria, Coll. of Technolog., Dep. of Pharmacy.) (Engl.)

Acetonextrakte von reifem u. unreifem Fruchtmark enthalten *5-Hydroxytryptamin* (I). In unreifen Früchten ist mehr enthalten (50—60 μg/g) als in reifen (19 μg/g). Der aus reifen Früchten ausgedrückte Saft enthält 13—22 μg/ml, während in eingemachten Ananas viel weniger enthalten ist. Außerdem ist ein I-zerstörendes Enzym enthalten. Der saure Saft (pH 3,6—3,9) zerstört das unbeständige I. Die Carcinom-Bldg. bei Ananasgenuß ist von geringer Wahrscheinlichkeit. H. Liedtke. 4420□

Über das Weizenprotein. K. Hess und E. Hille. (Z. Lebensmittel-Unters. u. Forsch. **115.** 211—22. 2/8. 1961. Hannover, Inst. für Mehl u. Eiweißforsch.; Aachen, TH, Wollforschungsinst.) (Dt.)

Die im Nährgewebe des Weizens isolierten Proteinkomplexe *Zwickelprotein* (ZP) u. *Haftprotein* (HP) unterscheiden sich in physikochem. u. strukturchem. Hinsicht. Es werden Maßnahmen mitgeteilt, die für eine möglichst vollständige Trennung von ZP

u. HP von Stärkepartikeln sowie die Abtrennung der Lipoproteide erforderlich sind. Unter Heranziehung des Sedimentations-Verf. wird sorgfältig zerkleinerter Weizen mit einem Sedimentationsgemisch von Bzl. u. CCl_4 behandelt. ZP wird aufgerahmt; HP findet sich zusammen mit Stärke im Bodensatz. HP wird durch Ablösen mit Äthylenchlorhydrin u. anschließende Fällung mit Ae. bzw. Aceton von Stärke befreit. Durch Behandlung mit 96%ig. A. werden die in ZP u. HP enthaltenen Lipoproteide abgetrennt. Die Analyse der einzelnen Proteinfraktionen auf ihren Aminosäuren-Geh. (an *Cystin, Asparagin, Threonin, Serin, Glutaminsäure* [I], *Prolin, Glycin, Alanin, Valin, Leucin, Isoleucin, Thyronin, Phenylalanin, Lysin, Histidin, Arginin*) nach der Meth. von MOORE, SPACKMAN u. STEIN (vgl. C. **1960**. 7623) ergibt für ZP ca. 3% mehr I als für HP. Von den Lipoproteiden aus ZP u. HP enthält letzteres im Gegensatz zu dem Grundprotein signifikant mehr I. A. TÄUFEL. 4420□

Anthocyanine in den Deckblättern von Euphorbia pulcherrima, identifiziert durch papierchromatographische und spektrophotometrische Methoden. Sam Asen. (Plant Physiol. **33**. 14—17. Jan. 1958. Beltsville, Md., U. S. D. A., Crops Res. Div.) (Engl.)

Die *Anthocyanine* in den Deckblättern von *Euphorbia pulcherrima* wurden bei einer diploiden Varietät (RUTH ECKE) mit standardroter Farbe, einer tetraploiden (dunkelroten) Form derselben u. einer scharlachroten Kreuzung zwischen RUTH ECKE's u. ECKE's weißer Varietät untersucht. Es werden die papierchromatograph. R_F-Werte der 4 gefundenen Banden in 5% Essigsäure, Butanol–Essigsäure–W. (4 : 1 : 5), Phenol–W. (73 : 27) u. m-Kresol–Essigsäure–W. (50 : 2 : 48) sowie die maximale Absorption der Banden in A.–0,01n HCl angegeben. Saure Hydrolyse u. Best. der Anthocyanidin- u. Zuckeranteile zeigten, daß alle Varietäten dieselben Farbstoffe enthielten: *Cyanidin-3-glucosid* (*Chrysanthemin*), *Cyanidin-3-rhamnoglucosid* (*Anthirrhinin*), *Pelargonidin-3-glucosid* (*Callistephin*) u. *Pelargonidin-3-rhamnoglucosid.* G. JAGNOW. 4420□

Die Chemie der natürlichen Ordnung Cupressales. 36. Mitt. **Das ätherische Öl des Holzes von Juniperus communis L.** Johan B-Son Bredenberg. (Acta chem. scand. **15**. 961—66. 1961. Stockholm, Kungl. Tekn. Högskolan, Organ.-kem. Inst.) (Engl.) — 35. vgl. C. **1962**. 9737.

Aus den neutralen Anteilen des äther. Öles aus dem Holz von *Juniperus communis* L. werden *Thujopsen, Cuparen, Humulen* (I), *Cedrol, Widdrol* u. ein *α.β-ungesätt. Aldehyd* isoliert u. gaschromatograph. das Vork. von *Calamenen, δ-Cadinen,* eines *Isocadinens, α-* u. *β-Thujaplicin* u. *Nootkatin* wahrscheinlich gemacht. Der früher (C. **1958**. 10976) isolierte *Alkohol vom F. 75—76°* wurde als *Cadinol* erkannt.

Versuche: *Thujopsen,* $Kp._8$ 116,5°, aus der bei 95—117°/9 mm sd. Fraktion des äther. Öls; n_D^{20} 1,5049; $[\alpha]_D^{20}$ −99°; gibt bei der SeO_2-Oxydation *Widdrenal,* F. 74 bis 75°. — *Humulen* (I), $Kp._9$ 122—126°, aus der bei 117—136°/9 mm sd. Fraktion durch Chromatographie in PAe. an Al_2O_3; Reinheit 85%; n_D^{25} 1,5045; $[\alpha]_D^{20}$ −5,7° (c = 10; Chlf.). — *Humulan,* aus I u. 3,1 Mol H_2 an Pt in Eisessig; Reinheit 85%; n_D^{25} 1,4760; $[\alpha]_D^{20}$ −0,9° (c = 10; Chlf.). — *δ-Cadinen,* $Kp._9$ 131—132°, neben I. — *Cadalen,* durch Se-Dehydrierung vorst. Verb.; 85% (Ausbeute). *Pikrat,* F. 116—117°. — (−)-*Cadinendihydrochlorid,* F. 117—118,5°, aus vorst. Verb. u. HCl-Gas; $[\alpha]_D^{20}$ −36,5° (c = 2; Chlf.); 20%. — *Cuparen,* $Kp._7$ 117°, aus der bei 117—136°/9 mm sd. Fraktion durch Ozonolyse u. Chromatographie; n_D^{20} 1,5238; $[\alpha]_D^{20}$ +67° (c = 2; Chlf.). — *Cedrol,* F. 85—86°, durch Entfernen der Carbonyl-Verbb. aus der bei 136—150°/9 mm sd. Fraktion mit GIRARD-Reagens D, Chromatographie an Al_2O_3 u. fraktionierte Sublimation; $[\alpha]_D^{20}$ +9° (c = 2; Chlf.). — *Widdrol,* F. 97,5—98° (Acetonitril), neben vorst. Verb.; $[\alpha]_D^{20}$ +103° (c = 2; Chlf.). — *Aldehyd vom F. 32—35°,* aus dem Semicarbazon; ist nicht ident. mit Cedrenal. *Semicarbazon,* $C_{16}H_{25}N_3O$, F. 237—239° (Zers.), durch Abtrennen der Carbonyl-Verbb. aus der bei 130—135°/2 mm sd. Fraktion mit GIRARD-Reagens D u. Umsetzen mit Semicarbazid; $[\alpha]_D^{20}$ −31° (c = 2; Pyridin); aus A. Blättchen. F. HELLER. 4420□

Die Chemie der natürlichen Ordnung Cupressales. 37. Mitt. **Monoterpene aus der Rinde von Juniperus communis L.** H. Erdtman und T. Kubota. (Acta chem. scand. **15**. 1003—06. 1961.) (Engl.) — 36. vgl. vorst. Referat.

Die niedrig sd. neutrale Fraktion des äther. Öls aus der Rinde von *Juniperus communis* L. enthält ca. 30% *Longifolen* u. 16% eines höher sd. Sesquiterpengemisches. Die Monoterpenfraktion enthält nach gaschromatograph. Unters. ca. 22% *α-Pinen,* 14% *Δ^3-Caren,* 2% *Terpinolen,* 1% *cis-Menthan,* 1% *β-Pinen,* 1% *Limonen,* 1% *Myrcen* sowie je 0,5% *Camphen, α-Terpinen, γ-Terpinen, β-Phellandren* u. *Cymol.* F. HELLER. 4420□

Vorkommen einer Substanz mit dem Fluorescenzspektrum des 3.4-Benzpyrens in verschiedenen pflanzlichen Ölen. Louis Jung und Pierre Morand. (C. R. hebd. Séances Acad. Sci. **254**. 1489—91. 19/2. 1962. Toulon, Labor. de Biol. de la IIIe Région maritime.) (Franz.)

Vff. stellten fest, daß bestimmte chromatograph. (Al_2O_3-Säule) erhaltene Fraktionen von verschiedenen Pflanzenölen (Oliven- u. Erdnußöle verschiedener Provenienz) ein Fluorescenzspektrum aufweisen, das mit dem von *3.4-Benzpyren* (I) ident. ist. Die gefundenen I-Mengen liegen, je nach Herkunft u. Art der techn. Gewinnung des Öls, zwischen 10 u. 30 μg ‰. — Die Rolle von I in pflanzlichen Ölen (z. B. als Stabilisator) wird diskutiert. H. KOCKERT. 4420☐

Phytochemische Untersuchungen über die Tabakalkaloide. 1. Mitt. Optische Drehung von Nornicotin. Takuro Kisaki und Einosuke Tamaki. (Arch. Biochem. Biophysics 92. 351—55. Febr. 1961. Tokyo, Shinagawa-ku, Yutaka-machi, Japan Monopoly Corp., Centr. Res. Inst.) (Engl.) — 2. vgl. C. **1961.** 12889.

Blätter von auf Tomaten gepfropften Pflanzen von *Nicotiana glutinosa* u. *N. tabacum* wurden mit *L-Nicotin* (I) bzw. mit *L-Nornicotin* (II) gefüttert u. danach belichtet. Der Geh. an I u. II der Blätter wurde bestimmt. Das von L-I abstammende II ist nicht opt. rein, es ist ein Gemisch von einem großen Teil L-II u. einem kleinen Teil D-II. Vff. diskutieren den Mechanismus der Konversion von I in II u. nehmen eine II-spezif. Racemase an. W. HILLER. 4420☐

Phytochemische Untersuchungen des Genus Crotalaria. 1. Mitt. Phytochemische Untersuchung der Samen von Crotalaria sericea Retz. C. K. Atal und M. L. Sethi. (J. Pharmacy Pharmacol. 13. 365—69. Juni 1961. Amritsar, Indien, Med. Coll., Dep. of Pharmacol.; Chandigarh, Panjab Univ., Dep. of Pharmacy.) (Engl.)

Eine orientierende Unters. des Samens der giftigen *Crotalaria sericea Retz* erwies die Ggw. von Alkaloiden, Glykosiden, Tanninen, Phenolen, Steroiden, Flavonoiden, reduzierenden Zuckern, Gummen, Harzen u. Proteiden. Die Alkaloide befinden sich vorwiegend im Embryo, die Gummen nur im Endosperm. — Für die weiteren Unterss. diente das Unverseifbare des PAe.-Extraktes. Hieraus wurden durch Säulenchromatographie (Al_2O_3) *Triakontan* (F. 64—65°), *22.23-Dihydrostigmasterin* (F. 136—137°, $[\alpha]_D$ —36,65° in Chlf.) u. *α-Carotin* (Absorptionsmaxima bei 460 u. 488 mμ) abgetrennt. — Zur Alkaloid-Best. wurde das Samenpulver mit PAe., Bzn. u. Chlf. behandelt u. der Rückstand 24 Std. mit 95%ig. A. extrahiert. Der Extrakt wurde gereinigt u. durch Papierchromatographie (mit 5%ig. Essigsäure gesätt. Butanol) aufgetrennt: *Sericin*, $C_{17}H_{24}NO_7$, 0,07% des trockenen Samens. — *Hydrochlorid*, F. 232—233°. — *Pikrat*, F. 233—235°. — *Methojodid*, F. 242—245° (Zers.). — *Monocrotalin*, $C_{16}H_{23}NO_6$, F. 196 bis 197°, 0,5% Ausbeute. P. LOCH. 4420☐

Einige Probleme der Carotinoidbildung in den der Photosynthese dienenden Geweben. T. W. Goodwin. (Qualitas Plantarum Mater. vegetabiles [Den Haag] III/IV. 262—80. 25/9. 1958. Liverpool, Univ., Dep. of Biochem.) (Engl.)

Vf. gibt eine Übersicht über Natur, Lokalisierung in der Zelle u. Verbreitung von *Carotinoiden* in den der Photo-Synth. dienenden Geweben der höheren Pflanzen, der Algen u. der photosynthet. Bakterien. Die Einfl. des Lichtes u. der Temp. auf die Carotinoid-Bldg. werden besprochen. Der Mechanismus der Carotinoid-Bldg. wird diskutiert, ausgehend von 3 Gesichtspunkten: a) von der Natur des Monomeren, das die Grundsubstanz bildet; b) von der Natur des ersten Vorprod. C_{40}; c) von dem Einbau von OH-Gruppen in das Mol., um Xanthophylle zu bilden. — 56 Literaturangaben. GOTTFRIED SCHREIBER. 4420☐

Über Erbanlagen, die die Differenzierung von Carotinoiden in der Tomate beeinflussen. G. Mackinney. (Qualitas Plantarum Mater. vegetabiles [Den Haag] III/IV. 281—90. 25/9. 1958. Berkeley, Calif., Univ. of California, Dep. of Food Technol.) (Engl.)

Die Wrkg. von 5 Genen, die die Differenzierung von *Carotinoiden* in Früchten von *Lysopersicum* beeinflussen, wird diskutiert. Die Sorten mit grünen oder mit orangefarbigen Früchten enthalten ein Gen, das, in die Art „esculentum" eingeführt, in der Lage ist, die Bldg. von *β-Carotin* (I) zu veranlassen, wie als erste LINCOLN u. PORTER für Hybriden von „hirsutum" festgestellt haben. Ein Gen „Ghost" bewirkt eine gewisse Form von Albinismus, wobei eine Anhäufung von *Phytoen* (II) beobachtet wird. Vf. glaubt nicht, daß ein biochem. Zusammenhang zwischen II, *Lycopin* u. I besteht. GOTTFRIED SCHREIBER. 4420☐

Studien über den Carotinstoffwechsel. 4. Mitt. Der biologische Wert der Carotine in verschiedenen Pflanzen. Magdalene Kramer und R. TarjáN. (Int. Z. Vitaminforsch. [Bern] **30.** 49—59. 1959. Budapest, Inst. für Ernährungswiss.) (Dt.) — Vgl. C. **1959.** 17268.

Weiße ♂ Ratten nutzen natürliche Pflanzen-*Carotine* besser aus als eine ölige Lsg. von krist. *Carotin* (I). Wird die biolog. Verwertbarkeit des I in öliger Lsg. gleich 100 gesetzt, so zeigen die Pflanzen folgende Werte: Gelbe Rüben 114, Spinat 131, Aprikose 174, Kürbis u. Paprikapüree 184, Tomatenpüree 205. Zwischen der Ausnutzbarkeit des I

u. dem Verhältnis von Xanthophyll zu I wurde kein Zusammenhang gefunden. Die I-Ausnutzbarkeit steigt, je mehr Pigmente die Pflanze besitzt, die nicht wie Vitamin A wirken. W. HILLER. 4420□

Bestimmung von Indolderivaten in pflanzlichem Material. 2. Mitt. Ascorbigen, die gebundene Form von Vitamin C in Pflanzen des Genus Raphanus L. Miloslav Valenta, Milan Kutáček, František Icha und Ludmilla Holková. (Sborník československ. Akad. zemědělských Věd, rostlinná Výroba 4 (31). 1579—92. Dez. 1958. Praha, Vys. škola zemědělská, Kat. chem.) (Tschech.) — 1. vgl. C. **1958.** 7223.

In den einzelnen Teilen verschiedener Raphanusarten (Radieschen, Rettich, Ölrettich, Hederich) wird der Geh. u. die Verteilung von *Ascorbigen* (I) durch colorimetr. Titration mit Trichloressigsäure bestimmt. Der I-Geh. der Knollenwurzeln ist kleiner als derjenige der Blätter; bes. die jungen Blätter sind reich an I. Mit zunehmendem Alter der Pflanzen nimmt der I-Geh. in den einzelnen Organen ab. In der Blütezeit verschwinden meist die Unterschiede, die zuvor nicht nur zwischen den Varietäten, sondern auch zwischen Stämmen gleicher Varietät bestehen. Rettich u. Ölrettich enthalten im Durchschnitt mehr *Vitamin C* u. mehr I als Radieschen. Bei Hederich ist I noch nicht eindeutig nachgewiesen. R. K. MÜLLER. 4425□

Fluorescenzphotographische Untersuchung über Thiamin in Getreidepflanzen und Bohnen. 4. Mitt. Verteilung von Thiamin in den Samen von Phaseolus vulgaris L. Shinjirô Chikubu, Hishaya Horiuchi, Mashaki Furuya und Shigeya Nilzeki. (J. agric. chem. Soc. Japan [Nippon Nogeikagaku Kaishi] **29.** 225—29. März 1955.) (Jap.) — **3.** vgl. J. agric. chem. Soc. Japan [Nippon Nôgei-Kagaku Kaishi] **27.** [1953.] 608.

Auf Grund der photograph. Auswertung der Thiochromfluorescenz ergibt sich über die Verteilung von *Thiamin* (I) in den ruhenden Samen: Im Embryo ist mehr I (1,348 $\pm$ 0,013 mg/100 g Pflanze) als in Kotyledonen (0,417 $\pm$ 0,013), bes. viel ist in den Keimwurzeln (4,606 $\pm$ 0,283) u. dort bes. angereichert im Cambium; dann folgen die Übergangsregionen (ÜR) u. die Epidermis. Bes. angereichert sind die Gefäßbündel, das Phloem u. das Mark (stärker als die Rinde) des Hypokotyls. Chem. Analyse von I gibt damit parallele Ergebnisse. Die gebundene Form (Cocarboxylase, II) von I ist stärker in der Keimwurzel als im Hypokotyl u. der ÜR vorherrschend. L. SCHULER. 4425□

Untersuchungen über die Biosynthese der Vitamine der Folsäuregruppe bei grünen Pflanzen. K. Erismann und W. H. Schopfer. (Experientia [Basel] **15.** 459—60. 15/12. 1959. Bern, Univ., Bot. Inst. u. Bot. Garten.) (Dt.)

Bei Wurzeln u. Sprossen von 6 Tage alten Keimlingen von *Pisum sativum* wurde der Einfl. von Licht u. *Ascorbinsäure* (I) auf den Geh. von *Folsäure-* (II) u. *Leucovorin*-Verbb. (III) geprüft. Der Test auf II wurde — wie üblich — mit *Streptococcus faecalis R* ATCC 8043, auf III mit *Leuconostoc citrovorum* ATCC 8081 durchgeführt. — Bei Zunahme des Geh. von I (entweder als Folge der Belichtung oder durch Aufnahme von außen) tritt deutlich in Sprossen u. Wurzeln eine Zunahme von II u. III auf. Es herrscht jedoch keine strenge Parallelität, so daß weitere limitierende Faktoren von den Autoren angenommen werden. E.-R. LOCHMANN. 4425□

Aufsteigende Zirkulationen von ^{32}P in Holz und Bast. Michel Penot. (C. R. hebd. Séances Acad. Sci. **248.** 1847—49. 23/3. 1959. Strasbourg, Fac. de Sci., Inst. de Botan.) (Franz.)

Die aufsteigende Zirkulation von ^{32}P geschieht im Holz immer in einer aufsteigenden, durch Transpiration hervorgerufenen Wasserströmung. Man kann den Aufstieg hemmen durch Unterdrückung der Transpiration oder zusätzliche Zufuhr von W. zum oberen Teil der Pflanze. H. AMAN. 4450□

Wirkungen von Natriumchlorid auf die Ionenaufnahme und das Wachstum von Atriplex vesicaria Heward. R. F. Black. (Austral. J. biol. Sci. **13.** 249—66. Aug. 1960. Nambour, Queensland, Dep. of Agric. and Stock.) (Engl.)

Sämlinge dieser xerophyt., perennierenden Futterpflanze des inneren Australiens zeigen in Hydroponik Toleranz gegenüber einer Konz. von maximal 1 m *NaCl*. Die internen NaCl-Werte reifer Blätter hatten einen positiven Gradienten von 12 atm gegenüber der Nährlösung. NaCl wird in den jungen Blättern akkumuliert; reife Blätter resorbieren genügend NaCl, um vergleichbare Chlor-Konzz. aufrechtzuerhalten. Mit der Blattreife wuchsen nur die Na-Werte, möglicherweise infolge des DONNAN-Effektes der organ. Anionen. Die Wurzeln enthalten relativ geringe NaCl-Mengen. Zwei Mechanismen über die Resorption von Alkalikationen werden diskutiert.

H. G. W. GLEISS. 4450□

Der Stoffwechsel von isoliertem Phloem der Weinrebe. M. J. Canny und Katalin Markus. (Austral. J. biol. Sci. **13.** 292—99. Aug. 1960. Ascot Vale, Vic., I.C.I.A.N.Z., Central Res. Labor.) (Engl.)

Exzidierte, 100 μ dicke Tangentialschnitte vom internodialen Phloem des Weinstockes (*Vitis vinifera L.*) wurden in 10 ml 0,25 m Saccharose (I)-Puffer mit 0,001 m Sulfanilamid kultiviert. Die Best. des Respirationsquotienten mit IR-Gasanalysator u. Warburg-Manometer ergab 230 μl CO_2/g Frischwasser/Stunde. — Die Best. der Zucker nach Extraktion mit heißem 70%ig A. u. Chromatographie mit Äthylacetat–Pyridin–W. (80 : 20 : 10) ergab bei Exzision 2,5 mg I u. je 0,5 g Fructose (II) u. Glucose (III)/g Frischgewicht. — Nach 24 Std. stieg der Geh. an II u. III, der von I sank. Zusatz von II u. III steigerte den I-Geh. binnen 50 Std. linear um 0,2 mg/g Frischgewicht/Stunde. — Die Permeabilität des Phloems für I in 10%ig. I-Puffer betrug 2 mg/g Frischgewicht/Stunde. H. G. W. Gleiss. 4460□

Bildung von γ-Guanidinobuttersäure in Pinusgeweben. Robert L. Barnes. (Nature [London] **193**. 781. 24/2. 1962. Durham, N.C., Duke Univ., U.S., Dep. of Agricult., Forest Serv., Southeastern Forest Experiment Station.) (Engl.)

Verschiedene Gewebe (♀ Blüten, Kallus, isolierte Wurzeln) einiger Pinusarten [*Pinus taeda* L., *P. clausa* (Chapm.) Vasey, *P. elliottii* Englm., *P. serotina* Michx.] wurden mit ^{14}C-markiertem *Arginin* gefüttert. Unters. der Stoffwechsel-Prodd. ergab, daß die *γ-Guanidinobuttersäure* (I) den größten Teil der Radioaktivität enthält. Vf. stellt Vermutungen über die Bldg. der I an u. diskutiert den oxydativen Bldg.-Weg über α-Keto-δ-guanidinovaleriansäure. H. Busse. 4460□

Photophosphorylierung und die Hill-Reaktion. Mary Stiller und Birgit Vennesland, (Nature [London] **191**. 677—78. 12/8. 1961. Chicago, Ill., Univ. of Chicago, Dep. of Biochem.) (Engl.)

Vff. untersuchen mit frisch bereiteten Spinat-Chloroplasten an Hand der Photo-Red. von $K_3[Fe(CN)_6]$ die Abhängigkeit der Geschw. der Hill-Rk. vom pH-Wert bzw. der Phosphataufnahme in Ggw. u. Abwesenheit eines Phosphorylierungs-Syst. (a; *Adenosindiphosphat* u. *Orthophosphat*). Bei niedrigem pH (7,2) ist der Effekt von a am stärksten. Dieser nimmt in dem Maße ab, wie sich der ursprüngliche pH-Wert dem pH (8,2) des Puffers nähert. Dieses Verh. kann einmal der Bldg. von H-Ionen während der $K_3[Fe(CN)_6]$-Red. u. zum anderen des H-Verbrauches während der ATP-Bldg. zugeschrieben werden. — Die Geschw. der Phosphorylierung verläuft der der Ferricyanid-Red. über den gemessenen pH-Bereich mit einem P/2e Verhältnis von 0,8 proportional. — Vff. folgern aus ihren Verss. eine Übereinstimmung mit der Warburg-Folgerung, daß als Ergebnis der Hill-Rk. eine Phosphorylierung erfolgen kann, daß jedoch die Geschw. der Hill-Rk. unabhängig ist von der ATP-Synth., die letztere begleiten kann oder nicht. — 10 Literaturangaben. H. Spohn. 4460□

Photophosphorylierung und die Hill-Reaktion. N. E. Good. (Nature [London] **191**. 678—79. 12/8. 1961. London, Ontario, Univ. sub-Post Office, Pesticide Res. Inst.) (Engl.) — Vgl. vorst. Referat.

Diskussionsbeitrag zur Arbeit von Stiller u. Vennesland (l. c.). Vf. führt eine Reihe von Gründen an, die gegen die pH-Theorie der Hill-Rk. sprechen.
H. Spohn. 4460□

Photophosphorylierung und die Hill-Reaktion. André T. Jagendorf. (Nature [London] **191**. 679—80. 12/8. 1961. Baltimore, Md., Johns Hopkins Univ., McCollum-Pratt Inst.) (Engl.) — Vgl. vorst. Referat.

Weiterer Diskussionsbeitrag zur Arbeit von Stiller u. Vennesland (l. c.). Vf. kommt nach eigenen Verss. zu gleichartigen Ergebnissen hinsichtlich der Ferricyanid-Red. durch die Hill-Rk. als Funktion des pH des Rk.-Gemisches wie die genannten Autoren, hält jedoch die gezogenen Schlußfolgerungen für zu allgemein. H. Spohn. 4460□

Einige Wirkungen von Bor auf das Wurzelwachstum. T. F. Neales. (Austral. J. biol. Sci. **13**. 232—48. Aug. 1960. Melbourne, Univ., Botany School.) (Engl.)

Samen der Pferdebohne (*Vicia faba* var. *minor* u. *cv. Leviathan*), der Gartenerbse (*Pisum sativum cv. Greenfeast*), des Mais (*Zea mays cv. Hickory King*) u. des Flachs (*Linum usitatissimum L. cv. Ventnor*) wurden in einem A.–H_2O_2-Gemisch (1 : 9) 5 Min. sterilisiert, gewaschen, 12 Std. lang in *B*-freiem W. eingeweicht, 48 Std. lang bei 22° im Dunkeln auf feuchtem Vermiculite gekeimt, in eine Nährlsg. aus 33,6 mg $Ca(NO_3)_2$/Liter, 4,2 mg $MgSO_4 \cdot 7\,H_2O$/Liter, 6 mg KH_2PO_4/Liter u. Spuren von Fe, Mn, Mo, Cu, Zn u. J bei verschiedener B-Konz. (als H_3BO_3) über 120 Std. lang beobachtet. Die B-Best. erfolgte nach der modifizierten Meth. von Macdougall u. Biggs (Anal. Chem. **24**. [1952.] 566). B-Mangel verringerte das Längenwachstum aller Wurzeln außer der des Mais. Der für Normalwuchs erforderliche minimale B-Bedarf in 120 Std. beträgt bei Vicia 0,005 ppm. Jedes μg B induziert eine Wurzelelongation von 51 mm. Das B-Depot der Wurzelspitze reicht nach B-Entzug nur für 5std. Normalwuchs. Nach 72 Std. wird das Wurzelwachstum ganz eingestellt. B wird vom Samen zur Wurzel oder vom Epikotyl zur Wurzelspitze transportiert. B-Mangel u. Röntgenstrahlen wirken offenbar analog. Der Einfl. von B auf Lignifikation u. Wurzeldifferenzierung wird diskutiert. H. G. W. GEISS. 4480□

Heteroauxin-Gehalt in einer Kultur von Azotobacter chroococcum und in einem Azotobacter-Konzentrat. Alena Čejková. (Sborník českoslov. Akad. zemědělských Věd, rostlinná Výroba **4** (31). 1599—1602. 1 Tafel. Dez. 1958. Praha, Výzk. úst. kvasn. prům.) (Tschech.)

Bei Kulturen von *Azotobacter chroococcum* auf Agarnährböden wird durch quant. Best. des *Heteroauxins* (I) in 10 Tagen eine I-Bldg. von 8 μg/g bzw. 139 μg/20 ml festgestellt. Auf fl. Nährboden erreicht die Bldg. von *Indolyl-(3)-essigsäure* 702 μg/100 ml. In einem Azotobacterkonzentrat beträgt der I-Geh. 706,6 μg je 100 ml zellfreien Filtrats bzw. 3,56 μg in 1 g zentrifugierter Biomasse mit 30,62% Trockensubstanz. Die Menge der Wuchsfaktoren im Konzentrat nimmt bei der Lagerung offensichtlich durch teilweise Zers. ab. Der Wert des Konzentrats wird aber durch die Abnahme des I nicht herabgesetzt, weil die Bakteriendüngung des Bodens keine Anreicherung an Wuchsfaktoren bewirkt, sondern eine Kultur bildet, die sich entwickeln u. Auxine im Boden erzeugen kann. R. K. MÜLLER. 4485□

Biochromatographische Analyse der Wurzelauxine. Methoden und Ergebnisse. Paul-Emile Pilet. (Rev. gén. Bot. **65.** 605—33. Nov. 1958. Lausanne, Univ., Labor. de Physicol. végétale.) (Franz.)

Mittels einer chromatograph. Meth. zur Analyse von Wuchsstoffen wurden in Extrakten aus 18 mm-Wurzeln von *Lens culinaris Med.* hohe Konzz. von *β-Indolylessigsäure* (I), sowie ein *Aktivator α* (II) u. ein *Inhibitor β* (III) nachgewiesen. I findet sich vorwiegend im Bereich des Meristems, in den Elongationszonen nur wenig. II kommt ebenfalls vorwiegend im Meristem vor u. seine Konz. bleibt längs der Wurzelachse konstant. Der III-Geh. ist in der Wurzelspitze prakt. Null u. nimmt bis zum Wurzelhals laufend zu. K. MAIER. 4485□

Wachstumshemmung der Chlorella durch 3-Amino-1.2.4-triazol und ihre Umkehrung durch Purine. Frederick T. Wolf. (Nature [London] **193.** 901—02. 3/3. 1962. Stanford, Calif., Carnegie Inst. of Washington, Dep. of Plant Biol.; Nashville, Tenn., Vanderbilt Univ., Div. of Mol. Biol., Dep. of Biol.) (Engl.)

Vf. stellte fest, daß die durch 0,5 mg% *3-Amino-1.2.4-triazol* (I) induzierte Wachstumshemmung von *Chlorella pyrenoidosa* (Stamm 252) durch 1,0 mg% *Adenin, Guanin, Xypoxanthin* u. *Xanthin* vollständig bzw. durch *Harnsäure* partiell aufgehoben wird. Riboflavin hebt selbst in einer Konz. von 10 mg% die I-Wrkg. nicht auf.
H. BUSSE. 4485□

Unterschied zwischen 11-Desoxycorticosteron und 17-Hydroxy-11-desoxycorticosteron hinsichtlich ihrer Wirkung auf die Wachstumsgeschwindigkeit der Linse (Ervum lens). Albert Rakoto Ratsimamanga, Michelle Mondain Monval-Gerondeau und Jacqueline Diot. (C. R. Séances Soc. Biol. Filiales **155.** 1482—86. 1961.) (Franz.)

Vff. stellten fest, daß *17-Hydroxy-11-desoxycorticosteron* (I) in Konzz. von 10^{-5} bis 10^{-13} (g/ml) das Wachstum von *Ervum lens* hemmt; mit steigender I-Konz. nimmt der Hemmeffekt zu. *11-Desoxycorticosteron* hemmt hingegen bis zu einer Konz. von 10^{-5} u. wirkt bei einer Konz. von 10^{-11} bis 10^{-13} auf das Wachstum stimulierend.
H. KOCKERT. 4485□

Über biologisch gesteuerte Abbauvorgänge im Boden. 1. Mitt. G. Müller und D. Kleinhempel. (Zbl. Bakteriol., Parasitenkunde Infektionskrankh. Hyg., II. Abt. **115.** 113—22. 10/3. 1962. Leipzig, Karl-Marx-Univ., Inst. für Bodenk. u. Mikrobiol.) (Dt.)

Eine größere Formenmannigfaltigkeit der Bodenorganismen führt zu einem rascheren Abbau der organ. Bodensubstanz. Bei kurzzeitiger Zers. (59 Tage) wird in erster Linie *Cellulose* zersetzt, *Lignin* u. in Acetylbromid unlösl. Substanzen reichern sich relativ an. Eine Humifizierung kann in dieser Zeit noch nicht beobachtet werden. Der rasche Abbau scheint darauf hemmend zu wirken. W. HILLER. 4499□

E₅. Tierchemie. Tierphysiologie. Tierpathologie

Verminderung der Radioisotopen-Dosen zu diagnostischen Zwecken. F. Hosain. (Indian J. med. Res. **48.** 250—56. März 1960. Calcutta, Saha Inst. of Nuclear Phys.) (Engl.)

Es wird eine neue Zähltechnik (Antikoinzidenzgasströmungszähler) für stoffwechselmäßige u. diagnost. Isotopen-Unterss. empfohlen, die eine Verminderung der Isotopendosierung auf $^1/_{30}$ der bisher verwendeten Dosierung, u. somit eine Verminderung der schädlichen Wrkg. gestattet. U. TAUSENDFREUND. 4500□

Bemerkungen über ein geeignetes Lösungsmittelsystem, das für Scintillationszählung an Tiergeweben brauchbar ist. Gerald A. Bruno und John E. Christian. (J. Amer. pharmac. Assoc., sci. Edit. **49**. 560—61. Aug. 1960. Lafayette, Ind., Purdue Univ., Bionucleus Dep.) (Engl.)

Vff. fanden *Hyaminbase* (I) als geeignetes Lsgm.; I wurde aus Hyaminchlorid durch Behandlung mit methanol. NaOH erhalten. I kann mit genügender Genauigkeit für Verss. verwendet werden, die mit ^{14}C u. ^{3}H durchgeführt werden, wenn mit einem Standard verglichen wird, d. h., eine bestimmte Aktivität in I gegeben wird. Die Zahl der Impulse sinkt mit dem Anstieg der Färbung von I. Bei der Homogenisierung ist längeres Erhitzen deshalb zu vermeiden. Es ist vorteilhaft, eine Homogenisierung durch Ultraschall zuerst durchzuführen u. die Zeit des Erhitzens dadurch zu verringern.

W. HILLER. 4500 □

Wirkung des Wachstums auf die Zusammensetzung des Vogelmuskels. J. W. T. Dickerson. (Biochem. J. **75**. 33—37. 1960. Cambridge, Univ., Med. Res. Council of Exp. Med.) (Engl.)

Bei roten Rhode-Island-Hähnchen nimmt der Geh. des Brustmuskels an *W.*, *Cl*, Na^+ u. extracellulärem *Protein-N*/kg in den ersten 2,5 Lebenswochen ab, der Geh. an K^+, *P* u. Mg^{2+} steigt während dieser Zeit. Der K- u. P-Spiegel fällt nach dieser Zeit auf den Wert des erwachsenen Tieres ab. Die Faserproteine vermehren sich hauptsächlich während der ersten 2,5 Wochen, die sarkoplasmat. Proteine zwischen 2,5 u. 4 Wochen. Nach 4 Wochen hat der Muskel prakt. die Zus. des erwachsenen Tieres. Die verhältnismäßige Zunahme der Zellsubstanz ist von einer Zunahme des Geh. an Protein-N/Liter Zellwasser begleitet, während der Geh. an Na + K im Zellwasser abnimmt.

H.-J. KOCH/Berlin. 4520 □

Ein ungewöhnliches Polysaccharid im Knorpelgewebe der Schnecke Busycon: Polyglucosesulfat. J. W. Lash und M. W. Whitehouse. (Biochem. J. **74**. 351—55. 1960. Philadelphia, Pa., Univ., School of Med., Dep. of Anatomy and Biochem.) (Engl.)

Aus den Odontophoren der Meeresschnecke *Busycon caniculatum* wird durch trypt. Verdauung unter gleichzeitiger Dialyse, anschließende Fällung von Eiweiß mit Trichloressigsäure u. Papierionophorese ein *saures Polysaccharid* (I) gewonnen, das durch Hexamminkobalt(III)-chlorid, Cetyltrimethylammoniumbromid, Neomycin u. Spermin fällbar ist u. die Koagulation von Frischblut etwas weniger hemmt als Chondroitinsulfat (II) oder Heparin. I liefert bei der Hydrolyse *D-Glucose* als einzige Monosaccharidkomponente sowie 35 Mol-% SO_4^{2-}. II oder Keratosulfate lassen sich in den Odontophoren nicht nachweisen. Vermutlich handelt es sich bei I um ein *Cellulosephosphat*. Auf Grund der biochem. Eigg. kann das Gewebe der Odontophoren nicht als normales Knorpelgewebe angesprochen werden. H.-J. KOCH/Berlin. 4520 □

Sedimentationskoeffizientenverteilungen der mit kaltem Wasser extrahierten Glykogene von Fasciola hepatica. Ernest Bueding und S. A. Orrell jun. (J. biol. Chemistry **236**. 2854—57. Nov. 1961. Baltimore, Md., Johns Hopkins Univ., School of Hyg. and Public Health, Dep. of Pathobiol.) (Engl.)

Fasciola hepatica wurden nach MANSOUR (C. **1960**. 4909) gezüchtet. Gruppe (Gr.) 1 diente als Kontrolle, Gr. 2 wurde 24 Std. in *Glucose* (I)-freiem Medium, Gr. 3 anschließend 24 Std. in I-haltigem Medium inkubiert. Zur Extraktion von *Glykogen* (II) mit W. bei 2—4° wurde die Meth. von ORRELL u. BUEDING (C. **1959**. 6501) modifiziert. 84,5—98% des im Homogenat vorliegenden II wurden isoliert. Die mit der Schlieren-Meth. in der Ultrazentrifuge (9340 U/min, 18 Min.) ermittelten Verteilungskurven für *S* wiesen bei allen Gr. deutliche Polydispersität auf. Neben einer leichten Fraktion mit $S \sim 100$ traten schwere Fraktionen mit $S > 1000$ auf. Der um 40—70% verminderte II-Geh. bei Gr. 2 ging mit einer Verminderung der schweren Komponente einher. Gr. 3 zeigte wieder eine normale II-Zusammensetzung. Wenn II mit heißem Alkali statt mit kaltem W. extrahiert wurde, trat die schwere Komponente in keiner Gr. auf.

H. LOHSCHELDER. 4520 □

Histochemische Untersuchung der Zona pellucida der Ovula der Katze. M. Konecny. (C. R. Séances Soc. Biol. Filiales **153**. 893—94. 30/9. 1959. Brno, Fac. de Méd., Inst. d'Histol. et d'Embryologie.) (Franz.)

Mit Hilfe verschiedener Färbemeth. wurden die Bestandteile der verschiedenen Schichten der Zona pellucida von Ovula der Katze beschrieben. Die innere Schicht enthält ein saures Polysaccharid, die Hyaluronsäure, die mittlere radial angeordnete Schicht besteht aus Lipoprpteiden, sauren u. neutralen Polysacchariden. Die äußere spongiose Schicht enthält metachromat. anfärbbare, wahrscheinlich schwefelhaltige Polysaccharide, die sich gleichermaßen in den Zellen der Membrana granulosa u. in Liquor folliculi befinden. S. GROITZSCH. 4520 □

Lösliches Kollagen im Knochen. S. Araya, S. Saito, S. Nakanishi und Y. Kawanishi. (Nature [London] **192.** 758–59. 25/11. **1961.** Tokyo Univ., Dep. of Serol.; Tokyo Med. and Dent. Univ., School of Dent., Dep. of Biochem.) (Engl.)

Frische Oberschenkelknochen des Rindes wurden mit Trockeneis zermahlen, in 0,1n HCl suspendiert u. gegen 0,1n HCl dialysiert. Der Nd. wurde in McILVAINE-Puffer gelöst u. die Bldg. von Fasern durch Zugabe von NaCl-Kristallen gefördert. Die nadelförmigen Fasern wurden nach Fixierung mit Phosphorwolframat eletronenmkr. untersucht u. zeigten die für *Kollagen* (I) charakterist. Periode von 640 Å. Der Aminosäure-Geh. der Fasern war dem von sog. Knochen-I ähnlich. J. BOELTER. 4520□

Inhaltsstoffe des Schwammes Calix nicacensis. D. Ackermann und R. Pant. (Hoppe-Seyler's Z. physiol. Chem. **326.** 197–99. 21/12. 1961. Würzburg, Univ., Physiol.-Chem. Inst.) (Dt.)

Aus dem Schwamm *Calix nicacensis* wurden *Taurin* u. *Monomethyltaurin* in erheblichen Mengen, ferner *Inosit, Trimethylamin* u. eine Base der Formel $C_4H_9N_3O_2$ isoliert. Daneben ließen sich papierchromatograph. *Dimethyltaurin, Taurocyamin, Homarin* u. *Trigonellin* nachweisen. P. GREGORZEWSKI. 4520□

Die Wirkung von Trichloressigsäure bei der Papierchromatographie von Gewebeaminen. B. Robinson und D. M. Shepherd. (J. Pharmacy Pharmacol. **13.** 374–77. Juni 1961. Dundee, Univ. of St. Andrews, Dep. of Pharmacol. and Therap.) (Engl.)

Es ist bekannt, daß *Trichloressigsäure* (I)-Lsgg. vieler *sympathicomimet. Amine* bei der Papierchromatographie 2 Flecken geben. Die Bldg. eines Doppelflecks ist auf die Bldg. eines Mol.-Komplexes zwischen I u. dem Amin zurückzuführen, wobei diese Amine als Elektronendonatoren wirken u. I als Elektronenacceptor wirkt. Man kann das vermeiden, indem man dieselbe Säure sowohl im Chromatographie-Lsgm. als auch in der zu chromatographierenden Lsg. verwendet. So wurde gefunden, daß wenn Lsgg. von *Histamin, Imidazol, 4(5)-Methylimidazol, Tryptamin, 5-Hydoxytryptamin, Adrenalin, Noradrenalin* u. *Isoprenalin* beim Chromatographieren in einem Gemisch von n-Butanol : Essigsäure : W. (12 : 3 : 5), zu dem I hinzugegeben wurden, alle Verbb. einen einzigen Fleck gaben. Es werden noch ähnliche Lsgm.-Gemische beschrieben.
H. LIEDTKE. 4520□

Stärkegelelektrophorese von Hühnereiweiß, Eiweiß, Dotter und Eier des Eileiters und Serumproteinen. F. Steven. (Nature [London] **192.** 972. 9/12. 1961. St. Andrews, Bute Med. Buildings, Dep. of Physiol. and Biochem.) (Engl.)

Die Stärkegelelektrophorese erfolgte nach SMITHIES (C. **1956.** 4773) unter Verw. eines Gels mit 15–17% Stärke. Die Elektrophorese wird bei 0°, 8 Std. lang bei 400 V u. 10 mA durchgeführt. Die Komponenten der „dünnen", „inneren dünnen" u. der „dicken" Schicht der Hühnereiklar-*Proteine* werden mit denjenigen aus dem Magnumbereich des Eileiters von legenden Hennen verglichen. Proben, die im gleichen Gel der Elektrophorese unterworfen waren, zeigen eine prakt. ident. Proteinzusammensetzung. Es konnten insgesamt 16 Komponenten unterschieden werden. Die schnell anod. wandernden Komponenten 16, 15 u. 14 sind mit den 3 Komponenten A_1, A_2 u. A_3 nach CANN des krist. Ovalbumins identisch. Zum Vgl. werden die schemat. Pherogramme von Hühnerserum, sowie Eidotter u. Eiern, die aus dem Eileiter isoliert wurden, angeführt.
P. SCHWERDTFEGER. 4520□

Vergleichende elektrophoretische Untersuchung auf Papier, Celluloseacetat und Gelose der löslichen Proteine des Kaninchengehirns. R. Depieds, G. Cartouzou, D. Gignoux und S. Mante-Bouscayrol. (C. R. Séances Soc. Biol. Filiales **155.** 1966–70. 1961. Marseille, Fac. Mixte de Méd. et de Pharm., Inst. de Pédiatrie, Labor. de Biochim. méd., Labor. de Parasitol.) (Franz.)

Vff. stellten fest, daß die elektrophoret. Trennung der *lösl. Proteine* in einem n-Butanol- bzw. Acetonextrakt von durchströmtem (0,25 m Saccharose-Lsg.) Kaninchenhirn in wenigstens 8 Komponenten möglich ist. Bes. gute Ergebnisse wurden durch Elektrophorese mit *Celluloseacetat* (SCHLEICHER u. SCHÜLL) u. *Gelose* erhalten.
H. KOCKERT. 4520□

Untersuchungen über die Ultraviolettdifferenzspektren von Proteinen und Polypeptiden. A. N. Glazer und Emil L. Smith. (J. biol. Chemistry **236.** 2942–47. Nov. 1961. Salt Lake City, Utah, Univ. of Utah, Coll. of Med., Labor. for the Study of Hereditary and Metabolic Disorders and Dep. of Biol. Chem. and Med.) (Engl.) — Vgl. C. **1961.** 5464.

Die Denaturierung von verschiedenen Proteinen wurde spektrophotometr. zwischen 220 u. 320 mμ verfolgt. Nach Denaturierung oder Proteolyse trat jeweils bei 230–240 mμ ein markantes Maximum im Differenzspektrum auf. Bei Unters. der alkal. Denaturierung von *Pepsin* wurde festgestellt, daß Änderungen in der Umgebung der *Tyrosin-* u. *Tryptophan*-Reste sich im Spektrum bei 278, 286 u. 292 mμ bemerkbar machen, jedoch nicht bei 230—240 mμ. Kinet. Unterss. der Denaturierung von *Ovalbumin* mit Harnstoff u. Guanidinhydrochlorid zeigten, daß die Geschw. der Absorptionsänderung bei 232,5 mμ verschieden ist von der bei 287,5 u. 292,5 mμ. *Glukagon* zeigte in 52,5%ig. Saccharose (I)-Lsg. oder in 5,25 m LiCl Maxima bei 230 bzw. 232 mμ. I wirkte ähnlich auf die A-Kette von oxydiertem *Insulin*. Das Auftreten des Maximums bei 230—240 mμ bei den untersuchten Proteinen wird auf Konformationsänderungen der Peptidketten zurückgeführt. H. LOHSCHELDER. 4520 □

Lysolecithin. N. Robinson. (J. Pharmacy Pharmacol. **13.** 321—54. Juni 1961. London. Univ., School of Pharm., Dep. of Physic. Chem.) (Engl.)

Übersichtsarbeit. — Darst. des *Lysolecithins* (I), Aktivität der *Lecithinase A* (II); Angriffspunkt der II; chem. Struktur u. Eigg. von I; *Lecithinase B*, physiolog. Wrkg. von I. — 131 Literaturangaben. H. LIEDTKE. 4520 □

Kernbildung und Kristallwachstum in mineralisierenden Geweben. Albert E. Sobel, Penni A. Laurence und Martin Burger. (Trans. New York Acad. Sci. [2.] **22.** 233—43. Febr. 1960. Brooklyn, N.Y., The Jewish Hosp. of Brooklyn, Dep. of Biochem.) (Engl.)

Allg. Ausführungen über die Mineralisation von Knochen u. Zähnen bei Vertebraten. — 43 Literaturangaben. H. KOCKERT. 4550 □

Die Veränderungen des Eiweißumsatzes bei langer Einwirkung hoher Temperatur. L. A. Dobrowolski. (Гигиена и Санитария [Hyg. u. Sanitätswes.] **26.** Nr. 6. 25 bis 28. Juni 1961. Kiew, Inst. für Arb.-Hyg. u. Berufskrankh.) (Russ.; Auszug: Engl.)

Kaninchen werden 150 Tage lang täglich 3 Std. lang bei 40° u. 25% relativer Feuchtigkeit gehalten. Im Laufe der ersten 3 Monate zeigt das *Gesamteiweiß* (I) des Blutserums regelmäßig wellenförmige Schwankungen von einmonatiger Dauer, die durch Verschiebungen der Konz. der *Albumine* u. *Globuline* verursacht werden. Im weiteren tritt ein allmählicher Anstieg des I ein, durch einen Anstieg der Globulin-Konz. bestimmt. Gleichzeitig stellt sich Hypoalbuminämie ein. Der Albumin/Globulin-Koeff. fällt ab. Die Intensität der Aufnahme von ^{35}S in die Proteine des Blutes in vitro sinkt im 5. Versuchsmonat stark. Es bestehen einige Parallelen zwischen den Änderungen des Eiweißstoffwechsels u. der Thermoregulation. Im Laufe der ersten 3 Vers.-Monate zeigt sich eine gewisse Labilität der Indicatoren der Thermoregulation. Während des 4.—5. Monats wird eine erhebliche Spannung festgestellt. Der Anstieg des I im 4.—5. Vers.-Monat weist auf einen Desadaptationsprozeß hin u. ist anscheinend mit einer Verdichtung des Blutes unter dem Einfl. erhöhter Temp. verbunden, wobei die Tätigkeit des Herzkreislauf-Syst. u. des Thermoregulations-Syst. gestört wird. Der beobachtete Anstieg der γ-Fraktion wird als eine Komponente irgendeiner Abwehr-Rk. gedeutet. F. DU MANS. 4550 □

Messung der Permeabilität der zwei Oberflächen einer lebenden Membran. Alexander Leaf. (Science [Washington] **128.** 144—45. 18/7. 1958. Boston, Mass., Massachusetts Gen. Hosp.; Harvard Med. School; Howard Hughes Med. Inst.) (Engl.)

An einer Membran aus der Blase der Kröte, die die 2 Hälften einer Lucitekammer trennte, ließ sich akt. *Na*-Transport von der mit ihrer Mucosa-artigen Oberfläche in Kontakt stehenden Fl. in die die Serosa-artige Oberfläche der Membran berührende Fl. nachweisen. Unter anaeroben Bedingungen erfolgt dieser Transport langsamer als in Ggw. von O_2 u. ist mit Glykolyse verbunden. Die aus dem Glykogen in der Membran gebildete *Milchsäure* verteilt sich indes nicht gleichmäßig zwischen beiden Membranoberflächen, sondern reichert sich in dem die Serosa-artige Oberfläche berührenden Medium stärker an, unabhängig von pH-Wert, Membranpotential oder Transport der Na-Ionen. Die Konz. des Lactats ist jedoch stets höher im Gewebewasser der Membran als in den umgebenden Flüssigkeiten. Bei Verss. mit radioakt. (^{14}C) markiertem Lactat in beiden Richtungen erwies sich der Permeabilitäts-Koeff. K_1 der Mucosa-artigen Oberfläche der Membran als nur ~5% desjenigen (K_2) der Serosa-artigen Oberfläche, während der Trans-Membran-Permeabilitäts-Koeff. etwa demjenigen der Mucosa-artigen Oberfläche entsprach. Die Differenz zwischen K_1 u. K_2 ist möglicherweise auf Strukturunterschiede der beiden Membranoberflächen, auf Unterschiede in der Dicke der Diffusionsschranken ähnlicher Struktur oder gar auf Unterschiede in der effektiven Oberfläche zwischen beiden Membranseiten zurückzuführen. Aus der Analogie mit dem Lactat wird geschlossen, daß die wesentliche Schranke für die passive Na-Diffusion ebenfalls an der Mucosa-artigen Oberfläche liegt. E. ÜHLEIN. 4550 □

Immunochemische Untersuchungen über die Pathologie des Proteins. Das Immunglobulinkonzept. J. F. Heremans. (Clin. chim. Acta [Amsterdam] **4.** 639—46. Sept. 1959. Louvain, Belgium, Univ. Clin., St. Pierre, Dep. of Internal Med.) (Engl.)

Im Bereich der *γ-Globuline* sowie in dem zwischen γ- u. *β-Globulinen* liegenden Gebiet lassen sich immunolog. 5—6 Fällungslinien nachweisen: γ-Globulin (I; teilt sich in γ_A- u. γ_B-Globulin), β_{2A}-Globulin (II), β_{2M}-Globulin (III), β_{2B}-Globulin, β_{2X}-Globulin u. γ_X-Globulin. Von diesen sind I, II u. III Träger der *Antikörper*-Aktivität (Immunglobuline). Bei chron. Infektionen, Kollagenerkrankungen u. Cirrhose (sowie Hepatitis) nehmen die Immunglobuline im Blut stark zu. Erkrankungen, die mit einer Immunparalyse verknüpft sind (prim. u. sek. Agammaglobulinämie u. verwandte Syndrome) führen zu einem Rückgang von mindestens einem der 3 Immunglobuline. Paraproteine treten bei unkontrollierter Proliferation von Zelltypen des Reticuloendothelial-Syst. (Myelom, Makroglobulinämie, Reticulosarkom, Leukämie) auf u. stellen Derivv. eines bzw. zweier Immunglobuline dar. In diesen Fällen scheinen die nicht an der Paraprotein-Bldg. beteiligten Immunglobuline stark vermindert zu sein. P. SCHWERDTFEGER. 4551 □

Allergien gegenüber aromatischen Amino- und Nitro-Verbindungen. K. H. Schulz. (Berufsdermatosen **10.** 69—91. April 1962. Hamburg, Univ., Hautklinik.) (Dt.)

Ergebnisse von Epikutantesten an Patienten mit Gruppensensibilisation gegen aromat. Amino- u. Nitroverbb; wonach positive Rkk. auf p-Phenylendiamin, p-Aminodiphenylamin, p-Aminoazobenzol, einige Lokalanästhetica, die sich von der p-Aminobenzoesäure ableiten, einige Sulfanilamide, Metol, 1.4-Diaminonaphthalin, Pikrinsäure u. p-Nitrobenzoesäureäthylester auftreten. — Bei der Prüfung der reaktionsauslösenden Wrkg. von Amino- u. Nitrobenzolen bei Patienten, die gegen p-Phenylendiamin sensibel sind, werden folgende allg. gültige Ergebnisse gewonnen: Aminogruppen verstärken, Nitrogruppen schwächen den Effekt ab, Methylgruppen schwächen nur gering ab. Die Ergebnisse werden vom Standpunkt der Chinonkörpertheorie (MAYER) diskutiert. P. LOCH. 4551 □

Die Synthese von Antikörpern und Proteinen. H. E. Schultze. (Clin. chim. Acta [Amsterdam] **4.** 610—26. Sept. 1959. Marburg/Lahn, Behringwerke A. G.) (Engl.)

Übersicht über Theorien der *Protein*-Biosynth. u. bes. der *Antikörper* (I)-Synthese. Nach Ansicht des Vf. ist die Spezifität der I nicht durch die prim. Struktur der Polypeptidkette, sondern durch die sek. oder tert. bedingt. Es bestehen keine grundsätzlichen Unterschiede zwischen der allg. Protein-Synth. u. der Synth. der I. Die immunolog. Spezifität wird in diesem Falle jedoch nicht durch Gene kontrolliert, sondern durch die in die Zelle aufgenommenen Antigene bzw. deren enzymresistente Komplexe (mit Ribonucleinsäure?) die deshalb vom Vf. als „Pseudogene" bezeichnet werden. Die Bldg. der I in 2 Phasen wird diskutiert. — 168 Literaturangaben. P. SCHWERDTFEGER. 4551 □

Sulfhydrylgruppen im Uterus der ovarektomierten Ratte nach Östradiol-Behandlung. Dwight B. M. Scott und Anna M. Pakoskey. (Biochem. J. **82.** 266—71. Febr. 1962. Philadelphia, Pa., Univ. of Pennsylvania, Dep. of Physiol. of the School of Med.) (Engl.)

Vff. bestimmten mit Hilfe der amperometr. Titration den *SH-Gruppen* (I)-Geh. von Extrakten des Endometriums (a) u. Myometriums (b) der Uteri ovarektomierter unbehandelter u. mit *17β-Östradiol* (II) behandelter Ratten in verschiedenen Zeiträumen nach der Behandlung. — Der Geh. an *säurelösl.* I (berechnet pro mg Protein) der a (bestimmt durch direkte Titration oder nach Red. mit red. Triphosphopyridinnucleotid) fällt innerhalb von 2—18 Std. nach der II-Injektion im Vgl. zu unbehandelten Kontrollen ab; nach 18 Std. steigt der I-Wert wieder bis zur Norm an. — Die Konz. an säurelösl. I in b liegt zwischen der 2. u. 21. Std. nach der II-Gabe signifikant niedrig u. steigt danach wieder an; die I-Konz. nach der Red. mit TPNH unterscheidet sich nicht wesentlich von der bei Kontrolltieren festgestellten. — Der Gesamt-I-Geh. in b (sowohl durch direkte Titration als auch nach Red. mit TPNH bestimmt) liegt signifikant höher als bei ovarektomierten Kontrollen 4 Std. u. später nach der II-Injektion. — Während der Inkubation der Extrakte mit TPNH gehen einige titrierbare I von der säureunlösl. in die säurelösl. Fraktion über. H. KOCKERT. 4559 □

Die Wirkung einer einmaligen Injektion von follikelstimulierendem Hormon aus menschlichen Hypophysen auf den Östrogengehalt im Urin und den Vaginalabstrich amenorrhoischer Frauen. Elisabeth Johannisson, Carl A. Gemzell und Egon Diczfalusy. (J. clin. Endocrinol. Metabolism. **21.** 1068—78. Sept. 1961. Stockholm, Karolinska sjukhuset, Dep. of Pathology, Dep. of Women's Diseases and King Gustav V. Res. Inst.) (Engl.)

5 amenorrhoische Frauen erhielten i. m. 50 mg *follikelstimulierendes Hormon* (I) u. später 6000 I.E. menschliches *Choriongonadotropin* (II). Die hormonale Wrkg. auf die Ovarien wurde mit verschiedenen Meth. verfolgt. Einmalige Applikation von I führte zu verstärkter *Östrogen*-Exkretion im Harn, die durch Applikation von II, im Verlauf von 48 Std. gegeben, noch verstärkt werden konnte. Außerdem wurde der *Pregnandiol*-Geh.

im Urin erhöht. II erst 96 Std. nach I verabreicht, war ohne Wrkg.; im Vaginalabstrich erschienen typ. Zellveränderungen. Der karyopyknot. u. eosinophile Index korrellierte signifikant zur *Östron-*, *17β-Östradiol-* u. *Östriol*-Konz. im Harn.

B. Wiegershausen. 4560□

Chemische Untersuchung eines reinen Serum-Gonadotropin-Präparates. S. Harbon-Chabbat, J. Legault-Démare, P. Jollès und H. Clauser. (Bull. Soc. Chim. biol. **43.** 1339—45. 1961. Paris, Fac. des Sciences, Labor. de Chim. biol.) (Franz.)

Vff. untersuchten die chem. Zus. eines gereinigten (16000 I. E./mg) *Gonadotropin* (I)-Präp. aus dem Serum trächtiger Stuten. Der *Protein*-Anteil am Gesamtmol. von I beträgt ca. 30% (ausgedrückt als Aminosäurereste); es zeichnet sich durch einen hohen *Cystin-*, *Prolin-*, *Serin-* u. *Threonin*-Geh. aus (die Aminosäure-Zus. von I wird tabellar. mitgeteilt). — Der *Kohlenhydrat*-Anteil (ca. 50% des Mol., in Kohlenhydratresten ausgedrückt) setzt sich aus *Hexosen* (*Galaktose*, *Mannose*, *Glucose*), *Hexosaminen* (*Glucosamin*, *Galaktosamin*), *Fucose* u. *N-Acetylneuraminsäure* zusammen. H. Kockert. 4560□

Über die Inaktivierung des Oxytocins bei der Kuh. G. Manunta. (Boll. Soc. ital. Biol. sperim. **36.** 281—84. 31/3. 1960. Sassari, Univ., Ist. di Fisiol. Gener. e Spec. degli Anim. Domest. e di Chim. Biol.) (Ital.)

Es wird die Aktivität des *Oxytocins* (I) in den Homogenaten von Leber, Milz, Uterus u. Muskel der Kuh an der Henne geprüft, bei der I ein verfrühtes Eierlegen verursacht. I wird nicht vom Plasma gravider u. lactierender Kühe inaktiviert. Dagegen wird I von der Leber dieser Tiere inaktiviert (1 g des Gewebes inaktiviert in 15 Min. 2 I.E.); ebenso wirken einige Homogenate der anderen Organe, jedoch viel weniger deutlich; diese Aktivität weist auch die lösl. Fraktion des Homogenats auf. F. Kren. 4560□

Bestimmung der Aminosäurezusammensetzung von Rinderwachstumshormon. Alan J. Parcells. (Nature [London] **192.** 971—72. 9/12. 1961. Kalamazoo, Mich., Upjohn Co., Dep. of Biochem.) (Engl.)

Die untersuchten Proben von Rinder-*Wachstumshormon* (I) enthielten 16,6% N, bezogen auf aschefreie Trockensubstanz. Die Hydrolyse erfolgte im evakuierten Bombenrohr 24 bzw. 72 Std. bei 110° mit konst. sd. HCl. Die Aminosäureanalyse erfolgte in der automat. Apparatur. Es wurden gefunden (g Aminosäure/100 g Protein): *Lysin* 6,20; *Histidin* 2,03; *Arginin* 8,20; *Asparaginsäure* 9,06; *Threonin* 4,70; *Serin* 5,26; *Glutaminsäure* 14,03; *Prolin* 3,21; *Glycin* 2,84; *Alanin* 4,61; *Cystin/2* 1,80; *Valin* 3,02; *Methionin* 2,41; *Isoleucin* 3,27; *Leucin* 12,27; *Tyrosin* 4,26; *Phenylalanin* 8,15. Die Ergebnisse werden mit denen von Li u. Chung (C. **1957.** 7086) erhaltenen verglichen.

P. Schwerdtfeger. 4560□

Die Bedeutung des Hypophysen-Nebennierensystems in der Pathophysiologie des Diabetes. A. Góth, L. Lengyel, C. Sávely, M. Bartha und L. Lörincz. (Z. Vitamin-, Hormon- u. Fermentforsch. [Wien] **10.** 15—25. 27/1. 1959. Budapest, Margit Hosp., Dep. of Internal Med.) (Engl.)

Bei Diabetikern mit starken Blutzuckerschwankungen nimmt der Plasmacorticoidspiegel am Abend nicht ab, wie dieses normalerweise der Fall ist, sondern er nimmt meist sogar zu. Mit der Besserung der diabet. Stoffwechsellage nimmt die Corticoid-Bldg. allmählich ab. Im Präkoma u. im Koma ist die Aktivität der Nebennierenrinde abnorm groß. Nach einigen Tagen tritt ein Erschöpfungszustand ein, u. der Corticoidspiegel sinkt auf sehr niedrige Werte ab. G. Kimmerle. 4560

20α.22ξ-Dihydroxycholesterin, ein Zwischenprodukt bei der Biosynthese von Pregnenolon (3β-Hydroxy-Δ^5-pregnen-20-on) aus Cholesterin. Kyutaro Shimizu, Marcel Gut und Ralph I. Dorfman. (J. biol. Chemistry. **237.** 699—702. März 1962. Shrewsbury, Mass., Worcester Found. for Exp. Biol.) (Engl.) — Vgl. J. biol. Chemistry **236.** [1961.] 695.

Die l. c. als weiteres Umwandlungs-Prod. der Biosynth. von *Pregnenolon* (I; *3β-Hydroxy-Δ^5-pregnen-20-on*) aus Cholesterin (II) über 20α-Hydroxycholesterin (III) isolierte „*Verb. X*" wird durch Vgl. mit synthet. Material als *20α.22ξ-Dihydroxycholesterin* (IV) erkannt. Die beiden an $C_{(22)}$ isomeren, vorläufig als *20α.22x-* (IV a) bzw. *20α.22y-Dihydroxycholesterin* (IV b) sowie *20α-Hydroxy-22-ketocholesterin* (V) bezeichnet, werden aus I dargestellt u. papierchromatograph. verglichen. Dabei erweist sich **IV a** als ident. mit Verb. X. **IV a** ist auch bei der Inkubation mit Nebennieren-Präpp. ein wesentlich wirksamerer Vorläufer von I als **IV b** oder **V**. Für diese Rk. ist *red. Triphosphopyridinnucleotid* nötig bzw. wirkt zum mindesten beschleunigend. Für die Gesamt-Rk. wird folgendes Schema vorgeschlagen: II → III → IV a → I + *Isocapronaldehyd* (VI). Möglicherweise laufen daneben noch die Rkk. III → IV b → I + VI sowie IV a ⇌ V ⇌ IV b → I + VI ab. — Zur Synth. von IV wird I-Acetat (I a) in das *Cyanhydrin* übergeführt, dessen *Tetrahydropyranyläther* bei der Rk. mit Isoamyl-MgBr (VII) neben V als Hauptprod.

24-Nor-$\Delta^{5.20,22}$-cholestadien-3β-ol liefert. Letzteres wird zum Vgl. aus **Ia** durch Rk. mit **VII** u. anschließende Dehydratisierung u. Hydrolyse dargestellt. **V** wird mit Na in sd. n-Propanol zum Gemisch von **IVa** u. **IVb** red., für die die abs. Konfiguration noch nicht zugeordnet werden kann.

Versuche (opt. Drehungen im Chlf.): *3β-Acetoxy-20α-hydroxy-Δ^5-pregnen-20-carbonsäurenitril*, $C_{24}H_{35}NO_3$, F. 184—189° (Aufschäumen), aus 30 g **Ia** in A.-W. mit Essigsäure u. KCN (30 Std.); aus Äthylacetat Nadeln, $[\alpha]_D^{23}$ —49° (c = 1,1); 21,3 g (Ausbeute). — *3β-Acetoxy-20α-[tetrahydropyranyl-(2)-oxy]-Δ^5-pregnen-20-carbonsäurenitril*, $C_{29}H_{43}NO_4$, F. 195—205°, aus 10 g vorst. Verb. in Dihydropyran mit $POCl_3$ (48 Std.); aus Bzl.-Hexan Nadeln; 6,5 g. — *20α-Hydroxy-24-norcholesterinacetat*, $C_{28}H_{46}O_3$, F. 183,5 bis 184,5°, aus 4 g **Ia** in Bzl. mit **VII** u. Rekristallisierung; aus Äthylacetat Prismen, $[\alpha]_D^{23}$ —58° (c = 2,5); 1,1 g. — *24-Nor-$\Delta^{5.20,22}$-cholestadien-3β-ol*, $C_{26}H_{42}O$, F. 148—151°, a) aus 6 g vorvorst. Verb. in Bzl. mit **VII** u. Chromatographie des Prod. an Kieselgel; aus Aceton Nadeln, $[\alpha]_D^{23}$ —60° (c = 1,4); 1,73 g, daneben 280 mg nachst. Verb.; b) aus 200 mg vorst. Verb. in Pyridin mit $POCl_3$ (30 Min. langes Kochen) u. Hydrolyse des Prod. mit 1%ig. KOH in A.; 125 mg. — *20α-Hydroxy-22-ketocholesterin* (**V**), $C_{27}H_{44}O_3$, F. 173 bis 174°, Nebenprod. bei der Darst. vorst. Verb. nach a); aus CH_3OH Tafeln. *3-Monoacetat*, $C_{29}H_{46}O_4$, F. 198—200°, aus wss. CH_3OH Tafeln. — *20α.22,,x"-Dihydroxycholesterin* (**IVa**), $C_{27}H_{46}O_3$, F. 145—178°, aus 25 mg **V** in sd. n-Propanol mit Na (1 Std.), Verteilungschromatographie an Celite 545 mit Propylenglykol als stationärer u. Toluol als mobiler Phase u. Rechromatographie an Kieselgel; aus wss. CH_3OH Nadeln, $[\alpha]_D^{22}$ —44° (c = 0,4); 6,5 mg, daneben 2 mg *20α.22,,y"-Dihydroxycholesterin* (**IVb**), $C_{27}H_{46}O_3$, F. 187—189°, aus A. Nadeln, $[\alpha]_D^{22}$ —48°. — Die UV-Maxima u. die R_F-Werte in verschiedenen Syst. sind angegeben. H.-J. KOCH/Berlin. 4561□

Untersuchungen über Anämie bei Infektion. 6. Mitt. **Beziehung zwischen Plasmaeisen bei Streß und Nebennierenrindenfunktion.** Sudarshan Gupta und Sharad Kumar. (Indian J. med. Res. **48.** 140—45. März 1960. Lucknow, Lucknow Univ., Dep. of Pathol. and Bacteriol., Div. of Hematol.) (Engl.) — 1. vgl. C. **1961.** 2690.

Es läßt sich zur Zeit noch nicht mit Sicherheit nachweisen, ob die bei verschiedenen Streßsituationen zu beobachtende Verminderung des *Plasma-Fe* durch gesteigerte Aktivität des reticuloendothelialen Syst. der Nebennierenrinde oder durch einen davon völlig abweichenden Mechanismus bewirkt wird; immerhin läßt sich beim operativen Streß die Mitbeteiligung der Nebennierenrinde erkennen. U. TAUSENDFREUND. 4561□

Die Exkretion von 17-Ketosteroiden und 17-ketogener Steroide mit dem Urin bei Chinesen unterschiedlichen Alters. Kuo-ling Chang. (Acta physiol. sinica **21.** 369—74. Dez. 1957. Hankow, Wuhan Med. Coll., Dep. of Biochem.) (Chin.; Auszug: Engl.)

Die höchste tägliche Exkretion von *17-Ketosteroiden* beträgt bei 25 jährigen Männern 14,46 mg/24 Std. u. bei Frauen 12,05 mg. Die höchste tägliche Ausscheidung *17-ketogener Steroide* bei 30—40 jährigen Männern beträgt 16,1 mg/24 Std. u. bei 20—30 jährigen Frauen 15,7 mg/24 Stunden. P. GREGORZEWSKI. 4561□

Auf Spironolacton ansprechende periodische Lähmung. David C. Poskanzer und David N. S. Kerr. (Lancet **1961** (II). 511—13. 2/9. Newcastle-upon-Tyne, Royal Victoria Infirmary and Med. School, Dep. of Neurol. and Med.) (Engl.)

Ein seit 24 Jahren an hypokaläm. period. Lähmung leidender Patient wurde mit *Spironolacton* behandelt. Die intermittierenden Anfälle hörten auf u. die im Intervall zwischen denselben zurückbleibende Muskelschwäche wurde gemildert; dagegen wurde die K-Konz. im Plasma nicht beeinflußt. K. ZINGRAF. 4561□

Freisetzung von Brenzcatechinaminen der Nebenniere während einer Intoxikation der Ratte durch Ozon. J. Troquet und A. Dresse. (C. R. Séances Soc. Biol. Filiales **155.** 1607—09. 1961. Liège, Univ., Inst. Léon Frédéricq [Physiol.]) (Franz.)

Vff. stellten fest, daß bei einer Intoxikation der Ratte mit *Ozon* regelmäßig eine Freisetzung der *Brenzcatechinamine* (I) der Nebenniere beobachtet wird. Werden normale Tiere 4 Min. nach der Einw. von Ozon getötet, so wird ein Anstieg des mittleren *Adrenalin* (II)-Geh. auf 7,04 µg u. des mittleren *Noradrenalin* (III)-Geh. auf 4,56 µg (pro 10 mg Frischgewebe) verzeichnet. Unter der gleichen Bedingungen beträgt der **II**-Geh. der Nebennieren vagotomierter Ratten 4,85 µg u. der **III**-Geh. 3,36 µg. In der 10. Min. der Ozonintoxikation sinkt bei normalen Ratten der **II**-Geh. auf 0,6 µg u. der **III**-Geh. auf 2,8 µg ab; bei vagotomierten Tieren betragen die Werte 0,45 bzw. 2,7 µg. — Diese massive Freisetzung von **I** hat zur Folge, daß der **I**-Blutspiegel stark ansteigt u. in vivo eine Hemmung der Kontraktionen des Uterus durch die zirkulierenden **I** zur Beobachtung gelangt. H. KOCKERT. 4561□

Untersuchungen über die nebennierenrindenstimulierende Aktivität einiger sympathicomimetischer Amine. E. Grana, V. Cappelli und L. Lilla. (Boll. Soc. ital. Biol. sperim. **36.** 289—91. 31/3. 1960. Pavia, Univ., Ist. di Chim. Farmaceut. e di Fisiol. Umana.) (Ital.)

Die Unterss. werden an Ratten durchgeführt, denen subkutan die linksdrehenden Formen von *Adrenalin, Noradrenalin* u. *N-Isopropylnoradrenalin* (I, immer 60 μg der Base/100 g in 3 Injektionen innerhalb von 6 Tagen) gegeben werden. Während Noradrenalin in bezug auf die Gew.-Zunahme der Nebennieren inakt. ist, wird es durch beide anderen Basen deutlich erhöht. In dieser Richtung wirken auch noch 30 μg I während 300 μg Noradrenalin letal wirken. F. Kren. 4561□

Normaler und anomaler Dijod-L-tyrosin-Stoffwechsel beim Menschen. Christina Cameron. (Biochem. J. **74.** 323—29. 1960. London, Univ. Coll. Hosp., Med. School, Dep. of Clin. Res., Med. Res. Council.) (Engl.)

Bei gesunden Erwachsenen ist die Ausscheidung von radioakt. organ. Jod-Verbb. im Urin während der ersten 4 Std. nach Gaben von ^{131}*J-3.5-Dijodtyrosin* (I) nach oraler Gabe kleiner als nach i.v. Injektion, dagegen ist die Ausscheidung von $^{131}J^-$ nach oraler Gabe größer. Ebenso ist die Ausscheidung in Form von *3.5-Dijod-4-hydroxyphenylmilchsäure* nach oraler Zufuhr höher. Danach erfolgt sowohl die Dejodierung als auch die Desaminierung von I vorwiegend im Darm. Bei einem hypothyreoiden Patienten wurde die anomal niedrige I-Dejodierung durch Gaben von *Thyroxin* normalisiert, bei zwei anderen hypothyreoiden Patienten war dagegen die I-Dejodierung normal. H.-J. Koch/Berlin. 4562□

Vergleichende Bestimmungen der insulinähnlichen Aktivität im Blut und Liquor cerebrospinales. A. Schrader und K. F. Weinges. (Klin. Wschr. **40.** 344—46. 1/4. 1962. München, Univ., II. Med. Klinik.) (Dt.)

Best. der *Insulin*-ähnlichen Aktivität von humanem Blut u. Liquor wurden in vitro am epididymalen Fettanhang der Ratte durchgeführt. — Bei normalen Vers.-Personen liegen die Serumwerte bei 50—500 μE./ml, im Liquor wurde auch unter patholog. Verhältnissen keine insulinähnliche Aktivität gefunden mit Ausnahme eines Diabetikers mit Falx-Meningiom unter Insulinbelastung. P. Loch. 4564□

Änderung des Blutzuckerwertes und des Glykogengehalts der Leber bei der weißen Maus während des Paludismus durch Plasmodium berghei. Georges Fabiani, Jeanne Orfila und Pierre Attali. (C. R. Séances Soc. Biol. Filiales **155.** 1631—32. 1961. Alger, Fac. de Méd., Labor. de Bactér.) (Franz.

Bei 25 von 28 weißen Mäusen sank der *Blutzucker*-Wert während der ersten Impaludationsphase um 25—50% oder stärker ab. Dieser Abfall stellt sich plötzlich oder progressiv in drei bis vier Tagen ein. Bleibt während dieser Zeit der cholinerg. Schock aus, so normalisiert sich der Blutzucker prakt. wieder während einer zweiten Krankheitsperiode, um erst kurz vor dem Tode erneut stark abzufallen. Das Leber-*Glykogen* war ständig in der ersten u. zweiten Phase um 40—95% vermindert. M. Blaschette-Hüttinger. 4564□

Hypoglykämische Mittel aus in Indien beheimateten Pflanzen. H. D. Brahmachari und K. T. Augusti. (J. Pharmacy Pharmacol. **13.** 381—82. Juni 1961. Pilani, India, Birla Coll., Dep. of Biochem.) (Engl.)

Aus dem in der Sonne getrockneten Samen von *Eugenia jambolana* u. der Borke von *Ficus bengalensis* wird eine oral wirksame *hypoglykäm.* Substanz isoliert. Ein 95%ig. A.-Extrakt wird bei oraler Gabe an normale ♂ Albinokaninchen von 2 kg Gew. nach 18std. Fasten als hypoglykäm. erkannt (Blutzuckerspiegel 100—125 mg/100 ml). Der nach Vakuumverdampfung der A.-Lsg. viscose Rückstand wird gegen *Tolbutamid* als Standard geprüft. H. Liedtke. 4564□

Zur Fermentdiagnostik der Pankreaserkrankungen. M. Gülzow. (Dtsch. Gesundheitswes. **17.** 216—25. 8/2. 1962. Rostock, Med. Univ.-Klinik.) (Dt.)

Übersicht. — 28 Literaturhinweise. G. Kirsten. 4564□

Capillare Reaktion bei Serotonin- und Histamin-verarmten Ratten. B. Gözsy und L. Kátó. (Indian J. med. Res. **48.** 115—20. März 1960. Montreal, Quebec, Canada, Univ. of Montreal, Inst. of Microbiol. and Hyg.) (Engl.)

Während nach *Histamin* (I)-Verarmung (durch Polymyxin B-Vorbehandlung) bei Ratten keine Änderung der Rk. auf die Injektion von *Dextran* (30 mg intraperitoneal) hinsichtlich der Ödem-Bldg. u. der Kolloidfarbstoff-Akkumulierung sowie Tusche-Clearance gegenüber der Norm zu beobachten ist, kommt es nach *Serotonin*-Verarmung (durch Reserpin-Vorbehandlung) zu einer Dissoziation der Rkk., wobei die Ödem-Bldg. noch ungehindert zu sehen ist, die Farbstoffakkumulierung jedoch ausbleibt. I-Verarmung hat demnach keinen Einfl. auf Ödem-Bldg. u. Begleitfaktoren. U. Tausendfreund. 4569□

Das Schicksal von Melatonin in Tieren. Irwin J. Kopin, C. M. B. Pare, Julius Axelrod und Herbert Weissbach. (J. biol. Chemistry **236**. 3072—75. Nov. 1961. Bethesda, Md., Nat. Inst. of Health, Nat. Heart Inst. and Nat. Inst. of Mental Health.) (Engl.)

Vff. stellten fest, daß verschieden markiertes *Melatonin* (I; $^{14}C_{(2)}$-, $^{14}C_{(OCH_3O)}$- u. $^{3}H_{(Acetyl)}$-*Melatonin*) nach Injektion in Mäuse schnell vollständig verstoffwechselt wird; 90 Min. nach der I-Verabfolgung finden sich nur noch ca. 1,5% des verabreichten I in der Gesamtmaus. Das zirkulierende I wird rasch von allen Körpergeweben, einschließlich Gehirn, aufgenommen. I wird hauptsächlich zu *N-Acetyl-5-methoxy-6-hydroxytryptamin* verstoffwechselt u. danach vorwiegend mit Sulfat konjugiert. Ca. 12% von I werden als Stoffwechsel-Prod. mit erhalten gebliebener Methoxy- u. N-Acetylgruppe im Urin ausgeschieden. Unverändertes I wurde in Urin u. Faeces nicht gefunden. Spuren von I werden zu *5-Methoxyindolessigsäure* verstoffwechselt. — Ein die Hydroxylierung von I in 6-Stellung katalysierendes Enzym konnte aus den Lebermikrosomen isoliert werden. — Ein Schema über die Bldg. von I (aus *Serotonin*) u. seine Verstoffwechselung wird angegeben. —

Versuche: $^{14}C_{(2)}$-*Melatonin*, durch Schütteln von in W. gelöstem $^{14}C_{(2)}$-Serotonin, Triäthylamin u. Essigäureanhydrid, Erwärmen auf dem Wasserbad, alkal. Hydrolyse des erhaltenen N.O-Diacetyl-$^{14}C_{(2)}$-Serotonins mit Na_2CO_3, Extraktion von N-Acetyl-$^{14}C_{(2)}$-serotonin mit Essigsäureäthylester u. O-Methylierung unter Verw. von 5-Hydroxyindol-O-methyltranspherase (II) aus Rinderzirbeldrüse u. S-Adenosylmethionin. — $^{14}C_{(CH_3O)}$-*Melatonin*, durch Inkubation von N-Acetylserotonin mit II in Ggw. von δ-Adenosyl-$^{14}C_{(CH_3)}$-methionin. — $^{3}H_{(Acetyl)}$-*Melatonin*, aus 5-Methoxytryptamin in Essigsäureäthylester, Triäthylamin u. Zugabe von ^{3}H-Essigsäureanhydrid in Benzol. — Die Reinigung aller 3 markierten Melatonine erfolgte papierchromatographisch.

H. Kockert. 4569□

Wirkung von Histamin und 5-Hydroxytryptamin nach wiederholten lokalen Injektionen auf die Zusammensetzung des neugebildeten Bindegewebes der Ratte. C. M. Lapière. (C. R. Séances Soc. Biol. Filiales **155**. 1610—12. 1961. Liège, Univ., Inst. de Clin. et de Pathol. méd.) (Franz.)

Vf. stellte nach wiederholter lokaler Injektion von *Histamin* u. *5-Hydroxytryptamin* in neugebildetes Bindegewebe von Ratten einige Veränderungen in der Zus. des Bindegewebes fest. Diese Veränderungen bestehen hauptsächlich in einem Anstieg der lösl. Formen des *Kollagens* u. der *Hexosamine* der unlösl. Fraktion. H. Kockert. 4569□

Darstellung hochgereinigten Sekretins. Viktor Mutt. (Akt. Kemi **15**. Nr. 8. 69—74. 1960. Stockholm, Kungl. Karolinska Med.-Kir. Inst., Kem. Inst. II.) (Engl.) — Vgl. C. **1961**. 17263; C. **1962**. 6481.

Eine Meth. zur Isolierung von rohem *Sekretin* (I) aus gekochten oberen Enden (1. Meter) von Schweinedärmen durch Extrahieren mit 0.5n Essigsäure, Adsorption an Alginsäure, Eluieren mit 0,2n HCl, NaCl-Fällung u. Lsgm.-Fraktionierung wird beschrieben. Das auf diese Weise erhaltene I besitzt eine Aktivität von 8000—16000 Hammarsten-Katzeneinheiten (HCU)/mg u. läßt sich durch Chromatographieren in 0,02m NH_4HCO_3 an Carboxymethylcellulose u. anschließendes Lyophilisieren auf eine Aktivität von ca. 150000 HCU/mg anreichern. G. Kirsten. 4569□

Über die Darstellung von Sekretin. Viktor Mutt. (Ark. Kemi **15**. Nr. 9. 75—95. 1960. Stockholm, Kungl. Karolinska Med.-Kir. Inst., Kem. Inst. II.) (Engl.) — Vgl. auch vorst. Referat.

Literaturübersicht über Isolierung u. Reinigung von *Sekretin* u. anderen Hormonen aus Schweineeingeweiden unter bes. Berücksichtigung der Arbeiten des Verfassers. — 80 Literaturangaben. G. Kirsten. 4569□

Cholesterin und Phospholipide bei älteren Personengruppen. Nergish Sethna und N. G. Magar. (Indian J. med. Res. **48**. 225—30. März 1960. Bombay, Inst. of Sci., Dep. of Biochem.) (Engl.)

Klin. gesunde Nichtvegetarier (♂ u. ♀) wiesen signifikant höhere *Cholesterin*- (I; freie u. Gesamtwerte) Blutspiegel als Vegetarier auf. Bei ♀ Personen steigt unabhängig von der Kost mit dem Alter der Gesamt-I-Wert. Bei Nichtvegetariern steigen die *Phospholipid*-Spiegel mit zunehmendem Alter, mehr noch bei ♀ Personen. Bei höherem Körper-Gew. sind auch höhere I-Werte zu beobachten, in der gleichen Gew.-Klasse überwiegen bei Frauen die höheren Werte. U. Tausendfreund. 4572□

Der homologe chemische Aufbau der Peptidketten im Humanhämoglobin A. Gerhard Braunitzer, Brigitte Liebold, Renate Müller und Victor Rudloff. (Hoppe Seyler's Z. physiol. Chem. **320**. 170—72. 31/8. 1960. München, Max-Planck-Inst. für Biochem.) (Dt.)

Es wurde nachgewiesen, daß die α- u. β-Ketten des *Humanhämoglobins A* auch hinsichtlich ihrer Primärstruktur homolog gebaut sind. Die Reihenfolge der 5 bisher analysierten N-terminalen Peptide lautet: $HT_{\alpha 10}$—$HT_{\alpha 5}$—$HT_{\alpha 8}$—$HT_{\alpha 12}$—$TH_{\alpha 6}$··· (wobei H für Human, T für trypt., α für Herkunft aus der α-Kette, die Ziffer für die Reihenfolge der Isolierung des Peptids nach Analyse über Dowex-1X2 steht). Bei Gegenüberstellung der ermittelten 40 Sequenzen der α-Kette (ohne Berücksichtigung der Säureamide) mit den bisher bekannten 31 N-terminalen Sequenzen der β-Kette zeigt sich, daß in beiden Ketten in derselben Position zahlreiche ident. oder homologe Sequenzen nachweisbar sind (α: Val–Leu–Ser–Pro–Ala–Asp–Lys–Thr–Asp–Val–Lys–Ala–Ala–Tyr–Gly–Lys–Val–Gly–Ala–His–Ala–Gly–Glu–Tyr–Gly–(Ala, Glu)–Ala–Ser–Glu–Arg–Met–Phe–Leu–Ser–Phe–Thr–Pro–Thr–Lys–; β: Val–His–Leu–Thr–Pro–Glu–Glu–Lys–Ser–Ala–Val–Thr–Ala–Leu–Try–Gly–Lys–Val–Asp–Val–Asp–Glu–Val–Gly–Gly–Glu–Ala–Leu–Gly–Arg–Leu–). Die Folge der trypt. Peptide hinsichtlich ihrer Nettoladung ist in beiden Ketten ident u. lautet: neutral (1—7 bzw. 1—8)- bas. (8—16 bzw. 9—17)- sauer (17—31 bzw. 18—30)- bas. (32—40); das bas. Nonapeptid $TH_{\beta 5}$ (9—17) ist in der α-Kette durch die bas. Tetra- u. Pentapeptide $HT_{\alpha 5}$ (8—11) u. $HT_{\alpha 8}$ (12—16) ersetzt; die bas. Aminosäuren Lysin u. Arginin sind in beiden Peptidketten an fast derselben Stelle fixiert. Es ist hiermit erstmals experimentell eine Beziehung zwischen Sekundär- u. Tertiärstruktur einerseits u. Primärstruktur andererseits erbracht worden, da bei homologer Sekundär- u. Tertiärstruktur auch eine homologe Primärstruktur vorliegt. Die schwere Trennbarkeit der Peptidketten findet mit der homologen Bauweise eine einfache u. plausible Deutung. Es wird auch die alte Vermutung, daß das Hämoglobin aus 4 „Myoglobinen" bestehe, in gewisser Hinsicht experimentell bestätigt. — Im Hämoglobin A sind nunmehr insgesamt $^1/_3$ der trypt. Peptide in ihrer Position u. $^1/_4$ der Aminosäurereste in ihrer Reihenfolge bekannt. U. TAUSENDFREUND. 4572□

Dissoziation von Pferdehämoglobin bei hohem pH. Kenzo Kurihara und Kazuo Shibata. (Arch. Biochem. Biophysics **88.** 298—301. Juni 1960. Tokyo, Tokyo Inst. of Technol.; Tokugawa Inst. for Biolog. Res.) (Engl.)

Mittels Sedimentations- u. Diffusionsmessungen an *Pferdehämoglobin* (I) wurde gezeigt, daß bei Alkalisierung eine Spaltung des Mol. erfolgt. Die Veränderungen verlaufen in 2 Schritten. Zwischen pH 9,5—10,5 sinkt $S_{w,20}$ von 4,22 ± 0,08 auf 3,48 ± 0,05 S u. bei pH 12 erreicht $S_{w,20}$ einen Wert von 2,01 ± 0,06 S. Die Diffusions-Koeff. dieser beiden Komponenten betrugen 5,00 ± 0,3 bzw. 5,51 ± 0,19. Daraus ergibt sich für die 1. Stufe ein Molgew. von 67300 mit einem Reibungsverhältnis von 1,58, für die 2. Stufe ein Molgew. von 35300 u. ein Reibungsverhältnis von 1,78. Somit ist erst die 2. Stufe der Alkalidenaturierung des I von einer Dissoziation in Halbmoll. begleitet. Hohe Salz-Konzz. bewirken nur eine geringe Zunahme von $S_{w,20}$ für das dissoziierte I. So beträgt in Ggw. von 1 m NaCl bei pH 12,5 $S_{w,20}$ = 2,25 S. Durch Variation des Puffers ergeben sich z. T. etwas veränderte Sedimentationskonstanten. Die Alkalispaltung des I ist teilweise (pH > 12) bzw. völlig reversibel (wenn pH bei Alkalisierung < 12 war). Die chem. Denaturierung des I wurde unter dem Einfl. von *Harnstoff* (II) sowie *Guanidin* (III) geprüft. II bewirkte eine konzentrationsabhängige Abnahme von $S_{w,20}$, bei 9 m II wird ein Grenzwert von ca. 2 S erreicht. Hingegen führt III zu einer 2stufigen Veränderung von $S_{w,20}$. Bei 6 m III sinkt $S_{w,20}$ auf ca. 1,2 S, was einer Spaltung in Viertelmol. zugeschrieben wird. W. SCHELER. 4572□

Abnorme menschliche Hämoglobine. 6. Mitt. **Der chemische Unterschied zwischen Hämoglobin A und E.** J. A. Hunt und V. M. Ingram. (Biochim. biophysica Acta [Amsterdam] **49.** 520—36. 27/5. 1961. Cambridge, Mass., Inst. of Technol., Dep. of Biol., Div. of Biochem.; Cambridge (Great Britain), Cavendish Labor., Med. Res. Council Unit for Molecular Biol.) (Engl.) — **4.** vgl. C. **1961.** 8368.

Mittels Fingerprint-Verf. wird gezeigt, daß die prim. Strukturen von menschlichem *Hämoglobin* (I) *A* u. I-*E* sich lediglich im trypt. Peptid 26 in einer Aminosäure unterscheiden: Peptid *A*-26: Val·Asp·Val·Asp·Glu·Val·Gly·Gly·*Glu*·Ala·Leu·Gly·Arg. Peptide *E*-26 b u. a: Val·Asp·Val·Asp·Glu·Val·Gly·Gly·*Lys*·Ala·Leu·Gly·Arg.

W. SCHELER. 4572□

Apparatur zur spektrophotometrischen Titration. Anwendung zur Titration von Deuterohämin. A. C. Maehly und V. Legallais. (Experientia [Basel] **15.** 198—99. 15/5. 1959. Philadelphia, Pa., Univ. of Pennsylvania, Johnson Found. for Med. Phys.) (Engl.)

Abb. einer App., die an Stelle der Standard-Küvettenhalterung in das BECKMAN-Spektrophotometer eingesetzt wird. Dadurch kann in der Küvette gleichzeitig pH u. Lichtabsorption gemessen werden. Mit dieser Anordnung wurde das Differenzspektrum des *Deuterohämins* (pH 5,7 gegen pH 10,3) gemessen sowie eine Säure-Basen-Titration dieses Prod. ausgeführt. Der pK'-Wert bei hoher Ionenstärke wurde mit 6,8 ± 0,05 ermittelt. W. SCHELER. 4572□

Congenitale hämolytische Erkrankung in Verbindung mit Erythrocyteneinschlußkörperchen, anomalem Pigmentstoffwechsel und elektrophoretischer Hämoglobinanomalität. J. L. Scott, A. Haut, G. E. Cartwright und M. M. Wintrobe. (Blood **16.** 1239—52. Sept. 1960. Salt Lake City, Utah, Univ. of Utah, Coll. of Med., Dep. of Med.) (Engl.)

Es wird ein weiterer (der bisher 4.) Fall eines Syndroms mit congenitaler hämolyt. Anämie, Einschlußkörperchen in den Erythrocyten, einem intracorpuskulären Defekt der Lebensfähigkeit, gesteigerter Harnausscheidung von *Mesobilifuscin* u. von *Urobilinogen* u. *Bilirubin* im Stuhl sowie (hier erstmals) einer *anomalen*, 10% des Gesamtpigments umfassenden, *elektrophoret. Komponente*, die eine heterogene Zus. aufzuweisen scheint u. durch eine diffuse Mobilität gek. ist, beschrieben; ca. 34% der Fraktion sind alkaliresistent, prakt. das gesamte alkaliresistente Hämoglobin des Originalhämolysats ist in der anomalen Fraktion zu finden. Die gesteigerte Autohämolyse konnte größtenteils durch Zugabe von *Glucose*, *Adenosin* oder *Inosin* ausgeglichen werden.

U. TAUSENDFREUND. 4573☐

Mikrospektrophotometrische Bestimmung des Nichthämeisens in reifenden Erythroblasten und deren Beziehung zur endocellulären Hämoglobinbildung. C. A. Sondhaus und Bo Thorell. (Blood **16.** 1285—97. Sept. 1960. Stockholm, Karolinska Inst., Dep. of Pathol.) (Engl.)

Beim Nachw. von *anorgan. Fe* (welcher nahe dem UV-Bereich mikrospektrophotometr. möglich ist) in den erythroiden Zellen von *Salamandra maculosa* überstieg der Geh. an *Nichthäm-Fe* 6 Gew.-% des Hämoglobins bzw. mehr als 20 mal die molare Hämoglobin-Konz.; danach Abfall bis auf das 2fache der molaren Konz., auf der der Nichthäm-Fe-Geh. vom Zeitpunkt, an dem die Hämoglobin-Synth. zu $^1/_3$ fertiggestellt war, bis zur Reife verblieb. Junge Erythroblasten haben demnach ausreichenden Fe-Geh. für Hämoglobin-Synth. u. bauen weiterhin Fe ein, um während der Reifung einen Reservevorrat an Nichthäm-Fe zu behalten. U. TAUSENDFREUND. 4573☐

Der N-Stoffwechsel bei der Erythrocyten-Reifung. Atmung und Ammoniakbildung. H. G. Schweiger und S. Rapoport (unter Mitarbeit von E. Schölzel). (Acta biol. med. german. [Berlin] **1.** 422—31. 1958. Berlin, Humboldt-Univ., Physiol. chem. Inst.) (Dt.)

Der O_2-Verbrauch reifer Erythrocyten (E) ist bedeutend kleiner als der Reticulocyten (R)-reicher Zellpräparate. Das endogene Substrat der R besteht zum größten Teil aus Aminosäuren. Glucosezusatz hemmt sowohl bei E als auch bei R die O_2-Aufnahme, die NH_3-Bldg. wird vermindert. Zusatz von *2.4-Dinitrophenol* (I) in einer Konz. von 10^{-5} bis 10^{-4} Mol/Liter steigert die O_2-Aufnahme u. NH_3-Bldg. von R, höhere Konzz. hemmen. Die I-Hemmung wird mit der Aminosäure- u. Nucleotidfreisetzung in Zusammenhang gebracht u. mit Substratmangel erklärt. L. LACHHEIN. 4573☐

Die Isolierung eines α'-Alkoxy-β-acyl-α-glycerophosphoryläthanolamins aus Rindererythrocyten. Donald J. Hanahan und Ruth Watts. (J. biol. Chemistry **236.** PC 59—PC 60. Sept. 1961. Seattle, Wash., Univ. of Washington, Dep. of Biochem.) (Engl.)

Aus Rindererythrocyten wurde eine *Phosphatidyläthanolamin*-Fraktion (I) mit einem Fettsäureester/P-Verhältnis von 1,20—1,30 isoliert. I enthielt kein *Lysophosphatidyläthanolamin* u. weniger als 2% *Vinylätherplasmalogen* (II), so daß ein Phospholipide enthaltender α'-Glycerinäther der nebenst. Struktur angenommen wird, bei der R_1 u. R_2 langkettige Alkylgruppen bedeuten. Ein *α'-Alkoxy-β-acyl-α-glycerophosphoryläthanolamin* (III) konnte nach einer modifizierten Meth. nach HÜBSCHER u. Mitarbeiter (vgl. J. Lipid Res. **1.** [1960.] 433) durch Behandlung von I mit Chlf.-Methanol-NaOH, Neutralisation, Einengen u. Extraktion mit Chlf. erhalten werden. Chromatograph. wurde daneben ein acylfreies Glycerin-Äther-Deriv. gefunden. Die biochem. Beziehungen zwischen II u. III sowie den Vinylätherglycerinen sind noch unbekannt. J. BOELTER. 4573☐

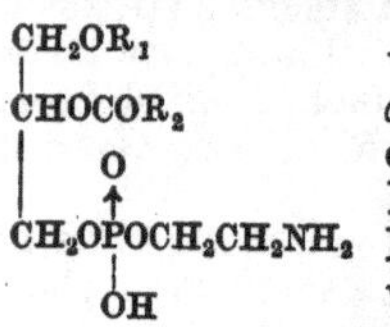

Die Wirkungen von Chinonen auf die Sauerstoffaufnahme durch Erythrocyten. D. Lovell und T. A. J. Prankerd. (Nature [London] **192.** 561—62. 11/11. 1961. London, Univ. Coll. Hosp. Med. School, Med. Unit.) (Engl.)

Menschliche Erythrocyten (E) wurden im WARBURG-App. inkubiert. Allein sowie auch in Ggw. von *Glucose* (I) wurde nur eine geringe O_2-Aufnahme, Oxydation von 1—2% *Hämoglobin* (II) zu *Methämoglobin* (III) durch E gefunden. Die O_2-Aufnahme stieg nach Zusatz von *Vitamin* K_3 (IV) oder *1.4-Naphthochinon* (V) ebenso wie die Oxydation von II zu III stark an (nach 3 Std. waren 45% von II in III umgewandelt). Zusatz von *Dicumarin* beeinflußte weder die O_2-Aufnahme noch die II-Oxydation. In Abwesenheit von I fiel die O_2-Aufnahme nach 1 Std. ab. Der **III**-Geh. in Ggw. von **IV** oder **V** betrug nach

3 Std. 58%. Mit lysierten E wurden ähnliche Ergebnisse bei jedoch stark vermindertem O_2-Verbrauch erhalten. Es wird angenommen, daß die stimulierende Wrkg. von **IV** (bzw. **V**) auf die O_2-Aufnahme durch E das Resultat der **II**-Oxydation ist.

J. Boelter. 4573□

Bemerkungen zur Bestimmung der Brenztraubensäure im menschlichen Serum. Benno Hess. (Klin. Wschr. **33**. 540—41. 1/6. 1955. Heidelberg, Med. Univ. Klinik.) (Dt.)

In eine Photometerküvette (Schichtdicke 1 cm) werden 1,5 ml $^1/_{50}$ m Tris-Puffer (pH 7,4) u. 0,3 μMol red. *Nicotinamidadenindinucleotid* (**I**) gegeben u. nach Ablesen der Extinktion bei 340 mμ (Absorptionsmaximum für red. **I**) 1 ml Serum zugesetzt (End-Vol. 2,54 ml). Die durch die Verdünnung entstandene Extinktionsänderung wird berechnet. Nach Rk.-Beendigung (ca. 10 Min.) wird erneut abgelesen. — Einer Extinktionsänderung von 0,01 entsprechen 0,0016 μMol red. **I** pro ml oder 0,0016 μMol *Brenztraubensäure* (**II**) pro ml nach der Gleichung **II** + red. **I** $\underset{\text{dehydrogenase}}{\overset{\text{Milchsäure-}}{\rightleftharpoons}}$ Milchsäure + oxydiertes **I**. — Bei nüchternen, gesunden Vers.-Personen werden mit dieser Meth. ca. 400 μg% **II** gefunden in Übereinstimmung mit dem Wert, der mit enteiweißtem Serum nach analoger Rk. gefunden wurde.

J. Miller. 4574

Die Chromatographie normaler Serumproteine. M. P. Tombs, K. B. Cooke, D. Burston und N. F. Maclagan. (Biochem. J. **80**. 284—92. Aug. 1961. London, Westminster Med. School, Dep. of Pathol. Chem.) (Engl.)

Durch Kombination einer Elektrophorese an Stärkekörnern u. anschließender Chromatographie an Diäthylaminoäthylcellulose mit Gradientenelution (Phosphat- oder Acetatpuffer) erreicht man eine sehr gute Differenzierung der normalen Serumproteine. Die Eluate werden immunelektrophoret. u. auf Diffusionsplatten nach Ouchterlony untersucht u. ihre Absorption bei 210 oder 280 mμ gemessen. Die Meth. ist auf Mikromengen (0,2 ml Serum) anwendbar.

U. Baumann. 4574

Über Plasmaproteine. Stefan Sandkühler. (Dtsch. med. J. **13**. 266—79. 5/5. 1962. Stuttgart.) (Dt.)

Umfangreiche Übersicht; es werden behandelt: Definition, Unters.-Verf., Charakterisierung der einzelnen Proteine, patholog. Aspekte. — Keine Literaturangaben.

P. Loch. 4574□

Quantitative Bestimmung von Plasmaproteinen auf Celluloseacetatstreifen. F. Albert-Recht. (Clin. chim. Acta [Amsterdam] **4**. 627—38. Sept. 1959. Edinburgh, Univ., Dep. of Clin. Chem.) (Engl.)

Die Plasma-*Proteine* werden auf Celluloseacetatstreifen (2,5·10 cm) elektrophoret. in Veronal-Acetat-Puffer, pH 8,6 bei 130—140 V in 90—100 Min. getrennt. Die Streifen werden mit Lissamingrün (0,5% in 6%ig. Salicylsulfonsäure) 20 Min. gefärbt, mehrfach mit 5%ig. Essigsäure gewaschen, zwischen Filtrierpapier getrocknet u. durch Einlegen in handelsübliches Weißöl transparent gemacht. Die quant. Auswertung erfolgt durch Direktphotometrie in einem schemat. beschriebenen Photometer unter gleichzeitiger Registrierung der Meßwerte in Form der üblichen Kurven. Es werden Korrektionsfaktoren ermittelt, die von der jeweiligen Charakteristik des Meßinstrumentes abhängen u. die eine Auswertung auch in den Bereichen gestatten, die außerhalb des linearen Gebietes der Farbbindung- u. -messung liegen. Das *Albumin/Globulin*-Verhältnis läßt sich bereits nach 45 min. Elektrophorese bestimmen, wenn die gefärbten Partien ausgeschnitten u. mit 40%ig. Essigsäure eluiert werden.

P. Schwerdtfeger. 4574□

Heparinfällbarkeit des Makroglobulins bei einem Patienten mit Waldenström-Makroglobulinämie. David Miller. (Blood **16**. 1313—17. Sept. 1960. St. Louis, Mo., Washington Univ., School of Med., Dep. of Med., Div. of Hematol.; Barnes Hosp.) (Engl.)

Das von einem Patienten mit Makroglobulinämie isolierte *Makroglobulin* erwies sich als spezif. fällbar durch *Heparin*, wobei maximale Fällung (zu 96% in 0,15 m Trispuffer, pH 7,4; zu 86% in 0,2 m Trispuffer, pH 7,4) mit einer Konz. von 50 μg/ml erzielt wurde; oberhalb u. unterhalb dieser Konz. (bis 5000 bzw. bis 0,25 μg/ml) fiel die Fällbarkeit, anfangs minimal, dann rascher, auf geringe Werte ab. Die Natur der Fällwrkg. ist nicht bekannt; es empfiehlt sich bei Makroglobulinämie eine in vitro-Testung vor Heparin-Anwendung, um intravasculäre Fällungserscheinungen zu vermeiden.

U. Tausendfreund. 4574□

Blutgerinnung und Fibrinolyse bei experimenteller Hypercholesterinämie von Ratten. B. R. Das, Saroj Tawde, S. A. Kumar und G. J. S. Rao. (Naturwissenschaften **48**. 623—24. 1. Okt.-H. 1961. Bangalore, Indian Inst. of Sci., Dep. of Biochem.) (Engl.)

Durch Zugabe von 1% *Cholesterin* (**I**) bzw. von 1% **I** + 0,5% *Na-Taurocholat* zum Futter wurde bei Albinoratten eines Wurfes in 12 Wochen experimentell eine Hypercholesterinämie erzeugt. Dann wurden der **I**-Geh., die Plättchenzahl, die Prothrombinzeit u. die fibrinolyt. Aktivität im Blutplasma bestimmt. Die von jeder Vers.-Gruppe isolierten, gewaschenen Aorten wurden gesammelt 20 Std. lang bei -20^0 aufbewahrt. Darauf wurde *Profibrinolysin* nach KLINE (vgl. C. **1954**. 6756) extrahiert, durch Zusatz von Glycerin bei pH 8,2 (Na_2HPO_4-Puffer-Lsg.) aktiviert, 72 Std. lang bei 37^0 inkubiert u. zentrifugiert. Die Verminderung der fibrinolyt. Aktivität nach 0, 30, 60 u. 90 Min. bei pH 7,4 u. 37^0 wurde mit 1% von zu 97% gerinnbarem *Rinderfibrinogen* (II) als Substrat bestimmt, indem der *Tyrosin*-Geh. des Fibringerinnsels ermittelt wurde, welches aus 4,4 ml Puffer (Veronalacetat-HCl, pH 7,4), 0,2 ml Gewebefibrinolysin, 0,2 ml Thrombin u. 0,2 ml 1%ig. II in 10 Min. bei 37^0 gewonnen wurde. Die fibrinolyt. Aktivität im Plasma nahm deutlicher ab als in den Aorten. Die Aktivitätskurve vom Plasma stieg nach 60 Min. plötzlich an, während die Aortenaktivität nach 60 Min. zur Konstanz neigte. Trotz der kurzen Inkubationszeit von 90 Min. waren diese Unterschiede signifikant. Nach $>$90 Min. ließ sich das *Fibrin* nicht mehr quant. isolieren. H. CARLS. 4574□

Wirkung von Triton auf das System des Clearing-factor. P. Bianchini. (Boll. Soc. ital. Biol. sperim. **36.** 273—77. 31/3. 1960. Mailand, Industr. Farmacobiol., Labor. Ricer. Crinos.) (Ital.)

Albinoratten werden 200 mg *Triton*/kg u. 18 Std. zuvor i.v. Heparin gegeben. Es ergibt sich eine blockierende Wrkg. von Triton auf den *Clearing-factor* (in Heparin-Äquivalenten) die nach 2 Std. ein Maximum erreicht, aber auch noch nach 18 Std. besteht. Steigende Triton-Dosen verstärken diese Wirkung. Ferner stellt sich heraus, daß Triton auf den Gewebefaktor Herz–Lunge u. nicht auf den Plasma-Faktor des Syst. des Clearing-factor einwirkt. F. KREN. 4574□

Native Fibrinpulver von Mensch, Kuh und Kaninchen als Antikoagulantien. A. L. Copley und Beverly Becher. (Nature [London] **192.** 568—69. 11/11. 1961. New York. Med. Coll., N.Y., Dep. of Physiol. and Pharmacol., Hemorheology Labor.) (Engl.)

Blut wurde der Antecubitalvene des Menschen (A), der Jugularvene der Kuh (B) oder dem Herzen des Kaninchens (C) entnommen. Das Serum wurde abzentrifugiert u. nach Koagulation das *Fibrin* (I) getrocknet. Mit I-Pulver 1 Std. lang bei 37^0 in Kontakt gebrachtes u. anschließend von den I-Partikeln abzentrifugiertes, natives Serum wurde in keinem Fall innerhalb von 7 Std. zur Koagulation gebracht. Eine längere Aufbewahrung des Plasmas erfolgte bei 4^0. 1 Std. Kontakt des nativen Plasmas von C mit I aus B bewirkte innerhalb von 98 Tagen keine Koagulation. Natives Plasma mit *Thrombin*-Lsg. auf seine Koagulierbarkeit geprüft, zeigte im Vgl. zu in Kontakt mit I (bis zu 26 Std.) gewesenem Serum keine wesentlichen Unterschiede. A-Plasma mit I aus A in Kontakt ergab die kürzeste Koagulationszeit. Mit I in Kontakt gebrachtes Plasma zeigte bei Mischung mit nativem Plasma Antikoagulationswirkung. Teilweise wurde nach Kontakt mit I ein verminderter *Fibrinogen*-Geh. im Plasma gefunden. Es wird angenommen, daß, sofern in den Blutgefäßen ein endothelialer Film existiert, dieser eine antikoagulierende Wrkg. besitzt. J. BOELTER. 4574□

Untersuchungen über die Eisenresorption. 3. Mitt. **Beziehung zwischen Eisenresorption und Serumeisen.** Ayako Nishihara. (Jap. J. Nutrit. **18.** 195—99. Sept. 1960. Nat. Inst. of Nutrition, Div. of Chem. of Nutrition.) (Jap.; Auszug: Engl.) — 2. vgl. Jap. J. Nutrit. **18.** [1960.] 185.

Im postoperativen Status wird durch Verabreichung von *Ferrum reductum* in den Verdauungskanal keine Erhöhung des Serum-*Fe*-Spiegels erreicht.

P. GREGORZEWSKI. 4575□

Untersuchungen über die Eisenresorption. 4. Mitt. **Einfluß der Nahrung auf die Eisenresorption.** Ayako Nishihara. (Jap. J. Nutrit. **18.** 200—04. Sept. 1960. Nat. Inst. of Nutrition, Div. of Chem. Nutrition.) (Jap.; Auszug: Engl.) — **3.** vgl. vorst. Referat.

Während weder Butter noch Öl einen merklichen Einfl. auf die *Fe*-Resorption hat, erhöht mit *Ferrum reductum* beladenes *dl-Lysin* den Serum-Fe-Spiegel.

P. GREGORZEWSKI. 4575□

Untersuchungen über die Eisenresorption. 5. Mitt. **Serumeisen, ungesättigte Eisenbindungskapazität und Gesamteisenbindungskapazität bei gesunden Personen.** Ayako Nishihara. (Jap. J. Nutrit. **18.** 205—10. Sept. 1960. Nat. Inst. of Nutrition, Div. of Chem. of Nutrition.) (Jap.; Auszug: Engl.) — **4.** vgl. vorst. Referat.

Bei gesunden ♂ Erwachsenen beträgt der Serum–Fe-Geh. 110γ%, die ungesätt. Fe-Bindungskapazität 216γ% u. die Gesamt-Fe-Bindungskapazität 326γ%, für Frauen entsprechend 104, 232 u. 336γ%. Bei Kindern sind die Werte ähnlich wie bei Frauen.

P. GREGORZEWSKI. 4575□

Der Eiweißstoffwechsel der unbefruchteten und befruchteten Säugereizelle. Autoradiographische Untersuchungen mit isotopenmarkierten Aminosäuren. H. G. Müller. (Z. ges. exp. Med. **135.** 299—311. 1962. Düsseldorf, Med. Akademie, Frauenklinik.) (Dt.) — Vgl. C. **1961.** 16157.

Ratten u. Mäusen wurden teils oral, teils intraperitoneal ^{3}H*Leucin-* u. ^{35}S*-Thioaminosäuren* verabreicht. Die Tiere wurden nach verschiedenen Zeiten getötet, von den Eizellen Autoradiogramme angefertigt u. aus diesen auf die Aminosäureeinbau-Geschw. u. Eiweißumsatz-Geschw. geschlossen. Danach hat während der intraovariellen Entwicklungsperiode die Eizelle einen niedrigen Proteinumsatz, während nach der Befruchtung der Proteinumsatz stark zunimmt. Es besteht eine Relation zwischen großem Proteinumsatz, hohem O_2-Bedarf u. großer O_2-Mangelempfindlichkeit.
W. DAMERAU. 4583□

Bedingungen für die erneute Bildung von embryonaler durch Papain zerstörter Knorpelgrundsubstanz beim Küken. Henri Girard. (C. R. hebd. Séances Acad. Sci. **253.** 2407—09. 20/11. 1961. Paris, C.N.R.S. u. Coll. de France, Labor. d'Embryol. exp.) (Franz.)

Vf. stellte fest, daß die in vitro der Einw. von *Papain* (I) ausgesetzten u. danach ohne I kultivierten Tibiae von Kükenembryos innerhalb gewisser Grenzen die Knorpelgrundsubstanz wiederaufzubauen beginnen. Dieser Aufbau ist von 3 Faktoren abhängig: von der I-Konz., der Zus. des Nährmediums u. dem Alter des Explantats. Das Phänomen der Neubldg. der Knorpelgrundsubstanz geht nicht immer mit dem Phänomen ihres Wachstums parallel.
H. KOCKERT. 4583□

Phosphorsäure als Phosphatquelle für Rindvieh. D. Richardson, F. H. Baker, E. F. Smith und R. F. Cox. (J. Animal Sci. **20.** 522—25. Aug. 1961. Manhattan, Kansas Agric. Exp. Stat.) (Engl.)

Fütterungs-Verss. an weiblichen Kälbern ergaben keinen signifikanten Einfl. von *Phosphorsäure* (I) -Zugaben auf die Gew.-Zunahme in der Winterphase. Der P-Geh. im Serum war dadurch beträchtlich erhöht. Knochenmehl (K.) ergab höhere P-Geh. im Blut als I, wenn 3 g/Tag verfüttert wurden, bei 6 g/Tag hatte die P-Quelle keinen Einfluß. Im Serum wurde der Ca-Geh. durch K. herabgesetzt. Die Knochenwanddicke wurde durch I u. noch mehr durch K.-Gaben von 3 g/Tag erhöht. I kann als P-Quelle Verw. finden.
B. FRANZ. 4585□

Der Einfluß von Calcium und Zink in der Diät auf den Calcium-45-, Phosphor-32- und Zink-65-Stoffwechsel in Schweinen. R. K. Berry, M. C. Bell, R. B. Grainger und R. G. Buescher. (J. Animal Sci. **20.** 433—39. Aug. 1961. Oak Ridge, Tenn., Univ. of Tennessee, Atomic Energy Comm. Agric. Res. Labor.; Lexington, Ky., Kentucky Agric. Exp. Stat.) (Engl.)

Ca-Zugabe zu einer niedrigen *Zn*-Ration (29 ppm) setzte den ^{65}Zn-Spiegel im Blut, Plasma u. Gesamtgewebe herab, bei höheren Zinkrationen (200 ppm) dagegen herauf. Höhere Ca-Diät setzte die ^{45}Ca-Aktivität herab. Ca als Zulage vermindert den ^{32}P-Spiegel im Plasma u. im Urin. Höhere Zn-Diät setzt den ^{65}Zn-Spiegel in Blut, Plasma, Lunge, Herz, Nieren, Pankreas, Dünndarm, Muskel u. Haut herab. Zn als Zulage hatte keinen signifikanten Einfl. auf ^{45}Ca im Blut u. Plasma, erhöhte jedoch den ^{32}P-Spiegel im Blut. Durch Änderungen in der Zn- u. Ca-Diät konnte die Gew.-Zunahme bei den getesteten Jungschweinen nicht beeinflußt u. keine Parakeratose beobachtet werden.
B. FRANZ. 4585□

Die Verwertbarkeit von Kupfer aus anorganischen ^{64}Cu-Verbindungen. R. G. Buescher, S. A. Griffin und M. C. Bell. (J. Animal Sci. **20.** 529—31. Aug. 1961. Oak Ridge, Tenn., Univ. of Tennessee, Atomic Energy Comm. Agric. Res. Labor.) (Engl.)

Jungschweinen wurde oral ^{64}*Cu-Carbonat, -oxid* u. *-sulfat* verabreicht. In einer zweiten Vers.-Reihe erhielten dieselben Tiere Cu aus einer anderen Quelle. Signifikante Unterschiede der ^{64}Cu-Konzz. in Blut, Plasma u. Fäkalien konnten nicht gefunden werden. Die ^{64}Cu-Konz. im Urin war am höchsten bei Verabreichung des Carbonats. Die Verwertbarkeit der 3 getesteten Verbindungen als Cu-Quelle war etwa gleich groß.
B. FRANZ. 4585□

Die Wirkungen von Essig-, Propion- und Buttersäureinfusionen in den Pansen auf die Bildung und Zusammensetzung der Kuhmilch. J. A. F. Rook und C. C. Balch. (Brit. J. Nutrit. **15.** 361—69. 1961. Reading, Shinfield, Dairying, Nat. Res. Inst.) (Engl.)

Zugabe von *Essigsäure* zum Kuhfutter erhöht die Bldg. von Milch u. Fett, von Lactose u. Protein. Zugabe von *Propion-* oder *Buttersäure* hat keine Wrkg. auf die Bldg. von Milch, aber eine Ergänzung durch Propionsäure vermindert die Bldg. von Fett u. erhöht die von Protein u. fettfreiem Fleisch, wogegen Buttersäure in spezif. Weise die Bldg. von Fett erhöht.
P. NACHTWEY. 4585□

Bestimmung biologischer Vorkommen von Methionin und Cystin. D. Guttridge, D. Lewis und J. T. Morgan. (Nature [London] 192. 753—54. 25/11. 1961. Loughborough, Univ. of Nottingham, School of Agricult.; Grantham, Kesteven Farm Inst.) (Engl.)

Bei Fütterungs-Verss. mit 11—18 Tage alten weißen Leghornhühnern begrenzte *Methionin* (I) als einzige Aminosäure (AS) in einer Futtermischung das Wachstum u. den Futterumsatz. Ohne I wurde kein Wachstum gefunden. I konnte teilweise durch *L-Cystin* (II) ersetzt werden. In Ggw. von überschüssigem II war das Wachstum nach Zusatz von I im Bereich von 0,01—0,1% dem Logarithmus der I-Dosis linear, in Abwesenheit von II innerhalb von 0,04—0,2%. Die Übertragung der Meth. zur Best. des I- u. II-Geh. in Sojabohnenmehl-Sorten ergab einen im Vgl. zur chem. Best. zu hohen Gehalt. Zusatz von *L-Glutaminsäure* wie auch einer kompletten AS-Mischung veränderten das Wachstum prakt. nicht. J. BOELTER. 4585□

Der Einfluß von Quark, Sauer- und Süßmilch auf die Ausscheidung von Chymotrypsin und Soda im Pankreassaft von Hunden. N. P. Pjatnitzki und M. N. Sseljukowa. (Вопросы Питания [Fragen d. Ernähr.] 19. Nr. 2. 45—48. März/April 1960. Krasnodar, Kuban. Med. Inst.) (Russ.; Auszug: Engl.)

Im Hunde-Vers. wurde die Wrkg. der Verabreichung von 75 g Frischquark, 250 ml Sauermilch oder 250 ml Süßmilch auf die Menge Pankreassaft (in ml), den Geh. an *Chymotrypsin* (I) u. den Geh. an *Soda* (II) untersucht u. festgestellt, daß nach Sauermilch der Geh. des Pankreassaftes an II im Vgl. zu Süßmilch 3—5 mal erhöht ist: im Mittel 1211 bzw. 398 mg in 5 Stunden. Der I-Geh. beträgt nach Sauermilch 328, nach Süßmilch 230 E.; nach Quark enthält der in 5 Std. ausgeschiedene Pankreassaft 1513 mg II u. 457 E. I. O. LEBTAG. 4585□

Neue Erkenntnisse auf dem Gebiete des Fettstoffwechsels und ihre Bedeutung für die Ernährung des Säuglings. W. Plenert und H. Zöllner. (Dtsch. Gesundheitswes. 17. 207—15. 8/2. 1962. Greifswald, Univ.-Kinderklinik.) (Dt.)

Literaturübersicht. — Der Fettstoffwechsel wird unter bes. Berücksichtigung des Fettsäurespektrums in der Säuglingsnahrung diskutiert. — 235 Literaturhinweise. G. KIRSTEN. 4585□

Die gegenläufige Beziehung zwischen Leberglykogen und Blutzucker bei Fettdiät bei der Ratte. P. A. Mayes. (Nature [London] 187. 325—26. 23/7. 1960. London, Royal Vet. Coll., Dep. of Physiol., Div. of Biochem.) (Engl.)

Erhalten Albinoratten nach 24 Std. Fastenzeit eine reine *Fett*-Diät mit steigenden Mengen Butter, so findet man ein Ansteigen des Leber-*Glykogen*-Geh. bei gleichzeitigem Absinken des *Glucose*-Geh. des Blutes bis zur Ausbildung einer Hypoglykämie. Hierbei steigt der Glykogen-Geh. innerhalb von 5 Tagen von 2,9 auf 63,7 mg, während der Blutzuckerspiegel gleichzeitig von 64,4 auf 38,5 mg absinkt. R. LAFFERENZ. 4585□

Veresterung von aus Tallöl stammenden Fettsäuren und Anwendung solcher Ester als Nahrung für Menschen und Haustiere. (Vorl. Mitt.) Matti Antila, Klaus Lampi und Reino Leimu. (Suomen Kemistilehti B 34. 40—41. 1961. Turku (Finnland), Univ., Dep. of Chem., and Raisio Factories, Central Labor.) (Engl.)

Mit der Zielsetzung, aus Nebenprodd. der Cellulose-Industrie eßbare *Fettsäureester* herzustellen, wird eine Fettsäurefraktion aus Tallöl eingesetzt, enthaltend 94,6—95,4% *Fettsäuren*, 1,8—2,2% Harzsäuren, 2,8—3,2% Unverseifbares. Die Fettsäuren bestehen zu ca. 2% aus gesätt., zu 45% aus monoolefin., zu 53% aus di- u. triolefin. Vertretern. Diese Fettsäuren werden in kontinuierlichem Prozeß mit *A.* des Handels verestert. H_2SO_4 dient als Katalysator. Abtrennung der unveresterten Harzsäuren folgt nach. In ähnlicher Weise erfolgt die Veresterung der Fettsäuren im Vakuum (Abdest. des W.) mit *Glycerin*. Ein Gemisch aus $SnCl_2$ u. gepulvertem Zn + ZnO dient als Katalysator (maximal 200°). Durch Abbruch der Veresterung zu dem Zeitpunkt, da noch 4—5% freie Fettsäuren vorhanden sind, bleiben die schwer reagierenden Harzsäuren unverestert. Das erhaltene Öl wird in üblicher Weise raffiniert; seine analyt. Daten stimmen sinngemäß mit denen des Ausgangsfettsäuregemisches überein; Geruch u. Geschmack sind etwas fremdartig. Durch Hydrierung wird ein gehärtetes Fett hergestellt (JZ. nach WIJS: 70). Geruch, Geschmack u. Haltbarkeit sind befriedigend. Nach Einesterung von 20—25% Sojaöl wird ein Prod. gewonnen, das zur Herst. von Kochmargarine geeignet ist. K. TÄUFEL. 4585□

Untersuchungen über die „Orotsäurefettleber". S. Rajalakshmi, D. S. R. Sarma und P. S. Sarma. (Biochem. J. 80. 375—78. 1961. Bangalore, Indian Inst. of Sci., Dep. of Biochem.) (Engl.)

Albinoratten wurde neben ihrem Futter 1% bzw. 1,5% *Orotsäure* (I) verfüttert. Die I-behandelten Tiere zeigten eine verminderte Wachstumsgeschwindigkeit. Das Gew.

u. der Gesamtlipid-Geh. der Leber waren dagegen erhöht. Der *Cholesterin* (II)-Geh. der Leber bei den I-behandelten Tieren war erheblich angestiegen u. entsprechend im Körper sowie im Plasma abgefallen. Eine de novo-Synth. von II fand nicht statt, sondern es erfolgte nur eine Mobilisierung extrahepat. II. Zusatz von *Adenin* (III) zum Futter normalisierte den II-Geh. in Körper u. Plasma u. red. teilweise den der Leber. Die intraperitoneale Injektion von $^{14}C_{(1)}$-*Acetat* (IV) führte zu keinem Anstieg des IV-Einbaues in II der Leber von Kontrolltieren. Der Einbau von IV in die I-gefütterten Tiere war leicht erniedrigt. Der Einbau von IV in die Leberfettsäuren war nicht verändert. I bewirkte eine Erniedrigung des Geh. an III, Protein-N u. Pyridinnucleotiden, wogegen der *Pyrimidin*-Geh. anstieg. J. BOELTER. 4585□

Die Einflüsse der Verfütterung von bestrahltem Schweinefleisch, Brot, grünen Bohnen und Krabben auf das Rattenwachstum und auf fünf Enzyme im Blut. Myron Brin, A. S. Ostashever und H. Kalinsky. (Toxicol. appl. Pharmacol. 3. 606—17. Sept. 1961. Maspeth, N.Y., Food and Drug Res. Labor., Inc.) (Engl.)

Es werden nach 8wöchiger Fütterung weder Einfl. auf das Wachstum noch auf die Geh. von *Erythrocyten-Transketolase, Plasma-Transaminase, Erythrocyten-Glutathion-Reduktase* sowie die die Erythrocyten-Glykolyse u. -Atmung bewirkenden Enzyme beobachtet. Es traten keine Toxizitätserscheinungen auf. P. GREGORZEWSKI. 4585□

Eine Untersuchung über die vermuteten physiologischen Funktionen von Carnitin. A. E. Bender und E. P. Adams. (Biochem. J. 82. 232—36. Febr. 1962. London, Bovril Ltd., Res. Dep.) (Engl.)

Vff. konnten das Vork. von *Carnitin* (I) in Lipocain sowie in Muskel- u. Leber-Phospholipiden nicht bestätigen. — I hat keinen Einfl. auf die *Protein*-Synth. im Rattenversuch. — Die Wachstums-Geschw. von entwöhnten Ratten wird durch tägliches (5½ Wochen langes) Verfüttern von I nicht beeinflußt; ebensowenig wird das Wachstum junger Ratten beeinflußt, die I per injectionen (subkutan) erhalten. Es konnte auch kein Einfl. auf das Wachstum von saugenden jungen Ratten beobachtet werden, wenn I an die Muttertiere verabfolgt wird. — Ferner wurde festgestellt, daß I nicht die Säuresekretion der isolierten Magenmucosa von Kröten beeinflußt.

H. KOCKERT. 4587□

Polyenonsäure bei der durch Pyridoxinmangel in Ratten hervorgerufenen Hypercholesterinämie. Ajit Goswami und D. P. Sadhu. (Nature [London] 187. 786—87. 27/8. 1960. Calcutta, Bengal Vet. Coll., Dep. of Physiol. and Nutr.) (Engl.)

Es wurde durch Unters. des *Cholesterin* (I)-Geh. in Leber u. Galle (als Überprüfungsmöglichkeit der I-Synth. in der Leber) die Hypothese nachzuprüfen versucht, nach der bei *Pyridoxin* (II)-Mangel infolge der Funktion von II als Faktor der Umwandlung von *Lineolat* zu *Arachidonat* dieser II-Mangel in Beziehung zum Arachidonat-Mangel steht u. ob die bei II-Mangel auftretende Vermehrung des I-Geh. im Blut zur I-Synth. in Verb. gebracht werden kann. So konnte bei II-Mangel nachgewiesen werden, daß die Serum-*Tetraenonsäuren* vermindert sind, daß der Serum-I-Geh. (in freier u. Esterform) erhöht ist (dabei I-Ablagerung in der Aorta), daß jedoch die Leber-I-Synth. unbeeinflußt bleibt u. nur eine verstärkte I-Freigabe aus der Leber stattfindet.

U. TAUSENDFREUND. 4587□

Über die gegenseitige Abhängigkeit von Riboflavin- und Niacinmangel. Kimiho Irinoda, Seizo Sato und Seiichi Yamada. (Vitamins [Kyoto] 8. 36—40. 1955. Hirosaki Univ. Med. Abt.) (Jap.; Auszug: Engl.)

Bei Kaninchen mit *Riboflavin* (I)-Mangel ist die I-Ausscheidung im Harn sehr gering, selbst bei Belastung mit I blieb sie niedrig u. der I-Geh. der Organe ist geringer als bei Kontrolltieren. Bei *Niacin* (II)-Mangel nimmt die II-Ausscheidung im Harn ab, am stärksten bei gleichzeitigem I- u. II-Mangel, bei dem I- u. II-Ausscheidung abnehmen. Bei II-Mangel ist der I-Geh. in Blut u. Organen niedrig u. bleibt, selbst bei I-Zufuhr, niedriger als bei Kontrolltieren. I u. II kompensieren einander u. üben gegenseitig synergist. Einfl. auf den Verbrauch von I u. II im Körper aus. Es muß eine nicht trennbare Verbindung in den Beziehungen zwischen I u. II bestehen, da I-Mangel nicht nur von I selbst verursacht, sondern außerdem auch durch II-Mangel induziert wird.

L. SCHULER. 4587□

Über die Wirkung von Vitaminen auf anguläre Stomatitis. Ichiro Nakagawa und Konosuke Tomabechi. (Vitamins [Kyoto] 8. 41—44. 1955. Tokyo, Inst. Publ. Health.) (Jap.; Auszug: Engl.)

Die Beobachtung von evtl. Heil-Wrkg. von *Niacin, Riboflavin, D-Araboflavin, 6-Methyl-9-β-hydroxyäthylisalloxazin, Penicillin* usw. bei Schulkindern mit angulärer Stomatitis lieferte keinen schlüssigen Beweis, daß die Krankheit auf *Riboflavin*- bzw. *Niacinmangel* zurückzuführen ist. L. SCHULER. 4587□

Klinische Untersuchung über die Einflüsse des Vitamin-B-Komplexes auf die glomeruläre Filtration in der Niere. 4. Mitt. Vergleichende Untersuchung zwischen Riboflavinphosphat und Riboflavin. Eiichiro Yamagata. (Vitamins [Kyoto] **8.** 44—49. 1955. Kyoto Univ., Med. Abt.) (Jap.; Auszug: Engl.) — **3.** vgl. Vitamins [Kyoto] **7.** [1954.] 1082.

Bei gesunden Erwachsenen zeigten die glomeruläre Filtrations-Geschw. (GFG) u. die Harnmenge nach Verabreichung von 10 mg *Riboflavin* (I) bzw. **I**-*5'-Phosphat-diäthanolamin* (II) Änderungen, aber ohne Unterschied hinsichtlich der Wrkg. von **I** oder von **II**. Bei 6 Leberkranken u. 5 Nierenkranken jedoch ergibt die Verabreichung von **II** eine erheblich stärkere Zunahme von Harnmenge u. GFG als mit **I**.

L. Schuler. 4587 □

Klinische Untersuchung über die Einflüsse des Vitamin-B-Komplexes auf die glomeruläre Filtration in der Niere. 5. Mitt. Einfluß von Vitamin B 12. Eiichiro Yamagata. (Vitamins [Kyoto] **8.** 49—55. 1955.) (Jap.; Auszug: Engl.) — **4.** vgl. vorst. Referat.

Die Verabreichung von *Vitamin* B_{12} (I) hat auf die glomeruläre Filtration (GF) von gesunden Erwachsenen keinen Einfluß. Bei 18 Nieren- u. Leberkranken, bei denen die GF herabgesetzt war, wird durch **I** die GF u. die Harnmenge wieder erhöht. Im Bereich von 15—60 μg **I** steigt die Erhöhung der (geschädigten) GF mit der Höhe der **I**-Dosis.

L. Schuler. 4587 □

Klinische Untersuchung über die Einflüsse des Vitamin-B-Komplexes auf die glomeruläre Filtration in der Niere. 6. Mitt. Einfluß von Folsäure. Eiichiro Yamagata. (Vitamins [Kyoto] **8.** 55—61. 1955.) (Jap.; Auszug: Engl.) — **5.** vgl. vorst. Referat.

Bei gesunden Erwachsenen zeigt eine Gabe von 30 mg *Folsäure* (I) keinen Einfl. auf die glomeruläre Filtrations-Geschw. (GFG), ebensowenig bei Nieren- u. Leberkranken mit normaler GFG; bei herabgesetzter GFG bringt **I** eine Steigerung, um so ausgesprochener, je höher die Dosis. L. Schuler. 4587 □

Nahrungsmeeresfischöle und Cholesterinstoffwechsel. 2. Mitt. **Der Einfluß von Vitamin A und Dorschleberölkomponenten auf den Serum-Cholesterinspiegel bei Hühnern.** J. D. Wood. (Canad. J. Biochem. Physiol. **38.** 879—87. Aug. 1960. Vancouver, Technol. Stat., Fisheries Res. Board of Canada.) (Engl.) — 1. vgl. C. **1960.** 15116.)

Aus *Dorschleberöl* können durch Fraktionierung an einer Al_2O_3-Säule die 3 Fraktionen *Vitamin A* (I), *Cholesterin* u. *Glycerinester* erhalten werden. Diese werden als Ergänzung zu einer *Cholesterin*-reichen Nahrung Hühnern verabreicht, um den Einfl. auf die durch das Cholesterin hervorgerufene Hypercholesterinämie zu untersuchen. Die **I**-Fraktion vermag ebenso wie krist. **I**-*Acetat* die Hypercholesterinämie zu verhindern. Es wird angenommen, daß **I** der wesentlichste Faktor im Dorschleberöl ist, welcher für die Verhütung der Hypercholesterinämie verantwortlich ist. H. Struck. 4587 □

Untersuchungen über die Rolle von Vitamin E im Zwischenstoffwechsel. L. M. Corwin. (Vitalstoffe — Zivilisationskrankh. **6.** 237—40. Dez. 1961. Washington, D. C., Walter Reed Army Inst. of Res., Med. Centre.) (Engl.)

An Leberhomogenaten *Vitamin E* (I)-mangelernährter Ratten wird die *Peroxid* (II)-Bldg. sowie die Abnahme der Oxydationsfähigkeit für *α-Ketoglutarat* (III) untersucht. Als Maß der **II**-Bldg. dient die Rk. des gebildeten *Malondialdehyds* (IV) mit Thiobarbitursäure. Bei mit Torulahefe gefütterten Ratten nimmt die **IV**-Bldg. in Ggw. von **III** + Nicotinamidadenindinucleotid als Substrat stark zu, während Succinat als Substrat keinerlei Wrkg. zeigt. Zusatz von **I** bzw. *Diphenylphenylendiamin* (V) zur Nahrung bzw. in vitro verhindert die **IV**-Bldg. fast vollständig, wogegen Na_2SeO_3-Zusätze ohne Wrkg. bleiben (Tabelle). Während in vitro Zusatz von *α-Tocopherol* (VI), Simonschen Tocopherolstoffwechsel-Prodd. bzw. Menadion die **IV**-Bldg. nur wenig beeinflussen, nimmt die **III**-Oxydation mit steigender Konz. dieser Zusätze sehr rasch ab (Tabelle). **V** zeigt als Zusatz die umgekehrte Wirkung. Bei Zusatz von 10 μg **VI** nimmt die **III**-Oxydation in NaCl–Leberhomogenat nur um 23%, in Saccharose (VII)-Leberhomogenat hingegen um 86% ab. Die **II**-Bldg. ist in NaCl-Medium 2 mal größer als in **VII** als Medium. In Ggw. von **III** als Substrat tritt dieser Unterschied nicht auf. Stoffe, die Schwellung von Mitochondrien hervorrufen, zeigen keine direkte Beziehung zur **II**-Bldg., jedoch wird diese durch Atmungsinhibitoren wie z. B. Antimycin A, Amytal oder CN^- auf ein Maß red., das den Verhältnissen ohne **III**-Zusatz entspricht. Vf. untersucht den Einfl. verschiedener Nucleotide bzw. Zellfraktionen auf die **II**-Bldg. in Leberhomogenat (Tabellen), diskutiert die enzymat. **II**-Bldg. u. zieht den Schluß, daß **I** im Zwischenstoffwechsel eine Funktion ausübt, die nicht von der **I** eigenen antioxydierenden Wrkg. abhängt.

G. Kirsten. 4587 □

Vitalstoff-Tabellarium. 24. Fortsetzung. 8. Mitt. **Enzyme.** 2. Teil. H. A. Schweigart. (Vitalstoffe — Zivilisationskrankh. **6.** 245—50. Dez. 1961. Dachau, Inst. für Biochem. der Vitalstoffe u. Ernähr., Versuchsstat. Neuland.) (Dt.) — 23. vgl. Vitalstoffe — Zivilisationskrankh. **6.** [1961.] 205.

Tabellar. Übersicht. G. Kirsten. 4587□

Untersuchungen über Magnesium in der Ernährung von Wiederkäuern. 3. Mitt. Verteilung von Magnesium im Gastrointestinaltrakt und in den Geweben von Schafen. A. C. Field. (Brit. J. Nutrit. **15.** 349—59. 1961. Edinburgh, Gilmerton, Moredun Inst.) (Engl.) — 2. vgl. Brit. J. Nutrit. **15.** [1961.] 287. — 1. vgl. C. **1961.** 13628.

An Schafen wird mit der Isotopenverdünnungs-Meth. versucht, die endogene fäkale Exkretion u. die Verwertbarkeit des *Mg* im Futter zu bestimmen. Das ^{28}Mg wird entweder per Magensonde oder i.v. verabfolgt. Es wird folgendes dabei festgestellt: Mg-Resorption findet hauptsächlich im mittleren Drittel des Dünndarmes statt. In das Lumen des Abomasum u. des oberen Dünndarmteiles wird Mg ausgeschieden u. von den unteren Dünndarmabschnitten erneut resorbiert. Die stärkste ^{28}Mg-Konz. wird in der Galle gefunden, es folgen Niere, Plasma, Leber, Milz, Skelettmuskel u. die geringste Aktivität weisen die Knochen auf. P. Nachtwey. 4594□

Die Verwendung von Radioschwefel bei der Analyse der Proteinresorption im Darm. H. Schlüssel. (Clin. chim. Acta [Amsterdam] **4.** 748—51. Sept. 1959. Cologne, Germany, Univ., Med. Clin.) (Engl.)

Vf. verwendet ^{35}*S-Torulahefe* sowie deren Hydrolysat zur Aufklärung des Resorptionsmechanismus. Durch Vgl. der nach oraler, rectaler bzw. intraperitonealer Zufuhr erhaltenen Ergebnisse kann geschlossen werden, daß die Resorption bevorzugt im Duodenum sowie im Dünndarm erfolgt (bei rectaler Zufuhr bes. im Colon). Die bedeutsame Rolle der Darmwand im Proteinstoffwechsel läßt sich durch die Bldg. von Darmsekreten erklären; die hierfür erforderlichen Aminosäuren werden aus dem Blut sowie direkt aus dem Darminhalt entnommen. Unterss. an einer isolierten Dünndarmschleife (Hund, Kaninchen) ergaben keinen Hinweis auf eine Synth. von Serumproteinen. Nach Ansicht des Vf. werden vielmehr die resorbierten *S-Aminosäuren* lediglich von den Serumproteinen adsorbiert, wie in vitro-Verss. zeigen. P. Schwerdtfeger. 4594□

Die Aufnahme von Fettsäure durch die Darmschleimhaut in vitro. G. Anand Rao und I. A. Hansen. (J. sci. ind. Res. [New Delhi], Sect. C **20.** 4—8. Jan. 1961. Vellore, Christian Med. Coll. and Hosp., Wellcome Res. Unit, Dep. of Biochem.) (Engl.)

Bei der Inkubation von Rattendünndarmstücken bei 37° wird die $^{14}C_{(1)}$-*Stearinsäure*-Inkorporation durch ein hohes K:Na Verhältnis, Glucose u. anorgan. Phosphat verstärkt. Fluorid, Jodacetat, Cyanid u. 2.4-Dinitrophenol hemmen die Aufnahme. 34% werden in der Triglycerid- u. 4% in der Phospholipidfraktion wiedergefunden. pH-Optimum 6,5. P. Gregorzewski. 4594□

Gallenfluß und Zusammensetzung der Galle bei der normalen und der mit dem Natriumsalz der Dehydrocholsäure behandelten Ratte. C. Turba und F. Piccinini. (Boll. Soc. ital. Biol. sperim. **36.** 262—66. 31/3. 1960. Mailand, Ist. De Angeli, Labor. Ricerche, Sez. Farmacol. e Sez. Biochem.) (Ital.)

Ratten mit Gallenfistel erhalten 200 mg *Dehydrocholsäure* (**I**)/kg intraduodenal injiziert. Es zeigt sich, daß sich die Cholerese durch **I** in einer parallelen Zunahme des auf dem Gallenwege ausgeschiedenen Vol. W. u. der darin gelösten Feststoffe äußert, wobei die *Gallensäuren* auch erhöhte absolute Werte ergeben, während der Wert des *Cholesterins* gegenüber normalen Tieren prakt. unverändert bleibt. F. Kren. 4594□

Der Einfluß von Lävulinsäure auf Verdauung, Fettsäureproduktion und mikrobielle Aktivität in weidenden Kälbern und Hammeln. D. E. Waldern, W. K. Roberts, T. H. Blosser und I. A. Dyer. (J. Animal Sci. **20.** 429—32. Aug. 1961. Pullman, Washington Agric. Exp. Station.) (Engl.)

Lävulinsäure-Gaben hatten keinen signifikanten Einfl. auf Trockensubstanz-, Kraftfutter-, Cellulose- u. Rohfaserverdauung sowie auf den Geh. an flüchtigen Fettsäuren im Pansen. Bei Hammeln ergab sich jedoch eine beträchtliche Zunahme der Trockensubstanz- u. Kraftfutterverdaulichkeit durch Zugabe von Luzerne zur Weizenstrohdiät, dadurch erhöhte sich ferner die Organismenaktivität im Pansen. Lävulinsäure setzt diese herab. B. Franz. 4594□

Der Verbleib von Polyäthylenglykol nach Passage durch den Verdauungstrakt. Stig Hydén. (Kungl. Lantbrukshögskolans Ann. **22.** 411—24. 1956. Inst. of Animal Physiol.) (Engl.)

Nach oraler Gabe von *Polyäthylenglykol* (mittleres Molgew. 3500—4200) fanden sich bei Kühen u. Schafen ca. 93% unverändert in den Faeces, bei Kaninchen 80% u. bei Hühnern u. Menschen ca. 97%. Eine Resorption findet nicht statt, ein kleiner Teil scheint im Verdauungstrakt zerstört zu werden. G. Kimmerle. 4594□

Der Stoffwechsel von Stickstoff, Calcium und Phosphor bei unterernährten Kindern. 7. Mitt. **Die Wirkung von teilweisem oder vollständigem Ersatz von Reis in magerer Nahrung durch Perlhirse (Pennisetum typhoideum).** P. P. Kurien, M. Swaminathan und V. Subrahmanyan. (Brit. J. Nutrit. **15.** 345—47. 1961. Mysore, Indien, Centr. Food Technol. Res. Inst.) (Engl.) — 6. vgl. C. **1961.** 14736.

Es wird der *N*-, *Ca*- u. *P*-Stoffwechsel untersucht, wenn 25—50% des gesamten Reis durch Perlhirse ersetzt werden. Die Stickstoffaufnahme wird hierdurch nicht verändert. Trotz höherer Ca-Aufnahme sinkt die Ca-Retention bei positiver Bilanz. Je höher der Anteil der Perlhirse in der Diät ist, um so mehr steigen Einnahme u. Retention von P. P. NACHTWEY. 4596□

Über den Umsatz von Wasser und Chlor in den Frühstadien der Hypertoniekrankheit. Ss. Ss. Newelsson. (Клиническая Медицина [Klin. Med.] **37** (**40**). Nr. 9. 97—104. Sept. 1959. Zentr. Forsch.-Inst. für Expertise der Arbeitsfähigkeit u. der Organisation der Invalidenarbeit.) (Russ.)

Eine Unters. des *Cl*- u. *Wasser*-Stoffwechsels wurde an Hypertonikern in verschiedenen Stadien der Erkrankung durchgeführt. In den meisten Fällen war die Verteilung des W. im Blut zwischen Erythrocyten u. Plasma gestört. Der Wasser-Geh. war in den Erythrocyten erhöht, im Plasma herabgesetzt. Es besteht bei Hypertonikern eine Neigung der Gewebe zur Wasserretention. Bei 64% der Kranken war die Cl-Konz. im Blut etwas herabgesetzt. Bei $>$ 50% der Untersuchten war die normale Verteilung von Cl zwischen Erythrocyten u. Plasma gestört. Bei der Hälfte der Kranken war der chloropekt. Index erhöht, was für eine Verschiebung des Säure–Alkali-Gleichgewichts in Richtung der Acidose spricht. Die Funktionsprobe mit Salzbelastung zeigte eine Störung der die normale Salzausscheidung aus dem Körper sichernden Mechanismen. Diurese u. Cl^--Konz. im Urin vor der Belastung waren in den meisten Fällen normal. Bei Durchführung der Probe beobachtete man bei 71% der Kranken eine unvollständige bzw. verzögerte Ausscheidung des Salzes. Diese wurde in einer Reihe der Fälle von den Änderungen der Cl-Konz. im Blut, seines Trockenrückstandes u. des Erythrocyten-Vol. begleitet. Die Durchlässigkeit der Capillare für Eiweiß neigt bei Hypertonikern zur Verringerung. Es besteht kein Grund diese als Ursache der Steigerung der Eiweiß-Konz. im Blut zu betrachten; diese ist ein sek. Erscheinung, die durch die Störung der normalen Verteilung des W. im Organismus u. der damit verbundenen Verdickung des Blutplasmas bedingt ist. Die beschriebenen Verschiebungen im W.–Salz-Haushalt sind am ausgeprägtesten im 1—2- u. im 2-Stadium der hyperton. Krankheit mit Gehirnsyndrom. Das Hinzukommen von Herzsyndrom führt in den meisten Fällen zur Nivellierung dieser Veränderungen, wahrscheinlich infolge gegensätzlicher Einfl., die die Herzinsuffizienz auf sie ausübt. F. DU MANS. 4596□

Das Stoffwechselverhalten von Phosphor. 7. Mitt. **Bei Kindern.** A. Westerlund. (Kungl. Lantbrukshögskolans Ann. **26.** 11—17. 1960.) (Engl.) — 6. vgl. Kungl. Lantbrukshögskolans Ann. **25.** [1959.] 269.

Bei Kindern ist der Geh. an *P* in den Faeces um so größer, je mehr *P* in der Nahrung enthalten ist, u. der *Ca*-Geh. in den Faeces ist um so kleiner, je mehr P sich im Harn befindet u. je mehr Ca retiniert wird. Die renale P-Ausscheidung nimmt zu, wenn der P-Geh. in den Faeces u. die Ca-Bilanz zunehmen. K. ZINGRAF. 4596□

Formaldehyd-Umsatz bei Ratten. Iris Campos, Eliana Muñoz und Jorge Mardones. (Arzneimittel-Forsch. **11.** 627—28. Juli 1961. Santiago, Chile, Univ., Inst. de Farmacol.) (Dt.)

Der *Formaldehyd*-Geh. bei Ratten ist im Blut höher als in Leber u. Gehirn (18,1 μg/ 100 g; 9,4; 6,6); bei Urethannarkose (41,2; 17,3; 12,2). Die bei ♀ Ratten gefundenen Werte liegen höher als bei ♂. Die letale Konz. nach Infusion ist im Blut 300mal u. im Gehirn 40—100mal höher als normalerweise. P. GREGORZEWSKI. 4596□

Der Stoffwechsel spezifisch markierter Glucose in ketotischen Rindern. E. G. Tombropoulos und M. Kleiber. (Biochem. J. **80.** 414—20. 1961. Davis, Calif., Univ. of California, Dep. of Animal Husbandry.) (Engl.)

Normalen (A) sowie ketot. Rindern (B) wurde $^{14}C_{(1)}$-*Glucose* (I) bzw. $^{14}C_{(6)}$-*Glucose* (II) injiziert. Der $^{14}CO_2$-Geh. der Atemluft nach Injektion von I oder II war in B etwa gleich u. entsprach in seinem zeitlichen Verlauf dem von A nach Applikation von II, nicht jedoch dem nach Injektion von I. Das Verhältnis von ^{14}C als CO_2 von I zu dem ^{14}C von II war während der ersten 3 Std. in B niedriger als in A. Nach I-Injektion war der ^{14}C-Geh. in *Casein* (III) u. *Albumin* (IV) der Milch von B geringer als in der von A, jedoch höher in *Lactose* (V), *Butterfett* (VI) u. *Glycerin* (VII). Nach II-Injektion war der ^{14}C-Geh. in III, IV, *Citrat*, VI u. VII von B niedriger als der von A. Der ^{14}C-Geh. in V war bei A u. B etwa gleich. Das ^{14}C-Verhältnis I/II in den Milchkomponenten war bei B höher, so daß die Stoffwechselmengen von $C_{(1)}$ u. $C_{(6)}$ aus *Glucose* in B einander mehr ähnelten als in A. J. BOELTER. 4596□

Phospholipoid-Zusammensetzung der menschlichen Epidermis. Rolf Blomstrand, Sigfrid Fregert und Fumio Nakayama. (Acta dermato-venereol. [Stockholm] **41**. 281—88. 1961. Lund, Univ. of Lund, Sweden, Swedish Med. Res. Council, Unit for Biochem. Res. on Atherosclerosis and Dep. of Dermatol.) (Engl.)

Ein Homogenisat von 2 g entfetteter Epidermis vom Oberschenkel eines amputierten menschlichen Beines wurde mit Chlf.–Methanol (2 : 1) extrahiert u. mit dest. W. nach FOLCH u. Mitarbeitern [1951] getrennt. Die Chlf.-Schicht wurde konz. u. die Phospholipoide (I) auf Kieselsäuresäulen chromatograph. abgetrennt. Nach Papierchromatographie der deacylierten Hydrolysate nach DAWSON (Biochem. J. **75**. [1960.] 45) wurde das aufgerollte Chromatogramm zur Neutronenaktivierungsanalyse in einem Al-Tubus 15 Std. mit einem langsamen Neutronenstrom ($5 \cdot 10^{11}$ Neutronen/cm²/s) bestrahlt u. auf KODAK-Standard-X-Strahlenfilm Autoradiogramme hergestellt. Identifikation der einzelnen I-Hydrolysate u. ihrer in der Epidermis enthaltenen Analoga ergab (in % des P des Gesamt-I-P): 33,76 Phosphatidylcholin (mit Lysolecithin), 10,60 Phosphatidyläthanolamin, 12,90 Phosphorinositid, 12,23 Phosphatidylserin, 3,83 Cholinplasmalogen u. 10,75 Sphingomyelin. Der Geh. der Epidermis an I wird mit dem in Rattenleber u. menschlichem Blutplasma verglichen. H. G. W. GLEISS. 4597□

Serum–Glutaminsäure–Oxalessigsäure-Transaminase bei Herzgefäßkrankheiten und bei einigen gewöhnlichen Erkrankungen. T. Ratnam. (Indian J. med. Res. **48**. 149—56. März 1960. Ceylon, Univ. of Ceylon, Dep. of Med.) (Engl.)

Die Best. der Serum-*Glutaminsäure–Oxalessigsäure-Transaminase*-Aktivität kann als wertvolles Hilfsmittel bei der Unterscheidung eines akuten Myocardinfarkts von akuter Coronarinsuffizienz angesehen werden, da bei allen Herzerkrankungen außer dem Infarkt normale Werte nachgewiesen werden konnten. U. TAUSENDFREUND. 4597□

Externe Herzreizung als eine Ursache des Kammerflimmerns während der Hypothermie und seine Verhütung durch Acetylcholin. C. L. Malhotra, B. K. Anand, Baldev Singh und P. K. Das. (Indian J. med. Res. **48**. 198—207. März 1960. New Delhi, Lady Hardinge Med. Coll., Dep. of Pharmacol. and Therapeut.) (Engl.)

Während Hypothermie (bei Hunden) über Bradycardie letztlich zu Asystolie führt (durch künstliche Beatmung kann der Zustand der Asystolie oder anderer arrhythm. Zustände verzögert werden), ist es möglich, durch mechan. oder elektr. Reizung des Herzens im Bereich der krit. Temp. von 22,97 $\pm$3,17° ein Kammerflimmern hervorzurufen. In 9 von 10 Fällen kann dieses Flimmern durch die Infusion von 100 μg *Acetylcholin*/kg, im Zeitraum von 5—10 Min verabreicht, verhindert werden, was auf eine möglicherweise dadurch verbesserte Verwertbarkeit des O_2 durch die Herzmuskulatur zurückgeführt wird. U. TAUSENDFREUND. 4598□

Veränderung des Glykoproteingehaltes der Leber, gemessen am N-Acetylneuraminsäure-Spiegel während der Geweberegeneration nach partieller Hepatektomie bei der Ratte. Roger Derache. (C. R. hebd. Séances Acad. Sci. **254**. 1867—69. 5/3. 1962. Toulouse, Haute-Garonne, Fac. des Sci., Inst. de Physiol.) (Franz.)

Vf. stellte fest, daß der *N-Acetylneuraminsäure* (I)-Geh. [als Maß für den *Glykoprotein* (II)-Geh.], der als Ausdruck einer Kompensation der nach partieller Hepatektomie hypertrophierten Rattenleber (von ♂ WISTAR-W.A.G.-Ratten) 24 Std. nach der Operation stark vermindert ist, danach progressiv ansteigt u. 8 Tage nach der Hepatektomie beinahe wieder Normalwerte erreicht. Die I- bzw. II-Synth. scheint der *Ribonucleinsäure*- u. *Desoxyribonucleinsäure*-Synth. während des Vorgangs der Geweberegeneration voranzugehen. H. KOCKERT. 4597□

Die Veränderungen der elektrischen Leitfähigkeit der Haut nach elektrophoretischer Einführung von Acetylcholin, Adrenalin und Pilocarpin als Bestimmungsmethode der Reaktivität des vegetativen Nervensystems. D. Dasskalow, M. Markow und E. Milarow. (Известия на Отделението за Биологически и Медицински Науки, Българска Академия на Науките [Nachr. Abt. biol. med. Wiss. Bulg. Akad. Wiss.] **3**. Nr. 1. 25—34. 1959. Inst. für exp. Med. der Bulgar. Akad. der Wiss.) (Bulg.; Auszug: Dt.)

Die Veränderungen der elektr. Leitfähigkeit der Haut, die nach elektrophoret. Einführung von *Acetylcholin*, *Adrenalin* bzw. *Pilocarpin* eintreten, sind individuell verschieden u. können in 5 Grundtypen eingeteilt werden. Diese Typen gestatten eine Beurteilung der Reaktivität des vegetativen Nervensystems. Die Meth. des elektrophoret. Dermogramms kann mit Erfolg in der neurovegetativen Diagnostik benutzt werden. F. DU MANS. 4598□

E6. Pharmakologie. Therapie. Toxikologie. Hygiene

Der oxydative Stoffwechsel der Arzneimittel. Theoretische und praktische Gesichtspunkte. Carlo Runti. (Farmac. Glasnik **15.** 513—25. Dez. 1959.) (Serbokroat.)

Übersicht über die biochem. Oxydation verschiedener organ. Verbb., die pharmazeut. Interesse besitzen. — 89 Literaturangaben. S. BECKMANN. 4600□

Untersuchungen zum Einfluß ionisierender Strahlen auf Zellmembranen. 2. Mitt. Änderungen von Membranpotential und Kaliumgehalt des Muskels unter Einwirkung von Röntgenstrahlen. Hans-Dietrich Bergeder. (Strahlentherapie **115.** 90—104. Mai 1961. Bonn, Univ., Inst. für Biophys.) (Dt.) — 1. vgl. Strahlentherapie **114.** [1961.] 406.

Durch Einw. ionisierender Strahlen auf ein Gewebe kommt es zur Verschiebung von Elektrolyten. Die Ursache für die strahlenbedingten Ionenverschiebungen wird in einem Versagen der Membranen als Ionenbarriere gesehen. Die Bedeutung bestimmter Elektrolyte für die Aktivität von Enzymen macht es wahrscheinlich, daß Elektrolytanomalien in einer Änderung von katalyt. Syst. wirksam werden u. Rückwirkungen auf den Zellstoffwechsel haben. Eine unterschiedliche Strahlenempfindlichkeit biolog. Membranen kann aus den elektr. Verhältnissen, die an ihnen gegeben sind, abgeleitet werden. R. SAUERBREY. 4601□

Die selektive Bestrahlung der Hypophyse der Ratte mit Teilchenstrahlen hoher Energie und ihre Wirkung auf die Schilddrüse. Paul Blanquet. (C. R. hebd. Séances Acad. Sci. **249.** 1064—66. 21/9. 1959.) (Franz.)

Der *J*-Stoffwechsel der Schilddrüse von Ratten nach Hypophysektomie sowie nach selektiver Bestrahlung der Hypophyse mit α-Teilchen von 800 u. Deuteronen von 190 oder 400 MeV wurde untersucht. Die Gesamtdosis betrug 18—20000 rad; 130—150 Tage nach der Bestrahlung wurden das Körper-Gew. sowie die Gew. der Schilddrüse, der Nebennieren, der Testikel bzw. Ovarien u. der Hypophyse kontrolliert, ferner wurde die Speicherung von injiziertem ^{131}J in der Schilddrüse, der Geh. der Schilddrüse an *Jodthyronin* u. der Plasma-Geh. an ^{131}J bestimmt. Es zeigen sich durchweg Gew.-Abnahmen u. Minderungen des J-Stoffwechsels der Schilddrüse, u. zwar in gleicher Größenordnung bei den hypophysebestrahlten wie auch den hypophysektomierten Tieren. W. REUSSE. 4601□

Schutz gegen die tödlichen Wirkungen von Röntgenstrahlen durch anorganische kondensierte Phosphate. J. H. Barnes und J. St. L. Philpot. (Nature [London] **192.** 574—75. 11/11. 1961. Didcot, Berks., Radiobiol. Res. Unit, Med. Res. Council.) (Engl.)

♀ Mäuse (R-Stamm, Kreuzung zwischen PCT ♀ u. C 3 H 101 ♂) wurden durch intraperitoneale Injektion von 15 mMol *Trimetaphosphat* (I)/kg zu 100% gegen eine Röntgenbestrahlung von 1025 r (250 kV, 15 mA, 73,6 r/min) geschützt. Die Letalitätsrate der Kontrolltiere betrug 92%. Die mittlere DL_{50} für die I-behandelten Tiere wurde zu 1133 (1059—1213) r im Vgl. zu 1325 (1265—1387) r bei intraperitonealer Injektion von 1 mMol *S-β-Aminoäthylisothiuroniumbromidhydrobromid*/kg gefunden.

J. BOELTER. 4601□

Prophylaxe der experimentellen akuten Strahlenkrankheit durch β-Aminoäthylisothiuronium. Il. Belokonski und A. Andrejew. (Известия на Отделението за Биологически и Медицински Науки, Българска Академия на Науките [Nachr. Abt. biol. med. Wiss. Bulg. Akad. Wiss.] **3.** Nr. 1. 41—49. 1959. Militär-Med. Forschungsinst.) (Bulg.; Auszug: Dt.)

Mäuse, weiße Ratten u. Meerschweinchen wurden subletalen bzw. abs. tödlichen Dosen von Röntgenstrahlen ausgesetzt. Die intraperitoneale Einführung von *β-Aminoäthylisothiuronium* (I) in einer Dosis von 4 mg/20 g 10 Min. vor der Bestrahlung hat bei Mäusen den besten Schutzeffekt gezeigt (50%). Bei Meerschweinchen konnte die gleiche Wrkg. bei subkutaner Einführung von I in der Dosierung von 13 mg/100 g ebenfalls 10 Min. vor der Bestrahlung erzielt werden. Ratten, die während der Bestrahlung I erhielten, zeigten keinen Anstieg des O_2-Verbrauchs; die Aktivität der Succindehydrase (II) sank nicht wie sonst ab. Bei den bestrahlten Tieren, die kein I erhielten, stieg der O_2-Verbrauch während der Bestrahlung um 36%, die Aktivität von II fiel in einer Reihe der Gewebe stark ab. Während der Strahlenkrankheit verloren Ratten u. Meerschweinchen, die I bekommen hatten, weniger an Gew., ihr N-Gleichgewicht sank weniger ab u. die Blutveränderungen waren weniger ausgesprochen als bei den Kontrolltieren. Bei Mäusen, die I erhielten, stellte man seltener Bakteriämie als bei den Kontrolltieren fest. Die kombinierte Anwendung von I u. Antibioticis vor der Bestrahlung (Penicillin u. Streptomycin) ist für den Verlauf u. den Ausgang der Strahlenkrankheit

günstig. Prophylakt. I-Dosen senken den O_2-Verbrauch u. verlangsamen die Atmung. Sie rufen einen kurz dauernden Abfall des Blutdrucks hervor u. wirken antidiuretisch.
F. DU MANS. 4601□

Einfluß der Kalciumcyanid-Vergiftung auf den γ-Aminobuttersäurespiegel im Gehirn. T. Turský. (Nature [London] **187.** 322—23. 23/7. 1960. Bratislava, Komensky's Univ., Dep. of Biochem.) (Engl.)

Unterss. an Albinoratten (WISTAR-Stamm) ergeben, daß nach intraperitonealer Verabreichung von 40 u. 10 mg *KCN*/kg der Geh. des Gehirns an *γ-Aminobuttersäure* (I) nach ca. 4 Min. um 19,5 bzw. 17,0% vermindert ist. Der Geh. an *Glutaminsäure* im Hirn hatte sich in der gleichen Zeit um 15 bzw. 10,5% erhöht. Vf. führt die Verminderung des I-Geh. nach KCN-Gaben auf Inhibierung der *Glutaminsäuredecarboxylase* zurück.
R. LAFFERENZ. 4606□

Plasmaaminosäuren bei experimentellem Lathyrismus. Taina Tuominen und Eino Kulonen. (Clin. chim. Acta [Amsterdam] **4.** 751—52. Sept. 1959. Turku, Finland, Univ., Dep. of Med. Chem.) (Engl.)

Ratten erhielten ein Futter mit 75% Wickenmehl u. 0,8 mg Marsilid „Roche"/Tag Die papierchromatograph. Unters. der freien Plasma-*Aminosäuren* (Enteiweißung mit 80%ig. A.) ergab eine Abnahme von *Cysteinsäure* u. der bas. Aminosäuren sowie einen geringen Rückgang des *Tyrosin*-Gehalts. Der in Harnchromatogrammen von lathyrismusbefallenen Tieren auftretende grüne Fleck (β-Aminopropionitril) sowie der unidentifizierte „Fleck Nr. 6" fehlen in den Chromatogrammen der Plasmaaminosäuren. Nach Ansicht der Vff. sind die Ausscheidungsverluste an Tyrosin, S-haltigen Aminosäuren u. *Histidin* auf Störungen der Nierentätigkeit zurückzuführen.
P. SCHWERDTFEGER. 4607□

Wirkung von γ-Aminobuttersäure auf die mechanische Reaktion des isolierten Rattenzwerchfells auf direkte Reizung. M. Midrio und P. Zatti. (Boll. Soc. ital. Biol. sperim. **37.** 700—02. 31/7. 1961. Padova, Univ., Ist. di Fisiol. umana.) (Ital.)

Die Wrkg. von *γ-Aminobuttersäure* (I) auf die Kontraktionen des isolierten Rattenzwerchfells nach direkter Reizung konnte durch Veränderung des Geh. von Na^+, K^+ oder Cl^- im Medium verändert werden; I scheint den Transport oder den Durchtritt von K^+ u./oder Cl^- durch die Muskelmembran von Säugetieren zu beeinflussen.
K. ZINGRAF. 4607□

Der Einfluß einiger Aminosäuren auf die Chemoreceptoren des Darms. M. Papasowa. (Известия на Отделението за Биологически и Медицински Науки, Българска Академия на Науките [Nachr. Abt. biol. med. Wiss., bulg. Akad. Wiss. **3.** Nr. 1. 19—24. 1959. Inst. für exp. Med. der Bulgar. Akad. der Wiss.) (Bulg.; Auszug: Dt.)

In Verss. an isolierter Darmschlinge von Katzen, die mit dem Körper in Verbindung durch das Nerven-Syst. stand, wurden die untersuchten Aminosäuren (*Methionin* u. *Valin*) mit Perfusions-Fl. zugeführt. Beide erwiesen sich als starke Erreger der Chemoreceptoren des Darms. Sogar in Konzz. von $1{,}2 \cdot 10^{-4}$ wurde Anstieg des Blutdrucks beobachtet. Reflektor. Atemveränderungen traten bei noch höheren Konzz. auf ($1{,}5 \cdot 10^{-2}$). Es wurde eine höhere Labilität des die Blutdruckveränderungen bedingenden Reflexes festgestellt.
F. DU MANS. 4607□

Inhibitoreigenschaften der Brenzcatechinamine. E. G. Mc Geer, P. L. Mc Geer. und H. McLennan. (Nature [London] **192.** 563. 11/11. 1961. Vancouver, B. C., Univ. of Brit. Columbia, Kinsmen Labor. of Neurol. Res. and Dep. of Physiol.) (Engl.)

Es wurden die hemmenden Eigg. nachst. Verbb. auf die Languste *Pacifastacus leniusculus* (Dana) bestimmt, wobei als Schwellenwert die Konz. gemessen wurde, die einen Block der spontanen Bewegung für ca. 20 Sek. verursachte. *3-Hydroxytyraminhydrochlorid* (I) zeigte die größte Aktivität, *γ-Aminobuttersäure* (II), *L-Noradrenalinbitartrat* u. *L-Adrenalinbitartrat* waren weit weniger wirksam. Die blockierende Wrkg. von II konnte durch 10^{-3} m *Picrotoxin* zu 60% aufgehoben werden, während es gegen I fast unwirksam war. *Chlorpromazin* ($1{,}5 \cdot 10^{-4}$ m) u. *Dibenzylen* ($8 \cdot 10^{-4}$ m) waren II gegenüber unwirksam, blockierten aber die I-Wrkg. fast vollständig. Es wird angenommen, daß mehr als eine Receptorstelle am Streckreceptorneuron beteiligt ist.
J. BOELTER. 4607□

Die Wirkungen von Gallamin, Carbachol, Nicotin, Ryanodin und Protoveratrin A und B auf den ^{47}Ca-Fluß im Skelettmuskel des Froschs. K. Ahmad und J. J. Lewis. (J. Pharmacy Pharmacol. **13.** 383—84. Juni 1961. Glasgow, Univ., Inst. of Physiol., Exp. Pharmacol. Div.) (Engl.)

1—8 mg/ml *Gallamin* (I) ändern die $^{47}Ca^{2+}$-Zu- u. -Abnahme nicht. Auch die $^{42}K^+$- u. $^{24}Na^+$-Auf- u. -Abnahme änderte sich nicht. 5 mg/ml *Carbachol* (II) verringerten etwas die $^{42}K^+$-Aufnahme. *Nicotin* (III) (1 mg/ml) bedingte eine kräftige Zunahme der $^{24}Na^+$-

u. $^{47}Ca^{2+}$-Aufnahme, der $^{47}Ca^{2+}$- u. $^{42}K^{+}$-Abnahme u. verringerte die $^{42}K^{+}$-Aufnahme. *Ryanodin* (IV) in Bad-Konzz. von 10—100 µg/ml bewirkte einen kräftigen Anstieg der $^{47}Ca^{2+}$-Auf- u. -Abnahme. Mit 50 µg/ml IV erreichte man eine $^{42}K^{+}$-Abgabe u. ein Anwachsen der $^{24}Na^{+}$-Aufnahme, ferner eine Senkung der $^{42}K^{+}$-Aufnahme. *Protoveratrin A* (V) u. *B* (VI) hatten qual. dieselben Wirkungen. Eine Dosis von 100 µg bis 0,5 mg/ml verringerte die $^{47}Ca^{2+}$-Aufnahme u. erhöhte die $^{47}Ca^{2+}$-Abgabe, außerdem wuchs die $^{24}Na^{+}$-Aufnahme bemerkenswert an. H. LIEDTKE. 4607□

Chromatographische Trennung der Abbauprodukte des Pralidoximjodids (Pyridin-2-aldoximmethojodid). Robert I. Ellin und David E. Easterday. (J. Pharmacy Pharmacol. **13.** 370—73. Juni 1961. Army Chemical Center, Md., Physiol. Div.) (Engl.)

Unterss. über das Schicksal von *Pralidoximjodid* (I) im Stoffwechsel erfordern eine gute Meth. zur Analyse der in-vivo-Abbauprodukte. Unter in-vitro-Bedingungen bilden sich aus I *Pyridin-2-aldehydmethojodid* (II), *2-Cyanopyridinmethojodid* (III), *N-Methyl-α-pyridon* (IV), *2-Carboxy-N-methylpyridiniumjodid* (V) u. möglicherweise *Pyridin-2-carbonsäureamidmethojodid* (VI). Das Substanzgemisch wurde papierchromatograph. getrennt, unter Verw. von *Butanol* : *Essigsäure* : *W.* (5 : 1 : 3) ergaben sich folgende R_F-Werte: I = 0,51, IV = 0,81, III = 0,42, II = 0,62, V = 0,38, VI = 0,37, *HJ* = 0,20. H. LIEDTKE. 4607□

Vergleichende Untersuchungen über die Wirkungen von Strychnin und Megimide auf die Reflexaktivitäten der Medulla spinalis des Kaninchens. Masao Morita, Motohiro Yasuhara, Toshiko Kimura, Chieko Ito und Noriko Kitao. (Jap. J. Pharmacol. **8.** 155—64. März 1959. Hirakata, Osaka, Kanssai Med. School, Dep. of Pharmacol.) (Engl.)

Kleine *Strychnin*-Gaben stimulieren zuerst die proprioreceptiven Reflexbögen u. steigern die Reizempfindlichkeit der Motoneuronen, dann die der Interneuronen u. sind krampfauslösend. *Megimide* stimuliert die Synapsen, in höherer Dosierung erzeugt es Krämpfe. P. LOCH 4607□

Zusammensetzung der phosphorhaltigen Fette der Rattenleber bei einer experimentellen Intoxikation mit Trichloräthylen. P. Tronche, M. H. Bressolette und C. Laroussinie. (C. R. Séances Soc. Biol. Filiales **155.** 1508—10. 1961. Clermont-Ferrand, Fac. mixte de Méd. et de Pharm., Labor de Pharm. chim.) (Franz.)

Vff. stellten bei ♂, wiederholten u. prolongierten Inhalationen von *Trichloräthylen* ausgesetzten Ratten keine Veränderungen der Leber-*Lipide* fest. Hingegen macht sich bei ♀ Tieren nach der gleichen Behandlung ein Anstieg der *Triglyceride* u. des *Phospholipid*-Spiegels bemerkbar. H. KOCKERT. 4607□

Das Verhalten der Anticholinesterase-Wirkung von Phosphorsäureestern bei der Ratte unter verschiedenen Versuchsbedingungen. 1. Mitt. Kombinierte Vergiftung mit einem Dimethyl- und einem Äthylphosphat. M. Salvini, L. Tominz und P. Gazzaniga. (Boll. Soc. ital. Biol. sperim. **37.** 658—61. 31/7. 1961. Pavia, Univ., Ist. di Med. del Lavoro; Centro di Studi e Ric. sotto il Patron. dell' I.N.A.I.L.) (Ital.)

Nach einer Einzeldosis von 1200 mg *Malathion* (*O.O-Dimethyl-S-[1.2-dicarboxyäthyl]-dithiophosphat*, I)/kg lebten nach 3 Tagen noch 8 von 10 Ratten, nach 30 mg *p-Nitrophenylthionobenzolphosphonsäureäthylester* (EPN) 4 von 10 Tieren; nach 1000 mg I + 6 mg II/kg starb das letzte Tier bereits nach 7 Stunden. 600 mg I/kg hemmten die Cholinesterase (II)-Aktivität rasch, jedoch trat bereits nach 2 Std. wieder eine anhaltende Zunahme derselben ein. 10 mg EPN/kg beeinflußten die II-Aktivität zunächst nicht; erst nach 4 Std. war eine geringe Hemmung zu beobachten. I + EPN bewirkten eine fortschreitende Abnahme der II-Aktivität mit einem Minimum nach 3 Stunden. K. ZINGRAF. 4607□

Pharmakologische Wirkung von giftigen Glykosidextrakten der Vallaris solanacea. K. S. Jamwal, K. K. Anand und I. C. Chopra. (J. sci. ind. Res. [New Delhi], Sect. C **20.** 21—24. Jan. 1961. Jammu-Tawi, Reg. Res. Labor.) (Engl.)

Glykosidextrakt aus *Vallaris solanacea*-Blättern (0,2 mg/kg, i.v.) verursacht einen Anstieg des arteriellen Blutdrucks, erhöht die Amplitude u. die Geschw. des Herzschlags. Ein ähnlicher Anstieg tritt beim atropinisierten oder vagotomierten Hund auf. Die Wrkg. auf den Uterus ist der von Pituitrin sehr ähnlich. Eine Digitalis-Wrkg. wird nicht beobachtet. P. GREGORZEWSKI. 4608□

Bemerkungen über die chemischen Verbindungen der Extrakte von Eremocarpus setigerus. S. Naito und C. R. Noller. (J. Amer. pharmac. Assoc., sci. Edit. **49.** 557—58. Aug. 1960. Stanford, Calif., Stanford Univ., Dep. of Chem. and Chem. Engng.) (Engl.)

Das Türkische Wollkraut (*Eremocarpus setigerus*) wird von Indianern als Droge u. als Mittel zur Tötung von Fischen benutzt. Das akt. Prinzip ist durch Aceton, Methanol, Ae., Äthylenchlorid u. Bzl. extrahierbar. Vff. untersuchten einen Benzolextrakt. Adsorption an Al_2O_3 ergab 3 Fraktionen, die leicht eluierbar waren, sie wurden krist. erhalten u. waren paraffin., alkohol. u. phytosterol. Komponenten. Das akt. Prinzip wurde stärker adsorbiert u. war ölig. Vff. konnten die Substanz trotz Anwendung verschiedener Prozeduren nicht krist. erhalten. Wird eine durch Chromatographie erhaltene sehr akt. Fraktion bei 1,5 mm erhitzt, so dest. zwischen 130 u. 185° ein Teil über. Der Teil von 130—150° ist inakt., der von 150—185° aktiv. IR-Spektren zeigen Hydroxyl- u. Carbonylgruppen an. Das akt. Prinzip scheint nicht mit Crotonöl ident. zu sein. W. HILLER. 4608 □

Wirkung von Chinin, Chinidin, Mepacrine und Chlorochin auf die Skelettmuskulatur. R. S. Grewal und M. L. Sharma. (Indian J. med. Res. **48.** 169—80. März 1960. Nagpur, Med. Coll., Dep. of Pharmacol.) (Engl.)

Mepacrine (I) u. *Chlorochin* (II) führen am Skelettmuskel zur gleichartigen Hemmung der Zuckungsspannung u. Hemmung der Acetylcholin-Rk., wie sie von *Chinin* (III) u. *Chinidin* (IV) bekannt sind. I u. II ähneln demnach in ihrer pharmakodynam. Wrkg. auf den Skelettmuskel III u. IV. Quant. gesehen ist III am wirksamsten am Rectusmuskel des Frosches, IV am isolierten Gastrocnemius–Ischias-Präp. des Frosches u. II am Gastrocnemius–Ischias-Präp. des Hundes; da die Gastrocnemiusmuskulatur des Hundes der des Menschen am meisten ähnelt, u. da I u. II offenbar länger im Gewebe festgehalten werden u. so ihre Wrkg. länger als die von III ist, werden I u. II als die für die Behandlung der menschlichen congenitalen Myotonie geeigneteren Medikamente angesehen. Die Hemmwrkg. der Antimalariamittel auf die Skelettmuskulatur-Rkk. scheint in Beziehung zu Antiveratrin-Eigg. zu stehen. U. TAUSENDFREUND. 4610 □

Der Stoffwechsel von Dextrosulphenidol bei mehreren Tierarten. Evan W. McChesney, Raymond F. Koss, James M. Shekosky und William H. Deitz. (J. Amer. pharmac. Assoc., sci. Edit. **49.** 762—66. Dez. 1960. Rensselaer, N.Y., Sterling-Winthrop-Res. Inst.) (Engl.)

Dextrosulphenidol, D-*threo-2-Dichloracetamido-1-[4-methylsulfonylphenyl]-propandiol-(1.3)* (I), wird im Harn von Ratte, Katze, Kaninchen u. Mensch nur unverändert ausgeschieden, während beim Hund ca. 15% der Dosis konjugiert erscheinen. I-Resorption u. -Ausscheidung scheinen durch Nahrungsreste im Verdauungstrakt verzögert zu werden. Ohne solche beträgt die Ausscheidung im Harn artunabhängig in 16 Std. ca. 60%. Die Ausscheidung mit der Galle ist ein wesentlicher Vorgang. I findet sich im Darm so lange, wie es in den Geweben zugegen ist. Die Gewebe/Plasma-Konz.-Verhältnisse betragen ca. 1 : 1, außer in Leber, Niere u. möglicherweise in Milz. Im Rattendarm kommt I wahrscheinlich als Glucuronid vor. Der Mensch scheidet 75% einer oralen Gabe unverändert innerhalb 48 Std. aus. K. MAIER. 4610 □

Chemotherapie der Darminfektionen. 3. Mitt. **Bestimmung von N^4-Acylsulfonamiden in tierischen Geweben.** V. M. Patki und M. V. Shirsat. (J. sci. ind. Res. [New Delhi], Sect. C **20.** 18—20. Jan. 1961. Bombay, Haffkine Inst., Dep. of Chemotherap.) (Engl.)

Das Gewebe wird mit einer 0,01n NaOH-Lsg. in 50%ig. A. extrahiert. Proteinfällung mit Chloressigsäure erübrigt sich, doch ist ein Zusatz von Butanol notwendig, um die Lipide in Lsg. zu halten. P. GREGORZEWSKI. 4610 □

Hydrazide. 6. Mitt. **Antituberkulöse Wirkung einiger Isonicotinoylhydrazine und einiger von p-Aminoacetophenon abgeleiteter Azomethinketone.** C. V. Gheorghiu, C. H. Budeanu, Elena Budeanu und A. Toma. (An. ştiinţ. Univ. „Al. I. Cuza" Iaşi, Secţ. I [N. S.] **2.** 271—79. 1956.) (Rum.) — **4.** vgl. C. **1959.** 6106.

In den Konzz. $1 \cdot 10^{-4}$ bis $2 \cdot 10^{-7}$ zeigen sich die untersuchten Azomethinketone von p-Aminoacetophenon in vitro gegen *Mycobacterium tuberculosis*, Stamm $H_{37}Rv$, (*4'-[3.4-Methylendioxybenzylidenamino]-3.4-methylendioxychalkon*, *p-[2-Hydroxybenzylidenamino]-acetophenon*, *p-[3.4-Methylendioxybenzylidenamino]-acetophenon*, *p-[p-Dimethylaminobenzylidenamino]-acetophenon*, *p-Cinnamylidenaminoacetophenon*) wirksam. *Isonicotinoylhydrazid* ist bei Dosen von 10^{-8} wirksam. Nur bei höheren Konzz. (10^{-4} bis 10^{-6}) wirken *Zimtaldehyd*, *Anisaldehyd*, *p-Dimethylaminobenzaldehyd*, *Piperonal* u. *Salicylaldehyd*. In vivo zeigt keine der neu untersuchten Verbb. Wrkg. gegenüber Tuberkulose. R. K. MÜLLER. 4610 □

Hydrazide. 7. Mitt. **Antituberkulöse Wirkung einiger neuer Derivate des Isonicotinoylhydrazids.** C. H. Budeanu, Elena Budeanu und An. Toma. (An. ştiinţ. Univ. „Al. I. Cuza" Iaşi, Secţ. I [N. S.] **2.** 281—90. 1956.) (Rum.) — 6. vgl. vorst. Referat.

Die Wrkg. der *Isonicotinoylhydrazone* von *3-Äthoxy-4-hydroxybenzaldehyd* (I) u. *Önanthaldehyd* (II) gegenüber *Mycobacterium tuberculosis* Stamm $H_{37}Rv$ wird in vitro geprüft. Ferner werden die Isonicotinoylhydrazone von p-Aminobenzaldehyd, 4-Hydroxy-2-methyl-5-isopropylbenzaldehyd, Menthon, Aceton u. Diäthylketon im Vgl. mit *Isonicotinoylhydrazid* (III) untersucht. Die Präpp. sind alle schwächer wirksam als **III.** Bei Tagesdosen von 0,3—1 mg (peroral, Verss. an Mäusen) hindern **I** u. **II** die Weiterentw. der Tuberkulose, subkutan bei 1,25 mg. Die Toxizität von **I** u. **II** ist wesentlich geringer als die von **III.** Tägliche Dosen von 5—40 mg **I** werden vertragen. R. K. MÜLLER. 4610 □

Ein Vergleich der Serum-Konzentrationen an Phenethicillin, Penicillin V und Penicillin G nach oraler und intramuskulärer Applikation bei Patienten im Greisenalter. Arthur H. Dube. (Antibiotics and Chemotherapy **11.** 625—29. Okt. 1961. Syracuse, N.Y., Onondaga County Hosp.) (Engl.)

Bei einigen älteren Patienten (Durchschnittsalter: 73,6 Jahre) ergaben oral verabreichte Einzeldosen von *Phenethicillin* signifikant höhere Blutspiegel als äquivalente Dosen von *Penicillin V* oder *G.* W. KNÖBEL. 4611 □

Laurylsulfatsalz von Propionylerythromycin: Antibakterielle Aktivität im Serum und therapeutische Bewertung niedriger Dosen. Benjamin M. Limson. (Antibiotics and Chemotherapy **11.** 630—36. Okt. 1961. Quezon City, Philippines, Univ. of the East, Ramon Magsaysay Mem. Hosp.; Manila, Philippine Gen. Hosp.) (Engl.)

Wiederholt an 38 Patienten verabreichte Dosen von *Erythromycinlaurylsulfat* (I) ergaben viel höhere Serumspiegel als das bei mit *Propionylerythromycinlaurylsulfat* behandelten Patienten der Fall war. Ausgezeichnete therapeut. Ergebnisse wurden bei Streptokokkentonsillitis u. Pneumokokkenlobärpneumonie mit 250 mg **I** alle 8 Std. erzielt. W. KNÖBEL. 4611 □

Wasserlösliche N-Acetyl-Derivate von antifungalen Heptaen-Makrolid-Antibioticis: Mikrobiologische Untersuchungen. H. Lechevalier, E. Borowski, J. O. Lampen und C. P. Schaffner. (Antibiotics and Chemotherapy **11.** 640—47. Okt. 1961. New Brunswick, N.J., State Univ., Rutgers Inst. of Microbiol.) (Engl.)

Untersucht wurden die mikrobiolog. antifungalen Eigg. der N-Acetyl-Derivv. von Candidin, Amphotericin B, Candicidin, Trichomycin u. Perimycin, die bis auf letztes amphoter sind u. deren sauer reagierende N-Acetyl-Derivv. mit alkal. Basen bei neutraler Rk. in W. lösl. Salze bilden. Die N-Acetyl-Derivv. sind weniger tox. als die nicht acetylierten Antibiotica. W. KNÖBEL. 4611 □

Wirkung einer vorbeugenden Behandlung auf die Aktivität des Bindegewebes. Jean Loiseleur, Liliane Catinot und Annick Thobie. (C. R. hebd. Séances Acad. Sci. **250.** 2754—56. 11/4. 1960. Inst. du Radium, Labor. Pasteur.) (Franz.)

Die Bindegewebeaktivität kann bei Ratten für lange Zeit durch eine subkutane Schutzbehandlung mit *Hyaluronidase* (Stoffwechselsteigerung) oder *Antihyaluronidase* (Verminderung) modifiziert werden. Diese Effekte sind durch Beobachtung der Vernarbung experimenteller Hautwunden nachweisbar. K. MAIER. 4614 □

Klinische Untersuchung einer Thiomucase, eines Diffusionsstoffes (Vorl. Mitt.). L. Campan. (Anesthésie, Analgésie Réanimat. **16.** 587—96. Juni/Aug. 1959. Toulouse.) (Franz.) — Vgl. auch CASTAIGNE, C. **1962.** 12701.

Akt. *Thiomucase* (I), ein Chondroitinschwefelsäure depolymerisierendes Enzym, bewirkt eine ausgezeichnete subkutane Penetration von Lösungen. **I** aktiviert die Resorption einer subkutan injizierten Hämoglobinlösung. Diese Wirksamkeit ist der von *Hyaluronidase* (II) überlegen. 100 Trübungseinheiten von **I** sind in der Wrkg. äquivalent 150 Trübungseinheiten von **II.** G. KIMMERLE. 4614

Synthese und biologische Eigenschaften einiger neuer Aminderivate von 2-Chlorphenothiazin. Kazimierz Bednarz und Ryszard Gryglewski. (Dissertat. pharmac. [Warszawa] **12.** 93—105. 1960. Kraków, P. A. N., Zakł. Farmakol.) (Pol.)

Durch Kondens. von 2-Chlor-10-chloracetylphenothiazin (I) mit Morpholin, Piperidin u. Pyrrolidin wurden *2-Chlor-10-morpholinoacetyl-* (II), *2-Chlor-10-piperidinoacetyl-* (III) u. *2-Chlor-10-pyrrolidinoacetylphenothiazin* [$S_{(5)}$] (IV) erhalten. Die Toxizität, bestimmt an Mäusen (DL_{50}), beträgt 470 bei **II** u. 310 mg/kg bei **III** u. **IV. II, III** u. **IV** wirken sedativ, u. mit Ausnahme von **IV** verlängern sie auch die Evipannarkose bei Mäusen. Das durch Cardiazol verursachte Zucken wird bei Mäusen durch **II, III** u. **IV** verzögert, aber nicht verhindert. Ebenso wird der tödliche Ausgang der Strychninvergiftung nur verzögert. Der Blutdruck wird bei gleichzeitiger Entspannung des Herzmuskels erniedrigt. Gleichzeitige Verabreichung von Hydergin oder Atropin hat keinen Einfl. auf den Blutdruck. Die Kontraktion des 3. Augenlids bei Katzen ist nach i.v. Injektion von **II, III** oder **IV** stark u. lange anhaltend. Sie wird durch vorangehende Injektion des Na-Salzes von p-Toluolsulfonylbutylharnstoff gesteigert, durch Hydergin aber unterbunden. Die Leitfähigkeit der sympath. Ganglien wird nicht gestört. **II, III** u. **IV** wirken stark spasmolyt. auf den isolierten Kaninchendarm.

Versuche: *2-Chlor-10-chloracetylphenothiazin* [$S_{(5)}$] (I), $C_{14}H_9Cl_2NOS$, F. 126–127°, aus 12 g 2-Chlorphenothiazin u. 8,1 g Chloracetylchlorid bei 2std. Erwärmen in abs. Bzl., gelbe Kristalle aus A.; 15,2 g (Ausbeute). — 10-substituierte 2-Chlor-10-acetyl-phenothiazine wurden durch 3std. Kochen am Rückfluß von 3,1 g mit dem entsprechenden Amin in abs. Bzl., Alkalisieren mit 33%ig. NaOH u. Extraktion des Gemisches mit Ae. erhalten: *10-Morpholinoacetyl-* (II), $C_{18}H_{17}ClN_2O_2S$, F. 117–118°, mit 2,6 g Morpholin, Kristalle aus A. oder Aceton; 2,8 g. — *10-Piperidinoacetyl-* (III), $C_{19}H_{19}ClN_2OS$, F. 118–119°, mit 2,5 g Piperidin, Kristalle aus A. oder Aceton; 2,6 g. — *10-Pyrrolidinoacetyl-* (IV), $C_{18}H_{17}ClN_2OS$, F. 124–125°, mit 2,1 g Pyrrolidin, Kristalle aus A. oder Aceton; 2,65 g. — 55 Literaturangaben. F. URBAN. 4620□

Über die neuroleptische Wirkungslosigkeit eines Phenothiazinderivates mit der Eigenschaft von reinem Antiapomorphin. Eine pharmakodynamische und klinische Untersuchung des 3-Dimethylaminosulfonyl-10-[γ-(4-methylsulfonylpiperazino)-n-propyl]-phenothiazin. P.-A. Lambert, S. Courvoisier und L. Julou. (Psychopharmacologia [Berlin] **2.** 209–13. 1961. Savoie, Chambéry, Frankreich, Hôp. de Basseur.) (Franz.)

Eine Zentralwrkg. der Verb. *RP 9.260* (I; *3-Dimethylsulfonylamino-10-[γ-(4-methylsulfonylpiperazino)-n-propyl]-phenothiazin*) ist im Vgl. zu der von *Chlorpromazin* u. Prochlorpémazine kaum vorhanden. I bewirkt eine gewisse Beruhigung, die meist von kurzer Dauer ist, es hat keine Wrkg. bei Psychosen gezeigt. In der Serie von Amino-Derivv. des Phenothiazins hat I keine Parallelität mit der Antiapomorphinaktivität u. der bei psychosomat. Syndromen. P. NACHTWEY. 4620□

Über den Einfluß einiger Pharmaca mit neurovegetativer Wirkung auf den Pfortaderkreislauf des Hundes. 3. Mitt. **Die Wirkung von Pilocarpin.** S. Condorelli, M. Bartolo, G. Giuliano, V. Caizzi und F. Patanè. (Boll. Soc. ital. Biol. sperim. **36.** 294–97. 31/3. 1960. Rom, Univ., Ist. di Fisiol. Umana e di Clin. Med. Gener. e Terap. Med.) (Ital.) — 2. vgl. Boll. Soc. ital. Cardiologia **5.** [1960.] 7.

Hunden werden i.v. 0,5–1 g *Pilocarpin* injiziert. Bei sämtlichen Tieren erhöht sich der Pfortaderdruck nach 13–18 Sek. um ca. 1–4 ml W. u. hält sich über 5 Min. auf dieser Höhe; ebenso erhöht er sich um ca. 2–3 ml W. an der Vena cava. Der arterielle Druck ist um ca. 20 mm Hg verringert. F. KREN. 4620□

Über psychotrop wirksame Substanzen. Joachim Knabe. (Arch. Pharmaz. **295/67.** 25–32. Febr. 1962. Braunschweig.) (Dt.)

Vortrag u. Überblick. Psychosomimetica (*Solanaceenalkaloide, Mescalin, Psilocybin, Psilocin, LSD*), Psychopharmaca (Tranquillizer: *Diphenylmethanderivv., Alkohole* bzw. deren *Carbaminsäureester*, bes. *Propandiole*; Neuroleptica: *Rauwolfiaalkaloide, Phenothiazinderivv., Hydrazinderivv.*). — 4 Literaturangaben. H. KOCKERT. 4620□

Untersuchungen der pharmakologischen Wirkung von Corydalis B. 3. Mitt. **Der Einfluß von Corydalis B auf die höhere Nervenaktivität.** Hsu Bin und Kwang-lu, Hsu. (Acta physiol. sinica **22.** 40–46. März 1958. Shanghai, Acad. Sinica, Inst. of Materia Medica.) (Chines.; Auszug: Engl.)

Das Alkaloid *Corydalis B* (*DL-Tetrahydropalmatin*), subkutan 0,1–1 mg/kg, verursacht im Mäuse-Vers. keine Veränderung des bedingten motor. Abwehrreflexes, 5 mg/kg verlängern die bedingte Reflexzeit u. erhöhen die Verstärkung, bei 10 mg/kg verschwindet der bedingte Reflex, die unbedingte Reflexzeit bleibt unverändert. 1 bis 5 mg/kg, i.v., verlängert bei Kaninchen die Latenzperiode oder heben die bedingten Reflexe auf. Nach 2 Tagen sind die Reflexe wieder normal. P. GREGORZEWSKI. 4620□

5-Hydroxy-3-indolacetamidin: Ein neuer Typ einer die ganglionstimulierende Wirkung von 5-Hydroxytryptamin antagonisierenden Verbindung. Laszlo Gyermek. (Nature [London] **192.** 465. 4/11. 1961. Ardsley, N.Y., Geigy Res. Labor.) (Engl.)

Vf. stellte fest, daß *5-Hydroxy-3-indolacetamidin* (I) die ganglionstimulierende Wrkg. von *5-Hydroxytryptamin* (II) antagonisiert. Die relative Wirksamkeit von I liegt wenigstens 20mal höher als die von *Lysergsäurediäthylamid* (III) oder *Bromlysergsäurediäthylamid* (IV), *Cocain* u. *Morphin* gegen die ganglionstimulierende Wrkg. von II. Die blockierende Wrkg. von I gegen II am isolierten Rattenuterus ist schwach u. geringer als die von III, IV, *Chlorpromazin* u. anderen II-Antagonisten an der glatten Muskulatur. I scheint hochgradig selektiv gegenüber II-empfindlichen Nervenreceptoren zu wirken. H. KOCKERT. 4620□

Wirkung von Protoveratrin und ganglienblockierenden Stoffen auf die Morphinanalgesie. G. P. Gupta und B. N. Dhawan. (Indian J. med. Res. **48.** 157–61. März 1960. Lucknow, Lucknow Univ., K. G. Med. Coll., Dep. of Pharmacol.) (Engl.)

Da durch 25–100 µg *Protoveratrinmaleat A* u. *B* (*Provell Mallate*, LILLY)/kg, durch 50 mg *Tetraäthylammoniumchlorid* (*Etamon*, PARKE, DAVIS & Co.)/kg sowie durch 10 mg

Hexamethoniumbromid (*Vagolysen*)/kg die *Morphin* (I)-Analgesie bei Ratten nicht verändert wird, ist anzunehmen, daß Substanzen, die afferente Mechanismen beeinflussen, keinen Einfl. auf die I-Analgesie nehmen. *Pentoliniumtartrat* (*Ansolysen*, 2—10 mg/kg) wirkt jedoch potenzierend auf die I-Analgesie; diese Wrkg. beruht sicher nicht auf den ganglienblockierenden Eigg., sondern ist vermutlich einem zentralen Effekt zuzuschreiben. U. TAUSENDFREUND. 4627□

Einige pharmakodynamische Eigenschaften des kleinen Immergrüns. Jerzy Maj, Helena Sowińska und Marta Sypniewska. (Dissertat. pharmac. [Warszawa] **12.** 257—65. 1960. Kraków, Akad. Med., Zakł. Farmakodynam.) (Pol.)

10%ig. wss. Extrakte des getrockneten Krautes von *Vinca minor L.* wirken bei subkutaner Injektion (0,1—0,2 g/kg) bei Mäusen sedativ. Die Wrkg. von Pentocal, Evipan u. A. wird durch den Extrakt verstärkt. Die Körper-Temp. von Kaninchen u. Ratten wird nicht beeinflußt u. die Harnabsonderung geringfügig vermindert. Die beschriebene Wrkg. wird hauptsächlich dem im Extrakt befindlichen *Vincamin* zugeschrieben. — 11 Literaturangaben. F. URBAN. 4627□

Die Identifizierung eines Amylobarbitin-Stoffwechselproduktes im menschlichen Urin. J. V. Jackson und M. S. Moss. (Nature [London] **192.** 553—54. 11/11. 1961. London, New Scotland Yard, Metropolitan Police Labor.) (Engl.)

Aus dem Urin einer 30 Std. nach Einnahme einer unbekannten Menge „*Tuinal*" [setzt sich zusammen aus einer Mischung gleicher Teile von *Amylobarbiton* (I; *5-Äthyl-5-[3-methylbutyl]-barbitursäure*) u. *Quinalbarbiton* (II)] gestorbenen Frau wurde nach Sättigung mit $(NH_4)_2SO_4$, Ansäuern, Extraktion mit Ae. u. Papierchromatographie des Extrakts *5-Äthyl-5-[3-hydroxy-3-methylbutyl]-barbitursäure* als Hauptstoffwechsel-Prod. neben zwei noch nicht identifizierten Verbb. erhalten. I wie auch II wurden im Urin nicht aufgefunden. J. BOELTER. 4627□

Untersuchungen über die experimentelle Atherosklerose. 14. Mitt. **Die Wirkung von α.α-Diäthylphenylessigsäure auf die experimentelle Atherosklerose bei Tauben.** Janusz Supniewski und Stanisław Czekaj. (Dissertat. pharmac. [Warszawa] **12.** 247—55. 1960.) (Pol.) — 13. vgl. C. **1961.** 5527.

Mit cholesterinreicher Diät gefütterte Tauben erhalten gleichzeitig 12 Wochen lang 100 mg *α.α-Diäthylphenylessigsäure* (I)/kg täglich. Gegenüber Kontrolltieren wird durch I eine Senkung des Cholesterin-Geh. im Blutserum um 24% festgestellt. Der Geh. an Fettsäuren im Serum wird durch I nicht beeinflußt. Atherosklerot. Krankheitsformen werden durch I stark zurückgedrängt, die Verfettung der Leber wird aber nur wenig aufgehalten. Die DL_{50} des Na-Salzes von I beträgt bei subkutaner Injektion bei Mäusen 415 mg/kg. — 32 Literaturangaben. F. URBAN. 4630□

Beitrag zum Studium der Herzkreislaufwirkung des N-Isopropylnoradrenalins. L. G. de Caro, E. Grana und R. Minelli. (Boll. Soc. ital. Biol. sperim. **36.** 286—89. 31/3. 1960. Pavia, Univ., Ist. di Fisiol. Umana e Chim. Farmaceut.) (Ital.)

Die Unterss. werden an 8 narkotisierten Hunden mit Dosen von 0,0125—0,25 μg/kg (—)-*N-Isopropylnoradrenalin* (I)-*Bitartratdihydrat* u. I-Isomeren durchgeführt. Beim arteriellen systol. Druck wird meist ein Zweiphasenverlauf konstatiert; kleine I-Dosen bewirken anfangs einen hypertensiven Effekt (+ 10 mm Hg) u. dann einen leichten Druckabfall, der bei höheren I-Dosen deutlicher ist. Der diastol. Druck ist immer abnehmend. Die Herzfrequenz ist immer erhöht (bis 40—50 Systolen/min bei hohen I-Dosen), ebenso die Blutzirkulation (ca. um 100% bei 0,25 μg I). Geringer sind die Wrkg. der (+)- u. der rac. Form. F. KREN. 4630□

Untersuchungen über Arzneimittel zur Behandlung von Hypertension. 4. Mitt. **Mechanismus der hypotensiven Wirkung von Tienmulilminin.** Kuo-chang Kin und Bin Hsu. (Acta physiol. sinica **22.** 71—78. März 1958. Shanghai, Acad. Sinica, Inst. of Materia Medica.) (Chines.; Auszug: Engl.)

Der nach 0,45—0,60 mg/kg *Tienmulilminin* (Alkaloid aus *Veratrum schindleri Loes. f.*) bei der Katze verursachte Blutdruckabfall dauert 15—60 Min., ist von Bradycardie, Atmungsdepression u. Apnoe begleitet, tritt bei vagektomierten Tieren nicht auf u. wird durch Procain, nicht aber durch Atropin, gehemmt. DL_{50} (Maus) i.v. u. subkutan 3,2 bzw. 26 mg/kg. P. GREGORZEWSKI. 4630□

Die mit 7-[Carbäthoxymethoxy]-flavon im Angina-Syndrom erhaltenen klinischen Resultate. A. Masoni und C. M. Finzi. (Minerva med. [Torino] **48.** 3908—14. 21/11. 1957.)

Übersicht über klin. Erfahrungen u. Besprechung der Wrkg. von *7-[Carbäthoxymethoxy]-flavon* (Rec 1/0185) als Coronardilatator. — 50 Literaturangaben.

WALTER SCHÄFER. 4630

Über die Herzwirkung von Ajmalinderivaten bei Kaninchen, beurteilt an der Veränderung der QRS-Komplexe. E. Völkner und P. Gaida. (Z. ges. exp. Med. 135. 350—54. 1962. Jena, Univ., Medizin. Poliklinik.) (Dt.)

Da die Wrkg. des Rauwolfiaalkaloids *Ajmatin* (I) bei der Therapie von Herzrhythmusstörungen schnell nachläßt, wurden einige Derivv. von I auf ihre Wrkg. geprüft. *Isoajmalin* (II), *Diacetylajmalin* (III), *Bromajmalin* (IV) u. das *Hydrochlorid der aus Anhydroajmalinoxim hergestellten Säure* (V) wurden nach ANET u. Mitarbeitern (vgl. C. **1955**. 7216) hergestellt u. nach Lösung in 1.2-Propylenglykol unter Zusatz von 3%ig. Essigsäure (bei **II, III, IV**) bzw. in physiolog. Kochsalz-Lsg. u. Neutralisation mit NaOH (bei **V**) bei Kaninchen i.v. injiziert. Die Wrkg. wurde mittels EKG u. QRS-Änderung untersucht. II hat danach die gleiche, **V** eine etwas stärkere Wrkg. als **I**. Eine Adrenalintachycardie läßt sich durch diese Verbb. aufheben. Bei **III** u. **V** konnte auch bei höheren Dosen diese Wrkg. nicht beobachtet werden. W. DAMERAU. 4630 □

Untersuchungen über die hypoglykämische Wirkung von Vincamin. A. Káldor und Z. Szabó. (Experientia [Basel] **16.** 547—48. 15/12. 1960. Budapest, Univ., Med. School, 2. Dep. of Med.) (Engl.)

Bei Ratten kommt es nach 0,2 mg *Vincamin* (des wie Rauwolfia hypotensiv wirkenden Alkaloids aus *Vinca minor*)/kg, intraperitoneal, zu einem Absinken des Blutzuckers. Es handelt sich dabei vermutlich um einen zentralen Effekt, da zwar die Hyperglykämie nach peroraler *Dextrose*, nicht jedoch die Hyperglykämie nach subkutanem *Adrenalin* gehemmt werden kann (also keine Hemmung der Glykogenolyse in der Leber). U. TAUSENDFREUND. 4630 □

Toxizitätsprüfungen von 2-Anilino-4-amino-1.3.5-triazin (Renolin) bei Tieren. D. J. Mehta, D. R. Chhatre und U. K. Sheth. (Indian J. med. Res. **48.** 181—84. März 1960. Bombay, G. S. Med. Coll., Dep. of Pharmacol.) (Engl.)

Das diuret. wirksame Mittel *Renolin* (*2-Anilino-4-amino-1.3.5-triazin*) bewies bei Mäusen eine intraperitoneale DL_{50} von 60 mg/kg, wobei allerdings durch das Solvens (W. mit HCl auf pH 4,0 gebracht) bereits eine 30%ig. Mortalität erzeugt wurde. Bei Ratten konnte eine DL_{50} bei gleicher Verabreichung von 91 mg/kg konstatiert werden, ohne daß hier vom Solvens eine Wrkg. ausging. Peroral lagen die entsprechenden Werte der DL_{50} für Mäuse bei 870 mg/kg u. für Ratten bei 1300 mg/kg. Scheint so bei einmaliger Verabreichung eine ausreichende therapeut. Breite zu bestehen, so zeigen sich doch nach längerer Verabreichung (einige Wochen) von 10 mg/kg Nierentubulusschädigungen u. fokale Lebernekrosen. U. TAUSENDFREUND. 4634 □

Diuretische Aktivität von 2-Anilino-4-amino-1.3.5-triazin (Renolin) bei Ratten und Hunden. D. J. Mehta, D. R. Chhatre, R. G. Khazanie und U. K. Sheth. (Indian J. med. Res. **48.** 185—92. März 1960. Bombay, G. S. Med. Coll., Dep. of Pharmacol.) (Engl.) — Vgl. C. **1961.** 5886 u. vorst. Referat.

2-Anilino-4-amino-1.3.5-triazin (*Renolin*; I) steigerte nach i.v. Dosen von 5 mg/kg bei Hunden bzw. peroralen Dosen von 5—20 mg/kg bei Ratten die *Wasser*-Ausscheidung stärker als die *Na*-Ausscheidung. Im Vgl. mit *Mersalyl* (II) ist der Gesamt-Na-Verlust geringer nach I-Verabreichung, ebenso die Gesamtwasserausscheidung; so kommt es z. B. nach I zu 2,7fachem Anstieg der Wasserausscheidung u. 2,3facher Na-Ausscheidungssteigerung, während die gleichen Werte unter II 3,5fach u. 3,3fach lauten. Hämaturie, Kristallurie oder Zylinder-Bldg. wurden nach I bei Hunden nicht beobachtet. Bei Ratten ließ sich ein linearer Effekt bei Aufstellung des Verhältnisses zwischen Dosis- u. Wrkg.-Logarithmus feststellen. Auch bei *Harnstoff* besteht eine lineare (wenn auch nicht zu I parallel verlaufende) Beziehung, die Wirksamkeit des letzten ist im genannten Dossisbereich jedoch größer. U. TAUSENDFREUND. 4634 □

Veränderungen des Elektrolytgleichgewichts infolge von Dauerbehandlung mit Hydrochlorothiazide und ihre Beziehungen zur blutdrucksenkenden Wirkung der Saluretica. N. Gargano, D. Regoli und C. Bartorelli. (Boll. Soc. ital. Biol. sperim. **37.** 694—96. 31/7. 1961. Siena, Univ., Ist. di Patol. Med.) (Ital.)

Bei 33 Patienten mit essentieller Hypertension, welche 20 Tage bis 7 Monate lang täglich 100 mg *Hydrochlorothiazide* erhielten, wurde der Blutdruck während der ganzen Behandlungsdauer gesenkt. Das austauschbare Na war in den ersten 14 Tagen deutlich verringert u. kehrte zwischen dem 25. u. 48. Tage zum Kontrollwert zurück. Das Plasma-Vol. u. das Vol. der extracellulären Fl. war anfänglich ebenfalls deutlich verringert, nahm nach dem 12. Tage allmählich zu, erreichte die Kontrollwerte jedoch erst nach dem 48. Tage. Das austauschbare K zeigte eine fortschreitende Verringerung, die nach dem 48. Tage wesentlich ausgeprägter war. K. ZINGRAF. 4634 □

Untersuchungen von Antibilharziamitteln. 11. Mitt. Experimentelle Therapie mit 32 Arzneimitteln. Chiao-Chen Chu, Yu-I Liang und Kuang-Sheng Ting. (Acta physiol. sinica **21.** 394—402. Dez. 1957. Shanghai, Acad. Sinica, Inst. of Materia Medica. (Chin.; Auszug: Engl.) — 10. vgl. Acta physiol. sinica **21.** [1957.] 235.

Von 32 untersuchten Verbb. erweist sich *p-Carboxymethylmercaptophenylstibonsäure* (*Na-Salz*) im Mäuse-, Kaninchen- u. Hunde-Vers. am wirkungsvollsten gegen *Schistosomiasis japonica.* P. GREGORZEWSKI. 4649□

Untersuchungen über Antibilharziamittel. 12. Mitt. Prophylaxe und Behandlung von Schistosomiasis japonica mit Rosanilin per os. Yea-Lin Tsen und Kuang-Sheng Ting. (Acta physiol. sinica **22.** 60—66. März 1958. Shanghai, Acad. Sinica, Inst. of Materia Medica.) (Chin.; Auszug: Engl.) — 11. vgl. vorst. Referat.

Rosanilin zeigt einen gewissen therapeut. Einfl. u. hemmende Wrkg. auf das Wachstum von *Schistosomiasis japonica.* P. GREGORZEWSKI. 4649□

Untersuchungen über Antibilharziamittel. 13. Mitt. Screening-Test an 21 intern verabreichten Arzneimitteln zur Prophylaxe von Schistosomiasis japonica bei Mäusen. Yea-Lin Tsen und Kuang-Sheng Ting. (Acta physiol. sinica **22.** 67—70. März 1958. Shanghai, Acad. Sinica, Inst. of Materia Medica.) (Chin.; Auszug: Engl.) — 12. vgl. vorst. Referat.

Von 21 Verbb. zeigen folgende die beste Wrkg.: *1-Hydroxy-3-carboxy-1-stibia-2.5-dithiacyclopentan, p-Carboxymethylmercaptophenylstibonsäure*(*Na-Salz*), *3-[4'-Aminosulfonylphenoxymethyl]-1-hydroxy-1-stibia-2.5-dithiacyclopentan, p-Guanylaminosulfonylphenylstibonsäure* (*Na-Salz*), *4-[Thiazolyl-(2)-aminosulfonyl]-benzolstibonsäure* (*Na-Salz*). P. GREGORZEWSKI. 4649□

4.7-Phenanthrolin-5.6-chinon, ein neues Mittel gegen Amoebiasis. Charles H. Carter. (Antibiotics and Chemotherapy **11.** 637—39. Okt. 1961. Orlando, Fla., Sunland Training Center.) (Engl.)

4.7-Phenanthrolin-5.6-chinon (I) wurde oral (5 oder 7 Tage 3mal 50 mg/Tag) an 76 mit *Endamoeba histolytica* infizierte Patienten verabreicht. Bei 71 von ihnen blieben nach abgeschlossener Behandlung die Stühle 2 Monate lang frei von Amöben. Neben-Rkk. wurden nicht beobachtet. I wird bes. für prophylakt. Zwecke empfohlen, wenn die Amöbenruhr einen epidem. Charakter anzunehmen droht. W. KNÖBEL. 4649□

Wirkung einiger neuer Verbindungen auf den experimentellen Husten. R. P. Kohli, G. P. Gupta und K. P. Bhargava. (Indian J. med. Res. **48.** 193—97. März 1960. Lucknow, K. G. Med. Coll., Dep. of Pharmacol. and Therapeut.) (Engl.)

Bei Anwendung der Meth. der elektr. Reizung des zentralen Endes des oberen Larynxnerven der anästhesierten Katze waren *Ticarda* (HOECHST, *p-Hydroxyphenylmethylaminopropanolhydrochlorid*-Racemat; mittlere Wirkdosis ca. 0,3 mg/kg), *Romilar* (HOFFMANN-LA ROCHE, *d-Methorphanhydrobromid*; ca. 1,372 mg/kg) u. *Oxeladin* (BRITISH DRUG HOUSES LTD., *α.α-Diäthylphenylessigsäure*; ca. 1,22 mg/kg) wirksamer als *Kodeinphosphat* (ca. 1,5 mg/kg), während sich *Becantyl* (HORLICKS LTD., *Na-2.6-Di-tert.-butylnaphthalinmonosulfonat*; ca. 4,4 mg/kg) als weniger wirksam erwies. Unwirksam bzgl. Unterdrückung des Hustenreflexes waren 5—100 mg *Meprobamat* (*Equanil*, WYETH)/kg, 5—10 mg *Azacyclonol* (*Frenquel*, W. M. S. MERREL Co.)/kg, 5—20 mg *Benactyzine* (BUBECK & DOLDER)/kg u. 2—10 mg *Chlorpromazin*/kg; *Reserpin* bewies in hohen Dosen von 3 mg/kg eine Wirksamkeit, darunter nicht; die Verb. *QZ-2* (*2-Methyl-3-o-tolyl-4-chinazolon*, welche zentral sedative Eigg. aufweist, blockierte den Hustenreflex in Dosen oberhalb 5 mg/kg, darunter ebenfalls nicht; *Vasakin* (CIPLA) entfaltete selbst in so hohen Dosen wie 500 mg/kg keine antitussive Wirkung.

U. TAUSENDFREUND. 4650□

Der Einfluß von Chondroitinsulfat (Chonsurid) auf die Kollagenbildung in vivo. B. Ss. Kassawina, A. I. Richter, G. D. Senkewitsch und A. A. Arenberg. (Бюллетень Экспериментальной Биологии и Медицины [Bull. exp. Biol. Med.] **51 (26).** Nr. 6. 85—87. Juni 1961. Zentralinst. für Traumatol. u. Orthop. des Minist. für Gesundheitsschutz der UdSSR; Moskau, Medizin. stomatolog. Inst., Lehrstuhl für Histol.) (Russ.; Auszug: Engl.)

Vff. untersuchen die Wrkg. des *Chondroitinsulfats* (I) auf die Regeneration in vivo. Die günstigsten Ergebnisse erhält man bei der Behandlung von schlecht granulierenden Wunden nach operativen Eingriffen bei troph. Geschwüren. Weniger günstig ist die Wrkg. bei Wunden nach offenen Knochenbrüchen, bes. wenn diese durch Osteomyelitis kompliziert waren, desgleichen bei Verbrennungen 3. Grades. I wird in Form von Verbänden verwendet. Es konnte eine stimulierende Wrkg. auf die Regeneration der Zellelemente des Bindegewebes u. der Eiweiß-Synth. von Präkollagen u. Kollagen festgestellt werden. Eine wichtige Rolle bei diesem Prozeß spielt die Ribonucleinsäure. F. DU MANS. 4660□

$\Delta^{1.4}$-16α.17α-Isopropylidendioxy-6α-methylpregnandien-3.20-dion (B.D.H. 3144), ein neues entzündungshemmendes Mittel. C. Bianchi, A. David, B. Ellis, V. Petrow, S. Waddington-Feather und E. J. Woodward. (J. Pharmacy Pharmacol. **13.** 355—60. Juni 1961. London, Survey and Chem. Res. Dep., Biol. Dep.) (Engl.)

Es wird über die Darst. u. die antiinflammator. Eigg. von *B.D.H. 3144* (I) u. einiger ähnlicher Verbb. berichtet. I erwies sich als kräftiges antiinflammator. Mittel, das in seiner Wrkg. dem *Prednisolon* nahe kommt.

Versuche: *Δ^4-16α.17α-Dihydroxy-6α-methylpregnen-3.20-dion* (II), $C_{22}H_{32}O_4$, F. 232 bis 235°, 9 g $KMnO_4$ in wss. Aceton werden in 30 Min. zu 14,7 g $\Delta^{4.16}$-6α-Methylpregnandien-3.20-dion in Aceton/Essigsäure gegeben, SO_2 einleiten, eingießen der gelben Lsg. in W. (7 g, F. 190—197°). Umkristallisation aus wss. A. u. wss. Essigsäure ergab Nadeln; $[\alpha]_D^{21}$ + 82° (c = 0,94); λ_{max} 240 mμ. — *Δ^4-16α.17α-Isopropylidendioxy-6α-methyl-pregnen-3.20-dion* (III), $C_{25}H_{36}O_4$, F. 166—167°, eine Suspension von 100 mg II in Aceton wird mit 2 Tropfen *$HClO_4$* behandelt, nach Wasserzugabe wird das erhaltene Prod. aus wss. Methanol umkrist.; $[\alpha]_D^{21}$ + 118° (c = 0,82); λ_{max} 240 mμ. — *B.D.H. 3144* (I), $C_{25}H_{34}O_4$, Lsg. von III (3,5 g) u. *2.3-Dichlor-5.6-dicyano-p-benzochinon* (3,5 g) in Bzl. wird 22 Std. im Rückfluß gekocht. Man gießt in 10%ig. NaOH (wss.) u. äthert aus; Platten aus wss. CH_3OH, F. 219—220°; $[\alpha]_D^{20}$ + 60° (c = 0,82); λ_{max} 243,5 mμ. — *Δ^4-16α.17α-Isopropylidendioxy-2α.6α-dimethylpregnen-3.20-dion* (IV), $C_{26}H_{38}O_4$, F. 209—210°, Gemisch von 12 g NaH in Öl, 12 g *16α.17α-Isopropylidendioxy-6α-methyl-Δ^4-pregnen-3.20-dion* in trocknem Bzl. u. 12 ml redest. *Oxalsäurediäthylester* wird unter N_2 3 Tage stehengelassen. Nach Zugabe von CH_3OH u. PAe. wird die Na-Verb. erhalten u. getrocknet. 30 g davon, 12 g Na_2CO_3 u. 48 ml CH_3J in Aceton (270 ml) werden 48 Std. lang gekocht. Man isoliert mit Ae. u. behandelt 18 Std. bei Zimmer-Temp. mit Na-Äthylat in Äthylalkohol. Die PAe.-Lsg. wird an Al_2O_3 chromatographiert u. mit PAe.-Bzl. eluiert; IV erhält man in Blättern aus wss. A.; $[\alpha]_D^{20}$ + 120° (c = 0,72); λ_{max} 238,5 mμ. — *$\Delta^{1.4}$-16α.17α-Isopropylidendioxy-2.6α-dimethylpregnandien-3.20-dion* (V), $C_{26}H_{36}O_4$, F. 205—206°; $[\alpha]_D^{21}$ + 89° (c = 1,05); λ_{max} 243,5 mμ; wird erhalten aus IV, Stäbchen aus wss. CH_3OH.

H. LIEDTKE. 4670 □

Behandlung von experimentellem Saturnismus bei Kaninchen mit Adenosin-5-monophosphorsäure. Alfred Gajdos, Marianne Gajdos-Török und Giovanni Danieli. (Nature [London] **193.** 183—84. 13/1. 1962. Paris, Clin. Méd. de l'Hôtel-Dieu.) (Engl.)

Kaninchen erhielten i.m. 100 mg *Pb-Acetat*/kg u. vom folgenden Tag an täglich 100 mg *Adenosin-5-monophosphorsäure* (I). I bewirkte Verminderung der Ausscheidung von *δ-Aminolävulinsäure* (II), *Porphobilinogen*, *Koproporphyrin* u. *Uroporphyrin* mit dem Harn. Die Behandlung beeinflußte nicht den II-Geh. im Serum u. den *Protoporphyrin*-Geh. der Erythrocyten. I steigerte die Zahl der Erythrocyten u. den Geh. an *Hämoglobin* über den der Kontrollen (Verhinderung der Anämie).

H. LOHSCHELDER. 4675 □

Einwirkung von künstlichen Staubgemischen (Verbindungen Seltener Metalle und von Siliciumdioxyd) auf den Organismus. O. Ja. Mogilewskaja. (Гигиена и Санитария [Hyg. u. Sanitätswes.] **26.** Nr. 9. 18—24. Sept. 1961. Moskau, 1. Medizin. Ssetschenow-Inst., Lehrstuhl für Arbeitshyg.) (Russ.; Auszug: Engl.) — Vgl. C. **1962.** 9433.

Bei Verss. an Ratten (4—8 Monate) beeinflussen Staubgemische weder das Gew. noch das Gesamtbefinden der Tiere. Am Schluß der Verss. wurden die Tiere getötet u. makroskop. u. histolog. untersucht. Bereits ein geringer Zusatz von SiO_2 verstärkt die fibrinogene Wrkg. der seltenen Metalle. MoO_3 wirkt vor allem auf die regionären lymphat. Knoten ein. ZrO_2 bewirkt außerdem Metaplasie der Bronchienepithelien, Hyperplasie der peribronchialen lymphat. Knoten u. Auftreten von Herden epitheloider Zellen in lymphat. Knoten. Ähnlich wirken TiO_2 u. WO_3.

F. DU MANS. 4681 □

Über einen Fall von beruflich bedingtem Arsencarcinom der Haut. L. Szodoray. (Berufsdermatosen **10.** 92—96. April 1962. Debrecen, Univ., Hautklinik.) (Dt.)

Kasuistik; der Kontakt mit *As* fand beim Spritzen von Obstbäumen mit *Arsoral* statt.

P. LOCH. 4681 □

Neuere beruflich bedingte Hauterkrankungen. L. Brunner. (Berufsdermatosen **10.** 61—68. April 1962. Tübingen.) (Dt.)

Zusammenfassende Darstellung. — 11 Literaturangaben.

P. LOCH. 4681 □

Wirkung des Bleis auf die Ausscheidung der δ-Aminolävulinsäure und des Porphobilinogens durch den menschlichen Harn. G. F. Rubino, G. A. Teso und L. Rasetti.

(Boll. Soc. ital. Biol. sperim. **36.** 253—55. 31/3. 1960. Torino, Univ., Ist. di Clin. Med.) (Ital.)

Es wird die Ausscheidung von *Uroporphyrin* u. *Koproporphyrin* sowie der Zwischenprodd. des Stoffwechsels *δ-Aminolävulinsäure* (I) u. des *Porphobilinogens* (II) bei Menschen mit Bleiintoxikation untersucht. Es ergibt sich eine starke Zunahme der Harnausscheidung aller vorst. genannten Stoffe. Bzgl. prozentualer Verteilung gegenüber normalen Personen ist die Sekretion von I u. der Porphyrine deutlich erhöht, während der Geh. des Harns an II auf $^{1}/_{5}$ verringert ist. F. Kren. 4681□

Zur heutigen Situation in der Bleivergiftungsfrage. R. Fatzer. (Vitalstoffe — Zivilisationskrankh. **6.** 263—67. Dez. 1961. Wädenswil, Schweiz.) (Dt.)

Vf. begründet u. diskutiert die Festlegung eines neuen tox. Schwellenwerts für inhaliertes *Pb* von 0,003—0,004 mg Pb/Nm^3 Luft im Gegensatz zu der bisher allg. geltenden maximalen Immissions-Konz. von 0,15 mg/Nm^3 unter besonderer Berücksichtigung der bei Pb-Schäden zu beachtenden Faktoren. G. Kirsten. 4681□

F. Pharmazeutische Chemie. Desinfektion

Genauigkeit der Dosierung von Tabletten. Erling Sørensen und Poul Th. Jensen. (Arch. Pharmac. og Chem. **67 (117).** 1219—37. 3/12. 1960. Aarhus, Løve apotek; Sct. Lukas apotek.) (Dän.)

Die Anwendung statist. Meth. auf die Kontrolle der Konz. der Heilmittel in Tabletten bei deren Herst. wird eingehend erörtert. In eigenen Verss. wird die Auswertung des „Wahrscheinlichkeitsdiagramms“ zur Best. der empir. Verteilung an prakt. Beispielen untersucht. Das Anlegen von „Prozeßkontrollkarten“ wird empfohlen.
R. K. Müller. 4766□

Vernix enterosolubile. J. B. Termansen. (Arch. Pharmac. og Chem. **67 (117).** 108—09. 13/2. 1960. Aarhus, Jernbaneapotek.) (Dän.)

Der gewöhnlich zum Überziehen von Dragées verwendete, im Verdauungstrakt lösl. Lack aus Celluloseacetatphthalat (I) mit Triacetin als Weichmacher bereitet Schwierigkeiten bei der Verarbeitung, ist kurz nach dem Trocknen klebrig u. verursacht schon nach kurzem Lagern einen Essigsäuregeruch. Vf. empfiehlt als Weichmacher Ricinusöl (II). Als Lsgm. wird ein azeotropes Gemisch von 12,5 (%) Methanol u. 87,5 Chlf. mit Kp. 53,5° verwendet. 89,5 g dieses Lsgm. werden mit 10 g I u. 0,5 g II gemischt; 6 ml der Lsg. genügen für 1000 NaCl-Tabletten, in 15—20 Min. können 6000 Tabletten überzogen werden. R. K. Müller. 4766□

Mischung von Pulvern in der Rezeptur. J. B. Termansen. (Arch. Pharmac. og Chem. **67 (117).** 733—49. 2/7. 1960. Aarhus, Jernbane apotek.) (Dän.)

In Modell-Verss. wird die Mischung von 2 schweren Pulvern im Verhältnis 1 : 1, 1 : 9 u. 1 : 200, eines mittelschweren u. eines leichten Pulvers 1 : 100, eines schweren u. eines leichten Pulvers 1 : 1 u. eines schweren u. eines mittelschweren inakt. Pulvers 1 : 9 in Mörsern u. Schütteldosen (mit 2 polierten Stahlkugeln) untersucht. Bei sorgfältigem Mischen können die traditionellen Meth. als genügend angesehen werden, soweit nicht ein Zusammenbacken eintreten kann. R. K. Müller. 4766□

Isolierung und Chemie von Inhaltsstoffen der Piscidia erythrina L. (Jamaica Dogwood). J. Büchi, H. Schmid und A. L. Kapoor. (Arch. Pharmac. og Chem. **68 (118).** 183—85. 11/3. 1961.) (Dt.)

Vff. isolierten aus dem PAe.-Extrakt der Rinde von Piscidia erythrina L. *Rotenon, β-Sitosterin* u. eine zunächst als A.K. 6 bezeichnete Substanz, $C_{21}H_{15}O_5 \cdot OCH_3$, F. 193 bis 195°, die sich als ident. mit *Jamaicin* erwies. F. v. Gizycki. 4782□

Die Isolierung eines β-Sitosterin-Komplexes aus Salvia sclarea. Harold J. Nicholas. (J. pharmac. Sci. **50.** 504—06. Juni 1961. Kansas City, Kans., Univ., Med. Center, Dep. of Obstetr. and Gynecol.) (Engl.)

In *Salvia sclarea* (I) wurde freies *β-Sitosterin* (II) nachgewiesen. I wurde mit heißem A. erschöpfend extrahiert, die A.-Lsg. im Vakuum eingeengt, mit heißem Ligroin (III) extrahiert u. die III-Lsg. zur Entfernung von Triterpen mit 1%ig. wss. KOH ausgeschüttelt. Die Lsg. des III-Rückstandes in Bzl. wurde über Al_2O_3 filtriert u. ergab im Eluat ein tiefrotes Öl (IV). Durch wiederholtes Nachwaschen der Al_2O_3-Säule mit 2%ig. A. in Bzl. wurde *Sclareol* gewonnen. IV wurde in PAe.-Lsg. auf eine Al_2O_3-Säule gebracht u. mit Bzl. chromatographiert. Die letzten Fraktionen lieferten nach Umkristallisieren aus Aceton–Methanol ein *Sterin vom F. 138—140°*, das mit 3.4-Dinitrobenzoylchlorid umgesetzt wurde. Aus Essigester konnte ein schwer lösl. *3.5-Dinitrobenzoat* (V), F. 205—209°, u. nach Einengen der Mutterlauge ein leicht lösl. *3. Dinitrobenzoat* (VI),

F. 197—200°, gewonnen werden. Die Unterss. für **VI** sind noch im Gange; **V** ergab nach Verseifen u. Umkristallisieren aus Aceton–Methanol **II**, F. 140—141°; $[\alpha]_D^{20}$ —28,7°. Folgende **II**-Derivv. wurden hergestellt: **II**-*Acetat*, F. 126—128°; $[\alpha]_D^{20}$ —35,5°; **II**-*Benzoat*, F. 149—150°; $[\alpha]_D^{20}$ —9,07°; **II**-*Chlorid*, F. 85—86°; **II**-3.5-*Dinitrobenzoat*, *F. 208—209°*; $[\alpha]_D^{20}$ —12,0°. Durch katalyt. Red. von **II**-Acetat mit PtO_2/H_2 wurde *Stigmastanolacetat*, F. 137—139°; $[\alpha]_D^{20}$ + 17,7°, erhalten. H. ALTHOFF. 4782

Entmineralisiertes Wasser. J. B. Termansen. (Arch. Pharmac. og Chem. **67 (117).** 101—04. 13/2. 1960. Aarhus, Jernbane apotek.) (Dän.)

Entmineralisiertes W. kann durch Filtration durch BERKEFELD-Filter (BF) weitgehend von Bakterien befreit werden. Beim gewöhnlichen BF nimmt es aber geringe Mengen lösl. Silicate (Al-, Ca-, Mg-Silicat) auf. Ein Ag-behandeltes BF liefert W. großer chem. Reinheit (spezif. Widerstand >1 MΩ), das ca. 0,01 μg/Liter Ag enthält. Es eignet sich für pharmazeut. Zwecke. R. K. MÜLLER. 4786□

Entmineralisiertes Wasser. Erik Dauv-Pedersen. (Arch. Pharmac. og Chem. **67 (117).** 976—78. 24/9. 1960. København, Bispeberg hospital apotek.) (Dän.)

20 Proben von in einer Anlage nach RASMUSSEN entmineralisiertem W. werden auf Keimzahl u. elektr. Leitfähigkeit nach Durchgang von 0,5, 5 u. 50 Litern geprüft (Tabelle). R. K. MÜLLER. 4786□

Die Herstellung pharmazeutischer Suspensionen und ihre Probleme. Kenneth J. Frederick. (J. pharmac. Sci. **50.** 531—35. Juni 1961. North Chicago, Ill., Abbott Labor., Phys. Chem. Dep., Res. and Dev. Div.) (Engl.)

Allg. Richtlinien für die Herst., Bewertung u. Beurteilung von pharmazeut. Suspensionen unter besonderer Berücksichtigung der verschiedenen Faktoren, die die Herst. u. Haltbarkeit einer Suspension beeinflussen können. H. P. FIEDLER. 4790□

Das Mischen von Fest–Flüssig-Suspensionen. J. Y. Oldshue. (J. pharmac. Sci. **50.** 523—30. Juni 1961. Rochester, N.Y., Mixing Equipment Co., Inc.) (Engl.)

Die Verteilung fester, pulverförmiger Anteile in fl. Medien hängt weitgehend von der App. ab, die zum Mischen verwendet wird. Vf. beschreibt verschiedene Misch-Syst. u. diskutiert die sich bei dem Mischen mit diesen App. abspielenden physikal. Vorgänge. H. P. FIEDLER. 4790□

Ein industrieller Beitrag zur Formulierung von Suspensionen. Joseph C. Samyn. (J. pharmac. Sci. **50.** 517—22. Juni 1961. Detroit, Mich., Parke, Davis & Co.) (Engl.)

Die verschiedenen Möglichkeiten, die Haltbarkeit von Suspensionen zu prüfen, werden diskutiert. Besonders eignen sich Messungen mit dem BROOKFIELD-Viscosimeter u. solche Geräte, die die Erstellung von Fließkurven gestatten. Ferner wird darauf hingewiesen, daß bei Verw. von Ton als Suspendiermittel die Hydratations-Eigg. des Tones berücksichtigt werden müssen u. daß sich die gleichzeitige Verw. eines plast. u. eines pseudoplast. Suspendiermittels auf die Haltbarkeit von Suspensionen günstig auswirkt. H. P. FIEDLER. 4790□

Physikalisch-chemischer Beitrag zur Formulierung pharmazeutischer Suspensionen. Alfred N. Martin. (J. pharmac. Sci. **50.** 513—17. Juni 1961. Lafayette, Ind., Purdue Univ., School of Pharm.) (Engl.)

Für die verschiedenen Grade der Sedimentierung der in Suspension befindlichen Teilchen müssen fast ausschließlich elektrokinet. Vorgänge verantwortlich gemacht werden. Diese Vorgänge werden unter besonderer Berücksichtigung der sog., oft irreversiblen Kuchen-Bldg. in Suspensionen diskutiert. Abschließend werden einige für die Praxis wertvolle Hinweise für die Möglichkeit der Verhinderung des Sedimentierens von Suspensionen gegeben. H. P. FIEDLER. 4790□

Über Feigensirup. E. V. Christensen und E. Lang-Jensen. (Arch. Pharmac. og Chem. **67 (117).** 815—22. 13/8. 1960. København, Oxford Allé apotek.) (Dän.)

Die nach der Vorschrift der Ph.D. bei der Herst. von Feigensirup zugegebenen ganzen Sennafrüchte können infolge ihres Geh. an Pektinesterase eine Umwandlung des in den Feigen u. in den Sennafrüchten selbst enthaltenen Pektins in unlösl. Verbb. verursachen, wenn die Extraktion bei Raum-Temp. erfolgt. Vf. gibt eine Vorschrift für die Extraktion mit verd. A., wobei der Nd. nach Absitzen durch Filtration entfernt, das Filtrat eingedampft, mit Sorbinsäure versetzt u. erneut nach Absitzen filtriert wird. Aus dem klaren Filtrat u. Zucker wird dann der Sirup bereitet. — 16 Literaturangaben. R. K. MÜLLER. 4790□

Infusionsflüssigkeiten. Erfahrungen in der BBH-Apotheke. 1. Mitt. Herstellung. Helge Mortensen. (Arch. Pharmac. og Chem. **67 (117).** 861—77. 27/8. 1960. Bispebjerg hospitals apotek.) (Dän.)

Übersicht über die Organisation (Räume, Personal, App., Flaschen u. Stopfen, W. u. Chemikalien, Sterilisierung usw.) der Herst. von Infusionsflüssigkeiten. R. K. MÜLLER. 4790□

Infusionsflüssigkeiten. Erfahrungen in der BBH-Apotheke. 2. Mitt. **Kontrolle und Diskussion.** Helge Mortensen. (Arch. Pharmac. og Chem. **67 (117)**. 925—38. 10/9. 1960.) (Dän.) — 1. vgl. vorst. Referat.

Bei der Kontrolle der verwendeten Autoklaven werden Temp. u. Inhalt vergleichend registriert. Die Prüfung auf Sterilität erfolgt erst mindestens 5 Tage nach der Herst., damit etwa vorhandene Bakterien u. Sporen sich entwickeln können. Für die Herst. einiger seltener verwendeter Infusions-Fll. werden Vorschriften gegeben. R. K. MÜLLER. 4790□

Über Konservierung von Augentropfen. H. H. Seedorff. (Arch. Pharmac. og Chem. **67 (117)**. 1354—56. 31/12. 1960. København, Rigshosp., øjenafd. u. apotek.) (Dän.)

Als Konservierungsmittel für Augentropfen wird Phenyläthylalkohol empfohlen, der bei guter bakterieider Wrkg. keine Augenreizung verursacht u. die Wrkg. der Arzneimittel nicht beeinflußt. R. K. MÜLLER. 4790□

Die Fließeigenschaften von Stärkepudern und Gemischen. D. J. Craik. (J. Pharmacy Pharmacol. **10.** 73—79. Febr. 1958. Nottingham, Plant Labor., Boots Pure Drug Co.) (Engl.)

Die Zugabe von MgO zu Stärke ergibt kein einfaches Gemisch, in der die beiden Komponenten unabhängig voneinander vorliegen. Die stattfindende Adsorption beeinflußt die Eigg. des Puders so, daß man diesen Prozeß mit der gegenseitigen Einw. von Makromoll. in Lsgg. oder Suspensionen vergleichen kann. Obgleich Vf. die Diskussion auf Stärke u. MgO begrenzt, erscheint es, als ob viele andere Kombinationen von Pudern ähnliche Resultate ergeben. D. ONKEN. 4790□

Lithium als Arzneimittel. Mogens Schou. (Arch. Pharmac. og Chem. **67 (117)**. 177—84. 27/2. 1960. Risskov, Statshosp. ved Aarhus.) (Dän.) — Vgl. C. **1960**. **7587**.

Übersicht: Li-Salze werden zur Behandlung von Geisteskrankheiten, bes. chron. Manie, verwendet, ihre tox. Wrkg. (vor allem in den Nierentubuli) werden bei genügender Zufuhr von Na-Salzen vermieden. R. K. MÜLLER. 4804□

Psychotherapeutische Arzneimittel. G. Victor Rossi. (Amer. J. Pharmacy Sci. support. publ. Health **132.** 86—97. März 1960. Philadelphia, Pa., Coll. Pharm. and Sci., Dep. of Pharmacol.) (Engl.)

Übersicht über Angriffspunkt u. Mechanismus psychotherapeut. Arzneimittel, über ihre Vertreter, wie Phenothiazin-Derivv., Rauwolfia-Alkaloide u. verschiedene Atarak-tika. — 26 Literaturangaben. H. ALTHOFF. 4806

Chemie der psychotropen Pharmaka. E. Jucker. (Chimia [Aarau, Schweiz] **15.** 267—83. 15/3. 1961. Basel, Sandoz AG., Pharmaz.-chem. Labor.) (Dt.)

Übersicht über Rauwolfia-Alkaloide, Phenothiazine u. verwandte Verbb., Derivv. aliphat. Alkohole, Diphenylmethan- u. Hydrazin-Derivv., ihre Synth. u. ihre psychotrope Wirksamkeit. — 70 Literaturangaben. P. GOLINSKE. 4806□

Noskapin. N. K. Ødegaard. (Norges Apotekerforen. Tidsskr. **68.** 179—83. Mai 1960. Arch. Pharmac. og Chem. **67 (117)**. 771—75. 16/7. 1960. Norges Apotekerforen. Forsøkslabor.) (Norw.)

Überblick über den Stand der Erforschung der Konstit. von *Noskapin* u. seine therapeut. Anwendung, bes. als hustenstillendes Mittel. — 9 Literaturhinweise. R. K. MÜLLER. 4806□

Über die Adsorption von Cyancobalamin auf Talcum. C. Trolle-Lassen. (Arch. Pharmac. og Chem. **67 (117)**. 504—05. 7/5. 1960. København, Finseninst. apotek.) (Dän.)

Cyancobalamin (I) wird an Talcum um so stärker adsorbiert, je geringer die I-Konz. der Lsg. ist (Verss. mit 12,5—400 μg/ml), bei 12,5 μg/ml zu 24%. Die adsorbierte I-Menge (y μg/5 ml) ergibt sich aus der Konz. im Gleichgewicht (c μg/5 ml) nach $\log y = \log 1{,}38 + 0{,}62 \log c$. Mg-Stearat zeigt diese Eig. von Talcum nicht u. wird daher als Schmiermittel bei der Herst. von I-Tabletten empfohlen. R. K. MÜLLER. 4808□

Enzyme in der Pharmazie. Kenneth Bullock. (Arch. Pharmac. og Chem. **67 (117)**. 1265—77. 17/12. 1960. Manchester, Univ., Dep. of Pharmacy.) (Engl.)

An 12 Beispielen der Anwendung von Enzymen in Arzneimitteln wird die Entw. von der ersten Beobachtung einer therapeut. Wrkg. bis zum heutigen Stand geschildert. — 40 Literaturangaben. R. K. MÜLLER. 4808□

Die Standardisierung von Enzympräparaten. Erik Jacobsen und Jens Hald. (Arch. Pharmac. og Chem. **67 (117)**. 1203—18. 3/12. 1960. København, Dumex Ltd.) (Engl.)

Vortrag über den Einfl. der Reinheit von Enzym-Präpp. auf die Konstanz ihrer Aktivität, die zweckmäßig durch Vgl. mit einem Standard bestimmt wird, auch bei biolog. Enzymprüfung. Das beste Kriterium für die Aktivität ist die Geschw. des enzymat. Prozesses, die vom Zustand des Enzyms u. vom Milieu (pH, Ionenstärke, Ggw. oder

Fehlen von organ. Inhibitoren bzw. Beschleunigern, Zus. u. Konz. des Substrates) abhängt. Auch die Meth. der Extraktion u. der Analyse beeinflußt die Ergebnisse. Die Analyse der Konz.-Wrkg.-Kurven wird durch Kenntnis der Kinetik erleichtert. Die Bedeutung der einzelnen Faktoren wird an Beispielen erläutert. — 12 Literaturhinweise.
R. K. MÜLLER. 4808☐

Einige neuere Arzneimittel und ihre mögliche Anwendung in der Veterinärmedizin. Emil Poulsen. (Arch. Pharmac. og Chem. **67** (**117**). 1001—12. 8/10. 1960. Kgl. Veterinaer- og Landbohøjskole, Afd. for farmakol. og toksikol.) (Dän.)

Übersicht über neue Psychopharmaka, Ca-Di-Na-Methylendiamintetraacetat, Griseofulvin u. Alkylphosphate, mit besonderer Berücksichtigung ihrer Anwendung bei Haustieren. — 31 Literaturangaben. R. K. MÜLLER. 4814☐

Cremor simplex dentalis. E. V. Christensen. (Arch. Pharmac. og Chem. **67** (**117**). 185—87. 27/2. 1960. Kobenhavn, Oxford Allé Apotek.) (Dän.) — Vgl. C. **1957.** 11098.

Eine als Grundlage für Arzneimittel in der Behandlung von Zahnkrankheiten geeignete Creme vom Öl-in-W.-Typ wird beschrieben. Man verreibt 0,6 g Na-Laurylsulfat mit ca. 10 g W., gibt ein Gemisch von 80 (g) Cetylalkohol, 80 Alcoholia lanae, 160 Monostearin CMS u. 80 Paraffinöl zu, verrührt auf dem Wasserbad zu einer homogenen Masse, gibt dann eine ($^1/_2$ Std. gekochte) Lsg. von 15 Sorbit in 600 dest. W. zu, emulgiert unter gleichmäßigem Rühren, wobei bei 45—50° eine dicke Creme entsteht, die gründlich durchgearbeitet wird; wenn die Temp. 35° erreicht hat, setzt man eine Lsg. von 0,25 Chlorthymol u. 1 p-Hydroxybenzoesäuremethylester in 3,75 konz. A. zu u. verd. mit dest. W. auf 1000 g; die Behandlung in der Emulgiermaschine wird nach mindestens 24 Std. wiederholt. R. K. MÜLLER. 4822☐

Einige Beobachtungen über die sterilisierende Wirkung von Äthylenoxid. Nils Diding. (Svensk farmac. Tidskr. **64.** 713—19. Okt. 1960. Pharmac. Acta Helvetiae **35.** 582—87. Nov. 1960. Beil. zu: Schweiz. Apotheker-Ztg. Stockholm, Apothekens kontrollabor.) (Engl.)

In einem zusammenfassenden Vortrag wird darauf hingewiesen, daß Äthylenoxid (I) für die Sterilisierung auf dem pharmazeut. Gebiet bes. geeignet ist. Die Sterilisierung von Glas- u. Kunststoffflaschen, wss. Lsgg. u. Procainhydrochloridtabletten mit gasförmigem I wird beschrieben. R. K. MÜLLER. 4832☐

Zuckerfreie Bonbons. (Vorl. Mitt.) P. Østrup. (Arch. Pharmac. og Chem. **67** (**117**). 105—08. 13/2. 1960. København, Apoteket Friheden.) (Dän.)

Die für Diabetiker u. zur Cariesverhütung hergestellten zuckerfreien Bonbons lassen in der Qualität viel zu wünschen übrig. Vf. schlägt vor, als Grundlage ein Gemisch aus gleichen Teilen Carbowax 6000 u. Sorbit zu verwenden, das mit Na-Cyclamat, Saccharin-Na, evtl. NH_4Cl, u. Aromastoffen (Pfefferminzöl, Lakritz, Anisöl) versetzt wird.
R. K. MÜLLER. 4828☐

Neuere Richtungen in der pharmazeutischen Analyse. E. Schulek. (Schweiz. Apotheker-Ztg. **98.** 595—604. 6/8. 1960. Budapest, Univ., Inst. anorgan. u. analyt. Chem.) (Dt.)

An Hand einiger Beispiele wird die neue Entw. bzw. die Bedeutung der pharmazeut. Analyse aufgezeigt: Best. von Metallspuren in organ. Verbb. nach Mineralisieren u. Anreichern; Best. von Aminosäuren nach chromatograph. Trennung nach dem Ultramikro-KJELDAHL-Verf.; Unterss. über die Zus. von Ampullengläsern. H. ALTHOFF. 4880

Ein Verfahren zur Bestimmung von Azulen-Bildnern in der Schafgarbe (Achillea Millefolium L.). K. H. Müller und H. Honerlagen. (Dtsch. Apotheker-Ztg. **100.** 309—10. 24/3. 1960. Köln-Braunsfeld, A. Nattermann & Cie., Pharm. Wiss. Abt.) (Dt.)

Die von STAHL angegebene Meth. (vgl. C. **1954.** 10769) zur Best. von *Azulen* (I) u. I-Bildnern in der *Schafgarbe* wird dadurch modifiziert, daß die dort angewandte Wasserdampf-Dest. ausgeschaltet wird. 1—10 g feingemahlene Schafgarbe werden im SOXHLET-App. 90 Min. lang mit ca. 100 ml Pentan extrahiert. Die Pentan-Lsg. wird mit 20 ml p-Dimethylaminobenzaldehyd (II)-Reagens (0,25 g **II**, 50 g Eisessig, 5 g H_3PO_4 45% ig., 45 g W.) 10 Min. lang im Wasserbad von 90° geschüttelt. Pentan verflüchtigt sich u. es entsteht eine blaue Färbung. Beim Erkalten sich abscheidende fettige Stoffe werden über Watte abfiltriert. Das Filtrat wird auf 100 ml aufgefüllt, 1 : 10 mit W. verdünnt u. die Extinktion bei 640 mμ gegen W. gemessen. Zeigt die Lsg. eine Opalescenz, wird die dadurch verursachte Extinktion bei 800 mμ bestimmt u. von E_{640} abgezogen. %-Geh. an I-Bildnern = $(E_{640} - E_{800}) \cdot 100/239 \cdot$ Einwaage. H. ALTHOFF. 4880

Die chemische Wertbestimmung von Digitalis. J. G. Bhatt, H. Brindle und A. D. Macdonald. (J. Pharmacy Pharmacol. **13.** 283—89. Mai 1961. Manchester, Univ., Dep. of Pharmacol.) (Engl.)

Die von WILLIAMS [1958] vorgeschlagene Meth. zur Trennung von Extrakten aus *Digitalis*-Blättern (I) an Cellulosepulversäulen (CS) in eine „Digitoxin"-Fraktion (II)

u. in „prim. Glykoside“ (III) wird wieder aufgegriffen. II besteht sicher aus einem Gemisch sek. Glykoside, von denen *Digitoxin* (IV) den Hauptanteil darstellt. Im Modell-Vers. wurden 800 μg (bzw. 600 μg) IV u. 500 μg (bzw. 750 μg) *Desacetyldigilanid A* (V) mit Chlf. u. A.: Chlf. (1 : 10) an einer CS getrennt u. mit alkal. 3.5-Dinitrobenzoesäure-Lsg. colorimetr. bestimmt. 76% (bzw. 79%) der Gesamtglykoside (VI) wurden wiedergefunden. In der biolog. Aktivität war V ca. dreimal stärker als IV. In I-Extrakten wurden nach der chromatograph.-colorimetr. Meth. VI, IV u. III bestimmt u. mit den biolog. Werten nach der Meth. von BHATT u. MACDONALD [1960] u. der U.S.P. XV verglichen. In III sind als Hauptbestandteile vermutlich V u. *Desacetyldigilanid B* (VII). Für VII wird die gleiche biolog. Aktivität angegeben wie für IV. Daher ist es für einen Vgl. zwischen chem. u. biolog. Geh. in III zunächst erforderlich, das Mengenverhältnis von V u. VII zu kennen. H. ALTHOFF. 4880

Quantitative Bestimmung von Reserpin. 2. Mitt. **Die Nitritmethode.** Ole Weis-Fogh. (Arch. Pharmac. og Chem. **67** (**117**). 425—43. 23/4. 1960. Danmarks Apotekerforenings Kontrollabor.) (Dän.) — 1. vgl. C. **1960.** 8605.

In einer Nachprüfung der in der Literatur angegebenen Ausführungsformen der Best. von Reserpin (I) nach der Nitrit-Meth. werden die optimalen Bedingungen (unter Berücksichtigung des Einfl. von Antioxydantien) ermittelt. Man versetzt 10,00 ml einer Lsg. von I in abs. A. (ca. 25 μg/ml) mit 2,00 ml 2n H_2SO_4 u. 2,00 ml 0,4% ig. wss. $NaNO_2$-Lsg. (bei Blindprobe 2,00 ml W.), gibt nach 60 Min. langem Stehen 0,5 ml 5% ig. wss. Sulfaminsäure-Lsg. (zur Entfernung überschüssigen Nitrits) u. nach 30 Min. 64% ig. A. bis zu 20,00 ml zu u. mißt die Extinktion bei 387 mμ im Vgl. mit der Blindprobe. Die Extinktionskurve hat 2 Maxima (265 u. 387 mμ). Die Unters. kann am Tageslicht erfolgen, da die Lsg. 24 Std. lang beständig ist. Die Meth. beruht auf der vollständigen Oxydation von I zu 3-Dehydroreserpin. Bei I mit Zusatz von Antioxydantien sind die Werte nach 2 Std. korrekt; Fehler $\pm$ 2% (statt $\pm$ 1%). R. K. MÜLLER. 4880□

Beiträge zur polarographischen Bestimmung des Morphingehaltes der Rohstoffe und Konzentrate der Morphingewinnung. E. Schulek und K. Burger. (Ann. Univ. Sci. Budapestinensis Rolando Eötvös nominatae, Sect. Chim. **2.** 531—36. 1960. Budapest, Eötvös-Univ., Inst. für anorg. u. analyt. Chem.) (Dt.)

Vff. bestimmen polarograph. den Morphin (I)-Geh. der Rohstoffe (trockene Mohnkapseln) u. Konzentrate der I-Herst. nach BAGGESGAARD-RASMUSSEN. Extrahiertes I wird in 1n HCl mit 1n $NaNO_2$-Lsg. quant. zu Nitrosomorphin (II) umgesetzt u. das im alkal. Medium stabile II polarograph. bestimmt. Das Verf. ist in Ggw. der übrigen Mohnalkaloide für I spezifisch. Als bestes Lsgm. für die I-Extraktion erweist sich salzsaurer n-Propylalkohol (auf HCl berechnet ca. 0,1n). Es wurde untersucht, in welchem Maße die Zwischen-Prodd. der I-Herst. Extrakt I (0,5—0,6% I), Extrakt II (0,8% I), AK-Extrakt (2% I) u. Komplex (4% I) für die polarograph. Best. gereinigt werden müssen. Die Ergebnisse zeigen eine Übereinstimmung auf ca. $\pm$ 5%. H.-P. PIETSCH. 4880□

Über die Bestimmung der Corticosterone in pharmazeutischen Zubereitungen mit p-Nitrosodimethylanilin. Janine Verdier. (Ann. pharmac. franç. **18.** 795—99. Nov. 1960. Paris, Centre de Recherches Roussel-Uclaf.) (Franz.)

Für die von PESEZ u. ROBIN [1959] beschriebene Rk. des p-Nitrosodimethylanilin mit Corticosteronen in Ggw. von Phenol in alkal. Lsg. u. ihre colorimetr. Messung werden die notwendigen Lsgg. u. Arbeits-Meth. genau angegeben u. an 21-Corticosteronen einschließlich Desoxy- u. Hydro-Derivv. beschrieben hinsichtlich Zeit- u. Materialbedarf sowie Anwendung bei den verschiedenen Formen pharmazeut. Zubereitung. W. RITTLER. 4880□

Die automatische Bestimmung von Penicillin in Fermentationsbrühen. Eine verbesserte jodometrische Bestimmung. R. R. Goodall und Roseda Davies. (Analyst. **86.** 326—35. Mai 1961. Macclesfield, Cheshire, I.C.I. Ltd.) (Engl.)

Die von FERRARI u. Mitarbeitern (vgl. C. **1960.** 11058) beschriebene automat. analyt. Meth. zur Best. von Penicillin (I) in Fermentationsbrühen wurde zur Verbesserung der Genauigkeit modifiziert. Das in der Brühe enthaltene I wird durch Penicillinase zu Penicilloinsäure (II) abgebaut, die in saurer Lsg. mit Jod reagiert. Der Jodüberschuß wird als blauer Jod–Stärke-Komplex (III) bei 526 mμ gemessen. λ_{max} liegt für III bei 600 mμ. Im Bereich unter 1 μVal/ml ist das BEERsche Gesetz erfüllt. Um die Konz. der Rk.-Teilnehmer in den linearen Bereich der Registrator–Colorimeter-Einheit zu bringen, ist zunächst eine manuelle Verdünnung erforderlich. Pro Std. werden 40 Absorptionsmessungen durchgeführt. Davon dienen 4 der Eichung. Außerdem erfordert jede Einzel-Best. neben der Messung des Jodverbrauchs nach enzymat. Abbau zu II eine Prüfung auf jodverbrauchende Verunreinigungen in der Fermentationsbrühe, so daß pro Std. 18 Geh.-Best. durchgeführt werden können. Für einen normalen Arbeitstag beträgt die Zahl der Best. 100. Die Standardabweichung liegt bei 2—2,5%. H. ALTHOFF. 4880□

Permeabilität von excidiertem Humankeratin für lipidlösliche Substanzen. Dale E. Wurster und Robert E. Dempski. (J. pharmac. Sci. **50.** 588—91. Juli 1961. Madison, Wis., Univ. of Wisconsin, School of Pharm.) (Engl.)

Es wurde eine quant. Meth. entwickelt, um die Penetration verschiedener lipidlösl. Substanzen in excidiertes Humankeratin (Callusgewebe) zu bestimmen. Die beste Permeation zeigten Oleylalkohol u. Cholesterylacetat, dann folgten Ölsäure, Cholesteryloleat, Linolen (I)- u. Linolsäure (II). Wenn I u. II eine geringere Permeation als Substanzen mit ähnlichem Molgew. zeigen, so ist dies damit zu erklären, daß I u. II vom Keratin adsorbiert werden. ——————— H. P. FIEDLER. 4880□

Rohm & Haas Co. (Erfinder: Charles Louis Levesque), Philadelphia, Pa., V.St.A., **Herstellung von Arzneimittelformen für orale Applikation** unter Verw. von Kunstharzen als die Wirkstoffabgabe verzögernde Einbettungsmasse, dad. gek., daß eine gegenüber gastrointestinalen Fll. resistente, darin nicht quellende, aber für diese Fll. permeable polymere Substanz mit den Wirkstoffen in eine feste Dispersion übergeführt wird, in der das Polymere die kontinuierliche u. der Wirkstoff die disperse Phase bildet u. die dann zerkleinert u. ggf. auf feste Arzneimittelformen, wie Tabletten, verarbeitet wird. (**D. A. S. 1 123 437** Kl. 30h vom 8/9. 1956, ausg. 8/2. 1962. A. Prior. 9/9. 1955.) K. KOEBKE. 4767

N. V. Organon (Erfinder: Jan Bouman, Hazerswoude, Jan Daniel, Herman Homan und René Sieders), Oss, Holland, **Herstellung injizierbarer Heilmittelsuspensionen.** Um eine verlängerte Wirksamkeit zu erzielen, preßt man ein in fester Form vorliegendes Heilmittel, z. B. *Heparinbutacain*-Komplex, bei einem Druck von mindestens 2500, z. B. 12000 kg/cm², vermahlt den erhaltenen Preßling, z. B. bis zu einer Teilchengröße von 50—75 μ, u. suspendiert das Prod. in üblichen Verteilungsmitteln. (**Holl. P. 98 143** vom 17/6. 1958, ausg. 15/6. 1961.) F. BÖHM. 4791

Howards of Ilford Ltd., Essex, England (Erfinder: Felix Schild und Ronald James Wicker), **Herstellung von kernsubstituierten Diäthylaminoacet-2.6-dimethylaniliden** der allg. Zus. I erfolgt durch Rk. eines Halogenessigsäurechlorids oder -bromids mit einem Amin der Zus. II zu III, das man mit $(C_2H_5)_2NH$ (**IV**) umsetzt (X = Cl oder Br; Hal = Cl, Br oder J). — Man mischt z. B. 12,4 (g) $CH_2Cl\cdot COCl$ bei -10^0 mit einer Lsg. von 15,5 4-Chlor-2.6-dimethylanilin in 50 cm³ Eisessig von 10^0

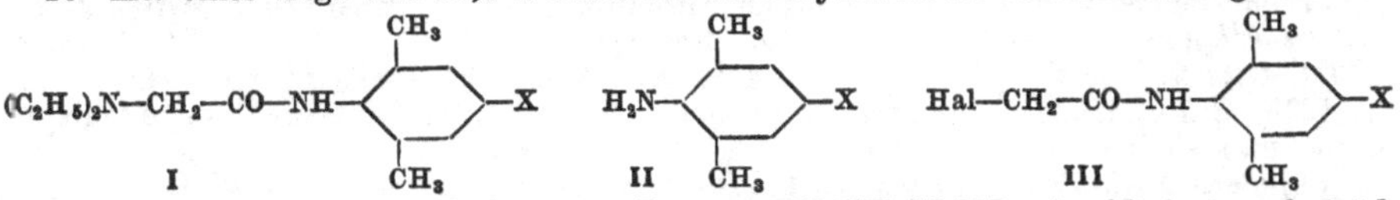

I II III

rührt das Gemisch in 80 cm³ einer wss. Lsg. von 32 CH_3COONa ein, filtriert nach 1 std. Rühren das abgeschiedene *Chloracet-4-chlor-2.6-dimethylanilid* ab, wäscht es mit W., erhitzt 23,2 der trockenen Verb. mit 100 cm³ **IV** unter Rückfluß, dest. nach Beendigung der Rk. den **IV**-Überschuß ab, löst das Rk.-Gemisch in verd. HCl, entfärbt die Lsg. mit Aktivkohle u. fällt durch Zugabe von NH_3 das *Diäthylaminoacet-4-chlor-2.6-dimethylanilid*, F. 49—50⁰ (Ae.–PAe.). *4-Brom-Verb.*, F. 51,5—53⁰ (PAe.). — Die entsprechenden *Hydrochloride* u. *-bromide* sind wasserlöslich. Man kann die Verb. **III** auch direkt ohne Isolierung in Ggw. von Na_2CO_3 mit **IV** zu **I** umsetzen. — *Lokalanästhetica.* (**E. P. 845 742** vom 1/4. 1955, ausg. 24/8. 1960.) O. MÜLLER-MEININGEN. 4807

Aktiebolaget Astra Apotekarnes Kemiska Fabriker, Södertälje (Erfinder: Nils Magnus Löfgren, Lidingö, und Claes Philip Tegnér, Södertälje), Schweden, **Herstellung von [α-Monoalkylaminopropionyl]-o-toluididen** der allg. Formel I (R = Alkyl C_2—C_4). Man gibt z. B. zur Lsg. von 1 (Mol) o-Toluidin in 800 cm³ Eisessig bei 10⁰ 1,1 α-Brompropionylbromid, rührt ca. 1 Min stark, gibt eine Lsg. von 330 g CH_3COONa in 1380 cm³ W. zu, schüttelt 30 Min. u. erhält in einer Ausbeute von 70—80% α-Brompropionsäure-o-toluidid, F. 133—134⁰. Man mischt 1 dieser Verb.

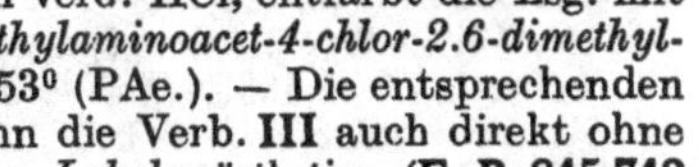

I

mit einer Lsg. von 2,7 $C_2H_5NH_2$ (**II**) in 500 cm³ abs. Bzl., erwärmt 8 Std. im Autoklav auf 80⁰, verd. dann mit abs. Ae. u. filtriert das **II**-Bromid ab. Aus dem Filtrat erhält man durch Extraktion mit 4n HCl u. Versetzen des Extrakts mit konz. NH_3 80% [*α-Äthylaminopropionsäure*]*-o-toluidid*, Kp.$_{0,9}$ 145—147⁰; F. 36—37⁰, Analog erhält man folgende α-Aminopropionsäure-o-toluidide: *N-n-Propyl-*, Kp.$_1$ 159—162⁰; *N-n-Butyl-, Hydrochlorid*, F. 175—177⁰ (abs. A.); *N-Isopropyl-, Hydrochlorid*, F. 236—237⁰ (W.); *N-Isobutyl*, Kp.$_{0,7}$ 148—150⁰; *N-n-Propyl-* erhält man auch durch Rk. von 1 (Mol) o-Tolylphosphazo-o-toluidid (CH_3—C_6H_4—NH—P=N—C_6H_4—CH_3) mit 2 α-n-Propylaminopropionsäurehydrochlorid oder von 1 o-Toluidin (**III**) mit 1 α-n-Propylaminopropion-

säureäthylester u. 1 $NaNH_2$; *N-Isopropyl-*, durch Rk. von 1 III mit 1 α-Isopropylaminopropionsäurehydrochlorid oder von 1 III mit 1 des Na-Salzes der α-[N-Carbobenzoxyisopropylamino]-propionsäure, 1 C_6H_5COCl u. 1 $(C_2H_5)_3N$; [*Äthyl-*, durch Rk. von 1 III mit 1 α-[p-Toluolsulfonyloxy]-propionylchlorid] $CH_3-C_6H_4-SO_2O-CH(CH_3)-COCl$ u. Umsetzung der erhaltenen Toluolsulfonyl-Verb. mit 2,7 $C_2H_5-NH_2$. — *Lokalanästhetica.* (**D. A. S. 1 115 743** Kl. 12q vom 18/6. 1958, ausg. 26/10. 1961. Schwed. Prior. 26/6. 1957.)
O. MÜLLER-MEININGEN. 4807

F. Hoffmann-La Roche & Co. Akt.-Ges., Basel, Schweiz, **Herstellung von bisquaternären Aminen,** dad. gek., daß man ein tert. Amin $R_1-CH_2CH_2CH(CH_3)-(CH_2)_m\cdot NRR$ (R_1 = 2.6.6-Trimethylcyclohexyl-(1)-Rest oder dessen 1,2-Dehydroform; m = 0—1; R = Alkylrest) mit einem α.ω-Dihalogenalkan umsetzt oder eine Carbonyl-Verb. der Formeln $R_1-CH{=}CH-CO-CH_3$ oder $R_1-CH_2-CH{=}C(CH_3)-CHO$ mit einem α.ω-Diaminoalkan reduktiv kondensiert, das erhaltene Bis-sek.-Diamin alkyliert u. das Bis-tert.-Diamin quaterniert. — Man hydriert ein Gemisch von 250 (g) β-Jonon u. 200 Methylamin in A. in Ggw. von RANEY-Ni bei 150° u. 105 kg/cm² u. erhält nach Dest. *{1-Methyl-3-[2'.6'.6'-trimethylcyclohexen-(1')-yl-(1')]-propyl}-methylamin*, $Kp._5$ 117 bis 119°. 0,3 (Mol) davon werden in 0,75 90%ig. HCOOH mit 0,33 35%ig. HCHO 3 Std. lang auf dem Dampfbad gerührt; nach Aufarbeiten aus Ae. erhält man *{1-Methyl-3-[2'.6'.6'-trimethylcyclohexen-(1')-yl-(1')]-propyl}-dimethylamin* (I), $Kp._2$ 97—99° (*Oxalat*, F. 189—190°; *Hydrochlorid*, F. 69—71°), das man mit 1.3-Dibrompropan in A. 72 Std. lang kocht unter Bldg. von *N.N'-Bis-{1-methyl-3-[2'.6'.6'-trimethylcyclohexen-(1')-yl-(1')]-propyl}-N.N'-dimethyl-trimethylendiamin-bis-[methobromid]-dihydrat*, F. 195—196°. — *N.N'-Bis-{1-methyl-3-[2'.6'.6'-trimethylcyclohexen-(1)-yl-(1')]-propyl-} N.N'-dimethyl-tetramethylendiamin-bis-[methobromid]-hemihydrat*, F. 231—233° (Zers.), *-pentamethylendiamin-bis-[methobromid]-sesquihydrat*, F. 233—235° (Zers.), *-hexamethylendiamin-bis-[methobromid]-monohydrat*, F. 245—246° (Zers.), *-heptamethylendiamin-bis-[methobromid]-dihydrat*, F. 218—219°, *-äthylendiamin-bis-[methobromid]-monohydrat*, F. 157—158° (Zers.) u. *-dekamethylendiamin-bis-[methobromid]-sesquihydrat*, F. 190—192°, aus 1.4-Dibrombutan, 1.5-Dibrompentan, 1.6-Dibromhexan, 1.7-Dibromheptan, 1.2-Dibromäthan bzw. 1.10-Dibromdecan. — *N.N'-Bis-{2-methyl-4-[2'.6'.6'-trimethylcyclohexen-(1')-yl-(1')]-butyl}-N.N'-dimethyl-hexamethylendiamin-bis-[methobromid]-dihydrat*, F. 225—226° (Zers.), aus 4-[2'.6'.6'-Trimethylcyclohexen-(1')-yl-(1')]-2-methylbuten-(2)-al-(1) über *N-{2-Methyl-4-[2'.6'.6'-trimethylcyclohexen-(1')-yl-(1')]-butyl}-dimethylamin*, $Kp._{0,4}$ 100°. — *[1-Methyl-3-(2'.6'.6'-trimethylcyclohexyl)-propyl]-dimethylamin*, $Kp._{0,05}$ 92—98° (*Hydrochlorid*, F. 125 bis 127°), durch Hydrierung von I oder aus 1-Methyl-3-[2'.6'.6'-trimethylcyclohexyl]-propylamin. — *N.N'-Bis-[1-methyl-3-(2'.6'.6'-trimethylcyclohexyl)-propyl]-N.N'-dimethyl-1.3-propylendiamin-bis-[methobromid]*, F. 214—216° (Zers.), *-pentamethylendiamin-*, F. 253 bis 255° (Zers.), *-hexamethylendiamin-* (III), F. 265—266°, *-oktamethylendiamin-*, F. 216 bis 217° (Zers.), u. *-dekamethylendiamin-bis-[methobromid]*, F. 197—199°. — III auch aus cis-Tetrahydrojonon über *N.N'-Bis-[1-methyl-3-(2'.6'.6'-trimethylcyclohexyl)-propyl]-hexamethylendiamin*, $Kp._{0,02}$ 192—202° (*Dihydrochlorid*, F. 197—199°), u. *N.N'-Bis-[1-methyl-3-(2'.6'.6'-trimethylcyclohexyl)-propyl]-N.N'-dimethyl-hexamethylendiamin* (II), $Kp._{0,04}$ 230 bis 240°, n_D^{26} 1,4833 (*Dihydrochlorid*, F. 183—185°; *Bis-[methochlorid]-hemihydrat*; *Bis-[methyl-p-toluolsulfonat]*, F. 191—193°; *Bis-[methylnitrat]*, F. 287—288° [Zers.]). — *N.N'-Bis-[2-methyl-4-(2'.6'.6'-trimethylcyclohexyl)-butyl]-N.N'-dimethylendiamin-bis-methobromid*, F. 235—237° (Zers.), aus N-[2-Methyl-4-(2'.6'.6'-trimethylcyclohexen-(1')-yl-(1')-, $Kp._{0,4}$ 100° (Hydrochlorid, F. 150—151°) über *-trimethylcyclohexyl)-butyl]-dimethylamin* (*Hydrochlorid*, F. 159—160°). — II-*Bis-[äthobromid]*, F. 196—198°, aus Äthylbromid. — *Therapeutica.* (**Oe. P. 207 377** vom 9/10. 1958, ausg. 25/1. 1960. A. Prior. 17/4. u. 8/5. 1958.)
S. BÖTTCHER. 4807

Soc. des Usines Chimiques Rhône-Poulenc, Frankreich, **Herstellung von Indolderivaten** der allg. Formel I (R, R_1 u. R_2 = H, Alkyl- oder Aralkylreste; R_3 = H, Halogen, Alkyl- oder Alkoxyrest; R_4 = H oder Alkylrest), dad. gek., daß man entsprechende quatern. Indolpyridin-Derivv. reduziert. — *2-[1'-Methylpiperidyl-(2')]-3-äthyl-5-hydroxy-*, F. 115—117° (*Hydrochlorid*, F. 155°), *1-Methyl-2-[1'-methylpiperidyl-(2')]-3-äthyl-* (*Pikrat*, F. 205—207°), *2-[1'-Methylpiperidyl-(2')]-3-äthyl-5-methoxy-* (*Hydrochlorid*, F. 223—225°), *2-[1'-Methylpiperidyl-(2')]-* (*Pikrat*, F. 244—246°), *2-[1'-Methylpiperidyl-(2')]-3-äthyl-5-chlor-* (*Hydrochlorid*, F. 248—250°) u. *2-[1'.4'-Dimethylpiperidyl-(2')]-3-äthyl-indol* (*Hydrochlorid*, F. 228°), aus den Brommethylaten von 2-[Pyridyl-(2')]-3-äthyl-5-hydroxy- (F. 170°, hergestellt aus 2-Butyrylpyridin-4-benzyloxyphenylhydrazon, F. 96—97°), -3-äthyl- (F. 104°), -3-äthyl-5-methoxy- (F. 116°), 2-[Pyridyl-(2')]- (F. 155—157°), -3-äthyl-5-chlor- (F. 144°) bzw. 2-[4'-Methylpyridyl-(2')]-

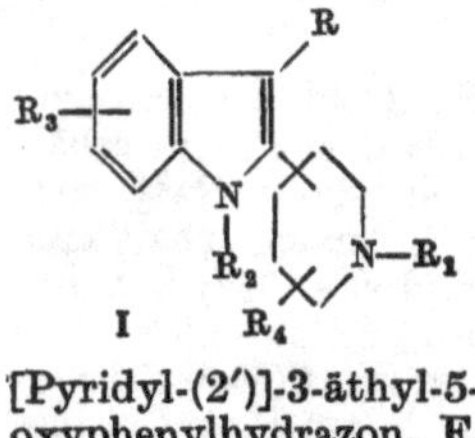

I

3-äthylindol (F. 135°). — *Heilmittel.* (**F. P. 71 930** vom 3/7. 1956, ausg. 14/3. 1960. **Zusatz zu F. P. 1 173 138; C. 1962. 2828.**) S. Böttcher. 4807

Sandoz Akt.-Ges., Basel, Schweiz, **Herstellung von Azetidinderivaten** der allg. Formel I (R_1 u. R_2 = Alkyl-, Aryl- oder Aralkylreste; R_3 = H oder Arylrest; R_4 = H, Alkyl-, Aryl- oder [auch alkylsubstituierter] Piperidyl-(4)-, rest; R_3 u. R_4 auch gemeinsam mit N = heterocycl. Rest), dad. gek., daß man Hydrazin-Derivv. der Formel $R_3R_4N-NH_2$ mit Malonsäure-Derivv. umsetzt. — Zu 47,5 (g) Diphenylmalonylchlorid in Tetrahydrofuran läßt man unter Rühren u. Kühlen 20,91 [1-Methylpiperidyl-(4)]-hydrazin in Tetrahydrofuran u. dann 45 cm^3 Triäthylamin zutropfen. Nach 4std. Kochen wird mit Ae. verd., mit 2n HCl extrahiert, alkal. gemacht u. aus Chlf. aufgearbeitet. Man erhält *1-[1'-Methylpiperidyl-(4')amino]-3.3-diphenyl-2.4-dioxoazetidin,* F. 173—174°. *Hydrochlorid,* F. 228—232°. — Weitere 3.3-Diphenyl-2.4-dioxoazetidine: *1-[1'-Methylpiperidyl-(4')-acetylamino]-,* F. 175°. — *1-Phenylamino-,* F. 116,5—117,5°. — *1-Acetylamino-,* F. 174—176°. — *1-Amino-,* F. 120—122°. — *1-Piperidino-,* F. 80—81°. — *1-Pyrrolidino-,* F. 77—79°. — *1-[1'-Äthylpiperazyl-(4')]-,* F. 93,5—96,5°. *Hydrochlorid,* F. 199,5—203,5° (Zers.). — *1-[1'-Isopropylpiperazyl-(4')]-,* F. 101—103°. *Hydrochlorid,* F. 241—246° (Zers.). — *1-Diphenylamino-,* F. 186—187°. — *1-[N-Benzyl-N-phenylamino]-,* F. 139—141°. — *1-[Carbazolyl-(9')]-,* F. 249—251°. — *1-[Phenylcarbamylamino]-,* F. 183—185°. — *1-[1'-Methylpiperazyl-(4')]-,* F. 143—145°. — *1-[1'-(n-Butyl)-piperazyl-(4')]-; Hydrochlorid,* F. 260—262° (Zers.). — 3.3-Diäthyl-2.4-dioxoazetidine: *1-[1'-Methylpiperidyl-(4')-amino]-,* F. 94—95° (*Hydrochlorid,* F. 227—229°), u. *-acetylamino]-; Hydrochlorid,* F. 228—231°. — *1-Diphenylamino-,* F. 81—83°. — *1-Phenylamino-,* F. 76—77°. — *1-[Carbazolyl-(9')]-,* F. 120—122°. — *1-[N-Benzyl-N-phenylamino]-,* F. 81—83°. — *1-[1'-Methylpiperidyl-(4')-carbophenoxyamino]-,* F. 88—90° (*Hydrochlorid,* F. 243—245°), *-benzoylamino]-,* F. 93—94° (*Hydrochlorid,* F. 215—216°), *-propionylamino]-,* F. 67—68°, u. *-n-butyrylamino]-,* F. 72—73°. *Hydrochlorid,* F. 198°. — *1-[Methyl-(phenylthiocarbamyl)-amino]-,* F. 151—154°. — *1-[Phenyl-(thiocarbamyl)-amino]-,* F. 183—185°. — *1-Methylamino-* u. *1-[Methyl-(p-toluolsulfonyl)-amino]-,* F. 69 bis 70°. — *1-[1'-Methylpiperidyl-(4')-benzylsalicoylamino]-,* F. 127—128°, u. *-pivaloylamino-,* F. 87—88°. *Hydrochlorid,* F. 251—252°. — *1-[1'-Isopropylpiperidyl-(4')-acetylamino]-, Hydrochorid,* F. 218—220° (Zers.). — *1-[1-Äthylpiperidyl-(4')-acetylamino]-, Hydrochlorid,* F. 221—224° (Zers.). — *1-[1'-Methylpiperidyl-(4')-n-capronylamino]-,* F. 95—96°. *Hydrochlorid,* F. 170° (Zers.). — *1-[1'-Methylpiperazyl-(4')]-,* F. 75—79°. *Hydrochlorid,* F. 232—236° (Zers.). — *1-[1'-Äthylpiperazyl-(4')]-,* $Kp._{0,1}$ 155—165° (Zers.). *Hydrochlorid,* F. 220—225° (Zers.). — *1-[1'-Isopropylpiperazyl-(4')]-, Hydrochlorid,* F. 198—200° (Zers.). — *1-[1'-(n-Butylpiperazyl-(4')]-,* $Kp._{0,04}$ 165—180°. *Hydrochlorid,* F. 239—241° (Zers.). — 2.4-Dioxoazetidine: *1-[1'-Methylpiperidyl-(4')-acetylamino]-3.3-dibenzyl-* (*Hydrochlorid,* F. 238—241°), *-di-[n-propyl]-,* F. 86—87° (*Hydrobromid,* F. 187—188°), *-di-[n-butyl]-,* F. 102—103° (*Hydrochlorid,* F. 183—185°), u. *-3-phenyl-3-methyl-,* F. 128,6—129,2°. — *1-[Methyl-(phenylthiocarbamyl)-amino]-3.3-dimethyl-,* F. 118—120°, u. *-3.3-di-[n-propyl]-,* F. 116—119°. — *1-Methylamino-3.3-di-[n-propyl]-,* F. 93—95°. — *1-[1'-Methylpiperidyl-(4')]-butyrylamino-3.3-di-[n-butyl]-,* F. 82 bis 82,4°. — Ausgangsstoffe sind Diäthylmalonyldichlorid, Dibenzyl-, Di-[n-propyl]-, Dimethyl- bzw. Di-[n-butyl]- u. Phenylmethylmalonylchlorid u. folgende Hydrazine: Phenyl-, ω-Acetyl-ω-[1-methylpiperidyl-(4)]-, Acetyl-, ω.ω'-Diphenyl-, ω-Benzyl-ω'-phenyl-, ω-Carbophenoxy-ω'-[1-methylpiperidyl-(4')]-, ω-Benzoyl-ω'-[1-methylpiperidyl-(4)]-, ω-Propionyl-ω'-[1-methylpiperidyl-(4)]-, ω-[n-Butyryl]-ω'-[1-methylpiperidyl-(4)]-, ω-Benzylsalicoyl-ω'-[1-methylpiperidyl-(4)]-, ω-Pivaloyl-ω'-[1-methylpiperidyl-(4)]-, 1-Acetyl-1-[1'-isopropylpiperidyl-(4')]-, -1-[1'-äthylpiperidyl-(4')]-, 1-[n-Capronyl]-1-[1'-methylpiperidyl-(4')]-, 1-Butyryl-1-[1'-methylpiperidyl-(4')]-; ferner 1-Aminopiperidin, 1-Aminopyrrolidin (Kp. 120—122°), 1-Äthyl-4-aminopiperazin, 1-Isopropyl-4-aminopiperazin, 9-Aminocarbazol, 4-Phenylsemicarbazid, 2-Methyl-4-phenylthiosemicarbazid, 2-Phenylthiosemicarbazid, 1-Methyl- u. 1-[n-Butyl]-4-aminopiperazin. — *Therapeutica.* (**Oe. P. 207 382** vom 30/5. 1958, ausg. 25/1. 1960. Schwz. Prior. 12/6., 16/10., 12/12. 1957, 21/2., 21/3., 30/4. u. 9/5. 1958.) S. Böttcher. 4807

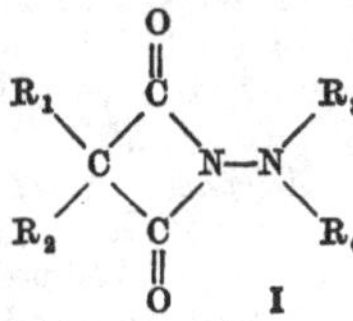
I

Farbwerke Hoechst Akt.-Ges., vormals Meister Lucius & Brüning, Frankfurt/M.-Hoechst, **Herstellung aromatischer Dicarbonsäureamide** der nebenst. Formel (X = 2wertiger, ggf. halogensubstituierter aromat. Rest; Y = Alkylengruppe mit bis zu 4 C-Atomen; R_1 u. R_2 = Alkyl-, Aralkyl- oder Cycloalkylgruppen, die ggf. über das N-Atom einen gesätt. 5- oder 6-gliederigen Ring bilden; einer der Reste kann auch H sein) durch Umsetzung entsprechender bas. substituierter Alkyläther des p-Aminophenols mit aromat. Dicarbonsäuren oder deren reaktionsfähigen Derivv., Cyclisierung ggf. gebildeter Carbonamidsäure-Derivv. u. ggf. Überführung der Rk.-Prodd. in nichttox. Salze mit organ. oder anorgan. Säuren. — 1-[p-Phthalimidophenoxy]-äthane: *2-Piperidino-*, F. 138—140° (A.), a) aus 110 (g) 1-[p-Aminophenoxy]-2-piperidinoäthan (I) u. 74 Phthalsäureanhydrid (II) durch Kochen in Xylol am Wasserabscheider; 90% (Ausbeute); b) aus III beim Schmelzen oder durch Kochen mit methanol. HCl als *Hydrochlorid*, F. 255—257°. *Saures Phthalat*, F. 158—159°. *Salicylat*, F. 154—156°. — Analog: *2-Morpholino-*, *Hydrochlorid*, F. 253—256°, aus 1-[p-Aminophenoxy]-2-morpholinoäthan u. II. — *2-[2-Methylpiperidino]-*, *Hydrochlorid*, F. 233—235°, aus 1-[p-Aminophenoxy]-2-[2-methylpiperidino]-äthan u. II. — *2-Pyrrolidino-*, F. 158—159° (A.), aus 20,6 1-[p-Aminophenoxy]-2-pyrrolidinoäthan u. 14,8 II durch Erhitzen auf 180°; 19,5 g. *Hydrochlorid*, F. 250—252°. — *2-Dimethylamino-*, *Hydrochlorid*, F. 230—231°, aus 1-[p-Aminophenoxy]-2-dimethylaminoäthan u. II. — *2-[N-Methylcyclohexylamino]-*, *Hydrochlorid*, F. 254° (A.), aus 53,8 1-[p-Aminophenoxy]-2-[N-methylcyclohexylamino]-äthanhydrochlorid u. 29,6 II durch 1/2std. Kochen in Essigsäure; 71 g. — *2-Cyclohexylamino-*, *Hydrochlorid*, F. 278° (CH_3OH), aus 18 1-[p-Aminophenoxy]-2-cyclohexylaminoäthanhydrochlorid u. 10 II; 22,5 g. — *2-[n-Butylamino]-*, *Hydrochlorid*, F. 240—241° (Eisessig), aus 21,7 1-[p-Aminophenoxy]-2-[n-butylamino]-äthanhydrochlorid u. 13,3 II in Eisessig durch 35 Min. langes Kochen; 25 g. — *2-Dicyclohexylamino-*, *Hydrochlorid*, F. 252—254° (A.), aus 17,6 1-[p-Aminophenoxy]-2-dicyclohexylaminoäthanhydrochlorid u. 7,6 II; 21 g. — *2-Diisobutylamino-*, *Hydrochlorid*, F. 190—191° (Isopropanol), aus 10 1-[p-Aminophenoxy]-2-diisobutylaminoäthanhydrochlorid u. 4,9 II; 10,8 g. — *N-[4-(β-Piperidinoäthoxy)-phenyl]-phthalamidsäure* (III), F. 184—186°, aus 22 I u. 14,8 II durch 30 Min. langes Kochen in Aceton; 34 g. — 2-Piperidinoäthane: *1-[p-(4-Chlorphthalimido)-phenoxy]-*, F. 133—135°, aus I u. 4-Chlorphthalsäureanhydrid. — *1-[p-Naphthalimidophenoxy]-*, *Hydrochlorid*, F. 275—278°, aus I u. Naphthalsäureanhydrid. — 1-[p-Phthalimidophenoxy]-propane: *2-Piperidino-*, *Hydrochlorid*, F. 237—239°, aus 1-[p-Aminophenoxy]-2-piperidinopropan u. II. — *3-Piperidino-*, *Succinat*, F. 155°, aus 1-[p-Aminophenoxy]-3-piperidinopropan u. II. — *2-[p-Phthalimidophenoxy]-1-dimethylaminopropan*, *Hydrochlorid*, F. 223°, aus 30 II u. 39 2-[p-Aminophenoxy]-1-dimethylaminopropan; 30 g. — *Heilmittel*. (**Oe. P. 209 348** vom 19/12. 1958, ausg. 25/5. 1960. D. Prior. 21/12. 1957.)

Eberhard Riedel. 4807

Dr. Karl Thomae G. m. b. H. (Erfinder: Gerhard Ohnacker und August Kottler), Biberach/Riß, **Herstellung von tertiären Aminen**, ihren Säureadditionssalzen u. quart. NH_4-Verbb. der allg. Formel I, worin R_1 einen Alkylrest, R_2 einen Alkylrest, der von R_1 verschieden sein kann, oder einen Aralkylrest bedeuten u. worin R_1 u. R_2 zusammen mit dem N-Atom einen Pyrrolidino-, Piperidino- oder Morpholinorest darstellen u. worin R_4 einen Aryl- oder Aralkylrest mit gerader oder verzweigter Kette u. n = 2—4 bedeutet, dad. gek., daß man ein α-Aminonitril der allg. Formel II mit einem Aryl- oder Aralkyl-Mg-halogenid, bes. in einem inerten Lsgm. bei Siedetemp. umsetzt u. ggf. das Rk.-Prod. mit einer Säure, wie einer Halogenwasserstoffsäure, in ein Säureadditionssalz oder mit einem Alkylhalogenid oder Aralkylhalogenid oder Dialkylsulfat in ein quatern. NH_4-Salz überführt. — Aus 1-Cyan-1-[morpholino]-cyclohexan u. C_6H_5MgBr → *1-[Morpholino]-1-phenylcyclohexan*, Kp.$_{0,3}$ 135°, *Hydrochlorid*, F. 182°. *1-Piperidino-1-phenylcyclopentan*, Kp.$_{0,5}$ 88°, *Hydrochlorid*, F. 176°; *1-Diäthylamino-1-benzylcyclopentan*, Kp.$_{14}$ 163°, *Hydrochlorid*, F. 194°; *1-Piperidino-1-benzylcyclopentan*, Kp.$_{0,6}$ 114°, *Hydrochlorid*, F. 262°; *1-[N-Methyl-N-benzylamino]-1-benzylcyclohexan*, Kp.$_{0,5}$ 194°, *Hydrochlorid*, F. 194°; *1-Pyrrolidino-1-[β-phenyläthyl]-cyclohexan*, Kp.$_{0,1}$ 136°, *Hydrochlorid*, F. 205°; *1-Piperidino-1-[β-phenylpropyl]-cyclohexan*, Kp.$_{14}$ 217°, *Hydrochlorid*, F. 163°; *1-[Morpholino]-1-[γ-phenylpropyl]-cyclohexan*, Kp.$_{0,3}$ 162°, *Hydrochlorid*, F. 196°; *1-Dimethylamino-1-[γ-phenylpropyl]-cycloheptan*, Kp.$_{12}$ 197°, *Hydrochlorid*, F. 127°; *1-[Morpholino]-1-[γ-phenylpropyl]-cyclohexanjodmethylat*, F. 178°; *Jodäthylat*, F. 180°; *1-Piperidino-1-phenylcyclopentanbrombutylat*, F. 130°, u. *1-Piperidino-1-benzylcyclopentanbrombenzylat*, F. 258°. — *Sedativa*. (**D. A. S. 1 124 496** Kl. 12p vom 5/2. 1954, ausg. 1/3. 1962.)

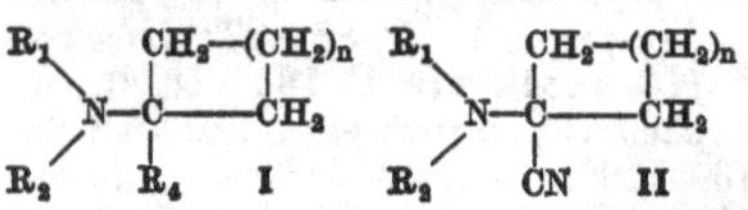

W. Heyer. 4807

Cilag-Chemie Akt.-Ges. (Erfinder: Ernst Habicht), Schaffhausen, Schweiz, **Herstellung von Pyrimidinderivaten und deren Salzen.** Verbb. der allg. Formel I erhält man durch Rk. zwischen Amidinen der allg. Formel $H_2N—C(=NH)—R_1'$

u. Verbb. der allg. Formel $R_5O-C(R_4)=CXX'$. Hierbei ist R_1 eine NH_2-Gruppe, die durch einen aliphat., cycloaliphat. oder araliphat. Rest substituiert ist, oder eine NH_2-Gruppe, die ein Bestandteil eines (ggf. durch ein weiteres Heteroatom unterbrochenen) heterocycl. Ringes ist. R_2 = NH_2 oder OH, R_3 ist eine (ggf. durch einen aliphat. Rest substituierte) Carbonsäureamid- oder eine (ggf. mit einem aliphat. Alkohol veresterte) COOH-Gruppe, R_4 ist ein H-Atom oder ein niedrigmol. Alkylrest, R_5 ein Alkylrest, u. X u. X' sind Nitril-, Carbalkoxy-, Carbonsäureamid- oder Formamidylreste, R_1' ist eine substituierte R_1-Gruppe oder ein —SR-Rest, in welchem R ein H-Atom, ein Alkyl- oder Arylrest ist. Die Rkk. werden durch Erhitzen der in A., Toluol oder Xylol gelösten Komponenten auf dem Wasserbade in Ggw. von bas. Kondens.-Mitteln, wie Na, NH_3 oder Alkylaminen, durchgeführt u. etwa vorhandene SR-Reste durch Rk. mit einem Amin R_1H gegen R_1 in bekannter Weise ausgetauscht. Salze erhält man durch einfaches Mischen mit den entsprechenden organ. oder anorgan. Säuren. — Beispiele: (5-Carbäthoxypyrimidin = **II**): *2-Piperidino-4-hydroxy*-II, F. 138—139°; *2-n-Propylamino-4-hydroxy*-II, F. 212—212,5°; *2-n-Butylamino-4-hydroxy*-II, F. 198 bis 200°; *2-Benzylamino-4-hydroxy*-II, F. 240—241°; *2-Allylamino-4-hydroxy*-II, F. 218 bis 219°; *2-n-Amylamino-4-hydroxy*-II, F. 180—182°; *2-Isoamylamino-4-hydroxy*-II, F. 210 bis 211°; *2-Isopropylamino-4-hydroxy*-II, F. 193—195°; *4-Isobutylamino-4-hydroxy*-II, F. 208—210°; ferner: *2-Dimethylamino-4-aminopyrimidin-5-carbonsäureamid*, F. 286 bis 287°, *Hydrochlorid*, F. 292° (Zers.); *2-Piperidino-4-hydroxypyrimidin-5-carbonsäureamid*, farblose Kristalle, F. 278° (Zers.); *2-n-Propylamino-4-hydroxypyrimidin-5-carbonsäureamid*, F. 285° (Zers.); *2-n-Butylamino-4-hydroxypyrimidin-5-carbonsäureamid*, F. 205°; *2-n-Propylamino-4-hydroxypyrimidin-5-carbonsäure-β-diäthylaminoäthylamid*, F. 260—262°; *2-n-Butylamino-4-hydroxypyrimidin-5-carbonsäure-β-diäthylaminoäthylamid*, F. 258—260°; *2-n-Butylamino-4-hydroxypyrimidin-5-carbonsäure-β-diäthylaminoäthylester*; *2-n-Butylamino-4-hydroxypyrimidin-5-carbonsäure-n-butylamid*; *2-n-Butylamino-4-hydroxypyrimidin-5-carbonsäuremethylamid*, F. 215—217°; *-äthylamid*, F. 220—222°; *-n-propylamid*, F. 224 bis 225°; *2-n-Propylamino-4-hydroxypyrimidin-5-carbonsäure*, F. 203°; *2-Piperidino-4-hydroxypyrimidin-5-carbonsäure*, F. 191° (Zers.); weiterhin folgende 4-Hydroxypyrimidin-5-carbonsäuren: R_1 = C_3H_5NH-, F. 197° (Zers.); R_1 = $C_6H_5-CH_2-NH-$, F. 197° (Zers.); R_1 = iso-$C_5H_{11}-NH-$, F. 186° (Zers.); R_1 = iso-C_4H_9-NH-, F. 197°, (Zers.); R_1=n-$C_5H_{11}-NH-$, F. 177°, (Zers.); R_1=iso-C_3H_7NH-, F. 188°, (Zers.); R_1 = $(C_2H_5)_2N-CH_2-CH_2-NH-$, F. 120—122° (Zers.); ferner folgende R_1-substituierten 4-Hydroxypyrimidin-5-carbonsäureamide: R_1 = C_3H_5-NH-, F. 278° (Zers.); R_1 = $C_6H_5-CH_2-NH-$, F. 205—208°; R_1 = $(C_2H_5)_2N-CH_2-CH_2-NH-$, F. 193—196°; R_1 = iso-$C_5H_{11}-NH-$, F. 263° (Zers.); R_1 = iso-C_4H_9-NH-, F. 278° (Zers.); R_1 = n-$C_5H_{11}-NH-$, F. 238° (Zers.); R_1 = iso-C_3H_7-NH-, F. 215 bis 218°. — *Diuretica*. (**D. A. S. 1 118 785** Kl. 12p vom 26/6. 1958, ausg. 7/12. 1961. Schwz. Prior. 12/7. u. 10/12. 1957 u. 30/5. 1958.) A. Kalix. 4807

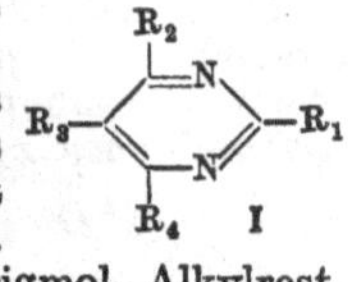

I

Miles Laboratories, Inc. (Erfinder: Shin Hayao), Elkhart, Ind., V.St.A., **1-Phenyl-4-[tetrahydropyryl-(2)]-piperazine** der Formel I, in der R = H, ein Halogenatom oder eine Hydroxyl-, niedere Alkyl- oder niedere Alkoxygruppe bedeutet, erhält man durch Rk. von 2-Hydroxytetrahydropyran mit einem R-substituierten Phenylpiperazin. — Folgende 4-[Tetrahydropyryl-(2)]-piperazine wurden hergestellt: *1-Phenyl-*, F. 98—99°, *Dihydrochlorid*, F. 180—181° (Zers.). — *1-p-Chlorphenyl-*, F. 148—148,5°, *Dihydrochlorid*, F. >255°. — *1-p-Tolyl-*, F. 93—95°, *Dihydrochlorid*, F. 217° (Zers.). — *1-p-Methoxy-*, F. 89—90°, *Dihydrochlorid*, F. 236—237° (Zers.). — *1-o-Chlorphenyl-*, F. 113—114°. — *Appetitmindernde Mittel*. (**D. A. S. 1 112 077** Kl. 12p vom 17/3. 1960, ausg. 3/8. 1961. A. Prior. 23/3. 1959.) F. Obermeier. 4807

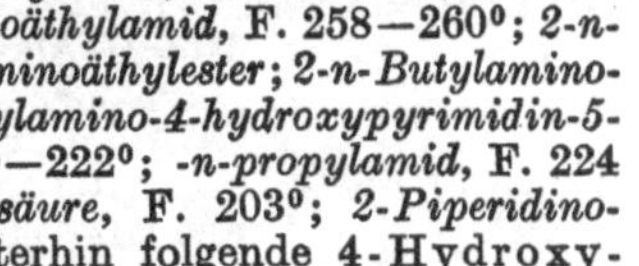

I

J. R. Geigy Soc. An., Schweiz, **Herstellung von Morpholinderivaten** der allg. Formel I (Ar = Arylrest; R_1 u. R_2 = H oder Alkylrest; R_3 = H, Alkyl- oder Alkenylrest; R_4 = KW-Stoff-Rest, evtl. durch O oder S unterbrochen u. ggf. substituiert oder mit R_2 zu einem 2wertigen Rest verbunden), dad. gek., daß man a) aus einer Verb. der Formel II W. abspaltet, b) ein Hydroxyamin der Formeln III bzw. IV mit einem Oxiran der Formeln V bzw. VI umsetzt oder c) I mit R_3 = H alkyliert oder alkenyliert. — Morpholine: 7,4 (Teile) Glycid, 16,5 L-Ephedrin u. 0,5 W. werden 15 Std. auf 90° erwärmt; nach Aufarbeiten aus Ae. erhält man *2-Phenyl-3.4-dimethyl-6-[hydroxymethyl]-*. — *2-Phenyl-3.4-dimethyl-6-[äthoxymethyl]-*, Kp.$_{0,03}$ 92—94°; *-5.6-tetramethylen-*, Kp.$_{0,02}$ 91 bis 93°; *-6-decyl-*, Kp.$_{0,0001}$ 139—140°; *2-[p-Chlorphenyl]-3-methyl-6-decyl-*, Kp.$_{0,0005}$ 150 bis 152°; *2-Phenyl-3.4.6-trimethyl-*, Kp.$_{0,05}$ 71—72,5°, $[\alpha]_D^{20}$ +34,8° (c = 1,349; Chlf.),

u. *2-[3'.'4-Dimethylphenyl]-3.6-dimethyl-*, aus Glycidäthyläther, Cyclohexenoxid, 1.2-Epoxydodecan, 1-[p-Chlorphenyl]-2-aminopropanol, Propylenoxid bzw. 1-[3'.4'-Dimethylphenyl]-2-aminopropanol. — *2-[4'-Hydroxyphenyl]-4-methyl-6-benzyl-*, *2-Phenyl-3.4-dimethyl-6-[phenoxymethyl]-*, *2-[3'.4'-Dimethoxyphenyl]-3-methyl-6-[phenoxymethyl]-*, *2-[4'-*

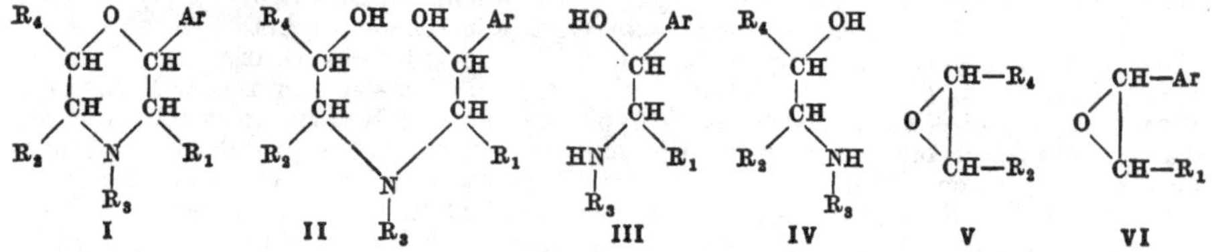

I II III IV V VI

Methoxyphenyl]-3-methyl-6-vinyl-, *2-Phenyl-3.4-dimethyl-6-[phenylmercaptomethyl]-*, Kp.$_{0,004}$ 135—138°, aus 1-[p-Hydroxyphenyl]-2-methylaminoäthanol u. Benzyläthylenoxid, 3-Phenoxy-1.2-epoxypropan, 1-[3'.4'-Dimethoxyphenyl]-2-aminopropanol u. 1-Phenoxy-2.3-epoxypropan, 1-[4'-Methoxyphenyl]-2-aminopropanol u. Butadienmonoxid bzw. 1-Phenylmercapto-2.3-epoxypropan. — *2-Phenyl-4-[n-butyl]-5.6-dimethyl-*, Kp.$_{0,001}$ 81 bis 82°; *2-[3'.4'-Dimethylphenyl]-3.6-dimethyl-4-allyl-* u. *2-Phenyl-5.6-dimethyl-*, Kp.$_{0,0007}$ 68°, aus Butylbromid, Allylchlorid bzw. [3-Hydroxybutyl-(2)]-[2-hydroxy-2-phenyläthyl]-amin, Kp.$_{0,0002}$ 106°. — *Heilmittel.* (**F. P. 1 224 814** vom 4/4. 1958, ausg. 27/6. 1960.)
S. Böttcher. 4807

J. R. Geigy Soc. An., Schweiz, **Herstellung von Morpholinderivaten** der allg. Formel I (Ar = Arylrest; R_1 u. R_2 = H oder Alkylrest; R_3 = H, Alkyl- oder Alkenylrest, R_4 u. R_5 = H, Alkyl-, Alkoxyalkyl-, Dialkylaminoalkyl-, Polymethyleniminoalkyl- oder Alkenylrest, R_4 u. R_5 können miteinander, auch über -O- oder -N-Alkyl-, verbunden sein), nach den Verf. des F. P. 1 224 814 (vgl. vorst. Ref.), oder durch Rk. entsprechender 2-[Halogenmethyl]-morpholine mit Aminen. — Morpholine: 16,5 (Teile) L-Ephedrin u. 13 1-Diäthylamino-2.3-epoxypropan werden nach 2 std. Stehen 1 Std. auf 100° erhitzt; nach Aufarbeiten aus Ae. erhält man *2-Phenyl-3.4-dimethyl-6-[diäthylaminomethyl]-*, Kp.$_{0,02}$ 106—107°. — *2-Phenyl-3.4-dimethyl-6-[N'-(γ-dimethylaminopropyl]-N'-methylaminomethyl]-* u. *-6-[bis-(2'-methoxyäthyl)-aminomethyl]-*, aus 1-[N'-(γ-Dimethylaminopropyl)-N'-methylamino]- bzw. 1-[Bis-(2'-methoxyäthyl)-amino]-2.3-expoxypropan.

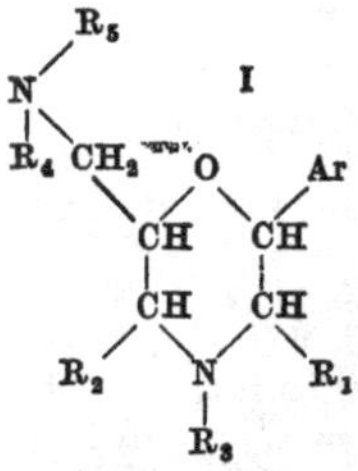

— *2-Phenyl-3.4-dimethyl-6-[piperidinomethyl]-*, Kp.$_{0,02}$ 116—118° (*Methojodid*, F. 267 bis 268°; *Bis-[methojodid]*, F. 225—227° [Zers.]), u. *-6-[morpholinomethyl]-*, Kp.$_{0,04}$ 124—125° (*Bis-tartrat*, F. ab 90°), aus 1-Piperidino- bzw. 1-Morpholino-2.3-epoxypropan (II). — *2-[p-Hydroxyphenyl]-4-methyl-6-[morpholinomethyl]-*, F. 133—134°, *2-[p-Chlorphenyl]-3-methyl-6-[piperidinomethyl]-*, Kp.$_{0,001}$ 130—134°, *2-Phenyl-3.4-dimethyl-6-[dibutylaminomethyl]-*, Kp.$_{0,0001}$ 107—110°, u. *-6-[N'-methylpiperazinomethyl]-*, Kp.$_{0,0002}$ 105—107°, *2-[3'.4'-Dimethylphenyl]-3-methyl-6-[piperidinomethyl]-*, Kp.$_{0,01}$ 165—170°, aus 1-[p-Hydroxyphenyl]-2-methylaminoäthanol u. II, 1-[p-Chlorphenyl]-2-aminopropanol, 3-[Dibutylamino]-1.2-epoxypropan, 3-[N'-Methylpiperazino]-1.2-epoxypropan bzw. 1-[3'.4'-Dimethylphenyl]-2-aminopropanol. — *2-Phenyl-6-[aminomethyl]-*, *2-Phenyl-4-methyl-6-[methylaminomethyl]-*, *2-[3'-Methoxyphenyl]-3-methyl-6-[piperidinomethyl]-*, *2-Phenyl-3.4-dimethyl-6-[diallylaminomethyl]-*, *2-Phenyl-4-methyl-6-[pyrrolidinomethyl]-* (*Dihydrochlorid*, F. 277 bis 278° [Zers.]), u. *2-Phenyl-3-methyl-4-allyl-6-[diäthylaminomethyl]-*, aus 1.3-Diaminopropanol-(2) u. Styroloxid, 1.3-Dimethylaminopropanol-(2), 1-[3'-Methoxyphenyl]-2-aminopropanol, 1-Diallylamino-2.3-epoxypropan, 2-Phenyl-6-[pyrrolidinomethyl]-morpholin bzw. Allylchlorid. — *Heilmittel.* (**F. P. 1 224 815** vom 4/4. 1958, ausg. 27/6. 1960. Schwz. Prior. 5/4. 1957.)
S. Böttcher. 4807

Hoffmann-La Roche & Co. Akt.-Ges., Basel, Schweiz (Erfinder: Leo Henryk Sternbach, Upper Montclair, N.J., V.St.A.), **Herstellung von Chinazolin-3-oxiden.** Verbb. der allg. Formel I können nach 2 verschiedenen Verff. hergestellt werden. Als Ausgangs-Prodd. dienen in beiden Fällen 2-Aminobenzophenonoxime der allg. Formel II. Diese werden nach dem einen Verf. mit einem α-Halogenacylhalogenid der Formel $XCH(R_1)-COX$ in Ggw. der äquivalenten Menge eines Alkalihydroxids umgesetzt u. das so erhaltene 2-Acylaminobenzophenonoxim durch Einw. von Säuren, bes. konz. H_2SO_4

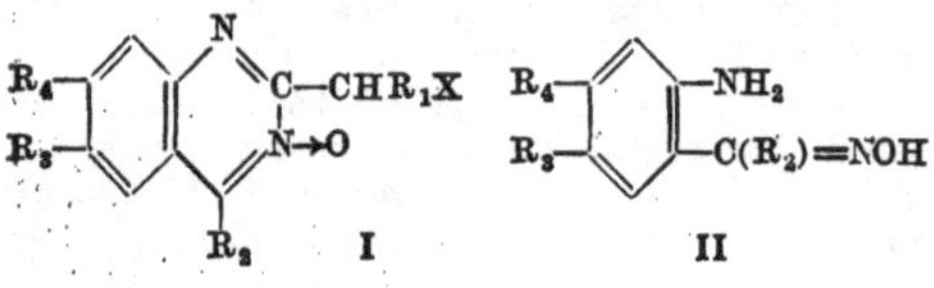

I II

oder HCl, dehydratisiert. Nach dem zweiten Verf. wird die Rk. mit $XCH(R_1)-COX$ in Ggw. von Säuren ausgeführt u. das Rk.-Prod. ggf. mit Mineralsäuren in ein Salz verwandelt. In den Formeln bedeuten R_1 ein H-Atom oder eine Alkylgruppe, R_2 eine (ggf. durch Halogen, NO_2 oder Alkoxygruppen substituierte) Phenylgruppe; R_3 u. R_4 H- oder Halogenatome oder Alkylreste, X ein Halogenatom. Bevorzugt hergestellt werden Verbb., in denen $R_1 = R_4 = H$, $R_2 = C_6H_5$ u. $R_3 = Cl$ ist. — Beispiele: Zu einer Lsg. von 0,01 Mol 2-Amino-5-chlorbenzophenon-α-oxim werden in kleinen Mengen abwechselnd 0,11 Mol Chloracetylchlorid u. die äquivalente Menge 3n NaOH innerhalb von 30 Min. unter Rühren zugetropft, wobei die Temp. stets auf 10—15° gehalten wird. Ansäuern mit HCl, Verdünnen mit W. u. Extrahieren mit Ae. ergibt 2-Chloracetamido-5-chlorbenzophenonoxim, farblose Blättchen, F. 165—167°. Eine Lsg. davon in Eisessig wird bei 60° mit HCl-Gas gesätt. u. 16 Std. bei Normaltemp. stehengelassen, Eindampfen des Gemisches ergibt *2-Chlormethyl-4-phenyl-6-chlorchinazolin-3-oxid*, F. 133—134°. — Ferner werden hergestellt: *2-[α-Bromäthyl]-4-phenyl-6-chlorchinazolin-3-oxid*, F. 183 bis 184°; *2-Chlormethyl-4-phenyl-6.7-dichlorchinazolin-3-oxid*, F. 159—160°; *2-Chlormethyl-4-phenyl-6-bromchinazolin-3-oxid*, F. 189—190°; *2-Chlormethyl-4-phenylchinazolin-3-oxid*, gelbe Nadeln, F. 160—161°; *2-Chlormethyl-4-phenyl-6-methylchinazolin-3-oxid*, Blättchen, F. 152—153°; *2-Chlormethyl-4-phenyl-6.7-dimethylchinazolin-3-oxid*, gelbe Nadeln; F. 169 bis 170°; *2-Chlormethyl-4-[4′-methoxyphenyl]-chinazolin-3-oxid·HCl*, gelbe Nadeln, F. 175 bis 177°; *2-Chlormethyl-4-[4′-chlorphenyl]-6.7-dimethylchinazolin-3-oxid*, gelbe Prismen, F. 192—193°. — *Cytostatika* u. Zwischenprodd. zur Herst. von 3H-1.4-Benzodiazepin-4-oxiden. (**D. A. S. 1 118 207** Kl. 12p vom 24/4. 1959, ausg. 30/11. 1961. A. Prior. 15/5. 1958.) A. KALIX. 4807

Soc. des Usines Chimiques Rhône-Poulenc, Paris (Erfinder: Robert Michel Jacob, Ablon, und Jacques Georges Robert, Gentilly), Frankreich, **Phenthiazinderivate** der allg. Formel **I** erhält man durch Rkk. zwischen Verbb. der allg. Formel **II** mit Phenthiazin-Derivv. der allg. Formel **I**, in denen A durch den Rest eines reaktionsfähigen Esters, z. B. durch einen H_2SO_4- oder Sulfonsäurerest oder ein Halogenatom substituiert ist. Hierbei ist X ein H- oder Halogenatom, ein Alkyl-, Alkoxy-, Acyl- oder Alkoxycarbonylrest mit 1—4 C-Atomen, ein CN-,

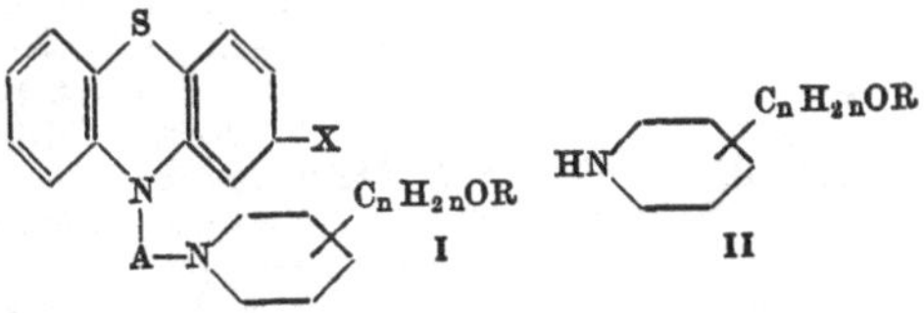

Methylmercapto-, Methansulfonyl- oder Dimethylsulfamidorest. $A = -(CH_2)_3-$ oder $-CH_2-CH(CH_3)-CH_2-$, n = 0, 1, 2 oder 3, R ist ein H-Atom, ein OH-, Acyl-, Hyroxyalkyl-, Acyloxyalkyl, Carbaminyloxyalkyl- oder Carbaminylrest, wobei der letztere am N-Atom substituiert sein kann u. z. B. einen Pyrrolidino-, Piperidino- oder Morpholinocarbonylrest bilden kann. Wenn R = H ist, können die Endprodd. in Acyl- oder Carbaminyl-Derivv. oder Urethane umgewandelt werden. Die Rkk. werden in wasserfreien Lsgm., wie Bzl., Toluol oder Xylol, durch Erhitzen unter Rückflußkühlung ausgeführt. — Es werden folgende Phenthiazine hergestellt: *3-Cyan-10-[3′-(4″-hydroxymethylpiperidino)-propyl]*-, gelbes kristallines Pulver, F. 123—124°; *3-Cyan-10-[3′-(2″-hydroxymethylpiperidino)-propyl]*-, *Hydrochlorid*, cremefarbenes kristallines Pulver, F. 219—221° (Zers.); *3-Cyan-10-[3′-(3″-hydroxymethylpiperidino)-propyl]*-, *Hydrochlorid*, cremefarbenes, kristallines Pulver, F. 200—205° (Zers.); *3-Cyan-10-[3′-(4″-dimethylcarbaminyloxymethylpiperidino)-propyl]*-, gelbes kristallines Pulver, F. 162—164°; *3-Cyan-10-[3′-(4″-hydroxypiperidino)-propyl]*-, gelbes kristallines Pulver, F. 116—117°; *3-Cyan-10-[3′-(3″-hydroxypiperidino)-propyl]*-, *saures Maleat*, hellgelbes kristallines Pulver, F. 138—140° (Zers.); *3-Chlor-10-[3′-(2″-hydroxymethylpiperidino)-propyl]*-, *saures Maleat*, weißes kristallines Pulver, F. 78—82°; *3-Chlor-10-[3′-(3″-hydroxymethylpiperidino)-propyl]*-, F. 179—182° (Zers.); *3-Chlor-10-[3′-(4″-hydroxymethylpiperidino)-propyl]*-*Hydrochlorid*, weißes, hygroskop. Pulver, F. 142—144°; *3-Cyan-10-[3′-(3″-hydroxyäthylpiperidino)-propyl]*-, *Hydrochlorid*, cremefarbenes, kristallines Pulver, F. 183—190° (Zers.); *3-Cyan-10-[3′-(4″-hydroxyäthylpiperidino)-propyl]*-, *saures Oxalat*, gelbes kristallines Pulver, F. 145°; *3-Cyan-10-[3′-(4″-acetoxypiperidino)-propyl]*-, gelbes kristallines Pulver, F. 105—106°; *3-Cyan-10-{3′-[4″-(3‴.4‴.5‴-trimethoxybenzoyloxy)-piperidino]-propyl}*-, gelbes kristallines Pulver, F. 134—135°; ferner folgende 3-Methoxyphenthiazine: *10-[3′-(4″-Acetoxypiperidino)-propyl]*-, F. 70—73°; *10-[3′-(4″-Trimethylacetoxypiperidino)-propyl]*-, F. 91—93°; *10-[3′-(4″-Acetoxymethylpiperidino)-propyl]*-, F. 66—69°; *10-[2′-Methyl-3′-(4″-acetoxypiperidino)-propyl]*-, F. 112—114°; *10-[3′-(4″-Methylcarbaminyloxypiperidino)-propyl]*-, F. 110—113°; *10-[3′-(4″-Morpholinocarbonyloxypiperidino)-propyl]*-, *saures Fumarat*, F. 176—178°; *10-[3′-(4″-Methylcarbaminyloxymethylpiperidino)-propyl]*-, *saures Oxalat*, F. 163—164°; *10-[3′-(4″-Morpholinocarbonyl-*

oxymethylpiperidino)-propyl]-, *saures Oxalat*, F. 163—165°; *10-[3'-(4''-Methylcarbaminyloxypiperidino)-2'-methylpropyl]-*, F. 138—140°; *10-[3'-(4''-Morpholinocarbonyloxypiperidino)-2'-methylpropyl]-*, *saures Oxalat*, F. 122—126°; *10-[3'-(4''-Methylcarbaminyloxymethylpiperidino)-2'-methylpropyl]-*, F. 127—128°; *10-[3'-(4''-Hydroxymethylpiperidino)-propyl]-*, F. 94—96°; *3-Methylmercapto-10-[3'-(4''-hydroxypiperidino)-2'-methylpropyl]-*, F. 170°; weiterhin folgende Phenthiazine: *3-Cyan-10-[3'-(4''-methylcarbaminyloxymethylpiperidino)-propyl]-*, gelbes, kristallines Pulver, F. 170—172°; *3-Cyan-10-{3'-[2''-(3'''-hydroxypropyl)-piperidino]-propyl}-*, *Hydrochlorid*, gelbes, kristallines Pulver, F. 174 bis 178°; *3-Cyan-10-[2'-methyl-3'-(4''-hydroxypiperidino)-propyl]-*, F. 134—135°; *3-Dimethylsulfamido-10-[3'-(4''-hydroxymethylpiperidino)-propyl]-*, *Hydrochlorid*, F. 160°; *3-Methoxy-10-[3'-(4''-hydroxypiperidino)-propyl]-*, weißes, kristallines Pulver, F. 99 bis 101°; *3-Methoxy-10-[2'-Methyl-3'-(4''-hydroxypiperidino)-propyl]-*, weißes kristallines Pulver, F. 137—138°; *3-Methoxy-10-[2'-methyl-3'-(4''-hydroxymethylpiperidino)-propyl]-*, weißes, kristallines Pulver, F. 85—87°; *3-Acetyl-10-[3'-(4''-hydroxypiperidino)-propyl]-*, *Oxalat*, orangegelbe Kristalle, F. 110—120°; *3-Acetyl-10-[2-'methyl-3'-(4''-hydroxypiperidino)-propyl]-*, F. 145—146°; *3-Methoxy-10-[2'-methyl-3'-(4''-carbaminyloxypiperidino)-propyl]-*, cremefarbenes Pulver, F. 164—165°. — *Sedativa* u. *Antiemetica*. (**D. A. S. 1 117 584** Kl. 12p vom 17/10. 1958, ausg. 23/10. 1961. F. Prior. 21/10. u. 18/12. 1957.) A. KALIX. 4807

J. R. Geigy Soc. An., Schweiz, **Herstellung substituierter Azepine** der allg. Formel I (X u. Y = H oder Halogen; Am = Dialkylaminogruppe, deren Alkylreste miteinander, auch über -O- oder Alkyliminoreste, verbunden sein können), dad. gek., daß man ein 5-[2'.3'-Epoxypropyl]-5H-dibenzo-[b.f]-azepin mit einem sek. Amin umsetzt u. die Rk.-Prodd. ggf. in *Salze* oder *quatern. Verbb.* überführt. — Aus Iminostilben u. Epichlorhydrin stellt man in Bzl. in Ggw. von $NaNH_2$ 5-[2'.3'-Epoxypropyl]-iminostilben her, $Kp._{0,02}$ 150 bis 160°, das man mit Diäthylamin 16 Std. kocht unter Bldg. von *5-[3'-Diäthylamino-2'-hydroxypropyl]-iminostilben*, F. 105—106°. — *5-[3'-Diäthylamino-2'-hydroxypropyl]-3.7-dichloriminostilben*, *Hydrochlorid*, F. 268—270°. — *5-[3'-Piperidino-*, $Kp._{0,002}$ 186—188°; *5-[3'-Pyrrolidino-*, $Kp._{0,002}$ 185°, u. *5-[3'-(N-Methylpiperazino)-2'-hydroxypropyl]-iminostilben*, F. 136—137°. — *Spasmolytica, Hypnotica*. (**F. P. 1 224 835** vom 19/12. 1958, ausg. 27/6. 1960. Schwz. Prior. 20/12. 1957.) S. BÖTTCHER. 4807

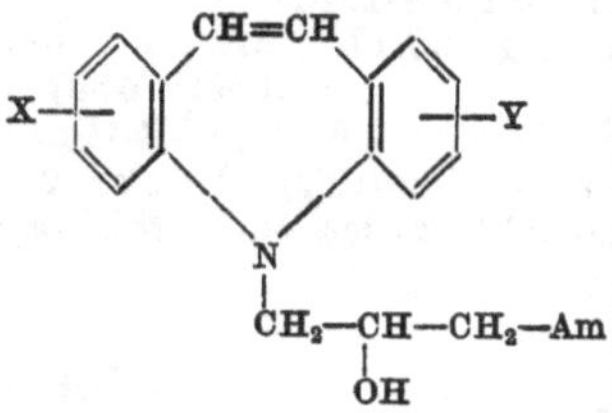

Glaxo Laboratories Ltd., Greenford (Erfinder: Benjamin Arthur Hems, Ickenham, England, William George Hanger, Duneding, Neuseeland, Ralph John Nicholls, Montrose, und Wilfred Frank Wall, Chalfont, St. Peter, England), **Abtrennung von 12-Ketosapogeninen oder deren 3-Acylaten** aus einem Gemisch mit nichtketon. Sapogeninen oder deren 3-Acylaten. Man setzt das zu trennende Gemisch in Ggw. einer schwachen Säure u. eines niederen aliphat. Alkohols mit Hydrazin (I) um, trennt das Azin-Deriv. des 12-Ketosapogenins oder seines Acylates durch Lösungsunterschiede in einem nichtpolaren Lsgm. von den nichtketon. Anteilen ab u. hydrolysiert evtl. das Azinderivat. — Man setzt z. B. das durch Hydrierung von getrockneten säurehydrolysierten Sisalrückständen erhaltene Prod., $[\alpha]_D^{20}$ —14,3°, in A. u. in Ggw. von Essigsäure mit I-Hydrat unter Rückfluß um → dem rohen *Azin-Deriv.*, $[\alpha]_D^{20}$ 39,2°, u. laugt dieses mit einer handelsüblichen hochsiedenden Erdölfraktion (SBP 3) bei der Siede-Temp. aus. Das gereinigte *Azin*, $[\alpha]_D^{20}$ 63°, läßt sich in CH_2Cl_2 mit konz. methanol. HCl bei normaler Temp. hydrolysieren → *Hecogenin*, $[\alpha]_D^{20}$ 1,1°; *Acetat*, $[\alpha]_D^{20}$ —6,6°, welches sich durch Behandlung mit „SBP 3" in die reine Verb., $[\alpha]_D^{20}$ —3,9°, F. 245 bis 251°, überführen läßt. — Analog: *Hecogeninacetat-azin*, F. 314—316°; $[\alpha]_D^{20}$ 71,5°. — *Botogenin-azin*, $[\alpha]_D^{20}$ —23°; daraus *Botogenin*, $[\alpha]_D^{20}$ —56,8°; *Acetat*, $[\alpha]_D^{20}$ —56,5°. — *Zwischenprodd. zur Herst. von Heilmitteln*. (**D. A. S. 1 106 321** Kl. 12o vom 7/8. 1959, ausg. 10/5. 1961. **F. P. 1 234 422** vom 7/8. 1959, ausg. 17/10. 1960. Beide E. Prior. 18/8. 1958 u. 28/5. 1959.) U. SIEVERS. 4807

British Drug Houses Ltd., London, England (Erfinder: David Neville Kirk, Vladimir Petrow, Martin Stansfield und David Morton Williamson), **17α-Hydroxy-16-methylen-Δ^4-pregnen-3.20-dione** erhält man durch Rk. eines entsprechenden 16-Methyl-$\Delta^{4.16}$-pregnadien-3.20-dions mit alkal. H_2O_2 in einem wasserlösl. organ. Lsgm., Spaltung des erhaltenen Epoxids mit einem Halogenwasserstoff u. Red. des erhaltenen Prod. mit RANEY-Ni in einem organ. Lösungsmittel. — Man setzt z. B. 16-Methyl-$\Delta^{4.16}$-pregnadien-3.20-dion in Methanol mit H_2O_2/NaOH um → *16-Methyl-16α.17α-epoxy-Δ^4-pregnen-3.20-dion*, F. 161—164°; $[\alpha]_D^{24}$ 150°, welches sich in Bzl. u. in

Ggw. von Eisessig mit HBr spalten u. anschließend mit Raney-Ni reduzieren läßt → *17α-Hydroxy-16-methylen-Δ^4-pregnen-3.20-dion*, F. 208—210°; $[\alpha]_D^{24}$ —9°; *Acetyl-Deriv.*, F. 222—224°; $[\alpha]_D^{24}$ —68°. — *Heilmittel*. (**E. P. 857 114** vom 11/8. 1958, ausg. 29/12. 1960. **D. A. S. 1 120 447** Kl. 12o vom 6/8. 1959, ausg. 28/12. 1961. E. Prior. 11/8. 1958 u. 28/7. 1959.) U. Sievers. 4809

Farbwerke Hoechst Akt.-Ges., vormals Meister Lucius & Brüning, Frankfurt/M. (Erfinder: Werner Fritsch, Neuenhain/Taunus, Werner Haech, Hofheim/Taunus, und Heinrich Ruschig, Bad Soden/Taunus), **Steroidthioäther** erhält man durch Rk. von entsprechenden Steroid-21-halogeniden (I) oder -sulfonsäureestern (II) mit Monoalkalisalzen von Mercaptocarbonsäureestern, Verseifung der erhaltenen Verbb. u. evtl. Überführung in die Alkalisalze oder durch Rk. der **I** oder **II** mit Mono- oder Di-Alkalisalzen von Mercaptocarbonsäuren u. Überführung der erhaltenen Salze in die freien Säuren. — Man setzt z. B. K-Mercaptoessigsäuremethylester in Ggw. von NaJ mit Δ^4-Pregnen-3.20-dion-21-yl-chlorid unter Rückfluß um → *Δ^4-Pregnen-3.20-dion-21-yl-mercaptoessigsäure*, F. 185°. — Analog: *Δ^4-Pregnen-3.20-dion-21-yl-β-mercaptopropionsäure*, F. 157°. — *Pregnan-3.20-dion-21-yl-mercaptoessigsäure*, F. 115 bis 117°. — *Δ^4-Pregnen-17α-ol-3.11-20-trion-21-yl-mercaptoessigsäure*, F. 179—180°. — *$\Delta^{1.4}$-Pregnadien-11β.17α-diol-3.20-dion-21-yl-mercaptoessigsäure*, F. 136°. — *Δ^4-Pregnen-3.20-dion-21-yl-β-mercapto-α-aminopropionsäure*, F. 159° (Zers.). — *Pregnan-3.20-dion-21-yl-β-mercaptopropionsäure*, F. 105—107°. — *$\Delta^{1.4}$-Pregnadien-3.20-dion-11β.17α-diol-21-yl-β-mercaptopropionsäure*, F. 204°. — *$\Delta^{1.4}$-Pregnadien-3.20-dion-11β.17α-diol-21-yl-β-mercapto-α-aminopropionsäure*, F. 180° (Zers.). — *Pregnan-3.20-dion-21-yl-β-mercapto-α-aminopropionsäure*, F. 190° (Zers.). — *Heilmittel*. (**D. A. S. 1 093 795** Kl. 12o vom 21/3. 1959, ausg. 1/12. 1960.) U. Sievers. 4809

Merck & Co., Inc., Rahway (Erfinder: Earl Martin Chamberlin, Westfield, John Martin Chemerda, Metuchen, Jan Ten Broeke, Rahway, und Edward Wells Tristram, Cranford), N.J., V.St.A., **16α-Alkylverbindungen der Pregnanreihe.** Man setzt z. B. 3α-Acetoxy-16α-methylpregnan-11.20-dion mit Br_2 in Ggw. von Eisessig um → *3α-Acetoxy-17α.21-dibrom-16α-methylpregnan-11.20-dion*, F. 227° (Zers.), welches sich mit äthanol. KOH überführen läßt → *3α-Hydroxy-16α-methyl-11-oxo-$\Delta^{17,20}$-pregnen-21-carbonsäure*, F. 215—223°; *Methylester*, F. 80—90°; daraus durch Red. mit $LiAlH_4$ in Ae. → *16α-Methyl-$\Delta^{17,20}$-pregnen-3α.11β.21-triol* (I), F. 161—164°, welches sich durch Rk. mit Acetanhydrid in Ggw. von Pyridin überführen läßt → **I**-*21-acetat*. Hieraus erhält man durch übliche Hydroxylierung mit OsO_4–H_2O_2 in Ggw. von Pyridin u. tert.-Butanol als Lsgm. → *3α.21-Diacetoxy-11β.17α-dihydroxy-16α-methylpregnan-20-on* (nach Acetylierung), F. 193,5—197,5°, welches sich durch Oxydation der 11β-ständigen Hydroxygruppe sowie Einführung der 4-ständigen Doppelbindung durch Bromierung u. Dehydrobromierung überführen läßt → *17α.21-Dihydroxy-16α-methyl-Δ^4-pregnen-3.11.20-trion*. — *Heilmittel* sowie Zwischenprodd. zu deren Herstellung. (**F. P. 1 217 010** vom 6/11. 1958, ausg. 29/4. 1960. **D. A. S. 1 095 826** Kl. 12o vom 10/11. 1958, ausg. 29/12. 1960. Beide A. Prior. 13/11. 1957.) U. Sievers. 4809

Laboratoires Français de Chimiothérapie, Paris (Erfinder: Georges Muller, Nogent-sur-Marne), Frankreich, **9α-Fluor-16α-methyl-$\Delta^{1.4}$-pregnadienverbindungen.** — Man oxydiert z. B. 16α-Methylpregnan-3α.17α-diol-11.20-dion mit CrO_3 in Aceton u. H_2SO_4 → *16α-Methylpregnan-17α-ol-3.11.20-trion*, F. 205°; $[\alpha]_D$ 35°, welches sich durch übliche Rk. mit Br_2 in Essigsäure u. in Äthylacetat als Lsgm. sowie in Ggw. von HBr überführen läßt → *16α-Methyl-2.4-dibrompregnan-17α-ol-3.11.20-trion*, F. ca. 200° (Zers.); $[\alpha]_D^{20}$ —30°; daraus durch Dehydrobromierung mit Li_2CO_3–LiBr in Dimethylformamid → *16α-Methyl-$\Delta^{1.4}$-pregnadien-17α-ol-3.11.20-trion*, F. 234°; $[\alpha]_D^{20}$ 140°, welches sich durch Überführung in das 3.20-Disemicarbazon u. anschließende Red. der 11-ständigen Ketogruppe mit KBH_4 in Tetrahydrofuran überführen läßt → *16α-Methyl-$\Delta^{1.4}$-pregnadien-11β.17α-diol-3.20-dion-3.20-disemicarbazon*; daraus durch übliche Abspaltung der Schutzgruppen mit Brenztraubensäure → *16α-Methyl-$\Delta^{1.4}$-pregnadien-11β.17α-diol-3.20-dion*, F. 224°; $[\alpha]^{20}$ 36°. Durch Dehydratisierung mit Methansulfonylchlorid u. $SOCl_2$ in Pyridin–Dimethylformamid erhält man hieraus → *16α-Methyl-$\Delta^{1.4.9}$-pregnatrien-17α-ol-3.20-dion*, F. 224°; $[\alpha]_D^{20}$ —28°, welches sich durch Anlagerung von HOBr u. Dehydrobromierung des Bromhydrins mit äthanol. KOH überführen läßt → *16α-Methyl-9β.11β-oxido-$\Delta^{1.4}$-pregnadien-17α-ol-3.20-dion*, F. 253°; $[\alpha]_D^{20}$ —24°; daraus durch Epoxidspaltung mit H Fin Chlf. → *16α-Methyl-9α-fluor-$\Delta^{1.4}$-pregnadien-11β.17α-diol-3.20-dion* (I), F. 285°; $[\alpha]_D^{20}$ 73°. Durch mikrobiolog. Hydroxylierung der 21-Stellung mit einer Kultur von *Colletotrichum lindemuthianum* erhält man hieraus → *16α-Methyl-9α-fluor-$\Delta^{1.4}$-pregnadien-11β.17α.21-triol-3.20-dion*. Man kann auch **I** mit

CrO_3 in Essigsäure oxydieren → *16α-Methyl-9α-fluor-$\Delta^{1.4}$-pregnadien-17α-ol-3.11.20-trion*, F. 262—264°; $[\alpha]_D^{20}$ 102°, welches sich in der beschriebenen Weise in 21-Stellung hydroxylieren läßt → *16α-Methyl-9α-fluor-$\Delta^{1.4}$-pregnadien-17α.21-diol-3.11.20-trion*; *21-Acetat*, F. 166°. — *Heilmittel* sowie Zwischenprodd. zu deren Herstellung. (**D. A. S. 1 121 611** Kl. 12o vom 3/12. 1959, ausg. 11/1. 1962. F. Prior. 16/12. 1958.) U. Sievers. 4809

Farbwerke Hoechst Akt.-Ges., vormals Meister Lucius & Brüning, Frankfurt/M. (Erfinder: Fritz Lindner, Hofheim/Taunus, Josef Schmidt-Thomé, Rudolf Junk und Georg Nesemann, Frankfurt/M.), **$\Delta^{1.4.17,20}$-Pregnatriene** erhält man durch Bebrütung der entsprechenden $\Delta^{4.17,20}$-Pregnadiene mit einer Kultur einer *Corynebacterium*-Art oder mit *Bacillus sphaericus*, deren Varianten oder Mutanten oder den daraus gewonnenen Fermenten in Ggw. eines reichen Nährbodens, zweckmäßig unter Zusatz von Methanol bzw. Phenyl-β-naphthylamin u. übliche Abtrennung der Gärungsprodukte. — $\Delta^{4.17,20}$-Pregnadien-11β.21-diol-3-on mit *Corynebacterium simplex* → *$\Delta^{1.4.17,20}$-Pregnatrien-11β.21-diol-3-on*. — Es werden weiter beschrieben: *6α-Methyl-$\Delta^{1.4.17,20}$-pregnatrien-11β.21-diol-3-on*, *$\Delta^{1.4.17,20}$-Pregnatrien-21-ol-3.11-dion*, F. 178°; $[\alpha]_D^{21}$ 188°. — *Zwischenprodd. zur Herst. von Heilmitteln.* (**D. A. S. 1 107 225** Kl. 12o vom 5/8. 1959, ausg. 25/5. 1961.) U. Sievers. 4809

Løvens Kemiske Fabrik ved A. Kongsted, Ballerup, Dänemark, **Herstellung von 6α-Trifluormethylsteroiden.** 3-Keto-6α-trifluormethyl-Δ^4- u. 3-Keto-6α-trifluormethyl-$\Delta^{1.4}$-steroide der Androstan-, 19-Norandrostan-, Pregnan- u. 19-Norpregnangruppe sowie ihre 3-Enoläther gewinnt man, indem man zunächst die Ketogruppe der Steroide in eine Enoläther- oder cycl. Ketalgruppe umwandelt u. diese mit Trifluorjodmethan reagieren läßt, u. zwar in Ggw. einer organ. Base. Diese Rk. wird durch Einw. von UV-Strahlung u. durch die Ggw. von katalyt. Mengen an Acylperoxiden beschleunigt. Wenn die Herst. eines 3-Keto-6α-trifluormethyl-Δ^4-steroids (I) beabsichtigt ist, wird das Rk.-Prod. einer sauren Hydrolyse unterworfen, wenn das $\Delta^{1.4}$-Homologe von I hergestellt werden soll, dann wird nach bekannten Dehydrierungs-Verff. eine C=C-Bindung in die 1,2-Stellung von I eingeführt. (**Port. P. 38 167** vom 15/3. 1961, Auszug veröff. 27/5. 1961. E. Prior. 18/3. u. 8/6. 1960.) A. Kalix. 4809

Sterling Drug, Inc., New York, N.Y., V.St.A., **Herstellung von 3-Keto-$\Delta^{4.6}$-androstadienderivaten** mit anabol. u. antiketabol. Wirkung. Man führt in an sich bekannter Weise in ein 17α-Alkyl-17β-hydroxy- oder -acyloxy-3-keto-Δ^4-androsten, dessen Substituenten in 17-Stellung jeder höchstens 9 C-Atome enthalten, eine Δ^6-Bindung ein. — Man kocht 17α-Methyl-Δ^4-androsten-17β-ol-3-on in CCl_4 mit N-Bromsuccinimid → *6-Brom-17α-methyl-Δ^4-androsten-17β-ol-3-on*, F. 135—136°. Dieses wird mit γ-Collidin gekocht → *17α-Methyl-$\Delta^{4.6}$-androstadien-17β-ol-3-on*, F. 196—197,5°. Durch Erhitzen mit Propionsäureanhydrid in Ggw. von Pyridin erhält man hieraus *17α-Methyl-17β-propionoxy-$\Delta^{4.6}$-androstadien-3-on*, blaßgelbe Blättchen, F. 77—78°. — Analog: *17α-Methyl-17β-acetoxy-$\Delta^{4.6}$-androstadien-3-on*, F. 149,5—152,5°. — *17α-Äthyl-$\Delta^{4.6}$-androstadien-17β-ol-3-on*, F. 177,5—182°. (**Holl. P. 98 234** vom 22/2. 1957, ausg. 15/6. 1961. A. Prior. 27/2. 1956.) F. Böhm. 4809

Glaxo Laboratories Ltd., Greenford (Erfinder: Joseph Elks, London, und Gardon Henley Phillipps, Greenford), England, **Steroid-21-phosphate** erhält man durch Rk. eines 21-Halogen- oder -sulfonyloxysteroids der Pregnanreihe mit einer Phosphorsäure oder einer partiell veresterten Phosphorsäure in Ggw. einer organ. Base, die in W. ein pK von mindestens 7 besitzt, u. eines inerten Lsgm.; sodann wird das Lsgm. aus dem Rk.-Gemisch verdampft, den Rückstand mit Methanol löst, die Lsgg. mit methanol. Alkalihydroxid behandelt, das ausgeschiedene anorgan. Phosphat abtrennt u. die Lsg. zur Trockne verdampft. — Man setzt z. B. 21-Jod-11β.17α-dihydroxy-Δ^4-pregnen-3.20-dion in Acetonitril mit 90%ig. H_3PO_4 in Ggw. von Triäthylamin um → *Hydrocortison-21-phosphat*. — Analog: die *21-Phosphate des Prednisolons*, *3β.17α.21-Trihydroxy-5α-pregnan-11.20-dions*, F. 215—218° u. 265—268° (Zers.); $[\alpha]_D$ 28,8° (als Dinatriumsalz). — Die erhaltenen 21-Phosphate können in Form ihrer Alkalisalze durch Rk. mit organ. Basen in die entsprechenden Ammoniumsalze übergeführt werden. So werden beschrieben: *Prednisolon-21-dicyclohexylammoniumphosphat*, F. 190—205° (Zers.), $[\alpha]_D$ 83°. — *Hydrocortison-21-cyclohexylammoniumbenzylphosphat*, F. 190—195°; $[\alpha]_D$ 99,5°. — *Hydrocortison-21-dibenzylphosphat*, F. 170—172°; $[\alpha]_D$ 114,5°. — *Prednison-21-dinatriumphosphat*, F. 188—189° (Zers.); $[\alpha]_D$ 132° (als Tetrahydrat). — *Bis-[hydrocortison-21]-cyclohexylammoniumphosphat*, F. 215—216° (Zers.); $[\alpha]_D$ 143,2° (als Dihydrat). — *Bis-[hydrocortison-21]-natriumphosphat*, F. 218—220°; $[\alpha]_D$ 172°. — *Bis-[prednisolon-21]-cyclohexylammoniumphosphat*, F. 210—216° (Zers.); $[\alpha]_D$ 123°. — *Bis-[prednisolon-21]-natriumphosphat*, F. 226—227°; $[\alpha]_D$ 118°. — *21-Hydroxy-5α-pregnan-3.20-dion-21-dinatriumphosphat*, F. 208—212°; $[\alpha]_D$ 82,5° (Dihydrat). — *21-Hydroxypregnan-3.20-dion-*

21-dinatriumphosphat, F. 180—185°; $[\alpha]_D$ 78° (Dihydrat). — *Heilmittel.* (**D. A. S. 1 087 597** Kl. 12o vom 18/11. 1958, ausg. 25/8. 1960. E. Prior. 19/11. 1957.) U. Sievers. 4809

Gerhard Langbein und Manfred Meyer, Jena, **Herstellung von Cortisonestern** durch Acylierung von 11.17α.21-Trihydroxy-Δ^4-pregnen-3.20-dion (I) in Ggw. von carbonsauren Salzen der Metalle der I. u. II. Hauptgruppe des Period. Syst., Zusatz von W. oder Methanol zur Rk.-Lsg. zur Abtrennung überschüssigen Acylierungsmittels, Versetzen mit wss. CrO_3-Lsg. u. ggf. SO_4^{2-}-Ionen u. Isolierung des Cortisonesters aus dem Niederschlag. — 500 mg I, 3,32 (ml) Essigsäure u. 1,7 Acetanhydrid werden mit K-Acetat versetzt u. 3 Std. lang bei 50° gehalten. Nach Zusatz von 2,5 W. wird noch 20 Min. lang bei 50° gehalten, danach werden 0,045 konz. H_2SO_4 u. 440 mg CrO_3 zugesetzt, nach 90 Min. langem Stehen wird mit W. versetzt u. der Nd. aus Aceton umkrist.: *Cortisonacetat*; Ausbeute 80%. (**D. P. [DDR] 22 448** Kl. 12o vom 25/11. 1959, ausg. 22/12. 1961 [Wirtschaftspatent].) L. Grossner. 4809

Merck & Co., Inc., Rahway, übert. von: Urban J. Lewis, Scotch Plains, und Norman G. Brink, Westfield, N.J., V.St.A., **Isolierung des Wachstumhormons** aus menschlichen Hypophysen in krist. Form, dad. gek., daß man die Drüsen bei —5° mit Aceton extrahiert, den Rückstand mit 0,3m KCl-Lsg. bei einem pH von ca. 5,5 behandelt, den Nd. abtrennt, den Extrakt mit 1n KOH-Lsg. auf ein pH von ca. 8,5 einstellt, die wss. Lsg. mit A. auf eine A.-Konz. von 30% bringt, den Nd. (a) entfernt, den A.-Extrakt mit 4n HCl auf ein pH von 6,1 bringt, den Nd. (b) abtrennt, die vereinigten Ndd. a u. b mit 0,1n KCl-Lsg. bei pH 11 extrahiert, den Nd. abtrennt, die Lsg. mit 4n HCl auf ein pH von 4,8 einstellt, den Nd. abtrennt, die Lsg. mit 1n KOH auf ein pH von 7,5 bringt u. durch Zugabe von A. die A.-Konz. in der Lsg. auf ca. 15% bringt u. das krist. ausfallende Wachstumshormon abtrennt. Alle Verf.-Schritte werden bei einer Temp. $<10°$ durchgeführt. Die Reinigung des Hormons erfolgt chromatograph. über Diäthylaminoäthylcellulose als Adsorbens. (**A. P. 2 974 088** vom 18/7. 1958, ausg. 7/3. 1961.) W. Heyer. 4809

Beecham Research Laboratories Ltd., Brentford, England, **Herstellung von Penicillinderivaten.** 6-Aminopenicillincarbonsäure oder ein neutrales Salz davon wird in einem wasserfreien Lsgm. in Ggw. einer Base mit einer Säure der allg. Formel I, einem Anhydrid, Bromid oder Chlorid davon zu einem Penicillin-Deriv. der allg. Formel II umgesetzt. Hierbei ist Z ein (ggf. substituierter heterocycl. Rest, R_1 u. R_2 sind einander gleich oder verschieden u. stellen Alkyl-, Aryl-, Aralkyl-, Cycloalkyl-, Alkoxy-, Aryloxy-, Aralkoxy-, Alkylmercapto-, Arylmercapto-, Aralkylmercapto- oder heterocycl. Gruppen dar, die durch ein Halogenatom substituiert sein können. R_1 u. R_2 können zusammen auch ein an Z ankondensiertes Ring-Syst. darstellen. Die Rk.-Prodd. können anschließend in ungiftige Salze umgewandelt werden. — Beispiele: 5-Methyl-3(oder 5)-phenylisoxazolylpenicillin, 5-[Furyl-(2)]-3-methylisoxazolyl-(4)-penicillin; 3-Methyl-5-[3'.5'-dimethylisoxazolyl-(4')]-isoxazolyl-(4)-penicillin, 3-Methyl-5-[thienyl-(2)]-isoxazolyl-(4)-penicillin; 3-[p-Chlorphenyl]-5-methylisoxazolyl-(4)-penicillin, 3-Äthoxy-2-methylisoxazolyl-(4)-penicillin. (**Port. P. 38 175** vom 17/3. 1961, Auszug veröff. 27/5. 1961. E. Prior. 31/3. u. 18/7. 1960.) A. Kalix. 4811

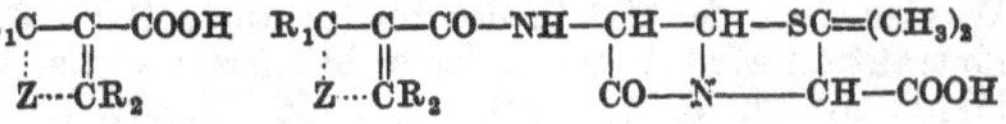

I II

American Cyanamid Co. (Erfinder: Joseph Jacob Goodman), New York, N.Y., V.St.A., **Herstellung von 7-Chlor-6-desmethyltetracyclin** durch aerobe Fermentation eines wss. Fermentationsmediums (II) mit einem 7-Chlor-6-desmethyltetracyclin produzierenden Stamm von Streptomyces aureofaciens, dad. gek, daß die Fermentation in Ggw. von zusätzlichem Cu durchgeführt wird. Hierbei werden dem II 13—250, bes. ca. 13 bis ca. 60, (Teile) Cu in Form seiner wasserlösl. Salze, vorzugsweise $CuSO_4$, je Million II zugesetzt. Ausbeuteerhöhung unter gleichzeitiger Verringerung der Bldg. von 6-Desmethyltetracyclin, so daß sich dessen Abtrennung vom Haupt-Prod. erübrigt. — *Antibioticum.* (**D. A. S. 1 111 777** Kl. 30h vom 5/8. 1960, ausg. 27/7. 1961. A. Prior. 7/8. 1959.) H. Schindler. 4811

Chas. Pfizer & Co., Inc., Brooklyn, N.Y. (Erfinder: Koppaka Visveswara Rao, Pinebrook, William Stephen Marsh, Ringwood, und Donald Walter Renn, New Milford, N.J.), V.St.A., **Herstellung von Actinomycin P_2** mittels Streptomyces aureofaciens ATCC 13336 auf üblichem fermentativem Wege, ggf. Abtrennung des *Antibioticums* aus dem Nährmedium ggf. durch Lösungsmittelextraktion. Charakterist. morpholog. u. physiolog. Eigg. des Mikroorganismus (Tabellen), Züchtungs-, Fermentations- u. Gewinnungsbeispiele. Die bei der Fermentation in geringen Mengen entstandenen Komponenten P_1 u. P_3 werden durch Säulenverteilungschromatographie von P_2 getrennt. Das Gemisch kann jedoch zur Tumorbehandlung bei Mensch u. Tier unmittelbar verwendet werden. *Actinomycin P_2*, F. 242—245° (Zers.), leuchtendrote, rechteckige Plättchen, mit charakterist. UV- u. IR-Spektren (Kurven). DL u. Sterblichkeitsrate sowie Antitumoraktivität in Tabellen. (**D. A. S. 1 111 341** Kl. 30h vom 10/3. 1960, ausg. 20/7. 1961. A. Prior. 10/3. 1959.) H. Schindler. 4811

Mamao Umezawa, Masahiro Ueda und Kenji Maeda, Tokyo, Japan, **Abtrennung der Komponente B des Kanamycins,** das in üblicher Weise auf biolog. Wege mittels Streptomyces kanamyceticus gewonnen wurde, dad. gek., daß der Fermentations-Fl. Na-Dodecylbenzolsulfonat zugesetzt, der Nd. des Kanamycin-B-dodecylbenzolsulfonats in Methanol gelöst, durch Zusatz von Säure das entsprechende Kanamycin-B-Salz ausgefällt u. dieses abgetrennt wird. *Kanamycin B*, Base, kein F., bei 170° Dunkelfärbung, bei 176° dunkle gummiartige Substanz, $[\alpha]_D$ —135° (c = 0,63 in W.), *Salicyl-Deriv.*, Zers. bei 255—265°, ohne F., während die Kanamycin A-Base einen F. 272—274° (Zers.) hat. IR-Spektrum — Kurve. (**D. A. S. 1 115 413** Kl. 30h vom 11/12. 1958, ausg. 19/10. 1961. A. Prior. 16/12. 1957.) H. Schindler. 4811

Glaxo Laboratories Ltd., Greenford, Middlesex (Erfinder: Alan Wilson, Ulverston, Lancashire, Alan Humphrey Raper, Gainford, Gordon Campbell Sayer, Barnad Castle, Durham, Arthur Pickup Best, Grange-over-Sands, John Willis Richards und George Shaw, Ulverston, Lancashire, und Arthur Ronald Lockwood, Darlington, Durham), England, **Gewinnung von Griseofulvin** aus einer Gärmaische (**II**), die durch Züchtung eines **I** erzeugenden Mikroorganismus in einem dafür geeigneten Nährmedium erzeugt wurde, durch Abtrennen des Mycels (**III**) aus **II** u. Extraktion des **III**, dad. gek., daß **II** auf wenigstens 60° u. nicht >120° erhitzt, das feste **III** von **II** abgetrennt, die abgetrennte feste Substanz mit einem wassermischbaren Lsgm., das das Antibioticum Griseofulvin (**I**) löst, extrahiert u. **I** aus dem erhaltenen Extrakt gewonnen wird. Das Erhitzen von **II** vor dem Filtrieren soll bei saurem pH-Wert vorgenommen werden. Dem Lsgm.-Extrakt wird vor oder nach dem Entfernen des festen **III** $Ca(OH)_2$ zugesetzt, u. zwar sollen 2,5—50, bes. 5—25 g, $Ca(OH)_2$ in der Extrakt-Lsg. je Liter ursprünglicher, nicht filtrierter **II** anwesend sein. Als Lsgm. dient z. B. Aceton, dessen Vol. vorzugsweise das Dreizehnfache des nassen, festen **III** beträgt. Der Wasser-Geh. des **III**-Breies in Aceton soll 5—30, bes. 10—15, Vol.-% betragen. Die Extraktion wird in der Kälte u. in Ggw. von $Ca(OH)_2$ bei pH von ≧10 durchgeführt. — Mengenbeispiele. (**D. A. S. 1 116 865** Kl. 30h vom 1/4. 1960, ausg. 9/11. 1961. E. Prior. 1/4. 1959.) H. Schindler. 4811

Ciba Akt.-Ges., Basel (Erfinder: Ernst Gäumann, Vladimir Prelog, Zürich, und Ernst Vischer, Basel), Schweiz, **Herstellung von Avilamycin** auf üblichem biolog. Wege mittels Streptomyces viridochromogenes A 23575 u. Gewinnung des *Antibioticums* aus dem Kulturfiltrat u. Reindarstellung. Morphologie u. Physiologie des Mikroorganismus. Beispiele für Züchtung u. Fermentation. *Avilamycin*, farblose Nadeln aus Aceton, F. 188—189,5°, $[\alpha]_D^{20}$ +0,8 (c = 1,165 in A.) oder —7,7° (c = 1,083 in Chlf.). Charakterist. UV- u. IR-Spektren — Kurven — u. antibakterielles Spektrum — Tabelle. (**D. A. S. 1 116 864** Kl. 30h vom 14/7. 1960, ausg. 9/11. 1961. Schwz. Prior. 23/7. 1959 u. 10/5. 1960.) H. Schindler. 4811

Ciba Akt.-Ges., Basel (Erfinder: Ernst Gäumann, Vladimir Prelog, Zurich, und Ernst Vischer, Basel), Schweiz, **Herstellung des Antibioticums Mikonomycin** durch übliche biolog. Züchtung des Streptomyces albogriseolus, Stamm A 21066, Gewinnung aus dem Kulturfiltrat u. Reindarstellung. Morpholog. u. physiolog. Eigg. des Mikroorganismus. Beispiel für Züchtung, Fermentation, Extraktion u. Isolierung des Antibioticums. *Mikonomycin*, F. 111—116°, $[\alpha]_D^{20}$ —40° (in A.), mit Acetanhydrid–Pyridin *Acetylierungs-Prod.*, F. 167—174°, $[\alpha]_D^{20}$ — 14° (in A.). Antibakterielles, UV- u. IR-Spektren. Tabellen — Kurven. (**D. A. S. 1 110 820** Kl. 30h vom 6/5. 1960, ausg. 13/7. 1961. Schwz. Prior. 15/5. 1959.) H. Schindler. 4811

Mallinckrodt Chemical Works, St. Louis, Mo., V.St.A., *Wasserfreie Ferrofumarate.* (**E. P. 807 638** vom 14/3. 1957, ausg. 21/1. 1959. A. Prior. 18/5. 1956. — C. 1961. 936 [D. A. S. 1 087 126].)

Ciba Ltd., Basel, Schweiz (Erfinder: **Jean Druey, Paul Schmidt, Kurt Eichenberger und Max Wilhelm**), *Herstellung von 2-Methylpentyl-(4)-hydrazin.* (**Aust. P. 230 944** vom 21/11. 1958, ausg. 24/11. 1960. Schwz. Prior. 27/6. 1958. — C. 1961. 16198 [D. A. S. 1 106 335].)

Sterling Drug, Inc., New York, N.Y., V.St.A., *Herstellung von Halogenacetylaminopropionylamiden.* (**Holl. P. 99 289** vom 20/12. 1955, ausg. 16/10. 1961. A. Prior. 27/12. 1954. — C. 1960. 2619 [D. A. S. 1 028 128].)

Ciba Ltd., Basel, Schweiz, *Herstellung von α-[p-Aminophenyl]-α-äthylsuccinimiden.* (**E. P. 875 023** vom 10/11. 1958, ausg. 16/8. 1961. Schwz. Prior. 8/11. 1957. — C. **1962.** 569 [F. P. 1 216 332].)

Chemopharma, Národní Podnik, Aussig (Erfinder: **Zdeněk Buděšínský, Václav Musil, Alois Šváb** und **Emil Zikmund**, Prag), Tschechoslowakei, *Hypoglykämisch wirkende Derivate der p-Toluolsulfonylaminoessigsäure.* (**D. A. S. 1 125 439** Kl. 12q vom 15/4. 1958, ausg. 15/3. 1962. Tschech. Prior. 30/4. 1957. — C. **1961.** 937 [Oe. P. 203 482].)

Canadian Patents & Development Ltd., Ottawa (Erfinder: **Marvin Darrach** und **William I. Polglase**, Vancouver), Canada, *Herstellung eines Aminosäurederivats der p-Aminosalicylsäure.* (**Schwz. P. 359 715** vom 2/6. 1958, ausg. 15/3. 1962. A. Prior. 3/6. 1957. — C. **1961.** 9515 [A. P. 2 891 091].)

Farbwerke Hoechst Akt.-Ges., vormals Meister Lucius & Brüning, Frankfurt/M. (Erfinder: **Walter Siedel**, Bad Soden, **Helmut Nahm** und **Henning Pini**, Frankfurt/M.), *Herstellung von Diphenyläthern.* (**Schwz. P. 358 438** vom 22/12. 1956, ausg. 15/1. 1962. D. Prior. 24/12. 1955. — C. **1960.** 10321 [Oe. P. 197 814].)

Soc. des Usines Chimiques Rhône-Poulenc, Paris (Erfinder: **Henri Moureu** und **Paul Chovin**, Paris), Frankreich, *Herstellung von 5.5'-Dinitro-2.2'-dichlorbenzil.* (**D. A. S. 1 121 038** Kl. 12o vom 13/6. 1957, ausg. 4/1. 1962. **Schwz. P. 357 384** vom 12/6. 1957, ausg. 30/11. 1961. — C. **1962.** 5767 [Holl. P. 97 700].)

Geschickter Fund for Medical Research, Inc., Washington, D.C. (Erfinder: **Leonard M. Rice**, Baltimore, Md., und **Charles H. Grogan**, Falls Church, Va.), V.St.A., *N-substituierte Endoxyperhydroisoindole.* (**D. A. S. 1 126 876** Kl. 12p vom 19/10. 1954, ausg. 5/4. 1962. A. Prior. 20/10. 1953. — C. **1958.** 5162 [E. P. 770 624].)

Sandoz Akt.-Ges., Basel, Schweiz, *Herstellung von Pyrazolonderivaten.* (**Holl. PP. 99 992** vom 27/3. 1958, ausg. 15/12. 1961. Schwz. Prior. 25/9. u. 1/11. 1957 u. 31/1. 1958 u. **99 993** vom 27/3. 1958, ausg. 15/12. 1961. Schwz. Prior. 25/9. u. 1/11. 1957. — C. **1960.** 14114 [Oe. P. 203 002].)

Commissionaria Farmaceutica Milanese (Erfinder: **Giuseppe Da Re**), *Pyrazolidinderivate.* (**Aust. P. 228 576** vom 29/11. 1957, ausg. 30/6. 1960. — C. **1961.** 12930 [E. P. 839 057].)

Ciba Akt.-Ges., Basel, Schweiz, *Herstellung von Benzimidazolen.* (**E. P. 870 521** vom 1/9. 1958, ausg. 14/6. 1961. Schwz. Prior. 30/8. u. 27/9. 1957. — C. **1962.** 2085 [D. A. S. 1 079 646].)

Ciba Akt.-Ges., Basel, Schweiz, *Herstellung von Benzimidazolen.* (**E. P. 871 808** vom 15/8. 1958, ausg. 28/6. 1961. Schwz. Prior. 27/9. 1957. — C. **1962.** 570 [Oe. P. 207 838].)

Parke, Davis & Co., Detroit (Erfinder: **Edward Faith Elslager, Franklin Willard Short**, St. Clair Shores, Mich., und **Elinor Sabine Lademann Benton**, Gainesville, Fla.), V.St.A., *N-Hydroxyäthyl-N-pyridylmethyldihalogenessigsäureamide.* (**D. A. S. 1 125 928** Kl. 12p vom 3/10. 1955, ausg. 22/3. 1962. A. Prior. 23/12. 1954. — C. **1957.** 3079 [A. P. 2 731 470].)

Parke, Davis & Co., Detroit, Mich., V.St.A., *Herstellung von Benz-[c]-acridinverbindungen.* (**Holl. P. 99 288** vom 14/12. 1955, ausg. 16/10. 1961. — C. **1960.** 16523 [Oe. P. 196 877].)

Ciba Ltd., Basel, Schweiz (Erfinder: **Jean Druey** und **Paul Schmidt**), *Substituierte Pyrazolopyrimidine.* (**Aust. P. 222 943** vom 30/1. 1957, ausg. 20/8. 1959. Schwz. Prior. 10/2., 7/4., 16/7., 28/9. 1956 u. 2/1. 1957. — C. **1962.** 3554 [E. P. 854 633] u. C. **1962.** 10195 [E. P. 854 634].)

Abbott Laboratories (Erfinder: **Harold Elmer Zaugg, Arthur Walter Weston, Morris Freifelder** und **Raymond John Michaels jun.**), *β-substituierte Äthylpiperazine.* (**Aust. P. 228 580** vom 22/1. 1958, ausg. 30/6. 1960. A. Prior. 22/1. 1957. — C. **1962.** 571 [E. P. 838 744].)

Ciba Akt.-Ges., Basel, Schweiz, *Herstellung von Phthalazinen.* (**E. P. 871 753** vom 7/5. 1958, ausg. 28/6. 1961. Schwz. Prior. 7/5. 1957 u. 7/3. 1958. — C. **1960.** 16523 [D. A. S. 1 061 788].)

Soc. des Usines Chimiques Rhône-Poulenc, Paris, Frankreich (Erfinder: **Alexander Bertus Arnold Jansen** und **Terence Archie Wilda**), *Phenothiazinderivate.* (**E. P. 869 473** vom 6/6. 1958, ausg. 31/5. 1961. — C. **1961.** 9131 [D. A. S. 1 095 282].)

Mead Johnson & Co. (Erfinder: **Yao Hua Wu**), *Herstellung von Phenothiazinen.* (**Aust. P. 228 524** vom 13/8. 1957, ausg. 30/6. 1960. — C. **1961.** 3085 [Holl. P. 94 000].)

Sandoz Akt.-Ges. (Erfinder: **Jany Renz, Jean Pierre Bourquin, Guido Gamboni** und **Gustav Schwab**), *Basische Phenothiazinderivate.* (**Aust. P. 228 531** vom 4/3. 1958, ausg. 30/6. 1960. Schwz. Prior. 8/3., 8/4., 17/4., 29/5. u. 18/12. 1957. — C. **1961.** 8039 [D. A. S. 1 090 667].)

Ciba Ltd., Basel, Schweiz, *1.3.5-Triazin-Verbindung.* (**E. P. 828 836** vom 29/10. 1956, ausg. 24/2. 1960. — C. **1960.** 5913 [Oe. P. 198 277].)

Gyógyszeripari Kutató Intézet (Erfinder: **Laszlo Vargha** und **Boris Dumbovich**), Budapest, Ungarn, *Herstellung von β-Halogenäthylaminoderivaten von Hexosen.* (**Schwz. P. 357 735** vom 14/12. 1955, ausg. 15/12. 1961. Ung. Prior. 20/12. 1954. — C. **1960.** 7609 [E. P. 811 510].)

Ravensberg G. m. b. H., Chemische Fabrik, Konstanz, *Herstellung von Morpholinderivaten.* (**Holl. P. 99 272** vom 22/9. 1955, ausg. 16/10. 1961. — C. **1961.** 18794 [E. P. 816 576].)

Olin Mathieson Chemical Corp., New York, N.Y., V.St.A., *Herstellung von Cobalaminen.* (**Ind. P. 62 752** vom 6/1. 1958, ausg. 4/5. 1960. — C. **1959.** 11351 [A. P. 2 842 540].)

Distillers Co. Ltd. (Erfinder: **John Godfrey Heathcote**), Edinburgh, Schottland, *Cobalamin–Peptid-Komplexe.* (**E. P. 874 230** vom 4/4. 1957, ausg. 2/8. 1961. — C. **1961.** 8398 [Belg. P. 566 435].)

International Hormones, Inc., Brooklyn, N.Y., V.St.A., *Herstellung von Vitamin B_{12}.* (**E. P. 875 400** vom 16/12. 1958, ausg. 16/8. 1961. A. Prior. 23/12. 1957. — C. **1961.** 3746 [D. A. S. 1 091 286].)

Smith, Kline & French Laboratories, Philadelphia, Pa., V.St.A., *Herstellung von Steroidzwischenprodukten.* (**E. P. 873 633** vom 19/2. 1958, ausg. 26/7. 1961. A. Prior. 1/3. 1957. — C. **1962.** 224 [D. A. S. 1 095 827].)

Smith, Kline & French Laboratories (Erfinder: **Percy Lavon Julian** und **Arthur Magnani**), V.St.A., *Herstellung von Steroidhormonen.* (**F. P. 1 254 408** vom 25/2. 1958, ausg. 26/5. 1961. A. Prior. 1/3. 1957. — C. **1962.** 224 [D. A. S. 1 095 827].)

Farmaceutici Italia Soc. An., Italien (Erfinder: **Bruno Camerino, Bianca Patelli** und **Alberto Vercellone**), *Herstellung von in 4-Stellung substituierten Steroidhormonen.* (**F. P. 72 921** vom 16/10. 1956, ausg. 21/9. 1960. It. Prior. 21/5. 1956. **Zusatz zu. F. P. 1 221 602**; C. 1962. 6576. — C. **1962.** 9081 [Belg. P. 552 153].)

Schering Akt.-Ges., Berlin, *Herstellung von Steroiden.* (**E. P. 874 322** vom 13/1. 1960, ausg. 2/8. 1961. D. Prior. 5/3. 1959. Zusatz zu E. P. 850 447; C. 1962. 229. — C. **1961.** 15126 [D. A. S. 1 101 416].)

Schering Akt.-Ges., Berlin, *Herstellung von wasserlöslichen Steroiden.* (**E. P. 871 490** vom 20/4. 1960, ausg. 28/6. 1961. D. Prior. 8/5. 1959. Zusatz zu E. P. 848 515; C. 1962. 6516. — C. **1961.** 9133 [D. A. S. 1 090 208].)

Ciba Ltd., Basel, Schweiz, *Herstellung von Steroiden.* (**E. P. 868 975** vom 2/10. 1957, ausg. 25/5. 1961. Schwz. Prior. 3/10. 1956. — C. **1959.** 16099 [D. A. S. 1 046 040].)

G. D. Searle & Co., Chicago, Ill., V.St.A., *Herstellung von Steroiden.* (**E. P. 871 487** vom 11/2. 1960, ausg. 28/6. 1961. A. Prior. 13/2. 1959. — C. **1962.** 1718 [A. P. 2 946 809].)

G. D. Searle & Co., Chicago, Ill., V.St.A., *Herstellung von Steroiden.* (**E. P. 872 315** vom 26/8. 1958, ausg. 5/7. 1961. A. Prior. 27/9. 1957. — C. **1961.** 15490 [D. A. S. 1 101 415].)

G. D. Searle & Co., Chicago, Ill., V.St.A., *Herstellung von Steroiden.* (**E. P. 872 316** vom 26/9. 1958, ausg. 5/7. 1961. A. Prior. 27/9. 1957. — C. **1960.** 9313 [A. P. 2 878 246].)

Upjohn Co. (Erfinder: **George Basil Spero**), Kalamazoo, Mich., V.St.A., *Herstellung von Steroiden.* (**Schwz. P. 356 768** vom 3/5. 1957, ausg. 31/10. 1961. A. Prior. 29/11. 1956. — C. **1960.** 2971 [D. A. S. 1 058 991].)

Upjohn Co., Kalamazoo, Mich., V.St.A., *Herstellung von Steroiden.* (**E. P. 872 201** vom 25/11. 1958, ausg. 5/7. 1961. A. Prior. 11/12. 1957. — C. **1962.** 952 [D. A. S. 1 087 599].)

Upjohn Co., Kalamazoo, Mich., V.St. A., *Herstellung von Steroiden.* (**E. P. 872 210** vom 18/6. 1958, ausg. 5/7. 1961. A. Prior. 1/7. 1957. — C. **1961.** 9133 [D. A. S. 1 088 488].)

Upjohn Co., Kalamazoo, Mich., V.St.A., *Herstellung von Steroiden.* (**E. P. 873 300** vom 25/11. 1958, ausg. 19/7. 1961. A. Prior. 9/12. 1957. — C. **1962.** 226 [D. A. S. 1 094 257].)

Upjohn Co., Kalamazoo, Mich., V.St.A., *Herstellung von Steroiden.* (**E. P. 873 605** vom 21/5. 1958, ausg. 26/7. 1961. A. Prior. 23/5. 1957. — C. **1962.** 1716 [A. P. 2 944 069].)

Upjohn Co., Kalamazoo, Mich., V.St.A., *Herstellung von Steroiden.* (**E. P. 873 608** vom 25/11. 1958, ausg. 26/7. 1961. A. Prior. 29/11. 1957. — C. **1959.** 12636 [A. P. 2 838 502].)

Upjohn Co., Kalamazoo, Mich., V.St.A., *Herstellung von Steroiden.* (**E. P. 878 622** vom 25/11. 1958, ausg. 4/10. 1961. A. Prior. 29/11. 1957. — C. **1959.** 11352 [A. P. 2 838 536].)

Upjohn Co., Kalamazoo, Mich., V.St.A., *Herstellung von Steroiden.* (**E. P. 884 549** vom 18/3. 1960, ausg. 13/12. 1961. A. Prior. 22/4. 1959. — C. **1962.** 5026 [A. P. 2 960 501].)

Upjohn Co., Kalamazoo, übert. von: **Herbert C. Murray**, Hickory Corners, und **Durey H. Peterson**, Kalamazoo, Mich., V.St.A., *Herstellung von Steroiden.* (**A. P. 2 992 972** vom 10/4. 1952, ausg. 18/7. 1961. — C. **1957.** 7732 [D. B. P. 944 248].)

Takeda Pharmaceutical Industries Ltd., Osaka, Japan, *Herstellung von Steroiden.* (**E. P. 873 284** vom 5/2. 1960, ausg. 19/7. 1961. Jap. Prior. 24/2. 1959. — C. **1962.** 3906 [A. P. 2 966 502].)

Lepetit S. p. A., Mailand, Italien, *Herstellung von Steroiden.* (**E. P. 848 914** vom 21/12. 1956, ausg. 21/9. 1960. It. Prior. 21/12. 1955. — C. **1960.** 11812 [F. P. 1 197 652].)

Gyógyszeripari Kutató Intézet, Budapest, Ungarn, *Herstellung von Steroiden.* (**E. P. 851 563** vom 20/5. 1958, ausg. 19/10. 1960. Ung. Prior. 22/5. 1957. — C. **1960.** 11036 [D. A. S. 1 069 622].)

Lepetit S. p. A., Mailand, Italien, *Oxydation von Steroiden.* (**E. P. 847 610** vom 19/11. 1956, ausg. 14/9. 1960. It. Prior. 19/11. 1955. — C. **1961.** 3746 [Belg. P. 556 721].)

Upjohn Co., V.St.A. (Erfinder: **Peter Dietrich Meister** und **Adolph Weintraub**), *Fermentative Oxydation von Steroiden.* (**F. P. 74 149** vom 3/9. 1958, ausg. 3/3. 1961. A. Prior. 21/10. 1957. Zusatz zu F. P. 1 180 954; C. 1961. 11811. — C. **1960.** 6592 [A. P. 2 877 162].)

Charles E. Frosst & Co. (Erfinder: **Clarence Henry Gleason**), *Steroidhydrazone.* (**Aust. P. 228 555** vom 10/9. 1958, ausg. 30/6. 1960. Can. Prior. 25/9. 1957. A. Prior. 2/5. 1958. — C. **1960.** 15148 [D. A. S. 1 070 631].)

Ciba Akt.-Ges., Basel (Erfinder: **Albert Wettstein**, **Ernst Vischer**, Basel, und **Charles Meystre**, Arlesheim), Schweiz, *Herstellung von 21-Hydroxysteroiden.* (**Schwz. P. 351 597** vom 2/7. 1954, ausg. 15/3. 1961. — C. **1958.** 11319 [D. A. S. 1 022 586].)

Ciba Akt.-Ges., Basel (Erfinder: **Albert Wettstein**, **Ernst Vischer**, Basel, und **Charles Meystre**, Arlesheim), Schweiz, *Herstellung von polyhydroxylierten Steroiden.* (**Schwz. P. 352 329** vom 15/7. 1954, ausg. 14/4. 1961. — C. **1959.** 3585 [D. A. S. 1 027 667].)

Schering Akt.-Ges., Berlin, *Herstellung von Rhodansteroiden.* (**E. P. 875 467** vom 22/5. 1958, ausg. 23/8. 1961. D. Prior. 15/7. 1957. — C. **1959.** 12636 [D. A. S. 1 046 038].)

Merck & Co., Inc., Rahway (Erfinder: **Thomas Henry Stoudt**, Westfield), N.J., V.St.A., *Dehydrierung von Steroiden.* (**Schwz. P. 357 392** vom 9/4. 1956, ausg. 30/11. 1961. A. Prior. 8/4. 1955. — C. **1959.** 15452 [Holl. P. 89 796].)

Chas. Pfizer & Co., Inc., V.St.A. (Erfinder: **Gilbert Malcolm Shull**), *Oxydation von Δ^4-3-Ketosteroiden.* (**F. P. 1 252 611** vom 22/6. 1959, ausg. 21/4. 1961. A. Prior. 4/10. 1955. — C. **1959.** 5239 [D. A. S. 1 030 341].)

British Drug Houses Ltd. (Erfinder: **Winifred June Adams**, **Bernard Ellis**, **Vladimir Petrow** und **Isobel Ann Stuart-Webb**), London, England, *Herstellung von 6β-Methyl-3-oxo-Δ^4-steroiden.* (**Schwz. P. 356 762** vom 19/6. 1956, ausg. 31/10. 1961. E. Prior. 20/6. 1955 u. 1/6. 1956. — C. **1959.** 11997 [E. P. 802 004].)

Ciba Soc. An., Basel, Schweiz, *Herstellung von Estern von Pregnan-3β.16-diol-20-onen.* (**F. P. 1 207 588** vom 27/6. 1958, ausg. 17/2. 1960. Schwz. Prior. 8/7. u. 20/12. 1957 u. 4/6. 1958. — C. **1961.** 18421 [D. A. S. 1 102 145].)

American Cyanamid Co., VSt.A. (Erfinder: **Seymour Bernstein** und **William Shardlow Allen**), *Herstellung von 11β.17α-Dihydroxy-Δ^4-pregnen-3.20-dionen.* (**F. P. 1 231 616** vom 23/3. 1956, ausg. 30/9. 1960. A. Prior. 28/3. 1955. — C. **1958.** 9858 [A. P. 2 755 276].)

Upjohn Co. (Erfinder: **Frank Harris Lincoln jun.**, **William Paul Schneider**, **George Basil Spero** und **John LeRoy Thompson**), Kalamazoo, Mich., V.St.A., *Herstellung von 2α,6α-Dimethyl-11β.17α-dihydroxy-Δ^4-pregnen-3.20-dion.* (**D. A. S. 1 125 424** Kl. 12o vom 10/12. 1959, ausg. 15/3. 1962. A. Prior. 22/12. 1958. — C. **1962.** 5026 [A. P. 2 963 497].)

American Cyanamid Co., New York (Erfinder: **Seymour Bernstein**, Pearl River, N.Y., und **Robert Herman Lenhard**, Ridgefield, N.J.), V.St.A., *Herstellung von Diestern des 9β.11β-Oxido-16α.17α.21-trihydroxy-3.20-diketo-Δ⁴-pregnens*. (**Schwz. P. 356 766** vom 29/6. 1956, ausg. 31/10. 1961. A. Prior. 30/6. 1955. — C. **1958**. 8711 [A. P. 2 773 080].)

American Cyanamid Co., V.St.A. (Erfinder: **Seymour Bernstein** und **William Shardlow Allen**), *Herstellung von $\Delta^{1.4}$-Pregnadien-3.11.20-trion*. (**F. P. 1 231 647** vom 6/6. 1957, ausg. 30/9. 1960. A. Prior. 11/6. 1956. — C. **1959**. 6895 [A. P. 2 806 043].)

Merck & Co., Inc., V.St.A. (Erfinder: **Glen Edward Arth, David Johnston** und **Lewis Hastings Sarett**), *Herstellung von 16-Methyl-11-oxo-$\Delta^{1.4}$-pregnadien-17α.21-diol-3.20-dion*. (**F. P. 1 257 634** vom 18/2. 1958, ausg. 19/7. 1961. A. Prior. 27/2. 1957. — C. **1961**. 15491 [Schwz. P. 345 647].)

Ciba Ltd., Basel, Schweiz, *Herstellung von Halogenandrostadienen*. (**E. P. 859 747** vom 15/5. 1957, ausg. 25/1. 1961. Schwz. Prior. 25/5. 1956. Zusatz zu E. P. 779 989; C. 1959. 8653. — C. **1962**. 5775 [Oe. P. 212 500].)

Upjohn Co., V.St.A. (Erfinder: **John Claude Babcock**), *Herstellung von 17-Isonitrosoandrostanen und von deren Derivaten*. (**F. P. 1 257 641** vom 4/2. 1959, ausg. 19/7. 1961. A. Prior. 10/2. 1958. — C. **1960**. 3638 [A. P. 2 863 885].)

G. Analyse. Laboratorium

Gerät für Filtrationen und Reaktionen bei konstanter Temperatur. J. Wolters. (Chem. Weekbl. **57**. 255—56. 20/5. 1961. Leiden, Rijksuniv., Labor. voor Anorg. en Org. Chem.) (Holl.)

Beschreibung eines Gerätes zur Ausführung von Rkk. in Abwesenheit von O_2 u./oder W., wobei das fl. Rk.-Gemisch mittels Anwendung von Unterdruck oberhalb einer Glasfritte verbleibt. Nach Beendigung der Rk. kann man z. B. ein krist. Rk. -Prod. nach Herst. des normalen Druckes abfiltrieren. W. Wesly. 5010□

Die Rolle chemischer Reaktionen in Lösung auf die heutige Entwicklung der analytischen Chemie. G. Charlot. (Magyar tudományos Akad., kém. tudományok Osztályanak Közleményei [Ung. Akad. Wiss., Ber. Abt. chem. Wiss.] **16**. 247—54. Nov. 1961. Paris, Fac. des Sci.) (Ung.)

Obwohl die physikal. Meth. in der analyt. Chemie immer mehr hervortreten, wird die Mehrzahl der quant. Analysen heute noch auf nassem Wege durchgeführt. Es gibt noch viele Möglichkeiten zu der Entw. dieser Meth.: Trennung durch Extraktion, bes. bei wasserunlösl. anorgan. Verbb. mit organ. Anteil. Diese lösen sich immer in einem entsprechenden organ. Lösungsmittel. Mit farbigen Reagentien ist die Möglichkeit für colorimetr. Best. gegeben. Nichtwss. Lsgm. geben neue Wege zur Entw. der Analyse. Die stark ionisierenden Lsgm. (mit DK $>30-40$), wie H_2SO_4, HF usw., wurden zuerst untersucht. Die äußerst stark saure, komplexe HBF_4 löst sogar Benzol. Salzschmelzen sind meistens stark dissoziiert u. ionisiert, z. B. werden die Oxide ionisierend gelöst. Hier ist pO^{2-}, d. h. $-\log[O^{2-}]$, dem pH in wss. Lsgg. ähnlich. Die Redox-Eigg. von Schmelzen können graph. als Funktion von pO^{2-} veranschaulicht werden. I. Náray-Szabó. 5052

Ein neues thermisches Verfahren. Die Derivativthermogravimetrie. L. Erdey, F. Paulik und J. Paulik. (Acta chim. Acad. Sci. hung. **10**. 61—97. 1956. Budapest, TU, Inst. für Allg. Chem.) (Dt.)

An einer Thermowaage befindet sich als Gegengewicht zu dem Tiegel mit der Probe ein permanenter Stabmagnet, der in eine Spule mit hoher Windungszahl hineinreicht. Bei der Bewegung des Waagebalkens infolge eines Gew.-Verlustes der Probe beim Erhitzen wird in der Spule ein Induktionsstrom erzeugt, der der Geschw. der Gew.-Änderung proportional ist. Der Galvanometerausschlag wird aufgezeichnet u. gibt die thermogravimetr. Differentialkurve wieder, die für den Zers.-Vorgang charakterist. ist. Nach diesem Verf. wurde die therm. Zers. von $CuSO_4 \cdot 5\,H_2O$, $Al_2(SO_4)_3 \cdot 18\,H_2O$, Aluminiumoxidhydratmineralien u. -gelen, Tonerde, Magnesit, Steinkohle u. weiteren Naturstoffen untersucht. W. Betcke. 5052□

Allgemeine Bemerkungen über die Mikro-Elektrophorese an Celluloseacetat. Herbert-Kurt Münster. (Lab. sci. [Milano] **9**. 109—14. Juli/Aug. 1961.) (Ital.)

Es wird die Arbeitsweise des App. „Acetophor" mit dem Zusatzgerät Alimentator C 02 (Pleuger) u. der Chromatographierkammer (für 6 Streifen 180×25 mm) zur quant. Adsorption von Proteinen biolog. Fll., die vorher in einer Lsg. von 30 g Sulfosalicylsäure/Liter W. denaturiert werden, an Celluloseacetat (I) beschrieben. I ist durch seine physikal. Eigg. (Farbe, Dicke, Porengröße, Konsistenz, n_D^{25}, UV-Absorption, elektr. Widerstand, Verunreinigungen, Löslichkeit, Durchlässigkeit u. Konservierung) charakterisiert. Von der zu untersuchenden Probe dürfen höchstens 0,002 ml angewendet werden u. die Stromstärke darf 0,4 mA nicht überschreiten. Die besten Ergebnisse werden unter Verw. eines Puffers aus 8,24 g Na-Diäthylbarbiturat u. 1,472 g Diäthylbarbitursäure/Liter W. erzielt. Als Färbebad für die Streifen wird eine gesätt. Lsg. von Amidoschwarz 10 B (II; 5—6 g, 100 ml Eisessig, 500 ml dest. W. u. 400 ml CH_3OH) u. zur Entfärbung eine ident. Lsg. ohne II benutzt. G. PLATZER. 5062□

Eine neue Trennungschromatographiemethode auf vorher mit einer Lösung von Cyclohexanol oder seinen Methylderivaten imprägiertem Papier. Thadée Staron. (C. R. hebd. Séances Acad. Sci. **253.** 1447—49. 2/10. 1961. Versailles, I.N.R.A., Serv. de Biochim. de la Stat. Centrale de Path. végétale.) (Franz.)

Im Gegensatz zu den üblichen papierchromatograph. Analysen-Verff. können durch Imprägnierung des Papiers vor der Analyse mit Cyclohexanol (I) oder seinen Methyl-Derivv. auch rohe, ungereinigte Substanzen chromatographiert werden. Das als Träger dienende Papier wird in eine 30% I oder Methylcyclohexanol enthaltende Aceton-Lsg. getaucht, ohne jedoch die vorher aufgetragenen Flecken zu benetzen. Das Aceton wird verdunstet u. die Analyse kann durchgeführt werden. Durch diese Vorbehandlung scheinen die negativen Eigg. des Papiers ausgeschaltet zu werden. Eine quant. Analyse nach dieser Meth. ist möglich u. durch richtige Wahl der Lsgm. kann eine selektive Wanderung der einzelnen Komponenten eines Stoffes erreicht werden. Die Flecken bleiben dabei klein u. scharf abgegrenzt. H. FRIES. 5062□

Die Verteilung von Wasser und Butanol-(1) auf nach der aufsteigenden Methode hergestellten Chromatogrammen. E. C. Martin. (J. chem. Soc. [London] **1961.** 3935—38. Sept. Kensington, N.S.W., Univ. of New South Wales, School of Appl. Chem.) (Engl.)

Vf. untersucht die Trennung von W.–Butanol-(1)-Gemischen mit verschiedenen Mischungsverhältnissen, das Lsgm.–Dampf-Gleichgew. u. die Quellung der stationären Phase bei der aufsteigenden Papierchromatographie. Aus dem stärkeren (schwächeren) Ansteigen des W. (Butanol-(1)): Papier-Gew.-Verhältnisses mit wachsendem Wasser-Geh. der Mischungen wird nicht nur auf eine Wasserabsorption des Papiers, sondern auch auf eine Quellung der Cellulosefasern geschlossen. Ferner wird der Einfl. der verschieden starken Verdunstung auf das Mischungsverhältnis des Laufmittels eingehend diskutiert. W. HEIN. 5062□

Meßeinrichtung für Radiochromatogramme und -pherogramme. H. F. Linskens. (J. Chromatogr. [Amsterdam] **1.** 471—72. Sept. 1958. Nijmegen, Univ., Botan. Labor.) (Dt.) CH. WEISKE. 5062□

Auszählen von Radiochromatogrammen mit Scintillatorflüssigkeiten. J. Nunez und Cl. Jacquemin. (J. Chromatogr. [Amsterdam] **5.** 271—72. März 1961. Paris, Coll. de France, Labor. de Biochim. Générale et Comparée.) (Franz.)

Vff. schlagen folgende vereinfachte Meth. zur Best. ^3H-markierter Verbb. auf Papierchromatogrammen vor: Der zu untersuchende Fleck wird ausgeschnitten, in die Küvette gebracht u. mit 2—3 Tropfen Scintillator-Fl. durchfeuchtet. Es kann sofort ausgezählt werden. Vergleichende Unterss. an L-Thyronin zeigten die Gleichwertigkeit der neuen Meth. gegenüber den bisherigen. H. NENTWIG. 5062□

Differential-Mikrodensitometer. A. H. Cook und G. R. Hitchins. (J. sci. Intruments **36.** 337—41. Aug. 1959. Teddington, Middlesex, Nat. Phys. Labor., Dep. of Sci. and Ind. Res.) (Engl.)

Beschreibung des Prinzips u. der experimentellen Anordnung nebst Beispielen für Vermessungen von FABRY-PEROT-Interferogrammen. W. BETCKE. 5063□

Bestimmung von Säuren mit Diäthylamin. Reaktion im Wasserdampfstrom. 1. Mitt. Toshio Shibazaki. (Japan Analyst **10.** 842—46. Aug. 1961. Nat. Inst. of Hyg. Sci.) (Jap.; Auszug: Engl.)

Organ. oder anorgan. Säuren werden im Überschuß an Diäthylamin (I) gelöst u. auf eine Säule aus feinem Seesand gegeben. Dann wird ein Wasserdampfstrom durch die Säule geleitet, der den Überschuß an I austreibt. Das Destillat wird in einer Borsäure-Lsg. aufgefangen u. mit n/20 H_2SO_4 gegen Methylrot aus einer Mikrobürette titriert. Die Säuremenge läßt sich aus dem Verbrauch an I berechnen. Bei Säuren mit einer Dissoziations-Konst. $< 5 \cdot 10^{-5}$ ist der Umsatz quantitativ. Bei mehrbas. Säuren oder einem Säuregemisch läßt sich diese Säure selektiv bestimmen, deren pK $> 10^{-4}$ ist, sofern die anderen $> 10^{-7}$ sind. Da bei der Titration nur der Überschuß an I vorliegt, wird die Best. nicht durch die Puffer-Wrkg. von Salzen beeinflußt, u. der Endpunkt erscheint scharf. K. ROSS. 5066□

Chelometrische Titrationen mit amperometrischer Anzeige des Endpunktes. R. T. Campbell und Charles N. Reilley. (Talanta [London] **9.** 153—67. Febr. 1962. Chapel Hill, N.C., Univ. of North Carolina, Dep. of Chem.) (Engl.)

Vff. beschreiben eine amperometr. Meth. zur Endpunkts-Best. bei komplexometr. Titrationen, die auf der Erscheinung einer anod. Welle durch den freien Komplexbildner direkt nach dem Endpunkt beruht. Diese anod. Wellen der Chelone können als Indicatorwellen bei der amperometr. Titration benutzt werden, wenn das jeweilige Metallion schlecht definierte Red.-Wellen zeigt. Mit Hilfe dieser Endpunkts-Best., die außerdem rascher als übliche amperometr. Titrationen durchführbar ist, wird es möglich, auch Mischungen von Metallionen nebeneinander zu titrieren, deren Komplexstabilitäten (log K-Werte) sich um weniger als 4 Einheiten unterscheiden. Die Selektivität der Titration-Verff. kann durch geeignete Wahl von Komplexbildner u. Puffer erhöht werden. Die Ergebnisse von Titrationen der Metallionen Ca, Cd, Cu, Ni, Pb, Ba, Mg, Zn u. Bi sowie der Mischungen Ni/Cd, Cu/Ni neben Mg; Ca/Zn/Cu u. Ni/Zn mit verschiedenen Komplexbildnern nach diesem Verf. werden angegeben. K. OHLS. 5066□

Ausschluß von Flüssigkeitshebern durch die Verwendung von Glaselektroden. Carl R. Merril. (Nature [London] **192.** 1087. 16/12. 1961. Washington, D.C., Georgetown Univ., School of Med., Dep. of Med.; Mt. Alto V.A. Hosp., Cardio-Pulmonary Labor.) (Engl.)

Bei potentiometr. Best. treten bes. in koll. Syst. häufig Fehler auf, die ihre Ursache in einem Anwachsen des Potentials an der Verb.-Stelle zwischen Lsgm. u. dem Fl.-Heber der Bezugselektrode haben. Um diese Fehlermöglichkeit auszuschalten, wird die Verw.-Fähigkeit einer H^+-empfindlichen Glaselektrode als Bezugselektrode für Na^+-Aktivitätsmessungen mit einer Na^+-empfindlichen Glaselektrode überprüft. Der pH-Wert der untersuchten Lsg. wurde auf 7,21 gehalten. Jeder durch pH-Schwankungen hervorgerufene Fehler bei der Na^+-Best. wird automat. durch die auch auf H^+-Ionen ansprechende Meßelektrode ausgeglichen. Die Na^+-Konz. wurde durch Zugabe von 1n NaCl-Lsg. zu der Puffer-Lsg. (Tris-[hydroxymethyl]-aminomethan-Puffer) variiert. Die mit einer Glaselektrode als Bezugselektrode erhaltenen Werte stimmen mit denen, die sich bei Verw. einer gesätt. Kalomelelektrode ergaben, gut überein. W. HEIN. 5066□

Titration von Silber- beziehungsweise Jodid-Ionen mit einer Endpunktsanzeige durch reversible Redoxadsorption. 1. Mitt. J. Bognár und O. Jellinek. (Acta chim. Acad. Sci. hung. **10.** 125—40. 1956. Miscole, TU M. Rakosi for the Heavy Ind., Dep. for Chem.) (Engl.) — C. **1956.** 13797. W. BETCKE. 5068□

Titration von Silber- beziehungsweise Jodid-Ionen mit einer Endpunktsanzeige durch reversible Redoxadsorption. 2. Mitt. J. Bognár und L. Nagy. (Acta chim. Acad. Sci. hung. **10.** 259—65. 1956. Miscole, TU M. Rakosi for the Heavy Ind., Dep. for Chem.) (Dt.) — C. **1957.** 2021. W. BETCKE. 5068□

Metallfällungen mit aliphatischen Arsinsäuren. R. Pietsch. (Mikrochim. Acta [Wien] **1962.** 37—47. Graz, Univ., Inst. für anorg. u. analyt. Chem.) (Dt.)

Es wird über die analyt. Fällungs-Eigg. der *Dimethyl-*, *Diäthyl-*, *Di-n-propyl-* u. *Di-n-butylarsinsäure* berichtet. Die entstehenden Fällungen sind erst bei den höheren Homologen in normalem Verhältnis zusammengesetzte Salze. Bei den niederen Homologen ist die Fähigkeit zur Bldg. von Fällungen wenig ausgebildet. Es wird auch über Maskierungs-Wrkg. gegen Hydroxidfällung berichtet, die bes. bei den niederen Homologen eintritt u. in geringem Umfang auch bei den aliphat. monosubstituierten Arsonsäuren zu beobachten war. P. KURZMANN. 5072□

Kontinuierlich arbeitende Gas- und Flüssigkeitsanalysegeräte. Hans-Joachim Dürre. (Erdöl Kohle-Erdgas-Petrochem. **14.** 379—83. Mai 1961. Berlin.) (Dt.)

Vf. behandelt die Einsatzmöglichkeiten u. -grenzen von automat. Gas- u. Fl.-Analysatoren. Diese Geräte werden einerseits hinsichtlich ihrer Anwendung auf den Gebieten der Arbeitshygiene u. Arbeitssicherheit u. der Verf.-Analyse, andererseits ihrer Ausführung nach in Warn- u. Meßgeräte unterschieden. Für einige typ. Arbeitsprinzipien der Geräte werden Aufbau u. Arbeitsweise erörtert. K. TRIEMS. 5086□

a) Elemente und anorganische Verbindungen

Komplexometrische Bestimmung des Sulfations mit Diäthylentriaminpentaessigsäure. Erkki Wänninen. (Suomen Kemistilehti B **29.** 184—88. 1956. Turku, Åbo Akad., Dep. of Inorg. and Analyt. Chem.) (Engl.)

Zur Titration von überschüssigem Ba^{2+} nach der $BaCl_2$-Fällung von SO_4^{2-} wird Diäthylentriaminpentaessigsäure (I) an Stelle von EDTA verwendet. Das Verf. bietet den Vorteil eines deutlicheren Indicatorumschlags (Eriochromschwarz T, II) u. größerer Genauigkeit. Die Löslichkeit des $BaSO_4$ wird durch A.-Zusatz verringert, eine Erhöhung der I-Anionen-Konz. durch Zusatz von Mg-I erreicht. Die Probe-Lsg. (0,1—0,3 mMol SO_4^{2-}) wird mit 1 ml 0,1n HCl, einem 100%ig. Überschuß an 0,02m $BaCl_2$-Lsg., $^1/_5$ Vol. A., 10 ml Ammoniak/NH_4Cl-Puffer (pH 10) u. 5 ml 0,01m Mg-I-Lsg. versetzt.

u. in Ggw. von II gegen 0,02m I-Lsg. (Trinatriumsalz) bis zum Umschlag nach Blau titriert. Störende Kationen (Wasserhärte) müssen mit einem Ionenaustauscher entfernt werden. W. BETCKE. G 253 □

Betriebliche Schnellbestimmung von SiO_2, Na_2O zur Errechnung des Moduls von Natriumwasserglas für das CO_2-Verfahren. Hans Thomann, Otto Gerstmann und Barbara Beyer. (Giessereitechnik **6.** 244—45. Aug. 1960.) (Dt.)

Zur Best. von Na_2O in Wasserglas löst man 10 g Wasserglas in 500 ml W., verd. einen 50-ml-Anteil auf ca. 100 ml, versetzt mit 0,5 ml Methylrot-Indicator-Lsg. u. titriert mit 0,1n HCl bis zum Umschlag. Zur Best. von 20—40% SiO_2 in Wasserglas verfährt man wie bei der Na_2O-Best., fügt dann 2,5 g NaF hinzu, schüttelt kräftig, versetzt mit 25 ml A. u. titriert die frei gewordene NaOH mit 0,1n HCl wie oben. Der Umrechnungsfaktor von HCl auf SiO_2 beträgt 0,01502. Die Genauigkeit beträgt für die Na_2O-Best. $\pm$0,05% u. für die SiO_2-Best. $\pm$0,15%. H. PLUSKAL. G 274 □

Bestimmung des Kaliumjodids im Kochsalz, die auf de r Wechselwirkung zwischen dem komplexen Ion J_2Cl und dem Brillantgrün beruht. L. N. Lapin und N. W. Reiss. (Гигиена и Санитария [Hyg. u. Sanitätswes.] **25.** Nr. 4. 66—71. April 1960. Samarkand, Lehrst. für biol. Chem. des Med. Pawlow-Inst.) (Russ.)

Es wird eine Meth. zur Best. von KJ im Kochsalz entwickelt, die auf der Bldg. einer salzartigen Verb. von Brillantgrün mit dem komplexen Ion J_2Cl beruht. Diese Meth. ist bedeutend einfacher u. zuverlässiger als die gebräuchlichen Methoden. Es kann dabei sowohl ein Photometer als auch ein Colorimeter verwendet werden. H. TREUMANN. G 275 □

Bestimmung von Alkalimetallen und Halogeniden in Zirkoniumdioxid durch Hochspannungselektrodialyse. Ss. W. Jelinsson und A. T. Resowa. (Заводская Лаборатория [Betriebs-Lab.] **26.** 1209—10. 1960.) (Russ.)

Konstruktionsbeschreibung u. Arbeitsweise eines bei $\leq$2000 V u. 0,3 A arbeitenden Elektrodialysators, der es ermöglicht, die K-Best. im techn. ZrO_2 (Zwischenprod. bei der Zr-Herst.) mit hoher Genauigkeit durchzuführen. Die F-Best. erfolgt colorimetr. (Entfärbung des Zr-Alizarinlackes) bzw. bei höherer F-Konz. gravimetr. als PbClF. S. BARYSCHNIKOW. G 275

Mitfällung in der quantitativen Analyse. 6. Mitt. **Untersuchung des Wachstums von Bariumsulfatkristallen.** A. K. Babko und M. I. Schtokalo. (Заводская Лаборатория [Betriebs-Lab.] **25.** 779—82. 1959. Inst. für allg. u. anorg. Chem. der Akad. der Wiss. der UkrainSSR.) (Russ.) — 5. vgl. C. **1960.** 4945.

Die mit Hilfe des Elektronenmikroskops durchgeführte Unters. des Wachstums von $BaSO_4$ (I)-Kristallen zeigt, daß die fortgesetzte Rk. von Ba^{2+} mit SO_4^{2-} eine Bldg. großer regelmäßiger I-Kristalle (Fällungen in heißen angesäuerten Lsgg.) bzw. kreuzförmiger Zwillinge (bes. bei A.-Zugabe) zur Folge hat. Durch Altern wird die Form der I-Kristalle umgewandelt (Auflösung der spitzen Winkel der kreuzförmigen Zwillinge). Bei der Mitfällung von Chloriden (II) u. $KMnO_4$ (III) reißen die verzweigten Formen der I-Kristalle größere Mengen von **II** u. **III** mit. S. BARYSCHNIKOW. G 285

Sauerstoffbestimmung im Aluminium durch Schmelzen im Vakuum. Luboš Kopa. (Hutnické Listy **14.** 322—24. April 1959. Panenskí Břežany, Výzkumýn ústav kovů.) (Tschech.)

Einige Nachteile der von SLOMAN (J. Inst. Metals **71.** [1945.] 391) empfohlenen Vakuumextraktion des O_2 aus Al werden durch Ersatz des Stahl- durch ein Cu-Bad bei einer Arbeits-Temp. von 1550° beseitigt. W. WESLY. G 294 □

Bestimmung von Sauerstoff und Wasserstoff in Titan. 3. Mitt. **Untersuchung über die Probenahme von Titanschwamm mittels Vakuumschmelzgasanalyse.** Nakaaki Oda, Noboru Katayama und Kazue Endo. (Nippon Kinzoku Gakkai-Si [J. Japan Inst. Metals] **25.** 345—49. 1961.) (Jap.; Auszug: Engl.) — 2. vgl. C. **1960.** 8971.

Unterss. über verschiedene Verff. der Probenahme von Ti-Schwamm zeigen, daß das PENCH-Verteilungs-Verf. den Vorzug verdient. W. WESLY. G 321 □

Colorimetrische Bestimmung von Thorium mit Arsenazo III in niobhaltigen Produkten. W. M. Wladimirowa und N. K. Dawidowitsch. (Заводская Лаборатория [Betriebs-Lab.] **26.** 1210—11. 1960. Forsch.-Inst. für Ind. der seltenen Metalle.) (Russ.)

Vff. untersuchten die Möglichkeit einer colorimetr. Th-Best. mit Hilfe von Arsenazo III in Prodd. mit hohem Nb-Gehalt. Es wurde festgestellt, daß in 3n HCl in Ggw. von Oxalsäure bzw. NH_4-Oxalat die Th-Best. mit einer Fehlergrenze von ca. 0,01% durchgeführt werden kann. S. BARYSCHNIKOW. G 324

Die Bestimmung von Thorium in Uranmetall durch Röntgenfluorescenzspektrometrie mit Hilfe der Filterpapiermethode. Tsugio Takeuchi, Tsutomu Fukasawa und Tsuneto Sekiya. (Japan Analyst 10. 868—75. Aug. 1961. Nagoya, Univ., Fac. of Engng., Inst. of Techn.-Analyt. Chem.) (Jap.; Auszug: Engl.)

Metall. U wird in 5n HCl mit H_2O_2-Zusatz gelöst, u. U mit Tributylphosphat extrahiert. Die Th enthaltende wss. Lsg. wird auf 1—2 ml eingeengt, Sr-Lsg. als innerer Standard zugegeben, u. auf 6 Blatt Filterpapier absorbiert. Die Th-Best. erfolgte röntgenfluorescenzanalyt. auf dem Filterpapier. Die Spektren der $ThL_{\alpha 1}$, SrK_{α} usw. werden registriert u. die Intensitäten I_{Th} u. I_{Sr} aus den Spitzenhöhen gemessen. Trotz der schlechten Reproduzierbarkeit der abs. Intensitäten gibt die Messung des Verhältnisses I_{Th}/I_{Sr} gute Ergebnisse. Bei mehr als 35 kV ist der Einfl. von Spannung u. Strom unbedeutend. Die gegen den Th-Geh. aufgetragene Eichkurve verläuft in den unteren Konz.-Bereichen nicht linear. Die Ggw. von $<$ 20 mg U stören nicht. Geringe inhomogene Verteilung von Th u. Sr auf dem Papier sind unbedeutend. Die Analyse von metall. U mit 0,047% Th ergab bei 0,6—1 g Einwaage eine Standardabweichung von 0,002% Th. Die Werte stimmen mit denen überein, die nach der Naßanalyse oder nach der colorimetr. Meth. erhalten wurden. K. ROSS. G 324□

Bestimmung von Germanium nach Extraktion mit Methylisobutylketon. 2 Mitt. Paschoal Senise und Lilia Sant'Agostino. (Mikrochim. Acta [Wien] **1959.** 572—81. São Paulo, Univ. de São Paulo, Dep. de Quím. da Fac. de Filosof.) (Engl.) — 1. vgl. C. **1957.** 8893.

Das aus 7,5n HCl mit Methylisobutylketon (I) extrahierte Ge wird in der I-Phase mit Phenylfluoron umgesetzt u. spektrophotometr. bestimmt. Die zur Best. günstigsten Konzz. liegen zwischen 0,08 u. 0,30 μg Ge/ml. Die störenden Ionen [Sn(II), Sb(V), Sb(III), Fe(III), Zr u. Mo(VI)] werden durch vorhergehende Extraktion ihrer Cupferronate mit I beseitigt (vgl. 1. Mitt.), wobei zur Abtrennung von Mo(VI) die Lsg. mindestens 3,5n an H_2SO_4 sein muß. Ebenfalls störendes W(VI) u. Nb(V) kann nach Behandlung mit NH_4SCN u. Ascorbinsäure ebenfalls durch Extraktion mit I abgetrennt werden. F. M. FRIEDRICH-ANDERSECK. G 326□

Photometrische Wismutbestimmung mit Brenzcatechinviolett. Colorimetrische Studien. 2. Mitt. Miroslav Malát. (Z. analyt. Chem. **186.** 418—23. 1962. Praha, Karls-Univ., Naturwiss. Fak., Lehrst. für analyt. Chem.) (Dt.) — 1. vgl. Naturwissenschaften **48.** [1961.] 569.

Bi^{3+} bildet mit Brenzcatechinviolett (3.3'.4'-Trihydroxyfuchson-2''-sulfonsäure) einen blauen 1:2- u. einen rotvioletten 1:1-Komplex. Letzterer wird vom Vf. zur Grundlage einer photometr. Bi-Best. verwendet. Das Absorptionsmaximum des Komplexes bei pH 2,25 liegt bei 580 nm. Im pH-Bereich von 2,1—2,6 bleibt die Extinktion konstant. Zur Einstellung des pH-Wertes wurde β-Dinitrophenol u. KNO_3/HNO_3-Lsg. verwendet. Die Extinktion ändert sich in einem Zeitraum von 15 Min. nicht. Die Eichkurve verläuft im Bereich von 0—6,2 μg Bi/ml linear. Die Grenz-Konzz., bis zu denen keine Störung erfolgt, werden für Cu^{2+}, Cd^{2+}, Pb^{2+}, Ag^{+}, Al^{3+}, Cr^{3+}, Fe^{2+}, Zn^{2+}, Mn^{2+}, Co^{2+}, Ni^{2+}, Ba^{2+}, Sr^{2+}, Ca^{2+}, Mg^{2+} u. AsO_3^{3-} mitgeteilt. Sn^{4+}, Zr^{4+}, Ti^{4+}, Ga^{3+}, In^{3+}, MoO_4^{2-}, WO_4^{2-} u. Hg^{2+} stören bereits in kleinen Mengen. In Ggw. von Citrat, Tartrat, Oxalat, $S_2O_3^{2-}$ u. EDTA wird die Lsg. entfärbt. In sehr kleinen Konzz. beeinträchtigen J^- ($<4\cdot10^{-4}$m), AsO_4^{3-} ($<2\cdot10^{-5}$m), F^- ($<4\cdot10^{-4}$m) u. PO_4^{3-} ($<4\cdot10^{-4}$m) die Bi-Best. nicht. Arbeitsvorschrift: Zu der salpetersauren Lsg. mit bis zu 300 μg Bi fügt man 6 Tropfen einer 0,1%ig. Lsg. von β-Dinitrophenol in 60%ig. A., ca. 1%ig. NH_4OH-Lsg. bis zum Auftreten einer gelblichen Farbe, 10 ml KNO_3/HNO_3-Lsg. (aus 1 Liter 2m KNO_3-Lsg. u. 200 ml 0,2m HNO_3) u. 2 ml wss. $1\cdot10^{-3}$m Reagens-Lsg., füllt mit bidest. W. auf 50 ml auf u. ermittelt die Extinktion bei 580 nm gegen H_2O.

GERHARD SCHULZE. G 334□

Neue Ergebnisse bei der komplexometrischen Bestimmung von Schwermetallen. Lajos Barcza und Endre Körös. (Acta pharmaz. hung., Suppl. **31 B.** 9—15. Okt. 1961. Budapest, L. Eötvös Univ., Lehrst. für anorg. u. analyt. Chem.) (Ung.)

Vff. beschreiben die Best. von *Fe* in Ggw. von Komplexbildnern (F^-, PO_4^{3-}, $P_2O_7^{4-}$) u. Al^{3+}, wie auch die Best. von *Fe* u. *Zn*, *Fe* u. *Mn*, *Fe(III)* u. *Fe(II)* nebeneinander. Bei der komplexometr. Best. von *Bi* u. *Pb*, *Bi* u. *Zn*, *Bi* u. *Cd* nebeneinander konnte die pH-Abhängigkeit der Komplexstabilitäten verwertet werden, indem nach der Best. des Bi die Schwermetalle der Oxydationsstufe + 2 bei pH 5—6 bestimmt werden. Zur Best. von *Bi* u. *Hg* nebeneinander werden 2 Meth. angegeben. Hg wird mittels SCN^- maskiert u. Bi mit Komplexon titriert, dann SCN^- abgeschieden, der pH-Wert erhöht u. Hg ebenfalls mit Komplexon titriert. Diese Meth. kann auch in Ggw. von Halogeniden ausgeführt werden. Das 2. Verf. ist spezifischer. Bei diesem wird die Hg-Best. rhodanometr. durchgeführt u. darauf Bi komplexometr. titriert. Es wird noch ein selektives Verf. zur Best. von Hg angegeben: Der Hg-EDTA-Komplex wird durch SCN^- zersetzt u. das frei gewordene Komplexon-III mit einer Zn-Maß-Lsg. titriert. G. LIGETI. G 354

Bestimmung geringer Beimengungen in Stahllegierungen mittels der Radioaktivierungsanalyse. J. Hoste. (Pure appl. Chem. **1.** 99—110. 1960. Ghent, Univ., Labor. of Analyt. Chem.) (Engl.)

Vf. geht auf die Anwendungsmöglichkeiten der Radioaktivierung bei der Analyse geringer Leg.-Bestandteile in Stahl-Legg. ein. Die Best. von *V* u. *W* wird beschrieben. Die Ergebnisse der V- u. W-Best. einiger N.B.S.-Stähle werden mitgeteilt (Tabelle).

H. Schroeder. G 354□

Direkte Analyse von Schwefel, Phosphor, Kohlenstoff und Silicium in Stählen durch Emissionsspektrometrie im äußersten Ultraviolett. Jacques Romand, Claude Bachet und Roger Berneron. (Mém. sci. Rev. Métallurgie **58.** 481—95. Juli 1961. Bellevue, C.N.R.S.; St.-Germain-en-Laye, Inst. de Rech. de la Sidérurgie) (Franz.)

Eine App. zur Best. von S, P, C u. Si in Stählen nach der emissionsspektrometr. Meth. mit Schaltschema u. Erreger wird beschrieben. Ferner werden Angaben über die Vorr. zur photoelektr. Aufnahme, bes. über eine elektron. App. mit Verstärker u. Integrator gemacht. Die Arbeitsbedingungen für diese App. werden im einzelnen unter Angabe der Fehlergrenzen mitgeteilt.

H. Hochstein. G 354□

Konduktometrische Bestimmung von Kohlenstoff und Schwefel im Stahl. W. R. Nall und R. Scholey. (Metallurgia [Manchester] **64.** 97—104. Aug. 1961. Sheffield, Naval Ordnance Inspection Establ., Bragg Labor.) (Engl.)

Vff. beschreiben ausführlich die Konstruktion u. Arbeitsweise einer App., die die gleichzeitige konduktometr. Best. von C u. S im Stahl nach deren Verbrennung zu CO_2 u. SO_2 in 2 hintereinandergeschalteten Meßzellen ermöglicht. Das Verf. eignet sich für C- bzw. S-Geh. im Bereich von 0,1—1,0% bzw. 0,005—0,2% bei Einwaagen von 50—100 mg oder bei 3 g Einwaage für C-Geh. von 0,002—0,10%. Die elektr. Schaltung gleicht Änderungen der Leitfähigkeit durch Temp.-Schwankungen in der C-Zelle automat. aus.

K. Stein. G 354□

Analytische Bestimmung der Schwefelbindung im Stahl. A. Fiala und V. Štádler. (Hutnické Listy **14.** 462—64. Mai 1959. Plzeň, Závody V. I. Lenina.) (Tschech.)

Zur Best. der S-Bindung in niedriglegierten Stählen werden die Sulfide durch Elektrolyse gewonnen. Die Elektrolyse wird im neutralen Elektrolyten (5% neutrales Na-Citrat u. 1% NaCl; Lsg. von 5—10 g der Probe) durchgeführt, MnO durch 3maliges Aufkochen in einer wss. 17%ig. Glykokoll-Lsg. von je 5 Min. Dauer beseitigt u. der Rest in einen Zers.-Kolben überspült. Die Sulfide werden in 30 ml W. u. 3 ml HCl zersetzt, das entweichende H_2S in 8 ml n/50 J-Lsg. aufgefangen u. mit $Na_2S_2O_3$ zurücktitriert. Die Lsg. im Zers.-Kolben wird auf Mn (arsenometr.), Fe u. andere Metalle analysiert.

J. Tůmová. G 354□

Photometrische Bestimmung von Bor in Stahl mit Brillantgrün. A. K. Babkow und P. W. Martschenko. (Заводская Лаборатория [Betriebs-Lab.] **26.** 1202—06. 1960. Inst. für allg. u. anorg. Chem. der Akad. der Wiss. der UkrainSSR.) (Russ.)

Zur Best. von B in Stahl wird die Bldg. eines Komplexes des Anions von Tetrafluoroborsäure mit Farbstoffen (bes. Brilliantgrün, I) verwendet; der entstehende Komplex wird mit Bzl. extrahiert. 0,5 g Stahl werden in 12 ml verd. H_2SO_4 (1:4) gelöst u. 5 ml der Lsg. mit W. auf 25 ml aufgefüllt. Zu 5 ml dieser Lsg. werden 2 ml einer 2m NH_4F-Lsg., nach ½ Std. 1—2 Tropfen einer 0,5%ig. I-Lsg. u. bis zur Erreichung einer bläulichgrünen Färbung ca. 40%ig. Urotropin-Lsg. zugefügt. Nach weiterer Zugabe von 0,5—1 ml I-Lsg. wird die Lsg. mit 5 ml Bzl. ausgeschüttelt (Scheidetrichter) u. die Benzolschicht colorimetriert (0,5 cm Schichtdicke, Lichtfilter von 610 mμ). Zur Aufnahme der Vgl.-Kurve werden B-freier Stahl u. eine 10 μg/ml B-haltige (H_3BO_3-)Lsg. verwendet. Die Fehlergrenze betrug bei 0,004% B-haltigem Stahl 2,5%.

S. Baryschnikow. G 354

Bestimmung des Bors in Stählen mit 1—5% B. Ivan Janoušek und Karel Študlar. (Hutnické Listy **14.** 458—62. Mai 1959. Plzeň, Výzk. a zkuš. ústav Závodů V. I. Lenina.) (Tschech.)

Vff. überprüfen verschiedene Meth. der B-Best. im Stahl. Die B-Dest. aus H_2SO_4-saurer Lsg. gibt allg. zu niedrige Ergebnisse: die Dest. aus HCl-saurer Lsg. über $CaCl_2$ ist vorteilhafter. Nach elektrolyt. Abscheidung der Begleitelemente an einer Hg-Kathode werden bes. bei mehr als 1% Al im Durchschnitt um 1,75% zu hohe Ergebnisse erhalten. Die B-Abtrennung mittels Ionenaustauscher Katex FN ist vorteilhaft u. wird als Betriebs-Meth. empfohlen. Hierzu werden 0,5 g Späne in 10 ml HCl (1:2 verd.) unter Rückfluß gelöst u. mit 2 ml H_2O_2 oxydiert. Nach Auffüllen auf 50 ml werden 25 ml durch ein trockenes Filter filtriert u. mit einer Geschw. von 2—3 ml/min durch die Ionenaustauschersäule geschickt. Nach dem Eluieren werden 5 Tropfen eines Mischindicators zugegeben (0,05 g Methylrot, 0,075 g Bromkresolgrün, 0,3 g Phenolphthalein, 0,3 g

Thymolphthalein in 100 ml Methanol) u. mit 5n NaOH bis zur Violettfärbung neutralisiert. Nach 2 Min. langem Sieden wird abgekühlt, mit 0,1n NaOH bis zur Grünfärbung u. nach Zusatz von 5 g Mannit in üblicher Weise mit 0,1n NaOH titriert. Genauigkeit: 0,05% des B-Gehalts. J. Tůmová. G 354 □

Potentiometrisches Verfahren zur Bestimmung geringer Borgehalte in Stählen. H.-J. Gräbner. (Z. analyt. Chem. **184.** 327—41. 1961. Bochum, Stahlwerke Bochum AG., Chem. Labor.) (Dt.)

Das klass. titrimetr. Verf. zur Best. höherer B-Geh. in Stählen wird in seinem Anwendungsbereich bis zu den niedrigsten prakt. interessierenden B-Geh. erweitert. Dabei erweist es sich als notwendig, die visuelle Endpunktserkennung durch eine potentiometr. Messung zu ersetzen. Zur Best. von säurelösl. B werden die Späne in HCl kochend gelöst. Ein Rückflußkühler ist nicht erforderlich. Cr, Ni, Mn, Mo, W u. V werden mit NaOH ausgefällt. Bei Anwesenheit von über 0,2% Mo, W oder V reicht die Laugenfällung nicht aus; die Metalle werden dann durch eine nachgeschaltete Behandlung mit einer $Pb(ClO_4)_2$-Lsg. in Form ihrer unlösl. Pb-Salze abgetrennt. Das Filtrat wird anschließend auf pH 7,0 gebracht, wobei Al als Hydroxid ausfällt. Auch geringe Ndd. müssen abfiltriert werden, da sonst beträchtliche positive oder negative Fehlwerte bei der B-Best. erhalten werden. Die Lsg. wird dann auf pH 7,2—7,3 gebracht. Um den Blindwert, der zum überwiegenden Teil vom Sorbit stammt, niedrig zu halten, wird ein konst. Vol. neutralisierter Sorbit-Lsg. zugesetzt. Titriert wird mit 0,01n NaOH-Lösung. Da bei der Laugenfällung u. bei der Pb-Fällung B-Verluste auftreten, muß mit einem empir. Faktor gearbeitet werden, der prakt. unabhängig von der B-Menge ist. Zur Best. des säureunlösl. B wird der beim Lösen des Stahls erhaltene Rückstand mit Na_2CO_3 aufgeschlossen. Nach dem Lösen des Schmelzkuchens wird die Lsg. auf pH 7,2 gebracht, evtl. ausfallende Ndd. werden abfiltriert. Nach Sorbitzusatz wird wie oben titriert. P. Kurzmann. G 354 □

Bestimmung des Borgehaltes von Ferrobor. Pál Répás und István Sajó. (Kohászati Lapok **93.** 426. Sept. 1960. Budapest, Eisenforsch.-Inst.) (Ung.)

Ferrobor wird in H_2SO_4 u. H_2O_2 gelöst, das Fe aus der Lsg. durch Elektrolyse (Hg-Kathode) entfernt u. aus einem Teil der Lsg. Al mit EDTA-Maß-Lsg. titriert. Im zweiten Anteil der Fe-freien Lsg. wird Al mit EDTA gebunden, aus der sauren Lsg. CO_2 ausgekocht u. nach Zugabe einer Mischung 1:1 von 1%ig. Neutralrot u. Methylenblau-Lsg. so lange NaOH zugesetzt, bis die Farbe in Violett umschlägt. Nun wird Mannit zugegeben u. mit 0,1n NaOH bis zur lichtgrünen Färbung titriert. Das Verf. ist bedeutend schneller als das allg. verwendete von Jörgensen. Dauer einer Analyse höchstens 2 Stunden. J. Plank. G 354 □

Spektrophotometrische Untersuchungen von Carminsäurekomplexen. Trilok Chand Jain. (J. Indian chem. Soc. **37.** 727—30. Nov. 1960. Raipur, M.P., Coll. of Sci., Dep. of Chem.) (Engl.)

Vf. untersucht Carminsäure (I)-Komplexe von Cu^{2+}, Pb^{2+}, Th^{4+} u. Zr^{4+} in alkal. u. sauren Lsgg. mit einem Geh. von 10^{-4}m spektrophotometr. im Bereich von 400 bis 600 mμ. Während für Zr hierbei die Grenz-Konz. unterschritten ist, bildet Th ein echtes Salz, das sich im Gegensatz zu den I-Komplexen von Cu u. Pb in alkal. Lsg. nicht entfärbt. Die opt. Dichte des Th-Salzes wird mit steigender Th-Konz. zu größeren Wellenlängen hin verschoben. Der Cu-Nachw. wird durch Th nicht gestört.
F. M. Friedrich-Anderseck. G 358 □

Über die komplexometrische Bestimmung von Kupfer und Zink. József Farkas. (Kohászati Lapok **93.** 427—29. Sept. 1960. Sztalinváros, Donau-Eisenwerk.) (Ung.)

Zur Best. von Cu u. Zn in einer Lsg. nebeneinander wird die schwach essigsaure Lsg. mit Acetatpuffer auf pH 5 gebracht, Cu mit $Na_2S_2O_3$ komplex gebunden u. nach Erwärmen auf 70—75° u. Zugabe von 1 ml 0,1%ig. PAN-Lsg. u. 0,5 ml 0,05%ig. Methylenblau-Lsg. wird Zn mittels 0,025m EDTA-Lsg. titriert. Nachher wird die Lsg. mit ammoniakal. Puffer auf pH 10 eingestellt, zur Oxydation des Cu 10%ig. $(NH_4)_2 \cdot S_2O_8$-Lsg. zugesetzt u. mit der EDTA-Maß-Lsg. das Cu bestimmt. Die Genauigkeit ist sehr befriedigend, wenn aber Pb, Mn, Fe, Sn, Sb zugegen sind, ist die Best. wegen des Verh. des PAN-Indicators nicht unmittelbar möglich, wohl aber nach Entfernung dieser Kationen. J. Plank. G 358 □

b) Organische Verbindungen

Quantitative Elementaranalyse. P. Gouverneur. (Chem. Weekbl. **57.** 313—20. 17/6. 1961. Amsterdam, Koninklijke/Shell-Labor., Shell Internat. Res. Mij. N. V.)(Holl.)

Übersicht über die Fortschritte der quant. Elementaranalyse, bes. der Submikro- u. Spurenanalyse. — 39 Literaturangaben. W. Wesly. 5352 □

Beitrag zur schnellen Bestimmung kleiner Kohlenstoff- und Schwefelmengen in anorganischen und organischen Substanzen mit Hilfe von Leitfähigkeitsmessungen. H. Malissa. (Proc. int. Symposium Microchem., London. **1958.** 97—104. 1959. Düsseldorf, MPI für Eisenforsch.) (Engl.) — Vgl. C. **1958.** 14411.

Vf. beschreibt eine App. zur Simultan-Best. von C u. S. Innerhalb von 4 Min. werden ca. 5 mg der Probe im O_2-Strom verbrannt, CO_2 bzw. SO_2 in 0,005n NaOH bzw. 0,004m $TlCl_3$ (pH-Wert 3,0) absorbiert u. durch Messung der Leitfähigkeitsänderung in den Absorptions-Lsgg. bestimmt. G. BOCK. 5352□

Die Bestimmung von Metallen in organischen Verbindungen nach der Methode des verschlossenen Kolbens. R. Belcher, A. M. G. Macdonald und T. S. West. (Talanta [London] **1.** 408—10. Nov. 1958. Birmingham, Univ., Dep. of Chem.) (Engl.)

Die Verbrennungs-Meth. in einem mit O_2 gefüllten Kolben wurde bei organ. gebundenem Zn, Cd, Mg u. B mit Erfolg zur Aufbereitung dieser Elemente für eine komplexometr. Best. angewendet. Bei As u. Sb waren die Resultate schlechter, Pb u. Bi gehen mit dem Pt des Behälters Legg. ein. W. BETCKE. 5352□

Die Rolle der Perchlorsäure bei der Makro-Naßoxydation von organischem Material zwecks Mikrobestimmung von Spurenelementen. Harvey Diehl und G. F. Smith. (Proc. int. Symposium Microchem., London **1958.** 36—47. 1959. Ames, Iowa, State Coll.; Urbana, Ill., Univ. of Illinois.) (Engl.)

Die Verw. von $HClO_4$ zur Naßoxydation organ. Substanzen zwecks Best. von Spurenelementen bietet folgende Vorteile: 1. tritt keine Abscheidung von Kohlenstoff auf, 2. läßt sich das für das vorliegende Material günstigste Oxydationspotential (I) durch Variieren der $HClO_4$-Konz. bzw. durch Zufügen von H_2SO_4 u./oder HNO_3 bequem einstellen, 3. kann I während der Oxydation durch Abdestillieren von W. bzw. Säure beliebig geändert werden, 4. sind die meisten Rkk. in $<$60 Min. beendet u. können durch Zugabe von 1—2 mg Vanadat oder Chromat katalyt. beschleunigt werden, wobei der Katalysator auch die völlige Zerstörung des organ. Materials anzeigt. 5. stört $HClO_4$ die nachfolgende Best. der Spurenelemente nicht bzw. kann mit H_2SO_4 abgeraucht werden, 6. liegen die zu bestimmenden Stoffe mit Ausnahme von SiO_2 gelöst vor, 7. entstehen keine Verluste infolge Flüchtigkeit. Bei sachgemäßer Handhabung besteht keine Explosionsgefahr. G. BOCK. 5352□

Über ein colorimetrisches Verfahren im nichtwässerigen Medium. 1. Mitt. **Seine Anwendung auf die Bestimmung funktioneller organischer Gruppen.** Maurice Pesez und Jaroslav Bartos. (Talanta [London] **5.** 216—20. Sept./Okt. 1960. Paris, Centre de Rech. Roussel-Uclaf.) (Franz.)

Im nichtwss. Medium werden Hydroxyl-, Carbonyl- u. prim. aliphat. Aminogruppen durch Bldg. eines Deriv., das eine Nitrogruppe enthält, bestimmt. Ohne Extraktion oder Entfernung des Reagensüberschusses wird in Dimethylformamid (I) eine charakterist. Färbung erzielt. Colorimetr. Best. im Hundertstel-Milligrammbereich sind möglich.

Versuche: *Prim.* u. *sek. Alkohole*: Probe in 0,1 ml Pyridin-Bzl. (1:1) lösen u. mit 0,1 ml einer 5%ig. benzol. Lsg. von 3.5-Dinitrobenzoylchlorid versetzen. Nach 20 Min. 0,1 ml Pyridin u. nach weiteren 5 Min. 5 ml einer 25%ig. Lsg. von Piperazinhexahydrat in Dimethylformamid (I) zugeben. Bei 510 mμ messen. *Carbonyl-Verbb.*: Probe in 0,5 ml A. lösen u. mit 0,5 ml Reagens (0,04 g p-Nitrophenylhydrazin in abs. A., der 0,1% HCl enthält) versetzen u. 10—30 Min. auf 70° erhitzen, Kühlen u. 9 ml einer frischen 0,4%ig. Lsg. von Benzyltrimethylammoniumhydroxid (II) in I zugeben. *Prim. aliphat. Amine*: 1. Probe in 1 ml I lösen u. mit 0,5 ml einer 0,025%ig. Lsg. von 1-Fluor-2.4-dinitrobenzol in I versetzen. Nach 10 Min. 4,5 ml einer frischen 0,4%ig. Lsg. von II in I u. 0,1 ml W. zugeben. Nach 5 Min. bei 495 mμ messen. 2. 2 ml Amin-Lsg. in Nitromethan (III) mit 2 ml einer 0,05%ig. Lsg. von Dimethylaminozimtaldehyd in III versetzen, 25 Min. erhitzen, Kühlen u. mit III auf 10 ml auffüllen. Bei 475 mμ messen. K. ROSS. 5364□

Charakterisierung von Alkylhalogeniden. P. M. G. Bavin. (Analytic. Chem. **32.** 554—56. April 1960. Hull, East Yorkshire, Univ., Chem. Dep.) (Engl.)

Das Anion (aus I u. methanol. CH_3ONa) des Fluoren-9-carbonsäuremethylesters (I) gibt mit Alkylhalogeniden (II) in guter Ausbeute die entsprechenden *Fluoren-9-alkyl-9-carbonsäuremethylester*, die anschließend oder nach Verseifung zu den entsprechenden *Fluoren-9-alkyl-9-carbonsäuren* durch F.-Best. zur Identifizierung der II geeignet sind. Hergestellt wurden die *Fluoren-9-alkyl-9-carbonsäuremethylester* mit folgenden Alkylgruppen: *Methyl-*, F. 108—109°, *Äthyl-*, F. 81,5—82°, *Propyl-*, F. 85—85,5°, *Isopropyl-*, F. 79—80°, *Allyl-*, F. 74—75°, *Butyl-*, F. 34—34,5°, *sek.-Butyl-*, F. 70—71°, *Isobutyl-*, F. 68—69°, *tert.-Butyl-*, F. 112—113°, *Pentyl-*, *tert.-Pentyl-*, F. 56—57°, *Hexyl-*, *3-Methyl-3-pentyl-*, F. 53—54°, *3-Äthyl-3-pentyl-*, F. 66,5—67°, *Crotyl-*, *Propargyl-*, F. 117—119°,

Benzyl-, F. 74—75°, *2-Phenyläthyl-*, F. 67—68°, *Cinnamyl-*, *Benzcyclobutenyl-*, F. 106 bis 107°, *Cyclopentyl-*, F. 83—84,5°, *Cyclohexyl-*, F. 120—121°, *Cyclopenten-(3)-yl-*, F. 93—94°, *Cyclohexen-(3)-yl-*, *2-Thienylmethyl-*, F. 104—105°, *3-Thienylmethyl-*, F. 119,5—120,5°, *Methoxymethyl-*, F. 129—131°, *Methoxycarbonyl-*, F. 166—167°, *Methoxycarbonylmethyl-*, F. 91—92°, *4-Cyanobutyl-*, F. 90,5—91°, *Phenacyl-*, F. 184 bis 185°, *9-Fluorenyl-*, F. 215—216°, *9-Methoxycarbonyl-9-fluorenyl-*, F. 227—228°, *Brommethyl-*, F. 112—113°, die *Fluoren-9-alkyl-9-carbonsäuren* mit Alkyl = *Methyl*, F. 170—171°, *Allyl*, F. 132—132,5°, *Butyl*, F. 115—116°, *tert.-Butyl*, F. 233—235°, *Pentyl*, F. 125—126°, *tert.-Pentyl*, F. 200—204°, *Hexyl*, F. 117—118°, *Crotyl*, F. 120 bis 122°, *Propargyl*, F. 182—184°, *Benzyl*, F. 201—202°, *2-Phenyläthyl*, F. 143,5—144°, *Cinnamyl*, F. 162—163°, *Cyclopenten-(3)-yl*, F. 184—186°, u. *Cyclohexen-(3)-yl*, F. 168 bis 170°, die *Lactone* aus I u. *2-Hydroxyäthylbromid*, F. 184—185°, *3-Hydroxypropylchlorid*, F. 232—234°, u. *2.3-Dihydroxypropylchlorid*, F. 180—181°, sowie *1.2-Bis-[9-carbomethoxy-9-fluorenyl]-äthan*, F. 261—262°, *1.3-Bis-[9-carbomethoxy-9-fluorenyl]-propan*, F. 194—195°, u. *1.4-Bis-[9-carbomethoxy-9-fluorenyl]-n-butan*, F. 221—222°.

Versuche: *Fluoren-9-carbonsäure*: 166 g Fluoren in 500 ml trockenem Ae. unter Rühren zu äther. Lsg. von 240 g Phenyl-Li geben, nach 1 Std. orangefarbene Lsg. schnell auf 500 g mit Ae. angeschlämmtes festes CO_2 geben, 1 Tag stehenlassen. — *Fluoren-9-carbonsäuremethylester* (I), F. 64—65°, durch Sättigen einer Lsg. vorst. Verb. (1 Teil) in CH_3OH (5 Teile) mit trockenem HCl; 70—90% (Ausbeute). — *Fluoren-9-alkyl-9-carbonsäuremethylester*: Aus 5 mMol vorst. Verb. in 10 ml einer Lsg. von 0,23 g Na in CH_3OH u. 3 mMol II, bis zum Verschwinden der gelben Farbe stehenlassen.

U. Uhlich. G 500□

Amperometrische argentometrische und mercurimetrische Titration von Sulfhydryl. 2. Mitt. Mercurimetrische Titration. I. M. Kolthoff und J. Eisenstädter. (Analytica chim. Acta [Amsterdam] **24.** 280—93. März 1961. Minneapolis, Minn., Univ. of Minnesota, School of Chem.) (Engl.) — 1. vgl. C. **1961.** 9153.

Die Ergebnisse amperometr. Titrationen von *Cystein* (I), *Glutathion* (II), *Thioglycolsäure* (III) u. *2-Mercaptoäthanol* (IV) gegen $Hg(NO_3)_2$ bzw. $HgCl_2$ werden mitgeteilt. Die Titrationen wurden in Borax- (pH 9,1; in Ggw. von 0,1 m KCl), in NH_4NO_3/Ammoniak- (pH 9), Phosphat- (pH 7,0) u. Acetatpuffer-Lsgg. (pH 5,1) sowie in 0,01 m HNO_3 u. 0,01 m HCl (pH 2,2) unter Verw. einer rotierenden Pt–Draht-Elektrode oder einer rotierenden Hg–Pol-Elektrode durchgeführt. Mit der Hg-Elektrode wurden bei pH 9 gut definierte Endpunkte bei einem Mol-Verhältnis Thiol-Verb. : Hg = 2 : 1 gefunden, während mit der Pt-Elektrode unter den gleichen Bedingungen bei der I- u. II-Titration 2 Knickpunkte erhalten wurden, die den Mol-Verhältnissen 2 : 1 u. 1 : 1 (entsprechend der Zus. X_2Hg bzw. X_2Hg_2; X = I bzw. II) entsprachen. Bei III u. IV wurden dagegen nur 2 : 1-Endpunkte beobachtet. Die Bedingungen für eine genaue amperometr. Best. der Thiole bei pH 2 in Ggw. von 0,01 m SO_2 mit der Hg-Elektrode werden beschrieben. Hiermit lassen sich auch Disulfide, die bei der Rk. mit Sulfiten Thiol-Verbb. abspalten u. die Gleichgewichts-Konzz. dieser Rkk. bei wechselndem pH bestimmen.

W. Betcke. G 600□

Jodometrische Bestimmung von „Dixanthogen". V. R. Satyanarayana Rao und A. R. Vasudeva Murthy. (Chemist-Analyst **50.** 30. März 1961. Bangalore, Indian Inst. of Sci., Dep. of Inorg. and Phys. Chem.) (Engl.)

SO_3^{2-} spaltet die —S—S-Bindung von Dixanthogen [$(C_2H_5OCS)_2S_2$, I] unter Bldg. von $S_2O_3^{2-}$, das sich jodometr. bestimmen läßt. 5,00 ml einer Lsg. von ca. 0,5 g I in 100 ml A. werden mit 5 ml 1 m Na_2SO_3-Lsg. versetzt u. 5 Min. geschüttelt. Nach 30 Min. werden (zur Bindung des überschüssigen Na_2SO_3) 10 ml 40%ig. Formaldehyd-Lsg. u. 3 ml Eisessig dazugegeben. Nach dem Verdünnen auf 200—300 ml wird titriert. Auf 1 Mol I werden 2 Mole $S_2O_3^{2-}$ frei.

W. Betcke. G 600□

Über ein colorimetrisches Verfahren im nichtwässerigen Medium. 2. Mitt. Die Verwendung von p-Nitrophenacylbromid für die Identifizierung und Bestimmung von Carbonsäuren. Jaroslav Bartos. (Talanta [London] **8.** 556—57. Juli 1961. Paris, Centres de Rech. Roussel-Uclaf.) (Franz.) — 1. vgl. C. **1962.** 13148.

Die in 0,25 ml wss. Lsg. vorliegende Säure wird mit Na_2SO_3 neutralisiert u. mit 0,1 ml 0,3%ig. p-Nitrophenacylbromid in Acetonitril versetzt. Nach 30 Min. Stehen werden 5 ml Dimethylsulfoxid u. nach weiteren 5 Min. 0,5 ml Diäthylamin zugegeben. Die Messung erfolgt sofort bei 550 mμ. Die violette Färbung entwickelt sich nur bei Ggw. von Carboxylgruppen. Eine Extraktion oder Entfernung des Reagensüberschusses ist nicht nötig. Die Best. kann mit Mengen in der Größenordnung von 10^{-5} g durchgeführt werden. Die FF. der gebildeten Ester der folgenden Säuren sind: HCOOH 142,5°; CH_3COOH 123°; CH_3CH_2COOH 108,5°; $CH_3CH_2CH_2COOH$ 45,5°; C_6H_5COOH 147,5°; $C_6H_5CH_2COOH$ 84°; $(COOH)_2$ 226°; $HOOCCH_2CH_2COOH$ 184°.

K. Ross. G 800□

Qualitative und quantitative Bestimmung von Fettsäuren mit der Gas-Flüssigkeits-Chromatographie. A. T. James. (Methods biochem. Analysis **8.** 1—59. 1960. London, Nat. Inst. for Med. Res.) (Engl.)

Beschreibung der gaschromatograph. Meth. zur Best. der Fettsäuren (I). Als stationäre Phase dienen auf Kieselgur aufgetragene Polyäthylenglykoladipate oder Stearinsäure-Silicon-Gemische. Meth. zur Extraktion, Verseifung u. Methylierung von I werden angegeben. Die Trennung von I ist abhängig von der Teilchengröße des Trägermaterials, der Gasdurchfluß-Geschw., der Menge u. der Art der stationären Phase, der Säulenlänge, Probenmenge u. Art der Auftragung. Klaus Becker. G 800□

Gaschromatographische Analyse von Nitrilen. Ihor Lysyj. (Analytic. Chem. **32.** 771. Juni 1960. Princeton, N.J., Food Mach. and Chem. Corp., Chem. Res. and Dev. Center.) (Engl.)

Mischungen aus *Methacrylonitril, Acrylonitril, Acetonitril* u. *Propionitril* werden gaschromatograph. an polaren [20% Carbowax auf Chromosorb W 30—60 mesh (I), Temp. 70°, Trägergas He] oder unpolaren (15% Craig Bernsteinsäurepolyester auf I, Temp. 100°) Säulen getrennt. Die abs. u. relativen Retentionszeiten sind in beiden Säulentypen verschieden. U. Uhlich. G 810□

Bestimmung von Aminosäuren als Phenylthiohydantoinderivate. 1. Mitt. Mikrosynthese von 3-Phenyl-2-thiohydantionen aus Aminosäuren. John Sjöquist. (Ark. Kemi **11.** Nr. 14. 129—35. 6/5. 1957. Lund, Univ., Dep. of Physiol. Chem.) (Engl.) — Vgl. C. **1957.** 8606.

Vf. berichtet über die prakt. quant. Darst. von *Phenylthiocarbamylaminosäuren* u. deren Umwandlung in die entsprechenden *3-Phenyl-2-thiohydantoine* (I) im Mikrogrammmaßstab. Die molaren Extinktions-Koeff. der I verschiedener Aminosäuren werden angegeben. E. Schröder. G 950□

Bestimmung von Aminosäuren als Phenylthiohydantoinderivate. 2. Mitt. Chromatographische Trennung von 3-Phenyl-2-thiohydantoinen der Aminosäuren. John Sjöquist. (Ark. Kemi **11.** Nr. 17. 151—60. 6/5. 1957. Lund, Univ., Dep. of Physiol. Chem.) (Engl.) — 1. vgl. vorst. Referat; 3. vgl. C. **1961.** 11835.

3-Phenyl-2-thiohydantoine der Aminosäuren lassen sich durch Säulenchromatographie an Celite auftrennen u. durch ihre UV-Absorption quant. bestimmen. Die Leucine werden zusammen bestimmt: Serin u. Threonin zeigen infolge partieller Zers. zu niedrige Werte. Die Brauchbarkeit des Verf. wird an einem Hydrolysat von Rinderserumalbumin demonstriert. E. Schröder. G 950□

Bestimmung von N-Carbamoylderivaten von Aminosäuren mit Diacetylmonoxim. R. Crokaert und E. Schram. (Bull. Soc. Chim. biol. **40.** 1093—1106. 10/9. 1958. Bruxelles, Univ. libre de Bruxelles, Fac. de Med., Labor. de Biochim.) (Franz.)

Vff. untersuchten den Einfl. der Vers.-Bedingungen auf die Best. der N-Carbamoyl-Derivv. von Aminosäuren nach der Meth. von Koritz u. Cohen (C. **1954.** 11505) mit Diacetylmonoxim in Ggw. von Diphenylamin-p-sulfonsäure u. $K_2S_2O_8$ (die die Rk. verstärken bzw. vervollständigen). Um gut reproduzierbare Resultate zu erhalten (Messung des Farbstoffes bei 560 mμ, 30—45 Min. nach Zusatz des $K_2S_2O_8$), müssen die Rk.-Bedingungen genau eingehalten werden. Die Meth. eignet sich zur Serienanalyse chromatograph. Fraktionen. B. Görlich. G 950□

Colorimetrische Bestimmung geringer Säuremengen in Terephthalsäuredimethylester. A. L. Hensley. (Analytic. Chem. **32.** 542—43. April 1960. Whitting, Ind., Standard Oil Co., Res. and Developm. Dep.) (Engl.)

Es wird ein Verf. zur Best. der SZ. (mg KOH/g Substanz) mit einem Fehler von ±0,001 u. einer unteren Nachw.-Grenze von 0,003 angegeben. *Terephthalsäuredimethylester* wird in Toluol (25%)-Dimethylformamid (75%) mit dem Na-Salz von Bromthymolblau versetzt u. die mit der Bldg. von undissozierten Farbstoff-Moll. verbundene Ausbleichung des Farbstoffes durch Extinktionsmessungen bei 610 mμ verfolgt. W. u. CO_2 stören. U. Uhlich. G 1220□

Störung durch Chlorionen bei der Bestimmung von Tryptophan nach der Methode von Shaw und McFarlane. G. O. Henneberry und B. E. Baker. (Analyst. **86.** 416—18. Juni 1961. Quebec, Canada, Mc Gill Univ., Macdonald Coll.) (Engl.)

Vff. stellen fest, daß bei der Anwendung der Meth. von Shaw u. McFarlane [1938] auf salzsaure Caseinhydrolysate ein zu hoher Geh. an *Tryptophan* (I) gefunden wird. Der Fehler muß nach Ansicht der Vff. in Kauf genommen werden, da die Beseitigung der Cl^--Ionen mit Bis-[2-äthylhexylamin] zu gefärbten Blindproben führt, deren Lichtabsorption mit der der I-Lsgg. übereinstimmt. U. Uhlich. G 3051□

Untersuchungen über den Nachweis reduzierender Zucker durch Bildung der Derivate des 1-Phenylflavazols. Jean-Emile Courtois und Utako Ariyoshi.

(Ann. pharmac. franç. 16. 385—97. Juni 1958. Paris, Fac. de Pharm., Labor. de Chim. Biol.) (Franz.)

Die aus Mono- bzw. Oligosacchariden u. o-Phenylendiamin entstehenden Chinoxalin-Derivv. reagieren beim Erhitzen des Rk.-Gemisches mit Phenylhydrazin in Ggw. von Essigsäure weiter zu 1-Phenylflavazolen, die nach Zugabe von Alkali durch Extraktion mit Methyläthylketon (bzw. mit n-Butanol im Falle der Verbb. aus Tri- bzw. Tetrasacchariden) isoliert werden können. Bes. die aus Oligosacchariden erhaltenen Verbb. können zum Nachw. der Zucker verwandt werden. Bei saurer Hydrolyse verbleibt das endständige (reduzierende) Monosaccharid im Flavazolring, während die anderen Monosaccharide abgespalten u. im Hydrolysat nachgewiesen werden können. Folgende Verbb. werden beschrieben: *1-Phenyl-3-dihydroxyäthylflavazol*, F. 215°, aus L-Arabinose, gelbbraune Nadeln aus A., $[\alpha]_D^{20}$ —6,9° (bei allen Verbb. in 1%ig. Lsg. in Pyridin (I); 21,5% (Ausbeute). — *1-Phenyl-3-L-erythro-1'.2'-dihydroxypropylflavazol*, F. 214°, aus L-Rhamnose, gelbe Nadeln aus Methanol (II); 25,6%. — *1-Phenyl-3-D-erythrotrihydroxypropylflavazol*, F. 218°, aus D-Glucose, gelbe Nadeln aus A., $[\alpha]_D^{20}$ —20°; 25,5%. — *1-Phenyl-3-D-threotrihydroxypropylflavazol*, F. 194—195°, aus D-Galactose, gelbgrüne Nadeln aus A., $[\alpha]_D^{20}$ —49,3°; 23,5%. — *1-Phenylflavazol aus Maltose*, F. 265°, gelbe Rechtecke aus I/A., $[\alpha]_D^{20}$ +53,5°; 41,4%. — *1-Phenylflavazol aus Gentiobiose*, F. 245—247°, gelbgrüne Nadeln aus A., $[\alpha]_D^{20}$ —43°; 32,3%. — *1-Phenylflavazol aus Melibiose*, F. 218 bis 221°, gelbe Nadeln aus I/A., $[\alpha]_D^{20}$ +45°; 34,5%. — *1-Phenylflavazol aus Lactose*, F. 272 bis 274°, gelbrote Rechtecke aus I/A., $[\alpha]_D^{20}$ +88°; 24,1%. — *1-Phenylflavazol aus Vicianose*, F. 216—220°, hellbraune Nadeln aus II, 23,3%. — *1-Phenylflavazol aus Manninotriose*, F. 236—238°, gelbbraune Rechtecke aus A., $[\alpha]_D^{20}$ +60°; 10%. — *1-Phenylflavazol aus Trigalactosidoglucose*, F. 257—262°, gelbbraune Rechtecke aus II, $[\alpha]_D^{20}$ +80°; 34,0%. E. MOISAR. G 3400□

Charakterisierung und Bestimmung von stickstoffhaltigen organischen Basen in Mischungen von Ammoniumreineckat. Lee Kum-Tatt. (Analytica chim. Acta [Amsterdam] 24. 397—409. Mai 1961. Singapore, Malaya, Gov. Dep. of Chem.) (Engl.)

Die Rk. von NH_4-Reineckat mit organ. Stickstoffbasen (**A**) wird von der Basizität der **A** u. dem pH-Wert der Lsg. beeinflußt. Es wird eine Gleichung angegeben, nach der bei bekanntem pH-Wert der **A** der günstigste pH-Bereich zur Komplex-Bldg. berechnet werden kann. Die Bedingungen zur Komplex-Bldg. mit sehr schwachen **A** sowie der Mono- u. Direineckate von zweibas. Verbb. werden angegeben. Durch Variation des pH-Wertes können Basen mit hinreichend verschiedenem pH-Wert in Mischung miteinander nachgewiesen werden. Die quant. Best. (im 50-mg-Bereich) erfolgt durch Lösen des Reineckats in Aceton u. Extinktions-Best. bei 525 mμ. Hergestellt wurden die *Reineckate* von (in Klammern Zers.-Temp.): *Chinin* (mono: 145—149°; di: 216°), *Thiamin* (I; mono: 148—149°; di: 160—162°), *Nicotin* (II; mono: 184—185°; di: 160 bis 162°), *Piperidin* (III; 198—202°), *Morpholin* (175—177°), *Pyridin* (IV; 198—202°), *Coffein* (V; 137°), *Diäthyl-* (260—262°), *Dimethyl-* (273—274°), *Triäthyl-* (200—207°) u. *Diphenylamin* (146—149°), *Acetonsemicarbazon* (136—140°), *Acetamid* (136—138°), *Thioharnstoff* (138—140°), *Harnstoff* (121—122°), *Piperin* (147—149°). In Mischung wurden bestimmt: II/III; *Kodein*/V, II/IV; III/IV sowie I/HCl-*Cholin*. Angegeben wird ein Verf. zur Isolierung u. Best. von *Strychnin* in der Leber stark verwester menschlicher Leichen. U. UHLICH. G 3500□

Papierchromatographie der Farbstoffe der Chloroplasten. Ryszard Wiktor Schramm. (Postępy Biochem. 3. 251—68. 1957.) (Pol.)

Vf. gibt einen Überblick über die Entw. der Papierchromatographie der Chloroplastenfarbstoffe. HARRY HAHN. G 3550□

c) Bestandteile von Pflanzen und Tieren

Eine einfache Lackfilmmethode zum Abstreifen und Aufbewahren von Paraffinschnitten. Fritz Strauss. (Mikroskopie [Wien] 15. 343—47. 1960, herausgeg. Febr. 1961. Ithaca, N.Y., Cornell Univ., Dep. of Zoolog.) (Engl.)

Beschreibung der Methode. Als Lack wird Cyclonlack der Fa. BOSSHARD & Co., Zürich-Oerlikon verwendet. C. GOTTFRIED. 5661

Eine Hilfseinrichtung zur Untersuchung dicker histologischer Schnitte im polarisierten Licht. Gerhard Müller. (Mikroskopie [Wien] 15. 347—51. 1960, herausgeg. Febr. 1961. Mainz, Johannes-Gutenberg-Univ., Anatom. Inst.) (Dt.)

Beschreibung eines Geräte, welches die polarisationsopt. Strukturanalyse von Muskel- u. Bindegewebefaserverläufen in dicken histolog. Schnitten erleichtert. C. GOTTFRIED. 5661

Verwendung von Sulfosalicylsäure bei der polarographischen Bestimmung von Chloriden in biologischem Material. M. Bartík und J. Kupka. (Collect. czechoslov. chem. Commun. **25.** 3391—93. Dez. 1960. Košice, Veterinärfak., Inst. für Chem. u. Phys.) (Dt.)

Cl^- in biolog. Material wurde mit Hilfe der anod. polarograph. Stufe nach Enteiweißung durch Sulfosalicylsäure (I) bestimmt. I dient gleichzeitig als Grundelektrolyt. Die Ergebnisse sind um ca. 3% höher als diejenigen der potentiometr. Titration mit Hg(II). P. ZUMAN/Prag. 5664

d) Medizinische und toxikologische Analyse

Radioaktivierungsanalyse in der Biochemie und der Medizin. J. M. A. Lenihan. (Pure appl. Chem. **1.** 81—97. 1960. Glasgow, West. Reg. Hosp. Board, Reg. Phys. Dep.) (Engl.)

Vf. beschreibt eine Reihe von Anwendungen der Radioaktivierungsanalyse (RA) in der Biochemie u. Medizin: RA des Blutes, Best. von *Au* im Gewebe, Best. von *Na*, *K* u. *P*, Best. von *As* in krebskrankem Lungengewebe u. bei As-Vergiftungen, RA in der Zahnheilkunde (V, As, Hg in Zähnen), Best. von proteingebundenem *J* (Best. als ^{127}J), Best. von *Sr* in Knochen. H. SCHROEDER. 5725□

Neue schnelle und praktische Mikromethoden für die Prothrombinbestimmung. 1. Mitt. Die Uhrglasmethode. A. W. Ulin und S. Gollub. (J. Lab. clin. Med. **50.** 323—25. Aug. 1957. Philadelphia, Sidney Hilman Med. Center; Hahnenmann Med. Coll. and Hosp. of Philadelphia.) (Engl.)

Ergebnisse von über 100 Unterss. an Patienten mit dem Schnelltest u. der Uhrglas-Meth. (Blut aus der Fingerbeere wird untersucht), die näher beschrieben wird, werden diskutiert. Die Uhrglas-Meth. ist gut anwendbar bei Patienten „ohne Venen".
M. METZE. 5727□

Neue schnelle und praktische Mikromethoden für die Prothrombinbestimmung. 2. Mitt. Die Hämatokritmethode. S. Gollub, J. Black und A. W. Ulin. (J. Labor. clin. Med. **50.** 326—29. Aug. 1957.) (Engl.) — Vgl. vorst. Referat.

Wie bei der Uhrglas-Meth. wird auch hier Blut aus der Fingerbeere entnommen u. danach im WINTROBE-Hämatokritröhrchen gegen eine bekannte Menge „Prothrombinfreien" Plasmas untersucht. Die Meth. eignet sich bes. für Experimente mit Kleintieren.
M. METZE. 5727□

Über die Vorzüge und Vorteile einiger neuerer Hämoglobinbestimmungsmethoden. A. Kučera und V. Kučerová. (Acta Univ. Palackiane Olomucensis **14.** 63—68. 1958. Palacky univ., lek. fac. Fysiol. ústav, Olomouc.) (Tschech.)

Auf Grund eingehender Unterss. kommen Vff. zu dem Ergebnis, daß sich für die übliche hämatolog. u. klin. Praxis die Meth. von PHILIPP u. VAN SLYKE [1945] am besten für die Best. des *Hämoglobins* (I) eignet, da deren Durchführung einfach ist u. eine genügende Genauigkeit garantiert. Daneben empfehlen Vff. auch die beiden photocolorimetr. Meth. nach TURNER [1946, Überführung von I in Cyanmethämoglobin] u. nach WHITBY u. BRITTON [1946, Überführung von I in Hämatin]. B. GÖRLICH. 5727□

Analyse der Blutgase mit einer gasadsorptionschromatographischen Methode. Russell H. Wilson, Bruce Jay, Virgil Doty, Harlan Pingree und Evelyn Higgins. (J. appl. Physiol. **16.** 374—77. März 1961. Dallas, Tex., Univ. of Texas, Southwestern Med. School, Dep. of Int. Med.; Veteran's Adm. Hosp., Res. Dep.) (Engl.)

Beschreibung einer gaschromatograph. Meth. zur Best. von O_2 u. CO_2 im Blut. Eine genaue Best. ist noch in Proben von 0,25 ml möglich. K. ZINGRAF. 5727□

Eine Ionenaustauschmethode für die Ammoniumkonzentration im Plasma. Stanley G. Dienst. (J. Lab. clin. Med. **58.** 149—55. Juli 1961. New York, N.Y., Sloan Kettering Inst., Dep. of Exper. Surg. and Clin. Physiol. u. Andre and Bella Meyer Physiol. Labor.) (Engl.)

NH_4^+ in 3,0 ml Plasma wird auf 2,7 g Kationenaustauschharz adsorbiert u. von dort mit NaOH direkt in NESSLERS Reagens ausgewaschen. Spektrophotometr. Best. der NH_4^+-Konz. im Vgl. zu einem Standard. K. ZINGRAF. 5728□

Polarographische Nitratbestimmung in biologischem Material. M. Bartík und J. Kupka. (Collect. czechoslov. chem. Commun. **25.** 3356—62. Dez. 1960. Košice, Veterinärfak., Inst. für Chem. u. Phys.) (Dt.)

Zur Best. von NO_3^- wurde die Überführung in Nitrokörper mit *Sulfosalicylsäure* (I) u. *Phenol* (II) benutzt. Die Red. des Nitro-Prod. von I wird durch Adsorption an I beeinflußt, u. es entstehen 2 Stufen. Im Blut u. anderen biolog. Fl. u. Eluaten mit hohem Eiweiß-Geh., bewährte sich die Best. aus der Red. des Nitro-Prod. der I, die gleichzeitig als Reagens zur Fällung der Eiweißstoffe dient. Im Harn u. anderen Materialien mit geringem Eiweiß-Geh. wird NO_3^- aus der Red. des von II entstandenen Nitrokörpers bestimmt. Die polarograph. Kurven wurden direkt in sauren Nitrier-Lsgg. registriert. NO_2^- wird entweder vorher zerstört oder zusammen mit NO_3^- bestimmt. Bei Verw. von I muß man die Resultate in bezug auf NO_2^- korrigieren, bei Anwendung von II ist der Einfl. des NO_2^- vernachlässigbar. P. ZUMAN/Prag. 5732

Fehlgriffe bei der chemischen Diagnostik von Nitritvergiftungen. József Antal. (Acta pharmaz. hung., Suppl. **31 B.** 67—71. Okt. 1961. Budapest, Landesinst. für gerichtl. Chem.) (Ung.)

Vf. untersuchte „in Vitro" die NO_3-Spaltfähigkeit des Gedärmeinhaltes von Leichen. Es konnte festgestellt werden, daß der Gedärmeinhalt von Leichen unter gewissen Umständen (pH 4—8) eine bedeutende Spaltfähigkeit für Nitrat besitzt. Es besteht die Möglichkeit, daß der Organismus aus den Nitraten des vor dem Tode verspeisten Pöckelfleisches oder aus NO_3-haltigem W. gut nachweisbare Nitritmengen zu bilden vermag. Dieser Befund deutet darauf hin, daß, wenn im gegebenen Fall aus dem Organismus Nitrit nachgewiesen wird, nicht sicher ist, ob die Ursache des Todes eine Nitritvergiftung war. G. LIGETI. 5764

Beiträge zum chemischen Nachweis des arsenischen Ursprungs von Polyneuritis. Ödön Szép und Éva Grusz. (Acta pharmac. hung., Suppl. **31 B.** 61—66. Okt. 1961. Budapest, Landesinst. für gerichtl. Chem.) (Ung.)

Zum chem. Beweis des arsen. Ursprungs der Krankheit wurden in 27 Fällen aus As-Vergiftungen stammender akuter Polyneuritiden Harn, Haare u. Nägel der Kranken untersucht. Es wurden gegenüber den Normalwerten im Harn 4,5—405 μg%, im Haar 90—8838 μg%, in den Nägeln 210—10359 μg% u. in einem Fall in abschälender Hautscharrung 4800 μg% As gefunden. Diese Ergebnisse beweisen, daß bei einem Verdacht von As-Vergiftung die Best. des Harn–As-Geh. nie genügt, es müssen auch Haar, Nägel u. Epidermisproben untersucht werden. In allen Fällen wurde der auf klin. Beobachtungen angenommene arsen. Ursprung von Polyneuritis durch die chem. Prüfungen eindeutig bewiesen. G. LIGETI. 5764

Vereinfachte colorimetrische Methode zur Bestimmung von Quecksilber in biologischem Material. Donald L. Sorby und Elmer M. Plein. (J. Amer. pharmac. Assoc., sci. Edit. **49.** 160—62. März 1960. Seattle, D. C., Univ. of Washington, Coll. of Pharm.) (Engl.)

Eine Probe biolog. Materials wird mit konz. H_2SO_4 u. 50%ig. H_2O_2 bis zur klaren u. farblosen Lsg. auf einem Dampfbad erhitzt. Unter weiterem Zutropfen von H_2O_2 wird auf dem Drahtnetz weiter erhitzt, bis die Lsg. 2—3 Min. lang klar u. farblos bleibt. Dann wird mit $KMnO_4$ bis zur blaßroten Farbe u. mit $NH_2OH \cdot HCl$ versetzt. Von dieser Lsg. wird eine 10—100 μg Hg entsprechende Menge zu 0,25n HCl gegeben u. mit einer 0,4%ig. Lsg. von Dithizon in Chlf. geschüttelt. Die Chlf.-Lsg. wird abgetrennt u. bei 490 mμ colorimetriert. Der günstigste Konz.-Bereich liegt bei 10—25 μg Hg in der zu untersuchenden Probe. Neben diesen Mengen stören 1 mg Fe, Ni, Pb, Cu, Zn, Cd, Mn bzw. Bi den Nachw. nicht. Fehlergrenze $\pm$5%. S. ERBE. 5764□

Nachweis von Barbituraten in menschlichen Organen in Vergiftungsfällen. Ödön Szép und Éva Grusz. (Acta pharmac. hung., Supp. **31 B.** 59—60. Okt. 1961. Budapest, Landesinst. gerichtl. Chem.) (Ung.)

Barbiturate können aus den Leichenteilen nach starkem Ansäuern mit HCl, Eindampfen der Lsg. u. Extraktion mit Chlf. leicht u. in reinem Zustand isoliert werden. Die Meth. liefert in kürzerer Zeit reineres Material als die STAS-OTTO-Methode. G. LIGETI. 5764

Das Keilstreifenverfahren in der chemisch-toxikologischen Barbituratanalyse. Hans-Peter Klöcking. (Arch. Toxikol. **19.** 273—74. 1961. Rostock, Univ., Pharmakol. Inst.) (Dt.)

Es werden die R_F-Werte für eine Reihe von *Barbituraten* für das Keilstreifen-Verf. angegeben, Laufmittel: Dioxan/Xylol/Toluol/Isopropanol/25%ig. Ammoniak (1:2:1:4:2), Anfärbung mit 1%ig. $HgNO_3$. P. GREGORZEWSKI. 5764

Normorphin, Nalorphin und Morphin. Quantitative Trennung und Bestimmung kleiner Mengen in Blut und Gewebe. Kirsten Milthers. (Acta pharmacol. toxicol. [København] **18.** 199—206. 1961. Kopenhagen, Univ., Dep of Pharmacology) (Engl.) — Vgl. C. **1961.** 8027 u. 13640.

Morphin (I), *Nalorphin* (II) u. *Normorphin* (III) werden aus Gewebehomogenaten, die mit Uranylchlorid von Proteinen befreit sind, erst bei pH 8,4 (I u. II), dann bei pH 9,4 (III) mit Chlf./Isopropanol 3 :1 extrahiert. III kann nur zu 78% gewonnen werden. Anschließend erfolgt absteigende Papierchromatographie mit Amylenhydrat/Dibutyläther (IV)/W. 80 : 7 : 13, die R_F-Werte für I, II u. III sind 0,08; 0,50; 0,04. IV muß unbedingt frei von Peroxyden sein. Die Eluate werden nach Behandlung mit KNO_2 polarographiert. I u. II werden zu 97 ± 6%, III nur zu 72 ± 6% erfaßt, Erfassungsgrenze: 0,6 g/g Gewebe. W. HOLLAND. 5764□

Hirsh Sulkowitch, West Newton, Mass., V.St.A., *Ca-Test im Harn.* (Can. P. 553 700 vom 25/5. 1955, ausg. 4/3. 1958. A. Prior. 9/6. 1954. — C. 1958. 7564 [E. P. 769 289].)

H. Angewandte Chemie

I. Allgemeine chemische Technologie

Eine Zustandsgleichung für flüssiges Wasser gültig bis 300° und 1200 ata. R. Plank. (Brennstoff. Wärme. Kraft **12.** 302—04. 5/7. 1960. Karlsruhe.) (Dt.)

Es wird eine halbempir. Zustandsgleichung für W. angegeben, die die neuesten, im Moskauer Energet. Institut gemessenen Werte des spezif. Vol. des W. im gesamten untersuchten Bereich (von 50—300° u. 1200 ata) sehr genau wiedergibt. Die Grundform wurde von EUCKEN vorgeschlagen. Nach einer geringen Änderung lassen sich die gemessenen Werte in dem weiten Zustandsbereich mit einer erstaunlich geringen Abweichung wiedergeben. Es ist anzunehmen, daß eine theoret. begründete Zustandsgleichung, die eine solche Genauigkeit zu leisten vermag, in ziemlich weiten Druckgrenzen extrapolationsfähig sein wird. Nur bei Annäherung an den Siedezustand u. an den krit. Zustand wird die vorgeschlagene Gleichung ungenau. H. SCHÖBERL. 5800□

Neue metallische Werkstoffe für die chemische Industrie. Giuseppe Bianchi. (Chim. e Ind. [Milano] **42.** 870—76. Aug. 1960. Mailand, Univ.) (Ital.)

Überblick, bes. über die Verw. von *Ti*, *Zr* u. *Ta*. M. GEHLEN-KELLER. 5804□

Korrosionsbeständigkeit plastischer Werkstoffe und ihre Anwendung für den Bau chemischer Anlagen. B. Doležel. (Korose Ochrana Mater. **1960.** 56—60. Aug. Praha, Stát. výzk. ústav ochrany materiálu.) (Tschech.)

Vgl. der Eigg. von Kunststoffen mit denen von metall. Werkstoffen, Klassifizierung der Korrosions-Einfl. auf Kunststoffe (physikal. Einwirkung, chem. Einwirkung u. biolog. Korrosion) sowie Richtlinien für die richtige Gebrauchsauswahl für verschiedene Anwendungsgebiete. J. TŮMOVÁ. 5804□

Turbulenter Wärme- und Stoffübergang von stationären Teilchen. I. S. Pasternak und W. H. Gauvin. (Canad. J. chem. Engng. **38.** 35—42. April 1960. Sarnia, Ont., Imperial Oil Ltd.) (Engl.)

Der Wärme- u. Stoffübergang wurde für verschieden geformte feuchte poröse Festkörper aus Celit untersucht. Die von CHILTON u. COLBURN [1934] eingeführte Größe, $j' = (k\,P_{LM}/G_M)\,(S_c)^{1/3}$; k = molarer Stoffübergangs-Koeff. $(kg \cdot m^{-2} \cdot s^{-1}\,(\Delta\,p)^{-1})$; P_{LM} = logarithm. Mittel der Druckdifferenz der Luft zwischen Grenzschicht u. Atmosphäre $(\Delta\,p)$ G_M = Moldurchsatz $(kg \cdot m^{-2} \cdot s^{-1})$ S_c = SCHMIDTsche Kennzahl = kinemat. Zähigkeit: Diffusionskoeff. ließ sich einheitlich für alle Körperformen u. Anströmungsrichtungen darstellen als $j' = 0{,}692\,(Re'')^{-0{,}486}$. Dabei ist Re'' die REYNOLDS-Zahl, gebildet mit der hier als wesentliche Fundamentalgröße abgeleiteten „charakterist. Länge" = Oberfläche des Körpers durch maximalen Umfang senkrecht zur Anströmungsrichtung. W.-G. ACKERMANN. 5816□

Zur Analogie zwischen Impuls- und Stoff- oder Wärmeausstausch im homogenen isotropen turbulenten Feld. Thomas J. Hanratty. (A. I. Ch. E. Journal **4.** 495—96. Dez. 1958. Urbana, Ill., Univ.) (Engl.)

Vf. hatte in einer früheren Arbeit (A. I. Ch. E. Journal **2.** [1956.] 42) den Ansatz von TAYLOR zur Beschreibung von Transportvorgängen im turbulenten Feld mit demjenigen kombiniert, bei dem der mol. Austausch zur Berücksichtigung der Turbulenz um einen Betrag vergrößert angenommen wird. In der vorliegenden Arbeit stellt Vf. fest, daß die geforderte Analogie zwischen Impuls- u. Stoff- bzw. Wärmeaustausch zwar für den Kern der Strömung, nicht aber für randnahe Gebiete erfüllt ist. J. MARTINS. 5816□

Ausführung und Entwurf von Hydrozyklonen. 1. Mitt. Allgemeine Betrachtungen. K. Rietema. (Chem. Engng. **15.** 298—302. Sept. 1961. Amsterdam, Koninklijke/Shell-Labor.) (Engl.)

Der Strömungsverlauf der Fl. wird untersucht: Während die Radial-Geschw. als konst. angenommen werden kann, fällt (Konstanz des Drehmomentes!) die Tangential-Geschw. bei geringer Fl.-Reibung (in Wandnähe) nach außen wie 1/r ab (r = Radius), bei Vorherrschen des Reibungs-Einfl. (in Achsennähe) steigt sie wie r. Unter vereinfachenden Annahmen läßt sich die NAVIER-STOKES-Gleichung integrieren. Der Verlauf der Tangential-Geschw. V/V_0 (V_0 = Eintritts-Geschw.) hängt außer der Koordinate r/R nur vom Durchmesser des Wirbelkernes u. einer aus Zähigkeit u. Radial-Geschw. gebildeten dimensionslosen Größe ab. W.-G. ACKERMANN. 5828□

Ausführung und Entwurf von Hydrozyklonen. 2. Mitt. **Druckabfall im Hydrozyklon.** K. Rietema. (Chem. Engng. **15.** 303—09. Sept. 1961.) (Engl.) — 1. vgl. vorst. Referat.

Der für Berechnungen wesentliche Druckabfall Δ p im Hydrozyklon (Hz) wird untersucht. Dimensionsbetrachtungen zeigen, daß $\Delta p/\varrho/2 V_0^2$ von REYNOLDS-Zahl Re im Eingang u. verschiedenen geometr. Verhältniszahlen bedingt ist. Mit hinreichender Genauigkeit ($\pm$ 15%) ist diese Größe aufspaltbar in empir. ermittelte, hier angegebene Faktoren, die z. T. von Re, z. T. von geometr. Verhältnissen des Hz abhängen.
W.-G. ACKERMANN. 5828 □

Ausführung und Entwurf von Hydrozyklonen. 3. Mitt. **Trennkraft des Hydrozyklons.** K. Rietema. (Chem. Engng. **15.** 310—19. Sept. 1961.) (Engl.) — 2. vgl. vorst. Referat.

Das dynam. Verh. eines Teilchens im Hydrozyklon (Hz) wird unter vereinfachenden Annahmen (STOKESsche Bewegung, konst. axiale u. radiale Fl.-Geschw.) untersucht. Der Trenneffekt wird gekennzeichnet durch den 50%-Durchmesser d_{50}, das ist der Teilchendurchmesser, bei dem sie mit 50% Wahrscheinlichkeit abgeschieden werden (entsprechend d_{80}). Es gilt: $d_{50}^2 \, (\Delta \varrho/\eta) \cdot L \, (\Delta p_t/\varrho \cdot q) = \text{const} = Cy_{50}$ (L = Länge des Hz, Δp_t = zum Betrieb erforderlicher Gesamtdruckabfall, q = Vol.-Durchsatz). Cy_{50}, entsprechend Cy_{80}, sind also dimensionslose Kennzahlen des Hz; ein Hz ist um so besser, je kleiner Cy ist. Cy ist nur von den geometr. Daten des Hz abhängig. Diese Abhängigkeiten werden nach experimentellen Unterss. angegeben u. daraus eine optimale Form des Hz bestimmt. Die Ergebnisse anderer Vff. fügen sich gut in diese Angaben ein.
W.-G. ACKERMANN. 5828 □

Ausführung und Entwurf von Hydrozyklonen. 4. Mitt. **Entwurf von Hydrozyklonen.** K. Rietema. (Chem. Engng. **15.** 320—25. Sept. 1961.) (Engl.) — 3. vgl. vorst. Referat.

Der Entwurf eines Hydrozyklons (Hz) von der in der 3. Mitt. angegebenen optimalen Form (für die $Cy_{50} = 3{,}5$ fest gegeben) wird beschrieben Vorgegeben müssen sein: 1. verfügbare Druckdifferenz Δp_t, 2. geforderter Durchsatz q, 3. geforderter 50%-Durchmesser d_{50}, 4. die physikal. Eigg. der zu trennenden Stoffe. Aus diesen Angaben kann Re berechnet u. nach einer aus der 2. Mitt. folgenden Kurve $(\Delta p)_t/(\varrho/2 V_0^2)$ u. damit V_0 ermittelt werden. Aus q folgt der Durchmesser des Einlasses u. wegen der vorgegebenen Form die übrigen Abmessungen des Hz. Zur besseren Berechnung wird ein Nomogramm gegeben. Ein Beispiel wird durchgerechnet sowie prakt. Hinweise für die Ausführung gegeben.
W.-G. ACKERMANN. 5828 □

Beitrag zur Kenntnis des Rührens. 11. Mitt. **Experimentelle Methoden zur Untersuchung der Homogenisierung mischbarer Flüssigkeiten mit Rotationsrührern.** J. Landau und J. Procházka. (Collect. czechoslov. chem. Comm. **26.** 1976—90. Aug. 1961. Prague, Inst. of Chem. Technology, Dep. of Chem. Engng., and Czechoslov. Acad. Sci., Inst. Chem. Process Fundamentals.) (Engl.) — 10. vgl. C. **1962. 11315.**

Vff. befassen sich mit Meth., welche die Messung der zeitlichen Abhängigkeit der Konz. (oder Temp.) in fl. Medien bei intensivem Mischen nach einmaliger plötzlicher Stoffzugabe (oder Wärmezufuhr) ermöglichen u. dadurch zur Unters. des Mischvorganges beim Rühren mischbarer Fll. dienen können. Auf Grund theoret. Analyse wird der Homogenitätsgrad des Syst. definiert; weiter werden 3 Vers.-Meth. — eine konduktometr., eine thermometr. u. eine colorimetr. — die zur Verfolgung der während des Rührens erzielten Homogenität ausgearbeitet wurden, besprochen u. verglichen.
M. RYBA/Prag. 5840

Absorption wenig löslicher Gase mit gleichzeitiger Reaktion 1. Ordnung. E. N. Lightfoot. (A. I. Ch. E. Journal **4.** 499—500. Dez. 1958. Madison, Wis., Univ.) (Engl.)

Die Differentialgleichungen u. Randbedingungen für den Vorgang der Absorption eines Gases in einer Fl. bei gleichzeitiger chem. Rk. mit dieser werden aufgestellt, ausgehend einmal von der Penetrationstheorie von HIGBIE (Trans. Amer. Inst. chem. Engr. **31.** [1935.] 365), zum anderen von der Filmtheorie. Auf beiden Wegen werden einander ähnliche Lösungen erhalten.
J. MARTINS. 5848 □

Anwendung einer neuartigen Gegenstromextraktionskolonne bei der Zirkonium-Hafnium-Trennung. Nadine Isaac und R. L. de Witte. (A.I.Ch.E. Journal **4.** 498. Dez. 1958. Brüssel, Centre d'Études pour les Appl. de l'Énergie Nucl.) (Engl.)

Eine Kolonne wird beschrieben, in der zur Verbesserung der Durchmischung ein Syst. vibirert, das aus einer senkrecht u. zentral geführten Stange mit einer Anzahl von horizontal daran befestigten kreisförmigen Lochplatten besteht. Bei der Anwendung auf die Trennung Zr–Hf (als Nitrate in HNO_3; organ. Phase Tributylphosphat/Bzn. [140—160°]) wurde eine HTU von 10 in. erhalten. Die Vers.-Bedingungen waren dabei:

Kolonnendurchmesser (Pyrexglas) 2,4 in., eine Plexiglasstange, Prod. von Amplitude u. Frequenz 120 in./min u. Durchsätze von 10 Liter/Std. für beide Phasen.

J. Martins. 5862 □

Verdampfungsgeschwindigkeit bei der Sprühtrocknung. J. Dlouhy und W. H. Gauvin. (Canad. J. chem. Engng. **38.** 113—20. Aug. 1960. Montreal, Quebec, McGill Univ., Pulp and Paper Res. Inst. of Canada and Dep. of Chem. Engng.) (Engl.)

Bei der Sprühtrocknung in einem Gleichstromsprühtrockner (14 ft. Höhe, 8 in. Ø) wurden längs der Anlage Proben entnommen, die maximale Verweilzeit der Wassertropfen daraus bestimmt sowie Temp.- u. Feuchtigkeitsmessungen vorgenommen. Die daraus berechneten Wärme- u. Stoffübergangszahlen entsprechen im untersuchten Bereich (Tropfendurchmesser 11,5—35,5 μ) denjenigen bei der stationären Verdampfung eines in Ruhe befindlichen Wassertropfens in ruhender Luft. Die Übereinstimmung rührt daher, daß die Diffusions-Geschw. von Luft u. die der Wassertropfen der untersuchten Größe etwa gleich groß sind u. damit die relative Geschw. vernachlässigt werden kann.

J. Martins. 5874 □

Eine für industrielle pH-Wertüberwachung geeignete Durchflußzelle. K. J. Hahn und Karl Koyama. (Ind. Engng. Chem., int. Edit. **49.** Nr. 11. 63 A—64 A. Nov. 1957.)

Beschreibung einer aus Kunststoff oder korrosionsfestem Stahl hergestellten Durchflußzelle, die bes. für radioakt. Fll. geeignet ist. Die Zelle, die nach außen völlig abgeschlossen u. mit einschraubbaren Glas- u. Bezugselektroden versehen ist, kann auch unter Vakuum gesetzt werden. Eine Temp.-Kompensations-Vorr. ist vorhanden. Die Ausführung hat sich in einjähriger Praxis bewährt. M. Grenacher. 5888 □

Untersuchungen der Beseitigung radioaktiver Ablagerungen von Metalloberflächen mit kondensierten Phosphaten. Yuzo Tajima und Yoshiki Wadachi. (J. chem. Soc. Japan, pure Chem. Sect. [Nippon Kagaku Zassi] **81.** 891—95. Juni 1960. Ibaragiken-Tòkaimura, Nippon-Gensiryoku-Kenkyûzyo.) (Jap.; Auszug: Engl.)

Stahl, rostfreier Stahl, Cu, Messing, Pb u. Al werden mit einer $^{60}CoCl_2$-haltigen $CoCl_2$-Lsg. bzw. mit den Lsgg. der Prodd. der Kernspaltung behandelt u. dann mit den Lsgg. von Na_3PO_4, $Na_4P_2O_7$, $(NaPO_3)_2$ u. $(NaPO_3)_6$ gewaschen, wobei $^{60}CoCl_2$ bzw. Kernspaltungs-Prodd. durch Komplex-Bldg. beseitigt werden. Die Fähigkeit zur Komplex-Bldg. hängt kaum vom pH-Wert der Lsgg. ab u. ist in der oben angegebenen Reihenfolge zunehmend groß. Am besten wird das kontaminierte Metall bei 30° mit einer 0,1 bis 0,01 mol/Liter Lsg. der Na-Phosphate (pH 3—6) gewaschen. E. Maekawa. 5894 □

Einfluß der Magnesiumsilicate auf die Aktivität des Lebedew-Katalysators. B. Kovařík. (Collect. czechoslov. chem. Commun. **26.** 1918—24. Aug. 1961. Gottwaldov, Forschungsinst. für synthet. Kautschuk.) (Dt.)

Es wurde der Einfl. der Mg-Silicate auf die Aktivität u. Selektivität der zur Butadien-Synth. aus A. dienden Katalysatoren untersucht. Aus den durchgeführten Verss. geht hervor, daß die Mg-Silicate schon während der Fällung der Mg-Salz-Lsg. mittels Alkali silicat-Lsgg. entstehen. Die Fällungen sind amorpher Natur. Während des Erhitzens mit $Mg(OH)_2$ binden sie weitere MgO-Mengen u. dadurch ändert sich das ursprüngliche Verhältnis MgO : SiO_2, ggf. MgO : Mg-Hydrosilicat zuungunsten von MgO. Die Änderung des Verhältnisses der dehydrierenden u. dehydratisierenden Komponente des Mischkatalysators macht sich natürlich in einer Änderung der Selektivität bemerkbar. Das bedeutet allerdings nicht, daß sich die Silicat-Bldg. auf die Qualität der Katalysatoren ungünstig auswirkt. Solange der Katalysator eine genügende Menge MgO enthält, der zur Dehydrierung zu Acetaldehyd benötigt wird, bleibt die Qualität des Katalysators erhalten oder ist höher als bei Katalysatoren, die aus einem Gemisch von $Mg(OH)_2$ u. Silicagel hergestellt werden. An den Katalysatoren, die auf die Aktivierungs-Temp. 550° calciniert wurden, konnten im Betrieb keine weiteren Änderungen in deren chem. Zus. beobachtet werden. Bei keiner der beschriebenen Katalysatortypen wurde Bldg. der krist. wasserfreien Silicate Enstatit $MgSiO_3$ u. Forsterit Mg_2SiO_4 beobachtet.

I. Frič/Prag. 5904

Zur Messung der transversalen effektiven Diffusion in durchströmten Füllkörpersäulen. J. W. Hiby und P. Schümmer. (Chem. Engng. Sci. **13.** 69—74. Okt. 1960. Aachen, Forsch.-Inst. Verfahrenstechn. der GVT.) (Dt.)

Effektive Diffusion u. effektive Wärmeleitung in radialer Richtung in einem festen oder fluidisierten Bett kann in einer säulenartigen Anordnung gemessen werden, in welcher der radiale Austausch zwischen zwei konzentr. Bereichen der Strömung erfolgt. Man leitet dazu einen geeigneten Indicator zentr. u. kontinuierlich in die Strömung ein, wobei diese Quelle bei der Auswertung als punktförmig angesehen wird. Unter Berücksichtigung von Wandreflexion u. longitudinaler Diffusion werden die erforderlichen Berechnungsunterlagen zur Best. dieser Werte (Integration der Differentialgleichung) aufgezeigt. H. Strauch. 5904 □

Ableitung einer Gleichung zur Berechnung der kleinsten Sprudelgeschwindigkeit. L. A. Madonna und R. F. Lama. (A. I. Ch. E. Journal **4.** 497. Dez. 1958. Ottawa, Ontario, Canada, Univ.) (Engl.)

Bei der von Gishler u. Mathur (A. P. 2 786 280; A. I. Ch. E. Journal **1.** [1955.] 157) entwickelten Sprudelbettechnik durchstößt ein Gas- u. Fl.-Strahl senkrecht von unten her eine Teilchenschüttung, die sich in einem zylindr. am unteren Ende kon. Behälter befindet. Die Teilchen werden dabei aufgewirbelt, sinken am Rand des Bettes wieder nach unten, wo sie dann von neuem nach oben gerissen werden. Die Mindest-Geschw. des Sprudelstrahls ist eine Funktion der Erdbeschleunigung, der Teilchen-, Behälter- u. Strahl-(Ausström-)Durchmesser sowie der Teilchen- u. der Strahldichte u. der Betthöhe. J. Martins. 5904 □

Torrance & Sons Ltd., England (Erfinder: Eric Stanley Franklin), **Dispergieren von Feststoffen in Flüssigkeiten,** bes. zur Herst von *Farben, Emails* u. *Tinten*, durch Verrühren in einer Vorr., in der das Gemisch der Stoffe durch eine Pumpe zugeleitet u. in gleicher Menge durch eine andere Pumpe fortlaufend abgeführt wird. — 4 schemat. Zeichnungen. — Vgl. E. P. 850 687; C. **1962.** 599. (**F. P. 1 184 615** vom 12/7. 1957, ausg. 23/7. 1959. E. Prior. 13/7. 1956, 12/3. u. 27/5. 1957.) M. F. Müller. 5825

Henkel & Cie. G.m.b.H. (Erfinder: Hans Hellmut Grun), Düsseldorf, **Herstellung von Ionenaustauschern** auf der Basis hochmol. Kohlenhydrate, dad. gek., daß man Derivv. dieser Kohlenhydrate, die sowohl saure oder bas. salzbildende Gruppen als auch polymerisationsfähige ungesätt. Alkylreste enthalten u. die im feinverteilten faserigen oder feinkörnigen oder granulierten Zustand vorliegen, durch Einw. von SO_2 polymerisiert. Man kann auch die fertigen Polymerisations-Prodd. in feine Verteilung bringen. Vorteilhaft kann man aus den Lsgg. die Kohlenhydrate durch Einleiten von SO_2 polymerisieren. Als hochmol. Kohlenhydrat wird z. B. ein Cellulosemischäther verwendet. Man kann als Ausgangs-Prodd. auch Stärke, Algin- u. Pektinsäure verwenden. Als salzbildende Gruppen sind zu nennen: Schwefel-, Phosphorsäureester-, Sulfon-, Phosphonsäure-, Carboxylgruppen. Als bas. Gruppen kommen bes. Reste prim., sek. oder tert. Amine oder quart. Ammoniumbasen in Betracht. Mit steigender Zahl salzbildender Gruppen nimmt die Austauschfähigkeit zu. (**D. A. S. 1 102 715** Kl. 12o vom 22/11. 1957, ausg. 23/3. 1961.) G. König. 5827

Soc. An. des Manufactures des Glaces et Produits Chimiques de Saint-Gobain, Chauny & Cirey, Seine, Frankreich, **Messung ionisierender Strahlen.** wie sie zum *Sterilisieren von Nahrungsmitteln* u. *Medikamenten* oder zum *Behandeln von Kautschuk u. Kunststoffen* benutzt werden, durch Verfärbung von Mn-Glas, das Fe, Sn, V u. Cr als Farbstabilisatoren enthält. — Ein Glas enthält 0,3—3 (%) bzw. 0,3—2 Mn u. als Stabilisator 0,05—0,30 Fe u./oder 0,5—4 Sn bzw. 0,2—2 V u./oder 0,02—0,2 Cr. — Zum Beispiel 71 SiO_2, 0,5 Al_2O_3, 10,8 CaO, 3 MgO, 14 Na_2O, 0,6 MnO u. 0,1 Fe_2O_3. (**F. P. 1 200 404** vom 2/6. 1958, ausg. 21/12. 1959.) O. Kayser. 5887

Magyar Állam (Erfinder: Károly Molnar und Gusztáv Knoll), Budapest, Ungarn, **Sicherungsvorrichtung gegen Überdruck für Warmwasserbehälter.** Das untere Ende eines Rohres, das die Decke des Behälters durchdringt u. in das Warmwasser hineinragt, ist mittels einer Lsg. aus 50 (%) Bi, 25 Hütten-Pb u. 25 Englisch-Sn, die $<100^0$ schmilzt, verschlossen. — Zeichnung. (**Ung. P. 142 212** vom 28/4. 1952, ausg. 15/10. 1953.) A. Olbrich. 5889

Magyar Állam (Erfinder: Károly Molnar und Gusztáv Knoll, Budapest), Ungarn, **Schmelzstopfen für Sicherungsgeräte von Warmwasserbehältern.** Das in W. von 100^0 hereinragende Rohrende einer Überdrucksicherheits-Vorr. nach dem Haupt-Patent wird, je nach Bedarf, entweder mittels einer Leg. aus 53,9 (%) Bi, 25,9 Engl.-Sn u. 20,2 Cd, die bei $102,5^0$ schmilzt, oder einer Leg. aus 48 Bi, 28,5 Hütten-Pb, 14,5 Engl.-Sn u. 9 Sb, die bei 105^0 schmilzt, verschlossen. (**Ung. P. 143 621** vom 27/2. 1956, ausg. 1/8. 1957. **Zusatz zu Ung. P. 142212; s. vorst. Ref.**). A. Olbrich. 5889

Badische Anilin- & Soda-Fabrik Akt.-Ges., Deutschland., **Gasreaktionen mit oder in Gegenwart von Feststoffen,** z. B. Katalysatoren, in einer Wirbelschicht mit Zonen verschiedener Temp. u. einem Länge–Durchmesser-Verhältnis von $\geqq 6:1$. — Darst. von *Vinylchlorid* aus C_2H_2 u. HCl in Ggw. von Hg-Chlorid auf Aktivkohle, von *Vinylpropionat* aus Propionsäure u. C_2H_2 in Ggw. von Zn auf Aktivkohle u. von *Furfurylalkohol* u. *2-Methylfuran* aus Furfurol u. H_2 in Ggw. von Cu u. Cr-Oxid. (**F. P. 1 164 395** vom 11/1. 1957, ausg. 8/10. 1958. D. Prior. 13/1. 1956.) P. Kühn. 5905

Badische Anilin- & Soda-Fabrik Akt.-Ges., Deutschland, **Herstellung und Regenerierung eines Trägerkatalysators** durch Mischen u. Erhitzen des frischen oder gebrauchten Trägers, z. B. Aktivkohle, Al_2O_3 oder SiO_2, mit akt. Substanz, z. B. Hg- oder Bi-Chlorid, $FeCl_3$, $CuCl_2$, Zn-Acetat oder V_2O_5, im Wirbelbett mittels des Rk.-Gases oder eines inerten Gases, z. B. N_2. Der gebrauchte Katalysator kann auch mit frischem Träger u. während des Gebrauchs regeneriert werden. — Darst. von *Vinylchlorid* u. *Vinylacetat* aus C_2H_2 u. HCl bzw. Essigsäure. (**F. P. 1 164 121** vom 10/1. 1957, ausg. 6/10. 1958. D. Prior. 10/1. 1956.) P. KÜHN. 5905

Nederlandse Organisatie voor Toegepast-Natuurwetenschappelijk Onderzoek ten Behoeve van Nijverheid, Handel en Verkeer, Den Haag (Erfinder: **Jan F. A. Hazenberg**, Pijnaker, und **Borgert P. Knol**, Voorburg), Holland, *Herstellung von geformten, homogenen Ionenaustauschern, besonders von selektiv-permeablen Membranen.* (**D. A. S. 1 077 423** Kl. 39b vom 3/6. 1958, ausg. 10/3. 1960. **Belg. P. 568 266** vom 2/6. 1958, ausg. 12/8. 1960. Beide Holl. Prior. 3/6. 1957. — C. **1962.** 3277 [Holl. P. 95 477].)

Dow Chemical Co., übert. von: **Hamish Small**, Midland, Mich., V.St.A., *Herstellung von nichtzusammenbackenden Ionenaustauscherharzen.* (**A. P. 2 961 417** vom 4/9. 1956, ausg. 22/11. 1960. — C. **1960.** 1968 [D. A. S. 1 050 733].)

Ken-Ichiro Kurita, Osaka, Japan, *Filtrieren von Flüssigkeiten.* (**A. P. 2 949 845** vom 1/4. 1958, ausg. 23/8. 1960. — C. **1961.** 16600 [D. A. S. 1 065 812].)

Norsk Hydro-Elektrisk Kvaelstofaktieselskab, Oslo (Erfinder: **Gunner Bolt Iversen, Gunder Georg Ulrich Wasmuth Swenden** und **Gunnar Johansen**, Heröya), Norwegen, *Filtrieren von Flüssigkeiten.* (**D. A. S. 1 107 646** Kl. 12d vom 12/6. 1954, ausg. 31/5. 1961. Norw. Prior. 13/6. 1953. — C. **1959.** 2248 [Schwz. P. 324 660].)

Yarrow & Co. Ltd., Glasgow, übert. von: **Robert Emond Liddell**, Coatbridge, Schottland, *Filtrieren von Flüssigkeiten mittels mehrerer parallel geschalteter Filterkammern.* (**A. P. 2 954 872** vom 4/9. 1956, ausg. 4/10. 1960. E. Prior. 8/9. 1955. — C. **1959.** 2578 [E. P. 794 446].)

General Engineering Co. A/B, Stocksund, übert. von: **Olov Carl Gustav Wennberg**, Karlstad, Schweden, *Herstellen einer Filterschicht annähernd gleichbleibender Dicke auf einem Filterband.* (**A. P. 2 963 160** vom 15/4. 1957, ausg. 6/12. 1960. Schwed. Prior. 25/4. 1956. — C. **1961.** 8787 [D. A. S. 1 092 447].)

Bound Brook Bearings Ltd., Lichfield, England (Erfinder: **Victor Thomson Morgan**), *Flüssigkeitsfilter.* (**E. P. 831 326** vom 22/12. 1955, ausg. 30/3. 1960. — C. **1959.** 15468 [Aust. P. 211 673].)

Johanna Zakarias geb. **Warta** und **Laszlo Zakarias**, Clifton, Bristol, England, *Filterkörper.* (**D. A. S. 1 117 083** Kl. 12d vom 16/5. 1953, ausg. 16/11. 1961. E. Prior. 17/5. 1952. — C. **1958.** 6356 [E. P. 776 967].)

„Wabag" Wasserreinigungsbau Alfred Kretzschmar, Kulmbach, *Offenes oder geschlossenes Flüssigkeitsfilter, das auch zum Entsäuern, Enteisenen, Entmanganen und als Ionenaustauscher brauchbar ist.* (**D. A. S. 1 118 756** Kl. 12d vom 5/3. 1952, ausg. 7/12. 1961. — C. **1959.** 9005 [Holl. P. 85 085].)

Makhtsavei Israel, Tel-Aviv, Israel, *Konzentrieren wässeriger Lösungen.* (**E. P. 855 530** vom 11/12. 1958, ausg. 7/12. 1960. Israel. Prior. 26/12. 1957. — C. **1960.** 12800 [D. A. S. 1 078 543].)

North American Aviation, Inc. (Erfinder: **Louis Silverman**, Los Angeles, **Robert A. Sallach**, Canoga Park, und **Rachel L. Seitz**, Van Nuys, Calif.), V.St.A., *Kernbrennstoff.* (**F. P. 1 202 280** vom 12/3. 1958, ausg. 8/1. 1960. A. Prior. 29/4. 1957. **A. P. 2 978 399** vom 29/4. 1957, ausg. 4/4. 1961. — C. **1960.** 17567 [D. A. S. 1 077 340].)

Rensselaer Polytechnic Institute, Troy, N.Y., V.St.A., *Kernbrennstoff.* (**E. P. 863 797** vom 9/8. 1957, ausg. 29/3. 1961. A. Prior. 26/10. 1956. — C. **1959.** 16442 [D. A. S. 1 057 701].)

United States Atomic Energy Commission, Washington, D.C., V.St.A., *Kernbrennstoff.* (**E. P. 847 013** vom 9/4. 1958, ausg. 7/9. 1960. A. Prior. 4/6. 1957. — C. **1959.** 11028 [D. A. S. 1 049 013].)

General Electric Co., Schenectady, N.Y., V.St.A. (Erfinder: **D. W. Lillie**), *Kernbrennstoff.* (**Belg. P. 562 262** vom 9/11. 1957, ausg. 3/6. 1960. A. Prior. 12/4. 1957. — C. **1959.** 16116 [D. A. S. 1 043 528].)

Westinghouse Electric Corp., East Pittsburgh, Pa., V.St.A. (Erfinder: **E. Frisch**), *Kernbrennelemente.* (**Belg. P. 564 208** vom 23/1. 1958, ausg. 17/6. 1960. A. Prior. 23/1. 1957. — C. **1959.** 8274 [D. A. S. 1 045 563].)

English Electric Co. Ltd., London, England (Erfinder: **Dermot Frederick Hughes**), *Kernbrennelement.* (**Belg. P. 560 535** vom 4/9. 1957, ausg. 22/4. 1960. E. Prior. 5/9. 1956. **E. P. 856 740** vom 5/9. 1956, ausg. 21/12. 1960. — C. **1959.** 6914 [D. A. S. 1 042 774].)

C. A. Parsons & Co. Ltd., Newcastle-upon-Tyne, England (Erfinder: **Andrew Thomson Bowden**), *Kernbrennelement.* (**E. P. 849 157** vom 27/9. 1957, ausg. 21/9. 1960. — C. **1960.** 601 [D. A. S. 1 062 352].)

Deutsche Gold- und Silber-Scheideanstalt vormals Roessler, Frankfurt/M., *Kernbrennelement.* (**F. P. 1 215 673** vom 9/10. 1958, ausg. 20/4. 1960. D. Prior. 16/10. 1957. — C. **1959.** 15797 [D. A. S. 1 055 704].)

Commissariat à l'Énergie Atomique, übert. von: **Lazare Henri Correc**, Paris, Frankreich, *Moderator für Kernreaktoren.* (**A. P. 2 970 097** vom 12/6. 1956, ausg. 31/1. 1961. F. Prior. 16/6. 1955. — C. **1960.** 250 [D. A. S. 1 059 582].)

Commissariat à l'Énergie Atomique (Erfinder: **Roland Louis Roche** und **Roger Martin**), Paris, Frankreich, *Moderator für Kernreaktoren.* (**Schwz. P. 348 477** vom 27/11. 1957, ausg. 14/10. 1960. **E. P. 822 788** vom 27/11. 1957, ausg. 28/10. 1959. Beide F. Prior. 3/12. 1956. — C. **1960.** 5602 [Oe. P. 204 140].)

III. Elektrotechnik

Phasengleichgewicht im Ferritgebiet des Systems FeO–MgO–Fe_2O_3. A. E. Paladino. (J. Amer. ceram. Soc. **43.** 183—91. 1/4. 1960. Waltham, Mass., Raytheon Co., Res. Div.) (Engl.)

Verschiedene Mischungen von MgO bzw. Fe_2O_3 u. Magnesiumferrit ($MgFe_2O_4$) werden in beschriebener App. bei Temp. bis 1300° u. O_2-Drücken von 1,0—0,01 at untersucht u. die Resultate in Tabellen u. Dreistoffdiagrammen dargestellt. Dabei ergibt sich, daß Mg^{2+} in Fe_3O_4 das Fe^{2+} entsprechend der Formel $(MgO)_xMgFe_2O_4$ ersetzen kann ($x = 0{,}092 \pm 0{,}004$). Die Gitter-Konst. des Spinells in diesem Syst. ist abhängig von der Kationenverteilung u. der Mg-Konz., ihre Größe ändert sich mit der Temperatur. L. KÜHNERT. 5958 □

Die Ausdehnung und Schrumpfung der Ferrite beim Brennprozeß. Y. Kimura. (J. ceram. Assoc., Japan [Yogyo Kyokai Shi] 69. 356—61. 1960. Tokyo, Defence Acad. Dep. of Mech. Engng.) (Jap.; Auszug: Engl.)

Die Unterss. wurden bei Temp. bis zu 1400° durchgeführt. Zn- u. Cd-Ferrite mit normaler Spinellstruktur dehnen sich bei etwa 900° bes. stark aus, bei höheren Temp. tritt Schrumpfung ein. Ni- u. Cu-Ferrite mit inverser Spinellstruktur u. die wiedererhitzten Zn- u. Cd-Ferrite zeigen ein derartiges Verh. nicht. Mischungen von NiO, ZnO u. Fe_2O_3 dehnen sich in zunehmendem Maße mit wachsendem ZnO-Geh. aus. H. Völz. 5958□

Neue Typen galvanischer Brennstoffelemente. J. F. Straatman jun. (Brit. chem. Engng. 4. 286—88. Mai 1959. Delft.) (Engl.)

Vf. geht auf die Vorzüge der Energieerzeugung mittels galvan. Brennstoffelemente ein u. weist auf die Schwierigkeiten hin, die sich bei der Verwirklichung dieses Vorhabens ergeben. Einige neuere Zelltypen werden beschrieben. Das Brennstoffelement der Nat. Carbon Co. arbeitet mit einer konz. KOH-Lsg. als Elektrolyt u. H_2 als Brennstoff; es dient zur Stromversorgung transportabler Radaranlagen. Vf. beschreibt die CO-Zellen von Davtyan u. Broers, gibt techn. Einzelheiten an u. beschreibt die Zus. u. Herst. der porösen Elektroden für die Elemente. Auf die Probleme der Herst. des Brenngases wird eingegangen u. ein Fließbild für eine Energieerzeugungsanlage mit einem Brennstoffelement von Broers angegeben. Abschließend wird auf die Probleme hingewiesen, die noch gelöst werden müssen, ehe ein prakt. Einsatz in Betracht kommt. E. Winkler. 5970□

Halbleitende Diamanten als Thermistoren. G. B. Rodgers und F. A. Raal. (Rev. sci. Instruments 31. 663—64. Juni 1960. Johannesburg, Diamond Res. Labor.) (Engl.)

Vff. beschreiben die Verw. von zylinderförmigen halbleitenden Diamanten (vgl. Custers, Nature [London] **176.** [1955.] 173 u. früher) als Thermistoren, die sich den sonst verwendeten Oxidthermistoren als überlegen erwiesen. C. Gottfried. 5970

Siemens-Schuckertwerke Akt.-Ges., Berlin, übert. von: Arnulf Hoffmann, Wolfgang Keller, Konrad Reuschel, Pretzfeld, und Theodor Rummel, München, **Herstellen von Halbleiterstäben** geringen elektr. Widerstands. Ein Stab mit bekannter Verunreinigungs-Konz. wird zunächst durch Zonenschmelzen dünner gemacht, mit einem durchgeleiteten elektr. Strom erhitzt, darauf das beim therm. Zerfall gasförmiger Mischungen von H_2 u. Halogeniden des jeweiligen Halbleiters entstehende Rk.-Prod. niedergeschlagen. Durch Zonenschmelzen wird dann homogenisiert. **(A. P. 2 970 111** vom 21/9. 1959, ausg. 31/1. 1961. D. Prior. 20/9. 1958.) O. Steil. 5953

General Electric Co., übert. von: Andrew P. Kordalewski, Fayetteville, N.Y., V.St.A., **Herstellen von Emittern in Halbleitern.** In einem Halbleiter-Körper mit einer bestimmten Leitfähigkeit, wie *Ge*, wird zunächst mittels Einlegieren von *In* eine Region vom p-Typ erzeugt. In diese wird eine weitere Menge In einlegiert, die außerdem *Al* oder *Ga* enthält. Dadurch entsteht beim Auskristallisieren eine weitere Region vom p-Typ, die eine höhere Leitfähigkeit aufweist, ohne den p–n-Übergang zwischen dem Ge u. der zuerst erzeugten p-Region zu beeinflussen. Das Einlegieren des In in das Ge erfolgt bei 585°, das Einlegieren des In + Al (oder Ga) bei 550°. **(A. P. 2 862 840** vom 26/9. 1956, ausg. 2/12. 1958.) F. Markhoff. 5953

Magyar Állam (Erfinder: József Lukács und István Bogoly), Budapest, Ungarn, **Spannungsabhängiger, nichtlinearer Widerstandskörper** aus SiC mit mindestens einem Zusatzstoff u. einem thermoplast. Bindemittel, der zum *Ableiten von Überspannungen* in der Elektrotechnik vorgesehen ist. Zur Steigerung der Spannungsabhängigkeit der SiC-Kristalle werden nur solche Halbleiterstoffe genommen, die fähig sind, in die Oberflächenschichten der SiC-Kristalle einzudiffundieren, u. deren elektr. Leitfähigkeit um mindestens eine Größenordnung höher liegt als jene der SiC-Halbleiterkristalle. Hierzu sind Pb-Borat oder Pb-Oxid u. als Bindemittel Glaspulver, ggf. mit Si oder einer Si-Leg. oder mit Cd-Sulfat, vorgesehen. Zum Eindiffundieren des Halbleiters in die Deckschichten der SiC-Kristalle wird das Pulvergemisch vor dem Verpressen auf 600—850° erhitzt. Zur Erzielung einer besseren elektr. Leitfähigkeit an den Berührungsflächen des Widerstandskörpers werden seine Stirnflächen durch Besprühen metallisiert. — Beispiel: 70 (%) SiC-Pulver mit 17,2 Pb-Oxid, 12,5 techn. Glaspulver mit ca. F. 700° u. 0,3 Graphitpulver werden in einem Stahlrohr auf 750° erhitzt, 3 Min. bei dieser Temp. belassen, dann an höherer Temp. u. einem Druck von 500 kg/cm² zu Scheiben verpreßt. Die Stirnflächen der Scheibe erhalten einen 0,2 mm starken Cu-Überzug, ihre Mantelfläche wird lackiert. **(Ung. P. 143 535** vom 26/10. 1954, ausg. 1/8. 1957.) A. Olbrich. 5953

Union Carbide & Carbon Corp., New York, N.Y., übert. von: Dimiter Ramadanoff, Berea, Ohio, V.St.A., **Silicierte Kohlebürsten.** Zur Verlängerung der Lebenszeit von in Si-haltiger Atmosphäre arbeitenden Kohlebürsten werden diese auf einen Geh. von 0,3—1% mit SiO_2 imprägniert. Das geschieht entweder durch Tränken der Kohlen mit einer Toluol-Lsg. eines Siliconharzes, Trocknen, Zers. des Harzes bei 600—850° u. weiteres Erhitzen auf 1000—1600° oder durch Tränken mit einer Lsg. von Äthylsilicat, anschließende Behandlung mit konz. NH_4OH u. Erhitzen oder durch Imprägnieren mit koll. wss. SiO_2-Lsg., Abscheidung der erforderlichen SiO_2-Menge durch Kühlen auf 0° u. anschließendes Erhitzen. (**Can. P. 554 332** vom 23/9. 1955, ausg. 11/3. 1958. A. Prior. 7/12. 1954.) L. GROSSNER. 5953

Comp. Française Thomson-Houston, Seine, Frankreich (Erfinder: Frank Joseph Modic), **Herstellung von Organopolysiloxanen.** Man hydrolisiert eine Mischung aus einem hydrolysierbaren Trialkylsilan (Trimethylchlorsilan) u. einem Alkylsilicat (Äthylorthosilicat) z. B. bei 75—80° in Toluol durch Wasserzusatz, läßt absitzen, neutralisiert die Toluol-Lsg. u. kondensiert damit ein fl., lineares, am Si-Atom OH-Gruppen enthaltendes Organopolysiloxan (aus cycl. Organopolysiloxanen, wie Hexamethylcyclotrisiloxan, in der Wärme (140°) mit geringen Mengen KOH behandelt, bis das Rk.-Prod. eine Viscosität von 25000—50000 cP aufweist, worauf man unter N_2 weitererhitzt, bis die Viscosität 200000—2000000 cP erreicht hat; man gibt etwas Triphenylphosphat zu u. erwärmt noch ½ Std.). Dieses letztere Prod. löst man dann in der Toluol-Lsg., erhitzt auf 115—125° u. erhält nach Toluolentfernung ein viscoses Prod., das sich leicht zu *Filmen* u. *Fäden* formen läßt u. zur *Imprägnierung von Papier* dient. Die Imprägnier-Lsg. kann mit Triäthanolamin u. auch Zn-Octoat oder auch mit Benzoylperoxid oder 2-Äthylhexylorthotitanat vermischt werden, wodurch die Imprägnierung fester wird. Das imprägnierte Material kann zur *elektr. Isolierung* dienen. (**F. P. 1 198 853** vom 13/2. 1958, ausg. 10/12. 1959. A. Prior. 13/2. 1957.) M. PANKOW. 5957

Comp. Française Thomson-Houston, Seine, Frankreich, bzw. General Electric Co., V.St.A. (Erfinder: Gene Charles Calderwood), **Herstellung eines thermoplastischen, härtbaren Polyurethanbindemittels,** bes. zur Fixierung u. *Isolierung elektr. Spulen.* Man läßt einen Polyester mit 3 oder 4 OH-Gruppen mit einer Verb. mit mindestens 3 Isocyanatgruppen im Mol. reagieren, wobei alle diese Gruppen zeitweise durch eine Verb. mit reaktionsfähigem H-Atom blockiert sind. Zur Härtung erhitzt man auf mindestens 125°, wobei die Isocyanatgruppen frei werden. — 58,4 (g) Adipinsäure, 59,2 Phthalsäureanhydrid, 80,4 Propylenglykol u. 53,6 Trimethylolpropan werden in ca. 1 Std. auf 200° erhitzt (Rk.-Einsatz bei 150°) u. 3 Std. gehalten. Ferner läßt man zu 522 Toluoldiisocyanat in 150 cm³ Äthylacetat 134 Trimethylolpropan in 563 cm³ Äthylacetat bei 35° tropfen. Zu 440 dieser 50%ig. Lsg. gibt man bei 40° 32 Phenol u. 290 des oben hergestellten Polyesters in 600 cm³ Äthylacetat. Die Mischung kann gelagert werden, man kann sie zur *Isolierung von Drähten* verwenden u. 15 Min. bei 150° härten. (**F. P. 1 182 428** vom 9/8. 1957, ausg. 25/6. 1959. A. Prior. 16/8. 1956. **A. P. 2 916 403** vom 16/8. 1956, ausg. 8/12. 1959.) M. PANKOW. 5957

Centre National de la Recherche Scientifique, Frankreich (Erfinder: Charles Guillaud), **Herstellung ferromagnetischer Körper** mit hoher magnet. Permeabilität u. geringem Permeabilitäts-Koeff. bei >100°. Ein Gemisch aus 33—50 (Mol-%) Fe_2O_3, 16—23 NiO, 1—15 Al_2O_3 u./oder Cr_2O_3, Rest ZnO, wird nach dem Mahlen durch Pressen verformt u. in O_2-haltiger Atmosphäre 2—4 Std. auf 1100—1350°, bes. in reinem O_2 4 Std. auf 1250°, erhitzt. — Beispiel für die Zus. einer Ausgangsmischung: 43 Fe_2O_3, 18 NiO, 7 Al_2O_3, Rest ZnO. — 2 Diagramme. (**F. P. 1 185 318** vom 8/1. 1957, ausg. 31/7. 1959.) HANS HOFFMANN. 5959

Union Carbide Corp., New York, N.Y., V.St.A., **Durch Gas aktivierbare galvanische Elemente mit porösen Diffuser-Schichten,** die durch einen Überzug von Ruß leitend gemacht wurden. Zur Herstellung dieser Schichten wird aus Fasern von Papier, Baumwolle, Flachs, Wolle, Seide oder aus Kunststoffäden eine wss. Aufschwemmung (I) hergestellt u. in diese Acetylen-Ruß, eine kleine Menge akt. Kohle u. als Haftmittel 2.4.6-Triamin-s-triazin-Harz eingerührt. Um Ruß in Suspension zu halten, können $ZnCl_2$, $K_2B_4O_7$, $KHC_4H_4O_6$ u. gekochte Maisstärke hinzugefügt werden. I wird auf der Papiermaschine zu Papier verarbeitet. Das Verhältnis von Ruß zu Fasern soll zwischen 1:2 u. 2:1 liegen. In I können auch Depolarisatoren, wie z. B. MnO_2, PbO_2, V_2O_5 oder CuO, mit eingemischt werden. Als aktivierendes Gas dient z. B. O_2, Cl_2 oder BF_3. (**E. P. 836 457** vom 27/6. 1957, ausg. 1/6. 1960. A. Prior. 28/6. 1956.) F. LAASS. 5971

Union Carbide Corp., New York, N.Y., V.St.A., **Separator für galvanische Primärelemente,** welche durch Eintauchen in W. aktiviert werden. Um die Aktivierungszeit derartiger Elemente erheblich abzukürzen, werden die Separatoren in eine mindestens 10%ig. wss. Lsg. von K_2SO_4, KCl, KOH oder K_2CO_3 gelegt u. danach im

Vakuum zwischen 50 u. 100° getrocknet. Die Separatoren können bestehen aus einem Mischpolymerisat aus Vinylchlorid u. Acrylonitril, aus saugfähigem Papier, Celluloseacetat oder aus regenerierter Cellulose. (**E. P. 856 775** vom 22/10. 1958, aus. 21/12. 1960. A. Prior. 23/10. 1957.) F. LAASS. 5971

Oldham & Son Ltd., Denton, England (Erfinder: Frank Boath und Michael Paul Latham), **Separator für Akkumulatoren,** welche aus gewebten oder verfilzten Glasfäden bestehen, die durch ausgehärtetes Phenol–Formaldehyd-Harz gebunden sind. Um die groben Poren dieser Separatoren unwirksam zu machen, wird eine feinporöse Schicht aufgebracht, indem beide Seiten mit einer Paste aus feinem Polyvinylchloridpulver (I) u. einer 2%ig. wss. Lsg. von Na-Carboxymethylcellulose oder Na-Alginat(II) überzogen werden. Dabei kann eine Seite mit Rippen versehen werden. Es wird dann bei 80—90° getrocknet u. anschließend auf 190° erhitzt, um I zum Sintern zu bringen. — An Stelle von II können als Verdickungsmittel in W. lösl. Phenol-, Kresol- oder Furfurol–Formaldehyd-Harze verwendet werden. Es wird dann auf eine Temp. über 165° erhitzt, wobei gleichzeitig das Aushärten der Harze u. das Sintern von I stattfindet. Die Porenweite des Separators kann durch die Größe der Körner von I verändert werden. (**E. P. 849 331** vom 22/8. 1957, ausg. 28/9. 1960. **Aust. P. 229 960** vom 19/8. 1958, ausg. 15/9. 1960. E. Prior. 22/8. u. 4/12. 1957.) F. LAASS. 5971

British Thomson-Houston Co. Ltd., England, **Luminescenzmaterial,** welches unter der Einw. von UV- oder Kathodenstrahlen eine schwach rote Luminescenz ausstrahlt, aus Cd- u. Ca-Silicat mit einem Zusatz von $MnCl_2$ oder $MnCO_3$. — Beispiel: Man verwendet 31,03 (g) $CdCO_3$, 2 $CaCO_3$, 12,61 SiO_2 (wasserfrei), 2,25 $MnCl_2 \cdot 4\,H_2O$. (**F. P. 1 184 995** vom 22/10. 1957, ausg. 28/7. 1959. E. Prior. 29/10. 1956.) M. F. MÜLLER. 5975

Westinghouse Electric Corp., Pittsburgh, Pa. (Erfinder: Anselm Wachtel, Sayreville, N.Y.), V.St.A., **Elektroluminescierender Leuchtstoff,** dad. gek., daß er aus Zn–Hg-Sulfid oder Zn–Cd–Hg-Sulfid besteht mit einem Atomverhältnis von Zn:Hg = 100:1 bis 3:1, von Cd:Hg = < 1,5:1 u. daß Cu in dem Rohgemisch für den Leuchtstoff als Verb. in einer Menge von 0,00075—0,01 g-Atom Cu pro Mol des Metallsulfides enthalten ist. Die Herst. erfolgt unter Verw. von HgS als Grundbestandteil u. Anwendung einer vorbestimmten Brenntemp., die beträchtlich höher liegt, als die Sublimations-Temp. des HgS bei Normaldruck u. ist dad. gek., daß das Leuchtstoffrohgemisch unter Ausschluß von im wesentlichen allen Substanzen, die sich bei dieser Brenntemp. verflüchtigen, mit Ausnahme von HgS u. elementarem S, erzeugt wird, u. daß dieses Rohgemisch in einem evakuierten, hermet. verschlossenen Brennrohr bei dieser Temp. u. während einer ausreichenden Zeitspanne mindestens 1 Std. gebrannt wird, wobei dem Gemisch elementarer S beigegeben werden kann. — Abbildung. (**D. A. S. 1 121 751** Kl. 22f vom 16/3. 1960, ausg. 11/1. 1962. A. Prior. 20/4. 1959.) K. DEMMLER. 5975

Westinghouse Electric Corp., V.St. A. (Erfinder: Anselm Wachtel), **Herstellung von elektroluminescierenden Zinksulfidleuchtstoffen** durch ca. 1std. Erhitzen von 50 g ZnS mit 0,41—1,23 g Cu-Acetat in inerter Atmosphäre unter Zusatz von S_2Cl_2 auf 850—1000°. Das Gemisch wird danach in einer O_2-freien Atmosphäre abgekühlt. — Vorrichtung. — Vgl. A. P. 2 874 128; C. **1960.** 16604. (**F. P. 1 195 364** vom 23/12. 1957, ausg. 17/11. 1959. A. Prior. 24/12. 1956.) M. F. MÜLLER. 5975

Yardney International Corp., New York, N.Y., V.St.A., *Alkalischer Akkumulator.* (**Schwz. P. 357 094** vom 19/7. 1956, ausg. 15/11. 1961. F. Prior. 19/7. 1955. A. Prior. 24/8. 1955. — C. **1960.** 13151 [E. P. 808 007].)

Canadian Patents & Development Ltd., Ottawa, Ontario, Canada (Erfinder: **Pierre Louis Bourgault, Phyllis Evelyn Lake** und **Edmund Jeremiah Casey**), *Herstellung von positiven Platten für Nickel-Akkumulatoren.* (**D. A. S. 1 119 353** Kl. 21b vom 6/12. 1957, ausg. 14/12. 1961. Can. Prior. 7/12. 1956. — C. **1960.** 8637 [E. P. 803 879].)

Oy. Airam A/B, Helsinki, Finnland, *Isolieren von galvanischen Zellen.* (**Finn. P. 29 408** vom 14/6. 1954, ausg. 30/4. 1958. — C. **1957.** 7751 [D. A. S. 1 000 886].)

Oy. Airam A/B, Helsinki, Finnland, *Isolieren von galvanischen Zellen.* (**Finn. P. 29 409** vom 18/5. 1954, ausg. 30/4. 1958. — C. **1957.** 7751 [D. A. S. 1 000 886].)

N. V. Philips' Gloeilampenfabrieken, Eindhoven, Holland, *Kathode.* (**Holl. P. 99 051** vom 7/2. 1956, ausg. 15/9. 1961. A. Prior. 9/2. 1955. — C. **1958.** 9317 [F. P. 1 140 832].)

Telefunken G. m. b. H., Berlin, *Herstellung einer elektrischen Entladungsröhre.* (**Holl. P. 98 991** vom 9/4. 1954, ausg. 15/9. 1961. D. Prior. 10/4. 1953 u. 5/3. 1954. — C. **1958.** 12214 [F. P. 1 099 652].)

General Electric Co., Schenectady, N.Y., V.St.A., *Halbleitendes photoelektrisches Element.* (**Holl. P. 98 697** vom 20/8. 1953, ausg. 15/8. 1961. A. Prior. 20/8. 1952. — C. **1959.** 14844 [D. A. S. 1 032 404].)

IV. Wasser. Abwasser

Frischwasser aus Salzwasser. P. Kivalo. (Teknillisen Kemian Aikakauslehti [Z. techn. Chem.] **19.** 183—90. 1962. Helsinki, Teknillinen korkeakoulu.) (Finn.) Überblick. G. Bauer. 6014□

Erfahrungen mit nach dem Gegenstromverfahren arbeitenden Ionenaustauschern. K. Hofmann. (Mitt. Vereinig. Großkesselbesitzer **1961.** 48—54. Febr. Wolfersheim.) (Dt.) — Vgl. C. **1961.** 10694.

Die Aufbereitung von Rohwasser mit einem Salz-Geh. bis zu 1,8 g/Liter mittels Kationenfilter (Permutit RS, stark bas.) u. Anionenfilter (Permutit ES, stark sauer) gelang bis zu einer Leitfähigkeit $< 10\ \mu S/cm$ u. einem Kieselsäure-Geh. von 10 μg/Liter. Die Regeneration (im Gegenstrom) durch 105% der theoret. erforderlichen Menge HCl bzw. NaOH führte zu einer ausnutzbaren Vol.-Kapazität von 1,3 Val/Liter des Anionenaustauschers. W. Herfurt. 6020□

Über Chlorschwund im Trinkwasser. 1. Mitt. **Verhalten von Kunststoffrohren in bezug auf den Chlorschwund.** A. Nehrkorn und W. Schwartz. (Arch. Hyg. Bakteriol. **145.** 481—97. Nov. 1961. Börssum, Lab. für Mikrobiologie des Wassers im Wasserwerk; Greifswald, Univ., Inst. für Mikrobiologie.) (Dt.)

Vff. bestimmten den Cl_2-Verbrauch in Wasserleitungsrohren aus verschiedenen Materialien (Dynalen weich, ND 6; Dynadur hart; Vinoflex; Hostalen hart, M 124 315; Lupolen weich 10413 Grad „Z" 1,4; PVC; Lupolen; Hostalen) innen u. außen verzinkte Fe-Rohre, innen u. außen bituminierte Habitrohre u. Glasrohre) bei Verw. von keimfreiem W. der Wasserwerke Börssum u. Greifswald. Die Auswertung der (tabellierten) Vers.-Ergebnisse zeigte, daß keine grundsätzlichen Unterschiede im Cl_2-Verbrauch zwischen Kunststoffrohren u. anderen Rohren bestehen mit Ausnahme der Rk.-Geschw., die bei Kunststoffrohren geringer ist. H. Schroeder. 6024□

Der Pulsator in der Kesselspeisewasser-Aufbereitung. Rolf H. G. Bettaque. (Wasser, Luft Betr. **5.** 526—29. Dez. 1961. Ratingen.) (Dt.)

Einwandfreie Vollentsalzung von Kesselspeisewasser setzt klares, kolloidfreies Rohwasser voraus. Kiesfilter sowie spezielle Austauscher für organ. verschmutztes W. befriedigen in dieser Hinsicht nicht immer. Dagegen erscheinen die Flockung mit Al^{3+} oder Fe^{3+} u. Kalk sowie ggf. mit akt. Kieselsäure als geeignete Mittel. Vf. beschreibt eine mit bes. gutem Effekt arbeitende Weiterentw. des Flockungs-Verf., den „*Pulsator*", bei dem die durch unterschiedliches spezif. Gew. neu entstandener u. gealterter Flocken bedingten Schwierigkeiten ausgeschaltet werden. Das mit Chemikalien versetzte Rohwasser wird von unten in ein Rk.-Becken beliebiger Form eingeleitet, u. zwar durch einen einfachen Mechanismus gesteuert, stoßweise mit einer Geschw., die die Sinkgeschw. der Flocken mehrfach übersteigt. In einer folgenden Ruhepause setzen sich die gebildeten Flocken ab u. bilden nach u. nach über der Wasserzuführung ein Schlammkissen, das durch die nachfolgenden Strömungsstöße zwar wie eine Feder gedehnt (wobei der überschüssige Schlamm in die Schlammtasche abfließt), aber nicht auseinandergerissen wird u. sich dann wieder verdichtet. Da die gealterten größeren Flocken in den oberen Schichten liegen, werden sie durch die jeweiligen Wasserstöße nicht mehr zerschlagen. Das ziemlich klar abfließende W. wird durch ein Kiesfilter von restlichen Flocken gereinigt. Wegen seiner Unempfindlichkeit gegenüber Schwankungen in der Wasserbeschaffenheit u. Chemikaliendosierung ist das Verf. prakt. wartungsfrei. Die verschiedenen Einsatzmöglichkeiten des „Pulsators" werden diskutiert. H. Thiele. 6030□

Hamburgs Maßnahmen im Kampf gegen die Hafenverschmutzung. E. Stehr. Vom Wasser **27.** 216—23. 1960. Hamburg.) (Dt.)

Es werden eine Preßluft–Ölsperre, das Hamburger Ölabschöpfgerät u. geplante bauliche Maßnahmen beschrieben. H. Czech. 6036□

Weitere Untersuchungen über den Einfluß von Detergentien auf den Abbau der Cellulose. Gerhard Klust und Hans Mann. (Vom Wasser **27.** 99—106. 1960. Hamburg, Bundesforsch.-Anstalt für Fischerei.) (Dt.) — Vgl. C. **1961.** 15519.

Vff. teilten die untersuchten Detergentien in 3 Gruppen hinsichtlich ihrer Wrkg. auf den Celluloseabbau ein (Tabellen!). Zur Gruppe der den für den Gewässerhaushalt wichtigen Vorgang der Cellulosefäulnis empfindlich störenden Vertreter gehören das Na-Salz der Cocosfettsäureoxyäthansulfonsäure, das Na-Cocosfettalkoholsulfat, das Na-Oleylmethyltaurid u. Dodecylbenzolsulfonate vom Ceryl-, Phenyl- u. Tetratyp. Die Ergebnisse der Labor.-Verss. sind auf Grund früherer Verss. der Vff. im Grundsätzlichen auf die Verhätlnisse in natürlichen Gewässern übertragbar. Vff. vermuten, daß die synthet. waschakt. Substanzen der handelsüblichen Waschmittel den für den Celluloseabbau schädlichen Bestandteil bilden, während Polyphosphate keinen Einfl. in dieser Richtung ausüben. — 9 Literaturangaben. H. CZECH. 6038 □

Erfahrungen und Beobachtungen an einem Oxydationsgraben für Molkereiabwasser. H. Wöste und A. Nehrkorn. (Wasser u. Boden **13.** 316—18. Sept. 1961. Münster.) (Dt.)

Reines Molkereiabwasser ist nach dem Verf. am Oxydationsgraben befriedigend zu reinigen. Die Vorteile dieses Verf. sind: geringe Wartung, Fehlen von Überschußschlamm, relativ geringe Invest- u. Betriebskosten. Die BSB_5-Belastung des Abwassers ging von 1000 auf 20 mg/Liter im Ablauf herab, die Schlammtrockensubstanz betrug ca. 5 g/Liter. B. FRANZ. 6044 □

Fettzusammensetzung in Abwasser nach aerober und anaerober Behandlung. C. V. Viswanathan, B. Meera Bai und S. C. Pillai. (J. sci. ind. Res. [New Delhi], Sect. C **20.** 276. Sept. 1961. Bangalore, Indian, Inst. of Sci., Dep. of Biochem.) (Engl.)

Aerobe Behandlung häuslicher Abwässer führt zu einer stärkeren Oxydation der Fettbestandteile u. zur größeren Bldg. veresterter Fettsäuren als anaerobe Behandlung. *Linolensäure* entsteht nur unter aeroben Bedingungen. P. GREGORZEWSKI. 6044 □

Die biologische Reinigung von Abwasser mit Hilfe von Tauchtropfkörpern. Hartmann. (Wasser u. Boden **13.** 318—20. Sept. 1961. Fürth/Bayern.) (Dt.)

Tauchtropfkörper (TTK) bestehen aus kreisrunden Scheiben, die in geringem Abstand nebeneinander auf einer Welle befestigt sind. Sie tauchen etwa bis zur Hälfte in einem Trog ein, welcher von Abwasser durchflossen wird; ein Elektromotor oder bei Gefälle ein Wasserrad hält sie in langsamer Drehung. Verss. mit dem TTK ergaben: Unempfindlichkeit gegen Stoßbelastungen, keine sek. Verschmutzungen durch Volloxydation, jeder Reinigungsgrad erreichbar, Kraftbedarf gering, Baukosten im Rahmen des Üblichen oder darunter, arbeitet fast wartungsfrei; gegen Giftstoffe in Verdünnung, Mineralöl u. Detergentien wenig empfindlich; Verstopfungen unmöglich. Die TTK sind wirtschaftlich bis zu Belastungen von Abwassermengen aus einem Einzugsbereich bis zu ca. 10000 Einwohnern. B. FRANZ. 6044 □

Die Rolle des Azotobacters bei der biologischen Reinigung von Erdölabwässern. A. M. Arenstein. (Микробиология [Mikrobiologie] **30.** 304—07. März/April 1961. Moskau, Forsch.-Inst. für Wasserwirtsch. u. Geologie.) (Russ.; Auszug: Engl.)

Im Abwasser von elektr. Entsalzungsanlagen der erdölverarbeitenden Industrie bildet *Azotobacter* unter Assimilation von N_2 einen Belebtschlamm u. ist als Hauptkomponente an der biolog. Reinigung der Abwässer beteiligt. Bei Beimpfung mit einer Azotobacter-Kultur wird die Reifung des Belebtschlammes verkürzt. Der Einsatz des Belebtschlammes als Düngemittel in der Landwirtschaft ist möglich. K. SATTLER. 6044 □

Die Reinigung von Abwässern aus der Hefefabrikation mit Belebtschlamm. Anna Kintzel. (Prace Inst. Lab. badawczych Przemysłu spożywczego **11.** Nr. 1. 39—78. 1961.) (Pol.)

Abwasser der Hefeproduktion kann biolog. mit Belebtschlamm gereinigt werden. Die Belastung der Abwässer soll dabei 3500 mg O_2/Liter nicht übersteigen. Es werden 5—7 g Belebtschlamm/Liter Abwasser benötigt. Dem Schlamm müssen im Mittel 15 mg P_2O_5/1000 mg O_2 zugegeben werden. Die benötigte O_2-Menge richtet sich nach der wirksamen Höhe des Belüfters. Durch Verdünnen des Abwassers mit Kühlwasser des Produktionsbetriebes auf den O_2-Bedarf von 900 mg/Liter wird die Reinigung erleichtert u. das Absetzen des Schlammes begünstigt. — 11 Literaturangaben. F. URBAN. 6044 □

Über die mikrobielle Eiweißsynthese mit fettsäurehaltigen Abwässern. 1. Mitt. **Adaption von Mikroorganismen an hohe Fettsäurekonzentration und Auswahl geeigneter Organismen.** E. Leibnitz, U. Behrens und E. Zdarsa. (Wasserwirtsch. — Wassertechn. **9.** 167—71. April 1959. Leipzig, Inst. für Verfahrenstechnik der organ. Chem.) (Dt.)

Bei konst. gehaltenem mineral. Anteil wurden die Adaptionsfähigkeit der Organismen an hohe Fettsäure-Konzz. u. die optimalen Wachstumsbedingungen hinsichtlich der Temp. u. des pH-Wertes der Kultur-Lsg. untersucht. Die Verss. geben keine Auskunft über die Eignung der untersuchten Hefen für techn. Eiweißsynthesen.
G. BAUER. 6044 □

Über die mikrobielle Eiweißsynthese mit fettsäurehaltigen Abwässern. 2. Mitt. **Erste Studie über die Möglichkeit einer Verhefung von Fettsäure-Abwässern.** E. Leibnitz, U. Behrens und M. Sikora. (Wasserwirtsch. — Wassertechn. **9.** **342—47.** Aug. 1959. Leipzig, Inst. für Verfahrenstechnik der organ. Chem.) (Dt.) — 1. vgl. vorst. Referat.

Aus Unterss. über die Verhefbarkeit eines Fettsäureabwassers mittels Torulopsis utilis geht hervor, daß die Ergebnisse sowohl hinsichtlich der Umwandlung der Fettsäuren in Zellsubstanz als auch der Zellmasse pro Vol.-Einheit z. T. erheblich unter denen liegen, wie sie bei der Verhefung von Sulfitablaugen u. ähnlichen W. erhalten werden. Von entscheidendem Nachteil ist aber die verhältnismäßig lange Verweilzeit, für deren Verringerung wegen der sonst hinsichtlich des Reinigungseffektes positiven Resultate verschiedene Möglichkeiten diskutiert werden. W. Niemitz. 6044□

Verfahren für die vollständige Beseitigung von Hefefabrikabwässern. Irena Żółtowska und Stanisław Soczyński. (Prace Inst. Lab. badawczych Przemysłu spożywczego **11.** Nr. 1. 29—38. 1961.) (Pol.)

Bei der Herst. von Hefe kann der Ablauf ohne Sterilisierung an Stelle von Frischwasser für den neuen Gäransatz verwendet werden. Wenn die Konz. des Ablaufs 10⁰ Blg. erreicht, wird er aus dem Cyclus abgeführt, eingedickt u. verheizt. Dabei läßt sich eine K_2CO_3-reiche Asche gewinnen. F. Urban. 6050□

Zeta-Potential: Ein neues Hilfsmittel für die Behandlung des Wassers. 2. Mitt. Thomas M. Riddick. (Chem. Engng. **68.** Nr. 14. 141—46. 10/7. 1961.) (Engl.) — 1. vgl. C. **1962.** 8021.

Das ζ-Potential ist ein Maß für die elektrokinet. Ladung, die ein suspendiertes Teilchen umgibt. Diese Ladung wird hervorgerufen durch einen Überschuß an negativen Ionen, die an der Oberfläche des Teilchens adsorbiert sind. Die Ermittlung des ζ-Potentials erfolgt auf opt. Wege (Mikroskop) in einer Elektrophoresezelle (25—400 V) durch Best. der Geschw. des wandernden Teilchens bei bekannter Temp. (0—30°). Die Zusammenhänge werden durch Diagramme wiedergegeben. G. Gattow. 6056□

Bestimmung von biologisch weichen und harten Alkylbenzolsulfonaten in Waschmitteln und Abwässern. C. P. Ogden, H. L. Webster und J. Halliday. (Analyst **86.** 22—29. Jan. 1961. Newcastle-upon-Tyne, Thomas Hedley & Co Ltd., Chem. Div.) (Engl.)

Die IR-Nachw.-Meth. für Alkylbenzolsulfonate (I) nach Sallee u. Mitarbeitern (C. **1958.** 2840) wird verbessert. Kommerzielle Waschmittel werden nach Hydrolyse mit HCl von Fetten, Parfümen u. a. durch Schütteln mit Ligroin (Kp. 40—60°) befreit, das man vor dem Verwerfen mehrmals mit wss. A. ausschüttelt. Die Fällung von I erfolgt aus A.-W.-Mischung 1:4 mit 1-Methylheptylamin oder — wegen höherer Empfindlichkeit der IR-Analyse — mit n-Heptylamin. Das Salz wird mit Ligroin extrahiert. Nach Abdampfen des Lsgm. erhält man die Gesamt-I-Konz. durch Messung der opt. Dichte der CS_2-Lsg. bei 9,9 μ, die Konz. an biolog. „harten" (verzweigtkettigen) I durch Messung der CCl_4-Lsg. bei 7,31 μ. Die Konz. an biolog. „weichen" (geradkettigen) I wird durch Differenz-Bldg. ermittelt. Sie könnte zwar durch Messung bei 7,08 μ bestimmt werden, jedoch entsteht leicht Hintergrundinterferenz mit der Bande der „harten" I bei 7,13 μ. Die Best. von I in Abwässern erfolgt nach dem gleichen Verf., jedoch wird die Probe erst mit $HgCl_2$ als Bacteriostaticum versetzt, I an Kohle (Nuclear C 190, 30 mesh) adsorbiert u. mit einer Mischung von 2000 ml CH_3OH + 500 ml Chlf. + 25 ml NH_3-Lsg. (D. 0,880 sp.gr.) desorbiert. Die Genauigkeit beträgt für Best. in Waschmitteln ± 3, in Abwässern ± 5%. R. Junge. 6064□

Die Redox-Potentialmessung bei der Abwasseraufbereitung. T. J. Kehoe und R. H. Jones. (Water Sewage Works **107.** 305—08. Aug. 1960. Fullerton, Calif., Appl. Engineering Dep. Beckman Instruments, Inc.) (Engl.)

Vff. empfehlen, die Messung des Redoxpotentials (RP) mehr als bisher zur Überwachung chem. u. biolog. Oxydations- u. Red.-Vorgänge bei der Abwasseraufbereitung anzuwenden. Es werden die theoret. Grundlagen u. die prakt. Durchführung beschrieben u. auf die Grenzen von RP bei Einzelmessungen u. der laufenden Registrierung aufmerksam gemacht. Da RP durch alle oxydierenden u. reduzierenden Stoffe im W. beeinflußt wird, ist das Meßergebnis nicht spezifisch. Die Messung des RP ist keine quant. Meth., sondern gibt nur einen Überblick über die Redoxverhältnisse in der wss. Lösung. Vff. weisen darauf hin, daß es noch keine einheitliche Konvention über die Vorzeichen der Potentiale gibt. L. Schillbach. 6068□

Trafikaktiebolaget Grängesberg-Oxelösund, Stockholm, Schweden, *Reinigen von verunreinigten flüssigen Medien.* (Belg. P. 569 070 vom 1/7. 1958, ausg. 17/3. 1961. Schwed. Prior. 8/7. 1957. — C. **1961.** 11092 [Oe. P. 209 505].)

Sandoz Soc. An., Basel, Schweiz, *Reinigen von Fluß- und Seewasser.* (Belg. P. 550 680 vom 29/8. 1956, ausg. 18/12. 1959. Schwz. Prior. 2/9. u. 28/10. 1955. A. P. 2 948 400 vom 27/8. 1956, ausg. 9/8. 1960. Schwz. Prior. 2/9. 1955. — C. **1959.** 6596 [E. P. 794 877].)

Jiří Bárta, Václav Jonáš und Vratislav Grégr, Prag, Tschechoslowakei, *Biologische Reinigung von Abwasser.* (Finn. P. 29 398 vom 7/1. 1954, ausg. 30/4. 1958. — C. **1958.** 9879 [F. P. 1 094 645].)

V. Anorganische Industrie

Eine kinetische Untersuchung der Oxydation von Pyrit in wässeriger Suspension. D. R. McKay und J. Halpern. (Trans. metallurg. Soc. AIME **212.** 301—09. 1958, herausgeg. 1959. Vancouver, B. C., Univ. of British Columbia.) (Engl.)

Eine kinet. Unters. der Pyrit-Oxydation in wss. Suspension durch O_2 bei Temp. zwischen 100 u. 130° wird beschrieben. Die Gesamtgeschw. der Oxydation ist der Pyritoberfläche u. dem O_2-Partialdruck proportional u. ist von der Zus. der Lsg. unabhängig. Jedoch ist die letztere bei der Best. der Verteilung der Prodd. wichtig. Hohe Temp. u. geringe Aktivitäten begünstigen die H_2SO_4-Bldg., während umgekehrte Bedingungen der Erzeugung von *elementarem S* förderlich sind. Die auftretenden Rkk. u. ihr Ablauf werden im einzelnen erörtert. — 20 Literaturangaben. H. HOCHSTEIN. H 253□

Baueinzelheiten einer Petersen-Turm-Schwefelsäurefabrik. J. P. A. Macdonald. (Chem. and Ind. **1958.** 338—45. 22/3. London, Scottish Agric. Ind. Ltd.) (Engl.)

Beschreibung einer Anlage zur Gewinnung von 78% ig. H_2SO_4 nach dem Bleikammer-Verf. aus Röstgasen eines Pyritwirbelstrombettes mit 10% SO_2 bei 300—350°, wobei sich die einzelnen Stufen der Erzeugung in 6 PETERSEN-Türmen abspielen. W. WESLY. H 253□

Eine Kachkaroff-Schwefelsäurefabrik. Bau- und Verfahrenseinzelheiten. F. C. Snelling. (Chem. and Ind. **1958.** 300—06. 15/3. East Greenwich, South Eastern Gas Board.) (Engl.)

Beschreibung einer Anlage zur Gewinnung von H_2SO_4 nach KACHKAROFF (Bleikammer-Verf. unter Verw. von N_2O_3 zur Oxydation von SO_2). W. WESLY. H 253□

Schwefelsäure — optimale Bedingungen der Gewinnung nach dem Kontaktverfahren. Arthur C. Homme und Donald F. Othmer. (Ind. Engng. Chem., int. Edit. **53.** 979—84. Dez. 1961. Brooklyn, N.Y., Polytechn. Inst.) (Engl.)

Erörterung der Entw. eines Verf. zum Vgl. der Wirksamkeit eines Katalysators mit anderen Katalysatoren, der Herst. eines mathemat. Modells einer Kontakt-H_2SO_4-Fabrik in Form eines Rechen-(computer)-Programms u. der Erzeugung einer reaktionsempfindlichen Oberfläche. Ableitung von Kontrollgleichungen u. Einstellung der Rechenmaschine auf die Betriebsverhältnisse der Kontakt-H_2SO_4-Fabrik. W. WESLY. H 253□

Aluminiumsulfat aus natürlichen Alaunen. Abtrennung und Reinigung. Moisés Fixman und Roberto Meissl. (Ind. y Quím. **20.** 428—31. 1960.) (Span.)

Die untersuchten „Alaune" bestehen aus $Al_2(SO_4)_3$ u. $MgSO_4$ mit saurer Gangart. Für ihre Verarbeitung auf $Al_2(SO_4)_3$ wird der Zusatz von $(NH_4)_2SO_4$ unter Dampfbeheizung, Abkühlung zur Ausscheidung von NH_4-Alaun in Kristallen, deren Abtrennung von der Lsg. durch Zentrifugieren u. Waschen, Entwässerung u. Glühen bei 550° zur Verflüchtung des $(NH_4)_2SO_4$ vorgeschlagen. Die einzelnen Stufen des Verf. u die Möglichkeiten der Wiedergewinnung von $(NH_4)_2SO_4$ werden erörtert. R. K. MÜLLER. H 294□

Die Mineralzusammensetzung der in Wasser schwer löslichen Rückstände von Filterschlämmen und Rohsalzen einiger mitteldeutscher Kaliwerke. Rainer Otto Hoffmann. (Bergakademie [Freiberg] **13.** 237—48. April 1961. Berlin, Deutsche Akad. der Wiss., Forschungsgemeinschaft, Inst. für Anorgan. Chemie.) (Dt.)

Arbeitsmethodik, Präp.-Herst. u. Auszählung von Fraktionen $> 60\,\mu m$: Quarz, Biotit, Muskovit, Aggregat I (hauptsächlich Chlorit), Koenenit, Hämatit, Karbonat, Boracit, Aggregat II (hochbrechende Mineralaggregate), Ascharit. J. LEHMBERG. 6148□

Lorenzo Tortolina, Padua, Italien, **Gewinnung von reinem Sauerstoff und fast reinem Stickstoff aus Luft.** Man führt die Luft um die Außenseite eines erwärmten (600°) Rohres aus Ag oder aus porösem Material, das elektrolyt. mit einer Schicht von Ag versehen ist. Die Ag-Schicht läßt reinen O_2 in das Innere des Rohres eintreten, von wo er abgepumpt wird. Außen bleibt fast reiner N_2. — Zeichnung. (**It. P. 526 034** vom 13/8. 1954.) K. KOEBKE. H 239

Commercial Solvents Corp., übert. von: Leonard A. Stengel, Terre Haute, Ind., V.St.A., **Herstellung von Salpetersäuredämpfen,** dad. gek., das fl. HNO_3 unter einem Druck von 10—200 lbs./sq.in. in ein circulierendes, fl. Heizmedium mit einer Temp. von 300—500° eingeführt wird u. die Dämpfe abgetrennt werden. Als Heizmedium kommen geschmolzene Salze mit einem F. von über 170° in Betracht, die mit HNO_3 oder deren Zers.-Prodd. nicht reagieren. (**A. P. 2 954 013** vom 21/6. 1957, ausg. 27/9. 1960.) A. GRADL. H 243

Hans Joachim Teuber, Frankfurt/M., **Herstellung von Kaliumnitrosodisulfonat.** Einer wss. Lsg. von $NaNO_2$ u. $NaHSO_3$ wird CH_3COOH zugesetzt. Der entstehenden Lsg. des Na-Salzes der Hydroxylamindisulfosäure wird ein Überschuß an NH_3 u. anschließend portionsweise frisch hergestellte $KMnO_4$-Lsg. zugegeben, wobei das Rk.-Gemisch bei 0—5° gehalten wird. MnO_2 wird abfiltriert u. dem Filtrat eine wss. Lsg. (gesätt. bei 30°) eines K-Salzes im Überschuß zugesetzt, gekühlt u. K-Nitrosodisulfonat abgetrennt. I wird aus reiner KOH-Lsg. umkristallisiert. (**A. P. 2 897 052** vom 20/6. 1952, ausg. 28/7. 1959. D. Prior. 24/7. 1951.) E. MIESSGANG. H 243

Mole Norton S.p.A., Corsico, Mailand, Italien, **Herstellung von Bornitrid.** Man leitet in Abwesenheit von Luft oder O_2 bei Temp. > 300° Cl_2 über B_4C, vermischt das entstandene BCl_3 sofort mit NH_3, erhitzt das Gemisch unter reduzierenden Bedingungen auf 500—2200° u. filtriert bei Temp. < 100°. (**It. P. 526 303** vom 25/8. 1952.) K. KOEBKE. H 258

Studiengesellschaft Kohle m. b. H., Mülheim/Ruhr, **Herstellung von Alkali- oder Erdalkaliborhydriden** erfolgt dadurch, daß man Alkali- oder Erdalkalimetalle bzw. ihre Hydride oder Alkali- bzw. Erdalkalialkoholate mit durch bis zu 4 Alkylgruppen substituierten Diboranen oder Verbb. der Formel B $R(R^1)_2$ [R = KW-Stoff-Rest, ein R^1 = H, das andere R^1 = H oder KW-Stoff-Rest] unter Bldg. von Zwischenprodd., die mit den substituierten Borinen oder Diboranen reagieren, umsetzt, wobei die Rk. im Falle der Verw. von $BR(R^1)_2$ (R, R^1 = KW-Stoff-Radikale) oder den Alkali- bzw. Erdalkalimetallen in Ggw. von H_2 erfolgt. Die Rk. wird in einem inerten Lsgm., bes. KW-Stoffen, z. B. Hexan, Bzl., Äther oder tert. Aminen durchgeführt. (**E. PP. 864 616** vom 28/3. 1957, ausg. 6/4. 1961. D. Prior. 28/3. 1956 u. 6/3. 1957 u. **864 617** vom 28/3. 1957, ausg. 6/4. 1961. D. Prior. 8/3. 1957.) K. WOLK. H 258

Godfrey L. Cabot, Inc. (Erfinder: Robert St. P. Vail), V.St.A., **Entstauben von gekörntem Ruß** durch Entgegenleiten eines Luftstroms während des Abgleitens des Rußes über eine kaskadenförmige angeordnete Rutsche in dünner Schicht. — 2 Abbildungen. (**F. P. 1 172 076** vom 16/1. 1957, ausg. 5/2. 1959. A. Prior. 31/1. 1956.) M. F. MÜLLER. H 260

E. I. du Pont de Nemours & Co., übert. von: Ralph K. Iler, Wilmington, Del., V.St.A., **Oberflächenverestertes SiO_2.** SiO_2 mit einer spezif. Oberfläche von 1—900, bes. 200—900 m^2/g, einer Teilchengröße > 1 mμ u. einem mittleren Porendurchmesser von 4 mμ wird an der Oberfläche mit 100-OR-Gruppen pro 100 $m\mu^2$ chem. gebunden. (R = C_2–C_{18}-KW-Stoff-Rest, der einen von dem O-Atom der OR-Gruppe mindestens um 1 C-Atom entfernten bas. Substituenten, bes. ein Amino-N-Atom, oder einen die Sulfoniumgruppe enthaltenden Substituenten oder ein elektronegatives Atom, wie N, O, Cl, Br oder J trägt). (**Can. PP. 554 168** vom 8/9. 1955 u. **554 169** vom 6/10. 1955, beide ausg. 11/3. 1958.) L. GROSSNER. H 261

Monsanto Chemical Co., St. Louis, Mo., V.St.A., **Herstellung eines sauren Kieselsäure-Hydro-organosols** mit extrem niedrigem Salzgeh., dad. gek., daß ein saures SiO_2-Hydro-organosol, bestehend aus SiO_2, W., einer mit W. mischbaren organ. Fl., einer Mineralsäure (pH 1,8—4,5) u. mindestens 0,1% eines Salzes dieser Mineralsäure, gleichzeitig oder nacheinander mit W. unlösl., starke Kationenaustauscher der H-Form u. mit einem Anionenaustauscher der SO_4-Form bei Temp. unter 30° C behandelt wird. (**E. P. 855 502** vom 18/2. 1958, ausg. 30/11. 1960. A. Prior. 16/2. 1957.) A. GRADL. H 261

Merck & Co., Inc., Rahway, übert. von: John B. Conn, Westfield, N.J., V.St.A., **Reinigung von Siliciumhalogeniden** von Spurenverunreinigungen, dad. gek., daß sie mit einem Dinitril der Formel NC—R—CN (R = aliphat. oder aromat. 2wertige Gruppe) in Kontakt gebracht werden. Beispiele: Bernstein-, Glutar-, Adipin-, Pimelin- u. Phthalodinitrile. (**A. P. 2 970 040** vom 7/3. 1958, ausg. 31/1. 1961.) A. GRADL. H 261

Építéstudományi Intézet (Erfinder: Josef Kovács, Stephan Náray-Szabó und Andreas Novák), Budapest, Ungarn, **Siliciumtetrafluorid** erhält man bei der Rk. von CaF_2, SiO_2 u. Na_2SiF_6 mit konz. H_2SO_4 bei 40°, wobei SiF_4 als Gas unter Druck entweicht. Man verwendet vorteilhaft 10—20% Na_2SiF_6, bezogen auf CaF_2. — Skizze. (**Ung. P. 144 668** vom 26/2. 1957, ausg. 15/3. 1959.) G. KÖNIG. H 261

Paul S. Roller, Washington, D.C., V.St.A., **Herstellung von unlöslichen Metallhydroxiden in wäßrigen Flüssigkeiten mittels Metallelektroden.** Man unterbricht den Stromkreis zwischen den Metallelektroden, schließt zwischen den Elektroden einen Polarisationsentladungsstrom u. entlädt die Polarisation der Elektroden bis auf wenigstens ca. 90% ihres Anfangswertes, worauf man den Elektrolysestrom in umgekehrter Richtung zwischen den Elektroden laufen läßt. — Schaltungsschemata. (**A. P. 2 860 090** vom 29/2. 1952, ausg. 11/11. 1958.) K. DEMMLER. H 270

Diamond Alkali Co., Cleveland, übert. von: Clyde B. Myers, Painesville, Ohio, V.St.A., **Verbesserung des Ammoniak-Sodaverfahrens.** Die bei der Abtrennung von $NaHCO_3$ anfallenden Mutterlaugen werden in eine mit Dampf beheizte Dest.- u. Abstreifkolonne eingeführt, in deren Abstreifteil eine $Ca(OH)_2$-Aufschlämmung eingeführt wird. CO_2, NH_3 u. W. entweichen am Kolonnenkopf, während vom Kolonnenboden ein überschüssiger, $Ca(OH)_2$ u. $CaCO_3$ enthaltender Schlamm abgezogen wird, der nach Durchlaufen von Absetzgefäßen zusammen mit zugesetztem NH_4Cl, dieses kann aus dem in der 1. Kolonne anfallenden NH_3 erhalten werden, einer 2. dampfbetriebenen Kolonne zugeführt wird, in der wiederum CO_2, NH_3 u. W. abgetrieben werden Die Verluste an NH_3 u. $Ca(OH)_2$ werden gegenüber den bislang geübten Aufbereitungen der Bicarbonatmutterlauge herabgesetzt. — Vorr., Zeichnung. (**A. P. 2 946 653** vom 5/9. 1956, ausg. 26/7. 1960.) K. Wolk. H 274

Norsk Hydro-Elektrisk Kvaelstofaktieselskab, Oslo, Norwegen (Erfinder: Einar Falkum), **Herstellung von Magnesiumchlorid** für die Schmelzelektrolyse. $FeCl_3$ wird mit $Mg(OH)_2$ in wss. Lsg. bei pH = 3—7, bes. 5—6, umgesetzt, wobei $Fe(OH)_3$ ausfällt u. abfiltriert wird. $MgCl_2$ wird dann zu wasserfreiem Prod. aufgearbeitet. (**Norw. P. 92 041** vom 11/7. 1956, ausg. 14/7. 1958.) K. H. Kähler. H 282

Farbenfabriken Bayer Akt.-Ges. (Erfinder: Ernst Podschus), Leverkusen, **Herstellung von feindispersem Calciumcarbonat** von bes. lockerer Sekundärstruktur durch Rk. von wss. $Ca(OH)_2$-Anschlämmungen bei $< 50^0$, bes. $< 30^0$, mit einem CO_2-haltigen Gas. Diese Rk. wird unter Zusatz von 0,01—5 (Gew.-%), bes. 0,1—2, eines Alkali- oder Erdalkalisalzes der Nitrilotriessigsäure vorgenommen. (**D.A.S. 1 116203** Kl. 12m vom 13/10. 1959, ausg. 2/11. 1961.) H. Nebelsiek. H 283

Norsk Hydro-Elektrisk Kvaelstofaktieselskab, Oslo, Norwegen (Erfinder: Einar Falkum), **Herstellung eines Titanoxidkonzentrates** aus eisenhaltigem Titanerz durch Red. bei 800—1200°. Das Auslaugen des red. Erzes erfolgt mit kochender HNO_3, wodurch prakt. der gesamte Fe-Geh. entfernt wird. (**Norw. P. 92 395** vom 15/5. 1956, ausg. 1/9. 1958.) K. H. Kähler. H 321

Minister of Mines & Technical Surveys, übert. von: Thomas R. Ingraham, Ottawa, Ontario, Canada, **Herstellung von $TiCl_3$ (I)** aus $TiCl_4$ (**II**) u. H_2 im Lichtbogen, Entfernen von **I** aus dem Rk.-Prod., Überleiten des gebildeten HCl über Ti bei 375—650° im Gemisch mit **II** u. erneutes Eintreten des gebildeten H_2-**II**-Gemisches in den Kreisprozeß. — Zeichnung. (**Can. P. 553 234** vom 13/9. 1955, ausg. 11/2. 1958.) L. Grossner. H 321

Farbwerke Hoechst Akt.-Ges., vormals Meister Lucius & Brüning, Frankfurt/M., **Herstellung von Titantetramethyl.** Entspricht D. A. S. 1 046 048; C. **1959.** 10408 mit dem Unterschied, daß die Rk. von Ti-Tetrahalogenid anstatt nur mit CH_3Si oder CH_3Mg-Halogenid auch mit einer Methyl-Verb. eines Alkali- oder Erdalkalimetalls oder mit $Be(CH_3)_2$ erfolgen kann. (**E. P. 858 541** vom 15/4. 1957, ausg. 11/1. 1961. D. Prior. 14/4. 1956.) J. Mühleisen. H 321

Imperial Chemical Industries Ltd., London, England, *Nicht zusammenbackendes Ammoniumnitrat.* (**Holl. P. 99 076** vom 22/8. 1956, ausg. 15/9. 1961. E. Prior. 9/9. 1955 u. 11/6. 1956. — C. **1958.** 7863 [A. P. 2 794 701].)

Heinrich Koppers G. m. b. H., Essen, *Gewinnung von Ammoniumsulfat.* (**E. P. 865 676** vom 22/1. 1958, ausg. 19/4. 1961. D. Prior. 5/7. 1957. — C. **1959.** 8280 [D. A. S. 1 044 784].)

Spencer Chemical Co., Kansas City, übert. von: **Willard C. Bull, Paul D. Strickler**, Joplin, **Harry C. Zeisig jun.**, Carl Junction, Mo., und **Edwin G. Marhofer**, Pittsburgh, Kans., V.St.A., *Herstellung von Hydroxylamin.* (**Can. P. 554 315** vom 12/7. 1954, ausg. 11/3. 1958. A. Prior. 28/7. 1953. — C. **1958.** 3420 [E. P. 772 831].)

Farbenfabriken Bayer Akt.-Ges., Leverkusen (Erfinder: **Erich Rahlfs**, Leverkusen, und **Günter Henrich**, Opladen), *Herstellung von Hydrazinhydrat.* (**Oe. P. 214 407** vom 7/9. 1959, ausg. 10/4. 1961. D. Prior. 13/10. 1958. — C. **1961.** 3442 [D. A. S. 1 083 239].)

Soc. des Usines Chimiques Rhône-Poulenc, Paris, übert. von: **Robert Meyer**, Tassin-la-Demi-Lune, und **Daniel Pillon**, Lyon, Frankreich, *Herstellung von Hydrazinsulfat.* (**A. P. 2 931 707** vom 24/11. 1958, ausg. 5/4. 1960. F. Prior. 6/12. 1957. — C. **1961.** 15161 [F. P. 1 188 142].)

Farbenfabriken Bayer Akt.-Ges., Deutschland (Erfinder: **Konrad Lang**), *Hydrazinborhydride.* (**F. P. 1 238 241** vom 13/10. 1958, ausg. 30/11. 1960. D. Prior. 19/10. 1957. — C. **1961.** 12225 [D. A. S. 1 068 231].)

Imperial Chemical Industries Ltd., England (Erfinder: **Albert Davies** und **Alfred John Rudge**), *Elektrolytische Gewinnung von Fluor.* (**F. P. 1 218 692** vom 6/1. 1959, ausg. 12/5. 1960. E. Prior. 6/1. u. 16/12. 1958. — C. **1961.** 13680 [E. P. 852 369].)

Diamond Alkali Co., V.St.A. (Erfinder: **Van C. Cayton, Robert N. Montgomery** und **Joseph Perret**), *Reinigen von Chlorwasserstoff.* (**F. P. 1 214 861** vom 9/6. 1958, ausg. 12/4. 1960. A. Prior. 10/6. 1957. — C. **1962.** 2130 [Belg. P. 568 444].)

Badische Anilin- & Soda-Fabrik Akt.-Ges., Deutschland (Erfinder: **Werner Kunzer** und **Fritz Leutert**), *Herstellung von Chlorwasserstoff.* (**F. P. 1 205 099** vom 4/11. 1958, ausg. 29/1. 1960. — C. **1962.** 2130 [E. P. 849 055].)

Farbwerke Hoechst Akt.-Ges., vormals Meister Lucius & Brüning, Deutschland, *Kontinuierliche Herstellung von Chlordioxid.* (**F. P. 1 217 402** vom 20/2. 1959, ausg. 3/5. 1960. D. Prior. 21/2. 1958. — C. **1960.** 6956 [D. A. S. 1 068 225].)

VEB Farbenfabrik Wolfen, Wolfen, Kr. Bitterfeld (Erfinder: **Friedrich Wolf**, Leipzig), *Stabilisieren von flüssigem Schwefeltrioxid.* (**D. A. S. 1 085 862** Kl. 12i vom 26/3. 1959, ausg. 28/7. 1960. — C. **1961.** 10328 [D. P. [DDR] 20 564].)

VEB Farbenfabrik Wolfen, Wolfen, Kr. Bitterfeld (Erfinder: **Friedrich Wolf** und **Horst Matthias**), *Herstellung von Natriumsulfid.* (**E. P. 826 023** vom 28/3. 1956, ausg. 23/12. 1959. — C. **1957.** 11687 [D. P. [DDR] 12 060].)

Basic, Inc., übert. von: **Howard P. Eells jun.**, **Edward P. Pearson** und **Harley C. Lee**, Cleveland, Ohio, V.St.A., *Aufbereitung von Magnesiterzen.* (**Can. P. 554 111** vom 21/12. 1956, ausg. 11/3. 1958. A. Prior. 23/12. 1955. — C. **1961.** 8075 [A. P. 2 898 194].)

Commissariat à l'Énergie Atomique, Paris, übert. von: **Rose Saint-James**, Clamart, und **Jacques Hure**, Fontenay-aux-Roses, Frankreich, *Trennung und Reinigung von Zr und Hf.* (**Can. P. 554 142** vom 14/3. 1955, ausg. 11/3. 1958. F. Prior. 17/3. 1954. — C. **1961.** 3115 [F. P. 1 101 241].)

United Steel Co. Ltd., übert. von: **Lewis Reeve** und **Geoffrey W. Wells**, Sheffield, England, *Aufbereitung von Eisenerz.* (**Can. P. 554 003** vom 17/7. 1950, ausg. 4/3. 1958. E. Prior. 21/7. 1949. — C. **1953.** 9272 [D. B. P. 869 944].)

VI. Silicatchemie. Baustoffe

Das zweite Kapitel der Kristallchemie der Silicate. N. W. Below. (Silikattechnik **12.** 329—30. Juli 1961. Moskau, Akad. Wiss. UdSSR, Inst. Kristallogr.) (Dt.) — Vgl. C. **1961.** 9558.

Übersicht u. schemat. Darst. der Strukturen von Silicatgruppen mit großen Kationen. R. Kaiser. 6160□

Ultrarotabsorptionsspektralphotometrie und Silicatforschung. Horst Moenke. (Silikattechnik **12.** 323—27. Juli 1961. Jena, VEB Carl Zeiss.) (Dt.) — Vgl. C. **1961.** 15698.

Das Prismenspektralphotometer UR 10 des VEB Carl Zeiss wird kurz beschrieben. Anschließend werden spezielle Betrachtungen über die IR-Absorptionsspektren der einzelnen Silicatklassen gegeben. Auf die bes. Probenvorbereitung H_2O-haltiger Silicate wird hingewiesen. — 46 Literaturangaben. R. Kaiser. 6160□

Raumladungsaufbau im Glas. T. M. Poctor und Paul M. Sutton. (J. Amer. ceram. Soc. **43.** 173—179. 1/4. 1960. Corning, N.Y., Corning Glass-Works.) (Engl.)

Durch graph. Darst. der Potentialverteilung der Raumladungen werden alkalihaltige u. alkalifreie Gläser verglichen. Dabei wird ein steiler Abfall nahe den Elektroden u. eine nahezu lineare Potentialänderung in der Mitte der Vers.-Körper festgestellt. Es ergeben sich Unterschiede gegenüber den Werten, die auf der Leitfähigkeit oder der Messung der Diffusions-Koeff. für Na-Kationen basieren. Dies wird als Bestätigung der von Vff. aufgestellten Theorie angesehen, nach der sich die dabei erhaltenen Werte nur auf die beweglichen Kationen beziehen. L. Kühnert. 6200□

Absorptionseigenschaften von Fe(II)-haltigen, als Absorber im nahen Infrarot verwendeten Phosphatgläsern. A. Naruse. (J. ceram. Assoc., Japan [Yogyo Kyokai Shi] **69.** 351—356. 1960. Nagoya, Inst. of Technol.) (Jap.; Auszug: Engl.)

Al-Phosphat-Gläser mit FeO-Geh. werden als IR-Abschirmgläser verwendet. Ihre Herst. bereitet Schwierigkeiten. Gläser der Syst. $P_2O_5—Al_2O_3—ZnO—R_2O$ (I) u. $P_2O_5—Al_2O_3—B_2O_3—R_2O$ (II) mit FeO-Zusatz wurden unter reduzierenden Bedingungen (Zusatz von metall. Si) geschmolzen u. im Gebiet 0,4—2,2 μ Absorptionsmessungen durchgeführt. Starke Banden wurden bei ca. 1,1 u. 2,2 μ beobachtet. Gläser mit mehr als 3,2 Mol.-% FeO u. weniger als 5 Mol.-% R_2O (R = Alkali) besitzen ausreichende IR-Absorptionsfähigkeit. Wachsender R_2O-Geh. verschlechtert diese Eigg., bei 14 Mol.-% R_2O (außer Li) werden braune Gläser mit anormaler Absorption im kurzwelligen Gebiet erhalten. Gläser des Syst. (II) absorbieren im IR-Gebiet wenig stärker als Gläser des Syst. (I). Der Zusammenhang zwischen dem Zustand des Fe in den Phosphatgläsern u. den Absorptions-Eigg. wurden mit Hilfe der Abschirmungstheorie von Weyl erklärt. H. Völz. 6200□

Quarz, Cristobalit und Tridymit — ein Überblick. O. W. Flörke. (Silikattechnik **12.** 304—05. Juli 1961. Zürich, Eidgen. T. H., Inst. Kristallogr. u. Petrogr.) (Dt.)

Vf. gibt einen Überblick über Forschungsarbeiten zur Korrektur des ursprünglich von Fenner (1913) aufgestellten Zustandsdiagramms des SiO_2. Es hat sich, bes. durch Röntgenaufnahmen von Einkristallen, gezeigt, daß die Umwandlungspunkte in Cristobalit u. Tridymit sehr abhängig von Fehlordnungen im SiO_4-Gitter sind. R. Kaiser. 6204□

Über die Erscheinung der „Mikroisomorphie" im Quarz. W. A. Frank-Kamenezkij. (Silikattechnik **12.** 306—08. Juli 1961. Leningrad, Univ., Kristallogr. Abt.) (Dt.)

Die steigende techn. Verw. reiner Quarze führte zur Unters. der Gitter-Konst. nahezu spektralreiner Kristalle (I) u. von Quarzen mit geringen Zusätzen, wie Al, Fe, Erdalkalien u. Ge. Das Eindringen dieser Zusätze in die SiO_4-Tetraeder wurde mit Mikroisomorphie gedeutet nach dem Schema: $Si^{4+} \rightarrow Al^{3+} + R^+$ (R = Na, K, Li). Für I wurde gefunden: $a = 4,90275 \pm 0,00007$, $c = 5,39352 \pm 0,00005$ kX. bei 18°.

R. KAISER. 6204□

Über die Verwendung des Quarzes in der Nachrichtentechnik. Alfred Herrmann. (Silikattechnik **12.** 308—12. Juli 1961. Berlin, D. A. M.) (Dt.)

Beschreibung der Eigg. von natürlichen Quarzen für die Hochfrequenztechnik, bes. zur Herst. der quasi-temperaturunempfindlichen Quarzuhren höchster Frequenzkonstanz u. der Fortschritte in der Fertigung von Kunstquarzkristallen für Schwing- u. Filterquarze. R. KAISER. 6204□

Japanische Aschenglasur. A. Kato. (Keram. Z. **12.** 629—31. Nov. 1960. Nagoya.) (Dt.)

Vf. behandelt Art, Bezeichnung u. Material japan. Aschenglasuren u. gibt in einer Tabelle die Zus. verschiedener dafür geeigneter Pflanzenaschen an. Pegmatite werden ebenfalls verwendet. Die Verw. ist durch die unterschiedliche Zus. u. ungleiche Qualität dieser Rohstoffe auf kunsthandwerkliche u. ähnliche Verff. beschränkt.

L. KÜHNERT. 6212□

Glasige Systeme als Grundlage für Aluminium-Emails. Michael Alexejewitsch Besborodow. (Bergakademie [Freiberg] **11.** 466—71. Aug. 1959. Minsk.) (Dt.)

Eine große Anzahl von Gläsern der Dreistoff-Syst. $K_2O—B_2O_3—P_2O_5$, $Al_2O_3—B_2O_3—P_2O_5$, $K_2O—PbO—SiO_2$, $K_2O—PbO—B_2O_3$, $PbO—B_2O_3—SiO_2$ u. $K_2O—B_2O_3—SiO_2$, sowie der Vierstoff-Syst. $K_2O—Al_2O_3—B_2O_3—P_2O_5$ u. $K_2O—PbO—B_2O_3—SiO_2$ wurden erschmolzen u. auf Eigg. wie Schmelz-Temp., chem. Beständigkeit u. Ausdehnungs-Verh. untersucht. Die Einfl. verschiedener Komponenten auf die genannten Eigg. lassen sich aus Tabellen u. Diagrammen erkennen. Die optimale Zus. für ein Glas, welches als Grundlage für ein Al-Email in Betracht käme, wäre: 15% K_2O, 35% PbO, 20% B_2O_3, 30% SiO_2 (alles in Mol-%). Die Ausdehnung dieses Glases beträgt $178 \cdot 10^{-7}$, der Gew.-Verlust bei Wasserbehandlung 0,17%, die Schmelz-Temp. 800°.

H.-O. MULFINGER. 6212□

Bindung von Sulfaten durch gebrannte Tonprodukte. W. E. Brownell. (J. Amer. ceram. Soc. **43.** 179—183. 1/4. 1960. Alfred, N.Y., Univ., Dep. of Ceram. Res.) (Engl.)

Ton bekannter Zus. wird 8 Std. lang einer Atmosphäre von 95% Luft u. 5% SO_3 ausgesetzt, das adsorbierte SO_3 analyt. bestimmt. Durch Zusätze von $CaCO_3$, $MgCO_3$, $BaCO_3$, Na_2CO_3 u. K_2CO_3 wurde deren Einfl. auf die Adsorption des SO_3 festgestellt. Aus den graph. Darst. geht hervor, daß auch reines Kaolin genug SO_3 beim Brennen bindet, um Ausblühungen zu verursachen. Verunreinigungen durch Alkali u. alkal. Erden sind besonders schädlich. L. KÜHNERT. 6216□

Vitrokeramik, ein neues wärmebeständiges Material. Teruo Sakaino. (J. chem. Soc. Japan, ind. Chem. Sect. [Kōgyō Kagaku Zasshi] **63.** 1104—08. Juli 1960. Tôkyô-Meguro, Tôkyô-Kôgyô-Daigaku.) (Jap.)

Übersicht. — 24 Literaturangaben. E. MAEKAWA. 6218□

Physikalische und mechanische Eigenschaften von wärmebeständigen harten Materialien. Takeo Yokobori. (J. chem. Soc. Japan, ind. Chem. Sect. [Kōgyō Kagaku Zasshi] **63.** 1089—93. Juli 1960. Sendai, Tôhuku-Daigaku, Kôgakubu.) (Jap.)

Übersicht — 24 Literaturangaben. E. MAEKAWA. 6218□

Beziehungen zwischen thermischer Ausdehnung und Teilchenpackung bei feuerfesten Tonkörpern. S. Nagasaki, A. Watanabe und K. Yoshizaki und K. Umeya. (J. ceram. Assoc., Japan [Yogyo Kyokai Shi] **69.** 323—27. 1960. Kyoto Univ., Inst. for Chem. Res.) (Jap.; Auszug: Engl.)

Es wurde die therm. Ausdehnung von Preßlingen aus Schamottepulver u. steinigem Material bei Temp. bis zu 1000° bestimmt. Die gemessenen Werte der therm. Ausdehnung stimmen nicht überein mit den nach der Additionsregel aus den Komponenten berechneten Werten. Vorstellungen für die Erklärung der Ergebnisse werden erläutert.

H. VÖLZ. 6218□

Oberflächenschutz von Beton durch Anstriche. C. A. Lobry de Bruyn. (Ingenieur [s'-Gravenhage] **74.** Bt11—Bt15. 23/2. 1962.) (Holl.)

Erörterung des Schutzes von Beton durch Anstriche, deren Art, Qualität u. Eigg. hinsichtlich der Oberflächenbeschaffenheit des Betons u. seines Verw.-Zewckes beschrieben werden. W. WESLY. 6224□

Wärmeleitfähigkeit und Kristallstruktur. Harry Cermak und Karl-Heinz Lucke. (Silikattechnik **12.** 336—37. Juli 1961. Weimar. Inst. Baustoffe.) (Dt.)

Die Wärmeleitfähigkeit von Kristalliten, abhängig von der störungsfreien Wärmefortleitung oder der mittleren freien Weglänge der durch Wärmezufuhr angeregten Atomschwingungen, wurde an krist. Stoffen gleichen Körnungsaufbaus ohne u. mit Zementmörtel in verschiedenen Mischungen unter Einhaltung einer möglichst gleichen Raumdichte geprüft. Es ergaben sich hierbei zwischen Granit, Kalkspat, Marmor u. Kupferschlacke u. in den mit diesen Zuschlagstoffen hergestellten *Betonen* erhebliche Unterschiede der Gesamtwärmeleitung. R. KAISER. 6224□

Phasen, die aus dem Angriff von geschmolzenem Aluminium auf feuerfeste Betone resultieren. J. Bolfa und R. Kern. (Bull. Soc. franç. Minéralog. Cristallogr. **83.** 242—44. Okt./Dez. 1960. Nancy, Fac. des Sci., Labor. de Minéral. et Cristallographie.) (Franz.)

Vff. berichten über die mkr. Unters. von 2 feuerfesten Betonen, die in einem Induktionsofen von geschmolzenem Al angegriffen wurden. Bei dem ersten Beton „*Béton Secar 250-Korund*" handelt es sich um ein Gemisch des Zements Secar 250 mit Korund, wobei der Zement hauptsächlich aus einem Gemisch von Ca-Aluminaten besteht, prakt. eisenfrei ist u. ca. 0,2% SiO_2 enthält. Bei dem zweiten Beton „*Béton Secar 250-Schamotte*" handelt es sich analog um ein Gemisch von Secar 250 u. Schamotte. Die mkr. Unters. des ersten Betons zeigte, daß der Korund keinerlei Änderung erfahren hat, dagegen war der Zement fast vollständig umgewandelt, wobei die Rk.-Prodd. oft einen metall. Glanz hatten. Mkr. u. röntgenograph. konnten in dem umgewandelten Zement kub. $CaAl_2$, etwas Si u. Al, wenig metall. Fe identifiziert werden; eine Linie wurde dem $CaAl_3$ zugeteilt. Bei dem zweiten Beton war von den Schamottekörnern nichts mehr festzustellen, u. auch der Zement zeigte eine fast vollkommene Umwandlung. Hier konnten $CaAl_2$, Si, Al, Fe, Al_2O_3 u. $CaAl_3$ nachgewiesen werden. C. GOTTFRIED. 6224

Calcinieren von Kalkstein und Zement in großen Schachtöfen. 3. Mitt. Pedro López Gómez. (Ion [Madrid] **18.** 491—99. Aug. 1958. Santander, S.A. de Prod. Dolomíticos.) (Span.) — 2. vgl. C. **1959.** 12027.

Überblick über Durchsatz u. Leistung von Umlaufpumpen für die Brennluft, ihre Messung u. die sie beeinflussenden Faktoren, bes. Richtungs- u. Querschnittsänderungen. R. K. MÜLLER. 6226□

Verfahren zur Prüfung der Feuchtigkeitsdurchdringung und Bindefestigkeit von Ziegelmauerwerk an kleinen Bauteilen. T. Ritchie. (Mater. Res. Standards **1.** Nr. 5. 360—67. Mai 1961.) (Engl.)

Die Verff. zur Herst. der kleinen Bauteile u. die App. zum Prüfen der Feuchtigkeitsdurchdringung u. der Bindefestigkeit des Mörtels werden beschrieben. F. REINHART. 6228□

Infrarotspektren von Tonen aus den Gebieten von Kusumpur, Kot Ransipur, Bhandak u. Neyveli. Atma Ram, B. M. Bishui und J. Prasad. (Centr. Glass ceram. Res. Inst., Bull. [Calcutta] **7.** 3—9. Jan./März 1960.) (Engl.)

Vff. beschreiben eine Vakuumpresse u. eine Solenoid-Vibrationsmühle, mit deren Hilfe durchsichtige, zwischen Tonlagen eingebettete Scheiben von Alkalihalogeniden hergestellt wurden, die durch IR-Spektralanalyse untersucht wurden. Die Herst. der Proben wird genau beschrieben. Aus dem Vgl. der Durchlässigkeitskurven wurde für alle Tonarten ein kaolinartiger Charakter festgestellt. — 12 Literaturangaben. L. KÜHNERT. 6248□

Die Verwendung eines rotierenden Probenhalters bei der Fluorescenzanalyse leichter Elemente in groben Zementmischungen. A. A. Tabikh. (Analytic. Chem. **34.** 303—04. Febr. 1962. Colton, Calif., California Portland Cement Co.) (Engl.)

Vf. beschreibt Konstruktion u. Anwendung eines rotierenden Probenhalters bei der Röntgenfluorescenzanalyse leichter Elemente in groben Zementmischungen. Durch das Rotieren der Probe (1540 U/min) werden sämtliche möglichen Oberflächenorientierungen der Zementteilchen erfaßt, wodurch eine effektive Homogenität der Oberfläche erreicht wird, so daß Fehler, die bei stationären Messungen infolge der Inhomogenität der Proben auftreten, vermieden werden. J. KRAETSCH. 6252□

Röntgenfluorescenzspektrometrische Bestimmung von Siliciumoxid und Aluminiumoxid in Zement und seinen Rohmaterialien. Hiroshi Uchikawa und Yoshizo Inomata. (Japan Analyst **10.** 875—82. Aug. 1961. Onoda Cement Co. Ltd., Central Res. Labor.) (Jap.; Auszug: Engl.)

SiO_2 u. Al_2O_3 wurden durch Röntgenfluorescenzanalyse mit einem $NH_4H_2PO_4$-Analysatorkristall (d = 5,342 Å) in He-Atmosphäre bestimmt. Verwendet wurde ein Gasdurchfluß-Proportionalzähler u. ein Impulshöhenanalysator. Die Eichung erfolgte an synthet. Pulverproben u. handelsüblichen Zementproben, deren Geh. an SiO_2 u.

Al_2O_3 vorher bekannt war. Jede gepulverte Probe wurde bei 300 kg/cm² zu Tabletten gepreßt, um Irrtümer durch inhomogene Verteilung auszuschließen. Die Messung erfolgt durch Vgl. der Intensitäten der SiKα u. AlKα mit denen von Standardproben. Ein poliertes Stück Basalt wurde als Standard verwendet. Als Standardabweichungen wurden für SiO_2 0,38% u. für Al_2O_3 0,28% gefunden. Im Vgl. zu den aus chem. Analysen erhaltenen Werten ergaben sich Differenzen von 0,13% für SiO_2 u. 0,20% für Al_2O_3. Eine vollständige Analyse kann für diese beiden Elemente innerhalb von 10 Min. durchgeführt werden. K. Ross. 6252□

Soc. des Électrodes et Réfractaires „Savoie", Frankreich (Erfinder: Jean Pierre Kiehl), **Herstellung feuerfester Gegenstände mit hohem Mullitgehalt.** Pulverförmige Stoffe mit großer Oberfläche, von denen die eine Gruppe weniger, die andere mehr als 71,80% Al_2O_3 enthält, werden bei 1350—1450° zur Rk. gebracht. Als Ausgangsstoffe kommen einerseits kaolinit. Tone, andererseits reines oder handelsübliches γ-Al_2O_3 in Frage, z. B. in Form von Boehmit mit einer spezif. Oberfläche >3 m²/g, bes. 20—30 m²/g, u. einem Verunreinigungsgrad <2 (%), bes. $<0,10$, hinsichtlich der Alkalien. — Zum Beispiel wird ein pulverförmiges Gemisch aus etwa gleichen Teilen kaolinit. Ton u. Boehmit verwendet, dem noch andere feuerfeste Stoffe, wie Korund, Sillimanit, SiC oder Graphit, zugesetzt sein können. Die geformte Mischung wird ca. 2 Std. auf 1350—1450° erhitzt. (**F. P. 1 186 456** vom 31/10. 1957, ausg. 25/8. 1959.) HANS HOFFMANN. 6219

Charles Heinz Sommer, Frankreich, **Herstellung von Verputzmassen für Mauern.** Wss. Mörtelmischungen aus kalkhaltigen Bindemitteln, wie Portlandzement, u. gebräuchlichen Füllstoffen werden durch Zusatz bas. wasserlösl. Salze oder durch Behandeln mit hochfrequenten elektr. Wellen oder durch Ultraschall in den gelatinösen Zustand versetzt, aus dem sie schnell zum Erhärten kommen. Als Verputzmörtel wird z. B. ein Gemisch aus gleichen Vol.-Teilen Quarzsand, Baumwollfasern, Zement u. einer 8%ig. wss. $(NH_4)_2C_2O_4$-Lsg. verwendet. (**F. P. 1 180 797** vom 5/8. 1957, ausg. 9/6. 1959.) HANS HOFFMANN. 6227

Umberto Tosi, Mortara, Pavia, Italien, **Behandlung von Reisstroh (I),** dad. gek., daß man auf 1000 (Liter) **I** 20—30 W. u. 4—10 kg Na_2SO_4, 2—6 kg Steinmehl u. ggf. 20—30 kg aus **I** gewonnenes SiO_2 gibt u. das Gemisch 24 Std. stehen läßt, bevor man es mit Zementbindemitteln zu *Bauteilen* verarbeitet, die wärmeisolierend u. leicht sind. (**It. P. 526 360** vom 22/7. 1954.) K. KOEBKE. 6229

Costruzioni Alta Italia „C.A.I." Rom, Italien, **Herstellung von Wandplatten,** die an Stelle von keram. Fliesen verwendet werden können. Flache Formschalen aus Metall, Glas oder Kunstharz werden innen mit einer dünnen Schicht von Paraffin oder Wachs ausgestrichen u. eine Schicht eines mit Caseinleim (mit Kalkwasser oder NH_4OH eingeweicht) angemachten Gemisches von 38 (%) Zement, 20 Sand, 10 Asbest, 5 Lithopon, 2 TiO_2, 2 Farbstoffe, eingebracht, worauf man die Form noch vor dem Trocknen dieser Schicht mit einem mit W. angemachten Gemisch von 36 Zement, 14 Kaolin, 40 Sand, 8 Asbest, 2 Farbstoff anfüllt. Nach dem Trocknen wird aus der Form genommen u. die sichtbare Seite der Platte durch Behandlung mit einer Paraffin-Lsg. in PAe., Wachs-, Nitrocellulose- oder Kunstharz-Lsgg. (Polyvinylacetat in Bzl.-Aceton) abgedichtet. (**It. P. 525 701** vom 30/6. 1952.) K. KOEBKE. 6229

Christian Thevenot, Frankreich, **Wandbekleidungsmasse.** Zur Herstellung einer plast., hitze- u. schallisolierenden Wandbekleidungsmasse wird eine im wesentlichen aus einer wss. Polyvinylacetatemulsion, Zement u. Sand bestehende Mörtelmischung benutzt. Diese besteht z. B. aus 6 (Gew.-Teilen) in W. emulgiertem, mit einem Plastifizierungsmittel versetzten Polyvinylacetat, 44 feinem Sand, 31 Zement u. 19 Wasser. Gebräuchliche Füllstoffe, wie Glimmer, sowie Farbpigmente u. a. Kunstharze können der Masse zugesetzt werden. (**F. P. 1 186 327** vom 13/9. 1957, ausg. 20/8. 1959.) HANS HOFFMANN. 6229

SAS Soc. Applicationi Secondite, Bergamo, Italien, **Herstellung von Bauplatten.** Man vermischt chem. oder biolog. vorbehandeltes (hierzu keine näheren Angaben) Reisstroh mit 4—25% eines wärmehärtenden Bindemittels („Xilocolla" „Cleratolo", „Kaurit", „Urecol"), preßt bei 2—45 kg/cm² u. 60—150° 0,3—10 Minuten. (**It. P. 526 170** vom 19/11. 1954.) K. KOEBKE. 6229

Diskus Werke Frankfurt/Main Akt.-Ges., Frankfurt/M. (Erfinder: Hans Krug, Offenbach/M.), **Schleifsalz bzw. Schleifflüssigkeit.** In einem Schleifsalz bzw. einer Schleif-Fl. auf der Grundlage einer Mischung von $NaNO_2$, Na_2CO_3, polymerem Metaphosphat, Na-Salzen von Naphthalinsulfonsäuren, Seifenpulver sowie Aromatisierungs- u. Färbemitteln wird *Molybdändisulfid* in Mengen bis zu 5% verwendet.

Durch den Zusatz wird die Reibung zwischen Schleifwerkzeug u. Werkstückoberfläche herabgesetzt u. zugleich auch die Rost-Bldg. durch Ausbldg. eines Schutzfilmes vermieden. (**D. A. S. 1 118 382** Kl. 22g vom 17/9. 1959, ausg. 30/11. 1961.) P. Krug. 6239

Staatliche Porzellan-Manufaktur Berlin, Berlin, *Erzeugung harter Porzellanglasuren*. (**Holl. P. 98 989** vom 24/3. 1954, ausg. 15/9. 1961. D. Prior. 26/3. 1953. — C. **1961**. 12966 [D. B. P. 974 246].)

Telefunken G. m. b. H., Berlin, *Verbinden nichtmetallischer Stoffe mit Metallen*. (**E. P. 853 986** vom 4/4. 1957, ausg. 16/11. 1960. D. Prior. 7/4. 1956. — C. **1960**. 8308 [D. A. S. 1 058 424].)

Spånitbolaget Torstensson & Co., Arvika, Schweden, *Holzabfallbehandlung für die Herstellung von Baumaterial*. (**Finn. P. 29 394** vom 19/8. 1952, ausg. 30/4. 1958. — C. **1957**. 3645 [D. B. P. 947 777].)

VII. Agrikulturchemie. Schädlingsbekämpfung

Neue Möglichkeiten zur Gewinnung von Kalidüngesalz aus reinem Carnallit oder Carnallit-Steinsalz-Gemischen. E. Mirsch. (Ber. dtsch. Akad. Wiss. Berlin **2**. 753 bis 757. 1960. Berlin, Dtsch. Akad. der Wiss., Inst. für physikal. Chemie.) (Dt.)

An Hand von Löslichkeitsdiagrammen des Syst. $MgCl_2$–KCl–NaCl–H_2O wird die Zerlegung von *Carnallit* (I) u. I-Steinsalz-Gemischen mit HCl in gesätt. Lsg. in die Komponenten $MgCl_2 \cdot 6\ H_2O$ u. KCl diskutiert. Dabei läßt sich durch fraktionierte Kristallisation ein prakt. reines $MgCl_2 \cdot 6\ H_2O$ gewinnen. Aus der Mutterlauge wird durch Eintragen von festem I bei 120° u. anschließender Kristallisation KCl gewonnen. W. Kölling. 6286□

Einige neuere Entwicklungen bei der Produktion und der Verwendung von Düngemitteln. William Ogg. (Gazz. chim. ital. **89**. 354—72. Jan. 1959. Rothamsted Exp. Stat.) (Engl.)

Vortrag, in dem bes. die Verhältnisse in England Berücksichtigung finden. — 14 Literaturangaben. M. Winiker. 6304□

Die bodenphysikalische Grundlage zur Verbesserung von mit einer Lehmschicht bedeckten Böden. G. P. Wind und A. P. Hidding. (Netherl. J. agric. Sci. **9**. 281—92. Nov. 1961. Wageningen, Inst. for Land and Water Management Res.) (Engl.) J. Lehmberg. 6304□

Beiträge zur Kenntnis tropischer Böden. 3. Mitt. Der rezente hypsometrische Formenwandel der Bodendecke in El Salvador (Zentralamerika). H. Klinge. (Z. Pflanzenernähr., Düng., Bodenkunde **90. (135.)** 70—82. Juli 1960.) (Dt.) — 2. vgl. C. **1962**. 620.

Vf. berichtet über Unterss. über den hypsometr. Formenwandel der Bodendecke El Salvadors an 7 Erhebungen in der Rotlehm- u. Braunlehmzone, die aus vorwiegend vulkan. Gesteinen unterschiedlichen Alters aufgebaut sind. M. Winiker. 6304□

Eine Untersuchung über das Infrarotabsorptionsspektrum von Böden. R. A. Durie und Agnes Murray. (Austral. J. appl. Sci. **8**. 335—38. Dez. 1957. North Ryde, C.S.I.R.O Coal Res. Section.) (Engl.)

Absorptionsspektren wurden von 5 Böden mit C-Geh. zwischen 0,93 u. 51 u. N-Geh. zwischen 0,44 u. 1,93 aufgenommen. Die Spektren bei den Proben mit $<28\%$ C wurden bes. durch mineral. Bestandteile (Quarz u. andere silikat. Mineralien) beeinflußt. Das Spektrum der organ. Substanz wurde durch Vorbehandlung der Böden mit HF u. HCl gewonnen. Es verlief bei 2 Proben etwa gleich u. ähnelte dem von Braunkohle u. Lignin. Wilfried Werner. 6304□

Die Verteilung von freiem Eisen in einigen staunassen Wiesenböden in Iowa. G. H. Simonson, R. C. Prill und F. F. Riecken. (Proc. Iowa Acad. Sci. **64**. 385—92. 1957. Ames, Iowa, Agric. Exp. Stat., Dep. of Agronomy.) (Engl.)

In 10 staunassen Wiesenbodenprofilen auf Löß wurde der Geh. an freiem Fe in den einzelnen Horizonten bestimmt, in Beziehung zum Ton-Geh. gesetzt u. mit den entsprechenden Werten von staunassen Planosolen unter Wald, Brunisemen u. graubraunen Podsolen Iowas verglichen. In allen Wiesenbodenprofilen nahm der Geh. an freiem Fe vom A_1- bzw. A_{1p}- zum B_{3g}-Horizont zu. Die Durchschnittswerte aus allen 10 Profilen betrugen 0,49% Fe im A_1- oder A_{1p}- u. 0,73% Fe im B_2-Horizont. Gegenüber Brunisemen u. Podsolen, die eine strenge Korrelation zwischen Ton- u. Geh. an freiem Fe mit einer Relation Ton:freies Fe von 27 bzw. 26 aufwiesen, lag die Relation bei Wiesenböden bei 68 im A_1- oder A_{1p}- u. bei 59 im B_2-Horizont. Die entsprechenden Werte im staunassen Planosolprofil betrugen 18 bzw. 53. Der geringe Fe-Geh. der oberen Horizonte der Wiesenböden wird auf eine gute Beweglichkeit, der hohe Fe-Geh. der Planosole auf intensive Verwitterung u. Konkretions-Bldg. zurückgeführt. Wilfried Werner. 6304□

Angaben über die Versalzung eines Küstenbodens im Monsun-Reisgebiet in Süd-Neu-Guinea. H. Schroo. (Netherl. J. agric. Sci. **9**. 231—48. Nov. 1961. Manokwari, Agric. Res. Stat. for Netherlands New Guinea, Head of Soil Dep.) (Engl.)

Acidität, Salz-Geh. u. Kationen-Konz. (Ca, Mg, Na, K) im Grundwasser u. Oberflächenschicht einer an der Mündung des Maroflusses im Süden von Niederländ. Neu Guinea gelegenen Ebene. J. LEHMBERG. 6304□

Kationenadsorption und Forstdüngung. W. H. Hinson und E. R. C. Reynolds. (Chem. and Ind. **1958.** 194—96. 15/2. Alice Holt Lodge, Farnham. Surrey, Forest Res. Stat.) (Engl.)

Im Rahmen von Verss. über die zweckmäßige Düngerform für langsam wachsende Coniferenbestände auf nährstoffarmen Rohhumusböden wurden Adsorption u. Auswaschung von NH_4^+ u. K^+ untersucht. Im Lysimeter, das mit Oberboden gefüllt war, wurden von April bis September durch 5 in. Nd. 80% des in einer Menge von 200 kg N/ha als $(NH_4)_2SO_4$ zugegebenen NH_4^+, aber nur 20% des als NH_4OH verabreichten NH_4^+ ausgewaschen. In Säulen-Verss. adsorbierte Pinus-Rohhumus aus einem Angebot von 0,8 mVal NH_4OH oder $(NH_4)_2CO_3$ ebensoviel NH_4^+ wie aus einem Angebot von 5,0 mVal $(NH_4)_2SO_4$. Ähnliche Resultate erbrachten andere Rohhumus- u. Streuarten u. Verss. mit dem Hydroxyd u. den Salzen schwacher u. starker Säuren des K. Gleichgew.-Unterss. bestätigten die Resultate; dabei hatte eine Vorbehandlung des Bodenmaterials mit $Ca(OH)_2$ einen nur geringen Einfl. auf die nachfolgende Adsorption von NH_4^+ oder K^+. WILFRIED WERNER. 6304□

Untersuchungen über die Freisetzung von Basen aus Mineralen und Böden. 2. Mitt. **Die Ca- und Mg-Freisetzung aus Plagioklasen, Biotiten, Augit und Hornblende im Kontakt mit synthetischen Ionenaustauschern.** S. Ståhlberg. (Acta agric. scand. **9.** 448—56. 1959.) (Engl.) — 1. vgl. C. **1960.** 11439.

Verschiedene Plagioklase, Biotite, Augite u. Hornblende wurden in Korngrößenfraktionen zwischen 2 u. 60 μ mit H^+-gesätt. Amberlit oder Nalcit in wechselnden Verhältnissen suspendiert. Die nach 115 oder 105 Tagen von den Ionenaustauschern aufgenommenen Ca- u./oder Mg- oder Na-Mengen wurden bestimmt. Die Freisetzung der Kationen erfolgte zunehmend in der Reihenfolge der Minerale Albit, Hornblende, Augit, Andesin, Biotit. Mit weiter werdendem Mineral:Austauscher-Verhältnis sank die Freisetzung, ebenso mit ansteigender Korngröße der Minerale. Aus den feinsten Fraktionen von Augit u. Hornblende wurde relativ mehr Mg als Ca freigesetzt. Die Stabilität der Plagioklase stieg mit abnehmendem Anorthitanteil an. Die stärkste Freisetzung wurde bei Biotit mit 95% des Gesamt-Mg u. bei Andesin mit 33% des Gesamt-Ca beobachtet, die geringste bei Albit mit 1,4% des Gesamt-Na. WILFRIED WERNER. 6324□

Untersuchungen über die Freisetzung von Basen aus Mineralen und Böden. 3. Mitt. **Die Freisetzung von Kalium durch Kochen mit normaler Salzsäure.** S. Ståhlberg. (Acta Agric. scand. **10.** 185—204. 1960.) (Engl.) — 2. vgl. vorst. Referat.

Die durch 10 Min. dauerndes Kochen mit n-HCl (Verhältnis Boden:Lsgm. = 1:50 u. 1:100) freisetzbare K-Menge aus Mineralen nahm in der Reihenfolge Biotit (91—33% des Gesamt-K), Phlogopit (46—17%), Muscovit (4,3—0,7) u. Microchin (1,7—0,1%) ab. Der größte Anteil des Gesamt-K wurde jeweils bei der Korngrößenfraktion 0,002 bis 0,006 mm, der geringste Anteil in der Fraktion 0,06—0,125 mm gelöst. Der größte Teil des mit n-HCl lösl. K wurde schon während des Erhitzens zum Siedepunkt gelöst. Die K-Freisetzung der Tonfraktion verschiedener Böden schwankte zwischen 12 u. 31% des Gesamt-K. Sie stand in umgekehrter Relation zur K-Fixierung der Böden. Die Menge des HCl-lösl. K hängt also nicht nur von der Menge, sondern auch von der „Qualität" der „K-tragenden" Tonminerale des Bodens ab. — 131 Böden unterschiedlicher Herkunft, Bodentypen u. Eigg. wurden im Verhältnis 1:15 10 Min. mit n HCl gekocht. Es wurde eine starke Variation im Geh. an austauschbarem sowie an säurelösl. nicht austausöhbarem K gefunden. Bei Ton-Geh. <5% bestand keine Korrelation zwischen beiden Fraktionen. Bei >5% Ton lag eine signifikante positive Korrelation vor. WILFRIED WERNER. 6324□

Untersuchungen über die Freisetzung von Basen aus Mineralen und Böden. 4. Mitt. **Die Freisetzung von Calcium und Magnesium durch Kochen mit normaler Salzsäure.** S. Ståhlberg. (Acta agric. scand. **10.** 205—25. 1960.) (Engl.) — 3. vgl. vorst. Referat.

Die Ca-Freisetzung aus verschiedenen Korngrößenfraktionen verschiedener Plagioklase durch Kochen mit n-HCl (10 Min.) stieg mit deren Anorthit-Geh. an. Der Anstieg der Ca-Freisetzung ist also ganz wesentlich auf die Verringerung der Stabilität der Mineralien durch höhere Anorthitanteile zurückzuführen. Die HCl-Meth. ist demnach zur Best. „verwitterbarer„ Ca-Minerale in Böden brauchbar. — Die freisetzbare Ca-Menge in der Korngrößenfraktion 0,002—0,006 mm schwankte bei den Feldspäten zwischen 15 (Andesin) u. 4,1% (Oligoklas) des Gesamt-Ca, beim Augit betrug sie 2,7% u. bei der Hornblende 3,1%. Das freisetzbare Mg war beim Biotit am höchsten (93%) u. fiel über Phlagopit (56%) u. Augit (17%) bis zur Hornblende (7,4%) ab. Der Geh. von

Krumenproben von 131 kultivierten Mineralböden an nichtaustauschbarem, HCl-lösl. Ca u. Mg variierte sehr stark. Im Durchschnitt enthielten die Böden mehr nichtaustauschbares Mg als Ca. Die Mg-Freisetzung stieg deutlich mit zunehmendem Ton-Geh. an. Bei der Extraktion von Mineralen zeigte sich, daß bes. Vermiculit, aber auch Chlorit u. Attapulgit große Mengen an nichtaustauschbarem Mg abgaben. Hectorit, ein Mg-reicher Montmorillonit-Typ, erwies sich als weniger stabil als der gewöhnliche Montmorillonit. — Signifikante Korrelationen bestanden zwischen der Basensättigung u. der Menge an freisetzbarem Ca u. Mg bei Ton-Geh. zwischen 5 u. 40%. WILFRIED WERNER. 6324☐

Bestimmung von Austauschkationen in Böden auf spektralem Weg. Änderungen der Intensität der Magnesium- und Manganlinien durch Veränderungen der Konzentration des Austauschcalciums. Fernando Burriel Martí und Carmen Alvarez Herrero. (An. Edafol. Fisiol. vegetal. **18.** 11—31. Juni 1959. Madrid, C.S.I.C., Dep. de Quím. analít.) (Span.)

Die Intensität der Mg-Linien von Bodenproben nimmt bei Zunahme der Ca-Konz. von 0,345 (Gew.-%) auf 2,821 zu, ebenso die Intensität der Mn-Linien bei Erhöhung der Ca-Konz. von 1,503 auf 2,821. Die Intensitätszunahme der Mg- u. Mn-Linien bei Ca-Konzz. von 0,01, 0,50 u. 1,50 macht sich bei Mg- bzw. Mn-Konzz. von 0,001—0,010 geltend. Der Korrekturfaktor beträgt in beiden Fällen annähernd 0,4.

R. K. MÜLLER. 6324☐

Salzbilanz und Salzkreislauf inländischer (ungarischer) bewässerter Böden. Katalin Darab. (Agrokémia és Talajtan [Agrochem. u. Bodenkunde] **10.** 305—14. Sept. 1961. Budapest, Forsch.-Inst. Wasserwirtschaft.) (Ung.)

Über die Veränderung von bewässerten Alkaliböden erhält man ein klares Bild, wenn man die Salzbilanz u. das Maß der Zu- bzw. Abnahme des Salz-Geh. u. den Ursprung der Salze bestimmt. Die Salzbilanz nimmt ab, wenn die Salz-Konz. des Bewässerungswassers kleiner ist als zur Aufrechterhaltung der Salzbilanz nötig wäre. Eine Zunahme tritt ein, wenn der Salz-Geh. des W. größer ist als die Menge des ausgelaugten Salzes. Zur Berechnung des maximalen Salz-Geh. des Bewässerungswassers gibt Vf. eine Formel an. G. BIDLÓ. 6324

Das Pufferungsvermögen des Bodens. F. Guitian Ojea und M. Muñoz Taboadela. (An. Edafol. Agrobiol. **19.** 303—14. Juni 1960. Santiago de Compostela, Centro de Edafología y Biología Vegetal, Sección de Corrección de Suelos.) (Span.)

Vff. definieren zunächst den Begriff „Pufferungsvermögen des Bodens" u. diskutieren sodann die verschiedenen Meth. zur Best. des Pufferungsvermögens. Als Schnellverf. empfehlen Vff. eine von ihnen entwickelte Meth., die auf der Ermittlung des Kalkbedarfs des jeweiligen Bodens basiert. — 15 Literaturangaben. M. WINIKER. 6324☐

Neues Reagens für die colorimetrische Phosphorbestimmung in Böden. 3. Mitt. **Verwendung bei verschiedenen extrahierenden Lösungen.** F. Lucena-Conde und A. Martinez de Pancorbo. (An. Edafol. Fisiol. vegetal **18.** 67—72. Jan. 1959. Salamanca-León, C.S.I.C., Centro de Edaf. y Biol. apl.) (Span.) — 2. vgl. LUCENA-CONDE u. PRAT, An. Edafol. Fisiol. vegetal **16.** [1957.] 19; vgl. auch C. **1961.** 13666.

Die vorgeschlagene colorimetr. Meth. der P_2O_5-Best. in Böden (Bldg. von Molybdänblau) wird durch Citronensäure bis zu 15 ml 1%ig. Lsg. nicht gestört. Ca-Lactat u. 2,5%ig. Essigsäure stören ebenfalls nicht. Bei Verw. von NH_4-Acetat- u. $NaHCO_3$-Lsg. als Extraktionsmittel treten Störungen ein, weil diese Puffer-Lsg. selbst Blaufärbung verursachen; diese Störungen lassen sich durch Zusatz von H_2SO_4 beheben. Die bei Verw. von $KHSO_4$-Lsg. eintretenden Störungen können durch Zugabe von H_3BO_3 beseitigt werden. R. K. MÜLLER. 6324☐

Bestimmung von anorganischem Stickstoff in Böden. D. G. Lewis. (J. Sci. Food Agric. **12.** 735—41. Nov. 1961. Adelaide, Waite Agric. Res. Inst.) (Engl.)

Unterss. über die Extraktion von NO_3^- aus Böden u. dessen Best. zeigen, daß Fehler von 2 Faktoren verursacht werden. Die Anwendung der auf Bldg. gefärbter Nitroverbb. beruhender Verff. ergibt in Ggw. sehr geringer Mengen organ. Stoffe zu niedrige Werte. Wss. Bodensuspensionen führen zu biolog. NO_3-Verlusten, wenn keine sterilen oder bakteriostat. Bedingungen eingehalten werden. Richtige Werte erhält man bei Extraktion des Bodens mit 0,02n $CuSO_4$-Lsg., Fällung von $Cu(OH)_2$ aus der dekantierten Lsg. u. Best. des N im Filtrat. Bei Verw. von n-Na_2SO_4- u. 0,02n $CuSO_4$-Lsg. lassen sich NH_4^+ u. NO_3^- in der gleichen Probe bestimmen. W. WESLY. 6324☐

Colorimetrische Bestimmung von 2.6-Dichlor-4-nitranilin in Pflanzen und Böden. J. Roburn. (J. Sci. Food Agric. **12.** 766—72. Nov. 1961. Lenton House, Boots Pure Drog Co. Ltd., Lenton Exp. Stat.) (Engl.)

Die Farbrkk. von *2.6-Dichlor-4-nitranilin* (I) werden erörtert. Zur Best. von I-Rückständen in Salat u. Böden dient ein im einzelnen beschriebenes Verf., das auf der Red.

von I zu 2.6-Dichlor-p-phenylendiamin u. der nachfolgenden Oxydation in Ggw. von Anilin zu einem blauen Indaminfarbstoff beruht. W. WESLY. 6324□

Infrarot-Bestimmung von Endrin-Rückständen. Louis L. Gershman. (J. Assoc. off. agric. Chemists **44.** 212—14. Mai 1961. Buffalo, N.Y., Dep. of Health, Educat. and Welf., Food and Drug Admin.) (Engl.)

Mit Hexan extrahierte Endrin-Rückstände werden auf einer chromatograph. Säule u. nach dem von JONES u. RIDDICK (C. **1956.** 12955) angegebenen Verf. von störenden Stoffen getrennt u. im IR-Spektrophotometer bei 10,2 μ bestimmt. Die gefundenen Werte betragen 95—105% der Theorie. DDT stört nicht. Eine Reihe von anderen Absorptionshöchstwerten ermöglicht die Unterscheidung von anderen Schädlingsbekämpfungsmitteln. Das Verf. soll überprüft werden. W. WESLY. 6328□

Die quantitative Bestimmung von Mikrogramm-Mengen von DDD-p,p'-DDT-Gemischen. W. P. McKinley, G. Savary und Constance Webster. (J. Assoc. off. agric. Chemists **44.** 193—96. Mai 1961. Ottawa, Dep. of Nat. Health and Welf., Food and Drug Labor.) (Engl.)

Zur Best. von Gemischen von *DDD* (Rothane) u. DDT dient das von SCHECHTER u. Mitarbeitern [1945] angegebene papierchromatograph. Verf. in der von DOWNING u. NORTON (C. **1953.** 8967) empfohlenen Abwandlung. Die gefundenen Werte entsprechen für DDD im Mittel 100,7 (%) der Theorie, bei einer mittleren Abweichung von 4,23 u. 101,8 für DDT bei 7,45 Abweichung. W. WESLY. 6328□

Polarographie von landwirtschaftlich (genutzten) Chemikalien. 7. Mitt. **Polarographische Bestimmung von Parathion-BHC-Staub.** Shigeru Yamamoto. (Annu. Rep. Takamine Lab. **8.** 226—31. Dez. 1956.) (Jap.; Auszug: Engl.) — 6. vgl. C. **1962.** 7298.

Das polarograph. Titrations-Verf. für die Einzelbestandteile der Mischungen von *γ-BHC* (I) u. *Parathion* in Stäubepräpp. ist bei Ausführung in A. auch anwendbar auf I + *Methylparathion* u. I + *EPN*; die Variations-Koeff. sind dann 0,013 bzw. 0,019. L. SCHULER. 6328□

Ein spezifisches, biologisches Prüfverfahren zur Bestimmung von Rückständen des Insekticids Phosdrin. John Sanjean, Yun-Pei Sun und D. M. Devries. (J. Assoc. off. agric. Chemists **44.** 163—68. Mai 1961. Modesto, Calif., Shell Dev. Co., Agricult. Res. Div.) (Engl.)

Das im einzelnen beschriebene Verf. zum Nachw. von *Phosdrin* (I)-Rückständen in Ggw. anderer, organ., Cholinesterase inhibierender P-Insekticide, beruht auf der raschen Wrkg. u. starken Giftigkeit von I auf Drosophila melanogaster Meig. Die Nachweisbarkeitsgrenze beträgt 1 mg/kg I. Die durch die anderen genannten Insekticide verursachten Abweichungen können 0,15—6,9% von I-Geh. betragen. W. WESLY. 6328□

Montecatini Soc. Gen. per l'Industria Mineraria e Chimica, Mailand, Italien, **Herstellung von Phosphor-Stickstoff-Düngemitteln** durch Phosphataufschluß, dad. gek., daß man Phosphorit mit der zur Freisetzung der H_3PO_4 nötigen oder einer etwas größeren Menge $H_2SO_4 \cdot H_2O$ oder Oleum versetzt u. die erhaltene saure Lsg. mit wss. NH_3-Lsg. neutralisiert. Die Neutralisationswärme kann zum Abdampfen des W. ohne Wärmezufuhr von außen verwendet werden. (**It. P. 526 143** vom 17/12. 1954.) K. KOEBKE. 6283

Potasse et Engrais Chimiques, Frankreich, **Herstellung von Komplexdünger.** Rohphosphat, bes. Marokko-Phosphat, wird mit einer Mischung aus 60%ig. HNO_3 u. 40%ig. H_3PO_4 aufgeschlossen u. dann NH_3-Gas in die Rk.-Mischung eingeleitet. Zu dieser Mischung wird zweckmäßig noch KCl zugegeben, das Prod. granuliert, getrocknet u. ggf. mit Füllstoffen überzogen. (**F. P. 1 200 922** vom 1/7. 1958, ausg. 24/12. 1959.) W. WITTHOLZ. 6291

Badische Anilin- & Soda-Fabrik Akt.-Ges. (Erfinder: Wilhelm Wagner und Wilhelm Fendrich), Ludwigshafen/Rh., **Herstellung von lagerbeständigen, ammoniumnitrathaltigen Misch- oder Volldüngemitteln** mit einem Geh. an $CaSO_4$ durch Behandeln einer NH_4NO_3-Lsg. mit $Ca(NO_3)_2$ u. wasserlösl. Sulfaten, bes. $(NH_4)_2SO_4$ oder K_2SO_4, in für die Rk. des $Ca(NO_3)_2$ zu $CaSO_4$ ausreichenden Mengen, ggf. unter Zusatz der jeweils gewünschten anderen Düngemittelkomponenten, u. anschließendes Verspritzen oder Granulieren, dad. gek., daß man eine verd., ca. 55%ig. NH_4NO_3-Lsg. nach Versetzen mit der erforderlichen Menge $Ca(NO_3)_2$ in Form einer wss. Lsg. oder einer Schmelze von $Ca(NO_3)_2 \cdot 4\,H_2O$ so weit einengt, daß ihr Wasser-Geh. nicht mehr zur Lsg. der für eine vollständige Rk. des in der Lauge enthaltenen $Ca(NO_3)_2$ zu $CaSO_4$ notwendigen Mengen an in diesem Stadium zuzusetzenden wasserlösl. Sulfaten ausreicht, worauf die Masse in den streufähigen Zustand übergeführt wird. Das $Ca(NO_3)_2$ wird in

Form von filtrierter wss. $Ca(NO_3)_2$-Lsg. eingeführt. Trotz der nicht ausreichenden Wassermengen verläuft die Rk. der zugesetzten wasserlösl. Sulfate mit dem $Ca(NO_3)_2$ zu $CaSO_4$ prakt. vollständig. (**D. A. S. 1 120 475** Kl. 16 vom 4/4. 1959, ausg. 28/12. 1961.) H. KARST. 6291

Geigy Chemical Corp., übert. von: Harry Kroll, Edgewood, R.I., V.St.A., **Herstellung von N.N-Dihydroxyäthyl-N'.N'-dicarboxymethyläthylendiamin sowie von Salzen und Chelaten davon.** Zu einer Lsg. von 1 Mol Aminoäthyldioxyäthylamin in 200 cm^3 W. werden 2 Mol Na-Chloracetat zugetropft, wobei die Temp. auf 50—70° u. der pH-Wert auf 9,5—10 (durch Zutropfen von 15%ig. NaOH) gehalten wird. Nach beendeter Zumischung wird die Lsg. noch 2 Std. auf 70° gehalten, dann mit H_2SO_4 auf einen pH-Wert von 4,5 eingestellt u. zur Trockne eingedampft. Der Rückstand wird mit kochendem Methanol extrahiert, die Lsg. stark konzentriert u. abgekühlt, wobei N.N-Dihydroxyäthyl-N'.N'-dicarboxymethyläthylendiamin (I) auskrist., F. 190°. Das NH_4-Salz, die Alkali- u. Erdalkalisalze erhält man durch Mischen von Lsgg. der Komponenten in stöchiometr. Verhältnissen u. langsames Eindampfen. In der gleichen Weise werden Ferro- u. Ferrichelate von I erhalten, wobei der pH-Wert beim Eindampfen genau eingehalten werden muß, da bei pH 5 1 Atom $Fe^{\cdots}$ von 1 Mol I gebunden wird, bei pH 9 jedoch 2 Atome $Fe^{\cdots\cdot}$ In der gleichen Weise lassen sich Chelate mit Co, Ni, Mn, Cu, Zn u. anderen Schwermetallen herstellen. Sie werden zur *Ergänzung von Düngemitteln* für kalkreiche Böden bzgl. Spurenelementen verwendet. (**A. P. 2 859 104** vom 2/10. 1952, ausg. 4/11. 1958.) A. KALIX. 6293

Monsanto Chemical Co., St. Louis, Mo., übert. von: William K. Johnson, Dayton, Ohio, V.St.A., **Hexahalogenbicyclo-[2.2.1]-5-heptenyl-(2)-ester** werden aus Hexahalogencyclopentadien (I) u. einem Vinylester nach DIELS-ALDER hergestellt. — I u. Essigsäurevinylester in Toluol 5 Std. bei 150° → *Essigsäure-1.4.5.6.7.7-hexachlorbicyclo-[2.2.1]-5-heptenyl-(2)-ester* (93%), $C_9H_6Cl_6O_2$, Kp.$_{3,5}$ 140—144°; n_{D25} 1,5348; F. 38—42°.— Folgende *1.4.5.6.7.7-Hexachlorbicyclo-[2.2.1]-5-heptenyl-(2)-ester* (II) wurden noch hergestellt: *Octancarbonsäure*-II, $C_{16}H_{20}Cl_6O_2$, Kp.$_{0,3}$ 164—168°; n_D^{20} 1,5070. — *2-Äthylpentancarbonsäure*-II, Kp.$_{2,5}$ 170—175°; n_D^{25} 1,5080. — *Benzoesäure*-II, $C_{14}H_8Cl_6O_2$, Kp.$_{0,2}$ 160—163°; F. 83—85°. — Durch Hydrolyse aus Essigsäure-II → 1.4.5.6.7.7-Hexachlorbicyclo-[2.2.1]-5-heptenol-(2) (III), $C_7H_4Cl_6O$, F. 149—151°. — III u. Phenylisocyanat in Toluol 3 Std. unter Rückfluß → *Carbanilsäure*-II, $C_{14}H_9Cl_6NO_2$, F. 120—122° (aus 80% A.). — III u. Dimethylcarbamylchlorid in Bzl. → *Dimethylcarbaminsäure*-II. — *Herbicide* u. *Fungicide*. (**A. P. 2 841 484** vom 5/5. 1955, ausg. 1/7. 1958.) A. DEBO. 6313

Monsanto Chemical Co., St. Louis, Mo., übert. von: Marion W. Harman, Nitro, W.Va., V.St.A., **Halogenalkenylxanthat** der allg. Formel A—[O—C(S)—S—Y]$_n$, in der Y für einen halogensubstituierten Allylrest, in dem das Halogenatom an ein ungesätt. C-Atom gebunden ist, u. A für einen nichtaromat. KW-Stoffrest, einen halogensubstituierten Alkenylrest oder für den Rest eines Dimethylolphenyläthers steht, in dem der Ätherrest Y ist, u. die Zahl n der Wertigkeit von A entspricht. Zur Herst. setzt man ein Xanthat mit einem Allylhalogenid in Ggw. eines Netzmittels (decylbenzolsulfonsaures Na) u. eines Lsgm. (Ae., Chlf., Bzl., Heptan) um. Die erhaltenen Halogenallylxanthate sind Öle, die in W. unlösl. oder nur wenig lösl. sind, sich aber leicht lösen in Ae., Aceton, A., Äthylacetat, Chlf., Bzl. u. Heptan. Unter den zahlreichen genannten Xanthaten, die als *Herbicide* verwendbar sind, sind bes. hervorgehoben: 2- u. 3-Chlorallyläthylxanthat, 2- u. 3-Chlorallylisopropylxanthat, 3-Chlor-2-butenyläthylxanthat, 2-Chlorallylpentylxanthat, 2-Chlorallyl-2-[6.6-dimethylbicyclo-(3.1.1)-2-hepten-2-yl])-äthylxanthat u. Bis-(2-chlorallyl)-2-(2-chlorallyloxy)-5-methyl-m-phenylendimethylendixanthat. (**A. P. 2 853 506** vom 17/10. 1957, ausg. 23/9. 1958.) W. GRÄGER. 6313

Rohm & Haas Co. (Erfinder: Sidney Melamed), Philadelphia, Pa., V.St.A., **Herstellung linearer quaternärer Ammoniumverbindungen von Acrylpolymeren,** dad. gek., daß ein lineares Polymerisat eines Alkylacrylats oder -methacrylats oder ein Mischpolymerisat aus mindestens 20 Mol-% dieser Monomeren u. mindestens einem weiteren die Gruppierung $CH_2{=}C<$ aufweisenden Monomeren mit einem Amin der allg. Formeln I oder II, ggf. unter Zusatz eines Katalysators, bei erhöhter Temp. umgesetzt wird u. im Falle der Verw. eines Amins der allg. Formel I anschließend mindestens 20 Mol-% der Amineinheiten in dem Rk.-Prod. mit einem Alkylierungsmittel (III) quaterniert werden. In den Formeln bedeuten: R' = H oder Alkyl (C_{1-4}), A = Alkylen (C_{2-10}) oder eine 2wertige gesätt. aliphat. Gruppe aus ≧ 2 Alkylengruppen (C_{2-10}), von denen

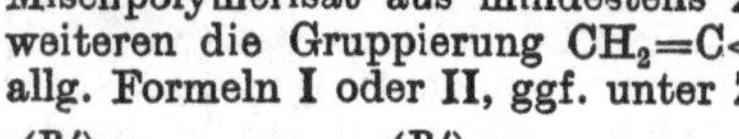

I II

jedes Paar durch ein Äthersauerstoffatom verbunden ist, R_2 u. R_3 entweder 1. getrennt einzelne Alkylgruppen (C_{1-12}), Hydroxyalkylgruppen (C_{2-12}), Alkoxyalkylgruppen (C_{2-12}), (Polyalkoxy)-alkylgruppen (C_{2-12}) oder 2. eine einzelne gesätt. Gruppe, die zusammen mit dem N einen heterocycl. Ring mit 5—6 Atomen bildet, in dem 4—5 Ringatome C sind u. noch ein O, N oder S vorliegen kann, das, wenn es ein N ist, durch eine Alkylgruppe (C_{1-18}) substituiert ist, R_4 einen gesätt. oder ungesätt. linearen KW-Stoffrest (C_{1-18}), eine (Polyalkoxy)-alkylgruppe (C_{2-18}), eine Hydroxyalkylgruppe (C_{2-18}), eine Aralkyl- oder substituierte Aralkylgruppe (C_{7-24}) oder eine Phenoxyalkylgruppe (C_{7-24}), X = OH oder Säurerest u. n = 1 oder 2. Als Ausgangsstoffe werden nach den Beispielen Polymethylacrylat u. ein Methyl–Butylacrylat-Mischpolymerisat eingesetzt, die mit Dimethylaminopropylamin oder N-Dimethylaminoäthyl-N-butylamin unter Umwandlung der Ester- in Amidgruppen zur Rk. gebracht werden. Als III können ein Alkylenoxid, ein Styroloxid oder ein anorgan. Säureester aus 1. gesätt. oder ungesätt. aliphat. Alkoholen (C_{1-18}), 2. Aralkyl- oder substituierten Aralkylalkoholen (C_{7-24}) oder 3. Phenoxyalkylalkoholen (C_{7-24}) verwendet werden, z. B. Octylbenzylchlorid, Allylchlorid, 5.5.7.7-Tetramethyl-2-octenylchlorid oder Methyldodecylbenzylchlorid. — Mengenbeispiele. — Die Endprodd. stellen nicht phytotox. bactericide *Fungicide* mit guter Haftfähigkeit bes. gegen Monilia fructicola, Salmonella u. Staphylococcus dar. (**D. A. S. 1 061 076** Kl. 39c vom 4/7. 1955, ausg. 9/7. 1959. A. Prior. 6/7. 1954.) H. SCHINDLER. 6313

E. Merck Akt.-Ges. (Erfinder: Otto Wilhelm Müller, Ernst Jacobi, Siegmund Lust und Horst Flemming), Darmstadt, **Fungicides Mittel,** enthaltend eine oder mehrere der Verbb. der Summenformeln $C_{11}H_{13}ClN_4O_3S_3$ (I), F. ca. 120°, $C_8H_2N_4OS_3$ (II), Zers.-Punkt ca. 280°, u. $C_8HN_3O_2S_3$ (III), F. 288—289°, neben den üblichen Träger- u./oder Füllstoffen. — Man erhält I, indem man in eine Suspension aus 40 g der Verb. $C_8N_4S_3$, erhalten durch Oxydation von 1.2-Dicyan-1.2-dimercaptoäthen mit H_2O_2 oder Br_2, in 60 ml Dioxan 6 Std. bei 0° unter Rühren HCl einleitet. Dann rührt man bei 0° weitere 16 Std. u. läßt 2 Tage bei normaler Temp. stehen. Den Nd. saugt man ab, wäscht mit Ae. u. rührt ihn bei 0—10° in 150 ml Methanol. I fällt als gelbe krist. Verb. aus, die man noch feucht in 500 ml W. einträgt, wobei sie sich mit neutraler Rk. löst. Beim Erwärmen auf 50° fällt ein orangeroter Nd. aus. Man erhält nach dem Absaugen, Waschen mit W. u. Trocknen 24 g Rohprod., F. >300°. Durch Extraktion mit Aceton erhält man daraus II u. III. Im Extrakt finden sich 6 g III als orangegelbe, krist. Verb., die in den üblichen organ. Lsgm. lösl. ist. Dabei verbleiben bei der Acetonextraktion 18 g II als dunkelrote, krist. Verb. übrig, die in den üblichen organ. Lsgm. kaum lösl. ist. Beispiel für Spritzpulver: 70 (%) II, 2 Na-Isobutylnaphthalinsulfonat, 5 gefällte SiO_2 u. 23 Kaolin werden vermahlen. Durch Verdünnen mit W. erhält man eine Emulsion, die zum Verspritzen oder Versprühen geeignet ist. Beispiel für ein Emulsionskonzentrat: 10 I, 50 Dimethylformamid, 34 Xylol u. 6 eines öllösl. Mischemulgators, bestehend aus oxyäthyliertem Tallöl u. Ca-Sulfonat werden vermischt. Die entstandene Lsg. wird in W. emulgiert u. kann verspritzt oder versprüht werden. — Die Mittel sind bes. wirksam gegen den Erreger der Dörrfleckenkrankheit bei Kartoffeln u. Tomaten u. den Erreger des Apfelschorfs. (**D. A. S. 1 114 670** Kl. 45l vom 2/4. 1960, ausg. 5/10. 1961.) H. NEBELSIEK. 6313

J. R. Geigy Akt.-Ges. (Erfinder: Paul Müller), Basel, Schweiz, **Herstellung von Phosphorverbindungen** der allg. Formel $(R-O)_2P(O)-O-C{=}(CCl_2)-OR'$, in der R für einen niedermol. Alkylrest u. R′ für einen durch die Gruppe —O—CO— mindestens einmal unterbrochenen Alkylrest steht, dad. gek., daß man ein Trialkylphosphit mit niedermol. Alkylresten mit einem Trichloressigsäureester der Formel $Cl_3C-COOR'$ zweckmäßig bei 80 bzw. 90—95° umsetzt. Man erhält so α-(β′-Acetoxyäthoxy)-β.β-dichlorvinylphosphorsäuredimethylester, $Kp._{0,35}$ 150—152°; α-Carbomethoxymethoxy-β.β-dichlorvinylphosphorsäuredimethylester, $Kp._{0,32}$ 148—150°. — *Insekticide,* wirken nicht nur als Kontakt-, sondern auch als Fraßgift, bes. gegen Kartoffelkäfer. (**Schwz. P. 329 037** vom 7/7. 1954, ausg. 31/5. 1958.) W. GRÄGER. 6313

Badische Anilin- & Soda-Fabrik Akt.-Ges., Ludwigshafen/Rh. (Erfinder: Heinz Pohlemann, Harald Schroeder, Ludwigshafen/Rh., Herbert Stummeyer, Mannheim, und Heinrich Adolphi, Limburgerhof), **Herstellung von insekticid wirksamen Alkylphosphorsäure- oder Alkylthiophosphorsäureestern,** dad. gek., daß man ein Dialkylphosphorsäure- oder -thiophosphorsäurehalogenid der allg. Formel $(R'O)(R''O)P({=}X)-Hal$, in der R′ u. R″ Alkylreste, X ein O-Atom oder ein S-Atom u. Hal ein Halogenatom bedeuten, in an sich bekannter Weise, zweckmäßig bei 15—100° u. vorteilhaft in Ggw. eines Lsgm. u. bzw. oder säurebindenden Mittels, mit Cyclooctanol oder seinen Substitutions-Prodd. umsetzt. — In Cyclooctanol mit Pyridin gemischt, tropft man O.O-Diäthoxythiophosphorsäurechlorid u. hält auf 40°. Man rührt noch weitere 4 Std., kühlt, setzt Bzl. u. W. zu, rührt u. trennt die Benzolschicht ab, wäscht sie mit W., trocknet u. fraktioniert → *Cyclooctanol-(O.O-diäthylthiophosphorsäure)-ester*, Kp.$_{0,01}$ 125—126°. Es werden ferner hergestellt: *Cyclooctandiol-(1.2)-mono-(O.O-diäthylthiophosphorsäure)-ester*, nicht destillierbares Öl. — *O.O-Diäthyl-O-(2-acetoxycyclooctyl)-monothiophosphat*, nicht destillierbares Öl. — *Cyclooctandiol-(1.4)-bis-(O.O-diäthoxythiophosphorsäure)-ester*. — *O.O-Diäthyl-O-(2-isopropoxycyclooctyl)-thiophosphat*. — *O.O-Diäthoxythiophosphorsäureester des 2-Hydroxycyclooctyl-β.γ-dioxypropyläthers*; — *des Cyclooctandiol-1.2-monopropargyläthers*. — *Bis-(O.O-diäthoxythiophosphorsäure)-ester des 2-Hydroxycyclooctyl-β.γ-dioxypropyläthers*. — *Mono-(O.O-diäthoxythiophosphorsäure)-ester von 2-(p-Hydroxyphenyl)-cyclooctanol-(1)*. — *O.O-Diäthyl-O-[1-acetylcyclooctyl-(1)]-thiophosphorsäureester*. — *1-Äthinylcyclooctanol-(1)-(O.O-diäthoxythiophosphorsäure)-ester*, nicht destillierbar. (**D. A. S. 1 029 367** Kl. 12o vom 7/9. 1956, ausg. 8/5. 1958.) G. KÖNIG. 6313

Eastman Kodak Co., Rochester, N. Y., übert. von: Richard J. McConnell und Thomas H. Wicker jun., Kingsport, Tenn., V.St.A., **Alken- und Alkandiolphosphorthiolthionate** der allg. Formel $(RO)_2P(=S)-S-R'-COO-R''-OOC-R'''$ [R = Alkyl mit 1—4 C-Atomen; R' = $(CH_2)_n$, das auch halogeniert sein kann; n = 1—3; R'' = $(CH_2)_m$, C_mH_{2m-2}, die auch halogeniert sein können; m = 1—4; R''' = C_nH_{2n-1}; n = 1—3, oder Halogenalkyl] erhält man durch Rk. eines Dialkylphosphorthiolthionats der allg. Formel $(RO)_2P(=S)SH$ oder dessen NH_4-Salz mit einem Alken-1.1- oder Alkan-1.1-diolester der allg. Formel R''COOR''OOCR' bei —25 bis + 150°, bes. 25—125°, in An- oder Abwesenheit eines Katalysators (tert.-Amine) u. eines Lsgm. (aliphat. u. aromat. u. halogenierte KW-Stoffe, Äther, Ester). — Aus 0,1 Mol Diäthylphosphorthiolthionat u. 0,1 Mol 2-Propen-1.1-dioldicrotonat bei 40° → *O.O-Diäthyl-S-[1-(1-{crotonoxy}-allyloxycarbonylmethyl)-äthyl]-phosphorthiolthionat*. — 1.1-Äthandioldicrotonat → *O.O-Diäthyl-S-[1-(1-{crotonoxy}-äthoxycarbonylmethyl)-äthyl]-phosphorthiolthionat*. — Dimethylphosphorthiolthionat + 2-Methyl-1.1-propandioldiacrylat → *O.O-Dimethyl-S-[2-(1-{acryloyloxy}-2-methylpropoxycarbonyl)-äthyl]-phosphorthiolthionat*. — 2.2.2-Trichlor-1.1-äthandioldiacrylat → *O.O-Diäthyl-S-[2-({1-acryloyloxy-2.2.2-trichloräthoxy}-carbonyl)-äthyl]-phosphorthiolthionat*. — 2-Propen-1.1-diol-bis-(trichloracetat) → *O.O-Diäthyl-S-[dichlor-(1-trichloracetoxyallyloxy)-carbonylmethyl]-phosphorthiolthionat*. — Diisopropylphosphorthiolthionat + 2.2.2-Trichlor-1.1-äthandioldimethacrylat → *O.O-Diisopropyl-S-[2-(1-methacryloyloxy-2.2.2-trichloräthoxycarbonyl)-2-methyläthyl]-phosphorthiolthionat*. — 2-Propen-1.1-diol-bis-(dichloracetat) → *O.O-Diäthyl-S-[chlor-(1-dichloracetoxyallyloxy)-carbonylmethyl]-phosphorthiolthionat*. — 1.1-Äthandiol-bis-(tribromacetat) → $Br_3CCOO\cdot CH(CH_3)OCOCBr_2SP(=S)(OC_2H_5)_2$. — *Insekticide*, bes. gegen *Milben*, wie *Tetranychus bimaculatus Harvey* u. *Aphis medicaginis Koch*. (**A. P. 2 861 094** vom 28/8. 1957, ausg. 18/11. 1958.) G. KRAUSS. 6313

Alfred Jumar und Wilfried Schulze, Magdeburg, **Herstellung stabilisierter, emulgierbarer, aus chlorierten Terpenen bestehender Wirkstoffkonzentrate** durch Verw. von prim. Alkylsulfaten heterocycl. Basen, z. B. Pyridinalkylsulfat mit einem 12—16 C-Atome enthaltenden Alkylrest, in Mengen von 1—2%. (**D. P. [DDR] 22 394** Kl. 451 vom 26/6. 1959, ausg. 5/12. 1961 [Wirtschaftspatent].) W. WITTHOLZ. 6313

Soc. Française de Compléments Alimentaires S. à r. l., Frankreich, **Toxische Köder zur Rattenbekämpfung** enthalten als Wirkstoffe 3-[1-Phenyl-2-acetyläthyl]-4-hydroxycumarin (Cumafen) oder 2-Chlor-4-dimethylamino-6-methylpyrimidin (Castrix) u. ggf. Brechmittel, wie K-Antimonyltartrat. (**F. P. 1 200 352** vom 21/4. 1958, ausg. 21/12. 1959.) W. WITTHOLZ. 6313

Chemische Fabrik Kalk, G. m. b. H., übert. von: **Hugo Nees** und **Martin Schmidt**, Köln, *Herstellung von Phosphate enthaltenden Düngemitteln*. (**A. P. 2 968 545** vom 8/7. 1957, ausg. 17/1. 1961. — **C. 1958.** 2553 [D. A. S. 1 010 076].)

Schering Akt.-Ges., Deutschland, *Unkrautvernichtungsmittel*. (**F. P. 1 217 398** vom 19/2. 1959, ausg. 3/5. 1960. D. Prior. 5/3. 1958. — **C. 1961.** 7006 [D. A. S. 1 094 524].)

Wacker-Chemie G. m. b. H., Deutschland, *Unkrautvernichtungsmittel*. (**F. P. 1 218 937** vom 17/3. 1959, ausg. 13/5. 1960. D. Prior. 28/3. 1958. — **C. 1960.** 9006 [D. A. S. 1 073 797].)

Dow Chemical Co., Midland (Erfinder: **Burton V. Toornman**, Scotts), Mich., V.St.A., *Unkrautbekämpfung*. (**D. A. S. 1 119 041** Kl. 451 vom 11/7. 1957, ausg. 7/12. 1961. — **C. 1960.** 10731 [A. P. 2 880 082].)

Merck & Co., Inc., Rahway (Erfinder: **Frederick W. Holly**, Cranford), N.J., V.St.A., *6.8-Bis-(acylthiol)-octansäuren aus 6.8-Dithioloctansäure und aliphatischen Thiolcarbonsäuren*. (**Schwz. P. 331 762** vom 19/10. 1954, ausg. 30/9. 1958. A. Prior. 19/10. 1953. — **C. 1959.** 2594 [E. P. 758 897].)

N. V. de Bataafsche Petroleum Mij., V.St.A. (Erfinder: **Marvin Legator, William A. Kreutzer** und **Samuel B. Soloway**), *Fungicid*. (**F. P. 1 218 283** vom 6/3. 1959, ausg. 10/5. 1960. A. Prior. 6/3. 1958. — **C. 1960.** 8317 [D. A. S. 1 073 237].)

Boots Pure Drug Co. Ltd., England, *Fungicide*. (**F. P. 1 217 677** vom 17/9. 1958, ausg. 5/5. 1960. E. Prior. 17/9. 1957 u. 12/6. 1958. — **C. 1961.** 16982 [D. A. S. 1 108 975].)

Monsanto Chemical Co. (Erfinder: **Marion Wesley Harman** und **John Joseph d'Amico**), *Fungicide*. (**Aust. P. 224 419** vom 25/3. 1957, ausg. 5/11. 1959. A. Prior. 29/3. 1956. — **C. 1960.** 14494 [D. A. S. 1 075 890].)

N. V. Philips' Gloeilampenfabrieken, Eindhoven (Erfinder: **Jan Hendrik Uhlenbroek** und **Jacques Meltzer,** Weesp), Holland, *Schädlingsbekämpfungsmittel.* (**Schwz. P. 357 583** vom 22/4. 1958, ausg. 30/11. 1961. Holl. Prior. 25/4. 1957. — **C. 1960.** 11445 [Oe. P. 205 804].)

Diamond Alkali Co., V.St.A. (Erfinder: **Joseph R. Baldridge**), *Insecticides Räuchermittel.* (**F. P. 1 216 769** vom 16/2. 1959, ausg. 27/4. 1960. A. Prior. 17/2. 1958. — **C. 1960.** 10377 [A. P. 2 895 870].)

C. H. Boehringer Sohn, Ingelheim/Rh., *Lockmittel für Rüssel- und Borkenkäfer.* (**Finn. P. 29 382** vom 8/11. 1954, ausg. 30/4. 1958. — **C. 1957.** 4808 [D. B. P. 950 968].)

Farbenfabriken Bayer Akt.-Ges., Leverkusen (Erfinder: **Hugo Malz, Adam Müller** und **Richard Wegler**), *Nagetierbekämpfungsmittel.* (**F. P. 1 217 380** vom 19/2. 1959, ausg. 3/5. 1960. **E. P. 844 037** vom 13/2. 1959, ausg. 10/8. 1960. Beide D. Prior. 20/2. 1958. — **C. 1960.** 10032 [D. A. S. 1 076 437].)

VIII. Metallurgie. Korrosion

Neue Verfahren, neue Erzlagerstätten fördern die Forschung in der Aluminiumindustrie. B. Domaas. (Engng. Mining J. **162.** Nr. 10. 105—09. Okt. 1961.) (Engl.)

Überblick über neue Verff. zur Herst. von *Al* u. die Gewinnung von Al_2O_3 aus Ton. F. VIER. 6354□

Operationen bei der Bikita Minerals (Private), Ltd., Südrhodesien. Ralph Symons. (Bull. Instn. Mining Metallurgy Nr. **661.** Trans. **71.** 129—72. Dez. 1961.) (Engl.)

Beschreibung der Prospektierung u. Erforschung des Gebietes. Ein *Pegmatit,* der *Li, Be* u. *Cs*-Mineralien enthält, wurde eingehend untersucht. Die Aufarbeitung sowie deren techn. u. ökonom. Gesichtspunkte werden diskutiert. G. MEINHARDT. 6354□

Ökonomische Voraussetzungen für die Entwicklung der Schwertrübenscheidung von Buntmetallerzen in der ČSSR. Václav Pavlát. (Rudy **9.** 89—91. März 1961. Praha, Úst. výzk. rud.) (Tschech.)

Vf. untersucht die Frage der Herst. von granuliertem *Ferrosilicium* als Voraussetzung für die Entw. einer Schwertrübenaufbereitung inländ. Erze einschließlich Erzeugung u. Unterhaltung solcher Abscheider, die für Lager geringer Kapazität ausschlaggebend ist. Schwertrüben sind eine wertvolle Meth. zur Ausbeutung geringwertiger Lagerpartien oder bei Verunreinigungen. Die Schwertrübenaufbereitungs-Meth. sollte mit wirksameren Meth. namentlich bei Erzen verglichen werden, für die ein Ersatz für Metallverluste in der leichten Fraktion wegen geringer Ergiebigkeit der Lagerstätten nicht erfolgen kann. G. LANGE. 6360□

Aufbereitung von Manganerzen unter besonderer Berücksichtigung der Behandlung eines niedrigprozentigen Erzes von Viti Levù, Fiji. M. H. Buckenham. (New Zealand J. Geol. Geophysics **4.** 136—47. Mai 1961. Otago, Univ., Fac. of Technol.) (Engl.)

Bericht über negativ verlaufene Aufbereitungs-Verss. eines niedrigprozentigen *Mn*-Vork. mit erheblichem *Fe-Oxid*-Anteil. H. MOENKE. 6360□

Säurebehandlung und Gegenstrom-Dekantierung eines oxydierten Kupfererzes von Pinal County, Arizona. W. A. McKinney und Carl Rampacek. (U. S. Dep. Interior, Bur. Mines, Rep. Invest. **1960.** Nr. 5685. 1—10. Tucson, Ariz., u. Tuscaloosa, Ala., Metallurgy Res. Center.) (Engl.) — Vgl. C. **1961.** 9573.

Man versetzt das oxydierte Erz mit ca. 10% W. enthaltender konz. H_2SO_4, läßt 24 Std. trocknen u. wäscht im Gegenstrom in Drehtrommeln mit einer sich an $CuSO_4$ anreichernden Lsg., die unter Zusatz von 0,8 lb./t *Polyacrylamid* als Flockungsmittel in Klassierern eingedickt wird. Das Verf. ist nur für *Cu*-reiche Erze lohnend. W. WESLY. 6360□

Uran-Konzentrierung bei der Susquehanna-Western, Inc., J. E. Quinn. (Mines Mag. **50.** Nr. 7. 36—42. Juli 1960. Denver Equipment Co.) (Engl.)

Der Aufbau der Anlage zur Aufbereitung von U-Erz mit 0,23% U_3O_8 u. 6—7% Feuchte wird beschrieben. Apparative u. verfahrenstechn. Einzelheiten des in einem Verf.-Schema dargestellten Aufbereitungsganges, der zu „Yellowcake" mit 78% U_3O_8 führt, sind angegeben. — 14 Literaturangaben. E. MIESSGANG. 6360□

Ein Beitrag zur Erzaufbereitung nach der Konĕvschen Methode. František Žůrek, Jan Mazáček und Jaroslav Štěpnička. (Rudy **9.** 94—97. März 1961. Praha, Úst. výzk. rud.) (Tschech.)

Es wird über das KONĚV-Verf. zur Aufbereitung polymetall. sulfid. Erze durch kollektive Flotation der Sulfide u. nachfolgende Desorption des Kollektors sowie Trennung des Konzentrats durch selektive Flotation berichtet. Das Verf. ist der direkten selektiven Flotation überlegen, aber nicht universell anwendbar, da es nur in Aufbereitungsanlagen großer Kapazität wirtschaftlich ist. G. LANGE. 6362□

Schaumflotation und chemische Aufbereitung von Ferberiterzen aus Colorado. K. C. Dean und I. L. Nichols. (U.S. Dep. Interior, Bur. Mines, Rep. Invest. **1961.** Nr. 5869. 1—15. Salt Lake City, Utah, Bur. of Mines, Metallurg. Res. Center.) (Engl.)

Magere Ferberiterze werden durch Schaumflotation aufbereitet, wobei man mit 87% Gesamt- u. 93% Flotationsausbeute synthet. *Scheelit* mit ca. 10% WO_3 erhält. Durch 1std. Rösten dieses Prod. bei 750° mit 9 stöchiometr. Äquivalenten Na_2CO_3 werden 93% des *W* in wasserlösl. Form übergeführt, das man durch Ansäuern der Lsg., Einstellen mit NaOH auf pH 11 u. Zusatz von $CaCl_2$ als $CaWO_4$ mit >60% WO_3 gewinnt. W. WESLY. 6362□

Die Flotation von Bertrandit und Phenakit aus Berylliumerzen vom Mount Wheeler, Nevada. Richard Havens, W. I. Nissen und J. B. Rosenbaum. (U.S. Dep. Interior, Bur. Mines, Rep. Invest **1961.** Nr. 5875. 1—14. Salt Lake City, Utah, Bur. of Mines, Metallurg. Res. Center.) (Engl.)

Erze mit 0,49—0,73% *BeO* werden unter Verw. von ≧ ca. 4 (lb.) *NaF* u. 2—4 $(NaPO_3)_6$ je t der Flotation unterworfen. Im Labor.-Maßstab ausgeführte Verss. mit einem *Bertrandit–Phenakit*-Gemisch mit 0,49 (%) BeO ergeben eine Ausbeute von 82% in Form eines Konzentrates mit 14 BeO. Die Flotation von Phenakit mit 5 BeO ergibt bei 85% Ausbeute ein Konzentrat mit 34 BeO. W. WESLY. 6362□

Entwurf, Konstruktion und Betriebsmerkmale einer neuen Hochofenanlage. W. Nielsen. (Blast Furnace, Coke Oven, raw Mater. Committee Iron Steel Divis., Amer. Inst. Mining, metallurg., Petroleum Engr., Proc. **19.** 25—39. April 1960. Birmingham, Ala., U.S. Pipe and Foundry Co.) (Engl.)

Beschreibung des 1958 in Betrieb genommenen Hochofens Nr. 5 der U.S. PIPE AND FOUNDRY Co. mit einer Jahresleistung von 450 000 t Roheisen. Diskussion. H. HOCHSTEIN. 6370□

Der automatisierte Hochofen — Tatsache oder Fiktion? J. E. Oram. (Iron Steel Engr. **38.** Nr. 7. 119—25. Juli 1961. Schenectady, N.Y., General Electric Co.) (Engl.)

Die Fragen einer Automatisierung beim Hochofenbetrieb werden erörtert u. als möglicher Entw.-Vorgang soll eine Rechenmaschine nacheinander die Begichtungssteuerung u. die Sollwertgabe für die verschiedenen inneren Regelkreise (Windmenge u. -Temp. u. dgl.) auf Grund der gemessenen Verf.-Kennwerte übernehmen. H. HOCHSTEIN. 6370□

Vergleichende Bearbeitung der Ergebnisse einer Erhebung von 1959 über italienische Martin-Öfen. A. Ramacciotti. (Metallurgia ital. **53.** 483—504. Sept. 1961. Genua, Ist. Siderurg. Finsider.) (Ital.)

Mit 29 Diagrammen, 2 Tabellen, 44 Literaturangaben. A. SANDER. 6370□

Die derzeitige Lage der Lichtbogenöfen großer Kapazität in der Eisenhüttenindustrie. Claude Barbazanges. (Rev. univ. Mines, Métallurgie, Mécan., trav. publ., Sci. Arts appl. Ind. [9] **16 (103).** 369—77. Sept. 1960. Paris, Stein et Roubaix.) (Franz.)

Der in der Entw. von Lichtbogenöfen großer Leistung in der Stahlindustrie erzielte techn. Fortschritt wird dargestellt u. an mehreren Beispielen erläutert. H. HOCHSTEIN. 6370□

Der Tiegel-Induktionsofen mit offenem Ring bei der Wiederverwertung von Drehspänen und Kleinschrott. A. Tagliaferri. (Fonderia [Milano] **9.** 527—32. Dez. 1960.) (Ital.)

An Hand zahlreicher Abb. aus der Betriebspraxis beschreibt Vf. Konstruktion, Arbeitsweise u. techn. Vorteile einer von ihm entwickelten neuen Ofentype zur Verw. früher nicht verwertbarer Schrottabfälle bes. bei der Herst. von normalen u. legierten *Gußeisen.* A. SANDER. 6370□

Die Schüttelpfanne, ein neues metallurgisches Hilfsmittel. Sven Eketorp. (J. Metals **12.** 44—48. Jan. 1960. — C. **1962.** 3608.) (Engl.) R. K. MÜLLER. 6370□

Anwendung des Kohle-Verformungsvermögens bei der Kohlemischung in einer Koksanlage. W. G. Schulze und Glenn C. Soth. (Blast Furnace, Coke Oven, raw Mater. Committee Iron Steel Divis., Amer. Inst. Mining, metallurg., Petroleum Engr. Proc. **19.** 58—80. April 1960. Kaiser Steel Corp.) (Engl.)

Die die Kokserzeugung für den Hochofenbetrieb bestimmenden Faktoren werden erörtert u. Angaben über die Bewertung der physikal. Koksqualität sowie über die die Koksqualität beeinflussenden Faktoren gemacht. Die physikal. Koks-Kennwerte werden mitgeteilt. Die Ausbildung u. Handhabe zur Prüfung der plast. Eigg. der in Fontana zur Verfügung stehenden Kohlen mit dem GIESELER-Plastometer werden erläutert u. die Beziehungen zwischen der Koksqualität u. der Kohlenplastizität herausgestellt. Eine Routine-Kontroll-Prüfung erscheint zweckmäßig. Diskussion. H. HOCHSTEIN. 6370□

Die Bewertung von Koks für den Kupolofenschmelzbetrieb. Wolf Friedel. (Freiberger Forsch.-H., Reihe A, Heft **140.** 47. Mai 1960. Leipzig.) (Dt.)

Auszug aus der C. **1961.** 17365 veröffentlichten Arbeit. E. IGNEY. 6370□

Untersuchung hinsichtlich der Verringerung des Verbrauchs an Kohlensäuregas zum Erhärten von mit Wasserglas gebundenen Sanden. Michel Jeancolas und

Xavier Virolle. (Fonderie **1960.** 239—51. Juni. Centre techn. des Industries de la Fonderie.) (Franz.)

Vf. untersucht die Faktoren, die bei der Herst. der Formen den CO_2-Verbrauch beeinflussen. — 31 Schrifttumsangaben. K. HILLINGER. 6382□

Untersuchung von Gußform-Eisen-Zusammensetzung. J. R. Kattus. (Blast Furnace Steel Plant **49.** 66—67, 72—73. 80—84. Jan.; 159—63. Febr. 1961. Southern Res. Inst.) (Engl.)

Zur Beurteilung der Haltbarkeit gußeiserner Formen wird eine Gleichung aufgestellt, in der die therm. u. mechan. Eigg. des Gußeisens, wie Wärmeleitfähigkeit, Zerreißfestigkeit, Elastizitätsmodul, Wärmeausdehnungs-Koeff., prozentuale Dehnung u. die Neigung der Festigkeit-Temp.-Kurve, berücksichtigt sind. Die Wechselbeziehung zwischen der Haltbarkeit der Formen aus Grauguß u. aus Gußeisen mit Kugelgraphit ist nur gültig für Parameterwerte bei Temp. über 950° F, da angenommen wird, daß die krit. Bedingungen zur Riß-Bldg. in diesem Temp.-Bereich an der Forminnenseite entwickelt werden. Die Werte für die therm. Ermüdungsparameter zeigen an, daß ferrit. Gußeisen mit Kugelgraphit eine bes. hohe Beständigkeit gegen Riß-Bldg. besitzt. — 29 Literaturangaben. H. HOCHSTEIN. 6382□

Werkzeugstähle für Druckguß. A. W. F. Comley. (Metal Ind. [London] **100.** 142—46. 23/2. 1962.) (Engl.)

Überblick über die Zus. u. Wärmebehandlung von für Druckguß in Frage kommenden Werkzeugstählen u. über Richtlinien zu ihrer Auswahl. H. HOCHSTEIN. 6382□

Anforderungen der Feinwerktechnik an die Werkstoffe. K. Franz. (Feinwerktechnik **64.** 39—48. Febr. 1960. Berlin u. München, Siemens u. Halske AG.) (Dt.)

Übersicht über die in der Feinwerktechnik verwendeten Werkstoffe, die an sie zu stellenden Anforderungen, ihre Eigg. u. Prüfung. W. WESLY. 6388□

Die Anwendung einer Digitalrechenmaschine auf die vorbetrieblichen Probleme der Programmierung der Extrahierung und der Zufuhr von Eisenerzen. H. I. A. Archibald. (Iron and Steel **34.** 247—50. 19/5. 1961. Diskussion: 271—74.) (Engl.)

Inhaltlich ident. mit der C. **1962.** 3609 referierten Arbeit. H. HOCHSTEIN. 6390□

Die Bedeutung der Oberfläche, der Porosität und der Stückgröße von Eisenerzen im Reduktionsvorgang. Andor Schedel. (Kohászati Lapok [Ung. Z. Hüttenwes.] **94.** 403—08. Sept. 1961.) (Ung.)

Bzgl. der Red. ist es sehr wichtig, daß die Korngröße des Erzes gleich u. in bezug auf den Ofengang, möglichst klein sei. In diesem Fall ist die Oberfläche am größten u. die Lücken zwischen den Erzstücken bieten den größten Raum für die reduzierenden Gase. L. ZOMBORY. 6390

Agglomerierung basischer Flußmittel. P. C. Ghosh. (Sci. and Cult. [Calcutta] **27.** 258. Mai 1961.) (Engl.)

Kalkstein oder *Dolomit* werden fein vermahlen mit zerkleinertem *Fe*-Erz etwas *W.* oder *Teer* bzw. *Sulfitlauge* in eine Form gepreßt. Die Preßlinge werden bei Temp. $> 900°$ gesintert u. nach Abkühlung im Hochofen weiterverarbeitet. H. MOENKE. 6390□

Über die Sinterprüfung von Pyritschlacken durch Zusatz von Natriumchlorid. Takeo Ao und Morinaga Nakata. (Mem. Inst. sci. ind. Res., Osaka Univ. **18.** 81—82. 1961.) (Engl.)

Pyritschlacken als Nebenerzeugnis der Kunstdünger-Industrie, bestehend aus 58,53 (%) *Fe*, 6,83 SiO_2 u. 1,060 *S*, werden mit *NaCl* gemischt, mit W. befeuchtet, zu zylind. Stücken verpreßt u. darauf 50 Min. lang bei 1000° gesintert u. in körniger Holzkohle bei 1000° 1½ Std. lang reduziert. Die Druckfestigkeit des Sinters wurde gemessen. Die Reduzierbarkeit in % sowie der entwickelte S-Geh. wurden aus den Ergebnissen der chem. Analyse berechnet. Aus den hierbei ermittelten Werten wird festgestellt, daß dieser Sinter eine hohe Festigkeit u. eine hohe Qualität (Reduzierbarkeit u. Entschwefelung) im Bereich von SiO_2/N_2O von 3—5 besitzt. H. HOCHSTEIN. 6390□

Thermodynamik der direkten Reduktionsprozesse. Kun Li. (Blast Furnace, Coke Oven, raw Mater. Committee Iron Steel Divis., Amer. Inst. Mining, metallurg., Petroleum Engr., Proc. **19.** 153—69. April 1960. Jones & Laughlin Steel Corp.) (Engl.)

Die Bldg.-Wärme der bei der direkten Fe-Red.-Prozesse auftretenden Verbb. aus den Einzelelementen bei 77° F, u. zwar für *Fe*, *Fe-Oxide*, Fe_3C, $Fe(CO)_5$, *Graphit* u. mehrere Gase wurden aus Literaturdaten berechnet. Die Logarithmen der Gleichgew.-Konst. der Bldg. von Verbb. von Fe u. von Gas-Verbb. werden ebenfalls mitgeteilt. Auf Grund der zuverlässigsten Messungen an Zuss. von CO/CO_2-Gemischen im Gleichgew. mit *Wüstit*, *Ferrit* u. *Austenit* werden die Gleichgew.-Diagramme der *Fe—O—C*-, *Fe—H—C*- u. *Fe—O—H—C*-Systeme aufgestellt u. erörtert. Ein weiteres Gleichgew.-Diagramm, das entsprechende Bedingungen für die Synthese von $Fe(CO)_5$ zeigt, wird ebenfalls erläutert. — 22 Schrifttumsangaben. Diskussion. H. HOCHSTEIN. 6390□

Kinetik der Hämatitreduktion durch Wasserstoff. W. A. Hockings. (Blast Furnace, Coke Oven, raw Mater. Committee Iron Steel Divis., Amer. Inst. Mining, metallurg., Petroleum Engr., Proc. **19.** 170—84. Diskussion: 199—205. April 1960. Houghton, Mich., Michigan Coll. of Min. and Technol.) (Engl.)

Die Rk. zwischen Hämatit-Einzelkristallen u. reinem H_2 wurde im Temp.-Bereich von 350—700° untersucht. Die erste Red.-Stufe war die Bldg. von *Fe*-Keimen auf der Hämatit-Oberfläche. Bei völliger Erfassung der Oberfläche, verläuft die Rk. mit konst. Geschw. nach innen, wobei die Rk. von der zu reduzierenden Kristallfläche unabhängig u. dem H_2-Druck direkt proportional war. Zwischen 400 u. 600° wurde die Geschw. durch folgende Gleichung bestimmt: $k = 3{,}5\ P_{H_2} \exp. - 11900/RT$ cm/min. Abweichungen von dieser Gleichung oberhalb 600° werden der Ggw. von *Wüstit* zugeschrieben. Eine mkr. Prüfung von z. T. unterhalb von 600° reduzierten Proben ergab, daß das red. Fe fein porös war u. eine merkliche Magnetit-Schicht nicht vorhanden war. Jedoch wurde eine submkr. Magnetitschicht zwischen dem Hämatit u. dem Fe für die Ähnlichkeit in den Red.-Geschw. des Hämatits u. Magnetits, für die Abweichungen von der angegebenen Gleichung unter 400° sowie für das Fehlen von Änderungen in der Red.-Geschw. für verschiedene Kristallflächen vorausgesetzt. — 21 Literaturangaben. H. HOCHSTEIN. 6390□

Einfluß der Schlacke bei der Eisenverhüttung. Guillermo Coll. (Inst. Hierro Acero **13.** 861—70. Okt./Dez. 1960.) (Span.)

Entw. einer Theorie über die Zwischen-Rkk. bei der Eisenverhüttung, wonach die Schlacke auf die Oxide der Fe-Erze reduzierend wirkt, was verschiedene im Hochofen verlaufende Vorgänge sowie die unterschiedliche Zus. des gewonnenen Eisens, entsprechend der Konstit. der Schlacken, erklären würde. A. SANDER. 6390□

Zerfall von Fe—Al-Legierungen. Harunobu Sawada, Akira Masuda, Yoriyasu Atobe und Toshimasa Aoki. (Nippon Kinzoku Gakkai-Si [J. Japan Inst. Metals] **24.** 732—35. 1960.) (Jap.; Auszug: Engl.)

Unterss. über die Selbstpulverisierung von *50 Fe—50 Al*-Leg. mit 0—2% *C* zeigen, daß die zum Zerfall führenden Risse an den Korngrenzen der Al_4C_3-Körner entstehen u. weiterwachsen. Die in den Gußbarren vorhandenen Spannungen lassen mit fortschreitendem Zerfall nach. Aus der Menge u. Zus. des beim Eintauchen der Leg. in W. entwickelten Gases wird gefolgert, daß das aus der Rk. zwischen Al_4C_3 u. *W.* entstehende CH_4 eine wesentliche Rolle beim Zerfall spielt. W. WESLY. 6390□

Die Eigenschaften von im Mittelfrequenz-Induktionsofen hergestelltem synthetischem Grauguß. Adolphe Plesinger und Jiri Klaban. (Fonderie **192.** 41—54. Febr. 1962. Brno, Inst. de recherches.) (Franz.)

Gegenüber einem im Kupolofen erschmolzenen Grauguß werden für einen im Mittelfrequenz-Induktionsofen erschmolzenen synthet. Grauguß von gleicher Zus. die auf Grund seiner Reinheit u. rein perlit. Grundgefügeausbldg. bedingten überlegenen mechan. Eigg., seine Wärmeleitfähigkeit, sein elektr. Widerstand, seine Kerbschlagzähigkeit u. Beständigkeit gegen Blasen-Bldg. angegeben. — 15 Literaturangaben.
H. HOCHSTEIN. 6402□

Bedeutung von Graphit im Zugspannungen unterworfenen Grauguß. Elisabeth Plénard. (Fonderie **191.** 1—14. Jan. 1962. Centre techn. des Industries de la Fonderie.) (Franz.)

Die Bedeutung des Graphits in einem Zugspannungen unterworfenen Grauguß wird nach folgenden Gesichtspunkten erörtert, u. zwar 1. nach der Bedeutung der festen Reibung, die entweder an den Berührungsstellen Grundmasse—Graphit oder im Innern der Graphitteilchen selbst auftritt; 2. nach der Bedeutung der Spannungsübertragung, welche theoret. die bei den Prüfungen erhaltenen Werte des Elastizitätsmoduls in Abhängigkeit von der graphit. Struktur zu erklären erlaubt, u. 3. nach der Bedeutung eines leeren Raumes, dessen mehr oder weniger faserartige Form im Falle starker Spannungen die Erscheinungen der örtlichen Plastiztät u. den Bruch durch Unterbrechung des metall. Zusammenhanges mit umfaßt. H. HOCHSTEIN. 6402□

Wirkung einer Gasspülung auf den Magnesiumverbrauch bei der Herstellung von Gußeisen mit Kugelgraphit. Wilhelm Patterson. (Mitt. Giesserei-Inst. rhein.-westfäl. Techn. Hochschule Aachen **12.** 1—44. Juni 1960.) (Dt.)

Durch Schmelzen geleitete Gase üben eine Reinigungs-Wrkg. aus. Sie vermögen gelöste Gase auszuspülen, solange deren Partialdruck in den Spülgasblasen kleiner ist als die Konz. im Metallbad. Außerdem bringen sie suspendierte fl. u. feste Phasenteilchen zum rascheren Aufsteigen. Gereinigter N_2 vermag O_2 u. ausgeschiedene Sulfide aus Gußeisenschmelzen zu entfernen. Da ein Teil des Mg bei der Herst. von Gußeisen mit Kugelgraphit für die Abbindung von *S* u. O_2 benötigt wird, kann von einer N_2-Vorspülung eine Erniedrigung des Mg-Aufwandes erwartet werden. Verss. ergaben, daß der Mg-Bedarf durch eine N_2-Vorspülung merklich gesenkt werden kann. Schmelzen, die

Störelemente enthalten, sprechen nach einer Vorspülung bereitwilliger auf die Mg-Behandlung an. Eine aus norweg. Vantit-Roheisen hergestellte Schmelze wird durch N_2-Vorspülung im Graphitstabofen mit anschließender Behandlung mit reinem Mg bzw. Mg-Vorlegierung in Gußeisen mit Kugelgraphit übergeführt. Die Zugfestigkeit betrug im Gußzustand 60 kg/mm², die Dehnung 5%. Die Spül-Wrkg. ist beim Durchperlenlassen kleiner Glasblasen am intensivsten. Die Entstehung gewisser Entartungsformen des Kugelgraphits (*Krabbengraphit*) wird so gedeutet, daß einige Zeit nach Beginn des Sphärolithenwachstums in der Schmelze *Ledeburit* krist., dessen Zementitplatten auf die wachsenden Sphärolithen aufstoßen können. Anschließend erfolgt Zerfall zu Graphit, was durch Ggw. von *Ti* begünstigt wird. Die Sphärolithen sind mit Lamellen besetzt, die sich verzweigen können, Schnitte durch solche Verzweigungen erscheinen im zweidimensionalen metallograph. Bild als Krabbenform. In Sphärolithen werden *Ti–V–Carbid*-Einschlüsse gefunden, die die Kristallisation der Sphärolithen anscheinend beeinflußt hatten. H. HOCHSTEIN. 6404□

Das Verhalten von Titan in weißem Gußeisen und seine Bedeutung bei der Graphitisierung. Tairo Okamoto und Masao Ibaraki. (Mem. Inst. sci. ind. Res., Osaka Univ. **18.** 137. 1961.) (Engl.)

Kurzfassung der C. **1962.** 1776 referierten Arbeit. H. HOCHSTEIN. 6404□

Bemerkenswerte mechanische Kennwerte einer Probe aus Temperguß. Jean Menat. (Fonderie **191.** 23—30. Jan. 1962.) (Franz.)

Zur Erzielung guter mechan. Eigg. von Tempergußproben genügt es nicht, daß der Temperguß 1,90% *C* u. 1,50% *Si* enthält, vielmehr muß die Probe auch frei von Oberflächenrissen gegossen sein, darf keinen *S*-Überschuß aufweisen u. muß bes. in der üblichen Atmosphäre bei einer niedrigen Temp.-Stufe genügend lang u. regelmäßig geglüht werden. Erst die Vereinigung aller dieser Bedingungen gewährleistet die besten mechan. Eigg. des Tempergusses. H. HOCHSTEIN. 6406□

Siemens-Martin-Ofen-Stahlerzeugungsbetrieb für flachgewalzte Produkte. S. J. Dougherty und Ralph Duffett. (Iron Steel Inst., spec. Rep. **67.** 33—41. 1960.) (Engl.)

Überblick über die Stahlerzeugungspraxis für Bandstahl, der durch die National Steel Corp. in bas. SIEMENS-MARTIN-Öfen hergestellt wurde. H. HOCHSTEIN. 6408□

Erzeugung von Stahl unter intensiver Verwendung von Sauerstoff in einem Siemens-Martin-Werk bei Cornigliano. M. Foresi und G. Massobrio. (Iron Steel Inst., spec. Rep. **67.** 42—51. 1960. Genua, Cornigliano S. p. A.) (Engl.)

Diese O_2-Verw. erfolgt auf Grund von in drei Jahren gewonnenen Erfahrungen u. führt zu einer Produktionssteigerung des Werkes. Die erhaltenen Ergebnisse wurden im einzelnen beschrieben. H. HOCHSTEIN. 6408□

Der Stickstoffgehalt des Siemens-Martin-Stahles im Ofen, beim Vergießen und im Fertigerzeugnis. Erich Höffken und Theo Kootz. (Stahl u. Eisen **82.** 253—60. 1/3. 1962. Duisburg-Hamborn.) (Dt.)

41 Betriebsschmelzen aus 2 SM-Stahlwerken wurden auf ihren N-Geh. hin untersucht. Der Anteil des durch den Schrott eingebrachten N überwiegt den des aus dem Stahlroheisen stammenden. Während des Schmelzverlaufs findet eine Entstickung statt, die um so größer ist, je höher der Anfangs-N-Geh. war. Die erreichten End-Geh. im Ofen sind vom N-Geh. der Einlaufprobe nur wenig abhängig. Bes. ist der *C*-Geh. der Schmelze im Einlauf von Einfl.; denn für je 1% C-Abbrand sinkt der N-Geh. des Endwertes um 0,0008%. Beim Abstich beruhigter Schmelzen findet eine Aufstickung statt. Dabei führt eine frühe Zulegierung der Desoxydationsmittel während des Abstichs zu höherer N-Aufnahme als eine späte Zugabe. Beim Vergießen werden beruhigte Schmelzen abermals aufgestickt, u. zwar am Anfang eines Pfannenabgusses stärker als am Ende. Ursache für die unterschiedliche Aufstickung einzelner Brammen im Verlauf eines Abgusses ist wahrscheinlich die Veränderung des Gießstrahles, verursacht durch die Abnahme des ferrostat. Drucks in der Pfanne u. das Auswaschen u. Ausbrennen der Ausgüsse. Je glatter der Gießstrahl, um so geringer ist die Aufstickung, die ferner noch von dem N-Geh. der Pfannenprobe abhängig ist. Im fertigen Blech aus beruhigtem Stahl sind die N-Geh. höher als in der Schöpfprobe aus der Kokille derselben Bramme. Unterschiede zwischen Blockkopf, -mitte u. -fuß sind nicht feststellbar. Diese Aufstickung bis zum Feinblech ist auf das Glühen des kaltgewalzten Bandes zurückzuführen. Schöpfproben, die beim Erstarren aus den Kokillen von unberuhigt vergossenen Schmelzen aus weichem THOMAS-Stahl entnommen sind, zeigen, wie stark N seigert. Jedoch erfolgt beim unberuhigt vergossenen Stahl beim Ausleeren, Vergießen u. auch beim Erstarren keine merkbare Änderung des im Stahl verbliebenen N-Gehaltes. Auch die Bänder für Fein-

bleche aus unberuhigt vergossenem Stahl zeigen nach dem Glühen im Kaltwalzwerk eine Aufstickung, die aber stets geringer ist als bei beruhigtem Stahl. — Diskussion.

H. HOCHSTEIN. 6408□

Möglichkeiten zur Einsparung von Legierungselementen in der Schwarzmetallurgie. C. Weiss. (Technik **16.** Nr. 10. Stahlberatungsstelle Eisenforsch.-Inst. WTZ VVB Stahl- u. Walzwerke Freiberg/Sa., Mitt. Nr. **18.** 1—4. Okt. 1961.) (Dt.)

Die Normen-Entw. für Einsatz- u. Vergütungsstähle in Deutschland sowie die Entw. legierungsarmer Stähle im Ausland u. ihre Verw. auf Grund ihrer Festigkeits-Eigg. wurden behandelt u. es wird dargelegt, daß im Jahre 1960 in zahlreichen Fällen in Deutschland eine Umstellung bei den Verbrauchern auf *Ni-arme* u. *Ni-freie Stähle* nach den Normen TGL 6546 u. 6547 vorgenommen worden ist. Demgegenüber werden in den USA u. in der Sowjetunion *B*- u. *Ti*-haltige Stähle mit sehr niedrigen Legierungs-Geh. in großem Umfange verwendet. Die Möglichkeit des Austausches von Ni-reichen Stählen durch Ni-arme bei gleichen hohen Anforderungen werden durch Zahlenwerte belegt.

H. HOCHSTEIN. 6408□

Einfluß der Nickelzusätze zum austenitischen Manganstahl. Giuseppe Violi. (Fonderia ital. **10.** 5—10. 1961. Soc. Ilva, Altiforni e Acciaierie d'Italia.) (Ital.)

Nach einer allg. Übersicht über mechan. u. metallurg. Eigg. des austenit. *Mn*-Stahls, (HADFIELD-Stahl), behandelt Vf. chem. Zus. u. Einfl. der verschiedenen Legierungselemente auf die Eigg. des Mn-Stahls sowie auf dessen Gefüge im Rohguß- u. vergütetem Zustand. Hervorgehoben wird die inhibierende Wrkg. des *Ni* auf die Carbid-Ausscheidung im Mn-Stahl, der dadurch bereits im Rohzustand die guten metallurg. Eigg. des bei hohen Temp. vergüteten u. in W. abgeschreckten Werkstoffs erhält. Abschließend wird auf die Wrkg. anderer austenitisierenden Zusätze, die den Bereich des γ-Fe zu erweitern gestatten trotz ihres hemmenden Einfl. auf Bldg. u. Wachstum der *Fe-Mn-Doppelcarbide*, wie z. B. N, eingegangen. A. SANDER. 6410□

Untersuchung über Carbide in Eisen und Stahl durch die elektrolytische Isolationsmethode. 2. Mitt. **Verteilung der Legierungselemente zwischen den Carbiden und dem Ferrit in geglühten Stählen.** Tomoo Sato und Taiji Nishizawa. (Technol. Rep. Tôhoku Univ. Sendai, Japan **25.** Nr. 1. 65—75. 1960. Tohoku, Univ.) (Engl.) — 1. vgl. C. **1957.** 7774.

Chem. Analysen werden von elektrolyt. aus geglühten Stahl-Legg. isolierten Carbiden ausgeführt. Hierbei zeigt sich, daß die Verteilung der Leg.-Elemente zwischen dem Zementit u. Ferrit in niedriglegierten Stählen durch das NERNSTsche Verteilungsgesetz bestimmt wird, wonach der Prozentsatz eines Elementes im Zementit u. Ferrit dem Prozentsatz des Elementes im Stahl proportional ist. Das Verhältnis der beiden Werte, d. h. der Verteilungs-Koeff., ist für das bes. Element konstant. Die Verteilungs-Koeff. von verschiedenen Elementen wurden wie folgt bestimmt: *C* 28; *Mn* 10,5; *V* 9,0; *Mo* 7,5; *W* 2,0; *Ni* 0,34, *Co* 0,23 u. *Si* 0,03. Die Verteilungsgleichungen für die Berechnung der Konz. der Elemente im Zementit u. Ferrit werden mitgeteilt. Die Zus. u. die Struktur der in geglühten hochlegierten Stählen vorliegenden Carbide wurden ebenfalls bestimmt u. die Zustandsdiagramme für *Cr*- u. *V-Stähle* werden aus diesen Werten abgeleitet. H. HOCHSTEIN. 6410□

Die Eigenschaften der VCN-Chrom–Nickel-Vergütungsstähle im Vergleich zu den modernen Chrom–Nickel–Molybdän-Stählen. W. Gerber. (Schweiz. Arch. angew. Wiss. Techn. **27.** 493—502. Dez. 1961. Gerlafingen, Ges. der Ludwig von Rollschen Eisenwerke AG.) (Dt.)

Die Nachteile der *Cr–Ni*-Vergütungsstähle werden im Vgl. zu denen neuzeitlicher *Cr–Ni–Mo*-Stähle aufgezeigt. Diese vergleichende Erörterung umfaßt die Einfl. der Stahl-Zus. auf die Anlaßsprödigkeit, die Kristallseigerung sowie die mechan. Eigenschaften. Es wird dabei gezeigt, daß die Cr–Ni–Mo-Stähle gegenüber den Cr–Ni-Vgl.-Stählen wesentliche werkstofftechn. Vorteile besitzen. H. HOCHSTEIN. 6410□

Das Rekristallisationsdiagramm von Ms 72. E. Fischer und H. Vosskühler. (Metall **15.** 1073—75. Nov. 1961. Ulm, Wielandwerke AG.) (Dt.)

Das Rekristallisationsdiagramm von *Ms 72* wird im Verformungsbereich von 0—70%, bei 20—700° in der Zeit von 1 Min. bis 8 Std. aufgestellt. Die Zugfestigkeit, die 0,2-Dehngrenze, die Bruchdehnung, die BRINELL-Härte u. der mittlere Korndurchmesser wurden an 1 mm dicken Blechstäben ermittelt. Für das Rekristallisationsgeschehen werden Kurven u. Raumdiagramme aufgestellt. Dabei werden im Temp.-Bereich großer Eig.-Änderungen Unstetigkeiten im Kurvenverlauf festgestellt.

F. VIER. 6432□

Untersuchungen über warmfeste Legierungen auf Nickelgrundlage. 1. Mitt. **Einwirkung von Aluminium und Titan auf die Schmiedbarkeit und die Ausscheidungshärteeigenschaften von Nimonic-Legierungen Typ 100.** Renpei Yoda, Heitaro

Yoshida und Sennosuke Takahashi. (Nippon Kinzoku Gakkai-Si [J. Japan Inst. Metals] **24.** 723—27. 1960.) (Jap.; Auszug: Engl.)

Die Grenze der Warmbehandlung (Schmiedbarkeit) liegt bei ca. 4,5 (%) *Al* u. 0 *Ti* u. einer Spitze bei 0 Al u. 5 Ti in einem Diagramm mit Al als Koordinate u. Ti als Abszisse. Die VICKERS-Härte an der Grenzlinie beträgt ca. 230—260 für lösungsbehandelte Proben. Die Verformungsfestigkeit an der Grenzlinie beläuft sich bei 1100° auf ca. 40—45 kg/mm². Zur Erreichung der höchsten Härte bei 900° sind 8—30 Std. erforderlich. Ti trägt zur Ausscheidungshärtung mehr als Al bei. Das Zustandsdiagramm der 15 Std. lang bei 1150° lösungsbehandelten Leg. wird wiedergegeben. Al verbessert, Ti verschlechtert die Oxydationsfestigkeit. W. WESLY. 6434 □

Die Verwendung von Hochtemperaturnatrium bei der Herstellung von Natrium-Kalium-Legierungen. C. B. Jackson und R. C. Werner. (Proc. int. Conf. peaceful Uses Atomic Energy **9.** 270—72. 1956. Pittsburgh, Pa., Mine Safety Appl. Co.) (Engl.)

Beschreibung der App. u. des Verf. zur Herst. von *K* u. *NaK* bei hohen Temp. durch Red. eines *K-Salzes* mit *Na.* F. VIER. 6442 □

Metallurgie in der Kernreaktor-Technologie. 4. Mitt. **Das Verhalten von spaltbaren Metallen unter Bestrahlung.** 5. Mitt. **Konservierungsmaterialien für Brennstoffelemente.** 1. u. 2. Teil. J. C. Wright. (Metal Treatment Drop. Forging **27.** 427—32. Okt. 449—54. Nov. 511—17. Dez. 1960.) (Engl.) — 3. Mitt. C. **1961.** 13701.

Das Verh. von spaltbaren Metallen, z. B. von *U* u. *Pu,* bei der Bestrahlung u. Spaltung wird erörtert u. u. a. Angaben über die Neutronen-Absorption, das Wachsen von U bei der Bestrahlung unter Erörterung der Theorie (spike-theory), die Falten-Bldg., den Einfl. einer Wärmebehandlung von kaltverformten U auf eine Textur-Bldg. sowie über eine Vol.-Zunahme gemacht. Behandelt werden ferner die Herst., Verarbeitung u. die Eigg. von den als Konservierungsmaterialien von Kernbrennstoffen in Frage kommenden Metallen *Zr, Be* u. *Nb.* H. HOCHSTEIN. 6448 □

Die H-Iron-Anlage der Alan Wood Steel Co., Robert A. Lubker und Kenneth W. Bruland. (Blast Furnace, Coke Oven, raw Mater. Committee Iron Steel Divis., Amer. Inst. Mining metallurg., Petroleum Engr., Proc. **19.** 139—52. April 1960. Conshohocken, Pa., Alan Wood Steel Co.) (Engl.) — Vgl. C. **1960.** 8325.

Nach einer kurzen Darst. der Entw. der Fe-Pulver-Anlage wird der Prozeß des *H-Iron*-Verf. erläutert u. es werden Angaben über die Rohmaterial-Behandlung, die H_2-Erzeugung, die Red. der Fe-Erze ($Fe_3O_4 + 3\,H_2 \rightarrow 3\,Fe + 4\,H_2O$) im Wirbelschichtbett sowie über den Strömungsfluß der Feststoffe u. Gase gemacht. Die Verw. des nach dem *H-Iron*-Verf. erzeugten Fe-Pulvers zu mechan. beanspruchten Maschinen- oder Bauteilen, zu Schweißstab-Überzügen, metall. Reib-Materialien, elektr. Kernen u. Magneten sowie zum Pulverschneid-Verf. u. Putzen wird beschrieben. — Diskussion. H. HOCHSTEIN. 6474 □

Metallische Sinterwerkstoffe mit synthetischer Kornzwischensubstanz. R. Mitsche. (2. Planseeseminar „De Re Metallica", warmfeste u. korrosionsbeständige Sinterwerkstoffe **1955.** 411—26. 1956. Leoben, Montanist. Hochschule.) (Dt.)

Unterss. an *Fe–Al*-Legg. mit Al_2O_3 als Kornzwischensubstanz. M. GEHLEN-KELLER. 6476 □

Untersuchungen an vakuumgesinterten TiC–Ni-Cermets. Masataka Sugiyama und Hisashi Suzuki. (Nippon Kinzoku Gakkai-Si [J. Japan Inst. Metals] **24.** 689—92. 1960.) (Jap.; Auszug: Engl.)

Festigkeit, Härte, spezif. Gew., Gefüge u. Carbid-Korngröße von vakuumgesinterten TiC–Ni-Cermets werden in Abhängigkeit vom Geh. an Bindemitteln, vom Preßdruck u. den Sinterbedingungen bestimmt. W. WESLY. 6476 □

Die Benetzung von festen Oxiden und Carbiden durch flüssige Metalle. D. T. Livey und P. Murray. (2. Planseeseminar „De Re Metallica", warmfeste u. korrosionsbeständige Sinterwerkstoffe **1955.** 375—403. 1956. Harwell, U. K. A. E. A.) (Engl.) M. GEHLEN-KELLER. 6476 □

Über die Oxydation von Carbidlegierungen für Hochtemperaturzwecke. J. Hinnüber, O. Rüdiger und W. Kinna. (2. Planseeseminar „De Re Metallica", warmfeste u. korrosionsbeständige Sinterwerkstoffe **1955.** 130—53. 1956. Essen, Friedr. Krupp Widia-Fabrik.) (Dt.)

Unterss. an *Mehrcarbid*-Legierungen. — Diskussion. M. GEHLEN-KELLER. 6476 □

Erhöhung der Warmfestigkeit durch innere Oxydation von Legierungen. J. L. Meijering. (2. Planseeseminar „De Re Metallica", warmfeste u. korrosionsbeständige Sinterwerkstoffe **1955.** 405—10. 1956. Eindhoven, Philips Gloeilampenfabrieken.) (Dt.) M. GEHLEN-KELLER. 6476 □

Eine gesinterte Hartstoff-Aufschweißlegierung. R. Kohlermann und W. Ebert. (Schweißtechnik [Berlin] **11.** 317—19. Juli 1961. Immelborn.) (Dt.)

Herst., Eigg. u. Verw. einer auf *WC*-Grundlage aufgebauten, pulvermetallurg. verfertigten Hartstoff-Aufschweiß-Leg. mit 4,3—4,7 (%) *C*, 45—48 *W*, 12—14 *Cr*, 9—11 *Mn*, 1,4—1,6 *Si*, Rest. *Fe*. W. WESLY. 6476□

Umsetzungen in Gemischen von Hartstoffen bei sehr hohen Temperaturen. G. A. Geach und F. O. Jones. (2. Planseeseminar „De Re Metallica", warmfeste u. korrosionsbeständige Sinterwerkstoffe **1955.** 80—91. 1956. Aldermaston, Berks., Assoc. Electrical Industries Ltd.) (Engl.) M. GEHLEN-KELLER. 6476□

Über die Darstellung von Titandisilicid und einige seiner Eigenschaften. Kiyoshi Tamura. (Nippon Kinzoku Gakkai-Si [J. Japan Inst. Metals] **24.** 707—10. 1960.) (Jap.; Auszug: Engl.)

Unterss. über $TiSi_2$, das aus *Ti* u. *Si* durch Lichtbogenschmelzen unter Ar hergestellt, in einer Kugelmühle gepulvert u. im Vakuum heiß gepreßt worden ist, zeigen, daß die optimale Preß-Temp. 1380° beträgt. Die Oxydationsfestigkeit bei 1100° beträgt 5 mg/cm²/Tag. Die Härte fällt mit steigender Temperatur. Gegen *HCl* u. H_2SO_4 ist $TiSi_2$ korrosionsfest, etwas weniger gegen HNO_3. Die Wärmestoßfestigkeit ist gering. $TiSi_2$ wird von *Fe*, *Ni* u. *Co*, aber nicht von *Ag* benetzt. W. WESLY. 6476□

Zusammenhang zwischen Fließkurve und Werkstoffkennwerten bildsamer metallischer Werkstoffe. Walter Panknin und Galal S. A. Shawki. (Z. Metallkunde **52.** 455—61. Juli 1961. Stuttgart, MPI für Metallforsch.) (Dt.)

Es wird gezeigt, daß der Zusammenhang zwischen Spannung u. Formänderung im bildsamen Zustand rechner. erfaßt werden kann. F. VIER. 6480□

Eigenschaften einiger Kupferlegierungen bei erhöhten Temperaturen. C. H. Crowe. (ASTM Bull. **250.** 30—31. Dez. 1960. Peterborough, Ont., Canadian General Electric Co., Ltd.) (Engl.)

Tabellar. Angaben über die Zug- u. Knickfestigkeit u. den elektr. Widerstand einer größeren Zahl von Cu-Legg. bei Temp. bis 500°. W. WESLY. 6480□

Wirkung der Spannung auf das Kriechen von Aluminium im Gebiet des Stufenversetzungskletterns. A. E. Bayce, W. D. Ludemann, L. A. Shepard und J. E. Dorn. (Trans. Amer. Soc. Metals **52.** 451—68. 1960. Berkeley, Calif., Univ. of California.) (Engl.)

Die Wrkg. der Spannung auf die Kriech-Geschw. im Gebiet des Stufenversetzungskletterns wurde durch plötzliches Steigern u. Nachlassen der Spannung im Verlauf des prim. Kriechens von hochreinem Al untersucht. Es ergab sich, daß ein einfacher funktioneller Zusammenhang zwischen Kriech-Geschw. u. Spannung nicht besteht. Die Wrkg. der Spannung auf die Kriech-Geschw. hängt auch von der Substruktur ab. — Diskussion. F. VIER. 6480□

Wirbelstromprüfung dünner, zugverformter Rohre aus einigen austenitischen, rostfreien Stählen. Tatsuo Maekawa, Michio Mizuta und Katsumi Ishihara. (Nippon Kinzoku Gakkai-Si [J. Japan Inst. Metals] **24.** 714—18. 1960.) (Jap.; Auszug: Engl.)

Unterss. über die Änderungen des durch eine Ringspule fließenden Wirbelstromes durch ein zugverformtes, dünnes Rohr aus rostfreiem Stahl *AISI-304* zeigen: Die Stromänderung steigt mit dem Anstieg der Instabilität der austenit. Phase des Rohres. Der elektr. Widerstand, die magnet. Eigg. u. die Wärmebehandlung vor der Verformung beeinflussen die Stromänderung. Die Veränderungen in angelassenen Proben sind größer als in lösungsbehandelten Stücken. Bei 400—650° stellt sich die ursprüngliche Stromstärke wieder ein. W. WESLY. 6480□

Messung von Korngröße und Verformungsgrad in kaltverformten Metallen und Legierungen. August Braun. (Z. Metallkunde **52.** 461—63. Juli 1961. Neuchâtel, Schweiz, Laboratoire Suisse de Recherches Horlogères.) (Dt.)

Einfache Meth. zur Best. der Korngröße u. der Verformung bei einphasigen anisotropen Gefügen. F. VIER. 6482□

Untersuchungen mit dem tschechoslowakischen Industrie-Betatron 15 MeV. Egon Becker und Jaroslav Slaba. (Wiss. Z. Hochschule Schwermaschinenbau Magdeburg **5.** 61—67. März 1961. Praha, Státní výzk. úst. materiálu a technol.) (Dt.)

Beschreibung eines Betatrons 15 MeV u. seiner Anwendung zur Unters. von Stählen. W. WESLY. 6484□

Das Tiefziehen von technisch reinem Titan. M. A. H. Howes. (Sheet Metal Ind. **37.** 247—52. April 1960. Joseph Lucas Ltd.) (Engl.)

Die Tiefziehcharakteristik von Ti verschiedener Oberflächen-Eigg. (unbehandelt, oxydiert, gebondert, sulfidiert) wurde mit u. ohne Verw. von Schmiermitteln bestimmt. Eine sulfidierte Oberfläche zeigt die besten Ergebnisse. E. MIESSGANG. 6490□

Der Einfluß der chemischen Zusammensetzung und des Gefüges von Stahl und Zinküberzug auf die Eigenschaften kalt gewalzter verzinkter Feinbleche. Dietrich

Horstmann. (Stahl u. Eisen **82.** 338—47. 15/3. 1962. Düsseldorf, MPI für Eisenforsch.) (Dt.)

Unterss. über den Einfl. der Erschmelzungsart des Stahls, der chem. Zus. u. des Gefüges auf die Eigg. kaltgewalzter verzinkter Feinbleche zeigen, daß die Eigg. der unverzinkten Bleche, wenn die Walz- u. Glühbedingungen annähernd die gleichen waren, im wesentlichen von ihrer chem. Zus., bes. vom *C*-, *N*- u. *P*-Geh., abhängen. Auch ist es von Bedeutung, ob der Stahl unberuhigt oder beruhigt vergossen ist. Durch die beim Feuerverzinken eintretende kurzzeitige Anlaßbehandlung werden diese Eigg. mehr oder weniger stark verändert, u. zwar um so stärker, je gröber der Zementit in den Blechen ausgeschieden ist, wenn die Größe des Ferritkorns nicht wesentlich unterschiedlich ist. Die Haftfestigkeit des Zn-Überzugs bei einer Verformung des Bleches hängt stark von den mechan. Eigg. des Bleches, bes. der Bruchdehnung, ab. Auch ist die Ausbildung der Fe–Zn-Leg.-Schicht von Einfl., die durch den Al-Geh. des Zn-Bades verändert werden kann. Eine dickere Leg.-Schicht führt dazu, daß die Haftfestigkeit besser wird, wenn die Bruchdehnung klein ist, was durch einen größeren P-Geh. des Bleches erreichbar ist. Bei einer dünnen Leg.-Schicht bewirkt dagegen eine größere Bruchdehnung ein besseres Verhalten. Durch Auswahl eines Bleches mit einer dem Verw.-Zweck entsprechenden chem. Zus. u. eines Gefüges mit möglichst fein verteiltem Zementit ist dann durch Einhalten bestimmter Verzinkungsbedingungen möglich, ein verzinktes, den Anforderungen genügendes Blech herzustellen. H. HOCHSTEIN. 6490□

Untersuchung über die Spannungsalterung in unberuhigtem Stahl unter Anwendung der Swiftschen Tiefziehpresse und den Einfluß der Stanzform auf die Ergebnisse. D. K. O. Ullmann und V. M. Thomas. (Sheet Metal Ind. **37.** 640—46. 690. Sept. 1960. Richard Thomas and Baldwin Ltd., Centr. Res. Labor.) (Engl.)

An unberuhigtem Stahl ausgeführte Tiefziehprüfungen zeigen, daß diese unter den angewandten Arbeitsbedingungen (sofort u. nach 4std. Alterung bei 100° u. bei Verw. verschiedener Stanzformen) nicht genügend zwischen den nach verschiedenen Alterungsperioden erzielten Änderungen der mechan. Eigg. unterscheiden, um daraus Schlüsse über den Verlauf der Spannungsalterung zu ziehen. W. WESLY. 6490□

Wirkung der Walzbedingungen auf das Heißwalzen von Titan und Titan-Legierungen. Frank R. Larson und John Nunes. (Trans. Amer. Soc. Metals **52.** 615—28. 1960. Watertown, Mass., Watertown Arsenal Labor.) (Engl.)

Die Heißwalzcharakteristiken von 4 verschiedenen Ti-Legg. u. von Flußeisen im Vgl. dazu wurden untersucht. Dabei wurde bei 2 verschiedenen Geschw. u. Walztemp. von 1000—2000° F u. Abnahmen von 10—50% gearbeitet. Walzlast, spezif. Druck, Breitenausdehnung u. Voreilung nehmen mit wachsenden Abnahmen zu. Die Zunahme der Walzlast mit den Walzabnahmen war bei niedrigen Temp. unterhalb des β-Übergangs stark ausgeprägt. Die Walzlast für eine gegebene Walzabnahme zeigte eine sehr starke Temp.-Abhängigkeit, die sehr stark mit steigenden Temp. abnahm. F. VIER. 6490□

Metallbearbeitung mittels detonierender Explosivstoffe. J. H. Cook. (Sheet Metal Ind. **37.** 253—58. April 1960. I.C.I. Ltd., Nobel Div.) (Engl.)

Verw. von Explosivstoffen zum Formen, Verbinden, Schweißen von Metallen, zur Verfestigung von Metallpulvern (Ti), zum Gravieren u. Härten von Metallen sowie zum Schneiden von Gußeisen u. Metallplatten u. zum Bohren von Löchern in Metalle wird erörtert. — Diskussion. E. MIESSGANG. 6490□

Über die thermische Behandlung von Grau- und legiertem Gußeisen. G. Somigli. (Fonderia ital. **10.** 299—332. Aug. 1961. Florenz, Uff. tecn. ind.) (Ital.)

Vf. erörtert die Anwendung der therm. Behandlungen auf Gußeisen u. auf die gegenwärtige u. voraussichtliche Entw. von therm. behandeltem Gußeisen. — 20 Literaturangaben. G. PLATZER. 6492□

Die thermischen Behandlungen von Gußeisen. D. Fortino. (Fonderia ital. **10.** 333—40. Aug. 1961. Turin, Fiat Fonderie.) (Ital.)

Übersicht über die den Stählen analogen therm. Behandlungen von gewöhnlichem, schwach legiertem u. legiertem Grau- u. Kugelgraphitgußeisen: Anlassen zur Stabilisierung u. Verarbeitbarkeit, Normalisierung, Tempern, Vergüten u. Oberflächenhärtung, wobei die letzten 3 Verff. auch auf schmiedbares Gußeisen angewendet werden können (Mikroaufnahmen). G. PLATZER. 6492□

Untersuchung über das Gasaufkohlungsvermögen einiger praktischer Einsatzstähle. Kingo Kiyonaga und Toshio Okuno. (Nippon Kinzoku Gakkai-Si [J. Japan Inst. Metals] **24.** 727—31. 1960.) (Jap.; Auszug: Engl.)

Unterss. über das Gasaufkohlungsvermögen einiger Einsatzstähle mit 0,12 bis 0,19 (%) *C*, 0,18—0,30 *Si*, 0,46—0,89 *Mn*, 0,012—0,017 *P*, 0,009—0,013 *S*, 0,06 bis 3,18 *Ni*, 0,06—1,19 *Cr*, 0—0,25 *Mo*, 0,15—0,24 *Cu* zeigen, daß *Cr–Mo*-Stahl einen höheren Oberflächen-C-Geh. als *Ni–Cr*- u. *Ni–Cr–Mo*-Stähle bei gleichen Arbeitsbedingungen aufweist. Die Härtetiefe schwankt mit der Aufkohlungs-Temp., Zeit, Stahlart u. bes. dem Taupunkt. Der C-Diffusions-Koeff. bei 925° beträgt 1300—1700 · 10^{-5} cm^2/Tag; er ist in Ni enthaltendem Stahl größer als in Cr–Mo-Stahl. Bei gleichen Gasbedingungen wird ein Stahl mit stärkerer C-Diffusion u. vergleichsweise hohem Oberflächen-C-Geh. wirksamer u. mit größerer Härtetiefe aufgekohlt. W. WESLY. 6492□

Thermomechanische Methode zum Aufheben der restlichen Abschreckspannungen in Aluminium-Legierungen. H. N. Hill, R. S. Barker und L. A. Willey. (Trans. Amer. Soc. Metals **52.** 657—74. 1960. New Kensington, Pa., Aluminum Co. of America.) (Engl.)

Zum Aufheben der restlichen Spannungen werden die abgeschreckten Teile aus Al-Legg., noch bevor eine nennenswerte Alterung einsetzt, bei sehr niedriger Temp. gekühlt. Kühlung in fl. N_2 hat sich als besonders geeignet erwiesen. Unmittelbar nach dem Herausnehmen aus dem Kühlmittel werden die Teile an allen ihren Oberflächen mit Wasserdampf hoher Geschw. behandelt. Dann werden die Teile in der für die einzelnen Legg. üblichen Weise ausgelagert. Durch diese Behandlungen werden die Restspannungen um mehr als 80% aufgehoben, ohne daß die mechan. Eigg. wesentlich verändert werden. — Diskussion. F. VIER. 6492□

Weichnitrieren und Carbonitrieren in der Feinwerktechnik. F. W. Fysell. (Feinwerktechnik **64.** 64—68. Febr. 1960. Frankfurt/M.) (Dt.)

Übersicht über Grundlagen, Ausführung u. Anwendung des Weichnitrierens u. Carbonitrierens von Geräte- u. Maschinenteilen in der Feinwerktechnik u. die Eigg. so behandelter Teile. — 10 Schrifttumshinweise. W. WESLY. 6492□

Sulfidierung und Eigenschaften von sulfidiertem Metall. A. W. Kriulin. (Металловедение и Термическая Обработка Металлов [Metallkunde therm. Metallbearb.] **1960.** Nr. 7. 31—40. Juli. Leningrad, Inst. für Wassertransport.) (Russ.)

Die Durchführung des Sulfidierungs-Verf. für Stahl u. Gußeisen wird beschrieben. Die dabei an der Oberfläche ablaufenden Rkk. werden erläutert. Hieraus ergibt sich, daß am günstigsten die *Sulfo-Cyanierung* ist, welche die Verschleißfestigkeit von Stahl u. Gußeisen bei bestimmten Verschleißbeanspruchungen erhöht. Die eigentliche Sulfidierung empfiehlt sich nur bei Eisenkeramik. H. HOCHSTEIN. 6492□

Der Einfluß von Temperatur und Legierungszusätzen auf die Oberflächenspannung von Silber, Kupfer und Kupferlegierungen. F. Pawlek, W. Thielsch und W. Wuth. (Metall **15.** 1076—78. Nov. 1961. Berlin, TU, Inst. für Metallhüttenkunde.) (Dt.)

Mit der Meth. des ruhenden Tropfens wird gezeigt, daß Zusätze von *Ag* die Oberflächenspannung von *Cu* herabsetzen, doch sind hierzu verhältnismäßig hohe Zusätze notwendig. Mit steigendem *P*-Geh. sinkt die Capillar-Konst. u. damit die Oberflächenspannung der *Cu–P*-Legierungen. F. VIER. 6504□

Hochfrequenz-Induktions-Hartlötung und Lötung. 1. Mitt. J. Libsch und P. Capolongo. (Canadian Metalworking **24.** Nr. 8. 49—51. Aug. 1961. Lehigh Univ.; Lepel High-Frequency Labor., Inc.) (Engl.)

Beschreibung. W. WESLY. 6504□

Ermittlung der mit verschiedenen Schweißverfahren erreichbaren Gütewerte von Kupferschweißungen. H. Wirtz. (Schweissen u. Schneiden **13.** 588—90. Dez. 1961. Duisburg, Schweißtechn. Lehr- u. Vers.-Anstalt.) (Dt.)

Es wird gezeigt, daß sich mit Hilfe der Autogen-, offene Lichtbogen-, MIG- u. WIG-Schweiß-Verff. hochwertige Cu-Schweißungen erzielen lassen. F. VIER. 6506□

Beitrag zur Technologie des Schweißens von Titan. W. Hofmann, G. Pieper und J. Riedel. (Schweissen u. Schneiden **13.** 577—80. Dez. 1961. Braunschweig, TH, Inst. für Werkstoffkunde u. Schweißtechn.) (Dt.)

Bleche aus Reintitan mit einer Dicke von 1,5 mm wurden in einer Spannvorr. aus Cu nach dem WIG-Verf. mit Gleichstrom verschweißt. Zum Teil wurden die Bleche nur von einer Seite, teils auch von beiden Seiten geschweißt. In einer 3. Vers.-Reihe wurde die Durchschweißung über eine Hohlauflage der Bleche unter beiderseitigem Ar-Schutz vorgenommen u. die Stromstärke bis 70 A gesenkt. Die Schweißverbindungen wurden durch Zug-Vers. längs u. quer zur Schweißnaht, ERICHSEN-Tiefung, Hin- u. Herbiege-Vers. u. auf Härte geprüft. Die besten Werte wurden in der 3. Vers.-Reihe erzielt. F. VIER. 6506□

Austenitische Elektrode mit kontrolliertem Ferrit zum Schweißen von vollaustenitischen Stählen für Temperaturen bis zu 650°. Fritz Richter. (Zváracský Sbornik **9.** 424—31. 1960. Berlin.) (Slowak.) M. GEHLEN-KELLER. 6506□

Fortschritte des organischen Finishens im Jahre 1961. Harold P. Preuss. (Metal Finishing **60.** Nr. 1. 54—59. Jan. 1962.) (Engl.)

Fortschrittsbericht. — 70 Literaturangaben. M. GEHLEN-KELLER. 6508□

Die Auswahl der Verfahren zum Finishen von Magnesium. John A. Stevens. (Product Engng. **31.** Nr. 23. 31—35. 6/6. 1960. Dow Metal Products Co.) (Engl.)
Tabellar. Übersicht. W. WESLY. 6508☐

Die Reinigung der durch die metallurgische Art des Zunderns beeinflußten Drähte aus Kohlenstoffstahl. Allan B. Dove. (Wire and Wire Products **35.** 1547—54. 1589. Nov. 1960. Hamilton, Ontario, Steel Co. of Canada Ltd.) (Engl.)
Übersicht über die Theorie der Zunder-Bldg., die Einw. der Ofengase u. den Verlauf des Wachstums der Zunderschicht beim Abkühlen. Die Dicke der Zunderschicht, ihre Zus. u. ihre Eigg. werden durch planmäßige Abkühlung überwacht; dadurch wird die Beizgeschw. erhöht u. der Zunderverlust vermindert. Die verschiedenen Zunderarten zeigen verschiedene Lösungsgeschw.; Fe_3O_4 ist in H_2SO_4 sehr schwer löslich. Bei der Einw. einer Beizlsg. auf Fe wirkt $FeSO_4$ als Inhibitor; die Beizlsg. muß also bei einer bestimmten $FeSO_4$-Konz. erneuert werden. An rasch abgekühlten Stäben ist die Zunderdicke geringer. Die mechan. Entzunderung ist weniger wirksam als die chem. Behandlung. Die Wirksamkeit der mechan. Entzunderung wird aber durch Senkung der Haspeltemp. in der Stabmühle u. beschleunigte Abkühlung verbessert. Die Dicke von Glühzunder ist größer als die von Walzzunder. Glühzunder läßt sich besser als anderer Zunder beseitigen. W. WESLY. 6508☐

Wirkung der Reinigungsverfahren auf das elektrochemische Verhalten von Kathoden aus hochkohlenstoffhaltigem Stahl in einem Chromsäureelektrolyten. George Chaplenko. (Plating **48.** 1213—20. Nov. 1961. Elizabeth, N.J., Singer Mfg. Co.) (Engl.)
Durch Messen des Kathodenpotentials bei verschiedenen Stromdichten wurde die Wrkg. von 21 bekannten Reinigungs-Verff. auf das elektrochem. Verh. von Kathoden aus Stahl mit hohem C-Geh. im CrO_3-Elektrolyt untersucht. Am besten bewährte sich die mechan. Reinigung mit einem aufgeschlämmten Schleifmittel. Sonst muß nach chem. Entfetten mit verd. *HCl* gebeizt werden. H_2SO_4 als Beizmittel gibt keine guten Ergebnisse. — 47 Literaturangaben. F. VIER. 6508☐

Die Entfernung des Zunders beim Strahlen. Peter Ulrich Schmithals. (Stahl u. Eisen **81.** 1739—45. 7/12. 1961. Dortmund.) (Dt.)
Der zeitliche Verlauf des Zunderabbaus wird durch gewichtsanalyt. Best. erfaßt. Für eine Anzahl verschiedener warm gewalzter Stahlbänder werden Zunderabbaukurven wiedergegeben u. ein Kennwert m_E ermittelt, der die Entfernbarkeit des Zunders angibt. Für das Verh. des Zunders bei der Strahlentzunderung sind bes. die Zunderdicke u. die Härte des Bandes bedeutsam. Der Einfl. der Abkühlungs-Geschw. ist geringer; bei mittleren Abkühlungs-Geschw. ist die Zunderentfernbarkeit am schlechtesten. Eine Exponentialfunktion für den Entzunderungsverlauf wird theoret. abgeleitet. Strahl-Verss. an Bändern u. Proben in einer Schleuderradanlage unter Betriebsbedingungen zeigten eine gute Abhängigkeit der erforderlichen Strahlzeiten von den ermittelten Zunderkennwerten. H. HOCHSTEIN. 6510☐

Über das Aufrauhen von Metalloberflächen durch Ätzen. H. Psille. (Feinwerktechnik **65.** 1—4. Jan. 1961. Nürnberg, Standard Elektrik Lorenz Akt.-Ges.) (Dt.)
Überblick über die Verff. zum Aufrauhen durch Ätzen u. die Beurteilung u. Messung der Aufrauhung. F. VIER. 6512☐

Über die Behandlung von Metalloberflächen mit Wasserstoffperoxidlösungen. Koichi Kawamura. (Nippon Kinzoku Gakkai-Si [J. Japan Inst. Metals] **24.** 710—14. 1960.) (Jap.; Auszug: Engl.)
Tabellen u. Diagramme der Löslichkeit von rostfreien, unlegierten C- u. rostfreien *Stählen, Cu-, Ti-, Ni-, Mg-, Al-* u. *Pb-Legg.* u. ihren *Oxiden* in *HCl*, H_2SO_4, HNO_3, *HF* mit H_2O_2-Zusätzen u. der günstigsten Mischungsverhältnisse zum Entzundern, Ätzen u. Polieren. W. WESLY. 6512☐

Die chemische Abtragung von Aluminium unter elektrischer Einwirkung. John E. Spessard. (Plating **48.** 1221—22. Nov. 1961. Fort Worth, Tex., Texas Christian Univ.) (Engl.)
Es wurden Verss. durchgeführt, die beim chem. Abtragen mit *NaOH* unter Zusatz von *Zn-* u. *Cu*-Salzen auftretenden Zn- u. Cu-Ndd. auf der Al-Oberfläche nicht wie bisher durch Zusatz von lösl. Sulfiden zu verhindern, sondern durch elektrolyt. Abscheiden von Cu u. Zn auf einer Kathode aus Cu-Blech. Die Verss. ergaben, daß unter diesen Bedingungen das Abtragen eine erheblich kürzere Zeit erforderte. F. VIER. 6512☐

Profilätzen von rostfreiem Stahl als Herstellungsverfahren. Anonym. (Metalwork. Product. **106.** Nr. 7. 73—75. 14/2. 1962. Grumman Aircraft Corp.) (Engl.)
Beschreibung des Profilätzens von rostfreiem Stahl mit einem Gemisch von *HCl*, HNO_3 u. H_3PO_4 in techn. Maßstab. W. WESLY. 6512☐

Mechanische Haftung von flammgespritzten Überzügen. Tibor S. Laszlo. (Amer. ceram. Soc. Bull. **40.** 751—55. Dez. 1961. Wilmington, Mass., Avco Corp.) (Engl.)

Selektive Ätzung führt zu Erhöhungen auf Metalloberflächen u. bewirkt dadurch eine gute Haftung der flammgespritzten Überzüge. Das Verf. ist um so wirksamer, je größer die Kristallindividuen sind. Bei kleinen Kristallen ist es daher zweckmäßig, sie oberflächlich, z. B. durch Tempern, zu vergröbern. — 18 Literaturangaben. F. Reinhart. 6512 □

Tropfenprobe zum Erkennen von anodischen und chemisch aufgebrachten Überzügen auf Aluminium und seinen Legierungen. Emanuel Bracha. (Metal Finishing **60.** Nr. 1. 66—70. Jan. 1962. Israel Res. Labor.) (Engl.)

Es wird gezeigt, daß sich durch Behandeln mit einem Tropfen einer wss. Lsg. von H_2SO_4, *NaF* u. $Cu(NO_3)_2$ oder $CuSO_4$ feststellen läßt, ob die Al-Oberfläche blank, anodisiert, chromat- oder chromphopshatbehandelt ist. F. Vier. 6512 □

Die Aufbereitung von Abfallsäure aus Beiz- und Waschanlagen. M. Smallwood. (Sheet Metal Ind. **37.** 675—80. Sept. 1960. Steel Co. of Wales Ltd., Abbey Works.) (Engl.)

Beschreibung der Aufbereitung von $FeSO_4$ enthaltender Abfall-H_2SO_4 aus Beiz- u. Waschanlagen durch Neutralisation mit $Ca(OH)_2$ unter Gewinnung von (wertlosem) $CaSO_4$ u. $Fe(OH)_2$ u. durch Eindampfen in gummierten Behältern unter Gewinnung von $FeSO_4 \cdot 7\,H_2O$, das, mit *Pyrit* gemischt, zur H_2SO_4-Erzeugung verwendet werden kann, u. von 45—50%ig. H_2SO_4, die nach Verdünnung mit dem Dampfkondensat wieder zum Beizen dient. W. Wesly. 6512 □

Das elektrolytische Polieren von Stahl mit einem überchlorsäurehaltigen Elektrolyten. J. Heyes. (Metalloberfläche **15.** 373—82. Dez. 1961. Solingen, Dr. W. Kampschulte & Cie.) (Dt.)

Es wird gezeigt, daß sich *Essigsäureanhydrid*–$HClO_4$-Elektrolyte gefahrlos handhaben lassen, wenn ihre Temp. unter 350° gehalten wird u. daß sich damit Stahl einwandfrei polieren läßt. F. Vier. 6514 □

Verfahrenstechnik in der Abwasserreinigung. Karl Kraffczyk. (Galvanotechn. u. Oberflächenschutz [Zürich] **2.** 147—54. Nov./Dez. 1961. Bonn.) (Dt. u. Franz.)

Nach Erörterung des Abwasserproblems für eine Galvanik werden die 3 wichtigsten Abwasserreinigungsanlagen, nämlich die Stand-, die elektron. gesteuerte Durchlauf- sowie die Ionenaustauscheranlage, beschrieben. Dabei werden auch die einzelnen Arten der hierbei anfallenden Abwässer u. ihre chem. Aufbereitung erörtert. Bei den cyanid. Abwässern wird auf das *Cynox*-Verf. näher eingegangen. M. Straschill. 6514 □

Cyanidische Verkupferung mit Einebnung. Heinz W. Dettner. (Metalloberfläche **15.** 367—69. Dez. 1961. Berlin.) (Dt.)

Durch Verss. wird nachgewiesen, daß es möglich ist, mit einem neu entwickelten cyanid. Heißkupferelektrolyten mit besonderen Einebnungszusätzen mit Stromumkehr die Einebnungs-Wrkg. zu verbessern. — 16 Literaturangaben. F. Vier. 6516 □

Über die Einebnung saurer Glanzkupfer- und Glanznickelbäder. W. Strauß. (Metalloberfläche **15.** 318—21. Okt. 1961. Düsseldorf, Deutsche Hydrierwerke G.m.b.H.) (Dt.)

Es wird ein saures Hochglanz-Cu-Bad beschrieben, mit dem es gelingt, prakt. eine so weit gehende Einebnung zu erzielen, wie es physikal. möglich ist. Mit einem Glanz-Ni-Bad nahm die Einebnung mit stärkerer Schichtdicke weniger stark zu. Als Grundwerkstoff diente Messing. Durch Kombination beider Bäder gelingt es, eine optimale Einebnung zu erreichen. F. Vier. 6516 □

Einebnung von Oberflächenprofilen einfacher geometrischer Form durch galvanische Überzüge. K. Müller und E. Raub. (Metalloberfläche **15.** 357—61. Dez. 1961. Schwäbisch-Gmünd, Forschungsinst. für Edelmetalle u. Metallchem.) (Dt.)

Zur Berechnung der Einebnung durch galvan. Ndd. wird eine Formel vorgeschlagen, die für prakt. Vgl.-Zwecke verwendbar ist. Es wird gezeigt, daß eine für die geometr. Einebnung vorgeschlagene Formel den tatsächlichen Verhältnissen bei *Cu-* u. *Ni*-Ndd. aus sauren Bädern nahezu entspricht. F. Vier. 6516 □

Galvanische Abscheidung von Kupfer-, Nickel- und Bimetall-Blechen. E. Carrington. (Electroplating Metal Finishing **13.** 80—84. März. 126—29. 143. April 1960.) (Engl.)

Es wird ein Verf. beschrieben, nach welchem im fertigungstechn. Umfang Bimetallbleche mit einer Schichtdicke von 9,5 mil hergestellt werden. Als Mutterplatten wird rostfreier Stahl in Form gebogener Kathoden verwandt. Cu-Bad: 240 (g/Liter) $CuSO_4 \cdot 5\,H_2O$, 100 H_2SO_4, 2 *Phenoldisulfonsäure*, Stromdichte ca. 200 A/sq.ft., 40—45° Badtemperatur. Ni-Bad: 280 (g/Liter) $NiSO_4 \cdot 7\,H_2O$, 30 H_3BO_3, 2—10 KCl, Stromdichte ca. 102 A/sq.ft., Bad-Temp. 75°. Wegen der starken Korrosivität des Ni-Bades mußten besondere Filtrier-Vorr. geschaffen werden. Bei der Schichtfolge Cu/Ni wird Cu mit Glasbürsten behandelt u. dann vernickelt. Ni wird glatt abgeschieden. Cu scheidet sich leichter auf Ni ab als Ni auf Cu. B. FIEDLER. 6516□

Wirkungen des Ultraschalls auf die elektrolytische Abscheidung von Kupfer und Zink aus sulfatischen und cyanidischen Elektrolyten. Charles B. Kenahan und David Schlain. (U. S. Dep. Interior, Bur. Mines, Rep. Invest. **1961.** Nr. 5890. 1—53.) (Engl.) — Vgl. C. **1962.** 6951.

Die Verss. ergaben, daß bei Behandlung mit Ultraschall noch mit Stromdichten von 300 A/ft.^{2} festhaftend dichte *Cu*-Ndd. aus sauren Sulfat-Lsgg. bei 50° erzielt werden konnten, während ohne Ultraschall bei Stromdichten von mehr als 30 A/ft.^{2} die Ndd. spröde u. weniger gut haftend wurden. Bei Ultraschallbehandlung nahm die Korngröße ab u. die Kristalle erhielten eine bevorzugte Orientierung. Bei den höheren Stromdichten verringerte sich die Zellspannung um 3 V, was auf Depolarisation der Anode, weniger der Kathode, zurückzuführen ist. Ultraschallbehandlung bewirkt auch bei hohen Stromdichten eine gleichmäßige Korrosion der Anode. Frequenzen von 400 kHz/s waren nicht so wirksam wie Frequenzen von 38. Schnelle Umdrehungen der Kathode bis zu 1800/min ergaben ähnliche Wrkg. wie die Ultraschallbehandlung. Im cyanid. Cu-Elektrolyten bewirkte Ultraschall eine starke Zunahme der Kathoden- u. Anodenstromleistung u. eine starke Abnahme der Zellspannung. Ultraschallbehandlung war wirksamer als die übliche Badbewegung. Dieselbe Wrkg. trat beim Abscheiden von *Zn* aus cyanid. Bädern auf. Im sauren Elektrolyten wurde die Kathodenstromleistung durch Ultraschall nicht beeinflußt, wohl aber die Anodenstromleistung bis zu 12% bei niedrigen Stromdichten erhöht. Bei allen Stromdichten entstanden rauhe, durchlöcherte Überzüge. Zellspannung u. Elektrodenpotential wurden nicht beeinflußt. Bei der elektrolyt. Gewinnung von Zn aus $ZnSO_4$-Lsgg. wurde durch Ultraschall bei einer Stromdichte von 100 A/ft.^{2} die Kathodenstromleistung um 34% erhöht, bei 30 A/ft.^{2} hatte der Ultraschall keine Wirkung. Zellspannung u. Elektrodenpotential wurden nicht beeinflußt.
F. VIER. 6516□

Elektrolytische Abscheidung auf Aluminium. C. Pérez Prieto. (Quím. e Ind. [Bilbao] **6.** 89—95. Mai/Juni 1959. Marconi Española S.A.) (Span.)

Überblick über die Verff. der Herst. von Metallüberzügen auf Al mit besonderer Berücksichtigung des *Zinkat*-Verf. u. des Verf. von VOGT. R. K. MÜLLER. 6516□

Der Schutz von Eisen und Stahl durch Aluminiumüberzüge. D. R. Andrews. (Metallurgia [Manchester] **62.** 153—58. Okt. 1960. Birmingham, Coll. of Advanced Technol.) (Engl.) K. STEIN. 6516□

Laboratoriumsuntersuchungen von chemischen Nickelniederschlägen. Jean Flechon. (Rev. du Nickel **27.** 123—25. Sept./Okt. 1961. Dijon, Fac. des Sci.) (Franz.)

Der Chemismus zur Erzeugung von Ni-Schichten aus *Ni-Acetat* u. *Na-Hypophosphit* unter dem Einfl. von $PdCl_2$ als Katalysator wird untersucht. Neben den Ni-Schichten entsteht Pulver unter H_2-Entwicklung. Das Ni enthält 1—10% *P*, je nach den Konzz. u. p_H-Bedingungen. Durch Erhitzen auf 500° wird der amorphe Nd. in kristallines *Ni* u. Ni_3P umgewandelt. F. ENSSLIN. 6520□

Glanzvernickelung von Gußstücken. Gianluigi Galli. (Fonderia [Milano] **9.** 533—35. Dez. 1960. Mailand, Industria metalchimica A. u. F. Stein.) (Ital.)

Vf. beschreibt die Arbeitsweise der Glanzvernicklung von Gußstücken aus *Pb*-haltigen *Bronzen*, Pb-haltigem *Messing* u. aus *Al*-Bronze mit Hinweis auf den Einfl. der Zusatzelemente auf die physikal. Eigg. der Oberfläche des Grundmetalls. Maßnahmen zur Verhütung von Ausschuß werden mitgeteilt. A. SANDER. 6520□

Keramische Überzüge. D. M. Potter. (Aircraft Product. **23.** 354—58. Okt. 417—21. Nov. 1961.) (Engl.)

Der *Solaramic*-Prozeß zur Herst. keram. Schutzoxidüberzüge auf unter Hochtemp.-Betriebsbedingungen arbeitenden Maschinenteilen wird in seiner Entw. beschrieben u. die betriebsfertige Durchführung des Verf. behandelt, wobei bes. die Zubereitung der Fritte vor ihrer Auftragung erörtert wird. Die der Durchführung des Verf. dienenden Einrichtungen, bes. die elektr. beheizten Öfen mit Brenntemp. von 950° u. mit automat. Temp.-Regelanlage sowie ihre Erhaltung durch Ausbesserung werden beschrieben.
H. HOCHSTEIN. 6528□

Mikrokristalline Wachse und ihre Anwendung zum Packen von Maschinenprodukten. Milan Novák. (Korose Ochrana Mater. **1960.** 61—64. Aug. Praha Obal. ústav.) (Tschech.)

Eigg. der sieben zur Zeit in der Tschechoslowakei erzeuten mikrokristallinen Wachse zum Verpacken von metall. Erzeugnissen mit Anführung der Verpackungstechnologie u. Vgl. mit ähnlichen ausländ. Stoffen. J. TŮMOVÁ. 6528□

Über die Glanzeloxierbarkeit von Aluminiumwerkstoffen in Abhängigkeit von der thermischen Behandlung. H. Neunzig. (Metalloberfläche **15.** 362—66. Dez. 1961. Bonn, Verein. Aluminium-Werke Akt.-Ges.) (Dt.)

Durch Verss. wird nachgewiesen, daß bei richtiger Wärmebehandlung *Al* 99,9 + 0,5% *Mg*, sowohl aus Preß- als auch aus Walzbarren hergestellt, nach den bekannten Verff. mit demselben Erfolg wie *Reflectal* geglänzt werden kann. Al 99,85 kann zufriedenstellend, allerdings in nicht allen Fällen, nur mit einem sauren Glanzbad geglänzt werden. Al 99,8 ist für hohen Spiegelglanz nicht geeignet. F. VIER. 6530□

Atmosphärische Korrosion von Aluminium. H. R. Ambler. (J. appl. Chem. **11.** 120. März 1961.) (Engl.)

Ergänzung zu der C. **1961.** 3137 referierten Arbeit. W. WESLY. 6538□

Zur Klimafestigkeit feinwerktechnischer Geräte unter besonderer Berücksichtigung des Verhaltens der metallischen Werkstoffe. A. Eckstein. (Feinwerktechnik **64.** 49—57. Febr. 1960. Berlin.) (Dt.)

Übersicht über die elektrochem. Grundlagen der Metallkorrosion, die Möglichkeiten zur Erhöhung der Klimafestigkeit von *metall. Werkstoffen*, das Verh. wichtiger *Kunststoffe* u. *Schmiermittel* unter klimat. Beanspruchung, die klimat. Einfl. auf feinwerktechn. Geräte u. die Bedeutung der Prüfklimate. — 21 Schrifttumshinweise. W. WESLY. 6538□

Über Korrosion von Schiffsblechen in Meerwasser. Eino Uusitalo und Ilkka Mäkimattila. (Teknillisen Kem. Aikakauslehti [Z. techn. Chem.] **18.** 513—17. 1961. Helsingfors, TH; Helsingfors, Kemisha Centralförbundets Korrosionslabor.) (Schwed.)

Korrosions-Verss. an 10 verschiedenen Typen von Schiffsblechen zeigen, daß die Korrosions-Geschw. nach einem parabol. Gesetz der Angriffsdauer u. der Strömungs-Geschw. folgt. Die Korrosion steigt zwischen 0 u. 50°, der Einfl. des Salz-Geh. (ca. 2%) ist bei 25° am größten. Die Korrosionsbeständigkeit steigt mit dem Geh. an *Cu*, *Ni*, *Cr* u. *As*. E. FRITSCHE. 6538□

Korrosion in Papiermaschinenzylindern. S. Linderborg. (Teknillisen Kem. Aikakauslehti [Z. techn. Chem.] **18.** 507. 510—12. 1961. Kuusankoski, Finnl., Kymmene AB.) (Schwed.)

Es wird ein spezieller Korrosionsfall in Papiermaschinenzylindern behandelt, der durch die Bldg. eines Lokalelements zwischen *Fe* u. Fe_3O_4 erklärt werden kann. Letzteres war durch den Zusatz von *Hydrazin* zum W. gebildet worden. E. FRITSCHE. 6538□

Der Schutz gegen Korrosion mit Schmierstoffen und Schutzprodukten. Willi F. Pauk. (Chem. techn. Rdsch. [Solothurn] **13.** 381—83. 1/8.; 409—11. 15/8. 1960. Bern, ASEOL Adolf Schmids Erben AG., Forschungslabor.) (Dt.)

Übersicht über Arten u. Ursachen der Korrosion, die Labor.-Prüfung des Korrosionsschutzes, die Mittel für den Korrosionsschutz u. die gebräuchlichen Rostvorbeugungsmittel. W. WESLY. 6538□

Über Korrosionsinhibitoren für die Schutzöle von Gasbehältern. P. Ruuskanen. (Teknillisen Kem. Aikakauslehti [Z. techn. Chem.] **18.** 518—519. 1961. Uleåborg, Finnl., Typpi OY.) (Schwed.)

Auf Grund von Korrosionen in Rohgasbehältern einer Anlage zur Herst. von NH_3 wurden in Labor.-Unterss. die unlegierten C-Stahlproben der Gasbehälter Korrosions-Verss. unter Anwendung von Inhibitoren unterworfen. Durch Zugabe von 1% eines aus Kondens.-Prodd. von *Fettsäureaminen* bestehenden handelsüblichen Inhibitors zum Schutzöl konnte die Korrosion weitgehend unterdrückt werden. E. FRITSCHE. 6538□

Kontaktkorrosion von Metallen im Lichte der praktischen Erfahrung und Untersuchung. Tenho Sneck. (Teknillisen Kem. Aikakauslehti [Z. techn. Chem.] **17.** 871—75. 31/12. 1960.) (Finn.)

Kontaktkorrosion entsteht durch Berührung eines Metalls mit festen Baustoffen; wenn diese metall. sind, bilden sich galvan., meist Konz.-Elemente. Diskontinuierliche Kontakte sind bes. gefährlich. Als Beispiel werden die Korrosionen von Stahl in Stahlbeton u. von Rohren, die im Fußboden, bes. von Badezimmern, verlegt sind, erörtert. W. WESLY. 6538□

Kontaktkorrosion in der Bautechnik. Tenho Sneck. (Teknillisen Kem. Aikakauslehti [Z. techn. Chem.] **18.** 522—29. 1961. Ottnäs, Finnl., Statens Tehniska Forskninganstalt.) (Schwed.)

Die Möglichkeit von Korrosionen durch Kontakte zwischen Metallen u. anderen festen Baumaterialien (*Beton*, *Isoliermaterial*, *Holz*, *Glas*, *Ziegel*, *Gips*, *Papier*, *Putz*, *Mörtel* usw.) werden theoret. u. an Hand von prakt. Beispielen ausführlich behandelt. — 14 Literaturangaben. E. FRITSCHE. 6538□

Korrosionsprüfung elektrischer Kontakte. J. Weissler. (Feinwerktechnik **64.** 58—61. Febr. 1960. Hannover.) (Dt.)

Beschreibung von elektr. Kontakten in festen, nicht lösbaren, selten lösbaren u. oft lösbaren Verbindungen u. der Art, Ergebnisse u. Schlußfolgerungen ihrer Prüfung auf Klimafestigkeit. W. WESLY. 6538□

Innerer kathodischer Schutz gegen Korrosion. C. Plumpton, H. M. Powell und C. Wilson. (Nuclear Power **5.** Nr. 55. 101—03. Nov. 1960.) (Engl.)

Um metall. Flächen, die von Elektrolyten umgeben sind, zu schützen, bildet man sie als Kathoden aus u. bringt in den Elektrolyten eine Anode ein, so daß der Stromkreis geschlossen werden kann. Vff. untersuchen die zweckmäßigste Form der Tankbehälter u. geben Hinweise für die Dimensionierung. G. KURDAL. 6538□

Einige Probleme der Bodenkorrosion. Stefan Pawlikowski und Iwo Pollo. (Nafta [Katowice] **16.** 276—80. Okt. 1960. Gliwice, Politechn. Śląska.) (Pol.)

Übersicht über aktivierende u. passivierende Faktoren mechan., physikal., elektrochem., chem. u. biolog. Art bei der Korrosion von Fe u. Stahl im Boden. F. URBAN. 6538□

Methoden der Beurteilung der Korrosionseigenschaften der Böden. Stefan Pawlikowski und Iwo Pollo. (Nafta [Katowice] **16.** 313—16. Nov. 1960.) (Pol.) — Vgl. vorst. Referat.

Die wichtigste Meth. zur Best. der Aggressivität des Bodens gegen *Fe* ist die Messung seiner elektr. Leitfähigkeit. Andere, z. T. nichtelektr. Eigg. des Bodens, wie der Feuchtigkeits-Geh., die chem. Zus. des Elektrolyts u. der Bakterienfaktor, müssen gesondert ermittelt werden. Streuströme können auch bei geringer Aggressivität des Bodens starke Korrosion verursachen. F. URBAN. 6540□

Korrosion von Spritzgußlegierungen in Waschmittellösungen, gemessen mit dem Verfahren des elektrischen Widerstandes. H. J. Smith und R. L. Hadley. (Corrosion [Houston] **15.** Nr. 6. 61—64. Juni 1959. Louisville, Ky., General Electric Co., Metallurg. and Ceramics Labor., Appl. Labor.) (Engl.)

Das Verf. beruht darauf, daß der spezif. elektr. Widerstand von Metallen geringer als der ihrer Korrosions-Prodd. ist u. daß die als Korrosionsfolge auftretende Dickenabnahme eine Widerstandserhöhung bewirkt. *Al–Si*-Leg. *13* u. *Al–Si–Mg*-Leg. *A 360* sind in Trinkwasser u. Waschmittel-Lsgg. mit u. ohne Zusatz von Bleichlauge *Al–Cu–Si*-Leg. *A 380* u. *Zn*-Spritzguß-Leg. *D 3* überlegen. In Cl-freien Waschmitteln wird die Korrosion teilweise durch die anwesenden Silicate verhindert. *Al–Si*-Leg. *13* ist am korrosionsbeständigsten; ihr folgt Leg. *A 360*. Das Verf. eignet sich zum Vgl. der Korrosionsfestigkeiten von Metallen im Laboratorium. W. WESLY. 6540□

Untersuchung und Überwachung der Korrosionsbedingungen. E. Uusitalo. (Teknillisen Kem. Aikakauslehti [Z. techn. Chem.] **17.** 860—70. 31/12. 1960.) (Finn.)

Übersicht über die Verff., Geräte, Werkstoffe, angreifende Reagentien zur Korrosionsprüfung u. die (elektrochem.) Verff. zur Korrosionsmessung u. -verhütung. (Beispiele an Wärmeaustauschern u. Kühlsyst. von Verbrennungsmotoren.) W. WESLY. 6540□

Die Anwendung des B.C.I.R.A.-Prüfgerätes zur Beurteilung der Korrosionsfähigkeit von kältebeständigen Lösungen. H. H. Collins und T. J. Glover. (B.C.I.R.A. Journal **9.** 812—19. Nov. 1961.) (Engl.)

Auf Grund der Prüfergebnisse wird festgestellt, daß das Prüfgerät als eine geeignete Unters.-Korrosion zur Beurteilung der Korrosionsfähigkeit der verschiedenen kältebeständigen Lsgg. dienen kann. H. HOCHSTEIN. 6540□

Die elektrolytische Wasserstofferzeugung für Korrosionsversuche. T. C. Downie und C. W. Goulding. (Metallurgia [Manchester] **65.** 48. Jan. 1962.) (Engl.)

Für Korrosions-Verss., die unter Luftabschluß durchgeführt werden sollen, wird eine App. beschrieben, die für einige Wochen einen langsamen, gleichmäßigen H_2-Strom liefert. K. STEIN. 6540□

Korrosionseinfluß von wärmehärtenden Kunststoffen auf Metalleinlagen. Győző Ambrus und Teréz Kormány. (Magyar Kémikusok Lapja [Z. Ver. ung. Chemiker] **17.** 27—29. Jan. 1962. Budapest, Kabel- u. Kunststoffabr. u. Forsch.-Inst. Fernmeldetechn.) (Ung.)

Zur Auswahl von zum Tropeneinsatz entsprechenden Kunststoffen wurden Unterss. bei 110 V Gleichspannung u. 80° über die Einw. von *Phenoplast-* u. *Aminoplast*-Preßpulvern auf *Cu-* bzw. oxydierte *Al*-Folien ausgeführt. Zunächst wurde *Phenol* oder *Kresol* mit 5% W. bzw. deren Dampfphase angewandt. Die Gew.-Zunahme ist in einer Tabelle mitgeteilt. 11 verschiedene Preßpulver mit bestimmten NH_3- bzw. Cl-Geh. wurden ebenfalls im Dauer-Vers. geprüft. Es entstanden gut haftende, farbige Korrosionsprodukte. Die Intensität der Einw. wurde in 5 Stufen geschätzt u. tabellar. angegeben. I. NÁRAY-SZABÓ. 6540□

Kavitationsschäden. 1. Mitt. Friedrich Erdmann-Jesnitzer und Ralf Laschimke. (Forsch. u. Fortschr. 35. 97—101. April; 134—37. Mai 1961. Freiberg, Sa.) (Dt.)

Übersicht über Begriff der Kavitation, die hydrodynam. Voraussetzungen zu ihrer Entstehung, Kavitationsforschung, -schäden u. -prüfung. — 16 Literaturangaben. W. WESLY. 6546□

Elektronenmikroskopische Untersuchung von Reibung und Verschleiß. Rolf Weil und Roger A. Paquin. (Wear [Amsterdam] **4.** 123—36. März/April 1961. Hoboken, N.J., Stevens Inst. of Technol.) (Engl.)

Die Reibungs-Koeff. von galvan. auf poliertem Cu aufgebrachten *Ni,- Cu-* u. *Cr*-Schichten gegen *Stahl*kugeln wurden gemessen. Die Spuren, die die Stahlkugeln auf den Oberflächen hinterließen, wurden elektronenmrk. untersucht. Danach war die Beschädigung der Oberfläche durch Zerreißen der Schweißstellen von dem berechneten Verhältnis von Schweißstelle zur Kontaktstelle abhängig. Das galvan. Verf., die mechan. Eigg., die normalen Belastungen u. die Oberflächenrauheit hatten keinen wesentlichen Einfl. auf den Reibungskoeffizienten. Auf Grund der elektronenmkr. Unterss. konnte eine Beziehung zwischen dem Verschleiß, der Oberflächenrauhigkeit u. der Verformungshärtung aufgestellt werden. F. VIER. 6546□

International Nickel Co., Inc., New York, N.Y., übert. von: Andrew Wesley, Plainfield, und Robert J. McKay, Basking Ridge, N.J., V.St.A., **Zerteilbare Kathoden,** bes. für die *Ni*-Elektrolyse, bestehen aus einem Mutterblech, auf ihm entlang der beabsichtigten Teilungslinien aufgebrachte, nichtleitendem Stoff, z. B. Lack, Farbe, Firnis, u. einem das Ganze umschließenden galvan. aufgebrachten Ni-Überzug. Die Dicke W des nichtleitenden Stoffs u. die des Ni-Übergangs T sollen der Formel entsprechen $W = 2T/3 \pm T/10$. — Zeichnungen. (**A. P. 2 773 816** vom 2/8. 1952, ausg. 11/12. 1956.) G. APEL. 6371

Coast Metals, Inc., Little Ferry, N.J., übert. von: Arthur T. Cape, Los Angeles, Calif., und Charles V. Foerster, West Englewood, N.J., V.St.A., **Nickel-Silicium-Bor-Legierungen** bestehen aus 0,25—5 (%) *B*, 0,1—5 *Si*, einem oder mehreren der Metalle 0,05—2 *Ti*, 0,05—5 *Nb* u. 0,05—5 *Ta*, Rest *Ni*. Außerdem können noch enthalten sein bis 30 *Co*, bis 20 *Cr*, bis 15*Mn* u. bis 15 *Fe*. Die Legg. dienen bes. zum *Hartlöten* von Stahl. (**A. P. 2 899 302** vom 6/2. 1958, ausg. 11/8. 1959.) G. APEL. 6435

North American Aviation, Inc., übert. von: Roger G. Cron, Hawthorne, und Romeo A. Zuech, Redondo Beach, Calif., V.St.A., **Aluminiumlegierung** besteht aus 6—10 (%) Si, 0,2—0,6 *Mg*, 0,05—0,5 *Be*, Rest *Al*. Außerdem können enthalten sein 0,05—0,3 *Ti, B, Nb, Zr, Ta* u. *Mo* u. als Verunreinigungen bis 0,6 *Fe*, bis 0,2 *Cu, Zn, Mn* u. *Cr*. Die Leg. besitzt hohe Festigkeit, Duktilität u. Gießbarkeit u. wird als Guß-Leg. verwendet. (**A. P. 2 908 566** vom 1/6. 1956, ausg. 13/10. 1959.) G. APEL. 6447

Vereinigte Aluminium-Werke Akt.-Ges., Deutschland, **Vorgebrannte, kontinuierliche Anode mit seitlich angeordneten Stromzuführungen aus Eisen zur elektrolytischen Aluminium-Gewinnung.**[1] In die aus einzelnen Blöcken zusammengekittete Anode ragen die Zuführungen bis zu 15% der Anodenbreite jeweils in die Wandung des untersten Blockes hinein u. werden bei Erreichung von 700° in den nächstfolgenden Block umgesetzt. Zum Schutze der hereinragenden Teile der Zuführungen gegen Angriffe seitens der Anode, werden sie in einer Stärke von 3—10 mm von einer Masse aus 60 (%) Graphit, 26 Teerkoks (beides S-arm u. in Körnung von 0—3 mm), sowie 14 Melasse als Bindemittel umgeben. Der Gesamt-S-Geh. soll $<$0,5% sein. — Zeichnung. — Vgl. D. B. P. 962 652; C. **1958.** 11656. (**F. P. 1 139 983** vom 4/1. 1956, ausg. 9/7. 1957. D. Prior. 7/1. 1955.) H. OLBRICH. 6447

National Lead Co., New York, übert. von: Marshall B. Alpert, Staten Island, N.Y., und Robert L. Powell, Nixon, N.J., V.St.A., **Elektrolytische Gewinnung von Titan.** Eine elektrolyt. Zelle enthält in einer Schmelze von Alkalimetall-, Erdalkalimetall-, Mg-Haliden oder deren Gemischen eine sich nicht verbrauchende Anode, eine Lösungs- u. eine Abscheidungskathode. $TiCl_4$ wird an der Lösungskathode zugegeben, das gebildete $TiCl_3$ u. $TiCl_2$ wird zur Abscheidungskathode gebracht. An letzterer ist die Molalität von $TiCl_2$ nicht kleiner als 0,1, diejenige von $TiCl_3$ nicht größer als 2 u. beträgt höchstens $1/4$ der Molalität von $TiCl_2$. Für jedes Mol $TiCl_4$ werden an der Lösungskathode 1—2, an der Abscheidungskathode 2—3 Faraday zugeführt. An der Lösungskathode ist die gesamte Ti-Molalität ≥ 1, die Stromdichte in A/cm² ist nicht größer als die Molalitätszahl von $TiCl_3$ u. beträgt höchstens 2 A/cm². — Zeichnungen. (**Can. P. 554269** vom 4/10. 1952, ausg. 11/3. 1958. A. Prior. 5/10. 1951.) L. GROSSNER. 6449

National Lead Co., New York, N.Y., übert. von: Thomas M. Buck, Plainfield, und Frank J. Schultz, Fords, N.J., V.St.A., **Raffinieren von Titan.** Unreines Ti bildet die Anode einer elektrolyt. Zelle, als Elektrolyt wird eine Schmelze von Alkalimetall-, Erdalkalimetall- oder Mg-Haliden, die ein Gemisch von mindestens 70% *$TiCl_2$* u. *$TiCl_3$* in 0,3—2,0 molaler Konz. enthält, verwendet. Die Anodenstromdichte beträgt 0,1—0,3, die Kathodenstromdichte 0,2—1,5 A/cm². (**Can. P. 554 270** vom 17/10. 1952, ausg. 11/3. 1958. A. Prior. 18/10. 1951.) L. GROSSNER. 6449

Mond Nickel Co. Ltd., England, **Nickel-Eisen-Legierungen** bestehen aus 28,4—32,5 (%) *Ni*, ein oder mehrere der Metalle *Cu*, *Mo* u. *Mn* in einer Gesamtmenge von 1,2—12, bis 0,03 *C*, bis 0,03 *Si*, Rest *Fe*, werden auf pulvermetallurg. Wege hergestellt u. bes. für *Meßgeräte* verwendet. (**F. P. 1 192 867** vom 12/3. 1958, ausg. 29/10. 1959. E. Prior. 13/3. 1957.) G. APEL. 6475

International Nickel Co. of Canada Ltd., Copper Cliff, Ontario, Canada, übert. von: Thornley A. Dunton und David K. Worn, Birmingham, England, **Eisenpulver und Herstellung elektromagnetischer Kerne.** Ein Carbonyleisenpulver zur Herst. *elektromagnet. Kerne*, die bei ≧10—200 MHz arbeiten u. einen hohen Q-Wert besitzen, hat eine Teilchengröße von 2—5 μ u. enthält 0,4—2 (%) C, 0,4—3 N u. 0,1—1 S, letzteren als Sulfidfilm, der durch Behandlung des Pulvers in einer 1—100 H_2S enthaltenden Atmosphäre während 5 Min. bei 100° bei 15 psi erzielt wird. (**Can. P. 554 228** vom 12/9. 1955, ausg. 11/3. 1958. E. Prior. 16/9. 1954.) L. GROSSNER. 6475

Morgan Crucible Co. Ltd., England, **Herstellung von Sinterkörpern.** Eine Mischung von 75—90 (%) *Mo*, Rest *Al* mit einer Reinheit von mehr als 98 u. einer Teilchengröße von weniger als 40 μ wird zwischen 1600 u. 1950° in einer nichtoxydierenden Atmosphäre gesintert. Die Körper haben eine erhöhte Widerstandsfähigkeit bei niedrigen u. hohen Temp. u. zeichnen sich durch therm. Stoßfestigkeit aus. (**F. P. 1 199 007** vom 12/3. 1958, ausg. 10/12. 1959. E. Prior. 13/3. u. 7/5. 1957.) C. GÖTZE. 6475

A/B Höganäsmetoder, Schweden, **Herstellung leicht preßbaren Metallpulvers.** Das zur gewünschten Feinheit zerkleinerte Ausgangspulver wird vor der üblichen Wiedererwärmung einer Kaltverarbeitung, z. B. Walzen, unterzogen. (**F. P. 1 159 791** vom 11/9. 1956, ausg. 2/7. 1958.) G. APEL. 6475

Sintercast Corp. of America, Yonkers, N.Y., V.St.A., **Sinterkörper** werden hergestellt aus Partikeln, deren Größe 40 μ nicht überschreitet u. die aus einem duktilen Metall, z. B. 5—30(%) *Cr*, bis 25 *Fe*, Rest *Ni* u. *Co* mit 0,5—25 eines hochschm. feuerfesten Bestandteiles, z. B. *Oxide des Ca, Be, Mg, Al, Ti, Zr, Si, Cr, Th, Ce* oder *Silicide, Boride, Nitride* u. *Carbide des W, Mo, Zr, Ti, Cr, Ta, Nb* oder *Hf* zusammengesetzt sind. Die Partikel werden zu Körpern geformt u. in nichtreduzierender Atmosphäre gesintert. Die Sinterkörper sind hitzebeständig u. haben hohe Festigkeit u. Kriechfestigkeit bei Temp. bis 1000°. (**E. P. 821 336** vom 31/8. 1956, ausg. 7/10. 1959. A. Prior. 15/9. 1955.) C. GÖTZE. 6477

Vereinigte Leichtmetall-Werke G. m. b. H., **Herstellung eines metallischen Überzugs auf Aluminium-Sinterkörpern.** Zwischen dem zu verpressenden Sinterkörper u. dem Preßwerkzeug wird eine Gleitscheibe aus *Al* oder einer Al-Leg. eingelegt, z. B. aus Al von einem Reinheitsgrad von 99,99 oder 99,5 (%), einer *Al–Mg*-Leg. mit bis 3 Mg, einer *Al–Mn*-Leg. mit bis 2 Mn oder einer *Al–Zn*-Leg. mit bis 5 Zn. (**F. P. 1 155 274** vom 30/7. 1956, ausg. 24/4. 1958. D. Prior. 18/8. 1955.) G. APEL. 6517

Sentralinstitutt for Industriell Forskning, Oslo, und Skipsteknisk Forskningsinstitutt, Trondheim, Norwegen, **Schutz gegen Korrosion von mit Seewasser gefüllten Schiffstanks** mittels elektr. Stroms. Die an der Anode gebildeten Stoffe (Cl_2, O_2) werden kontinuierlich oder intermittierend aus dem Seewasser entfernt, so daß keine Einw. auf die Tankwände erfolgen kann. (**Norw. P. 92 165** vom 5/7. 1956, ausg. 28/7. 1958.) K. H. KÄHLER. 6539

Ole Rolfsen, Oslo, Norwegen, *Granulierung von pulverförmigen Erzen.* (**Holl. P. 99 654** vom 7/3. 1957, ausg. 15/11. 1961. Norw. Prior. 8/3. 1956. — C. **1961.** 18115 [E. P. 818 625].)

Gustav Grazladei, Salzburg, Österreich, *Gewinnung von Metallen durch Reduktion ihrer Oxide in Reduktionsöfen.* (**Ung. P. 147 233** vom 10/2. 1958, ausg. 15/7. 1960. — C. **1960.** 6989 [F. P. 1 173 969].)

Bot Brassert Oxygen Technik Akt.-Ges., Zürich, Schweiz (Erfinder: **Louis Jean René Lambert**, **Wilhelm Sedlacek** und **Georges Marie Messin**, Pompey, Frankreich), *Frischen von Roheisen.* (**Ung. P. 146 960** vom 20/12. 1958, ausg. 31/5. 1960. Oe. Prior. 28/12. 1957. — C. **1961.** 12637 [Oe. P. 208 373].)

A.R.B.E.D. Aciéries Réunies de Burbach-Eich-Dudelange Soc. An., Luxemburg, und **Centre National de Recherches Métallurgiques**, Lüttich, Belgien (Erfinder: **Paul Metz**, Dudelange, Luxemburg, und **Alfréd Diecker**, Lüttich, Belgien), *Herstellung von Stahl durch Windfrischen von Roheisen im Konverter oder Drehofen.* (**Ung. P. 147 211** vom 9/2. 1959, ausg. 15/7. 1960. Luxemburg. Prior. 12/2. 1958. — **C. 1961.** 12637 [F. P. 1 214 796].)

Pechiney Comp. de Produits Chimiques et Électrométallurgiques, Paris (Erfinder: **Erhard Grünert**, Corenc-Montfleury), Frankreich, *Reduktion von Aluminiumoxid mit Kohlenstoff im Lichtbogenofen.* (**Ung. P. 147 619** vom 29/6. 1957, ausg. 15/10. 1960. F. Prior. 29/6. 1956. — **C. 1962.** 1784 [D. A. S. 1 100 976].)

Sherritt Gordon Mines Ltd., Toronto, Canada, *Niederschlagen von Metall auf nichtmetallische Teilchen.* (**Holl. P. 98 511** vom 25/2. 1957, ausg. 17/7. 1961. Can. Prior. 10/4. 1956. — **C. 1961.** 3142 [F. P. 1 172 949].)

Turco Products, Inc., Los Angeles, Calif., V.St.A., *Ätzen von Silicium, Germanium, Titan, Zirkonium, Hafnium, Vanadin, Niob oder Tantal.* (**Holl. P. 99 643** vom 22/12. 1956, ausg. 15/11. 1961. A. Prior. 23/12. 1955. — **C. 1960.** 16585 [Aust. P. 210 640].)

General American Transportation Corp., Chicago, Ill. (Erfinder: **Gregoire Gutzeit**, Highland, Ind., **Paul Talmey**, Barrington, Ill., und **Warren G. Lee**, East Chicago, Ind.), V.St.A., *Stromloses Vernickeln.* (**Schwz. P. 349 464** vom 28/12. 1955, ausg. 30/11. 1960. A. Prior. 29/12. 1954 u. 3/3. 1955. — **C. 1962.** 5466 [A. P. 2 819 187].)

Montecatini Soc. Gen. per l'Industria Mineraria e Chimica, Mailand, Italien, und **Karl Ziegler**, Mülheim/Ruhr (Erfinder: **Giuseppe Guzzetta** und **Ezio Ercoli**, Mailand, Italien), *Herstellung von Schichtmaterial.* (**Oe. P. 215 660** vom 2/1. 1958, ausg. 12/6. 1961. It. Prior. 3/1. 1957. — **C. 1960.** 14859 [F. P. 1 195 392].)

American-Marietta Co. (Stoner-Mudge Co. Division), Pittsburgh, Pa., V.St.A., *Herstellung eines flüssigen Überzugsgemisches.* (**Holl. P. 99 679** vom 25/7. 1957, ausg. 15/11. 1961. A. Prior. 27/7. 1956. — **C. 1961.** 4876 [F. P. 1 180 166].)

English Electric Valve Co. Ltd., London, England, *Erzeugung einer dünnen Materialschicht auf einem Träger.* (**Holl. P. 99 895** vom 5/7. 1956, ausg. 15/12. 1961. E. Prior. 6/7. 1955. — **C. 1961.** 295 [E. P. 793 635].)

—, Nouvelles propriétés physiques et chimiques des métaux de très haute pureté. Paris, 12—14 octobre 1959. Paris: Centre national de la recherche scientifique. 1960. (287 S. m. Abb.) 4°.

William A. Knepper, ed., Agglomeration. International Symposium on Agglomeration. 1st, Philadelphia, 1961. New York: Interscience. 1962. (XV + 1109 S. m. Abb.) $ 25.—.

N. W. Korowin, Neue Überzüge und Elektrolyte in der Galvanotechnik. Moskau: Metallurgisdat. 1962. (135 S. m. graph. Darst.) 58 Kop. [Russ.]

G. D. Wolpert, Überzüge aus zerstäubtem Metall. Moskau: Gosstroiisdat. 1957. (268 S.) 1 Rbl. 5 Kop. [Russ.]

IX. Organische Industrie

Trennung von Gemischen aromatischer und aliphatischer Kohlenwasserstoffe mit Hilfe von Butadien-Nitril-Copolymeren. G. L. Starobinetz und W. F. Tikawy. (Химия и Технология Топлив и Масел [Chem. Technol. Brennstoffe Öle] **5.** Nr. 9. 16—19. Sept. 1960. Inst. für Erdöl u. Gas der Akad. der Wiss. der UsbekSSR.) (Russ.)

Es wird die Sorption von Bzl./CH_3OH- u. Bzl./n-Hexan-Gemischen an Butadiencopolymeren untersucht, die als 2. Komponente 18, 26 u. 40% Acrylonitril enthalten. Die Ergebnisse werden in Gleichgew.-Kurven angegeben, aus denen das Mol-Verhältnis der Komponenten in der Polymeren- u. der fl. Phase zu ersehen ist. Die Polymeren besitzen für das Syst. Bzl./n-Hexan eine selektive Sorptionsfähigkeit für Bzl., wobei das Sorptionspotential von Bzl. mit der Erhöhung des Acrylonitril-Geh. ansteigt. Beim Syst. Bzl./CH_3OH ist es umgekehrt. Die Butadien-Acrylonitril-Polymerisate können somit für die Trennung von aromat. u. aliphat. KW-Stoffen bzw. zur Abtrennung u. Best. der Aromaten aus Erdöldestillaten dienen. Aus dem Dargelegten folgt, daß die Wirksamkeit der Trennung mit größer werdendem Molgew. der aliphat. Komponente noch erhöht wird. Helmut Schäfer. 6598□

Die Gewinnung von aromatischen Kohlenwasserstoffen aus Pyrolyseteer von Kohlenwasserstoffgasen. A. B. Wol-Epstein und A. A. Kritschko. (Химия и Технология Топлив и Масел [Chem. Technol. Brennstoffe Öle] **6.** Nr. **3.** 14—18. März 1961. Inst. für fossile Brennstoffe der Akad. der Wiss. der UdSSR.) (Russ.)

An Hand umfangreicher Vers.-Ergebnisse wird nachgewiesen, daß es möglich ist, durch Hydrierung von Pyrolyseteer der KW-Stoff-Gase nennenswerte Mengen von Aromaten (C_6—C_8) zu gewinnen, die zu org. Synth. u. als Lsgm. eingesetzt werden können. Bei Hydrierung der Teerfraktion (Kp. 200°) werden ca. 80% wertvolle chem. Grundstoffe erhalten. Davon sind ca. 70% aromat. KW-Stoffe C_6—C_8. Der H_2-Verbrauch beträgt 0,6%. H. V. Adolphi. H 1010□

Natriumdodecylbenzolsulfonate auf der Grundlage von Kokungsprodukten. N. D. Gadasskina, Ch. L. Plakssa und D. M. Rudkowski. (Химия и Технология Топлив и Масел [Chem. Technol. Brennstoffe Öle] **6.** Nr. **2.** 10—16. Febr. 1961. Allunions Forsch.-Inst. für Prozesse der Erdölchemie.) (Russ.)

Die Arbeit beschreibt ein Verf., nach dem bei der Herst. von Na-Dodecylbenzolsulfonat an Stelle der wertvollen Tetrameren von Propylen zur Alkylierung von Bzl.

Nebenprodd. (Destillate) der Kokung von Erdölrückständen treten. Die Umsetzung dieser Prodd. beträgt zwar nur ca. 30% der theoret. möglichen, ihr Einsatz erscheint trotzdem wirtschaftlich, da sonst keine Verw.-Möglichkeit für die ungesätt. KW-Stoffe in diesen Destillaten besteht. Ein Nachteil dieses Verf. ist der hohe Verbrauch an H_2SO_4 als Katalysator. $AlCl_3$ ist ebenfalls als Katalysator anwendbar. Zahlreiche Ergebnisse von Alkylierungs- u. Sulfonierungs-Verss. mit verschiedenen Ausgangs-Prodd., Polypropylen u. Kokungsdestillaten, werden vergleichend gegenübergestellt u. Wege zum Erreichen der geforderten Farbreinheit, Geruchsfreiheit u. Wascheigg. auch bei Kokungsdestillaten als Ausgangs-Prodd. gezeigt. H. V. ADOLPHI. H 1090□

Synthese von p-Aminosalicylsäure aus m-Aminophenol und Kohlendioxid bei hohem Druck. D. K. Nandi und S. K. Bhattacharyya. (J. sci. ind. Res. [New Delhi], Sect. D **20**. 69—71. Febr. 1961. Kharagpur, Indian Inst. of Technol., Dep. of Appl. Chem.) (Engl.)

Eine systemat. Unters. über die Synth. von *p-Aminosalicylsäure* (I), F. 142°, aus m-Aminophenol (II) u. CO_2 in Ggw. alkal. Katalysatoren ($KHCO_3$, K_2CO_3, Na_2CO_3, NaOH, $NaHCO_3$, KOH) bei hohem Druck wird durchgeführt. Als Katalysator ist $NaHCO_3$ am besten geeignet. Unter optimalen Bedingungen ($1^1/_2$std. Rk. bei 175° u. 660 lbs./sq. in. in einer Ni/Cr/Mo-Bombe, Versetzen mit verd. HCl, Abfiltrieren von nichtumgesetztem II bei 5° u. Ansäuern des Filtrats mit konz. HCl bei 5°) beträgt der Umsatz von II zu I 67,5%. Der Rk.-Mechanismus wird diskutiert. — 8 Literaturangaben.
G. REISNER. H 1350□

Edward S. Roberts, Ridgewood-Queens, und Ludwig J. Christmann, Bronxville, N.Y., V.St.A., **Oxydationen aromatischer Verbindungen.** Die Oxydationen werden mit NO_2 ausgeführt, u. zwar in einem Lsgm., das gegenüber NO_2 beständig ist, u. bei Temp., die bei derjenigen der therm. Dissoziation von N_2O_4 liegen. Es werden dazu aromat. Verbb. benutzt, die durch Alkylreste mit 1—6 C-Atomen substituiert sind, bei Ggw. einer CH_3-Gruppe führt die Rk. zum *Chinon*, sonst zu *aromat. Carbonsäuren.* In die Lsg. wird so lange NO_2 eingeleitet, bis daraus gefärbte nitrose Gase entweichen; diese werden aufgefangen u. das darin enthaltene NO wieder zu NO_2 oxydiert. Als Ausgangs-Prodd. werden Alkylbenzol- u. Diphenyl-Derivv. verwendet, die nitriert oder chloriert sind. Die Rkk. werden bei 160—170° ausgeführt, bei 125—140° sind die Oxydationen nur partiell, bei 190—200° entstehen *mehrwertige Carbonsäuren.* Als Lsgm. werden chlorierte aromat. KW-Stoffe verwendet, deren Kpp. erheblich über den Oxydations-Temp. liegen u. damit 5—20%ig. Lsgg. der Ausgangs-Prodd. gebildet. Bevorzugt werden Lsgm., die etwas elementares Se lösen; eine geringe Menge davon im Rk.-Gemisch gelöst, wird von NO_2 zu SeO_2 oxydiert, das die Oxydationen der Ausgangs-Prodd. beschleunigt. Als solche werden bes. verwendet: Alkylphenanthrene, Alkylanthracene, Fluorene u. Acenaphthene. (**Port. P. 38 001** vom 24/1. 1961, Auszug veröff. 29/3. 1961. A. Prior. 25/1., 29/1., 9/2., 15/3. u. 4/4. 1960.) A. KALIX. 6582

Universal Oil Products Co., Des Plaines, Ill., V.St.A., **Hydrierung aromatischer Kohlenwasserstoffe.** Die Hydrierung wird bei Temp. $<427°$, bei Überatmosphärendruck u. in Ggw. eines Katalysators (I) ausgeführt, der aus Al_2O_3 als Träger, einem Metall der Pt-Gruppe u. mindestens einem Metall der Alkali- oder Erdalkaligruppe besteht. Ist der aromat. KW-Stoff (II) S-haltig oder durch S-haltige Verbb. verunreinigt, dann wird in Ggw. von W., höchstens 1 Mol auf 1 Mol II, u. einem I hydriert, der 0,1—2% Pt- u. höchstens 5% Alkali- oder Erdalkalimetall enthält. Wenn der S-Geh. 0,3—3 (Gew.-Teile), berechnet als atomarer S auf 1 Million II beträgt, dann wird mit H_2 hydriert, der bei 38° mit W. gesätt. worden ist, u. der dem II in einer Menge zugeführt wird, daß das Rk.-Gemisch nach beendeter Rk. 4 Mol H_2 auf 1 Mol fl. II enthält. In allen Fällen soll I aus Al_2O_3 bestehen, das 0,1—1,0 Pt u. 0,01—0,7 Alkalimetall, bes. Li enthält. Zur Umwandlung von Bzl.-KW-Stoffen in die entsprechenden Cycloparaffine werden Temp. zwischen 149 u. 370° u. Drücke von 6,8—68 at angewandt, bes. 20,4 bis 68 at. Die Menge an fl. II, die stündlich über I geleitet wird, soll 1—5 Vol II auf 1 Mol I betragen. Unter diesen Rk.-Bedingungen sind die Rk.-Prodd. prakt. frei von S u. enthalten $<0,1$ Mol-% II. (**Port. P. 37 999** vom 24/1. 1961, Auszug veröff. 29/3. 1961. A. Prior. 25/1. 1960.) A. KALIX. 6584

Commissariat à l'Énergie Atomique (Erfinder: François Chapeville, Paris, und Pierre Fromageot, St. Antoine-le-Chesnay), Frankreich, **Biochemisches Verfahren zur Herstellung von am α-Wasserstoffatom und beziehungsweise oder am Schwefel radioaktiv markiertem *l*-Cystein, *l*-Cystin oder *l*-Cysteinsäure,** dad. gek., daß Cystein (I) mit am H-Atom markiertem W. u./oder am S markiertem H_2S oder markiertem Sulfid oder Sulfit bei einem pH 5—11, bes. pH 9—9,5, u. bei 0—55°, bes. 30—45°, unter Beteiligung eines Enzyms, das im gesamten Dottersack angebrüteter Eier von

Vögeln u. Reptilien enthalten ist, behandelt wird, wobei ggf. erhaltenes markiertes I in markiertes *l*-Cystin übergeführt wird. Zur Herst. von markierter Cysteinsäure wird bes. bei pH 8—8,5 u. 30—45° gearbeitet. (**D. A. S. 1 114 500** Kl. 12q vom 2/2. 1960, ausg. 5/10. 1961.) O. Müller-Meiningen. H 480

Associated Ethyl Co. Ltd. (Erfinder: William James Read), **Herstellung brom- und/oder chlorhaltiger Dihalogenide.** Gasförmige Olefine (**A**) u. Br_2 oder Cl_2 werden im Gegenstrom durch eine vertikale Rk.-Zone (R), die mit großflächigen Kühlkörpern zur Ableitung der Rk.-Wärme ausgestattet ist, geleitet. Vom Boden von R wird das aus halogenfreien **A** u. Dihalogeniden bestehende Rk.-Gemisch abgezogen. Die Temp. im Innern von R, der mit Füllkörpern ausgefüllt sein kann, soll auf 0—75° gehalten werden. — Zeichnung. (**Aust. P. 229 065** vom 17/10. 1957, ausg. 28/7. 1960. E. Prior. 26/10. 1956 u. 29/7. 1957. **Zusatz zu Aust. P. 217 906; C. 1960. 12 162.**) C. Lüttgen. H 510

N. V. de Bataafsche Petroleum Mij., Den Haag (Erfinder: Franciscus Johannes Fredericus van der Plas und Christiaan Pieter van Dijk, Amsterdam), Holland, **Substituierende, nicht katalytische Halogenierung ungesättigter Kohlenwasserstoffe** im Gaszustand. Zu F. P. 1 110 970; C. **1958.** 3741, ist nachzutragen: Die Rk. wird in einem Rk.-Raum durchgeführt, dessen Wände im Querschnitt fließende Kurven ohne Ecken zeigen, z. B. in einer Kugel, einem Ellipsoid, einem Ei, einem Körper aus einem Zylinder u. zwei Halbkugeln oder einem zylinderförmigen Ring. — Die Rk.-Gase werden entweder getrennt oder bei niedriger Temp. zusammen dem Rk.-Raum zugeführt, so daß vor der Durchmischung noch keine Rk. erfolgt. Durch tangentiale Einführung wird Turbulenz erzeugt. Die Rk. wird durch Abkühlen des Rk.-Gemisches unterbrochen. Es sind noch chlorierbar: C_2H_4, Butene, Pentene, Hexene, Cyclohexen u. C_2H_2. (**D. A. S. 1 064 498** Kl. 12o vom 27/10. 1954, ausg. 3/9. 1959. Holl. Prior. 29/10. 1953.) G. Krauss. H 520

Polymer Corp. Ltd. (Erfinder: Park McKnight Reilly, Edmond Philips Lewis, Douglas Sadler Alexander und Charles Ambridge), Sarnia, Ontario, Canada, **Dehydrierung von Monoolefinen** mit wenigstens 4 C-Atomen erfolgt bei ca. 510—732°, bes. 593—649°, bes. in Ggw. von Dampf u. einem Ca–Ni-Phosphat als Katalysator, der noch Cr-Oxid enthalten kann u. der in Form von Körnern verwendet wird, von denen wenigstens 75% zu Beginn der Dehydrierung eine Seitendruckfestigkeit von wenigstens 9,072, bes. bis 27,215 kg besitzen, bezogen auf zylindr. Körner einer Größe von 4,77×4,77 mm. — n-Butylen → *Butadien-(1.3)*. — Diagramm, Zeichnung. Vgl. E. P. 803 459; C. **1960.** 4668. (**D. A. S. 1 067 802** Kl. 12o vom 9/5. 1957, ausg. 29/10. 1959. A. Prior. 10/5. 1956.) G. Krauss. H 520

Dominion Tar & Chemical Co. Ltd., übert. von: David C. G. Gattiker, Shou Chu Liang und Johann G. D. Schulz, Montreal, Quebec, Canada, **Reines Vinylchlorid,** das höchstens $^1/_3$% CH_3CHO u. 0,15% C_2H_2 enthält, entsteht durch Dehydrochlorieren von rohem techn. $ClCH_2CH_2Cl$ in Ggw. einer Aufschlämmung von Ca-, Ba- u. Sr-Hydroxid in W., bes. im Verhältnis 1 : 2—10 bei > 100°, jedoch unterhalb der vollständigen Dehydrochlorierungs-Temp., u. 80—250 lbs./sq.in.; 95% Ausbeute. (**A. P. 2 877 277** vom 26/5. 1955, ausg. 10/3. 1959.) G. Krauss. H 520

Heinrich Koppers G. m. b. H. (Erfinder: Friedrich Totzek), Essen, **Ungesättigte Kohlenwasserstoffe, besonders Acetylen und Äthylen,** werden durch therm. Spaltung von KW-Stoff-Ölen mit heißen Verbrennungsgasen bei über 1100—1200° in einer von Einbauten freien Vorr. nach D. A. S. 1 112 064 erhalten. Gegen das strömende Gemisch der heißen Rk.-Prodd. wird ein Schleier aus Wasserdampf u. feinsten Wassertröpfchen aus bes. im Anfang axialer Richtung in der Form u. Stärke geblasen, daß die heißen Rk.-Prodd. bereits in möglichster Nähe der Verblasedüsen der Rk.-Teilnehmer bis unter die Temp. abgeschreckt werden, die unerwünschte Neben-Rkk. hervorrufen. Das Einblasen von W. erfolgt durch eine lanzenartige, wassergekühlte, in axialer Richtung verschiebbare Düse. — Aus Bzn. (Kp. 23—200°; $D._4^{20}$ 0,710; n_D^{20} 1,415; Viscosität 0,095° Engler) werden 38% *Acetylen* u. 33,2% *Äthylen* bei 1450°, einer Verweilzeit von 0,038 Sek. u. Abschrecken der Rk.-Gase auf 615° erhalten. — Vorr., Zeichnung. (**D. A. S. 1 115 731** Kl. 12 o vom 29/12. 1956, ausg. 26/10. 1961. **Zusatz zu D. A. S. 1 112 064; C. 1962. 6462.**) G. Krauss. H 530

Goodrich-Gulf Chemicals, Inc., Cleveland (Erfinder: Max Eugene Roha, Brockville, und Warren Leslie Bears, Cleveland), Ohio, V.St.A., **Herstellung höherer Alkohole.** Zu F. P. 1 168 262; C. **1960.** 1324 ist nachzutragen, daß allg. Olefine auf eine Metall-KW-Stoff-Verb. einwirken können u. daß als katalysierendes Rk.-Medium das Gemisch von 3 Komponenten verwendet wird, a) ein fl. organ. Lsgm., b) ein wasserfreies Metallchlorid, vorteilhaft $AlCl_3$, u. c) ein Schwermetallchlorid, bes. $TiCl_4$. Das Metall von b) soll möglichst dem Metall der Metall-KW-Stoff-Verb. ent-

sprechen. (**D. A. S. 1 111 609** Kl. 12o vom 27/12. 1956, ausg. 27/7. 1961. **E. P. 849 914** vom 19/12. 1956, ausg. 28/9. 1960. Beide A. Prior. 27/12. 1955 u. 16/1. 1956.)
G. König. H 560

Metallgesellschaft Akt.-Ges., Frankfurt/M. (Erfinder: Karl-Heinz Eisenlohr, Buchschlag, und Theodor Voeste, Frankfurt/M.), **Kontinuierliche Herstellung von Fettalkoholen** durch katalyt. Hydrierung von Fettsäuren oder Fettsäure-Derivv. bei 240—320° u. 200—700 at in Ggw. von CuO/Cr_2O_3 als Katalysator, der durch zusätzliche Komponenten modifiziert sein kann, dad. gek., daß das zu hydrierende Gut kontinuierlich in einen Hochdruckraum eingeleitet wird, in dem eine große Menge fast oder ganz ausreagierten Gutes in intensiver Durchmischung mit dem Katalysator u. dem H_2 gehalten wird. Der Katalysator wird in angeteigter oder suspendierter Form an einer von der Zuführungsstelle des zu hydrierenden Gutes entfernteren Stelle in den Hochdruckraum eingeführt. — Vorr., Zeichnung. (**D. A. S. 1 112 056** Kl. 12o vom 25/4. 1959, ausg. 3/8. 1961.)
G. König. H 560

Standard Oil Co., Chicago, Ill., übert. von: Paul N. Rylander, Newark, N.J., V.St.A., **Extraktion öllöslicher, in Wasser unlöslicher Alkohole** aus Gemischen mit fl. KW-Stoffen, erfolgt mittels fl. *Dimethylsulfoxid*, wobei die Extraktphase reich an Alkohol ist. Es werden im allg. 0,2—10 (Vol.) des Lsgm. auf 1 des Ausgangsgemisches verwendet. Durch Zugabe von 1—20% W. wird die Selektivität des Extraktionsmittels erhöht. Die gleiche Wrkg. wird mit einem Hilfsmittel erzielt, dessen Kp. oberhalb des Siedebereiches des Ausgangsgemisches liegt. Das Hilfsmittel, z. B. ein KW-Stoff, löst aus der Extraktphase die ggf. noch vorhandenen KW-Stoffe u. Carbonyl-Verbb. heraus. (**A. P. 2 954 392** vom 23/12. 1957, ausg. 27/9. 1960.) G. König. H 560

Imperial Chemical Industries Ltd. (Erfinder: Alexander Ramsay Mound Gibb und John Whetstone), **Aufarbeitung der Mutterlauge von der Herstellung von Pentaerythrit** (**I**). Nach der Abtrennung von auskrist. **I** aus der Lsg. wird die Mutterlauge (M) unter Zusatz von z. B. 6n H_2SO_4 unter Entfernung des aus **I**-*Diformal* freigesetzten CH_2O durch Erhitzen mit konz. $Ca(OH)_2$-Milch neutralisiert, filtriert u. weiter eingedampft, bis restliches **I** aus M auskristallisiert. (**Aust. P. 224 475** vom 23/7. 1958, ausg. 5/11. 1959.)
H. Möllering. H 580

Dow Chemical Co., übert. von: Carlos M. Bowman und Edward J. Watson, Midland, Mich., V.St.A., **Trimethylborat**, n_D^{25} 1,350, wird bei der Rk. von B_2O_3 mit 1.1-Dimethoxycyclohexan oder 2.5-Dimethoxy-2.5-dimethyl-1.4-dioxan bei ca. 0—100° durch Abdestillieren erhalten. (**A. P. 2 976 313** vom 2/3. 1959, ausg. 21/3. 1961.)
G. König. H 590

Dow Chemical Co., übert. von: Carlos M. Bowman und Edward J. Watson, Midland, Mich., V.St.A., **Trialkylborate** werden bei der Rk. von B_2O_3 mit 2.2-Dialkoxypropan bei 0—200° erhalten, wobei als Nebenprod. Aceton entsteht. Die Alkoxygruppen sollen 1—8 C-Atome enthalten. — 2.2-Dimethoxypropan u. B_2O_3 → *Trimethylborat*. Mit 2.2-Diäthoxypropan wird *Triäthylborat*, Kp. 117—118°, erhalten. (**A. P. 2 976 314** vom 2/3. 1959, ausg. 21/3. 1961.)
G. König. H 590

Dow Chemical Co., übert. von: Carlos M. Bowman, Midland, Mich., V.St.A., **Trialkylborate** werden bei der Rk. von B_2O_3 mit einer Verb. der allg. Formel $HC(OR)_3$, wobei R ein Alkylradikal mit 1—8 C-Atomen ist, bei 0—200° u. Abdestillation der Nebenprodd. u. nichtumgesetzter Ausgangsstoffe erhalten. — 0,2 (Mol) B_2O_3 u. 0,6 $HC(OCH_3)_3$ werden erhitzt u. fraktioniert dest., wobei zwischen 32—61° hauptsächlich $HCOOCH_3$ übergeht. Bei 61—97° dest. *Trimethylborat* über. Bei der Redestillation zeigt es einen Kp. von 68—70°, n_D^{25} 1,350. — *Triäthylborat*, Kp. 117 bis 119°, n_D^{25} 1,374. (**A. P. 2 976 315** vom 2/3. 1959, ausg. 21/3. 1961.) G. König. H 590

Farbwerke Hoechst Akt.-Ges., vormals Meister Lucius & Brüning (Erfinder: Wilhelm Riemenschneider, Lothar Hörnig, Erhard Weber und Kurt Dialer), Frankfurt/M., **Herstellung von Aldehyden beziehungsweise Ketonen und gleichzeitig den Aldehyden entsprechenden Säuren** durch Rk. von Olefinen mit O_2 oder freien O_2 enthaltenden Gasen im sauren bis neutralen Medium in Ggw. von W. an festen Katalysatoren, die Redox-Syst., Träger u. solche Edelmetallsalze enthalten, die mit den Olefinen Additions-Verbb. oder Komplexsalze bilden u. in denen das Edelmetall mindestens 2wertig ist u. die noch zusätzlich Oxide von Mn u./oder Co u. ggf. von Fe enthalten. Die Rk. kann auch unter Druck u. in Ggw. Halogenionen liefernder Verbb. durchgeführt werden. — 100 ml Kieselsäuregel wird mit einer Lsg. von 3,3 g $Mn(NO_3)_2 \cdot 6\,H_2O$ in W. getränkt, u. der Katalysator 3 Std. lang auf 250—300° im schwachen Luftstrom erhitzt. Dann wird der Katalysator mit einer Lsg. von 2 g $PdCl_2$ u. 19,5 g $CuCl_2 \cdot 2\,H_2O$ in 30 ml W. getränkt u. 1 Std. lang bei 80° getrocknet. Über 80 ml dieses Katalysators wird ein Gemisch aus 10 Liter C_2H_4 u. 3,3—4 Liter O_2/Std. geleitet, das vorher bei 80—85° mit W. gesätt. wird. Es wird *Acetaldehyd* in einer Ausbeute von 45—50% u. *Essigsäure* in einer Ausbeute von 15—20% erhalten. (**D. A. S. 1 123 310** Kl. 12o vom 14/9. 1957, ausg. 8/2. 1962.) A. JAHN. H 650

Farbwerke Hoechst Akt.-Ges., vormals Meister Lucius & Brüning, Frankfurt/M., **Herstellung von Aldehyden, Ketonen oder den Aldehyden entsprechenden Säuren** durch Rk. von Olefinen mit O_2 oder freien O_2 enthaltenden Gasen in Ggw. von Edelmetallsalzen, die mit den Olefinen Komplexsalze bilden u. in denen die Edelmetalle unter den Rk.-Bedingungen noch mindestens 2wertig sind, im sauren Medium in Ggw. von W. u. Redox-Syst., indem das Olefin–O_2-Verhältnis u. ggf. auch der Zusatz von Halogenwasserstoffsäure (I) oder organ. Verbb., die unter den Rk.-Bedingungen I abspalten, derart geregelt wird, daß ein pH von 0,8—3 erhalten bleibt. — Im Reaktor befinden sich 500 ml einer Katalysator-Lsg., die 50 g Cu-Chlorid (2 Mol Kristallwasser) u. 2,5 ml konz. HCl enthält u. einen pH von 1,25 hat. Bei 80° wird ein Gemisch aus 8 Liter C_2H_4 u. 4 Liter O_2 eingeleitet. Durch eine eingebaute hochtemperaturbeständige Glaselektrode u. eine Kalomelelektrode wird die Olefin–O_2-Menge so geregelt, daß sich ein pH von 0,8—1,8 einstellt. *Acetaldehyd* wird in $>$ 50%ig. Ausbeute, bezogen auf C_2H_4 erhalten. (**D. A. S. 1 123 311** Kl. 12o vom 18/9. 1957, ausg. 8/2. 1962.) A. JAHN. H 650

Esso Research and Engineering Co., Elizabeth, N.J., V.St.A., **Regulierung der Reaktionstemperatur bei der kontinuierlichen Herstellung von sauerstoffhaltigen organischen Verbindungen** durch Rk. von Olefinen oder olefin. Bindungen enthaltenden Verbb. mit CO u. H_2 bei ca. 102—306 atü u. ca. 120—230° in Ggw. öllösl. carbonylbildender Metallkatalysatoren der Fe-Gruppe wird dadurch erreicht, daß zur Bindung der Rk.-Wärme 300—700 Vol.-% des fl. metallcarbonylhaltigen Oxo-Rk.-Prod., bezogen auf frisches Olefin, nach erfolgter Kühlung ohne Druckentspannung aus dem Abscheider in den Rk.-Raum nahe bei der Beschickungsstelle zurückgeführt wird. — Zeichnung. (**D. B. P. 975 040** Kl. 12o vom 3/12. 1949, ausg. 20/7. 1961. Anmeldung bekanntgemacht 13/3. 1952. A. Prior. 19/3. 1958.) A. JAHN. H 660

N. V. de Bataafsche Petroleum Mij., Den Haag, Holland (Erfinder: Hervey Harper Voge und Leland Tyson Atkins, Emeryville, Calif., V.St.A.), **Olefinische Carbonylverbindungen** werden durch Oxydation von Olefinen in Ggw. von Cu auf Al_2O_3 oder SiC als Träger erhalten. Dieser wird bes. auf 40—100° erhitzt u. dann mit der Lsg. eines Cu-Salzes, NH_4OH u. Hydrazinen (N_2H_4, dessen Sulfat, Phenylhydrazin) als Red.-Mittel auf 10—150, bes. 40—100° erhitzt. Der mit Cu überzogene Katalysator kann dann mit O_2 oder Luft bei 100—250° oder in Ggw. von zusätzlichen gasförmigen KW-Stoffen bei 100—600° zu Cu_2O oxydiert werden. — Propylen → *Acrolein*. — Vgl. F. P. 1 154 164; C. **1960.** 7679 u. A. P. 2 847 475; C. **1962.** 2168. (**D. A. S. 1 070 612** Kl. 12o vom 4/6. 1956, ausg. 10/12. 1959. **E. P. 798 564** vom 4/6. 1956, ausg. 23/7. 1958. Beide A. Prior. 6/6. 1955.) G. KRAUSS. H 670

Union Carbide Corp., übert. von: Lawrence G. Hess und Helmut W. Schulz, Charleston, W.Va., V.St.A., **Carbonsäureester** werden durch Rk. eines niedermol. Alkanols mit CO, bes. im Verhältnis 1 : 1—1,5 bei 325—400° u. 3000 bis 6000 lbs./sq.in. in Ggw. von Ni-Formiat, -Acetat oder -Propionat als Katalysator, der mit 10—50% J_2 oder HJ aktiviert wurde, erhalten. — Aus CH_3OH u. CO in Ggw. von Ni-Acetat u. HJ bei 347—396° u. 5000 lbs./sq.in. → *Essigsäuremethylester* neben wenig Essigsäure u. Dimethyläther, Wrkg.-Grad vgl. Tabellen. A. → *Propionsäureäthylester*. (**A. P. 2 898 366** vom 5/8. 1957, ausg. 4/8. 1959.) G. KRAUSS. H 810

Union Carbide Corp., übert. von: Benjamin Phillips und Paul S. Starcher, Charleston, W.Va., V.St.A., **Olefincarbonsäuren** werden durch Cracken von ε-Caprolactonen der allg. Formel I (R, R′, R″ u. Y = H oder Alkyl mit 1—8 C-Atomen; Y = H, wenn R′ u. R″ = H) im Dampfzustand beim Kp. von I bis ca. 800, bes. 400—600°, u. einer Raum-Geschw. von 20—3000 Liter je Liter Rk.-Raum je Std., bes. in einem rostfreien Stahlrohr mit 1 in. Ø u. 36 in. Länge, das mit „Filtros“ oder Glaskügelchen gefüllt sein kann. —

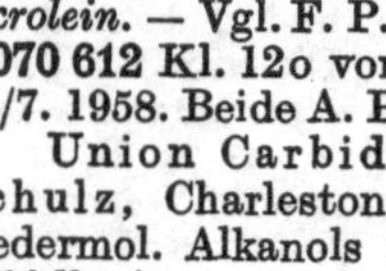

I

Aus ε-Caprolacton bei 440—450° bei einer Raum-Geschw. von 343 → *Δ^5-Hexensäure*, Kp.$_4$ 84°. — ε-Methyl-ε-caprolacton → *Δ^6-Heptensäure*, Kp.$_5$ 97°. — Weitere I sind: γ-Isopropyl-, α-, β- oder γ-Methyl-, α-, β-, γ-, δ- oder ε-Äthyl-, α.β-Dimethyl-, β.β.δ-Trimethyl-, α-Äthyl-β-methyl-, β-Äthyl-α-methyl-, α.α-Dimethyl-, α.α.δ-Trimethyl-, β.β-Dimethyl-γ-äthyl-ε-caprolacton. (**A. P. 2 876 258** vom 21/3. 1957, ausg. 3/3. 1959.) G. KRAUSS. H 810

Union Carbide Corp., übert. von: Jesse T. Dunn, Charleston, W.Va., V.St.A., **Entfernen von Divinylacetylen (I) aus dieses als Verunreinigung enthaltendem Acrylsäurenitril (II)** erfolgt dadurch, daß II dest. u. die entstandenen Dämpfe mit W. behandelt werden, wodurch I mit W. u. geringen Mengen II abdestilliert. Aus der zurückbleibenden wss. II-Lsg. wird durch Fraktionieren reines II erhalten. Der I-Geh. wird z. B. von 1,5% auf < 0,1 Teil ppm II verringert. — Fließbild, Zeichnung. (**A. P. 2 878 166** vom 28/9. 1956, ausg. 17/3. 1959.) G. KRAUSS. H 810

VEB Jenapharm, Jena (Erfinder: Manfred Hartmann, Jena, und Werner Hackbart, Erfurt), **C-Disubstituierte Malonsäurediamide** werden durch Erwärmen der entsprechenden Ester in einem Lsgm. mit $HCONH_2$ (I) in Ggw. von Metallalkoholaten erhalten. — Zu einer Lsg. von 41 g Na in 800 ml abs. CH_3OH werden 256 g Phenyläthylmalonsäuredibutylester u. 250 g I gegeben, 7 Std. lang gekocht, CH_3OH abdest., der halbfeste Rückstand mit 1 Liter W. verd. u. der Nd. abgesaugt. Es wird *Phenyläthylmalonsäurediamid*, F. 115—117°, in 64%ig. Ausbeute erhalten. Aus dem Filtrat kann durch Extrahieren mit Bzl. 34 g *α-Phenylbutyramid*, F. 83—85°, isoliert werden. Analog wird *Diäthylmalonsäurediamid*, F. 224° (W.), aus Diäthylmalonsäurediäthylester u. I in einer Lsg. von CH_3ONa in CH_3OH erhalten. Als Nebenprod. entsteht hierbei *Diäthylessigsäureamid*. (**D. A. S. 1 118 773** Kl. 12o vom 27/2. 1959, ausg. 7/12. 1961.) A. MOHR. H 820

M. Ch. Posin, M.-B. A. Kopylew, L. Ja. Tjereschtschenko und I. I. Orjechow, **Regenerierung von NH_3 und CO_2 bei der Herstellung von Harnstoff** durch selektive Absorption mit wss. Lsgg. von $HOCH_2CH_2NH_2$ (I) u. $NH_4H_2PO_4$ (II) u. anschließendes Freisetzen der Gase aus der Lösung. — Die Dest.-Gase der Harnstoff-Synth. [52 (Gew.-%) NH_3, 33 CO_2, 15 Wasserdampf] werden bei 1 at u. 70° mit einer 30%ig. wss. I-Lsg. behandelt, wobei alles CO_2 u. $^1/_4$ von NH_3 absorbiert werden; nichtabsorbiertes NH_3 wird in die Synth. zurückgeleitet. Danach wird bei 140° u. erhöhtem Druck desorbiert u. das erhaltene Gasgemisch (45 CO_2, 45 NH_3, 10 Wasserdampf) bei 50° u. 1 at mit einer mindestens 25%ig. wss. II-Lsg. behandelt. CO_2 wird in die Synth. zurückgegeben, die erhaltene $(NH_4)_2HPO_4$-Lsg. bei 100—105° u. 1 at desorbiert. Auf 1 t Harnstoff werden 4—5 m³ 30%ig. I-Lsg. u. 10 m³ 20—25%ig. oder 5 m³ 45%ig. II-Lsg. benötigt. — Schemat. Zeichnung der Anlage. (**UdSSR. P. 118 094** vom 18/8. 1958.) L. GROSSNER. H 880

Lakeside Laboratories, Inc. (Erfinder: John H. Biel), Milwaukee, Wis., V.St.A., **Herstellung von symmetrisch N-disubstituierten Diaminoalkinen** der allg. Formel $(R^1)(R^2)N—(CH_2)_m—C{\equiv}C—(CH_2)_m—N(R^2)(R^1)$, worin m eine ganze, mindestens 2 betragende Zahl u. R^1 sowie R^2 einen Alkyl-, Alkenyl-, Aryl-, Aralkyl-, Cycloalkyl-, Cycloalkenyl- oder heterocycl. Rest bedeuten oder worin R^1 u. R^2 mit N einen heterocycl. Ring bilden, dad. gek., daß ein tert. Aminoalkylhalogenid der Formel $Hal—(CH_2)_m—N(R^2)(R^1)$ (Dimethyl- oder Diäthylaminoäthyl- oder -propylhalogenid, N-Pyrrolidyl-, N-Piperidyl- oder N-Morpholinyläthylhalogenid, bes. -chlorid) mit einem Dimetallacetylid oder Dialkylmetallacetylid, bes. in einem Molverhältnis von 2 : 1, in Ggw. eines inerten organ. Lsgm. [Toluol, $(C_2H_5)_3N$, Hexan, Bzl., Xylol] bei gewöhnlicher Temp. oder bes. bei erhöhter bis zur Siede-Temp. umgesetzt wird. Das Dimetallacetylid kann als solches verwendet oder durch Rk. von C_2H_2 bes. mit reaktionsfähigen Alkalimetallen oder deren Verbb. (Amiden oder Hydriden) in situ hergestellt werden. Es wird so 1.6-Bis-[N.N-diäthylamino]-hexin-(3), $Kp._{0,5}$ 80—85°, n_D^{20} 1,4591; 1.6-Bis-[pyrrolidino]-hexin-(3), $Kp._2$ 146—150°, n_D^{20} 1,4968; 1.6-Bis-[morpholino]-hexin-(3), $Kp._{0,03}$ 110—112°, oder 1.6-Bis-[piperidino]-hexin-(3) erhalten. Geeignet zur Kunststoff-Herst. u. als blutdrucksenkende Mittel. (**D. A. S. 1 118 774** Kl. 12o vom 17/4. 1957, ausg. 7/12. 1961. A. Prior. 19/4. 1956.) W. GRÄGER. H 910

Deutsche Akademie der Wissenschaften zu Berlin (Erfinder: Ernst Schmitz), Berlin, **Herstellung von Monoalkyl- und N.N'-Dialkylhydrazinen**, dad. gek., daß eine SCHIFFsche Base (V) aus einem Aldehyd, einem offenkettigen oder cycl. Keton u. einem prim. aliphat., cycloaliphat. oder fettaromat. Amin (I) mit Chloramin (II) oder einem I-N-Chlor-Deriv. (IV) umgesetzt u. das erhaltene Diaziridin (III) mit einer Säure hydrolysiert wird. II oder IV kann in Ggw. von V aus NH_3 oder einem prim. Amin u. einem Chlorierungsmittel, wie tert.-Butylhypochlorit (VI), hergestellt werden. Das III-Deriv. braucht vor seiner Hydrolyse aus dem Rk.-Gemisch nicht isoliert zu werden. — Zum Beispiel wird zu 480 cm³ 6n methanol. NH_3 unter Eis–NaCl-Kühlung 68 (g) Önanthyliden-n-butylamin (IX) u. anschließend tropfenweise 36 VI gegeben, wobei die Temp. 0° nicht übersteigt, 1 Std. lang ohne Kühlung stehengelassen, CH_3OH im Vakuum entfernt, der Rückstand in Ae. aufgenommen, die Ae.-Lsg. mit kalter 2n H_2SO_4 ausgeschüttelt u. daraus nach Alkalisieren des sauren Extraktes u. Ausäthern 9,7 1-n-Butyl-3-n-hexyl-III der Formel $n\text{-}C_6H_{13}—CH——N—n\text{-}C_4H_9$, $Kp._1$ 70—73°,

$\diagdown NH \diagup$

F. 13°, gewonnen. Dessen Hydrolyse liefert *n-Butylhydrazin* (*Oxalat* F. 160°) neben Önanthaldehyd (VII). — Weitere Beispiele: Önanthylidencyclohexylamin + NH_3 +

VI → 1-Cyclohexyl-3-n-hexyl-III (Kp.$_{0,8}$ 98°; F. 17—18°) → *Cyclohexylhydrazin* (VIII) (*Oxalat* F. 191°) neben VII. — Cyclohexylidencyclohexylamin + II → 1-Cyclohexyl-3.3-pentamethylen-III (Kp.$_{0,5}$ 92—93°; F. 32—33°) → VIII neben Cyclohexanon. — IX + Methyl-II → 1-Methyl-2-n-butyl-3-n-hexyl-III (Kp.$_{10}$ 111—112°) → *N.N'-Methyl-n-butylhydrazin* neben VII. — n-Butyliden-n-butylamin + n-Butyl-II → 1.2-Di-n-butyl-3-n-propyl-III (Kp.$_{1,5}$ 69—71°) → *N.N'-Di-n-butylhydrazinoxalat*, F. 151—153°. Zwischenprodd. zur Herst. von Pharmazeutica. (**D. A. S. 1 107 238** Kl. 12q vom 21/12. 1959, ausg. 25/5. 1961.) O. MÜLLER-MEININGEN. H 910

American Cyanamid Co., New York, N.Y., V.St.A., **Herstellung von Hydroxydiaminen.** Verbb. vom Typus R—CH(A)—CH$_2$B werden mit Verbb. vom Typus R$_2$—NH—D zu Hydroxydiaminen der allg. Formel (R$_1$) (R$_2$)N·X·N(R$_1$) (R$_2$) kondensiert. Hierbei ist R$_1$ eine —CRH—CH$_2$OH-Gruppe, in der R ein niedrigmol. Alkylrest ist, R$_2$ u. R$_3$ sind gleich oder verschieden u. stellen H-Atome oder niedrigmol. Alkyl- oder Alkoxygruppen dar, R$_4$ ist eine niedrigmol. Alkyl- oder Alkoxygruppe u. X eine (ggf. mit niedrigmol. Alkylresten substituierte) Alkylengruppe mit 2—3 C-Atomen. A ist ein Halogenatom, eine OH-, Alkyl-, Arylsulfonsäureester- oder quart. NH$_4$-Gruppe, weiterhin kann A das O-Atom einer CO-Gruppe bilden (wobei H wegfällt), an die die übrigen Atomgruppierungen der Verbb. erst im Laufe der Kondens. angehängt werden, schließlich kann A mit dem C-Atom von B eine Oxirangruppe bilden (in diesem Falle fällt der Rest von B weg); B ist ein C-Atom, an das eine Hydroxymethylengruppe gebunden ist, oder ein Rest, der im Verlaufe der Kondens. in eine solche umwandelbar ist. D stellt die Gruppe $-X-N\langle{R_3 \atop R_4}$ dar oder einen Rest, der im Laufe der Kondens. in eine solche umgesetzt werden kann; —NH—R$_2$ kann auch einen Heterocyclus darstellen (wobei H wegfällt), der ggf. erst im Laufe der Kondens. gebildet wird. Falls im Rk.-Prod. R$_2$, R$_3$ u. R$_4$ H-Atome sind, können diese ggf. nachträglich nach bekannten Verff. in Alkyl- oder Hydroxyalkylgruppen umgewandelt werden. Ebenso können aus den Rk.-Prodd. ungiftige Salze gebildet werden. Beispiele: 2 Mol einer Verbb. vom Typus R—CH(Halogen)—CH$_2$B werden mit 1 Mol HR$_2$N—X—NR$_3$H (I) zu einem Diamin der allg. Formel R—CH(CH$_2$B)—NR$_2$—X—NR$_3$—CH(CH$_2$B)—R (II) kondensiert; 2 Mol R—CO—CH$_2$B werden unter reduzierenden Bedingungen mit 1 Mol I zu einem Diamin II kondensiert;

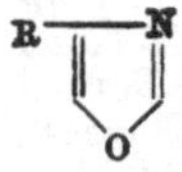

III

2 Mol $R-\overset{\quad O \quad}{CH-CH_2}$ werden mit 1 Mol I zu einem Diamin R—CH(CH$_2$OH)·NR$_2$—X—NR$_3$—CH(CH$_2$OH)—R kondensiert; 2 Mol R—CH(CH$_2$B)—NRH ergeben mit einem Dihalogenid von X ein Diamin II; 2 Mol R—CH(Halogen)—CH$_2$B werden mit 1 Mol HR$_2$N—X—NR$_3$R$_4$ zu R—CH(CH$_2$B)—NR$_2$—X—NR$_3$R$_4$ kondensiert; ein Heterocyclus vom Typus III wird mit einem X-Dihalogenid kondensiert u. das Rk.-Prod. zu R—CH(CH$_2$OH)—NH—X—NH—CH—(CH$_2$OH)·R reduzierend hydrolysiert; 12 weitere Beispiele. (**Port. P. 38 176** vom 17/3. 1961, Auszug veröff. 27/5. 1961. A. Prior. 2/6. u. 20/12. 1960.) A. KALIX. H 920

Chas. Pfizer & Co., Inc. (Erfinder: Lester Earl Casida jun.), **Gewinnung von Lysin** durch enzymat. Umwandlung von Diaminopimelinsäure (I) mit I-Decarboxylase, erhalten von *Aerobacter aerogenes* oder einem Stamm von *Escherichia coli*, der zum Wachstum kein Lysin benötigt, bes. in Ggw. eines Chelatbildners, bes. Citrate oder Äthylendiamintetraessigsäure. (**Aust. P. 227 419** vom 8/7. 1958, ausg. 14/4. 1960.) C. LÜTTGEN. H 950

VEB Berlin-Chemie (Erfinder: Hans Geipel), Berlin, **Reinigung von aus Proteinhydrolysaten gewonnenem L-Argininmonoflavianat** [F. 258° (Zers.)], dad. gek., daß das Rohprod. in verd. Alkalilauge, z. B. 1n NaOH gelöst, vom Unlöslichen abfiltriert u. das Filtrat mit einer Mineralsäure, z. B. konz. HCl, auf pH 3 angesäuert wird. Ausbeute 96%. Ausgangsstoff zur Herst. von reinem *l*-Argininmonohydrochlorid, das zur Peptid-Synth. dient. (**D. A. S. 1 111 203** Kl. 12q vom 26/4. 1960, ausg. 20/7. 1961.) O. MÜLLER-MEININGEN. H 950

VEB Berlin-Chemie (Erfinder: Hans Geipel und Hans-Jürgen Maecker), Berlin, **Reinigung von in wässerigen Medien schwerlöslichen Aminosäuren,** dad. gek., daß diese in wss. NH$_4$OH gelöst u. durch teilweises Abdestillieren von NH$_3$ im Vakuum zur Kristallisation gebracht werden. — Zum Beispiel werden 50 g *l-Cystin* (I) in 210 (cm^3), 25%ig. wss. NH$_4$OH u. 500 dest. W. gelöst, die filtrierte Lsg. im Vakuum eingedampft bis ca. 100 Destillat angefallen sind, ausgefallenes I abgesaugt u. mit W. u. A. gewaschen. 35,1 g (70,3%) Ausbeute, F. 240—242°; $[\alpha]_D^{20}$ —215° (c = 1; n = HCl). — Analog werden *l-Tyrosin* bei 72%ig. Ausbeute (F. 292°); $[\alpha]_D^{20}$ —7,26° (c = 4 in 20%ig. HCl) u. *dl-Tryptophan* bei 87,7%ig. Ausbeute; F. 280—281°, gereinigt. (**D. A. S. 1 111 204** Kl. 12q vom 26/4. 1960, ausg. 20/7. 1961.) O. MÜLLER-MEININGEN. H 950

Klaus Rühlmann, Halle, **Herstellung von Tetraalkylsilanen** aus Alkalisilicofluoriden mit Grignard-Lsgg., dad. gek., daß die Rk. in Ggw. eines Äthers u. eines Lsgm., dessen Kp. über der Zers.-Temp. des Alkalisilicofluorids liegt, durchgeführt wird. — 0,4 (Mol) Mg, 0,1 K_2SiF_6, 0,4 Tetrahydrofuran u. 150 ml α-Methylnaphthalin werden mit 0,4 C_2H_5Br versetzt, wobei sich das Rk.-Gemisch bis nahe zum Kp. von α-Methylnaphthalin erwärmt. Es wird noch 2 Std. lang zum Sieden erhitzt u. dest.: *Tetraäthylsilan*; Ausbeute 78%. (**D. P.** [**DDR**] **22 447** Kl. 12o vom 24/9. 1959, ausg. 22/12. 1961 [Wirtschaftspatent].) L. Grossner. H 980

Klaus Rühlmann, Halle, **Herstellung von Aminosilanen** durch Rk. von ggf. in inerten Lsgm. gelösten Halogensilanen mit Lsgg. von Ammoniumsalzen in Aminen bzw. NH_3 unter Normalbedingungen. — Zu 100 (g) einer Lsg. von NH_4NO_3 in NH_3 werden unter Eiskühlung 20 $(CH_3)_3SiCl$ zugetropft, die obere Schicht wird dest.: *Hexamethyldisilazan*; 80% Ausbeute. (**D. P.** [**DDR**] **22 194** Kl. 12o vom 11/2. 1959, ausg. 12/10. 1961 [Wirtschaftspatent].) L. Grossner. H 980

Farbwerke Hoechst Akt.-Ges., vormals Meister Lucius & Brüning, Frankfurt/M. (Erfinder: Claus Heuck, Herbert Vilcsek, Hofheim/Taunus, und Fritz Rochlitz, Frankfurt/M.), **β-Chloräthanphosphonsäuredichlorid** wird durch Rk. von PCl_3, C_2H_4 (**I**) u. O_2 oder freien O_2 enthaltenden Gasen bei Temp. > Kp. von I bei Normaldruck, bes. 0—120° u. Drücken > 1 at, bes. 15—150 at, zweckmäßig unter Rückführung von nicht umgesetztem I erhalten. Ein 5-Liter-Autoklav wird mit 1574 g PCl_3 gefüllt, die Luft durch Spülen mit I verdrängt u. bei 20° solange I aufgedrückt, bis sich ein konst. Druck von 40 at eingestellt hat. Dann werden 120 Nl O_2 in Anteilen von je 20 Nl eingeführt, wobei sofort lebhafte Rk. eintritt. Es werden 701 g *β-Chloräthanphosphonsäuredichlorid*, $Kp._{5,5}$ 82—84°, erhalten. (**D. A. S. 1 123 667** Kl. 12o vom 16/2. 1960, ausg. 15/2. 1962.) A. Jahn. H 980

Gesellschaft für Teerverwertung m. b. H. (Erfinder: Alfred Marx, Hans Wille, Ludwig Rappen und Klemens Fiebach, Duisburg-Meiderich), **Gewinnung von p-Kresol oder an p-Kresol angereicherten Kresolgemischen aus Gemischen isomerer Kresole.** Das p-Kresol (I) enthaltende Kresolgemisch wird unter Erwärmen in Ggw. eines Lsgm. oder Verdünnungsmittels mit 2.2-Bis-[p-hydroxyphenyl]-propan (= „Bisphenol A") (**II**) bzw. dem Addukt aus Phenol u. Bisphenol vermischt, das Gemisch abgekühlt, das entstandene Addukt (**III**) aus **II** u. Kresol, bes. aus **II** u. **I**, von der an m-Kresol angereicherten Mutterlauge abgetrennt, **III** gewaschen u. in der Wärme, bes. durch Vakuum-Dest., in **I** oder in ein an **I** angereichertes Gemisch u. **II** zersetzt u. **II** in den Kreislauf zurückgeführt. Das in der 1. Stufe erhaltene, an **I** angereicherte Gemisch kann erneut mit **II** behandelt oder auch **III** ohne Zerlegung erneut mit dem an **I** angereicherten Kresolgemisch behandelt u. erst dann das neu entstandene Addukt in **I** u. **II** zerlegt werden. — So können z. B. 11,4 kg **II** in 12,8 kg einer Kresolfraktion (**IV**), die 28% **I**, 53% m-Kresol u. 19% andere Phenolhomologe enthält, bei 85° gelöst, 5 kg **IV** u. 5 Liter CCl_4 als Lsgm. zugeben, auf 20° abgekühlt, der Nd. bei 20° abgeschleudert u. in der Schleuder mit 2,5 Liter auf 10° gekühltem CCl_4 gewaschen werden. Durch Dest. des erhaltenen Addukts (14,5 kg) bei 20—25 Torr werden neben einem kleinen, aus CCl_4 bestehenden Vorlauf 4,6 kg Kresol mit einem I-Geh. von 53,4%, entsprechend einer I-Ausbeute von 68,5%, bezogen auf **IV**, erhalten. (**D. A. S. 1 118 797** Kl. 12q vom 11/1. 1960, ausg. 7/12. 1961.) A. Mohr. H 1060

N. V. de Bataafsche Petroleum Mij. (Erfinder: Alton John Landua und John George Schuren), **Kontinuierliche Herstellung von Glycidyläthern von Phenolen,** dad. gek., daß Epichlorhydrin oder Glycerindichlorhydrin, ein Phenol, bes. 2.2-Bis-[4-hydroxyphenyl]-propan, ein aliphat. Keton mit $\gtreqless$ 4 C-Atomen, bes. Aceton in einer Menge von 25—50, bes. 30—45% des Rk.-Gemisches, u. W. durch eine langgestreckte Rk.-Zone geführt werden, in der das Gemisch in Ggw. von Alkalihydroxid auf > 70°, bes. 110—160°, erhitzt wird, worauf in einem Separator die organ. Phase von der wss. getrennt u. aufgearbeitet wird. — Zeichnung. (**Aust. P. 229 317** vom 2/10. 1958, ausg. 4/8. 1960. A. Prior. 4/10. 1957.) C. Lüttgen. H 1060

Helmut Wunderlich und Rita Pohl, Dresden, **Technische Herstellung von Arylsulfonsäuredihalogenamiden** aus Arylsulfonsäureamiden, Bleichlauge u. Säure, dad. gek., daß zur Gewinnung stabiler u. alkalifreier Prodd. mit überschüssigem Arylsulfonamid u. kurzen Rk.-Zeiten gearbeitet wird u. ggf. oberflächenakt. Stoffe, bes. koll. Kieselsäure, zugesetzt werden. (**D. P.** [**DDR**] **22 336** Kl. 12o vom 22/9. 1959, ausg. 24/11. 1961 [Wirtschaftspatent].) L. Grossner. H 1090

Gerd Richter und Ingeborg Rätzsch, Leuna, **Herstellung hellfarbiger langkettiger Alkylbenzolsulfochloride,** dad. gek., daß das durch Sulfochlorierung von Alkylbenzol oder Chlorierung von Alkylbenzolsulfonsäure erhaltene Rohprod. in niedrigsd. KW-Stoffen, bes. Ligroin, aufgenommen wird, die Lsg. mit wss. Alkali, bes. 5—10%ig.

NaOH, ggf. unter Zusatz von CH_3OH u./oder A., extrahiert u. der KW-Stoff abdest. wird. (**D. P. [DDR] 22472** Kl. 12o vom 11/1. 1960, ausg. 29/12. 1961 [Wirtschaftspatent].) L. Grossner. H 1090

Laboratorio Guidotti & Co. S. p. A., Pisa, Italien, **Herstellung von o- und p-β-Dialkylaminoäthoxyphenylketonen.** o- oder p-Hydroxyphenylketone oder ihre Alkalisalze werden in Bzl.- oder Toluol-Lsg. mit Chloriden oder Hydrochloriden von β-Dialkylaminoäthyl-Derivv. kondensiert u. das Rk.-Gemisch ggf. mit HCl-Gas gesätt. oder mit Jodmethylat oder Jodäthylat umgesetzt. Hierbei entstehen β-Dialkylaminoäthoxyphenylketone (II) der allg. Formel I.

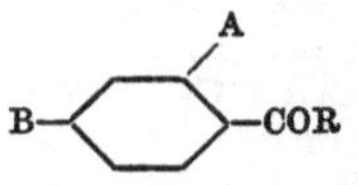

I

In dieser ist R = $-CH_2-CH_2-C_6H_5$ oder $-CH(C_2H_5)C_6H_5$, A = $-O-CH_2-CH_2-X$ oder ein H-Atom, B = $-O-CH_2-CH_2-X$ oder ein H-Atom, X = $-N(CH_3)_2$, $-N(CH_3)_2 \cdot HCl$, $-N(CH_3)_3J$, $-N(C_2H_5)_2$, $-N(C_2H_5)_2 \cdot HCl$, $-N(C_2H_5)_3J$ oder $-N(C_2H_5)_2CH_3J$, in p-II ist X jedoch nicht $-N(C_2H_5)_2CH_3J$. — Beispiel: R = $-CH_2-CH_2-C_6H_5$, A = $-O-CH_2-CH_2-N(C_2H_5)_2$, B = H, Kp.$_{30}$ 264—268°. Verw. nicht angegeben. (**Port. P. 38218** vom 29/3. 1961, Auszug veröff. 27/5. 1961. It. Prior. 25/5. 1960.) A. Kalix. H 1160

Josef Ratuský und František Šorm, Tschechoslowakei, **Umwandlung von saurem Kaliumphthalat in Kaliumphthalat und Phthalsäureanhydrid,** dad. gek., daß das getrocknete saure Salz unter Rühren 1—120 Min. lang auf 283—382° erhitzt u. das Anhydrid durch Dest. abgetrennt wird. (**F. P. 1 225 234** vom 13/5. 1959, ausg. 29/6. 1960.) S. Böttcher. H 1220

Československá Socialistická Republika (Erfinder: Ludwig Beránek, Miloš Kraus und Vladimír Bažant, Prag), Tschechoslowakei, **Herstellung von Methylestern von Benzoldicarbonsäuren** an einem festen Katalysator bei Temp. von 150—550°, dad. gek., daß Dämpfe von CH_3OH u./oder Dimethyläther durch auf 150° erhitzte Benzoldicarbonsäuren geleitet werden; bis zum F. der betreffenden Säure wird erhitzt, worauf das entstandene Dampfgemisch über Al-Silicat als Katalysator geleitet wird. — Beispiel: 150 (g) CH_3OH-Dämpfe, die mit 25 Terephthalsäure (I) gesätt. wurden, werden 1 Std. lang bei 330° über 50 ml γ-Al_2O_3 geleitet. Durch Kondens. bei 20° werden 26,0 Dimethyltherephthalat (= 89%), 2,2 Monomethylterephthalat (= 8,5%) erhalten u. 0,3 I (= 1,2%) zurückgewonnen, so daß der Verlust 1,3% beträgt. (**Tschech. P. 98 093** vom 20/3. 1959, ausg. 15/1. 1961.) L. Macher. H 1220

Eastman Kodak Co., Rochester, N.Y., V.St.A. (Erfinder: Milton Lewis Clemens jun.), **Herstellung von aromatischen Hydroxycarbonsäuren.** Acylester von Phenolen der allg. Formel I, die wenigstens eine leicht hydrolysierbare acylierte O—H-Gruppe enthalten, werden in Ggw. von K_2CO_3 mit CO_2 unter erhöhtem Druck u. erhöhter Temp. umgesetzt u. die Rk.-Prodd. hydrolysiert.

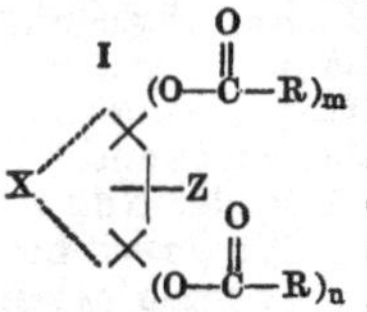

Hierbei ist Z ein H-Atom, eine NH_2-, OH-, Alkyl-, Aryl-, Aralkyl- oder Alkoxygruppe, R eine Alkylgruppe mit 1—4 C-Atomen u. m u. n = 0 oder 1; wenigstens 1 der beiden muß 1 sein, X stellt die zur Vervollständigung eines oder mehrerer kondensierter carbocycl. Ringe nötigen Atome dar. Nach diesem Verf. sind alle bisher nach der Kolbeschen Synth. mit freien Phenolen erhältlichen aromat. Hydroxycarbonsäuren darstellbar, jedoch mit höherer Ausbeute u. ohne teerartige Nebenprodukte. Die Carboxylierung wird in einem Autoklav in Ggw. eines nichtpolaren Lsgm. durchgeführt, das keine OH-Gruppen enthält, z. B. in Bzl., Toluol, Xylol, Hexan u. anderen KW-Stoffen. Nach beendeter Rk. wird das Lsgm. abdest. u. das Rk.-Prod. durch Mineralsäuren oder Alkalihydroxide hydrolysiert. Das Endprod. wird dann mit einem passenden Lsgm. extrahiert. Auf diese Weise werden *Gentisin-*, *4-Hydroxyphthal-*, *3-* u. *4-tert.-Butyl-2.5-dihydroxybenzoe-*, *2-Hydroxy-5-methylbenzoe-*, *2-Acetamido-4-hydroxybenzoe-*, *2-Hydroxy-5-methoxybenzoe-* u. *Salicylsäure* hergestellt. (**E. P. 811 504** vom 8/8. 1955, ausg. 8/4. 1959. A. Prior. 9/8. 1954.) A. Kalix. H 1250

Dow Chemical Co., übert. von: Dale N. Robertson, Midland, Mich., V.St.A., **N-Aryliden-n-alkylamine** der allg. Formel $R-CH=N-(CH_2)_n-CH_3$ (R = Phenyl oder Naphthyl, die Halogen, Carbalkoxyalkoxy mit 3—5 C-Atomen, NO_2 u. Phenyl mehrmals enthalten; n = 2—3) werden durch Rk. des entsprechenden aromat. Aldehyds mit n-Alkylamin in Ggw. von Bzl., Xylol, Cyclohexan als Schleppmittel unter azeotroper Entfernung von W. erhalten. — Aus 0,115 Mol 4-Formylphenoxyessigsäureäthylester u. 0,115 Mol n-Butylamin in 100 cm³ Bzl. unter Erhitzen → *N-[4-Carbäthoxymethoxybenzyliden]-n-butylamin*, $H_5C_2OOCCH_2OC_6H_4CH=N(CH_2)_3CH_3$, Kp.$_{0,2}$ 160 bis 180°. — 2.4-Dichlorbenzaldehyd → *N-[2.4-Dichlorbenzyliden]-n-butylamin*; 94,1% Ausbeute. — *N-[2-Chlor-6-nitrobenzyliden]-*; *N-[3.4-Dichlorbenzyliden]-*; *N-[4-Brom-2-nitrobenzyliden]-*; *N-[2-Fluor-6-chlorbenzyliden]-*; *N-[2.6-Dichlorbenzyliden]-*; *N-[2-Carbäthoxymethoxybenzyliden]-n-butylamin.* — n-Propylamin → *N-[2.4-Dichlorbenzyliden]-*; *N-[4-*

Brombenzyliden]-; *N-[2.4-Dibrombenzyliden*]-; *N-[4-Jodbenzyliden*]-; *N-[4-Phenylbenzyliden*]-; *N-[4-Carbäthoxymethoxybenzyliden*]*-n-propylamin*. — 2.4-Dinitronaphthaldehyd-(1) → *N-[2.4-Dinitronaphthyliden-(1)*]-; *N-[4-Phenylnaphthyliden-(2)*]*-n-propylamin*. — *N-[5-Bromnaphthyliden-(2)*]-; *N-[5-Brom-8-nitronaphthyliden-(1)*]*-n-butylamin*. — *BakterIcide* u. *Fungicide*, bes. gegen *Staphylococcus aureus* u. *Aspergillus terreus*; *Zwischenprodd.*, bes. zur *Herst. von Aralkylaminen*, die als *Anregungsmittel* u. *Emulgiermittel* dienen; von *Nitroäthylenen* nach A. PP. **2 855 442** u. **2 855 443**; C. **1962.** 8391 u. von *Phenoxyverbb.* nach A. P. 2 855 429; C. **1962.** 9488. (**A. P. 2 920 101** vom 18/10. 1956, ausg. 5/1. 1960.) G. KRAUSS. H 1310

Ju. A. Fialkow, **Jodierung von m-Aminobenzoesäure (I)** zu *2.4.6-Trijod-3-aminobenzoesäure* (**II**) mit KCl·JCl (**III**). Zu 86,8 g (0,5 Mol) **I**–HCl in 4 Litern W. werden bei 20° 800 ml 2n **III**-Lsg. während 2½ Std. gegeben, danach wird 2 Std. bei 30° gehalten. Der Nd. wird in 800—900 ml W. bei 50° suspendiert, mit 20%ig. NaOH phenolphthaleinalkal. gestellt, 3 g Na_2SO_3 werden zugesetzt, u. 15—20 Std. wird stehengelassen. Nach Kühlung auf 10° krist. **II**-*Na* aus, das in 4 Liter W. unter Zusatz von 1—2 g Na_2SO_3 mit Kohle gereinigt wird. Nach Ansäuern mit 15%ig. HCl wird 76% **II**, F. 194° (Zers.) erhalten. (**UdSSR. P. 118 225** vom 23/7. 1958.) L. GROSSNER. H 1350

Rottweiler Kunstseidefabrik Akt.-Ges., Deutschland, **Herstellung organischer N-haltiger Phosphorverbindungen.** Zu. D. A. SS. 1 075 611; C. **1960.** 14881 u. 1 083 818; C. **1961.** 3814 sind zu ergänzen: *Äthylphosphonsäureanil* aus Äthylphosphonsäuredichlorid u. Anilin. — *Di-[phenylphosphonsäure]-hexamethylendiimid*, aus Phenylphosphonsäuredichlorid u. Hexamethylendiamin. — *Phosphorsäurephenylesterdicyclohexylimid*, aus Cyclohexylamin u. Phosphorsäurephenylesterdichlorid, u. *-benzylimid*, aus Benzylamin. — *Phosphorsäurecyclohexylesterdicyclohexylimid*, aus Phosphorsäurecyclohexylesterdichlorid, hergestellt aus PCl_3 u. Cyclohexanol. (**F. P. 1 203 539** vom 17/2. 1958, ausg. 19/1. 1960. **Belg. P. 564 885** vom 17/2. 1958, ausg. 15/7. 1960. Beide D. Prior. 18/2., 13/4. u. 17/12. 1957.) S. BÖTTCHER. H 1380

Ethyl Corp., New York, N.Y., V.St.A. (Erfinder: Mark Crosby Whiting), **Herstellung von aromatischen Metallcarbonylkomplexen** von Metallen der 6. Nebengruppe dad. gek., daß das Metallcarbonyl bei 100—300°, bes. 150—225°, mit der aromat. Verb. umgesetzt wird. — $Cr(CO)_6$ wird in Anisol suspendiert u. in N_2 erhitzt, bis sich eine gelbe Lsg. bildet; diese wird eingedampft, u. *Anisol-Cr(CO)*$_3$, F. 86—87°, erhalten. — Analog *Benzol-*, F. 163—165°; *Mesitylen-*, F. 177—178°; *o-*, F. 90—91,5°; *m-*, F. 107 bis 108,5°, u. *p-Xylol-*, F. 98—99°; *Tetralin-*, F. 116—117,5°; *o-Kresyl-*, F. 75—77°; u. *p-Kresylmethyläther-*, F. 47—48,5°; *Methylbenzoat-*, *N.N-Dimethylanilin-*, F. 146 bis 146,5°; *Diphenyl-*; *Cyclohexylphenyl-*, F. 57—63°; *Hydroxybenzol-*; *o-*, F. 130—132°, u. *m-Toluidin-*, F. 137—138,5°; *N-Methylamin-*, F. 122,5—124°; u. *N.N-Dimethyl-o-toluidin-Cr(CO)*$_3$, F. 76,5—78°; *Mesitylen-Mo(CO)*$_3$; *Toluol-W(CO)*$_3$. — Als Ausgangs-Verbb. werden ferner genannt: Phenol, Benzoesäureamyl- u. -propylester, Butylphenyläther, p-Methylanisol, m-Hexylanilin, 2-Amino-4-isopropylnaphthalin, N.N-Dimethyl-o-methylanilin, 2-Methylbiphenyl, Dekalin, β-Methylnaphthalin, Anthracen, m-Dimethylbenzol, m.m'-Di-tert.-butyldiphenyl. — Die Rk. kann auch in Lsgm., wie Paraffinen, Äthern, Estern mit hohem Kp., aliphat. Polyestern oder Siliconölen, durchgeführt werden. (**F. P. 2 221 257** vom 7/3. 1959, ausg. 1/6. 1960. **E. P. 856 354** vom 4/3. 1959, ausg. 14/12. 1960. Beide A. Prior. 10/3. 1958.) S. BÖTTCHER. H 1380

Dow Chemical Co., übert. von: James L. Amos, Midland, Frederick J. Soderquist, Essexville, und Harold D. Boyce, Coleman, Mich., V.St.A., **Styrol** wird durch Erhitzen von n-Propylbenzoldampf, ggf. in Ggw. von Wasserdampf, N_2, CO_2, CH_4, Benzoldampf, auf 500—800°, bes. 600—750°, unter Abspaltung von CH_4 in Ggw. eines Dehydrierungskatalysators nach KEARBY (vgl. A. PP. **2 370 797**; C. **1945.** II. 720, **2 395 975**, **2 395 876**, **2 418 888**; letzteres C. **1948.** I. 950, u. **2 426 829**), bes. Fe_2O_3, ZnO, MgO, deren Gemische, Cr_2O_3 oder Holzkohle, bei einer Raum-Geschw. von 50—500 g, bes. 200—300 g/Std./Liter Katalysator erhalten; Ausbeute 40,1 (%), neben 3,8 Bzl., 7,5 Toluol, 2 Äthylbenzol, 2,1 β-Methylstyrol u. 0,6 Inden; beste genannte Ausbeute 62%; vgl. Tabelle. (**A. P. 2 939 889** vom 25/5. 1956, ausg. 7/6. 1960.) G. KRAUSS. H 1410

Esso Research and Engineering Co., Elizabeth, N.J., V.St.A., **Herstellung von aliphatischen und cycloaliphatischen Alkoholen** durch Rk. von Olefinen mit Carbonsäuren zum Carbonsäureester u. anschließende Verseifung zum Alkohol, dad. gek., daß als Olefine Monoolefine oder Olefine mit mehreren nichtkonjugierten Doppelbindungen oder deren Gemische u. als Carbonsäuren Perfluorcarbonsäuren verwendet werden. Die erhaltenen Ester können mit einem anderen Alkohol umgeestert u. dann die entstandenen Ester verseift werden. Auch eine perfluorierte Dicarbonsäure mit 3—5 C-Atomen kann an das Olefin angelagert werden. Bei langsam reagierenden ungesätt. Verbb. kann eine katalyt. Menge H_2SO_4 zugesetzt werden. Rk.-Temp. —15 bis 300°; Rk.-Druck 0—70,3 at oder mehr. —

Tetramethyläthylen u. Trifluoressigsäure wird gekocht. Nach 4 Std. wird die Rk. unterbrochen, das Rk.-Prod. mit W. neutral gewaschen, dest. u. *Trifluoressigsäure-2.3-dimethylbutyl-(2)-ester*, $Kp._{68}$ 51—53°; n_D^{20} 1,3653, erhalten, der beim Kochen mit NaOH *2.3-Dimethylbutanol-(2)*, Kp. 115—122°, gibt. — Octen-(1) u. Heptafluorbuttersäure → *Heptafluorbuttersäureoctylester*, $Kp._{15}$ 77—78°, n_D^{20} 1,3577. Durch Verseifen wird *Caprylalkohol* [*dl-Octanol-(2)*], Kp. 176—177°; n_D^{20} 1,4247, erhalten. — Hexadien-(1.5) u. Heptafluorbuttersäure → *Heptafluorbuttersäurehexenylester*, $Kp._{14}$ 51—53°; n_D^{20} 1,3489, u. *Hexen-2.5-diol-bis-[heptafluorbutyrat]*, $Kp._{15}$ 110—113°; n_D^{20} 1,3433. Bei der Verseifung werden ungesätt. Alkohole oder Glykole erhalten. — Aus dem tert. Amylester wird *tert.-Amylalkohol*, Kp. 98—101°, n_D^{20} 1,4050, erhalten. — Trifluoressigsäure-1-methylcyclopentylester → *1-Methylcyclopentanol-(1)*, $Kp._{50}$ 71—72°. — Propylen wird bis zu 7 atü mit Perfluorbernsteinsäure bei 200° behandelt. Es entsteht *Perfluorbernsteinsäurediisopropylester*, $Kp._{5-8}$ 83—95°; n_D^{20} 1,3728. — Phenol wird mit Trifluoressigsäure-tert.-butylester gekocht, in W. gegossen, wodurch ein weißer Feststoff ausfällt; dieser wird mit Bzl. aufgenommen, mit heißem W. gewaschen, noch vorhandenes Bzl. verdampft, der Rückstand mit Aceton aufgenommen, Aceton verdampft u. aus einem Gemisch von Hexanen u. Pentanen das *tert.-Butylphenol*, F. 99,5—100°, Nadeln, kristallisiert. — Die Perfluorcarbonsäureester sind Zwischen-Prodd., z. B. zur Herst. von *Peroxiden* oder *Äthern*. — Vgl. F. P. 1 111 222; C. **1958**. 6392. (**D. A. S. 1 112 057** Kl. 12o vom 20/10. 1954, ausg. 3/8. 1961. A. Prior. 21/10. u. 10/12. 1953.) G. KÖNIG. H 1870

Peter Möckel und Günter Stärk, Leipzig, **Herstellung von rhodizonsauren Salzen** durch Oxydation von Diaminotetrahydroxybenzol (I) mit Persulfaten u. Alkalisierung des Rk.-Gemisches. — 10 kg I-Hydrochlorid, 40 (Liter) W. u. 4 HCl werden zum Sieden erhitzt, 16 kg K-Persulfat in Anteilen eingetragen, u. die auf 40° abgekühlte Lsg. wird in überschüssige Soda-Lsg. eingegossen: 4 kg *Na-Rhodizonat*. (**D. P. [DDR] 22 123** Kl. 12o vom 24/4. 1959, ausg. 10/10. 1961 [Wirtschaftspatent].) L. GROSSNER. H 1980

Rohm & Haas Co., Philadelphia (Erfinder: Newman Mayer Bortnick, Oreland, und Gerard Edward Gantert, Philadelphia), Pa., V.St.A., **Alicyclische Cyanketone** der allg. Formel $R_1C(R_2)(CN)CHR_3CO(R_4)$, in der R_1, R_2 u. R_4 jeweils eine Alkyl-, Aryl-, Aralkyl- oder Alkarylgruppe u. R_3 H, CH_3 oder C_2H_5 bedeuten, R_1 u. R_2 zusammen mit dem C-Atom in β-Stellung zur CO-Gruppe auch einen 5- oder 6-gliedrigen alicycl. bzw. Bicyclo-[2.2.1]-heptylring, R_1 u. R_3 zusammen mit den C-Atomen in α- u. β-Stellung zur CO-Gruppe einen 5- oder 6-gliedrigen alicycl. Ring, R_2 u. R_4 zusammen mit dem Carbonyl-C-Atom u. den α- u. β-C-Atomen einen 5- oder 6-gliedrigen alicycl. Ring u. R_3 u. R_4 zusammen mit dem Carbonyl-C-Atom u. dem dazu α-ständigen C-Atom einen 5- oder 6-gliedrigen alicycl. Ring bilden können, u. in der wenigstens ein 5- oder 6-gliedriger alicycl. Ring oder Bicyclo-[2.2.1]-heptylrest vorhanden ist, u. in der die Gesamtzahl der C-Atome bes. 24 nicht überschreitet, werden durch Rk. einer Verb. der allg. Formel $R_1C(R_2) = CR_3{-}CO(R_4)$, in der die Reste R_1—R_4 die vorst. Bedeutung besitzen, mit HCN bei 125—275°, bes. 150—225°, in Ggw. eines stark alkal. CN^--Ionen bildenden Katalysators (Alkalimetalle u. ihre Carbonate, Erdalkalimetalle, Alkali- u. Erdalkalialkoholate, -oxide, -hydroxide, -peroxide u -cyanide, tert. Amine u. quart. Ammoniumbasen) in Mengen von 0,1—20%, evtl. in Ggw. eines stark polaren Lsgm. (höhersd. Ketone), wobei HCN im wesentlichen mit der Geschw. zugegeben wird, mit der sie sich umsetzt, erhalten. — Zum Beispiel werden 293,7 (g) eines Gemisches aus 93% Cyclohexenylcyclohexanon u. 7% Cyclohexylidencyclohexanon, 293,7 $HCON(CH_3)_2$ u. 5,4 KCN gekocht (160°), ein Gemisch aus 46,8 $HCON(CH_3)_2$ u. 46,8 HCN innerhalb von 45 Min. tropfenweise zugegeben, gerührt, das Gemisch noch 1 Std. lang auf 157° erhitzt, nach dem Abkühlen 6,4 wss. 85%ig. H_3PO_4 zugefügt, im Vakuum dest. u. in 83%ig. (Ausbeute) *1-[2-Oxocyclohexyl]*-I (I = *cyclohexan-1-carbonsäurenitril*), $Kp._{2,8}$ 163—174°; F. 85—86° (Isooctan) erhalten. — Analog wird *Acetonyl*-I, *1-[1-Oxooctyl]*-I u. *1-[1-Methyl-2-oxopentyl]*-II (II = *cyclopentancarbonsäurenitril*) erhalten. — Isophoron → *5-Oxo-1.3.3-trimethyl*-I, $Kp._{1,7}$ 119°; F. 68—70° (Isopropanol). — 2-Methyl-1-cyclopentenylmethylketon → *2-Acetyl-1-methyl*-II. — 2-Methyl-3-butylcyclopenten-(2)-on-(1) → *3-Oxo-2-methyl-1-butyl*-II. — 2-[1-Cyclohexen-(1)-yl]-cyclopentanon → *1-[2-Oxocyclopentyl]*-I. — 2-Isopropyliden-5-methylcyclohexanon (Pulegon) → *1-Isopropyl-4-methyl-6-oxo*-I, $Kp._{1,4}$ 120—125°; n_D^{25} 1,4669. — 6-Cyclopentyliden-7-oxotridecan → *1-[1-Pentyl-2-oxooctyl]*-II. — 2-Isopropyliden-6-methylcyclohexanon → *3-Methyl-2-oxo-1-isopropyl*-I. — 2-Methyl-3-dodecylcyclohexen-(2)-on-(1) → *1-Lauryl-2-methyl-3-oxo*-I. — Cyclohexylidenaceton → *1-[2-Oxopropyl]*-I, $Kp._1$ 125—135°; 75% (Ausbeute). — (2.2-Dimethylbicyclo-[2.2.1]-heptyliden)-aceton → *3.3-Dimethyl-2-[2-oxopropyl]-bicyclo-[2.2.1]-heptan-2-carbonsäurenitril*, 50%. — 1-Acetyl-2-methylcyclohexen → *2-Acetyl-1-methyl*-I, $Kp._{0,3}$ 110—120°; 76%. — 1-Benzoyl-2-methylcyclopenten → *2-Benzoyl-1-methyl*-II. —

1-Stearoyl-2-methylcyclohexen → *2-Stearoyl-1-methyl-I.* — *Schädlingsbekämpfungsmittel* gegen Moscitos u. Nagetiere, *Weichmacher für Nitrocellulose.* (**D. A. S. 1 085 871** Kl. 12o vom 16/5. 1958, ausg. 28/7. 1960. **Belg. P. 568 220** vom 31/5. 1958, ausg. 12/8. 1960. Beide A. Prior. 31/5. 1957.) R. HAUSS. H 2070

Chimie et Atomistique, Paris, Frankreich, **Herstellung von 1-Ketocyclodecyl-2-essigsäure.** Zunächst wird Cyclodecanon zu 2-Dimethylaminomethylcyclodecanon-(1) umgesetzt, dieses quaternisiert u. eine CN-Gruppe eingeführt, wobei 2-Cyanmethylcyclodecanon-(1) entsteht. Dieses wird alkal. hydrolysiert, wodurch ein Alkalisalz der 1-Ketocyclodecyl-2-essigsäure entsteht. Daraus wird nach bekannten Verff. die freie Säure gewonnen u. diese in *therapeut.* verwendbare Salze umgesetzt. Die 1. Stufe des Verf. wird durch Kochen einer alkohol. Lsg. des Ausgangs-Prod. mit Trioxymethylen u. Dimethylamin durchgeführt, die 2. Stufe mit CH_3J, die 3. Stufe durch Kochen mit einer Alkalicyanid-Lsg., die Hydrolyse durch Erhitzen mit einer wss. Alkalihydroxid-Lösung. (**Port. P. 38 222** vom 29/3. 1961, Auszug veröff. 27/5. 1961. F. Prior. 1/4. 1960.) A. KALIX. H 2070

Hansgünter Walther, Berlin, **Herstellung von Dicyclohexylcarbodiimid,** $Kp._{0,3}$ 121—123°, durch Dehydratisierung von Dicyclohexylharnstoff (I) mit $POCl_3$ in Ggw. einer tert. Base. — Zu 134,4 g I u. 300 (ml) Pyridin werden bei 50° 56 $POCl_3$ gegeben, das Rk.-Gemisch wird 1½ Std. lang bei 60—90° gerührt, auf Eis gegossen u. mit PAe. extrahiert; 72% (Ausbeute). (**D. P. [DDR] 22 437** Kl. 12o vom 17/3. 1959, ausg. 22/12. 1961 [Wirtschaftspatent].) L. GROSSNER. H 2110

Badische Anilin- & Soda-Fabrik Akt.-Ges., Ludwigshafen/Rh., **Kristalline organische Kobalt-Komplexverbindungen** (I) werden durch Rk. von Dikobaltoctacarbonyl (II) mit O-haltigen organ. Verbb. (III), die mit Co in einem inerten Lsgm. unterhalb 100° Komplex-Verbb. geben, erhalten. III sind Cycloalkanone, wie Cyclopentanon bis -pentandecanon, aromat. Ketone, wie Aceto-, Benzo-, Propiophenon, Diketone, wie Benzil, u. cycl. Diäther, wie Dioxan u. dessen Homologe. I enthalten die organ. Verbb. mit Co als Kationen u. $Co(CO)_4$ als Anionen. — 0,169 g II in 2 cm^3 PAe. werden mit 2 cm^3 Acetophenon umgesetzt, wobei die Rk. bei 5° beginnt u. nach 2 Tagen 24,3 cm^3 CO abgepumpt werden können. Die abgeschiedenen Kristalle werden mehrmals mit kaltem PAe. gewaschen u. im Hochvakuum bei Raum-Temp. getrocknet u. entsprechen der Formel $[Co(C_6H_5COCH_3)_{1/2}][Co(CO)_4]_2$. — Weitere Verbb.: $[Co(C_6H_5COC_6H_5)_{1/4}]\cdot[Co(CO)_4]_2$, $[Co(cyclohexanon)_{1/2}][Co(CO_4]_2$, $[Co(cyclooctanon)_{1/2}][Co(CO_4)]_2$ u. $[Co(4.4'\text{-}dimethyl\text{-}1.3\text{-}dioxan)_{1/2}][Co(CO)_4]_2$. — *Katalysatoren,* z. B. für die Carbonylierung ungesätt. KW-Stoffe oder OH-Verbindungen. (**E. P. 858 494** vom 2/6. 1959, ausg. 11/1. 1961.) J. MÜHLEISEN. H 2180

VEB Chemische Werke Radebeul, Radebeul (Erfinder: Helmut Wunderlich, Dresden, und Wolfgang Kirsten, Radebeul), **Herstellung von N-[1.2.3.4-Tetrahydronaphthyl-(2)]-harnstoff** der allg. Formel I, in der R für H, eine Alkylgruppe oder den 1.2.3.4-Tetrahydronaphthylrest steht, dad. gek., daß geschmolzener Harnstoff oder Monoalkylharnstoff mit 1.2.3.4-Tetrahydronaphthylamin-(2) unter Rühren unter N_2 auf Temp. bis 140° bzw., wenn R den 1.2.3.4-Tetrahydronaphthyl-(2)-rest bedeutet, >140°, bes. auf 180°, erhitzt wird.

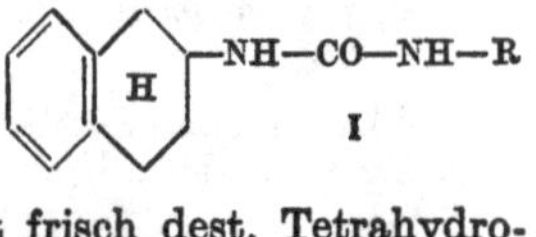

I

— Geschmolzener Methylharnstoff wird unter N_2 mit frisch dest. Tetrahydronaphthylamin-(2) unter Rühren 7 Std. lang auf 120—125° gehalten. Die erkaltete Schmelze wird nach dem Ausschütteln mit warmen W. aus Dioxan umkristallisiert. Es wird *N-1.2.3.4-Tetrahydronaphthyl-(2)]-N'-methylharnstoff*, F. 176—179°, erhalten. — Es werden ferner hergestellt: *N-[1.2.3.4-Tetrahydronaphthyl-(2)]-harnstoff*, F. 182—184° (Dioxan). — *N.N'-Bis-[1.2.3.4-Tetrahydronaphthyl-(2)]-harnstoff*, F. 260—263° (Dioxan). — Zwischenprodd. bei der Synth. von Arzneimitteln. (**D. A. S. 1 081 887** Kl. 12o vom 3/3. 1959, ausg. 19/5. 1960.) G. KÖNIG. H 2700

Farbwerke Hoechst Akt.-Ges., vormals Meister Lucius & Brüning (Erfinder: Walter Koller und Paul Schlack), Frankfurt/M., **Herstellung von heterocyclischen stickstoffhaltigen, in α-Stellung zum N arylierten Basen** mit einer Doppelbindung in 1.2-Stellung u. deren *Salzen*, dad. gek., daß aromat. Verbb., die mindestens einmal die Gruppe —XR enthalten, in der X = O oder S u. R = H, ein Alkylrest oder ein Rest $—R_1X_1—$, in dem X_1 ein in o-Stellung zu X gebundenes O- oder S-Atom u. R_1 einen Äthylenrest oder X_1 ein an einen anderen aromat. Rest gebundenes O- oder S-Atom u. R_1 einen Alkylenrest bedeutet, u. die wenigstens ein H in o- oder p-Stellung zu einer solchen Gruppe —XR aufweisen, in der Wärme, in Polyphosphorsäure gelöst, mit prim. γ- oder δ-Aminocarbonsäuren, deren Estern u./oder deren Salzen mit anorgan. Säuren oder Basen, kondensiert u. ggf. die nach dem Eintragen des Rk.-Gemisches in

W. u. Alkalisieren erhaltenen Basen mit Säuren behandelt werden. — Aus 10,31 (g) γ-Aminobuttersäure (I), 13,82 Veratrol u. 180 Polyphosphorsäure (P_2O_5-Geh. 80%) wird *2-[2'.3'-Dimethoxyphenyl]-Δ¹-pyrrolin* als grünlichgelb gefärbtes Öl, das beim Erkalten kristallin erstarrt u. nach dem Lösen in Ae. u. Behandeln mit Aktivkohle den F. 89° besitzt, $Kp._{0,03}$ 108°; *Hydrochlorid*, F. 255° (Zers.); *Perchlorat*, F. 241°, erhalten. — I u. Resorcindimethyläther → *2-[2'.4'-Dimethoxyphenyl]-Δ¹-pyrrolin*, F. 51°, $Kp._{0,05}$ 106 bis 108°; *Hydrochlorid*, F. 207—208°; *Perchlorat*, F. 197°. — I u. Anisol → *2-[4₆-Methoxyphenyl]-Δ¹-pyrrolin*, F. 73—73,5°, $Kp._{0,03}$ 95°; *Hydrochlorid*, F. 208°; *Perchlorat*, F. 190°. — I u. Pyrogalloltrimethyläther → *2-[2'.3'.4'-Trimethoxyphenyl]-Δ¹-pyrrolin*, F. 48°; $Kp._{0,03}$ 107°; *Hydrochlorid*, F. 160°; *Perchlorat*, F. 181°; bei höherer Temp. entsteht unter Entmethylieren → *2-[2'-Hydroxy-3'.4'-dimethoxyphenyl]-Δ¹-pyrrolin*, F. 101°; *Hydrochlorid*, F. 184—185°; *Perchlorat*, F. 223°. — I u. Thioanisol → *2-[4-'Methylmercaptophenyl]-Δ¹-pyrrolin*, F. 102°; $Kp._{0,02}$ 105°; *Hydrochlorid*, F. 222°; *Perchlorat*, F. 201°. — I u. 2-Methoxytoluol → *2-[4'-Methoxy-3'-methylphenyl]-Δ¹-pyrrolin*, F. 51°, $Kp._{0,03}$ 88°; *Hydrochlorid*, F. 271°; *Perchlorat*, F. 148°. I u. 4-Methoxytoluol → *2-[2'-Methoxy-5'-methylphenyl]-Δ¹-pyrrolin*, $Kp._{0,03}$ 78°; *Hydrochlorid*, F. 204,5—205°; *Perchlorat*, F. 283°. — I u. Brenzcatechinäthylenäther → *2-[3'.4₆-Äthylendioxyphenyl]-Δ¹-pyrrolin*, F. 80°, $Kp._{0,03}$ 105°; *Hydrochlorid*, F. 205°; *Perchlorat*, F. 149,5°. — I u. 2-Chloranisol → *2-[3'-Chlor-4'-methoxyphenyl]-Δ¹-pyrrolin*, F. 74,0°; $Kp._{0,3}$ 118°; *Hydrochlorid*, F. 244°; *Perchlorat*, F. 160°. — I u. Phenoxyäthylbromid → *2-[4'-(β-Bromäthoxy)-phenyl]-Δ¹-pyrrolin*, F. 106°; $Kp._{0,03}$ 118°; *Hydrochlorid*, F. 155,5—156°. — I u. p-Kresol → *2-[2'-Hydroxy-5'-methylphenyl]-Δ¹-pyrrolin*, F. 80,5—81°; $Kp._{0,03}$ 105°; *Hydrochlorid*, F. 258—259°; *Perchlorat*, F. 251,5—252,5°. — I u. o-Kresol → *2-[4'-Hydroxy-3'-methylphenyl]-Δ¹-pyrrolin*, F. 86°, $Kp._{0,03}$ 88°. *Hydrochlorid*, F. 192°; *Perchlorat*, F. 189,5—190°. — δ-Aminovaleriansäurehydrochlorid (II) u. Anisol → *2-[4'-Methoxyphenyl]-Δ¹-tetrahydropyridin*, F. 60°; $Kp._3$ 118°; *Hydrochlorid*, F. 213,5—214°; *Perchlorat*, F. 137—137,5°. — II u. Veratrol → *2-[3'.4'-Dimethoxyphenyl]-Δ¹-tetrahydropyridin*, F. 78°; $Kp._{0,03}$ 109°. *Hydrochlorid*, F. 215,5—216,5°; *Perchlorat*, F. 223—223,5°. — II u. Resorcindimethyläther → *2-[2'.4'-Dimethoxyphenyl]-Δ¹-tetrahydropyridin*, $Kp._{0,03}$ 115°; *Hydrochlorid*, F. 188°; *Perchlorat*, F. 187°; *Pikrat*, F. 142°. — II u. Thioanisol → *2-[4'-Methylmercaptophenyl]-Δ¹-tetrahydropyridin*, F. 70°; $Kp._{0,03}$ 105°; *Hydrochlorid*, F. 192,5—193,5°; *Perchlorat*, F. 160,5—161°. — II u. Pyrogalloltrimethyläther → *2-[2'.3'.4'-Trimethoxyphenyl]-Δ¹-tetrahydropyridin*, $Kp._{0,03}$ 100°; *Hydrochlorid*, F. 131,5—132°; *Perchlorat*, F. 139°. — I u. 2-Methoxybenzoesäuremethylester → *2-[4'-Methoxy-3'-carbomethoxy]-Δ¹-pyrrolin*, F. 58 bis 60°; *Hydrochlorid*, F. 201°; *Perchlorat*, F. 222°. — I u. 1-Methoxynaphthalin → *2-[1'-Methoxynaphthyl]-Δ¹-pyrrolin*, F. 104—105°; $Kp._{0,015}$ 121°; *Hydrochlorid*, F. 203 bis 205°; *Perchlorat*, F. 197—199°. — I u. 1.2-Diphenoxyäthan → *1.2-Bis-{4'-[Δ¹-pyrrolinyl-(2'')]-phenoxy}-äthan*, F. 225°; *Perchlorat*, F. 274°. — I u. 1.4-Bis-[2'-methoxyphenoxy]-butan → *1.4-Bis-{2'-methoxy-4'-[Δ¹-pyrrolinyl-(2'')]-phenoxy}-butan*, F. 147°. — *Zwischen-Prodd.* für *Arzneimittel*; einige dienen als *opt. Aufheller* wegen ihrer Fluorescenz oder als *UV-Absorptionsmittel*. (**D. A. S. 1 111 188** Kl. 12p vom 30/4. 1959, ausg. 20/7. 1961.)

W. HEYER. H 3081

Akt. Selsk. Dumex, Kopenhagen, Dänemark, **Herstellung von Indolderivaten.** Indol-Derivv. der allg. Formel I werden mit Alkoholen XOH umgesetzt, wobei Z in der Formel I durch X ersetzt wird. Hierbei ist R_1 ein H- oder Halogenatom, eine NO_2-, niedrigmol. Alkyl- oder Alkoxygruppe; R_2 u. R_3, die gleich oder verschieden sein können, stellen H- oder Halogenatome, niedrigmol. Alkyl- oder Alkoxyreste, Acyl-, Benzyl- oder Phenylgruppen dar, wobei die letztgenannten durch Halogenatome, NO_2- oder OH-Reste oder niedrigmol. Alkyl- u. Alkoxygruppen substituiert sein können. X ist eine N-substituierte Aminoalkylgruppe, in der die Alkylreste in gerader oder verzweigter Kette 1—5 C-Atome enthalten oder zusammen einen Cycloalkylrest bilden, außerdem können die Alkylreste zusammen mit dem anhängenden N-Atom einen heterocycl. Ring vom Pyrrolidin-, Piperidin-, Piperazin- oder Morpholintypus bilden, der N-Alkyl- oder N-Cycloalkylreste enthalten kann. Schließlich kann N (im X-Rest) einem Heterocyclus des genannten Typs angehören, der über eines der C-Atome an das N-Atom des Indolringes gebunden ist. Z ist ein H- oder Metallatom. Die Rkk. werden in Ggw. eines Kondens.-Mittels, bes. $NaNH_2$, ausgeführt u. das Rk.-Prod. ggf. als Salz isoliert. (**Port. P. 38 155** vom 7/3. 1961, Auszug veröff. 27/5. 1961.)

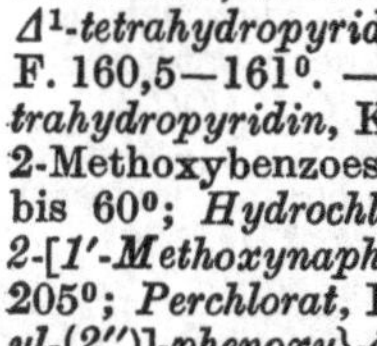

I

A. KALIX. H 3081

Alfred Rieche, Ernst Schmitz und Egon Gründemann, Berlin, **Herstellung von Peroxiden der 3.5.5-Trialkyl-1.2-dioxacyclopentane** durch Rk. von 3-Hydroxy-3.5.5-trialkyl-1.2-dioxacylcopentanen mit H_2O_2 oder Alkylhydroperoxiden in Ggw.

saurer Katalysatoren. — Zu 1 (Mol) 3-Hydroxy-3.5.5-trimethyl-1.2-dioxacyclopentan (I) u. 1 Äthylhydroperoxid (27,5 Vol.-Teile) werden 20 Vol.-Teile 5n H_2SO_4 gegeben. Nach 1 Std. wird ausgeäthert, säurefrei gewaschen u. fraktioniert: *3-Äthylperoxy-3.5.5-trimethyl-1.2-dioxacyclopentan*, Kp.$_{17}$ 72—76°; n_D^{21} 1,4249; 76% (Ausbeute). — Analog folgende 3.5.5-Trimethyl-1.2-dioxacyclopentane: *3-[2-Phenylpropyl-(2)-peroxy]-*, nicht destillierbar, n_D^{21} 1,4955, aus I u. Cumolhydroperoxid; 80%. — *3-tert.-Butylperoxy-*, Kp.$_{14}$ 79—80,5°, n_D^{21} 1,4280, aus I u. tert.-Butylhydroperoxid; 85%. — Aus I u. H_2O_2 *Mesityloxidperoxid*, F. 122,5—123,5° (Bzn.); 90%. (**D. P.** [**DDR**] **22 272** Kl. 12o vom 11/11. 1958, ausg. 7/11. 1961 [Wirtschaftspatent].) L. GROSSNER. H 3102

Chemische Werke Albert, Wiesbaden (Erfinder: Georg Richard Schultze, Hannover, Friedrich Boberg, Misburg/Hannover), **Herstellung von 5-Oxo-3.4-dichlor-1.2-dithiol,** dad. gek., daß Heptachlorpropan, Hexachlorpropen oder 1.1.1-Trifluor-2.3.3-trichlorpropen in Ggw. eines FRIEDEL-CRAFTS-Katalysators mit S oder S-Chloriden der allg. Formel R—SCl, in der R ein Cl-Atom oder die Gruppe —SCl, $—CH_2Cl$, $—CHCl_2$ oder $—CCl_3$ bedeutet, umgesetzt u. das Rk.-Prod. mit wss. HCl hydrolysiert wird. Es kann auch das durch Chlorieren von CS_2 erhaltene Gemisch aus S_2Cl_2 u. Perchlormethylmercaptan oder das beim Chlorieren des asymm. Tetrachlordimethylsulfids entstehende Chlorierungsgemisch verwendet werden. — Hexachlorpropen u. sublimiertes, wasserfreies $AlCl_3$ werden portionsweise mit Perchlormethylmercaptan versetzt. Es wird geschichtet. Die untere ölige Schicht wird beim Abkühlen kristallin; sie wird einer Dest. unterworfen. Der Rückstand wird mit konz. HCl u. W. versetzt. Das Rk.-Prod. wird mit CCl_4 oder einem anderen, mit W. nicht mischbaren Lsgm. aufgenommen u. das Lsgm. anschließend abdestilliert. Man erhält 5-Oxo-3.4-dichlor-1.2-dithiol, F. aus Normalbenzin 59—60°. — Schädlingsbekämpfungsmittel, Zusatz für Mineralöle. (**D. A. S. 1 102 174** Kl. 12g vom 14/2. 1959, ausg. 16/3. 1961.) G. KÖNIG. H 3112

Nordmarkwerke G.m.b.H. (Erfinder: Viktor Wolf und Werner Loop), Hamburg, **Herstellung von 2-Aminooxazolen.** α-Hydroxyacetone (I) werden mit Cyanamiden (II) umgesetzt oder mit Mono- oder Dialkalisalzen von II, mit Erdalkalisalzen von II oder mit solchen Derivv. von II, in denen ein H-Atom der NH_2-Gruppe durch einen Benzolsulfonylrest substituiert ist. Als Ausgangs-Prodd. verwendete I haben die allg. Formel HO·CH(R)·C(R)O (III). In dieser stellen die beiden R gleiche oder verschiedene Alkyl-, Aryl-, Aralkyl-, Cycloalkylreste dar, die durch OH- oder Alkoxygruppen substituiert sein können; außerdem kann ein R ein H-Atom darstellen. Die Rkk. werden in saurer wss. Lsg. ausgeführt, der ein mit W. mischbares Lsgm. zugesetzt ist, u. zwar bei Temp. zwischen 0 u. 100°, bes. 35—80°, u. mit äquimol. Mengen von I u. II. Bes. geeignet ist II, in dem die Benzolsulfonylgruppe in p-Stellung zu $-SO_2-$ eine NH_2-Gruppe enthält, oder eine Gruppe, die während der Rk. mit I in eine solche umgewandelt werden kann. I können auch erst während der Rk. mit II gebildet werden, z. B. durch Hydrolyse von α-Acyloxyaceton oder α-Chloraceton oder durch partielle Red. eines 1.2-Diketons. (**Port. P. 38 036** vom 31/1. 1961, Auszug veröff. 29/3. 1961. D. Prior. 1/2. u. 19/5. 1960.) A. KALIX. H 3132

Ciba Ltd., Basel, Schweiz, **Herstellung von α.β-Bis-[aryloxazolyl-(2)]-äthylenverbindungen.** Eine o-Hydroxyaminoaryl-Verb. wird mit Äpfelsäure (I) im Mol-Verhältnis 2:1 unter Zusatz eines Kondens.-Mittels ohne Isolierung von Zwischen-Prodd. umgesetzt. — Zum Beispiel wird 2-Hydroxy-5-methylanilin mit I unter Luftausschluß gekocht, W. abdestilliert, nach einiger Zeit p-Toluolsulfonsäure zugesetzt u. weiter bis zur Beendigung der Rk. gekocht → II, F. 183—184°. (**Holl. P. 98 469** vom 16/6. 1956, ausg. 17/7. 1961.) F. BÖHM. H 3132

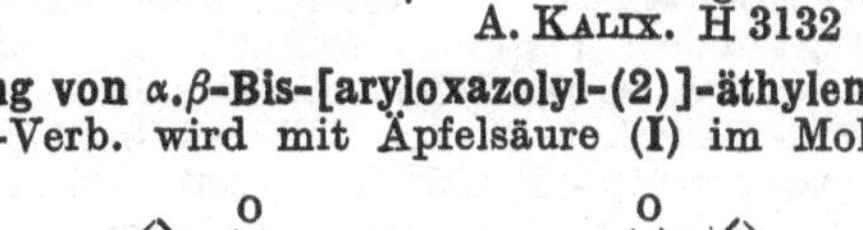
II

Peter Möckel und Günter Stärk, Leipzig, **Herstellung von substituierten Tetrazoliumsalzen** durch Oxydation der entsprechenden Formazane mit Persulfaten in saurer Lösung. — 3 kg Triphenylformazan, 10 (Liter) CH_3OH u. 4 HCl werden auf 40° erwärmt, 5 kg $(NH_4)_2S_2O_8$ zugesetzt, u. die Rk.-Lsg. wird mit dem gleichen Vol. W. verd.: 2,6 kg *Triphenyltetrazoliumchlorat* (Rohprod.), F. 227° (CH_3OH). (**D. P.** [**DDR**] **22 410** Kl. 12p vom 5/3. 1959, ausg. 7/12. 1961 [Wirtschaftspatent].) L. GROSSNER. H 3184

Bataafse Petroleum Mij. N. V., Den Haag, Holland (Erfinder: George Willard Conklin und Rupert Clarke Morris, Emeryville, Calif., V.St.A.), **Herstellung von Borolanylaminen** der allg. Formel I, in der R_1 einen Alkylrest u. R_2, R u. R_4 H-Atome oder Alkylreste bedeuten, dad. gek., daß ein prim. oder sek. Amin der

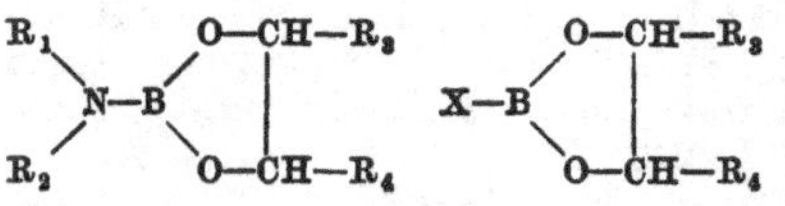

I II

Formel $(R_1)(R_2)N-H$ mit einem Halogenborsäureester der Formel II in der X ein Halogenatom bedeutet, umgesetzt wird, wobei bei Verw. eines prim. Amins mit einem großen Überschuß gearbeitet wird. — 0,94 (Mol) 2-Chlor-1.3.2-dioxaborolan in Ae. werden bei —5 bis —10° zu einer Lsg. von 1,89 $(CH_3)_2NH$ in Ae. gegeben u. $3^1/_2$ Std. lang gerührt, wobei die Temp. auf 22° steigt. $(CH_3)_2NH \cdot HCl$ wird abfiltriert u. mit Ae. gewaschen. Das Filtrat u. das Waschwasser wird im Vakuum dest., wobei *2-Dimethylamino-1.3.2-dioxaborolan*, $Kp._{60}$ 55 bis 62°, anfällt. — Es werden ferner hergestellt: *2-Dimethylamino-4-methyl-1.3.2-dioxaborolan*, $Kp._{20}$ 45°, u. *2-Methylamino-4-methyl-1.3.2-dioxaborolan*, $Kp._{10}$ 38°. — Insekticide, Fungicide, Antiseptica, Zusätze für Schmieröle, fl. Heiz- u. Treibstoffe, Antiklopfmittel. (**D. A. S. 1 108 235** Kl. 12q vom 9/3. 1956, ausg. 8/6. 1961.) G. König. H 3194

Abbott Laboratories, Chicago, Ill., V.St.A., **Veresterung von Pyridincarbonsäuren** durch Rk. der Säuren mit der ca. 5fach mol. Menge aliphat. Alkohole, die mindestens 5 C-Atome enthalten (n-Hexanol, Äthylbutanol, n-Octanol, 2-Äthylhexanol) in Abwesenheit von Katalysatoren bei mindestens 160° unter kontinuierlicher Entfernung des W. durch azeotrope Dest. mit einem Lsgm., das einen niedrigeren Kp. hat als der Alkohol (Bzl., Toluol, Xylole, Cyclohexan), bis zur vollständigen Umsetzung der Säure u. Abdestillieren des überschüssigen Alkohols u. des verbliebenen Lsgm., welches in den Prozeß zurückgeführt werden kann. — *Nicotinsäure-n-hexylester*, $Kp._5$ 140°; 81% (Ausbeute). *2-Äthylhexylester*, $Kp._5$ 150°; 95%. *Äthylbutylester*; *n-Octylester*. (**E. P. 840 459** vom 22/11. 1957, ausg. 6/7. 1960. A. Prior. 23/11. 1956.) H.-J. Nitzschke. H 3231

Farbenfabriken Bayer Akt.-Ges., Deutschland, **Herstellung von Kondensationsprodukten,** dad. gek., daß Additions-Verbb. aus 1 (Mol) p-Benzo- oder Naphthochinon mit 1 einer Dienverb. mit einem Carbonsäurehydrazid umgesetzt werden. — Zu 17,4 (g) Cyclopentadienchinon in 10 cm³ A. wird bei 25° allmählich eine Lsg. von 13,6 Benzoesäurehydrazid, 150 W. u. 10 cm³ konz. HNO_3 (D. 1,5) zugesetzt. Bei Abkühlen auf 0° scheidet sich ein Öl ab, das langsam krist. u. aus Dimethylformamid rein erhalten wird. *Cyclopentadienchinonmonobenzoylhydrazon*, Zers. bei 170—171°. — *Cyclopentadienchinonmonoisonicotinoylhydrazon, Monohydrat*, F. 127—133°, u. *-monobrenzschleimsäurehydrazon*, Zers. bei 162°. — *Butadienchinon-*, Zers. bei 180—190°, *Cyclopentadiennaphthochinon-*, Zers. bei 164°, u. *Butadiennaphthochinonmonoisonicotinoylhydrazon*, Zers. bei 175°, aus Butadienchinon, Cyclopentadien-, bzw. Butadiennaphthochinon u. Brenzschleimsäure- bzw. Isonicotinsäurehydrazid. (**F. P. 1 209 034** vom 23/4. 1956, ausg. 26/2. 1960. D. Prior. 27/4. 1955.) S. Böttcher. H 3231

Badische Anilin- & Soda-Fabrik Akt.-Ges., Deutschland, **Herstellung von Hydroxychinolonen-(4),** dad. gek., daß β-Ketocarbonsäureester mit N-substituierten 3-Aminophenolen umgesetzt werden. — 302 (Teile) 3-Hydroxy-6-methyl-N-äthylanilin, 312 Acetessigsäureäthylester u. 2 cm³ HCl werden im inerten Gasstrom mehrere Tage lang auf dem Wasserbad erhitzt bis *1-Äthyl-2.8-dimethyl-5-hydroxychinolon-(4)*, F. 168°, krist., das zu *1-Äthyl-2.8-dimethyl-5-hydroxy-6.7-dichlorchinolon-(4)*, F. 158°, chloriert werden kann. — Ferner *1-Phenyl-2-methyl-7-hydroxy-*, F. 234°, *1-Äthyl-2-phenyl-5-hydroxy-8-methyl-*, F. 196°, $Kp._{0,5}$ 230—240°, u. *1-[β-Hydroxyäthyl]-2.8-dimethyl-5-hydroxychinolon-(4)*, F. 156°, aus 3-Hydroxydiphenylamin, Benzoylessigsäureäthylester bzw. 3-Hydroxy-6-methyl-N-[hydroxyäthyl]-anilin. — *Lichtschutzmittel, opt. Bleichmittel.* (**F. P. 1 202 105** vom 14/6. 1956, ausg. 7/1. 1960.) S. Böttcher. H 3231

May & Baker Ltd., Dagenham, England, **Herstellung von N-Phenylpiperazinderivaten.** Verbb. der allg. Formel I können nach verschiedenen Verff. erhalten werden. In dieser ist X eine gerade, gesätt. oder Äthylen-KW-Stoff-Kette mit 2—4 C-Atomen, die durch eine OH-Gruppe substituiert sein kann; falls die Kette 4 C-Atome enthält, kann das der Phenylgruppe benachbarte C-Atom durch eine Oxogruppe substituiert sein. Ar ist eine Phenylgruppe, die ein- oder zweifach durch Halogenatome, CN-, Alkyl- oder Halogenalkylgruppen substituiert sein kann. R_1 befindet sich in m- oder p-Stellung u. stellt eine NH_2-, Monoalkylamin-, Dialkylamin-, Monooxyalkylamin- oder Bis-[hydroxyalkyl]-amingruppe dar oder einen Rest, der in eine solche Gruppe umgewandelt werden kann, z. B. einen Acylamino-, N-Alkylacylamino-, Carbamylamino-, Alkoxycarbonylamino- oder N-Oxazolidonrest. R_2 ist eine der R_1-Gruppen mit Ausnahme von N-Oxazolidon oder eine NO_2-Gruppe u. befindet sich in einer Stellung, die nicht von R_1 besetzt ist. Zur Herst. von I werden z. B. Verbb. vom Typus Ar—P mit solchen vom Typus $Q-C_6H_3R_1R_2$ umgesetzt, wobei P u. Q solche Gruppen sind, die einen durch X substituierten Piperazinrest (vgl. Formel I) bilden können. Weiterhin können Verbb.

vom Typus $Y-X-C_6H_3R_1R_2$ mit Arylpiperazinen vom Typus II reagieren, wobei Y ein Säurerest oder ein reaktionsfähiger Ester ist. Weiterhin können Phenyl-Derivv. vom Typus $Ar-N(V)_2$ mit Verbb. vom Typus $(W)_2N-X-C_6H_3R_1R_2$ umgesetzt werden,

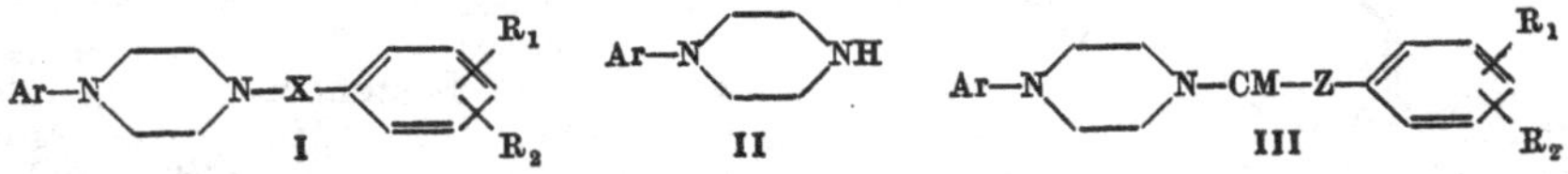

wobei V u. W ein H-Atom u. eine $-CH_2-CH_2$-Gruppe darstellen. Ebenso können Verbb. der Formel I durch Red. von Verbb. der Formel III erhalten werden. In dieser ist M ein O- oder S-Atom u. Z eine gerade, gesätt. oder Äthylen-KW-Stoff-Kette mit 1—3 C-Atomen. Die CO-Gruppe wird durch $LiAlH_4$ red., die CS-Gruppe durch RANEY-Ni. Weiterhin können II mit Styrolen u. Butadienen vom Typus $CH_2=CH-(CH=CH)_n-C_6H_4R_1$ umgesetzt werden, wobei n = 0 oder 1 ist u. der Benzolkern in o- oder p-Stellung durch NO_2 substituiert ist; anschließend kann die NO_2-Gruppe u. bei n = 1 auch die betreffende Doppelbindung red. werden. Fernerhin können II mit Nitrilen vom Typus $NC-T-C_6H_3R_1R_2$ umgesetzt werden. Hierbei ist $T = -CH_2-$, $-(CH_2)_2-$, $-(CH_2)_3-$ oder $-(CH_2)_2-CO-$, wobei diese Gruppen noch durch Alkyl- oder OH-Reste oder beides substituiert sein können. I können auch durch Red. von Aldehyden u. Ketonen vom Typus $ORC-T-C_6H_3R_1R_2$ in Ggw. von II erhalten werden, wobei R ein H-Atom oder ein Alkylrest ist. Verbb. der Formel I, in denen R_1 ein Acylaminorest u. R_2 = m-NO_2 ist, werden durch Nitrierung der entsprechenden Acylamino-Verbb. mit rauchender HNO_3 in einem Gemisch von Eisessig + Essigsäureanhydrid dargestellt. Zur Herst. von Endprodd., in denen R_1 = p-NH_2 u. R_2 = m-NO_2 ist, wird von p-halogenierten Derivv. ausgegangen. Diese werden mit NH_3, Alkyl- oder Hydroxyalkylamin umgesetzt. (**Port. P. 38 030** vom 30/1. 1961, Auszug veröff. 29/3. 1961. E. Prior. 2/2. u. 9/9. 1960.)
A. KALIX. H 3272

Heinz-Joachim Engelbrecht, Dessau, und Hans-Jürgen Hartmann, Zerbst, **Herstellung von β-Hydroxyäthylmorpholin (I)** durch Kondens. von $(ClCH_2 \cdot CH_2)_2O$ (II) u. $HOCH_2CH_2NH_2$ (III), dad. gek., daß das Rk.-Gemisch vor der Aufarbeitung durch Dest. mit mindestens 0,2, bes. 2 Mol Ätzalkali versetzt wird. — 3 (Mol) III werden auf 80—100° erwärmt u. mit 1 II versetzt, wobei die Temp. 160—170° sein soll. Danach wird 1 Std. lang bei dieser Temp. gerührt, auf 30—40° gekühlt, 2 NaOH werden zugesetzt, u. unter N_2 wird fraktioniert: I, Kp.$_{23}$ 117—118°; 91,6% Ausbeute. (**D. P. [DDR] 22 165** Kl. 12p vom 29/7. 1959, ausg. 12/10. 1961 [Wirtschaftspatent].)
L. GROSSNER. H 3282

Sandoz Akt.-Ges. (Erfinder: Jony Renz, Jeanpierre Bourquin, Basel, Guido Gamboni, Valentin Theus, Neuallschwil, und Leo Ruesch, Basel), Schweiz, **Herstellung von Pyridobenzothiazinderivaten.** Pyrido-[3.2: b]-1.4-benzothiazin (I) wird mit Halogenalkylaminen vom Typus Halogen—A—R kondensiert, wobei das H-Atom in I durch AR ersetzt wird. Hierbei ist A ein Alkylenrest mit 1—2 C-Atomen u. R eine 1-Alkylpiperidyl-(2)-, 1-Alkylpyrrolidyl-(3)- oder 1-Alkylpyrrolidyl-(2)-gruppe; das Halogen ist Cl oder Br. (**Port. P. 38 192** vom 21/3. 1961, Auszug veröff. 27/5. 1961.)
A. KALIX. H 3292

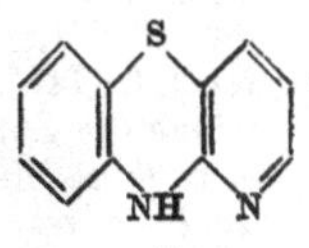

I

Dr. Heinz Haury Chemische Fabrik, München, **Herstellung von 7-Sulfamyl-3.4-dihydro-1.2.4-benzothiadiazin-1.1-dioxiden.** 2.4-Disulfamylaniline, die bis zu 5 Substituenten in Form von prim. ein- oder mehrwertigen Alkoholen der allg. Formel $HO-CH_2-CH_2-Z$ tragen können, werden mit einem schwachen Oxydationsmittel behandelt. Hierbei ist Z ein H- oder Halogenatom, ein Alkyl-, Aryl-, hydroaromat., hetero- oder hydroheterocycl. Rest. (**Port. P. 38 205** vom 25/3. 1961, Auszug veröff. 27/5. 1961. D. Prior. 8/4., 14/6. u. 26/10. 1960.)
A. KALIX. H 3333

Sandoz Akt.-Ges., Basel (Erfinder: Hans-Peter Sigg, Binningen), Schweiz, **Herstellung von Thiocolchicinderivaten.** Ein Desacetylthiocolchicin der allg. Formel I wird mit einem reaktionsfähigen Deriv. einer aliphat. Carbonsäure mit mindestens 6 C-Atomen oder mit einer substituierten aromat. Carbonsäure umgesetzt, wobei der Säurerest in die NH_2-Gruppe eintritt. Hierbei ist R_1 ein niedrigmol. Alkylmercaptorest. Das Rk.-Gemisch wird durch Kristallisation oder chromatograph. gereinigt. In das Endprod. werden ggf. lyophile Gruppen eingeführt. (**Port. P. 38 031** vom 30/1. 1961, Auszug veröff. 29/3. 1961.)
A. KALIX. H 3500

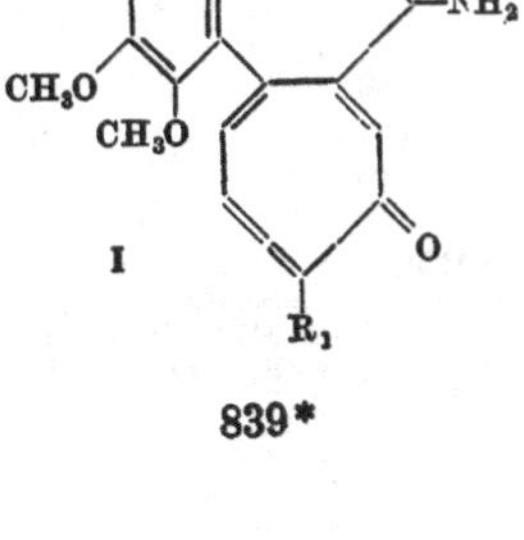

I

Sandoz Akt.-Ges., Basel (Erfinder: Hans-Peter Sigg, Binningen), Schweiz, **Herstellung von Thiocolchicinderivaten.** Desacetylthiocolchicine der allg. Formel I werden mit Iso- oder Isothiocyanaten vom Typus R_2—N=C=X umgesetzt, wobei die NH_2-Gruppe durch NH—CX—NHR_2 ersetzt wird. Hierbei ist R_1 ein niedrigmol. Alkylmercaptorest, X ein O- oder S-Atom u. R_2 eine Alkyl-, Alkenyl-, Alkinyl- oder Cycloalkylgruppe oder ein aromat. Rest, der durch Halogenatome, NO_2-, NH_2-, OH-, Alkyl- oder Alkoxygruppen substituiert sein kann. — Die gleichen Endprodd. werden erhalten, wenn I zunächst mit $COCl_2$ oder $CSCl_2$ zu Derivv. umgesetzt werden, in denen NH_2 durch N=C=X ersetzt ist u. diese dann mit prim. Aminen vom Typus R_2—NH_2 kondensiert werden. (**Port. P. 38 032** vom 30/1. 1961, Auszug veröff. 29/3. 1961.) A. Kalix. H 3500

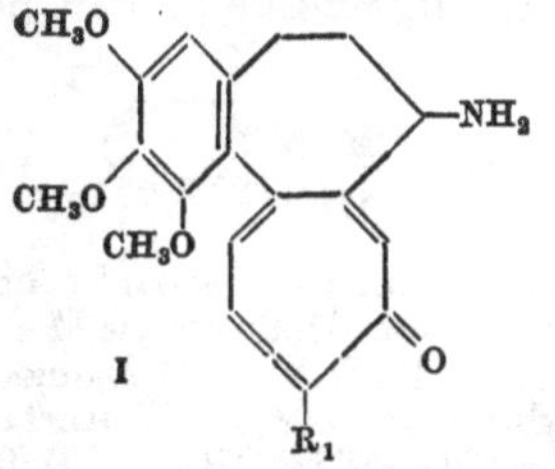

I

Reinhard Hüttenrauch, Jena, **Herstellung von geminalen Halogennitrosoverbindungen der Steroide** durch Rk. von Sterinen oder Steroiden mit Nitrosylhalogenid oder von Sterin- oder Steroidoximen mit Halogen, halogenabspaltenden Verbb. oder Nitrosylhalogenid unter UV-Belichtung. — Zu 1 g Testosteron in 100 ml Bzl. wird bei —10° unter UV-Belichtung NOCl gegeben. Die Temp. wird auf 15° gesteigert, Feststoffe werden abgetrennt u. die grünliche *Chlornitrosoverb.* wird mit Ae. extrahiert. — Analog die *Chlornitrosoverb.* aus Allopregnan-11α-ol-3.20-diondioxim u. die *Bromnitrosoverb.* aus Δ^4-Pregnen-3.20-diondioxim. (**D. P. [DDR] 22 356** Kl. 12o vom 2/10. 1959, ausg. 24/11. 1961 [Wirtschaftspatent].) L. Grossner. H 3700

Herbert Grunze und Erich Thilo, Berlin, **Phosphorylierung von Nucleosiden** mittels Pyrophosphorylchlorid (I), wobei nicht zu phosphorylierende OH-Gruppen als Acetonide geschützt werden. — 4 (mMol) Isopropylidenguanosin werden bei —30° mit 40 I versetzt, die Temp. wird bis zur Erreichung einer homogenen Lsg. auf 20° erhöht. Nach Kühlen auf —10° werden 20 cm^3 W. zugesetzt, es wird mit NaOH auf pH 2,7 eingestellt, die Schutzgruppe durch Kochen abgespalten, die Lsg. mit NaOH neutralisiert, gleiches Vol. 2n NaOH zugesetzt, an Dowex-1 (Cl^--Form) mit n-NaOH phosphatfrei gewaschen u. *Guanosin-5'-phosphat* mit n HCl eluiert. Das *Ba-Salz* wird durch Einstellen des Eluats mit LiOH auf pH 8,6, Zusatz von Ba-Acetat u. Fällen mit dem doppelten Vol. A. erhalten; 70—80% Ausbeute. — Ähnlich *Uridin-5'-phosphat.* (**D. P. [DDR] 22 268** Kl. 12p vom 2/12. 1958, ausg. 7/11. 1961 [Wirtschaftspatent].) L. Grossner. H 3950

Petrolite Corp., Wilmington, Del., übert. von: Melvin De Groote und Jen-Pu Cheng, University City, Mo., V.St.A., **Reaktionsprodukte aus Epoxiden von Glyceriden mit tert. Alkanolaminen.** Als Ausgangsstoffe werden epoxidierte Handels-Prodd., wie Soja- oder triacyliertes Ricinusöl mit 2—3 Oxiranringen im Mol. u. andrerseits Triäthanol-, Tripropanol- oder Tributanolamin verwendet u. in Ggw. von etwas NaOH, Na_2CO_3 oder $NaOCH_3$ einige Std. lang auf 150—170° erhitzt, wobei im Rk.-Gemisch die Zahl der Amin-Moll. etwa gleich der der Oxiranringe sein soll. Die Rk.-Prodd. sind gelbe bis dunkelbraune hochviscose Öle, die zum *Brechen von W.-Erdöl-Emulsionen* u. als *baktericide Mittel* verwendet werden, bes. zur *Bekämpfung von sulfatreduzierenden Bakterien.* Die Endprodd. reagieren leicht mit Carbon- u. Sulfonsäuren unter Bldg. von wasserlösl. Salzen u. werden daher auch zur *Entsäuerung von Mineralölen* verwendet. Ihre Wrkg. können ferner dadurch vielseitig modifiziert werden, daß Rk.-Prodd. mit Epoxiden, Polyepoxiden, Glycidyläthern u. Alkyleniminen gebildet werden. Herst. der Ausgangsprodd. u. ausführlich theoret. Darst. der Rk.-Mechanismen. (**A. P. 2 819 278** vom 9/5. 1956, ausg. 7/1. 1958.) A. Kalix. H 4010

Imperial Chemical Industries Ltd., London, England, *Stabilisierung organischer Produkte.* (**Holl. P. 99 615** vom 17/5. 1956, ausg. 15/11. 1961. E. Prior. 18/5. 1955 u. 4/5. 1956. — C. **1959.** 3638 [F. P. 1 154 466].)

Farbenfabriken Bayer Akt.-Ges., Leverkusen (Erfinder: **Detlef Delfs**, Opladen, **Erich Lehmann**, Burscheid, und **Heinrich Morschel**, Leverkusen), *Diazotierung aromatischer Amine.* (**Schwz. P. 356 779** vom 18/2. 1957, ausg. 31/10. 1961. D. Prior. 9/3. 1956. — C. **1958.** 2274 [D. A. S. 1 016 269].)

General Aniline & Film Corp., New York, N.Y., V.St.A. (Erfinder: **C. F. Montross, F. E. Woodward** und **F. Wuerth**), *Feste Carbonsäureester aus Fettsäurehalogeniden und Hydroxylverbindungen.* (**Belg. P. 561 638** vom 15/10. 1957, ausg. 20/5. 1960. A. Prior. 8/11. 1956. — C. **1961.** 18498 [F. P. 1 196 903].)

Farbwerke Hoechst Akt.-Ges., vormals Meister Lucius & Brüning, übert. von: **Edgar Fischer** und **Hans-Helmut Frey**, Frankfurt/M., *Herstellung von niederen Fluorchlorkohlenstoffen.* (**A. P. 2 854 490** vom 1/8. 1955, ausg. 30/9. 1958. D. Prior. 30/7. 1954. — C. **1957.** 10062 [D. A. S. 1 003 700].)

Farbwerke Hoechst Akt.-Ges., vormals Meister Lucius & Brüning, Frankfurt/M., *Chlorkohlenwasserstoffe aus Kohlenwasserstoffen mit wenigstens 2 Kohlenstoffatomen.* (**Belg. P. 551 220** vom 22/9. 1956, ausg. 18/12. 1959. D. Prior. 6/8. 1954. Zusatz zu Belg. P. 551 196; C. 1961. 14104. — C. **1957.** 10332 [D. A. S. 1 003 701].)

Allied Chemical & Dye Corp., New York, N.Y., V.St.A. (Erfinder: **G. J. Meyers** und **L. D. Schmidt**), *Ungesättigte Kohlenwasserstoffe, wie Äthylen und Propylen, durch Cracken von flüssigen Kohlenwasserstoffen.* (**Belg. P. 550 846** vom 6/9. 1956, ausg. 18/12. 1959. A. Prior. 6/9. 1955. — C. **1961.** 5610 [E. P. 793 153].)

Farbwerke Hoechst Akt.-Ges., vormals Meister Lucius & Brüning, Frankfurt/M., *Abtrennen von Acetylenen mit wenigstens 3 C-Atomen aus diese enthaltendem Acetylen.* (**Belg. P. 555 297** vom 25/2. 1957, ausg. 12/2. 1960. D. Prior. 24/2. 1956. — C. **1960.** 7336 [D. A. S. 1 058 497].)

Dow Chemical Co., übert. von: **William C. Bauman** und **Donald F. Harrington**, Midland, Mich., V.St.A., *Entfernung von Säuren aus wässerigen Lösungen organischer Flüssigkeiten mit Ionenaustauschern.* (**Can. P. 554 159** vom 17/4. 1954, ausg. 11/3. 1958. A. Prior. 12/5. 1953. — C. **1959.** 7959 [D. A. S. 1 034 634].)

X. Färberei. Organische Farbstoffe

Die Adsorption von Baumwolldirektfarbstoffen durch chemisch modifizierte Cellulose. E. H. Daruwalla, P. J. Kangle und G. M. Nabar. (Textile Res. J. **31.** 712—21. Aug. 1961. Bombay, Univ., Dep. of Chem. Technol.) (Engl.)

Bei *Chrysophenin G* u. *Chlorazol Sky Blue FF* werden die Färbegleichgewichte auf Cellulose ermittelt, die entweder mit KJO_4, $K_2Cr_2O_7/H_2SO_4$, $K_2Cr_2O_7$/Oxalsäure u. NaClO oxydiert oder mit BH_3 red. u. mit $NaClO_3$ behandelt worden war. Während die Umwandlung von OH-Gruppen in Carbonylgruppen in 2-, 3- oder 6-Stellung die Farbstoffaufnahme nicht verändert, wird durch die Bldg. von COOH-Gruppen die Adsorption erniedrigt. Für diese Erniedrigung ist nur ein bestimmter Anteil der insgesamt vorhandenen COOH-Gruppen verantwortlich, was theoret. zu erklären versucht wird. — 27 Literaturangaben. M. Reiher. 7002 □

Das Färben von Celluloseacetat mit Dispersionsfarbstoffen. 9. Mitt. **Wirkung unterschiedlicher Acetylwerte.** C. L. Bird und G. Tabbron. (J. Soc. Dyers Colourists **76.** 217—22. April 1960. Leeds, Univ., Dep. of Colour Chem. and Dyeing.) (Engl.) — 8. vgl. C. **1961.** 3157.

Wird Celluloseacetat bei 90° mit Dispersionsfarbstoffen gefärbt, so nimmt die Färbegeschw. mit steigendem Acetyl-Geh. der Faser ab. Dies gilt bes. für einen Acetyl-Geh. von über 58%. Das Verhältnis der Fasersättigungswerte bei Triacetat u. sek. Celluloseacetat ist um so größer, je hydrophober der verwendete Dispersionsfarbstoff ist. — 14 Literaturangaben. M. Reiher. 7002 □

Ein experimenteller Nachweis der Bindung von Vinylsulfon-Farbstoffen an die Cellulosefaser. Erwin Bohnert. (Melliand Textilber. **42.** 1156—60. Okt. 1961. Frankfurt/M.-Höchst, Farbwerke Hoechst AG., Anwendungstechn. Abt.) (Dt.)

Durch Herst. von Verbb. zwischen Glucose u. Reaktivfarbstoffen des angegebenen Typs, Umfällung über das Ba- in das Na-Salz u. Chromatographie kann, wie auch durch den Abbau einer Cellulosefärbung, an Hand von IR-Spektren die Bindung Farbstoff–Faser nachgewiesen werden. W. Bernard. 7002 □

50 Jahre Naphthol AS. W. Staab. (Melliand Textilber. **42.** 1373—82. Dez. 1961. Farbwerke Hoechst AG., Anwendungstechn. Abt.) (Dt.)

An Hand der bis heute herausgebrachten Prodd. wird ein Überblick über die Entw. der *Naphthol-AS*-Färberei gegeben. L. Jentgen. 7020 □

Cellulosereaktive Chlorpyrimidylfarbstoffe — Chemische Reaktionsfähigkeit und Fixiervermögen. H. Ackermann und P. Dussy. (Melliand Textilber. **42.** 1167—72. Okt. 1961. Basel, Schweiz, I. R. Geigy AG.) (Dt.)

Durch Modifizieren der Färbeverff. mittels Änderung der Chemikalienzusätze, der Färbezeit u. Behandlungs-Temp. lassen sich die verschiedensten Chloropyrimidyl-Farbstoffe wirtschaftlicher u. echter fixieren. W. Bernard. 7020 □

Färbeversuche mit Ruß-Schwarz. J. B. Donnet und D. Ferry. (Teintex **26.** 899—905. 15/12. 1961.) (Franz.)

Verss., den Durchmesser der Teilchen von Ruß-Schwarz durch eine behutsame Oxydation mit $NaClO_2$ schrittweise soweit zu vermindern, daß ein Schwarz erhalten wird, das genügend fein ist, um in die Fasern durch die mol. Zwischenräume einzudringen, werden beschrieben. Trotz Anwendung verschiedener Techniken war es nicht möglich, den Durchmesser dieser kleinsten Teilchen im Elektronenmikroskop genau zu bestimmen, dagegen kann der mittlere Durchmesser graph. gemessen werden. Mkr. Unterss. der mit Ruß-Schwarz gefärbten Viscosefasern zeigen, daß feinstes Ruß-Schwarz mit einem mittleren Durchmesser von 30 Å in die Faser eindringt, d. h., daß der mittlere Durchmesser der Faserporen 30 Å beträgt. Es wird gefolgert, daß Ruß-Schwarz, wenn es durch geeignete Behandlung einen genügend kleinen Teilchendurchmesser erhält, sich wie ein Direktfarbstoff verhalten kann. L. Jentgen. 7020 □

Untersuchungen über hohe Lichtechtheit färbender Substanzen in hydrophoben Substraten. Dispersionsfarbstoffe in Celluloseacetaten und Polyestern. Charles

H. Giles und Syed M. K. Rahman. (Textile Res. J. **31.** 1012—19. Dez. 1961. Glasgow, Scotland, Royal Coll. of Sci. and Technol., Colour Chem. Res. Labor.) (Engl.)

Orientierte, nicht orientierte Polyesterfilme, Terylenfaser sowie Di- u. Triacetatfilme u. -fasern werden mit 3 Dispersionsfarbstoffen (C.I. 12770, 61100 u. 61105) gefärbt. Die Überprüfung der spektralen Absorption (x- u. y-Banden) u. der Lichtechtheit in trockener u. feuchter Atmosphäre ergab, daß die Aggregation u. die Lichtechtheit mit steigender Farbstoff-Konz. u. Feuchtigkeitsaufnahme des Substrates zunimmt. In Substraten mit sehr geringer Feuchtigkeitsaufnahme wird das Ausbleichen des Farbstoffs wahrscheinlich durch den erschwerten Zutritt an Wasserdampf u. Luft zu den Farbstoffteilchen verzögert. Die Ggw. H-Brücken ausbildender Carier (4-Hydroxydiphenyl) verringert die Aggregation der Dispersionsfarbstoffe im Polyesterfilm u. setzt somit die Lichtechtheit vom nicht orientierten über den orientierten Polyesterfilm zum Tri- u. Diacetatfilm zu. — 8 Figuren, 4 Tabellen, 12 Literaturhinweise.

H. G. Fröhlich. 7028□

Methoden der Kontrolle von Färbeverfahren mit Reaktiv-Farbstoffen. H. H. Sumner und T. Vickerstaff. (Melliand Textilber. **42.** 1161—66. Okt. 1961. Manchester, Imp. Chem. Ind.) (Dt.)

Es wird die Substantivität, der Diffusions-Koeff. u. die unterschiedliche Reaktivität der *Procion*-Farbstoffe untersucht. Auf Grund dieser Feststellung werden Wege der Kontrolle der prakt. Färbung nachgewiesen. W. Bernard. 7086□

Farbenfabriken Bayer Akt.-Ges., Leverkusen (Erfinder: Carl Taube, Leverkusen, und Klaus Böckmann, Köln), **Nachbehandlung von Direktfärbungen mit quartären Polyalkylenpolyaminen.** Zu Oe. P. 201 027; C. **1961.** 13727 ist nachzutragen: Von den beschriebenen Nachbehandlungsmitteln sind diejenigen bes. wirksam u. ohne Einfl. auf den Farbton, die durch Umsetzung von 1.2-Bis-[dimethylamino]-äthan mit den bezeichneten Dihalogenverbb. bei Temp. bis 95° ohne Anwendung organ. Lsgm. hergestellt worden sind. (**D. A. S. 1 104 926** Kl. 8m vom 19/1. 1957, ausg. 20/4. 1961.) F. Böhm. 7007

Rohner Akt.-Ges. Pratteln, Schweiz, **Herstellung von wasch- und lichtechten Färbungen mit Eisfarben** unter Verw. von Gemischen einer Kupplungskomponente u. einer Diazoamino-Verb. der allg. Formel I (R = Alkyl-, Isoalkyl-, Cycloalkyl- oder Aralkylgruppe; A = substituierter Alkylrest; Me = Alkalimetall; X = Alkyll-, Aralkyl- oder Phenoxygruppe, die ggf. substituiert sein kann, aber keine löslichmachende Gruppe, wie $-SO_3H$ oder $-COOH$, enthält) u. späterer Entw. des Farbstoffs auf der Faser. — 38,8 (Teile) 1-Amino-2-methoxy-5-chlorbenzolhydrochlorid werden mit 120 W. u. 30,5 30%ig. HCl verrührt u. diazotiert. Die Lsg. wird bei —3 bis —1° in eine Lsg. eingetragen, die durch Lösen von 56,8 2-Methylaminobenzoesäure-5-sulfonsäuredimethylamid in 300 W. u. 30 30%ig. NaOH unter Zusatz von 14 krist. CH_3COONa erhalten wird. Nach dem Zusammengeben wird innerhalb 3 Std. mit NaOH auf pH 10 gebracht. Die Diazoamino-Verb. scheidet sich zum Teil krist. ab; die Fällung wird durch Aussalzen vollständig. Das abgetrennte Prod. (**II**) wird im Vakuum bei 35—40° getrocknet. 50 eines Gemisches aus äquivalenten Mengen 2-Hydroxynaphthoesäure-(3)-2'-methoxyanilid u. **II** werden in ein Gemisch aus 30 Äthylenglykolmonoäthyläther, 30 W. u. 30%ig. 10 NaOH eingerührt. Nach Zusatz von 400 W. von 45° wird die Lsg. in 500 Verdickungsmittel eingetragen, z. B. in ein Gemisch von Stärke mit Traganth oder Carboxymethylcellulose mit zusätzlich 2% Na-Nitrobenzolsulfonat oder $NaClO_3$. Die erhaltene Paste wird auf einem Gewebe aus Baumwolle oder regenerierter Cellulose bei 100—102° in einem Mather-Platt-App. entwickelt u. in üblicher Weise weiterbehandelt. Es wird eine hellrote Färbung in reiner u. gleichmäßiger Form erhalten. — 7 weitere Beispiele. (**F. P. 1 187 679** vom 24/4. 1957, ausg. 15/9. 1959. Schwz. Prior. 24/4. 1956.) M. F. Müller. 7021

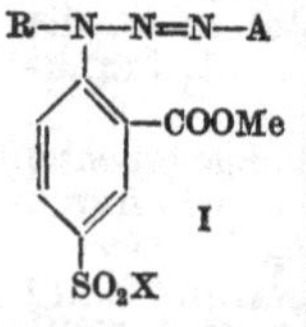

I

E. I. du Pont de Nemours & Co., V.St.A. (Erfinder: Arthur Kenneth Saville), **Bedrucken von Textilstoffen mit Küpenfarbstoffen** in Form einer Dispersion in einer W.-in-Öl-Emulsion. Der Küpenfarbstoff wird in Form einer W.-in-Öl-Emulsion aufgetragen, in der der Küpenfarbstoff in der wss. Phase u. in der Ölphase, die eine geringe Menge eines Alkydharzes enthält, dispergiert ist. Das Harz ist ggf. mit einem trocknenden Öl modifiziert. Die Emulsion hat eine solche Konsistenz, daß die Druckpaste mit großer Geschw. auf den Textilstoff aufgetragen werden kann. Nach dem Bedrucken wird der Stoff getrocknet, mit $NaHSO_3$ als Red.-Mittel imprägniert u. in Abwesenheit von Luft bei 100—143° ca. 7—30 Sek. lang mit Wasserdampf behandelt. Schließlich wird der imprägnierte u. red. Stoff in üblicher Weise oxydierend behandelt, um die Leukobase in den unlösl. Farbstoff überzuführen. — 17 Beispiele. (**F. P. 1 182 530** vom 9/9. 1957, ausg. 25/6. 1959. A. Prior. 12/9. 1956.) M. F. Müller. 7023

Farbenfabriken Bayer Akt.-Ges., Leverkusen (Erfinder: Fritz Suckfüll, Leverkusen, und Hein Haubrich, Köln-Stammheim), **Hydrazine**, verwendbar als *Farbstoffzwischenprodd.*, werden durch Behandeln der nach D. A. S. 1 008 313; C. **1958.** 1990 hergestellten Azophosphonsäuredialkylester mit sauren Salzen von H_2SO_3 u. anschließende Hydrolyse der hierbei entstehenden Hydrazinosulfonsäuren erhalten. — Zum Beispiel werden über Nacht 42,8 (Gew.-Teile) Benzolazophosphonsäuredimethylester mit einer Lsg. von 24 $KHSO_3$ in 100 W. verrührt. Das Prod. wird durch Erwärmen auf 60° gelöst, mit Aktivkohle gereinigt, aus W. umkristallisiert u. mit 400 10%ig. wss. HCl 20 Min. lang bei 80° behandelt. Es wird *Phenylhydrazinhydrochlorid* erhalten. Wird ohne Isolierung des Anlagerungs-Prod. gearbeitet, so wird krist. *Phenylhydrazinophosphonsäuredimethylester* erhalten. Aus 4-Sulfobenzolazophosphonsäuredimethylester entsteht analog die krist., leicht wasserlösl. Verb. $C_8H_{13}N_2Na_2O_{10}PS_2$, *p-$NaO_3S \cdot C_6H_4 \cdot N(SO_3Na) \cdot NH \cdot PO(OCH_3)_2 \cdot H_2O$* (II). Ohne Isolierung von **II** liefert die mit H_2SO_4 erwärmte Bisulfit-Lsg. *Phenylhydrazin-4-sulfonsäure.* 4-Nitrobenzolazophosphonsäuredimethylester analog mit Bisulfit behandelt liefert die Verb. $C_8H_{15}N_3NaO_{10}PS$, *p-$O_2N \cdot C_6H_4 \cdot N(SO_3Na)NH \cdot PO(OCH_3)_2 \cdot 2\,H_2O$* (III), F. 183° (Zers.), schwachgelbe Kristalle. Durch Behandlung von wss. **III**-Lsg. mit H_2SO_4 entsteht *4-Nitrophenylhydrazin.* m-Toluolazophosphonsäuredimethylester liefert bei der Behandlung mit $NaHSO_3$-Lsg. *m-Tolylhydrazinhydrochlorid. 2-Hydrazinonaphthalin-8-sulfonsäure* wird über das Additions-Prod. der vermutlichen Formel I aus 8-Sulfonaphthalin-(2)-azophosphonsäuredimethylester erhalten. Aus m-Pyridinazophosphonsäuredimethylester wird über ein Zwischenprod. *β-Pyridylhydrazin* erhalten. (**D. A. S. 1 075 627** Kl. 12q vom 16/6. 1956, ausg. 18/2. 1960.) A. Mohr. 7049

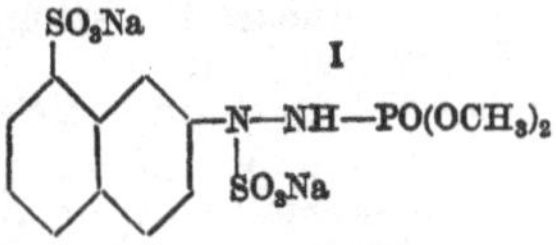

I

Imperial Chemical Industries Ltd., London (Erfinder: Herbert Francis Andrew, William Elliot Stephen und Frederick Andrew Waite, Manchester), England, **Herstellung von Monoazofarbstoffen** der allg. Formel **I** (A = sulfonierte Phenylgruppe, frei von OH, NH_2 u. NH-Alkyl; X = Halogen; R = H oder Alkyl; R_1 = H oder Phenyl u. ein Y = H, das andere = SO_3H). Die Farbstoffe eignen sich zum Färben u. Bedrucken von Baumwolle. Cyanurchlorid wird mit NH_4OH-Lsg. umgesetzt. Zu einer Suspension des erhaltenen 2-Amino-4.6-dichlor-1.3.5-triazins wird eine Lsg. des Di-Na-Salzes von 1-Amino-8-hydroxynaphthalin-3.6-disulfonsäure in W. gegeben. Das sek. Kondens.-Prod. dient als Azokomponente für diazotierte 1-Aminobenzol-2-sulfonsäure. Bei Imprägnierung von Baumwolle u. Behandlung mit einem säurebindenden Mittel oder durch Drucken aus einer Na_2CO_3 oder $NaHCO_3$ enthaltenden Druckpaste liefert der Farbstoff rote Färbungen mit sehr guter Wasch- u. guter Lichtechtheit. (**D. A. S. 1 103 483** Kl. 22a vom 23/4. 1958, ausg. 30/3. 1961. **F. P. 1 205 548** vom 23/4. 1958, ausg. 3/2. 1960. **Belg. P. 566 992** vom 21/4. 1958, ausg. 12/8. 1960. Alle E. Prior. 23/4. 1957 u. 7/3. 1958. **A. P. 2 969 498** vom 18/4. 1958, ausg. 11/4. 1961. E. Prior. 23/4. 1957. **E. P. 834 304** vom 23/4. 1957, ausg. 4/5. 1960.) F. Rath. 7053

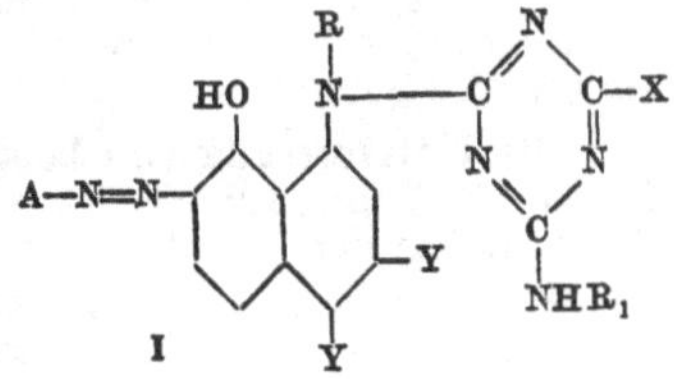

I

Farbenfabriken Bayer Akt.-Ges., Leverkusen (Erfinder: Karl-Heinz Freytag und Klaus Böckmann, Köln), **Herstellung von Trisazofarbstoffen.** Eine Aminomonoazo-Verb. der allg. Formel $R_3—N=N—R_4—NH_2$ wird diazotiert u. mit einem gemischten Harnstoff der allg. Formel $R—N=N—R_1—NH—CO—HN—R_2$ gekuppelt. Die Symbole bedeuten: R_3 = Rest eines Amins der Benzol- oder Naphthalinreihe; R_4 = Rest eines Amins der Benzol- oder Naphthalinreihe mit der Aminogruppe in p-Stellung zur Azogruppe (mindestens einer dieser Reste enthält mindestens eine wasserlöslichmachende Gruppe); R = Rest eines aromat. Amins mit mindestens einer wasserlöslichmachenden Gruppe; R_1 = Rest eines Amins der Benzol- oder Naphthalinreihe mit Azo- u. Harnstoffgruppierung in p-Stellung zueinander u. R_2 = Rest einer Aminohydroxynaphthalinsulfonsäure mit kupplungsfähiger Stelle in o-Stellung zur OH-Gruppe). Die Farbstoffe färben Baumwolle (**I**) u. regenerierte Cellulose (**II**) rotbraun, rot bis dunkelviolett. — 71,8 (Gew.-Teile) des gemischten Harnstoffs aus dem Phenylurethan des Monoazofarbstoffs 1-[4'-Amino-2'.5'-dimethylbenzolazo]-8-benzolsulfonyloxynaphthalin-3.6-disulfonsäure, 2-Amino-8-hydroxynaphthalin-6-sulfonsäure u. 35,7 diazotierte 4-Aminoazobenzol-3.4'-disulfonsäure werden alkal. vereinigt. Anschließend wird die Benzolsulfonyloxygruppe verseift. Der isolierte Farbstoff färbt I u. II rotbraun. (**D. A. S. 1 098 649** Kl. 22a vom 16/12. 1958, ausg. 2/2. 1961. **F. P. 1 243 610** vom 16/12. 1959, ausg. 18/1. 1961. D. Prior. 16/12. 1958.) F. RATH. 7055

XIa. Farben. Anstriche. Lacke. Naturharze

Pigmente aus Zinksulfid. Cremer. (Chim. Peintures **24.** 279—88. Sept. 309—18. Okt. 1961. (Franz.)

Neue Zinksulfid-Pigmente, die sich durch hohen Dispersionsgrad, bes. Deckfähigkeit u. Aufhellungsvermögen, auszeichnen, werden beschrieben. B. SCHEIFELE. 7092□

Glycerin in Polyurethanen. C. R. Malyan. (Paint Technol. **24.** Nr. 272. 17—19. Juli 1960.) (Engl.)

Glycerin-Derivv. u. Ricinusöle (auch modifizierte) für Polyurethane sowie Polyäther u. Polyester auf Glycerinbasis werden erörtert. R. SCHÄFF. 7096□

Scheinbare Funktionalität von Isophthalsäure in Alkydharzen. Robert Brown, Henry Ashjian und William Levine. (Off. Digest. Federat. Soc. Paint Technol. **33.** 539—47. April 1961. Metuchen, N.J., Socony Paint Prod. Co.) (Engl.)

Eine prakt. Meth. zur Berechnung der Funktionen von Isophthalsäurealkyden wurde entwickelt u. der vorgeschlagene Mechanismus experimentell bewiesen. Während Phthalsäureanhydrid 2 echte Funktionen entsprechend der Berechnung von CAROTHERS besitzt, beobachtet man einen beträchtlich höheren Funktionsgrad bei Isophthalsäurealkyden. Dies wird auf eine Neben-Rk. (Verätherung der Polyole) zurückgeführt, die nur in Isophthalsäure-Alkyd-Syst. auftritt. Dieser Verätherungsmechanismus wird experimentell durch quant. Best. des bei der Rk. austretenden W. u. durch IR-Analysen der Harze u. der daraus isolierten Polyole sichergestellt. R. SCHÄFF. 7096□

Grundierung für chlorierte Anstrichmittel. H. R. Hamburg. (Corrosion Technol. [London] **8.** 382. Dez. 1961. London, Atlas Preservative Co.) (Engl.)

Vf. diskutiert die Schwierigkeiten, einen für Lacke auf *Chlorkautschukbasis* geeigneten Grundanstrich zu finden. Eine Grundierung auf der Basis von schwerlösl. *Phenolharz* wird beschrieben. H.-G. MOSLÉ. 7106□

Die Unterrostung von lackiertem Stahl. J. A. W. van Laar. (Dtsch. Farben-Z. **15.** 56—67. Febr.; 104—17. März 1961. Eindhoven, N. V. Philips' Gloeilampenfabrieken, Chem. Labor der Hauptindustriegruppe Radio, Grammophon u. Fernsehen.) (Dt.)

Vf. behandelt die Unterrostung des evtl. vorbehandelten u. mit mehreren Lackschichten bedeckten kaltgewalzten Stahles. Unterrostung geht von unbedeckten oder beschädigten Stellen oder von Graten aus. Sie wird an einem Ritz bis zum metall. Untergrund untersucht. Quer zu diesem Ritz breitet sich die Unterrostung mit einer quant. meßbaren Geschw. aus. Die Qualität des Syst. Metall/Lack wird durch die Zahl der Tage ausgedrückt, die zur Bldg. einer Unterrostung von 1 mm erforderlich ist. Die Unterrostung wurde unter verschiedenen Bedingungen untersucht, ihre Ursachen ergründet u. auf Möglichkeiten der Vermeidung oder Bekämpfung hingewiesen. Blasen-Bldg. u. Verseifung wurden als Teilprozesse der Zerfallserscheinungen ebenfalls eingehend betrachtet. K. WEKUA. 7158□

Westinghouse Electric Corp., V.St.A. (Erfinder: Willi Lehmann), **Herstellung eines ZnS-Leuchtstoffes,** der mit Cu aktiviert ist u. ein Halogen als Koaktivierungsmittel enthält. 1 Mol fein verteiltes ZnS wird mit 0,01—0,0005 Mol eines Cu-Salzes, z. B. eines Chlorids, Bromids, Jodids, Nitrats oder Sulfats, u. mit 0,01—0,02 Mol eines Halogenids von Zn, K, Na oder Gemischen davon gemischt u. wenigstens $^1/_2$ Std. lang auf 800—1100° erhitzt. Ggf. wird das Prod. nach dem Abkühlen mit einer Lsg. von Na-, K- oder NH_4-Cyanid oder -Thiocyanat gewaschen, wobei das CuS herausgelöst wird u. ZnS ungelöst bleibt. Bes. vorteilhaft sind Lsgg., die gleiche Mengen NaCN u. KCN enthalten. — Abb., Diagramme. — Vgl. A. P. 2 874 128; C. **1960.** 16604. (**F. P. 1 196 062** vom 23/12. 1957, ausg. 20/11. 1959. A. Prior. 24/12. 1956.) M. F. MÜLLER. 7093

Columbian Carbon Co., New York, N.Y., übert. von: John Martin, Hamilton Square, N.J., V.St.A., **Herstellung von α-Ferrioxidhydrat-Pigmenten.** Man leitet gasförmiges, mit einem O_2 enthaltenden Gas gemischtes NH_3 rasch bei 65—125° F in eine wss. Ferrosalz-Lsg. bis pH >7, darauf nur O_2 enthaltendes Gas bis pH ca. 3 ein, erhöht die Temp. auf 125—200° F u. leitet erneut ein 0,5—25 Gew.-% NH_3 sowie O_2 enthaltendes Gas ein, bis pH 2,5—5,0 erreicht u. das Ferrosalz vollständig oxydiert u. als α-FeOOH niedergeschlagen ist. (**A. P. 2 939 767** vom 7/10. 1957, ausg. 7/6. 1960.) K. DEMMLER. 7093

J. R. Geigy Akt.-Ges. (Erfinder: André Pugin), Basel, Schweiz, **Herstellung von Phthalocyaninpigmentpräparaten.** Feinteilige, halogenfreie oder monohalogenierte, metallfreie oder die Schwermetalle der Atomnummern 27—29 enthaltende Phthalocyanine (I) der α-Form werden mit solchen Mengen von Sn-Phthalocyanin (II) u. Al-Phthalocyanin (III) vermischt, daß I zu mindestens 80% vorhanden ist u. das Verhältnis von I : II 1 : 10—10 : 1 beträgt. Die Vereinigung kann z. B. durch gemeinsames Vermahlen oder durch gemeinsame Umfällung aus konz. H_2SO_4 erfolgen. Die erhaltenen Präpp. sind bes. beständig gegen Lacklösungsmittel. (**D. A. S. 1 118 381** Kl. 22g vom 22/12. 1955, ausg. 30/11. 1961. Schwz. Prior. 23/12. 1954.) P. KRUG. 7093

Rohm & Haas Co., Philadelphia, Pa. (Erfinder: David Buchanan Fordyce, Moorestown, N.J., und Warren Exter Niederhauser, Huntingdon Valley, Pa.), V.St.A., **Dispergiermittel für fließfähige wässerige Dispersionen von feinteiligen Pigmenten und/oder Pigmentfarbstoffen für Überzugsmassen.** In Mengen von 0,05—3%, bezogen auf das Gew. des Pigments oder Pigmentfarbstoffes, wird ein wasserlösl., einen pH-Wert von mindestens 4,5 ergebendes Salz eines homogenen Mischpolymerisats aus äquimol. Mengen von Maleinsäureanhydrid u. einem KW-Stoff mit 5—10 C-Atomen u. einer akt. C—C-Doppelbindung verwendet, wobei das Salz ein Molgew. $<$ 5000 u. eine Viscosität $<$ 1000 cP, gemessen in 35%ig. Lsg. in einem organ. Lsgm. bei 25° aufweist (**D. A. S. 1 119 434** Kl. 22g vom 9/8. 1954, ausg. 14/12. 1961. A. Prior. 11/8. 1953.) P. KRUG. 7097

Continental Oil Co. (Erfinder: Frederick J. Radd, D'Arcy A. Shock und John D. Sudbury), Ponca, Okla., V.St.A., **Durch Kalttauchen auf Metalloberflächen aufzutragende Grundierungsmasse,** enthaltend ca. 42 (%) Kohlenteer, 33 Bzl. u. 25 eines schwarzen Pigments (I) sowie 0,002—0,1 Teil eines Sulfonats (II) mit anorgan. Kation je 100 Teile der Grundierung. I ist hergestellt durch Erhitzen etwa gleicher Teile von SiO_2-haltigen Stoffen u. C-haltigen Stoffen auf nicht mehr als 1100°. Bes. geeignete II sind Ca-Polydodecylbenzolsulfonat u. das Na-Salz des aus sek. Umlauföl gewonnenen Sulfonats. (**D. A. S. 1 122 194** Kl. 22g vom 27/4. 1955, ausg. 18/1. 1962. A. Prior. 27/10. 1954.) P. KRUG. 7097

Egon Schulz und Robert Schulz, Deutschland, **Herstellung von Spachtelmassen** unter Verw. von ungesätt. Polyester- oder Epoxidharz u. eines Härtungsmittels in Form eines organ. Peroxids oder eines aliphat. Amins u. von weiteren Zusätzen an Mineralstoffen, wie Talk, Glimmer, Graphit, Kreide, Schwerspat, Quarz u. Farbstoffen. (**F. P. 1 194 588** vom 11/4. 1958, ausg. 10/11. 1959.) M. F. MÜLLER. 7097

Glasurit-Werke M. Winkelmann Akt.-Ges., Hamburg (Erfinder: Walter Wittke, Hiltrup/Westf.), **Herstellung von Spachtelmassen** auf der Grundlage von Lsgg. von ungesätt. Polyestern (I) in monomeren, mischpolymerisierbaren Fll., wie Styrol, Acrylsäureester usw., unter Zusatz von Beschleunigern, Füllstoffen (II) u. ggf. Pigmenten (III), wobei diese pastösen Gemische vor der Verarbeitung mit einer ein organ. Peroxid enthaltenden Paste (IV) vermischt werden, dad. gek., daß der IV außer Lsgm. u. Weichmachern ggf. ein Teil der II u./oder III u. außerdem indifferente Kunstharze zugesetzt u. mit der Masse aus I vermischt werden. (**D. A. S. 1 121 754** Kl. 22h vom 3/8. 1959, ausg. 11/1. 1962.) M. BÖTTSCHER. 7097

Union Chimique Belge Soc. An., Brüssel (Erfinder: René Leclercq, Woluwé St. Pierre, und René Oscar Paquet, Braine-le-Comte), Belgien, **Lufttrocknende Lacke** auf der Grundlage von Kunstharzen, welche aus Diisocyanaten u. ungesätt. Monoalkoholen (I), bes. Abietylalkohol oder Furfurylalkohol oder Mischungen von I u./oder Monophenolen hergestellt werden, enthalten als Härter 1 oder mehrere organometall. Verbb., z. B. organ. Ester der Ti, Zr oder Sn oder Pb-, Co-, Sn-Salze organ. Säuren oder Sn-Alcoylen einer organ. Säure. (**D. A. S. 1 121 753** Kl. 22h vom 21/6. 1957, ausg. 11/1. 1962. Belg. Prior. 22/6. 1956.) M. BÖTTSCHER. 7107

Dielektra Akt.-Ges. (Erfinder: Gerhard Büttner und Klaus Ohm), Porz, **Drahtlacke** auf der Grundlage eines Polyesters (I), stabilisierten Di- oder Polyisocyanaten u. lösl. Metall-Verbb. (II) enthalten I der Terephthalsäure mit 2 oder mehrwertigen Alkoholen, z. B. Äthylenglykol u. Glycerin, u. Chloride oder II organ. Säuren, wie Ameisen-, Essig-, Äthylhexan-, Stearin-, Benzoesäure usw., oder organ. Metallkomplex-Verbb., z. B. Acetylacetonate, als Alkoholate oder als metallorgan. Verbb. von Metallen der II., III., IV. oder VI. Gruppe des Period. Systems. (**D. A. S. 1 121 752** Kl. 22h vom 11/11. 1955, ausg. 11/1. 1962.) M. BÖTTSCHER. 7107

Vereinigte Metallwerke Ranshofen-Berndorf Akt.-Ges., Österreich, übert. von: Vereinigte Aluminium-Werke Akt.-Ges. Öffentliche Verwaltung der Betriebe Braunau am Inn und Unterlaussa, **Herstellung von Aluminiumfarbe** durh Verrühren von 1 (Teil) Al-Pulver mit 3—4 eines Bindemittels in Form einer wss. Lsg. auf der Basis von Styrol u. Butadien, ggf. mit Zusatz von anderen Pigmenten: *Anstrichmittel für Holz u. Mauerwerk.* (**F. P. 1 195 108** vom 23/4. 1958, ausg. 16/11. 1959. Oe. Prior. 18/5. 1957.) M. F. MÜLLER. 7107

E. I. du Pont de Nemours & Co., Wilmington, Del., übert. von: Verl E. Luzena, Newburgh, N.Y., V.St.A., **Farbiger Metallanstrich.** Plast. Platten bestehen aus Basis- oder Oberflächenschicht; letztere enthält einen organ. Filmbildner, bes. ein polymeres Vinylchlorid, fein verteiltes Al u. eines der folgenden Pigmente: Polychlor-Cu-Phthalocyanin, Al-Hydroxidpigment von Flavanthron, Dibromanthanthronen, Polychlor-2.1-N-anthrachinonbenzacridonen, Tri-bis-tetrabrompyranthronen sowie deren Gemische, wobei das Verhältnis Pigment : Al = 1 : 5—1 : 10. (**Can. P. 554 170** vom 14/12. 1956, ausg. 11/3. 1958. A. Prior. 28/2. 1956.) L. GROSSNER. 7107

Snöland Aktiebolag (Erfinder: Gunnar Vilhelm Thore Aurell), Alingsås, Schweden, **Für Dächer geeignetes Anstrichmittel.** Das gegen klimat. Einw. widerstandsfähige Schichten bildende Mittel besteht aus 20—40 (Gew.-%) Cu, 15—35 Polymethacrylsäure-n-butylester, 0,5—3 aktiviertem Bentonit, 35 Lackbenzin u. 17 Xylol. Auf Grund des Cu-Geh. erzielt man unter dem Einfl. der Luft einen Patinacharakter. (**D. A. S. 1 117 798** Kl. 22g vom 10/4. 1958, ausg. 23/11. 1961.) P. KRUG. 7107

Jean Pijoff, Frankreich, **Isolierfarbanstrichmittel,** bes. für plast. Massen, auf rostfrei gemachten Metallen u. anderem Untergrund. Das Farbgemisch erhält als Zusätze Fuchsin u. als Lsgm. Amylacetat. Zum Rostfreimachen dient ein Gemisch von H_2SO_4 u. Meerwasser. (**F. P. 72 489** vom 20/11. 1957, ausg. 14/4. 1960. **Zusatz zu F. P. 1 187 794; C. 1962. 7710.**) M. F. MÜLLER. 7107

Fa. Emil G. v. Höveling (Erfinder: Martin Isink), Hamburg, **Bewuchs verhindernde Anstrichmittel für Schiffsböden und Unterwasserbauten.** Als Wirkstoff wird p.p'-Dimethoxydiphenyltrichloräthan verwendet. Die Einsatzmenge beträgt zweckmäßig 5—20%, bezogen auf Gesamtanstrichmittel. (**D. A. S. 1 120 620** Kl. 22g vom 25/1. 1961, ausg. 28/12. 1961.) P. KRUG. 7107

E. I. du Pont de Nemours & Co., Wilmington, Del., V.St.A., **Kaschieren von Holz, Metall, Papier und Mauerwerk mit einem Film aus Polyvinylfluorid.** Man verwendet einen Film aus Polyvinylfluorid (I), das 5—20% eines Lsgm., Kp. 100—250°, das unter seinem Kp. den Film nur teilweise löst, bes. Tetramethylharnstoff, γ-Butyrolacton, enthält u. verbindet diesen mit der Unterlage durch Pressen u. Erhitzen, bis das Lsgm. verdampft ist. (**E. P. 805 388** vom 29/10. 1956, ausg. 3/12. 1958. A. Prior. 28/12. 1955.) C. LÜTTGEN. 7107

General Mills, Inc., übert. von: Harold Wittcoff und Wesley A. Jordan, Minneapolis, Minn., V.St.A., **Wässerige Polyamidharz-Dispersion** zur Herst. von klebenden *Filmen.* Man verwendet ein Polyamid aus polymeren Fettsäureresten u. Diäthylentriamin (F. 25—95°; Molgew. 10^3—10^4; Aminzahl 5—200), erhitzt es auf 130 bis 170° u. dispergiert unter Zusatz von heißem W., das eine der Aminzahl 5—40 äquivalente Menge Säure enthält. (**Can. P. 554 194** vom 21/12. 1953, ausg. 11/3. 1958.) L. GROSSNER. 7107

Pittsburgh Plate Glass Co., Pittsburgh, Pa., übert. von: Wallace K. Hoya, Milwaukee, Wis., V.St.A., **Cyclopentadien-Copolymere mit Diestern.** Zur Herst. einer rasch trocknenden *Überzugsmasse* erhitzt man in Abwesenheit von Katalysatoren unter erhöhtem Druck einen Diester, der aus einem Diglycerid einer ungesätt. trocknenden Ölsäure u. einer gesätt. acycl. Dicarbonsäure mit 3—12 C-Atomen erhalten wurde, mit Cyclopentadien unter Bldg. eines Addukts. (**Can. P. 554 287** vom 20/4. 1954, ausg. 11/3. 1958.) L. GROSSNER. 7107

Henkel & Cie. G. m. b. H. (Erfinder: Manfred Dohr, Horst-Jürgen Krause und Carl Wulff), Düsseldorf, **Hartwachse für Pflegemittel.** Als solche werden die Ester von' langkettigen einwertigen u. mehrwertigen Alkoholen (I) mit Acylaminocarbonsäuren der allg. Formel $R—CO—[NH—(CH_2)_n—CO]_x—OH$, worin n eine ganze Zahl von 3—20 u. x eine ganze Zahl von 1—3 darstellen, verwendet. Geeignete I sind z. B. Laurylalkohol, Stearylalkohol, Oleylalkohol. (**D. A. S. 1 113 277** Kl. 22g vom 11/7. 1957, ausg. 31/8. 1961.) P. KRUG. 7119

Otello Meli, Florenz, Italien, **Poliermittel für Kraftfahrzeuge,** bestehend aus einer 1%ig. Lsg. eines Gemisches aus Öl, fl. Paraffin, Talg u. Zinkweiß in Benzin. (**It. P. 525 301** vom 17/12. 1951.) K. KOEBKE. 7119

Fabrique de Produits Chimiques de Thann et de Mulhouse (Erfinder: **Raymond Holbein**), *Hydrophobe Pigmente.* (**Aust. P. 224 322** vom 26/3. 1958, ausg. 29/10. 1959. F. Prior. 28/3. 1957. — **C. 1961.** 9992 [D. A. S. 1 063 733].)

J. R. Geigy Soc. An., Basel, Schweiz, *Dioxazinpigmentfarbstoffe.* (**Belg. P. 561 664** vom 16/10. 1957, ausg. 20/5. 1960. Schwz. Prior. 17/10. 1956. — **C. 1961.** 11158 [E. P. 831 243].)

A. Boake, Roberts & Co. Ltd. (Erfinder: **Herbert Walter Chatfield**), *Herstellung von Verbindungen trocknender Öle.* (**Aust. P. 225 855** vom 5/11. 1957, ausg. 21/1. 1960. E. Prior. 14/11. 1956. — **C. 1960.** 8023 [D. A. S. 1 069 798].)

Osaka Kinzoku Kogyo Co. Ltd., Osaka City, Japan, *Dispersionen von Fluorcarbonharzen für Anstrichzwecke.* (**E. P. 828 719** vom 8/8. 1956, ausg. 24/2. 1960. Jap. Prior. 18/11. 1955. — **C. 1960.** 5012 [D. A. S. 1 061 937].)

E. I. du Pont de Nemours & Co., Wilmington, Del. (Erfinder: **Dimitrios Nickolas Staicopoulos**, Drexel Hill, Pa.), V.St.A., *Flüssige Anstrichmasse.* (**D. A. S. 1 123 066** Kl. 22g vom 7/11. 1957, ausg. 1/2. 1962. A. Prior. 20/12. 1956. — **C. 1962.** 666 [E. P. 831 041].)

Imperial Chemical Industries Ltd., London, England, *Herstellung von Harzgemischen.* (**Holl. P. 98 984** vom 5/8. 1953, ausg. 15/9. 1961. E. Prior. 20/8. 1952. — **C. 1958.** 9355 [Oe. P. 186 351].)

Farbwerke Hoechst Akt.-Ges., vormals Meister Lucius & Brüning (Erfinder: **Robert Sedlmeyr, Otto Wiese** und **Erwin Bohnert**), Frankfurt/M., *Färben von weichmacherhaltigem Polyvinylchlorid.* (**D. A. S. 1 096 596** Kl. 39b vom 6/7. 1955, ausg. 5/1. 1961. **E. P. 839 634** vom 6/7. 1956, ausg. 29/6. 1960. D. Prior. 6/7. 1955. — **C. 1960.** 8695 [F. P. 1 154 385].)

General Aniline & Film Corp., New York, N.Y., übert. von: **Harry D. Anspon**, Easton, und **Frank E. Pschorr**, Phoenixville, Pa., V.St.A., *Mehrschichtiger Kunststoff.* (**A. P. 2 941 917** vom 26/3. 1954, ausg. 21/6. 1960. — **C. 1957.** 12615 [F. P. 1 120 307].)

Rohm & Haas Co., Philadelphia, Pa., V.St.A., *Thermoplastische Mischpolymere und wärmeformbares Aminoplastharz.* (**E. P. 831 898** vom 17/7. 1957, ausg. 6/4. 1960. A. Prior. 27/7. 1956. — **C. 1961.** 6692 [F. P. 1 180 231].)

Rohm & Haas Co., Philadelphia, Pa. (Erfinder: **Frederick William Toothill jun.**, Abington, Pa., **Joseph August Stieber**, Colwick, N.J., und **Harold Lloyd Hatton**, Philadelphia, Pa.), V.St.A., *Als wässerige Dispersion vorliegende Überzugsmasse für starre und stark biegsame Unterlagen.* (**D. A. S. 1 115 388** Kl. 22g vom 25/9. 1956, ausg. 19/10. 1961. A. Prior. 26/9. 1955. — **C. 1960.** 13205 [Belg. P. 551 269].)

Harper J. Ransburg Co., Indianapolis, Ind., V.St.A., *Auftragen von Überzügen auf elektrostatischem Wege.* (**D. B. P. 975 380** Kl. 75c vom 5/3. 1949, ausg. 16/11. 1961. Anmeldung bekanntgemacht 12/4. 1951. A. Prior. 5/3. 1948. — **C. 1954.** 661 [Schwed. P. 133 316].)

Esso Research and Engineering Co., Elizabeth, N.Y., V.St.A., *Zum Entfernen von Fingerabdrücken geeignetes Rostschutzmittel.* (**D. A. S. 1 115 867** Kl. 22g vom 28/9. 1955, ausg. 26/10. 1961. A. Prior. 1/10. 1954. — **C. 1960.** 15917 [E. P. 812 149].)

XIb. Plaste (Kunstharze. Plastische Massen)

Kennzeichnung makromolekularer Stoffe. H. Hellfritz. (Kunststoffe **50.** 502 bis 512. Sept. 1960. Frankfurt/M., Farbw. Höchst.) (Dt.)

Zur Prüfung von Identität oder Nichtidentität von makromol. Stoffen werden die folgenden Grundparameter herangezogen: Summenformel, F., chem. Uneinheitlichkeit der Grund-Moll. [Monomere(s), Verzweigung(en), Substituent(en), Doppelbindung(en), Endgruppe(n)], Zahlenmittel des Molgew., Gew.-Mittel des Molgew., Uneinheitlichkeit des Molgew., Vernetzungsgrad. Von nicht ident. Stoffen wird gesprochen, wenn mindestens einer der Grundparameter um mehr als 20% von dem des anderen abweicht. Zusammenhänge zwischen Problemen der Kennzeichnung, des gewerblichen Rechtschutzes u. der Dokumentation werden diskutiert. K. GRÖBE. 7170□

Die biologische Zersetzung von Kunststoffen. H. J. Hueck. (Plastics **25.** 419 bis 422. Okt. 1960. Delft, Central Labor. T.N.O.) (Engl.)

Es wird die Zers. von Kunststoffen durch mechan. u. chem. Angriff (korrosiv u. enzymat.) sowie deren Verschmutzung durch Mikroorganismen (Pilze u. Bakterien), Insekten u. Nagetiere besprochen. K. GRÖBE. 7170□

Die chlorierten Paraffine „Cereclor" als Weichmacher und Flammschutzmittel für Kunststoffe, Kautschuke und Textilien. B. W. Forgham. (Ind. Plast. mod. **12.** Nr. 10. 37—44. Dez. 1960. Liverpool, Imp. Chem. Ind. Ltd., Gen. Chem. Div.) (Franz.)

Die Eigg. der Chlorparaffintypen *Cereclor 42, 48, 54* u. *70* (chlorierte Paraffinwachse) u. *Cereclor P. 50, P. 65* u. *P. 70* (chlorierte Paraffinöle; die Zahl gibt den annähernden Cl-Geh. an) u. ihre Anwendungen (sek. Weichmacher für Polyvinylchlorid, Flammfestausrüstung von Textilien, Kautschuk u. Kunststoffen) werden ausführlich erörtert. R. SCHÄFF. 7170□

Weichmacher für PVC. 1. Mitt. Geschichte und Theorie der Weichmacher. W. S. Penn. (Rubber Plastics Weekly **141.** 393—94. 396. Sept. 1961.) (Engl.)

Überblick über geschichtliche Entw., chem. Aufbau, Wrkg.-Mechanismus u. Anwendungsmöglichkeiten der Weichmacher. H. DRECHSEL. 7170□

Weichmacher für PVC. 2. Mitt. Einteilung der Weichmacher, Verträglichkeit als ein Maß der Wirksamkeit. W. S. Penn. (Rubber Plastics Weekly **141.** 430—32. 434. 16/9. 1961.) (Engl.) — 1. vgl. vorst. Referat.

Die Wirksamkeit von Weichmachern (We) kann durch Messung der Verträglichkeit mit Kunststoffen geprüft werden. Die Verträglichkeit wird nach verschiedenen Meth. bestimmt, z. B. durch Messung des μ-Wertes. Ihre Kenntnis allein gibt aber noch keinen Aufschluß über die Einsatzmöglichkeiten der einzelnen We. Vf. ordnet die Vielzahl der bekannten We nach ihren Eigg. in 5 Gruppen ein: Phthalate, Phosphate, We für niedere Temp., polymere We u. verschiedene. H. DRECHSEL. 7170□

Polyäthylen — Mechanismus des Bruches. P. L. Clegg, S. Turner und P. I. Vincent. (Kunststoffe — Plastics [Solothurn] **8.** 5—15. 1961. I. C. I., Kunststoffabt.) (Dt.)

Unterscheidung zwischen den beiden Bruchtypen zäher u. spröder Bruch u. zusammenfassende Darst. des Zug-, Schlag-, Tieftemp.-Bruchs u. des langsam eintretenden Bruchs, bei welchem Spannungskorrosion, -bruch u. Hochtemp.-Bruch (als Hochtemp.-Temperungs- u. Oxydationseffekt) unterschieden u. besprochen werden. Diskussion der für den Bruchmechanismus maßgebenden Faktoren. — 15 Literaturangaben.
M. HAGEDORN. 7172□

Polypropylen. 2. Mitt. **Besonderheiten der Anwendungstechnik.** B. S. Dyer und G. Campbell. (Plastics **26.** 107—12. Aug. 1961.) (Engl.) — 1. vgl. C. **1962.** 6602.

Vff. beschäftigen sich mit den Besonderheiten der Verarbeitung von Polypropylen. Es werden Spritzguß-, Blas- u. Druckverformungs- u. Strangpreßtechnik sowie bes. Verarbeitungs-Verf. (Folien-, Rohr-, Film-Herst., Kabelbeschichtung) u. das Vakuumverformen, Benetzen u. Bedrucken behandelt. K. GRÖBE. 7172□

Korrelation zwischen der inneren Struktur der Filme aus hochmolekularen Substanzen und deren physikalischen Eigenschaften. Teruo Fujimoto, Yukihiko Inoue und Yônosuke Kobatake. (J. chem. Soc. Japan, ind. Chem. Sect. [Kōgyō Kagaku Zassi] **63.** 851—54. Mai 1960. Tôkyô-Meguro, Tôkyô-Kôgyô-Daigaku.) (Jap.; Auszug: Engl. S. A 44.)

Korrelationen zwischen der inneren Struktur, bes. der inneren Spannung, der therm. gehärteten Filme aus Melamin–Alkyd-Harz u. deren physikal. Eigg. werden experimentell untersucht sowie der Einfl. der Pigmente auf die physikal. Eigenschaften.
E. MAEKAWA. 7176□

Verhalten von verstärkten Kunststoffen bei sehr hohen Temperaturen. 2. Mitt. I. J. Gruntfest, L. H. Shenker und V. N. Saffire. (Mod. Plastics **36.** Nr. 8. 137—48. April 1959. Philadelphia, Pa., General Electric Co., Missile and Space Vehicle Dep.) (Engl.) — 1. vgl. C. **1959.** 6969.

Verschiedene verstärkte Phenoplaste wurden auf ihr Verh. bei Temp. bis 23400°F untersucht. Füllstoffe waren Glasfasern, Nylon u. Refrasil (ein hoch-SiO_2-haltiges Glasfasertuch). Unterhalb 6000°F ist der Kunststoff mit anorgan., oberhalb mit organ. Füllstoff überlegen. Oberflächen- u. Querschnitts-Unterss. zeigen die Natur der Oberfläche in Abhängigkeit von Zus. u. Temp.-Einwirkung. K. GRÖBE. 7204□

Gießharz–Mineralfaser-Werkstoffe. 6. Mitt. **Über die Oberflächenbehandlung von Glasfasern für Zwecke der Kunststoffverstärkung.** A. Wende und W. Moebes. (Plaste u. Kautschuk **7.** 338—43. Juli 1960. Berlin, Inst. für Kunststoffe der Dtsch. Akad. der Wiss.) (Dt.) — 3. vgl. C. **1961.** 4179.

Für die Qualität der Glasfaser–Kunstharz-Verbundstoffe ist die Oberflächenbehandlung der Glasfasern von entscheidender Bedeutung. Behandelt werden Haftmittel u. ihre Aufbringung auf die Glasfasern sowie der Wrkg.-Mechanismus der Haftmittel. — 38 Literaturzitate. B. SCHEIFELE. 7204□

Eine kolorimetrische Präzisionsmethode zur Bestimmung von Endgruppen. Santi R. Palit. (Kunststoffe **50.** 513—14. Sept. 1960. Calcutta, Indian Ass. for Cultivation of Sci.) (Dt.)

Ein Verf. zur Best. ionisierbarer Gruppen, welches auf der Löslichkeit sonst unlösl. Farbstoffe in Chlf. unter dem Einfl. ionisierbarer Gruppen beruht. Eine ionisierbare Endgruppe ist selbst bei einem Molgew. von 1 Million nachweisbar. Bei Polymethacrylaten u. Polystyrol wurde festgestellt (mit *Methylenblau* als Farbstoff), daß therm., photochem. u. katalyt. hergestellte Polymere keine ionisierbaren Gruppen enthalten. Mit den Redox-Syst. $S_2O_8^{2-}/S_2O_4^{2-}$, $S_2O_8^{2-}/S_2O_3^{2-}$ u. $S_2O_8^{2-}/HSO_3^-$ hergestellte Polymere enthalten ionisierbare Gruppen, während $S_2O_8^{2-}$/Formiatpolymere u. mit $S_2O_8^{2-}$ hergestellte Polymere negative Rk. geben. Carboxylgruppen sprechen bei pH 9 mit Brombenzol u. *Pinacyanol* als Farbstoff an. Nichtionisierbare Endgruppen sind z. T. in ionisierbare überführbar (OH— mit $ClSO_2OH$ in OSO_3H-Gruppe, mit Phthal- oder Maleinsäureanhydrid in COOH-Gruppe); die C—Br-Gruppe durch Quarternieren ist mit Pyridin u. *Bromphenolblau* nachweisbar. Ein Polymethacrylat, Molgew. ca. $5,10^5$, mit $S_2O_8^{2-}/S_2O_4^{2-}$ polymerisiert, ergab pro Mol. ca. 10 Endgruppen. K. GRÖBE. 7210

Elektronische Zerreißapparatur zur Untersuchung des Stoßverhaltens von Kunststoff-Folien. H. Grimminger. (Kunststoffe **50.** 491—99. Sept. 1960. Frankfurt/Main, Farbw. Höchst.) (Dt.)

Es wird eine elektron. Zerreiß-App. entwickelt, in der Folienmembranen unter ein- u. mehrachsiger Zerreißbeanspruchung bei rund 7 m/s Vorschub-Geschw. untersucht werden können. Oscillograph. kann ein Kraft–Dehnungs-Diagramm aufgenommen werden. Im Anhang werden Berechnungs-Verff. angeführt zur Ableitung des Zusammenhanges zwischen den Meßgrößen sowie zwischen Spannung u. Dehnung.

K. GRÖBE. 7210□

Verschleißprüfungen an Kunststoffen mittels eines Ultraschall-Vibrations-Verfahrens. Jōbu Awatani und Yoshinori Tsunekawa. (Trans. Japan Soc. mechan. Engr. **27.** 1113—19. Juli 1961.) (Jap.; Auszug: Engl.)

Zu Verschleißprüfungen an Kunststoffen dient ein im einzelnen beschriebenes Gerät (Abb.), dessen wesentlicher Teil ein bei hoher Frequenz vibrierender Metallstab ist. Die zu jeder Zeit der Vers.-Dauer meßbare Verschleißmenge von Polyäthylen, Nylon 6 u. PVC wird ermittelt, wobei die Einfl. von Last, Amplitude, Röntgenstrahlen u. anderen Faktoren auf den Verschleiß untersucht werden. W. WESLY. 7210□

Die Einwirkungen der Umgebung und anderer Bedingungen auf den dielektrischen Verlustfaktor und die Dielektrizitätskonstante von Polyäthylenverbindungen mit sehr geringen elektrischen Verlusten. Thomas Hazen. (Wire and Wire Products **35.** 1527—32. 1580—82. Nov. 1960. Bound Brook, N.J., Union Carbide Corp., Union Carbide Plastics Co.) (Engl.)

Übersicht über die Verbesserungen der elektr. Prüfverff. für Polyäthylen (I), die Einw. der Herst. u. des Spezif. Gew. von I-Proben, von oxydationshemmenden Mitteln, von Feuchtigkeit u. von Benzolbehandlung auf die elektr. Eigg. von I. — 12 Schrifttumshinweise. W. WESLY. 7210□

Montecatini Soc. Gen. per l'Industria Mineraria e Chimica, Italien, und Karl Ziegler, Deutschland (Erfinder: Giulio Natta, Ferdinando Danusso und Dario Sianesi), **Katalysator für die Olefinpolymerisation** aus Metallen der Gruppe 1—3 des Period. Syst. u. Verbb. von wenigstens 2 Metallen der Gruppen IVa, Va, VIa, VIIa u. VIII des Period. Syst., deren Elektronenablösungsenergie (nach der LANGE-Skala) <5 eV ist u. bei denen die Ablösungspotentiale des 1. Elektrons <8 V u. des 2. Elektrons <18 V sind. Die besten Kombinationen sind Katalysatoren aus Organometall-Verbb. u. Ti- u. Zr-Verbb. oder V-, Fe- oder Co-Verbindungen. Die Polymerisation von Propylen, Buten, Styrol, Butadien, Äthylen wird stark beschleunigt. — Zu 0,23 (g) $TiCl_4$ u. 0,44 VCl_4 in 25 cm^3 Bzl. unter N_2 von 40° gibt man langsam 25 cm^3 Bzl., das 0,8 $Al(C_2H_5)_3$ u. 18 Styrol enthält u. zersetzt nach 7 Std. mit CH_3OH. Man erhält 5,1 isotakt. *Polystyrol.* (**F. P. 1 197 027** vom 19/12. 1957, ausg. 27/11. 1959. It. Prior. 20/12. 1956.) M. PANKOW. 7173

Montecatini Soc. Gen. per l' Industria Mineraria e Chimica, Mailand, Italien, **Herstellung von Katalysatoren für die Polymerisation von α-Olefinen** durch Einw. von Al-Alkyl- oder Al-Alkyl–Chlorid-Verbb. auf $TiCl_4$ oder $TiCl_3$ in organ. Lsgm. wie Heptan. Durch Auswahl der Rk.-Teilnehmer gelangt man zu Katalysatoren, die vorwiegend kristalline oder vorwiegend amorphe Polymerisate oder beliebige Gemische beider Typen liefern. Mit $TiCl_4$ u. $Al(C_{12}H_{25})_2Cl$ gelangt man zu einem Katalysator, der 90,5 amorphes Polymerisat bildet, mit TCl_3 u. $Al(C_2H_5)_2Cl$ zu einem Katalysator, der 84% krist. Polymerisat ergibt. — Tabelle u. Beispiele. (**It. P. 526 101** vom 3/12. 1954.) K. KOEBKE. 7173

Farbwerke Hoechst Akt.-Ges., vormals Meister Lucius & Brüning, Frankfurt/M. (Erfinder: Otto Fuchs, Hofheim/Taunus), **Stabilisieren von Homo- und Mischpolymerisaten.** Polyolefine (I; Hochdruck- oder Niederdruckpolyäthylen, Polypropylen, Isobutylen, Butadien) werden mit bes. 0,1—3% Thioglykolsäure (II) oder deren in W. lösl. Salzen gegen Oxydation stabilisiert. **II** kann dem pulverförmigen **I** in Form wss. Lsgg. ggf. unter Zusatz eines Benetzungsmittels (Methanol) zugegeben werden. — *Wasserleitungen, Kabelisolierung, bes. für Verlegen im Erdreich.* (**D. A. S. 1 096 597** Kl. 39b vom 25/8. 1956, ausg. 5/1. 1961.) A. JAHN. 7173

Farbwerke Hoechst Akt.-Ges., vormals Meister Lucius & Brüning, Frankfurt/M. (Erfinder: Claus Heuck, Hofheim/Taunus, Otto Mauz, Fritz Rochlitz, Frankfurt/M., Jakob Winter, Hofheim/Taunus, Rudolf Held, Kelkheim/

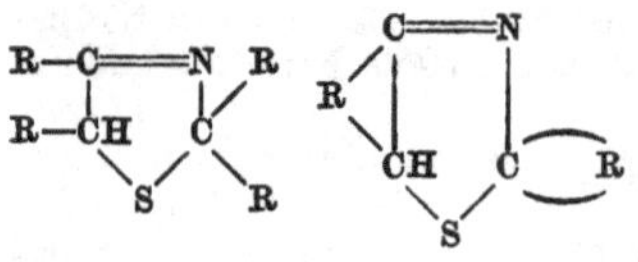

I II

Taunus, und Felix Schülde, Neuenhain/Taunus), **Stabilisieren von Polyolefinen,** bes. Hochdruck- oder Niederdruckpolyäthylen, -propylen u. -butylen gegen Hitze- u. Licht-Einw. durch Zugabe von 0,001—2% von Verbb. der allg. Formeln I oder II (R = Alkyl, Phenyl, cycl. KW-Stoffrest), z. B. 2.2-Pentamethylen-4.5-tetramethylenthiazolin-Δ^3, ggf. in Mischung mit anderen üblichen Stabilisatoren, z. B. Bis-(2-hydroxy-5-nonylphenyl)-dimethylmethan. (**D. A. S. 1 096 599** Kl. 39b vom 19/6. 1958, ausg. 5/1. 1961.) A. JAHN. 7173

Gelsenberg Benzin Akt.-Ges., Gelsenkirchen (Erfinder: Karl Peterlein, Gladbeck, und Karl Schmitz, Gelsenkirchen), **Stabilisieren von festen Polymeren olefinischer Kohlenwasserstoffe** durch aromat. N-haltige Verbb., dad. gek., daß als Stabilisator Phenoxazin (I) oder ein Gemisch aus I u. Phenthiazin verwendet wird. (**D. A. S. 1 103 577** Kl. 39b vom 6/12. 1958, ausg. 30/3. 1961.) C. LÜTTGEN. 7173

Hercules Powder Co. (Erfinder: Albert Chelton Matlack und David Samuel Breslow), Wilmington, Del., V.St.A., **Äthylenpolymerisation** in Ggw. einer Verb. des Ti^{II}, dad. gek., daß man feinverteiltes TiO, das eine unmittelbar vor oder während der Polymerisation freigelegte Oberfläche aufweist, als alleinigen Katalysator verwendet. Vorzugsweise verwendet man ein in Ggw. von Äthylen in einer Kugelmühle vermahlenes TiO. Man benötigt hierbei keine entzündlichen metallorgan. Verbb. u. der Katalysator ist halogenfrei. (**D. A. S. 1 121 334** Kl. 39c vom 22/5. 1958, ausg. 4/1. 1962. A. Prior. 27/5. 1957.) M. MAIERHAUSER. 7173

Badische Anilin- & Soda-Fabrik Akt.-Ges., Ludwigshafen/Rh. (Erfinder: Fritz Hanusch, Ludwigshafen/Rh., und August Seckel, Hockenheim), **Überführung von Polymerisaten aus ungesättigten Kohlenwasserstoffen mit 2—6 C-Atomen oder Mischpolymerisaten aus überwiegenden Mengen anderer, unter gleichen Bedingungen polymerisierbarer ungesättigter Verbindungen in die Form von Flocken oder Schuppen.** Äthylen-, Propylen-, Butylen-, Isobutylen-, Butadien-, Isopren- oder Dimethylbutadienpolymerisate oder Mischpolymerisate mit Styrol, Acrylsäurenitril, Acrylsäureester, Methacrylsäureester oder Vinylester werden in einem Kneter durch Reibungswärme weichgemacht u. dann 0,1—3% eines oxalkylierten Fettsäureamids, in dem der Fettsäurerest 12—22 C-Atome enthält, eingearbeitet, wobei sich die zähplast. Masse in unregelmäßige Flocken oder Schuppen umwandelt. (**D. A. S. 1 096 595** Kl. 39b vom 1/12. 1956, ausg. 5/1. 1961.) A. JAHN. 7173

Montecatini Soc. Gen. per l'Industria Mineraria e Chimica, Italien, und Karl Ziegler, Deutschland (Erfinder: Giulio Natta, Piero Pino und Giorgio Mazzanti), **Herstellung von linearem hochmolekularem Polypropylen** mit einem Katalysator aus $TiCl_4$ u. einer Organometall-Verb. eines Metalls der Gruppe 1—3 des Period. Syst., wobei man $(Alkyl)_3Al$ oder Alkyl-Li u. $TiCl_4$ im Mol-Verhältnis 1 : 1 bis 3 : 1 anwendet. In diesem Bereich ist die Polymerisations-Geschw. am größten, bei den Verhältnissen 1 : 1 u. wenigstens 3 : 1 ist der Geh. an isotakt. Anteilen am größten, bei 2 : 1 ist die Intrinsicviscosität am geringsten. Bei Dialkyl-AlCl ist das Verhältnis $TiCl_4 : (C_2H_5)_2AlCl$ 15 : 1 bis 17 : 1, wobei mit steigendem Verhältnis die Polymerisations-Geschw. steigt, Molgew. u. Geh. an isotakt. Anteilen fallen. (**F. P. 1 199 465** vom 27/2. 1958, ausg. 14/12. 1959. It. Prior. 28/2. 1957.) M. PANKOW. 7173

Minnesota Mining & Mfg. Co., St. Paul, Minn., übert. von: Albert L. Dittman, North Bergen, Herbert J. Passino, Englewood, und Wilber O. Teeters, River Edge, N.J., V.St.A., **Herstellung von Perfluorchloräthylen-Copolymeren** aus 25—50 (Mol-%) Trifluorchloräthylen (I) u. 75—50 Vinylidenfluorid (II) durch Polymerisation eines Gemisches von II u. 7—40 I bei —25 bis +50°, bes. bei —20 bis 0°, in Ggw. eines halogenierten Acetylperoxids. — Diagramm. (**Can. P. 554 259** vom 29/10. 1953, ausg. 11/3. 1958. A. Prior. 21/1. 1953.) L. GROSSNER. 7173

E. I. du Pont de Nemours & Co., Wilmington, Del., V.St.A., **Katalysatoren zur Polymerisation äthylenisch ungesättigter, polare Gruppen, jedoch keine ionisierbaren H-Atome enthaltender Monomerer,** bes. von Vinylestern, -äthern, -nitrilen, Vinylchlorid, Acrylaten u. Methacrylaten, erhält man durch Vermischen einer Cu-Verb. (I), die O oder Halogen direkt an Cu gebunden enthält, mit einer reduzierenden Metall-Verb. (II), in der das Metall durch einfache Bindung direkt an ein aromat. oder aliphat. C-Atom gebunden ist. Als I kann z. B. CuCl, $CuCl_2$, Cu(II)-Oxalat, Cu_2O, CuO; als II Al-Triisobutyl, Zn-Diisobutyl, Li-Al-Tetraalkyl verwendet werden. Die Polymerisation erfolgt in Ggw. polarer Lsgm., die keine ionisierbaren H-Atome enthalten, wie Estern, Äthern oder Nitrilen bei z. B. —80 bis +140° u. 1—400 at. — Zu 100 (Teilen) Vinylacetat gibt man unter Ar 2 Al-Triisobutyl in Cyclohexan u. 0,8 $CuCl_2$ u. läßt die

Mischung adiabat. bei Normaldruck reagieren. Nach 100 Min. gibt man 200 CH_2Cl_2 u. 4 Essigsäure zu u. fällt das Polymerisat durch Eingießen in 500 n-Pentan. Man erhält in 46%ig. Ausbeute *Polyvinylacetat* mit der inneren Viscosität 1,02. (**E. P. 832 319** vom 8/4. 1958, ausg. 6/4. 1960. A. Prior. 23/4. 1957.) M. MAIERHAUSER. 7173

E. I. du Pont de Nemours & Co., Wilmington, Del., V.St.A., **Katalysatoren zur Polymerisation äthylenisch ungesättigter, polarer Gruppen, jedoch keine ionisierbaren H-Atome enthaltender Monomerer,** bes. von Vinylacetat, Vinylchlorid, Acrylonitril u. Methacrylaten, erhält man durch Vermischen einer Ni- oder Co-Verb. oder beider Verbb. (I), die O oder Halogen direkt an das Metall gebunden enthalten, mit einer reduzierenden Metall-Verb. (II), in der das Metall in einfacher Bindung direkt an ein aromat. oder aliphat. C-Atom gebunden ist. Als I können z. B. $NiCl_2$, Ni-Oxide u. -Hydroxide, $CoCl_2$, $Co(NH_3)_6Cl_2$; als II Al -Triisobutyl, Zn-Diisobutyl, Li-Al-(n-Decyl)$_4$, Äthyl-MgBr u. a. verwendet werden. Die Polymerisation erfolgt in Ggw. polarer Lsgm., die keine ionisierbaren H-Atome enthalten, wie Ester, Nitrile oder Äther, bei z. B. 20—70° u. Drücken bis 400 at. Das Mol-Verhältnis von II : I liegt bes. im Bereich von 1 : 1 bis 100 : 1. — Zu 100 (Teilen) Vinylacetat gibt man unter Ar 2 Al-Triisobutyl in Cyclohexan u. 0,8 $CoCl_2$ u. läßt die Mischung bei Normaldruck reagieren. Nach 100 Min. gibt man 200 CH_2Cl_2 u. 4 Essigsäure zu u. fällt das Polymerisat durch Eingießen in 500 n-Pentan. Man erhält in 30%ig. Ausbeute *Polyvinylacetat* mit der inneren Viscosität 0,95. (**E. P. 833 147** vom 8/4. 1958, ausg. 21/4. 1960. A. Prior. 23/4. 1957.) M. MAIERHAUSER. 7173

Koppers Co., Inc., Pittsburgh (Erfinder: Eugene Michael Kuhn, Verona), Pa., V.St.A., **Blockpolymerisation vinylaromatischer Verbindungen** u. damit mischpolymerisierbarer Verbb., dad. gek., daß 1 oder mehrere Ströme der monomeren Fl. auf Polymerisations-Temp. erwärmt, die Ströme dann $^1/_4$—2 Std. zwischen 180 u. 350°, bes. 180—260°, u. einem Druck zwischen 7 u. 18 kg/cm² bis zur prakt. vollständigen Polymerisation (I) gehalten, die Polymerisate abgezogen u. bei einer Temp. nicht $>$240° gehärtet werden. Die I wird vorzugsweise in einem Röhrenbündel durchgeführt, das von einem auf die Polymerisations-Temp. erwärmten Wärmeaustauschmittel umflossen wird. Das abgezogene Polymerisat wird abgekühlt u. z. B. in Form eines fortlaufenden Fadens ausgepreßt. Man erhält mit geringem techn. Aufwand relativ niedrigmol. Polymerisate, die, vermischt mit hochmol., sich leicht u. ohne sonstige Zusätze verarbeiten lassen. (**D. A. S. 1 110 870** Kl. 39c vom 10/9. 1958, ausg. 13/7. 1961. A. Prior. 17/12. 1957.) M. MAIERHAUSER. 7173

Rohm & Haas Co. (Erfinder: Marvin Joseph Hurwitz), Philadelphia, Pa., V.St.A., **Weichmacher für Vinylchloridpolymerisate,** bestehend aus Trialkylestern der Trimesinsäure, in denen die Alkylgruppen 7 oder 8 C-Atome enthalten, z. B. Tri-(2.2-dimethylpentyl)- u. -(2-äthylhexyl)-trimesat. Die mit diesen Estern weichgemachten Prodd. zeigen verbesserte Eigg., bes. bzgl. Beständigkeit u. elektr. Widerstandsfähigkeit. (**D. A. S. 1 103 578** Kl. 39b vom 26/3. 1959, ausg. 30/3. 1961. A. Prior. 3/4. 1958.) C. LÜTTGEN. 7173

Comp. de Saint Gobain, Neuilly-sur-Seine (Erfinder: Marc Crauland, Paris), Frankreich, **Stabilisieren von Vinylchloridpolymerisaten gegen Wärmeeinwirkung.** Dem Polymerisat werden 1—5 Gew.-% eines S-Acyldi- oder -trialkyl-Sn-thiomalats als Stabilisator zugesetzt. (**D. A. S. 1 097 673** Kl. 39b vom 23/6. 1955, ausg. 19/1. 1961. F. Prior. 26/6. 1954.) F. MARKHOFF. 7173

Monsanto Chemical Co., St. Louis, Mo., V.St.A., **Lichtstabilisierendes Gemisch für halogenhaltige Harze,** bes. Polymerisate von Vinylchlorid (II) u. Mischpolymerisate von II u. Vinylacetat bzw. Diäthylmaleat, bestehend aus einem C_4—C_{14}-Alkylphosphit, bes. Triphenylphosphit, u. einem 2-Hydroxybenzophenon der allg. Formel I, in der n, x, y u. z 0 oder 1 bedeuten, z. B. 2-Hydroxy-, 2.2'-Dihydroxy-, 2-Hydroxy-4-methoxy-, 2.4.4'-Trihydroxybenzophenon. (**E. P. 828 712** vom 19/6. 1956, ausg. 24/2. 1960. A. Prior. 27/12. 1955.) C. LÜTTGEN. 7173

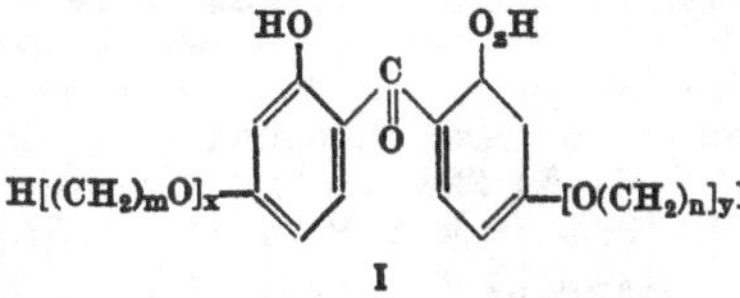

I

Chemische Werke Hüls Akt.-Ges. (Erfinder: Paul Schmidt), Marl, **Herstellen von wasserabweisenden, offenzelligen Weich-Polyvinylchlorid-Schäumen.** Weichmacher- u. treibmittelhaltigen Polyvinylchloridpasten werden vor dem Verschäumen 0,01—0,50% Siliconöl zugesetzt. Die Paste wird dann verformt u. die verformte Paste drucklos auf ca. 165—180° erhitzt. (**D. A. S. 1 123 464** Kl. 39b vom 15/10. 1959, ausg. 8/2. 1962.) F. MARKHOFF. 7173

Rohm & Haas Co. (Erfinder: Warren Hisami Watanabe und Sidney Melamed), Philadelphia, Pa., V.St.A., **Herstellung von Mischpolymeren,** dad. gek., daß man Aminoalkylvinyläther der allg. Formeln $CH_2=CHOZC(R_1)(R_2)NHR_3$ oder $CH_2=CHOANHC(R_1)(R_2)(R_4)$ in Ggw. von Azokatalysatoren mit anderen mono- oder diolefin. Verbb. unter Erhaltung prim. oder sek. Aminogruppen zur Rk. bringt. In den Formeln bedeuten Z eine 2wertige, geradkettige, verzweigte oder cycl. KW-Stoffgruppe (C_{1-7}), bes. ein Alkylenrest, R_1 u. R_2 Alkylgruppen (C_{1-4}), R_3 H, eine (heterocycl. oder heterocycl. substituierte) KW-Stoffgruppe (C_{1-18}), wie 2-Tetrahydrofurfurylmethyl oder 2-Thienyl, bes. aber H, Alkyl (C_{1-18}), Benzyl oder Cyclohexylmethyl, A eine KW-Stoffgruppe (C_{2-18}) u. mit mindestens 2 C zwischen dem Äthersauerstoff u. dem N, bes. eine Alkylengruppe (C_{2-6}) oder eine Cyclohexylen-(1.2)-gruppe, u. R_4 Alkyl (C_{1-21}, bes. C_{1-4}). Als Ausgangsstoffe sind in den Beispielen Methylmethacrylat u. 2-Aminoisobutylvinyläther sowie letzterer u. N.N-Bis-(vinyloxyäthylharnstoff), F. 87—88° [hergestellt durch Zusammenschmelzen von 2 (Mol) 2-Aminoäthylvinyläther mit 1 Harnstoff bei 12—160°] genannt, die in Ggw. von Azoisobutyronitril bzw. Dimethylazoisobutyrat bei 75—80°, ggf. in β-Äthoxyäthylacetat als Lsgm. mischpolymerisiert werden. Die Herst. der Aminoalkylvinyläther erfolgt durch Einw. von CH≡CH auf die entsprechenden Aminoalkohole in Ggw. von KOH bei 100—180° u. 15—36 kg/cm^2 abs. Druck. Die Mischpolymerisate eignen sich als *Überzugsmassen, Öladditive, Korrosionsschutzmittel, Säureacceptoren, Textilhilfsmittel* u. zur Herst. von *Filmen* oder *Ionenaustauschharzen.* Sie lassen sich mit mono- u. bifunktionellen Verbb. modifizieren. (**D. A. S. 1 062 938** Kl. 39c vom 19/9. 1955, ausg. 6/8. 1959. A. Prior. 21/9. 1954.) H. SCHINDLER. 7173

Montecatini Soc. Gen. per l'Industria Mineraria e Chimica, Italien, und Karl Ziegler, Deutschland (Erfinder: Giuseppe Guzzetta, Franco Sabbioni und Giovanni Battista Gechele), **Polystyrolabbau.** Man depolymerisiert Polystyrol therm. u./oder mechan. in Ggw. von Depolymerisationsreglern, wie Kettenüberträgern, radikal. Polymerisationsinitiatoren oder Kautschukantioxydantien, wie 2.2.4-Trimethyl-1.2-dihydrochinolin, 6-Äthoxy-2.2.4-trimethyl-1.2-dihydrochinolin, 4.4-Thio-bis-[3-methyl- oder -4-methyl-6-tert.-butylphenol], Hydrochinonmonobenzyläther, 2.5-Di-tert.-butylhydrochinon, N.N'-Diphenyläthylendiamin, Laurylmercaptane. — Isotakt. Polystyrolpulver (Molgew. 1 340 000) wird mit 0,2% tert.-Butylperoxid in Aceton imprägniert u. im Glasrohr im Vakuum 45 Min. auf 250° erhitzt: Molgew. 700 000. (**F. P. 1 200 169** vom 28/1. 1958, ausg. 18/12. 1959. It. Prior. 29/1. 1957.) M. PANKOW. 7173

Rohm & Haas Co. (Erfinder: Joseph Lloyd O'Brien), Philadelphia, Pa., V.St.A., **Herstellung von Harzen aus Mischpolymerisaten von Acryl- oder Methacrylsäureestern,** dad. gek., daß man in einem verhältnismäßig hochsd. Lsgm. (I) ein Gemisch von a) einem oder mehreren Hydroxyalkylacrylaten oder -methacrylaten (Alkylen C_{2-6}) u. b) einem oder mehreren (Meth-)Acrylsäurealkylestern (Alkyl C_{1-8}) in Ggw. eines freie Radikale bildenden Katalysators u. eines organ. Thiols (II) zusammen erhitzt . das Mischpolymerisat mit polyfunktionellen Verbb. mischt u. weiter erhitzt. Als I sind genannt Dimethylformamid, Äthylen- u. Propylenglykolmonomethyl- u. monoäthyläther. Von den unter a) genannten Verbb. werden in den 18 Mengenbeispielen Hydroxyäthyl-, -propyl-, -hexylacrylat u. -methacrylat u. von den unter b) genannten Verbb. Methyl-, Äthyl-, Propyl-, Isopropyl-, Butyl-, Isobutyl-, Amyl-, Isoamyl-, Hexyl-, Heptyl-, 2-Äthylhexyl- u. Octylacrylat u. -methacrylat angegeben. Als II dienen Methyl- u. Äthylthioglykolat, Mercaptoäthanol, tert.-Octyl- u. n-Dodecylmercaptan. Arbeitstemp. 100—150°. Das Molgew. der End-Prodd. liegt zwischen 500 u. 3000. Der enge Bereich wird durch die II als Regler bewirkt. Schwach gefärbte, zähe Fll., die z. B. durch Rk. mit Dipropylenglykol oder 1.2.6-Hexantriol u. 2.4-Tolylendiisocyanat oder p-Menthandiisocyanat zu Gießharzen verarbeitet u. bei 100—165° ofengehärtet werden können u. deren Barcolhärte, Schlag- u. Biegefestigkeit angegeben sind. (**D. A. S. 1 121 811** Kl. 39c vom 3/4. 1959, ausg. 11/1. 1962. **E. P. 859 297** vom 3/4. 1959, ausg. 18/1. 1961. Beide A. Prior. 14/4. 1958.) H. SCHINDLER. 7173

General Tire & Rubber Co., Akron, Ohio, V.St.A., **Polypropylenoxid** mit Molgew. von 1000—10000, bei dem 40—80% der Mol.-Ketten endständige Propenyl- oder Allyläthergruppen haben, werden durch Behandeln von Propylenoxid mit wasserfreiem reinem KOH bei 0—40°, bes. 15—35°, u. Normaldruck hergestellt, wobei auf 100 g Propylenoxid 0,5—20 bes. pulverförmige KOH angewendet werden. (**E. P. 859 257** vom 9/10. 1957, ausg. 18/1. 1961. A. Prior. 6/11. 1956.) A. DANDL. 7177

Comp. Française Thomson-Houston, Seine, Frankreich (Erfinder: Eugene Paul Goldberg), **Herstellung von Polycarbonaten** aus Diphenol, Glykol u. einem Carbonatbildner ($COCl_2$, Hydrochinon-bis-chlorformiat), zweckmäßig in Ggw. einer organ. Base als Lösungsmittel. — Zu 45,6 (g) 2.2-Bis-[4-hydroxyphenyl]-propan u. 3,1 Äthylenglykol in 500 cm^3 abs. Pyridin leitet man bei 30—35° überschüssiges $COCl_2$ ein. Das Polymere erweicht bei 200—220°. — Verw. des Materials in der *Elektrotechnik*, der Filme als *Verpackungsmaterial*, *elektr. Isolierband*, *Tonband*, *Schutzüberzüge*, als *Fäden*, die gestreckt werden, als *Klebmittel*. (**F. P. 1 198 715** vom 4/2. 1958, ausg. 9/12. 1959. A. Prior. 5/2. 1957.) M. PANKOW. 7177

American Cyanamid Co., V.St.A., **Polyesterharzmischungen.** Zu Mischungen ungesätt. Polyesterharze mit Styrol oder Diallylphthalat setzt man zur Verbesserung ihrer Zug- u. Biegungsfestigkeit geringe Mengen eines linearen, nicht polymerisierbaren Polyesters. — Man erhitzt 6,6 (Mol) Propylenglykol, 3 Phthalsäureanhydrid u. 3 Maleinsäureanhydrid 2 Std. auf 160° u. danach auf 190° bis zur SZ. ca. 30—40, gibt zu 72 Teilen des Rk.-Prod. 28 Teile Styrol, etwas Hydrochinon u. 5% eines Harzes aus 6,6 Propylenglykol, 5 Adipinsäure u. 2 Kopraölsäure, das 27 Std. unter CO_2 bei 215° zu einem Sirup kondensiert war, u. härtet die Mischung 6 Std. bei 52°, steigert in 9 Std. auf 121° u. hält hier 2 Stunden. (**F. P. 1 174 388** vom 29/4. 1957, ausg. 10/3. 1959.) M. PANKOW. 7177

E. I. du Pont de Nemours & Co., Wilmington, Del., V.St.A., **Herstellung von Folien aus Polyestern.** Ein auf üblichem Wege hergestelltes Glykolterephthalat wird mit 2—5% einem polymeren Glykol der Formel $HO-(CH_2-CHR)-(O-CH_2-CHR)_x-(O-CH_2-CHR)-OH$, in der $R = H^-$, CH_3^-, $C_2H_5^-$; $x = 0 - 10$ ist, versetzt, bevor die endgültige Polymerisation einsetzt, der Polyester also noch eine Grenzviscosität $<0{,}2$ hat. (**E. P. 842 777** vom 21/1. 1958, ausg. 27/7. 1960. A. Prior. 22/1. 1957.) F. KOCH. 7177

E. I. du Pont de Nemours & Co. (Erfinder: Emmette Farr Izard), Wilmington, Del., V.St.A., **Polyesterfolie.** Ein geschmolzenes Polyäthylenterephthalat (aus Äthylenglykol u. niederen Alkylestern der Phthalsäure), das so hergestellt wurde, daß es 2—5% Diäthylenglykol, bezogen auf das Äthylenglykol im Polyester, enthält, wird wie üblich auf Folien verarbeitet, die dann durch Recken in 2 Richtungen orientiert werden. (**E. P. 842 778** vom 30/1. 1958, ausg. 27/7. 1960. **Zusatz zu E. P. 842 777; s. vorst. Ref.**) F. KOCH. 7177

Farbenfabriken Bayer Akt.-Ges. (Erfinder: Erwin Müller und Otto Bayer), Leverkusen, **Primäre Amino- und Harnstoffgruppen aufweisende Polyurethane** erhält man durch Rk. von mehrwertigen Isocyanaten (I) in alkohol. Lsg., bei —20 bis +30° (I: ggf. harzartige, auch Isocyanatgruppen aufweisende Vorpolymere aus Polyhydroxyl-Verbb., Molgew. <3000, u. überschüssigem Polyisocyanat) mit 1 Mol Diamin/NCO-Gruppe. Das Diamin enthält je eine prim. u. eine sek. NH_2-Gruppe oder je eine an einen aliphat. bzw. cycloaliphat. Rest u. eine an einen aromat. Rest gebundene NH_2-Gruppe oder 2 an einen aromat. Rest gebundene NH_2-Gruppen, wovon 1 einen weiteren Substituenten in o-Stellung aufweist. (**D. A. S. 1 122 254** Kl. 39c vom 5/7. 1960, ausg. 18/1. 1962.) E. DÖRFEL. 7181

Farbenfabriken Bayer Akt.-Ges. (Erfinder: Erwin Windemuth und Otto Bayer), Leverkusen, **Polyurethanschaumstoffe** erhält man durch Rk. von Polycarboxyl-Verbb., Molgew. >200 (SZ. >20) bzw. Gemischen aus solchen Polycarboxyl-Verbb. u. Polyhydroxyl-Verbb. (Summe von SZ. u. OH-Zahl = 150—600) mit weniger als der 2fachen äquivalenten Menge Polyisocyanat, in Abwesenheit von W., in Ggw. von halogenierten ungesätt. u./oder gesätt. KW-Stoffen mit Kp. $<50°$ u. aktivierenden Mengen an in wss. Medium alkal. reagierenden organ. oder anorgan. Verbb. (die Gruppierung $O]^-Me^+$ mindestens einmal enthaltend, Me = Alkalimetall oder quatern. NH_4-Gruppe). (**D. A. S. 1 122 697** Kl. 39b vom 6/5. 1960, ausg. 25/1. 1962.) E. DÖRFEL. 7181

Distillers Co. Ltd., Edinburgh (Erfinder: Thomas Leighton Philipps, Dinas Powis, und Howard Williams, Barry, Glamorganshire), England, **Die Herstellung von gegebenenfalls verschäumten Polyurethanen** erfolgt durch Rk. von OH-Gruppen aufweisenden Polyestern (I), SZ. <15, auf Grundlage polymerer Fettsäuren (polymerisierte Säuren trocknender Öle, di-, tri- u. höher polymerisierte Fettsäuren), überschüssigem Polyisocyanat u. ggf. Vernetzungsmitteln u. Wasser. I: Polyalkylenglykolkomponente, Molgew. ca. 2000, mit mindestens 16 O-Atomen; Verhältnis der Äther-/Ester-Gruppen 8/1; Säurekomponente ausgehend von polymerisierten trocknenden Ölen, Molgew. 500—700, der größere Teil sind dimerisierte Fettsäuren. (**D. A. S. 1 121 800** Kl. 39b vom 24/6. 1960, ausg. 11/1. 1962. E. Prior. 4/7. 1959.) E. DÖRFEL. 7181

Badische Anilin- & Soda-Fabrik Akt.-Ges., Ludwigshafen/Rh. (Erfinder: Gerhard Illing, Neuleiningen, Hans Craubner, Karlsruhe, und Adolf Hrubesch, Ludwigshafen/Rh.), **Gemische aus Polyamiden und Pfropfpolykondensaten mit Resten von Polyamiden und Polyolefinen** u. einem Geh. bis zu 50% an Polyolefinresten (bezogen auf das Gemisch) — in der Schmelze gebildet — werden in Spritzgußmassen verwendet. (**D. A. S. 1 122 696** Kl. 39b vom 6/8. 1960, ausg. 25/1. 1962.) E. DÖRFEL. 7181

Shell Development Co., Emeryville, übert. von: Hans Dannenberg, Berkeley, Calif., V.St.A., **Aushärten von Epoxy-Aminoplast-Mischungen mit Sulfonsäuren.** Eine Mischung eines Glycidylpolyäthers eines 2wertigen Phenols, bes. von 2.2-Bis-[4'-hydroxyphenyl]-propan, mit einem Epoxidäquivalent >1 u. 15—40 (%) eines alkylierten, bes. butylierten Harnstoff-Formaldehyd-Kondensats wird mit 0,1—5 eines substituierten KW-Stoffes mit 1—3 Sulfonsäure- oder Sulfonylhalogenidgruppen, bes. p-Toluolsulfonsäure, vermischt u. bei 15—250° ausgehärtet. (**Can. P. 553 967** vom 15/1. 1952, ausg. 4/3. 1958. A. Prior. 26/2. 1951.) L. GROSSNER. 7181

D. Napier & Son Ltd. (Erfinder: Donal Noel Hunter), **Herstellung von dichten, flüssigkeitsundurchlässigen Kohlekörpern.** Man imprägniert den Kohlekörper, z. B. im Vakuum von 5—0,5 mm Hg, mit einem vinylcycl. Amin, wie monomerem N-Vinylcarbazol (I), unterwirft dann das imprägnierte Gut 1—2 Std. einem N_2-Druck von 80 lbs./sq.in. u. polymerisiert im imprägnierten Kohlekörper durch Erhitzen bei ca. 100° I zum Polyvinylcarbazol. (**Aust. P. 222 358** vom 20/2. 1958, ausg. 16/7. 1959. E. Prior. 21/2. 1957.) O. ROICK. 7181

Westinghouse Electric Corp., East Pittsburgh, übert. von: Charles R. Ruffing, Pittsburgh, Pa., V.St.A., **Bleiboratverbindung zur Herstellung geformter Gegenstände.** Man mischt unter Zusatz von W. 30—70 (%) Pb-Borat mit 70—30 Wollastonitfasern, die ein Sieb von 20—325 Maschen passiert haben u. deren mittlere Länge 1/8 bis 1/4 in. nicht überschreitet, erhitzt die Masse nach Trocknen auf 600—800° bis zum Schmelzen des Pb-Borats u. formt die gewünschten Gegenstände unter Erhitzen auf 400° während 10—15 Minuten. (**Can. P. 554 378** vom 15/1. 1955, ausg. 11/3. 1958. A. Prior. 21/1. 1954.) L. GROSSNER. 7205

Rütgerswerke Akt.-Ges., Frankfurt/M., *Verfestigen von plastischen Massen durch kontinuierliches Kühlen.* (**E. P. 814 803** vom 31/5. 1955, ausg. 10/6. 1959. D. Prior. 1/6. 1954. — **C. 1961.** 11913 [F. P. 1 133 902].)

Shawinigan Chemicals Ltd., Montreal (Erfinder: **Richard W. Rees**, Shawinigan Falls), Quebec, Canada, *Herstellung oberflächenaktiver Stoffe.* (**D. A. S. 1 080 780** Kl. 39c vom 3/4. 1957, ausg. 26/4. 1960. A. Prior. 19/4. 1956. — **C. 1960.** 5016 [A. P. 2 883 369].)

Farbwerke Hoechst Akt.-Ges., vormals Meister Lucius & Brüning, Frankfurt/M., *Polymerisierverfahren.* (**E. PP. 869 429** u. **869 430** vom 28/2. 1958, ausg. 31/5. 1961. D. Prior. 28/2. 1957. — **C. 1960.** 16274 [D. A. S. 1 066 357].)

Oliver Wallis Burke, Grosse Pointe Park, Mich., V.St.A., *Kontinuierliches Polymerisationsverfahren.* (**E. P. 873 658** vom 23/4. 1957, ausg. 26/7. 1961. A. Prior. 25/4. 1956. — **C. 1960.** 2360 [D. A. S. 1 062 010].)

Houillères du Bassin du Nord et du Pas-de-Calais, North Douai, Frankreich, *Herstellen von Pfropfpolymerisaten.* (**E. P. 872 537** vom 20/9. 1957, ausg. 12/7. 1961. F. Prior. 26/10. 1956. — **C. 1960.** 13209 [F. PP. 1 160 106, 1 160 107 u. 1 160 108].)

Monsanto Chemical Co. (Erfinder: **Murray Herbert Roth**), *Suspensionspolymerisation.* (**Aust. P. 225 926** vom 20/5. 1957, ausg. 21/1. 1960. A. Prior. 25/5. 1956. — **C. 1961.** 675 [F. P. 1 175 813].)

VEB Elektrochemisches Kombinat Bitterfeld, Bitterfeld (Erfinder: **Alfred Eckelmann** und **Reinhard Kuschk**), *Stabilisieren von chlorhaltigen hochmolekularen Polymeren.* (**E. P. 839 852** vom 14/6. 1956, ausg. 29/6. 1960. — **C. 1958.** 12542 [D. A. S. 1 023 222].)

E. I. du Pont de Nemours & Co. (Erfinder: **Edgar Nixon Brightbill** und **Kaare Paul Lindland**), Wilmington, Del., V.St.A., *Reinigung von normalerweise festen Kohlenwasserstoffpolymeren.* (**D. A. S. 1 124 245** Kl. 39c vom 19/6. 1957, ausg. 22/2. 1962. A. Prior. 21/6. 1956. — **C. 1961.** 5979 [A. P. 2 890 214].)

General Aniline & Film Corp., New York, N.Y., übert. von: **Harry D. Anspon**, Easton, Pa., V.St.A., *Herstellung von Schaumpolymeren.* (**A. P. 2 966 471** vom 30/12. 1955, ausg. 27/12. 1960. — **C. 1960.** 16608 [E. P. 806 159].)

Dunlop Rubber Australia Ltd. (Erfinder: **Wilfrid Cooper** und **Margaret Fielden**), *Photopolymerisation einer oder mehrerer polymerisierbarer ungesättigter organischer Verbindungen.* (**Aust. P. 225 933** vom 25/7. 1957, ausg. 21/1. 1960. — **C. 1961.** 5269 [D. A. S. 1 055 814].)

Petrochemicals Ltd., London, England (Erfinder: **Robert Nobbs Haward**), *Niederdruckpolyolefine enthaltendes Gemisch.* (**E. P. 824 289** vom 21/12. 1956, ausg. 25/11. 1959. — **C. 1961.** 13376 [F. P. 1 215 552].)

Ruhrchemie Akt.-Ges., Oberhausen (Erfinder: **Helmut Kolling**, Duisburg, **Friedrich Rappen** und **Ewald Stiebling**, Oberhausen), *Regelung des Molekulargewichts von Olefinpolymerisaten.* (**D. A. S. 1 122 704** Kl. 39c vom 7/8. 1956, ausg. 25/1. 1962. — **C. 1960.** 6337 [F. P. 1 179 802 u. Oe. P. 204 264].)

Esso Research and Engineering Co., Elizabeth, N.J., V.St.A., *Herstellung eines Katalysators zur Olefinpolymerisation.* (**E. P. 823 021** vom 28/4. 1958, ausg. 4/11. 1959. A. Prior. 10/5. 1957. — **C. 1961.** 14481 [A. P. 2 951 045].)

Imperial Chemical Industries Ltd. (Erfinder: **Gerald Scott** und **Leslie Seed**), *Freie Radikale bildende gemischte Anhydride der untersalpetrigen Säure.* (**Aust. P. 224 447** vom 19/12. 1957, ausg. 5/11. 1959. E. Prior. 8/1. 1957. — **C. 1962.** 321 [E. P. 839 885].)

Farbwerke Hoechst Akt.-Ges., vormals Meister Lucius & Brüning (Erfinder: **Kurt Meyer**, Frankfurt/M., **Ernst Jacob**, Hofheim/Taunus, und **Siegfried Sommer**, Frankfurt/M.), *Entfernen von Kontaktsubstanzen aus Niederdruckolefinpolymerisaten.* (**Schwz. P. 343 637** vom 7/4. 1956, ausg. 15/2. 1960. **E. P. 836 006** vom 9/4. 1956, ausg. 1/6. 1960. Beide D. Prior. 9/4. 1955. — **C. 1959.** 7306 [Oe. P. 199 369].)

Dow Chemical Co., Midland, Mich., V.St.A., *Entfernung von Katalysatorresten aus Polyolefinen.* (**Holl. P. 99 075** vom 15/8. 1956, ausg. 15/9. 1961. A. Prior. 8/12. 1955. — **C. 1961.** 14847 [F. P. 1 159 713].)

Distillers Co. Ltd., Edinburgh, England (Erfinder: **Max Henry Dilke**), *Polyäthylenmischungen.* (**E. P. 827 363** vom 23/7. 1955, ausg. 3/2. 1960. — C. **1960.** 9740 [F. P. 1 158 760].)

Sequoia Process Corp., Redwood City, Calif., V.St.A., *Verbessern der physikalischen Eigenschaften von Polyäthylen.* (**E. P. 842 873** vom 5/9. 1956, ausg. 27/7. 1960. A. Prior. 6/9. 1955. — C. **1960.** 13860 [Aust. P. 217 911].)

Farbwerke Hoechst Akt.-Ges., vormals Meister Lucius & Brüning, Frankfurt/M. (Erfinder: **Günter Messwarb**, Kelkheim/Taunus), *Geruchsdichtes Verpackungsmaterial aus Polyäthylen.* (**D. A. S. 1 118 661** Kl. 75c vom 6/4. 1955, ausg. 30/11. 1961. — C. **1959.** 4642 [F. P. 1 145 088].)

Montecatini Soc. Gen. per l'Industria Mineraria e Chimica, Mailand, Italien, und **Karl Ziegler**, Mülheim/Ruhr (Erfinder: **Franco Ranalli**, Mailand, Italien), *Formmasse auf Basis von Polypropylen.* (**D. A. S. 1 124 239** Kl. 39b vom 28/5. 1958, ausg. 22/2. 1962. It. Prior. 18/6. 1957. — C. **1960.** 7012 [Oe. P. 204 271].)

Ruhrchemie Akt.-Ges. (Erfinder: **Walter Rottig**), Oberhausen/Rhld., *Herstellung von porösen Formkörpern aus Polypropylen.* (**D. A. S. 1 092 649** Kl. 39b vom 8/11. 1956, ausg. 10/11. 1960. — C. **1959.** 10741 [Oe. P. 200 799].)

Ruhrchemie Akt.-Ges. (Erfinder: **Walter Rottig**), Oberhausen/Rhld., *Herstellung von porösen Formkörpern aus Polypropylen.* (**D. A. S. 1 119 509** Kl. 39b vom 17/4. 1958, ausg. 14/12. 1961. Zusatz zu D. A. S. 1 092 649; s. vorst. Referat. — C. **1961.** 9225 [Oe. P. 210 630].)

Firestone Tire & Rubber Co., Akron, Ohio, V.St.A., *Herstellung von cis-1.4-Polyisopren.* (**E. P. 814 676** vom 22/8. 1956, ausg. 10/6. 1959. A. Prior. 24/8. u. 1/9. 1955. — C. **1959.** 11744 [D. A. S. 1 040 795].)

Montecatini Soc. Gen. per l'Industria Mineraria e Chemica, Mailand, Italien, *Herstellen von kristallinem cis-1.4-Polybutadien.* (**E. P. 873 046** vom 29/7. 1957, ausg. 19/7. 1961. It. Prior. 31/7. 1956. — C. **1961.** 2807 [F. P. 1 180 219].)

Monsanto Chemical Co. (Erfinder: **John Bailey Ott**), *Perlpolymerisation von Vinylidenverbindungen.* (**Aust. P. 224 418** vom 18/3. 1957, ausg. 5/11. 1959. A. Prior. 22/3. 1956. — C. **1960.** 5015 [A. P. 2 862 912].)

Chemische Werke Hüls Akt.-Ges. (Erfinder: **Rudolf Hormuth**), Marl, Kr. Recklinghausen, *Herstellung harter Zellkörper aus Polyvinylchlorid.* (**D. B. P. 975 528** Kl. 39b vom 17/9. 1953, ausg. 21/12. 1961. Anmeldung bekanntgemacht 13/10. 1955. — C. **1961.** 1388 [Norw. P. 89 193].)

Montecatini Soc. Gen. per l'Industria Mineraria e Chimica, Mailand, Italien, *Styrolpolymerisate hoher Schlagfestigkeit.* (**Holl. P. 99 091** vom 29/12. 1956, ausg. 15/9. 1961. It. Prior. 30/12. 1955. — C. **1960.** 317 [F. P. 1 172 070].)

Imperial Chemical Industries Ltd., London (Erfinder: **Peter Markey**, Harrogate, **Brian Mills**, **Percy Arthur Small**, Welwyn Garden City, und **Annette La Touche Turner-Jones**, Barnet), England, *Polymerisieren eines Esters der Methacrylsäure und eines einwertigen Alkohols mit bis zu 4 C-Atomen.* (**D. A. S. 1 106 499** Kl. 39c vom 19/3. 1958, ausg. 10/5. 1961. E. Prior. 20/3. u. 4/9. 1957. — C. **1961.** 14848 [E. P. 837 227].)

Emery Industries, Inc., Cincinnati, Ohio, V.St.A., *Dimere und polymere ungesättigte Fettsäuren mit 11 bis 22 C-Atomen.* (**E. PP. 825 534** u. **825 535** vom 21/11. 1955, ausg. 16/12. 1959. A. Prior. 13/12. 1954. — C. **1961.** 10769 [A. PP. 2 793 219 u. 2 793 220 u. F. P. 1 152 544].)

Studiengesellschaft Kohle m. b. H., Mülheim, *Herstellung von Trivinylcyclohexanen.* (**Holl. P. 98 611** vom 6/11. 1958, ausg. 17/7. 1961. D. Prior. 16/11. 1957. — C. **1961.** 7420 [D. A. S. 1 065 413].)

N. V. de Bataafsche Petroleum Mij., Den Haag (Erfinder: **Pieter Bruin** und **Arie Klootwijk**, Amsterdam), Holland, *Herstellung von Polymethyloxyphenylchromanderivaten.* (**D. A. S. 1 119 294** Kl. 12q vom 15/5. 1957, ausg. 14/12. 1961. Holl. Prior. 17/5. 1956. — C. **1960.** 15921 [Holl. P. 92 153].)

Hooker Electrochemical Co. (Erfinder: **Paul Robitschek**, **Raymond Richard Hindersinn** und **Stephen Mark Creighton**), *Flammenhemmende, gegebenenfalls verschäumte und Urethangruppen aufweisende Polyesterkunststoffe.* (**Aust. P. 225 854** vom 5/11. 1957, ausg. 21/1. 1960. A. Prior. 23/11. 1956. — C. **1961.** 318 [Belg. P. 562 499].)

Rohm & Haas Co., übert. von: **Fred E. Boettner**, Philadelphia, Pa., und **Warren D. Niederhauser**, Huntsville, Ala., V.St.A., *Modifizierte wasserlösliche Polyacrylamide und ihre Herstellung.* (**A. P. 2 892 823** vom 14/2. 1957, ausg. 30/6. 1959. — C. **1960.** 12518 [D. A. S. 1 060 143].)

General Dispersions, Inc., Paterson, übert. von: **Paul S. Hess**, West Orange, N.J., V.St.A., *Herstellung wässeriger Dispersionen von Polyamiden.* (**A. P. 2 951 054** vom 16/11. 1955, ausg. 30/8. 1960. — C. **1961.** 9999 [D. A. S. 1 096 034].)

Imperial Chemical Industries Ltd., London (Erfinder: **George Isaac Maurice Bloom**, Knebworth, und **Rex Percival Palmer**, Hatfield, Hertfordshire), England, *Herstellung von Polyamidformpulvern.* (**D. A. S. 1 124 238** Kl. 39b vom 3/7. 1959, ausg. 22/2. 1962. E. Prior. 11/7. 1958. — C. **1961.** 17771 [E. P. 850 986].)

E. I. du Pont de Nemours & Co., Wilmington, Del. (Erfinder: **Ray Clyde Houtz**, West Chester, Pa.), V.St.A., *Herstellung stabiler, spinnfähiger, im wesentlichen farbloser Lösungen von Polyacrylonitril.* (**D. B. P. 975 539** Kl. 39b vom 3/9. 1950, ausg. 28/12. 1961. Anmeldung bekanntgemacht 24/12. 1952. A. Prior. 23/6. 1943. — C. **1949.** E. 3327 [E. P. 579 887].)

Courtaulds Ltd. (Erfinder: **Alan George Lowther** und **Frank Reeder**), London, England, *Herstellung von Acrylonitrilmischpolymeren mit guter Anfärbbarkeit.* (**D. B. P. 975 540** Kl. 39c vom 3/3. 1954, ausg. 28/12. 1961. Anmeldung bekanntgemacht 31/10. 1956. E. Prior. 11/3., 27/4. u. 12/8. 1953. — C. **1957.** 5127 [E. P. 744 487].)

Montecatini Soc. Gen. per l'Industria Mineraria e Chimica, Mailand, Italien, *Magnetisierbares Polypropylen.* (**E. P. 839 701** vom 19/8. 1957, ausg. 29/6. 1960. It. Prior. 23/8. 1956. — C. **1961.** 8500 [Oe. P. 209 067].)

Badische Anilin- & Soda-Fabrik Akt.-Ges., Ludwigshafen/Rh., *Schlagfeste künstliche Harze.* (**E. P. 834 346** vom 20/9. 1957, ausg. 4/5. 1960. D. Prior. 28/9. 1956. — C. **1961.** 10000 [Jap. A. S. 2186/1959].)

Rohm & Haas Co., Philadelphia, Pa., V.St.A., *Formkörper.* (**E. P. 843 139** vom 15/7. 1957, ausg. 4/8. 1960. A. Prior. 26/7. 1956. — C. **1961.** 7055 [F. P. 1 180 177 u. Jap. A. S. 342/1959].)

Lonza Electric & Chemical Works Ltd., Basel, Schweiz, *Füllstoff für synthetische plastische Massen.* (**E. P. 839 204** vom 13/9. 1956, ausg. 29/6. 1960. Schwz. Prior. 13/9. 1955. — C. **1960.** 16611 [F. P. 1 156 668].)

XII. Kautschuk

Die Kurzzeitkonservierung von Naturkautschuklatex. A. S. Cook. (J. Rubber Res. Inst. Malaya **16.** 65—75. 1960. Kuala Lumpur, Malaya, Rubber Res. Inst., Chem. Div.) (Engl.)

Bericht über den Wert verschiedener Meth. zur Kurzzeitkonservierung von Latex vor dessen Säurekoagulation zur Gewinnung des Trockenkautschuks. CH_2O ist das wirksamste Mittel bei geringen Konzentrationen. Die Konservierung wird durch verschiedene Faktoren, wie Latextyp, das Wetter u. a., beeinflußt. R. Schäff. 7222□

Die Ausflockung von Latex und Serum durch Zentrifugieren. Anwendungsmöglichkeiten. M. Liponski und Vu-Dinh-Do. (Rev. gén. Caoutchouc **37.** 1687 bis 1691. Dez. 1960. Lai Khe, Inst. für Kautschukforsch.) (Franz.)

Es wird der Einfl. der Alkalisierung auf die Ausfällung von Latex behandelt, die mit abnehmenden pH-Werten von einer Ausflockung zu einer Koagulierung übergeht. Weiterhin werden die Einfl. von verschiedenen Metallsalzen u. deren Kombinationen miteinander, auch im Hinblick auf die Stabilisierung der Fällung, erörtert. Die Eigg. von ausgeflocktem („floculé") u. koaguliertem („coagulé") Kautschuk werden gegenübergestellt u. Werte der Zerreiß-, Bruch- u. Dehnungsfestigkeit verschiedener Kautschuksorten nach Alterung bei normalen u. erhöhten Temp. mitgeteilt. Abschließend werden Hinweise für die industrielle Anwendung gegeben, die die Ausflockung, Trocknung u. Ausschleuderung umschließen. R. Schimkat. 7222□

Eigenschaften und Anwendungen von Butadien-Acrylonitril-Latices. Claude Crenin. (Rev. gén. Caoutchouc **36.** 513—16. April 1959. Paris, Soc. Polyplastic.) (Franz.)

Übersicht. R. Schäff. 7224□

Kautschukverstärkung durch Füllstoffe und der Einreißwiderstand L. Mullins. (Rubber Chem. Technol. **33.** 315—25. April/Juni 1960. Welwyn Garden City, Herts., Brit. Rubber Prod. Res. Assoc.) (Engl.)

Der Einfl. verstärkender Füllstoffe auf die Einreißfestigkeit u. die Rauhigkeit der Rißoberflächen von Kautschukvulkanisaten, die relative Adhäsion des Kautschuks an die Füllstoffe u. der Einfl. der Hysterese auf die Einreißfestigkeit werden krit. erörtert. Maximaler Verstärkungseffekt von Füllstoffen tritt nur auf, wenn genügend Zeit während des Reißvorgangs zur Verfügung steht, um ihre Verstärkerrolle auszubilden. Bei diesen Bedingungen ist die Kerbe des wachsenden Risses breiter u. die Rißoberfläche rauher. Je besser Füllstoffe verstärken, um so fester haften sie am Kautschuk. Bei Weichgummivulkanisaten scheint eine einfache Beziehung zwischen Reißenergie u. Hysterese zu bestehen: Kautschuke mit höherer Hysterese zeigen höhere Reißfestigkeit. R. Schäff. 7226□

Sedimentationseigenschaften von Kaolinen für die Kautschukverarbeitung in Wasser. A. S. Ghag und M. B. Kabadi. (J. Univ. Bombay [N.S.] **28.** Nr. 5. Sect. A. 13—22. März 1960. Bombay, Inst. Sci., Phys. Chem. Labor.) (Engl.)

Tone verschiedenen ind. Ursprungs wurden hinsichtlich ihres Sedimentations-Verh. in W. u. damit bzgl. ihres Verstärkereffekts in Naturkautschuk (vgl. Winkelmann u. Croakman, Ind. Engng. Chem. **22.** [1930.] 865) klassifiziert. R. Schäff. 7226□

Roter Ton für 100 T.L. Masterbatch für verschiedene Anwendungen. Cl. Thelamon. (Rev. gén. Caoutchouc **37.** 1127—39. Sept. 1960. Paris, Labor. Rech. et Contrôle du Caoutchouc.) (Franz. u. Engl.)

Roter Ton aus Vietnam (0,02—0,05 μ ∅) wurde zur Herst. von Kautschuk-Masterbatch (100 T.L. entspricht 100 Teilen Ton pro 100 Teilen Kautschuk) verwendet (Mischkoagulation einer Ton- u. Latexsuspension) u. die Anwendung solcher Masterbatches für Sohlen, Transportbänder, Dämpfungselemente u. Laufflächen untersucht. Dieser Ton zeigt gute Verstärker-Wrkg., so daß die mechan. Eigg. der Vulkanisate etwa die gleichen sind wie bei Vulkanisaten mit Verstärkerrußen. Daneben weisen solche Vulkanisate weitere gute Eigg., wie geringe Erwärmung, hohe Rückfederung, gute Biegefestigkeit u. leichte Verarbeitbarkeit, auf. R. Schäff. 7226□

Kupfer in hydraulischen Bremsflüssigkeiten und seine Wirkung auf Gummi. Z. Rigbi (Rubber J. int. Plastics **137.** 516. 518. 31/10. 1959. Haifa, Rubber Res. Assoc.) (Engl.)

Aus Messungen der Veränderung mechan. Eigg. eines Naturkautschukvulkanisats nach Einw. hydraul. Brems-Fl. in Anwesenheit metall. Kupfers wird die Wrkg. Amine enthaltender Alterungsschutzmittel im Gummi unter Ausschluß von O_2 abgeleitet. Handelsübliche Alterungsschutzmittel für den Gebrauch in Luft verhalten sich allein oder in Mischung untereinander nicht gleichartig bei Beanspruchung durch hydraul. Fl. in Anwesenheit von Cu. D. Wesser. 7226□

Die Wirkung des Eisens auf die Wärmealterung von Kautschukvulkanisat. Patrick Fauvarque (Rev. gén. Caoutchouc **36.** 525—28. April 1959. Inst. Franç. Caoutchouc) (Franz.)

Fe zeigt wie Cu nur in ionisierbarer Form schädlichen Einfl. auf die Wärmealterung von Kautschukvulkanisat, der in folgender Verb.-Reihe zunimmt: S^{2-}, O^{2-}, SO_4^{2-}, Octoat, Stearat (komplex gebundenes Fe ist unschädlich). Dabei spielt aber auch die Art des Beschleunigers eine wichtige Rolle. R. SCHÄFF. 7230□

Die Seifentitrationsmethode zur Ermittlung der Teilchengröße von Hevealatex. B. C. Sekhar. (J. Rubber Res. Inst. Malaya **16.** 93—98. 1960. Kuala Lumpur, Malaya, Rubber Res. Inst., Chem. Div.) (Engl.)

Vf. untersuchte den Einfl. der Lagerung, der NH_3-Konz. u. der Temp. auf die nach der Seifentitrations-Meth. ermittelte Teilchengröße von Latices. Der deutliche Temp.-Einfl. auf die Genauigkeit der Meth. wird erörtert u. gezeigt, daß der ASTM-Test für die mechan. Stabilität nicht die für den Beginn der Teilchenagglomeration erforderliche Zeit bestimmt. R. SCHÄFF. 7248□

Über die Wärme- und Vakuum-Widerstandsfähigkeit von Butadien–Acrylonitril-Kautschuk und die Infrarotanalyse der entstehenden Destillationsprodukte. K. Watanabe. (J. Soc. Rubber Ind., Japan **34.** 334—46. 1961. Kawasaki, Electr. Mfg. Co., Res. Dep.) (Jap.; Auszug: Engl.)

Die Änderung der mechan. Eigg. von Butadien–Acrylonitril-Kautschukvulkanisaten durch Erwärmung auf 120° bei 10^{-3} bis 10^{-4} mm Hg wurde ermittelt. In den entstehenden Dest.-Prodd. des Vulkanisats konnte IR-spektroskop. vorwiegend der verwendete Weichmacher Dioctylphthalat, Stearinsäure u. das aminhaltige Alterungsschutzmittel des Kautschuks gefunden werden. Unter den Vers.-Bedingungen waren Abbau-Prodd. des Kautschuks sowie die verwendeten Beschleuniger Dibenzthiazoldisulfid, Tetramethylthiuramdisulfid u. Morpholindisulfid im Destillat nicht nachweisbar. D. WESSER. 7248□

Der Schubmodul von Gummi und seine Messung. 1. Mitt. H. Sekiguchi, K. Sugawara, M. Nishimoto und T. Ashida. (J. Soc. Rubber Ind., Japan **34.** 346—53. 1961.) (Jap.; Auszug: Engl.)

Es wurden der Einfl. der Zeit, der Formen des Eindringkörpers u. der Lage der Meßpunkte auf das Ergebnis der Härtemessung an Gummi untersucht. Zur Beseitigung der Meßfehler wird die Anwendung des stat. oder dynam. Schubmoduls an Stelle der Härtemessung empfohlen. D. WESSER. 7248□

Betrachtungen zur Prüfung der Ermüdung von Reifenkorden mit den „In-Rubber-Tests“. K. P. Mieck. (Plaste u. Kautschuk **7.** 344—48. Juli 1960. Rudolstadt-Schwarza, Inst. für Textiltechnol. der Chemiefasern.) (Dt.) — Vgl. C. **1960.** 16983.

Die verschiedenen Prüfmeth. für in Gummi eingebetteten Kord lassen sich nur schwer auswerten. Es ist zweckmäßig, die noch verbliebene Festigkeit bzw. Dehnung in Abhängigkeit von der Beanspruchungszeit anzugeben u. auf die Ermittlung des dynam. Bruch-Verh. wegen größerer Streuung der Werte zu verzichten. — 21 Literaturzitate. B. SCHEIFELE. 7248□

Farbenfabriken Bayer Akt.-Ges., Leverkusen (Erfinder: Josef Witte, Köln, Gottfried Pampus und Heinz Gröne, Leverkusen), **Verfahren zur Polymerisation von konjugierten Diolefinen,** ggf. mit anderen olefin. ungesätt. Monomeren, dad. gek., daß man als Katalysator das Umsetzungs-Prod. von Legg. aus Li u. Erdalkalimetallen u./oder Metallen der III. Gruppe des Period. Syst., z. B. Li/Ca, Li/Al, Li/Mg/Ca, Li/Ca/Al, mit Verbb. von Elementen der Gruppen IVa, Va, VIa, VIII sowie von Mn, das vorzugsweise in Ggw. von Halogen-KW-Stoffen oder von olefin. ungesätt. Monomeren hergestellt worden ist, verwendet. — *Polymerisate* von *Isopren* u. *Butadien* mit hohem Anteil an 1.4-Verknüpfung. (**D. A. S. 1 121 813** Kl. 39c vom 13/8. 1960, ausg. 11/1. 1962.) L. STADELMANN. 7225

Chemische Werke Hüls Akt.-Ges. (Erfinder: Herbert Kahanek, Walter Franke, und Franz Stürzenhofecker), Marl, **Zur Herstellung von synthetischen Kautschuken** durch Emulsionspolymerisation von Butadien u. seinen Derivv. für sich oder im Gemisch mit anderen Monomeren verwendet man als Emulgatoren die wasserlösl. Salze von Carbonsäuren der allg. Formel Ar—R—COOH, in der Ar einen ein- oder zweikernigen aromat. Ring, welcher durch Alkyl-, Alkoxy- oder Halogenreste ein- oder mehrfach substituiert sein kann, u. R eine gesätt. gerade oder verzweigte KW-Stoffkette mit 8—20 C-Atomen bedeutet, bes. die wasserlösl. Salze von aromat. substituierten Undecansäuren, z. B. Phenyl-, Tolyl-, Äthylphenyl-, Naphthyl- oder

Methoxyphenylundecansäure. Man erhält erhöhte Raumzeitausbeuten. — Beispiele: *Butadien/Styrol-Polymerisate.* (**D. A. S. 1 121 812** Kl. 39c vom 3/10. 1959, ausg. 11/1. 1962.) L. STADELMANN. 7225

American Cyanamid Co., New York, übert. von: Dante A. Pillon, New Brunswick, und Earl Kaplan, North Plainfield, N.J., V.St.A., **Herstellung von 2.2'-Methylen-bis-4.6-dialkylphenolen** der allg. Formel I (R = Alkyl C_1—C_3; R' = tert. Alkyl C_4—C_8) erfolgt durch Rk. von Dialkylphenolen mit CH_2O in Ggw. eines sauren Katalysators u. unter Zusatz von 0,5—5 Gew.-% Dimethylharnstoff (II). — Man erhitzt z. B. ein Gemisch aus 1050 (Teilen) W., 319 Mono-tert.-butyl-p-kresol, 4 „Versenol 120" (Trennmittel), 9 Na-Decyltoluolsulfonat u. 25 H_3PO_4 (75%ig) auf 90°, gibt 80 CH_2O-Lsg. (37%ig) u. hierauf 18 einer 50%ig. II-Lsg. zu, rührt 90 Min. bei 90—95°, neutralisiert mit 15 NaOH (25%ig), kühlt u. filtriert das *2.2'-Methylen-bis-(4-methyl-6-tert.-butylphenol)* (III) ab. — Analog erhält man aus 2-tert.-Butyl-4-äthylphenol das *4-Äthyl-Deriv.* von **III**. — Die Prodd. dienen in 50%ig. wss. Dispersion als *Antioxydantien* für Kautschuklatex. (**A. P. 2 968 630** vom 26/12. 1957, ausg. 17/1. 1961.) O. MÜLLER-MEININGEN. 7227

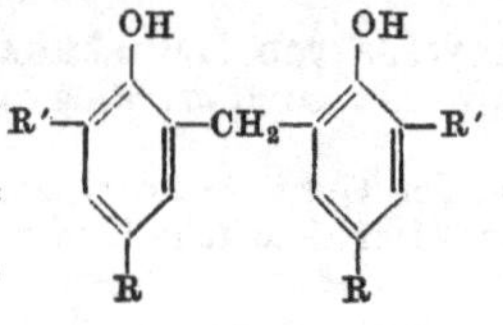

I

Esso Research and Engineering Co., Elizabeth (Erfinder: George Emil Serniuk, Roselle, und Francis Paul Baldwin, Rahway), N.J., V.St.A., **Herstellung kautschukartiger Mischpolymerisate aus Isoolefinen und Multiolefinen,** dad. gek., daß Mischpolymerisate, die C_{4-8}-Isoolefine u. C_{4-14}-Multiolefine oder diese u. aromat. Monoolefine enthalten, bes. Butylkautschuk, mit kleinen Mengen von aromat. Sulfenyl- oder Selenylhalogeniden oder deren Gemischen oder von aliphat., heterocycl. u./oder naphthen. Verbb. der gleichen Halogenide oder deren Gemische behandelt werden. In den Mengenbeispielen werden verwendet: 2-Nitro-4-carboxybenzolsulfenylchlorid, 2.4-Dinitrobenzolsulfenylchlorid, Methyl-, Äthyl-, tert.-Butyl-, α-Chlormethyl- u. α-Chloräthylsulfenylchlorid. Die modifizierten Mischpolymerisate mischt man zusammen mit üblichen Vulkanisationszusätzen u. erhält Prodd. mit verbessertem spezif. elektr. Widerstand, Elastizitätsmodul, Rückprall, Haftfestigkeit auf Metall u. Grad der Nichtklebrigkeit. Durch Emulgieren mit W. u./oder Verdünnen mit einem Lsgm., wie Hexan, Bzl., Bzn., erhält man „doppeltwirkende" Klebmassen. Tabellen über die physikal. Eigg., durch die die End-Prodd. außer für *elektr. Isolation* zur Herst. von *Karkasse, Zwischenlagen, Seitenwände* u. *Gleitschutz* für *Kraftfahrzeugreifen*, von *Heiz- u. Innenschläuchen* u. *Imprägnierungen* geeignet sind. Querschnittszeichnungen von Verw. als Kabelisolierung u. Aufbau von Kunstkautschukschichten u. Reifen. (**D. A. SS. 1 097 688** Kl. 39c vom 13/7. 1957, ausg. 19/1. 1961. A. Prior. 16/7. 1956 u. **1 105 182** Kl. 39c [Zusatz-Anmeldung] vom 6/12. 1958, ausg. 20/4. 1961. A. Prior. 30/12. 1957. **A. P. 2 952 291** vom 30/12. 1957, ausg. 13/9. 1960.) H. SCHINDLER. 7231

British Rubber Producers' Research Association, London, England (Erfinder: **Derek John Angier, William Ferguson Watson** und **Raymond John Ceresa**), *Herstellung von Gemischen polymerer Stoffe.* (**E. P. 832 193** vom 9/11. 1955, ausg. 6/4. 1960. **Belg. P. 552 490** vom 9/11. 1956, ausg. 31/12. 1959. E. Prior. 9/11. 1955 u. 7/5. 1956. — C. **1961.** 9230 [Oe. P. 198 516].)

Imperial Chemical Industries Ltd. (Erfinder: **Frank Desmond Hartley** und **Gordon Trappe**), *Herstellung von elastomeren Materialien.* (**Aust. P. 225 884** vom 15/4. 1958, ausg. 21/1. 1960. E. Prior. 1/5. 1957. — C. **1961.** 9623 [Oe. P. 208 594].)

Esso Research and Engineering Co., Elizabeth, N.J., V.St.A., *Herstellen von Butylkautschuk.* (**E. P. 870 179** vom 23/10. 1959, ausg. 14/6. 1961. A. Prior. 3/11. 1958. — C. **1962.** 327 [D. A. S. 1 108 438].)

Richardson Co., Melrose Park, Ill., V.St.A., *Alfin-Mischpolymerisation von Buten-(2).* (**E. P. 872 163** vom 23/3. 1959, ausg. 5/7. 1961. A. Prior. 8/4. 1958 u. 3/3. 1959. — C. **1961.** 12294 [D. A. S. 1 093 094].)

Oliver Wallis Burke jun., Van Dyke, Mich., V.St.A., *Vulkanisieren von Elastomeren.* (**E. P. 844 164** vom 7/11. 1956, ausg. 10/8. 1960. **Belg. P. 553 783** vom 28/12. 1956, ausg. 29/1. 1960. Beide A. Prior. 30/12. 1955. — C. **1961.** 7059 [F. P. 1 169 071].)

Pneumatiques et Caoutchouc Manufacturé Kléber-Colombes Soc. An., Colombes, Seine, Frankreich (Erfinder: **Donald Victor Sarbach**, Cuyahoga Falls, Ohio, V.St.A.), *Herstellen von Kautschukhohlkörpern.* (**D. A. S. 1 118 964** Kl. 39b vom 16/2. 1953, ausg. 7/12. 1961. — C. **1959.** 2651 [Schwz. P. 319 588].)

XIV. Zucker. Kohlenhydrate. Stärke

Produktionskontrolle und Instrumentierung in der heutigen Zuckerindustrie. Pieter Honig. (Trans. New York Acad. Sci. [2] **22.** 399—407. April 1960. Elmsford, N.Y., Consultant Agric. Ind.) (Engl.)

Vf. gibt einen Überblick über Zuckerproduktion, -preis u. -verbrauch in der Welt u. den Arbeitsaufwand pro t Zucker. Er setzt sich mit der Möglichkeit u. Notwendigkeit auseinander, durch Automatisierung u. bessere instrumentelle Ausrüstung, wie automat. Analysengeräte, die Überwachung des Betriebes genauer u. wirtschaftlicher zu gestalten. W. WILLENBERG. 7400□

Vergleichende Untersuchungen über Rüben- und Saftqualitäten in den Kampagnen 1959 und 1960. W. Krüger. (Zucker **14.** 546—52. 1/11. 1961. Elsdorf, Rhld.) (Dt.)

Allg. Ausführungen über die Unters. u. Bewertung von Zuckerrüben. Der technolog. Wert der Rüben wird ermittelt durch Berechnung des Zucker-Geh. der Melasse in % der Rübenpolarisation. Für die Bewertung der Verarbeitbarkeit wird ein Punkt-Syst. vorgeschlagen, wobei bestimmte Saft-Eigg. (Filtrierbarkeit, Thermostabilität, Restkalk-Geh. u. Farbtiefe) als wichtige Verarbeitungsmerkmale angesehen werden. Das 1960 angelieferte Rübenmaterial war technolog. wertvoller als 1959. — 21 Literaturangaben. M. REIHER. 7400□

Zuckerzerstörung und Milchsäurebildung bei der Zuckerfabrikation. M. L. A. Verhaart und N. H. M. de Visser. (Z. Zuckerind. **9** (**84**). 446—52. 20/9. 1959.) (Dt.)

Zur Best. der Saccharoseverluste im Zuge der Fabrikation werden die Milchsäure-Bldg. in den einzelnen Prozessen u. die Faktoren, die sie beeinflussen, untersucht. Niedrige Scheidetemp. verhindert Milchsäure-Bldg. u. setzt die Dünnsafthärte herab. Saccharoseverluste durch Milchsäure-Bldg. werden in der Batteriediffusion mit 0,18%, in der Verdampfstation mit 0,036% a. R. angegeben. G. HOFER. 7400□

Untersuchungen und Züchtung auf Qualität des Zuckerrübenblattes. H. J. Röstel und W. Wöhlert. (Zuckererzeugung **5.** 300—03. Okt. 1961. Kleinwanzleben, Inst. für Pflanzenzüchtung der Dt. Akad. der Landwirtschaftswiss. zu Berlin.) (Dt.)

Da zwischen einzelnen Zuckerrübenfamilien u. Einzelpflanzen große Unterschiede hinsichtlich der Blattqualität bestehen, wird die Züchtung auf Blattqualität für aussichtsreich gehalten. Die Methodik der Blattqualitäts-Unterss. wird beschrieben. Auf Grund der bisher vorliegenden Ergebnisse kann angenommen werden, daß die Blattqualität durch Kreuzungen zwischen Familien bzw. Einzelpflanzen eher zu verbessern ist als durch einfache Auslese. M. REIHER. 7406□

Probleme, die bei der Verwendung von Stickstoff- und Kaliumdüngemitteln in der Provinz Skåne auftreten. (Vorl. Mitt.) Sven L. Jansson und Janne Ericsson. (Socker, Handl. II **17.** 23—37. 1961. Uppsala, Royal Coll. of Agricult.) (Engl.)

Verschiedene Kulturböden der Provinz Skåne wurden auf ihre Fähigkeit untersucht, NH_4^+ u. K^+ zu fixieren. Böden, die stark fixieren, sind im allg. arm an verwertbarem K. Diese Tatsache muß bes. berücksichtigt werden beim Anbau von Kartoffeln, weil hier der Bedarf an K sehr groß ist. Getreide u. Zuckerrüben sind nicht empfindlich gegen K-Mangel. M. REIHER. 7406□

Der Magnesiumgehalt von Böden in der Provinz Skåne. Lambert Wiklander. (Socker, Handl. II **16.** 37—55. 1960. Uppsala, Royal Coll. of Agricult., Dep. of Pedology.) (Engl.)

Es wird über umfangreiche Unterss. von Zuckerrübenböden in der Provinz Skåne berichtet. In den meisten Fällen wurde ein starker Mangel von verwertbarem Mg^{2+} beobachtet. Zur Vermeidung von Ernteschäden wird vorgeschlagen, diese Tatsache bei der Düngung zu berücksichtigen. — 16 Literaturangaben. M. REIHER. 7406□

Kalium in den Kulturböden der Provinz Skåne. Lambert Wiklander. (Socker, Handl. II **16.** 57—70. 1960. Uppsala, Royal Coll. of Agricult., Dep. of Pedology.) (Engl.)

Bericht über umfangreiche Boden-Unterss. in der Provinz Skåne. Die meisten untersuchten Zuckerrübenböden weisen im allg. einen recht niedrigen K^+-Geh. auf, wobei die tiefer liegenden Bodenschichten meist weniger K^+ enthalten als der an der Oberfläche befindliche Boden. — 10 Literaturangaben. M. REIHER. 7406□

Über den Einfluß von Stallmist auf die Wirkung der Stickstoffdüngung. Auswertung von Feldversuchen zu Zuckerrüben. P. W. Kürten und E. Saalbach. (Z. Acker- u. Pflanzenbau **114.** 23—31. Dez. 1961. Hanninghof, Dülmen/Westf., Landw. Forschung.) (Dt.)

Vff. untersuchten in 157 Feld-Verss. mit gesteigerten *N*-Gaben zu Zuckerrüben den Einfl. von *Stallmist* auf die N-Düngung. Es zeigte sich, daß sowohl die Wrkg. des mineral. N als auch die des Stallmists bei gemeinsamer Verabfolgung verbessert wird. — 19 Literaturangaben. M. WINIKER. 7406□

Atmungsstoffwechsel der Zuckerrübe. 9. Mitt. Polyphenoloxydase- und Decarboxylaseaktivität bei der Keimung von diploidem und tetraploidem Saatgut. O. Lazar. (Sucrerie belge **80.** 409—19. 15/6. 1961. Tirlemont, Raffinerie Tirlemontoise, Labor. de Biol. et de Physiol. de la Betterave Sucrière.) (Franz.) — 8. vgl. C. **1961.** 11925.

Bei tetraploiden Zuckerrübensaatgut sind im Vgl. zu diploidem Material die Keimungsenergie u. das Gew. von 100 Fruchtknäuelchen erhöht, die Polyphenoloxydase-, sowie die Brenztraubensäure- u. Oxalbernsteinsäuredecarboxylaseaktivität dagegen vermindert. Die Oxalessigsäuredecarboxylaseaktivität ist unverändert. — 23 Literaturangaben. M. REIHER. 7406□

Chemische Unkrautbekämpfung im Zuckerrübenbau. M. Amme. (Zuckererzeugung **5.** 211—14. Juli 1961. Leipzig, Karl-Marx-Univ., Inst. für Phytopathologie.) (Dt.)

Unters. über die Wirksamkeit verschiedener Herbicide bei der Unkrautbekämpfung im Zuckerrübenbau sowie über deren Verträglichkeit mit der Kulturpflanze. Brauchbar sind Mittel auf Basis *Dinitro-o-kresol* u. *Pentachlorphenol* sowie ein Gemisch von *Cyclooctyldimethylharnstoff* u. *Chlorphenylcarbaminsäurebutylester* („Alipur" der BASF). *Chloräthylaminotriazin* („Simazin") führt zu Schäden an der Zuckerrübe u. scheidet deshalb aus. — 8 Literaturangaben. M. REIHER. 7406□

Versuche zur inneren Therapie bei Beta-Rüben durch Saatgutbehandlung mit systemischen Präparaten. W. Streudel, A. Heiling und E. Hanf. (Z. angew. Entomol. **44.** 387—404. Aug. 1959. Münster, Biolog. Bundesanst. für Land- u. Forstwirtschaft, Inst. für Hackfruchtkrankh. u. Nematodenforschung u. Arbeitsgemeinschaft Vergilbung, Vers.-Stelle Worms.) (Dt.)

Durch Verw. von innertherapeut. wirksamen Akt.-Kohle-Präpp. (BAYER-Leverkusen) zur Saatgutbehandlung von Rüben werden die virusübertragenden Blattläuse wirtschaftlich tragbar bekämpft u. gleichzeitig die Rübenfliege dezimiert. Schwierigkeiten entstehen dadurch, daß manchmal phytotox. Erscheinungen nach der Saatgutbeizung auftreten, vor allem bei Bodentrockenheit. Die Virusschäden werden verringert, wenn sie von frühem Blattlausbefall stammen, weniger jedoch bei Sommerblattlausbefall, da zu dieser Zeit das system. Mittel kaum noch ausreichend wirksam ist. W. HIRTE. 7406□

Bekämpfung der schwarzen Rübenblattlaus Aphis (Doralis Fabae Scop.) auf Winterwirtspflanzen — eine von den Möglichkeiten des präventiven Zuckerrübenschutzes. Václav Kočmid und Jan Novotný. (Listy Cukrovarnické **77.** 121—27. 15/6. 1961.) (Tschech.)

Der Blattlausbefall von Zuckerrüben läßt sich vermindern, wenn man die in der Nähe der Rübenkulturen stehenden Winterwirtspflanzen der schwarzen Rübenblattlaus (Pfaffensträucher, Schneeballsträucher) in der Zeit der Vegetationsruhe mit Ovicid-Präpp. spritzt oder nach dem Schlüpfen der Blattläusefundatrizen u. nach dem Ausschlagen der Sträucher mit HCH-Mitteln behandelt. DDT-Präpp. eignen sich nicht. M. REIHER. 7406□

Schorfkrankheiten der Zuckerrübe. H. Lehmann. (Zuckererzeugung **5.** 304 bis 305. Okt. 1961. Aschersleben, Inst. für Phytopathologie der biol. Zentr.-Anst. der Dt. Akad. der Landwirtschaftswiss. Berlin.) (Dt.)

Beschreibung der Erscheinungsformen u. Bekämpfungsmöglichkeiten folgender Schorfkrankheiten der Zuckerrübe: Gürtelschorf, Rübenschorf, Pustelschorf. — 9 Literaturangaben. M. REIHER. 7406□

Die Abhängigkeit des Markgehaltes von der Digestion. Luboš Schmidt und Miroslav Friml. (Listy Cukrovarnické **77.** 137—39. 15/6. 1961.) (Tschech.)

Zwischen Mark-Geh. (y) u. Digestion (x) wurde folgender Zusammenhang gefunden: $y = 0{,}1167x + 2{,}5546$. Eine Erhöhung des Zucker-Geh. um 1% entspricht einer Erhöhung des Preßschnitzelanfalls um 1,62%. M. REIHER. 7406□

Ein kontinuierlicher Diffusionsapparat. S. D. Feldschon. (Zuckererzeugung **5.** 199—201. Juli 1961. Sacharn. Prom. **34.** [1960.] 2,25.) (Dt.)

Beschreibung eines vom Vf. erfundenen kontinuierlich arbeitenden Diffusions-App. sowie Bericht über die damit gemachten günstigen Erfahrungen in der Zuckerfabrik Gorodischtschensk in der Kampagne 1949/50. Die tägliche Leistung des App. betrug 81,5 dt Rüben je m^3 nutzbaren Rauminhalts. M. REIHER. 7412□

Über den Einfluß des pH-Wertes der zu entfärbenden Lösung auf die Entfärbungsfähigkeit des amphoteren Ionenaustauschers. Emilie Aniščenková, Vladimír Valter und Karel Čiž. (Listy Cukrovarnické **77.** 131—37. 15/6. 1961.) (Tschech.)

Mit dem amphoteren Ionenaustauscher *Wofatit E* lassen sich Zuckersäfte im sauren Bereich optimal entfärben. Für die Entfärbung in Abhängigkeit vom pH-Wert werden verschiedene Gleichungen aufgestellt. — 9 Literaturangaben. M. REIHER. 7412□

Problem der Saftreinigung von verdorbenen Frostrüben. Stanisław Gawrych und Tadeusz Pietrzykowski. (Prace Inst. Lab. badawczych Przemysłu spożywczego **11.** Nr. 1 1—27. 1961.) (Pol.)

Der Diffusionssaft aus gefrorenen u. wieder aufgetauten Zuckerrüben soll beim Reinigen nicht zu stark alkal. werden u. höchstens 80° warm sein. Um eine gute Filtrierbarkeit u. einen hellen Saft zu erhalten, muß die Scheidesaturation bei gleichzeitiger Zufuhr von CaO u. Einleiten von CO_2 innerhalb 15 Min. durchgeführt werden. Der pH-Wert des Saftes soll dabei 9,4 nicht übersteigen. Die progressive Vorscheidung oder die zweistufige Scheidesaturation sind bei der Reinigung des Saftes verdorbener Rüben nicht anzuwenden. — 40 Literaturangaben. F. URBAN. 7412□

Erhöhung der Ausbeute der kristallisierten Saccharose durch Ersatz der im Saft enthaltenen Nichtzuckerstoffe durch geeignete Salze. 1. Mitt. **Laboratoriumsversuche.** Uroš Tomič. (Listy Cukrovarnické **77.** 25—30. 15/2. 1961.) (Tschech.)

Eine neue Anwendungsweise der Ionenaustauscher wird vorgeschlagen, die auf dem Ersatz der im Saft ursprünglich vorhandenen Nichtzuckerstoffe durch Salze wie $NaNO_3$ u. $Ca(NO_3)_2$ sowie auf dem Ersatz von Kationen durch Ca^{2+} beruht. Bei geeigneter Wahl der Salze können die Zucker-Geh. der Melassen wesentlich gesenkt werden. $NaNO_3$ senkt die Viscosität der Ablaufsirupe, Ca-Salze erhöhen diese, senken aber die Saccharoselöslichkeit. — 21 Literaturangaben. W. WILLENBERG. 7416□

Erhöhung der Ausbeute der kristallisierten Saccharose durch Ersatz der im Saft enthaltenen Nichtzuckerstoffe durch geeignete Salze. 2. Mitt. **Hundertstelbetriebsversuche.** Uroš Tomič. (Listy Cukrovarnické **77.** 31—35. 15/2. 1961.) (Tschech.) — 1. vgl. vorst. Referat.

Die Zucker-Geh. der Melassen wurden bei den halbtechn. Verss. wie folgt herabgesetzt: Durch $NaNO_3$ um 37,2%, durch $Ca(NO_3)_2$ um 71%, durch $CaCl_2$ um 65% u. bei Ersatz von Kationen durch Ca^{2+} um 45,6%. Beim Cl-Cyclus entfärbte 1 Vol. Anionenaustauscher 50 Vol. Saft bis auf 90%, im Durchschnitt auf 91%.
W. WILLENBERG. 7416□

Herstellung von Melassetrockenschnitzeln. W. Ewers und S. Ackmann. (Zuckererzeugung **5.** 215—17. Juli 1961. Haldensleben, VEB Zuckerfabrik.) (Dt.)

Erfahrungen bei der Herst. von Melassetrockenschnitzeln in der Zuckerfabrik Haldensleben. Die Melassetrockenschnitzel sollen einen Zucker-Geh. von 22—26% aufweisen. Die Mischung der Preßlinge mit der Melasse wird mit Hilfe einer Schnecke durch geführt. Die Trocknungsanlage besteht aus einer Trommel von 2,8 m Ø u. 14 m Länge mit Kreuzeinbauten. M. REIHER. 7418□

Zuckerrohrkrankheiten und -schädlinge und deren Bekämpfung 1957—1959. Filomeno T. Tabayoyong. (Sugar News **37.** 61—67. Febr. 1961. Victorias Milling Co., Inc.) (Engl.)

Übersicht. M. REIHER. 7440□

Die Abhängigkeit von Ausbeuten und Qualität der End- und Nebenprodukte vom Wassergehalt des Rohmaises. W. Kempf. (Stärke **13.** 404—06. Nov. 1961. Detmold, Bundesforschungsanst. für Getreideverarbeitung.) (Engl.)

Ein USA-Weißmais mit 14,8% W. ergab bei geringer Ausbeute an Kleber geringfügig höhere Ausbeuten an Stärke u. Keimen, als gleicher Mais mit 10% bzw. 19,4% Wasser. Der Anfall an Schalen nimmt hingegen mit steigenden Wassermengen fortlaufend zu. Eine unmittelbare Abhängigkeit der Ausbeuten u. der Qualität der End- u. Nebenprodd. vom Wasser-Geh. des Rohmaises ist jedoch nicht eindeutig erkennbar.
M. ULMANN. 7448□

Mikroanalyse von Aminosäuren. 2. Mitt. **Über den Aminosäuregehalt von Zuckerrübenmelassen aus Hokkaido.** Takeo Tsukamoto, Tetsuya Komori und Nadao Kinoshita. (Pharmac. Bull. [Tokyo] **5.** 590—94. Dez. 1957. Kyushu, Univ., Med. Fac., Pharmac. Inst.) (Engl.) — 1. vgl. Pharmac. Bull. [Tokyo] **5.** [1957.] 363.

In den Zuckerrübenmelassen von Hokkaido wurden insgesamt 19 Aminosäuren gefunden. Die wichtigsten (>1%) sind: Glutaminsäure (47,2%), Asparaginsäure (27,5), Leucin (7,8), Valin (5,1), γ-Aminobuttersäure (3,9), Isoleucin (2,43), Alanin (1,7), Serin (1,70%). Zur quant. Trennung u. Best. dienten Ionenaustauscher u. die Papierverteilungschromatographie. — 14 Literaturangaben. M. REIHER. 7476□

Beitrag zur Untersuchung der Karamele. Technik der chromatographischen Bestimmung einiger Zucker. R. Truhaut, R. Castagnou, S. Larcebau und V. Lassalle-Saint-Jean. (Bull. Soc. Pharmacie. Bordeaux **100.** 78—86. 1961. Paris et Bordeaux, Univ., Labor. de Toxicol.) (Franz.) — Vgl. C. **1962.** 8821.

Eine Lsg. von Karamel wird papierchromatograph. getrennt (Elutionsmittel: obere Schicht von 14 Vol. n-Butanol, 2,6 W. u. 5 Essigsäure, dazu 10% Pyridin) u. das Chromatogramm mit Anilinphthalat behandelt. Die Messung der Lichtdurchlässigkeit des Chromatogramms der Probe u. von Vergleichs-Lsgg. von Saccharose, Maltose, Glucose u. Fructose ermöglicht eine annähernd quant. Auswertung. W. WILLENBERG. 7488□

Zur Frage der Standardisierung der Trockensubstanz-Bestimmung in Stärkehydrolysenprodukten. G. Graefe. (Stärke **13.** 400—404. Nov. 1961. Hamburg-Blankenese.) (Dt.; Übersetzung: Engl.)

Nach krit. Beurteilung der Lage wird vorgeschlagen, im Rahmen des techn. Komitees: ISO/TC93 für die Trockensubstanz-Best. 3 von der CIRF eingeführte Meth. zu standardisieren: Refraktometrie, Trockenschrank-Verf. mit Filterpapier u. azeotrope Destillation. M. ULMANN. 7490□

Lewis Adolphus Paley, Aurora, Ill., V.St.A., **Reinigen von frischem Rohzuckersaft.** Man leitet den Saft aufwärts durch eine mit feinem Sand beschickte Kolonne u. anschließend durch eine mit Aktivkohle gefüllte Kolonne u. wiederholt das Verf. — wenn nötig — mehrere Male. — Zeichnung. (**Ind. P. 62 006** vom 15/10. 1957, ausg. 26/7. 1960.) C. LÜTTGEN. 7413

Fritz Teschner, Alsleben/Saale, **Progressives Mischen von Flüssigkeiten im Gegenstromprinzip,** bes. von *Zuckersäften* mit kalkhaltigen Lsgg. in geschlossenen, bes. stehenden Behältern, mit Leitblechen u. einer durchgehenden Welle mit Rührflügeln, dad. gek., daß die völlig gelöste Kalkmilch mit vorgeschiedenem u. stabilisiertem Vorscheidesaft im stufenlosen Gegenstrom gemischt u. in 2 Teilströme zerlegt wird, wobei der eine mit entgegenströmendem Saft gemischt aufwärts u. der andere abwärts wandert. — Zeichnung. (**D. P. [DDR] 18 781** Kl. 89c vom 24/11. 1956, ausg. 10/5. 1960 [Wirtschaftspatent].) T. OPPERMANN. 7413

Anheuser-Busch, Inc., übert. von: John E. Voigt, Raymond J. Horst und Ernest A. Sowell, St. Louis, Mo., V.St.A., **Herstellung einer dick-kochenden Stärke,** dad. gek., daß eine Stärkeaufschlämmung mit 0,01—1% K-Pyroantimonat bei 32—130°F zur Rk. gebracht u. anschließend getrocknet wird. (**A. P. 2 977 357** vom 14/8. 1958, ausg. 28/3. 1961.) A. GRADL. 7449

A. I. Shuschman, I. D. Ssinelnikow und Je. A. Schtyrkowa, Herstellung von Stärkeprodukten aus Mais (Maisstärke, Sago aus Maisstärke, Puddingstärke u. -pulver). Moskau: Pischtschepromisdat. 1962. (188 S. m. Abb.; 1 Bl. Zeichng.) 70 Kop. [Russ.]

XV. Gärungsindustrie

Kinetik der Gärungsverfahren. Elmer L. Gaden jun. (J. biochem. microbiol. Technol. Engng. **1.** 413—29. Dez. 1959. New York, Columbia Univ., Dep. of Chem. Engng.) (Engl.)

Beschreibung der Kinetik der 3 Grundgärungsarten: Wachstums-Prodd. der Energieumwandlung angewandter Kohlenhydrate, indirekte Prodd. der Kohlenhydratumwandlung u. Prodd., die keine Beziehung zur Oxydation der Kohlenhydrate zeigen. — 26 Literaturangaben. W. WESLY. 7500□

Versuche zur Konservierung größerer Massen von Mikroorganismen unter Erhaltung der vitalen Eigenschaften. 2. Mitt. **Hefen und Schimmelpilze.** Hermann Fink und Hans Füsser. (Brauwissenschaft **10.** 128—32. Mai 1957. Beil. zu: Brauwelt, Ausg. B. Köln, Univ., Inst. für Gärungswiss. u. Enzymchemie.) (Dt.) — 1. vgl. C. **1957.** 813.

Mikroben konnten durch Vermischen mit Na_2SO_4 konserviert werden. Dieses Einkristallisieren der Zellen in hohe Salz-Konzz. wurde bisher an Hefen u. Schimmelpilzen erprobt; auch Sporen u. Mycelien können mit Na_2SO_4 konserviert werden. Sie sind hernach leicht zu regenerieren. Diploide u. sporenbildende Bäcker- u. Spalthefen überdauerten ohne Änderung ihrer enzymat.-genet. Eigg. die Konservierung. Nichtsporenbildende Candida-, Brettanomyces- u. Torulopsis-Hefen sowie auch sporenbildende Saccharomycodeshefe konnten nach der Konservierung nicht mehr reaktiviert werden. L. MACHER. 7506□

Versuche zur Konservierung größerer Massen von Mikroorganismen unter Erhaltung der vitalen Eigenschaften 3. Mitt. **Hefen, Schimmelpilze und Bakterien.** Hermann Fink und Irmgard Benda. (Brauwissenschaft **11.** 278—81. Dez. 1958. Beil. zu: Brauwelt, Ausg. B.) (Dt.) — 2. vgl. vorst. Referat.

Bäckerhefen erwiesen sich als resistent genug, um die starke Änderung der Druckverhältnisse im Zellinnern, die als Folge des Wasserentzuges durch den Zusatz des wasserfreien Na_2SO_4 auftritt, ohne Schädigung der Zelle zu ertragen. Vier bis fünf Jahre alte konservierte Präpp. erbrachten bei der Testung Hefezellen mit hoher Gärkraft. Während Schizosaccharomyces pombe für diese Konservierungs-Meth. auch brauchbar war, erwiesen sich einige Vertreter der Cryptococcaceae u. außer Bierhefen auch Weinhefen als wenig oder nicht geeignet. Konidien von Aspergillus niger u. von Penicillium konnten ohne Schädigung der Keimfähigkeit konserviert werden; reines Mycel wurde abgetötet. Nichtsporenbildende Milchsäurebakterien überstanden das Einkristallisieren in Glaubersalz ohne Verlust ihrer Lebensfähigkeit. L. MACHER. 7506

Versuchsergebnisse der Anwendung eines Wuchsstoffes bei der Vermälzung von Braugerste. M. Hofmann und E. Woitschach. (Lebensmittel-Ind. 8. 181—82. Juni. 216—17. Juli 1961. Erfurt, VEB Malzwerke.) (Dt.)

Vff. untersuchten den *Gibberellinsäure* (GS)-Bedarf verschiedener Braugersten, der notwendig ist, um unterschiedliche Lsg.-Eigg. auszugleichen. Es wurden Mengen an GS von 0,01—0,05 mg/kg benötigt. Die Sorte Freya wies den höchsten Bedarf auf. Am vorteilhaftesten erwies sich der Zusatz durch Spritzen des Keimgutes; es soll nicht später als 12 Std. nach dem Ausweichen vorgenommen werden. Die Malze u. die daraus hergestellten Biere wiesen gegenüber unbehandelten keine Nachteile auf. S. ZAAKE. 7540

Neue Untersuchungen während der Reifung des Hopfens über seinen Gehalt an Alpha-Bittersäuren. Friedrich Zattler. (Brauwissenschaft 14. 233—40. Mai/Juni 1961. Bayer. Landesanst. für Pflanzenbau u. Pflanzenschutz u. Deutsche Gesellschaft für Hopfenforschung e. V.) (Dt.)

Neuere Unterss. des für die Bitterkraft des Hopfens vor allem verantwortlichen Geh. an α-Säuren erstreckten sich auf den Einfl. der Probenahme hinsichtlich der Zahl der Dolden sowie ihrer entwicklungsmäßig verschiedenen Herkunft an der Pflanze aus drei bestimmten Pflanzenhöhen. Der Geh. an α-Säuren war in den Gipfeldolden am höchsten u. bei den Dolden aus der unteren Region am niedrigsten, während die Dolden aus der Pflanzenmitte dazwischenliegende Werte aufwiesen. Diese Ergebnisse werden auf die mit zunehmender Pflanzenhöhe günstigere Belichtung zurückgeführt. Einen entscheidenden Einfl. auf den Geh. an α-Säuren übten jedoch die Witterungsverhältnisse (Temp., Sonnenschein u. Niederschlag) aus. Am Abend eines sonnigen Tages wiesen die Dolden einen höheren Geh. an α-Säuren auf als am Morgen des gleichen u. auch des nächsten Tages. W. KREIPE. 7540□

Biosynthese der Hopfen-Bitterstoffe. D. Wright und G. A. Howard. (J. Inst. Brewing 67 ([N.S.] 58). 236—40. Mai/Juni 1961. Nutfield, Surrey, Brewing Ind. Res. Found.) (Engl.)

Aus der ^{14}C-Verteilung nach Einbau von $^{14}C_{(1)}$-Acetat folgt, daß der Ring von *Humulon* (I) direkt aus Acetateinheiten gebildet wird. Als Biosynth.-Weg wird vorgeschlagen, daß sowohl I als auch *Lupulon* aus einem gemeinsamen Vorläufer (2-Isovaleryl-phloroglucin) über Desoxyhumulon gebildet werden. — 18 Literaturangaben. H.-G. FLOSS. 7540□

Versuche zur Bilanzierung der Schwefelverbindungen von der Würze bis zum Bier. 2. Mitt. Die Bildung von Schwefelwasserstoff während der Haupt- und Nachgärung. W. Kleber und P. Lampl. (Brauwissenschaft 11. 54—57. März 1958, Beil. zu: Brauwelt, Ausg. B. München, Wiss. Stat. für Brauerei e. V.) (Dt.) — 1. vgl. C. **1957.** 1549.

Mit dem bei der Hauptgärung entweichenden CO_2 wurden je nach Stammwürze-Geh. (11,5—16,2%) 48,5—847 μg S in Form von H_2S je m^3 Gärgas abgeführt. In der Anstellwürze wurden 64,8—67,2 μg S/Liter gefunden; in schlauchreifem Jungbier waren 42,6—58,8 μg S/Liter, im abfüllreifen Bier nach der Lagerung 42,6—47,5 μg S/Liter, so daß eine Gesamtschwefelabnahme von 19,7—22,2 μg S/Liter stattfand. Im fertigen Bier sind 20—60 μg S/Liter enthalten. Bei 60 μg H_2S/Liter überschreitenden Mengen besteht ein deutlicher Nebengeruch u. Beigeschmack im Bier, der als heftig u. unreif zu bezeichnen ist. Aus langsam gärenden Würzen wird mehr H_2S abgegeben als aus schnell gärenden. Mit einer vierfachen Hefevermehrung ging eine nahezu vierfache S-Aufnahme der Hefe zur Bldg. von Zellsubstanz einher. L. MACHER. 7544□

Enzymsysteme in Brauerei und Mälzerei. Fritz Knorr. (Brauwissenschaft 14. 241—46. Mai/Juni 1961. Nürnberg, Bayer. Landesgewerbeamt, Versuchsanst. für Bierbrauerei.) (Dt.)

Zusammenfassend wird ein Überblick über die zahlreichen während des Gärprozesses u. der Malzbereitung wirksamen Enzyme gegeben u. dabei bes. auf die im Kohlenhydrat- u. Eiweißstoffwechsel der Hefe ablaufenden enzymchem. Rkk. hingewiesen. Abschließend werden die Möglichkeiten des analyt. Enzym-Nachw. an Hand verschiedener Meth. erörtert. — 11 Literaturangaben. W. KREIPE. 7544□

Kupfer und Zink in der Brauerei. P. H. Joppien, W. Meine und W. Marahrens. (Mschr. Brauerei 13. 133—41. Okt. 1960. Beil. zu: Brauerei. Hamburg, Hygien. Inst., Chem. u. Lebensmittel-Unters.-Anst. u. Holsten-Brauerei, Betriebslabor.) (Dt.)

Die Cu- u. Zn-Geh. der zur Bier-Herst. dienenden Rohstoffe u. zahlreicher Flaschenbiersorten werden (Zahlentafeln) angegeben. Der Grenzwert für den Cu-Geh. ($>$1 mg/Liter) regelt sich durch die Trübungs-Wrkg. größerer Cu-Mengen. Zn-Geh. von $>$0,4 mg/Liter deuten auf eine verbotswidrige Verw. Zn enthaltender Werkstoffe in der Abfüllanlage hin. W. WESLY. 7544□

Der Einfluß des Luftsauerstoffes bei der Bierbereitung. J. De Clerck. (Brauwelt, Ausg. B. **101.** 757—61. 11/5. 1961. Louwain, Univ.) (Dt.)

Beim Maischen ist eine gewisse Oxydation für die Eiweißgewinnung erforderlich; eine übermäßige Belüftung vernichtet aber zu viel schützende red. Stoffe u. verursacht eine unerwünschte Farbe u. eine herbe Bitterkeit durch Gerbstoffoxydation. Beim Abkühlen der Würze ist viel O_2 zur Sicherung der Hefevermehrung nötig; nach der Gärung muß die O_2-Aufnahme vermieden werden. Die Hauptursache der Oxydation des fertigen Bieres ist die im Flaschenhals enthaltene Luft; darum dürfen die Flaschen erst nach Überfließen des Schaumes verschlossen werden. Die Oxydation des Bieres wird überwacht durch Best. des gelösten O_2, des Luft-Geh. im Flaschenhals u. des Geh. von Würze u. Bier an schützenden Reduktonen durch Messung der Entfärbungs-Geschw. von 2.6-Dichlorphenolindophenol. W. Wesly. 7550□

Bierklärung und Oxydationseinfluß. 2. Mitt. **Die chemo-physikalische Einwirkung auf das Bier durch Massefilter, Kieselgurfilter, Schichtenfilter und Zentrifuge.** Josef Mühlbauer und Viktor von Meduna. (Brauwissenschaft **12.** 253—60. Nov.; 279 bis 284. Dez. 1959, Beil. zu: Brauwelt, Ausg. B. Bayreuth, Exportbierbrauerei Gebr. Maisel; Aschaffenburg, Bayer. Aktienbrauerei.) (Dt.) — 1. vgl. C. **1960.** **15933.**

Unterss. über die beim Bierklären stattfindenden Veränderungen im Bier zeigen, daß bei Verw. alter Filtermasse die meisten Reduktone u. Farbstoffe verlorengehen; neue Filtermasse führt zu geringeren Verlusten. Die geringsten Farbstoffverluste u. die geringsten Oxydationsanstiege treten beim Zentrifugieren auf. Durch Schichtenfilter werden wenig Farbstoffe u. Reduktone entzogen. In neuer Filtermasse verschwinden wenig, in Kieselgur- u. Schichtenfilter viel Bitterstoffe. Die Schaumhaltbarkeit wird durch Zentrifuge u. Schichtenfilter weniger als durch Kieselgur u. Filtermasse beeinflußt. Zentrifugierte u. mit Kieselgur filtrierte Biere trüben sich in der Kälte leichter als mit alter Filtermasse gefilterte Proben. — 39 Literaturangaben.

W. Wesly. 7550

Bierbehandlung mit Polyamiden. A. Hartl. (Brauwelt, Ausg. B **101.** 701—10. 4/5. 1961. München, Wiss. Stat. für Brauerei e. V.) (Dt.)

Durch Adsorption eines Teiles der im Bier vorhandenen Anthocyanogene u. einiger hochmol. Eiweißstoffe mit 50 g/hl Perlonpulver (äquivalent mit einer Behandlung mit 120 g/hl Bentonit als Bierklärmittel) läßt sich das Auftreten koll. Trübungen in kürzerer Behandlungsdauer als mit Bentonit verhindern oder stark hinauszögern, ohne die Schaumqualität zu beeinträchtigen. Bes. wird die Gefahr der Kältetrübung vermindert u. die Schüttelfestigkeit erhöht. Perlon läßt sich sowohl im Suspensions-, als auch im Anschwemm-Verf. (Filterpresse) anwenden; bei genügender Dicke der Perlonschicht ist das letztere Verf. dem ersteren überlegen; das erstere übt auch einen etwas ungünstigeren Einfl. auf den Isohumulon-Geh. aus. L. Macher. 7550□

Über den Verlauf der Oxydation des Bieres. L. Chapon, S. Chapon und E. Urion. (European Brewery Convent., Proc. Congr. **1959.** 322—44. Nancy, École de Brasserie.) (Franz.) — Vgl. C. **1959.** **14581.**

Unterss. über die Oxydationskatalysatoren der *Ascorbinsäure* (I) im Bier zeigen, daß nur ein Teil des Cu im Bier in Ionenform vorliegt. Das an SH-Gruppen gebundene Cu kann mit o-Phenanthrolin erfaßt werden. Durch Belüftung des Bieres erhöhen sich beide Werte. Es ist leicht, das Cu in unwirksame Verbb. umzuwandeln, aber schwierig, die Wirksamkeit von Fe zu unterbinden. Unabhängig von den Cu-Ionen u. Fe-Komplexen gibt es möglicherweise noch andere Katalysatoren, deren Unters infolge anwesender Fe-Komplexe schwierig ist. Bei der Oxydation von I enthaltendem Bier entsteht H_2O_2, dessen Gleichgewichts-Konz. von seiner Bldg.-Geschw., d. h. der Oxydations-Geschw. u. Art des Bieres abhängt. Diese Konz. ist gering, weil H_2O_2 u. die peroxidartigen Stoffe des Bieres als Zwischensubstanzen rasch verschwinden. W. Wesly. 7550□

Beitrag zur Kenntnis der Eiweißtrübung im Bier. H. R. Stocker. (Schweiz. Brauerei-Rdsch. **72.** 19—21. Febr. 1961.) (Dt.)

Eine verbesserte Meth. wird beschrieben, mit der die im Bier enthaltenen gesamten Proteine mittels Papierelektrophorese getrennt erfaßt werden können. So ergab die frühere Fraktion α 2 Komponenten, die Fraktion β 3, die Fraktion σ ließ sich nicht weiter zerlegen. Beim Vgl. des Protein-Geh. von Dosenbier u. der nach Pasteurisierung aufgetretenen Trübung (ausgedrückt in mg potentiellem Albumin in 0,0005 ml Bier) zeigte es sich, daß die Summe der Eiweiß-Geh. der Trübungen u. des abzentrifugierten Bieres ziemlich genau den Eiweißmengen vor dem Abfüllen entsprechen. Es wirken nicht nur einige bestimmte Fraktionen des Proteingemisches trübungsverursachend, sondern alle Komponenten fallen zu etwa einem gleich großen Prozentsatz aus. Zwecks Bierstabilisierung müssen proteinabbauende Enzym-Präpp. angewendet werden, die auf den ganzen Proteinkomplex auf die gleiche Weise einwirken. L. Macher. 7550□

Stabilitätsmerkmale enzymatisch behandelter Biere. Philip P. Gray, Leonard T. Saletan und Irwin Stone. (Wallerstein Lab. Commun. **24.** 232—42. Aug. 1961. Wallerstein Labor.) (Engl.)

Vff. untersuchten amerikan. u. europäische Biere hinsichtlich ihrer Stabilitäts-Eigg. u. verglichen sie mit den mit Bentonit (I) u. Enzymen (II) behandelten Bieren. Gegenüber den mit I behandelten Bieren wiesen solche mit II eine größere koll. Stabilität auf; nur mit 200 g/hl I wurde eine ähnliche Wrkg. wie mit II erreicht. Die Haltbarkeit der mit II behandelten Biere wurde nachteilig, vor allem durch erhöhten Luft- u. Metall-Geh., beeinflußt. Die Stabilität ließ sich jedoch durch Ggw. von Spuren Äthylendiamintetraessigsäure verbessern. Vff. weisen darauf hin, daß die Anwendung hoher Temp. (60°), wie sie bei Forciertesten zur Stabilitäts-Best. angewandt werden, bei mit II behandelten Bieren zu falschen Werten führt, da die II inaktiviert werden. S. ZAAKE. 7550☐

Kobalt und Überschäumen. Philip P. Gray und Irwin Stone. (Wallerstein Lab. Commun. **24.** 219—23. Aug. 1961. Wallerstein Labor.) (Engl.)

Im Gegensatz zu THORNE u. HELM fanden Vff., daß Kobalt die Neigung zum Überschäumen des Bieres nicht vermindert, sondern fördert. Vff. führen das vor allem auf die angewandten niedrigen Temp. von —2° zurück, die eher zu einem Wildwerden des Bieres führen als Lagerung bei Raumtemperatur. S. ZAAKE. 7550☐

Beiträge zur Kenntnis des Gehaltes an Acetylmethylcarbinol und 2.3-Butylenglykol im Bier. Livio Fleischmann. (Chimica [Milano] **35.** 12—14. Jan. 1959. Milano, Univ. degli Stud., Sez. chim., Centro di Stud. per la Chim. e Microbiol. delle fermentazioni del C.N.R.) (Ital.)

Der Geh. an *Acetylmethylcarbinol* (I) u. *2.3-Butylenglykol* (II) wurde mit der Meth. von HOOREMAN [1948] in 31 hellen, 4 dunklen Bieren u. 1 Dickbier italien. u. ausländ. Provenienz bestimmt. Die Daten sind tabellar. wiedergegeben: helle Biere enthalten 3,1—9,1 (mg/Liter) I u. 42,5—118,7 II, dunkle Biere enthalten die gleiche Menge I u. 63,7—128,0 II u. das Dickbier (Irland) 14,6 I u. 48,0 II. G. PLATZER. 7550☐

Zur Lagerung des Bieres. K. Kärnbach. (Tagesztg. Brauerei **58.** 641—44. 29/7. 1961. Berlin, VLB, Revisionsabt.) (Dt.)

Die Sättigung des Bieres auf 0,4% CO_2, die Klärung u. die geschmackliche Ausreifung sind die wichtigsten Ziele im Lagerkeller. Bei weitgehender Vergärung des Jungbieres im Gärkeller, wird für die beiden ersten Ziele eine verkürzte Lagerdauer erreicht, nicht aber für die Reifung, die für Vollbiere 8—10 Wochen erfordert, um bestimmte Aromastoffe (Ester, Hefebuketts) auszubilden u. geschmacksbeeinträchtigende Jungbierstoffe (S-Verbb. wie H_2S, Mercaptane, auch Aldehyde) mit dem entweichenden CO_2 auszuwaschen. Zu lange Lagerdauer führt infolge Autolyse u. aufkommenden Infektionen zu einer Güteverminderung des Bieres (Hefegeschmack). Hierbei verleihen durch Sarcinen aber auch durch gärschwache Hefe gebildetes Diacetyl u. Acetoin dem Bier süßlichen, unangenehmen Nebengeruch u. Beigeschmack. L. MACHER. 7550☐

Eine kinetische Untersuchung der Milchsäuregärung. Schichtverfahren bei überwachtem pH. Robert Luedeking und Edgar L. Piret. (J. biochem. microbiol. Technol. Engng. **1.** 393—412. Dez. 1959. Minneapolis, Minn., Univ., Dep. of Chem. Engng.) (Engl.)

Unterss. über die Kinetik der Gärung von Glucose zu Milchsäure (I) bei verschiedenem pH (Messung der Geschw. des Bakterienwachstums u. der I-Bldg.) führen zur Aufstellung einer Differentialgleichung, die die Abhängigkeit beider Geschw. voneinander angibt. — 30 Literaturangaben. W. WESLY. 7578☐

Versuche zur Verbesserung der Methode der Feinschrot–Grobschrot-Extraktdifferenz. L. R. Bishop. (Mschr. Brauerei **14.** 33—35. März 1961. Beil. zu: Brauerei. Europäische Brewery Convention, Analysenkommission.) (Dt.)

In der Malzanalyse wird ein Weg zur Best. der Feinschrot–Grobschrot-Extraktdifferenz (FGE) vorgeschlagen, der auf der Anwendung einer CASELLA-Ausführung der WILEY-Mühle beruht. Durch kombinierte Schneid- u. Sieb-Wrkg. liefert diese Feinschrot (1-mm-Sieb) u. Grobschrot (2,5-mm-Sieb). Zahlreiche Unterss. in verschiedenen Labor. ergeben mittels dieses Verf. zuverlässigere Werte für die FGE. Das CASELLA-Feinschrot ergibt Extraktausbeuten, die den entsprechenden Werten des heute verwendeten Feinschrotes nahekommen. W. WESLY. 7598☐

Über Zusammensetzung und Anthocyanogengehalt des Hordeins aus Gerste. Gustav Kloos. (Brauwissenschaft **14.** 223—27. Mai/Juni 1961. Heiligenberg/Baden, Heiligenberg-Inst., Chem. Abt.) (Dt.)

Vf. bestimmte in Braugersten u. Malzen die *Anthocyanogene* (I). Im Gegensatz zu POLLOCK stellte er fest, daß I auch durch mehrmalige Extraktion mit 40%ig. A. nicht vollständig vom *Hordein* zu trennen sind. Die elektrophoret. Auftrennung des Hordeins zeigte eine starke Abnahme der α- u. β-Komponente bei gleichzeitiger Zunahme der γ- u. ε-Komponente. Vf. schließt daraus, daß bei der Extraktion des Gerstenmehls auch an I gebundene Eiweißstoffe gelöst werden. Die Abnahme des I-Geh. nach mehrtägiger Dialyse um $^2/_3$ läßt vermuten, daß I nur adsorptiv an den Eiweißstoffen haften oder bei einer echten chem. Bindung vor allem an niedermol. Proteinbruchstücke gebunden sind, die bei der Dialyse entfernt werden. S. ZAAKE. 7598□

Kohlenhydrate beim Mälzen und Brauen. 9. Mitt. Schnellverfahren zur Bestimmung der wichtigsten Kohlenhydrate von Würzen. G. Harris und I. C. MacWilliam. (J. Inst. Brewing **66** ([N. S.] **57**). 147—50. März/April 1960. Nutfield, Brewing Ind. Res. Found.) (Engl.) — 7. vgl. C. **1960.** 16968; 8. vgl. J. Inst. Brewing **65** ([N. S.] **56**). [1959.] 489.

Die wichtigsten Saccharide der Würze (Saccharose, Maltose, Maltotriose u. Dextrine) werden individuell in wenigen Std. durch spezif. Enzymhydrolyse u. anschließende Best. des gebildeten Hexosemonosaccharids mittels BARFOEDS-Reagens ermittelt. W. WESLY. 7598□

Eine Schnellmethode zur Bestimmung des Endvergärungsgrades von Würze und Bier. F. Weinfurtner, F. Wullinger und A. Piendl. (Brauwelt, Ausg. B **101.** 409—11. 14/3. 1961. München-Weihenstephan, TH, Staatl. Brautechn. Prüf- u. Versuchsanst., Inst. für Gärungsphysiol. u. Techn. Mikrobiol.) (Dt.)

Man versieht die beiden Seitenhälse eines 3-Hals-Sulfierkolbens mit Gärverschlüssen, verschließt die mittlere Öffnung des Gefäßes mit einem Gummistopfen, durch dessen Membranabschluß der die Vibration übertragende Metallstab (mit Lochscheibe am unteren Ende) ragt. Für die Gäransätze werden 0,5 Liter Bier oder Würze (letztere nach Zusatz einiger Tropfen Antischaummittel) verwendet. Die Vergärung mit 16 g Hefe je 100 ml Substrat erfolgt bei Zimmertemperatur. Nach Beendigung der CO_2-Entw. wird abzentrifugiert, filtriert u. der Restextrakt saccharometr. oder pyknometr. ermittelt. Der Endvergärungsgrad wird erreicht in hellem u. dunklem Bier nach $1^1/_2$, in hellem Starkbier nach 2, in dunklem Starkbier nach $2^1/_2$, in hellen Würzen nach 4 u. in dunklen Starkbierwürzen nach 5 Stunden. W. WESLY. 7600□

Die praktische Anwendung der elektrochemischen Bestimmung des gelösten Sauerstoffes im Bier. K. Silbereisen und Chr. Weymar. (European Brewery Convent., Proc. Congr. **1959.** 345—57. Berlin, Inst. für Gärungsgewerbe u. Berliner Schloßbrauerei.) (Dt.) — Vgl. C. **1960.** 9406.

Die zur elektrochem. O_2-Best. verwendete Vorr. nach TÖDT wird beschrieben. Der bei 3—5 (mg/Liter) liegende O_2-Geh. der Anstellwürze sinkt in der 1. Hälfte der Hauptgärung auf ca. 0,15 u. steigt in der 2. Hälfte wieder auf 0,2—0,3. In der Nachgärung erfolgt eine Senkung auf 0,06—0,1, beim Abfüllen ein Anstieg auf 0,3—0,5. Beim Einlaufen in die Flasche erhöht sich der Geh. auf 1,5; nach 30 Tage langem Lagern bei 20° sinkt er auf 0,05—0,07. Zusätze von 7 g Polyvinylpyrrolidon je hl mit anschließender Tiefkühlung u. Filtration bei 0° verzögern den O_2-Umsatz, vermindern den Redoxtiter u. erhöhen Kälte- u. Oxydationsfestigkeit. W. WESLY. 7600□

Die Polyalkohole des Weines. Chromatographisches Verfahren zum Nachweis von Apfelweinzusätzen. E. Emiliani und I. Ucha de Davie. (Rev. Fac. Ing. Quím. **28.** 93—104. 1959. Inst. de Investig., Dep. de Microbiol.) (Span.)

Zum papierchromatograph. Nachw. von *Sorbit* (I) in Wein trennt man zunächst die störenden Verbb. mit geringem R_F-Wert durch Abschneiden des unteren Papierrandes ab u. entwickelt dann auf dem mit $(NH_4)_2MoO_4$ getränkten Papier einen I enthaltenden Komplex mit geringerem R_F als die anderen im Wein vorhandenen Verbb. einschließlich Mannit. Bei Anwendung von Vgl.-Lsgg. mit bekanntem I-Geh. läßt sich der I-Geh unbekannter Proben genauer als mittels der auf Acetylierung oder Benzoylierung von I beruhenden Verff. bestimmen. — 21 Literaturangaben. W. WESLY. 7608□

Hch. Bertrams Akt.-Ges., Schweiz, *Züchtung von Mikroorganismen.* (F. P. 1 220 344 vom 19/2. 1959, ausg. 24/5. 1960. Schwz. Prior. 21/2. 1958. — C. 1962. 332 [D. A. S. 1 100 569].)

G. D. Kallieros, Technique of wine fabrication. Athen: General Direction of Press Research and Cultural Relations Division. 1960. (352 S.)

XVI. Nahrungs-, Genuß- und Futtermittel

Antibioticazusätze zu Lebensmitteln. H. B. Hawley. (Lab. Pract. **9.** 659—63. Sept. 1960. Yeovil, Somerset, Aplin & Barrett Ltd.) (Engl.)

Allg. Ausführungen unter bes. Berücksichtigung von *Nisin*, einer bakteriostat. wirksamen Substanz aus *Streptococcus lactis*-Stämmen. E. LÜCK. 7634□

Die Verbesserung der Backfähigkeit des Mehles durch Erwärmung mit Infrarotstrahlen. L. Ja. Auermann. (Bäcker u. Konditor **14**. 360—61. Dez. 1960. Moskau, Technol. Inst. für Lebensmittelindustrie.) (Dt.) M. WINIKER. 7670☐

Vollsoja in der Bäckerei. W. Schmieder. (Bäcker u. Konditor **14**. 234—36. Aug. 1960. Riesa.) (Dt.)

Allg. Ausführungen mit Rahmenrezepten. M. WINIKER. 7674☐

Die Eignung von Folien zum Verpacken von Brot. Reinhardt Schneeweiss. (Bäcker u. Konditor **14**. 206—08. Juli. 246—48. Aug. 1960.) (Dt.)

Allg. Ausführungen. M. WINIKER. 7674☐

Atmung, Zuckerspiegel und Ascorbinsäure-Gehalt von Kartoffelsorten bei verschiedenen Lagertemperaturen. B. Effmert, G. Meinl und J. Vogel. (Züchter **31**. 23—32. 1961. Groß-Lüsewitz, Inst. für Pflanzenzüchtung der DAL.) (Dt.) M. WINIKER. 7678☐

Brauchbarkeit und Nährwert von Erbsenarten der Südstaaten vor und nach Gefrieren und Kochen. W. F. Jenkins. (Proc. Amer. Soc. horticult. Sci. **69**. 408—11. Juni 1957. State Coll., Miss., Mississippi Agricult. Exp. Stat.) (Engl.)

Bei 4 Arten von Erbsen (Vigna sinensis L. Savi) aus den Südstaaten der USA gehen nach Blanchieren, Gefrierlagerung, Auftauen u. Kochen die Geh. an Ascorbinsäure, reduzierenden Zuckern u. in A. unlösl. Trockenmasse zurück, der Geh. an nichtreduzierendem Zucker steigt. In allen Sorten ist nur 1—1,6% Zucker vorhanden. PH. FRESENIUS. 7684☐

Wirksamkeit von Malathionstaub als Schutz für Lagermais in Louisiana. E. H. Floyd. (J. econ. Entomol. **54**. 900—04. Okt. 1961. Baton Rouge, La., Louisiana Agric. Exp. Stat.) (Engl.)

Als Schutzmittel gegen Sitophilus oryzae L. in gelagertem Mais bewährte sich *Malathion* als Staub oder von Sägemehl aufgesaugter Emulsion wenn auch in höheren Gaben besser, so doch im Ganzen nur teilweise, aber immer noch besser als *Pyrethrum*. Der Grund hierfür dürfte in der Stärke des Befalles u. ungünstigen Temp.-, Luft- u. Körnerfeuchtigkeitsverhältnissen zu suchen sein. FRITZ MÜLLER/Ludwigshafen. 7686☐

Lebensmittelanreicherung mit Calcium. 1. Mitt. über die Anreicherung von Reiskuchen mit Calcium. S. Niwa, N. Katayama und H. Tanaka. (Jap. J. Nutrit. **19**. 112—15. März 1961. Aichi Inst. of Publ. Health.) (Jap.; Auszug: Engl.)

Heiße Reiskuchen werden in Stücke von ca. 60 g geschnitten u. in $CaCO_3$-Pulver gewälzt, wodurch sich der Ca-Geh. der Kuchen auf 0,12—0,14% erhöht u. die Kuchen vor dem Verschimmeln geschützt werden. W. WESLY. 7686☐

Untersuchungen über Einflüsse der Kochverfahren auf die Konservierung von Nahrungsmitteln. 1. Mitt. Antimikrobielle Einflüsse von Essig auf gekochten Reis. S. Nagai. (Jap. J. Nutrit. **18**. 235—44. Sept. 1960.) (Jap.; Auszug: Engl.)

1,5% Essig verhindert in gekochtem Reis die Vermehrung von Fäulniserregern, wenn der Zusatz innerhalb 6 Std. erfolgt; der Reis kann 24—48 Std. länger als Vgl.-Proben aufbewahrt werden. Ein 12 Std. nach dem Kochen erfolgender Zusatz von 2,4% Essig gestattet eine 17—24 Std. längere Aufbewahrung als unbehandelter, gekochter Reis. Beide Proben zeigen nach ca. 48 Std. eine Vermehrung von Hefen u. Streptokokken, aber keine Fäulnisgärung. W. WESLY. 7686☐

Untersuchungen über die Einflüsse der Kochverfahren auf die Konservierung von Nahrungsmitteln. 2. Mitt. Grundlegende Kochverfahren und Fleischkonservierung. S. Nagai, M. Sakurai und R. Moriyama. (Jap. J. Nutrit. **18**. 261—69. Nov. 1960.) (Jap.; Auszug: Engl.) — 1. vgl. vorst. Referat.

Fleisch läßt sich gebacken oder geröstet länger als gekocht u. gebraten konservieren. Gebratenes Fleisch gerät früher als gekochtes in Fäulnis; Fisch u. Geflügel verhalten sich umgekehrt. Fleisch läßt sich länger als Fisch u. Geflügel konservieren. Die Hauptursachen des geschilderten Verh. sind der mit den Zubereitungs-Verff. verknüpfte Verlust an Feuchtigkeit u. die Kontraktion des Fleisches. W. WESLY. 7750☐

Chemische Untersuchung an Heringen (Clupea harengus). 3. Mitt. Die niederen Fettsäuren. R. B. Hughes. (J. Sci. Food Agric. **11**. 47—53. Jan. 1960.) (Engl.) — 2. vgl. C. **1961**. 10011.

A.-Extrakte von maceriertem Heringsfleisch wurden nach Abtrennung der Säurefraktion durch Adsorption an Dowex-2-Austauscher u. Elution mit H_2SO_4 in einer Mikro-KJELDAHL-App. der Wasserdampf-Dest. unterworfen u. gefriergetrocknet. Eine äther. Lsg. wurde gaschromatograph. analysiert. Weiterhin wurden alkohol. Extrakte papierchromatograph. untersucht. In frischem Heringsfleisch wurden *Essigsäure* u. geringere Mengen von *Ameisen-*, *Propion-* u. gelegentlich Spuren von *n-Buttersäure* nachgewiesen. Mit zunehmendem Verderb nahm die Konz. an diesen Säuren zu bei gleichzeitigem Auftreten von *Isovaleriansäure*. Durch Zusatz von Antibioticis wird die Produktion dieser

Säuren in auf Eis gelagertem Fisch nicht gehemmt. Hitzebehandlung (115,5°) in geschlossenen Dosen hat keinen Einfl. auf den Geh. an niederen Fettsäuren.

HANS THIELE. 7752□

Chemische Untersuchungen an Heringen (Clupea harengus). 4. Mitt. Kreatin im Heringsfleisch und sein Verhalten während der Hitzebehandlung. R. B. Hughes. (J. Sci. Food Agric. **11.** 700—05. Dez. 1960.) (Engl.) — 3. vgl. vorst. Referat.

Vf. extrahierte 10-g-Proben von Heringsfleisch mit A. oder 5%ig. Trichloressigsäure, füllte auf 200 ml auf u. bestimmte den *Kreatinin* (I)-Geh. durch Zugabe von 4 ml gesätt. wss. Pikrinsäure-Lsg. u. 1 ml 10%ig. NaOH zu 0,5—1 ml des Extrakts. Nach 10 Min. wurde mit dest. W. auf 15 ml aufgefüllt u. die Extinktion unter Verw. von 1-cm-Küvetten (Blaugrün-Filter) ermittelt. I + *Kreatin* (II) wurden in gleicher Weise bestimmt, jedoch wurde nach Zugabe der Reagentien zur Überführung des II in I 3 Std. auf 110° erhitzt. II- + I-Geh. — I-Geh. = II-Gehalt. Durchschnittlich wurden 350 bis 420 mg II u. 5—10 mg I/100 g Fleisch gefunden. Hitzebehandlung der eingedosten Fische bei 115° hatte Überführung von 25% des II in I zur Folge, jedoch wurde auch eine Abnahme des Gesamt-I- + II-Geh. beobachtet, was vermutlich auf Bindung an die koagulierenden Fleischproteine zurückzuführen ist. Für die Entw. des Kochgeschmacks ist diese Rk. jedoch offenbar ohne Bedeutung. HANS THIELE. 7752□

Chemische Untersuchungen an Heringen (Clupea harengus). 5. Mitt. Einfluß der Hitzebehandlung auf die extrahierbare Stickstoff-Fraktion. R. B. Hughes. (J. Sci. Food Agric. **12.** 475—83. Juni 1961.) (Engl.) — 4. vgl. vorst. Referat.

Vf. untersuchte die durch Hitzebehandlung bedingten Änderungen in der mit verd. *Trichloressigsäure* nicht fällbaren Fraktion N-haltiger Verbb. (extrahierbarer N). Während der Geh. des Fleisches an extrahierbarem N durch Hitzebehandlung vermindert wurde, stieg der der abgegebenen Fl. stark an, so daß sich ein beträchtlicher, von der Temp. u. Behandlungszeit abhängiger Gesamtanstieg ergab. Dabei blieb der Geh. an freien Aminosäuren (Best. durch Säulenchromatographie mit Amberlite IRG-120) prakt. unverändert. Es wird gezeigt, daß eine Zunahme des Gelatine-Geh. durch Überführung aus dem Kollagen des Bindegewebes erfolgt. Dieser Anstieg gab sich in einer gleichsinnigen Erhöhung des *Hydroxyprolin* (I)-Geh. zu erkennen. Weiterhin war ein Anstieg des Geh. an NH_3 zu verzeichnen, sowie eine Zunahme des Geh. an nicht identifizierten extrahierbaren N-haltigen Verbb., die bei Säurehydrolyse NH_3 abgaben. Bes. die Best. des I-Geh. dürfte als Maßstab für die Neigung des Heringsfleisches zum Zerfall von Bedeutung sein. HANS THIELE. 7752□

Der Einfluß des Futters auf die Zusammensetzung der Milch. 2. Mitt. Futter mit hohem Fettgehalt im Vergleich zu solchem mit niedrigem Fettgehalt. I. I. Peters, R. R. Harris, C. A. Mulay und F. Pinkerton. (J. Dairy Sci. **44.** 1293—98. Juli 1961.) (Engl.) — 1. vgl. C. **1960.** 1026.

Zusatz von 6% Fett (Hammeltalg oder künstliches Gemisch von Fettsäuremethylestern) zum Futter führt zu einer Erhöhung des Geh. an Fett u. im allg. zu einer Erniedrigung des Geh. an fettfreier Trockenmasse u. Lactose in der Milch. Diese Erscheinung ist jedoch von der Rasse der Kühe (Holstein, Jersey) abhängig.

WINFRIED KRÜGER. 7756□

Jahreszeitliche Schwankungen in den Wechselbeziehungen der Milchbestandteile. T. A. Nickerson. (J. Dairy Sci. **44.** 1257—64. Juli 1961. Davis, Univ. of Calif., Dep. of Food Sci. and Technol.) (Engl.)

Vf. bestimmte in einer großen Anzahl von Milchproben aus sechs Landstrichen Californiens folgende Milchbestandteile in Abhängigkeit von der Jahreszeit: Trockensubstanz, Fett, organ. Nichtfett, Gesamt-N, Casein-N, Lactalbumin, Proteose–Pepton-N, Nichteiweiß-N, Gesamt-P, anorgan. Gesamt-P, lösl. anorgan. P, organ. Gesamt-P, lösl. u. unlösl. organ. P, koll. anorgan. P, unlösl. Gesamt-P, Citronensäure, Gesamt-Ca + Mg, Gesamt-Ca u. -Mg, lösl. Ca u. unlösl. Ca. Die Ergebnisse sind in 5 Tabellen zusammengefaßt. Ihre jahreszeitlichen Veränderungen werden diskutiert.

WINFRIED KRÜGER. 7756□

Probleme der Eiskremherstellung. R. Hansen. (Dtsch. Milchwirtsch. **8.** 136—40. Mai 1961. Oranienburg, Inst. für Milchforschung.) (Dt.)

Allg. Ausführungen. — 20 Literaturangaben. M. WINIKER. 7756□

Versuche zur Anwendung von Citronensaft als Antioxydans für Butter. E. Pijanowski und J. Jasiewski. (Roczniki Technol. Chem. Żywności **8.** 19—30. 1961. Warszawa, SGGW, Kat. Przem. Roln.-Spoż.) (Pol.; Auszug: Engl.)

Vor der Butter-Herst. wurden der Sahne 0,5—5% *Citronensaft* (frisch u. konserviert) u. 20 mg $CuSO_4 \cdot 5\ H_2O$/Liter zugesetzt. Die Butter wurde 8 Wochen bei 10—12° gelagert. Schon 0,5% Citronensaft verursachte eine deutliche Verlangsamung des Ranzig-

werdens der Butter. Höhere Gaben sind wirksamer, doch erhöhen sie auch die Acidität des Butterplasmas u. beeinflussen den Geschmack. ungünstig — 14 Literaturangaben.
F. URBAN. 7758□

Untersuchungen über die Verbesserung des Nährwertes von Quarkkäse durch den Schimmelpilz Oospora lactis. Miezysław Dłużewski, Eugeniusz Pijanowski und Stanisław Zmarlicki. (Roczniki Technol. Chem. Żywności 7. 127—42. 1961. Warszawa, SGGW, Kat. Przem. Roln.-spoż.) (Pol.)

Gesalzener vollfetter Quark aus pasteurisierter Milch wurde einer Reifung in 2 Phasen unterworfen. Die erste, aerobe, Phase dauerte 1—2 Tage, die 2., anaerobe, mehrere Tage. Um günstige lipo- u. proteolyt. Umwandlungen zu erzielen, wurden nichthämolyt. Schimmelpilze (Oospora lactis) zugesetzt. Im Fertigprod. wurde ein Anstieg des Geh. an Vitaminen der B-Gruppe, bes. an Niacin, festgestellt. Penicillium camemberti u. P. candidum erhöhen ebenfalls den Vitamin-B-Geh. im Käse, doch haben sie einen ungünstigen Einfl. auf die organolept. Eigg. des Produktes. — 23 Literaturangaben.
F. URBAN. 7760□

Staphylococcen in Colby-Käse. G. C. Walker, L. G. Harmon und C. M. Stine. (J. Dairy Sci. **44**. 1272—82. Juli 1961. East Lansing, Mich., Agricult., Exp. Stat., Dep. of Food Sci.) (Engl.)

Wie aus Keimzähl-Verss. hervorging, passen sich Mastitiserreger den Bedingungen der Käse-Herst. besser an als Staphylococcus aureus, der einwandfreier Milch zugesetzt wurde.
WINFRIED KRÜGER. 7760□

Konservierung und Nährwert von Alfalfa, gelagert als Heu, Heusilage und frische Silage. C. H. Gordon, J. C. Derbyshire, H. G. Wiseman, E. A. Kane und C. G. Melin. (J. Dairy Sci. **44**. 1299—1311. Juli 1961. Beltsville, Md., Agricult. Res. Center, Dairy Cattle Res. Branch, AHRD, ARS.) (Engl.)

Silage aus Alfalfa-Heu zeigte bei der Lagerung in gasdichten Stahlsilos einen Trockensubstanzverlust von 4%, frisch hergestellte Silage jedoch einen solchen von 22—24%. Heu erwies sich hinsichtlich Nährwert u. Verdaulichkeit als den Silagen überlegen.
WINFRIED KRÜGER. 7782□

Die Verdaulichkeit und der Futterwert von frischer und silierter Serradella. N. D. Dijkstra. (Inst. Veevoedingsonderz. „Hoorn" Veren. Exploitat. Veevoedingsproefbedrijf „Hoorn" Versl. **1960.** Versl. landbouwkund. Onderz. Nr. 66. 13. 5—24. 1960. Inst. voor Veevoedingsonderz. Hoorn.) (Holl.)

An Hammeln mit frischer u. silierter Serradella ausgeführte Fütterungs-Verss. zeigen die Trockensubstanz u. die Verdaulichkeits-Koeff. der verschiedenen Proben (Zahlentafeln). Die zusatzfreie Silierung führt zu befriedigenden Ergebnissen; die Silage ist bei zu hohem pH buttersäurefrei; ein Zusatz von 3 Liter/100 kg A.I.V.-Säure erscheint angemessen. In den Silagen gehen im Mittel 14% der organ. Stoffe u. 29% des Roheiweißes verloren. Die Futterwerte der Silagen werden (Zahlentafeln) angegeben. Für die Berechnung des Futterwertes aus der chem. Zus. frischer u. silierter Serradella wird eine Gleichung angegeben. Zwischen dem Geh. an Rohzellstoff u. dem Stärkeäquivalent besteht eine Beziehung; bei gleichem Zellstoff-Geh. hat frische Serradella ein höheres Äquivalent als Silage.
W. WESLY. 7782□

Die Verdaulichkeit und der Futterwert von frischem und siliertem Mais. N. D. Dijkstra und W. R. Becker. (Inst. Veevoedingsonderz. „Hoorn" Veren. Exploitat. Veevoedingsproefbedrijf „Hoorn", Versl. **1960.** Versl. landbouwkund. Onderz. Nr. 66. 14. 5—48. 1960. Inst. voor Veevoederonderz. Hoorn u. Wageningen, Proefstat. voor Akker- en Weidebouw.) (Holl.)

Zus., Verdaulichkeits-Koeff. u. Futterwert mehrerer Partien von frischem u. siliertem Mais werden (Zahlentafeln) angegeben. Für die Berechnung des Futterwertes aus der chem. Zus. wird eine Gleichung angegeben. Beim Silieren gehen 17—18 (%) der organ. Stoffe, 24 der übrigen Kohlenhydrate u. 4 Rohzellstoff verloren. Im allg. ist die Verdaulichkeit der Silagen viel niedriger als die frischer Proben; auch der Futterwert zeigt Verluste.
W. WESLY. 7782□

Die Silierung von Mais mit Harnstoff. W. Mochnatkin. (Животноводство [Tierzucht] **23.** Nr. 6. 76—77. Juni 1961. Sibir. Forschungsinst. für Tierzucht.) (Russ.)

Vf. berichtet über gute Erfolge durch Zusatz von 5% *Harnstoff* (I) bei der Maissilierung. Diese Silage war im Vgl. zur Kontrolle (ohne I-Zusatz) von besserer Qualität.
H.-D. BOCK. 7782□

Die Verdaulichkeit und der Futterwert von gewöhnlichen und gepreßten Rübenschnitzeln. N. D. Dijkstra. (Inst. Veevoedingsonderz. „Hoorn" Veren. Exploitat. Veevoedingsproefbedrijf „Hoorn", Versl. **1960.** Versl. landbouwkund. Onderz. Nr. 66. 12. 5—14. 1960. Inst. voor Veevoedingsonderz. Hoorn.) (Holl.)

An Hammeln mit (gepreßten) Rübenschnitzeln verschiedener Herkunft ausgeführte Fütterungs-Verss. ergeben keinen nennenswerten Unterschied bzgl. der Verdaulichkeit. Die mittleren Verdaulichkeits-Koeff. betragen für Roheiweiß 59, übrige Kohlenhydrate 92, Rohcellulose 82. Mit Hilfe dieser Koeff. wird der Futterwert berechnet. Bei der Berechnung des Stärkeäquivalents wird die Wertzahl 77 verwendet, woraus sich die Futterwertzahlen (Zahlentafel) ergeben. Das Pressen der Rübenschnitzel beeinflußt die Verdaulichkeit nicht. W. WESLY. 7782□

Vergleich der Oxalatmethode und der photometrischen Methode bei der Bestimmung von Calcium in Erbsen. Edmund Szyszko, Barbara Chojinicka und Inocentyna Karkocha. (Roczniki państwowego Zakładu Hig. **11.** 403—12. 1960. Warszawa, Państw. Zakł. Hig.) (Pol.)

Die flammenphotometr. Best. von Ca in Erbsen gibt nur dann richtige Ergebnisse, wenn das Verhältnis Ca:P in der Probe auf $\leqq 1:2$ gebracht wird. Die Best. wird genauer, wenn PO_4^{3-} durch Fällung mit $Zr(NO_3)_4$ entfernt wird. Der Fehler der Best. liegt dann bei 5%, also in der Größenordnung des Fehlers der manganometr. Titration von Ca-Oxalat. F. URBAN. 7804□

Untersuchungen über die Methode von Pijanowski. 1. Mitt. Vergleich einiger Titriermethoden bei der Bestimmung der Summe der Ascorbin- und Dehydroascorbinsäure in pflanzlichen Rohstoffen. Stanisław Krauze, Zbigniew Bożyk und Wanda Ociepka. (Roczniki Technol. Chem. Żywności **7.** 37—49. 1961. Warszawa, Akad. Med., Zakł. Bad. Środków spoż.) (Pol.)

Die Meth. von PIJANOWSKI (Red. der Dehydroascorbinsäure mit H_2S u. Titration der Ascorbinsäure mit 2.6-Dichlorphenolindophenol) liefert im Vgl. mit den Meth. von EMMERIE u. VAN EEKELEN u. von VON FELLENBERG die besten Ergebnisse in kürzerer Zeit. Sie hat im Gegensatz zu den genannten Meth. bei der Unters. von Frischgemüse u. Obst keinen systemat. Fehler. — 13 Literaturangaben. F. URBAN. 7810□

Untersuchungen über die Methode von Pijanowski. 2. Mitt. Bestimmung des Gesamt-Vitamin-Gehalts C in gekochten Gerichten. Zbigniew Bożyk und Halina Goch. (Roczniki Technol. Chem. Żywności **7.** 51—62. 1961.) (Pol.) — 1. vgl. vorst. Referat.

Die Best. der Summe von Ascorbinsäure u. Dehydroascorbinsäure in abgeochten Nahrungsmitteln nach PIJANOWSKI bereitet Schwierigkeiten, da bei der Beseitigung von überschüssigem H_2S mit Hg^{2+} das HgS in koll. Form ausfällt. Die peptisierende Wrkg. der Pektine in der Probe kann aber durch Zusatz von A. aufgehoben werden. In Ggw. von A. reagiert 2.6-Dichlorphenolindophenol nur langsam mit Ascorbinsäuse, es ist deshalb notwendig, den Titer der Lsg. in wss. A. einzustellen. 1—10% Fett in der Probe stören die Best. nicht. F. URBAN. 7810□

Untersuchungen über die Methode von Pijanowski. 3. Mitt. Der systematische Fehler, die Präzision und die Genauigkeit der Erfassung von Ascorbinsäure in gekochten Gerichten. Zbigniew Bożyk. (Roczniki Technol. Chem. Żywności **7.** 63—78. 1961.) (Pol.) — 2. vgl. vorst. Referat.

Bei der Best. von Ascorbinsäure (I) in gekochten Kartoffeln u. anderen Nahrungsmitteln tritt wegen der Anwendung von A. zur Reinigung des Extraktes von makromol. Substanzen ein systemat. Fehler von +2% auf. Das Ergebnis der Best. ist deshalb mit 0,98 zu multiplizieren. Der Titer der 2.6-Dichlorphenolindophenol-Lsg. ist mit einer I-Lsg. annähernd gleicher Konz. einzustellen. Die Reinigung der Extrakte von makromol. Substanzen vor der Red. u. Fällung von HgS mit A. soll auch bei der Best. von I in frischem Gemüse u. Obst erfolgen. — 12 Literaturangaben. F. URBAN. 7810□

Flammenphotometrische Bestimmung von Calcium und Magnesium in Gemüse. F. Haworth und T. J. Cleaver. (J. Sci. Food Agric. **12.** 848—52. Dez. 1961. Wellesbourne, Nat. Veget. Res. Stat.) (Engl.)

Die flammenphotometr. Best. von Ca^{2+} u. Mg^{2+} in Gemüse ergibt befriedigende Werte, wenn man hinreichend verd. Lsgg. der Asche derselben in Ggw. von SO_4^{2-} (Zers. mit H_2SO_4 u. H_2O_2 im KJELDAHL-Kolben) anwendet. Ca-Konzz. <0,05 (%) u. Mg-Konzz. <0,02 führen, bes. in Ggw. von viel PO_4^{3-} u. Al^{3+}, zu ungenauen Werten. W. WESLY. 7810□

Prüfverfahren für Rückstände von Pflanzenschädlingsbekämpfungsmitteln auf Früchten und Gemüsen. Antoine Major jun. und Helen C. Barry. (J. Assoc. off. agric. Chemists **44.** 202—07. Mai 1961. New Orleans, La., Dep. of Health, Education, and Welf., Food and Drug Admin.) (Engl.)

Das im einzelnen beschriebene Verf. zum Nachw. u. zur halbquant. Best. von $\geqq 5$ mg/kg Rückständen von Pflanzenschädlingsbekämpfungsmitteln verwendet die von STORHERR u. MILLS (C. **1962.** 2578) angegebene Arbeitsweise. Vor der Papierchromatographie entfernt man die Fette u. Wachse mit Acetonitril (I)-KW-Stoff nach JONES u. RIDDICK

(C. **1956.** 12955). Man eluiert die erzeugten Flecken auf dem Papier mit I u. erzeugt mit dem Eluat die Flecken erneut, wodurch sich bessere Chromatogramme ergeben.
W. WESLY. 7810□

Untersuchungen über die Honig-Invertase. 1. Mitt. Modifizierung der Bestimmungsmethode für Honig-Invertase. Mieczysław Rychlik und Zofia Fedorowska. (Rocznik państwowego Zakładu Hig. **11.** 413—22. 1960. Kraków, Akad. Med., Prac. Bromatol.) (Pol.)

Die Honigprobe wird mit W. verd. u. mit 0,01 m Na_2CO_3-Lsg. u. einem Acetatpuffer auf pH 6,4 eingestellt. Anschließend wird eine 40 % ig. Zucker-Lsg. zugegeben. Die invertierte Menge der Saccharose kann polarimetr. oder chem. nach AUERBACH u. BODLÄNDER durch Oxydation der Aldosen mit J_2 in schwach alkal. Lsg. ermittelt werden. Vor der Best. wird die Invertase durch Zusatz von CARREZ-Lsg. inaktiviert. Diese Lsg. erleichtert auch das Filtrieren der Probe. Zur Best. der Aktivität der Invertase in Honig genügen 2 Best., eine zu Beginn, die andere am Ende des Versuchs. — 11 Literaturangaben.
F. URBAN. 7812□

Der Chloraminwert als Kennzahl der Fruchtsaft-Untersuchung. E. Benk. (Flüssiges Obst **27.** Nr. 3. 12—13. März 1960. Reutlingen.) (Dt.)

Vf. legt an Hand der Ergebnisse mehrjähriger Unterss. dar, daß zum Nachw. der Echtheit u. Unverfälschtheit von Fruchtsäften sowie zur Ermittlung des Fruchtsaft-Geh. in Fruchtsaftzubereitungen der Chloraminwert nach TILLMANS u. HOLLATZ [1929] herangezogen werden kann.
M. WINIKER. 7818□

Färbend wirkende Lebensmittel mit besonderer Berücksichtigung von Rote Beete- und Spinat-Saft-Pulver. E. Benk. (Gordian **61.** Nr. 1461. 16—19. Okt. 1961. Reutlingen, Chem. Landesuntersuchungsamt.) (Dt.)

Vf. stellt zunächst lebensmittelrechtliche Betrachtungen über den Begriff „färbende Lebensmittel" an u. diskutiert die Möglichkeiten ihrer Anwendung. Sodann beschreibt er 3 derartige Lebensmittel (Rote Beete-Saftpulver, Spinatsaftpulver, Brennesselsaftpulver) unter Angabe von Meth. zur Prüfung ihrer Echtheit sowie zu ihrem Nachweis. — 15 Literaturangaben.
M. WINIKER. 7818□

Chlorogensäure in Kaffee und Kaffee-Ersatzstoffen. M. J. Gnagy. (J. Assoc. off. agric. Chemists **44.** 272—75. Mai 1961. Los Angeles, Calif., Food and Drug Admin.) (Engl.)

Die Nachprüfung der von ERKAMA u. KAUPPILA (C. **1961.** 4118) angegebenen papierchromatograph. Verf. zur Best. von *Chlorogensäure* in Kaffee (-Ersatz) ergibt Werte, die 90—94 % der Theorie entsprechen. Weitere Unterss. werden vorgeschlagen.
W. WESLY. 7828□

Untersuchungen über die Eignung von „Z 2" und „O 4-Tabletten" als Konservierungsmittel für Milchstapelproben. H. Konrad und M. Zühlsdorf. (Dtsch. Milchwirtsch. **7.** 360—61. Dez. 1960. Oranienburg, Inst. für Milchforschung.) (Dt.)

In 23 Molkereibetrieben der DDR wurden in einem Großvers. die Präpp. *Z 2* u. *O 4* (Zus. nicht angegeben) auf ihre Eignung für die Konservierung von Milchstapelproben geprüft. Hinsichtlich der Konservierungs-Wrkg. erwies sich Z 2 dem O 4 als statist. signifikant überlegen.
M. WINIKER 7856□

Eine verbesserte mikroskopische Kontrast-Färbung zur direkten Keimzahlbestimmung in Milch und Fleischprodukten. E. E. Van De Gehuchte. (Milchwissenschaft **15.** 597—99. Dez. 1960. Gent, Dairy Inst., Labor. of Microbiology.) (Engl.)

Vf. empfiehlt eine Färbelsg. folgender Zus.: 50 ml abs. A., 50 ml Chlf., 20 ml Eisessig, 0,1 g Fuchsin, 1,0 g Methylenblau. Der A. ist mit Gelatine u. nicht mit $CuSO_4$ zu entwässern. Bei Benutzung dieser Lsg. erscheinen die Bakterien blau gefärbt auf rosa Untergrund.
M. WINIKER. 7856□

Nochmals zur Frage der Colitestung bei Milch und zur Unbrauchbarkeit der Keßler-Swenarton-Lösung für den Coli-Hygiene-Test, gleichzeitig eine Stellungnahme. F. Schönberg und H. Kraus. (Arch. Lebensmittelhyg. **11.** 113—15. 20/5. 123—30. 20/6. 1960. Beilage zu: Dtsch. tierärztl. Wschr. Hannover, Tierärztl. Hochschule, Inst. für tierärztl. Lebensmittelkunde u. Milchhygiene.) (Dt.)

Ausführliche Kritik an den Ausführungen von SCHÄTZEL (C. **1962.** 4765), die in der Feststellung gipfelt, daß die *TTC*-Bouillon auch für einfach eingerichtete Labor. einen techn. verbesserten u. den neuzeitlichen Erfordernissen angepaßten umfassenden Coli-Hygiene-Test ermöglicht u. in der Lage ist, die schwer standardisierbare *Gentianaviolett-Galle-Pepton-Lactose*-Lsg. nach KESSLER u. SWENARTON zu ersetzen. — 45 Literaturangaben.
M. WINIKER. 7856□

Bestimmung der Beimengung von Wasser zur Milch nach dem spezifischen Gewicht des Serums. M. P. Bolotow. (Вопросы Питания [Fragen d. Ernähr.] 20.

Nr. 5. 67—69. Sept./Okt. 1961. Irkutsk, Med. Inst., Lehrstuhl für Ernährungshygiene.) (Russ.; Auszug: Engl.)

Eine Best.-Meth. für $D._4^{20}$ des Milchserums (zwecks Feststellung einer evtl. Wasserzugabe zur Milch) nach dem Tropfverf. (Beobachtung des Verh. eines Serumtropfens, der in NaCl-Lsgg. von $D._4^{20}$ 1,021—1,026 eingeführt wird) wird erörtert. S. BARYSCHNIKOW. 7856

Nachweis von Nitraten in der Milch. Versuch über verschiedene Technik zur Prüfung auf Wässerung. Humberto P. Tomeo Ibarra und Pedro W. Bergeret. (Ind. lechera **41.** 285—86. 288. 290. Juli 1959. Montevideo, Fac. de Agronom., Inst. de Tecnol., Dep. de Lecheria.) (Span.)

Von den 5 untersuchten Meth. zum Nachw. von Nitraten in Milch erweist sich nur eine als brauchbar: In einem Reagensglas mit eingeschliffenem Stopfen versetzt man 25 ml Milch mit 25 ml eines Gemisches (1 : 1) von 5%ig. $HgCl_2$-Lsg. u. 2%ig. HCl, schüttelt rasch, filtriert u. überschichtet mit 1 ml des Filtrates 4 ml einer 1%ig. Lsg. von Sulfodiphenylamin in H_2SO_4; in Ggw. von Nitraten bildet sich in der Kontaktzone ein blauer Ring, beim Schütteln des Rohres färbt sich der ganze Inhalt dunkelblau. Die Meth. erlaubt allerdings wegen ihrer niedrigen Empfindlichkeitsgrenze nicht den Nachw. sehr geringer Wasserzusätze zur Milch ($<$12,5 mg/Liter). R. K. MÜLLER. 7856□

Beitrag zur Standardisierung der butyrometrischen Rahmfettbestimmung. Marianne Zühlsdorf und Horst Konrad. (Milchwissenschaft **16.** 75—77. Febr. 1961. Oranienburg, Inst. für Milchforschung.) (Dt.)

An 68 Rahmproben wurden Mehrfach-Best. des Fett-Geh. nach dem Meth.-Buch, nach der Jenaer Meth. (vgl. ZÜHLSDORF, C. **1959.** 9425) u. der Meth. von WEIBULL u. STOLDT ausgeführt. Auf Grund des Ergebnisses der statist. Auswertung der Resultate sowie unter Berücksichtigung des jeweils erforderlichen Zeitaufwands wird die Jenaer Meth. als Standard-Meth. empfohlen. M. WINIKER. 7856□

Die Eichung der Milch-Butyrometer (Stand des Problems). Jean Pien. (Lait **40.** 135—50. März/April 1960.) (Franz.)

Das GERBER-Butyrometer mit 11 ml-Pipette liefert Werte, die je Liter Milch ca. 1 g Fett zu viel angeben oder fast genaue Werte, d. h. 0,15 (g/Liter) Fett zu wenig bei 35 Fettgehalt. Zur Korrektur wird vorgeschlagen, verschiedene Pipetten zu verwenden oder die Einteilung der Skala zu verändern. Vf. hält Butyrometerskalen, die eine auf 1 kg oder 1 Liter bezogene Einteilung aufweisen, für richtiger. — 20 Schrifttumshinweise. W. WESLY. 7856□

Gemeinschaftsuntersuchung einiger chlorhaltiger, organischer Schädlingsbekämpfungsmittel in Molkereiprodukten. Paul A. Mills. (J. Assoc. off. agric. Chemists **44.** 171—77. Mai 1961. Washington, D. C., Dep. of Health, Education, and Welfare, Div. of Food, Drug and Drug Admin.) (Engl.)

Eine Nachprüfung des früher (C. **1961.** 7069) angegebenen Verf. zum papierchromatograph. Nachw. von Cl-haltigen, organ. Schädlingsbekämpfungsmitteln zeigt, daß die Arbeitsweise zum Nachw. von DDT, DDE, DDD, BHC, Lindane u. Heptachlorepoxid in Molkerei-Prodd. empfohlen werden kann. W. WESLY. 7856□

Die elektronenmikroskopische Sichtbarmachung der physikalischen Struktur der Butter mit Hilfe des Abdruckverfahrens. Ernst Knoop und Anne-Marie Knoop. (Milchwissenschaft **16.** 449—52. Sept. 1961. Kiel, Bundesforschungsanst. für Milchwirtschaft, Physikal. Inst.) (Dt.)

Beschreibung des Verfahrens. M. WINIKER. 7858□

Bestimmung der Trockensubstanz in Silage durch Destillation mit Toluol. W. A. Dewar und P. Mc Donald. (J. Sci. Food Agric. **12.** 790—95. Nov. 1961. Edinburgh, School of Agric.) (Engl.)

Man dest. mit Toluol das in der Probe enthaltene W. ab u. fängt es in einer Meßröhre auf. (Abb.) Die flüchtigen Stoffe ermittelt man im Destillat durch Titration mit 0,1 n NaOH in 80%ig. alkohol. Lsg. gegen Phenolphthalein u. korr. damit den gefundenen Wert für die Trockensubstanz. W. WESLY. 7866□

Fortschrittsbericht über eine Bewertung von Laboratoriumsverfahren, die als Indicatoren der Eiweißqualität in Futtermitteln vorgeschlagen worden sind. A. W. Boyne, K. J. Carpenter und A. A. Woodham. (J. Sci. Food Agric. **12.** 832—48. Dez. 1961. Aberdeen, Rowett Res. Inst. u. Cambridge, Univ., School of Agric.) (Engl.)

Eine Gemeinschafts-Unters. über die Verff. zur Best. der Eiweißqualität in Futtermitteln (ausgeführt an Kühen u. Ratten) zeigt, daß sich für Fisch-, Fleisch- u. Walfischmehl das Verf. des „verfügbaren Lysins", das auf der Rk. der ε-Aminogruppen der Lysine mit Fluor-2.4-dinitrobenzol beruht, am besten eignet. Für Baumwollsamenmehl stimmen die Ergebnisse der N-Löslichkeit gut mit denen der Eiweißverwertung durch Küken überein. W. WESLY. 7868□

Chas. Pfizer & Co., Inc., Brooklyn, N. Y., übert. von: Sidney F. Schaeren, Mystic, und Walter T. Moreland, New London, Conn., V.St.A., **Bixin- und Norbixinester** der allg. Formel Z—$(CH{=}CHC[CH_3]{=}CH)_2(CH{=}CHCH{=}C[CH_3])_2CH{=}$CHCOOR (Z = CH_3OOC— oder ROOC—; R = veräthertes oder verestertes Hydroxyalkyl oder Polyhydroxyalkyl, Polyvinyl, bes. Alkyl, Aryl oder Aralkyl) erhält man durch Rk. des Trialkylaminsalzes von Bixin oder des Bis-trialkylaminsalzes von Norbixin mit Halogenameisensäurealkylestern u. Rk. der entstandenen gemischten Anhydride der allg. Formel Y—$(CH{=}CHC[CH_3]{=}CH)_2(CH{=}CHCH{=}C[CH_3])_2CH{=}$CHCOOCOOR′ (Y = CH_3OOC— oder R′OOCOOC—; R′ = gerad- oder verzweigtkettiges Alkyl mit 1—8 C-Atomen) mit den entsprechenden ein- oder mehrwertigen Alkoholen in Ggw. eines tert. Amines. — Aus 0,1 (Mol) Bixin in 500 cm³ trochenem Chlf. u. 0,118 Triäthylamin bei Raum-Temp., dann Abkühlung auf — 7° u. Zusatz von 0,137 Chlorameisensäureäthylester in 30 cm³ trockenem Chlf., dann 30 Min. bei — 9° u. 60 Min. bei Raum-Temp. → *gemischtes Anhydrid*, $C_{28}H_{34}O_6$, F. 142—143°; $E^{1\%}_{1\,cm}$ 2505 (Chlf.); aus 0,005 davon in 100 cm³ Pyridin u. 50 cm³ A. bei Raum-Temp. → *Äthylbixin*, F. 140—142°; aus 0,05 des vorst. Anhydrids u. 0,05 Glycerinmonooleat („Myverol 18—85"; Molgew. 348) in Ggw. von 2 g trockenem Triäthylamin unter Rückfluß, nach 2 Std. Zusatz von 50 g eines Gemisches von Glycerinmonooleat u- -dioleat („Glyco S 1096") u. 30 Min. unter Rückfluß → *Bixinölsäurediglycerid*, lösl. in Baumwollsamenöl. Zur Umesterung sind noch geeignet: Butanol, Decanol, Cyclohexanol, Äthylen- u. Propylenglykol u. Polyvinylalkohol. — *Farbstoffe* für *Lebensmittel*, bes. für *Butter* u. *Margarine*. (**A. P. 2 891 087** vom 25/7. 1955, ausg. 16/6. 1959.) G. KRAUSS. 7639

Ladislaus Rakcsányi und Gebriel Vajda, Budapest, Ungarn, **Pflanzliche, für die menschliche Ernährung geeignete, schlagfähige Eiweißstoffe** erhält man durch Extraktion der gemahlenen Kerne der süßen oder bitteren Lupine mittels wss. organ. oder anorgan. Säuren, bes. der Milchsäure, deren sauren oder neutralen Salze, oder organ. oder anorgan. Basen, in der Wärme u. anschließende Neutralisation des vom Unlöslichen abgetrennten Filtrates. Die Fl. wird eingeengt u. anschließend das gelöste Eiweiß mit hochprozentigen organ. Lsgm., bes. A., ausgefällt, gewaschen u. getrocknet. An Stelle der Lupinen kann man auch andere eiweißhaltige pflanzliche Kerne der gleichen Behandlung unterziehen. (**Ung. P. 144 628** vom 20/6. 1956, ausg. 15/11. 1958.) G. KÖNIG. 7647

Azienda Burro Vittoria S. à r. l., Mailand, Italien, **Frischhalten von Backwaren,** dad. gek., daß man mittels einer Injektionskanüle eine wss. Lsg. von A. einbringt, z. B. bestehend aus 25 (cm³) A., 25 W. u. 10 g Zucker, von der man 60 für 1 kg Brot verwendet. (**It. P. 532 706** vom 13/5. 1953.) K. KOEBKE. 7675

Dow Chemical Co., übert. von: William F. Tousignant und Wilhelm E. Walles, Midland, Mich., V.St.A., **Tabak,** der zum Rauchen oder zum Kauen bestimmt ist, wird verbessert, indem man ihn mit 0,01—0,5 Gew.-% eines festen polymeren N-Vinyl-2-cycl. Carbamats der allg. Formel I imprägniert, wobei Q H, Alkylreste mit 1—4 C-Atomen oder Arylreste mit 6—10 C-Atomen bedeuten, m 2 oder 3 u. n wenigstens 5 ist, bes. mit Poly-N-vinyl-2-oxazolidinon, Poly-N-vinyl-5-methyl-2-oxazolidinon oder Poly-N-vinyl-2-oxazinidinon. (**A. P. 2 941 907** vom 22/5. 1958, ausg. 21/6. 1960.) K. KOEBKE. 7735

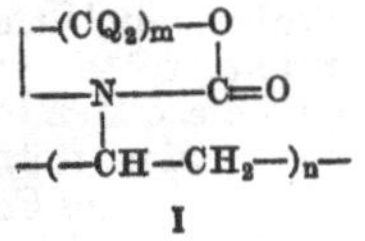

I

American Machine & Foundry Co., N. J., übert. von: Andrew Eugene Carmellini, Mount Vernon, N.Y., und Eric Bell Hotelling, Westport, Conn., V.St.A., **Herstellung von Tabakblättern** aus Tabakstaub u. wasserunlösl. Estern u. Äthern von Cellulose, Amylose u. anderen Kohlenhydraten als Bindemittel. Man gibt als Weichmacher Polyester aus niedermol. Polyäthylenglykolen oder Glycerin mit aliphat. Säuren mit 6—10 C-Atomen (Adipin-, Pimelin-, Suberin-, Azelain-, Sebacinsäure, ggf. alkylsubstituiert) u./oder Phenol-Derivv. mit einem oder mehreren o- u. p-Substituenten, z. B. Hydroxymethyl-, Dialkylaminomethyl-, cycl. Aminomethyl- oder Alkylresten zu. Als Lsgm. verwendet man Aceton, CH_3OH, A., Isopropylalkohol, Bzl., Chfl., Toluol, Methylbutinol oder Gemische davon. (**A. P. 2 949 117** vom 6/4. 1959, ausg. 16/8. 1960.) K. KOEBKE. 7735

Koloman Szabó und Gabriel Vajda, Budapest, Ungarn, **Kochfertige Suppen- und Gemüsewürfel.** Feinzerteilte Gemüsearten, verschiedene geschmacklich zubereitete Fleischsorten, Reis u. Gerstenbrei werden mit einem Fleisch- oder Knochenauszug weichgekocht u. ggf. ausgelassenes Fett zugegeben, damit der Fett-Geh. mindestens 20% beträgt. Zu der auf einen Wasser-Geh. von 40% eingeengten Masse setzt man so viel NaCl, daß der Wasser-Geh. des Fertigprod. nicht unter 20% sinkt u. die Salz-Konz. des in dem Gemenge befindlichen Restwassers 15% beträgt. (**Ung. P. 144 685** vom 13/10. 1956, ausg. 15/3. 1959.) G. KÖNIG. 7741

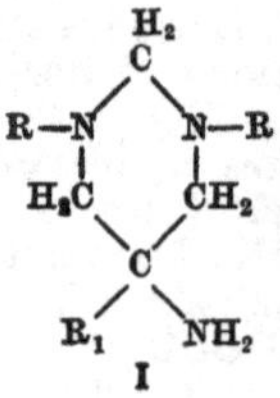
I

Warner-Lambert Pharmaceutical Co., Morris Plains, übert. von: Robert G. Sanders, Pompton Lakes, N.J., V.St.A., **Verhinderung des Verderbens von Lebensmitteln, wie Fleisch und Fisch.** Man benutzt für diese Lebensmittel einen Zusatz von <0,1 Gew.-% einer Verb. der allg. Formel I oder deren Salze, in der R Alkyl, Aryl, Aralkyl, Alkaryl, Hydroxyalkyl, Aminoalkyl u. Cycloalkyl u. R_1 = H, niederes Alkyl u. Hydroxymethyl ist u. die Salze der erwähnten Verbb. darstellen. (**A. P. 2 963 374** vom 25/11. 1957, ausg. 6/12. 1960.) H. MAASS. 7753

American Can Co., New York, N.Y., übert. von: James William Adams, Schofield, Wis., V.St.A., **Futtermittel für Tiere.** Das Futtermittel besteht aus einem Gemisch von Na- u. Ca-Salzen der Lignosulfonsäuren u. Holzzuckersäuren, das aus Sulfitablauge gewonnen worden ist u. keine durch Kalk fällbaren Lignosulfonate u. anorgan. Ca-Salze enthält. Es wird durch Behandlung von Sulfitablauge mit H_3PO_4, H_2SO_4, CO_2, Kalk oder dgl., Abtrennung der Ndd., Neutralisierung der Fll. mit kaust. Soda u. Eindampfung zur Trockne gewonnen. Die Gemische werden normalen Futtermitteln für Haustiere in Mengen von 1–25% beigemischt. Der Gesundheitszustand der gefütterten Tiere wird verbessert u. die Freßlust angeregt. (**A. P. 2 905 558** vom 12/4. 1956, ausg. 22/9. 1959.) H. KARST. 7787

Eduard Gerlach G. m. b. H. (Erfinder: **Ernst Rolf Detert** und **Willi Buchholz**), Lübbecke/Westf., *Herstellung von Tabakfolien.* (**Schwz. P. 355 390** vom 9/12. 1957, ausg. 15/8. 1961. D. Prior. 1/2. 1957. — C. **1959.** 1641 [D. A. S. 1 033 119].)

Wolff & Co. K. G., übert. von: **Lothar Langmaack**, Walsrode, *Herstellung von Kunstdärmen.* (**A. P. 2 973 274** vom 3/7. 1958, ausg. 28/2. 1961. D. Prior. 13/7. 1957. — C. **1958.** 11980 [D. A. S. 1 020 225].)

Armour & Co., Chicago, übert. von: **Alan B. Rogers**, R. R. Palos Park, und **John F. Roland jun.**, Glenview, Ill., V.St.A., *Wachstumsfördernde Substanzen.* (**Can. P. 554 109** vom 29/9. 1954, ausg. 11/3. 1958. A. Prior. 2/10. 1953. — C. **1957.** 1818 [D. B. P. 946 682].)

XVII. Fette. Seifen. Wasch- u. Reinigungsmittel. Wachse. Bohnermassen usw.

Elektronenmikroskopische Untersuchungen von in Öl-in-Wasser-Emulsionen gebildeten Membranen aus anionaktiven Substanzen. J. M. Martínez Moreno, F. Catalina und C. Gomez Herrera. (Fette, Seifen, Anstrichmittel **63.** 915–17. Okt. 1961. Inst. de la Grassa u. Inst. de Óptica, Spanien.) (Dt.) — Vgl. C. **1961.** 13038.

200 Teile einer 0,5%ig. Lsg. von Na-Dioctylsulfosuccinat oder Na-Diisobutylnaphthalinsulfonat wurden mit 25 Teilen Olivenöl emulgiert. Die entstandenen Emulsionen wurden bis zur völligen Durchlässigkeit für Elektronen mit bidest. W. verd. u. im Elektronenmikroskop untersucht. Für direkte Beobachtungen wurden die verd. Proben mit Ultraschall behandelt. Während Emulsionen aus Olivenöl u. Olivensaft, die bereits früher untersucht wurden, durch Lipoproteidmembranen stabilisiert werden, sind diese Membranen bei den neuerdings untersuchten Emulsionen durch oberflächenakt. Stoffe ersetzt. Diese Membranen sind schwächer; sie erscheinen als dünne Schleier mit vielen, der Form des Öltropfens angepaßten Falten (8 Abb.). H. P. FIEDLER. 7894 □

Veresterung hydroxylierter tertiärer Amine mit Fettsäuren. 2. Mitt. Eigenschaften von partiellen Fettsäureestern der tertiären, trihydroxylierten Monoamine. Michel Charles Demarcq. (Rev. franç. Corps gras **8.** 490–93. Aug./Sept. 1961. Lyon, Etabl. Cusinberche.) (Franz.) — 1. vgl. C. **1962.** 6627.

Die nach Angaben der 1. Mitt. hergestellten partiellen bzw. totalen Ester von Triäthanol (TEA)- sowie Triisopropanolamin (TIPA) mit Laurin-, Stearin- u. Ölsäure werden durch einige Daten charakterisiert: *TEA-Monolaurat*, F. 14°; *TEA-Monostearat*, F. 47,3 bis 47,8°; die Ester der Ölsäure sind flüssig. Nur Gemische der Präpp., die reich an Monoester sind, liefern helle, durchsichtige, emulgierende u. schäumende Lsgg. in verd. Säuren. Die zunehmende Veresterung der 3 alkohol. Gruppen beider Amine setzt mit der abnehmenden Wasserlöslichkeit die Basizität herab; dieses Verh. wird an Hand theoret. Betrachtungen zur Erklärung dafür herangezogen, daß die Di- u. Triester mit Fettsäuren keine wasserlösl. Salze liefern. K. TÄUFEL. 7912 □

Ein neues Reinigungsmittel von saurer Art und seine Verwendung in der Brauerei. M. Loncin. (Brauwelt, Ausg. B **101.** 1061–1066. 15.–20/6. 1961. Brüssel (CERIA), Lehr- u. Forsch.-Anst. für Lebensmittelchem. u. Technol.) (Dt.)

Es wird die Wirkungsweise eines neuen Säurereinigungsmittels DT 3-Sauer behandelt, das aus 42% Mineralsäuren u. aus 0,38% Polyoxyäthylen-Derivv. besteht. Die letzteren gehören als nichtionogene Tenside zu den modernsten Reinigungsmitteln. Man erhält sie durch Kondens. von Äthylenoxiden mit Alkylphenolen oder Fettalkoholen. Das Mittel findet Anwendung zur Reinigung der Gär- u. Lagerkellerapparaturen.

L. MACHER. 7916 □

Zusammensetzung der Fettsäuren von polnischem Kolzaöl. H. Grynberg und M. Beldowicz. (Oléagineux **16.** 669—74. Nov. 1961. Warschau, Inst. de Chimie Générale.) (Franz.)

Die Angaben über die Zus. der das Kolza (*Brassica napus*)-Öl konstituierenden Fettsäuren weisen große Schwankungen auf, die auf die Unzulänglichkeit der älteren Analysen-Verf. zurückgeführt werden. Zur Sicherstellung der Kenntnisse werden die Öle von 3 Varietäten von Brassica Napus aus 8 verschiedenen poln. Anbaugebieten nach den neueren Verff. der Fettanalytik untersucht (qual. u. quant. chromatograph. Trennung der Fettsäuren unter Berücksichtigung der „krit. Paare“). An Hand der mitgeteilten Chromatogramme wird ermittelt, daß der Geh. der poln. Kolzasaaten an Öl zwischen 40,0 u. 49,1% schwankt. In den geprüften Ölen werden nachgewiesen 37,6—43,7 (%) Eruca-, 6,1—12,9 Eikosen-, 5,7—11,7 Öl-, 14,8—16,6 Linol-, 11,7—12,9 Linolen- u. 8,6—12,9 Palmitinsäure. Diese Analysendaten unterscheiden sich erheblich von den Daten in der Literatur u. dürften den tatsächlichen Gegebenheiten entsprechen.

K. TÄUFEL. 7932 □

Chromatographische Isolierung von nativen Konstituenten natürlicher Wachse. Die Zusammensetzung von Ouricuri-Wachs. Leslie J. N. Cole und J. B. Brown. (J. Amer. Oil Chemists' Soc. **37.** 359—64. Juli 1960. Columbus, Ohio, The Ohio State Univ., Lipid Labor.) (Engl.)

Unter Hinweis auf die bisherigen Unterss. über die Zus. der Wachse, wobei sich die Analyse meist auf die nach energ. Verseifung gebildeten Bruchstücke erstreckt hat, werden die in letzter Zeit herangezogenen Verff. der Mol.-Dest. sowie der Chromatographie zum Nachw. der nativen Konstituenten kurz erörtert. Vff. führen die säulenchromatograph. Trennung an aktiviertem $Al(OH)_3$ von M. WOELM (aniontroph, pH 4) bzw. an Silicagel durch. Untersucht werden wachsähnliche Stoffe wie Dotriacontan, Stearinsäure, Octadecanol, Octadecylstearat, Stearon, Spermacetiwachs sowie Ouricuriwachs. An Hand einer eingehenden Diskussion wird abgeleitet, daß die aus bekannten wachsähnlichen Stoffen hergestellten Modellmischungen sich chromatograph. an $Al(OH)_3$ in 4 Gruppen differenzieren lassen, nämlich in Dotriacontan, Octadecylstearat u. Stearon, Octadecanol u. Stearinsäure. Bei Spermacetiwachs verläuft die Trennung nicht befriedigend; bei Wiederholung der Operation nach Reaktivierung des $Al(OH)_3$ erhält man aus diesem Wachs 95,4% Ester, 2,6% Alkohole u. 1,2% Säuren. Für das Ouricuriwachs wird folgende Zus. angegeben: 1,3 (%) KW-Stoffe, 23,5 einfache Ester, 22,4 Hydroxymonoester, 17,2 Hydroxydiester, 5,4 Hydroxysäurepolyester, 8,7 freie Säuren, 3,0 freie Alkohole, 14,8 Harze, 1,4 Feuchtigkeit, 0,4 Asche. — 23 Literaturangaben.

K. TÄUFEL. 7944 □

W. M. Woronel, A. I. Ssoloduchin und W. A. Papanow, **Herstellen von Lebensmittelfarbstoffen,** bes. *Carotin,* für die *Margarine*-Industrie aus von der Tomatenkonservierung herstammenden Abfällen. In einer dreiteiligen Extraktionsbatterie wird der überwiegende Teil des Farbstoffs im ersten Extraktor bei 80° durch Zugabe der gleichen Menge Öl entfernt. Die Suspension wird dann bei 90° u. 600 Torr eingedampft u. danach abgepreßt. Das farbstoffhaltige Filtrat geht direkt in die Lebensmittelproduktion. (**UdSSR. P. 117 836** vom 11/7. 1958.) B. PANKOW. 7901

Enrico Sanvoisin, Rom, Italien, **Herstellung von beständigen Toilettenseifen,** dad. gek., daß man der noch fl. Seifenmasse (bei ca. 35°) A. zugibt. — Beispiel: 2—6 (kg) Cocosöl, 1—4 Ricinusöl, 1—4 Rinderfett, 2—8 NaOH-Lsg. 38° Bé, 3—25 Alkohol. (**It. P. 534 308** vom 11/3. 1953.) K. KOEBKE. 7911

Wacker-Chemie G. m. b. H., München (Erfinder: Siegfried Nitzsche und Robert Müller, Burghausen/Obb.), **Herstellung von siliciumhaltigen Polyenderivaten,** dad. gek., daß man aus C_2H_2 u. seinen Dreifachbindungen enthaltenden Derivv. hergestellte u. einen durch das Herst.-Verf. bedingten Si-Geh. aufweisende Polyene mit O-haltigen Säuren umsetzt u. ggf. die Prodd. in wasserlösl. Prodd. überführt. Ausgangsstoffe sind bes. solche, die nach dem Verf. des Belg. P. 594065 durch Rk. von C_2H_2 oder dessen Derivv. mit Organosiloxanen in Ggw. von Verbb. der Metalle der IV.—VI. Nebengruppe des Period. Syst. sowie unter Verw. von unter den Rk.-Bedingungen sich reduzierenden Verbb. der Übergangsmetalle erhalten werden u. einen Si-Geh. von 0,01—10% aufweisen. — Das durch Rk. von Polymethylsiloxan u. C_2H_2 in Ggw. von H_2PtCl_6 erhaltene schwarze Pulver wird in Ggw. von etwas HgO mit konz. H_2SO_4 auf 90° erwärmt, wobei sich eine tiefrote Lsg. bildet, aus der nach Abfiltrieren von Kieselsäure, Neutralisieren mit NaOH u. Versetzen mit NaCl das Na-Salz des Prod. ausfällt, das in W. lösl. ist u. oberflächenentspannend wirkt. — *Netzmittel.* (**D. A. S. 1 118 455** Kl. 39c vom 14/8. 1959, ausg. 30/11. 1961.) J. MÜHLEISEN. 7913

Kurt Lindner, Berlin, **Waschaktive, emulgierfähige, überfettete Gemische von Alkylarylsulfonsäuren.** Zu den Rohsulfonsäuren alkylierter aromat., einkerniger KW-Stoffe mit 10—18 C-Atomen im Alkylrest gibt man nach dem Abtrennen der Hauptmenge des im Überschuß angewendeten Sulfonierungsmittels 2—50, bes. 5—30,% einer carboxylgruppenfreien fettähnlichen Verb. mit wenigstens 10 C-Atomen, wenigstens einer OH-Gruppe u. ggf. wenigstens einer Doppelbindung. Anschließend können die Sulfonsäuren mit anorgan. oder organ. Basen ganz oder teilweise neutralisiert werden, ohne daß sie durch den Zusatz ihre Klarwasserlöslichkeit verlieren. — Der aus Dodecylbenzol mit Oleum oder H_2SO_4 erhaltenen Dodecylbenzolsulfonsäure werden nach der Abtrennung der wss. sauren Schicht 10% Cetyl-, Lauryl- oder Oleylalkohol oder Ricinusöl unter Rühren zugesetzt, bis eine in W. klare Lsg. entstanden ist, die dann mit NaOH oder Triäthanolamin neutralisiert werden kann. — *Waschmittel*, bes. zur *Körperpflege, Haarwäsche* u. für *Fasern.* (**D. B. P. 973 482** Kl. 12o vom 16/11. 1951, ausg. 3/3. 1960. Anmeldung bekanntgemacht 28/5. 1953.) G. KRAUSS. 7913

Unilever N. V., Holland, *Stabilisierung von Seife.* (**F. P. 1 175 212** vom 15/5. 1957, ausg. 23/3. 1959. E. Prior. 17/5. 1956. — C. **1961.** 698 [Belg. P. 557 471].)

Unilever N. V., Rotterdam, Holland (Erfinder: **Alan Alsbury**, Wirral, **Kenneth Albert Phillips**, Bebington, und **Bernard Tayler**, Birkenhead, Chester, England), *Herstellung von Waschmitteln.* (**D. A. S. 1 074 797** Kl. 23e vom 12/7. 1958, ausg. 4/2. 1960. **F. P. 1 199 892** vom 15/7. 1958, ausg. 16/12. 1959. Beide E. Prior. 15/7. 1957. — C. **1960.** 13560 [Oe. P. 206 554].)

Henkel & Cie. G. m. b. H., Deutschland, *Gefärbte Wasch- und Waschhilfsmittel.* (**F. P. 1 177 905** vom 21/6. 1957, ausg. 30/4. 1959. D. Prior. 28/6. 1956. — C. **1959.** 15215 [D. A. S. 1 054 198].)

Procter & Gamble Co., V.St.A. (Erfinder: **Eugene A. Schwoeppe**), *Reinigungsmittelgemische.* (**F. P. 1 176 302** vom 28/5. 1957, ausg. 9/4. 1959. A. Prior. 28/5. 1956. — C. **1960.** 9067 [Oe. P. 204 153].)

Colgate-Palmolive Co., V.St.A. (Erfinder: **Peter T. Vitale, Robert Louis Bruns** und **Ralph Spencer Leonard**), *Reinigungsmittelgemische.* (**F. P. 1 174 848** vom 7/5. 1957, ausg. 17/3. 1959. A. Prior. 28/5. 1956. — C. **1961.** 1766 [Aust. P. 215 573].)

Continental Oil Co., Ponca City, Okla., V.St.A., *Verbesserung der Eigenschaften von öllöslichen Sulfonaten.* (**E. P. 822 654** vom 4/3. 1957, ausg. 28/10. 1959. A. Prior. 7/3. 1956. — C. **1961.** 6000 [D. A. S. 1 091 108].)

Unilever N. V., Holland, *Reinigungsmittelgemische in Stückform.* (**F. P. 1 193 288** vom 14/3. 1958, ausg. 2/11. 1959. E. Prior. 18/3. 1957. — C. **1959.** 17558 [Oe. P. 202 246].)

Unilever N. V., Holland (Erfinder: **Johannes Albertus Wolhoff**), *Nicht korrodierendes Reinigungsmittel.* (**F. P. 1 223 644** vom 11/2. 1959, ausg. 17/6. 1960. E. Prior. 11/2. 1958. — C. **1962.** 1837 [E. P. 849 747].)

Procter & Gamble Co. (Erfinder: **Thomas Maurice McCarthy**, Cincinnati, und **Arnvid Sverre Roald**, Wyoming), Ohio, V.St.A., *Reinigungsmittel in Pulverform.* (**D. A. S. 1 076 866** Kl. 23e vom 21/5. 1957, ausg. 3/3. 1960. **F. P. 1 176 379** vom 31/5. 1957, ausg. 9/4. 1959. Beide A. Prior. 28/6. 1956. — C. **1960.** 2383 [A. P. 2 846 401].)

Procter & Gamble Co., V.St.A. (Erfinder: **Joseph A. Milenkevich** und **James E. Henjum**), *Herstellung von Reinigungsmittelgemischen.* (**F. P. 1 175 203** vom 15/5. 1957, ausg. 23/3. 1959. A. Prior. 15/5. 1956. — C. **1960.** 7038 [D. A. S. 1 050 005].)

Procter & Gamble Co., V.St.A. (Erfinder: **Eugène Royce Wilson**), *Reinigungsmittelkomposition.* (**F. P. 1 186 986** vom 13/5. 1957, ausg. 4/9. 1959. A. Prior. 14/5. 1956. — C. **1959.** 14286 [Oe. P. 201 206].)

Rohm & Haas Co., V.St.A. (Erfinder: **Warren Dexter Niederhauser** und **Earl William Lane**), *Schwach schäumende Reinigungsmittelgemische.* (**F. P. 1 199 791** vom 10/7. 1958, ausg. 16/12. 1959. A. Prior. 10/7. 1957. — C. **1960.** 4709 [D. A. S. 1 061 471].)

Rohm & Haas Co., V.St.A. (Erfinder: **Theodore Sherwood Rowland jun.**), *Reinigungsmittel.* (**F. P. 1 223 437** vom 14/1. 1959, ausg. 16/6. 1960. A. Prior. 14/1. 1958. — C. **1961.** 10023 [D. A. S. 1 098 660].)

XVIIIa. Holz. Cellulose. Zellstoff. Papier. Papierdruck. Celluloid. Linoleum

Das Trocknen von Nutzholz. D. Patterson. (J. Soc. Leather Trades' Chemists **45.** 451—68. Dez. 1961.) (Engl.)

Das Trocknen (T) von Holz (H) wird in Beziehung zu seiner anatom. Struktur (S) u. seiner chem. Zus. besprochen. Die hygroskop. Eigg. von H u. die Art, in der es seine Feuchtigkeit (F) festhält, wird auf seine Fein-S zurückgeführt. Beim T bewegt sich F durch ein Stück H als Fl. oder Dampf; die wesentlichen Wanderungswege von F u. die Kräfte, die solche Bewegungen bewirken, werden diskutiert. Die natürliche Anisotropie von H erschwert den Trockenprozeß (TP); teilweises Schrumpfen erzeugt innere Kräfte u. Spannungen, die zu einem chem. Abbau (A) des Prod. führen. Einige im techn. Maßstab durchgeführte „natürliche" u. künstliche TP, die H auf den gewünschten F-Geh. bei einem Minimum an A trocknen, werden beschrieben. G. REISNER. 7952□

Über die Wirksamkeit der Anwendung von Natriumfluorid für die Konservierung von Grubenholz. M. A. Komissarow. (Уголь Украины [Kohle d. Ukraine] **4.** Nr. 3. 30—31. März 1960. Donez-Forsch.-Inst. für Kohle.) (Russ.)

Unter dem Einfl. von Luftströmungen verringert sich die Menge an NaF in damit durchtränkten Grubenhölzern, gleichzeitig wird des öfteren das Auftreten weißer Ausscheidungen beobachtet. In Abhängigkeit von Luftströmung, Feuchtigkeit u. Temp. können die mit dem Mittel behandelten Grubenhölzer schon nach einigen Monaten Fäulniserscheinungen zeigen. Zu empfehlen ist die Anwendung von Na-Silicofluorid, das eine fast 8mal geringere Löslichkeit in kaltem W. aufweist als NaF.

M. ULMANN. 7952☐

Die Möglichkeiten der Verarbeitung von Robinenholz in der Papier- und Zellstoffindustrie. F. Kozmál und J. Bučko. (Papír a Celulosa **14.** 73—77. April 1959. Bratislava, SVŠT, Katedra chem. technol. dreva a chem. vláken.) (Tschech.)

Die Möglichkeit der Verarbeitung von Holz (H) von *Robinia pseudoacacia L.* (A) wird untersucht. A-H wird durch das Sulfit- u. Sulfat-Verf. aufgeschlossen u. der erhaltene Zellstoff (Z) gebleicht. Die mechan. Eigg. (Reißlänge, Doppelbiegungszahl u. Berstfestigkeit) von A-Z sind befriedigend, so daß A als Rohstoffreserve der H auf chem. Wege verarbeitenden Industrie betrachtet werden kann. G. REISNER. 7956☐

Die Verteilung der Porengrößen in Holzzellstoffasern und Papier. T. S. McKnight, R. H. Marchessault und S. G. Mason. (Pulp Paper Mag. Canada **59.** Nr. 2. 81—88. Febr. 1958. Montreal, Pulp and Paper Res. Inst. of Canada; McGill Univ., Dep. of Chem.) (Engl.)

Best. der Porengröße nach der Hg-Druck–Potentiometer-Methode. An Blättern von Hand aus ungebleichtem Kraftzellstoff wird gezeigt, daß Gefriertrocknung der Blätter zu größerem Leer-Vol. (V) als Verdunstungstrocknung führt, bei nur unwesentlich unterschiedlicher mittlerer Porengröße. Der Einfl. des Naßdruckes beim Papiermachen ist zu vernachlässigen. Die Verteilungskurven der Porenradien für die Papiere haben ein breites Maximum bei 1—2 μ. Lose gebundene Sulfitzellstoffasern haben, ob durch Frieren oder Verdampfen getrocknet, annähernd gleiches V; nach der Gefriertrocknung mit einem vorangegangenen W./Bzl.-Austausch scheint ein größeres V in Poren < 100 mμ vorzuliegen. M. HAGEDORN. 7956☐

Weißgehaltrückgang von mit Zinkhydrosulfit gebleichtem Holzschliff. A. A. Yankowski. (Tappi **40.** 717—20. Sept. 1957. Neenah, Wis., Kimberly-Clark Corp.) (Engl.) — Vgl. C. **1956.** 9327.

Die Wrkg. verschiedener Zusätze zum Holzschliff vor der Bleiche mit Zn-Hydrosulfit, um das Zurückgehen des Weiß-Geh. (WG) in der Papiermaschine zu unterbinden, wird untersucht. Der WG des gebleichten Stoffes wird weder durch Na-Tripolyphosphat (Tpp) noch durch das Na-Salz von Äthylendiamintetraessigsäure (Ädta) verbessert, durch Fe-haltigen techn. Alaun stark u. durch Fe-freien Alaun weniger stark verschlechtert. In der Papiermaschine verhinderte Tpp den WG-Abfall nicht, während Ädta ihn minderte. M. HAGEDORN. 7978☐

Gleichmäßigkeit des Trocknens über eine Bahn hinweg. H. Preston-Thomas. (Pulp Paper Mag. Canada **59.** Nr. 2. 73—76. Febr. 1958. Ottawa, Nat. Res. Council.) (Engl.)

Gleichförmiges Trocknen der Papierbahn hängt von der Luftfeuchtigkeit ab, deren optimaler Wert wiederum von der Bahn-Temp. u. zu einem geringeren Teil auch von der Luft-Temp. abhängig ist. Bei Durchschnitts-Temp. der Bahn von 55—85° liegt der optimale Taupunkt der Eintrittsluft bei 30—40°. Steigt dieser infolge zu geringer Luft-Geschw. auf einen Teil des Durchgangsweges der Luft bis in die Nähe der Bahn-Temp., so bilden sich in der Papierbahn Trockenunterschiede aus. Allg. macht eine hohe Bahn-Temp. weniger vom Trockenprozeß abhängig; Trocknen bei 90° einheitlicher Bahn-Temp. bringt gleichmäßigere Trocknung als bei 70°. M. HAGEDORN. 7984☐

Die Bestimmung von Holzschliff in Papier durch Chlorierung. M. Souček und V. Šetelík. (Papír a Celulosa **14.** 85—88. April 1959. Praha, Výzkumný ústav papíru a celulosy.) (Tschech.)

Die Vers.-Bedingungen bei der Best. von Holzschliff in Papier (P) durch Chlorierung (Ch) wird untersucht. Der Einfl. der Musterzubereitung (M), der Zus. von P, der Rk.-Zeit u. der Einwaage auf die erhaltenen Werte wird festgestellt. Zur Erreichung einer größeren Genauigkeit u. Reproduzierbarkeit wird ein neues Verf. der M für die Ch vorgeschlagen.

G. REISNER. 8010☐

Untersuchungen zur Gas- und Dampfdurchlässigkeit von Kunstoffolien und beschichteten Papieren. 1. Mitt. Die Bestimmung der Permeabilitätskonstante. C. E.

Rogers, J. A. Meyer, V. Stannett und M. Szwarc. (Tappi Monogr. Ser. **23.** 1—11. 1962. Syracuse, N.Y., State Univ. of Forestry.) (Engl.) — C. **1957.** 11752.
G. REISNER. 8010□

Untersuchungen zur Gas- und Dampfdurchlässigkeit von Kunststoffolien und beschichteten Papieren. 2. Mitt. Einige Faktoren, die die Permeabilitätskonstante beeinflussen. C. E. Rogers, J. A. Meyer, V. Stannett und M. Szwarc. (Tappi Monogr. Ser. **23.** 12—27. 1962.) (Engl.) — C. **1957.** 11752. — 1. vgl. vorst. Referat.
G. REISNER. 8010□

Untersuchungen zur Gas- und Dampfdurchlässigkeit von Kunststoffolien und beschichteten Papieren. 3. Mitt. **Die Permeabilität gegenüber Gas- und Dampfgemischen.** J. A. Meyer, C. E. Rogers, V. Stannett und M. Szwarc. (Tappi Monogr. Ser. **23.** 28—38. 1962.) (Engl.) — C. **1958.** 14202. — 2. vgl. vorst. Referat.
G. REISNER. 8010□

Untersuchungen zur Gas- und Dampfdurchlässigkeit von Kunststoffolien und beschichteten Papieren. 4. Mitt. **Wirkung beschichteter Papiere.** R. Bhargava, C. E. Rogers, V. Stannett und M. Szwarc. (Tappi Monogr. Ser. **23.** 39—48. 1962.) (Engl.) — C. **1958.** 14202. — 3. vgl. vorst. Referat. G. REISNER. 8010□

Untersuchungen zur Gas- und Dampfdurchlässigkeit von Kunststoffolien und beschichteten Papieren. 5. Mitt. **Wirkung der Kristallinität.** A. W. Myers, C. E. Rogers, V. Stannett und M. Szwarc. (Tappi Monogr. Ser. **23.** 49—61. 1962.) (Engl.) — C. **1959.** 15217. — 4. vgl. vorst. Referat. G. REISNER. 8010□

Untersuchungen zur Gas- und Dampfdurchlässigkeit von Kunststoffolien und beschichteten Papieren. 6. Mitt. **Die Permeabilität gegenüber Wasserdampf.** A. W. Myers, J. A. Meyer, C. E. Rogers, V. Stannett und M. Szwarc. (Tappi Monogr. Ser. **23.** 62—77. 1962.) (Engl.) — C. **1962.** 9945. — 5. vgl. vorst. Referat.
G. REISNER. 8010□

W. Ruhenstroth G. m. b. H., (Wirus), Gütersloh/Westf., **Herstellung verschleißfester Formkörper aus zerfasertem Holz** oder holzähnlichen Stoffen durch Pressen, ggf. unter Verw. von Zusätzen, die die technolog. Eigg. der Formkörper verbessern, dad. gek., daß die fertigen Preßkörper in einem aus geschmolzenem Paraffin (I) bestehenden Bad bis zur Aufnahme von höchstens 30% I (berechnet auf die Trockensubstanz) durchtränkt werden. I können geschmolzene Wachse, Naturharze oder nicht härtbare Kunstharze, lösl. Farben bzw. insektentötende Stoffe u. Riechstoffe beigemischt werden. (**D. B. P. 975 068** Kl. 38h vom 25/12. 1948, ausg. 3/8. 1961. Anmeldung bekanntgemacht 16/11. 1950.) F. LAASS. 7953

Giuseppe Mondino, Sesto S. Giovanni, Mailand, Italien, **Leimen von Holz.** Ein mit NaOH, KOH, LiOH oder RbOH alkal. gemachter Mehlkleister, der mit einem Harnstoffleim (Xilolcolla Montecatini fl.) u. dem dazugehörigen Härtemittel (wss. Lsg. von NH_4Cl) versetzt ist, wird verwendet. (**It. P. 524 339** vom 12/11. 1954.)
K. KOEBKE. 7953

Shigeru Mori, Asahigawa, Japan, **Herstellung von porösen Bindemitteln.** Ablauge von der Sulfitcellulosegewinnung oder solche, aus der der A. nach Gärung entfernt ist, wird nach $Ca(OH)_2$-Zusatz unter Druck erhitzt, angesäuert u. das erhaltene Prod. mit Phenol u. CH_2O reagieren gelassen. Es werden ggf. Füllstoffe zugesetzt u. oberflächenakt. Stoffe als Treibmittel zugegeben. — Es wird Sulfitcelluloseablauge mit $Ca(OH)_2$ auf pH 5,5 gestellt, vergoren, vom A. befreit, auf pH 12 gestellt, 2 Std. lang auf 160° im geschlossenen Gefäß gehalten, der Nd. abfiltriert, mit HCl auf pH 4,2 gestellt, 30 Min. lang auf 55° gehalten, der Nd. gewaschen, getrocknet u. zerkleinert (Hauptanteil Ligninumwandlungs- oder -abbau-Prodd.). 100 (Teile) davon, 100 Phenol u. 200 40%ig. Formalin werden bei pH 9 u. 60° $3^1/_2$ Std. lang gerührt u. nach Zusatz von H_3PO_4 bei pH 8,5 zu einem viscosen, dunkelbraunen Harz bei 60° u. Unterdruck konzentriert. 100 Harz u. 5 Na-Alkylbenzolsulfonat werden gerührt. Sie treiben dabei zu einem blasigen Bindemittel um das $2^1/_2$fache auf. Es dient zum *Verkleben von Holz.* (**Jap. A. S. 1136/1960** vom 19/12. 1955, ausg. 25/2. 1960.) M. PANKOW. 7953

Continental Can Co., Inc., New York, N.Y., übert. von: Joseph J. Aid, Quaker Hill, und Edward G. Paxton jun., Norwich, Conn., V.St.A., **Polyäthylenbeschichtetes Papier.** Auf eine Papierschicht wird ein Gemisch von Polyäthylen u. 2,5% eines feinteiligen Al-Pulvers aufgespritzt, so daß ein opaker Film in einer Stärke von 0,5—1 mil entsteht. — *Verpackungsmaterial für Lebensmittel.* (**A. P. 2 878 145** vom 17/11. 1954, ausg. 17/3. 1959.) P. MAYER. 7983

Nils Andersson, Lund, Schweden, **Beschichten von Papier mit einem Spritzgußfilm eines synthetischen linearen Polymeren mit scharfem Schmelzpunkt.** Die Trägerschicht (Papier) wird auf der zu beschichtenden Seite an den Randzonen dünner gemacht, entsprechend der Verdickung des gespritzten Films an den Randzonen, so daß die Randzonen der beschichteten Bahn keine größere Dicke als die übrigen Teile der Bahn besitzen. Das Zurichten der Kanten kann durch Schleifscheiben erfolgen, die quer zur Förderrichtung des Papiers an den Kanten rotieren, so daß ein konkaver Querschnitt der Papierkanten entsteht. (**A. P. 2 894 853** vom 5/7. 1957, ausg. 14/7. 1959. Schwed. Prior. 5/7. 1956.) P. MAYER. 7983

American Can Co., New York, N.Y., übert. von: Howard J. Curler, Menasha, und Richard M. Bauer, Neenah, Wis., V.St.A., **Herstellung von glänzenden Wachsüberzügen auf Papier.** Der Wachsüberzug wird bis zur völligen Verfestigung in Berührung mit einer polierten, flexiblen Oberfläche gekühlt u. durch scharfes Krümmen der Oberfläche abgelöst. Das Wachsgemisch muß eine Adhäsion zu der Oberfläche von 1,5—15 g/in. u. eine Kohäsion besitzen, die größer ist als die Adhäsion. — *Verpackungsmaterial.* (**A. P. 2 892 735** vom 2/10. 1956, ausg. 30/6. 1959.) P. MAYER. 7987

Timefax Corp., New York, übert. von: Murray Wolf, Flushing, N.Y., und Harold R. Dalton, Jenkintown, Pa., V.St.A., **Elektrisch beschreibbare Flachdruckfolie** besitzt auf einer biegsamen, elektr. nichtleitenden Unterlage eine lithograph. Oberfläche aus hydrolysiertem Polyacrylnitril u. eine elektr. leitende Zwischenschicht aus Ruß mit einem Zusatz von Ton oder koll. SiO_2 u. einem Bindemittel. — Zeichnung. (**A. P. 2 951 441** vom 16/1. 1956, ausg. 6/9. 1960.) K. KITTLER. 7989

National Cash Register Co., Dayton, Ohio, V.St.A., **Öl enthaltende Kapseln mit aus Polymerisat bestehenden Wänden.** Eine Lsg. eines polymerisierbaren Monomeren oder Monomerengemisches wird in einem das Polymerisat nicht lösenden Öl in einer polaren Fl. dispergiert u. mittels eines Katalysators wird das in den gebildeten ölhaltigen Tröpfchen enthaltene Monomere polymerisiert. Als Fl. wird bes. die wss. Lsg. eines gelierbaren Koll. genommen u. nach beendeter Polymerisation der koll. gelöste Stoff zur Koazervat-Bldg. u. Gelierung gebracht. — Die Kapseln können z. B. eine ölige *Druckfarbe* einschließen, die, auf Papier aufgetragen, beim *Schreibdruck* die Druckfarbe freigeben. (**D. A. S. 1 096 038** Kl. 39c vom 1/6. 1959, ausg. 29/12. 1960. A. Prior. 4/6. u. 14/7. 1958.) M. MAIERHAUSER. 7989

Chemische Werke Albert (Erfinder: Johannes Reese), Wiesbaden, **Nicht spritzende Druckfarbe** enthält als Bindemittel einen aus synthet. 1.4-Polyisopren hergestellten Cyclokautschuk. Der aus Naturkautschuk hergestellte Cyclokautschuk dagegen ergibt spritzende Druckfarben. (**D. A. S. 1 122 556** Kl. 15l vom 21/5. 1960, ausg. 25/1. 1962.) C. KITTLER. 7991

Langbein-Pfannhauser Werke Akt.-Ges., Neuß/Rh. (Erfinder: Martin Otto, Nürnberg), **Herstellung von Schrift- und Bildzeichen, Skalen und dergleichen auf Gegenständen aus Leichtmetall** unter Verw. eines Druckkissens, das eine Druckpaste aus den Vertiefungen eines Klischees abnimmt u. auf die oxydierte Oberfläche des Gegenstandes überträgt. Die Druckpaste enthält einen geeigneten wasserlösl., organ. Farbstoff. Nach dem Aufdrucken der Paste wird die Oxidschicht in heißem W. gebadet. Das Einfärben der Oxidschicht kann mit 2 oder mehr Farben gleichzeitig ausgeführt werden. (**D. A. S. 1 123 345** Kl. 15k vom 16/7. 1957, ausg. 8/2. 1962.) C. KITTLER. 7991

XVIIIb. Textilfasern

Wärmehärtbare Harze und andere in der Textilindustrie verwendete Produkte. Girolamo Pozza. (Fibre e Colori **10.** 65—72. Febr. 1960.) (Ital.) — Vgl. C. **1961.** 8525.

Überblick über Aufbau u. Eigg. von Hochpolymeren mit bes. Hinweis auf die durch Copolymerisation erhaltenen wärmehärtbaren Hochpolymeren u. ihre Verw. in der Textilindustrie zur räumlichen Stabilisierung von Baumwoll- u. Zellwollgeweben nach dem Sanforset-, Stenoset-, Avcoset- u. a. Verff., deren Ausführung näher beschrieben wird. A. SANDER. 8032□

Wärmehärtbare Harze und ihre Verwendung in der Textilindustrie. Girolamo Pozza. (Fibre e Colori **10.** 245—52. Mai 1960.) (Ital.) — Vgl. vorst. Referat.

Chem.-techn. Grundlagen des Knitterfestmachens von Geweben verschiedener Faserstoffe mit ausführlicher Beschreibung der Arbeitsweise, gebräuchlichen Rezepturen, einschließlich der Kondens.- u. Polymerisationshilfsmittel u. prakt. Kontrollmaßnahmen bzgl. käuflicher Vorkondensate. A. SANDER. 8032□

Anwendung der Harnstoff-Formaldehyd-Harze in der Textilindustrie. Polykondensation der Harnstoff-Formaldehyd-Harze. Girolamo Pozza. (Fibre e Colori **10.** 351—57. Juli 1960.) (Ital.) — Vgl. C. **1961.** 1771.

Bericht über den techn. Stand der Poly-Kondens. von mit Harnstoff-Formaldehyd-Harzen imprägnierten Geweben. Als prakt. Beispiele werden u. a. Imprägnierfoulards,

Spannmaschinen u. Polymerisier-App. mit teilweiser Wärmerückgewinnung näher beschrieben. Einschlägige Nachbehandlungen sowie Kontroll-Verss. zur Best. der Harzverteilung in den Geweben, Best. des Quellungsgrades u. analyt. Best. des im Gewebe gebildeten Harz-Geh. werden besprochen. A. SANDER. 8032□

Auswirkung von Fehlern in der Naßausrüstung von Cellulosematerial. O. Richards. (Fibre e Colori **7.** 333—37. Sept. 1957.) (Ital.)

Übersicht über in Webstoffen zu beobachtende Spinn- u. Webfehler sowie über etwaige durch fehlerhaftes Färben, Bleichen, Nachbehandeln oder durch Belichtung verursachte Schäden. Hinweise auf deren Verhütung werden gegeben. Etwaige auf Einw. von Seifen oder Dämpfen von Lsgm. beruhende Betriebsunfälle sowie Cl-Verluste durch katalyt. Zers. konz. Hypochlorit-Lsgg. beim Lagern werden kurz behandelt. A. SANDER. 8032□

Das „SI-RO-SET"-Verfahren zum Stabilisieren von Bügelfalten und Plissees in Wollartikeln. Renato Ludovici. (Fibre e Colori **10.** 257—60. Mai 1960.) (Ital.)

Chem. Grundlagen, Ausführung, Vor- u. Nachteile des neuen Si-Ro-Set-Verf. sowie Prüfen der Faltenbeständigkeit u. analyt. Nachw. der Si-Ro-Set-Behandlung werden erörtert. A. SANDER. 8038□

Molekularkonformation in orientierten Fasern. A. V. Tobolsky und V. D. Gupta. (Textile Res. J. **31.** 913—14. Okt. 1961. Princeton, N.J., Text. Res. Inst.) (Engl.)

Es werden Gleichungen abgeleitet für den Kristallinitätsgrad, die mittlere Länge in den krist. Bereichen u. das Schrumpfverhältnis, mit deren Hilfe Faser-Eigg. beschrieben werden können. G.-D. GOLLNISCH. 8040□

Die Adsorption von Calcium und Polyphosphaten an Baumwollcellulose und ihr Einfluß auf die Schmutzablagerung. Beverly J. Rutkowski und Albert R. Martin. (Textile Res. J. **31.** 892—98. Okt. 1961. St. Joseph, Mich., Whirlpool Corp., Res. Labor.) (Engl.)

Baumwolle adsorbiert Polyphosphat nur in Anwesenheit mehrwertiger Metallionen. Die Menge an adsorbiertem Ca u. Polyphosphat ist abhängig vom Bodenkörper. Dieser beeinflußt die Abscheidung von Schmutz auf Baumwolle nicht. Zwischen der Zahl der ungefällten Ca-Ionen u. der Schmutzabscheidung scheint aber eine Beziehung zu bestehen. Tetra-Na-Pyrophosphat verhindert die Schmutzabscheidung besser als Tripolyphosphat. G.-D. GOLLNISCH. 8044□

Quervernetzte, mit Dimethyloläthylenharnstoff verätherte Baumwolle. Russell M. H. Kullman, John G. Frick jun., Robert M. Reinhardt und J. David Reid. (Textile Res. J. **31.** 877—85. Okt. 1961. New Orleans, La., Southern Reg. Res. Labor.) (Engl.)

Die Eigg. von modifizierter (carboxymethylierter, hydroxyäthylierter, methylierter, cyanäthylierter) u. nichtmodifizierter Baumwolle, die mit Dimethyloläthylenharnstoff vernetzt wurde, werden verglichen. Die Reaktivität der Cellulose-OH-Gruppen st abhängig von der Art der Substituenten u. der Quellbarkeit der Faser. Die Quervernetzung ist bei modifizierter Baumwolle größer als bei nichtmodifizierter, aber auch der Festigkeitsverlust. G.-D. GOLLNISCH. 8044□

Die Wirkung von Hypochlorit auf harzbehandelte Baumwolle. M. K. Gokhale und P. C. Mehta. (Textile Res. J. **31.** 915—16. Okt. 1961. Navrangpura, Ahmedabad, Indien, Ahmedabad Text. Ind. Res. Assoc.) (Engl.)

Bei der Einw. von Hypochlorit auf Cellulose, die mit Dimethylharnstoff behandelt ist, tritt ein sehr hoher N-Verlust auf. In mit Dimethyloläthylenharnstoff behandelter Cellulose nimmt infolge Spaltung der Harz/Cellulose-Bindung der Geh. an NCH_2OH-Gruppen u. damit die Chlorzurückhaltung stark zu. Im Falle des cycl. Äthylenharnstoffs ist der Cl-Verbrauch größer, als der Bldg. von Chloramin entspricht. G.-D. GOLLNISCH. 8044□

Die molekulare Konfiguration von Wollkeratin. K. J. Whiteley. (Textile Res. J. **31.** 911—12. Okt. 1961. Kensington, N.S.W., Univ. of New South Wales, School of Wool Technol.) (Engl.)

Im Zusammenhang mit Unterss. über die mol. Struktur der Wolle werden die Zugdehnungskurven in W. von 20°, die Superkontraktion (Behandlung bis zu 50 Min. bei 100° in 8,3 m NaJ-Lsg.) sowie die Faserlängung in W. von 22° bei Belastung von 6 kg/mm^2 von mit VAN SLYKE-Reagens behandelter Wolle ermittelt u. mit den entsprechenden Werten an unbehandelter Wolle verglichen. Die hierbei erhaltenen Ergebnisse bestätigen die Auffassung von der 2-Zonenstruktur (X- u. Y-Zone) der Wolle. — 3 Figuren, 1 Tabelle, 10 Literaturhinweise. H. G. FRÖHLICH. 8060□

Der Einfluß von pH und Waschmittel auf das Filzen von schrumpffester Wolle. J. R. McPhee und H. D. Feldtman. (Textile Res. J. 31. 1037—45. Dez. 1961. Geelong, Australia, C.S.I.R.O., Div. of Text. Ind., Wool Res. Labor.) (Engl.)

Der Einfl. des pH-Wertes (2—10) allein u. in Ggw. von nichtionogenen Prodd. (I) u. Seife (II) auf unbehandelte sowie filzfrei ausgerüstete Wolle wird untersucht. Hierbei wird für einen Teil der filzfrei ausgerüsteten Wollen (Permanganat/Salz, saure Chlorierung, H_2SO_5/Sulfit, Hypochlorit bei pH 8, Peressigsäure/Hypochlorit u. $KMnO_4$/Hypochlorit) mit fallenden pH-Werten, vor allem < 5—6, ein deutliches Ansteigen des Filzvermögens beobachtet, das durch Zusatz von I oder II unbeeinflußt bleibt. Bei anderen filzfreien Ausrüstungen dagegen (wss. Bisulfit, A./Thioglykolat, H_2O_2/Bisulfit, A./NaOH, NaOH/NaCl) bleibt das Filzvermögen im pH-Bereich von 2—10 konst., wird jedoch durch geringe Zusätze an I oder II deutlich erhöht. Aus den ermittelten Reibungs-Koeff. (CAPSTAN-Meth.) geht hervor, daß die gefundenen Unterschiede im Filzvermögen nicht allein auf Reibungsunterschiede zurückzuführen sind. Die im einzelnen erhaltenen Ergebnisse werden ausführlich diskutiert. — 14 Figuren, 2 Tabellen, 24 Literaturhinweise. H. G. FRÖHLICH. 8060□

Die Kinetik der Absorption und Desorption einzelner Ionen durch Keratinfasern. Donald L. Underwood und Howard J. White jun. (Textile Res. J. 31. 1054—57. Dez. 1961. Princeton, N. J., Text. Res. Inst.) (Engl.)

Die Geschw. der Absorption, Desorption u. des Austausches von Kation u. Anion durch Menschenhaar in Na_2SO_4-Lsgg. mittels radioakt. Markierung mit ^{35}S u. ^{22}Na wird untersucht. Die im einzelnen erhaltenen Ergebnisse werden an Hand von 2 Figuren ausführlich diskutiert u. mit früheren Unterss. verglichen. H. G. FRÖHLICH. 8066□

Physikalisch-chemische Untersuchungen über den Lösungszustand der Viscose. J. Schurz. (Paperi ja Puu 42. 401—09. 31/7. 1960. Graz, Univ., Inst. für physikal. Chem.) (Dt.)

Es wird über Unterss. an Viscose mittels der Fließkurven, der Viscosität u. der Viscositäts-NaOH-Konz.-Funktion berichtet sowie über Unterss. an Organoxanthogenaten, welche die γ-Wert- u. Polymerisationsgradverteilung sowie die Messung des osmot. Druckes u. der Lichtstreuung betreffen. Es wird angenommen, daß gut gelöste Viscosen wohl mol.-dispers sein können, doch ist stets eine Beimengung von größeren Teilchen zugegen, so daß ein Verteilungsspektrum vorliegt. Für den Lsg.-Zustand wird das Bild des unendlichen Netzes vorgeschlagen. A. SEUFFERT. 8074□

Messung der elastischen Erholung von Viscosereyonfäden. J. C. Guthrie und S. Norman. (J. Textile Inst., Trans. 52. T 503—T 512. Nov. 1961. Manchester, England, Courtaulds Ltd.) (Engl.)

Unterss. über das elast. Erholungsvermögen an Viscosereyonfäden zeigen, daß dieses von der Dehnungs- u. Entlastungsdauer abhängt. Die Abhängigkeit des elast. Erholungsvermögens (ER) von der Dauer der Dehnungsbelastung (T_e) u. der Dauer der Entlastung (T_r) kann durch die allg. Gleichung $ER = A \log T_r - B \log T_e + C$ dargestellt werden. — 8 Figuren, 2 Tabellen, 19 Literaturhinweise. H. G. FRÖHLICH. 8074□

Cord-Ermüdung bei getesteten Wagenbereifungen. W. G. Klein, M. M. Platt und W. J. Hamburger. (Tappi 43. 657—65. Juli 1960. Dedham, Mass., Fabric Res. Labors., Inc.) (Engl.)

Die Unterss. werden an Bereifungen mit Viscose- u. mit Nyloncord durchgeführt, wobei die Wagen Strecken bis zu 100000 Meilen zurücklegten. Es wird festgestellt, daß innerhalb der ersten 20000 Meilen ein Festigkeitsverlust des Cords von 10—15% auftritt, während sich danach die Festigkeit langsamer vermindert. A. SEUFFERT. 8074□

Durch Zugbeanspruchung bewirkte Rißbildung in regenerierter Cellulose und anderen Faserpolymeren. R. J. E. Cumberbirch, J. Dlugosz und J. E. Ford. J. Textile Inst., Trans. 52. T 513—T 529. Nov. 1961. Manchester, England, Shirley Inst. Cotton Silk and Man-made Fibres Res. Assoc.) (Engl.)

Beim Strecken von regenerierten Cellulosefäden bis zum Bruch (100—120%) werden Querstreifen beobachtet, die mkr. u. elektronenmkr. als Riß-Bldg. in der Faserstruktur identifiziert werden können. Ähnliche Ergebnisse werden auch an Polyamid-, Polyester-, Polyolefinfasern u. Naturseide beobachtet, während z. B. bei Acrilan, Courtelle, Orlon, Fibravyl, Saran, Caseinfaser u. Ca-Alginatfaser bei Dehnungen bis zum Bruch keine Querstreifung oder Riß-Bldg. gefunden wird. — 24 Mikrophotos, 13 Literaturhinweise. H. G. FRÖHLICH. 8074□

Die Beziehungen zwischen der Feinstruktur und den mechanischen Eigenschaften von verstreckten, verseiften Acetatfasern. B. Sheldon Sprague und Herman D. Noether. (Textile Res. J. 31. 858—65. Okt. 1961. Summit, N.Y., Celanese Corp. of Amer., Summit Res. Labor.) (Engl.)

Eine Verstreckung von verseifter Acetatfaser auf 300% bedingt einen Wechsel der Feinstruktur, Zunahme der Reißfestigkeit u. Abnahme der Elongation. Weitere Verstreckung auf 2000% führt zu verbesserter Reißfestigkeit ohne sichtbaren Wechsel der Feinstruktur. Die Natur der Zwischenkettenkräfte in Acetat- u. verseifter Acetatfaser sowie die Abhängigkeit der Eigg. der verseiften Acetatfaser von denen der ursprünglichen Acetatfaser werden diskutiert. G.-D. GOLLNISCH. 8076□

Diffusion von Essigsäure beim Direkt-Naßspinnverfahren von Triacetat. Akira Takizawa. (J. Soc. Textile Cellulose Ind., Japan [Sen-i Gakkaishi] **17.** 390—96. Mai 1961. Otake, Japan; Mitsubishi Rayon Co., Res. Labor.) (Jap.; Auszug: Engl.)

Für das Naßspinnen von Cellulosetriacetat–Essigsäure (I)-Lsgg. ist die Beziehung zwischen I-Konz. in der Faser u. Koagulation ausschlaggebend. Die I-Konz. in der Faser wird quant. durch die Diffusion der I aus der Faser in das Spinnbad in Abhängigkeit von verschiedenen Spinnbedingungen gemessen; zwischen den Diffusionsvorgängen u. der Verspinnbarkeit werden enge Beziehungen festgestellt. Die Diffusions-Konst. von I in der Faser beträgt während des Spinnvorganges ca. $1 \cdot 10^{-6}$ cm^2 s^{-1} bei 20°; die Aktivierungsenergie beträgt ca. 6,3 kcal/Mol. M. HAGEDORN. 8076□

Neueste Entwicklungen auf dem Gebiet der synthetischen Fasern. Elvio Cianetti. (Rassegna Chim. **12.** Nr. 6. 43—47. Nov./Dez. 1960.) (Ital.)

Fortschrittsbericht über den gegenwärtigen Stand der Chemiefasertechnologie. — 45 Literaturangaben. A. SANDER. 8080□

Untersuchungen an Polyacrylnitrilfasern. 1. Mitt. Dichroismus der mit Kongorot gefärbten Polyacrylnitrilfäden und seine Anwendung auf die Bestimmung des Orientierungsgrades. Saburo Okajima und Teruo Kubo. (J. chem. Soc. Japan, ind. Chem. Sect. [Kōgyō Kagaku Zassi] **63.** 525—28. März 1960. Tôkyô-Setagaya, Toritu-Daigaku, Kôgakubu.) (Jap.; Auszug: Engl. S. A 26.)

Polymeres Polyacrylnitril (Molgew. 78000) wird in 70%ig. HNO_3 gelöst u. die Lsg. durch Düsen in 30%ig. HNO_3 hineingepreßt. Die auf diese Weise hergestellten Polyacrylnitrilfäden können in noch feuchtem Zustand mit substantiven Farbstoffen leicht u. tief gefärbt werden. Der Dichroismus der mit Kongorot gefärbten Fäden zeigt eine enge Korrelation mit der Orientierung der polymeren Moll. u. ist als Maßstab des Orientierungsgrades anzunehmen. E. MAEKAWA. 8080□

Untersuchungen an aus Acrylnitril hergestellten synthetischen Fasern. 4. Mitt. **Über Spinneigenschaften von Methylacrylat-Copolymeren.** Takeshi Yasuda. (J. Soc. Textile Cellulose Ind., Japan [Sen-i Gakkaishi] **17.** 27—30. Jan. 1961. Ikebiraki, Nishinomiya City, Japan, Mukogawa Women's Univ.) (Jap.; Auszug: Engl.)

Durch Spinnen in Butanol u. Heißstrecken in Glycerin läßt sich aus reinem Polyacrylnitril (I) kein Koagulationsstadium mit ausreichender Plastizität erzeugen. Verss. an Copolymeren aus I + bis 8 Mol-% Methylacrylat (II) geben ausreichende Plastizität, leichtes Strecken u. Spulen. Aus I + 2 Mol-% II wird eine Faser von 3,6 g/den. Zugfestigkeit u. 14,8% Dehnung erhalten. R. JUNGE. 8080□

Sorption von Methacrylsäure durch Nylon. 1. Mitt. **Gleichgewichtssorption durch verstrecktes Nylon 6,6 aus wässerigen Lösungen.** A. R. Mathieson. (J. Textile Inst., Trans. **52.** T 477—T 491. Nov. 1961. Leeds, England, Univ. of Leeds, Dep. of Text. Ind.) (Engl.)

Die Isothermen für die Aufnahme von Methacrylsäure (I) aus wss. Lsgg. bei 0, 22,5, 30, 45 u. 60° durch verstreckte Nylon 6,6-Faser werden aufgenommen. Bei I-Konz. $<$ 25 g/Liter folgt die Aufnahme dem Verteilungsgesetz, während sie bei höheren I-Konzz. ein Maximum durchläuft. Nicht verstrecktes Nylon 6,6 verhält sich völlig analog, nur daß oberhalb der I-Konz. von 25 g/Liter mehr I durch die Faser aufgenommen wird. Die Aufnahme von nichtdissoziierter I erfolgt über H-Brücken an die Amidgruppen der Faser. Röntgenaufnahmen zeigen außerdem, daß weder W. noch I in die kristallinen Bereiche der Faser eindringt. Die Adsorptionsisothermen werden thermodynam. ausgewertet. — 7 Tabellen, 7 Figuren, 28 Literaturhinweise. H. G. FRÖHLICH. 8080□

Sorption von Methacrylsäure durch Nylon. 2. Mitt. **Die Sorptions- und Desorptionsgeschwindigkeiten durch verstreckte Nylon-6,6-Fasern.** A. R. Mathieson. (J. Textile Inst., Trans. **52.** T 492—T 502. Nov. 1961.) (Engl.) — 1. vgl. vorst. Referat.

Unterss. über die Sorptions- u. Desorptions-Geschw. von Methacrylsäure (I) aus wss. Lsgg. bei 30, 45 u. 60° durch verstrecktes Nylon 6,6 zeigen, daß die Desorption rascher verläuft als die Adsorption. Wird der gleiche Vorgang nochmals wiederholt, so sind die Sorptions- u. Desorptions-Geschw. gleich. Dieser Befund wird auf den Ausgleich von Relaxationsvorgängen bei Nylon 6,6 während des 1. Sorptionsvorganges zurückgeführt. Die Diffusions-Koeff. steigen exponentiell mit der I-Konz. an, während die

Aktivierungsenergien der 1. Absorption u. Desorption 13 bzw. 10 kcal/Mol betragen. Die Sorptions-Geschw. selbst ändert sich anfangs mit der Quadratwurzel der Zeit. — 3 Tabellen, 7 Figuren, 27 Literaturhinweise. H. G. FRÖHLICH. 8080□

Schmutzabweisende Eigenschaften der Faserpräparationen aus Chromkomplexen vom Werner-Typus in Abhängigkeit vom chemischen Aufbau der verwendeten Monocarbonsäuren. G. v. Hornuff und W. Herzog. (J. prakt. Chem. [4] **15 (287)**. 175—91. März 1962. Dresden, TH, Inst. für Textilchem.; Karl-Marx-Stadt, VEB Fettchemie.) (Dt.)

Die schmutzabweisenden Eigg. der Faserpräparationen aus Cr-Komplexen vom WERNER-Typus in Abhängigkeit vom chem. Aufbau werden bestimmt. Dazu werden Polyester (Lanon), Polyamid (Dederon), Polyacrylnitril (Wolcrylon), Wolle u. Baumwolle mit den Cr-Komplexen von Essig-, Butter-, Capron-, Capryl-, Caprin-, Laurin-, Palmitin-, Stearin-, Acryl-, Croton-, Öl-, Ricinol-, Perfluorbutter-, -valerian- u. -octansäure 10 Min. lang bei 40° (3 g Trockensubstanz/Liter W.; Flottenverhältnis 1 : 30) bewegt, abgequetscht u. bei 110° getrocknet. Zur Prüfung der schmutzabweisenden Wrkg. werden bei Naßanschmutzung die „untere krit. Grenzflächenspannung", bei Trockenanschmutzung ein modifizierter TUMBLER-Test verwendet. — 15 Tabellen, 8 Literaturhinweise. G. REISNER. 8096□

Eine meßtechnische Methode zur Ermittlung der Grenzflächenkräfte eines hydrophobierten Oberflächengebildes gegenüber Wasser und ihre Beziehungen zum Hydrophobiereffekt. K. Hintzmann. (Melliand Textilber. **41**. 341—44. März 1960. Leverkusen, Farbenfabriken Bayer AG.) (Dt.)

Ein Verf. zur Messung des Hydrophobierwertes von Hydrophobierungsmitteln, das unabhängig ist von den Zufälligkeiten textiler Gewebe, wird beschrieben. Es wird dabei mit dem Interfacialtensiometer von LECOMPTE DE NOUY die Grenzflächenspannung zwischen W. u. einem hydrophobierten Filtrierpapier gemessen, das am Platinring des Instrumentes befestigt wird. Die gemessene Kraft ist umgekehrt proportional der Wirksamkeit des Hydrophobierungsmittels. Für die Messung kann auch jedes andere Waagen-Syst. hinreichender Genauigkeit verwendet werden. H. STEFFENS. 8098□

Eine Untersuchung über die Wechselwirkung zwischen 2-Thiobarbitursäure und Baumwolle. L. Rebenfeld. (Textile Res. J. **31**. 1019—25. Dez. 1961. Princeton, N.J., Text. Res. Inst.) (Engl.)

Wird Baumwolle (250 mg) mit einer Lsg. (10 ml) von 3,6 g 2-Thiobarbitursäure/Liter in 50%ig. CH_3COOH 15 Min. lang bei 100° (Bad-Temp.) behandelt u. anschließend 20 Min. lang unter fließendem W. abgekühlt, so bildet sich eine gefärbte Lsg., deren Farbtiefe colorimetr. ermittelt werden kann. Die vorliegenden Unterss. zeigen, daß dieser Farbtest sehr empfindlich auf gewisse Hitzeschäden anspricht, wobei die erhaltene Färbung der Lsg. außerdem vom Reifegrad u. der alkalilösl. Substanz der Baumwolle abhängt. Trotz dieses Nachteiles ist der Farbtest für Routine-Unterss. an Rohbaumwollen von Interesse. — 8 Figuren, 3 Tabellen, 8 Literaturhinweise.
H. G. FRÖHLICH. 8102□

Quantitative Untersuchungen über die Röntgen-Beugungsdiagramme einiger Spezial-Reyonqualitäten. 2. Mitt. P. H. Hermans und A. Weidinger. (Textile Res. J. **31**. 875—76. Okt. 1961. Utrecht, Holland, Inst. for Cellulose Res. of the AKU and Affiliated Co.) (Engl.) — 1. vgl. C. **1962**. 8113.

Die Auswertungen der Röntgendiagramme von 5 nach verschiedenen Verff. im Labor. hergestellten Reyonfasern werden mitgeteilt u. untereinander verglichen.
H. G. FRÖHLICH. 8112□

Schnellmethode zur Bestimmung des Gesamtschwefels in Viscose. J. F. Crow, J. P. Dux und L. H. Phefer. (Tappi **43**. 620—22. Juli 1960. Marcus Hook, Pa., Amer. Viscose Corp.) (Engl.)

Die Meth. beruht darauf, daß die Probe im O_2-Strom bei 1400° verbrannt wird. Das aus S entstehende SO_2 wird — zusammen mit den übrigen entstehenden Gasen — durch eine H_2O_2-Lsg. geleitet, wobei es zu Sulfat oxydiert wird. Die Best. erfolgt durch Titrieren mit $Ba(ClO_4)_2$ in W./Isopropanol-Lösung. A. SEUFFERT. 8112□

Procter & Gamble Co., übert. von: Arthur W. Lanner und Robert A. Olney, Cincinnati, Ohio, V.St.A., **Seng- beziehungsweise bügelfestes Weichmachungsmittel für Textilien,** bestehend aus einem wss. Gemisch mit einem Geh. von 10—50% Fettsäuremono-, -di- oder -triglycerid, wobei ein Teil des Neutralfettes (10—50%) als in W. lösl. Seife u. hiervon wieder ein Teil als NH_4- oder Aminseife vorliegen soll. — Ansatz 16 (Teile) gehärteter Talg, 4 Talgseife, 4,5 äthoxyliertes Nonylphenol u. 0,7 NH_4Cl werden mit 78 W. emulgiert. (**A. P. 2 978 408** vom 9/1. 1956, ausg. 4/4. 1961.) H. MÖLLERING. 8029

General Aniline & Film Corp., übert. von: William W. Williams, New York, N.Y., und William H. Libby, St. Paul, Minn., V.St.A., **Weißmacher für Textilien und Papier** bilden Verbb. der allg. Formel I. Hierin ist X ein Morpholino-, Dimethyl-, Diäthyl- oder Bis-[hydroxyäthyl]-aminorest. Herst. durch Kondens. von 1 (Mol) 4.4'Diaminostilben-2.2'-disulfonsäure mit 2 Cyanurchlorid, Kondens. des Rk.-Prod. erst mit 2 Semicarbazidhydrochlorid, dann mit 2 XH. Die Verbb. sind bes. als Zusatz zu Seife u. anderen Waschmitteln geeignet u. ziehen substantiv auf alle Natur- u. Kunstfasern auf. (**A. P. 2 840 557** vom 30/3. 1956, ausg. 24/6. 1958.)

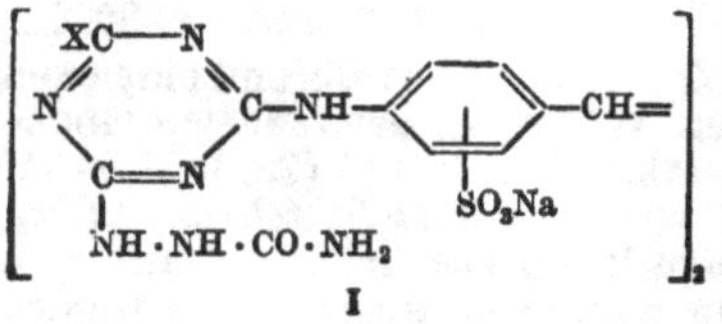

I

A. KALIX. 8033

Farbenfabriken Bayer Akt.-Ges., Leverkusen-Bayerwerk (Erfinder: Wilhelm Thoma, Köln, Otto Bayer, Leverkusen, und Heinrich Rinke, Köln), **Beschichten beziehungsweise Imprägnieren von beliebigen Unterlagen, besonders Textilien, mit Polyurethanen,** dad. gek., daß aus einer Polyhydroxy-Verb. mit einem Überschuß an Polyisocyanaten erhaltene, freie NCO-Gruppen (I) aufweisende Rk.-Prodd. in einem gegen I inerten Lsgm. mit einer geringeren Menge an mehrwertigen Alkoholen (II) u./oder Aminen (III) als zur vollständigen Rk. mit vorhandenem I benötigt wird, in Ggw. von die Polymerisation von Isocyanatgruppen bewirkenden Katalysatoren so lange umgesetzt wird, bis die Viscosität der Lsg. einen Wert zwischen 10 u. 2000 Poise/30° erreicht hat, dann nach Zugabe eines einwertigen II u./oder III u. ggf. eines Lsgm. so lange weiter umgesetzt wird, bis keine freien I mehr vorhanden sind, u. dann die erhaltenen, viscosen Lsgg. aufgetragen werden. (**D. A. S. 1 112 041** Kl. 81 vom 25/4. 1959, ausg. 3/8. 1961.) M. BÖTTCHER. 8037

Burlington Industries, Inc., übert. von: Everett C. Atwell, Greensboro, N. C., V.St.A., **Imprägnieren beziehungsweise Überziehen von Textilien aus Nylon, Dacron, Orlon und Acrilan mit Vinylpolymerisaten** (I). Die Haftung von I an dem Textilgut wird dadurch verbessert, daß das Gut vorimprägniert wird mit einem von Lsgm. freiem Gemisch aus einem freies Resorcin (II) enthaltendem II/CH_2O-Kondensat u. einem I-Latex im Verhältnis 1 : 12 bis 1 : 3, worauf getrocknet u. bei 116—166° vergütet sowie anschließend mit I überzogen wird. — Von einer ca. 8%ig. wss. Lsg. eines II/CH_2O-Kondensates (Mol-Verhältnis 1 : 2) werden 24 (Teile) mit 16 Vinylchlorid-Vinylacetat-Polymerisatlatex (55%ig.), 0,4 wss. NH_4OH-Lsg. u. 66 W. vermischt u. zum Imprägnieren von Nylon verwendet. (**A. P. 2 961 343** vom 16/8. 1957, ausg. 22/11. 1960.) H. MÖLLERING. 8037

G. I. Fridljand und L. M. Schapiro, **Bleichen von Leinengarn** durch Behandlung mit einer Lsg. von Alkali, Silicat u. H_2O_2, z. B. der Zus. 1,7—2 (g/Liter) akt. O, 4,2—6 NaOH u. 5,5—6 Silicat, zunächst 30 Min. lang in der Kälte, dann unter stufenweiser Temp.-Erhöhung, zuletzt $1^1/_2$—2 Std. lang bei 90—100°. Garne mit Mikroflor werden 30—40 Min. lang mit verd. Mineralsäuren in der Kälte oder verd. Soda-Lsg. bei 70—80° oder W. bei 90° mit oder ohne Netzmittel oder heißer Luft oder Dampf vorbehandelt. (**UdSSR. P. 118 223** vom 23/6. 1958.) L. GROSSNER. 8051

United States of America, Secretary of Agriculture, übert. von: Joseph E. Moore, Pinole, Calif., V.St.A., **Modifizierung von Keratinmaterial,** bes. *Wolle*, gek. durch die Aufspaltung von —S—S-Bindungen unter Umwandlung in Thiolgruppen (—SH) bei 20—100° u. Rk. mit ungesätt. organ. Sulfonen, Sulfoxiden oder Phosphinoxiden. — Mit Sulfiden, (Bi-)Sulfiten oder z. B. mit Mercaptoäthanol red. Wolle wird nach dem Waschen eingetaucht in eine Lsg. von Divinylsulfon mit einem Zusatz von $Na_2B_4O_7$ als Pufferungsmittel. Nach 30 Min. wird mit W. gewaschen u. getrocknet. Aufzählung (Liste) vieler geeigneter substituierter Vinylsulfone, -sulfoxide u. -phosphinoxide. (**A. P. 2 955 016** vom 15/10. 1956, ausg. 4/10. 1960.)
H. MÖLLERING. 8061

British Celanese Ltd., London, England (Erfinder: Denis William Groombridge, James Hague Pearson und Reginald Henry John Riley), **Filtrierfähigkeitsverbesserung von Cellulosetriacetat-Lösungen.** Die Lsgg. in CH_3COOH werden auf $\geqq$ 70° erwärmt, bis ein Acetylwert von < 59% erreicht ist, z. B. 3 Std. lang auf 70° oder 10 Min. lang auf 120°. — Verw. für *Spinnzwecke.* (**E. P. 858 533** vom 23/8. 1956, ausg. 11/1. 1961.) W. OVERBECK. 8077

Celanese Corp. of America, New York, N.Y., übert. von: Robert W. Singleton, Florham Park, und William B. Horback, Irvington, N.J., V.St.A., **Stabilisierung von verseiften, verstreckten Celluloseesterfäden** erfolgt durch Einbringung von 0,5 g Millimol Erdalkali-Verb. je 100 g Fäden, bes. *Ca-* oder *Sr-Salze von Carbonsäuren.* — In ein quellend wirkendes Fällbad naß versponnene Celluloseesterfäden werden nach dem nassen Verstrecken mit einer wss. NaOH-Lsg. verseift, weitgehend alkalifrei gewaschen u. durch eine wss. Ca-Lactat-, Sr-Lactat- oder Sr-Salicylat-Lsg. geführt. Die Reißfestigkeit beträgt (gegenüber nichtbehandelten) Fäden nach 8 Tagen Alterung bei 130° (70%) nunmehr 80%. (**A. P. 2 966 428** vom 5/4. 1956, ausg. 27/12. 1960.) H. MÖLLERING. 8077

Cotonificio di Lombardia Soc. An. Industriale, Mailand, Italien, **Kräuseln von Polyamidfasern** im kontinuierlichen Prozeß. Der Faden wird durch eine Erwärmungszone (Bestrahlung mit IR- oder anderen Strahlen, fl. Bäder, wie Salz-Lsgg., geschmolzene Salze oder Metalle), in der er auf 100—160° gebracht wird, u. unmittelbar anschließend während der Abkühlung durch eine Torsions-Vorr. u. zur Aufnahmebobine geführt. — Zeichnungen. (**It. P. 524 935** vom 1/9. 1954.) K. KOEBKE. 8081

XIX. Brennstoffe. Erdöl. Mineralöle

Über die Salpetersäureoxydation von Assam-Kohle. 1. Mitt. M. M. Roy. (Research 10. 77—78. Febr. 1957. Calcutta, Med. Coll., Dep. of Chem.) (Engl.)

Die Oxydation von *Baragolai*-Kohle aus *Assam* mit HNO_3 wird sowohl unter als auch über 100° durchgeführt. Bei der Unters. unter 100° erfolgt die Rk. mit der Kohle in einer Rücklaufflasche; die konz. Säure wird vorsichtig u. unter ständigem Rühren zugefügt, nachdem die Flasche in ein Eisbad gestellt u. dort nach der vollständigen Säurezugabe 1 Std. lang belassen wird. Hierauf wird auf die gewünschte Temp. erhitzt u. dann die Flasche 40 Min. lang im Eisbad abgekühlt. Der Inhalt wird anschließend zentrifugiert, gefiltert u. mit dem Filtrat gewaschen, um Veränderungen in der HNO_3-Konz. zu vermeiden. Danach werden sowohl Rückstand als auch Filtrat über festem KOH unter Vakuum 5 Tage lang u. zum Schluß bei 60—70° 24 Std. lang unter hohem Vakuum getrocknet. Das gewonnene Filtrat besteht aus HNO_3-lösl. Huminsäure. — Bei dem Verf. bei > 100° wird der Kopf des Rücklaufkühlers in Reihenschaltung mit einer Flasche, einem Kühlturm u. 2 Absorbern verbunden, von denen jeder mit 20%ig. NaOH gefüllt ist. Die Abkühlung erfolgt während der Zugabe von konz. HNO_3. Nach dem Aufhören des Rücklaufes wird die Flasche in ein Eisbad gestellt, N_2 durchgeleitet u. CO_2 in Alkali absorbiert. Die zurückgebliebene braungefärbte Lsg. wird filtriert u. das Lsgm. durch Dest. unter geringem Druck entfernt. Das zähe Prod. wird in A. gelöst, das Lsgm. entfernt u. die gewonnene braune feste Masse mit *Methyläthylketon* extrahiert. Der *Keton*-Extrakt wird in ein in Ae. lösl. u. ein in Ae. unlösl. Prod. getrennt. Die unter verschiedenen Bedingungen gewonnenen Prodd. werden analysiert. H. SCHÖBERL. 8126□

Die Rolle von Sulfonylgruppen bei der Bildung von Katalysatoren für die Selbstentzündung von Kohlen. Z. Było und M. Rachtan. (Bull. Acad. polon. Sci., Sér. Sci. techn. 8. 467—75. 1960. Cracow, Pol. Acad. of Sci., Inst. of Bas. Techn. Problems, Dep. of Metals.) (Engl.)

Vorliegende Unterss. führen zu folgenden Ergebnissen: 1. Die Tendenz zur Selbstentzündung von Kohle hängt von ihrem Geh. an Sulfonyl-S ab; 2. bei der *Perhydrol*-Meth. verhalten sich selbstentzündliche Kohlen analog den künstlich sulfonierten Kohlen; 3. die Empfindlichkeit selbstentzündlicher Kohlen beim Nitrieren in verd. HNO_3 beweist die Ggw. von Sulfonyl- u. Hydroxylgruppen; 4. die Ggw. von Sulfonyl-Verbb. in selbstentzündlichen Kohlen führt in einem oxydierenden Medium zur Bldg. von *Polyphenol–Redox*-Syst.; 5. letztere wirken als Katalysator bei der Selbstentzündung der Kohlen. H. SCHÖBERL. 8126□

Grundlegende Untersuchungen bei der Kohleflotation. 2. Mitt. **Einige Gesichtspunkte über die Wirkung von Kollektorölen.** A. Banerjee, K. A. Kini, G. G. Sarkar und A. Lahiri. (Indian J. appl. Chem. 22. 189—93. 1959. Bihar, Jealgora, Centr. Fuel Res. Inst.) (Engl.) — 1. vgl. C. **1961.** 12696.

In Ggw. von Kollektorölen, wie *Cerosen*-Öl, *Dibutylphthalat* u. *Tris-[o-kresyl]-phosphat*, werden mit *Dishergarh-* u. *Jambad Bowlah-Vitriten* Flotations-Unterss. durchgeführt. Es werden auch Kontaktwinkelmessungen vorgenommen, durch die festgestellt wird, daß bei der stärksten Flotation nicht die größten Kontaktwinkel auftreten. Oberflächen-Best. mit Kr bei —110° zeigen, daß das von den Vitriten adsorbierte Kollektoröl nur einen Teil der gesamten Oberfläche bedeckt. H. SCHÖBERL. 8134□

Erdöltechnik. Josef Moos. (VDI-Z. 104. 23—33. 1/1. 1962. Hannover, Inst. für Erdölforsch.) (Dt.) — Vgl. C. **1960.** 11160.

Fortschrittsbericht. — 459 Schrifttumshinweise. W. WESLY. 8190□

Blasenrückstände von Fettsäuren als Rohstoff für die Erzeugung von nichtionogenen Demulgatoren. Ja. G. Ssorkin, Ja. I. Nelkenbaum und F. A. Mamina. (Химия и Технология Топлив и Масел [Chem. Technol. Brennstoff Öle] 6. Nr. 2. 28—32. Febr. 1961. Tschernikowsk Erdölwerk.) (Russ.)

3 neue nichtionogene Demulgatoren *OM Sh K, OKO* und *Tsch NPS 59* werden entwickelt, die wirksamer, vielseitiger anwendbar, billiger und einfacher herstellbar sind als die bisher gebräuchlichen *KAUFE 14, OP 10* oder *Nsch K*. Grundstoff sind Blasenrückstände von der Luftoxydation von Erdölparaffinen zu synthet. Fettsäuren, die sich zur Seifen-Herst. nicht eignen u. auch sonst keine Anwendung finden. Das Monoglycerid dieser Rückstände wird mit Phthalsäureanhydrid kondensiert u. dann mit Äthylenoxid zur Rk. gebracht. Die erhaltenen Demulgatoren zeigten ein ausgeprägtes Optimum der Entsalzungs-Wrkg. bei Verbrauchsmengen zwischen 0,005 u. 0,02% vom Erdöl. Der Entsalzungsgrad bei gleichartigen Bedingungen ist etwa doppelt so groß wie bei *KAUFE 14* oder *OP 10*. *Tsch NPS 59* zeigte bei allen untersuchten Ölarten (Romaschkiner, Tschekmaguschewsker, Schkapowsker, Ischimbaisker) etwa die gleiche gute Entsalzungs-Wrkg., scheint also für die östlichen Öle der SU universell anwendbar zu sein. Der Verbrauch an Äthylenoxid ist für die genannten Stoffe geringer als für *KAUFE 14* oder *OP 10*. Die Herst.-Technologie ist einfacher. Zur Zeit wird im Tschernikowsker Erdölverarbeitungswerk die industrielle Großproduktion von Tsch NPS 59 vorbereitet.

H. V. ADOLPHI. 8190☐

Eine hochproduktive Erdöldestillationsanlage. N. I. Ssorokin und D. M. Slawinski. (Химия и Технология Топлив и Масел [Chem. Technol. Brennstoffe Öle] **5.** Nr. 2. 1—5. Febr. 1961. Projektierungsinst. für erdölverarbeitende Betriebe.) (Russ.)

Betrachtungen über die zweckmäßigste Durchsatzgröße u. ökonom. Erwägungen über die unmittelbare Zusammenschaltung von Dest. u. anschließenden Anlagen (Reforming, Cracking). Es werden Mitt. über Technologie u. App.-Aufstellung nach dem sowjet. Typenprojekt für eine Dest. von 6 Millionen t/Jahr gemacht.

H. V. ADOLPHI. 8192☐

Die grundlegenden Methoden der chemischen Industrie, die in der Erdölraffination angewendet werden. 1. Mitt. Die Destillation. Tommaso Russo. (Rivoluz. ind. **7.** Nr. 80. 27—31. Aug. Nr. 81. 40—43. Sept. Nr. 82. 30—33. Okt. 1959.) (Ital.)

Die verschiedenen Dest.-Meth. des Labor. (ASTM, ENGLER, HEMPEL usw.) werden erläutert u. verglichen. Die Dest. eines Zweistoff-Syst. wird theoret. u. am Beispiel Propan/n-Butan dargelegt. Am gleichen Gemisch wird die Flash-Dest. besprochen.

W. HOLLAND. 8194☐

Katalytisches Cracken der Rückstände von Rohölen. J. A. Knaus, E. F. Schwarzenbek, P. T. Atteridge und J. F. McMahon. (Chem. Engng. Progr. **57.** Nr. 12. 37—43. Dez. 1961. M. W. Kellogg Co.) (Engl.)

Die verschiedenen Faktoren, die einen Einfl. auf die Wirksamkeit von Beschleunigern haben können, z. B. Temp., Dampf, Auftrag der Metalle auf den Träger usw., werden besprochen. Innerhalb dieser Faktoren können Beziehungen aufgefunden werden, die eine Voraussage über Aktivität u. Selektivität ermöglichen, wenn ein Rohöl zum Einsatz kommt, das durch Metalle verunreinigt ist. — 9 Literaturhinweise.

F. ROSENDAHL. 8196☐

Überwachen der Beschleunigerwirkung beim katalytischen Cracken. M. J. Fowle, G. P. Masologites, H. R. Grane und I. E. Katz. (Chem. Engng. Progr. **57.** Nr. 12. 66—69. Dez. 1961. Atlantic Refining Co.) (Engl.)

Durch ständige Überwachung der Beschleuniger-Wrkg. war es möglich, ein Verf. — genannt Met-X — auszuarbeiten, mit dem es gelingt, die im Rohstoff vorhandenen metall. Verunreinigungen zu entfernen u. dadurch die Wrkg. des Beschleunigers aufrechtzuerhalten. Von den Verunreinigungen Fe, Na, V u. Ni können die drei ersten fast restlos entfernt werden, während Ni, das nur in Spuren vorlag, nicht so gut erfaßt werden kann. Durch die Entfernung der metall. Verunreinigungen wird die Koks-Bldg. ziemlich weitgehend zurückgedrängt.

F. ROSENDAHL. 8196☐

Der Einfluß der Eigenschaften des Einsatzstoffes auf die Aktivität des Aluminiumsilicatkatalysators. R. M. Massagutow und G. A. Berg. (Химия и Технология Топлив и Масел [Chem. Technol. Brennstoffe Öle] **6.** Nr. 3. 18—22. März 1961. Erdöl-Forschungsinst. der Baschkirischen SSR.) (Russ.)

Im Gegensatz zum Tuimasinsker u. Romaschkiner Erdöl enthält baschkir. Arlansker Erdöl bes. viel Teer, S- u. N-Verbb. u. Schwermetalle. In Vgl.-Labor.-Verss. mit den genannten Ölsorten wird untersucht, inwieweit die genannten Verbb. im Arlansker Öl dessen Einsatzfähigkeit als Rohstoff für das katalyt. Cracken beeinträchtigen. Nach Dauer-Verss. beträgt der Geh. an V, Ni, Cu auf dem Katalysator bei Arlansker Öl ein Vielfaches dessen der anderen Öle. Außerdem werden wesentliche Spuren Al, W, Fe, Na, Ca, Mg, Mn, Ti, Zr u. Cr festgestellt, die die Aktivität des Katalysators wesentlich verschlechtern. Auch im großtechn. Maßstab u. in der Wirbelschicht sind diese Ergebnisse zu erwarten. Es wird gefolgert, daß die genannte Fraktion des Arlansker Öls vor

Einsatz in katalyt. Crackanlagen unbedingt einer Reinigung unterworfen werden muß. H. V. ADOLPHI. 8196□

Verbrauch von Wasserstoff beim H-Öl-Verfahren. S. C. Schuman. (Chem. Engng. Progr. **57**. Nr. 12. 49—54. Dez. 1961. Hydrocarbon Res., Inc.) (Engl.)

Das H-Öl-Verf. verwandelt schwere Rückstände in destillierbare Stoffe durch Hydrierung. Der Verbrauch an H_2 ist gegeben durch Absättigung von Aromaten, Aufspaltung von Naphthalinen u. durch Entschwefelungsumsetzungen. Der Verbrauch an H_2 schwankt dabei zwischen 5 cu.ft./bbl. u. 35 cu.ft./bbl., wobei es jedoch nicht möglich ist, jeweils den niedrigsten Verbrauch an H_2 anzugeben, weil dieser von den jeweils herrschenden Vers.-Bedingungen abhängig ist, bes. von den jeweils gewünschten Prodd. u. dem zur Verfügung stehenden Rohstoff. — 16 Literaturhinweise. F. ROSENDAHL. 8200□

Anpassungsfähigkeit des Lomax-Verfahrens. N. R. Adams, C. H. Watkins und L. O. Stine. (Chem. Engng. Progr. **57**. Nr. 12. 55—60. Dez. 1961. Universal Oil Products Co.) (Engl.)

Das *Lomax*-Verf. ist eine Hydriercrackung u. kann bei einer sehr weiten Spanne von Rohstoffen eingesetzt werden, um daraus gut verwertbare Stoffe zu gewinnen. Das Lomax-Verf. wird mit der bisher üblichen Fl.-Crackung verglichen. Ersteres zeigt ein weit günstigeres Ergebnis. Sein Hauptwert liegt in einer größeren Ausbeute an fl. Produkten. F. ROSENDAHL. 8200□

Hydroreinigung von rohem Schieferöl über ruhendem Katalysator bei herabgesetzten Drücken. Bin-nan Zsjan, Schi-pin Wei, Guan Tschshe und I. W. Kaletschitz. (Химия и Технология Топлив и Масел [Chem. Technol. Brennstoffe Öle] **6**. Nr. 2. 21—24. Febr. 1961. Erdölinst. der Akad. der Wiss. der Chin. Volksrepublik.; Chem. Inst. der Ostsibir. Zweigstelle der sibir. Abt. der Akad. der Wiss. der UdSSR.) (Russ.)

Es wird untersucht, ob die Verarbeitung der chines. Schieferöle zu Bzn., Dieselkraftstoff u. Schmierölen durch Hydroreinigung bei den in China üblichen Drücken 170 bis 200 u. 50—70 at mit ebenso guten Ergebnissen durchführbar ist wie die bei 260 at, die eine Ausbeute von 98% bei einem H_2-Verbrauch von 2,5 (%) u. einer N-Austreibung bis auf 0,05 bringt. Aus Verss. wird gefolgert: Bei der Hydroreinigung von Schieferölen über MoS_2, $Co/Mo/Al_2O_3$ oder MoS_2/Aktivkohle ändert sich in den Grenzen von 80 bis 260 at die Austreibe-Geschw. von N direkt proportional dem Druck. Daher kann in diesem Bereich die Herabsetzung des Druckes durch Vergrößerung der Kontaktzeit ausgeglichen werden. Bei 170 at werden ebenfalls 0,05% Rest-N-Geh. erreicht, was durch Langzeit-Verss. in Labor.- u. Pilotanlagen belegt ist. Bei 70 at kann die gleiche Reinheit durch Prod.-Rezirkulation u. Erniedrigung der Vol.-Geschw. (bezogen auf Rohstoff) bis auf 0,21 kg/Liter/h erreicht werden. Allerdings läßt die Lebensdauer des MoS_2-Kontaktes dabei stark nach. H. V. ADOLPHI. 8200□

Hydroreinigung oder Kontaktreinigung von Ölen. B. M. Papkow und A. G. Strash. (Химия и Технология Топлив и Масел [Chem. Technol. Brennstoffe Öle] **6**. Nr. 2. 25—28. Febr. 1961. Grosny, Projektierungsinst. der Erdöl- u. Erdgasindustrie.) (Russ.)

Behandelt werden Fragen der Technologie u. Ökonomie der Hydroreinigungs-Verff. von Ölen, die deren Eigg. wesentlich verbessern. Auf Grund der angeführten Daten u. techn. Schemata wird gefolgert, daß die Hydroreinigung bes. in Erdölwerken mit Brennstoff-Schmieröl-Profil, in denen H_2 aus den Reforminganlagen zur Verfügung steht, der Kontaktreinigung mit Bleicherde vorzuziehen sei. Die Hydroreinigung weist höhere Ausbeute u. höhere Arbeitsproduktivität bei niedrigeren Anlagenkreislaufmengen auf. Die höheren Anlagenkosten gegenüber der Kontaktreinigung gleichen sich bereits nach 2 Betriebsjahren aus: Es sind weniger werksallg. Anlagen erforderlich u. die Automatisierung läßt sich höher treiben als bei der Kontaktreinigung. H. V. ADOLPHI. 8200□

Wege zur Erhöhung der Octanzahlen von Automobilbenzinen. W. D. Pochoshajew, E. A. Kisselewa und N. B. Asspel. (Химия и Технология Топлив и Масел [Chem. Technol. Brennstoffe Öle] **6**. Nr. 2. 5—10. Febr. 1961.) Leningrad, Projektierungsinst. für Betriebe der gaserzeugenden Industrie u. der Ind. synth. flüssiger Brennstoffe.) (Russ.)

4 Blockschemata über die Möglichkeiten der Zusammenschaltung von Erdöl-Dest.-Anlagen mit der katalyt. Reformierung u. der Isomerisierung des Raffinats von der Bzl.-Gewinnung mit dem Straight-run-Bzn. aus der Dest. werden angegeben u. die Octanzahlen (OZ) des erhaltenen Bzn. u. die Gesamtdurchsätze miteinander verglichen. Die wichtigsten ökonom. Daten der beteiligten Verff. werden mitgeteilt. Straight-run-Bzn. (Kp. 180°) kann in Reforminganlagen unter beschriebenen harten Bedingungen auf eine OZ von 79—80 gebracht werden. Es wird ebenfalls eine OZ = 79—80 bei gleichzeitiger Durchsatzsteigerung von 1,5% (bezogen auf Erdöl) durch Kom-

bination der Reformierung bei „weichen Bedingungen" mit der Isomerisierung des Bzl.-Raffinats u. der Kopffraktion der atmosphär. Dest. erreicht. Um OZ über 80 (bis 86,7) zu erhalten, müssen die Reformingbedingungen verschärft werden.
H. V. ADOLPHI. 8204□

Der Einfluß der Temperatur und der Eigenschaften eines Brennstoffes auf die Verteerung der Zerstäubungsdüse. B. A. Englin, G. P. Otkupschtschikow und I. A. Rubinstein. (Химия и Технология Топлив и Масел [Chem. Technol. Brennstoffe Öle] **6.** Nr. 3. 55—60. März 1961.) (Russ.)

In einer Labor.-Vers.-Anlage wurde der Einfl. der Temp. u. der Stoff-Eigg. des verwendeten Dieselkraftstoffes (**DK**) auf die Verteerung der Nadel der Zerstäubungsdüse in Dieselmotoren untersucht. Es werden **DK** mit verschiedenen S-Geh. untersucht. Aus den Vers.-Ergebnissen wird gefolgert: Die Temp. ist die Haupteinfl.-Größe in dem betreffenden System. Mit steigender Temp. nimmt die Verteerung zu. Von den Brennstoff-Eigg. hängen nur die Anfangs-Temp. u. die Intensität der Verteerung vom Temp.-Anstieg ab. Bis 190° werden die Ablagerungen auf den Düsennadeln durch Mercaptane u. hochsauerstoffhaltige teerige Verbb. verursacht, über 190° auch durch die KW-Stoffe im Brennstoff. Die Oxydation von **DK** hat eine Polymerisation der teerigen Bestandteile zur Folge, die die Ablagerungen bilden. Der fakt. Teer-Geh. des Öls (nach GOST) kennzeichnet nicht dessen Neigung zur Blg. von Ablagerungen. Es besteht auch keine direkte Beziehung zwischen dem S-Geh. im **DK** u. seiner Neigung zur Verteerung der Nadeln.
H. V. ADOLPHI. 8204□

Katalytische Veredelung von Kerosin aus thermischen Crackanlagen. N. M. Indjukow und Ss. N. Loginowa. (Химия и Технология Топлив и Масел [Chem. Technol. Brennstoffe Öle] **6.** Nr. 2. 16—20. Febr. 1961.) (Russ.)

Ein Verf. wird beschrieben, nach dem die beim therm. Cracken anfallende Kerosinfraktion zu brauchbarem Dieselkraftstoff stabilisiert werden kann. Hydrostabilisation, Säure- oder hydrierende Reinigung u. Inhibitoren haben sich nicht bewährt. Mit gutem Erfolg durchgeführt wird die Veredlung (H_2) dieses Kerosins in einem Wirbelschichtreaktor mit Al-Silicat-Katalysator unter folgenden optimalen Bedingungen: Temp. 260 bis 300°, Gew.-Geschw. 0,7— 1kg/kg·h. Nach Abtreiben einer leichten Fraktion (Kp. 165°) kann das erhaltene Prod. als Dieselkraftstoff verwendet werden. Aufbau der halbtechn. Vers.-Anlage u. Ergebnisse sind angegeben. H. V. ADOLPHI. 8212□

Spektrographische Bestimmung von Vanadium in Masuta. L. G. Maschirewa und K. I. Simina. (Химия и Технология Топлив и Масел [Chem. Technol. Brennstoffe Öle] **6.** Nr. 2. 57—59. Febr. 1961. Allunions-Forsch.-Inst. für Erdölindustrie.) (Russ.)

Eine Meth. wird angegeben, mit der der V-Geh. in Masut ohne vorherige Veraschung im Konz.-Intervall von $3\cdot10^{-5}$ bis $2\cdot10^{-2}$% bestimmt werden kann. Mit dem Gerät können auch die Konzz. anderer Beimischungen in Erdöl-Prodd. untersucht werden. Die Prodd. werden zu dem Zweck in leichteren Erdöl-Prodd. gelöst u. diese mittels Wechselstromlichtbogen spektrographiert. Es werden Analysenergebnisse angeführt u. Ergebnissen von colorimetr. Analysen gegenübergestellt. H. V. ADOLPHI. 8216□

Schmierstoffe. Josef Moos. (VDI-Z. **104.** 33—45. 1/1. 1962. Hannover, Inst. für Erdölforsch.) (Dt.) — Vgl. C. **1960.** 10454.

Fortschrittsbericht. — 492 Schrifttumshinweise. W. WESLY. 8220□

Darstellung farblosen Paraffinöls durch Adsorption mit Silicagel. Ryusuke Ono und Kôzaburô Kurihara. (J. chem. Soc. Japan, ind. Chem. Sect. [Kōgyō Kagaku Zasshi] **63.** 963—67. Juni 1960. Akita-Daigaku, Kôzan-Gakubu.) (Jap.; Auszug: Engl. S. A 53.)

Aus dem Spindelöl wird durch Vorbehandlung mit der aktivierten japanischen Säureerde, durch anschließende Auflösung in n-Heptan u. durch anschließendes Chromatographieren an der Silicagel-Kolonne farbloses Paraffinöl hergestellt.
E. MAEKAWA. 8220□

Die Dispersität von Verunreinigungsprodukten im Öl bei der Reinigung mit Zentrifugen. A. B. Wipper, B. I. Leontjew und A. Je. Ssasonow. (Химия и Технология Топлив и Масел [Chem. Technol. Brennstoffe Öle] **6.** Nr. 3. 60—63. März 1961.) (Russ.)

Der Unterschied zwischen 2 Meth. der betrieblichen Reinigung von Motorenöl, Zentrifugierung oder Feinfiltrierung, hinsichtlich des Geh. u. der Teilchengröße von Verschmutzungen nicht abrasiven Charakters wird experimentell untersucht, indem gebrauchte Öle beider Behandlungsweisen jeweils in Bzl. u. in PAe. gelöst u. elektronenmkr. betrachtet werden. Die zentrifugierten Öle weisen wesentlich größere Geh. u. Teilchengrößen der Verschmutzung auf als die filtrierten, da sich einfache teerig-asphaltige Verschmutzungs-Verbb. bei der Zentrifugierung zu großen Komplexen zusammenschließen. Der Einfl. der Zentrifugierung auf die Verringerung des Abriebs an den Motorteilen geht nicht nur auf die Entfernung der groben abrasiven Teilchen aus dem Öl zurück, sondern erklärt sich auch aus dem Schutz der Motorteile vor unmittelbarer Berührung mit den feineren Abrasivteilchen durch Adsorption der Asphalt- u. Teer-Verbb. auf ihrer Oberfläche. H. V. ADOLPHI. 8220□

Entasphaltierung in einem mit sich drehenden Scheiben ausgerüsteten Behälter. S. Marple, jun., K. E. Train und F. D. Foster. (Chem. Engng. Progr. 57. Nr. 12. 44—48. Dez. 1961. Shell Oil Co.) (Engl.)

Zur Gewinnung von Schmierölen aus Rückstandsölen müssen diese mit Propan entasphaltiert werden, Rückstandsöl u. Propan werden dabei im Gegenstrom geführt. Durch den Einbau einer mit Scheiben versehenen sich drehenden Achse in den Behälter kann eine bessere Berührung zwischen den beiden Komponenten erreicht werden, als wenn Glockenböden eingebaut werden. Bei jedem untersuchten Öl kann eine um 5% bessere Entasphaltierung erreicht werden, was auf die durch die Scheiben gebildeten zahlreichen theoret. Böden zurückgeführt wird. Weitere Vorteile sind die Variabilität der Behandlungsdauer, da diese durch die Umdrehungs-Geschw. beeinflußt werden kann, u. die Errichtung einer techn. Anlage nach der Pilotanlage. F. ROSENDAHL. 8220□

Die Eigenschaften des Öles MT-16 aus verschiedenen Erdölen. K. K. Papok und B. Ss. Sussewa. (Химия и Технология Топлив и Масел [Chem. Technol. Brennstoffe Öle] 5. Nr. 6. 36—39. Juni 1960.) (Russ.)

Die Grundöle *MT-16* aus Orsk, Nowokujbyschew, Shirnowo, Ssurachan-Karatschuchur u. Nowoufo verfügen über bessere physikal.-chem. u. Betriebs-Eigg. als das Standardgrundöl MT-16, u. können in gleicher Weise wie das letztere verwertet werden. Aus der Zahl aller untersuchter Zusätze erweisen sich als wirkungsvollste die Zusätze MNI NP-22 Ssa u. WNII NP-360. Bei der Verw. neuer Grundöle MT-16, bes. von S-haltigen Erdölen, u. neuer Zusätze MNI IP-22 Ssa u. WNII NP-360 kann ein Öl von höherer Qualität erhalten als das Standardöl MT-16. W. HANTZSCH. 8220□

Untersuchungen über die Konstitution, die Viscosität und das Viscositäts-Temperatur-Verhalten eines Schmieröles aus dem TTH-Verfahren. Peter Berthold, Johannes Teubel und Eberhard Leibnitz. (Chem. Techn. 14. 152—58. März 1962. Zeitz, VEB Hydrierwerk; Leipzig, DAW, Inst. für Verfahrenstechn. der organ. Chem.) (Dt.)

Beim TTH-Verf. wird aus Braunkohlenschwelteer bei der Aufarbeitung ein Schmieröl erhalten, das ein schlechtes Viscositäts-Temp.-Verh. (VTV) zeigt. Eine selektive Entfernung der Aromaten bringt keine Änderung, dagegen kann nachgewiesen werden, daß die im Öl vorliegenden mehrkernigen naphthen. Ring-Syst. für das VTV des Öls verantwortlich zu machen sind. Diese Stoffgruppe kann weder durch nichtspaltende Hydrierung noch durch Behandlung mit für Aromaten selektiven Lsgm. entfernt werden. Dazu wird weiter festgestellt, daß für das VTV die Gesamtzahl der Ringe in den Ring-Syst. verantwortlich ist. Treten an Stelle von naphthen. Ringen Aromaten, so verschlechtert sich das VTV. Auch bei Hydrier- u. Dehydrierverss. am aromat.-naphthen. Anteil, die die Gesamtzahl der Ringe nicht ändern, ergibt sich keine Änderung des VTV. Erst bei Spaltung der Ringe kann eine Änderung herbeigeführt werden, wobei allerdings zugleich auch ein starker Abfall der Viscosität u. Substanzverlust zu verzeichnen ist. — 11 Literaturhinweise. F. ROSENDAHL. 8220□

Der Einfluß von polaren Zusätzen auf die Eigenschaften von konsistenten Lithiumschmiermitteln auf Grundlage von Siliconflüssigkeiten. L. G. Gromowa und A. I. Dinzess. (Химия и Технология Топлив и Масел [Chem. Technol. Brennstoffe Öle] 5. Nr. 6. 29—35. Juni 1960. Moskau, Erdölwerk; Allunions Forschungsinst. für Erdölind.) (Russ.)

Polare Zusätze bis zu 5,0% im Lithiumschmiermittel auf Grundlage von Silicon-Fll. verschlechtern die Koll.-Stabilität der Schmiermittel prakt. nicht. Die Einführung des Zusatzes in das fertige Schmiermittel ist vom Standpunkt der Koll.-Stabilität eine effektivere Meth., weil sie dabei keinen negativen Einfl. auf die Struktur-Bldg. des Schmiermittels ausübt. Mit dem Zusatz von Trikresylphosphat bildet sich ein kolloidstabiles Syst. nur bei dessen Einführung in das fertige Schmiermittel bei seiner Homogenisierung. Durch elektronenmkr. Unters. des Schmiermittels wird festgestellt, daß sich bei verschiedenen Typen von Dispersmedien ein Seifenkörper verschiedener Form von Strukturelementen bildet. W. HANTZSCH. 8222□

Industrielle Gewinnung von Bitumen mit hohem Erweichungspunkt. Sh. Sh. Bajarstanowa, W. F. Bilokur, W. G. Gutzaljuk, D. K. Ssaltybajew, D. A. Schewzow und A. M. Elkess. (Химия и Технология Топлив и Масел [Chem. Technol. Brennstoffe Öle] 6. Nr. 2. 33—36. Febr. 1961. Chem. Inst. der Akad. der Wiss. der KasachstanSSR; Orsk, Erdölwerk.) (Russ.)

Es werden die Produktions-Meth. u. Eigg. eines Bitumens beschrieben, das vielseitiger anwendbar ist als die bisher hergestellten Bitumina. Es wird aus dem Extrakt der Selektivreinigung von Rückstandsölen mit Zusatz von 10—15% „Halbgoudron" (Vakuumrückstand) durch Luftoxydation gewonnen u. hat Erweichungspunkte bis 130°. Der größere Plastizitätsbereich erlaubt Verarbeitung durch Pressen. Das neue Bitumen ist anwendbar für bautechn. Zwecke, als Isolationsmittel (Korrosionsschutz) u. in der Akkumulatorentechnik. H. V. Adolphi. 8224□

Die Anwendungen von mechanischen Prüfungen für die Herstellung von bituminösen Straßenbefestigungsmassen. 2. Mitt. Stabilitätsuntersuchungen über gewalzten Asphalt. D. C. Broome und A. Please. (J. appl. Chem. **8.** 121—35. Febr. 1958. Harmondsworth, Middlesex, Road Res. Labor.) (Engl.) — 1. vgl. C. **1946.** II. 4147.

Unterss. über den Deformationswiderstand gewalzter Asphalte bei 45° nach 8 gebräuchlichen mechan. Meth. werden durchgeführt. Die untersuchten Zus. entsprechen der Vorschrift B.S. 504. Die Unters. zeigt, daß ein weiter Stabilitätsbereich umfaßt wird. Einige an plast. Massen reiche Gemische, die in der Vorschrift B.S. 594 enthalten sind, finden, obwohl sie auf Grund mechan. Prüfungen abgelehnt werden müssen, im Straßenbau mit Erfolg Verwendung. Die dynam. Belastungsprüfungen, die die auf Straßen beobachteten Drücke verwenden, scheinen das beste Mittel für die relative Schätzung der Stabilität zu sein, die unter den in Großbritannien üblichen Bedingungen am besten geeignet sind. K. Wekua. 8236□

Beitrag zur Methodik der Röntgenanalyse des metallurgischen Kokses. M. F. Kessler und V. Večeříková. (Hutnické Listy **14.** 198—201. März 1959. Hornický ústav ČSAV, oddělení základního výzkumu tuhých paliv.) (Tschech.)

Die Ursachen der schwierigen Bewertung der Röntgendiagramme von Koks u. des hohen Reproduktionsfehlers (±0,015 Å) des Meßebenenabstandes werden aufgeführt. Ein neues Verf. der Röntgenanalyse, das auf der Verw. einer Strahlung mit größerer Wellenlänge (Cr-Anode) u. von W-Pulver als Bezugsstoff beruht, wird vorgeschlagen. Der Best.-Fehler ist geringer (±0,005 Å). W. Wesly. 8246□

Gasqualitätskontrolle. Paul Zanen. (Ing. Chimiste [Bruxelles] **43.** 131—79. Sept. 1961. Soc. de Distribution du Gas „Distrigaz", Serv. Chim.) (Franz.)

Ausführliche Beschreibung der Analyse von Stadtgas. Neben der Probenahme werden behandelt die Best. der Gasdichte, des Heizwertes, der Wobbe- u. Delburg-Zahl, die klass. Gasanalyse, die Best. von Teer, HCN, H_2S, Gesamt-S, Naphthalin, NH_3, NO u. Benzol. W. Luchsinger. 8250□

Ein Gerät zur automatischen Bestimmung der Siedeanalyse von Erdölprodukten im Durchlauf. M. Ss. Alchowski, M. Ss. Lissagor und D. I. Kajeschkow. (Химия и Технология Топлив и Масел [Chem. Technol. Brennstoffe Öle] **6.** Nr. **3.** 40—45. März 1961. Sonderkonstruktionsbüro für die Automatisierung der Erdölverarbeitung u. Erdölchem.) (Russ.)

Es werden Aufbau, Wirkungsweise u. Schaltung eines im Moskauer Meßgerätewerk entwickelten u. in Ufa u. Tschernikowsk erprobten Gerätes *PAFS* ausführlich beschrieben, mit dem ohne Aufwand an manueller Arbeit die Siedeanalyse beliebiger Erdöl-Prodd. laufend kontrolliert u. aufgezeichnet werden kann. Das Gerät kann direkt an die entsprechenden Prod.-Leitungen des laufenden Betriebes angeschlossen werden u. liefert auf einem Schreiber alle 30—40 Min. eine Siedekurve, wobei die Messungen in Temp.-Abständen von 2° ausgeführt werden können. Die Abmessungen des Gerätes sind 660×540×410 mm, die Stromaufnahme beträgt 570 W. H. V. Adolphi. 8252□

Veränderungen der Viscosität verdickter Öle infolge thermischer Zersetzung der Polymeren. N. I. Kawerina und W. I. Scharapow. (Химия и Технология Топлив и Масел [Chem. Technol. Brennstoffe Öle] **6.** Nr. 2. 52—57. Febr. 1961.) (Russ.)

Die Zers. von Polyisobutylen u. Vinipol (Molgew. 9000—12000) in Mineralöl-Lsg. bei Temp. von 20—250° sowie bei verschiedenen Molgew. wird untersucht. Die Vers.-Ergebnisse sind in folgender Form angegeben: Zers.-Grad u. -Geschw. als Funktion von der Lsg.-Konz., Aufheizzeit u. -temperatur. H. V. Adolphi. 8252□

Die Anwendung der F-Skala für die Untersuchung der Viscosität flüssiger Erdölprodukte. W. B. Senkewitsch und O. P. Jewdokimow. (Химия и Технология Топлив и Масел [Chem. Technol. Brennstoffe Öle] **6.** Nr. 5. 57—60. Mai 1961. Moskau, Inst. für Energetik.) (Russ.)

Die viscosen Eigg. von 22 fl. Brennstoffen, die in der Gruppen- u. Ring-Zus. verschieden sind, werden zwischen 20 u. 100° untersucht. Unter Verw. der von Irany [1938] vorgeschlagenen F-Skala gelingt es, die Temp.-Abhängigkeit der Viscosität als Gerade darzustellen, wobei die Geraden von Brennstoffen, die in ihren Eigg. ähnlich sind, parallel verlaufen. Die F-Skala beruht darauf, daß als Abszisse die Temp. in normalem Maßstab gewählt u. die Viscosität auf der Ordinate in einem solchen Maßstab aufgetragen wird, daß sich die viscosen Eigg. eines Eichbrennstoffes in einer Geraden mit der Neigung von 45° darstellen lassen. Bei Verw. der F-Skala ist es möglich, die viscosen Eigg. aus 2 Meßwerten zu inter- u. extrapolieren. HELMUT SCHÄFER. 8252□

Die Kohlenwasserstoffzusammensetzung von Benzin des Anastasiewer Erdöls Je. Ss. Lewtschenko, Je. A. Ponomarewa, T. Ss. Nessmejanowa und Ja. W. Mirski. (Химия и Технология Топлив и Масел [Chem. Technol. Brennstoffe Öle] 6. Nr. 3. 10—13. März 1961. Grosny, Forschungsinst.) (Russ.)

Das Anastasiewer Erdöl (Krasnodar-Gebiet) ist im Hinblick auf die Erzeugung von Qualitätstreibstoffen u. niedrigstockenden Ölen bekannt. Es wird zunächst eine ausführliche Aufstellung der physikal. Eigg. dieses Erdöls gegeben. Darauf werden Ergebnisse der chem. Analyse der Fraktion Kp. 150° mitgeteilt. Die Fraktion konnte zu 71,8% chem. definiert werden. 52 verschiedene KW-Stoffe werden festgestellt. Besonders auffallend ist der hohe Geh. an Cyclohexanen u. stark verzweigten Isoparaffinen, das prakt. völlige Fehlen von normalen KW-Stoffen u. der geringe Geh. an Aromaten. Im Gegensatz zu den Benzinen anderer sowjet. Erdöle zeichnet es sich durch einen hohen Anteil an trans-1.4-Dimethylcyclohexan (5,3%) u. einen geringen Anteil an Methylcyclohexan (0,5%) aus. Weiterhin sind in besonders großen %-Sätzen (3—5%) vorhanden: 1.2-Dimethylcyclohexan, 1-Methyl-4-äthylcyclohexan, 1-Methyl-3-äthylhexan, 1.1.3-Trimethylcyclohexan, 4-Äthylheptan. H. V. ADOLPHI. 8254□

Untersuchung der aromatischen Kohlenwasserstoffe der Kerosin–Gasöl-Fraktion des Doliner Erdöls. W. T. Skljar und A. P. Lisogub. (Химия и Технология Топлив и Масел [Chem. Technol. Brennstoffe Öle] 6. Nr. 3. 26—31. März 1961. Ukraine, Wiss. Versuchsinst. für Bergbau.) (Russ.)

Mit Hilfe der UV-Absorptionsspektrographie wird das genannte Karpaten-Erdöl auf seinen Geh. an Aromaten untersucht. Die Fraktion mit den Kpp. 200—375° (24,6% des Erdöls) enthält 8,8% monocycl., 11,9% kondensierte aromat. u. 77,9% paraffin.-cycloparaffin. KW-Stoffe. Alle vorkommenden Homologen von Bzl., Naphthalin u. Phenanthren werden genannt. Der Naphthalin-Geh. ist sehr hoch (0,04%). Die Vers.-Ergebnisse werden durch andere Unters.-Meth. bestätigt. H. V. ADOLPHI. 8256□

Besonderheiten der Infrarotabsorptionsspektren fester Erdölparaffine. A. N. Gussewa, L. D. Aschkinadse und I. Je. Leifman. (Химия и Технология Топлив и Масел [Chem. Technol. Brennstoffe Öle] 6. Nr. 2. 59—62. Febr. 1961. Moskau, Lomonossow-Univ.) (Russ.)

Am Beispiel einiger Spektralunterss. fester Erdöl-KW-Stoffe im Zusammenhang mit den Erhärtungs-Temp. wird gezeigt, daß im untersuchten Gebiet von der Form des Spektrums allein nicht auf die chem. Struktur der Paraffine geschlossen werden darf, wie das in anderen Veröffentlichungen behauptet wurde. Vers.-Ergebnisse sind ausführlich angegeben. H. V. ADOLPHI. 8262□

Hans-Dieter Textor, Düsseldorf, **Erzeugung von kohlenoxidhaltigem Brenngas** nach D. A. S. 1 039 179, bei dem Luft durch eine glühende Koksschicht mit derart hoher Geschw. geleitet wird, daß im wesentlichen nur CO entsteht, das unmittelbar aus der Koksschicht abgezogen wird. An Stelle von Koks oder zusätzlich zu diesem wird gewöhnliche Kohle entsprechender Körnung u. Packung (Korngröße unter 10 mm gepackt in ein feuerbeständiges Netz) verwendet. — In weiterer Abänderung der obigen D. A. S. u. seines Zusatzes werden an Stelle von Koks bzw. Kohle oder zusätzlich zu diesen andere feste Substanzen, die zu einem wesentlichen Teil aus C bestehen, z. B. Rückstände der Ölvergasung, Holzspäne, in entsprechender Körnung u. Packung verwendet. (**D. A. SS. 1 123 787** Kl. 24e vom 10/5. 1958, ausg. 15/2. 1962. E. Prior. 25/10. 1957 u. **1 123 788** Kl. 24e vom 17/3. 1959, ausg. 15/2. 1962. **Zusätze zu D. A. S. 1 039 179; C. 1959. 7005.**) W. HAUSWALD. 8155

Fa. Hugo Ibing, Recklinghausen (Erfinder: Hans Schmalfeldt, Castrop-Rauxel, und Bernd Braun, Haltern), **Vergasen von Öl, besonders Heizöl,** ohne Anwendung von O_2 oder O_2-haltigen Gasen auf ein Gas mit *stadtgasähnlichem Charakter*, dad. gek., daß das Öl in 2 getrennten Stufen zusammen mit hocherhitztem Wasserdampf vergast wird, wobei der größte Teil des zu vergasenden Öls in die heiße Stufe eingesprüht wird u. das in der 1. Stufe erzeugte Gas in einer 2., kälter arbeitenden Stufe, durch das restliche zu vergasende Öl bei niedrigeren Temp. nachcarburiert wird. — Vorr., Zeichnung. (**D. B. P. 975 612** Kl. 26a vom 29/8. 1953, ausg. 22/2. 1962. Anmeldung bekanntgemacht 30/8. 1956.) E. KAHLES. 8157

Fa. Aug. Klönne (Erfinder: Jan Sellin), Dortmund, **Herstellung von Brenngasen mit hohem Heizwert,** dad. gek., daß ein KW-Stoff bzw. KW-Stoff-Gemisch in Ggw. von Luft u./oder Wasserdampf gespalten wird u. danach das Spaltgas insgesamt oder teilweise unter Rk. von CO u. H_2 in gesteuerter Weise zur Einstellung des erwünschten

Heizwertes methanisiert wird, wobei die Spalt- u. die Methanisierstufen so zusammengeschaltet werden, daß die in der Methanisierstufe abgegebene Wärmeenergie der endotherm arbeitenden Spaltstufe zugeführt wird u. ggf. das methanisierte Gasgemisch mit Spaltgas gemischt wird. (**D. A. S. 1 125 111** Kl. 26a vom 1/10. 1960, ausg. 8/3. 1962.) E. KAHLES. 8157

Universal Oil Products Co., Des Plaines (Erfinder: Kenneth Michael Brown, Hinsdale), Ill., V.St.A., **Entfernen von Schwefelwasserstoff, Kohlendioxid und Wasser aus Gas, das mit Alkali nicht reagiert.** Das Gas wird im Gegenstrom mit verd. wss. Alkalihydroxid-Lsg. gewaschen, dann in einer Trocknungszone mit festem oder höherkonz. Alkalihydroxid in Berührung gebracht. Die anfallende konz. wss. Alkalihydroxid-Lsg. wird aus der Trocknungszone entfernt, mit W. verd. u. in die Waschzone wieder eingeführt, während die benutzte Alkali-Lsg. der Waschzone entnommen wird. (**D. A. S. 1 123 427** Kl. 26d vom 21/4. 1956, ausg. 8/2. 1962.) G. FRITSCH. 8165

Laboratorium für Adsorptionstechnik G. m. b. H., Frankfurt/M. (Erfinder: Karl Bratzler, Bad Homburg v. d. Höhe, Klaus Storp, Frankfurt/M., und Heinrich Kleemann, Walldorf, Hess.), **Entfernen organischer Schwefelverbindungen aus Kohledestillationsgasen.** Die reaktionsträgen, hochsd. cycl. u. aliphat. S-Verbb. werden gemeinsam mit den KW-Stoffen u. Harzbildnern in einer Vorstufe durch Adsorption an Aktivkohle abgeschieden. Hierauf werden die niedrigsd., reaktionsfähigen S-Verbb. in einer nachgeschalteten Aktivkohlestufe mittels mit Alkalien beladener Aktivkohle in Ggw. von Wasserdampf u. O_2 zwischen 50 u. 100°, bes. zwischen 60 u. 80°, katalyt. umgesetzt. (**D. A. S. 1 124 180** Kl. 26d vom 20/4. 1959, ausg. 22/2. 1962.) G. FRITSCH. 8173

Dow Chemical Co., Midland, Mich., V.St.A., **Herstellung von Kohlenwasserstoffen, besonders Äthylen, Benzol** u. a. aromat. KW-Stoffen aus Kohlen, bes. gewöhnlichen bituminösen u. bitumenarmen Streifenkohlen, Lignit u. Schieferkohlen, unter Gewinnung eines brennbaren Verkohlungsrückstandes. Die fein zerkleinerte Kohle wird zwischen 450 u. 600° geschwelt, so daß der Rückstand noch mindestens 8% flüchtige Bestandteile enthält. Die Schweldämpfe werden unmittelbar bei 750—1200° während 0,2—2 Sek. gecrackt. Das Crackprod. wird in eine gasförmige, äthylenreiche u. eine fl. benzolreiche Fraktion zerlegt. — Vgl. D. A. S. 1 047 352; C. **1959.** 11448. (**E. P. 837 812** vom 4/6. 1957, ausg. 15/6. 1960. A. Prior. 5/7. 1956.) E. LINDEMANN. 8181

Wintershall Akt.-Ges., Celle, und Kalle Akt.-Ges., Wiesbaden (Erfinder: Ludwig Backhaus, Wiesbaden, Walter Bulian, Celle, und Alfred Kiesewetter, Barnstorf), **Sekundärförderung von Erdöl durch Fluten.** Im Flutungsmittel werden Salze der Celluloseäthercarbonsäuren u./oder Celluloseäthersulfonsäuren u./oder Hydroxyalkyläther der Cellulose zusammen mit Stärke, bes. im Verhältnis von 4 (Gew.-Teilen) Cellulose-Derivv. zu 1 Stärke, verwendet. (**D. A. S. 1 097 931** Kl. 5a vom 12/2. 1958, ausg. 26/1. 1961.) W. HAUSWALD. 8191

Wintershall Akt.-Ges., Kassel, Kalle & Co. Akt.-Ges., Wiesbaden, und Cassella Farbwerke Mainkur Akt.-Ges., Frankfurt/M. (Erfinder: Alfred Kiesewetter, Wunstorf, Walter Bulian, Barnstorf, und Ludwig Backhaus, Wiesbaden), **Sekundärförderung von Erdöl** durch Fluten mit wss. Lsgg., denen höhermol., wasserlösl., organ. Stoffe mit Kettenstruktur aufweisenden Moll. zugesetzt sind. Als solche Zusätze werden Salze der Celluloseäthercarbonsäuren u./oder Celluloseäthersulfonsäuren u./oder Hydroxyalkyläther der Cellulose in Verbindung mit Polyacrylamiden u./oder Polyacrylaten, ggf. auch mit Stärke, verwendet. (**D. A. S. 1 116 171** Kl. 5a vom 7/3. 1958, ausg. 2/11. 1961.) W. HAUSWALD. 8191

Manfred Wagner, Zeitz, und Erhard Hüttig, Rehmsdorf, **Raffination von Kohlenwasserstoffrückständen,** bes. von Dest.-Rückständen, dad. gek., daß das Gemisch über die nötige Raffinations-Temp. erhitzt u. kontinuierlich mit dem Raffinationsmittel versetzt wird. Danach läßt man den Rk.-Schlamm absetzen, das Raffinat wird kontinuierlich neutralisiert u. der Neutralisationsschlamm abgeschieden. — Schemat. Zeichnung. (**D. P. [DDR] 22 098** Kl. 23b vom 29/10. 1958, ausg. 9/10. 1961 [Wirtschaftspatent].) T. OPPERMANN. 8195

Universal Oil Products Co., Des Plaines, übert. von: Vladimir Haensel, Hinsdale, Ill., V.St.A., **Herstellung von Hexan** aus einem Gemisch von C_6-Paraffinen u. Naphthenen. Das KW-Stoff-Gemisch wird isomerisiert, das Isomerisat entbutanisiert u. über ein festes Sorptionsmittel geleitet, wobei *n-Hexan* absorbiert wird. Das verbrauchte Sorptionsmittel wird mit Butan der Entbutanisierzone in Kontakt gebracht u. dabei *n-Hexan* desorbiert, dieses wird zur Isomerisierzone geführt. Das vom *n-Hexan* befreite KW-Stoff-Gemisch wird in einer 1. Fraktionierzone in eine Überkopffraktion u. eine Bodenfraktion zerlegt. Die Bodenfraktion wird einer 2. Fraktionierzone zugeleitet u. in dieser werden als Überkopffraktion Monomethylpentane abgezogen, die zur Isomerisierzone zurückgeführt werden. Der Rückstand der 2. Fraktionierzone enthält die verzweigtkettigen u. cycl. C_6-KW-Stoffe. — Zeichnung. (**A. P. 2 966 528** vom 8/11. 1957, ausg. 27/12. 1960.) E. KAHLES. 8201

General Electric Co. (Erfinder: Ben Alfred Bluestein, Schenectady, und Harold Floyd Sober, Troy), N.Y., V.St.A., **Schaumverhütungsmittel für Kohlenwasserstoff-Kraftstoffe** sind Cyanalkylpolysiloxane der allg. Formel $[NC(C_mH_{2m})]_a-(R)_bSiO_{4-a-b/2}$, worin R ein einwertiger aliphat. oder aromat. KW-Stoff-Rest oder ein einwertiger halogenierter KW-Stoff-Rest, m eine ganze Zahl zwischen 1 u. 5, a = 0,001 bis 1 u. b = 1,001—2 u. a + b = 2,001—3 ist. Sie werden in Mengen von 0,001 bis 1 Gew.-% zugesetzt, bezogen auf den Kraftstoff. Ihre Herst. ist im F. P. 1 116 725; C. **1958.** 9362 beschrieben. (**D. A. S. 1 122 764** Kl. 46a[6] vom 8/11. 1960, ausg. 25/1. 1962. A. Prior. 12/11. 1959.) E. KAHLES. 8205

Felix Hempel, Wuppertal, **Verfahren zur Stabilisierung von Bitumen** u. bituminösen Stoffen (I) gegen den depolymerisierenden Einfl. von UV-Licht, dad. gek., daß I geringe Mengen von Chinon u. von Schwermetallseifen, wie Pb-, Co-, Mn-, Zn-Oleate, -Stearate, -Naphthenate, -Resinate, -Linoleate u. dgl. oder von den entsprechenden Al-Seifen zugesetzt werden. (**D. A. S. 1 117 802** Kl. 22h vom 29/12. 1958, ausg. 23/11. 1961.) M. BÖTTCHER. 8225

Lothar Reichelt, Friedrich Dolge, Walter Bähr, Köthen, und Kurt Berger, Weißandt-Gölzau, **Raffination von Rohparaffin,** dad. gek., daß das Rohparaffin in geschmolzenem Zustand durch eine mit SiO_2-Gel gefüllte, beheizte Säule geführt wird, worauf nach Erschöpfung der adsorptiven Wrkg. des SiO_2-Gels dieses, bes. mit A. oder CH_3OH, bei einer Säulen-Temp., die unter dem Kp. des Alkohols liegt, durchströmt wird. (**D. P. [DDR] 20 558** Kl. 23b vom 29/6. 1958, ausg. 30/12. 1960 [Wirtschaftspatent].) T. OPPERMANN. 8227

Elsa Veit und Wera Krause (Erfinder: Kurt Veit), Freyburg, **Gewinnung hochwertiger, heller Ceresine.** Erdölhaltiger Paraffingatsch wird mit 10—12 Vol.-% Spindelölsäureharz bei entsprechend hoher Temp., z. B. 80°, raffiniert. Nach einer Absitzzeit von 3½—4 Std. bei z. B. 70° ist eine Trennung von Raffinationsmittel u. Sauerceresin eingetreten. Letzteres wird nach dem Abziehen auf übliche Weise gebleicht. (**D. P. [DDR] 21 849** Kl. 23b vom 8/11. 1958, ausg. 6/9. 1961 [Wirtschaftspatent].) T. OPPERMANN. 8227

Fa. Paul Lechler, Stuttgart (Erfinder: Rainer Kurz, Wildbad), **Körnige oder pulverförmige bituminöse Massen.** Die Massen werden fl. in einem Raum zersprüht, kühlen nach einer bestimmten Flugstrecke ab, verfestigen sich u. werden mit staubhaltiger Luft zusammengebracht. — Abbildung. (**D. A. S. 1 111 822** Kl. 39b vom 19/3. 1959, ausg. 27/7. 1961.) F. KOCH. 8231

Esso Research and Engineering Co., Elizabeth, N.J., V.St. A., *Verkoken von Kohlenwasserstoffen.* (**Holl. P. 99 013** vom 17/3. 1955, ausg. 15/9. 1961. A. Prior. 22/3. 1954. — C. **1957.** 301 [A. P. 2 734 853].)

Esso Research and Engineering Co., V.St.A. (Erfinder: **Ralph Burgess Mason** und **Charles Newton Kimberlin**), *Entschwefeln von fluidisiertem Koks mittels Sauerstoff und Wasserstoff.* (**F. P. 1 131 163** vom 13/5. 1955, ausg. 18/2. 1957. A. Prior. 21/5. 1954. — C. **1957.** 1076 [A. P. 2 721 169].)

Esso Research and Engineering Co., Elizabeth, N.J.,V.St.A., *Entschwefelung und Aktivierung von Erdölkoks.* (**Holl. P. 99 844** vom 20/5. 1955, ausg. 15/12. 1961. A. Prior. 21/5. 1954. — C. **1957.** 1076 [A. P. 2 721 169].)

S. p. A. Forni ed Impianti Industriali Ingg. de Bartolomeis, Italien (Erfinder: **Remo de Bartolomeis**), *Erzeugung gasförmiger Brennstoffe.* (**F. P. 1 238 197** vom 26/10. 1959, ausg. 30/11. 1960. It. Prior. 8/11. 1958. — C. **1962.** 1471 [D. A. S. 1 107 879].)

Hydrocarbon Research, Inc., New York, übert. von: **Paul W. Garbo**, Freeport, N.Y., V.St.A., *Herstellung von CO und H_2 aus Schwerölen.* (**Can. P. 554 222** vom 24/3. 1955, ausg. 11/3. 1958. A. Prior. 31/3. 1954. — C. **1961.** 12704 [A. P. 2 821 465].)

Montecatini Soc. Gen. per l'Industria Mineraria e Chimica, Mailand, Italien, *Synthesegasgewinnung.* (**It. P. 533 717** vom 28/1. 1955. Zusatz zu It. P. 525 183; C. 1962. 8477. — C. **1960.** 3748 [E. P. 784 378].)

Humphreys & Glasgow Ltd., London, England (Erfinder: **Hugh Thurston Cohen**), *Herstellung von Brennstoffgas.* (**E. P. 872 781** vom 28/12. 1956, ausg. 12/7. 1961. — C. **1960.** 3748 [D. A. S. 1 063 74].)

Metallgesellschaft Akt.-Ges., Frankfurt/M. (Erfinder: **Wilhelm Herbert**, Frankfurt/M., **Oskar Dorschner**, Bad Homburg v. d. Höhe, und **Heinz Eisenlohr**, Frankfurt/M.), *Entfernung von Schwefel- und/oder Stickstoffverbindungen und/oder Sauerstoffverbindungen aus Kohlenwasserstoffen.* (**D. B. P. 975 636** Kl. 23b vom 26/11. 1953, ausg. 15/3. 1962. Anmeldung bekanntgemacht 17/2. 1955. — C. **1959.** 16519 [E. P. 798 395].)

Roman Rummel, Brühl, *Vergasen von flüssigen Brennstoffen.* (**E. P. 875 136** vom 18/12. 1957, ausg. 16/8. 1961. D. Prior. 19/12. 1956. — C. **1959.** 2662 [D. A. S. 1 035 308].)

Ruhrstahl Akt.-Ges., Deutschland, *Auswaschen von Kohlensäure aus Gasen.* (**F. P. 1 237 107** vom 8/7. 1955, ausg. 23/11. 1960. D. Prior. 19/7. 1954. — C. **1958.** 10543 [E. P. 779 387].)

N. V. W. A. Scholten's Chemische Fabrieken, Groningen, übert. von: **Jan Lokema** und **Geerts Moes**, Hoogerzand, Holland, *Wasser-in-Öl-Emulsion als Bohrflüssigkeit für tiefe Bohrungen.* (**A. P. 2 952 634** vom 12/9. 1956, ausg. 13/9. 1960. Holl. Prior. 14/9. 1955. — C. **1961.** 5662 [D. A. S. 1 071 624].)

Esso Research and Engineering Co., V.St.A. (Erfinder: **Donald Dunwody Dunlop**, **Werner Albert Bauch** und **Robert Samuel Whiteley**), *Klassifizierung von Koksteilchen bei der Verkokung von Kohlenwasserstoffölen.* (**F. P. 1 128 522** vom 7/4. 1955, ausg. 7/1. 1957. A. Prior. 12/4. 1954. — C. **1959.** 5672 [E. P. 788 364].)

National Research Council, Ottawa, Ontario, Canada (Erfinder: **I. E. Puddington** und **A. F. Sirianni**), *Behandlung von Kohlenwasserstoffen zwecks Stabilisierung.* (**Belg. P. 559 328** vom 17/7. 1957, ausg. 8/4. 1960. A. Prior. 19/7. 1956. — **C. 1959.** 13983 [A. P. 2 852 454].)

British Petroleum Co. Ltd., London (Erfinder: **Albert Edward Cornfield** und **Leslie Benjamin Witten**, Sunbury-on-Thames, Middlesex), England, *Regenerierung von aluminiumoxid- und fluorhaltigen Katalysatoren.* (**D. A. S. 1 115 869** Kl. 23b vom 16/10. 1953, ausg. 26/10. 1961. E. Prior. 17/10. 1952. — **C. 1957.** 2633 [F. P. 1 084 892].)

Esso Research and Engineering Co., Elizabeth, N.J., V.St.A., *Erhaltung der katalytischen Aktivität von Katalysatoren.* (**E. P. 866 560** vom 28/1. 1959, ausg. 26/4. 1961. A. Prior. 10/2. 1958. — **C. 1961.** 6358 [A. P. 2 916 444].)

Permanent Filter Corp., V.St.A. (Erfinder: **Harold A. Price**), *Filter für Kohlenwasserstoffe.* (**F. P. 1 228 520** vom 11/5. 1959, ausg. 31/8. 1960. A. Prior. 14/5. 1958. — **C. 1962.** 4785 [E. P. 848 775].)

Texaco Development Corp. (Erfinder: **Wynkoop Kiersted jun.** und **Howard Halcomb Gross**), *Temperaturkontrolle bei der Lösungsmittelextraktion.* (**Aust. P. 225 791** vom 12/3. 1958, ausg. 14/1. 1960. — **C. 1960.** 696 [A. P. 2 851 395].)

Esso Research and Engineering Co., Elizabeth (Erfinder: **Harold Andrew Ricards jun.**, Westfield), N.J., V.St.A., *Abtrennen von Kohlenwasserstoffen aus Kohlenwasserstoffgemischen.* (**D. A. S. 1 119 439** Kl. 23b vom 10/3. 1958, ausg. 14/12. 1961. A. Prior. 2/5. 1957. — **C. 1960.** 14923 [A. P. 2 899 474].)

Esso Research and Engineering Co., V.St.A. (Erfinder: **Robert A. Louis**, **John R. Tuttle**, **George F. Feldbauer jun.** und **Ronald C. Hoke**), *Abtrennen von Kohlenwasserstoffen.* (**F. P. 1 221 459** vom 31/3. 1959, ausg. 2/6. 1960. A. Prior. 1/4. u. 28/5. 1958. — **C. 1961.** 17806 [E. P. 842 139].)

Socony-Vacuum Oil Co., Inc., V.St.A. (Erfinder: **Eric Victor Bergstrom**), *Inkontaktbringen von Flüssigkeiten mit einer festen körnigen Substanz.* (**F. P. 73 106** vom 29/6. 1956, ausg. 23/9. 1960. A. Prior. 11/7. 1955. Zusatz zu F. P. 1 131 938; C. 1961. 715. — **C. 1960.** 3748 [E. P. 801 409].)

Esso Research and Engineering Co., Elizabeth, N.J. (Erfinder: **Erwin Ward Nommensen**, Baton Rouge, La.), V.St.A., *Beseitigung störenden Geruches aus Kohlenwasserstoff-Fraktionen mit engen Siedebereichen.* (**D. A. S. 1 120 048** Kl. 23b vom 12/9. 1957, ausg. 21/12. 1961. A. Prior. 18/9. 1956. — **C. 1960.** 10812 [E. P. 811 206].)

Bataafse Petroleum Mij. N. V., Den Haag (Erfinder: **Jacob Koome** und **Gerardus Johannes Franciscus Stijntjes**, Amsterdam), Holland, *Katalytische hydrierende Entschwefelung schwerer schwefelhaltiger Kohlenwasserstofffraktionen.* (**D. A. S. 1 113 997** Kl. 23b vom 27/1. 1958, ausg. 21/9. 1961. Holl. Prior. 29/1. 1957. — **C. 1960.** 11164 [Holl. P. 92 998].)

British Petroleum Co. Ltd., übert. von: **John W. Hyde**, **Frederick W. B. Porter** und **Leslie B. Witten**, London, England, *Katalytische Entschwefelung von Kohlenwasserstoffen.* (**Can. P. 554 116** vom 10/7. 1954, ausg. 11/3. 1958. E. Prior. 21/7. 1953 u. 9/2. 1954. — **C. 1957.** 581 [E. P. 750 430].)

British Petroleum Co. Ltd., übert. von: **Frederick W. B. Porter** und **Roy B. Northcott**, London, England, *Katalytische Entschwefelung von Petrolkohlenwasserstoffen.* (**Can. P. 554 117** vom 12/2. 1955, ausg. 11/3. 1958. E. Prior. 19/2. 1954. — **C. 1958.** 4970 [E. P. 769 202].)

Esso Research and Engineering Co., Elizabeth, N.J., V.St.A., *Entschwefelung und Aktivierung von Erdölkoks.* (**Holl. P. 99 863** vom 29/11. 1955, ausg. 15/12. 1961. A. Prior. 30/11. 1954. — **C. 1959.** 3690 [E. P. 791 093].)

Gulf Research & Development Co., Pittsburgh (Erfinder: **Richard Alfred Flinn**, Verona, und **Joseph Burns McKinley**, Pittsburgh), Pa., V.St.A., *Poröser Trägerkatalysator für die hydrierende Entschwefelung schwefelhaltiger Kohlenwasserstoffe.* (**D. A. S. 1 121 757** Kl. 23b vom 19/9. 1957, ausg. 11/1. 1962. A. Prior. 31/10. 1956. — **C. 1960.** 11164 [A. P. 2 880 171].)

Esso Research and Engineering Co., Elizabeth, N.J., V.St.A., *Entfernung von Metallverunreinigungen aus schweren Ölen.* (**E. P. 834 292** vom 20/2. 1957, ausg. 4/5. 1960. A. Prior. 6/3. 1956. — **C. 1959.** 13983 [A. P. 2 846 358].)

Standard Oil Co., Chicago (Erfinder: **Garbis H. Meguerian**, Park Forest, und **William P. Fairchild**, Munster), Ill., V.St.A., *Süßen von sauren Benzinen.* (**D. A. S. 1 117 807** Kl. 23b vom 25/6. 1956, ausg. 23/11. 1961. A. Prior. 27/6. 1955. — **C. 1960.** 696 [A. P. 2 859 176].)

Standard Oil Co., Chicago, Ill., V.St.A., *Kupferchloridsüßung von gecracktem Erdöl.* (**E. P. 871 512** vom 1/10. 1957, ausg. 28/6. 1961. A. Prior. 12/10. 1956. — **C. 1962.** 6646 [Aust. P. 220 244].)

Esso Research and Engineering Co., Elizabeth, N.J. (Erfinder: **Merrell R. Fenske** und **Robert H. McCormick**, State College, Pa.), V.St.A., *Abscheiden von Benzol und/oder Toluol aus ihren Gemischen.* (**D. A. S. 1 122 504** Kl. 12o vom 5/11. 1957, ausg. 25/1. 1962. A. Prior. 6/11. 1956. — **C. 1960.** 13897 [A. P. 2 909 576].)

Sinclair Refining Co., New York, N.Y. (Erfinder: **John W. Teter** †, **John L. Gring**, Homewood, und **Henry Erickson**, Park Forest, Ill.), V.St.A., *Herstellung von Tonerdeträgerkatalysatoren.* (**D. A. S. 1 119 831** Kl. 12g vom 9/6. 1956, ausg. 21/12. 1961. A. Prior. 10/6. 1955. — **C. 1960.** 10814 [A. P. 2 898 308].)

M. W. Kellogg Co., Jersey City (Erfinder: **Thomas Willard Pratt**, Bergan, Rutherford), N.J., V.St.A., *Herstellung einer Beschickung für katalytisches Cracken.* (**D. A. S. 1 118 914** Kl. 23b vom 3/12. 1954, ausg. 7/12. 1961. A. Prior. 3/6. 1954. — **C. 1957.** 13525 [A. P. 2 770 576].)

Chemische Werke Hüls Akt.-Ges., Deutschland, *Spalten von flüssigen Kohlenwasserstoffen.* (**F. P. 1 188 328** vom 13/12. 1957, ausg. 22/9. 1959. D. Prior. 11/7. 1957. — **C. 1960.** 1380 [D. A. S. 1 056 777].)

Esso Research and Engineering Co., V.St.A. (Erfinder: **Lindsay I. Griffin jun.**, **Edwin J. Newchurch**, **Robert W. Krebs** und **Richard F. Stringer**), *Verkokung von Schmieröl.* (**F. P. 1 131 914** vom 4/4. 1955, ausg. 1/3. 1957. **E. P. 765 832** vom 18/3. 1955, ausg. 16/1. 1957. Beide A. Prior. 6/4. 1954. — **C. 1957.** 14181 [D. A. S. 1 005 218].)

Socony Mobil Oil Co., Inc., V.St.A. (Erfinder: **Richard William Baker**, **George William Munns jun.** und **Robert Lloyd Smith**), *Isomerisierungskatalysator.* (**F. P. 1 200 164** vom 24/1. 1958, ausg. 18/12. 1959. A. Prior. 5/2. 1957. — **C. 1962.** 4401 [Oe. P. 208 344].)

Socony Mobil Oil Co., Inc., New York, N.Y. (Erfinder: **Charles Dwight Prater** und **Paul Burg Weisz**, Pitman, N.J.), V.St.A., *Verfahren und Katalysator zum Reformieren von Kohlenwasserstoffmischungen.* (**D. A. S. 1 122 650** Kl. 23b vom 26/9. 1958, ausg. 25/1. 1962. — **C. 1961.** 16711 [E. P. 839 106].)

Heinrich Koppers G. m. b. H., Essen, *Herstellung von gasförmigen Kohlenwasserstoffen.* (**E. P. 873 486** vom 12/12. 1957, ausg. 26/7. 1961. D. Prior. 31/12. 1956. Zusatz zu E. P. 787 829; C. 1962. 1791. — C. **1961.** 10806 [Belg. P. 563 428].)

Esso Research and Engineering Co., Elizabeth, N.J., V.St.A., *Katalytische Hydroformierung von Kohlenwasserstoffen.* (**D. B. P. 975 574** Kl. 23b vom 27/9. 1951, ausg. 25/1. 1962. Anmeldung bekanntgemacht 12/3. 1953. A. Prior. 3/10. 1950. — C. **1955.** 5942 [E. P. 703 868].)

Ruhrchemie Akt.-Ges., Oberhausen-Holten, und **Lurgi Gesellschaft für Wärmetechnik m. b. H.**, Frankfurt/M.-Heddernheim, übert. von: **Walter Brötz** und **Herbert Spengler**, Oberhausen-Sterkrade, *Katalytische CO-Hydrierung.* (**Can. P. 554 382** vom 30/6. 1951, ausg. 11/3. 1958. D. Prior. 1/7. 1950. — C. **1954.** 4070 [Oe. P. 173 683].)

N. V. de Bataafsche Petroleum Mij., s'Gravenhage, Holland, *Entfernung von Schwefelverbindungen aus Crackprodukten.* (**Belg. P. 557 357** vom 9/5. 1957, ausg. 11/3. 1960. Holl. Prior. 11/5. 1956. — C. **1961.** 16711 [Aust. P. 221 843].)

Comp. Française des Procédés Houdry, Seine, Frankreich (Erfinder: **Harold Shalit**), *Entschwefeln eines Olefine enthaltenden Benzins.* (**F. P. 1 209 416** vom 5/8. 1958, ausg. 1/3. 1960. A. Prior. 27/8. 1957. — C. **1962.** 3686 [A. P. 2 913 405].)

British Petroleum Co. Ltd., London (Erfinder: **Kenneth Shephard Cuddington** und **John Mather**, Sunbury-on-Thames), England, *Verhinderung des Absinkens der Octanzahl von Platformaten.* (**D. A. S. 1 126 551** Kl. 23b vom 10/11. 1956, ausg. 29/3. 1962. E. Prior. 11/11. 1955. — C. **1960** 15627 [A. P. 2 921 016].)

British Petroleum Co. Ltd., London, **John Arthur Edgar Moy**, **Peter Thomas White** und **Kenneth Shephard Cuddington**, Sunbury-on-Thames, England, *Katalytische Reformierung von Erdölkohlenwasserstoffen.* (**E. P. 874 612** vom 29/3. 1957, ausg. 10/8. 1961. — C. **1961.** 17072 [D. A. S. 1 106 443].)

E. I. du Pont de Nemours & Co., Wilmington, Del., V.St.A., *Motortreibstoffe.* (**E. P. 872 310** vom 27/6. 1958, ausg. 5/7. 1961. A. Prior. 27/6. 1957. — C. **1961.** 11580 [D. A. S. 1 099 261].)

Ethyl Corp., New York, N.Y., V.St.A., *Motortreibstoffe.* (**E. P. 871 347** vom 5/3. 1958, ausg. 28/6. 1961. A. Prior. 13/3. 1957. — C. **1960.** 17666 [D. A. S. 1 074 913].)

Standard Oil Co., Cleveland, Ohio, V.St.A., *Motortreibstoff.* (**Holl. P. 99 928** vom 4/2. 1957, ausg. 15/12. 1961. — C. **1959.** 7681 [A. P. 2 800 400].)

Socony Mobil Oil Co., Inc., New York, N.Y. (Erfinder: **Harry John Andress jun.**, Pitman, Gloucester, N. J.), V.St.A., *Zusatzmittel für Motorbenzine.* (**D. A. S. 1 125 716** Kl. 46a[6] vom 21/8. 1959, ausg. 15/3. 1962. A. Prior. 27/8. 1958. — C. **1962.** 2228 [F. P. 1 234 931].)

Ethyl Corp., New York, N.Y., V.St.A., *Antiklopfmittel.* (**E. P. 872 820** vom 9/12. 1958, ausg. 12/7. 1961. A. Prior. 17/12. 1957. — C. **1961.** 14520 [D. A. S. 1 100 374].)

Ethyl Corp., V. St.A. (Erfinder: **Oskar Ernst Hermann Klopfer**), *Mangancarbonyl-Hydrid.* (**F. P. 1 219 422** vom 20/2. 1959, ausg. 17/5. 1960. A. Prior. 28/2. 1958. — C. **1961.** 7460 [D. A. S. 1 093 339].)

Autol-Mineralöl-G. m. b. H., Hannover, *Treibstoff für Brennkraftmaschinen.* (**Holl. P. 98 686** vom 28/8. 1952, ausg. 15/8. 1961. D. Prior. 30/8. 1951 u. 31/7. 1952. — C. **1954.** 11098 [Oe. P. 177 595].)

Shell Research Ltd., London, England, *Dieselkraftstoff.* (**Holl. P. 99 958** vom 18/7. 1957, ausg. 15/12. 1961. E. Prior. 20/7. 1956. — C. **1959.** 12425 [E. P. 790 978].)

N. V. de Bataafsche Petroleum Mij. (Erfinder: **Warren Candler Simpson**), *Heizöl.* (**Aust. P. 230 535** vom 24/2. 1958, ausg. 27/10. 1960. A. Prior. 25/2. 1957. — C. **1961.** 6736 [Oe. P. 208 486].)

Esso Research and Engineering Co., Elizabeth (Erfinder: **Joel R. Siegel**, Irvington), N.J., V.St.A., *Kohlenwasserstoffheizöl.* (**D. A. S. 1 116 851** Kl. 23b vom 25/9. 1958, ausg. 9/11. 1961. A. Prior. 15/10. 1957. — C. **1962.** 1088 [A. P. 2 958 590].)

Esso Research and Engineering Co., Elizabeth, übert. von: **Joel R. Siegel**, Irvington, N.J., V.St.A., *Brennstoffe.* (**A. P. 2 938 775** vom 6/12. 1956, ausg. 31/5. 1960. — C. **1961.** 12705 [D. A. S. 1 099 112].)

Manchester Oil Refinery (Holdings) Ltd., Manchester, England, *Isolieröl.* (**Holl. P. 99 014** vom 30/3. 1955, ausg. 15/9. 1961. E. Prior. 30/3. 1954. — C. **1957.** 11190 [D. B. P. 961 917].)

Continental Oil Co., Ponca City, Okla., V.St.A. (Erfinder: **M. L. Sharrah**), *Stark basische Erdalkalialkylarylsulfonate.* (**Belg. P. 550 982** vom 12/9. 1956, ausg. 18/12. 1959. A. Prior. 13/5. 1954. — C. **1961.** 2850 [E. P. 797 409 u. A. P. 2 779 784].)

Esso Research and Engineering Co., Del., übert. von: **Thomas S. Tutwiler**, Watchung, und **William C. Hollyday jun.**, Fanwood, N.J., V.St.A., *Vinylacetat-Dialkylfumarat-Mischpolymerisate.* (**A. P. 2 936 300** vom 16/11. 1955, ausg. 10/5. 1960. — C. **1959.** 5345 [D. A. S. 1 031 918].)

Shell Research Ltd., (Erfinder: **Vernon Warner David** und **Francis Henry Waight**), *Schmieröl.* (**Aust. P. 230 538** vom 11/3. 1958, ausg. 27/10. 1960. E. Prior. 13/3. u. 10/12. 1957. — C. **1960.** 11187 [D. A. S. 1 075 775].)

Shell Development Co., Emeryville, Calif., übert. von: **Louis W. Holtman**, Wood River, und **Thomas D. Jones**, Edwardsville, Ill., V.St.A., *Schmiermittel.* (**Can. P. 552 410** vom 23/9. 1954, ausg. 28/1. 1958. A. Prior. 5/10. 1953. — C. **1956.** 13295 [D. B. P. 944 747].)

Badische Anilin- & Soda-Fabrik Akt.-Ges. (Erfinder: **Wilhelm Schlenk**), Ludwigshafen/Rh., *Erniedrigung des Gießpunktes hochsiedender Kohlenwasserstoffgemische, besonders von Schmierölen.* (**E. P. 872 274** vom 15/4. 1959, ausg. 5/7. 1961. D. Prior. 17/4. 1958. — C. **1960.** 5047 [D. A. S. 1 063 738].)

Shell Research Ltd., London, England, *Erhöhung des Ausbreitungsdruckes von Kohlenwasserstoffschmierölen auf festen Oberflächen.* (**Belg. P. 560 726** vom 11/9. 1957, ausg. 22/4. 1960. E. Prior. 13/9. 1956. — C. **1959.** 12425 [E. P. 801 418].)

Bataafse Petroleum Mij. N. V., Den Haag (Erfinder: **Johannes Wilhelmus Augustinus Schrakamp** und **Johan Leonard van der Minne**, Amsterdam), Holland, *Herstellung von stabilen Suspensionen organischer und anorganischer Salze eines zweiwertigen Metalls in einem Schmieröl zum Schmieren von Dieselmotoren.* (**D. A. S. 1 121 258** Kl. 23c vom 12/3. 1956, ausg. 4/1. 1962. Holl. Prior. 14/3. 1955. — C. **1961.** 15626 [F. P. 1 148 873].)

Esso Research and Engineering Co., übert. von: **William C. Howell jun.**, Union, **Charles E. Paxton**, Jamesburg, und **John J. Kolfenbach**, North Plainfield, N. J., V.St.A., *Ölgemische für Luftfilter.* (**A. P. 2 920 718** vom 27/4. 1955, ausg. 12/1. 1960. — C. **1958.** 4367 [D. A. S. 1 013 839].)

L. Kovacs, Mimico, Ontario, Canada, *Wiedergewinnung von gebrauchtem Walzenöl.* (**Belg. P. 555 664** vom 9/3. 1957, ausg. 12/2. 1960. — C. **1958.** 12576 [D. A. S. 1 028 730, A. P. 2806 868 u. E. P. 764 685].)

Röhm & Haas G. m. b. H., Darmstadt, *Schmierölzusätze.* (**E. P. 884 976** vom 2/8. 1960, ausg. 20/12. 1961. D. Prior. 12/8. 1959. — C. **1961.** 11199 [D. A. S. 1 094 392].)

Shell Research Ltd., London, England (Erfinder: **James Hartley** und **John Douglas Downer**), *Herstellung polymerer Borsäureester.* (**Jap. A. S. 6140/1960** vom 30/1. 1958, ausg. 31/5. 1960. E. Prior. 1/2. u. 29/11. 1957. — C. **1961.** 10041 [E. P. 829 634].)

N. V. de Bataafsche Petroleum Mij., Den Haag, Holland, *Herstellung eines Schmierfettes.* (**Holl. P. 99 086** vom 12/12. 1956, ausg. 15/9. 1961. A. Prior. 12/12. 1955. — C. **1961.** 4572 [D. A. S. 1 086 839].)

Esso Research and Engineering Co., Elizabeth, N.J., V.St.A., *Synthetische Schmiermittel.* (**D. A. S. 1 121 759** Kl. 23c vom 2/3. 1955, ausg. 11/1. 1962. A. Prior. 17/3. 1954. — C. **1959.** 2614 [E. P. 780 046].)

Esso Research and Engineering Co., Elizabeth, übert. von: **Louis A. Mikeska** und **Paul V. Smith jun.**, Westfield, N.J., V.St.A., *Alkylpolyalkylenätheralkylester als synthetische Schmiermittel.* (**Can. P. 554 180** vom 7/10. 1954, ausg. 11/3. 1958. A. Prior. 14/12. 1953. — C. **1957.** 11477 [D. A. S. 1 006 566].)

Lubrizol Corp., Wickliffe, Ohio, V.St.A., *Schmiermittel.* (**D. A. S. 1 125 104** vom 4/1. 1954, ausg. 8/3. 1962. A. Prior. 7/1. 1953. — C. **1957.** 8109 [F. P. 1 094 107].)

Institut Français du Pétrole des Carburants et Lubrifiants, Paris, Frankreich (Erfinder: **L. Boisselet** und **G. Avico**), *Antioxydations- und Antikorrosionsmittel als Zusatz zu Hochdruckschmiermitteln, Kautschuk, plastischen Massen und Kunstharzen.* (**Belg. P. 547 345** vom 26/4. 1956, ausg. 6/11. 1959. F. Prior. 4/5. 1955. — C. **1961.** 17810 [F. P. 1 137 298].)

Edeleanu G. m. b. H., Frankfurt/M., *Kontinuierliche Abtrennung von Paraffinen aus Kohlenwasserstoffölen durch Adduktbildung.* (**Holl. P. 98 678** vom 25/11. 1955, ausg. 15/8. 1961. D. Prior. 26/11. 1954. — C. **1957.** 11193 [D. B. P. 957 328].)

Empresa Nacional Calvo Sotelo de Combustibles Liquidos y Lubricantes Soc. An., Madrid, Spanien, *Entparaffinieren von Schmierölen.* (**E. P. 834 242** vom 1/6. 1956, ausg. 4/5. 1960. Span. Prior. 1/6. 1955. — C. **1959.** 8376 [D. A. S. 1 038 684].)

Esso Research and Engineering Co., Elizabeth, N.J., V.St.A., *Entasphaltieren von Erdölrückständen.* (**Holl. P. 98 693** vom 9/5. 1953, ausg. 15/8. 1961. A. Prior. 12/6. 1952. — C. **1956.** 12726 [E. P. 736 898].)

A. Cauquil, Technologie des combustibles, des lubrifiants et des eaux pour chaudières. Paris: Éditions Maritimes et d'Outre-Mer. 1962. (320 S. m. 159 Abb.) 39 NF.

XX. Schieß- und Sprengstoffe. Zündmittel

E. I. du Pont de Nemours & Co., Wilmington, Del. (Erfinder: Cyril James Breza, Smithsburg, Md., und Clyde Oliver Davis, Wenonah, N.J.), V.St.A., **Selbsttragendes, zu Folien verformbares Sprengstoffgemisch,** bestehend aus einem kapselempfindlichen, kristallinen, hochexplosiven Sprengstoff im Gemisch mit einem Kunstharzbindemittel (Gemisch eines Elastomeren mit einem thermoplast. Polyterpenharz) nach D. A. S. 1 110 065, dad. gek., daß das Gemisch 77,5—70% Sprengstoff u. 22,5—30% Bindemittel enthält. (**D. A. S. 1 124 412** Kl. 78c, vom 25/1. 1961, ausg. 22/2. 1962. A. Prior. 17/8. 1960. **Zusatz zu D. A. S. 1 110 065; C. 1962. 2965.**)
A. GRADL. 8305

Heinz Schumann, Nürnberg, **Herstellung fester Brenn- und Treibmittel,** dad. gek., daß 2- u./oder mehrwertige aliphat. Alkohole in bekannter Weise mit Carbonyl-Verbb. zu Acetale u./oder Ketale enthaltenden Kondens.-Prodd. umgesetzt, dem entstandenen Rk.-Gemisch NH_3, Amine u./oder Amide zufügt u. durch Erhitzen so viel niedrig sd. Anteile entfernt werden, daß ein zähfl., bei normaler Temp. festes, Prod. entsteht. — Ein Acetale enthaltendes Kondens.-Prod. aus 1000 (g) Pentaerythrit, 1050 30%ig. CH_2O u. 15 36%ig. HCl wird mit 120 Harnstoff u. 40 Melamin 15 Min. lang gekocht. Bei 50° werden 200 wss. NH_3 ($D.^{15}$ 0.91) zugesetzt u. nochmals 15 Min. lang gesotten. Dann wird erst bei 1 at u. dann bei 110° u. 25 Torr dest. u. ein Rückstand von 1220 erhalten, oder bei 185° u. 20 Torr weiter dest., worauf 960 eines schwarzbraunen festen u. spröden Harzes erhalten werden, das in W. u. A. lösl. ist. — Verwendung für den *Antrieb von Düsen-Syst.* u. *Raketen.* (**D. A. S. 1 125 650** Kl. 39c vom 11/7. 1957, ausg. 15/3. 1962.)
W. OVERBECK. 8311

Heinz Schumann, Nürnberg, **Herstellung flüssiger Brenn- und Treibmittel,** dad. gek., daß 2- u./oder mehrwertige aliphat. Alkohole mit Carbonyl-Verbb. zu Acetale u./oder Ketale enthaltenden Kondens.-Prodd. umgesetzt werden, wobei das Verhältnis der alkohol. Ausgangsstoffe zu den Carbonyl-Verbb. so gewählt wird, daß auf 3 freie OH-Gruppen $\geqq 1$ Carbonylgruppe trifft, u. daß dem Rk.-Gemisch NH_3, Amine u./oder Amide zugefügt werden. — 460 (g) 80%ig. Glycerin, 180 CH_3CHO, 60 Butyraldehyd u. 20 HCl (30%ig.) werden unter Kühlung in ein acetalhaltiges Kondens.-Prod. übergeführt. Die entstandene Fl. wird mit 60 Chloracetamid u. 60 Harnstoff 45 Min. lang im Wasserbad erhitzt. Bei 60° wird mit 30 wss. NH_3 (25%ig.) auf pH 7 eingestellt. 870 g Ausbeute als gelbe, viscose Fl., die in W. u. A. lösl. ist. — *Verwendung für Düsensysteme.* (**D. A. S. 1 125 651** Kl. 39c vom 11/7. 1957, ausg. 15/3. 1962.)
W. OVERBECK. 8311

Aerojet-General Corp., Cincinnati, Ohio, übert. von: George W. Batchelder, Glendora, Calif., V.St.A., **Langsam brennender, rauchloser Feststofftreibsatz** mit niederer Flammtemp., bestehend aus 4—14(%) eines Polyesterharzes (Kondens.-Prod.) von 10—11 Mol Diäthylenglykol, 8—9 Mol Adipinsäure u. 1—2 Mol Maleinsäureanhydrid), 1—6 Styrol, 4—16 Acrylsäuremethylester, 65—80 NH_4NO_3, 1—5 $(NH_4)_2 \cdot Cr_2O_7$, 0,1—1 Methyläthylketonperoxid, 0,01—0,1 Co-Octoat u. 0,01—0,5 Lecithin. (**A. P. 2 974 026** vom 14/3. 1952, ausg. 7/3. 1961.) A. GRADL. 8311

Phillips Petroleum Co., übert. von: John A. Keller, Bartlesville, Okla., V.St.A., **Bindemittel zum Verkleben von Composit-Treibpulver-Blöcken zu Treibsätzen**, bestehend aus dem Copräcipitat von 2—25% eines anorgan. Oxydationsmittels u. 75—98% eines Gummis. — Zeichnung. (**A. P. 2 978 308** vom 14/11. 1957, ausg. 4/4. 1961.) A. GRADL. 8311

Nitroglycerin Aktiebolaget (Erfinder: **Gustav Alban Wetterholm**), Gyttorp, Schweden, *Nitroformderivatsprengstoff*. (**A. P. 2 992 910** vom 2/12. 1952, ausg. 18/7. 1961. Schwed. Prior. 6/12. 1951. — **C. 1955.** 10174 [Schwed. P. 140 989].)

E. I. du Pont de Nemours & Co., Wilmington, Del., V.St.A., *Herstellung von 1.1-Dialkylhydrazinen*. (**Holl. P. 99 929** vom 9/2. 1957, ausg. 15/12. 1961. A. Prior. 10/2. 1956. — **C. 1959.** 10777 [D. A. S. 1 037 464].)

E. Merck Akt.-Ges., Darmstadt, *Mittel zum Verschwelen organischer Substanzen*. (**E. P. 870 682** vom 4/12. 1958, ausg. 14/6. 1961. D. Prior. 30/1. 1958. — **C. 1959.** 15553 [D. A. S. 1 058 895].)

XXIV. Photographie

Über die Herstellung von Kernspuremulsionen. A. Narath. (Forsch.-Ber. Landes Nordrhein-Westfalen Nr. **975.** 1—36. 1961. Berlin, T. U., Inst. für angewandte Photochemie u. Filmtechnik.) (Dt.)

Ziel dieser Monographie sind die Unters. u. Erprobung verschiedener Fällungs-Verff. zur Herst. von Kernspuremulsionen abgestufter, den Verw.-Zwecken angepaßter Empfindlichkeit, möglichst großer Schleierfreiheit u. Reproduzierbarkeit, sowie Unterss. über den Einfl. der zahlreichen Parameter bei der Emulsionsherstellung. — Da die große Zahl der Parameter sehr umfangreiche u. kostspielige Arbeiten erfordern würde, sind speziell die Parameter untersucht worden, die die Eigg. der fertigen Emulsion am meisten beeinflussen. Im einzelnen werden untersucht: Der Einfl. der Ausgangsstoffe (Gelatine [Art u. Konz., pH- u. pAg-Werte], KBr u. AgBr, Zusätze), die Fällung des AgBr (Ag^+-Konz., pH-Wert, Durchmischung während der Fällung), physikal. Reifung (Wärmebehandlung, NH_3-Reifung [NH_3-Konz., Reifungsdauer, pAg-Wert]), Wässerung, chem. Sensibilisierung, Haltbarkeit der Emulsion, Emulsionsguß. — Als äußerst wichtig für die reproduzierbare Herst. von Kernspuremulsionen wird die laufende Messung des pAg-Wertes erkannt. Ein wertvolles Hilfsmittel zur Beurteilung u. zur Kontrolle der Emulsionierungsbedingungen stellt die auf dem Kernspuremulsionsgebiet erstmalige Anwendung der Prüfungsmeß-Meth. dar. Der Einfl. des pAg, der NH_3-Konz. u. der Reifungsdauer auf das Kornwachstum bei der Ammoniakreifung wird untersucht. Ferner wird eine vollautomat. arbeitende Wässerungs-App. entwickelt, erprobt u. für die laufende Emulsions-Herst. mit Erfolg verwendet. Auf dem Gebiet der Sensibilisierung wird eine für Kernspuremulsionen bisher noch nicht beschriebene Meth. verwendet, die auf einer Red.-Sensibilisierung beruht u. sehr gut reproduzierbare Ergebnisse liefert. — Rezepte, mehrere Abb. (einschl. App.-Beschreibung) u. Tabellen sind beigegeben. H. CZECH. 8600 □

Bleiemulsionen und ihre Lichtempfindlichkeit. Wacław Wójciak. (Bull. Soc. Amis Sci. Lettres Poznań, Sér. B **14.** 295—305. 1958. Poznań, Adam Mickiewicz Univ., Dep. of Phys. Chem.) (Engl.)

Die Lichtempfindlichkeiten der Emulsionen PbJ_2, $PbJ_2 + Na_2S_2O_3$, PbJ_2, $Na_2S_2O_3$ + Gelatine wurden untersucht. Die Lichtempfindlichkeit des PbJ_2 nimmt durch Zusatz von $Na_2S_2O_3$ stark, durch Gelatinezusatz noch weiter zu. Gelatine wirkt wahrscheinlich als Schutzkolloid. Die Lichtempfindlichkeit ist abhängig davon, ob trockene oder feuchte Emulsionen vorliegen. Der Vf. vermutet, daß hier $Na_2Pb(S_2O_3)_2$, das nur für UV-Licht, in Ggw. von PbJ_2 jedoch auch für sichtbares Licht empfindlich ist, von grundlegender Bedeutung ist. Bei der Bestrahlung dieses Gemisches entstehen vermutlich Jodsulfide oder Blei-Jodpolysulfide, die dann durch Zers. zu schwarzem Bleisulfid führen. Mit Hilfe der $PbCl_2$-$Na_2S_2O_3$-Gelatine-Emulsion wurde ein lichtempfindliches Papier hergestellt. Die damit hergestellten Kopien zeichneten sich durch Lichtbeständigkeit u. gute Schattierung aus. L. LINDNER. 8600 □

Organische Ag-Komplexverbindungen für photographische Fixierentwickler. G. M. Haist, J. R. King und L. H. Bassage. (Photogr. Sci. Engng. **5.** 198—203. Juli/Aug. 1961. Rochester, N.J., Eastman Kodak Co.) (Engl.)

6 Klassen organ. Ag-Komplex-Verbb. werden auf ihre mögliche Verw. in photograph. Fixierentwicklern untersucht. Die Werte werden durch die Filmaufhellzeit als Funktion von pH-Wert u. Temp. gegeben. Ein Vgl. der photograph. Eigg. von Fixierentwicklern, die entweder organ. oder anorgan. Ag-Komplex-Verbb. enthalten, wird angestellt. H. CZECH. 8620□

General Aniline & Film Corp., New York (Erfinder: Fritz Dersch, Binghamton), N.Y., V.St.A., **Photographisches Material.** Die Gelatine, Polyvinylalkohol, Casein oder Carboxymethylcellulose als Bindemittel enthaltende Halogensilberemulsion enthält einen Polyalkylenglykoläther (z. B. Polyoxyäthylenlauryl- oder -oleyläther) mit einem Molgew. von mindestens 300 als chem. Sensibilisator u. Poly-N-vinyl-2-pyrrolidon als schleierwidriges Mittel (2—25 g je Mol Halogensilber). (**D. A. S. 1 119 119** Kl. 57b vom 19/9. 1958, ausg. 7/12. 1961. A. Prior. 26/9. 1957.) E. FUCHS. 8601

Kodak Ltd., London, England (Erfinder: Henry Clay Yutzy und Edward Carl Yackel), **Photographisches Material.** Auf dem Träger befindet sich eine hitzeempfindliche Schicht, z. B. aus Ferristearat u. einem Phenol, darüber eine feinkörnige Halogensilberemulsionsschicht, z. B. eine Direktpositivemulsion. Nach der Belichtung u. Erzeugung eines Bildes in der Halogensilberschicht wird mit IR-Stahlen exponiert, so daß in der hitzeempfindlichen Schicht ein Bild entsteht, das das Ag-Bild verstärkt. (**E. P. 866 777** vom 14/5. 1957, ausg. 3/5. 1961. A. Prior. 14/5. 1956.) E. FUCHS. 8601

E. I. du Pont de Nemours & Co., Wilmington, Del., V.St.A., **Photographische Emulsion.** Die ungewässerte, in Gelatine hergestellte u. gereifte Halogensilberemulsion wird mit einer Anionseife (Na-Dodecylsulfat) ausgefällt, das Koagulat gewaschen, z. B. in 2%ig. NaCl-Lsg., u. in Polyvinylalkohol als Bindemittel wieder dispergiert. Der koagulierenden Seife, z. B. auch Alkalisalze langkettiger Alkylsulfonsäuren oder Alkylcarbonsäuren (gesätt. u. ungesätt.), kann auch noch ein teilweise acetalisierter Polyvinylalkohol zugesetzt werden. Solche Emulsionen sind hitzebeständiger bei der Projektion der mit ihnen erhaltenen Bilder unter Verw. von Bogenlicht hoher Intensität. (**E. P. 867 138** vom 4/12. 1959, ausg. 3/5. 1961. A. Prior. 1/4. 1959.) E. FUCHS. 8601

E. I. du Pont de Nemours & Co., Wilmington, Del., V.St.A., **Photographische Emulsion.** Die Halogensilberemulsion enthält neben Gelatine 10—50% der Festsubstanz eines in W. lösl. N-Vinyllactampolymerisats mit 80—100 Gew.-% N-Vinyllactamgruppen mit 4 oder 5 C-Atomen im heterocycl. Ring u. einem Molgew. von mindestens 15000: *Poly-N-vinyl-2-pyrrolidon, Poly-N-vinyl-2-piperidon* oder *-N-vinyl-2-oxazolidon.* Diese Polymerisate können auch als Mischpolymerisate mit *Vinylsalicylat, -chlorid, -alkohol* oder *-acetat, Methylacrylat, Acrylamid* oder *Styrol* vorliegen. Diese Emulsionen geben höhere Dichten. (**E. P. 867 899** vom 8/6. 1959, ausg. 10/5. 1961. A. Prior. 15/7. 1958.) E. FUCHS. 8601

E. I. du Pont de Nemours & Co., Wilmington, Del., V.St.A., **Photographische Halogensilberemulsion.** Die Emulsion enthält neben Gelatine 8—50 Gew.-% der Festsubstanz eines in W. lösl. N-Vinyllactampolymerisats (I) mit 4 oder 5 C-Atomen im Heteroring u. einem Molgew. von mindestens 1500 mit mindestens 80 Gew.-% N-Vinyllactamgruppen (Poly-N-vinylvalero-δ-lactam) neben einem Mono- oder Diphenol als Schleierverhüter (Resorcin, 2-Benzyl-4-methyl-6-tert.-butylphenol). An Stelle von I können auch ein Poly-N-vinyl-2-pyrrolidon oder dessen Mischpolymerisate mit anderen Vinyl-Verbb. (Vinylacetat, -alkohol, -chlorid, Methylacrylat, Acrylamid, Methacrylamid, Acrylnitril, Vinylidenchlorid, N-Vinyl-2-oxazolidon u. Styrol) treten. Dieser teilweise Ersatz der Gelatine bewirkt eine höhere Dichte des entwickelten Ag im Bild. (**E. P. 867 900** vom 7/7. 1959, ausg. 10/5. 1961. A. Prior. 27/8. 1958.) E. FUCHS. 8601

Gevaert Photo-Producten N. V., Mortsel, übert. von: Albert Emiel Van Hoof, Antwerpen, Belgien, **Lichtempfindliches photographisches Papier.** Zur Erhöhung des Glanzes nach der Trocknung wird auf die Barytlage noch eine Schicht aufgetragen, die koll. SiO_2 in 30%ig. Suspension ggf. neben Gelatine als Bindemittel u. Glycerin oder Glykol als Weichmacher enthält. Auf diese Schicht wird die Halogensilberemulsionsschicht aufgetragen. (**A. P. 2 973 262** vom 18/6. 1957, ausg. 28/2. 1961. Belg. Prior. 22/6. 1956.) E. FUCHS. 8601

Ilford Ltd., Essex, England (Erfinder: Ewen Cameron), **Beschichtung von Geweben mit photographischen Emulsionsschichten.** Zwei oder mehrere Emulsionsschichten werden gleichzeitig oder nacheinander dadurch aufgetragen, daß der Auftrag der unteren Schicht mit der Tauchwalze erfolgt. Die obere Schicht wird aus einem Gefäß aufgetragen, das mit einer der Tauchwalze angepaßten gekrümmten porösen Platte abgeschlossen ist (poröses Glas, Kunstharz oder Metall). Aus der porösen Platte wird die Emulsion der oberen Schichten auf die erste Schicht dadurch aufgebracht, daß sie unter Druck steht u. durch die Poren hindurchgepreßt wird. — 2 Abbildungen. (**E. P. 858 118** vom 6/7. 1956, ausg. 4/1. 1961.) E. FUCHS. 8601

Aeroprojects, Inc., übert. von: Richard C. Herold, West-Chester, Pa., V.St.A., **Allgemeinsensibilisierung von Halogensilberemulsionen.** Einer in der üblichen Weise gereiften u. gewaschenen Bromsilberemulsion wird in Mengen von $3{,}0 \cdot 10^{-1}$ bis $3{,}0 \cdot 10^{-3}$ (Mol-%), bezogen auf den AgBr-Geh., CsJ oder $3{,}15 \cdot 10^{-2}$ bis $3{,}15 \cdot 10^{-4}$ RbJ zugesetzt u. die Emulsion damit nachgereift. (**A. P. 2 956 882** vom 13/9. 1955, ausg. 18/10. 1960.) A. KALIX. 8605

Ilford Ltd., Ilford, Essex, England (Erfinder: John David Kendall, Henry Richard John Waddington und George Frank Duffin), **Optische Sensibilisierung photographischer Emulsionen.** Eine Sensibilisierung für Blau, bes. bei AgCl-Emulsionen, erreicht man mit Farbstoffen der allg. Formel **I**. Hierin ist n = 0 oder 1, D ist der Rest eines 5- oder 6-gliedrigen heterocycl. Kernes. Z steht für einen oder mehrere Substituenten, wie Alkyl, Aralkyl, Aryl, OH, Alkoxy, NH_2 (ggf. substituiert) H oder Halogen:

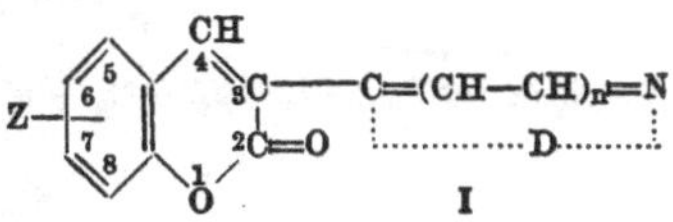

I

3-[Benzthiazolyl-(2')]-7-hydroxycumarin [Sensibilisierungsmaximum (= SM) 480 mμ], *3-[Benzthiazolyl-(2')]-7-diäthylaminocumarin* (SM 490 mμ), *3-[Benzimidazolyl-(2'-)]-7-hydroxycumarin* (SM 460 mμ), *3-[Benzoxazolyl-(2'-)]-7-hydroxycumarin, 3-[N-Methylbenzimidazolyl-(2'-)]-7-diäthylaminocumarin.* (SM 450 mμ). (**E. P. 867 592** vom 19/6. 1958, ausg. 10/5. 1961.) E. FUCHS. 8605

Kodak Ltd., London, England (Erfinder: Jonas John Chechak und Jean Elmore Jones), **Optische Sensibilisierung von Emulsionen.** Zur Supersensibilisierung verwendet man ein Gemisch von Dicarbocyaninen der allg. Formel **I** (R u. R_1 =

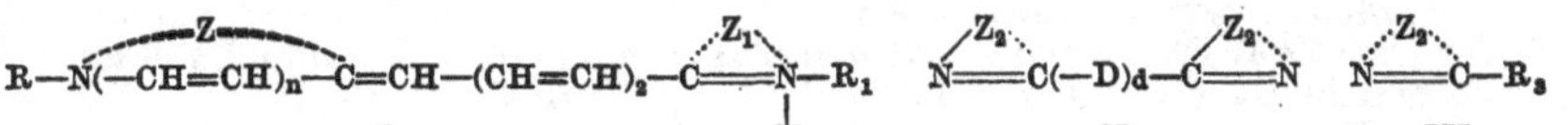

I II III

ggf. substituierter Alkylrest, n = 0 oder 1, X = Säurerest, Z = nichtmetall. Atome zur Bldg. eines Heteroringes mit 5 oder 6 Atomen u. R_1 = nichtmetall. Atome zur Bldg. eines Heterokernes (Chinolin, Benzoxazol, Naphthoxazol, Benz- oder Naphthoselenazol, Benz- oder Naphthothiazol) u. heterocycl. Basen der allg. Formel **II** oder **III**. Hierin ist Z_2 eine nichtmetall. Atomgruppierung zur Schließung eines heterocycl. Kernes mit 1 oder 2 N-Atomen, D = S oder Alkylen, Dithiaalkylen, Arylen, Benzylen, Bis-(phenylen)-methyl, Vinylen, Oxydimethylen; d = 0 oder 1 u. R_3 = Aryloxyalkyl mit 7 oder 8 C-Atomen. Zweckmäßig soll 0,05—1,0 (g) **II** oder **III** u. 0,01—0,3 **I** pro Mol Halogensilber verwendet werden. Das Verhältnis zwischen **I** u. Base kann zwischen 1 : 0,5 bis 1 : 100 liegen. Als heterocycl. Basen sind z. B. geeignet: *1.5-Bis-(2'-benzthiazolylmercapto)-pentan, Bis-(2-benzthiazolyl)-sulfid, Bis-[4'-(2''-benzthiazolyl)-phenyl]-methan* u. *1.2-Bis-(2'-benzimidazolyl)-äthylen.* (**E. P. 861 907** vom 13/5. 1957, ausg. 1/3. 1961. A. Prior. 14/5. 1956.) E. FUCHS. 8605

Eastman Kodak Co., übert. von: Jean E. Jones, Rochester, N.Y., V.St.A., **Supersensibilisierung.** Zur Emulsionssensibilisierung verwendet man eine Mischung von Merocyaninen der allg. Formel **I** (0,01—0,30 g pro Mol Halogensilber) u. Carbocyaninen der allg. Formel **II** (0,03 bis 1,0 g pro Mol). In **I** ist R = H oder Alkyl, n = 1 oder 2, Z = nichtmetall. Atome

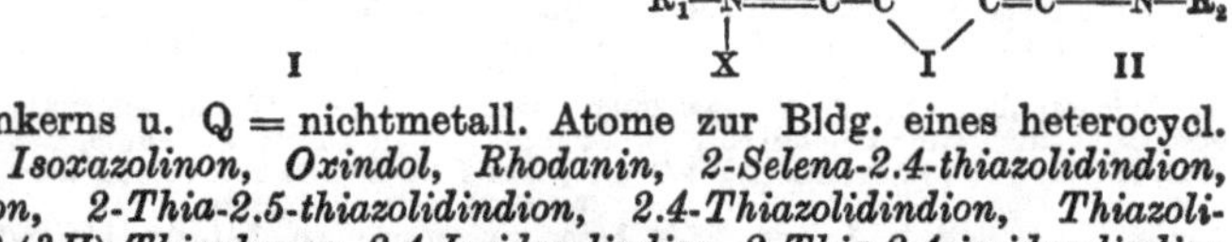

I II

zur Bldg. eines Pyridinkerns u. Q = nichtmetall. Atome zur Bldg. eines heterocycl. Kernes (*Pyrazolinon, Isoxazolinon, Oxindol, Rhodanin, 2-Selena-2.4-thiazolidindion, 2-Thia-2.4-oxazolidindion, 2-Thia-2.5-thiazolidindion, 2.4-Thiazolidindion, Thiazolidinon, 4-Thiazolinon, 2-(3H)-Thiophenon, 2.4-Imidazolindion, 2-Thia-2.4-imidazolindion* u. *5-Imidazolinon.* In **II** ist R_1 u. R_2 = Alkyl, R_3 = H, niedriges Alkyl oder eine monocycl. Arylgruppe, I = Alkylen mit 2—3 C-Atomen oder o-Phenylen, R_3 = H, wenn I = Alkylen mit 2—3 C-Atomen, X = Säurerest, Z_1 u. Z_2 = nichtmetall. Atome zur Bldg. eines heterocycl. Kernes (Benzthiazol, Naphthiazol, Benzoxazol, Naphthoxazol, Benz- u. Naphthoselenazol). (**A. P. 2 972 539** vom 24/12. 1959, ausg. 21/2. 1961.) E. FUCHS. 8605

Kodak Soc. An., Brüssel, Belgien, **Übersensibilisierung photographischer Emulsionen.** Die Übersensibilisierungsmischung besteht aus einem Cyaninsensibilisator (I) der allg. Formel **A**. Hierin ist R u. R_1 = Alkyl, β-Hydroxyäthyl, Carboxymethyl, β-Carboxyäthyl, Carbomethoxymethyl, Carbäthoxymethyl, β-Methoxyäthyl, Alkyl, Benzyl; R_2 = H, Alkyl, Aryl, n, m u. d = 1 oder 2; X = Säurerest (Cl, J, Br, ClO_4, p-Toluolsulfonat); Q = N oder CH. D u. D_1 sind nichtmetall. Atome, die zur Bldg. eines 4- oder 5-Thiazolidinon- oder 4-Imidazolidinonkernes nötig sind. Z u. Z_1 sind nichtmetall. Atome, die zur Bldg. eines heterocycl. Kernes mit 5 oder 7 Ringgliedern nötig sind (Thiazol, 4- oder 5-Methylthiazol, 4- oder 5-Phenylthiazol, Benz- u. Naphthoxazole u. -selenazole, Benzimidazole). I wird im Gemisch mit einem Hilfskörper (II) der allg. Formel R_3-SO_3M; zur Sensibilisierung der Emulsion benutzt. Hierin ist R_3 eine aromat. polycarbocycl. Gruppe u. M = H oder ein Kation. Geeignet sind Verbb. der allg. Formel **B**, worin B_1 eine 2-Benztriazolyl- oder 1.3.5-Triazin-6-ylaminogruppe u. B_2 ein aromat.

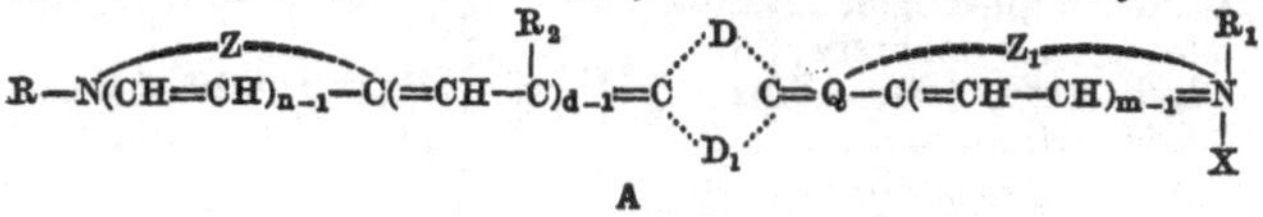

A

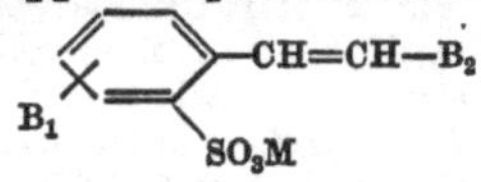

B

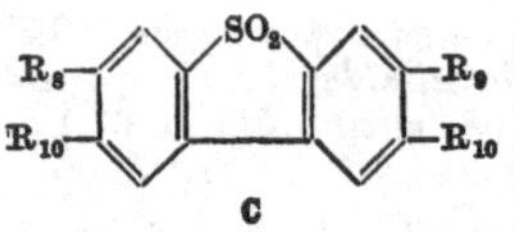

C

Rest ist; ferner Verbb. der allg. Formel **C**, worin R_8 eine Acylamido- oder Sulfogruppe, R_9 eine Acylamido- oder Sulfoarylgruppe u. R_{10} = H oder eine Sulfogruppe ist. I verwendet man in einer Konz. von 0,02—0,3 g u. II von 0,02—10,0 g pro Grammatom Ag in der Emulsion. (**Belg. P. 569 808** vom 26/7. 1958, ausg. 30/6. 1961. A. Prior. 29/7. 1957.) E. FUCHS. 8605

International Polaroid Corp., V.St.A. (Erfinder: Milton Green), **Entwickler für die Diffusionsübertragung von farbigen Bildern.** Die Entwicklersubstanz (I) hat Farbstoffcharakter u. gleichzeitig die Eig., belichtetes Halogen-Ag zu entwickeln. Nach der Entw. des Primärbildes läßt man die unverbrauchte I bildmäßig in eine Bildempfangsschicht überdiffundieren. I besitzt die allg. Formel $(Y-S-R-CO-NR_1-)_nX$, Y ist ein 2.5-Dihydroxyphenylrest, der Halogenatome oder Alkylreste enthalten kann, R eine Alkylengruppe mit höchstens 5 C-Atomen oder eine Arylengruppe, R_1 = H, Alkyl- oder Arylrest, n = 1 oder 2, $-NR_1-)_nX$ der Rest eines Farbstoff (II)-Mol., bes. aus der Azo- u. Anthrachinongruppe; Herst. z. B. nach WEISSBERGER, J. Amer. Chem. Soc. **61.** [1930.] 450. — Beispiele für **II**: 1-Phenyl-3-amino- u. 1-p-Aminophenyl-3-methyl-4-p-tolylazo-5-pyrazolon, 2-(2.5-Dimethoxy-4'-aminophenylazo)-4-methoxy- u. 2-[4'-Phenylazo-1'-naphthylazo]-4-amino-1-naphthol, 1.4-Bis-[β-aminoäthylamino]- u. 1.4-Bis-[p-aminophenethylamino]-anthrachinon. Als I wird bes. verwendet: 1-Phenyl-3-[α-(4'-methyl-2.5-dihydroxyphenylmercapto)-acetamido]-4-p-tolylazo-5-pyrazolon. (**F. P. 1 207 690** vom 4/7. 1958, ausg. 18/2. 1960. A. Prior. 5/7. 1957.) A. KALIX. 8631

REDAKTIONSSCHLUSS: 22. Juni 1962

Herausgeber: Prof. Dr. Heinrich Bertsch, Berlin, u. Prof. Dr. Dr. h. c. Wilhelm Klemm, Münster. Chefredakteure und verantwortlich für den Inhalt: Dr. Eugen Klever, Berlin W 30, Geisbergstraße 39, Fernsprecher: 249541 u. Dr. Willi Barz, Berlin N 4, Schiffbauerdamm 19, Fernsprecher: 425571.
©
Verlag: Akademie-Verlag GmbH, Berlin W 8, Leipziger Str. 3—4 (Fernsprecher: 220441, Telex-Nr. 011773, Postscheckkonto Berlin 35021), und Verlag Chemie, GmbH, Weinheim/Bergstr. (Fernsprecher: Weinheim 3635 [Sammelnummer]; Fernschreiber: 0465516 chemieverlwhn; Postscheckkonten: Frankfurt/M. 145314 u. Berlin [West] 7430). Bestellnummer: 1007/133. Das Chemische Zentralblatt erscheint wöchentlich. Preis des Jahrganges einschl. Autoren-, Patent-, Sach- u. Formelregister: DM 1200,—; einseitig bedruckte Ausgabe: DM 1350,—. Abgabe der Zeitschrift nur mit sämtlichen Registern. Abbestellungen nur bis spätestens 6 Wochen vor Ablauf des Kalenderjahres.

Satz u. Druck: VEB Leipziger Druckhaus, Leipzig, III/18/203. IX. 62.
Veröffentlicht unter der Lizenznummer ZLN 5002 des Ministeriums für Kultur, Hauptverwaltung Verlagswesen.
Printed in Germany.

FSC
www.fsc.org
MIX
Papier | Fördert gute Waldnutzung
FSC® C083411

Kolibri 360 GmbH
Ferdinand-Jühlke-Straße 7
99095 Erfurt, Deutschland
produktsicherheit@kolibri360.de